国家科学技术学术著作出版基金资助出版

乡土草抗逆生物学

南志标　王彦荣　傅　华　郭振飞　李春杰　等　著

科学出版社

北　京

内 容 简 介

本书是作者们在连续两个国家重点基础研究发展计划（973计划）项目的支持下，对我国北方主要乡土草种研究所获部分成果的系统总结。全书以科学研究所获第一手资料为主体，结合国内外研究进展，系统介绍了乡土草形态学与抗旱、耐寒、耐盐等抗逆特性的关系，抗逆性状的生理学与生物化学特征、分子生物学基础，禾草内生真菌增强乡土草抗逆特性及其作用机制，以及优异乡土草种驯化选育为栽培品种，通过转基因技术将乡土草抗逆基因转入优良牧草、创制新种质等方面的成果，初步构建了乡土草抗逆生物学的理论体系。

本书可作为草业科学、作物学、植物学、生态学、畜牧学、环境科学和其他相关学科的科研人员、研究生、推广人员及企业管理人员的重要参考资料。

图书在版编目（CIP）数据

乡土草抗逆生物学/南志标等著.—北京：科学出版社，2021.11
ISBN 978-7-03-070031-5

Ⅰ.①乡… Ⅱ.①南… Ⅲ.①草籽–抗性育种–生物学–研究
Ⅳ.①S540.34

中国版本图书馆CIP数据核字（2021）第212906号

责任编辑：李秀伟 郝晨扬 / 责任校对：严 娜
责任印制：吴兆东 / 封面设计：无极书装

科学出版社 出版
北京东黄城根北街16号
邮政编码：100717
http://www.sciencep.com
北京中科印刷有限公司印刷
科学出版社发行 各地新华书店经销
＊

2021年11月第 一 版 开本：787×1092 1/16
2025年 2 月第二次印刷 印张：44 1/2
字数：1 055 000
定价：**528.00元**
(如有印装质量问题，我社负责调换)

作 者 简 介

（按作者姓名汉语拼音排序）

陈　娜　研究领域：禾草内生真菌学　兰州大学草地农业科技学院博士　现任唐山师范学院讲师 cntssfxy@qq.com

陈泰祥　研究领域：禾草内生真菌学　兰州大学草地农业科技学院副教授 chentx@lzu.edu.cn

陈晓龙　研究领域：草原生态化学　兰州大学草地农业科技学院博士　现任甘肃农业大学资源与环境学院副教授 chenxiaolong1319@163.com

陈振江　研究领域：禾草内生真菌学　兰州大学草地农业科技学院博士后 chenzj@lzu.edu.cn

董　瑞　研究领域：草类植物分子育种学　兰州大学草地农业科技学院博士　现任贵州大学动物科技学院副教授 rdong@gzu.edu.cn

董德珂　研究领域：草类植物分子育种学　兰州大学草地农业科技学院硕士 dongdk10@lzu.edu.cn

段　珍　研究领域：草类植物分子生物学　兰州大学草地农业科技学院博士 duanzh12@lzu.edu.cn

傅　华　研究领域：草原生态化学与草类植物营养生物学　兰州大学草地农业科技学院教授、草业系统元素利用与管理研究所所长 fuhua@lzu.edu.cn

苟蓝明　研究领域：草类植物遗传育种学　南京农业大学草业学院博士后 goulanm@njau.edu.cn

郭振飞　研究领域：草类植物逆境生理与分子育种学　南京农业大学草业学院教授、院长 zfguo@njau.edu.cn

韩晓栩　研究领域：草原生态化学　兰州大学草地农业科技学院硕士 hanxx17@lzu.edu.cn

胡小文　研究领域：草类植物种子学　兰州大学草地农业科技学院教授、农业农村部牧草与草坪草种子质量监督检验测试中心（兰州）副主任 huxw@lzu.edu.cn

胡晓炜　研究领域：草类植物品质生物学　兰州大学草地农业科技学院博士 xiaoweihu24@hotmail.com

孔维一　研究领域：草类植物遗传育种学　南京农业大学草业学院博士后 kongweiyi@njau.edu.cn

李春杰　研究领域：禾草内生真菌学与牧草病理学　兰州大学草地农业科技学院教授、院长 chunjie@lzu.edu.cn

李欣勇　研究领域：草类植物种子学　兰州大学草地农业科技学院博士　现任中国热带

农业科学院热带作物品种资源研究所副研究员 lixy051985@163.com

梁　莹　研究领域：禾草内生真菌学　兰州大学草地农业科技学院硕士　兰州大学第二医院助理研究员 liangyingg2008@163.com

刘　权　研究领域：草原生态化学　兰州大学草地农业科技学院青年教授、草地农业生态系统国家重点实验室分析测试中心主任 liuquan@lzu.edu.cn

刘志鹏　研究领域：草类植物分子育种学　兰州大学草地农业科技学院教授、副院长，草地农业生态系统国家重点实验室副主任 lzp@lzu.edu.cn

娄可可　研究领域：草类植物分子育种学　兰州大学草地农业科技学院硕士 loukk15@lzu.edu.cn

卢少云　研究领域：草类植物分子生物学　华南农业大学生命科学学院教授 turflab@scau.edu.cn

缪秀梅　研究领域：草类植物品质生物学　兰州大学草地微生物研究中心实验师 miuxm14@lzu.edu.cn

南淑珍　研究领域：草类植物分子生物学　兰州大学草地农业科技学院博士 nanshzh16@lzu.edu.cn

南志标　研究领域：草业科学　兰州大学草地农业科技学院教授、草地微生物研究中心主任 zhibiao@lzu.edu.cn

牛学礼　研究领域：牧草栽培学　兰州大学草地农业科技学院博士　现任岭南师范学院生命科学与技术学院讲师 niuxl@qq.com

曲　涛　研究领域：草类植物抗逆生理学　兰州大学草地农业科技学院硕士 ququchong@126.com

施海帆　研究领域：草类植物分子生物学　南京农业大学草业学院讲师 shihaifan@njau.edu.cn

宋秋艳　研究领域：植物生物化学　兰州大学草地农业科技学院副教授 sqy@lzu.edu.cn

陶奇波　研究领域：草类植物种子学　兰州大学草地农业科技学院博士 现任青岛农业大学草业学院讲师 taoqibo@qau.edu.cn

田　沛　研究领域：禾草内生真菌学　兰州大学草地农业科技学院副教授 tianp@lzu.edu.cn

王剑峰　研究领域：禾草内生真菌学　兰州大学草地微生物研究中心青年研究员 wangjf12@lzu.edu.cn

王彦荣　研究领域：草类植物育种与种子学　兰州大学草地农业科技学院教授、草类植物育种与种子研究所所长 yrwang@lzu.edu.cn

吴　凡　研究领域：草类植物基因组学　兰州大学草地农业科技学院博士后 wuf15@lzu.edu.cn

吴淑娟　研究领域：草原生态化学　兰州大学草地农业科技学院实验师 wusj@lzu.edu.cn

夏　超　研究领域：禾草内生真菌学　兰州大学草地农业科技学院副研究员 xiac@lzu.edu.cn

谢文刚　研究领域：草类植物遗传育种学　兰州大学草地农业科技学院教授　xiewg@lzu.edu.cn

闫　启　研究领域：草类植物分子生物学　兰州大学草地农业科技学院博士　yanq16@lzu.edu.cn

张吉宇　研究领域：草类植物遗传育种学　兰州大学草地农业科技学院教授　zhangjy@lzu.edu.cn

张丽静　研究领域：草类植物品质生物学　兰州大学草地农业科技学院教授　lijingzhang@lzu.edu.cn

张兴旭　研究领域：禾草内生真菌学　兰州大学草地农业科技学院教授　xxzhang@lzu.edu.cn

钟　睿　研究领域：禾草内生真菌学　兰州大学草地农业科技学院博士　现为中国农业大学资源与环境学院博士后　zhongr12@lzu.edu.cn

前　言

本书是在连续两个国家重点基础研究发展计划（973 计划）项目的支持下，以乡土草为主要研究材料所获得的部分成果的系统总结。

2006 年，以兰州大学为主持单位，联合中国科学院、中国农业科学院、中国热带农业科学院、四川农业大学、华南农业大学和西南农业大学（现西南大学）等单位的学者，共同申报并获批了 973 计划项目“中国西部牧草、乡土草遗传及选育的基础研究”（2007CB108900），执行期限为 2007～2011 年。项目预期目标之一是揭示我国西部地区具有重要经济与生态意义的数种牧草及乡土草抗逆、高产（草与种子）、优质的遗传机制，发展和提升草类植物遗传选育的理论及技术体系。围绕这一目标，我们开展了种质资源收集、评价与驯化。对初选牧草、乡土草开展了抗生物逆境和非生物逆境（干旱、盐碱、低温）评价，品质性状评定，繁殖特性与机制研究。项目组开创了我国深入研究乡土草生物学、生理学的先河。经过 5 年的齐心协力，在数种重要牧草和乡土草抗逆、优质、高产的遗传机制方面取得重要进展，获得了一批种质资源、品系及重要基因。

在此基础上，我们于 2013 年获批了第二项 973 计划项目“重要牧草、乡土草抗逆优质高产的生物学基础”（2014CB138700），执行期限为 2014～2018 年。项目预期目标之一是建立草类植物抗逆生物学的理论体系、饲草多基因聚合理论与育种体系，力争在抗旱、耐寒、优质、高产乡土草与饲草选育及其抗逆机理研究方面取得突破。围绕这一目标，我们开展了以下工作。

（1）牧草、乡土草抗非生物逆境的生物学基础研究

以提高草类植物适应我国西北地区寒、旱、盐碱和西南地区土壤酸化、高温、高湿等环境胁迫的能力为目标，研究苜蓿（*Medicago* spp.）、无芒隐子草（*Cleistogenes songorica*）和碱茅（*Puccinellia distans*）等牧草、乡土草抗非生物胁迫的分子机制、信号应答及基因调控网络，揭示其抗逆分子机制，并用于抗逆、优质、高产苜蓿新种质的创制。

（2）牧草、乡土草-内生真菌互作的生物学基础研究

研究环境、乡土草与内生真菌的互作，禾草-内生真菌共生体与家畜的互作，从分子、细胞与个体水平揭示其互作机制。通过基因工程和真菌多样性的研究，获得有益的内生真菌菌株，创制抗逆、优质、高产的禾草新种质。

（3）牧草、乡土草优良品质性状的生物学基础研究

研究苜蓿中纤维素、木质素、单宁等物质和白沙蒿（*Artemisia sphaerocephala*）中高含量的不饱和脂肪酸、黄酮及维生素 E 的形成及其分子调控机制，品质与环境的相互关系；克隆并验证相关基因，用于创制高不饱和脂肪酸的苜蓿新种质。

（4）牧草、乡土草繁殖特性的生物学基础研究

研究羊草（*Leymus chinensis*）结实率低、种子休眠率高的生殖生物学过程与分子机

制，在组学水平比较自交与杂交传粉过程的基因表达差异；探究披碱草属（*Elymus*）牧草和箭筈豌豆（*Vicia sativa*）种子落粒、裂荚等性状的生理基础与分子机制；建立抗落粒和抗裂荚的种质鉴别与评价技术体系，获得一批具有优异繁殖特性的种质。

（5）多基因聚合创制多年生饲草种质的生物学基础研究

以抗逆、优质、高产的多年生饲草玉米（*Zea mays*）为主要研究对象，继续开展优良基因资源发掘，深入解析远缘杂交多倍体饲草作物形成过程中与种子发育、生物量、多年生等相关的农艺性状变异的分子机制，创制多基因聚合新种质，建立多基因聚合理论与育种体系。并且在此基础上对获得的新品种（系）建立试验示范区，研究提高草地农业系统生产力的理论基础和调控途径，使示范区草地生产力提高 20%～30%。

项目组通过十多年两个 973 计划项目的连续研究，发表高质量英文论文 300 余篇，出版专著 10 部，包括兰州大学高坤教授主编、江苏凤凰科学技术出版社于 2015 年出版的《牧草次生代谢物》；科学出版社于 2015 年出版的 3 部著作，分别是中国科学院植物研究所刘公社研究员和李晓霞助理研究员等主编的《羊草种质资源研究（第二卷）》、四川农业大学张新全教授主编的《优质牧草鸭茅种质资源发掘及创新利用研究》和中国热带农业科学院刘国道研究员主编的《中国热带牧草品种志》。项目组在乡土草与饲草抗逆、高产、优质的遗传机制方面取得了重要进展，以抗旱、耐寒、耐盐等性状为目标，获得了一批具有重大应用前景的基因，育成新品种 40 个，其中国家审定 23 个、地方审定 17 个。驯化选育的无芒隐子草，通过国家审定，命名为'腾格里'无芒隐子草，是我国及世界为数不多的超旱生禾草品种。选育的玉草系列多年生饲草玉米新品种，在我国西南地区表现出优异的特性。

植物抗逆生物学始终是国际学界关注的研究领域之一，但以乡土草为主要研究材料，从形态学、生理与生物化学、分子生物学等方面进行系统探讨与研究似乎尚不多见。培育多年生禾谷类作物是国际学界致力的另一个研究领域，但尚无突破性进展。如果将上述研究成果进一步梳理提炼、总结成书，与业界同行分享，将是一件十分有意义的事情。于是，2017 年在云南腾冲召开的项目年度总结会上，我与四川农业大学张新全教授和唐祈林教授协商，建议他们将多基因聚合育种、选育多年生饲草新品种的研究成果总结成书。二位教授欣然同意，并迅速行动，很快完成了《西南区优良饲草基因资源发掘与聚合育种》的书稿，于 2020 年由科学出版社出版。

为组织编写《乡土草抗逆生物学》，2017 年在云南腾冲召开项目年度总结会期间，我邀请相关人员召开了编写会议。会议明确全书以无芒隐子草、老芒麦（*Elymus sibiricus*）、醉马草（*Achnatherum inebrians*）、羊草、鹅观草（*Roegneria kamoji*）、苦豆子（*Sophora alopecuroides*）、黄花苜蓿（*Medicago falcata*）、白沙蒿、微孔草（*Microula sikkimensis*）等乡土草种和箭筈豌豆为研究对象，以抗逆生物学为主要内容，总结这些北方主要乡土草的抗逆机理及其作用机制。从乡土草与环境长期协同进化的角度考虑，落粒、裂荚、休眠、闭花授粉、种子黏液等均是乡土草度过不良环境的抗逆机理；与内生真菌共同产生对草食动物有毒的生物碱，也是其抗逆机理；产生大量维生素 E，调节不饱和脂肪酸的功能，还是其抗逆机理。这些方面的成果均应包括在本书的范围之内。

　　这样，将十余年来丰富的研究成果分别归入抗逆形态学、抗逆生理学与生物化学、抗逆分子生物学、抗逆内生真菌学等部分，形成本书前四篇。全书最后以无芒隐子草为例，介绍了乡土草驯化选育过程与原理、高产栽培技术体系及利用优异基因创制新种质；通过转基因技术，分别创制抗旱和耐盐、耐寒和高不饱和脂肪酸含量的苜蓿新种质；利用内生真菌接种技术，创制抗逆禾草新种质等案例；最终构成了第五篇——应用抗逆生物学。全书共五篇27章，初步形成了乡土草抗逆生物学的理论体系。

　　会议聘请南志标担任编委会主任，王彦荣、傅华、郭振飞和李春杰等教授为编委会副主任。主要编写人员来自兰州大学团队与南京农业大学团队，具体分工如下：南志标构建全书框架体系，负责前言和第1、2章；王彦荣团队负责第3、4、5、6、8、10、11、12、24、25章；傅华团队负责第9、16、17、18章；南志标、李春杰团队负责第19、20、21、22、23、27章；郭振飞团队负责第7、13、14、15、26章。各章具体编写人员已体现在他们负责编写的各章中，此处不再一一介绍。

　　经过近两年的努力，2019年10月完成了全部初稿，为了保证质量，组织编写人员对初稿进行了互审。在初审的基础上，2019年12月在苏州召开了统稿会议，作者们对全书逐章进行了讨论，提出了进一步修改的意见。南京农业大学郭振飞教授率领团队为会议做了大量的准备和服务工作。2020年3月，特邀请原中国科学院西北生态环境资源研究院赵哈林研究员审阅全书，对各章进行了认真细致的审阅，提出了修改意见。在此基础上，各位作者对各章做了进一步的修改，并统一了格式和编排。编委会秘书夏超副研究员协助南志标主任做了大量的工作。科学出版社李秀伟副编审从始至终对本书给予了高度关注与指导，在此我们谨向各位作者、赵哈林研究员和李秀伟副编审致以衷心的感谢！

　　虽然所有的作者竭尽全力，力求保证全书内容的科学性、系统性、准确性和可读性，但由于水平所限，不足之处在所难免，恳请大家给予指正。本书由国家科学技术学术著作出版基金、兰州大学一流学科建设专项经费和草地农业生态系统国家重点实验室联合资助出版。

　　在项目组执行第二个973计划项目期间，中央先后出台了一系列重大战略决策和先进理念：人与自然是生命共同体、山水林田湖草系统治理、乡村振兴、建设美丽中国。在中央政府机构中首次设立了国家林业和草原局，使得不如花香、不如树高的小草受到了前所未有的重视。牧草登堂入室，进入农田，参与种植制度改革。所有这些，给草业工作者极大的鼓舞与鞭策，也使我们深感责任重大。本书是对过去十余年来乡土草研究工作的总结，成绩只能说明过去，奋斗创造辉煌未来，我们将不懈努力！

南志标

2020年5月于兰州

目　　录

第二篇 抗逆生理学与生物化学

第三篇　抗逆分子生物学

第四篇　抗逆内生真菌学

第五篇　应用抗逆生物学

第1章 绪　　论

南志标

1.1 引　　言

乡土草（native plant）是指自然生长于当地的植物，主要指草本植物，但也包括小半灌木和灌木等。这里的"自然生长"，使其有别于栽培植物；这里的"当地植物"，使其有别于引进植物。乡土草按用途分，既包括具有饲用、药用、水土保持、能源和观赏价值的植物，也包括危害家畜的毒害杂草。在社会经济高度发达的今天，广袤的草原可能是乡土草最重要的栖息地。乡土草在保障食物安全、生态安全和生物多样性保护方面具有重要的作用。

1.1.1 保障食物安全

近年来，在全球变化和人与资源矛盾不断增加的双重压力下，提高有限土地资源的生产率、保障食物安全是各国致力的目标之一。据估计，全球尚有 10%左右的人口处于饥饿状态（Huws et al.，2018）。联合国粮食及农业组织预测，包括作物和动物生产在内的农业生产，需比 2005 年增加 60%，方可满足 2050 年全球日益增长的食物需求。对畜产品的需求，远大于对谷物的需求，肉和牛奶的产量必须分别增加 76%和 63%。草地作为全球的重要资源，在保障食物安全方面发挥着举足轻重的作用，为全球家畜提供了50%的饲草，包括牧草在内的作物-家畜生产系统提供了全球 60%的畜产品。

我国以占世界 6%的淡水资源、9%的耕地、12.5%的草地，供养了全世界近 20%的人口，取得了举世瞩目的成就，为全球的食物安全做出了重要贡献（中华人民共和国国务院新闻办公室，2019）。占国土面积 41.7%的草地，提供了全国 45%的牛羊肉和 49%的牛奶（旭日干等，2017）。到 2035 年，我国对畜产品的需求将大幅增加，对谷物的需求将主要是饲料粮的增加，而大米、小麦等食物消费将逐步下降，我国的食物安全主要是保障牧草与饲料的供给（南志标，2017）。

草原退化是人类面临的共同挑战，据不同的作者报道，全球不同区域退化草原面积为 20%～73%（Kozub et al.，2018）。我国不同程度退化的草原面积曾达到 90%，近年来，随着国家一系列重大战略的实施，草原退化的态势初步得到遏制，但生态脆弱的本底状况没有改变。

改良退化草地、提高生产力、大力发展草地畜牧业，将是解决我国和全球食物安全问题的主要战略途径之一。牧草是连接种植业与畜牧业两大食物生产系统的纽带。利用丰富的乡土草资源，培育抗逆、优质、高产的牧草新品种，提高饲料转化效率，是增加畜产品产量的关键因素之一（Herrero et al.，2013）。2011 年 9 月在英国专门召开了第 8 届国际草食动物营养学研讨会，研究认为需要极大地加强多学科的联合，尤其需要明确草类新品种与家畜生产力或环境效应之间的关系（朱伟云，未发表资料）。

1.1.2　保障生态安全

20 世纪 80 年代以来，人类对草地功能的认识逐渐发生了改变，草地不仅承担着保障食物安全、改善人类营养等传统功能，而且具有生物支持、气候调节、文化与旅游的功能，多功能的草地与经济社会的发展息息相关（Yahdjian et al.，2015）。这种对草地资源的再认识，反映了人与草地相互依赖、协同发展的全新关系，也为乡土草的研究开拓了更为广阔的空间。

全球生态系统退化主要是草原退化、耕地质量变差、水资源短缺及环境面源污染严重，其中尤以旱区问题最为严重。旱区占全球土地总面积的 41%，支撑着全球 38% 的人口。目前，这一区域 10%～20% 的土地已经发生严重退化，影响着 2.5 亿人口的生活（Kozub et al.，2018）。大量使用农药、化肥导致环境污染。由于水资源短缺，到 2025 年，全球将有 2/3 的人口面临缺水的问题，有 20 亿人口将严重缺水（Graedel and Allenby，2009）。我国粮食单产的增加，很大程度依靠水、肥等资源的过量使用，全国氮肥用量占全球的 32%，水资源不断减少，低产田占全国耕地面积的 40% 左右（喻朝庆，2019）。修复退化的生态系统，满足人类对美好环境的需求，是全球面临的另一重大任务。调整种植业结构，大量种植水资源利用率高、适应性广的草类作物，修复退化土地，节约有限的水资源，是我国重要的战略措施之一。

我国始终高度关注西部地区的发展。早在 20 世纪 80 年代，国家便提出"种草种树、发展畜牧、改造山河、治穷致富"的发展方针。自 2000 年以来，先后实施了西部大开发、天然草原保护、退牧还草等一系列工程，取得了显著成效。但迄今西部生态环境恶化的状况尚未从根本上得到改变。缺乏适宜西部严酷自然条件、可用于退化草原和农田改良的草类植物品种是不可忽略的原因之一。因此，充分挖掘我国乡土植物种质资源、研究其遗传与抗逆机理、驯化选育新品种，可为西部退化系统的修复与重建提供重要的物质基础和科技支撑。

1.1.3　生物多样性保护

生物多样性是大自然给人类的宝贵财富，其与人类的健康、生态系统可持续发展息息相关。近年来，生物多样性丧失严重，据估计，我国的生物物种平均以每年 1 个物种的速度处于濒危状况或者消失。这一方面是因为大面积开垦草原，造成了物种的丧失。李建东和方精云（2017）估计，松嫩草原吉林省部分的面积已经从 1950 年的 250 万 hm^2 减少到 2000 年的 97 万 hm^2，减少了 61.2%；幸存的草地，由于不合理的利用，草地退化，植被组分变差，产草量大幅下降，从 1500kg/hm^2 下降到 500kg/hm^2，降幅达 66.7%。另一方面是因为农业生产趋向同质化，少数高产饲草和农作物品种逐渐取代了丰富多样的传统品种，具有优异特性的地方品种大幅度减少。《光明日报》（2019 年 5 月 22 日）

报道，我国地方品种和主要作物野生近缘种呈现丧失速度加快的趋势。据初步统计，主要粮食作物地方品种的数目从 1956 年的 11 590 个减少到 2014 年的 3271 个，丧失比例高达 71.8%。因此，国际生物多样性中心发起了"被忽视和未被充分利用的作物"的研发项目，旨在推动生物多样性的利用与保护，其对被忽视作物的定义是"那些主要由农民，在其起源中心或多样性中心种植的传统植物，这些作物对当地人的生存非常重要，但通常正式发表和可供大众利用的信息不充分，并被忽略"。

提高作物和牧草生产的关键是拥有更为丰富的植物种质资源，并了解重要种质的关键性状、表型组和基因组的分子基础（Silvestri et al.，2012）。保护和利用乡土草种质资源，是保护生物多样性、实现可持续发展的重要举措。无论是为农作物品种改良提供丰富的种质与基因资源，还是加强生物多样性保护，治理退化草地和农田，均需要乡土草发挥重要的作用。

1.2　乡土草研究进展

乡土草在人类经济社会发展的历史长河中，发挥了并将继续发挥不可替代的作用。进入 21 世纪，研究与利用乡土草的力度不断加大。美国在 2000 年创办了 *Native Plants Journal*（《乡土草杂志》），专门用于发表相关的研究成果。在犹他州洛根（Logan）的美国农业部牧草与草原实验站设有草原生态与植物改良研究室，主要任务是鉴别适合修复退化草原的各种乡土草优良特性，开展从基因、种质创新、品种选育到退化草原恢复的系统研究。2001 年美国农业部土地资源管理局启动了"乡土草研究计划"，旨在研究乡土草多样性及其对气候变化的响应，鉴别并选育适用于退化土地恢复的乡土草种，研发种子生产技术，促进乡土草的应用。澳大利亚也实施了相应的乡土草研究与利用项目，并建立了乡土草网站（Australian Native Grass Website），展示相关研究成果。

各国对乡土草的研究涵盖了基因、个体、群落和生态系统等多个尺度；涉及领域包括栽培与利用（Peng et al.，2020；Mitchell et al.，2019；Tihou and Nave，2018）、病害防治（Carter and Gordon，2020）、繁殖与种子（Cheplick，2020；Ierna and Mauromicale，2020）、遗传多样性（Condón et al.，2017）、纤维提取（Reddy et al.，2018）和生物质能源（Zhang et al.，2015）等。北美对三虎尾草（*Trichloris crinita*）（Kozub et al.，2018）和地中海沿岸国家对 *Piptatherum miliaceum* 的研究（Ierna and Mauromicale，2020）反映了乡土草研究的水平和进展。

与发达国家相比，我国在牧草、乡土草生物学领域的研究及新品种选育方面约晚半个世纪（Gepts and Hancock，2006），这主要是因为近两千年来，我国"辟土殖谷曰农"，农业系统中粮食作物独大，对牧草的重要性认识不足。与其他学科相比，草业科学发展时间短，队伍规模小，科研投入明显不足。但众多学者针对生产中有重要价值的乡土草资源，克服各种困难，坚持开展研究，积累了宝贵的资料。对青藏高原地区重要乡土草种老芒麦的研究便是典型的范例（白史且和鄢家俊，2020）。

我国真正对乡土草开展系统研究，应归功于最近十余年间两个 973 计划项目的支持

（南志标等，2016）。据对 Web of Science 查证，2004～2018 年的 15 年间，我国学者以乡土草为主要研究对象发表的国际学术期刊论文数量增长了 173.5%，而同期除我国以外其他国家发表的文章数量减少了 1.2%（图 1-1），这些成果缩小了我国与其他国家的差距，并在乡土草抗逆机理及驯化选育方面形成了特色。

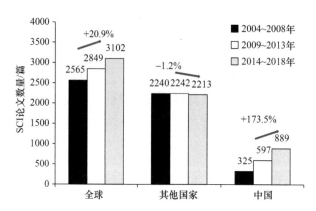

图 1-1　2004～2018 年乡土草研究领域全球发表的 SCI 论文数量（数据来源：Web of Science）

国内外对乡土草的研究主要集中在以下 6 个方面。

1.2.1　乡土草种质资源收集与评定

掌握乡土草种质资源是进一步研究与利用的物质基础。发达国家高度重视并不断开展大规模的种质资源采集与调查，对现有种质进行补充。例如，国际玉米小麦改良中心（CIMMYT）每年均赴全球各地进行种质资源采集；新西兰草地农业研究所福特牧草种质中心也不断赴海外进行乡土草种的采集。各国在采集与鉴定当中，逐渐形成了各自的特色。美国保存有全世界最多的种质，新西兰以白三叶草及三叶草属其他植物最为丰富，澳大利亚南澳大利亚州种质库保存有南半球最大的苜蓿种质资源，国际热带农业研究中心（CIAT）建有最大的柱花草属（Stylosanthes）种质资源库。这些宝贵的资源为乡土植物的深入研究与利用奠定了坚实的基础。

我国有计划地开展牧草种质资源研究始于 20 世纪 80 年代初（蒋尤泉，1996）。1988 年开始的全国草原资源普查，基本摸清了乡土草的家底，为以后的工作奠定了基础。自那时以来，此项工作取得了长足进展，我国已建成国家长期种质库，保存植物种 2114 个、种质资源 50 万份，仅次于美国，位居世界第二。另外，建成中期库 10 座，其中包括牧草种质资源中期库 1 座。取得了一批成果，出版了《中国饲用植物》（陈默君和贾慎修，2002）和《中国作物及其野生近缘植物》系列专著（董玉琛和刘旭，2006）。2003 年启动的国家自然科技资源共享平台项目中，植物种质资源建设工作是我国种质资源性状评定工作的深入与继续。2018 年启动的国家科技基础性工作专项项目——中国南方草地牧草资源调查，为进一步了解和掌握南方的乡土种质资源提供了条件。

1.2.2　驯化选育为栽培牧草

在环境严酷或因特殊需要，采用常规技术与方法培育新品种难以奏效时，驯化乡土草是可行之途。国际干旱地区农业研究中心（ICARDA）培育的低毒山黧豆（*Lathyrus quinquenervius*）品种，加拿大在不适宜苜蓿生长的地区广为种植的东方山羊豆（*Galega orientalis*）和新西兰培育的带有香柱菌属（*Epichloë*）内生真菌 *E. festucae* var. *lolii* 无毒型的多年生黑麦草（*Lolium perenne*）品种，均是从野生资源中发现的。将野生的乡土植物驯化为栽培品种，已成为丰富牧草品种多样性、解决饲草料不足的主要生产措施之一（Cox et al.，2002）。

在 20 世纪 70 年代，我国甘肃山丹军马场驯化野生垂穗披碱草（*Elymus nutans*）和老芒麦（*E. sibiricus*）获得成功（南志标，1975），每年生产种子十余万斤[①]，为青藏高原大面积草地改良提供了物质基础。自 1987 年国家实施牧草品种审定制度以来，截至 2019 年，共审定通过饲草作物新品种 597 个，其中驯化选育的乡土草品种 131 个，占审定通过品种总数的 21.9%。驯化选育品种中，禾本科最多，达 80 个；豆科次之，为 32 个。兰州大学草地农业科技学院牧草育种团队主持选育、2018 年通过审定的超旱生 '腾格里' 无芒隐子草（*Cleistogenes songorica*）是国内外为数不多的抗旱、耐寒禾草品种之一。十余年来，该团队在驯化选育的同时，从形态学、抗逆生理学、分子生物学、遗传学等领域对该草种进行了深入研究，初步明确了其生长发育、抗旱生理特性及分子基础（Li et al.，2014；本书相关章节）。

1.2.3　乡土草抗逆特性评价及优异基因挖掘

植物多种抗逆特性及其机理始终是国际学界重点研究领域之一，近年来研究内容及研究方法都有非常迅速的发展（Hasanuzzaman et al.，2019；Sunkar，2017）。但现有的工作多是以主要农作物为材料，鲜有对乡土草种的系统研究。

广阔的草原生长着多种乡土草，蕴藏着丰富的耐寒、抗旱、抗风沙、耐瘠薄、抗病虫害等基因，是巨大的植物特异基因库。挖掘其特异基因来源，研究调控其抗逆性状的关键基因及其互作网络，阐明乡土草抗逆的分子机制与变异特性，对于加大对植物育种服务的力度、改良现有农作物和牧草品种具有重要科学意义及实践意义。例如，澳大利亚挖掘利用极地植物基因，改良牧草耐寒性（German Spangenberg，未发表资料）；新西兰将野生三叶草（*Trifolium* sp.）植物中调控单宁的基因成功转入紫花苜蓿（*Medicago sativa*），获得了国际首例含单宁的苜蓿植株（Hancock et al.，2012）。牧草、乡土草的基因组比模式植物大得多，抗逆分子机制也更为复杂，在分子水平研究尚不多见。

我国学者阐明了黄花苜蓿（*Medicago falcata*）响应低温的分子机制及其调控网络，并克隆了关键基因（Zhang et al.，2019）。从乡土草植物中克隆获得了一批功能基因，包括与苜蓿品质相关的基因，如维生素 E 合成基因、纤维素合成基因、缩合单宁合成基因

---

① 1 斤=500g

等,并且通过转基因技术创制了一批新的种质,包括抗旱、耐盐的紫花苜蓿新种质等(见本书相关章节)。

1.2.4 乡土草饲用品质性状评价与利用

饲用品质是对饲草营养成分含量、消化率和次生代谢产物含量综合评定的指标。其中,次生代谢产物是影响牧草品质的重要因素,它是在植物与环境协同进化或抵御病原物侵袭过程中形成的一类物质。在草业生产与研究中经常提到的单宁、皂苷和类黄酮等均属于牧草次生代谢产物。各国努力利用次生代谢产物提高草地生产力,新西兰成功驯化含单宁的野生双子叶植物长叶车前(*Plantago lanceolata*)品种'Grasslands Lancelo'(Rumball et al., 1997),将其与豆科牧草、禾草混播,成功地解决了放牧家畜膨胀病的难题。英国、新西兰的学者有目的地在百脉根(*Lotus corniculatus*)和菊苣(*Cichorium intybus*)草地放牧羔羊,利用其所含的次生代谢产物防止蠕虫病等体内寄生虫的发生(Marley et al., 2003)。美国利用草类植物次生代谢产物调控家畜嗜食性,提高草原生产效率,保护生物多样性,开创了人类、动物、植被互作研究的新方向(Provenza et al., 2015)。

我国素有利用乡土植物的传统,从乡土草黄花蒿(*Artemisia annua*)中提取制备的治疗疟疾的特效药青蒿素,拯救了世界千百万人的性命;罗布麻属(*Apocynum*)和菊苣等被广泛用于制作保健茶;百里香(*Thymus mongolicus*)和茴香(*Foeniculum vulgare*)等的提取物作为添加剂,用于改善食品风味;马先蒿属(*Pedicularis*)、橐吾属(*Ligularia*)等可提取制备天然杀虫剂、灭鼠剂等;沙葱(*Allium mongolicum*)作为功能性饲料或饲料添加剂,可改善羊肉风味或降低牛、羊甲烷排放量。

近年来,我国学者研究并明确了白沙蒿(*Artemisia sphaerocephala*)和微孔草(*Microula sikkimensis*)等乡土草的脂肪酸、黄酮和维生素 E 组分特征及含量;在转录组学水平初步揭示白沙蒿高亚油酸和维生素 E 形成的分子调控机制及其对逆境的适应(Zhang et al., 2016;本书相关章节)。

1.2.5 乡土草繁殖性状的提高

了解植物的繁殖特性和种子生产性能是种质资源保存与更新、乡土草驯化选育及新品种推广利用的重要前提。制约草类植物种子生产的主要繁殖特性包括育性差、休眠、落粒和裂荚等。有关这些性状的分子遗传学研究,以往多见于农作物近缘野生种(Ji et al., 2010),以及草类模式植物如蒺藜苜蓿(*Medicago truncatula*)和百脉根等的研究报道,对乡土草的研究很少。近年来,国外已有学者研究了赖草属(*Leymus*)植物(Larson and kellogg, 2009)的落粒机制,在赖草属杂交种第 6 条染色体上检测到了控制落粒性的 QTL,研究表明该位点与水稻第 2 条染色体具有同源性。迄今,国外已培育出抗落粒的鸭茅(*Dactylis glomerata*)(Falcinelli et al., 1996)、大看麦娘(*Alopecurus pratensis*)和草地羊茅(*Festuca pratensis*)品种(Simon, 1996),种子产量可提高 50%~100%,但相关遗传基础研究少见报道。

我国学者初步明确了乡土草种老芒麦落粒、重要牧草箭筈豌豆裂荚的特征及其分子机制,并获得了抗落粒新种质和新基因。明确了我国 150 余种乡土草种子和羊草(*Leymus chinensis*)、长芒草(*Stipa bungeana*)等重要禾草种子的休眠生理与结构基础,确定了豆科种子物理休眠形成的关键时期和结构基础,提出了种脐与脐条共同调控的物理休眠释放假说,研发了基于休眠原理的种子休眠破除技术,有力地促进了乡土草种在生产中的应用(Hu et al.,2009)。

1.2.6　禾草内生真菌与宿主抗逆性

禾草内生真菌共生体表现出的抗逆性可能与其合成分泌的生物碱有关(Gundel et al.,2018;Bastias et al.,2017)。利用内生真菌提高宿主抗逆的优异特性,培育草类新品种是这一领域的主要目标之一。一是直接利用其赋予宿主的抗逆性,选育高带菌率的草坪草品种,美国的大多数坪用高羊茅(*Festuca arundinacea*)和黑麦草品种的内生真菌带菌率高达 90%(Hoveland,1993)。二是利用内生真菌菌株的多样性,获得只产生对昆虫有害的生物碱,而对家畜无毒且促进宿主植物抗逆的野生菌株,将其转入牧草,获得有益无害的共生体。新西兰、澳大利亚以及美国已经获得具备上述特性的 AR1、AR37、MaxQ 等菌株,并成功培育出多个黑麦草和高羊茅品种(Caradus,2012)。此外,新西兰利用内生真菌产生对家畜和昆虫均有毒害作用生物碱的特性,成功选育了'Avanex'黑麦草品种,大量减少了昆虫的采食,打断了草—虫—鸟食物链,达到了驱鸟的效果,减少了鸟击引致的飞行事故(Pennell and Rolston,2012)。

我国学者在抗逆禾草内生真菌方面取得了很大进展(Song et al.,2016),初步明确了内生真菌提高醉马草抗病、抗虫等生物逆境的同时,在抗旱、耐盐、耐寒、耐重金属等非生物逆境方面也取得了一批成果。研究发现了醉马草-内生真菌共生体参与生物碱合成、胁迫响应、核酸代谢、转录及信号转导等多种生理过程的基因(李春杰等,2018)。在我国开展了利用内生真菌提高宿主抗逆性,选育禾草新品种的工作;筛选得到了不产生对家畜有害生物碱的菌株 NgL161 等,可望用于饲草新品种的选育(见本书相关章节)。

1.3　乡土草研究与利用的若干思考

乡土草在生产和环境建设中的潜力尚未完全发挥,部分是因为对乡土草的价值缺少全面和系统的认识与评价,应进一步加大研究。

全球退化生态系统多分布于极端干旱、盐碱、高海拔等环境严酷地区,使得开展乡土草的研究、探明其抗逆机理、驯化选育优良品种成为一项长期而艰巨的任务。然而这些地区存在着丰富的植物表观基因组多样性(Schmitz et al.,2013),为研究植物的适应性机制,发掘抗逆、优质、高产的草类植物种质,培育新品种提供了得天独厚的条件。

1.3.1　明确研究目的

研究利用乡土草是一项系统工程,需要多学科研究人员的参与,共同努力(图 1-2),

但首先需要明确目的,这样才能聚焦目标,取得较快的进展。20世纪80年代,澳大利亚联邦科学与工业研究组织开始研究和选育适宜高速公路护坡的乡土草种,首先确定了3条选择标准:植株低矮,以减少修剪的费用;色泽多样,可构成有趣的景观;生物量低,可减少引发火灾的危险。据此标准,很快便选育了若干乡土草种用于生产(Smith and Whalley,2002)。

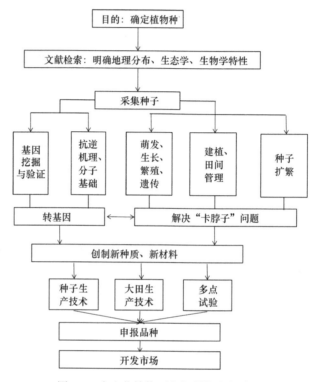

图1-2 乡土草植物研究与驯化选育过程

1.3.2 加强基础研究

基础研究是认识、利用乡土草的必要前提,唯有真正认识了其生理、生态特性及作用机制,方能充分发挥其生产潜力。研究得较为系统的当属美国的三虎尾草和我国的无芒隐子草。对这两种乡土草的研究涵盖了分子生物学、细胞学、种子学及农艺学,形成了完整的理论与应用技术体系,但在其他乡土草种上,尚缺少这种系统、全面的研究。首先,需要对当前具有重要优异特性和重大应用前景,或者已经被实践证明具有重要生产及生态价值的乡土草加以深入研究,推动其在生产和生态建设中进一步发挥重要作用。

1.3.3 加强种子生产与推广技术体系研究

任何一种优异的乡土草种,如果不能解决种子生产和利用中的问题,则将无法在实践中加以利用。由于长期适应自然环境,乡土草在繁殖性状方面多半存在问题,如落粒、裂荚、休眠、成熟期不一致等，阻碍了乡土草种的推广利用。美国乡土草播种面积可能只占草地面积的 5%，澳大利亚仅为 1% 左右。这可能与缺少高效的乡土草种子生产与质量管理技术有关。为此，美国、澳大利亚两国均加强了这方面的工作，出版了种子生产（Waters et al.，2001；Smith and Smith，1997）和应用（Dickerson and Wark，1997；Wark et al.，1995）等方面的技术指南，帮助生产者解决实际困难。另外，在推广应用技术方面也需加强。澳大利亚建立的乡土草网站，不仅介绍乡土草的科研成果、普及科技知识，而且销售乡土草种子与植株，产品共有 640 余种，分为禾草、绿篱、灌木、地被物、攀缘植物等，进一步推动乡土草的应用。

我国青藏高原地区主要栽培驯化的乡土草种——垂穗披碱草和老芒麦，播种面积占我国多年生栽培草地面积的 20.8%，柠条锦鸡儿（*Caragana korshinskii*）种植面积占全国多年生栽培草地面积的 10%，这可能与这三种牧草种子易于收获和建植有很大关系，但披碱草属牧草落粒严重，通常机械作业只能收回产量的 1/3 左右，迫切需要加强种子生产和质量管理等方面的研究。

1.4　本 章 小 结

本章介绍了乡土草的概念；论述了乡土草在保障食物安全、生态安全和生物多样性保护等方面的重要作用；简要介绍了国内外的研究进展。近十余年来，在连续两个 973 计划项目的支持下，我国乡土草的研究取得了较大的进展，缩小了与发达国家的差距，在乡土草抗逆机理与驯化选育新品种等方面形成了特色。当前，国内外对乡土草的研究主要集中在 6 个方面：种质资源收集与评定、驯化选育为栽培牧草、抗逆特性评价及优异基因挖掘、饲用品质性状评价与利用、繁殖性状的提高、禾草内生真菌与宿主抗逆性。最后，就乡土草研究与利用提出了若干建议：明确研究目的、加强基础研究和种子生产与推广技术体系研究。

参 考 文 献

白史且, 鄢家俊. 2020. 老芒麦种质资源研究与利用. 北京: 科学出版社.

陈默君, 贾慎修. 2002. 中国饲用植物. 北京: 中国农业出版社.

董玉琛, 刘旭. 2006. 中国作物及其野生近缘植物. 北京: 中国农业出版社.

蒋尤泉. 1996. 我国牧草种质资源的研究成就与展望. 东北师大学报(自然科学版), 3: 93-96.

李春杰, 姚祥, 南志标. 2018. 醉马草内生真菌共生体研究进展. 植物生态学报, 42(8): 793-805.

李建东, 方精云. 2017. 中国草原的生态功能研究. 北京: 科学出版社.

南志标. 1975. 进行野生牧草驯化、选育工作的几点体会. 草原科技资料, 4: 193-201.

南志标. 2017. 中国农区草业与食物安全研究. 北京: 科学出版社.

南志标, 王锁民, 王彦荣, 等. 2016. 我国北方草地 6 种乡土植物抗逆机理与应用. 科学通报, 61(2): 239-249.

旭日干, 任继周, 南志标. 2017. 中国草地生态保障与食物安全战略研究. 北京: 科学出版社.

喻朝庆. 2019. 水-氮耦合机制下的中国粮食与环境安全. 中国科学: 地球科学, 49(12): 2018-2036.

中华人民共和国国务院新闻办公室. 2019. 《中国的粮食安全》白皮书.

Bastias D A, Martínez-Ghersa M A, Ballaré C L, et al. 2017. *Epichloë* fungal endophytes and plant defenses: not just alkaloids. Trends in Plant Science, 22(11): 939-948.

Caradus J. 2012. The commercial impact of *Neotyphodium* endophyte science and technology. *In*: Proceedings of the 8th International Symposium on Fungal Endophyte of Grasses. Lanzhou, China.

Carter J W, Gordon T R. 2020. Infection of the native California grass, *Bromus carinatus*, by *Fusarium circinatum*, the cause of pitch canker in pines. Plant Disease, 104: 194-197.

Cheplick G P. 2020. Life-history variation in a native perennial grass (*Tridens flavus*): reproductive allocation, biomass partitioning, and allometry. Plant Ecology, 221: 103-115.

Cox T S, Bender M, Picone C, et al. 2002. Breeding perennial grain crops. Critical Reviews in Plant Sciences, 21: 2: 59-91.

Condón F, Jaurena M, Reyno R, et al. 2017. Spatial analysis of genetic diversity in a comprehensive collection of the native grass *Bromus auleticus* Trinius (ex Nees) in Uruguay. Grass and Forage Science, 72: 723-733.

Dickerson J, Wark B. 1997. Vegetation with Native Grasses in Northeastern North America. Stonewall (MB): Ducks Unlimited Canada.

Falcinelli M, Russi L, Lorenzetti F. 1996. Breeding strategies for yield and quality of forage grass seeds in a Mediterranean environment. *In*: Proceedings of the 3rd International Herbage Seed Conference. Halle, Germany.

Gepts P, Hancock J. 2006. The future of plant breeding. Crop Science, 46(4): 1630-1634.

Graedel T E, Allenby B R. 2009. Industrial Ecology and Sustainable Engineering. Englewood: Prentice Hall.

Gundel P E, Seal C, Biganzoli F, et al. 2018. Occurrence of alkaloids in grass seeds symbiotic with vertically-transmitted *Epichloë* fungal endophytes and its relationship with antioxidants. Frontiers in Ecology and Evolution, 6: 211.

Hancock K R, Collette V, Fraser K, et al. 2012. Expression of the R2R3-MYB transcription factor TamYB14 from *Trifolium arvense* activates proanthocyanidin biosynthesis in the legumes *Trifolium repens* and *Medicago sativa*. Plant Physiology, 159: 1204-1220.

Hasanuzzaman M, Hakeem K R, Nahar K, et al. 2019. Plant Abiotic Stress Tolerance Agronomic, Molecular and Biotechnological Approaches. Cham: Springer.

Herrero M, Havlik P, Valin H, et al. 2013. Biomass use, production, feed efficiencies, and greenhouse gas emissions from global livestock systems. Proceedings of the National Academy of Sciences, 110(52): 20888-20893.

Hoveland C S. 1993. Importance and economic significance of the *Acremonium* endophytes to performance of animals and grass plant. Agriculture, Ecosystems and Environment, 44(1-4): 3-12.

Hu X W, Wang Y R, Wu Y P, et al. 2009. Role of the lens in controlling water uptake in seeds of two Fabaceae (Papilionoideae) species treated with sulphuric acid and hot water. Seed Science Research, 19: 73-80.

Huws S A, Creevey C J, Oyama L B, et al. 2018. Addressing global ruminant agricultural challenges through understanding the rumen microbiome: past, present, and future. Frontiers in Microbiology, 9: 2161.

Ierna A, Mauromicale G. 2020. Improved seed germination and biomass yield in five Mediterranean ecotypes of *Piptatherum miliaceum*: a native grass species for bioenergy purposes. Industrial Crops and Products, 143: 111891.

Ji H, Kim S R, Kim Y H, et al. 2010. Inactivation of the CTD phosphatase‑like gene *OsCPL1* enhances the development of the abscission layer and seed shattering in rice. Plant Journal, 61(1): 96-106.

Kozub P C, Cavagnaro J B, Cavagnaro P F. 2018. Exploiting genetic and physiological variation of the native forage grass *Trichloris crinita* for revegetation in arid and semi-arid regions: an integrative review. Grass and Forage Science, 73(2): 257-271.

Larson S R, Kellogg E A. 2009. Genetic dissection of seed production traits and identification of a major-effect seed retention QTL in hybrid *Leymus* (Triticeae) Wildryes. Crop Science, 49(1): 29-40.

Li X Y, Wang Y R, Wei X, et al. 2014. Planting density and irrigation timing affects *Cleistogenes songorica* seed yield sustainability. Agronomy Journal, 160: 1690-1696.

Marley C L, Cook R, Keatinge R, et al. 2003. The effect of birdsfoot trefoil (*Lotus corniculatus*) and chicory (*Cichorium intybus*) on parasite intensities and performance of lambs naturally infected with helminth parasites. Veterinary Parasitology, 112(1-2): 147-155.

Mitchell M L, McCaskill M R, Armstrong R D. 2019. Phosphorus fertiliser management for pastures based on native grasses in south-eastern Australia. Crop and Pasture Science, 70: 1044-1052.

Nan Z, Li C. 2000. *Neotyphodium* in native grasses in China and observations on endophyte/host interactions. *In*: Proceedings of the 4th International *Neotyphodium*/Grass Interactions Symposium. Soest, Germany.

Peng K, Gresham G L, McAllister T A, et al. 2020. Effects of inclusion of purple prairie clover (*Dalea purpurea* Vent.) with native coll-season grasses on *in vitro* fermentation and *in situ* digestibility of mixed forages. Journal of Animal Science and Biotechnology, 11: 23.

Pennell C G L, Rolston M P. 2012. Novel uses of grass endophyte technology. *In*: Proceedings of the 8th International Symposium on Fungal Endophyte of Grasses. Lanzhou, China.

Provenza F D, Gregorini P, Carvalho P C F. 2015. Synthesis: foraging decisions link plants, herbivores and human beings. Animal Production Science, 55: 411-425.

Reddy K O, Maheswari C U, Dhlamini M S, et al. 2018. Extraction and characterization of cellulose single fibers from native african napier grass. Carbohydrate Polymers, 188: 85-91.

Rumball W, Keogh R G, Lane G E, et al. 1997. 'Grasslands Lancelot' plantain (*Plantago lanceolata* L.). New Zealand Journal of Agricultural Research, 40(3): 373-377.

Schmitz R J, Schultz M D, Urich M A, et al. 2013. Patterns of population epigenomic diversity. Nature, 495(7440): 193.

Silvestri S, Bryan E, Ringler C, et al. 2012. Climate change perception and adaptation of agro-pastoral communities in Kenya. Regional Environmental Change, 12(4): 791-802.

Simon U. 1996. Breeding for resistance to seed shattering in forage grasses. *In*: Proceedings of the 3rd International Herbage Seed Conference. Halle, Germany.

Smith S R, Whalley R. 2002. A model for expanded use of native grasses. Native Plants Journal, 3(1): 38-49.

Smith S R Jr, Smith S R. 1997. Native Grass Seed Production Manual. Stonewall (MB): Ducks Unlimited Canada.

Song H, Nan Z B, Song Q Y, et al. 2016. Advances in research on *Epichloë* endophytes in Chinese native grasses. Frontiers in Microbiology, 7: 1399.

Sunkar R. 2017. Plant Stress Tolerance Methods and Protocols. Second Edition. New York: Humana Press.

Tihou N W, Nave R L G. 2018. Improving nutritive value of native warm-season grasses with the plant growth regulator trinexapac-ethyl. Agronomy Journal, 110: 1836-1842.

Wark D B, Poole W R, Arnot R G, et al. 1995. Revegetating with Native Grasses in the Northern Great Plains. Stonewall (MB): Ducks Unlimited Canada.

Waters C, Whalley R D B, Huxtable C H A. 2001. Grass Up: a Guideline for Revegetating with Australian Native Grass. Dubbo: NSW Agriculture.

Yahdjian L, Sala O E, Havstad K M. 2015. Rangeland ecosystem services: shifting focus from supply to reconciling supply and demand. Frontiers in Ecology and the Environment, 13(1): 44-51.

Yan Q, Wu F, Yan Z Z, et al. 2019. Differential co-expression networks of long non-coding RNAs and mRNAs in *Cleistogenes songorica* under water stressand during recovery. BMC Plant Biology, 19: 23.

Zhang K, Johnson L, Prasad P V V, et al. 2015. Comparison of big bluestem with other native grass: chemical composition and biofuel yield. Energy, 83: 358-365.

Zhang L J, Hu X W, Miao X M, et al. 2016. Genome-scale transcriptome analysis of the desert shrub *Artemisia sphaerocephala*. PLoS One, 11(4): e0154300.

Zhang P P, Li S S, Guo Z F, et al. 2019. Nitric oxide regulates glutathione synthesis and cold tolerance in forage legumes. Environmental and Experimental Botany, 167: 103851.

第一篇

抗逆形态学

第2章 根系形态与乡土草抗逆

南志标 牛学礼 夏 超

2.1 引 言

草地是全球最大的陆地生态系统，其在保障人类食物安全、改善生态环境、应对全球变化等方面发挥着不可替代的作用。包括根系及其附属结构在内的地下部分，不仅具有锚定植株、吸收传输土壤中的水分和养分、合成和储藏营养物质等生理功能（严小龙，2007），而且是草地农业生态系统中连接草丛-地境界面的纽带（任继周等，2000），直接关系到植物地上部分的生长、发育、作用与功能，是整个生态系统的重要组分。只有明确了植物地下与地上两大部分的关联，才能深刻理解草地生态系统的功能与过程（Bardget and Wardle，2010）。而这种关联是通过根系实现的，对于某种生态系统而言，植物根系的形态、构型与分布及其对全球变化的响应，在很大程度上决定了该系统的发育过程、水分平衡、矿质元素的生物功能及组成（图2-1）。包括根系生态、土壤生态、土壤动物生态、土壤微生物生态等在内的地下生态系统，已成为国际生态学领域的研究热点（贺金生等，2004）。然而，由于受采样方法和技术的限制，人们对植物地下部分的认识远不及地上部分，有人将其称为植物"隐藏的一半"（Eshel and Beeckman，2013）。当前，国内外关于植物根系的研究可基本概括为大田作物研究多、牧草研究少；在牧草研究方面，根系形态描述多，对其逆境适应机制研究少（Salopek-Sondi et al.，2015）。

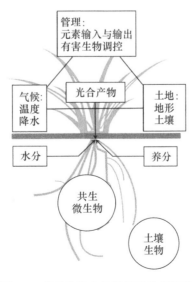

图 2-1 草类植物中的能量及物质流动

我国是世界草地大国，具有丰富的牧草资源。早在 20 世纪初，我国学者便陆续开展了牧草根系的研究，但主要集中在栽培牧草（王比德，1985）。20 世纪 60 年代以来，我国学者陆续开展了天然草原植物学研究，代表性的有东北草原地下部分的研究分析（祝廷成，1960）、民勤沙地植物的分蘖特征观察（胡自治和邢锦珊，1978）等。近 20 年来的研究主要集中在根系分布特征、根系生物量及根系对放牧强度的响应方面，涉及的牧草主要有针茅（*Stipa* spp.）（金净等，2017；陈万杰等，2015；秦洁等，2014；李怡和韩国栋，2011；雒文涛等，2011；周艳松等，2011）、小嵩草（*Kobresia pygmaca*）（王长庭等，2008），另有少量内蒙古天然草原（柴曦等，2014；王旭峰等，2013；马文红和方精云，2006）和黄土高原天然草原（张娜和梁一民，2002）地下生物量的研究。胡中民等（2005）综述了我国草地地下生物量的研究进展。陈世鐄（2001）研究了我国北方草原 383 种植物根系的生物学和生态学特性，并将其分为根茎型、密丛型、疏丛型、轴根型、根蘖型、须根型、鳞茎型、块根型、块茎型和球茎型 10 个类型。

有研究表明，由于逆境胁迫，多数植物的实际产量仅为其潜在产量的 25%，通过增强植物的抗逆特性，以及科学的管理，可以从失去的 75%产量中挽回损失，增加收获（Tuteja and Gill，2014）。植物一般以两种策略来适应逆境：遗传分化和表型可塑性（武高林和杜国祯，2007）。遗传分化主要是一种基因型对策；植物形态表型可塑性则是植物个体水平上对异质环境的适应对策。植物的个体表型是由基因型决定的，但在一定程度上又受到环境条件的影响。所以可以认为植物的表型可塑性是植物基因型和环境之间相互作用的产物。对环境潜在适应能力高的植物往往具有较强的可塑性，这种可塑性使植物即使在胁迫条件下仍能通过自身结构的改变而减少或是免除不利环境对其生长的影响（Strauss-Debenedetti and Bazzaz，1991）。

干旱是植物最常见的逆境之一。众多学者为理解植物的抗旱机制，从形态、器官、细胞、分子等尺度进行了不懈探索，丰富了认知（Koevoets et al.，2016；Hossain et al.，2016；Eshel and Beeckman，2013）。根系是对干旱胁迫最敏感、反应最快的植物器官，植物感受这一逆境信号后做出相应的反应，首先在基因表达上进行时间和空间的调整，然后调整代谢途径和方向、改变碳同化产物的分配比例和方向，进而改变根系形态和分布，以适应环境胁迫，其中根系形态上的变化最为直观（刘莹等，2003）。根对干旱胁迫的适应性变化主要是保证其吸收尽可能多的土壤水分，满足其自身及植物其他部分的需要。以荒漠植物为材料，研究其对干旱的适应性形态特征和机制，对于改进作物的抗旱性、增加产量、改善草地植被寿命等均具有重要意义（Eshel and Beeckman，2013）。

无芒隐子草（*Cleistogenes songorica*）是多年生超旱生禾草。主要分布于中国、蒙古、中亚和西伯利亚南部等国家和地区，在我国主要分布在内蒙古、陕西、宁夏、甘肃、青海及新疆等省（区），具有耐热、抗旱、耐寒、耐践踏、青绿期长、适口性好等特点，是荒漠草原区优良的禾本科牧草（Niu and Nan，2017）。近十余年来，兰州大学草地农业科技学院王彦荣团队及其他相关研究人员对该草开展了一系列研究，取得了丰硕的成果，将野生的无芒隐子草成功驯化栽培，通过了全国草品种审定委员会审定，命名为'腾格里'无芒隐子草（下文称其为"栽培"）。本章将以该种草为例，阐述乡土草的根系特征及其生态适应性，其内容主要源自作者对无芒隐子草根系形态特征及其对干旱胁迫响应等方面的研究成果。凡涉及野生无芒隐子草的试验均在内蒙古阿拉善进行，凡是栽培无芒隐子草的试验均是在位于甘肃省张掖市的兰州大学张掖试验站进行，两地均属于典型的荒漠草原区，年降水量均为 120mm 左右，最高气温均出现在 7 月，分别为 23.5℃和 22.9℃，最低气温均出现在 1 月，分别为–9.5℃和–11.0℃。根据阿拉善和张掖两地气象站的资料，本试验开展期间的 2011～2014 年各月均温和降水量见图 2-2。

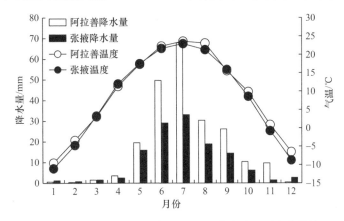

图 2-2　2011～2014 年阿拉善与张掖月均温及降水量（引自牛学礼，2017）

试验期间，测定了栽培草地每日 8:00、13:00 和 18:00 土层 5cm、15cm 和 25cm 深度的温度。一天当中各土层在 8:00 的温度最低，13:00 的温度最高。除 8:00 外，土壤温度随土层深度的增加逐渐下降，以 5cm 土层温度最高，25cm 土层温度最低（图 2-3）。

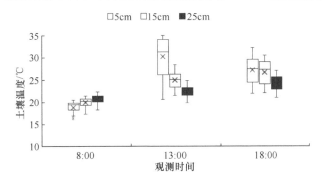

图 2-3　栽培无芒隐子草草地每天 8:00、13:00 和 18:00 不同土层温度变化
（引自牛学礼，2017）

理解植物根系在如此严酷环境中的适应性发育机制，对于进一步挖掘优异的基因资源、培育优良牧草具有重要的参考价值。

2.2　根系形态与生物学特征

根系是植物地下根的总称（金银根，2010）。根系形态是指其外部特征，包括各级别的数目、长度、空间分布等与根系形态和生长相关的特性，影响着植物对水分、养分的吸收、输送和植物自身生产力（Lynch，1995）。

2.2.1 不定根

除种子根外，无芒隐子草不定根均从分蘖基部发育而成，每个分蘖具 1～3 条不定根，一般为 2 条，不定根与地平面存在夹角 θ（$\theta < 90°$），不定根产生越晚，夹角越小。不定根上又产生一级侧根和二级侧根，一级侧根为在不定根上直接出现的侧根，二级侧根为在一级侧根上出现的侧根，未发现三级侧根（图 2-4）。

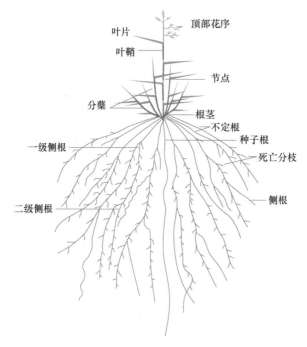

图 2-4　无芒隐子草植株模式图（引自牛学礼，2017）

2.2.1.1 不定根数量

1～5 龄的单个无芒隐子草植株不定根数为 32～542 条/株，分蘖数为 16～271 个/株，约为不定根数的 1/2。两者均随无芒隐子草株龄增加而增加，但同株龄的不定根数始终高于分蘖数（图 2-5）。

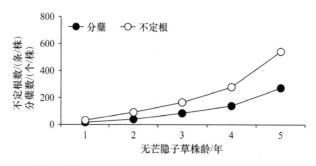

图 2-5　1～5 龄栽培无芒隐子草单株不定根数与分蘖数（引自牛学礼，2017）

　　通过拟合栽培无芒隐子草植株的不定根数和分蘖数，发现存在以下线性关系：不定根数=2.0048×分蘖数（R^2=0.9876），表明栽培无芒隐子草每个分蘖基部平均产生 2 条不定根；而野生无芒隐子草通过拟合发现：不定根数=1.4465×分蘖数（R^2=0.9095），即野生无芒隐子草植株每个分蘖基部平均产生 1.45 条不定根（图 2-6）。

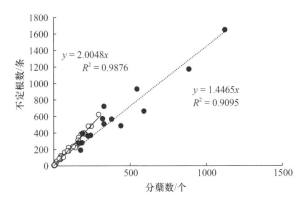

图 2-6　野生与栽培无芒隐子草植株不定根数与分蘖数的线性拟合（引自牛学礼，2017）
空心实线为栽培无芒隐子草，实心虚线为野生无芒隐子草

2.2.1.2　根系侧根数

　　无芒隐子草根系侧根数为 0～0.9 条/cm。野生和栽培的无芒隐子草根系侧根数的分布范围不同，野生的主要分布在 5～35cm 土层，以 10～15cm 土层最大，为 0.2 条/cm；1 龄栽培无芒隐子草侧根分布在 5～35cm 土层，以 10～15cm 土层最大，约为 0.9 条/cm（图 2-7）。

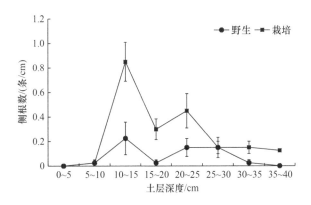

图 2-7　野生与栽培无芒隐子草在 0～40cm 土层的侧根数（引自牛学礼，2017）

　　对栽培无芒隐子草不同株龄的植株根系侧根进行研究发现，1 龄无芒隐子草植株仅23.3%的初生不定根上具有一级侧根，1.7%的初生不定根上有二级侧根；而 2 龄植株的初生不定根上具有一级和二级侧根的比例分别为 78.3%和 28.3%；3 龄植株的两级侧根的比例分别达到 91.7%和 35.0%，4 龄的比例分别为 95.0%和 41.7%；5 龄的比例分别为 98.3%和 43.3%（表 2-1）。单株无芒隐子草不定根数量随株龄增加而增加，有一级侧根和二级侧根的不定根数的比例也随株龄增加而增加。不定根的侧根主要产生在 10cm 以下土层。

表 2-1　1~5 龄栽培无芒隐子草不定根数及侧根数（引自牛学礼，2017）

株龄/年	不定根数量/（条/株）	一级侧根不定根数占总根数的百分比/%	二级侧根不定根数占总根数的百分比/%
1	32±3e	23.3±2.6c	1.7±0.2c
2	92±10d	78.3±9.4ab	28.3±4.0b
3	165±18c	91.7±9.2a	35.0±4.9ab
4	279±36b	95.0±9.5a	41.7±5a
5	542±76a	98.3±12.8a	43.3±6.1a

注：表中数值为平均值±标准误，同列不同小写字母表示差异显著（$P<0.05$）

连续两年用微根管法观测 4 龄和 5 龄栽培的无芒隐子草根系，结果表明，根系的侧根数随生长季节不断增加，每年 10 月初达到高峰。10~30cm 土层是其根系侧根存在最多的部位，其次是 0~10cm，而 50~70cm 处的侧根最少（图 2-8）。

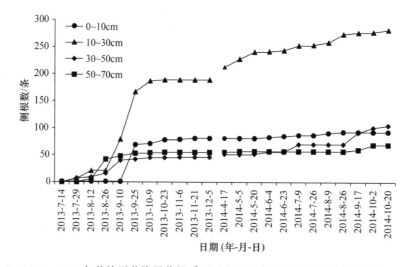

图 2-8　2013~2014 年栽培无芒隐子草根系不同土层深度的侧根数（引自牛学礼，2017）

对每条根而言，根尖是其吸收水分最优先且最主要的功能区域（Eshel and Beeckman，2013）。根系侧根越多，表明根尖数量的增加和吸水能力的增强。

这与图 2-7 的分布土层不同，主要是因为图 2-7 是对 1 龄植株测定的结果，在建植当年，根系主要分布在 5~10cm 土层，而到 4~5 龄草地，根系的分布范围逐渐增加。

2.2.1.3　根长与表面积

2013~2014 年，采用微根管法对 4 龄、5 龄的栽培无芒隐子草根系进行监测，发现其根系在生长季不断生长。总根长达到 1245.0~1250.9cm，主要集中分布在 10~30cm 和 30~50cm 土层，5 龄的栽培无芒隐子草在上述两个土层根长分别达到 400.3cm 和 395.9cm，分别占总根长的 32.1%和 31.8%（图 2-9）。野生和栽培无芒隐子草侧根长度分别为 10.0~24.4mm 和 8.5~22.0mm，其中野生的侧根主要出现在 5~15cm 土层，而栽培的在 15~20cm 土层。

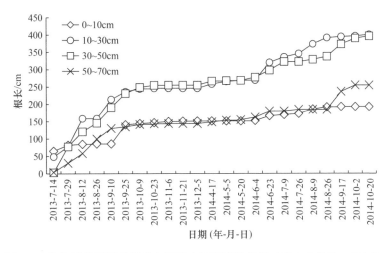

图 2-9　栽培无芒隐子草根系在不同土层深度的根长（引自牛学礼，2017）

栽培无芒隐子草总根长远高于王旭峰等（2013）对生长于内蒙古草原的同种禾草的报道，其总根长仅为175.4cm，也远高于该作者报道的包鞘隐子草（*Cleistogenes kitagawai*）和糙隐子草（*Cleistogenes squarrosa*），两者总根长分别为 556.1cm 和 269.8cm。

野生无芒隐子草 0～60cm 土层根表面积为 282.7cm²/cm³，而栽培植株的这一数值是 148.1cm²/cm³，两者均远高于王旭峰等（2013）的报道。0～60cm 土层以每 10cm 为一间隔，野生植株根表面积在各层的分布分别为 77.1cm²/cm³、66.9cm²/cm³、46.1cm²/cm³、26.8cm²/cm³、37.2cm²/cm³ 和 28.5cm²/cm³，栽培植株在各层分布分别为 79.6cm²/cm³、31.7cm²/cm³、22.2cm²/cm³、9.4cm²/cm³、5.2cm²/cm³、0cm²/cm³，各土层中野生植株根表面积均高于栽培植株，且两者均属于"T"型分布（图 2-10）。研究表明，根长、表面积与根的生物量显著相关（雒文涛等，2011；秦洁等，2014）。

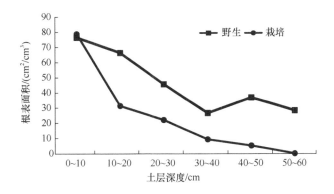

图 2-10　野生与栽培无芒隐子草根系在 0～60cm 土层的根表面积（引自牛学礼，2017）

2.2.1.4　根系生长速率

根系生长速率是指根系每日增加的长度，以"cm/d"表示。2013 年和 2014 年连续两年对 4 龄和 5 龄根系采用微根管法进行监测的结果表明，根系的最快生长速率多出现在 6～9 月，每月平均增长速率分别为 0.8cm/d、1.1cm/d、1.3cm/d 和 1.8cm/d。4 龄和 5

龄的无芒隐子草根系生长速率最大值均出现在 10～30cm 土层，分别为 1.73cm/d 和 0.70cm/d。综合两年数据，根系生长速率仍在 10～30cm 土层最大，达到 1.16cm/d；0～10cm 土层最小，仅为 0.39cm/d（图 2-11）。

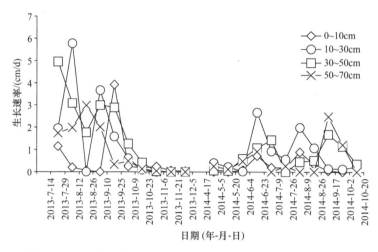

图 2-11　栽培无芒隐子草根系在 0～70cm 土层的根系生长速率（引自牛学礼，2017）

2.2.2　根茎

根茎是植物的地下茎，是植物的茎沿地表或地下水平生长而成。无芒隐子草具有与地表平行的根茎，根茎将植株的地上部分和所有根系连接在一起，使得所有根系吸收的水分和养分能用于地上部分的生存、生长和发育，尤其在长期干旱条件下，无芒隐子草能通过强壮的根系吸收土层深处的水分和养分来维持地上部分的需求，以适应极端干旱条件。

2.2.2.1　根茎入土深度和长度

对野生和栽培无芒隐子草根茎的入土深度及长度测定发现，野生无芒隐子草的各指标均显著高于栽培的，野生植株的根茎入土深度与羊草（*Leymus chinensis*）相似（徐大伟等，2017），其入土深度及长度分别为 3.0cm 和 8.9cm，分别是栽培植株的 3.0 倍和 3.9 倍（表 2-2）。两者巨大的差异可能是环境导致了根茎生长习性的变化。

表 2-2　野生与栽培无芒隐子草根茎长度与入土深度（引自牛学礼，2017）

指标	野生	栽培
长度/cm	8.9±2.2*	2.3±0.7
入土深度/cm	3.0±0.8*	1.0±0.3

注：*表示野生与栽培无芒隐子草之间差异显著（$P<0.05$）

2.2.2.2　根茎含水量

野生无芒隐子草根茎和根的含水量分别为 32.7%和 20.5%，两者差异显著（$P<0.05$）。与野生植株相似，无论干旱胁迫还是非干旱胁迫，栽培无芒隐子草地下器官的含水量均是根茎大于根，干旱胁迫条件下两个器官的含水量分别是 74.7%和 43.8%，前者显著高于后

者。非干旱胁迫条件下根茎和根的含水量分别为 79.4%和 44.0%，差异显著（$P<0.05$）。

根茎是无芒隐子草植株贮存水分的重要部位，在无芒隐子草抵抗干旱中发挥着重要作用（图 2-12）。

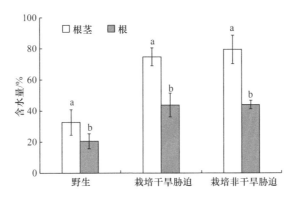

图 2-12 野生与栽培无芒隐子草根茎及根含水量（引自牛学礼，2017）

不同小写字母表示相同条件下差异显著（$P<0.05$）

2.2.3 生物量和根冠比

2.2.3.1 根冠比

植物生物量是指某一植物种群在特定时间内单位面积存活的有机物质总量，通常又分为地上与地下部分生物量。根冠比是植物地下与地上部分干物质产量的比值，是光合产物输入植物地下部分的比例，对明确生态系统物质循环有重要作用。

2011~2013 年连续 3 年对野生和栽培无芒隐子草草地的观测表明，由于生长条件的差异，栽培草地地上生物量为 408.7g/m²，而野生草地即使在禁牧条件下，也仅有 44.4g/m²（表 2-3）。前者是后者的 9.2 倍。两种草地的地下生物量分别为 1191g/m² 和 1616.3g/m²，前者是后者的 73.7%，由此导致栽培和野生植株的根冠比分别为 2.9 和 36.4。野生植株根冠比远高于其他草地植物（胡中民等，2005；马文红和方精云，2006），造成这种差别的主要原因可能是阿拉善荒漠草原环境的严酷性。

表 2-3 2011~2013 年野生与栽培无芒隐子草地上、地下生物量（引自牛学礼，2017）

指标	栽培	野生
地上生物量/（g/m²）	408.7*	44.4
地下生物量/（g/m²）	1191.0	1616.3*
合计/（g/m²）	1599.7	1660.7
根冠比	2.9	36.4*

注：*表示栽培与野生无芒隐子草之间差异显著（$P<0.05$）

同等栽培条件下，无芒隐子草比高羊茅（*Festuca arundinacea*）具有较大的根冠比。干旱条件下，无芒隐子草也表现出较大的根冠比。例如，在为期 30d 的试验中，间隔 3d 灌溉时，两种牧草的根冠比相似，但在间隔 6d 或 9d 灌溉时，无芒隐子草的根冠比分别约是高羊茅的 1.6 倍和 4.9 倍，在为期 60d 或 90d 的试验中表现出相似的结果（表 2-4）。

表 2-4　无芒隐子草和高羊茅在不同灌溉处理下的根冠比（引自牛学礼，2017）

生长天数/d	灌溉间隔/d	根冠比	
		无芒隐子草	高羊茅
30	3	2.4b	2.4a
	6	3.1b*	1.91b
	9	6.9a*	1.4c
60	3	3.1b	2.7a
	6	3.8b*	2.1b
	9	6.7a*	1.6c
90	3	4.1c	2.9a
	6	5.1b*	2.5ab
	9	6.9a*	2.1b

注：*表示无芒隐子草与高羊茅间差异显著，同列不同小写字母表示相同生长天数不同灌溉间隔处理之间差异显著（$P<0.05$）

2.2.3.2　地下生物量的空间分布

2011 年和 2013 年，栽培无芒隐子草平均根系生物量分别为 7.1g/株和 19.2g/株。主要分布在 0～70cm 土层，随土层深度的增加而逐渐减少，根系呈 "T" 型分布（陈万杰等，2015）。两年中，0～10cm 土层的生物量占比分别达到 62.2%和 39.3%，其次为 10～20cm 土层，生物量的占比分别为 25.2%和 26.3%（表 2-5）。这与内蒙古典型草原研究所获结果相似（柴曦等，2014；李怡和韩国栋，2011）。

表 2-5　栽培无芒隐子草 0～70cm 土层根系生物量及占根系总生物量的比例（引自牛学礼，2017）

土层深度/cm	2011 年		2013 年	
	生物量/（g/株）	占比/%	生物量/（g/株）	占比/%
0～10	4.4	62.2	7.5	39.3
10～20	1.8	25.2	5.0	26.3
20～30	0.7	10.2	3.4	17.7
30～40	0.1	1.6	2.2	11.5
40～50	0.1	0.8	0.7	3.5
50～60	0.0	0.0	0.3	1.5
60～70	0.0	0.0	0.1	0.3

野生和栽培无芒隐子草根系生物量密度均随土层增加而下降，根系生物量主要分布在 0～40cm 土层。2011 年与 2013 年相比，各土层生物量无显著差异（图 2-13）。

2.2.3.3　不同植株密度的地上生物量

2011～2014 年，研究测定了不同植株密度的栽培无芒隐子草地上生物量。结果表明，单株地上生物量峰值均出现在 7 月或 8 月，与水热条件相一致。10 株/m²、20 株/m² 和 30 株/m² 的植株密度单株最高生物量分别为 52.5g/株、32.0g/株和 20.6g/株，即 10 株/m² 时产量最高，30 株/m² 时最低，单株地上生物量与每平方米的株数呈反比，反映了植株对生物资源的争夺（图 2-14a）。单位面积地上生物量峰值依然出现在 7 月或 8 月。植株密度为 10 株/m² 和 20 株/m² 时，单位面积地上生物量的峰值出现在 7 月，分别是 525.0g/m²、640.5g/m²，30 株/m² 时峰值出现在 8 月，为 618.1g/m²。比较而言，20 株/m² 时产量最高，10 株/m² 时最低（图 2-14b）。

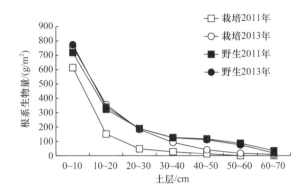

图 2-13　野生与栽培无芒隐子草根系生物量（引自牛学礼，2017）

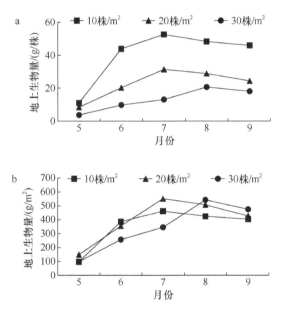

图 2-14　不同植株密度栽培无芒隐子草单株（a）和单位面积（b）地上生物量（引自牛学礼，2017）

2.3　根系对干旱与风沙胁迫的响应

无芒隐子草长期生长在荒漠草地，与环境协同进化，形成了适应当地干旱与风沙环境的根系构型和特征。通过比较其根系结构在野生与栽培条件下的异同，可以进一步理解其表型特征的发展与进化。

2.3.1 利用有限水分快速生长

2.3.1.1 快速生长

（1）根长

1）苗期

采用 10cm×10cm 的花盆，以取自兰州大学张掖试验站栽培草地周围田间 0～20cm 的过筛土壤为培养基质，分别播种高羊茅和无芒隐子草种子，然后将所有花盆置于田间（上述栽培草地旁边），不进行遮光、遮雨等其他处理。每日 8:00 和 18:00 每盆分别浇水 250ml，保持花盆土壤水分充足。

待种子萌发后，每天随机选取无芒隐子草和高羊茅各 3 盆，用剪刀剪破花盆，并置于沙网上，用自来水冲去大部分土后连同沙网一并放入塑料盆中（20cm×10cm）小心清洗，获得完整的幼苗。选取长势相似的幼苗 5 株，并置于滤纸上，在体视镜下观察并分别测量其根长、苗长。

与高羊茅抗旱品种'节水'相比，无芒隐子草具有种子萌发快、根系生长快、地上生长慢等特性。同等条件下，无芒隐子草种子比高羊茅种子早一天萌发，萌发后的 6d 内，无芒隐子草和高羊茅的根长均随萌发后天数增加而迅速增加（图 2-15a），之后趋于缓慢，同一天内无芒隐子草根长显著大于高羊茅。萌发后第 9 天出现第二个不定根。无芒隐子草地上部分生长十分缓慢，在萌发后前 3d 基本无苗长生长，但叶片正常发育（图 2-15b），而高羊茅苗长长度呈逐渐增加趋势，在第 12 天超过 20mm（图 2-16）。

2）成株期

2011～2013 年，对栽培的无芒隐子草进行了干旱胁迫处理，处理包括：①对照（无干旱，4～9 月，每 15d 灌溉一次）；②中度胁迫（4～9 月，每 40d 灌溉一次）；③重度胁

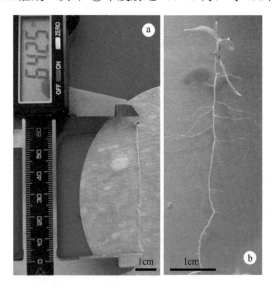

图 2-15　栽培无芒隐子草幼苗的根系形态（引自牛学礼，2017）

a. 幼苗萌发 8d 后的状态；b. 产生第二个不定根的幼苗在静水中的照片

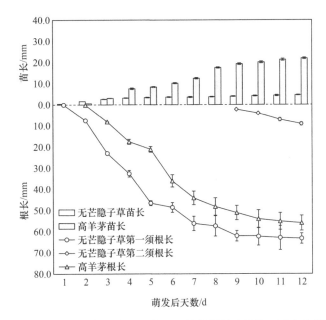

图 2-16　无芒隐子草和高羊茅萌发 12d 内逐日幼苗根长及苗长（引自牛学礼，2017）

迫（仅 5 月和 7 月各灌溉一次）等 3 个处理。3 年试验期内，生长季逐月降水量见表 2-6。降水主要分布在 5～9 月，年际降水量差异较大，2013 年降水最多，达 135.1mm，2011年最少，仅为 73.6mm。生长季内，不同年份同一月份降水差异较大，不均匀性明显。

表 2-6　2011～2013 年生长季张掖试验站月降水量（引自牛学礼，2017）（单位：mm）

月份	2011 年	2012 年	2013 年
5	7.9	14.1	13.4
6	16.0	56.0	35.7
7	13.0	33.0	67.4
8	30.0	10.8	12.7
9	6.7	8.2	5.9

　　无芒隐子草在无干旱胁迫、中度和重度干旱胁迫条件下，根长分别是 22.4cm、41.8cm 和 20.6cm。中度干旱条件下的根长显著高于无干旱胁迫和重度干旱胁迫条件下的根长，后两者间无显著差异。与高羊茅相比，在无干旱胁迫条件下，两种植物的根长相近，但在中度或重度干旱胁迫下，2013 年无芒隐子草根长显著高于高羊茅（$P<0.05$）（图 2-17）。由此进一步表明了无芒隐子草具有在干旱条件下根系快速生长的优势。

　　（2）根直径

　　1）苗期

　　对幼苗根序与直径观测发现，第 1 个根即种子根的直径最小，随着不定根产生次序的增加，新生的不定根直径随根序的增加而逐渐增加，值得注意的是在第 9 至第 12 个不定根产生期间，根直径出现了明显增大。第 20 个不定根之后产生的根，其直径相对趋于稳定，在 0.7mm 左右（图 2-18）。

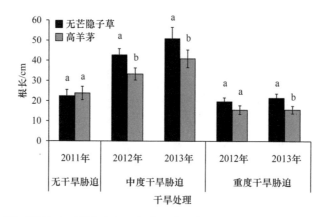

图 2-17　不同干旱处理下原状土中无芒隐子草和高羊茅的根长（引自牛学礼，2017）

不同小写字母表示同年相同干旱胁迫处理下差异显著（$P<0.05$）

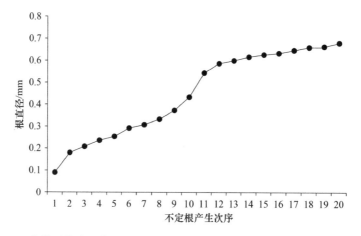

图 2-18　栽培无芒隐子草不定根直径随产生次序的变化（引自牛学礼，2017）

2）成株期

无芒隐子草在无干旱胁迫、中度和重度干旱胁迫条件下，根直径分别是 0.2mm、0.5mm 和 0.2mm。中度干旱条件下根直径显著大于无干旱胁迫和重度干旱胁迫条件下的根直径（$P<0.05$），后两者间无显著差异。

无芒隐子草比高羊茅拥有更为粗大的根直径，在 3 种处理条件下，均是无芒隐子草的根直径显著大于高羊茅，这种差异在中度干旱胁迫下更为显著（$P<0.05$）（图 2-19）。

（3）根系寿命

栽培无芒隐子草的平均寿命为 279.8d，高于羊草、克氏针茅（Stipa krylovii）、大针茅（S. grandis）、短花针茅（S. breviflora）、矮嵩草（Kobresia humilis）、多年生黑麦草（Lolium perenne）等植物的根系寿命，低于早熟禾（Poa annua）、牛筋草（Aristida stricta）和列释草（Schizachyrium scoparium）（表 2-7）。

从栽培无芒隐子草根存活曲线可以看出，在 300d 以内有 60% 以上的根存活，但 300d 以后，其存活率急速下降（图 2-20）。

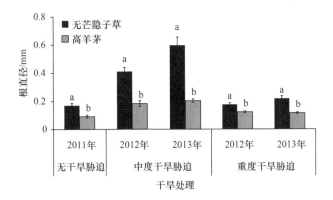

图 2-19　不同干旱处理下无芒隐子草和高羊茅的根直径（引自牛学礼，2017）

不同小写字母表示同年相同干旱胁迫处理下差异显著（$P<0.05$）

表 2-7　栽培无芒隐子草及其他数种禾草已知的根系寿命

牧草	寿命/d	引用文献
无芒隐子草（*Cleistogenes songorica*）	279.8	牛学礼，2017
羊草（*Leymus chinensis*）	81~153	Bai et al.，2008
克氏针茅（*Stipa krylovii*）	98	Bai et al.，2015
大针茅（*Stipa grandis*）	125	Bai et al.，2015
短花针茅（*Stipa breviflora*）	146	Bai et al.，2015
矮嵩草（*Kobresia humilis*）	172	Wu et al.，2013
多年生黑麦草（*Lolium perenne*）	59~144	Gibbs and Reid，1992；Krift and Berendse，2002
燕麦草（*Arrhenatherum elatius*）	280	Krift and Berendse，2002
紫花苜蓿（*Medicago sativa*）	7~131	Goins and Russelle，1996
白三叶草（*Trifolium repens*）	>43	Watson et al.，2000
红三叶草（*Trifolium pratense*）	>43	Watson et al.，2000

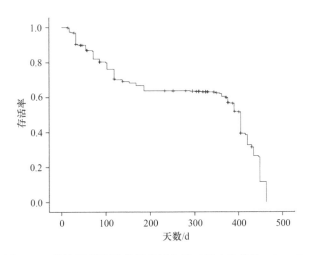

图 2-20　栽培无芒隐子草根存活曲线（引自牛学礼，2017）

众所周知，羊草和各种针茅是典型草原的主要物种，小嵩草生长于青藏高原，多年生黑麦草则适宜在温度与降水充沛且匹配很好的区域。由此可看出，根系的寿命与降水量相关，长寿是对干旱环境的适应性。另有研究表明，根系寿命与根直径有关，Gill 等（2002）对位于美国科罗拉多州东部矮草草原的格兰马草（*Bouteloua gracilis*）根系研究发现，直径>0.4mm 的根系其平均寿命约为 320d，而直径<0.2mm 的根系其平均寿命约为 180d；根系直径每增加 0.1mm，其死亡率大约下降 6%。侧根每增加一级，死亡率下降 43.8%（Wang et al., 2016；Krift and Berendse, 2002）。土层深度与根系寿命呈正相关关系，土层每加深 10cm，根系寿命增加 48%（Wang et al., 2016；Wu et al., 2013）。

2.3.1.2 抗侵蚀

为了测定在不同干旱处理下无芒隐子草根系生物量与其水土保持能力，作者设计了人工模拟降水冲刷装置（图 2-21）。2011～2013 年连续 3 年自前述不同干旱处理的草地原状土取土，进行抗冲刷能力测定，产沙量为经冲刷后收集到的土壤量，即水土流失量，抗冲刷指数是统筹考虑水流速度、冲刷时间和产沙量，利用公式（Zhou et al., 2010）计算：

$$抗冲刷指数 = \frac{f \times t}{W}$$

式中，f 是水流速度（L/min）；t 为冲刷时间（min）；W 是烘干后的产沙量（g）。抗冲刷指数的值越大表明抗冲刷性越强。

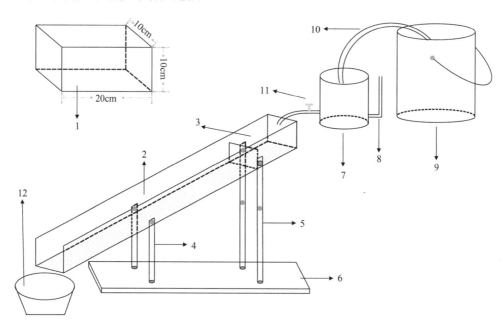

图 2-21　降水冲刷装置示意图（引自牛学礼，2017）

1. 原状土取样器（长×宽×高：20cm×10cm×10cm）；2. 冲刷槽（长×宽×高：150cm×11cm×11cm）；3. 水稳装置；4. 支撑杆；5. 可伸缩撑杆；6. 基架；7. 供水装置；8. 透明塑料管；9. 贮水装置；10. 塑料软管；11. 水龙头；12. 塑料盆

（1）产沙量

在各种情况下，冲刷开始时的产沙量都是最高的，之后呈现急剧下降趋势，5min 后下降趋势趋于平缓（图 2-22a）。对比同一年内相同干旱处理下不同植物产沙量的变化，发现无芒隐子草和高羊茅样地的产沙量均明显低于裸露地。无论在中度还是重度干旱胁迫条件下，无芒隐子草草地的产沙量均明显低于高羊茅草地（图 2-22b，图 2-22c）。这说明，相同条件下，草地的侵蚀模式远低于裸地，无芒隐子草草地的侵蚀模式明显小于高羊茅草地。

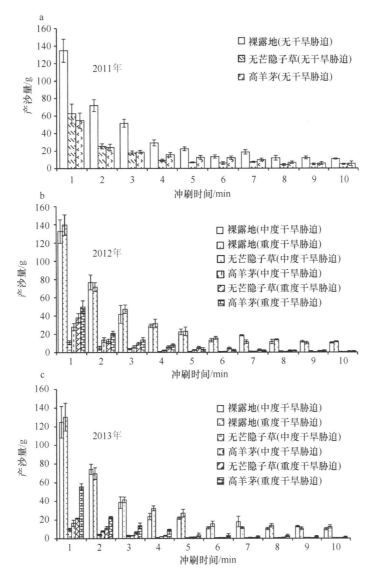

图 2-22　2011～2013 年不同冲刷时间段内各处理下土壤产沙量（Niu and Nan，2017）

（2）抗冲刷指数

连续 3 年测定表明，无芒隐子草和高羊茅草地抗冲刷指数显著高于裸地（$P<0.05$），在两种处理条件下，无芒隐子草抗冲刷指数均显著高于高羊茅（$P<0.05$），这一能力在中度干旱胁迫条件下表现得尤为突出，无芒隐子草抗冲刷指数为 0.8～0.9，而高羊茅的仅为 0.4～0.6（图 2-23）。说明草地防止水土流失的能力明显高于裸地，无芒隐子草防

止水土流失的能力明显强于高羊茅。

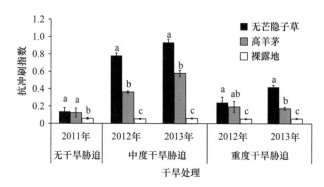

图 2-23　无芒隐子草、高羊茅和裸露地在不同干旱胁迫处理下的抗冲刷指数（Niu and Nan，2017）

不同小写字母表示同年相同干旱胁迫处理下差异显著（$P<0.05$）

（3）土壤容重

田间自然垒结状态下单位容积土体（包括土粒和孔隙）的质量与同容积水重比值，称为土壤容重（邵明安等，2006）。栽培无芒隐子草草地土壤容重为 1.4～1.5g/cm³，0～30cm 土层土壤容重呈现逐渐降低的趋势，2013 年 0～10cm、10～20cm 土层土壤容重显著高于 2011 年相应土层的容重（$P<0.05$），而 2011～2013 年，20～30cm、40～70cm 各土层土壤容重无显著差异。野生无芒隐子草草地土壤容重在 2011 年和 2013 年无显著差异，土壤容重均随土层深度增加而呈现减小趋势，这与前述根系空间分布特征相一致（表 2-8）。

表 2-8　栽培无芒隐子草草地和野生无芒隐子草草地的土壤容重（Niu and Nan，2017）

土层/cm	栽培/（g/cm³）	野生/（g/cm³）
0～10	1.4	1.6
10～20	1.4	1.6
20～30	1.4	1.4
30～40	1.4	1.4
40～50	1.5	1.4
50～60	1.5	1.3
60～70	1.5	1.3

（4）土壤团粒结构

裸露地土壤团粒结构的稳定性在 2011 年、2012 年和 2013 年均是最低的。在 2011 年（无干旱胁迫处理），无芒隐子草和高羊茅草地的土壤团粒结构稳定性无显著差异。在 2012 年和 2013 年中度干旱胁迫处理下，无芒隐子草草地土壤团粒结构稳定性显著高于高羊茅（$P<0.05$）。在重度干旱处理下，2012 年和 2013 年无芒隐子草草地土壤团粒结构稳定性与高羊茅草地均无显著差异（图 2-24）。

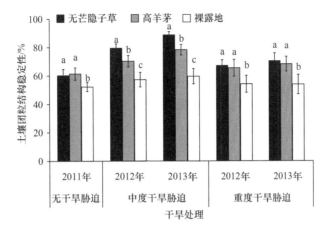

图 2-24　不同干旱处理下无芒隐子草、高羊茅和裸露地的土壤团粒结构稳定性（Niu and Nan，2017）

不同小写字母表示同年相同干旱胁迫处理下差异显著（$P<0.05$）

（5）诸因素对抗冲刷性的贡献

团粒结构对土壤抗冲刷性指标影响最大，田间持水量次之，而土壤容重对抗冲刷性指标几乎无影响。土壤团粒结构则主要受到根直径和根长的影响，而田间持水量则主要受根直径和生物量的影响。因此，无芒隐子草和高羊茅通过根长与根直径来改善土壤团粒结构进而增强土壤抗冲刷性是根系能增加土壤抗冲刷性的最主要途径，另一途径为通过根直径、根生物量和根长提高土壤田间持水量从而增强土壤抗冲刷性。当田间持水量较大时，能够吸收更多的地表水或径流从而提高土壤侵蚀初期的抗蚀和抗冲刷能力（图 2-25）。

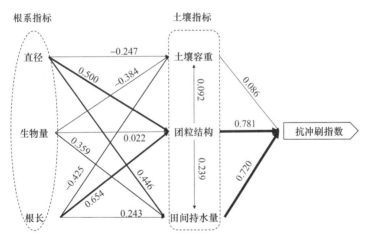

图 2-25　植物根系因子和土壤因子对土壤抗冲刷指数影响的路径分析图（Niu and Nan，2017）

每个箭头表示一个导引关系，即箭头末尾端的变化是由箭头起始端变量直接引起的。每个箭头代表起始端与末尾端的导引关系，每个导引箭头上的标准化系数表示箭头末尾端变量受箭头起始端变量影响的强度，值越大所受影响越强烈

2.3.2　形成根鞘

根鞘是植物根表面由土壤砂粒团聚而成的鞘状物。根鞘结构的形成有利于植物根土界面的信息交流及水分和养分的交换，特别对植物忍耐干旱逆境胁迫尤为重要（马玮和

李春俭，2007）。

2.3.2.1 根鞘形态特征

野生和栽培无芒隐子草根部均100%具有根鞘。野生无芒隐子草根鞘呈一层薄膜状围绕在不定根周围，呈套状或管状结构。根鞘周围有很多细沙黏附，位于土壤表层的根鞘相对光滑，无侧根及根毛。根鞘与根之间存在间隙，在外力作用下容易与根脱离（图2-26）。

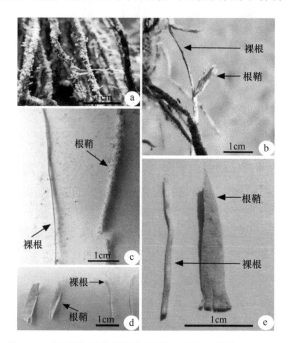

图 2-26　无芒隐子草裸根与根鞘（引自牛学礼，2017）

a. 无芒隐子草根周围附着土壤与沙粒；b. 无芒隐子草根鞘及裸根；c. 无芒隐子草裸根与根鞘分离；d. 无芒隐子草根鞘展开（与根接触面）；e. 无芒隐子草根鞘展开（与土壤接触面）

栽培无芒隐子草根鞘则紧紧围绕在不定根周围，厚度要略薄于野生无芒隐子草。根鞘与根之间没有间隙，外力作用下不易与根脱离。

野生无芒隐子草根鞘表面积为 24.0mm^2/cm，其与裸根之间的间隙为 0.2mm，栽培植株根鞘表面积为 20.4mm^2/cm，与裸根的间隙仅为 0.1mm，野生植株的两项指标均显著大于栽培植株（$P<0.05$）。由此导致了野生植株根鞘表面积较根表面积的增幅达 69%，远高于栽培植株的 36.9%。野生和栽培无芒隐子草测定的其他指标，包括根鞘直径、根直径、根鞘厚度等均无显著差异（表 2-9）。无芒隐子草根鞘厚度远低于梨果仙人掌（*Opuntia ficus indica*）（Huang et al.，1993），这或许是植物物种不同而形成的差异。

2.3.2.2 根鞘的功能

无芒隐子草固水保墒的功能体现在其根鞘本身含水量高。野生无芒隐子草根鞘的含水量为 4.3%，根围土壤含水量为 3.2%，而环境土壤含水量仅为 0.7%，根鞘和根围土壤含水量分别为环境土壤含水量的 6.1 倍和 4.6 倍（表 2-10）。这表明无芒隐子草根鞘在防

表 2-9　野生与栽培无芒隐子草根鞘相关指标

指标	野生	栽培
根鞘直径/mm	0.7±0.2a	0.6±0.2a
根直径/mm	0.4±0.1a	0.5±0.1a
根鞘厚度/mm	0.1±0.1a	0.1±0.0a
间隙/mm	0.2±0.1a	0.1±0.1b
根表面积/（mm²/cm）	14.2±2.4a	14.9±2.5a
根鞘表面积/（mm²/cm）	24.0±6.3a	20.4±5.4b
表面积增幅/%	69.0±30.6a	36.9±17.8b

注：同行不同小写字母表示差异显著（$P<0.05$）

止根围土壤水分散失方面作用显著。在栽培条件下，无论干旱还是非干旱胁迫处理，无芒隐子草根鞘含水量均高于根围土壤含水量，但未达到显著水平。干旱条件下根鞘含水量和根围土壤含水量均低于无干旱胁迫条件。根鞘的保水功能在其他植物中也有报道（罗丽朦等，2013；Huang et al.，1993）。

表 2-10　野生与栽培无芒隐子草根鞘、根围土壤含水量　　　　（%）

指标	野生	栽培
根鞘含水量	4.3±1.5a	8.7±0.8a
根围土壤含水量	3.2±0.4a	6.5±0.3a
环境土壤含水量	0.7±0.1b	6.1±0.3a

注：同行不同小写字母表示差异显著（$P<0.05$）

　　根鞘为根系与周围环境形成了一层缓冲屏障，其生理、生态功能还包括耐高温、养分吸收、防风固沙、形成微生物库等。这些生理生态功能为根鞘植物在逆境条件下的生存和繁殖提供了更有力的保障（Kroener et al.，2014；邱东等，2012；宫保华等，2010）。

2.3.2.3　根鞘植物的区域分布特征

　　具根鞘的植物多分布在干旱区域。从年均降水量和年均蒸发量可以看出，无芒隐子草与其他几种植物生活环境类似，年均降水量低，为 80～450mm，而年均蒸发量却高达 1700～4000mm，是年均降水量的数倍或数十倍（表 2-11）。在这种生境条件下，植物根鞘使根围土壤含水量达到环境土壤的数倍，其保水作用在这些植物的抗旱中发挥着重要作用。

2.3.3　产生停止生长的侧根

　　无芒隐子草每个不定根均生有很多长度不足 1cm、已明显停止生长的侧根。在此称其为停止生长的侧根，研究人员对野生和栽培无芒隐子草这种停止生长的侧根进行了研究，获得了一些有趣的资料。

表 2-11　数种具根鞘植物的分布环境特征

植物	地点	年均降水量/mm	年均蒸发量/mm	参考文献
无芒隐子草（*Cleistogenes songorica*）	内蒙古阿拉善	80～200	3000～4000	牛学礼，2017
	甘肃张掖	126	2341	
冰草（*Agropyron cristatum*）	河北丰宁县	350～450	1700～2300	罗丽朦等，2013
羽毛针禾（*Stipagrostis pennata*）	新疆古尔班通古特沙漠	<150	>2000	邱东等，2012
芨芨草（*Achnatherum splendens*）	新疆准噶尔盆地	约 150	2000	任美霖等，2017
针禾属植物（*Stipagrostis sabulicola* & *S. seelyae*）	纳米比亚纳米布沙漠	<100	—	Marasco et al.，2018

注："—"表示参考文献中未列出相关数据

2.3.3.1　数量特征

野生和栽培无芒隐子草根系均具有停止生长的侧根。在 0～40cm 土层内，野生和栽培植株根系中这种侧根总数分别为 17.0 条/cm 和 36.5 条/cm，两者差异显著（$P<0.05$）。在同一深度的土层内，野生和栽培植株这种侧根数的总长度是 10.3mm 和 9.8mm，平均每 5cm 土层这种侧根总长度分别是 1.28mm 和 1.22mm，两者无显著差异（表 2-12）。

2.3.3.2　空间分布特征

野生和栽培无芒隐子草停止生长的侧根数呈现出随土层深度先升高后降低趋势，最大值均出现在 15～20cm 土层，分别为 4.1 条/cm 和 9.2 条/cm；最小值均出现在 0～5cm 土层，分别为 0.1 条/cm 和 0.9 条/cm（表 2-12）。

野生和栽培无芒隐子草根系停止生长的侧根长度为 0.7～1.8mm，两者的长度在各土层均无显著差异（表 2-12）。

表 2-12　不同土层深度无芒隐子草停止生长的侧根数及侧根长度

土层深度/cm	停止生长的侧根数/（条/cm）		停止生长的侧根长/mm	
	野生	栽培	野生	栽培
0～5	0.1	0.9	0.7	0.9
5～10	1.7	4.2	1.3	1.4
10～15	3.8	8.3	1.8	1.8
15～20	4.1	9.2	1.0	1.4
20～25	3.3	6.4	1.6	1.3
25～30	2.0	4.0	1.2	0.9
30～35	1.2	2.3	1.4	1.2
35～40	0.8	1.2	1.3	0.9

2.3.3.3　可能的功能

荒漠植物尤其是龙舌兰科植物，在干旱期间其侧根往往干枯，以此减少整个根系的持续失水。同时，其根部细胞进一步失水，使整个根系缩小，在根与根围间形成空隙，延缓水分的散失（Eshel and Beeckman，2013）。停止生长的侧根结构的存在可能是无芒隐子草根系对水分或养分进行探索性吸收而形成的结构，即在不定根产生侧根的初期，如果周围环境适宜侧根生长，则形成根系侧根，如果周围环境不适宜侧根生长，则选择停止生长，形成停止生长的侧根。停止生长的侧根是无芒隐子草根系在长期干旱过程中形成的，是适应干旱环境的重要特征之一。

2.3.4　形成向上生长的阶梯状根茎

无芒隐子草具有一种不断向上走向的呈阶梯状的根茎。这种阶梯状根茎的形成是风力作用使土壤表层颗粒和沙粒不断移动并逐渐堆积在无芒隐子草分蘖基部后，将分蘖基部的土壤平面逐渐抬升，而无芒隐子草新生分蘖则在前一年产生的分蘖基部产生并生长发育，在新生分蘖的基部产生新的不定根，这样一来新生分蘖和新生不定根连接处，即根茎，由于其土壤表面已经抬升，新的根茎像阶梯一样向地表分布，如此反复，经过若干年后便形成阶梯状根茎（图 2-27）。

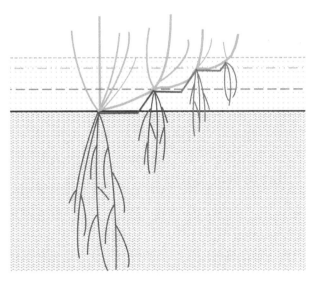

图 2-27　无芒隐子草根茎阶梯生长示意图

2.3.4.1　分布特征

对野生无芒隐子草根茎每一阶梯上的分蘖及其产生的不定根进行分离，发现株龄较大的分蘖（即较早产生或保留年限较长的分蘖）基部已无不定根，即不定根已经分解，且基本被埋在沙土中，无法进行新生分蘖枝和新生不定根的繁殖，基本丧失生命力。而株龄较小的分蘖及其产生的不定根则相对保留完好，能够返青并产生新的分蘖和不定根。

98%的野生无芒隐子草植株具有阶梯状根茎构型，仅有 2%的根茎为水平分布。而栽培无芒隐子草植株根茎 92%呈水平分布，仅有 8%的植株具有阶梯状根茎构型（图 2-28）。

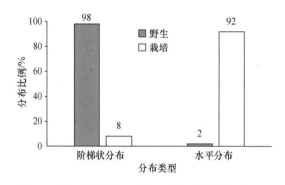

图 2-28 野生与栽培无芒隐子草根茎构型分布比例

野生无芒隐子草根茎每阶梯的长度为 4.4~6.3mm，栽培无芒隐子草的长度为 3.5~4.2mm（图 2-29）。

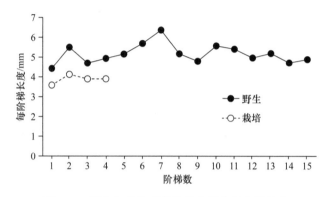

图 2-29 野生与栽培无芒隐子草根茎每阶梯长度

20 世纪初便有根系向上生长的零星报道，但真正对此大规模开展研究，则是美国农业部乔纳达草原试验站在 2001 年所做的工作，他们调查了当地生长的 40 余种灌木和草本，发现为数众多的植物种都具有向上生长的根系，认为这是植物适应当地干旱环境、充分利用有限降水的一种表现（Eshel and Beeckman，2013）。

虽然野生和栽培无芒隐子草根茎构型均具有不断向上的阶梯状分布和水平走向分布两种方式，但两种根茎在野生和栽培条件下的分布比例差异巨大，表明其随着生境的改变而发生变化，是适应环境的结果，即具有较强的可塑性和环境适应性。在天然草地条件下，野生无芒隐子草的阶梯状向上走向的根茎可以防止当地不断流动的土壤颗粒或沙粒将其地上部分掩埋，但在栽培条件下不存在像天然草地的这种流沙现象，导致土壤表层环境发生改变，栽培无芒隐子草阶梯状根茎的形成也急剧减少，基本以水平走向为主。

2.3.4.2 阶梯状上行根茎的作用

无芒隐子草这种上行式阶梯状根茎的作用除了充分利用有限的降水之外，还具有固定表土、防风固沙的功能。流动的土壤颗粒和沙粒在野生无芒隐子草植株的基部周围不断堆积而形成微小沙丘（图 2-30）。

图 2-30　野生无芒隐子草基部形成的微小沙丘

沙丘长为 12.3～50.0cm，宽为 9.0～28.0cm，高为 4.1～7.2cm（图 2-31）。根茎入土深度为 1.7～4.8cm，平均为 3.01cm。数据分析表明，根茎入土深度与沙丘高度无相关性（图 2-32），即根茎入土深度不随株丛大小而变化。

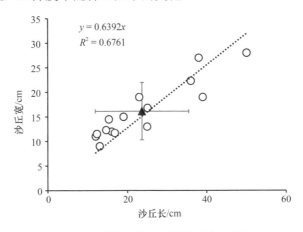

图 2-31　野生无芒隐子草沙丘大小分布

黑色三角形为沙丘长和宽的平均值，下同

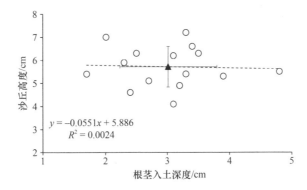

图 2-32　野生无芒隐子草沙丘高度与根茎入土深度的相关性

野生无芒隐子草植株大小与微沙丘大小的数据分析表明,沙丘与植株大小呈极显著正相关（$P<0.01$）,即沙丘大小随无芒隐子草植株增大而变化,无芒隐子草植株越大,其沙丘也越大。说明无芒隐子草植株在固定当地流沙、减少土壤风蚀方面发挥着重要作用（表2-13）。

表2-13 沙丘长、宽与无芒隐子草植株分蘖数和不定根数的相关性分析

指标	沙丘长	沙丘宽	分蘖数	不定根数
沙丘宽	0.920**	1	0.756**	0.842**
分蘖数	0.873**	0.756**	1	0.959**
不定根数	0.943**	0.842**	0.959**	1

注：**表示在0.01水平相关性显著

2.4 本 章 小 结

本章总结了对超旱生植物无芒隐子草根系形态特征、根系对干旱胁迫响应的研究成果。

无芒隐子草具有发达的根系,4龄与5龄植株的总根长为1245.0~1250.9cm,70%分布在20~50cm土层,生长速率为0.8~1.8cm/d,根表面积为280.3~539.8cm^2/cm^3。根总长和表面积均远高于典型草原分布的同种和同属其他植物。无芒隐子草具有水平生长的地下根茎,根茎入土深度为1.0~3.0cm,长度为2.3~8.9cm,根茎含水量为32.7%~74.7%,显著高于根系含水量,在植株抵抗干旱中发挥着重要的作用。地下生物量为1191.0~1616.3g/m^2,呈"T"型分布,根冠比是2.9~36.4,远高于其他类型草地。经过驯化栽培的无芒隐子草,其根茎入土深度与长度均显著减少,根茎含水量大幅增加,根冠比显著下降。

在与干旱环境长期协同进化的过程中,无芒隐子草形成了多种响应干旱和风沙胁迫的机制。与公认的抗旱品种高羊茅'节水'相比,无芒隐子草具有种子萌发快、根系生长快、寿命长等特点,栽培条件下根系平均寿命为279.8d,高于诸多温带禾本科植物。100%的植株具有根鞘,根鞘与主根之间的间隙为0.1~0.2mm,根鞘不仅可以吸收水分,而且其与主根间的间隙可有效减缓水分的散失。根系具有长度不足1cm、已停止生长的侧根,数量为17.0~36.5条/cm,是植株对水分或养分进行探索性吸收而形成的结构,是其适应干旱贫瘠环境的重要特征之一。根系具有向上生长的阶梯状根茎,具有向上根茎的比例野生植株是98%,栽培植株仅有8%,这种结构是植物适应干旱环境、充分利用有限降水的一种表现,在禾草上的报道尚不多见。

参 考 文 献

柴曦, 梁存柱, 梁茂伟, 等. 2014. 内蒙古草甸草原与典型草原地下生物量与生产力季节动态及其碳库潜力. 生态学报, 34(19): 5530-5540.

陈世镜. 2001. 中国北方草地植物根系. 长春: 吉林大学出版社.

陈万杰, 董亭, 古琛, 等. 2015. 不同放牧强度对大针茅根系特征的影响. 中国草地学报, 37(4): 86-91.

宫保华, 王爱英, 赵红英, 等. 2010. 通过根套结构分析研究羽毛三芒草抗旱机制. 中国沙漠, 30(3):

556-559.

贺金生, 王政权, 方精云. 2004. 全球变化下的地下生态学: 问题与展望. 科学通报, 49(13): 1226-1233.

胡中民, 樊江文, 钟华平, 等. 2005. 中国草地地下生物量研究进展. 生态学杂志, 24(9): 1095-1101.

胡自治, 邢锦珊. 1978. 民勤沙地植物分蘖特性的观察研究. 植物学报, 20(4): 341-347.

金净, 王占义, 朱国栋, 等. 2017. 荒漠草原土壤氮素和克氏针茅根系对不同放牧处理的响应. 生态学杂志, 36(1): 72-79.

金银根. 2010. 植物学. 北京: 科学出版社.

李怡, 韩国栋. 2011. 放牧强度对内蒙古大针茅典型草原地下生物量及其垂直分布的影响. 内蒙古农业大学学报(自然科学版), 32(2): 89-92.

刘莹, 盖钧镒, 吕彗能. 2003. 作物根系形态与非生物胁迫耐性关系的研究进展. 植物遗传资源学报, 4(3): 265-269.

罗丽朦, 王瑾, 王丽学, 等. 2013. 扁穗冰草根鞘与其环境土壤理化性质和微生物数量的比较. 草地学报, 21(6): 1109-1112.

罗丽朦, 王丽学, 秦立刚, 等. 2014. 多糖和土壤团聚体对扁穗冰草根鞘形成的影响. 生态学报, 34(17): 4859-4865.

雒文涛, 乌云娜, 张凤杰, 等. 2011. 不同放牧强度下克氏针茅(*Stipa krylovii*)草原的根系特征. 生态学杂志, 30(12): 2692-2699.

马玮, 李春俭. 2007. 植物的根鞘及其生态意义. 世界农业, (4): 55-56.

马文红, 方精云. 2006. 内蒙古温带草原的根冠比及其影响因素. 北京大学学报(自然科学版), 42(6): 774-778.

牛学礼. 2017. 无芒隐子草根系特征及生态功能的初步研究. 兰州: 兰州大学博士学位论文.

秦洁, 鲍雅静, 李政海, 等. 2014. 退化草地大针茅根系特征对氮素添加的响应. 草业学报, 23(5): 40-48.

邱东, 吴楠, 张元明, 等. 2012. 根鞘微生境对羽毛针禾沙生适应性的生态调节. 中国沙漠, 32(6): 1647-1654.

任继周, 南志标, 郝敦元. 2000. 草业系统中的界面论. 草业学报, 9(1): 1-8.

任美霖, 王绍明, 张霞, 等. 2018. 准噶尔盆地南缘 2 种禾本科植物根鞘土壤理化性质、微生物数量及土壤酶活性研究. 江苏农业科学, 46(5): 227-231.

邵明安, 王全九, 黄明斌. 2006. 土壤物理学. 北京: 高等教育出版社.

王比德. 1985. 几种多年生禾本科栽培牧草根系发育的研究. 内蒙古农牧学院学报, (1): 115-122, 146-149.

王长庭, 王启兰, 景增春, 等. 2008. 不同放牧梯度下高寒小嵩草草甸植被根系和土壤理化特征的变化. 草业学报, 17(5): 9-15.

王旭峰, 王占义, 梁金华, 等. 2013. 内蒙古草地丛生型植物根系构型的研究. 内蒙古农业大学学报(自然科学版), 34(3): 77-82.

武高林, 杜国祯. 2007. 植物形态生长对策研究进展. 世界科技研究与发展, 29(4): 47-51.

徐大伟, 徐丽君, 辛晓平, 等. 2017. 呼伦贝尔地区不同多年生牧草根系形态性状及分布研究. 草地学报, 25(1): 55-60.

严小龙. 2007. 根系生物学: 原理与应用. 北京: 科学出版社.

张娜, 梁一民. 2002. 黄土丘陵区天然草地地下/地上生物量的研究. 草业学报, 11(2): 72-78.

周艳松, 王立群, 张鹏, 等. 2011. 大针茅根系构型对草地退化的响应. 草业科学, 28(11): 1962-1966.

祝廷成. 1960. 东北西部及内蒙古三类主要草原地下部分的比较分析. 东北西部及内蒙古东部第一次草原科学报告会论文集: 135-143.

Askinson D, Watson C A. 2000. The beneficial rhizosphere: a dynamic entity. Applied Soil Ecology, 15: 99-104.

Bai W M, Wang Z W, Chen Q S, et al. 2008. Spatial and temporal effects of nitrogen addition on root life span of *Leymus chinensis* in a typical steppe of Inner Mongolia. Functional Ecology, 22(4): 583-591.

Bai W M, Zhou M, Fang Y, et al. 2015. Differences in spatial and temporal root lifespan of temperate steppes across Inner Mongolia grasslands. Biogeosciences Discussions, 12(23): 19999-20023.

Bardgett R D, Wardle D A. 2010. Aboveground-Belowground Linkages: Biotic Interactions, Ecosystem Processes, and Global Change. Oxford: Oxford University Press.

Eshel A, Beeckman T. 2013. Plant Roots the Hidden Half. Boca Raton: CRC Press.

Gibbs R J, Reid J B. 1992. Comparison between net and gross root production by winter wheat and by perennial ryegrass. New Zealand Journal of Crop and Horticultural Science, 20: 483-487.

Gill R A, Burke I C, Lauenroth W K, et al. 2002. Longevity and turnover of roots in the shortgrass steppe: influence of diameter and depth. Plant Ecology, 159(2): 241-251.

Goins, D G, Russelle M P. 1996. Fine root demography in alfalfa (*Medicago sativa* L.). Plant and Soil, 185: 281-291.

Huang B, North G B, Nobel P S. 1993. Soil sheaths, photosynthate distribution to roots, and rhizosphere water relations for *Opuntia ficus-indica*. International Journal of Plant Sciences, 154(3): 425-431.

Hossain M A, Wani S H, Bhattacharjee S, et al. 2016. Drought Stress Tolerance in Plant, Volume 1 Physiology and Biochemistry. Gewerbestrasse: Springer.

Koevoets I T, Venema J H, Elzenga J T, et al. 2016. Roots withstanding their environment: exploiting root system architecture responses to abiotic stress to improve crop tolerance. Frontiers in Plant Science, 7: 1335.

Krift T A J V D, Berendse F. 2002. Root life spans of four grass species from habitats differing in nutrient availability. Functional Ecology, 16(2): 198-203.

Kroener E, Zarebanadkouki M, Kaestner A, et al. 2014. Nonequilibrium water dynamics in the rhizosphere: how mucilage affects water flow in soils. Water Resources Research, 50(8): 6479-6495.

Lynch J. 1995. Root architecture and plant productivity. Plant Physiology, 109(1): 7-13.

Marasco R, Mosqueira M J, Fusi M, et al. 2018. Rhizosheath microbial community assembly of sympatric desert speargrasses is independent of the plant host. Microbiome, 6(1): 215.

Niu X L, Nan Z B. 2017. Roots of *Cleistogenes songorica* improved soil aggregate cohesion and enhance soil water erosion resistance in rainfall simulation experiments. Water, Air, and Soil Pollution, 228(3): 109.

Salopek-Sondi B, Pollmann S, Gruden K, et al. 2015. Improvement of root architecture under abiotic stress through control of auxin homeostasis in *Arabidopsis* and *Brassica* crops. Journal of Endocytobiosis and Cell Research, 26: 100-111.

Strauss-Debenedetti S, Bazzaz F. 1991. Plasticity and acclimation to light in tropical Moraceae of different sucessional positions. Oecologia, 87(3): 377-387.

Tuteja N, Gill S S. 2014. Climate Change and Plant Abiotic Stress Tolerance. New York: Wiley-Blackwell.

Wang Z, Ding L, Wang J, et al. 2016. Effects of root diameter, branch order, root depth, season and warming on root longevity in an alpine meadow. Ecological Research, 31(5): 739-747.

Watson C A, Ross J M, Bagnaresi U, et al. 2000. Environment-induced modifications to root longevity in *Lolium perenne* and *Trifolium repens*. Annals of Botany, 85(3): 397-401.

Wu Y, Deng Y, Zhang J, et al. 2013. Root size and soil environments determine root lifespan: evidence from an alpine meadow on the Tibetan Plateau. Ecological Research, 28(3): 493-501.

Zhou Y, Lambrides C J, Fukai S. 2015. Associations between drought resistance, regrowth and quality in a perennial C4 grass. European Journal of Agronomy, 65: 1-9.

Zhou Z C, Gan Z T, Shangguan Z P, et al. 2010. Effects of grazing on soil physical properties and soil erodibility in semiarid grassland of the Northern Loess Plateau (China). Catena, 82(2): 87-91.

第3章 花序与乡土草抗逆

张吉宇 王彦荣 吴 凡

3.1 引 言

花是被子植物所特有的有性生殖器官，是被子植物形成雌雄生殖细胞和进行有性生殖的场所，被子植物通过花器官完成授精、结果、产生种子等一系列有性生殖过程，以繁衍后代，延续种族。花在植物的生活周期中占有极其重要的地位，在植物的个体发育中，花的分化标志着植物从营养生长过渡到生殖生长。

花的形态、授粉方式和花粉活力等特征，不仅影响其繁殖成功率，还关系其种子的传播范围和空间分布格局特征。为了适应各种逆境，提高花的授粉成功率，抗逆植物在对逆境的长期适应过程中形成了一些独特的形态特征。本章以西北荒漠草原的重要乡土草——无芒隐子草（*Cleistogenes songorica*）为例，阐述其在长期逆境环境中形成的花的形态、授粉方式、花粉活力和种子形成等特征。

无芒隐子草为一种多年生的旱生草本植物，是荒漠草原的建群种和优势种（周志宇，1990；陈默君和贾慎修，2002）。无芒隐子草不仅饲用价值高，而且具有抗旱性和耐寒性的优点（郇庚年，1989）。无芒隐子草同时存在开花授粉（chasmogamy，以下简称 CH）和闭花授粉（cleistogamy，以下简称 CL）两种授粉方式（魏学等，2009；张代玉，2017），这种差异对无芒隐子草的种子生产、种质开发与推广有非常重要的影响。

3.2 花序与果实形态及生物学特征

3.2.1 花序形态特征

花朵以不同的方式排列在花轴上，并以不同的顺序开放，称为"花序"。无芒隐子草为圆锥花序，包括顶部圆锥花序（CH 花序）和分布在不同节并包裹在叶鞘内的圆锥花序（CL 花序）（图 3-1）。无芒隐子草属于"连续开花型"，主茎和分蘖的各节上均能产生花序，叶鞘内隐藏花序通常有 1~10 节。其中，第 1 节的花最先发育，然后沿着各分蘖的节点自下往上陆续分化、成熟（图 3-1），而暴露于外部的花序位于植物顶部。圆锥花序可呈收缩密集型，如叶鞘内花序（图 3-1a）；也可呈开展型，如顶部花序（图 3-1b）。

花序由穗、小穗轴、小穗、花轴和花构成。圆锥花序主轴的每节上可产生数个分枝，小穗着生于枝端及侧面，包括若干组小花，每一组构成一个小穗。小穗着生的主轴，称为穗轴。穗可长达 8cm，或短到 2cm，穗长因位置不同而不同。每个小穗由两个颖片和

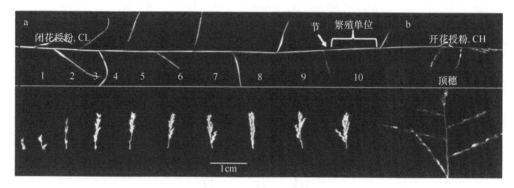

图 3-1　无芒隐子草的圆锥花序组成（引自 Xu et al.，2020）
a. 叶鞘内 1~10 节的花序；b. 顶部花序

数朵小花组成，通常含有 3~8 朵小花，长 4~8mm。每朵小花被外稃和内稃包围，绿色或带紫色（图 3-2）。颖从小穗两侧包围着小花。通常将着生在下面的称为第一颖，着生在上面的称为第二颖。颖卵状披针形，近膜质，先端尖，具一脉，第一颖长 2~3mm，第二颖长 3~4mm。

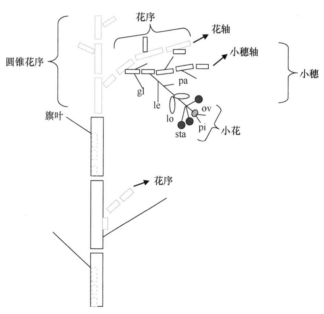

图 3-2　无芒隐子草圆锥花序的结构示意图
gl. 颖片；le. 外稃；pa. 内稃；lo. 浆片；sta. 雄蕊；ov. 子房；pi. 雌蕊

3.2.2　花器形态特征

3.2.2.1　小花的形态特征

无芒隐子草小花着生在短而细的小穗上和穗轴顶端中央部分，包括内、外稃各 1 个，浆片 2 个，雄蕊 3 枚和雌蕊 1 枚（Wu et al.，2018）。浆片位于花基部，微小且为膜质透明，边缘常生有纤毛。雌蕊只有 1 枚，由子房和花柱组成。子房 1 室，含有 1 个倒生胚珠。花柱 2 个，生于子房顶部。柱头生于花柱之上，具绒毛，为羽毛状。雄蕊由花丝和含有花粉粒的花药组成，花药着生于花丝上。外稃卵状披针形，边缘膜质，长 3～4mm，5 脉，先端无芒或具短尖头（图 3-3）。内稃短于外稃，脊具长纤毛。

图 3-3　CH 和 CL 花的组成部分（引自 Wu et al.，2018）
a. CH 花；b. CL 花；c. 花器官长度；an. 花药；fi. 花丝；le. 外稃；sti. 柱头；lo. 浆片；c 图中标有不同小写字母表示在
0.05 水平上差异显著

无芒隐子草 CH 和 CL 花器形态存在明显差异。CH 花药长，花丝短；CL 花药短，花丝长；CH 和 CL 花药长度平均值分别为 1.32mm 和 0.30mm。对紫花地丁（*Viola philippica*）的研究也表明，和 CH 花相比，CL 花的雄蕊和花药长度均显著减小，而花丝长度显著增加（$P < 0.05$）（Li et al.，2016）。

叶鞘内 CL 花均可形成种子，而顶部 CH 花序中存在部分败育小花。败育小花外形表现为子房变小，至肉眼看不清楚，呈白色；花药变小，其长度不到正常的 1/5。稃片软而不张开，花药不外露。这主要是因为有机物质主要用于叶鞘内花的生长，输送到顶部 CH 花序则较少，产生小花败育的现象。

3.2.2.2　浆片的形态特征

位于外稃与子房之间，直接贴近子房的两个小薄片称为浆片。浆片薄而无色。开花时浆片膨胀，在一定时间内变为球状、透明，将稃片挤开而露出雄蕊和雌蕊，最终完成授粉。

无芒隐子草有 2 枚浆片，中部厚，边缘薄，形似肺状（图 3-4a，图 3-4b）。CH 和 CL 花的浆片形态存在差异。利用冷冻切片技术对浆片进行横切并测量后发现，CH 和 CL 花的浆片在厚度上存在显著差异（$P < 0.05$）。CH 花的第一浆片和第二浆片的厚度较大，分别为 46.38μm 和 60.67μm；CL 花的第一浆片和第二浆片的厚度分别为 29.32μm 和 26.90μm（图 3-4c）。Nair 和 Wang（2010）对 CH 和 CL 两种大麦栽培品种的比较研究发现，浆片于白色花药期开始表现出差异，绿色花药期差异达到最大，CL 花的浆片厚度不及 CH 花的浆片的一半。开花期间，CH 花的浆片吸水膨胀，将内稃和外稃向外推开，从而使外稃和内稃的钩合点松开（Heslop-Harrison and Heslop-Harrison，1996），这时雄蕊花丝急速伸长，使花药伸出颖壳并裂开，花粉外露。相反，无芒隐子草 CL 花的浆片厚度小，吸水膨胀后不足以推开内、外稃，所以颖壳不张开，花药不外露（张代玉，2017）。

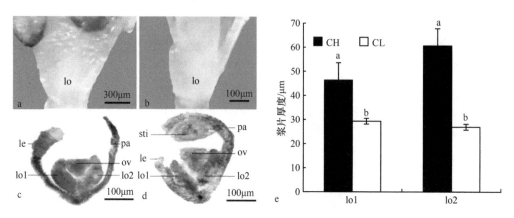

图 3-4　CH 和 CL 浆片的结构视图（引自 Wu et al.，2018）

a、b. CH 和 CL 花的浆片（lo 指浆片）；c、d. CH 和 CL 浆片的横切结构；e. CH 和 CL 浆片的厚度。lo1. 第一浆片；lo2. 第二浆片；ov. 子房；le. 外稃；pa. 内稃；sti. 柱头；e 图中标有不同小写字母表示在 0.05 水平上差异显著

3.2.2.3　花的不同发育阶段

无芒隐子草从拔节期开始，茎叶迅速生长时，就已经进入生殖生长阶段。从小花发育特征来说，其产生次序是交互进行的，先后是外稃、内稃、浆片、雄蕊、雌蕊（张代玉，2017）。CH 花包括 5 个不同的发育阶段：花原基、白色花药、绿色花药、黄色花药和紫色花药（开花期阶段），CL 花包括花原基和白色花药的 4 个不同发育阶段（图 3-5）。

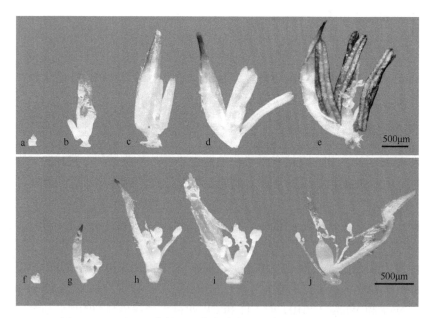

图 3-5　CH 和 CL 花的不同发育阶段（引自 Wu et al.，2018）

a～e. CH 花的花原基、白色花药、绿色花药、黄色花药和紫色花药时期；f～j. CL 花的花原基和不同发育时期。花的花原基和发育由立体显微镜观察，分为 5 个阶段

第一阶段是花原基的形成（图 3-5a，图 3-5f）。外稃、内稃及浆片原基为棱状，外形很像叶原基。而雄蕊原基则为圆形，与芽原基很相似。雌蕊位于花分生组织的顶部。茎尖

下有新月形棱状突起，其近外稃一侧最突出。顶端突起本身形成胚珠原基。棱状突起的生长将胚珠原基逐渐包围，两侧边缘有两个花柱产生，花柱以下部分继续生长使子房腔关闭。胚珠为顶生，说明它是茎轴结构。第二阶段是 CH 和 CL 花器官的逐步形成（图 3-5b，图 3-5g）。这一阶段 CH 和 CL 花的外稃、内稃、浆片、雄蕊及雌蕊均已形成，除子房外，在长度和大小方面无明显差异。然而在第三阶段，CH 花形成了明显的绿色花药，花丝开始生长；CL 花的白色花药很小，花丝却很长（图 3-5c，图 3-5h）。这一阶段，CH 花丝的生长落后于 CL 花；CH 花的子房很小，而 CL 花的子房较大。在第四阶段，CH 花形成了浅黄色花药，而且花药发育速度很快（图 3-5d，图 3-5i）。第五阶段为授粉阶段，CH 和 CL 花各器官长度达到最大（图 3-5e，图 3-5j）。

3.2.3　花粉形态和花粉活力

3.2.3.1　花粉形态

成熟的花粉粒可分为单粒花粉粒和复合花粉粒两种类型。单粒花粉粒是指花粉粒在成熟时单独存在，大多数植物的花粉属于这一类型。复合花粉粒则是两个以上花粉粒集合在一起，按组成花粉粒数量分为 2 合、4 合、16 合、32 合花粉等。此外，许多花粉粒集合在一起，可形成花粉块。无芒隐子草花粉粒有扁圆形和椭圆形两种，极面观为圆形。具单萌发孔（1 远极孔），孔明显，圆形，稍向外凸，孔周围加厚（花粉经分解以后，孔盖脱落）。从花粉形状、孔的位置、表面纹饰等来看，顶部 CH 花粉和叶鞘内 CL 花粉差别较大（张代玉，2017）。

顶部 CH 花粉扁圆形，极轴长为（18.33±1.82）μm，赤道轴长为（16.67 ± 2.02）μm，极轴长/赤道轴长（P/E）值为 1.10。萌发孔为远极孔，孔较小，圆形，直径为（2.43±0.06）μm。花粉表面较光滑（图 3-6a～c）。

叶鞘内 CL 花粉椭圆形，极轴长为（28.26 ± 1.31）μm，赤道轴长为（17.56±1.3）μm，P/E 值为 1.61。萌发孔为赤道孔，孔较大，圆形，直径为（2.68±2.06）μm。花粉表面纹饰为粒状（图 3-6d～f），这种颗粒在授粉时容易附着在柱头上。在逆境中，CL 花粉形态对于植物适应恶劣环境具有一定的影响。

一是较大的 CL 花粉粒储存的养分和能量较多，能够为花粉管生长提供更多的营养物质，因而有助于花粉萌发，而较小的 CH 花粉粒储存的养分和能量较低，不足以为花粉管生长提供丰富的营养物质，因而不利于花粉萌发。这可能是导致其 CL 种子结实率显著高于 CH 的原因。对山杏（*Armeniaca sibirica*）、大豆和杜鹃（*Rhododendron simsii*）花粉的相关研究均表明，花粉萌发率与花粉极轴长呈显著正相关，花粉粒大储存的营养物质多，能够为花粉管生长提供更多的能量，有助于花粉萌发（刘明国等，2015；Gwata et al.，2003；Williams and Rouse，1990）。

二是根据 G. 埃尔特曼（1978）的论述：被子植物中花粉的外壁纹饰在原始时期都是光滑的，其演化顺序为穴状→穿孔→条纹状等，可以看出 CH 和 CL 进化程度的不同。Wodehouse（1935）研究表明，花粉极轴越长，其体积和表面积的比值就越小，调节功能越强，从而使其进化程度越高。基于花粉长度和外壁纹饰的演化顺序，CH 可能是较

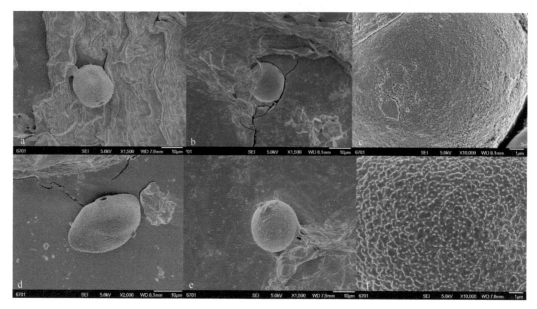

图 3-6 CH 和 CL 花粉粒的形态 (引自 Wu et al., 2018)
a、d. CH 和 CL 花粉粒的形状；b、e. CH 和 CL 花粉粒的极面观；c、f. CH 和 CL 花粉粒的表面纹饰

原始的类型，而 CL 可能是进化程度较高的类型。CL 的颖花闭合，花药内的花粉不会外露，能使植物避免外来花粉干扰而保持纯种，因此培育具有 CL 特性的转基因新品种是抑制基因漂流、减少环境风险的一种理想策略 (Turuspekov et al., 2004)。

3.2.3.2 花粉活力

利用 2,3,5-氯化三苯基四氮唑 (TTC) 染色法测定的 CH 花粉活力可达到 85%，而 CL 的花粉没有着色。这可能和取样时期、操作等因素有关，和 CH 花药相比，不同发育时期的 CL 花药均为白色，因此取样时期不能准确判断。另外，CL 花粉一直处于花药内不外露，使得取出花粉粒的操作更为困难，这都可能导致花粉活力下降。但也可能是由于 TTC 染色法并不适合 CL 花粉的快速测定等。

3.2.4 种子的形态特征

3.2.4.1 种子大小

无芒隐子草不同授粉方式形成的种子大小因同一植株的不同位置而有很大差别。无芒隐子草 CL 种子大小的分布范围：长 3.38~3.47mm，宽 0.91~1.06mm。CH 种子大小的分布范围：长 3.05~3.39mm，宽 0.61~0.95mm。CL 种子千粒重为 0.23~0.28g，CH 种子千粒重为 0.2~0.21g (图 3-7)。总体来说，CL 种子普遍要大于 CH 种子。种子大小对植物适应不良环境具有以下作用。

一是较大的 CL 种子储存的养分和能量较多，萌发后的顶土能力较强，可以耐受一定的深埋，因而在埋深较大情况下萌发率相对较高，而较小的 CH 种子储存的养分和能量较低，萌发后的顶土能力较差，因而在埋藏较深情况下不能萌发。

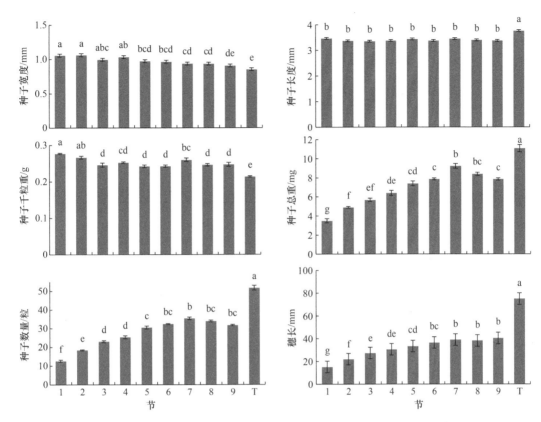

图 3-7 无芒隐子草不同节间种子宽度、长度、千粒重、种子总重、种子数及穗长（引自 Xu et al.，2020）

1～9 分别指 CL 叶鞘中的第 1～9 节；T 指 CH 顶穗。种子长度和宽度均未去除稃片；标有不同小写字母表示在 0.05 水平上差异显著（$P<0.05$）

二是对于同株植物而言，种子较大，说明其发育正常，成熟度较好，而种子较小，说明其发育较差，成熟度较低。CL 种子的幼苗通常具有较快的生长速度，因而苗期的竞争力较强。

三是种子的大小对种子的被采食率和储藏率有很大的影响。通常，小种子被就地采食的概率较高，大种子被搬运和储藏的概率较高。这是因为搬运大种子成本低，效益高。因此，CL 种子更容易被动物散布。

3.2.4.2 种子产量

影响种子产量的生物学因素包括单位面积生殖枝数、小穗花序数、小穗种子数、千粒重等，而种植密度和降水量会影响这些指标。无芒隐子草叶鞘内种子数量从第 1 节到第 7 节呈增加趋势，第 7 节到第 9 节呈下降趋势（张代玉，2017）。其中最下面一节种子数最少，平均值为 13.9 粒，顶穗种子数最多，平均为 48.7 粒。CH 花的种子总重量、长度、穗长及种子数均高于 CL 花，而后者的种子千粒重较大。

无芒隐子草种子产量与产量构成因素的关系表明，单位面积生殖枝数、小穗数/生殖枝、种子数/小穗、千粒重在不同年份差异均显著（$P<0.05$），3 年的生殖枝数分别为 1851 枝/m²、2064 枝/m² 和 2042 枝/m²（表 3-1）。3 年里单位面积种子产量与其生殖枝

数呈极显著正相关，相关系数分别为 0.762、0.888 和 0.928（$P < 0.01$），直接通径系数分别为 0.761、0.913、0.926。其相关系数与直接通径系数相近，说明其生殖枝数对种子产量具有直接影响（表 3-2）。3 年里直接通径系数最小的都是小穗数/生殖枝（李欣勇，2015）。

表 3-1　无芒隐子草 3 年种子产量构成因素（引自李欣勇，2015）

年份	产量构成因素			
	生殖枝数/（枝/m^2）	小穗数/生殖枝	种子数/小穗	千粒重/g
2010	1851b	9.1a	27.7b	0.178b
2011	2064a	9.9a	31.8a	0.173b
2012	2042a	8.8b	35.3a	0.192a

注：同列不同年份间标有不同小写字母表示在 0.05 水平上差异显著

表 3-2　无芒隐子草 3 年种子产量与产量构成因素通径分析（引自李欣勇，2015）

年份	产量构成因素	种子产量的简单相关系数	直接通径系数	间接通径系数			
				生殖枝数/（枝/m^2）	小穗数/生殖枝	种子数/小穗	千粒重/g
2010	生殖枝数/m^2	0.762**	0.761		0.008	0.072	−0.079
	小穗数/生殖枝	0.146	0.063	0.100		0.024	−0.040
	种子数/小穗	−0.438*	−0.170	−0.323	−0.009		0.063
	千粒重/g	−0.372	0.142	−0.422	−0.018	−0.076	
2011	生殖枝数/m^2	0.888**	0.913		−0.002	−0.003	−0.019
	小穗数/生殖枝	0.154	−0.009	0.180		−0.013	−0.003
	种子数/小穗	−0.093	−0.118	0.026	−0.001		−0.001
	千粒重/g	−0.392*	0.041	−0.434	0.001	0.001	
2012	生殖枝数/m^2	0.928**	0.926		−0.028	0.006	0.036
	小穗数/生殖枝	−0.093	0.137	−0.189		0.127	−0.167
	种子数/小穗	0.176	0.189	0.025	0.073		−0.110
	千粒重/g	0.191	0.254	0.130	−0.090	−0.103	

注：*和**分别表示在 0.05、0.01 水平上相关

3.3　花序与果实对逆境的响应

3.3.1　闭花授粉的生态适应性

已有研究表明，CL 是植物在长期进化过程中有效抵御不良环境的一种发育策略。Miranda 和 Vieira（2014）的研究发现，处于不同水分条件下的芦莉草（*Ruellia subsessilis*）在干旱季节进行 CL，而 CH 发生在雨季。Koike 等（2015）对 CL 水稻高温处理 4h 后发现，其可育比率高于 CH 植株，并认为 CL 植株的高可育性是由颖片气孔的蒸腾作用所致。

CL 类型可使花粉粒在不良的外界条件下正常授粉而减少昆虫吞食，这被认为是植物在不利于授粉时牺牲遗传多样性以降低能量消耗来保证结实的一种适应机制。一旦 CL 因繁殖保障或其他原因得到选择而进化，CL 植物在传粉者缺乏的环境中比异花授粉

者更易建立种群。

无芒隐子草作为一种极抗旱的荒漠旱生植物，可在年降水量为 110mm 的地区正常生长。无芒隐子草同时具有 CH 和 CL 两种授粉方式，CL 授粉方式可以扩大对干旱、高温等恶劣环境的适应性，并且能够在不适宜授粉的环境下以最低成本获得最多的种子数量，从而达到繁衍后代的目的（邓平和朱国旗，2000；Berg，2002）。

3.3.2　闭花授粉的分类

植物传粉一般有两种方式：一种是自花传粉，另一种是异花传粉。自花授粉中又包含一种特殊情况即闭花授粉（CL），与开花授粉（CH）不同，CL 是在花朵未开放时成熟花粉粒在花粉囊内萌发，花粉管穿出花粉囊，伸向柱头，进入子房，把精子送入胚囊，完成授粉。闭花授粉广泛存在于被子植物中，据不完全统计，在被子植物的 51 科 234 属 703 种中均发现闭花授粉（张代玉等，2017）。统计还发现，有关闭花授粉的报道多集中在单子叶植物的禾本科（Poaceae）（326 种）、兰科（Orchidaceae）（25 种）和双子叶植物的堇菜科（Violaceae）（83 种）、豆科（Fabaceae）（62 种）及爵床科（Acanthaceae）（19 种）中。

根据 CL 发育过程，闭花授粉又分为兼性闭花授粉（dimorphic cleistogamy）、完全闭花授粉（complete cleistogamy）和诱变闭花授粉（induced cleistogamy）3 种类型（Culley and Klooster，2007）。

3.3.2.1　兼性闭花授粉

兼性闭花授粉是指 CH 和 CL 两种花可在同一植株的不同位置同时存在，或者按照一定的时间顺序相继产生。该类型的 CH 和 CL 形态学差异源自它们不同的发育途径。与 CH 花相比，CL 花的花冠和雄蕊长度较短或雄蕊数目较少。同一植株上 CH 和 CL 花的出现顺序取决于植物物种，草本植物毛堇菜（*Viola pubescens*）的 CH 花仅在早春产生，CL 花在其几周之后出现（Culley，2002）；而其他植物种的 CL 花早于 CH 出现。CH 花的出现是由早春特定的光周期和温度引起，如鹿舌二型花（*Dichanthelium clandestinum*）是春季产生 CL 花，而在晚夏产生 CH 花（Bell and Quinn，1985）。无芒隐子草在同一单株同时存在 CH 和 CL 两种类型的花，顶部花序为 CH 花，而叶鞘内为 CL 花，叶鞘内 CL 花早于 CH 花产生。CH 花的花药在成熟期张开，花粉外露并完成授粉，而 CL 花的花粉不外露。

3.3.2.2　完全闭花授粉

完全闭花授粉的植株仅产生 CL 花。该授粉类型存在于多个植物物种中。例如，日本科学家新发现的植物黑岛天麻（*Gastrodia kuroshimensis*）只产生 CL 花（Suetsugu，2016）；夏威夷地方性物种 *Schiedea trinervis* 的花在授粉过程中一直处于闭合状态（Wagner et al.，2005）。然而大部分 CL 植株的确定只是基于一部分单株在非自然条件下（如温室）的观察。因此，确定一个植物种是否为完全闭花授粉，调查的对象必须包括自然环境中多个单株以确保无 CH 花的产生。

3.3.2.3 诱变闭花授粉

诱变闭花授粉是指 CH 花因环境阻碍未能开放，进而转变为 CL 花。与兼性闭花授粉相比，该类型的 CH 和 CL 花并无形态学差异，而且 CH 花转变为 CL 花的速度较快。在此分类中，干旱和温度是促进 CL 花产生的主要因素。例如，一些新西兰羊茅属（*Festuca*）的物种只有在低温和相对湿度较高的条件下才能由 CH 花转变为 CL 花（Connor，1998）；夏威夷马齿苋属（*Portulaca*）植物在光照和温度都降低的条件下花未能张开，进而产生 CL 花（Columbus，1998）。也有研究表明，水稻经 30℃高温连续处理 4 周后，水稻的授粉类型可由 CH 转变为 CL（Koike et al.，2015）。

3.3.3 不同节间部位种子产量和质量

3.3.3.1 不同部位产生的种子数和千粒重存在差异

贺晓（2004）研究表明，在禾本科植物中，不同部位种子重量大小与小穗开花顺序一致，即开花晚的种子较轻，开花早的种子较重，小穗下部种子比顶部种子重。种子千粒重与节直径呈显著正相关关系，因为在种子发育过程中，节直径越大就越可以给种子提供足够的空间来发育，从而提高种子重量。

无芒隐子草每小穗种子数与小穗部位和节长间有着极显著正相关关系，相关系数分别为 0.943 和 0.977（P < 0.001）；每小穗种子数与节直径间呈负相关关系，但不显著。表明无芒隐子草除顶部小穗外，其余小穗随着部位由下至上，种子数呈增长趋势。上部种子数是下部的近 3.2 倍。种子千粒重与小穗部位和节长间都呈极显著负相关关系，相关系数分别为 −0.775 和 −0.769（P < 0.001），这是由于种子生长发育过程中养分是有限的，种子数增加的同时会降低种子的重量；种子千粒重与节直径呈显著正相关关系，相关系数为 0.431（P<0.05）。表明无芒隐子草随着部位由下至上，种子千粒重呈递减趋势。不同部位种子产量占总产量的百分比分别为：下部（1～3 节）占 15%，中部（4～6 节）占 31%，上部（7～9 节）占 39%，顶部占 15%。顶部小穗为开花授粉，其结实率受传粉时期气候条件的影响会很大，败育率也会很高（Elgersma，1990）。所以，虽然顶部小穗节长最长，但是种子数却很低（表 3-3）。

表 3-3 无芒隐子草小穗部位与种子结实特性间的相关分析（引自李欣勇，2015）

因素	小穗部位	节长	节直径	种子数/小穗	千粒重
小穗部位		0.970***	−0.535*	0.943***	−0.775***
节长			−0.465*	0.977***	−0.769***
节直径				−0.359	0.431*
种子数/小穗					−0.775***
千粒重					

注：*和***分别表示在 0.05、0.001 水平上相关

3.3.3.2 不同部位种子的发芽率和发芽指数存在差异

植株各小穗之间，同一小穗不同部位之间所结种子的质量有差异。萝卜和白菜的大种子比小种子的活力及萌发力高，而且大种子的幼苗生长速度快，植株大，产量高；大豆植株上部的种子比底部种子的活力高，并且同一批种子中，大种子比小种子的发芽率和出苗率都高（Adam et al.，1989；Delouche，1980）。干旱区生长的植物，为了确保其能够在恶劣的环境下生存和发育，都有复杂的适应机制。无芒隐子草不同部位的种子发芽率，随着部位由下至上，先增加再降低。其中，中部种子发芽率最大，为80%；顶穗种子发芽率最小，为32%；底部和上部种子的发芽率差异不显著，为70%（图3-8）。不同部位种子的发芽指数与发芽率呈现相同的变化趋势，即中部种子的发芽指数显著大于其他部位（$P<0.05$），顶穗种子的发芽指数最小，底部和上部种子的发芽指数差异不显著。无芒隐子草顶部小穗为开花授粉，败育率高；并且顶部小穗开花最晚，种子发育时间最少，所以种子重量最小，发芽率和发芽指数均最低。

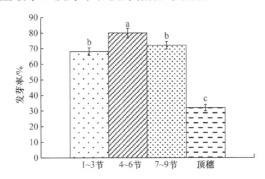

图 3-8 无芒隐子草不同部位种子的发芽率（引自李欣勇，2015）

标有不同字母表示在 0.05 水平上差异显著，下同

3.3.3.3 不同部位种子的苗长和活力指数存在差异

无芒隐子草不同部位种子的苗长，下部和中部种子的苗长显著大于上部和顶穗（$P<0.05$）。下部和中部种子的苗长为 3.8cm，上部和顶穗种子的苗长为 3.4cm（图3-9）。无芒隐子草不同部位种子活力，随着部位由下至上，活力指数先增加再降低。中部种子的活力指数显著大于其他部位（$P<0.05$），顶穗种子的活力指数最小，底部和上部种子的活力指数差异不显著（图3-10）。

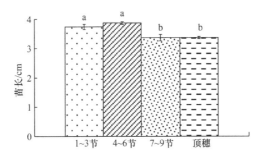

图 3-9 无芒隐子草不同部位种子的苗长（引自李欣勇，2015）

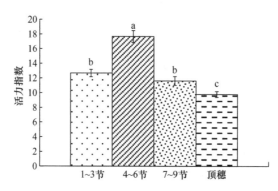

图 3-10　无芒隐子草不同部位种子的活力指数（引自李欣勇，2015）

3.3.3.4　种子休眠与萌发

同一植物的异型性种子会有不同的休眠类型或休眠程度。无芒隐子草不同授粉方式产生的种子均存在休眠，但休眠特性不同；两者解除休眠的温度不同，65℃可显著破除顶穗 CH 种子的休眠，而叶鞘内 CL 种子需要 85℃高温处理才能完全破除休眠。另外，种子休眠对不同时间高温（85℃）处理的响应也不一样。对于顶穗，时间长（9h、12h、15h 和 18h）的处理比时间短（3h 和 6h）的处理破除种子休眠的效果更显著，而对顶穗外的其他部位，各处理间无显著差异（魏学等，2009）。不同授粉方式产生的种子，其休眠破除对温度的响应不同，这可能与两类花序上种子的着生部位不同、开花先后顺序及灌浆期营养物质就近运输有关。

不同剂量的秋水仙素和 ^{60}Co-γ 辐射处理对种子萌发也有一定的影响。秋水仙素处理对种子的发芽率有一定程度的抑制作用，0.1%浓度处理 48h 的种子，其发芽率是 41%（图 3-11）；600Gy 的 ^{60}Co-γ 辐射处理的种子发芽率为 48.5%（图 3-12）。因此，0.1%浓度处理 48h 和 600Gy 分别为秋水仙素和 ^{60}Co-γ 辐射处理的半致死剂量（张代玉等，2016）。

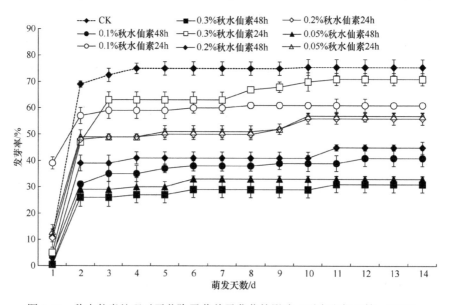

图 3-11　秋水仙素处理对无芒隐子草种子发芽的影响（引自张代玉等，2016）

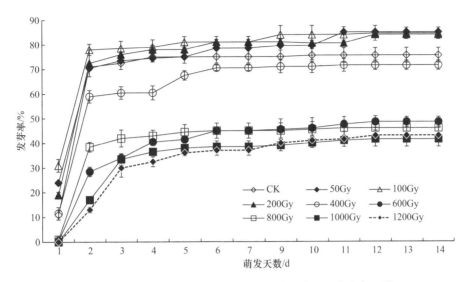

图 3-12 ^{60}Co-γ 辐射处理对无芒隐子草种子发芽的影响（引自张代玉等，2016）

3.3.4 降水量对种子产量的影响

种子产量受环境因素影响很大。环境因素对种子产量影响的大小取决于其影响时期，在植株不同生长期的影响效果不同（Elgersma，1990）。在大陆性气候地区，水分匮乏是限制种子产量的主要因素（Csiszár et al.，2007）。长期的干旱胁迫会降低种子产量，但是植株在某一特定时期对胁迫更为敏感（Hebblethwaite，1977）。如果大豆（*Glycine max*）在生殖生长期受到水分胁迫，就会减少种子数，进而降低种子产量（Brevedan and Egli，2003）；而种子灌浆期水分胁迫会降低种子大小（De-Souza et al.，1997）。开花期短暂的水分胁迫也会降低种子产量（Vieira et al.，1992）。无芒隐子草种子产量主要受抽穗期和开花期降水量的影响（R^2=0.602），每年 7 月和 8 月种子产量与降水量有明显的正相关关系（R^2=0.602）（图 3-13a）；而种子产量与全年降水量无明显相关关系（R^2=0.0415）（图 3-13b）。也就是 7 月、8 月的降水量越多，当年的种子产量越高。开花时期缺水会抑制植株授粉，增加花粉的败育率，减少种子产量（El-Balla et al.，2013）。所以在干旱区无芒隐子草种子生产的水分管理中，适宜的灌水时间要比全年的灌水量更重要。

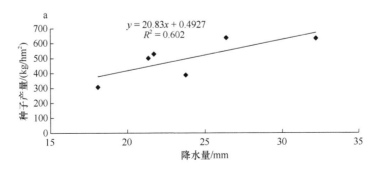

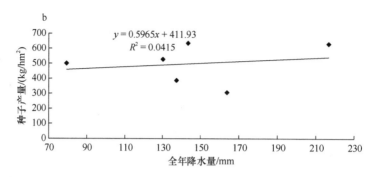

图 3-13 无芒隐子草与抽穗和开花期（7 月和 8 月）降水量（a）及全年总降水量（b）的相关性分析（引自李欣勇，2015）

3.4 本 章 小 结

无芒隐子草单株能同时产生开花授粉（CH）和闭花授粉（CL）两种类型小花。CL 部分由叶鞘包裹的不同节组成，由下至上通常为 9~10 节，可分为下部（1~3 节）、中部（4~6 节）、上部（7~9 节）；CH 部分由顶部的圆锥花序组成。两种小花的花器官形态及大小存在显著差异，浆片形态及大小差异是引起 CH 和 CL 的关键原因之一；从花粉形状、孔的位置、表面纹饰等来看，顶部 CH 花粉和叶鞘内 CL 花粉差别较大，较大的 CL 花粉粒可能是导致其 CL 种子结实率显著高于 CH 的原因。由 CH 和 CL 小花产生的种子存在差异，且 CL 不同部位种子间也存在差异。CL 小花的种子较宽，随着部位由下至上，种子千粒重呈递减趋势。小穗部位对无芒隐子草种子产量和质量有显著影响，CL 最上部种子产量最高，中部种子质量最好，中部和上部种子在无芒隐子草种子批中起主导作用，占总种子的 70%；CH 顶部种子的产量和质量均最差，其有效种子只占总种子的 4%。顶穗种子发芽率显著低于叶鞘内种子发芽率（$P<0.05$），顶穗种子的发芽率仅为 32%。

CL 是植物在长期进化过程中有效抵御不良环境的一种发育策略。无芒隐子草同时具有 CH 和 CL 两种授粉方式，CL 授粉方式可以扩大对干旱、高温等恶劣环境的适应性，并且能够在不适宜授粉的环境下能以最低成本获得最多的种子数量，从而达到繁衍后代的目的。无芒隐子草不同授粉方式产生的种子均存在休眠，但休眠特性不同；两者解除休眠的温度不同，65℃可显著破除顶穗 CH 种子的休眠，85℃高温处理可有效破除 CL 种子休眠，并且能显著促进 CH 和 CL 种子的胚根及胚芽生长。此外，降水量对种子产量也有影响，无芒隐子草的花期为 7 月、8 月，这段时间的降水对其种子产量的影响最大。

参 考 文 献

陈默君, 贾慎修. 2002. 中国饲用植物志. 北京: 中国农业出版社.
邓平, 朱国旗, 张玉烛, 等. 2000. 闭花受精水稻的生物学特性观察. 作物研究, 14(1): 1-3.
贺晓. 2004. 冰草与老芒麦种子生产的研究. 呼和浩特: 内蒙古农业大学博士学位论文.

李欣勇. 2015. 无芒隐子草草坪管理技术及种子产量持续性研究. 兰州: 兰州大学博士学位论文.

刘明国, 李民, 吴月亮, 等. 2015. 山杏花粉形态特征与花粉萌发的关系. 沈阳农业大学学报, 46(2): 166-172.

郜建辉, 王彦荣, 陈谷. 2008. 无芒隐子草种子萌发、出苗和幼苗生长对土壤水分的响应. 草业学报, 17(3): 105-110.

魏学, 王彦荣, 胡小文, 等. 2009. 无芒隐子草不同节间部位的种子休眠对高温处理的响应. 草业学报, 18(6): 169-173.

郇庚年. 1989. 甘肃张掖重要野生草坪植物. 草业科学, 6(7): 60-64.

曾彦军. 2005. 放牧和封育对红砂和无芒隐子草种群繁殖的影响. 兰州: 兰州大学博士学位论文.

张代玉, 骆凯, 吴凡, 等. 2017. 被子植物闭花授粉的研究进展. 草业科学, 34 (6): 1215-1227.

张代玉, 吴凡, 张吉宇, 等. 2016. 秋水仙素和 ^{60}Co-γ 射线对无芒隐子草种子萌发的影响. 草业科学, 33(3): 424-430.

张代玉. 2017. 无芒隐子草闭花授粉的形态特征及其转录组表达研究. 兰州: 兰州大学硕士学位论文.

周志宇. 1990. 阿拉善荒漠草地类初级营养类型研究. 兰州: 甘肃科学技术出版社.

G. 埃尔特曼. 1978. 孢粉学手册. 中国科学院植物研究所古植物研究室孢粉组译. 北京: 科学出版社.

Adam N M, McDonald M B, Henderlong P R. 1989. The influence of seed position, planting and harvesting dates on soybean seed quality. Seed Science and Technology, 17(1): 143-152.

Bell T J, Quinn J A. 1985. Relative importance of chasmogamously and cleistogamously derived seeds of *Dichanthelium clandestinum* (L.) Gould. Botanical Gazette, 46(2): 252-258.

Berg H. 2002. Population dynamics in *Oxalis acetosella*: the significance of sexual reproduction in a clonal, cleistogamous forest herb. Ecography, 25(2): 233-243.

Brevedan R E, Egli D B. 2003. Short period water stress during seed filling, leaf senescence and yield of soybean. Crop Science, 43(6): 2083-2088.

Columbus T J. 1998. Morphology and leaf blade anatomy suggest a close relationship between *Bouteloua aristidoides* and *B.*(*Chondrosium*) *eriopoda* (Gramineae: Chloroideae). Systematic Botany, 23(4): 467-478.

Connor H E. 1998. *Festucal* (Poeae: Gramineae) in New Zealand I. Indigenous Taxa. New Zealand Journal of Botany, 36(3): 329-367.

Csiszár J, Lantos E, Tari I, et al. 2007. Antioxidant enzyme activities in *Allium* species and their cultivars under water stress. Plant Soil and Environment, 53(12): 517-523.

Culley T M. 2002. Reproductive biology and delayed selfing in *Viola pubescens* (Violaceae), an understory herb with chasmogamous and cleistogamous flowers. International Journal of Plasticity, 163(1): 113-122.

Culley T M, Klooster M. 2007. The cleistogamous breeding system: a review of its frequency, evolution, and ecology in angiosperms. The Botanical Review, 73(1): 1-30.

Delouche J C. 1980. Environmental effects on seed development and seed quality. HortScience, 15(6): 775-779.

De-Souza P I, Egli D B, Bruening W P. 1997. Water stress during seed filling and leaf senescence in soybean. Agronomy Journal, 89(5): 807-812.

El-Balla M M A, Hamid A A, Abdelmageed A H A. 2013. Effects of time of water stress on flowering, seed yield and seed quality of common onion (*Allium cepa* L.) under the arid tropical conditions of Sudan. Agricultural Water Management, 121: 149-157.

Elgersma A. 1990. Seed yield related to crop development and to yield components in nine cultivars of perennial ryegrass (*Lolium perenne* L.). Euphytica, 49(2): 141-154.

Gwata E, Wofford D, Pfahler P, et al. 2003. Pollen morphology and *in vitro* germination characteristics of nodulating and nonnodulating soybean (*Glycine max* L.) genotypes. Theoretical and Applied Genetics, 106(5): 837.

Hebblethwaite P D. 1977. Irrigation and nitrogen studies in S.23 ryegrass grown for seed: 1. Growth, development, seed yield components and seed yield. Journal of Agricultural Science, 88(3): 605-614.

Heslop-Harrison Y, Heslop-Harrison J S. 1996. Lodicule function and filament extension in the grasses: potassium ion movement and tissue specialization. Annals of Botany, 77(6): 573-582.

Koike S, Yamaguchi T, Ohmori S, et al. 2015. Cleistogamy decreases the effect of high temperature stress at flowering in rice. Plant Production Science, 18(2): 111-117.

Li Q X, Huo Q D, Wang J, et al. 2016. Expression of B-class MADS-box genes in response to variations in photoperiod is associated with chasmogamous and cleistogamous flower development in *Viola philippica*. BMC Plant Biology, 16(1): 1-14.

Miranda A S, Vieira M F. 2014. *Ruellia subsessilis* (Nees) Lindau (Acanthaceae): a species with a sexual reproductive system that responds to different water availability levels. Flora, 209: 711-717.

Nair S K, Wang N. 2010. Cleistogamous flowering in barley arises from the suppression of microRNA-guided HvAP2 mRNA cleavage. PNAS, 107: 490-495.

Suetsugu S. 2016. *Gastrodia kuroshimensis* (Orchidaceae: Epidendroideae: Gastrodieae), a new mycoheterotrophic and complete cleistogamous plant from Japan. Phytotaxa, 278(3): 265-272.

Turuspekov Y, Mano Y, Honda I, et al. 2004. Identification and mapping of cleistogamy genes in barley. Theoretical and Applied Genetics, 109(3): 480-487.

Vieira R D, Tekrony D M, Egli D M. 1992. Effects of drought and defoliation stress in the field on soybean seed germination and vigor. Crop Science, 32(2): 471-475.

Xu P, Wu F, Ma T T, et al. 2020. Analysis of six transcription factor families explores transcript divergence of cleistogamous and chasmogamous flowers in *Cleistogenes songorica*. DNA and Cell Biology, 39 (2): 273-288.

Wagner W L, Weller S G, Sakai A. 2005. Monograph of *Schiedea* (Caryophyllaceae-Alsinoideae). Systematic Botany Monographs, 72: 1-169.

Wodehouse R P. 1935. Pollen grains: their structure, identification and significance in science and medicine. Journal of Nervous and Mental Disease, 86(1): 104.

Williams E G, Rouse J L. 1990. Relationships of pollen size, pistil length and pollen tube growth rates in rhododendron and their influence on hybridization. Plant Reproduction, 3(1): 7-17.

Wu F, Zhang D Y, Muvunyi B P, et al. 2018. Analysis of microRNA reveals cleistogamous and chasmogamous floret divergence in dimorphic plant. Scientific Reports, 8: 6287.

第4章 豆科牧草裂荚

刘志鹏　王彦荣　董德珂　董　瑞

4.1 引　　言

　　裂荚指成熟的荚果沿着背缝线和腹缝线开裂并散播种子的现象（Bhor et al.，2014），是野生豆科植物适应逆境的有效策略。荚果成熟后炸裂，将种子弹射至母体周围地表分散隐藏后，可增加鸟类和小型哺乳动物的取食难度，抵抗生物胁迫，进而提高种子存活概率；自然环境中群落内部物种之间竞争非常激烈，豆科植物种子一旦萌发、生长并结实，证明母株周围的微生境适合该物种生存，裂荚后种子扩散至母体周围，也意味着母体为其后代选择了最佳的温度、水分、光照等非生物条件，避免了种子借助风力和动物传播选择萌发地点的盲目性，如被选择地点环境严酷，可能导致种子死亡。在天然退化草地的人工恢复过程中，裂荚是一个有利性状，种子自动脱落，减少人工开沟补播对草皮和土壤的破坏，还可以减少种子被动物采食的概率。但是，在人工草地中，裂荚又是一个有害性状，会导致种子产量下降，无法高效扩大种植面积，而且落地的种子第二年萌发后成为下茬作物的杂草。

4.2 裂荚评价方法

　　裂荚现象在豆科植物大豆（*Glycine max*）、百脉根（*Lotus corniculatus*），芸苔属植物欧洲油菜（*Brassica napus*），以及菜豆属（*Phaseolus*）、苜蓿属（*Medicago*）、黄耆属（*Astragalus*）、锦鸡儿属（*Caragana*）、羽扇豆属（*Lupinus*）、扁豆属（*Lablab*）中均普遍存在（Funatsuki et al.，2014；Squires et al.，2003；Christiansen et al.，2002；Elmoneim，1993）。在干燥、高温的空气条件下，大豆易裂荚品种在收获时种子的损失率可达50%～100%，大豆中度裂荚品种的种子产量损失约为112.5kg/hm^2（孙东凤和康玉凡，2011）。箭筈豌豆（*Vicia sativa*）的野生种质也普遍存在易裂荚的现象，但对于箭筈豌豆的裂荚性状研究较少，因此建立箭筈豌豆裂荚评价方法，筛选抗裂荚和易裂荚种质，解析裂荚的细胞学机制，将会为抗裂荚箭筈豌豆新品种的培育提供有力的保障。

　　现有测定植物裂荚的方法各有利弊，都不适用于箭筈豌豆裂荚性状的测定。其中，利用变速荚果分离器的不同转速可以测定油菜角果的裂荚率，该方法虽然速度较快，但是并不能了解单个角果的开裂受力情况，难以量化角果裂荚力的准确数值（Squires et al.，2003）。使用1～2个月自然风干加60℃烘箱烘干30min的方法来测定大豆的果荚开裂率，这一方法耗时长且无法得到单个荚果的裂荚力数值。采用悬臂弯曲试验可以精确测量油菜角果的开裂力和断裂韧性（Davies and Bruced，1997），但是需要利用环氧树脂胶将角果先粘在一个平板上，再利用触变性氰基丙烯酸酯胶黏剂将一个弹力环固定在角果的中间部位，然后才可进行测量，操作复杂费时。

鉴于此，研究人员从中国、美国、土耳其等 49 个国家收集了 541 份箭筈豌豆种质资源，多年系统评价了不同种质的 9 个种子形态特征和 18 个主要农艺性状的遗传多样性，尤其是对荚果裂荚力进行了量化，筛选获得了遗传稳定的易裂荚和抗裂荚箭筈豌豆种质。

本章所用箭筈豌豆材料为 2013～2015 年连续 3 年从 541 份种质中筛选出的易裂荚种质 10 份，抗裂荚种质 16 份（图 4-1），中度裂荚种质 7 份，种质详细信息见表 4-1。试验材料分别于 2013 年 4 月 28 日、2014 年 4 月 30 日和 2015 年 4 月 26 日分 3 批播种，穴播，株距 50cm，行距 50cm，每批 3 次重复，每个重复 50 株，施肥、灌水等条件相同。荚果采集时期均为黄熟后期。

图 4-1　箭筈豌豆抗裂荚种质和易裂荚种质的果荚形态对比

a、b 和 c 的比例尺分别为 10cm、5cm 和 5cm

表 4-1　不同裂荚程度箭筈豌豆种质信息

序号	拉丁名	开花至荚果黄熟天数/d	种质类型
1	*Vicia sativa*	27	易裂荚
2	*V. sativa*	30	易裂荚
3	*V. sativa*	27	易裂荚
4	*V. sativa*	27	易裂荚
5	*V. sativa* subsp. *nigra*	32	易裂荚
6	*V. sativa* subsp. *sativa*	29	易裂荚

序号	拉丁名	开花至荚果黄熟天数/d	种质类型
7	*V. sativa* subsp. *sativa*	29	易裂荚
8	*V. sativa*	28	易裂荚
9	*V. sativa*	30	易裂荚
10	*V. sativa*	27	易裂荚
11	*V. sativa*	29	抗裂荚
12	*V. sativa*	28	抗裂荚
13	*V. sativa*	28	抗裂荚
14	*V. sativa*	31	抗裂荚
15	*V. sativa*	29	抗裂荚
16	*V. sativa*	27	抗裂荚
17	*V. sativa* subsp. *sativa*	33	抗裂荚
18	*V. sativa* subsp. *sativa*	30	抗裂荚
19	*V. sativa*	31	抗裂荚
20	*V. sativa*	32	抗裂荚
21	*V. sativa*	31	抗裂荚
22	*V. sativa*	30	抗裂荚
23	*V. sativa*	31	抗裂荚
24	*V. sativa*	29	抗裂荚
25	*V. sativa*	28	抗裂荚
26	*V. sativa*	29	抗裂荚
27	*V. sativa* subsp. *sativa*	28	中度裂荚
28	*V. sativa*	33	中度裂荚
29	*V. sativa* subsp. *nigra*	28	中度裂荚
30	*V. sativa*	26	中度裂荚
31	*V. sativa*	33	中度裂荚
32	*V. sativa*	30	中度裂荚
33	*V. sativa*	29	中度裂荚

　　豆科植物最常见的裂荚评价方法是大田评价法，该方法具有直观、高效等优点，但测定过程易受环境影响，存在重复性差、种子回收率低等不足。因此，我们发明了两种测定箭筈豌豆裂荚的新方法，用于评价其裂荚性状。其一是荚果裂荚率测定方法：利用专利"检测箭筈豌豆裂荚率的装置及其方法"（董瑞等，2016a；专利号：ZL201510347598.6）来测定箭筈豌豆荚果的裂荚率（图 4-2），首先将荚果烘干至含水量为 5% 左右（胡立成，1991），然后将干燥后的荚果置于该装置的样品盒中，再将样品盒固定于 2m 高处，拉动样品盒的活动底板，使荚果掉落在样品收集箱底部的取样屉内，抽出取样屉，清点摔裂的箭筈豌豆荚果数。摔裂的荚果数除以测量的荚果总数乘以百分之百为种质裂荚率，每份种质每次测量 40 个荚果，3 次重复。其二是荚果裂荚机械力测定方法：将荚果烘干至含水量为 5% 左右，利用艾德堡 HP-50 数显推拉力计测定荚果开裂时所受机械力大小。该方法需要分别测定垂直裂荚机械力或水平裂荚垂直力，两者的

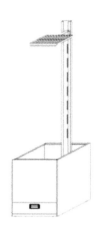

图 4-2　箭筈豌豆裂荚率测量装置示意图（引自董瑞等，2016a）

相关性达到极显著水平，测定一种即可。测定荚果垂直裂荚机械力时，将荚果垂直固定于推拉力计上，校准仪器读数为 0，缓慢转动推拉力计使荚果开始受力，当荚果开裂时推拉力计可瞬时自动记录受力的最大值，每份种质每次测量 40 个荚果，3 次重复。测定荚果水平裂荚机械力时，将荚果水平固定于推拉力测定仪上，其余步骤与测定荚果垂直裂荚机械力相同，每份种质每次测量 40 个荚果，3 次重复（表 4-2）。荚果垂直或水平放置状态下荚果裂荚机械力测试方式见图 4-3。这两种方法的发明为箭筈豌豆裂荚性状评价提供了一个快速、简单、准确、高效的方法。

表 4-2　箭筈豌豆裂荚性状的评价方法

方法名称	植物状态	统计方法	裂荚外因	文献
大田裂荚率法	自然成熟	直接统计	温度高、湿度低	大豆、油菜等多篇文献
室内裂荚率法	成熟后裂荚前采摘	烘干后统计	冲击力	董瑞等，2016a
室内裂荚力法	成熟后裂荚前采摘	烘干后统计	挤压力	董瑞等，2016b

4.2.1　裂荚率与荚果含水量

结果表明（表 4-3），不同箭筈豌豆种质间荚果含水量差异不显著，其中 '10 号'种质含水量最高，为 5.171%，'1 号'种质含水量最低，为 3.943%，33 份种质的平均含水量为 4.906%。同时，不同类型箭筈豌豆种质间荚果裂荚率差异极显著（表 4-3）（$P<0.01$），说明烘干后荚果含水量和裂荚率之间不具有相关性。

4.2.2　荚果裂荚机械力

垂直放置状态下，易裂荚种质裂荚机械力最低的为 '5 号'种质，裂荚机械力为 5.201N，抗裂荚种质裂荚机械力最高的为 '14 号'种质，裂荚机械力为 35.675N，两者之间差异极显著（$P<0.01$）（表 4-3）。水平放置状态下，易裂荚种质裂荚机械力最低的为 '5 号'种质，裂荚机械力为 1.708N，抗裂荚种质裂荚机械力最高的为 '14 号'种质，裂荚机械力为 11.692N，两者之间差异极显著（$P<0.01$）（表 4-3）。

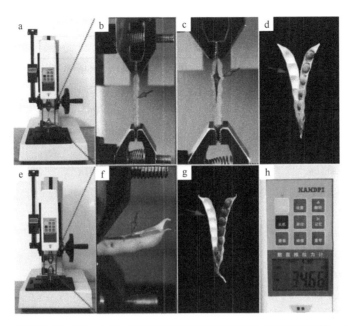

图 4-3　荚果垂直放置与水平放置裂荚机械力测量示意图（引自董瑞等，2016b）

a、b. 荚果垂直放置方式；c. 荚果受力开裂；d. 完全开裂后的荚果；e. 荚果水平放置方式；f. 荚果受力开裂；g. 完全开裂后的荚果；h. 推拉力计操作界面。图中红色箭头所示位置均为荚果腹缝线

表 4-3　箭筈豌豆种质荚果含水量、荚果裂荚率及垂直和水平状态下的裂荚
机械力（引自董瑞等，2016b）

序号	荚果含水量/%	荚果裂荚率/%	荚果垂直开裂机械力/N	荚果水平开裂机械力/N
1	3.943±0.155a	1.000±0.000A	6.120±2.298B	2.434±0.797C
2	5.122±0.074a	0.975±0.014B	7.351±2.475B	2.147±0.873C
3	5.146±0.117a	0.975±0.014B	13.583±2.088AB	1.841±0.805C
4	5.124±0.084a	1.000±0.000A	7.568±1.931B	1.899±0.524C
5	5.133±0.135a	1.000±0.000A	5.201±2.082B	1.708±1.252C
6	3.963±0.126a	0.975±0.000B	8.732±2.894B	1.983±1.273C
7	5.113±0.104a	0.975±0.014B	6.392±2.358B	2.330±0.650C
8	5.153±0.121a	0.975±0.014B	9.478±2.080B	2.466±0.511C
9	5.143±0.147a	1.000±0.000A	6.549±2.165B	2.274±1.174C
10	5.171±0.106a	0.975±0.014B	8.888±3.118B	2.545±0.799C
11	5.147±0.082a	0.000±0.000J	23.476±5.459A	10.043±2.343A
12	5.071±0.105a	0.000±0.000J	21.282±3.854A	11.298±1.282A
13	5.084±0.091a	0.000±0.000J	25.870±3.684A	10.925±2.963A
14	5.123±0.068a	0.000±0.000J	35.675±7.577A	11.692±2.509A
15	5.056±0.129a	0.025±0.000J	26.332±6.430A	10.396±3.150A
16	5.093±0.073a	0.000±0.000J	28.940±5.613A	9.847±2.748A
17	5.123±0.077a	0.025±0.000I	23.650±3.957A	9.328±1.938A
18	5.156±0.083a	0.025±0.000I	25.890±6.473A	8.921±2.385A
19	5.057±0.095a	0.025±0.000I	22.920±3.759A	9.275±1.631A

续表

序号	荚果含水量/%	荚果裂荚率/%	荚果垂直开裂机械力/N	荚果水平开裂机械力/N
20	5.167±0.068a	0.025±0.000I	26.137±5.244A	7.046±1.492AB
21	3.963±0.115a	0.025±0.014I	22.392±2.623A	9.880±1.707A
22	5.168±0.106a	0.025±0.000I	23.651±8.976AB	8.081±1.071AB
23	5.076±0.081a	0.000±0.000J	31.614±6.498A	8.715±1.592A
24	5.113±0.094a	0.025±0.000I	27.915±7.196A	10.836±1.954A
25	5.167±0.118a	0.025±0.000I	18.158±3.194A	3.329±0.671B
26	3.959±0.097a	0.025±0.000I	22.740±3.738A	7.965±2.637A
27	3.987±0.105a	0.725±0.014C	6.450±1.103B	2.292±0.807C
28	5.068±0.112a	0.675±0.029D	6.940±1.762B	3.425±0.783BC
29	5.047±0.058a	0.500±0.029E	7.467±3.513AB	3.633±1.405BC
30	5.103±0.074a	0.400±0.025F	9.178±2.352B	3.920±1.089BC
31	5.127±0.085a	0.375±0.015F	10.693±2.572B	3.153±2.537ABC
32	5.037±0.109a	0.250±0.000G	12.357±3.501AB	3.751±2.339ABC
33	3.985±0.084a	0.150±0.014H	13.983±2.003AB	5.610±2.405AB
均值	4.906±0.069	—	—	—

注：同列不同小写字母表示不同箭筈豌豆种质间差异显著（$P<0.05$），不同大写字母表示不同箭筈豌豆种质间差异极显著（$P<0.01$）

从图 4-4 可以看出，3 种类型荚果的垂直裂荚机械力均显著高于水平裂荚机械力（$P<0.05$）。随着裂荚率的逐渐降低，荚果的水平和垂直裂荚机械力均呈现出逐渐上升的趋势，在水平放置和垂直放置状态下，裂荚率≥95.00%的易裂荚种质和裂荚率≤5.00%的抗裂荚种质荚果裂荚机械力差异均极显著（$P<0.01$）（表 4-3）。垂直裂荚机械力和水平裂荚机械力之间差异不显著，使用两种方法都可以测定箭筈豌豆的裂荚力，推荐使用垂直裂荚力，因为不同种质之间的裂荚力在数值上差异更大，具有更高的分辨率。

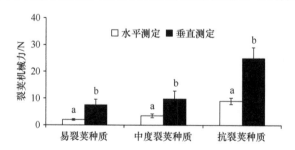

图4-4 3 种类型种质垂直裂荚力和水平裂荚力对比（引自董瑞等，2016b）
不同小写字母表示相同裂荚类型不同放置状态间差异显著（$P<0.05$）

4.2.3 荚果裂荚率与荚果裂荚机械力的相关性

箭筈豌豆荚果的垂直裂荚机械力和水平裂荚机械力均与箭筈豌豆裂荚率呈现极显著相关（$P<0.01$）。其中荚果水平裂荚机械力与裂荚率的相关系数为 0.930，大于荚果垂

直裂荚机械力与裂荚率的相关系数 0.922。

4.3　抗裂荚种质筛选

箭筈豌豆在世界上分布广泛，是野豌豆属中遗传和表型最具变异性的物种之一（Firincioglu et al.，2009）。研究表明，合适的植物材料对于以开发新品种为目的的植物育种计划是十分重要的。如果能够对足够多的样品进行表型测量，并且植物性状在种质之间有显著差异，则可以得到真实的植物整体遗传多样性（Humphreys，1991）。Firincioglu 等（2009）已经探讨并量化了箭筈豌豆种质的耐寒性、产量和适应性的差异，发现其具有广泛的表型变异，通过选择大种子和早熟品种，结合合理的冬季管理，可以提高箭筈豌豆的秋播适应性。Cakmakci 等（2006）曾对 150 份箭筈豌豆种质的 13 个性状遗传力进行了评价。El-Moneim（1993）对 900 份箭筈豌豆种质进行了裂荚特性筛选评价，发现抗裂荚种质和易裂荚种质在杂交 F_2 代中裂荚性状的分离比为 3∶1，这一现象完全与孟德尔遗传学的分离定律吻合。Wouw 等（2003）则比较了 454 份箭筈豌豆种质的 22 个主要农艺性状，以评价不同种质的适应性。然而，我国对箭筈豌豆农艺性状的遗传变异方面研究较少，并且缺乏关于基因型×环境交互作用的信息。这一现状给选育具有广泛适应性的箭筈豌豆品种造成了极大的不便。因此，本部分通过对连续种植两年的 418 份箭筈豌豆种质的 10 个与果荚相关的农艺性状进行分析（表 4-4），评价关键性状的基因型和环境型变异，筛选具有优良农艺性状组合的箭筈豌豆种质，为箭筈豌豆新品种选育提供数据和育种材料。根据研究人员发明的裂荚率评价装置和新型数显推拉力计，我们对 418 份箭筈豌豆种质的裂荚性状进行了测量，筛选出了抗裂荚的箭筈豌豆。

表 4-4　箭筈豌豆观测性状列表（引自 Dong et al.，2019）

性状	性状描述	单位
裂荚率	室内评估的箭筈豌豆荚果开裂率；1 为完全不裂荚；0 为完全裂荚	%
荚果长	箭筈豌豆荚果的长度	mm
荚果宽	箭筈豌豆荚果的宽度	mm
荚果厚	箭筈豌豆荚果的厚度	mm
种子长	箭筈豌豆种子的长度	mm
种子宽	箭筈豌豆种子的宽度	mm
百粒重	100 粒成熟种子的重量	g
单株种子产量	单株箭筈豌豆所有成熟种子的重量	g
单株荚数	单株箭筈豌豆所有成熟荚果的数目	个
单荚粒数	单个成熟荚果中的种子数目	个

试验地点位于兰州大学草地农业科技学院榆中试验站，共进行两年，分别为 2015 年 4～11 月和 2016 年 4～11 月。试验采用随机区组设计，每份种质一个小区，每个小区种植 10 株，3 次重复。在生长季节，每周观测两次，确定每份种质达到盛花期（50% 花开放）所需要的天数。在收获时，从每个小区随机选择 3 株植物，每株随机选择 10 个荚果测量裂荚率。

使用 GenStat 17 软件对 2015 年和 2016 年 418 份箭筈豌豆种质不同性状单一年份及种质×年份交互作用的数据进行分析。分析内容包括：各农艺性状的基因型变异分析；使用残差最大似然（REML）选项进行方差分量分析。使用混合线性模型对单一年份以及种质×年份交互作用的数据进行分析。不同种质各性状的均值为使用最优线性无偏预测（BLUP）得到的数值（White and Hodge，1989）。这些 BLUP 值可用于种质×性状均值矩阵构建以及种质×年份交互作用分析。使用 REML 对单一年份的种质性状以及种质和年份在交互作用下的性状进行分析可得到各性状的基因型方差分量，然后用得到的基因型方差分量来计算各种质不同性状的平均重复性（R）（Fehr，1987）。种质在单一年份的性状重复性为 R_1，种质和年份在交互作用下的性状重复性为 R_2。

利用 GenStat 17 软件进行各种质不同性状的表型相关性（r_p）分析。GenStat 17 软件中的多变量 MANOVA 程序被用于 418 份种质多年性状数据叉积和的估计。计算平均叉积，以估计基因型协方差分量。根据 Falconer（1989）的方法，将基因型协方差分量与 REML 分析中的 σ_g^2 值一起用于确定基因型相关系数（r_g）。使用聚类分析和主成分分析（PCA）相结合的模式分析（Watson et al.，1995；Kroonenberg，1993；Gabriel，1971），以提供种质间各性状数据矩阵的图形概述。

对 2015 年和 2016 年单一年份的农艺性状进行基因型方差分析，结果显示在 418 份箭筈豌豆种质间基因型存在显著差异（$P<0.05$）。且各性状的平均重复性（R_1）值都处于较高水平（表 4-5，表 4-6）。

表 4-5　2015 年 418 份种质各性状的基因型（σ_g^2）和平均重复性（R_1）信息（引自 Dong et al.，2019）

性状	裂荚率	荚果长	荚果宽	荚果厚	种子长	种子宽	百粒重	单株种子产量	单株荚数	单荚粒数
平均值	0.4455	47.4749	6.9627	3.2171	3.6392	3.2118	3.5762	3.3036	13.1293	5.1604
最大值	0.9394	62.7015	9.5709	5.4769	6.3465	5.9362	7.6490	28.5704	100.7450	7.3562
最小值	0.0487	21.0175	3.4800	2.4957	2.8924	2.7059	1.2340	0.1244	1.6929	2.4587
LSD$_{0.05}$	0.2166	5.3640	0.4268	0.3632	0.0732	0.0767	0.1624	0.3660	3.8720	1.1724
σ_g^2	0.0551 ±0.0044	35.1300 ±2.9400	0.6909 ±0.0529	0.2814 ±0.0222	0.2855 ±0.0200	0.1984 ±0.0139	1.1448 ±0.0807	7.7260 ±0.5455	97.1650 ±7.1950	1.2020 ±0.1660
σ_ε^2	0.0203 ±0.0010	13.3500 ±0.7100	0.0756 ±0.0040	0.0576 ±0.0031	0.0020 ±0.0001	0.0022 ±0.0001	0.0089 ±0.0005	0.0510 ±0.0025	9.8310 ±0.4980	1.0570 ±0.0790
R_1	0.8906	0.8876	0.9648	0.9361	0.9977	0.9963	0.9974	0.9978	0.9674	0.7733

表 4-6　2016 年 418 份种质各性状的基因型（σ_g^2）和平均重复性（R_1）信息（引自 Dong et al.，2019）

性状	裂荚率	荚果长	荚果宽	荚果厚	种子长	种子宽	百粒重	单株种子产量	单株荚数	单荚粒数
平均值	0.4335	46.8102	7.4043	3.4967	3.8384	3.3930	3.6420	1.6477	8.9942	5.7678
最大值	0.9397	62.2691	11.0247	6.4323	6.8021	6.3573	8.7551	5.7244	43.0220	8.4177
最小值	0.0461	23.6495	3.8150	2.5212	2.9835	2.7460	1.1621	0.1256	1.2718	2.8437
LSD$_{0.05}$	0.2140	5.5660	0.6140	0.3304	0.2302	0.2122	0.1805	0.7970	3.0720	1.2270
σ_g^2	0.0552 ±0.0043	41.9100 ±3.2500	0.8165 ±0.0612	0.2067 ±0.0157	0.3303 ±0.0236	0.2419 ±0.0173	1.4879 ±0.1043	1.1498 ±0.0866	33.5690 ±2.5220	0.7488 ±0.0723
σ_ε^2	0.0197 ±0.0010	12.9800 ±0.6500	0.1540 ±0.0077	0.0455 ±0.0023	0.0206 ±0.0010	0.0176 ±0.0009	0.0096 ±0.0005	0.2620 ±0.0129	6.8050 ±0.3390	0.7760 ±0.0388
R_1	0.8937	0.9064	0.9408	0.9316	0.9796	0.9763	0.9978	0.9294	0.9367	0.7433

2015 年，各种质的荚果宽、种子长、种子宽、百粒重、单株种子产量和单株荚数等 6 个性状的 R_1 值都较高，为 0.96～1.00。裂荚率、荚果长和荚果厚等 3 个性状的 R_1 值较高，为 0.88～0.94。而单荚粒数的 R_1 值相对较低，为 0.7733（表 4-5）。此外，表中还列出了 2015 年这 418 份箭筈豌豆 10 个性状的最大值、最小值、平均值、$LSD_{0.05}$、σ^2_g 和 σ^2_ε。可以看出，这 10 个性状在不同种质中呈现出了丰富的变异，为今后的遗传改良提供了宝贵的材料。

2016 年，各种质的种子长、种子宽和百粒重等 3 个性状的 R_1 值高，为 0.97～1.00。而裂荚率、荚果长、荚果宽、荚果厚、单株种子产量和单株荚数等 6 个性状的 R_1 值较高，为 0.89～0.95。只有单荚粒数的 R_1 值较低，为 0.7433（表 4-6）。同上，该表中还列出了 2016 年这 418 份箭筈豌豆 10 个性状的最大值、最小值、平均值、$LSD_{0.05}$、σ^2_g 和 σ^2_ε。可以看出，同 2015 年相似，这 10 个性状在不同种质中呈现出了丰富的变异。

通过对种质×年份交互作用下的农艺性状均值进行方差分析表明，418 份箭筈豌豆种质所有农艺性状均值都具有显著差异（$P<0.05$）。对于各性状，基因型×年份（σ^2_{gy}）的交互作用也具有显著性（$P<0.05$）。其中，裂荚率和百粒重的 R_2 值较高，其分别为 0.8571 和 0.8071。荚果长、荚果宽、种子长、种子宽、单株荚数等 5 个性状的 R_2 值处于中等水平，为 0.30～0.60。而荚果厚、单株种子产量、单荚粒数的 R_2 值处于低水平，其全部小于 0.30（表 4-7）。该表中还列出了 2015 年和 2016 年这 418 份箭筈豌豆 10 个性状的最大值、最小值、平均值、$LSD_{0.05}$、σ^2_g 和 σ^2_ε。

表 4-7　种质×年份交互作用下 418 份种质各性状的基因型（σ^2_g）和平均重复性（R_2）信息（引自 Dong et al.，2019）

性状	裂荚率	荚果长	荚果宽	荚果厚	种子长	种子宽	百粒重	单株种子产量	单株荚数	单荚粒数
平均值	0.4335	47.1361	7.1740	3.3541	3.7388	3.3024	3.6087	2.4750	11.1946	5.5042
最大值	0.9636	61.0186	9.7514	5.5070	6.5850	6.1590	7.7794	15.5361	55.1753	7.3099
最小值	0.0139	31.0130	3.3226	2.8849	2.9477	2.7157	1.1947	0.2608	1.5957	3.6213
$LSD_{0.05}$	0.1527	3.2760	0.4442	0.2768	0.1218	0.1137	0.0827	0.4650	3.3300	1.0264
σ^2_g	0.0575 ±0.0042	13.8900 ±2.3700	0.4942 ±0.0485	0.0822 ±0.0142	0.2866 ±0.0209	0.1964 ±0.0147	0.8935 ±0.0790	0.3940 ±0.2238	28.6800 ±3.7290	0.3032 ±0.0869
σ^2_ε	0.0183 ±0.0006	13.1500 ±0.4800	0.1170 ±0.0043	0.0521 ±0.0019	0.0113 ±0.0004	0.0099 ±0.0003	0.0093 ±0.0003	0.1570 ±0.0055	7.5520 ±0.2700	0.8630 ±0.0359
σ^2_{gy}	−0.0048 ±0.0010	23.8300 ±2.0900	0.2806 ±0.0239	0.1602 ±0.0132	0.0213 ±0.0018	0.0237 ±0.0019	0.4241 ±0.0301	3.0193 ±0.2868	36.8890 ±2.8330	0.5849 ±0.0887
R_2	0.8571	0.3030	0.3592	0.2879	0.3941	0.3906	0.8071	0.1316	0.5928	0.2886

本章对 418 份箭筈豌豆种质的 18 个农艺性状进行了分析，发现其均有显著（$P<0.05$）的基因型变异和普遍较高的平均重复性（R）值，说明这些种质有很大的遗传改良潜力。Wouw 等（2003）对 249 份箭筈豌豆种质的裂荚率进行了研究，发现裂荚率为 0～100%，平均裂荚率为 11%。在本章中，418 份箭筈豌豆种质裂荚率为 4%～96%，平均裂荚率为 44%。可见随着种质、评价地点和评价方法的变化，箭筈豌豆裂荚率的变化幅度也随之发生了较大改变。而引起这些重要性状表型变异的环境效应以及基因型数据的信息能够为高效率育种方法的开发提供数据支持（Moll and Stuber，1974）。

测量的所有性状在 2015 年和 2016 年均具有显著的基因型变异。在 2015 年，有高基因型变异的分别是荚果宽、种子长、种子宽、百粒重、单株荚果数等 6 个性状。在 2016 年，则是种子长、种子宽、百粒重等 3 个性状有高基因型变异。这类具有相对较高的基因型变异的性状表明在这些种质中拥有可以对此类性状进行改良的潜在遗传变异（Luo et al., 2016）。对这些具有优异性状的种质进行合理筛选，可用于开发具有广泛适应性的高草产量、高种子产量和低裂荚率的箭筈豌豆新品种。

4.4　裂荚与发育时期的关系

对 418 份箭筈豌豆种质进行筛选后，我们选出了抗裂荚种质 '135 号' 箭筈豌豆，并将其与中度裂荚品种 '兰箭 3 号' 箭筈豌豆进行对比研究，发现了箭筈豌豆裂荚与其发育时间的关系。

4.4.1　中度裂荚品种 '兰箭 3 号' 箭筈豌豆的腹缝线结构观察

4.4.1.1　'兰箭 3 号' 荚果腹缝线表面结构的扫描电镜观察

'兰箭 3 号' 荚果腹缝线的表面结构如图 4-5 所示。随着荚果的生长发育，表皮毛变疏，盛花后 10～15d 在腹缝线中间长出一个凸起的结构（图 4-5b，图 4-5c），盛花后 20～35d 凸起平展（图 4-5a～f）。盛花后 5～20d 腹缝线中间结构完整，没有开裂迹象（图 4-5a～d）；盛花后 25d 荚果沿着腹缝线中间开始裂开，并向两边延伸（图 4-5e）；盛花后 30d，腹缝线中间大部分已经裂开（图 4-5f）；盛花后 35d 腹缝线中间已经完全开裂（图 4-5g）。

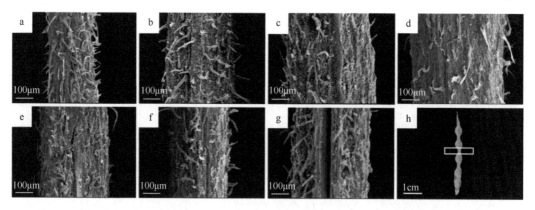

图 4-5　'兰箭 3 号' 荚果发育过程中荚果腹缝线的扫描电镜图片（引自董德珂等，2016）
a～g. 盛花后 5d、10d、15d、20d、25d、30d 和 35d，比例尺 100μm；h. 白框位置为取样部位，比例尺为 1cm

4.4.1.2　'兰箭 3 号' 荚果腹缝线横截面的半薄切片观察

'兰箭 3 号' 荚果发育过程中腹缝线横截面的微观结构如图 4-6 所示。盛花后 5d，荚果的两个果瓣中间尚未分开，中果皮和内果皮有很小的厚壁细胞（图 4-6a）。盛花后 10d，荚果两个果瓣中间分开形成空腔，为种子发育提供空间，内果皮的厚壁细胞发育形成内厚壁组织；中果皮的厚壁细胞发育形成两个分开的维管束，分别嵌入两个果瓣中；两个果瓣连接处的果瓣缘细胞分化形成离层细胞，与两个维管束共同形成了一个帽子状的结构；外部果瓣缘细胞外侧的细胞壁明显增厚，并相互融合在一起（图 4-6b）。盛花后 15d，荚果微管束和内厚壁组织的细胞逐渐增多变大，细胞壁逐渐增厚；且维管束上端逐渐向外果皮延伸（图 4-6c）。盛花后 20d，夹在两个维管束之间的离层细胞开始解体（图 4-6d，图 4-6h）。盛花后 25d，内、中、外 3 个果皮的细胞开始失水皱缩，内果皮的薄壁细胞已经有一部分开始破裂；离层细胞及其下面的薄壁细胞完全解体；外部果瓣缘细胞内侧细胞壁破裂，但是外侧异常加厚的细胞壁仍然保持完整，连接两个果瓣，使荚果不开裂（图 4-6e）。盛花后 30～35d，荚果的两个果瓣裂开，外部果瓣缘细胞外侧细胞壁断裂成两部分；内果皮的薄壁细胞大部分完全破裂，靠近内厚壁组织的薄壁细胞的细胞壁皱缩在一起；并且外果皮和中果皮细胞完全失水，细胞壁皱缩在一起。

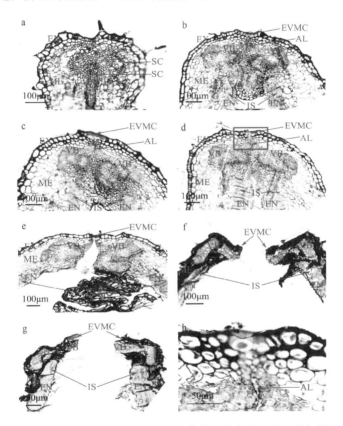

图 4-6　'兰箭 3 号'荚果发育过程中荚果腹缝线横截面的半薄切片（引自董德珂等，2016）

a～g. 盛花后 5d、10d、15d、20d、25d、30d 和 35d，比例尺 100μm；h. d 图中红框部分的放大图像，比例尺 50μm；SC. 厚壁细胞；EVMC. 外部果瓣缘细胞；IS. 内厚壁组织；AL. 离层；VB. 维管束；EX. 外果皮；ME. 中果皮；EN. 内果皮

4.4.2 抗裂荚种质'135 号'箭筈豌豆的腹缝线结构观察

4.4.2.1 '兰箭 3 号'和'135 号'箭筈豌豆荚果裂荚情况对比

　　'兰箭 3 号'和'135 号'箭筈豌豆荚果裂荚率和裂荚力如图 4-7 所示。'兰箭 3 号'

的裂荚率为 50%左右，显著高于'135 号'种质（裂荚率为 2.5%左右）。'135 号'水平裂荚机械力和垂直裂荚机械力显著高于'兰箭 3 号'。

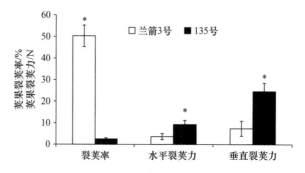

图 4-7 '兰箭 3 号'和'135 号'箭筈豌豆荚果裂荚率和裂荚力（引自董德珂等，2017）

*表示两个种质同组分类下在 0.05 水平上差异显著

4.4.2.2 荚果腹缝线横截面的冷冻切片观察

'135 号'箭筈豌豆发育过程中荚果腹缝线横截面的微观结构变化如图 4-8 所示。盛花后 5d，外部果瓣缘细胞的外侧细胞壁开始加厚，但不明显；维管束细胞的细胞壁还没有加厚的迹象，但是已经形成了维管束的雏形（图 4-8a）。盛花后 10d，外部果瓣缘细胞

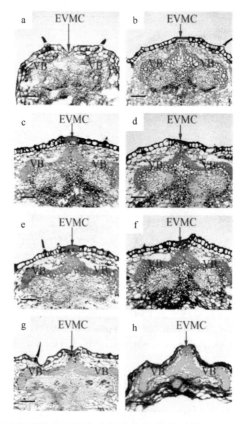

图 4-8 '135 号'箭筈豌豆荚果发育过程中荚果腹缝线横截面的冷冻切片（引自董德珂等，2017）

a~h. 盛花后 5d、10d、15d、20d、23d、26d、29d 和 32d；EVMC. 外部果瓣缘细胞；VB 维管束。比例尺为 100μm

的外侧细胞壁明显加厚，并融合为一个整体；维管束细胞的细胞壁也明显加厚，夹在两个维管束中间的是一些薄壁细胞（图 4-8b），我们前期的研究结果显示这些薄壁细胞在'兰箭 3 号'中会分化成离层细胞。盛花后 15d，外部果瓣缘细胞的外侧细胞壁和维管束细胞的细胞壁继续加厚，并且维管束中间的薄壁细胞有一部分分化成与维管束细胞一样的厚壁细胞，但是中间仍有部分细胞隔开了两部分维管束（图 4-8c）。盛花后 20d，外部果瓣缘细胞的外侧细胞壁和维管束细胞的细胞壁的厚度不再发生明显变化，由维管束中间的薄壁细胞分化而来的厚壁细胞将维管束两部分连接在一起（图 4-8d）。盛花后 23～32d，内、中、外果皮的薄壁细胞逐渐失水皱缩，但是荚果的两个果瓣并没有开裂的迹象，维管束和外部果瓣缘细胞由于存在加厚的细胞壁，形态上没有发生变化（图 4-8e～h）。

4.5　裂荚的形态学特性

以抗裂荚种质'135 号'箭筈豌豆和中度裂荚品种'兰箭 3 号'为研究对象，在确定了箭筈豌豆裂荚与其发育时期的关系后，我们再次提出疑问：抗裂荚能力不同的箭筈豌豆其在形态学上有何差异？因此，我们进一步对比了抗裂荚种质'135 号'箭筈豌豆和中度裂荚品种'兰箭 3 号'箭筈豌豆裂荚的形态学特征。

4.5.1　中度裂荚品种'兰箭 3 号'箭筈豌豆的形态学特征

4.5.1.1　荚果的形态学特征

'兰箭 3 号'荚果的颜色随生长时间的推移而发生显著的变化（图 4-9）。盛花后 0～20d，在荚果生长发育早期，荚果的颜色为绿色；随着荚果的进一步发育，盛花后 25d荚果颜色变为棕绿色；盛花后 30～35d 荚果失去绿色，变为浅棕色。浅棕色是'兰箭 3 号'荚果成熟的颜色。

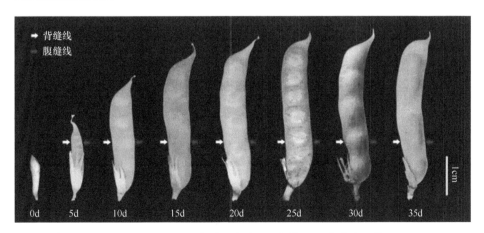

图 4-9　'兰箭 3 号'荚果发育过程中荚果的颜色（引自董德珂等，2016）

图中时间表示盛花后天数

'兰箭 3 号'荚果长、宽和厚在荚果发育过程中的变化如图 4-10 所示。盛花后 0～

10d 是荚果长度和宽度的迅速生长期，于盛花后 10d 左右达到最大值，此段时间荚果厚度生长相对较缓慢；盛花后 10~20d 荚果厚度迅速增长，于盛花后 20d 左右达到最大值，荚果厚度增加的原因是种子的生长，表明这段时间种子在迅速生长；盛花后 20~35d 荚果宽度和厚度略有减小，是由细胞失水皱缩造成的。

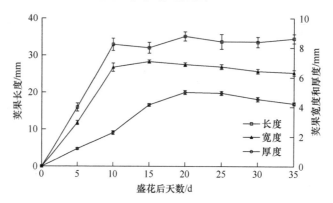

图 4-10　'兰箭 3 号'荚果发育过程中荚果长度、宽度和厚度（引自董德珂等，2016）

4.5.1.2　荚皮和种子的生理学特征

'兰箭 3 号'荚果中荚皮鲜重、干重和含水量随其生长时间的延长有明显的变化（图4-11）。荚皮鲜重在盛花后 0~20d 呈逐渐增加的趋势，大约在盛花后 20d 达到最大值，随后逐渐减小，至盛花后 30~35d 降至最小值；荚皮含水量在盛花后 0~10d 显著增加，随后呈逐渐减小的趋势，盛花后 25d 约为 50%，至盛花后 30~35d 达到最小值；荚皮干重在盛花后 0~20d 呈逐渐增加的趋势，在盛花后 20d 左右达到最大值，随后保持不变。

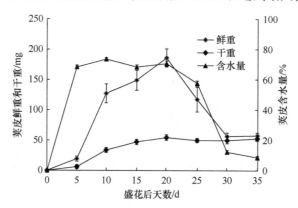

图 4-11　'兰箭 3 号'荚果发育过程中荚皮鲜重、干重和含水量（引自董德珂等，2016）

'兰箭 3 号'荚果中种子鲜重、干重和含水量随生长时间的变化如图 4-12 所示。种子鲜重在盛花后 0~20d 呈逐渐增加的趋势，盛花后 20~30d 迅速减小，盛花后 30~35d 基本保持不变。种子含水量在盛花后 0~10d 显著增加，盛花后 10~30d 呈逐渐减小的趋势，盛花后 30~35d 降至最小值。盛花后 25d 种子含水量约为 40%；种子干重在盛花后 5~15d 缓慢增加，盛花后 15~20d 迅速增加，盛花后 20~30d 增加幅度下降，在盛花后 30d 左右达到最大值。

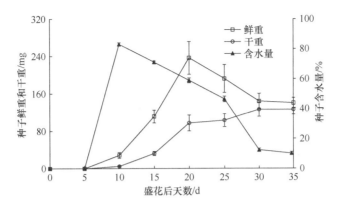

图 4-12 '兰箭 3 号'荚果发育过程中种子鲜重、干重和含水量（引自董德珂等，2016）

4.5.2 抗裂荚种质 '135 号'箭筈豌豆的形态学特征

4.5.2.1 荚果的形态学特征

'135 号'箭筈豌豆荚果的颜色随生长时间的推移而发生显著的变化（图 4-13）。盛花后 5～20d 荚果颜色为绿色；盛花后 23d 荚果颜色变为棕黄色；随着荚果的进一步发育，盛花后 26～32d 荚果颜色变为棕黑色。

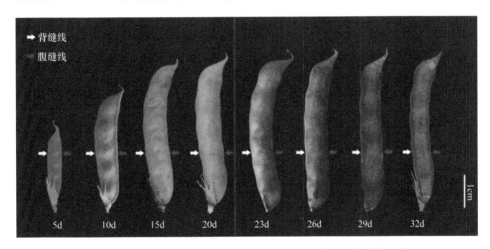

图 4-13 '135 号'箭筈豌豆荚果发育过程中荚果的颜色（引自董德珂等，2017）
图中时间表示盛花后天数

'135 号'箭筈豌豆发育过程中荚果长度、宽度和厚度的变化如图 4-14 所示。荚果长度和宽度在盛花后 0～15d 迅速增加，并于盛花后 15d 左右达到最大，随后基本保持不变。荚果厚度在盛花后 0～23d 持续增长，于盛花后 23d 左右达到最大。

4.5.2.2 荚皮和种子的生理学特征

'135 号'箭筈豌豆荚皮鲜重、干重和含水量随发育时间的变化如图 4-15 所示。荚皮鲜重在盛花后 0～20d 呈逐渐增加的趋势，大约在盛花后 20d 达到最大值，随后逐渐

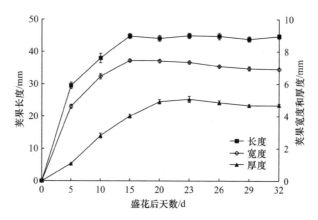

图 4-14 '135 号'箭筈豌豆荚果发育过程中荚果长度、宽度和厚度（引自董德珂等，2017）

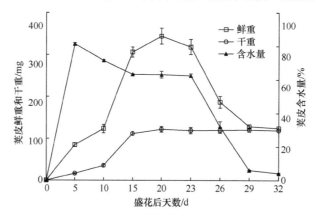

图 4-15 '135 号'箭筈豌豆荚果发育过程中荚皮鲜重、干重和含水量（引自董德珂等，2017）

减小，至盛花后 29～32d 达到最小值；荚皮含水量在盛花后 5～29d 呈逐渐减小的趋势，在盛花后 26d 约为 30%，至盛花后 29～32d 达到最小值；荚皮干重在盛花后 0～26d 逐渐增加，在盛花后 26d 左右达到最大值，随后保持不变。

'135 号'箭筈豌豆种子鲜重、干重和含水量随发育时间有明显变化（图 4-16）。种子鲜重在盛花后 0～23d 呈逐渐增加的趋势，随后逐渐减小，在盛花后 29～32d 趋于稳

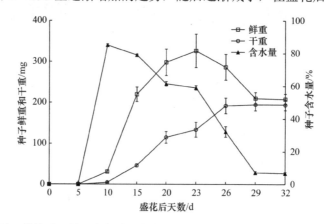

图 4-16 '135 号'箭筈豌豆荚果发育过程中种子鲜重、干重和含水量（引自董德珂等，2017）

定。种子含水量在盛花后 5~29d 呈逐渐减小的趋势，在盛花后 26d 约为 30%，在盛花后 29d 达到最小值，此后无明显变化。种子干重在盛花后 0~10d 时开始增长，但是增长缓慢，盛花后 10~26d 是种子干重的迅速增长期，并在盛花后 26d 左右达到最大值，随后保持不变。

4.6　裂荚的细胞学特性

在发现抗裂荚种质与裂荚种质箭筈豌豆的腹缝线结构区别和形态学区别后，为了进一步探究与裂荚过程有关的微观结构，尤其是外部果瓣缘细胞的特性，比较了 8 个易裂荚种质和 16 个抗裂荚种质的荚果腹缝线微观结构。

之前在栽培大豆中的解剖学研究表明，大豆荚果开裂需要一些特殊组织结构的发育。Tiwari 和 Bhatia（1995）在对比易裂荚和不易裂荚大豆荚果的解剖结构时发现，腹缝线处维管束细胞的长度和厚度与荚果的开裂特性呈负相关关系。并且荚果在成熟时首先沿着心皮愈合处的腹缝线开裂，然后开裂产生的扭曲力使得背缝线得以开裂（Suzuki et al.，2009）。

为了探究易裂荚和抗裂荚箭筈豌豆种质的裂荚特性差异是否源于其微观结构的差异，我们对其荚果首先开裂的部位腹缝线进行半薄切片观察，选取的时期为荚果绿熟期，因为此时荚果的组织结构已经发育完全且较为容易制作切片。

观测结果显示，抗裂荚和易裂荚的箭筈豌豆荚果腹缝线处都有一个保守的组织结构——高度木质化的维管束。在易裂荚的箭筈豌豆荚果中，维管束的两个部分被中间的离层分隔开，离层是一条由薄壁细胞组成的细胞带，且在绿熟期的切片中，有些种质的离层已经开始发挥作用，降解周围的细胞壁，如‘79 号’、‘92 号’、‘170 号’和‘461 号’（图 4-17）。

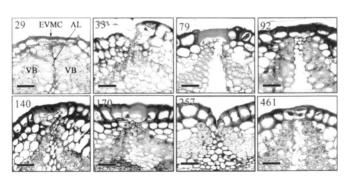

图 4-17　易裂荚箭筈豌豆种质荚果腹缝线的冷冻切片（引自董德珂等，2017）

EVMC. 外部果瓣缘细胞；AL. 离层；VB. 维管束。左上角数字代表种质编号。比例尺为 100μm

然而在抗裂荚的箭筈豌豆荚果中，没有发现离层的存在，取代离层的是一些厚壁细胞，如‘62 号’、‘144 号’、‘302 号’等（图 4-18）。这些细胞与两边的维管束细胞一样具有加厚的细胞壁，这些厚壁细胞将维管束的两个部分紧密连接在一起，形成了一条由厚壁细胞构成的微管结构，极大地增强了组织的连接力。

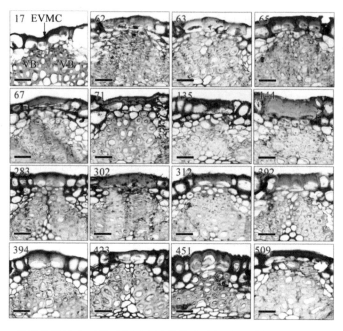

图 4-18 抗裂荚箭筈豌豆种质荚果腹缝线的冷冻切片（引自 Dong et al.，2017）

EVMC. 外部果瓣缘细胞；VB. 维管束。左上角数字代表种质编号。比例尺为 100μm

除了个别种质外，抗裂荚种质的外部果瓣缘细胞外侧细胞壁的厚度明显比易裂荚种质的厚。其中，抗裂荚种质外部果瓣缘细胞外侧细胞壁的厚度为 23.0μm±0.88μm，而易裂荚种质外部果瓣缘细胞外侧细胞壁的厚度为 15.2μm±2.60μm，两者存在显著性差异（图 4-19）。细胞壁的厚度越大，细胞间的连接力也越大。因此，抗裂荚种质相对于易裂荚种质更能抵抗裂荚的发生，也说明箭筈豌豆的裂荚特性与外部果瓣缘细胞相关。

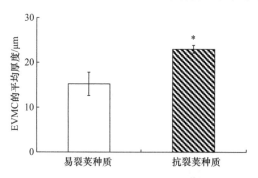

图 4-19 易裂荚和抗裂荚箭筈豌豆种质荚果腹缝线处外部果瓣缘细胞壁的厚度（引自 Dong et al.，2017）

*表示抗裂荚种质和易裂荚种质在 0.05 水平上差异显著

另外我们发现，除了'33 号'易裂荚种质以外，其余的抗裂荚和易裂荚种质都具有外部果瓣缘细胞。外部果瓣缘细胞由 2～4 个并列的细胞组成，位于两个果瓣连接处的最外侧，与外果皮细胞相连接，处于离层上方。外部果瓣缘细胞的外侧细胞壁异常加厚，在一定程度上增强了果瓣的连接力。根据'兰箭 3 号'的荚果腹缝线横截面解剖结构示意图（图 4-20），我们发现离层作用十分明显，除了外部果瓣缘外侧加厚的细胞壁外，

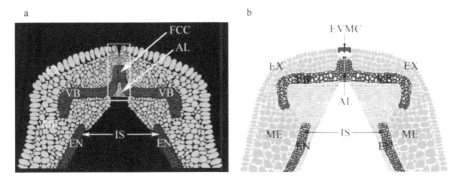

图 4-20　大豆和箭筈豌豆裂荚腹缝线结构示意图（引自董德珂等，2016）

a. 大豆；b. 中度裂荚品种'兰箭 3 号'箭筈豌豆。EVMC. 外部果瓣缘细胞；AL. 离层；VB. 维管束；IS. 内厚壁组织；EX. 外果皮；ME. 中果皮；EN. 内果皮；FCC. 纤维帽细胞

果瓣中间的薄壁细胞已经完全被降解了，而外部果瓣缘细胞的外侧细胞壁成为其抵抗裂荚的最后一道防线，表明外部果瓣缘细胞在箭筈豌豆荚果裂荚抗性方面的关键作用，是荚果裂荚特性相关的关键结构，大豆中不存在类似结构，其同源组织有可能是大豆的纤维帽细胞。

　　从组织结构上讲，箭筈豌豆裂荚与大豆裂荚具有一定的相似性，即两者都与离区发育、果皮扭曲力有关，与果荚的厚度、宽厚比无关。但两者也存在特异性，大豆裂荚与纤维帽细胞有关，而箭筈豌豆裂荚与外部果瓣缘细胞有关。纤维帽细胞和外部果瓣缘细胞属于同源器官，但在腹缝线上的位置不同，纤维帽细胞位于离区上端，细胞数目为 5～10 个，次生细胞壁环型加厚，不与空气接触。外部果瓣缘细胞数目为 2～4 个，次生细胞壁外侧加厚，与空气接触。

4.7　本 章 小 结

　　箭筈豌豆裂荚现象是该物种应对生物逆境和非生物逆境、提高繁殖效率的重要生存策略。箭筈豌豆的裂荚，在结构上主要由以下 3 个因素导致：离区、果皮扭曲力和外部果瓣缘细胞，其中果皮扭曲力可能是主因。本章首次发现了参与豆科植物裂荚的新结构外部果瓣缘细胞。

参 考 文 献

董德珂, 董瑞, 王彦荣, 等. 2016. '兰箭 3 号'箭筈豌豆荚果发育动态及腹缝线结构研究. 西北植物学报, 36(7): 1376-1382.

董德珂, 韩云华, 李东华, 等. 2017. 抗裂荚箭筈豌豆荚果发育动态及其腹缝线结构. 草业科学, 34(11): 2289-2293.

董瑞, 董德珂, 邵坤仲, 等. 2016b. 不同裂荚特性箭筈豌豆裂荚力数字化评价. 草业科学, 33(12): 2511-2517.

董瑞, 王彦荣, 刘志鹏, 等. 2016a. 检测箭筈豌豆裂荚率的装置及方法: CN, ZL201510347598.6.

胡立成. 1991. 日本北海道大豆抗裂荚性育种. 世界农业, 1: 21-22.

孙东凤, 康玉凡. 2011. 大豆炸荚性研究进展. 大豆科学, 30(6): 1030-1033.

Bhor T J, Chimote V P, Deshmukh M P. 2014. Inheritance of pod shattering in soybean [*Glycine max* (L.) Merrill]. Electronic Journal of Plant Breeding, 5(4): 671-676.

Cakmakci S, Aydinoglu B, Karaca M, et al. 2006. Heritability of yield components in common vetch (*Vicia sativa* L.). Acta Agriculturae Scandinavica Section B-Soil and Plant Science, 56(1): 54-59.

Christiansen L C, Daldegan F, Ulvskov P, et al. 2002. Examination of the dehiscence zone in soybean pods and isolation of a dehiscence-related endopolygalacturonase gene. Plant Cell and Environment, 25(4): 479-490.

Davies G C, Bruced M. 1997. Fracture mechanics of oilseed rape pods. Journal of Materials Science, 32(22): 5895-5899.

Dong D K, Yan L F, Dong R, et al. 2017. Evaluation and analysis of pod dehiscence factors in shatter-susceptible and shatter-resistant common vetch. Crop Science, 57(5): 2770-2776.

Dong R, Sheng S H, Jahufer M Z Z, et al. 2019. Effect of genotype and environment on agronomical characters of common vetch (*Vicia sativa* L.). Genetic Resources and Crop Evolution, 66(6): 1587-1599.

Elmoneim A M A. 1993. Selection for non-shattering common vetch, *Vicia sativa* L. Plant Breeding, 110(2): 168-171.

Falconer D S. 1989. Introduction to Quantitative Genetics. Longman Scientific and Technical. New York: Springer Netherlands.

Fehr W R. 1987. Principles of cultivar development, Volume 1. Theory and technique. Soil Science, 145(5): 24-25.

Firincioglu H K, Erbektas E, Dogruyol L, et al. 2009. Phenotypic variation of autumn and spring-sown vetch (*Vicia sativa* ssp.) populations in central Turkey. Spanish Journal of Agricultural Research, 7(3): 596-606.

Funatsuki H, Suzuki M, Hirose A, et al. 2014. Molecular basis of a shattering resistance boosting global dissemination of soybean. Proceedings of the National Academy of Sciences of the United States of America, 111(50): 17797-17802.

Gabriel K R. 1971. The biplot graphic display of matrices with application to principal component analysis. Biometrika, 58(3): 453-467.

Humphreys L R. 1991. Tropical pasture utilization. Acta Physiologica Scandinavica, 40(1): 83-100.

Kroonenberg P M. 1993. The TUCKALS line: a suite of programs for 3-way data-analysis. Computational Statistics and Data Analysis, 18(1): 73-96.

Luo K, Jahufer M Z Z, Wu F, et al. 2016. Genotypic variation in a breeding population of yellow sweet clover (*Melilotus officinalis*). Frontiers in Plant Science, 7: 972.

Moll R H, Stuber C W. 1974. Quantitative genetics-Empirical results relevant to plant breeding. Advances in Agronomy, 26: 277-313.

Squires T M, Gruwel M L H, Zhou R, et al. 2003. Dehydration and dehiscence in siliques of *Brassica napus* and *Brassica rapa*. Canadian Journal of Botany, 81(3): 248-253.

Suzuki M, Fujino K, Funatsuki H. 2009. A major soybean QTL, qPDH1, controls pod dehiscence without marked morphological change. Plant Production Science, 12(2): 217-223.

Tiwari S P, Bhatia V S. 1995. Characters of pod anatomy associated with resistance to pod-shattering in soybean. Annals of Botany, 76(5): 483-485.

Watson S L, DeLacy I H, Podlichd W, et al. 1995. GEBEIL: An analysis package using agglomerative hierarchical classificatory and SVD ordination procedures for genotype × environment data. Brisbane: Centre for Statistics Research Report.

White T L, Hodge G R. 1989. Predicting Breeding Values with Applications in Forest Tree Improvement. Boston: Springer Netherlands.

Wouw M V D, Maxted N, Ford-Lloyd B V. 2003. Agro-morphological characterisation of common vetch and its close relatives. Euphytica, 130(2): 281-292.

第5章 禾草落粒

谢文刚　王彦荣

5.1 引　言

落粒是植物在长期环境适应和生存竞争及进化过程中形成的为有效繁育后代、扩大种群及抵御恶劣自然条件的一种适应机制（Li et al.，2006）。但在植物种子生产过程中，落粒会导致大量种子在收获前自然脱落，不仅增加了种子收获的难度，提高了种子生产成本，而且使种子的质量和产量均受到影响，给种子生产造成严重损失。种子的落粒性状主要由遗传因素决定，其遗传性是物种在长期进化过程中形成的稳定的遗传特性。环境因素如温度、水分、低温等对落粒的影响相对复杂，目前还没有鉴定出决定落粒的任何特定环境因子。对于主要农作物而言，经过长期的自然选择和人为驯化，其落粒性已消失，而其落粒性状的消失是作物进化的关键一步（Konishi et al.，2006）。与农作物相比，乡土草野生性强，栽培驯化历史短，牧草种子产量低，落粒严重。造成禾本科牧草种子产量低的原因主要包括不育小花、收获前种子脱落（Anslow，2006）、收获期间种子脱落（Jensen，1976；Stoddart，1964）等。其中，落粒是引起禾本科牧草种子产量降低的主要因素之一。研究表明落粒性使多年生禾本科牧草收获的种子仅为潜在产量的10%～20%（Lorenzentti，1993）。王立群和杨静（1995）观测了7种常见禾本科牧草，通过收获时人工对牧草施加的自然力量，在完熟期测定了其落粒率，发现7种牧草的平均落粒率高达66.8%。路氏臂形草（*Brachiaria ruziziensis*）、大黍（*Panicum maximum*）、绒毛草（*Holcus lanatus*）和百喜草（*Paspalum notatum*）等的落粒现象可导致种子减产达理论种子产量的一半（Corrêa，1974）。百喜草花后14d落粒最为严重，落粒率达36%（Corrêa，1974）。自然条件下落粒更为严重的是大黍，花后49d落粒率高达95%（Young，1991）。毛花雀稗（*P. dilatatum*）在花后14d时落粒率高于30%（Bennett and Marchbanks，1969）。花后12～14d的羊草，落粒率达40%～60%，收获时种子产量仅为潜在产量的19%（Javier，1970）。Hurley和Funk（1985）对249份草地早熟禾（*Poa pratensis*）落粒率进行了连续两年的田间观测，结果表明大多数种质在花后25d已全部落粒。禾本科牧草极高的落粒已经成为制约品种选育、扩繁和生产利用的主要限制因素之一。因此，开展其种子落粒研究具有重要的理论和实践意义。

老芒麦（*Elymus sibiricus*），又称西伯利亚披碱草，是禾本科披碱草属多年生疏丛型中旱生植物，具有适应性强、抗寒、粗蛋白质含量高、适口性好和易栽培等优点，可用于建植人工草地和放牧草地，对退化草地改良和种草养畜具有重要意义（马啸等，2006）。我国野生老芒麦资源丰富，主要分布于东北、内蒙古、河北、山西、陕西、甘肃、宁夏、青海、新疆、四川和西藏等省（区）（郭本兆，1987）。据报道，目前我国已收集到的老芒麦种质资源约 700 份（王照兰和赵来喜，2007），丰富的野生老芒麦资源为优异种质的挖掘、新种质创制及新品种选育提供重要的物质基础（鄢家俊等，2007）。

老芒麦存在严重的落粒性，野生材料落粒率高达 80%（赵旭红等，2015）（图 5-1），在川西北地区，'川草二号'老芒麦品种在适宜的栽培条件下实际种子产量为 100～450kg/hm²，仅为潜在种子产量的 20%～40%（游明鸿等，2011）。老芒麦种子的严重落粒性不仅增加了其种子采收的难度，提高了种子生产的成本，使种子质量和产量均受到严重影响，而且使种子产量远不能满足生态恢复重建、退牧还草、种草养畜等工程建设对老芒麦种子的需求（范树高等，2013）。因此，筛选低落粒率种质，研究其落粒动态，有利于确定种子的最适收获期，不仅可以避免由于过早收获而造成种子活力低、成熟度差和质量差等问题，也可减少因收获过晚而造成的种子落粒损失。目前，国内外对老芒麦低落粒品种的选育工作开展还较少，为解决在实际生产中老芒麦种子落粒率高的问题，有必要对我国野生老芒麦种质进行落粒率筛选，发掘优良的遗传变异，同时对老芒麦综合性状进行科学全面的评价，以加速抗落粒老芒麦新品种的选育和推广应用。

图 5-1　老芒麦表型及落粒状况

a. 老芒麦营养生长期；b. 老芒麦全株照片；c. 老芒麦种子成熟期；d. 老芒麦田间落粒情况

5.2 落粒评价方法

5.2.1 植物落粒测定方法

合适的落粒率测定方法对于落粒研究具有重要意义。目前,对禾本科牧草落粒率的测定方法很多(表 5-1),但还尚未形成统一的测定方法。已报道的落粒率测定方法包括人工摇穗法(Larson and Kellogg, 2009)、高处摔落法(张妙青等, 2011)、木板滑下法(Rao, 1935)、自然落粒收集法(刘文辉等, 2009)和拉力仪法(Yang et al., 2010) 等。

表 5-1 植物落粒测定方法

方法名称	技术要点	优点	缺点
人工摇穗法	种子成熟时人工摇动穗子,收集并统计落下籽粒,计算落粒率	简单易行	人工摇动的力度很难掌握,不能准确模拟田间自然落粒情况
高处摔落法	将成熟穗子从某一高度摔下,利用计数掉落种子数的方法计算落粒率	简单易行	由于穗子间密度不同,受力部位难以把握,致使结果重复性较差
木板滑下法	将成熟穗子放在光滑的斜置木板上,使其从木板上滑下,通过在底端用圆筒收集脱落的籽粒来计算落粒率	简单易行,不同种及品种间的比较具有可操作性	不能准确测定田间条件下的种子落粒率
自然落粒收集法	在田间条件下对植物单株及分蘖株籽粒数定期观测,统计分析落粒情况	能较准确反映田间落粒情况	工作量大,耗时耗力
拉力仪法	通过拉力仪测定种子脱落所需要的力度,对种子落粒性进行评价分级	精确度较高	费时费力,难以对大量材料进行落粒率的测定

人工摇穗法、高处摔落法和木板滑下法主要采用对种子人工施压的方法测定落粒率,但如果只在种子成熟期进行测定,其结果无法反映种子发育全过程的落粒动态。自然落粒收集法需要事先对穗部完整性进行统计,然后分时段记录种子落粒情况,操作过程烦琐,不利于大面积测定落粒率。拉力仪法能准确反映种子脱落时所能承受的最大拉力,拉力大小与落粒率呈反比,适用于室内测定落粒率。因此,每一种落粒测定方法都有其优缺点,在生产和科研中应根据需要合理选择测定方法,也可将几种方法综合使用以准确测定落粒率。

5.2.2 老芒麦落粒测定方法

老芒麦落粒的测定主要采取了动态的田间人工摇穗法。在老芒麦种质乳熟期(盛花后 7d 左右),每份种质随机选取 5 个单株,在每个单株中选取 5 个形状相似、成熟度一致的穗子作为一组,人工用均一力度将每一组穗子振荡 10 次,记录各组的落粒数。测量时间从老芒麦乳熟期开始直到完熟期,其间每隔 7d 进行 1 次落粒测定。测定结束后,总落粒数与测定穗子剩余种子数之和为所测穗子总的种子数,落粒数与种子总数之比为老芒麦的落粒率。落粒率计算公式如下:

$$落粒率(\%) = \frac{花序落粒数}{花序种子总数} \times 100$$

该方法操作简便、快捷,适合抗落粒材料的筛选,也适合大田操作,通过采取多次重复测定的方式来降低由摇穗力度不均对测定结果产生的影响，而且连续多次的定期测定能显示供试材料的落粒动态特征。

此外，采用断裂拉伸张力（BTS）法精确测定老芒麦种子脱落时承受的最大拉力和落粒率。BTS 值与落粒率呈反比，值越大落粒率越低。每份材料随机选取 3~5 个穗，取每穗中间部位的 1/3 段小花（种子）进行测定。测定时，将组装后的电子拉力计置于水平台面，并将模式调整为峰值模式，然后将小花（种子）长度的一半处用电子拉力计的夹头固定好，用手轻轻拉动穗部，待小花（种子）的花梗处发生断裂时，电子拉力计会记录数值 X_1，依次会记录 $X_2, X_3, X_4, \cdots, X_n$，这些数值就表示该小花（种子）脱离母体时的断裂拉伸张力（BTS）。每份材料测定 20 朵小花（种子），则每份材料 BTS 值的计算公式如下：

$$BTS(gf)=(X_1+X_2+X_3+\cdots+X_{20})/20$$

5.2.3 测定老芒麦落粒的装置

为了准确测定老芒麦的落粒性，我们发明了一种测定禾本科牧草落粒率的装置（图 5-2）（专利号 ZL201520407297.3）。利用该装置，可在一个封闭环境中通过杠杆摆动和风力吹动模拟自然外力和人力等因素对老芒麦落粒的影响。该装置可以连续观测，可获得老芒麦种子的落粒动态数据，为筛选低落粒的老芒麦种质、确定最佳收获时间提供科学依据。

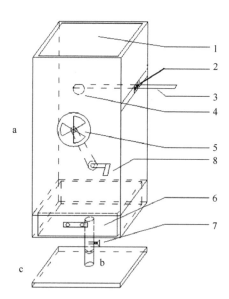

图 5-2 老芒麦落粒测定装置

1. 进穗口；2. 振荡控制器；3. 振荡杆；4. 绕绳；5. 鼓风机风扇；6. 收集盒；7. 升降杆旋钮；8. 鼓风机把手；a. 箱体；b. 升降杆；c. 底座

如图 5-2 所示，该落粒测定装置包括一个箱体、一个升降杆和一个底座。箱体为长40cm、宽 50cm、高度为 60cm 的长方体。箱体顶部包括进穗口、振荡杆和振荡控制器。振荡控制器为左右可移动的两个竖条和一个振荡杆，振荡杆位于两个竖条的中心位置，振荡杆距离两侧竖条均为 1cm，以此控制振荡幅度，减少操作时的人为误差。振荡杆前端有一条绕绳，可用于将穗子固定在振荡杆上，便于摇动时穗子受力均匀。箱体底部是种子收集盒，可对每次落粒种子进行收集，便于计算落粒率。此外，该装置还配备了鼓风机。在测定落粒率时可分别采用振荡和鼓风两种方式，也可振荡和鼓风同时进行，但要注意对所测定植株采用相同的方式，以保证测定结果的可靠性和可比性。若采用鼓风方式，则先将穗子从进穗口放入，利用绕绳将穗子固定在振荡杆上。振荡杆保持不动，手握鼓风机把手，均匀用力，带动鼓风机转动产生风力，让穗子摆动。箱体、振荡杆和鼓风装置均由防水聚酯塑料制成，以起到防水和减重的作用，升降杆由不锈钢制成以起到良好的支撑作用。箱体与底座由升降杆连接，升降杆上有一个升降调节旋钮用于调节装置箱体的高低。

使用时，该装置必须放置于试验地待测植株旁。由于测试材料平均高度为 1m 左右，且材料间高度不一致，为便于田间操作，保证测定的最佳效果，可根据植株高度调节箱体升降杆以达到最佳测定状态。

由于植物的落粒是一个动态的过程，种子成熟的不同时期其落粒性强弱存在差异，利用本装置可在老芒麦花后 1 周、2 周、3 周、4 周、5 周等分时间点进行落粒率测定。测定前先在每个单株上固定 5 个成熟度一致的穗子，测定时将这 5 个穗子固定在振荡杆上振荡，统计种子收集盒里脱落的种子数，几次测定结束后将每次落粒种子数相加得到数据 $a=(a_1+a_2+a_3+a_4+a_5)$，同时收获之前固定的 5 个穗子上保留的种子，并计数得到数据 b。被测单株的落粒率可表示为 $a/(a+b)\times 100\%$。该方法也可计算落粒动态，从而帮助了解落粒最严重时期，为合理安排种子收获时间提供可靠数据。

5.3 老芒麦低落粒种质筛选

5.3.1 落粒田间观测与低落粒种质筛选

选取生长在青藏高原东北缘的 28 份野生老芒麦种质为研究对象，采用田间摇穗法对 28 份种质的 140 个单株的落粒率进行动态观测。结果表明材料间落粒率存在明显差异（图 5-3），总体变异系数达 24.58%。

图 5-3　不同落粒率老芒麦穗部

单株间落粒率为 7.58%（ZhN02）～80.68%（XH09）。140 个单株中落粒率在 30.00%
以下的有 15 个，在 60.00% 以上的有 8 个，其余 117 个单株落粒率为 30%～60%。28 份
种质的平均落粒率见图 5-4。XH09 落粒表现最为严重，落粒率为 59.91%，种质群体内
单株间落粒率变化波动较大。XH03、LQ03 和 LQ04 的落粒率均较 XH09 稍低，分别为
53.25%、52.76% 和 52.37%，其中 LQ03 单株间落粒率变化最大，LQ04 次之。落粒率最
低的种质为 ZhN03，平均落粒率为 30.10%，群体内单株间波动小。MQ01 的落粒率较
ZhN03 略高，平均落粒率为 32.50%，群体内单株间落粒波动较大。

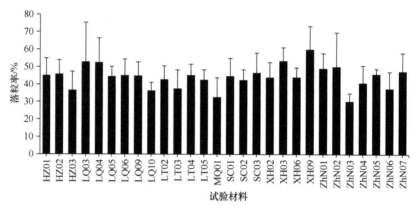

图 5-4　28 份老芒麦种质落粒率（赵旭红等，2015）

以老芒麦的落粒率为变量进行聚类分析，28 份种质被聚为 3 类：第Ⅰ类包括 HZ01、
LQ06、LT04、LQ09、SC01、XH02、XH06、LQ05、HZ02、ZhN05、SC03、ZhN07、
LT05、SC02、LT02、ZhN04、LQ03、LQ04、XH03、ZhN01 和 ZhN02 共 21 份，这些
种质表现中等落粒率，落粒率为 40%～54%；第Ⅱ类包括 LT03、ZhN06、HZ03、LQ10、
MQ01 和 ZhN03 共 6 种，这些种质的落粒率较低，为 30%～40%；XH09 被单独聚为一
类即第Ⅲ类，落粒率表现最高（图 5-5）。

XH09、XH03、LQ03 和 LQ04 具有较高的落粒率且单株间有较大波动，可以把它们
作为探究落粒原因及机制的材料。ZhN03 和 MQ01 的落粒率低，其中 ZhN03 的落粒率
在种质内单株间变异小，是低落粒老芒麦育种的良好材料，MQ01 的落粒率在单株间差
异较大，可为探究落粒原因及低落粒老芒麦育种提供材料。

5.3.2　老芒麦落粒动态分析

对老芒麦的落粒率进行了连续多次定期测定，目的是确定其落粒率发生最高的时期
以便在落粒发生最严重之前进行老芒麦种子的收获。测定结果显示：盛花期后 10d 时，
各材料的落粒均较少，且种质群体内各单株间的落粒差异较小，种质群体间落粒差异不
明显。盛花期后 17d 时，各种质间落粒差异较明显，且落粒率普遍比盛花期后 10d 时高，
落粒率最高达 16.09%，同一种质群体内各单株间落粒差异小。盛花期后 24d 时，老芒
麦各种质间落粒变化幅度比盛花期后 17d 时小，除个别种质外，其他种质的落粒率在这
一时期都在持续升高，各种质群体内单株间落粒波动不明显。盛花期后 31d 时，除了

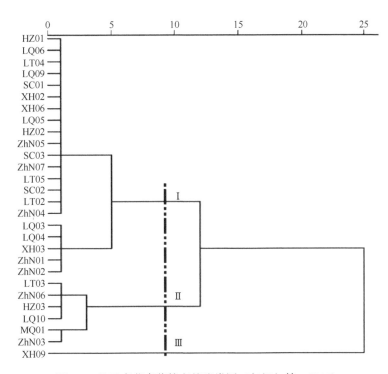

图 5-5 基于老芒麦落粒率的聚类图（赵旭红等，2015）

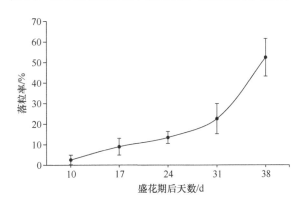

图 5-6 供试老芒麦材料的落粒动态（赵旭红等，2015）

ZhN03、ZhN05、LT02、XH02、SC02 和 MQ01 的落粒率没有增大或增大很少之外，其余材料落粒率都有显著的增高，但同一种质群体单株间落粒波动不明显。在盛花期后 38d 时，各种质落粒率均远远高于前期测定的结果，其中 ZhN03 与 MQ01 落粒率的增加最为明显，均由前 4 次测定的 2.38%、10.75%、6.79%、9.73%和 0.09%、7.19%、10.31%、9.37%分别增长到 70.36%和 73.64%，ZhN02、HZ03、LQ05 的落粒在各株间波动性明显（图 5-6）。

老芒麦落粒动态显示，在盛花期后 31d 之前收获种子可以避免因落粒而造成种子产量的严重损失。尤其是 ZhN03 和 MQ01 种质，若在盛花期后 24～31d 收获种子，则既可保证种子的质量又能避免落粒造成种子产量的严重损失。

5.3.3　老芒麦农艺性状的田间表现与变异分析

对 28 份老芒麦种质的 15 个农艺性状进行了田间观测，观测结果如图 5-7 所示，同一性状在不同种质间均表现出了一定的差异，在同一列中颜色变化越多表明种质间某一性状的变异越大。

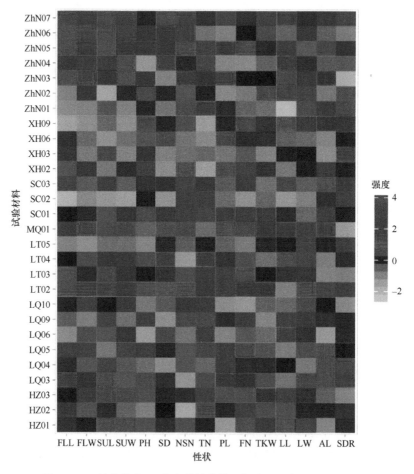

图 5-7　28 份老芒麦 15 个农艺性状的田间表现（赵旭红，2017）

FLL. 旗叶长；FLW. 旗叶宽；SUL. 倒二叶长；SUW. 倒二叶宽；PH. 株高；SD. 茎粗；NSN. 茎节数；TN. 分蘖数；PL. 穗长；FN. 穗节数；TKW. 千粒重；LL. 外稃长；LW. 外稃宽；AL. 芒长；SDR. 落粒率

从热图上可观察到旗叶长、倒二叶长、外稃长和落粒率分别在 SC02、ZhN02、ZhN01 和 ZhN03 上表现最小，而外稃宽在 HZ01 上表现最大；15 个性状在 ZhN07、ZhN06 和 ZhN05 上具有相似性，并且它们的旗叶长、旗叶宽、倒二叶长、倒二叶宽、株高、茎粗和茎节数相比其他材料普遍较高。

对观测性状的最小值、最大值、平均值、标准差和变异系数进行分析，结果表明（表 5-2）：28 份老芒麦种质的 15 个农艺性状中分蘖数存在最大的变异，变异系数为 17.07%。

表 5-2　2013～2014 年供试老芒麦材料各观测指标值（赵旭红等，2015）

性状	最小值	最大值	平均值	标准差	变异系数/%
FLL	12.46	18.79	16.10	1.56	9.71
FLW	0.73	1.26	0.97	0.16	16.55
SUL	17.43	24.32	20.97	1.71	8.16
SUW	0.73	1.33	1.04	0.16	15.76
PH	51.81	96.85	71.46	11.27	15.77
SD	0.22	0.29	0.26	0.02	7.72
NSN	2.00	4.00	3.05	0.49	15.93
TN	89.00	181.00	128.89	22.00	17.07
PL	16.86	23.49	19.94	1.96	9.83
FN	20.00	31.00	24.25	2.60	10.74
TKW	3.16	5.28	3.84	0.54	14.08
LL	1.03	1.16	1.11	0.03	2.78
LW	0.15	0.20	0.16	0.01	6.64
AL	1.07	1.48	1.25	0.11	8.45
SDR	30.10	59.91	44.20	6.44	14.58

注：FLL. 旗叶长；FLW. 旗叶宽；SUL. 倒二叶长；SUW. 倒二叶宽；PH. 株高；SD. 茎粗；NSN. 茎节数；TN. 分蘖数；PL. 穗长；FN. 穗节数；TKW. 千粒重；LL. 外稃长；LW. 外稃宽；AL. 芒长；SDR. 落粒率。下同

此外，旗叶宽、倒二叶宽、株高、茎节数、千粒重、落粒率在老芒麦中也存在较大变异，变异系数分别达到了 16.55%、15.76%、15.77%、15.93%、14.08% 和 14.58%。

5.3.4　老芒麦农艺性状的主成分分析

对老芒麦 15 个农艺性状进行主成分分析，可以把 15 个农艺性状简化为少数足以代表老芒麦所有农艺性状田间表现的几个主成分，并通过分析少数几个主成分之间的差异更快、更简捷地判断材料的优劣。本研究中 15 个农艺性状的主成分分析结果表明（表 5-3），前 5 个主成分的累计贡献率为 74.92%，特征值总和为 11.24，表明前 5 个主成分完全可以代表老芒麦 15 个农艺性状所包含的大部分信息。

因子载荷矩阵结果表明（表 5-4），第 1 主成分涉及的农艺性状有旗叶长、旗叶宽、倒二叶长和倒二叶宽，这几个性状都反映的是叶片特征，因此第 1 主成分主要是叶片性状的表现。第 2 主成分涉及的农艺性状有株高、穗长和芒长，这几个性状代表的是长度上的大小，所以第 2 主成分主要代表了植株的高度表现。第 3 主成分包括的农艺性状有茎节数、穗节数、落粒率，前两个性状反映了整个植株茎和花序的节数，落粒率反映落粒的多少，因此第 3 主成分是植株的节数多少和落粒大小的性状。第 4 主成分主要涉及分蘖数和千粒重，这两个农艺性状分别反映了茎秆数量和种子产量的特征，所以第 4 成分是老芒麦的产量性状。第 5 主成分包括茎粗、外稃宽和外稃长，茎粗反映了茎秆茁壮特征，外稃长和外稃宽表现种子的形态特征，因此第 5 主成分是种子的形态性状和植

表 5-3　供试材料各观测指标主成分的特征值、贡献率和累计贡献率（赵旭红等，2015）

主成分	特征值	贡献率/%	累计贡献率/%
1	4.53	30.21	30.21
2	2.53	16.88	47.09
3	1.70	11.35	58.44
4	1.38	9.17	67.61
5	1.10	7.31	74.92
6	0.96	6.40	81.32
7	0.79	5.24	86.56
8	0.63	4.20	90.76
9	0.40	2.68	93.44
10	0.33	2.19	95.63
11	0.23	1.53	97.16
12	0.19	1.25	98.41
13	0.13	0.87	99.28
14	0.09	0.60	99.88
15	0.012	0.12	100.00

表 5-4　供试材料前 5 个主成分的因子载荷矩阵（赵旭红等，2015）

性状	第 1 主成分	第 2 主成分	第 3 主成分	第 4 主成分	第 5 主成分
FLL	−0.35		0.24	−0.20	
FLW	−0.43	0.11	−0.13		
SUL	−0.36		0.12	−0.35	−0.12
SUW	−0.44	0.16			
PH	−0.18	−0.45		−0.11	−0.14
SD	−0.25	0.15	0.24	0.24	0.43
NSN	−0.24	−0.13	−0.53		−0.27
TN		0.13	−0.11	−0.67	0.26
PL	−0.14	−0.49	0.11		0.25
FN	−0.23	−0.33	0.46		
TKW	−0.24			0.49	−0.15
LL	−0.16	0.19		0.17	0.38
LW	−0.12	0.26	0.33	−0.12	−0.61
AL		−0.45	−0.18		
SDR	0.22	−0.18	0.43		

株茎秆的粗细性状。这 5 个主成分客观上反映了老芒麦形态性状的大部分信息，在对老芒麦进行形态特征遗传多样性研究及评价和筛选时可以集中在这 5 个主成分上。

第 3 主成分和第 4 主成分主要反映了老芒麦落粒和产量特点,基于这两个主成分作图(图 5-8)。由图 5-8 可以看出,ZhN03 表现最优,不仅产量高而且落粒率低;XH09 产量低,落粒率高;LQ03 穗节数多,落粒率较高;HZ02 分蘖数较多,落粒率较高,其余性状表现水平均低;MQ01 种子产量较高,落粒率低,分蘖数少。

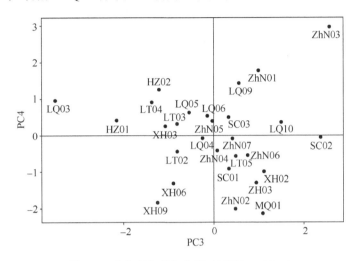

图 5-8　老芒麦主成分分析(赵旭红,2017)

5.3.5　老芒麦农艺性状的综合评价

5.3.5.1　聚类分析

基于 15 个农艺性状对老芒麦进行聚类(图 5-9)。结果表明,28 份老芒麦种质被聚为 4 类。第 I 类包括 16 份种质,可分为 4 个亚类:第一亚类包括 6 份种质,分别为 SC01、SC03、LT03、LQ05、HZ01 和 ZhN02,这类老芒麦农艺性状总体表现为中间水平,落粒率中等,种子产量和生物产量中等或较低;第二亚类包括 4 份种质,分别为 LQ04、XH06、LT05 和 XH03,这类老芒麦分蘖数较少,落粒中等或较高,植株矮小,叶片较小;第三亚类有 LT04、HZ02 和 LQ06,这类老芒麦分蘖能力较强,植株较矮,穗短,叶片窄且短,种子产量偏低,落粒率中等;第四亚类有 3 份种质,分别是 ZhN01、LQ09 和 SC02,这类老芒麦分蘖较多,茎瘦弱,叶片窄且短,种子产量较低,落粒中等或较高。第 II 类有 2 份种质:XH09 和 LQ03,这类老芒麦表现为分蘖少,茎节数较少,穗节较多,穗较长,植株较高,茎瘦弱,落粒极高;第 III 类包括 9 份种质,分别为 LT02、ZhN07、ZhN05、MQ01、HZ03、XH02、ZhN04、LQ10 和 ZhN06,其叶片长且宽,植株高度总体达到最大,茎较粗,植株较高但分蘖较少,穗部性状表现为穗节较多,穗较长、种子较长,落粒中等或较低。第 IV 类只有 1 个种质 ZhN03,该材料穗部性状、叶片性状特点突出,比其他材料优越,其茎节数和分蘖数在 28 份材料中处于最高水平,而且落粒率很低,表现为叶片宽且长,植株茂盛,种子芒很长、穗较长。

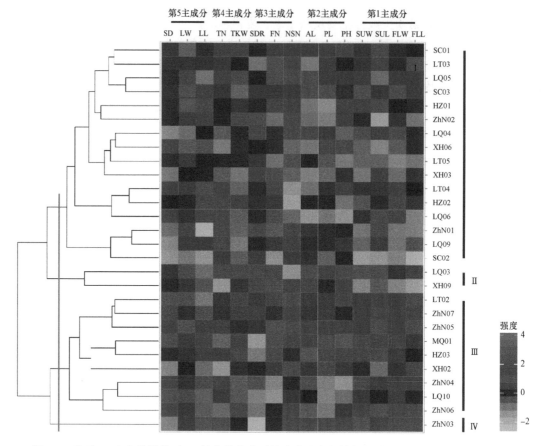

图 5-9　基于 15 个农艺性状对 28 份老芒麦种质的聚类和农艺性状的综合评价（赵旭红，2017）

5.3.5.2　隶属函数分析

对老芒麦各性状指标值求隶属函数值，隶属函数值的大小反映了该性状的优劣。隶属函数值越接近 1，该性状的表现就越好；隶属函数值越接近 0，该性状就表现越差。对每个材料各性状指标的隶属函数值求平均值，平均值的大小反映该材料综合性状的优劣，隶属函数平均值越接近 1，综合性状就越好；反之，则越差。

老芒麦 15 种性状的隶属函数值见表 5-5，ZhN03 的综合性状隶属函数值为 0.73，在所有种质中最大，说明 ZhN03 的农艺综合性状最好。该种质具有分蘖数多、旗叶和倒二叶宽且长、植株高、落粒率低、生物产量较高、种子生产受落粒性影响小的特点，适合于牧草栽植和老芒麦的种子生产。ZhN05、LT02、MQ01 和 ZhN07 的综合性状较好，综合性状隶属函数值分别为 0.70、0.68、0.63 和 0.62，说明这 4 份种质的生物产量较高，较有利于种子生产。对综合性状占有优势的这些种质可进行重点培育以提高老芒麦的利用效率和牧草的产量，也可作为优质老芒麦选育的材料。

28 份野生种质中，SC02 的综合性状隶属函数值最小，为 0.22；XH03 次之，为 0.28，说明这两份种质的农艺综合性状均较差。对于综合性状较差而不利于老芒麦高效生产的种质，可作为老芒麦遗传多样性及一些形态性状解剖特征研究的材料。

表 5-5 各观测指标的隶属函数值（赵旭红等，2017）

材料	R1	R2	R3	R4	R5	R6	R7	R8	R9	R10	R11	R12	R13	R14	R15	S1
HZ01	0.62	0.43	0.79	0.68	0.33	0.42	0.42	0.45	0.00	0.55	0.41	0.81	1.00	0.14	0.50	0.50
HZ02	0.65	0.29	0.55	0.33	0.16	0.46	0.00	0.76	0.43	0.32	0.22	0.51	0.23	0.42	0.48	0.39
HZ03	0.58	0.58	0.80	0.72	0.32	0.43	0.58	0.36	0.32	0.27	1.00	0.74	0.18	0.28	0.79	0.53
LQ03	0.92	0.39	0.74	0.37	0.64	0.52	0.11	0.33	1.00	1.00	0.21	0.39	0.35	0.65	0.24	0.52
LQ04	0.54	0.27	0.65	0.35	0.22	0.04	0.39	0.60	0.36	0.29	0.62	0.02	0.64	0.25	0.37
LQ05	0.69	0.35	0.27	0.42	0.54	0.49	0.39	0.56	0.59	0.66	0.19	0.36	0.13	0.68	0.52	0.46
LQ06	0.25	0.31	0.39	0.47	0.36	0.29	0.81	0.11	0.12	0.96	0.25	0.00	0.50	0.34
LQ09	0.43	0.11	0.43	0.27	0.37	0.04	0.67	0.59	0.52	0.33	0.00	0.56	0.28	0.49	0.51	0.37
LQ10	0.59	0.57	0.52	0.62	0.19	0.61	0.38	0.06	0.15	0.44	0.33	0.44	0.80	0.40
LT02	0.86	0.91	0.84	1.00	0.74	0.71	0.79	0.39	0.59	0.86	0.84	0.36	0.42	0.37	0.58	0.68
LT03	0.84	0.40	0.67	0.60	0.42	0.41	0.42	0.37	0.62	0.66	0.31	0.68	0.18	0.14	0.76	0.50
LT04	0.57	0.32	0.60	0.46	0.34	0.97	0.08	0.80	0.55	0.27	0.10	0.84	0.14	0.16	0.50	0.45
LT05	0.29	0.00	0.30	0.28	0.12	0.50	0.37	0.41	0.26	0.12	0.30	0.64	0.16	0.47	0.58	0.32
MQ01	0.51	0.81	0.40	0.78	0.27	0.71	0.71	0.23	0.79	0.60	0.80	1.00	0.16	0.78	0.92	0.63
SC01	0.57	0.41	0.40	0.47	0.59	0.40	0.63	0.35	0.90	0.49	0.71	0.59	0.07	0.54	0.51	0.51
SC02	0.00	0.04	0.09	0.00	0.45	0.00	0.63	0.37	0.22	0.00	0.13	0.22	0.00	0.50	0.59	0.22
SC03	0.70	0.26	0.45	0.35	0.40	0.52	0.66	0.42	0.29	0.33	0.10	0.78	0.14	0.68	0.45	0.44
XH02	0.46	0.53	0.27	0.57	0.54	0.07	0.76	0.00	0.70	0.31	0.28	0.39	0.20	0.54	0.54	0.41
XH03	0.64	0.13	0.42	0.18	0.50	0.13	0.32	0.26	0.19	0.25	0.02	0.61	0.21	0.09	0.22	0.28
XH06	0.54	0.22	0.15	0.29	0.31	0.64	0.29	0.13	0.82	0.43	0.29	0.48	0.07	0.14	0.54	0.36
XH09	0.12	0.02	0.34	0.13	0.78	0.49	0.42	0.02	0.49	0.63	0.39	0.89	0.17	1.00	0.00	0.39
ZhN01	0.26	0.09	0.39	0.19	0.46	0.19	0.71	0.79	0.52	0.21	0.11	0.00	0.13	0.38	0.37	0.32
ZhN02	0.29	0.55	0.00	0.56	0.59	0.49	0.39	0.41	0.07	0.14	0.62	0.79	0.14	0.19	0.33	0.37
ZhN03	0.75	0.76	1.00	0.76	0.99	0.11	1.00	1.00	0.85	0.39	0.32	0.91	0.17	0.94	1.00	0.73
ZhN04	1.00	0.91	0.61	0.81	0.02	0.86	0.50	0.35	0.09	0.06	0.14	0.88	0.25	0.29	0.64	0.49
ZhN05	0.77	0.94	0.73	0.99	1.00	0.93	0.82	0.55	0.92	0.62	0.28	0.75	0.10	0.61	0.47	0.70
ZhN06	0.74	0.82	0.73	0.91	0.52	1.00	0.89	0.22	0.14	0.39	0.22	0.46	0.17	0.28	0.75	0.55
ZhN07	0.90	1.00	0.83	0.97	0.42	0.64	0.89	0.48	0.37	0.36	0.44	0.88	0.24	0.52	0.42	0.62

注：R1～R15 分别代表旗叶长、旗叶宽、倒二叶长、倒二叶宽、株高、茎粗、茎节数、分蘖数、穗长、穗节数、千粒重、外稃长、外稃宽、芒长和落粒率的隶属函数值，S1 代表材料各指标的隶属函数平均值

5.4 落粒的解剖学特征

有学者认为多年生禾本科牧草单粒种子脱落与离区发育有关。Elgersma 等（1988）研究了黑麦草的离层，发现离层是造成黑麦草落粒的直接原因，离层在抽穗期已经形成，在花后 4～5 周离层断裂。王立群和杨静（1995）认为禾本科植物种子落粒分为两个阶段：第一阶段发生在颖果成熟前，离区细胞胞间层溶解形成胞间隙，此时胞间连丝起连

接作用；第二阶段为颖果成熟后，离区细胞经过相关基因和激素调控，胞间连丝断裂，种子从母体脱落。目前有关老芒麦离层解剖机制鲜有报道。因此，在开展落粒评价的同时，对材料离区解剖结构及发育状况的研究将有利于揭示其落粒机制。

5.4.1 老芒麦种子断裂面扫描结构分析

选取 6 份落粒存在差异的老芒麦种质进行了断裂面电镜扫描分析。老芒麦离层在抽穗期就已经形成（图 5-10a）。6 份老芒麦种子离区解剖结构的电镜扫描结果如图 5-10b 所示，由图中可看出供试老芒麦种子断裂面为非平面结构，离区（单个离层）由 6～8 圈细胞呈放射状分布在外围，单个细胞为椭圆形，细胞间排列紧凑而有规律。断裂面中心有 2 个维管束（种子通过维管束与植株相连，在此具有物质输送和支撑种子作用），呈凹陷状，不同时期，维管束结构并未发生明显变化（个别材料在抽穗后 5 周时离区中心位置出现了孔洞，这是材料在进行扫描电镜前抽真空处理所致）。

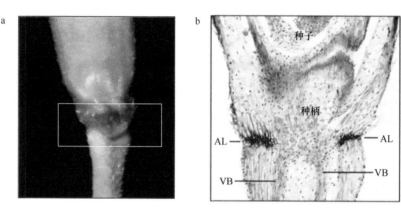

图 5-10 老芒麦离层（Zhao et al.，2017）
a. 老芒麦种子，白色框表示离层所在位置；b. 老芒麦离层切面。AL 表示离层，VB 表示维管束

种柄离区扫描电镜观测结果显示，6 份材料在抽穗后 3～5 周离区结构变化有所不同（图 5-11）。其中，低落粒材料在抽穗后 3～5 周期间，离区结构并未发生明显变化，表现为离区表面粗糙，细胞间隙很明显。高落粒材料在抽穗后 3～4 周时离区表面粗糙，细胞间隙明显；抽穗后 5 周时离区表面变得光滑，细胞轮廓模糊，反映出该区域细胞发生降解（降解程度 XH09 > HZ02 > LQ03 > LT04）。大量关于禾本科植物种子落粒的研究表明，落粒与种子离层的形成及降解过程具有相关性（Elgersma et al.，1988；Simons et al.，2006），如水稻的落粒性是由某些基因的表达决定，这些基因直接控制着离层的发育（Yoon et al.，2014）。杂草稻和野生稻虽然均有落粒性，但两者的离层形成时期及降解时期均有明显差异。

5.4.2 老芒麦种子离区解剖结构比较分析

以两份落粒差异最显著的材料（ZhN03 与 XH09）为例，分析它们在抽穗后 3 周和抽穗后 5 周时的离区结构变化（图 5-12）。种子落粒关键期为抽穗后 4～5 周，表明离层

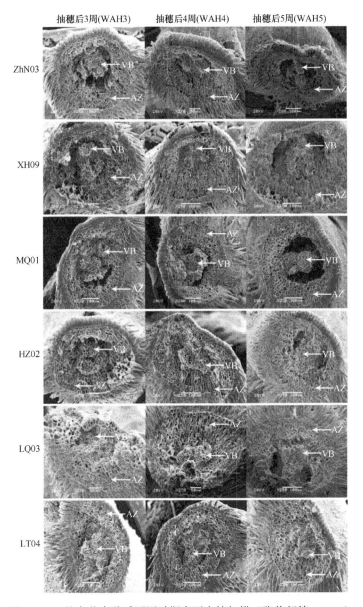

图 5-11　6 份老芒麦种质不同时期离区电镜扫描（张俊超等，2018）

VB 表示维管束，AZ 表示离区

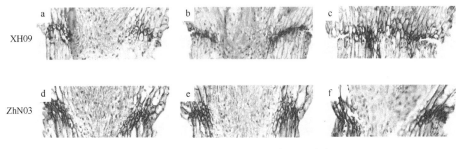

图 5-12　两份老芒麦落粒差异材料不同时期种柄离区的变化（Xie et al.，2017）

图中展示了老芒麦抽穗后 3 周（a、d）、抽穗后 4 周（b、e）和抽穗后 5 周（c、f）时离区的解剖结构

形成时期早于种子脱落。离层由 2~3 层细胞构成，这些细胞比邻接的细胞体积要小且细胞壁厚度低于邻接的细胞，形状多为椭圆形，细胞伸长方向与周围组织细胞互相垂直，细胞间排列紧凑。在染色过程中，离层细胞极易被番红染为深红色，而周围组织细胞只有细胞壁被染为浅红色，说明离层细胞的木质化程度远高于其周围组织细胞。在抽穗后 3 周时，两种材料离层结构均完整，而 ZhN03 离层细胞木质化细胞数量比 XH09 多（图 5-12e）。在抽穗后 5 周时，ZhN03 离层木质化细胞数量仍多于 XH09（图 5-12f），且 ZhN03 离层结构完整，而 XH09 离层有明显的断裂（图 5-12c）。离层木质化细胞数量越多，细胞壁的机械强度与致密度越大，在种子成熟期维持离层结构稳定性的能力就越强。Yoon 等（2014）研究认为水稻种子脱落与种子离区木质素含量的高低有关，通常较低的木质素含量更易引起水稻种子落粒。因此，离层细胞木质化程度的差异是造成老芒麦不同落粒特性的原因之一。

5.5　本 章 小 结

老芒麦不同种质的落粒性存在差异，具有丰富的遗传变异，为培育低落粒老芒麦新品种提供了育种材料。人工摇穗法是田间评价老芒麦落粒的有效方法之一，结合拉力仪法可以更为准确地评价老芒麦落粒率。落粒与离区的形成、发育和降解相关。本研究的切片和扫描电镜结果表明供试老芒麦离区具有以下特点：离层细胞位于维管束周围且其形成时期早于种子脱落，细胞壁加厚程度低；组成离层结构的细胞木质化程度较高；离区有维管束结构。电镜扫描结果发现高落粒材料在抽穗后 5 周时离区细胞有明显降解，且不同材料间细胞降解程度不同，这是造成老芒麦落粒差异的直接原因。

参 考 文 献

范树高, 王彦荣, 张妙青, 等. 2013. 禾本科牧草种子的落粒性. 草业科学, 30(9): 1420-1427.

郭本兆. 1987. 中国植物志. 北京: 科学出版社.

刘文辉, 梁国玲, 周青平, 等. 2009. 青海扁茎早熟禾种子成熟过程中落粒性与生长生理特性的研究. 种子, 28(6): 18-23.

马啸, 周永红, 于海清, 等. 2006. 野生垂穗披碱草种质的醇溶蛋白遗传多样性分析. 遗传, 28(6): 699-706.

王立群, 杨静. 1995. 禾本科牧草种子脱落机制的解剖学研究. 草原与草业, (Z2): 47-50.

王照兰, 赵来喜. 2007. 老芒麦种质资源描述规范和数据标准. 北京: 中国农业出版社.

鄢家俊, 白史且, 马啸, 等. 2007. 老芒麦遗传多样性及育种研究进展. 植物学通报, 24(2): 226-231.

游明鸿, 刘金平, 白史且, 等. 2011. 老芒麦落粒性与种子发育及产量性状关系的研究. 西南农业学报, (4): 1256-1260.

张俊超, 谢文刚, 赵旭红, 等. 2018. 老芒麦种子离区酶活性及组织学分析. 草业学报, 27(7): 84-92.

张妙青, 王彦荣, 张吉宇, 等. 2011. 垂穗披碱草种质资源繁殖相关特性遗传多样性研究. 草业学报, 20(3): 182-191.

赵旭红. 2017. 老芒麦落粒机理初探及新种质创制. 兰州: 兰州大学硕士学位论文.

赵旭红, 姜旭, 赵凯, 等. 2015. 低落粒老芒麦种质筛选及农艺性状综合评价. 植物遗传与资源学报, 16(4): 691-699.

Anslow R C. 2006. Seed formation in perennial ryegrass: II. Maturation of seed. Grass and Forage Science, 19(3): 349-357.

Bennett H W, Marchbanks W W. 1969. Seed drying and viability in dallisgrass. Agronomy Journal, 61(2): 175-177.

Corrêa M A S. 1974. Some aspects of seed maturation in Bahiagrass (*Paspalum notatum* Flugge). Mississippi: Mississippi State University.

Elgersma A, Leeuwangh J E, Wilms H J. 1988. Abscission and seed shattering in perennial ryegrass (*Lolium perenne* L.). Euphytica, 39(3): 51-57.

Hurley R, Funk C. 1985. Genetic variability in disease reaction, turf quality, leaf color, leaf texture, plant density and seed shattering of selected genotypes of *Poa trivialis* [*Sclerotinia homeocarpa*, *Erysiphe graminis*, *Ustilago striiformis*]. Avignon: International Turfgrass Research Conference.

Javier E Q. 1970. The flowering habits and mode of reproduction of Guinea grass (*Panicum maximum* Jacq.). Queensland: Proceedings of the Ⅺ International Grassland Congress.

Jensen H A. 1976. Investigation of anthesis, length of caryopsis, moisture content, seed weight, seed shedding and stripping-ripeness during development and ripening of a festuca pratensis seed crop. Acta Agriculturae Scandinavica, 26(4): 264-268.

Konishi S, Izawa T, Lin S Y, et al. 2006. An SNP caused loss of seed shattering during rice domestication. Science, 312(5778): 1392-1396.

Larson S R, Kellogg E A. 2009. Genetic dissection of seed production traits and identification of a major-effect seed retention QTL in hybrid *Leymus* (Triticeae) Wildryes. Crop Science, 49(1): 29-40.

Li C, Zhou A, Sang T. 2006. Rice domestication by reducing shattering. Science, 311(5769): 1936-1939.

Lorenzentti F. 1993. Achieving potential herbage seed yields in species of temperate regions. Palmerston North, New Zealand Proceeding of the ⅩⅦ International Grassland Congress: 1621-1628.

Rao H. 1935. A simple device for estimation of sheding. Madras Agriculture Journal, 23: 77-78.

Simons K J, Fellers J P, Trick H N, et al. 2006. Molecular characterization of the major wheat domestication gene *Q*. Genetics, 172(1): 547-555.

Stoddart J L. 1964. Seed ripening in grasses. I. Changes in carbohydrate content, Journal of Agricultural Science, 62(1): 67-72.

Xie W G, Zhang J C, Zhao X H, et al. 2017. Transcriptome profiling of *Elymus sibiricus*, an important forage grass in Qinghai-Tibet Plateau, reveals novel insights into candidate genes that potentially connected to seed shattering. BMC Plant Biology, 17: 78.

Yang Q, Kin S M, Zhao X H, et al. 2010. Identification for quantitative trait loci controlling grain shattering in rice. Genes and Genomics, 32(2): 173-180.

Yoon J, Cho L H, Kim S L, et al. 2014. BEL1-type homeobox gene *SH5* induces seed shattering by enhancing abscission zone development and inhibiting lignin biosynthesis. Plant Journal, 79(5): 717-728.

Young B A. 1991. Heritability of resistance to seed shattering in Kleingrass. Crop Science, 31(5): 1156-1158.

Zhao X H, Xie W G, Zhang J C, et al. 2017. Histological characteristics, cell wall hydrolytic enzymes activity and candidate genes expression associated with seed shattering of *Elymus sibiricus* accessions. Frontiers in Plant Science, 8: 606.

第二篇

抗逆生理学与生物化学

第6章 乡土草种子休眠

胡小文 王彦荣

6.1 引 言

种子是种子植物特有的繁殖器官，其休眠和萌发是高等植物个体发育中的重要事件，关系到种群的生存和延续，具有重要的生态学意义。种子休眠是指具有生活力的种子在适宜环境和规定时间条件下仍不能萌发的现象（Baskin and Baskin，2004）。其实质是种子在时间和空间上的散布，是植物种子在不适合幼苗建植和发育的环境下，阻止或延迟种子萌发的适应机制，有助于减少子代风险，保持物种延续和增大物种适合度（Finch-Savage and Leubner-Metzger，2006）。对种子休眠特性的研究，是阐明物种对多变或不可预测环境适应机制、了解物种逆境条件下种群延续与繁殖更新的重要途径。

种子休眠作为植物在长期系统发育过程中形成的适应环境和延续生存的一种特性，具有普遍的生态学意义（Finch-Savage and Leubner-Metzger，2006；Baskin and Baskin，2004）。在时间上，由于休眠的存在，避免了大量种子同时萌发，降低了幼苗与母株或幼苗之间的竞争，提高了单粒种子建植成功的概率。在不同生境中，由于不同种子休眠特性不同，其在不同空间的萌发也有差异。例如，由于耕作、家畜践踏等，埋于土壤深层的种子可能长时间处于休眠状态而保存于土壤种子库，而土壤表层的种子则可能在短时间内休眠得以破除。需低温打破休眠的种子，在气候温暖的热带地区很难自然萌发，因此种子休眠特性也在一定程度上调整了物种的空间分布（Koornneef et al.，2002）。

休眠可给农业生产带来不利或有利的影响。不利影响主要表现为，休眠的作物种子导致出苗不整齐、建植率低等问题；休眠给杂草防治带来困难，给种子检验和加工等增加工序。但休眠也有有利的一面，如休眠种子一般具有较高活力，易于保存（Baskin and Baskin，2014）；此外，休眠可避免穗萌，防止给农业生产带来损失（Gubler et al.，2005）。在澳大利亚，物理性休眠已作为选育一年生豆科牧草的一个重要性状，以增强一年生豆科牧草为主的草地的持续性（Taylor，2005，2004；Debeaujon et al.，2000）。

近年来，随着对牧草和乡土草资源开发与栽培利用的推进，种子休眠越来越受到研究者的重视。一直以来，兰州大学草类植物育种与种子学团队以我国西部不同草原类型主要牧草、乡土草种子为材料，围绕种子休眠特性，特别是豆科草与禾本科草种子的休眠分布、形成、破除机制及其对环境的适应性等方面开展了大量研究工作。

6.2 牧草与乡土草种子休眠类型及其普遍性

6.2.1 种子休眠类型

在已有的种子休眠划分系统中，目前广为接受的是俄罗斯科学家 Nikolaeva（2001，1969）提出，并经美国种子生态学家 Baskin 和 Baskin（2004）进一步改进的分类系统（表 6-1）。这一分类系统根据休眠诱因的发生部位，将休眠分为外源性休眠和内源性休眠两大类，外源性休眠主要指包括胚乳、种皮、果皮等在内的胚外覆盖物所引起的休眠；而内源性休眠则仅指由胚所引起的休眠。在此基础上，根据休眠发生机制又将休眠分为五大类：①生理休眠，由种胚的生理抑制作用所引起的休眠，根据其抑制程度不同，可分为浅度休眠、中度休眠与深度休眠；②物理休眠，由于种皮或果皮不透水从而抑制种子萌发所引起的休眠，该种休眠类型存在于漆树科、木棉科、美人蕉科、桑科、旋花科、葫芦科、豆科、锦葵科、芭蕉科、莲科、鼠李科、无患子科、梧桐科等 18 个科中，其中以豆科最为普遍。具有该种类型休眠的种子只要破除种皮或果皮对水分的阻碍作用即可萌发；③形态休眠，种子脱落时，由于种胚细胞尚未分化或种胚尚未发育完全而不能萌发；④形态生理休眠，有些种子同时具有形态与生理的双重性休眠，一般见于具有线形胚与未发育胚的种子；⑤复合休眠，同时具有物理与生理休眠两重休眠形式。

表 6-1 种子休眠类型划分（引自 Baskin and Baskin，2004）

类型	原因	破除方法
物理休眠	种（果）皮不透水	增强种（果）皮通透性
生理休眠	生理抑制导致的胚生长势不够	暖层积或冷层积，提高胚生长势或减弱胚覆盖物阻力
形态休眠	胚未分化或发育未完全	胚生长/萌发的适宜条件
形态生理休眠	生理抑制、胚未分化或发育未完全	暖层积或冷层积
复合休眠	种皮不透水以及胚生长势不够	

6.2.2 种子休眠的普遍性与影响因素

牧草与乡土草植物由于驯化时间短，栽培管理相对粗放，野生性较强，休眠、落粒等野生性状普遍存在。项目组通过多年对青藏高原高寒草甸、陇东黄土高原以及阿拉善高原和甘肃河西走廊荒漠中的 153 种牧草与乡土草种子休眠特性进行调查，发现 60%以上的物种存在不同程度或不同形式的休眠。但不同物种具休眠比例在不同区域存在差异，如青藏高原高寒草甸、阿拉善荒漠草原以及陇东黄土高原具休眠物种比例分别为73%、56%和46%。其中物理休眠与生理休眠是三大草地植被类型种子休眠的主要形式，其他休眠如形态休眠、复合休眠以及形态生理休眠也有少量存在。例如，高寒草甸系统部分豆科植物如窄叶野豌豆（*Vicia angustifolia*）存在复合休眠。因区域不同，物种休眠的主要类型也存在差异，如高寒草甸生理休眠的物种占比高达 56%，而在荒漠草原与典型草原这一比例则分别下降至 38%和 28%，表明环境因子对于牧草种子的休眠形成具有重要的调控作用。因科属特征不同，休眠类型也存在明显分异，如豆科牧草普遍具有物理休眠，生理休眠较为少见；相应的，禾本科与菊科植物不存在物理休眠，但生理休眠非常普遍（表 6-2）。

表 6-2　科水平常见草类植物种子休眠类型（胡小文等，未发表资料）

科	休眠类型	代表性物种
豆科	无休眠	沙冬青（*Ammopiptanthus mongolicus*）、树锦鸡儿（*Caragana arborescens*）、边塞锦鸡儿（*Caragana bongardiana*）、川西锦鸡儿（*Caragana erinacea*）、中间锦鸡儿（*Caragana intermedia*）、红花锦鸡儿（*Caragana rosea*）、柠条锦鸡儿（*Caragana korshinskii*）、小叶锦鸡儿（*Caragana microphylla*）、甘蒙锦鸡儿（*Caragana opulens*）、狭叶锦鸡儿（*Caragana stenophylla*）、箭筈豌豆（*Vicia sativa*）、毛叶苕子（*Vicia villosa*）
	物理休眠	苦豆子（*Sophora alopecuroides*）、歪头菜（*Vicia unijuga*）、山野豌豆（*Vicia amoena*）、天蓝苜蓿（*Medicago lupulina*）、黄花草木犀（*Melilotus officinalis*）、刺叶锦鸡儿、秦晋锦鸡儿、荒漠锦鸡儿、牛枝子（*Lespedeza potaninii*）、披针叶黄华（*Thermopsis lanceolata*）、草木犀状黄耆（*Astragalus melilotoides*）、小冠花（*Coronilla varia*）、铃铛刺（*Halimodendron halodendron*）、印度田菁（*Sesbania sesban*）、薄叶豇豆（*Vigna membranacea*）、长圆叶豇豆（*Vigna oblongifolia*）、红花岩黄耆（*Hedysarum multijugum*）、百脉根（*Lotus corniculatus*）、紫花苜蓿（*Medicago sativa*）
	复合休眠	窄叶野豌豆（*Vicia angustifolia*）
禾本科	无休眠	醉马草（*Achnatherum inebrians*）、短柄草（*Brachypodium sylvaticum*）、戈壁针茅、无芒隐子草（*Cleistogenes songorica*）、缘毛鹅观草（*Elymus pendulinus*）、垂穗鹅观草（*Roegneria nutans*）、高粱（*Sorghum bicolor*）
	生理休眠	羊草（*Leymus chinensis*）、赖草（*Leymus secalinus*）、垂穗披碱草、长芒草（*Stipa bungeana*）、疏花针茅（*Stipa penicillata*）、紫花针茅（*Stipa purpurea*）、短花针茅（*Stipa breviflora*）、沙生针茅（*Stipa glareosa*）、鸭茅（*Dactylis glomerata*）、柳枝稷（*Panicum virgatum*）、早熟禾（*Poa annua*）、冷地早熟禾（*Poa crymophila*）、碱茅（*Puccinellia distans*）、星星草（*Puccinellia tenuiflora*）、虎尾草（*Chloris virgata*）、狗尾草（*Setaria viridis*）、高羊茅（*Festuca arundinacea*）
莎草科	生理休眠	藨草（*Scirpus triqueter*）、寸草（*Carex duriuscula*）、嵩草（*Kobresia myosuroides*）、青藏薹草（*Carex moorcroftii*）
菊科	生理休眠	中亚紫菀木（*Asterothamnus centraliasiaticus*）、大刺儿菜（*Cephalanoplos setosum*）、顶羽菊（*Acroptilon repens*）
龙胆科	生理休眠	椭圆叶花锚（*Halenia elliptica*）、喉毛花（*Comastoma pulmonarium*）、四数獐牙菜（*Swertia tetraptera*）、湿生扁蕾（*Gentianopsis paludosa*）、条纹龙胆（*Gentiana striata*）、匙叶龙胆（*Gentiana spathulifolia*）、秦艽（*Gentiana macrophylla*）
毛茛科	形态休眠	小花草玉梅（*Anemone rivularis* var. *flore-minore*）、露蕊乌头（*Aconitum gymnandrum*）
伞形科	形态休眠	防风（*Saposhnikovia divaricata*）、葛缕子（*Carum carvi*）、裂叶独活（*Heracleum millefolium*）、野胡萝卜（*Daucus carota*）
白刺科	生理休眠	骆驼蒿（*Peganum nigellastrum*）、唐古特白刺（*Nitraria tangutorum*）、小果白刺（*Nitraria sibirica*）、泡泡刺（*Nitraria sphaerocarpa*）
蒺藜科	生理休眠	霸王（*Zygophyllum xanthoxylon*）
苋科	生理休眠	沙米（*Agriophyllum squarrosum*）、藜（*Chenopodium album*）、四翅滨藜（*Atriplex canescens*）、雾冰藜（*Bassia dasyphylla*）、白茎盐生草（*Halogeton arachnoideus*）、蒙古猪毛菜（*Salsola ikonnikovii*）、盐爪爪（*Kalidium foliatum*）、碱蓬（*Suaeda glauca*）、盐地碱蓬（*Suaeda salsa*）
车前科	生理休眠	大车前（*Plantago major*）、长叶车前（*Plantago lanceolata*）、平车前（*Plantago depressa*）

值得注意的是，因为研究目的的差异，判断植物种子是否具有休眠存在较大分歧。根据 Baskin 和 Baskin（2004）有关休眠的定义及其界定，休眠的划分特别是生理休眠的划分相当复杂，以对温度的响应为例，随着种子休眠的释放，其萌发温度范围呈扩大之势，反之则变窄。按照这一标准，表 6-2 所列所有物种都具有一定程度的休眠性（包括无休眠物种）。以箭筈豌豆（*V. sativa*）为例，刚收获的箭筈豌豆种子在 25℃下萌发较慢或不萌发，而在低温如 15℃下萌发率高达 95%；但经过一年贮藏后，在 20～25℃下

萌发最好（李荣，2018）。基于 Baskin 和 Baskin（2004）的观点，箭筈豌豆种子是具有休眠性的，而贮藏可破除这一类型的休眠。其他物种如垂穗披碱草（*Elymus nutans*）、老芒麦（*E. sibiricus*）、针茅属（*Stipa*）等植物也都有类似现象。但从实际生产的角度，种子萌发率在最适条件下如果能达到最大萌发潜力的 80% 时，一般认为不具有休眠性。

此外，从系统进化的角度，种子休眠类型具有较强的保守性，如豆科植物通常具物理休眠，而禾本科植物只存在生理休眠，形态或形态生理休眠则常见于伞形科、毛茛科等；但种子休眠的程度在物种间、种群间甚至植株水平上都存在较大程度的变异。Chen 等（2019）对锦鸡儿属（*Caragana*）15 个种的研究发现，除刺叶锦鸡儿（*C. acanthophylla*）、秦晋锦鸡儿（*C. purdomii*）、荒漠锦鸡儿（*C. roborovskyi*）具有物理休眠外，其他 12 种无物理休眠。张瑞（2017）对针茅属不同种和不同种群种子休眠特性的研究发现，除戈壁针茅（*Stipa tianschanica* var. *gobica*）无休眠外，其他针茅属植物均具有不同程度的休眠性。此外，同一物种不同种群其休眠程度也存在明显变异，如长芒草（张瑞，2017）。李荣（2018）通过比较不同海拔种植的箭筈豌豆种子的休眠与萌发特性，发现高海拔种植的箭筈豌豆种子具有更强的生理休眠，且母本环境对种子休眠特性的影响因品种不同而异，说明种子发育时期的环境条件也是影响种子休眠性的重要因素。

6.3 豆科乡土草种子的休眠

休眠在豆科乡土草中普遍存在，由表 6-2 可知，豆科乡土草种子的休眠以物理休眠最为常见，即种（果）皮不透水引致种子不能萌发。也有少数物种具有复合休眠，如窄叶野豌豆（Hu et al.，2013a）。目前已报道的豆科苜蓿属（*Medicago*）、笔花豆属（*Stylosanthes*）、草木犀属（*Melilotus*）、胡枝子属（*Lespedeza*）、黄耆属（*Astragalus*）、田菁属（*Sesbania*）的多数物种都存在不同程度的物理休眠，但也有个别科属大部分物种不存在物理休眠，如锦鸡儿属 15 种植物里仅有 3 种植物存在物理休眠，柠条锦鸡儿、中间锦鸡儿等常见物种不存在物理休眠（Chen et al.，2019）。此外，沙冬青属也通常被认为不存在物理休眠。

长期以来有关种子物理休眠的研究主要集中于其休眠破除方法，如通过物理或化学腐蚀的方式增加其种皮透性来提高种子萌发。我们近年来对苦豆子等豆科乡土草种子休眠形成与破除的研究发现，物理休眠受到种皮特殊结构如种脐、脐条等的调控，这些结构往往扮演着类似环境探测器的作用，能对外界环境的变化做出适应性的改变。

6.3.1 物理休眠的形成及其影响因素

目前有多种假说解释豆科植物种子休眠的成因和机制，其中栅栏层细胞被认为是种皮不透性形成的主要原因。Corner（1951）认为休眠的形成是种子成熟过程中栅栏层细胞壁的紧缩引起的，Egley（1989）也认为高度木质化的栅栏层细胞壁是种皮不透水的主要因素。

对苦豆子的研究表明，花后 12d，种皮各层以薄壁细胞为主，排列疏松，未见明显分化（图 6-1a）。至 18d，外层细胞纵向延长，栅栏层逐渐形成，其厚度约为 45μm，但细胞排列较为疏松；栅栏层以下仍为薄壁细胞，未见明显分化（图 6-1b）。至 24d，栅栏层细胞进一步延长，厚度约为 90μm，且排列变得致密；栅栏层以下可见漏斗状细胞初步形成（图 6-1c）。至 30d，栅栏层细胞进一步延长，厚度约为 100μm，且细胞排列变得更为致密；栅栏层以下则形成明显的漏斗细胞层，其厚度约为 30μm（图 6-1d）。至 36d，各结构层分化完备（图 6-1e）。这一结果表明，苦豆子种子发育前期种皮对水分的扩散没有阻碍作用；但随着种子的进一步发育，致密的栅栏层使得水分不能通过。与结构的变化相对应，苦豆子种子物理休眠的形成自花后 30d 开始，并随着种子含水量的下降休眠程度增加（胡小文，2008）。

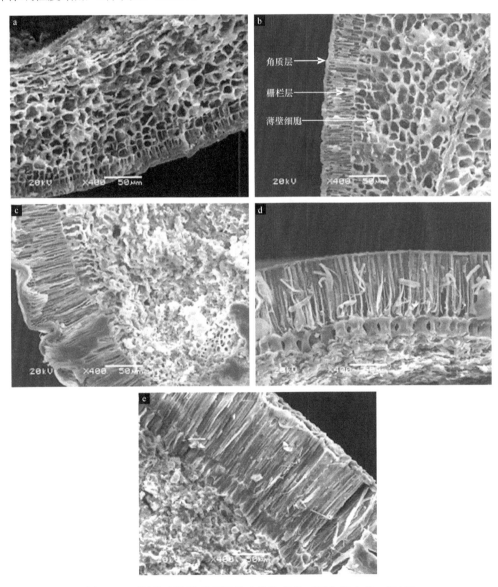

图 6-1 不同发育阶段苦豆子种皮结构变化（引自胡小文，2008）

a. 花后 12d；b. 花后 18d；c. 花后 24d；d. 花后 30d；e. 花后 36d

对 15 种锦鸡儿属植物种子栅栏层结构的研究发现，所有锦鸡儿属植物种子均具有栅栏层，但相比无休眠物种种子（柠条锦鸡儿、边塞锦鸡儿、小叶锦鸡儿），具有休眠的荒漠锦鸡儿和刺叶锦鸡儿种子栅栏层较为致密（图 6-2）（Chen et al.，2019）。这一结果表明栅栏层结构致密与否是决定种子是否具有物理休眠的关键。这也在一定程度上解释了为何同种植物种子休眠率会在不同生境条件下表现出较大差异，一个重要的原因可能在于外部环境影响了种皮栅栏层的结构。

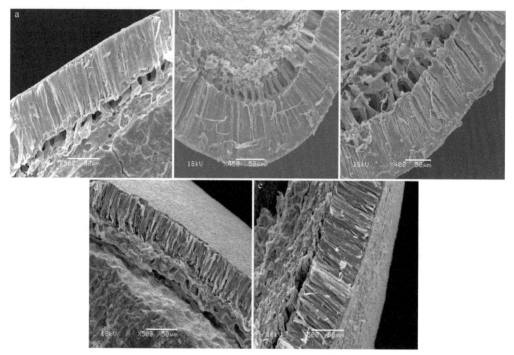

图 6-2 5 种锦鸡儿属植物种皮栅栏层结构（引自 Chen et al.，2019）

a. 荒漠锦鸡儿；b. 刺叶锦鸡儿；c. 柠条锦鸡儿；d. 边塞锦鸡儿；e. 小叶锦鸡儿

物理休眠的形成在很大程度上受到外界环境因素的调控，如温度、水分条件等。一般认为，种子进入成熟期后，随着含水量的降低，种皮栅栏细胞排列收缩，结构变得致密，种皮上各种自然开口如种脐、发芽孔关闭，从而形成休眠（Hyde，1954）。苦豆子种子成熟期前期休眠率维持在一个相对较低的水平（20%以下），当含水量下降到一定域值时，休眠率迅速增加（图 6-3）（胡小文，2008）。歪头菜种子在花后 22d 硬实开始形成，46d 硬实率达到最高，与此同时，种子含水量由 80%逐步下降到 30%左右（聂斌，2011）。外界条件会影响休眠开始迅速形成的水分域值，如干旱生境下生长的苦豆子种子含水量为18%时（花后48d），休眠率迅速增加；而生长在湿润生境下的苦豆子含水量为 20%时，休眠即迅速形成。这表明干旱生境下的苦豆子种子相比湿润生境下的苦豆子种子，更低的含水量才能导致种子休眠形成。

6.3.2 物理休眠释放的结构基础与调控

具物理休眠种子休眠的释放不是种皮通透性的简单改变，这一过程通常受到种皮特

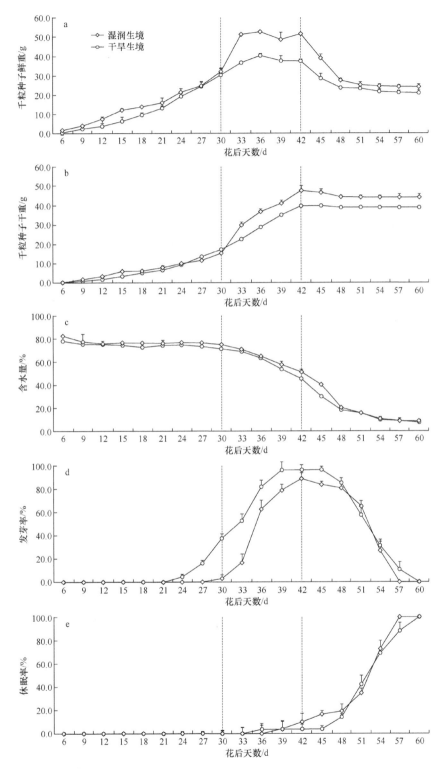

图 6-3 湿润和干旱生境下不同发育阶段苦豆子种子的鲜重、干重、含水量、发芽率和休眠率
（引自胡小文，2008）

a. 鲜重；b. 干重；c. 含水量；d. 发芽率；e. 休眠率

殊结构的调控，如种脊、种脐、合点等。对于大多数豆科植物种子，通常具备以下几种结构（以印度田菁为例）：①种脐，圆点状，其中间为脐缝（图 6-4b），因物种不同，种脐可呈现不同形状；②发芽孔，位于种脐靠胚根一侧，与种脐相邻，不明显（图 6-4b）；③种脊，又称脐条，为胚发育时期维管束遗迹，位于种脐另一侧，与发芽孔相对（图 6-4e，图 6-4h），通常认为种脊是豆科植物种子休眠破除后的初始吸水位点（Baskin and Baskin，2014）；④种脐外区域，除种脐、发芽孔和种脊外的所有种皮部位（图 6-4）。

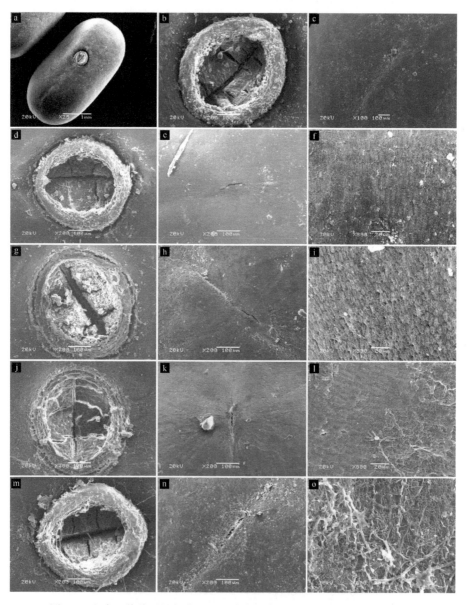

图 6-4　印度田菁种子经各种处理后种皮基本结构（引自胡小文，2008）

a～c. 对照种子；a. 种子全貌；b. 种脐；c. 种脊；d～f. 经硫酸处理 1min 后种子结构；d. 种脐；e. 种脊；f. 除种脐和种脊外种皮；g～i. 经硫酸处理 3min 后种子结构；g. 种脐；h. 种脊；i. 除种脐和种脊外种皮；j～l. 经硫酸处理 15min 后种子结构；j. 种脐；k. 种脊；l. 除种脐和种脊外种皮；m～o. 经 80℃热水处理 3min 后种子结构；m. 种脐；n. 种脊；o. 除种脐和种脊外种皮

通过将印度田菁种子各位点进行阻断吸水处理后发现，阻断印度田菁种子种脊可阻止所有种子 14d 的吸水，而其他位点其效果不明显，这表明印度田菁种子在休眠破除后只通过种脊吸水。扫描电镜结果也发现，经过处理后，种子仅在种脊处产生明显的裂痕，而对其他部位没有影响。尽管包括对照种子在内，印度田菁种子种脐部位也有明显的裂痕，但各种处理似乎并没有使种脐处裂痕数目增多或深度和宽度增大。由于对照种子很少吸胀，而通过凡士林阻断种脐对种子 14d 的吸胀率亦没有显著影响，这表明种子不能通过种脐处裂痕进行吸胀（表 6-3，图 6-4）（胡小文，2008）。

表 6-3　凡士林阻断印度田菁、长圆叶豇豆、苦豆子种子不同部位后 25℃黑暗条件下培养 1d 和 14d 的种子吸胀率

处理	1d					14d				
	凡士林密封部位					凡士林密封部位				
	对照	种脐	种脊	种脐与种脊	种脐外区域	对照	种脐	种脊	种脐与种脊	种脐外区域
（A）印度田菁										
硫酸 1min	33a	20b	0d	0d	10c	52a	50a	0c	0c	47a
3min	46a	33b	0c	0c	27b	68a	55a	0b	0b	60a
15min	55a	38b	0c	2c	33b	88a	85a	0b	2b	90a
热水 80℃ 3min	60a	57a	0c	0c	30b	85a	82a	0b	0b	80a
（B）长圆叶豇豆										
硫酸 1min	62a	0c	0c	0c	35b	95a	8c	75b	5c	89a
3min	77a	37c	53b	5d	66a	98a	85b	95a	65c	100a
15min	100	95	98	100	100	100	100	100	100	100
热水 80℃ 3min	22a	2b	2b	0b	8b	100a	4c	85b	5c	80b
（C）苦豆子										
硫酸 20min	0a	0a	0a	0a	0a	40a	0b	37a	0b	45a
35min	38a	31a	23b	18b	30a	85a	60b	79a	48c	75a
50min	88a	80a	70b	63b	78ab	100a	100a	100a	70b	100a
热水 80℃ 10min	0 a	0a	0a	0a	3a	65 a	20b	58a	20b	35b
野外层积 5 个月	23a	15b	10b	0c	15b	38a	25b	29ab	10c	30ab

注：同一天数据（1d 或 14d）同一行内标不同字母者为差异显著（$P<0.05$），根据胡小文（2008）研究整理

但与上述结论不同的是，阻断种脐可完全阻止经硫酸处理 20min 苦豆子种子的吸水，扫描电镜结果亦发现其 80% 的种子在种脐处产生明显的裂痕。与此一致，经硫酸处理 1min 或热水处理 3min 长圆叶豇豆种子种脐亦可阻止其绝大多数种子吸胀。这表明种脐是处理后苦豆子种子和长圆叶豇豆种子的初始吸水位点。但当苦豆子种子经硫酸处理至 35min 或长圆叶豇豆种子处理至 3min 时，水分可能通过种脊或种皮等其他部位进入种子，因为阻断种脐只能阻止部分种子的吸水。扫描电镜结果也表明经上述处理后，部分种子的种脊与种皮均不同程度地产生裂痕。当处理进一步延长至 50min 或 15min 时，种子各个部位均产生裂痕，水分可通过种脐、种脊、种皮等多种途径进入种子内部（表 6-3，图 6-5）。

另一个有趣的问题是，判断种子的初始吸水部位与吸胀测试时间密切相关。我们通过对苦豆子、印度田菁以及长圆叶豇豆的研究表明，1d 或 5d 的吸胀测试时间低估了种子吸

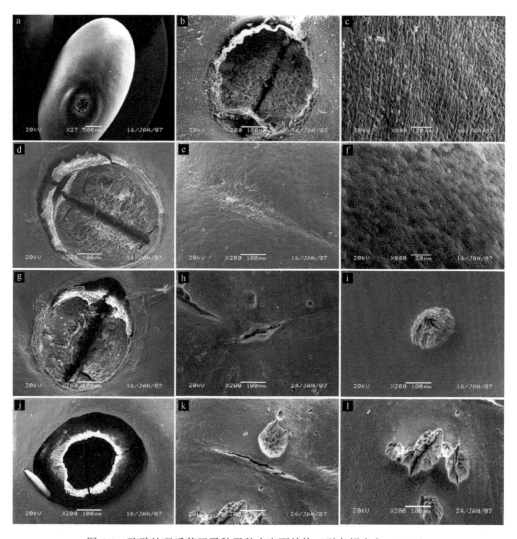

图 6-5　硫酸处理后苦豆子种子种皮表面结构（引自胡小文，2008）

a. 对照种子全貌；b. 对照种子种脐；c. 对照种子除种脐与种脊外种皮；d~f. 经硫酸处理 20min 后的种子结构；d. 种脐；e. 种脊；f. 除种脐与种脊外种皮；g~i. 经硫酸处理 35min 后的种子结构；g. 种脐；h. 种脊；i. 除种脐与种脊外种皮；j~l. 经硫酸处理 50min 后的种子结构；j. 种脐；k. 种脊；l. 除种脐与种脊外种皮

胀率，显著影响了对种子休眠破除后初始吸水位点的判断。但 14d 的吸胀时间则足以检测到所有具有吸胀潜力的种子，因为当吸胀时间进一步延长到 1 个月时，种子的吸胀率相较吸胀 14d 没有显著增加。一个重要的原因就在于，在休眠释放过程中，有些种子可能通过多个部位吸水，而这些部位由于吸水速率的差异，如水分通过种脐是一个相当缓慢的过程，而短的检测时间如 1d 或 5d 通常会低估那些通过种脐进行吸胀的种子（胡小文，2008）。

Taylor（2005，2004）认为休眠破除可以分为 4 个截然不同的阶段。由于种脐部位的开裂，苦豆子和豇豆种子经短时间处理后首先进入缓慢渗透阶段，当处理时间进一步延长时，种脊开裂，种子进入快速吸水阶段，休眠得以破除。此外，种子所处休眠破除阶段对初始吸水位点的判断具有重要作用，如经硫酸处理 20min 苦豆子种子处于缓慢渗透阶段，且仅通过种脐吸水；当处理 35min 后，部分种子进入快速吸水阶段，可通过种脐、种脊等多个部位吸水。尽管 Taylor（2004）明确指出，种子缓慢吸水阶段发生在种脊外的其他部位，但这一位点可能因种而异，如印度田菁种子经任何处理，种子均只通过种脊部位吸水。这一现象与 Morrison 等（1998）关于豆科种子休眠破除机制种间存在较大变异的结论是一致的。

关于热水处理后种子的初始吸水位点究竟是种脊还是种皮的随机部位一直存在着广泛的争议（Cavanagh，1987；Brown and de Booysen，1969）。种子的其他特殊结构如种脐、发芽孔等也被认为与热水处理后种子的吸水密切相关（Bhattacharya and Saha，1990；Hyde，1954）。经热水处理后的印度田菁种子仅通过种脊吸水。扫描电镜结果也表明经热水处理后，种子仅在种脊部位发生轻微的裂痕。尽管在种脐处也有明显的裂痕产生，但显然这些裂痕的深度不足以允许水分透入（图 6-4m）。这一结论与 Manning 和 Van Staden（1987）在田菁上的报道一致。尽管 Das 和 Saha（2006）认为在休眠与不休眠的田菁种子间，种脐与发芽孔的结构存在显著差异，但并没有直接的证据表明其吸水性与这种结构的差异有关。

与印度田菁相反，种脐与种皮是热水处理后苦豆子与长圆叶豇豆种子的初始吸水位点。扫描电镜结果表明，经热水处理后，相比对照种子，种脐处产生数目更多、更大的裂痕，这表明种子可能允许水分通过这些裂痕进入种子内部（图 6-6）（胡小文，2008）。然而，种皮在 200 倍电镜下并未见明显的裂痕产生。Ma 等（2004）报道大豆（*Glycine max*）的吸水与种皮上产生的细微裂痕有关，但由于这种裂痕通常相当细微，往往容易忽略。在本研究中，这种细微裂痕可能存在于种皮上，但由于其相对整个种皮区域较小，因此不容易被发现。

因种而异，休眠的田间破除可能以多种方式进行（Baskin and Baskin，2014）。例如，经野外层积 5 个月后，种脐是苦豆子种子吸水的初始位点，因为阻断种脐可显著降低种子的吸胀率，而阻断其他部位则没有显著影响。尽管扫描电镜结果表明有30% 的种子在种脊处产生明显裂痕，但这些裂痕可能深度不够，因而不能允许水分通过（表 6-3，图 6-6）。随着埋藏时间的增加，如 8 个月或 11 个月后，阻断种脐、种脊或种皮的任一部位对种子的吸胀均没有影响，但阻断种脐和种脊则显著降低了种子的吸胀率，这表明部分种子可通过种皮任一部位吸水，而部分种子则必须通过种脐或种脊进行吸水。这一结论也表明，随着处理时间的延长，种子的吸水位点由种脐变化到种脐与种脊再到种子的任一部位。这一过程与经硫酸处理的种子一致，进一步支持了 Taylor（2005，2004）关于休眠破除的阶段性假说。

种子休眠破除后的初始吸水位点因物种不同以及所采用的休眠破除方法不同而异。例如，苦豆子种子经硫酸和野外层积处理后，初始吸水位点为种脐；经热水处理后，其初始吸水位点则为种脐和种脊。而印度田菁种子经任何休眠破除处理，初始吸水位点均为种脊。此外，吸胀时间的长短显著影响着对休眠破除后种子初始吸水位点的判断，部分解释了当前国际上对该问题长期以来的争议。本研究亦部分支持了 Taylor（2004）关于休眠破除的四阶段假说，确证了休眠破除是一个连续发生的过程，但研究结果亦表明引起种子进入缓慢吸水或快速吸水阶段的具体位点因种而异，如苦豆子种脐的变化使得种子进入缓慢吸水阶段，而印度田菁却为种脊。

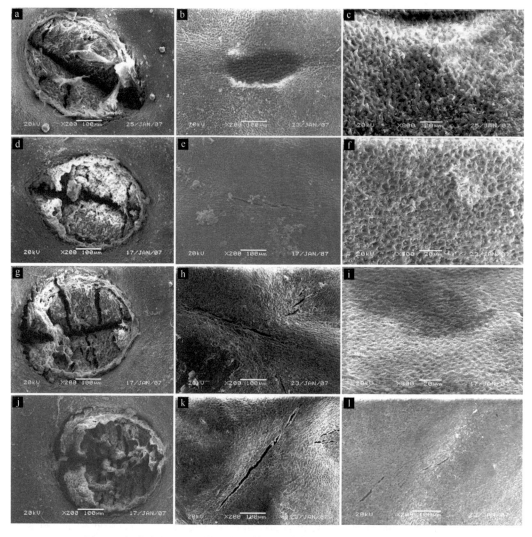

图 6-6   经热水处理和野外层积后苦豆子种皮结构（引自胡小文，2008）

a～c. 80℃热水处理 10min 后种皮结构；a. 种脐；b. 种脊；c. 除种脐与种脊外种皮；d～f. 野外层积 5 个月后种子结构；
d. 种脐；e. 种脊；f. 除种脐与种脊外种皮；g～i. 野外层积 8 个月后种子结构；g. 种脐；h. 种脊；i. 除种脐与种脊外种
皮；j～l. 野外层积 11 个月后种子；j. 种脐；k. 种脊；l. 除种脐与种脊外种皮

6.3.3   物理休眠的人工破除

豆科种子物理休眠破除方法的报道很多。其主要原理就是利用物理或化学的手段增
强种皮透性，促使种子吸水，从而打破休眠。大致可分为物理与化学方法两大类。其中，
物理方法主要包括机械处理、温度处理、振荡、高压处理等，化学处理则包括酸碱腐蚀、
有机溶剂以及一些生物酶处理等。因物种不同，适用的休眠破除方法不同。经液氮处理
后，紫花苜蓿、草木犀、百脉根种子的休眠几乎全部破除，且不引起死种子数增加；但
小冠花和印度田菁种子经液氮处理后，休眠率没有显著变化；而歪头菜种子经液氮处理
后，不正常苗增多（胡小文，2008）（表 6-4）。

表 6-4　液氮处理种子后发芽率、休眠率与死种子或不正常苗

物种	处理时间/min	发芽率/%	休眠率/%	死种子或不正常苗/%
紫花苜蓿	0	77b	20a	3
	1	92a	4b	4
	20	93a	2b	5
草木犀	0	28b	46a	26
	1	64a	11b	25
	20	60a	15b	25
百脉根	0	51b	38a	11
	1	84a	6b	10
	20	87a	5b	8
歪头菜	0	3	97a	0b
	1	8	84b	8a
	20	7	86b	7a
小冠花	0	35	56	9
	1	37	52	11
	20	33	54	13
印度田菁	0	8	92	0
	1	10	90	0
	20	9	91	0

注：同一种同一列标不同字母者为差异显著（$P<0.05$），根据胡小文（2008）研究整理

6.4　禾本科乡土草种子的休眠

生理休眠是指由于种子胚生长力不够引致种子不能突破外部束缚从而在适宜条件下不能萌发的现象。生理休眠是自然界分布最为广泛的种子休眠形式，在一些主要的牧草科属中都可发生，如禾本科赖草属（*Leymus*）、披碱草属（*Elymus*）、黑麦草属（*Lolium*）、狗尾草属（*Setaria*）、菊科蒿属（*Artemisia*）、车前科车前属（*Plantago*）等不同程度地存在生理休眠。就禾本科乡土草种而言，已有报道的种子休眠形式都可归于生理休眠（表6-2），但因种而异，其休眠程度和休眠释放对环境的需求存在一定差异。

6.4.1　生理休眠的生理机制与结构基础

一般认为，生理休眠是由于种胚的生长势不够。这种生长势的缺失或微弱与种子内部的代谢障碍有关，如激素含量或激素平衡。另外，胚外覆盖物阻力过大也可能成为种子难以萌发的一个重要原因。根据 Baskin 和 Baskin（2004）对生理休眠的分类，具非深度与中度生理休眠种子的离体胚是可以长成正常幼苗的，而具深度生理休眠的种子即使在整个植物类群中也非常罕见。换言之，在一定程度上削弱或去除胚外覆盖物的阻力对于促进种子萌发是有意义的。因而，明确胚生长势与胚外覆盖物对种子萌发能力的影响无论对于研究休眠机制还是人工调控种子休眠都具有重要意义。

包括稃、种皮、胚乳在内的胚外结构显著影响具生理休眠种子的萌发。何学青（2011）采用多个种批对羊草种子的研究认为，胚外包被物外稃、内稃、种皮和胚乳对休眠都有

控制作用，其作用从大到小依次为胚乳占34%、种皮占23%、外稃占19%和内稃占5%（表6-5）（何学青，2011）。Hu 等（2013b）对长芒草种子休眠的研究也有相似结论。一般而言，胚外覆盖物并不影响种子的吸水。何学青（2011）研究发现稃主要对羊草种子的萌发起机械阻碍作用，而并非水分通透和稃内含抑制物和内源性激素所致。

表6-5　种子不同部位对羊草种子休眠的影响（引自何学青，2011）

处理	休眠率/%				休眠控制率/%
	种批 1	种批 2	种批 3	平均值	
对照	85a	82a	84a	83	——
去内稃	82b	73b	80b	78	内稃：5
去外稃	60c	66c	65c	64	外稃：19
去稃	56d	55d	59d	57	稃：26
去稃再放回种子原来部位	57d	54d	60d	57	——
去稃后刺破种皮	33e	34e	36e	34	种皮：23
离体胚	0f	0f	0f	0	胚乳：34

注：处理间数值标有不同字母者表示在 0.05 水平上差异显著

胚乳是控制休眠的一个重要部位，通常胚乳可通过机械或化学抑制作用来抑制种子萌发（Debeaujon et al.，2000）。马红媛等（2008）报道胚乳对种子的休眠起机械抑制作用而非化学抑制，如脱落酸（ABA）抑制种子的萌发。易津（1994）和易津等（1997）研究报道认为，胚乳中萌发抑制物 ABA 含量过高，但赤霉素（GA_3）和生长素（IAA）的含量过低才是导致羊草种子发芽率低的主要原因。Wu 等（2016）采用氟啶酮溶液对羊草种子进行处理，可显著提高羊草种子发芽率，表明吸胀过程中 ABA 的合成是维持种子休眠的主要原因。采用赤霉素对羊草种子处理可能因赤霉素种类、浓度以及种子状态不同而产生不同效果。例如，采用 GA_3 处理去稃后刺破种皮的种子可有效降低羊草种子休眠率，而对完整羊草种子则没有显著效果，一个可能的原因是羊草种子存在半透层，完整种皮在一定程度上阻碍了 GA_3 渗入种子内部发挥作用（表6-6）。但值得注意的是，GA_4 可显著促进羊草种子的萌发，这可能是因为其对于种皮具有更好的渗透能力。另外，相对较高浓度的 GA_3 处理可抑制种子萌发而不是促进。

表6-6　赤霉素处理对羊草种子休眠破除的影响（引自何学青，2011）

处理	休眠种子/%			
	种批 1	种批 2	种批 3	平均值
对照	85a	82a	84a	83
完整种子+ 100μg/ml GA_3	84ab	81ab	84a	83
完整种子+ 200μg/ml GA_3	85a	80b	84a	83
完整种子+ 300μg/ml GA_3	84ab	80b	83a	82
完整种子+ 400μg/ml GA_3	84ab	79b	83a	82
去稃后刺破种皮 + 100μg/ml GA_3	22c	35c	24b	27
去稃后刺破种皮 + 200μg/ml GA_3	15d	12d	18c	15
去稃后刺破种皮 + 300μg/ml GA_3	1f	2f	3d	2
去稃后刺破种皮 + 400μg/ml GA_3	9e	6e	8e	8

注：处理间数值标有不同字母者表示在 0.05 水平上差异显著

6.4.2 生理休眠的人工破除

如上所述，生理休眠的主要原因是胚的生长力不够。因而，减弱胚外覆盖物的阻碍以及增强胚部生长力是破除生理休眠的主要方式。一般而言，根据破除休眠的原理或性质可将其破除方法简单地划分为物理处理和化学处理两大类。

对稃和种皮透性差的种子进行种皮破坏处理是克服禾草胚外附属物束缚性休眠的有效方法。通常采用人工、机械弄碎或刮破稃和种皮，使稃与种皮能够充分渗透水分和空气以供胚活动。对于少量种子可用解剖针或砂纸等手工进行，要小心刺透种皮而不伤及胚。某些禾草种子经过去稃和刺破种皮均可有效降低休眠率。利用适当的低温冷冻处理和高温干燥处理也能够克服种皮的不透性，促进种子的新陈代谢，以加速种子的萌发。例如，无芒隐子草种子经高温处理后，发芽率显著提高（魏学，2010）。Hu 等（2013b）对长芒草等的研究也表明，低温干贮或室内干贮均可显著提高种子的萌发率。

生长调节剂对一些需要低温、光照或后熟种子有显著的打破休眠的效果，同时能够促进非休眠种子的萌发。某些植物激素，包括赤霉素、细胞分裂素、乙烯和乙烯利等能解除某些种子的休眠。其中，赤霉素是较常用的一种生长调节剂，一般在植物内部赤霉素含量不足时使用，以打破种子休眠。细胞分裂素可解除因脱落酸抑制造成的休眠，其作用比赤霉素更为显著。外源乙烯或乙烯利对解除种子休眠效果特别明显，如乙烯利处理可显著提高沙米种子的萌发（Fan et al.，2016）。此外，通过应用一些与激素合成相关的化学试剂也可显著改变种子的休眠或萌发状态，如应用氟啶酮可显著提高羊草种子萌发，而应用赤霉素合成抑制剂则显著抑制箭筈豌豆、羊草等种子的萌发（Hu et al.，2013a，2012）。

有些无机酸、盐、碱等化合物能够腐蚀种皮、改善种子的通透性或与种皮及种子内部的抑制物质作用而解除抑制，达到打破种子休眠和促进萌发的作用。硫酸（H_2SO_4）和氢氧化钠（NaOH）或氢氧化钾（KOH）是禾草种子破除休眠最常用的化合物，许多研究表明98%的浓硫酸较低浓度的效果为好，但处理时间一般因物种不同而异。低浓度的 NaOH 溶液有促进某些种子萌发的作用，应用30%的 NaOH 浸泡羊草种子可显著破除羊草种子休眠。KNO_3 在打破禾草种子休眠中的应用也较为广泛。

对综合性休眠的种子需要采用综合处理方法来破除休眠。如表 6-7 所示，综合运用清水浸种、NaOH 浸种以及赤霉素处理几乎可以完全破除羊草种子的休眠（表 6-7）（何学青，2011）。

表 6-7　综合处理对羊草种子休眠破除的影响（引自何学青，2011）

处理	种批 1		种批 2		种批 3	
	发芽率/%	休眠率/%	发芽率/%	休眠率/%	发芽率/%	休眠率/%
对照	8d	84a	7d	82a	6d	86a
清水浸种 1d + 300μg/g GA₃	54c	38b	43c	46b	55c	36b
30% NaOH 60min + 300μg/g GA₃	78b	15c	71b	16c	65b	25c
清水浸种 1d+30% NaOH 60min + 300μg/g GA₃	91a	2d	86a	2d	89a	1d

注：处理间数值标有不同字母表示在 0.05 水平上差异显著

6.5 乡土草种子休眠的田间释放

就种群的延续而言，种子在自然条件下的休眠破除要比其初始休眠率更为重要（Taylor and Ewing，1988）。不同种群苦豆子种子初始休眠率无显著差异，但表现出截然不同的休眠破除模式。例如，置于地面的额济纳旗苦豆子种子在埋藏 11 个月后，大部分种子休眠破除，而几乎 90%的阿拉善左旗苦豆子仍然处于休眠状态（表 6-8）。这表明两个种群种子对休眠破除的需求是完全不一样的。通过实验室模拟，我们发现干热可以有效破除额济纳旗苦豆子种子的休眠，但对阿拉善左旗苦豆子种子没有显著影响（图 6-7）。这表明干热并非是阿拉善左旗苦豆子种子休眠破除的首要条件。另外，当在一定湿度条件下将种子置于高温时，则发现两种群苦豆子种子休眠均可得到有效破除，这似乎表明湿热是苦豆子种子休眠破除的一个重要机制。Van Klinken（2005）研究表明湿热是热带豆科植物扁轴木（*Parkinsonia aculeata*）种子休眠破除最为重要的机制，认为湿热是种子在自然条件下通常遭遇的一种环境条件。对于不同种群苦豆子而言，额济纳旗苦豆子主要分布在额济纳河沿岸，土壤以草甸土为主，种子脱落后，通常留在土壤

表 6-8　不同埋藏时间与埋藏深度对两种群苦豆子种子休眠率的影响（引自胡小文，2008）

取样日期（年-月-日）	埋深/cm	休眠种子/%		种群效应	埋深与种群交互效应
		额济纳旗	阿拉善左旗		
2006-1-5	—	97±1.5	98±1.1	0.523	—
2006-3-5	0	94±0.7	98±0.7a	0.002	
	2	93±1.9	94±2.1b	0.784	0.442
	7	93±2.0	95±0.8ab	0.327	
	埋深效应	0.929	0.082		
2006-6-5	0	68±2.0b	94±1.3a	<0.001	
	2	69±1.4b	72±2.4c	0.346	<0.001
	7	79±1.8a	84±1.6b	0.089	
	埋深效应	0.002	<0.001		
2006-9-5	0	26±4.7c	92±2.8a	<0.001	
	2	37±2.4b	49±2.6c	0.010	<0.001
	7	59±3.0a	68±4.7b	0.155	
	埋深效应	<0.001	<0.001		
2006-12-5	0	24±2.0b	89±2.0a	<0.001	
	2	32±3.8ab	27±3.0c	0.405	<0.001
	7	40±4.4a	43±2.7b	0.563	
	埋深效应	0.025	<0.001		
	埋藏时间效应	<0.001	<0.001		
	埋深效应	<0.001	<0.001		
	埋深与埋藏时间交互效应	<0.001	<0.001		

注：同一取样日期同一列标不同字母者为差异显著（$P<0.05$）

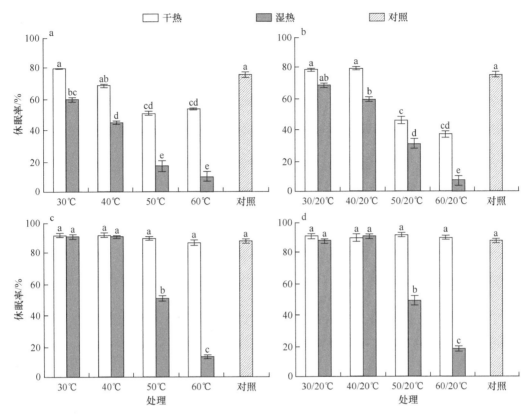

图 6-7 模拟温度与水分处理对额济纳旗（a、b）和阿拉善左旗（c、d）苦豆子种群种子休眠率的影响

表面，因而该种群种子主要处于干旱炎热的大气条件下；而阿拉善左旗苦豆子则主要分布于沙化土壤中，种子脱落后，由于流沙的运动，通常易被流沙覆盖，因而在相对多雨的夏季，种子更多处于湿热的状态下。除此以外，由于阿拉善左旗苦豆子种群分布于相对干旱的荒漠地区，幼苗为了更好地存活，可能需要具有发达的根系，这也意味着种子需要从相对湿润的较深层土壤萌发，才能满足幼苗抵抗干旱生境的需求。这种种群间固有生境的差异可能决定了其对休眠破除需求的差异，是物种长期适应当地生境的一种表现。

因种、种群等不同而异，埋深可减缓或加速种子休眠的破除（Loi et al.，1999；Taylor and Ewing，1996，1988）。我们对苦豆子的研究发现，额济纳旗苦豆子种子随埋深增加，休眠破除速度降低，这可能是因为地面具有较高的日最高温，而较高的温度往往可加快种子的休眠破除（Baskin and Baskin，2014；Taylor，2005）。这一推论也可由休眠破除的季节性变化得出，如有 42% 的种子休眠破除发生在 6~9 月，一个重要的原因是 6~9 月具有最高月均温。然而当阿拉善左旗苦豆子置于地面时，休眠破除速度最慢；埋深为 2cm 时，休眠破除速度最快。这是因为阿拉善左旗苦豆子种子休眠破除需要在湿热条件下才能发生，而地面尽管能获得较高的温度，却缺乏必要的湿度条件；7cm 可能会足以保证种子处于一定的湿度条件下，但随着土层的下降，其温度相对较低，2cm 埋深对于阿拉善左旗苦豆子种子休眠的破除则结合了最佳的温度和湿度条件（表 6-8）（胡小文，2008）。

聂斌（2011）对歪头菜种子的研究发现，随埋深的增加，种子休眠释放速率下降，一个可能的原因是高寒草甸空气湿度通常相对较大，但温度较低，所以较高的温度条件与温度变幅成为种子休眠破除的必要条件。但苦豆子的人工模拟试验发现，在给定的最高温条件下，变温并不能更有效地破除种子的休眠（图6-7）。在田间条件下，额济纳旗苦豆子种子休眠破除速度随埋深而降低的主要原因可能是日最高温的降低而不是温度波动幅度的变化。这与Bhat（1968）在小腺木蓝（*Indigofera glandulosa*）种子上的研究是一致的。

不考虑埋深的因素，额济纳旗苦豆子种子休眠破除主要发生在3~9月，尤其集中在6~9月，与这一时期具有较高的温度和降水量密切相关。与此一致，实验室模拟干热条件下，只有温度超过50℃时才能有效破除额济纳旗苦豆子种子休眠，但这一临界值显然因其他环境因子的变化而变化，如在湿热条件下，种子休眠在任何温度下均可有效破除（图6-7）。与此一致，置于地面的额济纳旗苦豆子种子休眠率在9~12月几乎不变，但当埋深为7cm时，近20%的种子休眠得到破除，这可能是因为种子所处土层湿润，降低了破除休眠对温度的需求（表6-8）。

与额济纳旗苦豆子相反，阿拉善左旗苦豆子种子休眠破除的季节性变化较小。这是因为阿拉善左旗苦豆子种子的休眠破除主要由温度与湿度的交互作用所决定。由于当地气候非常干燥，大气湿度季节间变化较小，置于地面的种子通常很难满足休眠破除的需求，因而休眠破除很少发生。埋于地下的种子尽管在夏季能获得较高的温度，但此时的蒸发量较大，地表土壤含水量通常较低。温度、降水量、土壤含水量的变化不一致可能是其季节性变化较小的主要因素。这表明种子的休眠破除是对一系列环境因子而不是单一因子变化的综合响应，对这些因子之间交互作用的研究将有助于更好地了解种子对于休眠破除的需求。

很多研究认为，种子对休眠破除的需求差异通常是其种皮结构差异造成的（Zeng et al.，2005a，2005b；Morrison et al.，1998；Serrato-Valenti et al.，1994；Hanna，1984）。阿拉善左旗苦豆子种子相对较小，种皮颜色较深。这可能与其酚类化合物的代谢有关，这一特性通常被认为有利于种子休眠的维持（Marbach and Mayer，1974）。但也有研究认为（Liu et al.，2007），深色种皮可能是种皮降解的产物，有利于休眠的解除，但显然苦豆子种子不属于该种类型。Zeng等（2005a）研究认为种皮厚度、种子的半径与休眠的破除具有密切关系，但胡小文（2008）的研究发现两个苦豆子种群种子的种皮厚度与半径无显著差异，但两种群种脐处种皮厚度存在显著差异，这可能是种群间休眠破除对于环境因子需求不同的结构基础。

6.6 休眠与抗逆

休眠作为植物适应环境的一种策略，与其对恶劣生境的抗性具有密切关系。休眠对逆境的抵抗很大程度上与其降低种子自身的代谢速率密切相关。例如，具有物理休眠的种子由于种皮不透水，通常能使种胚处于一个相对干燥的环境条件，从而延长种子寿命。目前已报道的长寿命种子如海枣（*Phoenix dactylifera*）、莲（*Nelumbo nucifera*）都具有物理休眠特性。而具有生理休眠的种子虽然不能使种子在湿润条件下维持在一个含水量相对较低的状态，但种子通常代谢强度较低，从而有利于减少种子由于呼吸代谢引起的养分损耗。

6.6.1　果皮介导的种子休眠提高花棒对干旱生境的适应性

胡小文（2008）对花棒（*Hedysarum scoparium*）果皮功能的研究发现，花棒果皮引起的种子休眠可通过种子吸胀、失水、萌发行为以及不同水分条件下的建植与生长等影响植物在逆境下的适应性。

带豆荚的种子发芽率较低，仅为 44%，而去除豆荚可显著提高种子发芽率，达 90%（表 6-9），表明豆荚是导致花棒种子休眠的主要原因。

表 6-9　豆荚及豆荚浸提液对种子发芽的影响（引自胡小文，2008）

处理	发芽种子数/%	未发芽种子数/%	
		具生活力种子	死种子
带豆荚	44±1.3b	35±3.5a	21±4.1a
去豆荚	90±2.5a	0b	10±2.5b
浸提液浸泡	92±0.8a	0b	8±0.8b

注：同列标有不同字母者表示在 0.05 水平上差异显著

豆荚显著降低了种子初期（6h）的吸水量，但带豆荚种子最终含水量（4.01±0.04）显著高于去豆荚种子（2.41±0.09）。豆荚增大了种子的脱水速率，但带豆荚种子含水量在每个脱水时段均显著高于去豆荚种子，且其种子到达初始含水量的时间较长，为 16h，而去豆荚种子仅为 10h（图 6-8）。豆荚通过减缓种子的吸水速率，可避免种子在相对干旱条件下不吸胀或少吸胀，防止或减少种子反复吸胀回干，从而有利于保持种子活力。野外埋藏试验进一步支持了这一观点，去除豆荚后几乎所有种子都丧失了生活力，而带豆荚种子仍有 70% 具有生活力（图 6-9）。同时，在适宜水分条件下，带豆荚种子可以显著增加种子萌发前的含水量，这一特性确保了种子可在水分充足的条件下萌发。

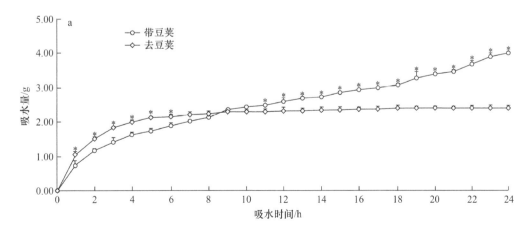

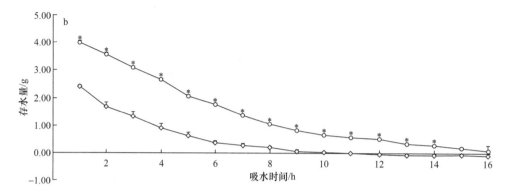

图 6-8　豆荚对花棒种子吸水（a）与失水（b）的影响（引自胡小文，2008）

*表示带豆荚与去豆荚种子间含水量差异显著（P<0.05）

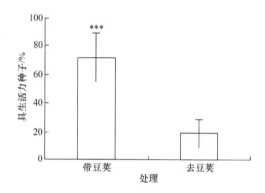

图 6-9　埋藏对带豆荚与去豆荚种子寿命的影响（引自胡小文，2008）

柱上标***为差异极显著（P<0.001）

　　豆荚显著影响了花棒幼苗的建植（表 6-10）。在非干旱（对照）和干旱条件下，去豆荚种子的幼苗建植率均高于带豆荚种子，但在干旱条件下两者差异不显著（图 6-10）。非干旱与干旱条件下，去豆荚种子均具有较高的萌发率，但非干旱条件下幼苗存活率为100%，而干旱条件下仅为39%；与此相反，带豆荚种子非干旱条件下种子萌发率为79%，干旱条件下仅为41%，其相应的幼苗存活率则分别为100% 和61%（表 6-10）。这表明豆荚提高了干旱条件下种子幼苗的存活率，豆荚在干旱条件下抑制了部分种子的萌发，使其保存于土壤种子库中，避免在不适宜环境中萌发。

表 6-10　盆栽条件下带豆荚与去豆荚种子萌发率[P（G）]、幼苗存活率[P（S）]及建植率[P（E）]

（引自胡小文，2008）

	对照		干旱	
	带豆荚	去豆荚	带豆荚	去豆荚
初始种子数/粒	200	200	200	200
萌发率 P（G）/%	0.79	0.94	0.41	0.92
初始幼苗数/株	158	188	82	184
存活率 P（S）/%	1.0	1.0	0.61	0.39
幼苗数/株	158	188	50	72
建植率 P（E）/%	0.79	0.94	0.25	0.36

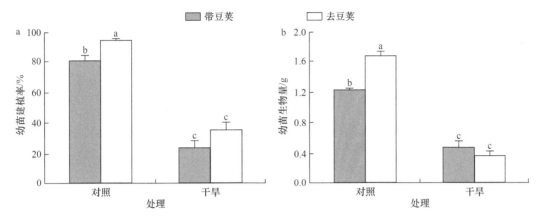

图 6-10　豆荚与水分条件对花棒幼苗建植率（a）与生物量（b）的影响（引自胡小文，2008）

柱上标不同字母者表示差异显著（*P*<0.05）

豆荚对花棒幼苗生物量无显著影响，但其与水分的互作显著影响了幼苗的生物量。非干旱条件下，去豆荚种子幼苗生物量（1.69±0.08）显著大于带豆荚种子（1.24±0.06）（图 6-10）；与此相反，干旱条件下，带豆荚种子幼苗生物量（0.47±0.06）高于去豆荚种子（0.36±0.08），但两者无统计学差异（图 6-10）。水分条件对幼苗建植率和生物量具有显著影响。对照条件下的幼苗建植率和生物量均显著高于干旱条件（图 6-10，表 6-10）。

6.6.2　种子休眠提高抗病性

种子休眠有利于提高种子对病菌的抗性。Dalling 等（2011）认为种皮是否透水是病原真菌入侵种子的关键。当种皮透水时，一方面为病原真菌的入侵提供了通道，同时适宜的水分有利于病原真菌的繁殖。处于物理休眠的种子由于种皮不透水，可以有效抵御病原真菌的入侵（Dalling et al., 2011）。陈泰（2018）通过在 WA 平板和田间对休眠与未休眠的胡枝子（*Lespedeza bicolor*）及长芒草种子接种病原菌三线镰孢（*Fusarium tricinctum*-Ld，以下简称 Ft-L）后种子萌发、存活以及幼苗的生长研究发现，休眠可有效提高种子对病原真菌的抗性，但是种皮是否透水并不是病原真菌入侵种子的决定因素。这是因为具有生理休眠的长芒草种子，其外围结构如内稃、外稃以及种皮都能够透水，也能有效抵挡病原菌的进入。

在 WA 平板上，两种植物未休眠种子萌发后，胚根紧贴培养基表面生长（图 6-11a，图 6-11e），休眠种子则保持完整（图 6-11b，图 6-11f）。两种植物未休眠种子接种 Ft-L 后，菌丝在种子周围簇状生长，形成粉色小球。随着种子萌发，菌丝侵染胚根并且包裹种子，抑制幼苗发育，病菌 Ft-L 在胚根获取营养后，菌丝颜色也随之变为白色（图 6-11c，图 6-11g）。与之相比，休眠种子接种三线镰孢后，尽管菌丝在种子外围簇状生长，包裹种子形成粉色小球，但是菌丝未变成白色，表明 Ft-L 未成功侵染种子（图 6-11d，图 6-11h）。

从表 6-11 可以看出，两种植物未休眠种子在 WA 平板上的发芽率为 100%，休眠种子均未萌发。镜检后发现，未休眠种子在接种 Ft-L 后，胚根变软并且腐烂，种子死亡率

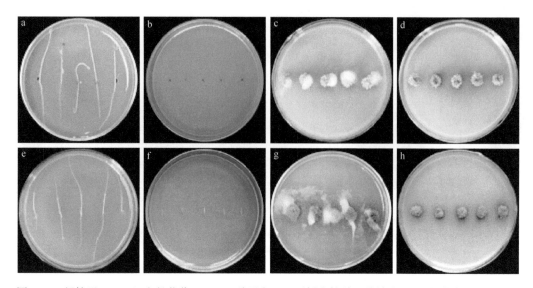

图 6-11　胡枝子（a～d）和长芒草（e～h）种子在 WA 平板上接种三线镰孢 7d 后的萌发及幼苗生长情况（引自陈燊，2018）

a、e. 未休眠种子不接种；b、f. 休眠种子不接种；c、g. 未休眠种子接种；d、h. 休眠种子接种

表 6-11　胡枝子和长芒草休眠或未休眠种子在 WA 平板上接种三线镰孢 7d 后的种子发芽特征（引自陈燊，2018）

植物种	种批	接种处理	发芽率/%	死亡率/%	生活力/%
胡枝子	LN	未接种	100	0	—
		接种 Ft-L	100	100	—
	LD	未接种	0	0	100
		接种 Ft-L	0	0	100
长芒草	SN	未接种	100	0	—
		接种 Ft-L	100	100	—
	SD	未接种	0	0	100
		接种 Ft-L	0	0	100

注："—"表示种子全部萌发。LN、LD、SN、SD 分别代表未休眠胡枝子、休眠胡枝子、未休眠长芒草和休眠长芒草种子

为 100%（表 6-11）。与之相比，两种植物休眠种子在接种 Ft-L 后仍然保持完整，所有种子均具有生活力（表 6-11）。

胡枝子未休眠种子田间发芽率为 80.2%，休眠种子发芽率为 11.1%，两者差异显著，然而接种 Ft-L 对胡枝子种子发芽没有显著影响（图 6-12a）。胡枝子种子田间平均死亡率较低，仅为 1.4%，种子休眠及接种 Ft-L 对种子死亡率均没有显著影响（图 6-12b）。

长芒草未休眠种子田间发芽率为 61.6%，休眠种子发芽率为 17.4%，两者差异显著，而接种 Ft-L 对长芒草种子发芽没有显著影响（图 6-12c）。同样，长芒草种子田间平均死亡率也较低，仅为 1.3%，种子休眠及接种 Ft-L 对种子死亡率均没有显著影响（图 6-12d）。

从表 6-12 可以看出，埋藏时间和休眠状态显著影响胡枝子及长芒草种子的田间发芽率，但是接种处理对两种植物种子田间发芽率没有显著影响。埋藏时间、休眠状态和

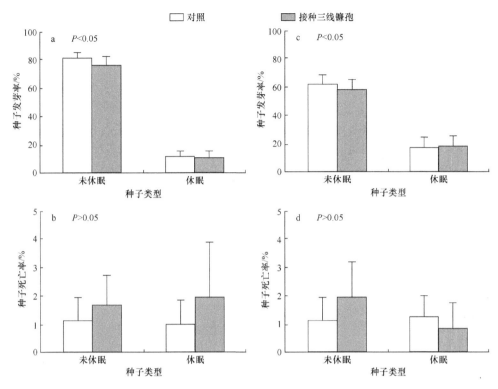

图 6-12 不同接种处理胡枝子（a、b）和长芒草（c、d）未休眠与休眠种子在田间的发芽率及死亡率
（引自陈焘，2018）

P< 0.05 表示休眠和未休眠种子之间差异显著，P>0.05 表示休眠和未休眠种子之间差异不显著

**表 6-12 不同处理对胡枝子和长芒草种子命运及未萌发种子生活力影响的三因素
方差分析（引自陈焘，2018）**

变异来源	自由度	萌发种子	完整种子	死种子	丢失种子	种子生活力
胡枝子						
DB	1	4.65*	3.88	1.19	0.39	0.67
DS	1	453.74***	312.47***	0.15	0.82	2.96
FT	2	0.62	0.21	0.95	0.36	0.28
DB×DS	1	0.25	0.16	0.05	0.11	0.40
DB×FT	2	0.33	0.30	1.03	1.36	0.16
DS×FT	2	0.22	0.28	1.75	0.29	0.89
DB×DS×FT	2	0.01	0.05	0.12	0.80	1.15
长芒草						
DB	1	98.16***	96.16***	2.85	0.40	0.07
DS	1	871.04***	987.39***	0.38	0.11	1.22
FT	2	0.43	0.18	0.10	0.37	0.80
DB×DS	1	3.15	3.64	1.03	0.40	0.27
DB×FT	2	0.13	0.01	0.80	0.26	0.67
DS×FT	2	1.77	0.90	2.04	0.07	1.41
DB×DS×FT	2	0.13	0.34	0.34	0.83	0.51

注：DB 为埋藏时间，DS 为休眠状态，FT 为接种处理；*P < 0.05，*** P < 0.001

接种处理对两种植物种子田间死亡率及丢失率没有显著影响（表 6-12）。对两种植物完整种子进行生活力测定后发现，胡枝子种子生活力为 95%～100%，长芒草种子生活力为 78%～84%，但是不同休眠状态、不同接种处理以及不同埋藏时间种子生活力差异不显著（表 6-12）。

接种 Ft-L 后胡枝子幼苗在出土前的死亡率为 75.8%，而不接种的对照幼苗出土前的死亡率为 18.7%，接种 Ft-L 显著增加了胡枝子幼苗出土前的死亡率，与种子是否休眠无关（图 6-13a）。在接种 Ft-L 处理下，胡枝子幼苗在出土后的存活率为 9.2%，而对照为 20.6%，接种 Ft-L 显著降低了胡枝子幼苗出土后的存活率（图 6-13b）。

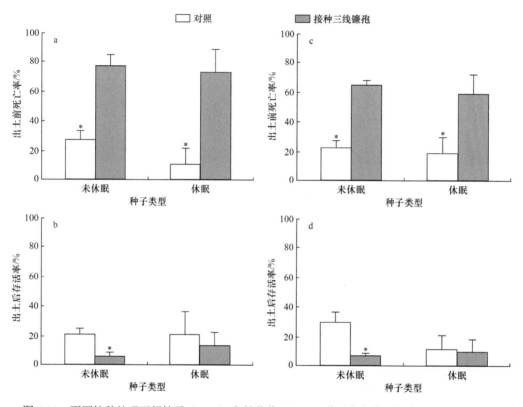

图 6-13 不同接种处理下胡枝子（a、b）和长芒草（c、d）种子出土前死亡率和出土后存活率
（引自陈焘，2018）
*表示接种 FT-L 与不接种对照之间差异显著（$P < 0.05$）

接种 Ft-L 后长芒草幼苗在出土前的死亡率为 62.2%，而不接种对照的死亡率为 20.4%，接种 Ft-L 显著增加了长芒草幼苗出土前的死亡率（图 6-13c）。在接种 Ft-L 处理下，长芒草幼苗在出土后的存活率为 7.8%，而对照为 20.1%，接种 Ft-L 显著降低了长芒草幼苗出土后的存活率（图 6-13d）。

从表 6-13 可以看出，接种处理显著影响两种植物幼苗出土前后的死亡率和存活率。埋藏时间显著影响胡枝子幼苗出土前后的存活。种子休眠状态显著影响长芒草幼苗出土前后的存活。埋藏时间和种子休眠状态对胡枝子幼苗出土前后存活率的影响存在交互作用。接种处理和休眠状态对长芒草幼苗出土后存活率的影响存在交互作用。

表 6-13 不同处理对胡枝子和长芒草种子萌发后幼苗生长命运的三因素方差分析（引自陈焘，2018）

变异来源	自由度	胡枝子			长芒草		
		未出土死亡	未出土存活	出土存活	未出土死亡	未出土存活	出土存活
DB	1	0.63	10.09**	22.56***	0.08	1.70	2.70
DS	1	3.19	2.63	0.35	2.47	18.39***	14.28***
FT	2	44.27***	39.32***	9.84**	51.52***	28.95***	5.55**
DB×DS	1	0.37	5.58*	12.57**	0.44	1.85	1.47
DB×FT	2	0.49	1.21	0.69	1.16	0.71	0.53
DS×FT	2	1.74	1.47	4.08*	0.05	2.51	3.55*
DB×DS×FT	2	0.24	0.97	1.48	1.45	0.79	0.64

注：DB 为埋藏时间，DS 为休眠状态，FT 为接种处理；*$P<0.05$，**$P<0.01$，***$P<0.001$

6.7 本 章 小 结

休眠广泛存在于乡土草中，其形成和破除受到自身结构与外界环境等多重因素的调控。我们的研究发现，种皮栅栏层的致密性是影响豆科乡土草种子物理休眠形成的关键部位，而其种皮特化结构如种脐、种脊则是调控其种子休眠释放的关键位点，但因物种与外界作用因素不同，参与其种子休眠释放的调控结构不同。乡土禾草种子休眠主要与其胚外结构有关，如内稃、外稃、胚乳等都是影响其休眠程度和休眠破除的主要组分，通过移除或破坏胚外结构是破除禾本科乡土草种子休眠的重要途径。此外，休眠不仅可提高乡土草种子对干旱少雨等非生物逆境的适应性，也可提高种子对病害的抗性。

参 考 文 献

陈焘. 2018. 陇东典型草原主要植物根部入侵真菌对绵羊放牧的响应及反馈. 兰州: 兰州大学博士学位论文.

何学青. 2011. 数种禾草种皮透性及种子半透层定位研究. 兰州: 兰州大学博士学位论文.

胡小文. 2008. 豆科植物种子休眠形成与破除机制研究. 兰州: 兰州大学博士学位论文.

李荣. 2018. 母本环境对箭筈豌豆生长特性与子代表型的影响. 兰州: 兰州大学硕士学位论文.

马红媛, 梁正伟, 黄立华, 等. 2008. 4 种外源激素处理对羊草种子萌发和幼苗生长的影响. 干旱区农业研究, 26(2): 69-73.

聂斌. 2011. 歪头菜(Vicia unijuga)种子硬实的形成和释放特性及破除方法的研究. 兰州: 兰州大学硕士学位论文.

魏学. 2010. 无芒隐子草种子产量与植株密度的关系及坪用特性的研究. 兰州: 兰州大学硕士学位论文.

易津. 1994. 羊草种子的休眠生理及提高发芽率的研究. 中国草地, 16(6): 1-6.

易津, 李青丰, 田瑞华. 1997. 赖草属牧草种子休眠与植物激素调控. 草地学报, 5(2): 93-99.

张瑞. 2017. 黄土高原优势种长芒草繁殖特性的研究. 兰州: 兰州大学博士学位论文.

Baskin C C, Baskin J M. 2014. Seeds: Ecology, Biogeography, and Evolution Dormancy and Germination. 2nd ed. San Diego: Academic Press.

Baskin J M, Baskin C C. 2004. A classification system for seed dormancy. Seed Science Research, 14(1):

1-16.

Bhat J L. 1968. Seed coat dormancy in *Indigofera glandulosa* Willd. Tropical Ecology, 9: 42-51.

Bhattacharya A, Saha P K. 1990. Ultrastructure of seed coat and water uptake pattern of seeds during germination in *Cassia* sp. Seed Science and Technology, 18(1): 97-103.

Brown N A C, de Booysen P V. 1969. Seed coat impermeability in several *Acacia* species. Agroplantae, 1: 51-59.

Cavanagh A K. 1987. Germination of hard-seeded species (Order Fabales). *In*: Langkamp P. Germination of Australian Native Plant Seed. Melbourne: Inkata Press.

Chen D L, Zhang R, Baskin C C, et al. 2019. Water permeability/impermeability in seeds of 15 species of *Caragana* (Fabaceae). Peer J, 7: e6870.

Corner E J H. 1951. The leguminous seed. Phytomorphology, 1: 117-150.

Dalling J W, Davis A S, Schutte B J, et al. 2011. Seed survival in soil: interacting effects of predation, dormancy and the soil microbial community. Journal of Ecology, 99(1): 89-95.

Das B, Saha P K. 2006. Ultrastructural dimorphism of micropyle determines differential germinability of *Sesbania cannabina* seeds. Seed Science and Technology, 34(2): 363-372.

Debeaujon I, Léon-Kloosterziel K M, Koornneef M. 2000. Influence of the testa on seed dormancy, germination, and longevity in *Arabidopsis*. Plant Physiology, 122(2): 403-413.

Egley G H. 1989. Some effects of nitrate-treated soil upon the sensitivity of buried redroot pigweed (*Amaranthus retroflexus* L.) seeds to ethylene, temperature, light and carbon dioxide. Plant Cell and Environment, 12(5): 581-588.

Fan S G, Wang Y R, Baskin C C, et al. 2016. A rapid method to determine germinability and viability of *Agriophyllum squarrosum* (Amaranthaceae) seeds. Seed Science and Technology, 44(2): 1-6.

Finch-Savage W E, Leubner-Metzger G. 2006. Seed dormancy and the control of germination. New Phytologist, 171(3): 501-523.

Gubler F, Millar A A, Jacobsen J V. 2005. Dormancy release, ABA and pre-harvest sprouting. Current Opinion in Plant Biology, 8(2): 183-187.

Hanna P J. 1984. Anatomical features of the seed coat of *Acacia kempeana* (Mueller) which relate to increased germination rate induced by heat treatment. New Phytologist, 96(1): 23-29.

Hu X W, Huang X W, Wang Y R. 2012. Hormonal and temperature regulation of seed dormancy and germination in *Leymus chinensis*. Plant Growth Regulation, 67(2): 199-207.

Hu X W, Li T S, Wang J, et al. 2013a. Seed dormancy in four Tibetan Plateau *Vicia* species and characterization of physiological changes in response of seeds to environmental factors. Seed Science Research, 23(2): 133-140.

Hu X W, Wu Y P, Ding X Y, et al. 2014. Seed dormancy, seedling establishment and dynamics of the soil seed bank of *Stipa bungeana* (Poaceae) on the Loess Plateau of Northwestern China. PLoS One, 9(11): e112579.

Hu X W, Zhou Z Q, Li T S, et al. 2013b. Environmental factors controlling seed germination and seedling recruitment of *Stipa bungeana* on the Loess Plateau of Northwestern China. Ecological Research, 28(5): 801-809.

Hyde E O C. 1954. The function of the hilum in some Papilionaceae in relation to the ripening of the seed and the permeability of the testa. Annals of Botany, 18(2): 241-256.

Koornneef M, Bentsink L, Hilhorst H. 2002. Seed dormancy and germination. Current Opinion in Plant Biology, 5(1): 33-36.

Liu W, Peffley E B, Powell R J, et al. 2007. Association of seed color with water uptake, germination, and seed components in guar (*Cyamopsis tetragonoloba* (L.) Taub). Journal of Arid Environment, 70(1): 29-38.

Loi A, Cocks P S, Howieson J G, et al. 1999. Hardseededness and the pattern of softening in *Biserrula pelecinus* L., *Ornithopus compressus* L. and *Trifolium subterraneum* L. Australian Journal of Agricultural Research, 50(6): 1073-1081.

Ma F, Cholewa E W A, Mohamed T, et al. 2004. Cracks in the palisade cuticle of soybean seed coats correlate with their permeability to water. Annals of Botany, 94(2): 213-228.

Manning J C, Van Staden J. 1987. The role of the lens in seed imbibition and seedling vigour of *Sesbania punicea* (Cav.) Oenth (Legynubisae: Papilionoideae). Annals of Botany, 59(6): 705-713.

Marbach I, Mayer A M. 1974. Permeability of seed coats to water as related to drying conditions and metabolism of phenolics. Plant Physiology, 54(6): 817-820.

Morrison D A, McClay K, Porter C, et al. 1998. The role of the lens in controlling heat-induced breakdown of testa-imposed dormancy in native Australian legumes. Annals of Botany, 82(1): 35-40.

Nikolaeva M G. 1969. Physiology of Deep Dormancy in Seeds. Leningrad: Izdatel'stvo'Nauka'. (Translated from Russian by Z. Shapiro, NSF, Washington, D. C.)

Nikolaeva M G. 2001. Ecological and physiological aspects of seed dormancy and germination (review of investigations for the last century). Botanicheskii Zhurnal, 86: 1-14. (in Russian with English Summary)

Serrato-Valenti G, Cornara L, Ghisellini P, et al. 1994. Testa structure and histochemistry related to water uptake in *Leucaena leucocephala* Lam.(De Wit). Annals of Botany, 73(5): 531-537.

Taylor G B. 2004. Effect of temperature and state of hydration on rate of imbibition in soft seeds of yellow serradella. Australian Journal of Agricultural Research, 55(1): 39-45.

Taylor G B. 2005. Hardseededness in Mediterranean annual pasture legumes in Australia: a review. Australian Journal of Agriculture Research, 56(7): 645-661.

Taylor G B, Ewing M A. 1988. Effect of depth of burial on the longevity of hard seeds of subterranean clover and annual medics. Australian Journal of Experimental Agriculture, 28(1): 77-81.

Taylor G B, Ewing M A. 1996. Effects of extended (4-12 years) burial on seed softening in subterranean clover and annual medics. Australian Journal of Experimental Agriculture, 36(2): 145-150.

Van Klinken R D. 2005. Wet heat as a mechanism for dormancy release and germination of seeds with physical dormancy. Weed Science, 53(5): 663-669.

Wu Y P, Chen F, Hu X W, et al. 2016. Alleviation of salinity stress on germination of *Leymus chinensis* seeds by plant growth regulators and nitrogenous compounds under contrasting light/dark conditions. Grass and Forage Science, 71(3): 497-506.

Zeng LW, Cocks P S, Kailis S G, et al. 2005a. Structure of the seed coat and its relationship to seed softening in Mediteranean annual legumes. Seed Science and Technology, 33(2): 351-362.

Zeng LW, Cocks P S, Kailis S G, et al. 2005b. The role of fractures and lipids in the seed coat in the loss of hardseededness of six Mediterranean legume species. Journal of Agriculture Science, 143(1): 43-55.

Zhang R, Wang Y R, Baskin C C, et al. 2017. Effect of population, collection year, after-ripening and incubation condition on seed germination of *Stipa bungeana*. Scientific Reports, 7(1): 1-11.

第7章　乡土草耐寒生理学

卢少云　苟蓝明　郭振飞

7.1　引　言

我国拥有约 4 亿 hm^2 天然草地，主要分布于东北、西北、青藏高原等高纬度、高海拔地区。在这些地区，尤其是高海拔地区，低温是影响草类植物生长发育和草产量的主要限制因素之一（白永飞和王扬，2017）。大量研究表明，低温胁迫能造成植物细胞膜系统受损，生物膜透性增加，电解质外渗，电导率增大，进而引起其生化过程紊乱，细胞产生过量活性氧，导致氧化还原失衡。随低温胁迫加剧，进一步发生蛋白质变性、脂质过氧化和细胞器受损，最终导致细胞死亡。但不同植物对于低温胁迫的响应存在很大差异，一些植物为了适应低温环境，能通过一系列生理生化反应来调节自身应对外部胁迫的能力，提高生存率。例如，一些植物可以通过积累大量可溶性糖、脯氨酸、甘氨酸、甜菜碱、甘露醇等渗透调节物质降低细胞水势，降低细胞质凝固点（Chen and Jiang，2010）；还有一些植物则通过抗氧化防御系统清除活性氧，减少活性氧的积累（Mehla et al.，2017）。此外，植物细胞中多胺、酚类、类胡萝卜素、维生素 E 和类黄酮等次生物质的生物合成与代谢也会对低温胁迫做出积极响应（Sharma et al.，2019）。由于不同植物对于低温胁迫的生理反应能力存在差异，因此其耐受低温的能力也就存在明显不同。其中，一些植物对 0℃ 以上低温的抵抗能力较强，称为耐冷性植物，另一些植物对 0℃ 以下低温的抵抗能力较强，称为耐冻性植物，而两者又统称为耐寒性植物。对于那些既不耐冷又不耐冻的植物，这里称之为非耐寒植物。本章将以我国西北地区的一些耐寒植物为例，分析探讨其乡土植物的耐寒生理基础。

黄花苜蓿（*Medicago falcata*）是豆科苜蓿属多年生草本植物，起源于西伯利亚地区，在我国主要分布于东北、西北和华北等高纬度草原地带，是高寒牧区的优质牧草。黄花苜蓿根系发达、主根粗壮，可深入地下达 2~3m。地上部分通常呈匍匐型生长，分枝能力极强，每株可从基部生长 20~50 个枝条。黄花苜蓿耐寒性极强，在我国最北端年均气温仅-4~-2℃ 的地区，其越冬率也能达到 100%，因此是苜蓿耐寒育种的重要种质资源。以黄花苜蓿和紫花苜蓿杂交，获得了'草原 1 号'、'草原 2 号'、'图牧 1 号'、'甘农 1 号'等一批杂花苜蓿品种，使得苜蓿栽培区向北扩展。本章以黄花苜蓿为耐寒材料，以紫花苜蓿（*Medicago sativa*）和蒺藜苜蓿（*Medicago truncatula*）为对照材料，比较分析不同材料在低温胁迫下可溶性糖、多胺积累的差异，探讨了棉子糖类寡糖生物合成、多胺合成与代谢、抗氧化酶活性调控，以及一氧化氮（NO）信号分子等与黄花苜蓿耐寒性的关系。

7.2　可溶性糖积累与黄花苜蓿耐寒性

可溶性糖是指以可溶性状态存在于植物体的碳水化合物，主要包括一系列的单糖和寡糖。植物通过光合作用将 CO_2 固定为碳水化合物，多余的碳水化合物主要以淀粉形式积累在叶绿体等细胞器中，当生理需要时淀粉降解生成可溶性糖；蔗糖是植物体不同组织器官间可溶性糖进行运输的主要形式。可溶性糖为植物生长发育提供能量和丰富的中间代谢产物，在植物多种生命活动中发挥重要作用。

过去的研究表明，低温驯化过程中苜蓿耐寒性与可溶性糖尤其是棉子糖类寡糖（raffinose family oligosaccharide，RFO）的积累密切相关。秋季降温过程中，紫花苜蓿积累可溶性糖，且耐寒性越强的品种积累的棉子糖和水苏糖越多，受到的低温损伤越小，越冬能力越强（Cunningham et al.，2003）。为了解黄花苜蓿耐寒性与可溶性糖的关系，以紫花苜蓿品种'WL525HQ'为对照材料，比较其与黄花苜蓿耐寒性的差异，并进一步比较不同材料间可溶性糖含量的差异。

黄花苜蓿和紫花苜蓿幼苗在温室内生长 2 个月后，放进人工气候箱内[光照强度 200μmol/（$m^2 \cdot s$），光/暗 12h/12h]，在 5℃ 低温条件下培养 10d。光系统Ⅱ最大光化学效率（F_v/F_m）和光系统Ⅱ光化学效率（$\Phi_{PSⅡ}$）基本保持不变，说明黄花苜蓿和紫花苜蓿的生长未受到 5℃ 低温的伤害，在 0℃ 以上低温条件下主要发生低温驯化（cold acclimation）。将黄花苜蓿和紫花苜蓿叶片放入试管，在碎冰上冷却至 0℃ 后，移到低温循环仪的酒精浴内（0℃）并放置 1h，然后以 –2℃/h 速度将温度逐渐降低至 –2℃、–4℃、–6℃、–8℃、–10℃、–12℃、–14℃、–16℃、–18℃ 和 –20℃，每个温度下保持 1h。低温处理结束后，将各样品在 0℃ 放置过夜，然后加入去离子水，测定相对电导率。结果显示，黄花苜蓿和紫花苜蓿的相对电导率均随着处理温度的降低而升高，表明叶片受伤害程度不断加深；紫花苜蓿的相对电导率显著高于黄花苜蓿，且温度越低相对电导率差异越大，表明冻害对紫花苜蓿伤害更大，黄花苜蓿的耐寒性高于紫花苜蓿（图 7-1）。

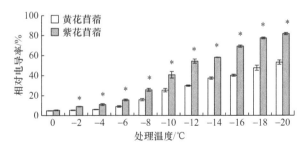

图 7-1　不同温度冻害处理对黄花苜蓿和紫花苜蓿叶片相对电导率的影响（引自 Tan et al.，2013）

*表示同一温度下不同材料间差异显著（$P < 0.05$）

采用高效液相色谱（HPLC）方法，测定了低温（5℃）条件下黄花苜蓿和紫花苜蓿的可溶性糖含量。正常条件下黄花苜蓿和紫花苜蓿蔗糖含量差异不显著，低温处理后黄花苜蓿和紫花苜蓿叶片的蔗糖含量不断升高，6d 时达到高峰，8d 时蔗糖含量略有降低。黄花苜蓿的蔗糖含量显著高于紫花苜蓿，如低温处理 6d 时黄花苜蓿蔗糖含量比处理前提高了 10 倍，而紫花苜蓿提高了 5 倍（图 7-2a）。蔗糖一方面可作为渗透调节物质和低温保护剂，有效增加胞内束缚水含量，降低冰点，防止结冰对细胞结构造成机械损伤；另一方面能作为信号物质，调控耐逆相关基因的表达。

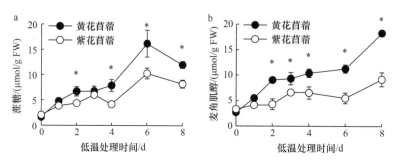

图 7-2　低温（5℃）处理期间黄花苜蓿和紫花苜蓿叶片蔗糖（a）和麦角肌醇（b）的含量变化
（引自 Tan et al.，2013）
*表示同一时间点不同材料间差异显著（$P < 0.05$）

　　低温处理前黄花苜蓿和紫花苜蓿麦角肌醇含量差异不明显，低温处理过程中两种植物的麦角肌醇含量不断升高，其中黄花苜蓿中麦角肌醇增加幅度显著高于紫花苜蓿。例如，低温处理 8d 时，紫花苜蓿麦角肌醇含量提高了 2.8 倍，而黄花苜蓿提高了 6.8 倍（图 7-2b）。麦角肌醇是重要的代谢中间产物，参与磷脂酰肌醇、磷脂酰肌醇磷酸等重要信号分子以及棉子糖等寡糖的合成，进而参与细胞膜和细胞壁生物合成、信号转导、激素应答、物质储存等多方面生理过程，还具有抗氧化作用，清除活性氧。因此，麦角肌醇的积累对于维持植物在低温条件下的生长至关重要（Tan et al.，2013）。

　　肌醇是棉子糖类寡糖合成的前体，在肌醇半乳糖苷合酶（galactinol synthase，GolS）催化下生成肌醇半乳糖苷；在棉子糖合酶催化下，肌醇半乳糖苷与蔗糖合成棉子糖；在水苏糖合酶催化下，棉子糖与肌醇合成水苏糖。正常条件下，黄花苜蓿和紫花苜蓿间肌醇半乳糖苷（图 7-3a）、棉子糖（图 7-3b）和水苏糖含量（图 7-3c）差异不大。低温处理后，黄花苜蓿和紫花苜蓿的 3 种糖含量均随着处理时间增加，低温 6d 后达到相对稳定状态，且黄花苜蓿中的肌醇半乳糖苷、棉子糖和水苏糖含量高于紫花苜蓿（图 7-3）。棉子糖类寡糖是重要的渗透调节物质，在植物抗逆性中起重要作用，调控棉子糖类寡糖合成是植物适应低温等逆境的重要方式。低温冻害中植物存活率与棉子糖类寡糖积累量呈正相关，耐寒植物通常在低温驯化过程中合成、积累更多的棉子糖类寡糖，而那些不能大量积累棉子糖类寡糖的植物难以顺利越冬。棉子糖类寡糖作为低温保护剂、渗透调节剂和氧自由基清除剂，可有效缓解低温对细胞的伤害（ElSayed et al.，2014）。棉子糖类寡糖还可以作为能量储存物质，能够分解为单糖，在逆境下持续为植物提供能量。

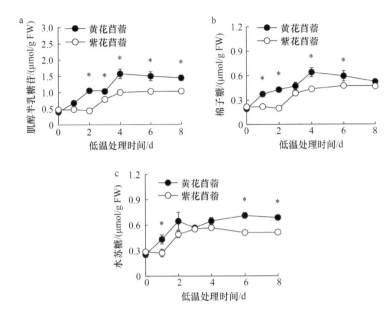

图 7-3 低温（5℃）处理期间黄花苜蓿和紫花苜蓿叶片肌醇半乳糖苷（a）、棉子糖（b）和水苏糖（c）
的含量变化（引自 Tan et al.，2013）

*表示同一时间点不同材料间差异显著（$P < 0.05$）

上述研究结果表明，随着低温处理时间延长，黄花苜蓿和紫花苜蓿蔗糖、麦角肌醇、肌醇半乳糖苷、棉子糖和水苏糖均不断积累，而黄花苜蓿积累的速度和数量要远大于紫花苜蓿，因而黄花苜蓿比紫花苜蓿具有更强的耐寒性。

7.3 抗氧化保护系统与黄花苜蓿耐寒性

低温下光合作用卡尔文循环中的酶活性受到抑制，利用光反应产生的还原当量 NADPH 和 ATP 的碳同化反应因而受到抑制，导致叶绿素吸收的光能在低温下不能被有效利用，促使光能通过光合电子链传递到 O_2，产生活性氧（reactive oxygen species，ROS）。如果 ROS 不能被有效清除，植物细胞将受到氧化伤害，严重时导致植物死亡。植物细胞具有抗氧化保护系统，包括抗氧化酶和非酶抗氧化剂，协同完成清除活性氧的功能，使活性氧维持在一个较低的水平，保护植物在逆境胁迫下免受 ROS 积累造成的氧化损伤（Foyer and Noctor，2005）。抗氧化酶包括超氧化物歧化酶（superoxide dismutase，SOD）、过氧化氢酶（catalase，CAT）、抗坏血酸过氧化物酶（ascorbate peroxidase，APX）和谷胱甘肽还原酶（glutathione reductase，GR）等，非酶抗氧化剂主要包括抗坏血酸和谷胱甘肽等。大量研究证明，抗氧化保护系统在植物抗逆中起重要作用（Sharma et al.，2019；Mehla et al.，2017）。

将种子萌发后生长 2 个月的黄花苜蓿幼苗放进人工气候箱内[光照强度 200μmol/（$m^2 \cdot s$），光/暗各 12h]，在 5℃条件下培养 8d，进行低温处理，测定低温处理过程中抗氧化酶活性的变化。结果表明，SOD 活性在低温处理 2d 时显著升高，4d 时达到最大，6d 和 8d 时仍维持在较高的水平（图 7-4a）。SOD 的作用是将氧自由基歧化，产生过氧化氢

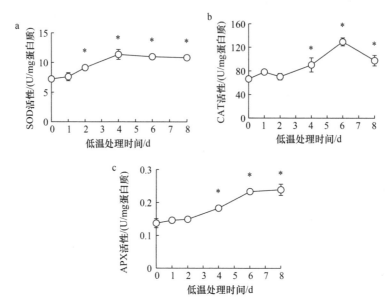

图 7-4 低温（5℃）处理期间黄花苜蓿叶片超氧化物歧化酶（SOD，a）、过氧化氢酶（CAT，b）和抗坏血酸过氧化物酶（APX，c）活性的变化（引自 Guo et al.，2014）

*表示低温处理与低温处理前差异显著（$P < 0.05$）

（H_2O_2），H_2O_2 仍属于活性氧，需要 CAT 或 APX 催化转化生成水，才可将活性氧彻底清除。而 CAT 和 APX 活性在低温处理 4d 显著提高，6d 时达到高峰（图 7-4b，图 7-4c）；低温处理 8d 时，CAT 活性下降，但仍然高于处理前的水平（图 7-4b），而 APX 活性维持在峰值水平（图 7-4c）。低温下黄花苜蓿 SOD、CAT 和 APX 活性的持续升高，可以清除低温下积累的 ROS，保护植物免受活性氧伤害，进行低温驯化。

7.4 一氧化氮信号调控黄花苜蓿耐寒性

过去的研究表明，抗氧化保护系统对逆境的响应受多种信号转导途径调节，如 ABA、H_2O_2 和 NO 等信号分子调控柱花草、烟草和狗牙根抗氧化酶基因表达，提高酶活性，而且 ABA 或 H_2O_2 诱导抗氧化酶基因表达依赖 NO（Lu et al.，2014）。最近发现，低温诱导黄花苜蓿抗氧化酶基因表达依赖 NO 的参与（Zhang et al.，2019）。

NO 是植物重要的细胞内信号，不仅参与种子萌发和植物生长与发育，在植物抗逆中也起重要作用（Palavan-Unsal and Arisan，2009；Wilson et al.，2008）。NO 由类一氧化氮合酶[nitric oxide synthase (NOS)-like]和硝酸还原酶（nitrate reductase，NR）途径产生，也能由非酶促途径产生（Chamizo-Ampudis et al.，2017）。拟南芥中依赖 NR 产生的 NO 参与其低温驯化作用（Zhao et al.，2009）。

为探讨苜蓿耐寒性与其 NO 水平的关系，我们以黄花苜蓿（耐寒）和蒺藜苜蓿（不耐寒）为材料，比较低温驯化过程中不同材料间 NO 产生的差异，测定了常温和低温处理后黄花苜蓿与蒺藜苜蓿（品种：'A17'）半致死温度（LT_{50}）的变化。LT_{50} 越低，耐寒性越强。低温处理前黄花苜蓿 LT_{50} 低于蒺藜苜蓿，随着低温驯化处理时间延长，两者

的 LT_{50} 不断降低，表明耐寒性不断提高；黄花苜蓿 LT_{50} 低于蒺藜苜蓿，表明黄花苜蓿耐寒性比蒺藜苜蓿强（图 7-5）。

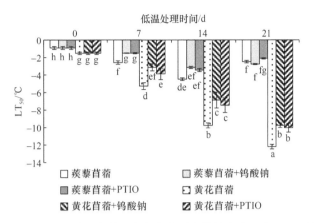

图 7-5　低温处理过程中黄花苜蓿和蒺藜苜蓿耐寒性的变化及其对 NO 的依赖作用
（引自 Zhang et al.，2019）

10 周的幼苗浇灌 15ml NR 抑制剂钨酸钠（1mmol/L）和 NO 清除剂 PTIO（0.1mmol/L），以浇水为对照，然后置于人工气候箱进行低温处理；图中不同字母表示差异显著（$P<0.05$）

研究结果还显示，低温处理 21d 时，黄花苜蓿 LT_{50} 低于14d ，但蒺藜苜蓿的 LT_{50} 反而升高（图 7-5）。为解释这一现象，测定了低温处理 21d 时叶片的相对电导率和 F_v/F_m。与低温处理前相比，低温处理 21d 时蒺藜苜蓿叶片相对电导率升高，F_v/F_m 降低，但黄花苜蓿叶片相对电导率和 F_v/F_m 变化不大，表明蒺藜苜蓿在低温 21d 时受到了伤害，而黄花苜蓿未受伤害（图 7-6）。该结果进一步说明黄花苜蓿耐寒性强于蒺藜苜蓿。

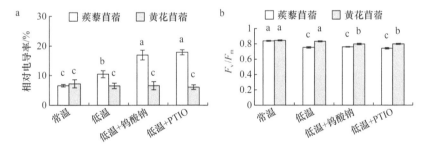

图 7-6　低温、NR 抑制剂及 NO 清除剂对黄花苜蓿和蒺藜苜蓿相对电导率与 F_v/F_m 的影响（引自 Zhang et al.，2019）

材料及处理同图 7-5，低温处理 21d 后测定；图中不同字母表示差异显著（$P<0.05$）

用 NO 清除剂 PTIO（2-phenyl-4,4,5,5-tetramethyl imidazoline-1-oxyl 3-oxide）和 NR 抑制剂钨酸钠预处理黄花苜蓿与蒺藜苜蓿，缓解了低温处理过程中 LT_{50} 的降低（图 7-5），表明依赖 NR 产生的 NO 参与了黄花苜蓿和蒺藜苜蓿的低温驯化作用。为进一步证明黄花苜蓿耐寒性与 NO 的关系，采用 NO 特异的荧光探针 DAF-FM DA 示踪观测黄花苜蓿和蒺藜苜蓿叶片 NO 水平，以了解低温是否影响黄花苜蓿和蒺藜苜蓿 NO 的产生。常温下两种材料的 NO 特异荧光微弱，低温处理后叶片 NO 水平明显增加，而且黄花苜蓿的 NO 水平高于蒺藜苜蓿；用 NR 抑制剂钨酸钠和 NO 清除剂 PTIO 预处理离体叶片，低温处理则不能提高叶片的 NO 水平（图 7-7）。结果表明，低温下黄花苜蓿和蒺藜苜蓿均产生 NO，黄花苜蓿中 NO 水平高于蒺藜苜蓿，低温诱导 NO 的产生依赖 NR。

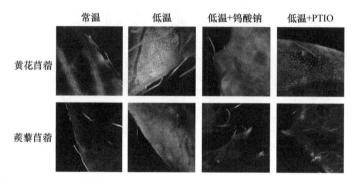

图 7-7　低温（5℃）处理对黄花苜蓿和蒺藜苜蓿叶片 NO 的影响（引自 Zhang et al.，2019）
10 周的幼苗浇灌 15ml 钨酸钠（1mmol/L）和 PTIO （0.1mmol/L），以浇水为对照，然后置于人工气候箱进行低温处理，低温处理 24h 后取样测定

为进一步证明低温下 NO 的产生与 NR 有关，测定了低温处理过程中 NR 活性的变化。低温处理前，黄花苜蓿 NR 活性为蒺藜苜蓿的 1.6 倍；低温处理后黄花苜蓿和蒺藜苜蓿的 NR 活性均升高，而且黄花苜蓿 NR 活性高于蒺藜苜蓿。例如，低温处理 1d 和 3d 时，黄花苜蓿 NR 活性分别提高至低温前的 3.6 倍和 3 倍，而蒺藜苜蓿 NR 活性分别提高至低温前的 1.5 倍和 2 倍（图 7-8）。NR 抑制剂钨酸钠预处理抑制了低温诱导的 NR 活性升高，表明研究中所测定 NR 活性结果是可靠的。结果表明，低温下黄花苜蓿 NR 活性高于蒺藜苜蓿，这与低温诱导黄花苜蓿和蒺藜苜蓿 NO 产生、黄花苜蓿 NO 水平高于蒺藜苜蓿的研究结果是一致的。

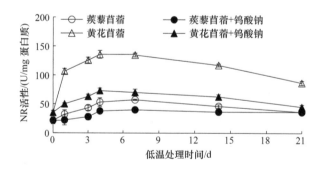

图 7-8　低温（5℃）处理期间黄花苜蓿和蒺藜苜蓿叶片硝酸还原酶（NR）活性的变化
（引自 Zhang et al.，2019）
10 周的幼苗浇灌 15ml 钨酸钠（1mmol/L），以浇水为对照，然后置于人工气候箱进行低温处理，低温处理过程中取样测定

为进一步证明耐寒性与 NO 的关系，我们还测定了外源 NO 对黄花苜蓿和蒺藜苜蓿耐寒性的影响。以 NO 产生剂硝普酸钠（sodium nitroprussiate，SNP）和 DEA [diethylammonium (Z)-1-(N,N-diethylamino) diazen-1-ium-1,2-diolate]处理黄花苜蓿和蒺藜

苜蓿，测定 LT_{50} 的变化。结果显示，黄花苜蓿和蒺藜苜蓿的 LT_{50} 在 SNP（图 7-9a）和 DEA（图 7-9b）处理 12h 及 24h 后显著低于对照（图 7-9），表明 SNP 和 DEA 处理提高了耐寒性。因此，上述系列试验结果表明，依赖 NR 产生的 NO 参与黄花苜蓿和蒺藜苜蓿的低温驯化作用，而黄花苜蓿具有更强的耐寒性，与其在低温下具有更高的 NR 活性和 NO 水平有关。

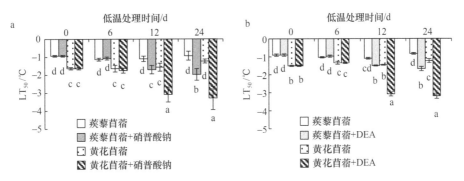

图 7-9　外源 NO 对黄花苜蓿和蒺藜苜蓿耐寒性的影响（引自 Zhang et al.，2019）
将离体叶片浸泡在 0.2mmol/L 硝普酸钠（a）或 0.1mmol/L DEA（b）溶液中，以水为对照，处理一定时间后取样测定 LT_{50}，图中不同字母表示差异显著（$P < 0.05$）

7.5　依赖 NR 产生的 NO 调控黄花苜蓿抗氧化保护系统

如前所述，黄花苜蓿耐寒性与其抗氧化保护系统有关，因此进一步检测了 NR 产生的 NO 是否调控低温下黄花苜蓿抗氧化酶活性和基因表达。常温下黄花苜蓿 SOD 活性高于蒺藜苜蓿；低温处理后 SOD 活性提高，黄花苜蓿比蒺藜苜蓿具有更高的 SOD 活性；钨酸钠或 PTIO 预处理抑制了低温的诱导作用（图 7-10a）。黄花苜蓿和蒺藜苜蓿的 CAT 和 APX 活性在常温下无显著差异，低温处理后 CAT 和 APX 活性均显著提高，而且黄花苜蓿酶活性高于蒺藜苜蓿；钨酸钠或 PTIO 预处理抑制了低温的诱导作用（图 7-10b，图 7-10c）。结果表明，依赖 NR 产生的 NO 参与低温诱导 SOD、CAT 和 APX 活性，黄花苜蓿低温下具有更高的抗氧化酶活性，与其低温下具有更高的 NR 活性和 NO 水平是一致的。

采用实时荧光定量 PCR（qRT-PCR）进一步检测抗氧化酶编码基因的相对表达量，结果显示，*Cu/Zn-SOD2*、*Cu/Zn-SOD3*、*cAPX1* 和 *cAPX3* 的相对表达量在低温处理 24h 后受到诱导，而且黄花苜蓿中的相对表达量高于蒺藜苜蓿。黄花苜蓿和蒺藜苜蓿 *cAPX1* 的相对表达量在低温处理 24h 后受到诱导，两种植物间差异不显著，钨酸钠或 PTIO 预处理抑制了低温对 *Cu/Zn-SOD2*、*Cu/Zn-SOD3*、*cAPX1* 和 *cAPX3* 的诱导作用（图 7-11）。黄花苜蓿和蒺藜苜蓿 *Cu/Zn-SOD1* 和 *cAPX2* 的相对表达量不受低温诱导（结果未列出）。结果表明，低温下黄花苜蓿和蒺藜苜蓿 SOD 和 APX 活性的提高与 *Cu/Zn-SOD2*、*Cu/Zn-SOD3*、*cAPX1* 和 *cAPX3* 等基因的表达受诱导有关；低温下黄花苜蓿比蒺藜苜蓿具有更高的抗氧化酶活性与其具有更高的 *Cu/Zn-SOD2* 和 *cAPX3* 表达量有关。

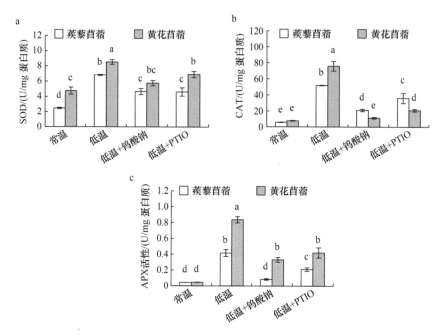

图 7-10　低温、NR 抑制剂及 NO 清除剂对超氧化物歧化酶（SOD，a）、过氧化氢酶（CAT，b）和抗坏血酸过氧化物酶（APX，c）活性的影响（引自 Zhang et al.，2019）

10 周的幼苗浇灌 15ml 钨酸钠（1mmol/L）和 PTIO（0.1mmol/L），以浇水为对照，然后置于人工气候箱进行低温处理，低温处理 14d 后测定；图中不同字母表示差异显著（$P < 0.05$）

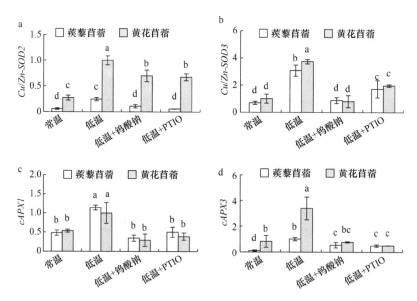

图 7-11　低温、NR 抑制剂及 NO 清除剂对超氧化物歧化酶（a、b）和抗坏血酸过氧化物酶（c、d）编码基因表达的影响（引自 Zhang et al.，2019）

10 周的幼苗浇灌 15ml 钨酸钠（1mmol/L）和 PTIO（0.1mmol/L），以浇水为对照，然后置于人工气候箱进行低温处理，低温处理 24h 后提取总 RNA，用实时荧光定量 PCR 检测。图中 cAPX 表示细胞质 APX，不同字母表示差异显著（$P < 0.05$）

　　为进一步证明 NO 对抗氧化酶的诱导作用，测定了外源 NO 处理对黄花苜蓿和蒺藜苜蓿抗氧化酶活性的影响。结果显示，DEA 处理 12h 后黄花苜蓿和蒺藜苜蓿的 SOD、

CAT、APX 均显著提高，而且黄花苜蓿中酶活性提高程度高于蒺藜苜蓿，酶活性值也高于蒺藜苜蓿（图 7-12）。例如，蒺藜苜蓿 SOD、CAT 和 APX 在 DEA 处理后分别提高了41%、35% 和 40%；黄花苜蓿分别提高了 71%、51% 和 56%。结果表明，NO 能提高黄花苜蓿和蒺藜苜蓿抗氧化酶活性，而且对黄花苜蓿酶活性诱导程度更高。

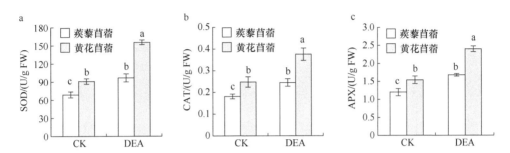

图 7-12　外源 NO 对黄花苜蓿和蒺藜苜蓿超氧化物歧化酶（SOD，a）、过氧化氢酶（CAT，b）和抗坏血酸过氧化物酶（APX，c）活性的影响（引自 Zhang et al.，2019）

将离体叶片浸泡在 0.1mmol/L DEA 溶液 12h（以水为对照）后测定抗氧化酶活性；图中不同字母表示差异显著（$P < 0.05$）

上述研究结果证明，低温驯化提高黄花苜蓿和蒺藜苜蓿耐寒性与低温诱导 NR 活性导致 NO 产生，从而调控抗氧化酶活性有关；低温下黄花苜蓿比蒺藜苜蓿具有更高的NR 活性和 NO 水平及抗氧化酶活性，是黄花苜蓿具有更强耐寒性的重要生理机制。

7.6　多胺生物合成和代谢与黄花苜蓿耐寒性

多胺是一类重要的植物生长调节物质，主要包括腐胺、亚精胺和精胺，它们分别属于二胺、三胺和四胺。多胺的合成代谢以腐胺为中心，腐胺的合成主要来自精氨酸和鸟氨酸这两个前体（Groppa and Benavides，2008），精氨酸脱羧酶（ADC）和鸟氨酸脱羧酶（ODC）分别是两条途径的关键酶。亚精胺和精胺的合成以 S-腺苷甲硫氨酸（SAM）为前体，在 S-腺苷甲硫氨酸脱羧酶（SAMDC）催化下，生成脱羧型腺苷甲硫氨酸（dsSAM）。在亚精胺合酶（SPDS）催化下，dsSAM 向腐胺提供丙氨基，生成亚精胺；在精胺合酶（SPMS）催化下，dsSAM 向亚精胺提供丙氨基，生成精胺。

将 2 月龄的黄花苜蓿幼苗进行低温（5℃）处理，测定低温处理过程中其 S-腺苷甲硫氨酸、腐胺、亚精胺和精胺含量的变化。低温处理 1d 就引起 S-腺苷甲硫氨酸含量升高，并达到最大值，2d 时仍维持在最高水平；随后 S-腺苷甲硫氨酸含量降低，但仍高于低温前的水平（图 7-13a）。低温处理 1d 时腐胺含量显著提高，2d 时达到最大，3d 后腐胺含量降低（图 7-13b）。亚精胺含量在低温处理 3d 时显著提高，4d 时达到最大，6d后亚精胺含量降低，但仍高于对照（图 7-13c）。精胺含量在低温处理 4d 时才显著提高，6d 时达到最大，8d 时精胺含量降低（图 7-13d）。S-腺苷甲硫氨酸、腐胺、亚精胺和精胺的浓度依次增加，随后又有不同程度的下降。这种顺序变化与多胺的生物合成途径密切相关（Alcázar et al.，2010）。腐胺和 S-腺苷甲硫氨酸含量同时增加，进而促进腐胺和dsSAM 形成亚精胺，导致精胺含量增加，此后 S-腺苷甲硫氨酸和腐胺含量下降。提高亚精胺含量会促进精胺的合成，最终又会导致亚精胺在随后减少。

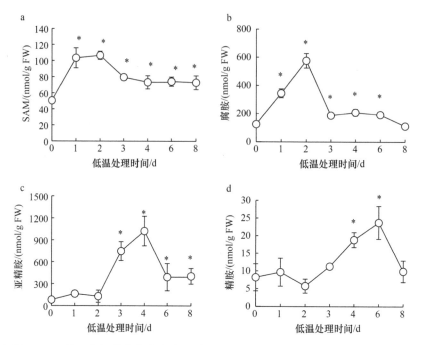

图 7-13 低温（5℃）处理期间黄花苜蓿叶片 S-腺苷甲硫氨酸（SAM，a）、腐胺（b）、亚精胺（c）和
精胺（d）含量的变化（引自 Guo et al.，2014）

*表示低温处理前后差异显著（$P < 0.05$）

　　腐胺、亚精胺和精胺氧化都可以产生 H_2O_2。腐胺的氧化作用受二胺氧化酶（DAO）催化，亚精胺和精胺的氧化作用受多胺氧化酶（PAO）催化。DAO 因为含有 Cu^{2+}，又称为含铜胺氧化酶（CuAO），其活性在低温处理 4d 后显著提高，并达到最大，6d 后降低（图 7-14a）。分别以亚精胺或精胺为底物，测定了 PAO 活性。结果显示，以两种不同底物测定的 PAO 活性大小相近，PAO 活性在低温处理 6d 时显著提高并达到最大，随后下降（图 7-14b，图 7-14c）。DAO 和 PAO 活性变化分别比腐胺和亚精胺水平增加延迟了 2d，而与腐胺和亚精胺含量降低一致，说明低温处理过程中可能是由于腐胺或亚精胺含量提高，诱导了 DAO 或 PAO 活性的增加。DAO 和 PAO 的活性升高会氧化腐胺、亚精胺和精胺，导致其含量降低。腐胺、亚精胺和精胺含量的变化及 CuAO 和 PAO 活性的变化反映了黄花苜蓿体内具有精细的多胺稳态调节机制。

　　因为 DAO 和 PAO 催化多胺氧化生成 H_2O_2，H_2O_2 作为信号分子诱导众多基因包括抗氧化酶基因的表达，所以分析了低温处理过程中抗氧化酶活性的变化（图 7-15）与 DAO 和 PAO 活性之间的相关性。结果显示，SOD 的活性与 DAO 活性呈正相关（$r=0.85$；图 7-15a），但与 PAO 活性不相关。CAT 活性与 DAO 不相关，但与 PAO 活性呈正相关（$r=0.88$；图 7-15b）。以 8d 的低温处理为一个周期，APX 活性与 PAO 和 DAO 活性都不相关；当分析 6d 低温处理的数据时，APX 活性与 PAO 活性呈正相关（$r=0.87$；图 7-15c）。这些结果表明，在低温驯化处理中，SOD 和 CAT 活性的变化分别与 DAO 和 PAO 相关，而 APX 活性与 PAO 活性相关。基于多胺的植物生长调节特性，我们认为低温处理过程中抗氧化酶活性的变化是受多胺合成与代谢调控的（Guo et al.，2014）。

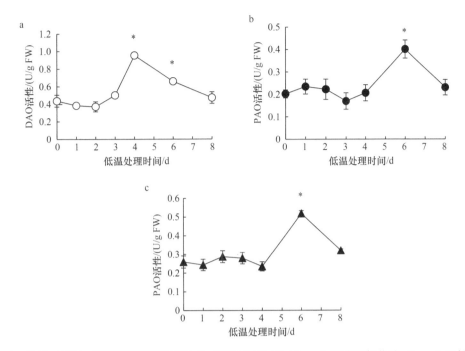

图 7-14 低温（5℃）处理期间黄花苜蓿叶片二胺氧化酶（DAO、a）和多胺氧化酶（b、c）活性的变化（引自 Guo et al.，2014）

以 Put（a）为底物测定 DAO 活性，以 Spd（b）或 Spm（c）为底物测定 PAO 活性。*表示低温处理前后差异显著（$P < 0.05$）

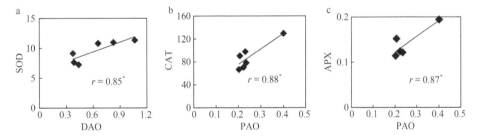

图 7-15 低温（5℃）处理期间黄花苜蓿抗氧化酶活性与二胺氧化酶（DAO）和多胺氧化酶（PAO）活性变化相关性分析（引自 Guo et al.，2014）

*表示相关性显著（$P < 0.05$）

7.7 本章小结

低温驯化期间，紫花苜蓿耐寒性与可溶性糖积累密切相关，而黄花苜蓿能比紫花苜蓿积累更多的蔗糖、麦角肌醇、肌醇半乳糖苷、棉子糖和水苏糖，因而其具有更强的耐寒性。低温驯化过程中，黄花苜蓿 SOD、CAT 和 APX 等抗氧化酶活性均显著升高，并维持在较高水平，有利于清除低温下产生的活性氧，维持活性氧稳态，从而有效防止细胞受到氧化损伤。此外，低温下黄花苜蓿中 S-腺苷甲硫氨酸和腐胺含量增加，随后亚精胺和精胺含量依次增加；腐胺、亚精胺和精胺进一步促进二胺氧化酶 DAO 和多胺氧化酶 PAO 活性升高，催化腐胺、亚精胺和精胺氧化产生 H_2O_2，避免多胺积累对植物细胞的毒害。而 H_2O_2 则能作为信号分子诱导抗氧化酶基因表达，提高抗氧化酶活性。

通过对黄花苜蓿和蒺藜苜蓿响应低温的比较研究，揭示了依赖 NR 产生的 NO 参与黄花苜蓿低温驯化过程。低温下其 NR 活性升高，产生 NO，进而诱导抗氧化酶基因表达，提高抗氧化酶活性。与蒺藜苜蓿相比，黄花苜蓿在低温下具有更高的 NR 活性和 NO 水平，因而 *Cu/Zn-SOD2* 和 *cAPX3* 表达量更高。因此，黄花苜蓿具有更强的耐寒性，与其在低温下具有更高的 NR 活性和 NO 水平及抗氧化酶活性有关。

参 考 文 献

白永飞, 王扬. 2017. 长期生态学研究和试验示范为草原生态保护和草牧业可持续发展提供科技支撑. 中国科学院院刊, 32(8): 910-916.

Alcázar R, Altabella T, Marco F, et al. 2010. Polyamines: molecules with regulatory functions in plant abiotic stress tolerance. Planta, 231: 1237-1249.

Chamizo-Ampudia A, Sanz-Luque E, Llamas A, et al. 2017. Nitrate reductase regulates plant nitric oxide homeostasis. Trends in Plant Science, 22: 163-174.

Chen H, Jiang J. 2010. Osmotic adjustment and plant adaptation to environmental changes related to drought and salinity. Environmental Reviews, 18: 309-319.

Cunningham S M, Nadeau P, Castonguay Y, et al. 2003. Raffinose and stachyose accumulation, galactinol synthase expression, and winter injury of contrasting alfalfa germplasms. Crop Science, 43: 562-570.

ElSayed A I, Rafudeen M S, Golldack D. 2014. Physiological aspects of raffinose family oligosaccharides in plants: protection against abiotic stress. Plant Biology, 16: 1-8.

Foyer C H, Noctor G. 2005. Redox homeostasis and antioxidant signaling: a metabolic interface between stress perception and physiological responses. Plant Cell, 17: 1866-1875.

Groppa M D, Benavides M P. 2008. Polyamines and abiotic stress: recent advances. Amino Acids, 34: 35-45.

Guo Z, Tan J, Zhuo C, et al. 2014. Abscisic acid, H_2O_2 and nitric oxide interactions mediated cold-induced *S*-adenosylmethionine synthetase in *Medicago sativa* subsp. *falcata* that confers cold tolerance through up-regulating polyamine oxidation. Plant Biotechnology Journal, 12: 601-612.

Lu S, Zhuo C, Wang X, et al. 2014. Nitrate reductase (NR)-dependent NO production mediates ABA- and H_2O_2-induced antioxidant enzymes. Plant Physiology and Biochemistry, 74: 9-15.

Mehla N, Sindhi V, Josula D, et al. 2017. An introduction to antioxidants and their roles in plant stress tolerance. *In*: Khan M I R, Khan N A. Reactive Oxygen Species and Antioxidant Systems in Plants: Role and Regulation under Abiotic Stress. Singapore: Springer Nature Singapore Pte Ltd.: 1-23.

Palavan-Unsal N, Arisan D. 2009. Nitric oxide signalling in plants. Botanical Review, 75: 203-229.

Sharma P, Sharma P, Arora P, et al. 2019. Role and regulation of ROS and antioxidants as signaling molecules in response to abiotic stresses. *In*: Khan M I R, Reddy P S, Ferrante A, et al. Plant Signaling Molecules: Role and Regulation under Stressful Environments. Cambridge: Woodhead Pub Ltd.: 141-156.

Tan J, Wang C, Xiang B, et al. 2013. Hydrogen peroxide and nitric oxide mediated cold- and dehydration-induced *myo*-inositol phosphate synthase that confers multiple resistances to abiotic stresses. Plant Cell and Environment, 36: 288-299.

Wilson I D, Neill S J, Hancock J T. 2008. Nitric oxide synthesis and signaling in plants. Plant Cell and Environment, 31: 622-631.

Zhang P, Li S, Zhao P, et al. 2019. Comparative physiological analysis reveals the role of NR-derived nitric oxide in the cold tolerance of forage legumes. International Journal of Molecule Sciences, 20: 1368.

Zhao M, Chen L, Zhang L, et al. 2009. Nitric reductase-dependent nitric oxide production is involved in cold acclimation and freezing tolerance in *Arabidopsis*. Plant Physiology, 151: 755-767.

第8章 无芒隐子草的抗旱生理特性

王彦荣 曲 涛 南志标

8.1 引 言

8.1.1 干旱对植物的影响

世界干旱、半干旱地区约占地球陆地面积的1/3，而我国干旱、半干旱地区约占国土面积的1/2。据统计，在干旱、盐碱和低温三大非生物因素中，干旱对植物的危害最大，其造成的植物损失量超过其他逆境损失的总和（汤章城，1999）。干旱是影响我国农业可持续发展的首要制约因素，2006～2017年，全国每年因干旱造成的直接损失达882.31亿元（田亚男，2018）。根据联合国政府间气候变化专门委员会报告分析，未来50年全球干旱发生频率将显著增加，降雨模式也将发生相应的变化（Watson，2001）。这意味着某些地区的植物将面临日益加剧的干旱胁迫，伴随着世界人口的增加，造成的威胁将不断增加。因此，加强对植物抗旱性的研究和认识显得日益重要，特别是从器官、组织、细胞等不同水平深入研究植物抗旱性生理，是提高植物抗旱性水平的理论基础（武维华，2018）。

干旱对植物的影响是多方面的，近年来，Salehi-Lisar 和 Bakhshayeshan-Agdam（2016）、曲涛和南志标（2008）、韩瑞宏等（2003）和徐炳成等（2001）分别回顾了干旱对农作物、牧草和草坪草影响方面的研究进展。在植物生理层面，干旱对植物的影响通常可反映在活性氧增加、渗透调节物质变化、植物-水分关系改变、光合作用受到抑制、激素发生变化、水分利用效率降低等，最终体现在植株个体形态变化、植物产量和质量下降（曲涛和南志标，2008；Salehi-Lisar and Bakhshayeshan-Agdam，2016）。这些生理变化通常会相互影响、诱导，以不同的形式和作用对植物造成伤害。例如，在干旱胁迫下植物细胞的活性氧增加，进而导致细胞膜的过氧化，而膜质的过氧化伤害又会引起细胞无机离子失衡、植物营养和渗透调节活性、细胞功能异常，最终降低叶绿体固定CO_2的能力，影响植物的存活及繁衍（Kheradmand et al.，2014；Rahdari and Hoseini，2012；Farooq et al.，2009）。干旱对植物的影响程度取决于植物种类、发育阶段、生长条件和环境因素等，所以了解不同类型植物对干旱胁迫的响应机制，以及应用植物生理生态学等多学科的观点系统研究，对全面认识干旱对植物的影响十分重要。

8.1.2 植物对干旱胁迫的响应

8.1.2.1 植物的抗旱类型

根据植物的抗旱（drought resistance）策略，通常将植物划分为躲旱、避旱和耐旱3

种类型。由于躲旱型植物是在水分并非亏缺的情况下完成生活史的，在植物抗旱性研究中涉及较少，而受到更多关注的是避旱型和耐旱型植物的策略与机制。

避旱型植物的特征是体内可保持较高的水势，主要特点是可以通过气孔控制蒸腾以减少体内的水分丧失，以及通过庞大根系从土壤吸收较多的水分。通常这类植物具有较深和较粗的根系，以及角质和多毛的叶片。由于将更多的能量用于构建其根系和叶片以提高植物保水能力，避旱型植物通常较矮小（Akhtar and Nazir，2013；Farooq et al.，2009）。

与避旱型植物比较，耐旱型或以耐旱型为主的植物，主要是通过自身的一些生理生化变化来阻止、降低或修复由逆境造成的损伤，以保持植物的正常生长活动（武维华，2018）。在植物形态上可通过限制叶片的数量和面积，以及具有类似于避旱型植物的根系等。但在生理特性方面表现在：积累参与代谢和渗透调节的溶质，产生抗氧化防御体系，改变代谢途径，增加根冠比，气孔关闭等（Salehi-Lisar and Bakhshayeshan-Agdam，2016）。

8.1.2.2 植物的抗旱生理响应

植物的抗旱性是由多基因控制的，也是多途径的，因此不同植物适应干旱的方式多种多样。植物对干旱胁迫的初期响应可能是调节气孔导度，关闭气孔以减少失水。但隐藏在气孔开关机制背后的是一系列复杂的过程（Baker，1993）。以往基于对植物在水分胁迫下的生理生化变化的大量研究，可将植物抗旱生理机制概括为气孔调控、渗透调节、产生抗氧化防御系统、代谢通路改变、根冠比增加等主要方面。这些机制在植物抗旱中具有一定的普遍性和代表性，但不同植物抵抗干旱胁迫的方式不同，可能以其中一种或几种为主（曲涛和南志标，2008；Salehi-Lisar and Bakhshayeshan-Agdam，2016）。

（1）气孔调控

通常认为，植物对干旱胁迫的最初反应是调整气孔开度，防止体内水分的过度散失并维持一定的光合作用，这种调控在植物抗水分胁迫过程中占有重要的作用（Perdomo et al.，1996）。气孔对干旱的第一种反应称为第一线防御，是对空气湿度的直接反应，当空气湿度下降时，保卫细胞及其附近表皮细胞直接向大气蒸发水分，引起气孔关闭，从而防止水分亏缺在整片叶子中发生。另一种是第二线防御，是对叶片水势已经发生了变化的反应。当叶片水势降至某一阈值时，引起气孔关闭，而气孔关闭反过来又减少水分散失和有助于叶片水势恢复。叶片水势增加，则气孔再次开放（Wright，1969）。对许多植物的大量试验证明，通过气孔关闭来降低蒸腾或水分损失是延迟植物脱水的一种有效方式（Perdomo et al.，1996；Conroy et al.，1988）。Bonos 和 Murphy（1999）比较不同的草地早熟禾（*Poa pratensis*）品种夏季干旱胁迫条件下的生长表现时发现，抗旱性强的品种在夏季干旱及高温胁迫下能保持绿色和持续生长，主要是比抗旱性弱的品种具有明显低的气孔导度和冠层温度。抗旱性强的植物通常表现随干旱胁迫加剧而气孔密度降低，但不同植物的反应有所不同（Hamanishi et al.，2012；Xu and Zhou，2008）。

（2）渗透调节

渗透调节（osmotic adjustment）作为植物适应干旱胁迫的重要生理机制，已成为抗旱生理研究最活跃的领域（韩瑞宏等，2003）。Zivcak 等（2016）将渗透调节概括为具有渗透调控（osmoregulation）和渗透保护（osmoprotection）两方面的生理功能，其中渗透调控功能的机制是在水分胁迫下，植物通过主动积累渗透调节物质来降低渗透势和水势，以从外界继续吸水来维持膨压和生理活动；而渗透保护功能的机制主要是通过细胞中积累的非毒性渗调物质与细胞中其他化学成分相结合或共同参与而发挥作用，如作为一种溶剂代替水参与化学反应等；渗透保护的主要作用是维持细胞中的离子平衡，以及提高保护酶活性和细胞的抗氧化防御能力（Singh et al.，2015），而且在保护蛋白质和生物膜等方面也具有重要作用（Zivcak et al.，2016）；也可以通过气孔调节、光合调节等途径对光合作用产生影响（汤章城，1999），使植物保持较强的生命力和存活率（Pinto-Marijuan and Munne-Bosch，2013）。

在这些渗透调节功能和机制的背后发挥主导作用的是一些渗透调节物质。在干旱胁迫下，植物积累的渗透调节物质可分为两大类：一类是以 K^+ 和其他无机离子为主的渗透调节物质；另外一类是在细胞内合成的有机溶质，主要有脯氨酸、甜菜碱及可溶性糖等（汤章城，1999）。

干旱条件下，植物体内脯氨酸、甜菜碱及可溶性糖等有机溶质在细胞质中累积，对降低渗透势均有一定的贡献。Singh 等（1972）发现，不同大麦（*Hordeum vulgare*）品种在相同叶水势下脯氨酸积累量不同，并与田间抗旱性呈正相关。对沙冬青（*Ammopiptanthus mongolicus*）的研究发现，在水分胁迫时，脯氨酸、可溶性糖和葡萄糖大量积累，而且其含量随生长季节不同而异（Xu et al.，2002）。对梭梭（*Haloxylon ammodendron*）幼苗的研究发现，干旱胁迫时其幼苗体内甜菜碱积累，且随着幼苗的发育，甜菜碱的积累量增加，从而提高了幼苗的抗旱性（陈鹏和潘晓玲，2001）。赵哈林等（2004）通过干旱沙地先锋植物沙米（*Agriophyllum squarrosum*）和对干旱更为适应的查不嘎蒿（*Artemisia halodendron*）叶片的抗旱性研究发现，当土壤水分状况较好时，查不嘎蒿叶片的脯氨酸含量较低，但当干旱程度加剧时，其含量猛增，增量超过 10 倍；而沙米叶片的脯氨酸含量随土壤水分减少有增加趋势，但增长缓慢且活性值较低；而且在试验设置的各水分条件下，查不嘎蒿叶片的可溶性糖和蛋白质含量都高于沙米。张明生等（2004）对水分胁迫下不同品种甘薯（*Ipomoea batatas*）离体叶片渗透调节物质与抗旱性关系的研究发现，供试 15 个品种的抗旱性与其累积的可溶性糖、游离氨基酸、K^+ 和脯氨酸含量相关。但也有研究表明，在遭受胁迫时虽然其脯氨酸、可溶性糖都不同程度地增加，但与胁迫后植物的存活状况结合来看，对于有些植物来说是抗逆性状，而另外一些却是受害性状。这表明植物在遭遇干旱胁迫时，可能采取不同的适应机制。

干旱条件下，存在于植物液泡中的无机离子 K^+、Na^+ 和 Cl^- 等在许多植物的渗透调节中发挥重要作用（Pugnaire et al.，1999；Munns et al.，1979）。Mengel（1981）主要基于以往对农作物的研究认为，在诸多参与渗透调节的无机离子中，K^+ 的作用最大，由于其自身离子半径小、水合作用大等，降低渗透势的作用大。例如，在由干旱引致的小麦体内的渗透势变化中，K^+ 的贡献率占 40%～80%（Zivcak et al.，2016；Morgan，1992）；另有研究证明，K^+ 在气孔调节中的作用是其他离子所不能代替的（Hsiao，1973）。然而，不同离子的作用大小也取决于植物种类、干旱胁迫程度等因素。Wang 等（2004）对生长于干旱荒漠区的霸王研究发现，其能够从含盐量很低的干旱土壤中汲取大量 Na^+ 并运输到叶，储存于液泡作为渗透调节剂，从而提高抗旱能力。继而研究发现，干旱胁迫下霸王叶中 Na$^+$ 浓度的显著积累，不仅提高植株的渗透调节能力，同时也显著提高了叶绿素含量及光系统 II 活性，具有改善植株光合作用和水分状况的作用（Ma et al.，2012）。另有研究结果显示，不同强度渗透胁迫下，施加 NaCl 显著提高了霸王幼苗叶中超氧化物歧化酶和过氧化氢酶的活性，但显著降低了可溶性糖和游离脯氨酸含量，这表明 Na$^+$ 在霸王适应干旱生境过程中可在一定程度上补偿有机渗透调节剂的作用（蔡建一等，2011）。尽管干旱胁迫下霸王体内 Na$^+$ 浓度大幅度增加，但其根和叶中的 K$^+$ 浓度依然能够维持稳定，因而可认为干旱胁迫下 Na$^+$ 提高叶渗透势调控能力及维持 K$^+$ 浓度的稳定是霸王适应干旱生境的重要机制（Ma et al.，2012；Yue et al.，2012；蔡建一等，2011）。卢少云等（1999）用 CaCl$_2$ 浸泡水稻（*Oryza sativa*）种子，得出 Ca^{2+} 处理提高膜脂抗过氧化能力和膜的稳定性可能是其提高水稻幼苗抗旱性的原因。

（3）产生抗氧化防御系统

干旱胁迫下，植物体内会形成抗氧化防御系统，以抵御由自由基的产生而造成的各种伤害。这种防御系统由一些能清除活性氧的酶类和抗氧化物质组成，如超氧化物歧化酶（SOD）、过氧化物酶（POD）、过氧化氢酶（CAT）、抗坏血酸（AsA）和谷胱甘肽还原酶（GR）等。单一的抗氧化酶或抗氧化物不足以防御这种氧化胁迫，它们往往需要协同抵抗干旱胁迫诱导的氧化伤害，如 SOD 催化两个超氧自由基发生歧化反应形成 O$_2$ 和 H$_2$O$_2$，再被 POD 和 CAT 催化而除掉。一般来讲，在干旱胁迫下，SOD、POD 和 CAT 的活性较高，因而能有效清除活性氧，阻抑膜脂过氧化，所以抗旱性强的植物膜脂过氧化水平较低（Scandalios，1993）。

干旱条件下，植物体内 SOD、POD 和 CAT 活性与植物抗氧化胁迫能力呈正相关，因而植物能够表现出较强的抗旱性，这已在小麦、玉米、水稻、树棉（*Gossypium arboreum*）等作物中得到广泛证明（Rohman et al.，2019；Malan et al.，1990；Dhindsa and Matowe，1981）。蒋明义等（1991）对两个不同抗旱性水稻品种的研究表明，在不同渗透胁迫下 SOD、POD 和 CAT 活性与膜脂过氧化水平及膜透性呈一定的负相关性，认为这些指标可作为水稻抗旱育种的参考依据。王宝山和赵思齐（1987）对小麦研究发现，无论轻度或重度干旱胁迫，其 POD 及 CAT 活性均呈现上升趋势，且抗旱品种的 POD 与 CAT 活性上升更多。王彬等（2011）对 4 个高羊茅品种研究发现，随干旱胁迫加剧，4 个品种幼苗叶片中的 SOD 活性都呈先降后升的变化，POD 的活性都呈先升后降的趋势，但变化的拐点不同。一般认为，在干旱胁迫下，植物体内保护酶活性变幅小且能够维持在较高水平，是作物具有较高抗旱性的内在基础之一。但赵哈林等（2004）研究发现，沙米和查不嘎蒿的 SOD、POD 和 CAT 保护酶活性变化与其过氧化程度并不相关，而渗透调节物质对干旱胁迫的响应较大。

除了上述抗氧化酶外，植物体内还存在非酶促的抗氧化物质。这些抗氧化剂通常是一些小分子，包括亲水的抗坏血酸和谷胱甘肽，以及亲脂的维生素 E 和类胡萝卜素等。除此之外，酚类化合物、类黄酮、生物碱等物质也能有效清除氧自由基。

（4）代谢通路改变

旱生植物由于长期对干旱环境的适应，光合速率和光合作用的调节运转机制、光合途径等方面发生相应改变，以更好地适应干旱环境。与干旱敏感品种相比，抗旱品种的光合作用受抑制程度较低（Zou et al.，2020）。Ma 等（2003）对锦鸡儿属（*Caragana*）植物光合和水分代谢的地理渐变性研究发现，随着生境的干旱化，植物采取低蒸腾、高光合的节水对策。Terwilliger 和 Zeroni（1994）对荒漠地区的丛枝霸王（*Zygophyllum dumosum*）研究表明，灌溉条件下的叶片气孔密度是非灌溉干旱条件下的 3 倍，但是灌溉对光合速率和蒸腾速率无影响。有研究发现，通过施用植物激素脱落酸，可直接调节植物气孔的开放和蒸腾作用，增加光合能力，从而提高植物的抗旱性（Mega et al.，2019）。

一般认为，景天酸代谢途径和 C4 光合途径的植物更能适应干旱和高温环境，有研究也发现植物在适应干旱环境的过程中，其还表现出光合途径的不同或随环境的改变而发生改变（龚春梅等，2009）。Zhang 等（2021）研究证明，C4 植物无芒隐子草的叶片存在 C4 型和 C3 型两类基因，在水分适宜条件下，C4 基因的表达量为 C3 基因的 105 倍；当遇到干旱胁迫时，C4 基因的表达量为 C3 基因的 235 倍，这预示着在水分胁迫时，无芒隐子草光合作用途径在进行不同程度的调整。

8.1.3　无芒隐子草抗旱生理研究的试验设计

无芒隐子草是超旱生多年生禾草，在我国西北地区干旱荒漠草原可形成优势种，为优良牧草，各种家畜喜食；在生态环境保护、发展畜牧业生产等方面具有重要作用。以往关于无芒隐子草抗旱生理的研究较少，见诸报道的有无芒隐子草属于 Na 含量最低的植物类群，且在不同季节间变化不大（孔令韶等，2001）。在中度退化荒漠草原上无芒隐子草种群具有超补偿生长现象，但生长缓慢，再生能力较弱，主要依靠根基部储藏物质的调运来支持采食后的再生（武艳培等，2007；王彦荣等，2002；白可喻等，1996）。

本书的第 2、3、24、25 章，分别从根部形态、花及果实形态、生长特性和分子基础等方面，介绍了无芒隐子草的抗旱特性。本章概括总结了作者关于无芒隐子草的抗旱生理方面的研究工作，旨在为充分利用这一重要的植物资源提供生理学视角的科学依据。

8.1.3.1　对照品种的采用

本研究绝大多数试验的对照品种为美国的‘猎狗 5 号’（Houndog V）高羊茅品种，个别指标还采用了高羊茅的‘节水’和‘肯塔基’品种（见具体试验）。这些品种都为目前国际市场公认的抗旱性强的草坪草品种，在我国北方广泛种植。高羊茅为 C3 植物，通常认为 C4 光合途径的植物较 C3 途径的更为抗旱，但也有研究发现有些高羊茅品种表现出比暖季型 C4 禾草具更强的抗旱性（Carrow，1996）。以往关于高羊茅抗旱生理特性的研究较多（王彬等，2011；Huang and Gao，2000；Huang and Fry，1998；Carrow，1996），但有关无芒隐子草和高羊茅生理特性比较方面的研究未见报道。本研究以高羊茅为对照，一方面旨在探讨两种重要的 C3 植物和 C4 植物对干旱响应的生理机制差异；另一方面也为驯化选育无芒隐子草坪用品种，提供与公认抗旱性强的高羊茅草坪草品种进行生理学特性比较的依据。

8.1.3.2 测定项目及指标

在温室盆栽、田间生长等环境条件下，设置了不同干旱胁迫梯度，从土壤和植物水分状况、细胞膜过氧化程度、抗氧化酶活性、渗透调节物质变化、光合特性及水分利用效率等方面测定了供试两种植物对干旱胁迫响应的系列指标；对于许多指标，不仅测定了叶片，还测定了根系；开展了系统的生理特性评价。试验涉及的测定指标和测定方法如下（曲涛，2008）。

（1）温室干旱胁迫条件下植物水分状况、膜系统、渗透调节等方面的指标测定

2007 年 6 月 3 日，将无芒隐子草和高羊茅种子分别播种于 15cm×15cm（高×直径）的塑料育苗盆中，每盆 50 粒种子；试验用土为泥炭土、黏土和细沙（比例为 2∶1∶1）混合土壤；育苗盆在人工气候箱（25/20℃，12h 变温，50%～60%相对湿度）培养 60d后，两种草的盖度均已达 90%以上。然后将花盆转移到温室（8:00～18:00 温度为 30℃，18:00～8:00 温度为 25℃），间苗每盆保留 30 株，开始断水处理。分别在断水后 4d、7d、11d、16d 和 22d（第 22 天植株出现严重萎蔫）取样，每个处理 3 次重复。取样后的样品清洗干净后将地上、地下部分混合成为供试样品，用于以下项目及指标的测定。

（a）土壤植物水分状况：测定了土壤相对含水量、叶片相对含水量（也在田间进行了取样测定，见文中具体部分）、根系活力。

（b）细胞膜过氧化水平及抗氧化酶活性：测定了电导率、MDA、SOD、CAT、POD及蛋白质含量。

（c）渗透调节物质：测定了可溶性总糖、蔗糖、果糖、葡萄糖、氨基酸、脯氨酸、K^+、Ca^{2+}、Mg^{2+}等指标。

（2）温室干旱胁迫条件下植物光合特性的测定

2007 年 6 月 12 日，将无芒隐子草和高羊茅播种后按上述（1）进行培养。生长 60d后，将 10 盆进行正常供水处理的作为对照，另外 10 盆进行断水处理，由于高羊茅的失水速率高于无芒隐子草，为了保证土壤胁迫程度相同，通过每天称重补水的方式以保证在测定前它们有相同的土壤含水量。通过 7d 的断水处理，当两种草出现明显的胁迫症状时，测定无芒隐子草和高羊茅的土壤相对含水量（断水处理）分别为 11.6%和 11.1%，对照的土壤含水量分别为 28.6%和 28.0%；两种草处理间和对照间土壤含水量均无显著差异（$P>0.05$）。

测定指标：测定时间为 2007 年 8 月 25 日上午 10:00。在 10 盆植物中，逐盆随机选取生长正常的植物叶片，在普通空气条件下用 Li-6400 光合仪测定其叶片净光合速率、叶片温度、蒸腾速率、气孔导度、细胞间隙 CO_2 浓度等指标。采用遮光法测定叶片的呼吸速率。依据净光合速率与蒸腾速率计算水分利用效率，测定重复 10 次，测定温度为（28±2）℃，日照强度为（800±20）μmol 光量子/（$m^2 \cdot s$）。

（3）田间生长条件下水分利用效率的测定（叶片稳定碳同位素 $\delta^{13}C$ 值）

（a）甘肃张掖试验草地的植物材料

试验地位于甘肃省张掖市甘州区，兰州大学草地农业科技学院张掖试验站（38°24′N，

100°29′E）。海拔为 1450m，年日照时数为 3045.2h，年均气温为 7.6℃，最高、最低气温分别为 39.1℃和−28℃，年均降水量为 116mm，年均蒸发量为 2341mm，干燥度为 5.08，无霜期为 170d。沙壤土，pH 为 6.5～7.0，属于典型的干旱区。

无芒隐子草和'肯塔基'高羊茅草地于 2006 年建植，2007 年 5 月初返青，植株密度平均在 6 株/m²，返青后草地灌溉 1 次，之后无灌溉。2007 年 6～10 月逐月从无芒隐子草和高羊茅草地随机分单株采集样品。采集生长发育正常、得到较好光照的叶片，每株采集 15 片叶，每一样品由 4 或 5 株不同的植株个体的叶片混合而成。样品带回实验室后，用烘箱在 80℃下烘干 24h，然后粉碎，过 80 目筛，封存于铝箔中以备分析用。

（b）内蒙古阿拉善试验草地的植物材料

无芒隐子草采样地位于内蒙古自治区阿拉善左旗锡林郭勒草原的红砂（*Reaumuria songarica*）＋无芒隐子草天然草地（39°05′07″N，105°34′11″E，海拔为 1360m）。土壤类型为风沙土（王彦荣等，2002）。

高羊茅采样地位于内蒙古自治区阿拉善左旗巴彦浩特体育馆前绿化带，高羊茅品种为'凌志'，于 2005 年播种，在 2007 年 4 月底返青。

2007 年 6～10 月，在上述样地分别采集无芒隐子草和高羊茅样品，样品采集和制备方法同上述（3）。

（c）叶片 $\delta^{13}C$ 值测定

采用 MAT-252 质谱仪测定稳定碳同位素比率。样品重复测定 3 次，每次取处理好的样品 3～5mg 封装入真空的燃烧管，并加入催化剂和氧化剂，在 850℃下气化，燃烧产生的 CO_2 经过结晶纯化后，用质谱仪测定稳定碳同位素比率，以 PDB（Pee Dee Belemnite）为标准。采用以下公式计算。

$$\delta^{13}C(‰)= [(R_{sample}−R_{standard})/R_{standard}] ×10^3$$

8.2　干旱胁迫下土壤含水量、叶片含水量和根系活力

8.2.1　土壤含水量的变化

图 8-1 显示，在断水处理期间，两种草的土壤相对含水量都持续下降。土壤最初含水量为 55%，当断水处理 22d 时，无芒隐子草和高羊茅的土壤相对含水量分别下降至 20.4%和 15.4%；无芒隐子草下降了 63%，而高羊茅下降了 72%。无芒隐子草的土壤含水量在断水 7～16d 显著高于高羊茅（$P<0.05$）。这种在干旱胁迫时期无芒隐子草的土壤含水量高于高羊茅的原因，可能与无芒隐子草的蒸腾速率较小、水分利用效率较高等有关（见 8.6 节）。

8.2.2　叶片含水量的变化

盆栽试验结果表明，随土壤含水量的下降，无芒隐子草和高羊茅的叶片相对含水量也都持续下降，在 22d 的干旱胁迫期间，无芒隐子草叶片含水量由最初的 90.8%下降至

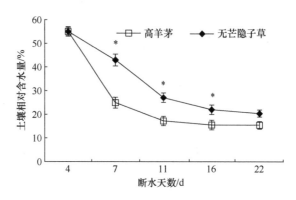

图 8-1　干旱胁迫 4～22d 无芒隐子草和高羊茅土壤相对含水量（引自曲涛，2008）
*表示两者的土壤相对含水量差异显著（$P<0.05$）

62.7%；高羊茅叶片含水量由最初的 87.9%下降至 33.8%。在这一过程中，随干旱胁迫加重，两者叶片相对含水量的下降幅度逐渐增大。其中，在断水 4～11d，两者的叶片相对含水量分别下降了 9.7%和 20.4%，而断水 16～22d，分别下降了 16.3%和 41.2%。整个胁迫期内，无芒隐子草的叶片相对含水量始终高于高羊茅，在 11～22d 两者差异显著（$P<0.05$）（图 8-2）。

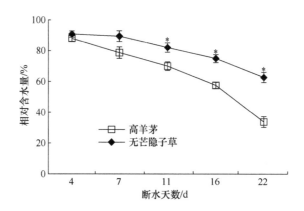

图 8-2　干旱胁迫 4～22d 无芒隐子草和高羊茅叶片相对含水量（引自曲涛，2008）
*表示两者的叶片相对含水量差异显著（$P<0.05$）

　　连续 2 年在田间分期测定了无芒隐子草和 2 个高羊茅对照品种'节水'和'猎狗 5 号'草坪浇水后的植物叶片相对含水量。结果显示，草坪浇水后 20d 干旱期间，无芒隐子草和高羊茅 2 个品种的叶片相对含水量都逐渐下降。其中，2 年平均无芒隐子草叶片含水量由最初的 80.5%下降到 59.5%；而对照高羊茅'节水'由最初的 82.5%下降到 40.5%，高羊茅'猎狗 5 号'由最初的 82%下降到 31%。浇水后 10～20d，无芒隐子草的叶片含水量显著高于高羊茅（$P<0.05$）（图 8-3）。

　　许多研究表明，植物叶片相对含水量反映了植物的保水力，是可靠的植物抗旱鉴定指标。上述叶片相对含水量的变化趋势显示，无芒隐子草的保水力显著大于高羊茅，而且高羊茅对土壤水分胁迫的敏感性较高。

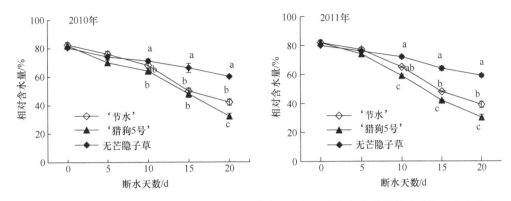

图 8-3　2010～2011 年田间断水 20d 期间无芒隐子草和 2 个高羊茅品种的叶片相对含水量
（引自李欣勇，2015）

测试品种同一测定时间标有不同字母者表示叶片相对含水量差异显著（$P<0.05$）

8.2.3　根系活力的变化

图 8-4 结果显示，盆栽试验断水期间，无芒隐子草和高羊茅的根系活力不断下降。试验末期和初期比较，高羊茅的下降值为 2.017mg/（g·h），是无芒隐子草[1.536 mg/（g·h）]的 1.31 倍；前者在断水后第 4 天显著高于后者（$P<0.05$）。这说明，干旱胁迫对两者的根系活力都产生了明显的抑制作用，但高羊茅对抗旱胁迫的反应更为敏感，抵御干旱胁迫的能力较弱。干旱初期高羊茅的根系活力较高，可能是由于 C_3 植物在水分条件较好的情况下生长特性会强于 C_4 植物。

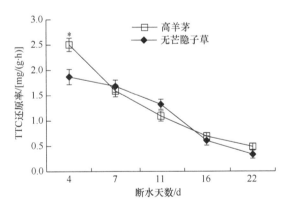

图 8-4　干旱胁迫 4～22d 无芒隐子草和高羊茅根系活力（引自曲涛，2008）
*表示两者的根系活力差异显著（$P<0.05$）

8.3　干旱胁迫下植物的细胞膜透性和 MDA 含量变化

8.3.1　细胞膜透性的变化

图 8-5a 显示，无芒隐子草叶片的电导率在断水 4～16d 基本无变化，变化发生在断水后的 16～22d，其叶片的电导率较最初增加了 3.8 倍。而高羊茅叶片的电导率在断水 4～

22d 不断迅速增加,至 22d 较最初增加了 7.6 倍。在断水 11～22d,无芒隐子草叶片的电导率显著低于高羊茅(P<0.05)。干旱期间,两种植物根系的电导率也持续增加,无芒隐子草增加的幅度略高于高羊茅,两者分别增加了 4.3 倍和 3.9 倍;但在 11～16d,无芒隐子草根系的电导率却显著低于高羊茅(P<0.05)(图 8-5b),这反映了高羊茅根系受到伤害的程度大于无芒隐子草。

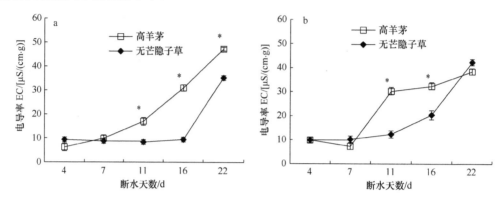

图 8-5 干旱胁迫下无芒隐子草和高羊茅叶片(a)与根系(b)的细胞膜透性(引自曲涛,2008)
*表示两者的电导率差异显著(P<0.05)

8.3.2 MDA 含量的变化

无芒隐子草叶片中的 MDA 含量在整个断水后的 22d 内持续上升,增加了 57.9%,高羊茅增加了 1.3 倍(图 8-6a)。在断水 16～22d,无芒隐子草叶片中 MDA 含量显著低于高羊茅(P<0.05)(图 8-6a)。两种植物根系中的 MDA 含量亦持续上升,其中无芒隐子草增加了 2.6 倍,高羊茅增加了 63.2%。无芒隐子草根系中 MDA 含量一直显著低于高羊茅(P<0.05)(图 8-6b)。

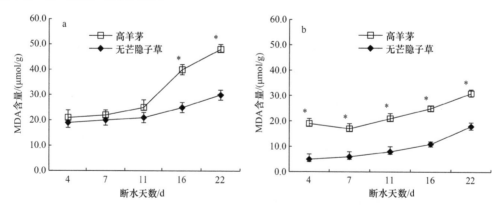

图 8-6 干旱胁迫下无芒隐子草和高羊茅叶片(a)与根系(b)中 MDA 含量(引自曲涛,2008)
*表示两者间 MDA 含量差异显著(P<0.05)

8.3.3 细胞膜透性与 MDA 含量的关系

对无芒隐子草与高羊茅的叶片、根系中的 MDA 含量和电导率进行相关分析发现,两者之间呈现显著正相关关系（r 值分别为 0.9728 和 0.902、0.9056 和 0.9768）（图 8-7a，图 8-7b），这与以往的许多研究报道相符合。

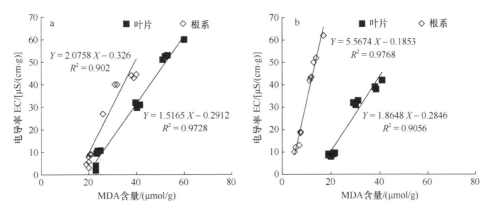

图 8-7　干旱胁迫下无芒隐子草（a）和高羊茅（b）叶片、根系中 MDA 含量与细胞膜透性的相关性（引自曲涛，2008）

上述结果说明，随着干旱加剧，两种植物都表现出细胞膜过氧化和细胞膜透性增强的特点，但无芒隐子草的电导率和 MDA 含量总体都低于高羊茅，反映了无芒隐子草的膜脂过氧化水平和膜系统伤害程度较低，具有更强的抗旱性。

8.4　干旱胁迫下可溶性蛋白和 SOD、POD、CAT 活性变化

8.4.1　可溶性蛋白含量的变化

可溶性蛋白含量测定的结果显示，在干旱胁迫期间，高羊茅的叶片（图 8-8a）和两种植物的根系（图 8-8b）都呈现了先上升（4～7d）后下降（7d 以后）的变化趋势。这种可溶性蛋白含量的暂时增加，可能是植物体内在感受胁迫时降低基础代谢水平的一种适应性反应（寇祥明等，2007），这类蛋白也称为逆境蛋白。而干旱胁迫加重时，缺水破坏了 mRNA 的转录过程，使得蛋白质合成受阻，所以含量下降（张福锁，1993）。

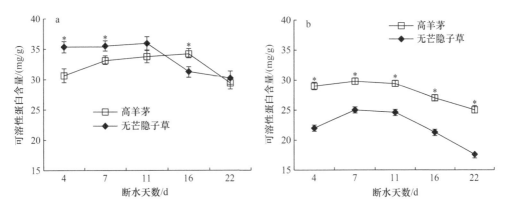

图 8-8　干旱胁迫下无芒隐子草和高羊茅叶片（a）与根系（b）中可溶性蛋白含量（引自曲涛，2008）
*表示两者的可溶性蛋白含量差异显著（$P<0.05$）

在整个断水的 22d 期间，两种植物叶片中可溶性蛋白含量的高低以及变化模式与根系的不同。无芒隐子草叶片中的可溶性蛋白含量在断水的 4～11d 都明显高于高羊茅，随后迅速下降（图 8-8a），但其根系中的可溶性蛋白含量始终显著低于高羊茅。试验末期，两者叶片中的可溶性蛋白分别下降（从最高值到末期值）了 5.7mg/g 和 4.8mg/g；根系中分别下降了 7.4mg/g 和 4.8mg/g（图 8-8b）。

上述结果表明，无芒隐子草较高羊茅的可溶性蛋白含量对胁迫响应更为敏感。无芒隐子草叶片可溶性蛋白含量高于高羊茅而根系的低于高羊茅的现象，显示了两种植物的地上与地下部分的营养分配格局不同，无芒隐子草地上部分的蛋白质含量较地下部分高很多。

8.4.2　SOD、POD、CAT 活性的变化

SOD、CAT、POD 是植物体内清除活性氧的 3 种重要抗氧化酶，也称保护酶。这些酶的活性变化一方面可以反映出植物对干旱胁迫的适应性，另一方面反映细胞内活性氧与其清除系统之间的平衡状态。本试验结果显示，在干旱胁迫期间，两种植物的叶片和根系的 SOD、POD、CAT 活性都呈现先升高后降低的变化趋势（图 8-9～图 8-11），这与以往的一些研究结果相符（郑海霞和王超，2015；王宝山和赵思齐，1987；Dhindsa and Matowe，1981）。这类保护酶活性在一定胁迫范围增加，说明植物体内清除自由基、抵御对细胞伤害的能力在不断增强；而当环境胁迫继续加剧时酶活性下降，可能是由于抗氧化保护系统抵抗修复能力是有一定阈值的（林久生和王根轩，2000），当胁迫超过一定程度后，保护系统也将降低甚至逐渐失去保护作用。

比较两种植物间的不同抗氧化酶活性及其变化，无芒隐子草叶片中的 SOD 和 CAT 活性，在测定所有时期（除 16h 外）都显著（$P<0.05$）低于高羊茅。而根系在干旱胁迫前期（SOD 在 4～11d，CAT 在 4～7d）两者的酶活性差异不大，但后期却差异显著（$P<0.05$）高于高羊茅。而无芒隐子草叶片和根系的 POD 活性，在测定的各个时期（除叶片 4d 外）都显著（$P<0.05$）高于高羊茅（图 8-10）。

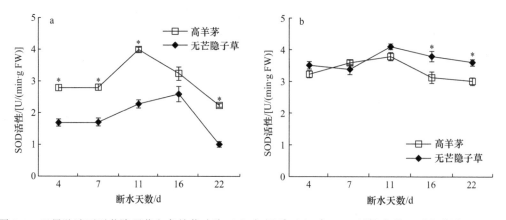

图 8-9　干旱胁迫下无芒隐子草和高羊茅叶片（a）与根系（b）中 SOD 活性变化（引自曲涛，2008）
*表示两者的 SOD 活性差异显著（$P<0.05$）

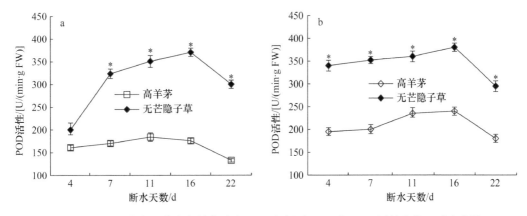

图 8-10　干旱胁迫下无芒隐子草和高羊茅叶片（a）与根系（b）中 POD 活性变化（引自曲涛，2008）
*表示两者的 POD 活性差异显著（$P<0.05$）

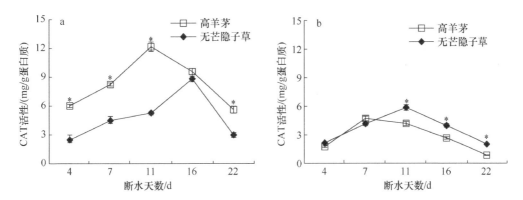

图 8-11　干旱胁迫下无芒隐子草和高羊茅叶片（a）与根系（b）中 CAT 活性变化（引自曲涛，2008）
*表示两者的 CAT 活性差异显著（$P<0.05$）

　　上述所有根系的 SOD、CAT 和 POD 活性，以及叶片的 POD 活性测定结果，都显示了无芒隐子草抵御膜脂过氧化的能力较强，其抗旱能力较高羊茅强。但是，叶片 SOD 和 CAT 的活性所显示的结果却不同，表现为高羊茅的抗旱性更好。赵哈林等（2004）和周瑞莲等（1999）对沙米及查不嘎蒿的研究也发现了类似结果，这可能是两种植物抵御抗氧化胁迫的途径不同，或采取了通过积累脯氨酸进行渗透调节的机制。蒋明义和郭绍川（1996）认为，单一的抗氧化酶或抗氧化物均不足以防御环境的氧化胁迫，不同植物的抗氧化模式不一定相同，有些是以酶性抗氧化为主，有些则以非酶性为主，有些则可能是两者都起作用，不能一概而论。本研究中无芒隐子草叶片的 SOD 和 CAT 在测定期间的活性变化与其他指标评价结果不一致，可能是无芒隐子草有更多积累渗透调节物质的途径，如无芒隐子草叶片积累的可溶性糖、脯氨酸和无机离子等都显著高于高羊茅（见 8.5 节）；另外，也可能与根部在抗氧化方面起主导作用有关，如无芒隐子草根系 3 种酶的活性都高于高羊茅（图 8-9b，图 8-10b，图 8-11b）。Carrow（1996）认为，当干旱来临时，不同的抗旱机制可能在植物的不同部位起作用。

8.5 干旱胁迫下无芒隐子草渗透调节物质含量的变化

8.5.1 可溶性总糖、蔗糖、果糖和葡萄糖含量的变化

水分胁迫下，可溶性糖类是植物细胞主动积累的一类有机物质，其在维持细胞膨压物质中占有重要的比重（Zivcak et al.，2016）；有报道高粱（*Sorghum bicolor*）可溶性糖对渗透势的贡献率达 40%～50%（Jones and Turner，1978）。

图 8-12～图 8-15 结果显示，随干旱胁迫加重，两种植物叶片和根系的可溶性总糖、蔗糖、果糖和葡萄糖含量变化，除极个别指标（叶片葡萄糖含量）外，都呈上升趋势，反映了两种植物都具有通过积累可溶性糖以适应干旱胁迫的响应机制。

比较两种草各类可溶性糖的含量，无芒隐子草测定期内总体上高于高羊茅，绝大多数测定值都差异显著。以胁迫期间 5 次测定平均含量计算，无芒隐子草叶片和根系中

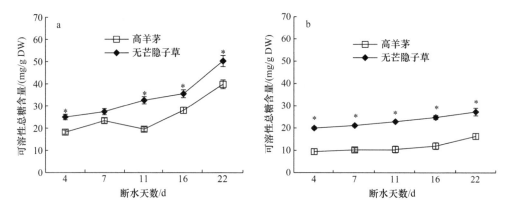

图 8-12 干旱胁迫下无芒隐子草和高羊茅叶片（a）与根系（b）中可溶性总糖含量变化
（引自曲涛，2008）
*表示两者的可溶性总糖含量差异显著（P<0.05）

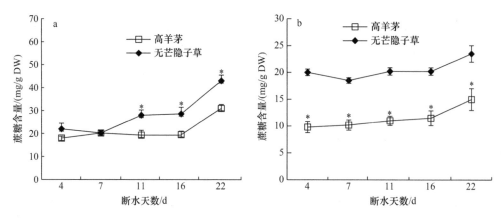

图 8-13 干旱胁迫下无芒隐子草和高羊茅叶片（a）与根系（b）中蔗糖含量变化（引自曲涛，2008）
*表示两者的蔗糖含量差异显著（P<0.05）

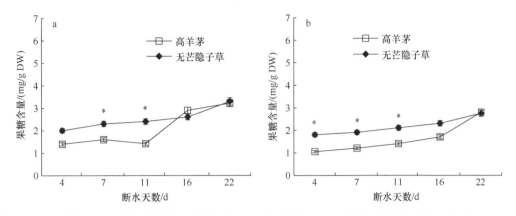

图 8-14 干旱胁迫下无芒隐子草和高羊茅叶片（a）与根系（b）中果糖含量变化（引自曲涛，2008）
*表示两者的果糖含量差异显著（P<0.05）

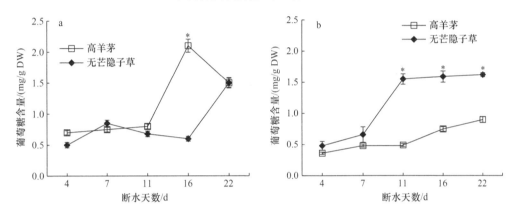

图 8-15 干旱胁迫下无芒隐子草和高羊茅叶片（a）与根系（b）中葡萄糖含量变化（引自曲涛，2008）
*表示两者的葡萄糖含量差异显著（P<0.05）

的可溶性总糖含量分别比高羊茅高 32.5%和 98.5%，蔗糖含量分别高 31.3%和 78.1%，果糖含量分别高 19.5%和 33.1%，而葡萄糖含量叶片中低了 29.4%，根系中高 98.0%（图 8-12～图 8-15）。此结果反映了无芒隐子草叶片和根系含有的参与细胞渗透调节的可溶性糖含量高，在降低细胞渗透势和抗旱能力方面强于高羊茅。

从表 8-1 看出，在干旱胁迫过程中，蔗糖是无芒隐子草和高羊茅叶片与根系中可溶性总糖的主导糖类，所占的比例为 77.6%～91.5%；果糖占可溶性总糖的比例为 6.9%～18.7%，仅次于蔗糖；而葡萄糖所占比例最小（0.9%～5.9%）。反映了蔗糖在参与供试植物的渗透调节中起到了极为重要的作用，以往对小麦叶片的研究中也有类似报道（Munns and Weir，1981）。与干旱胁迫初期（4d）比较，干旱胁迫末期（22d）的果糖和葡萄糖在总糖中的占比呈明显增加趋势，而蔗糖呈相应下降的趋势。

8.5.2 氨基酸总量、脯氨酸含量的变化

图 8-16 和图 8-17 显示，干旱胁迫期间，无芒隐子草叶片和根系中的氨基酸总量及脯氨酸含量，除 22d 的叶片氨基酸总量测定外（差异不显著），其他各测定都显著高于

表 8-1 干旱胁迫第 4 天与第 22 天两种植物叶片、根系中蔗糖、果糖、葡萄糖占可溶性总糖含量比例 （%）

草种	部位	蔗糖		果糖		葡萄糖	
		4d	22d	4d	22d	4d	22d
无芒隐子草	叶片	91.4a	88.6a	6.9a	7.4a	0.9b	3.1a
高羊茅	叶片	87.2a	86.2a	7.7b	9.7a	3.7a	4.0a
无芒隐子草	根系	91.5a	85.1a	7.7a	9.2a	0.9b	5.9a
高羊茅	根系	87.0a	77.6a	9.9b	18.7a	2.2b	4.5a

注：同种植物 4d 与 22d 平均数标以不同字母的表示差异显著（*P*<0.05）

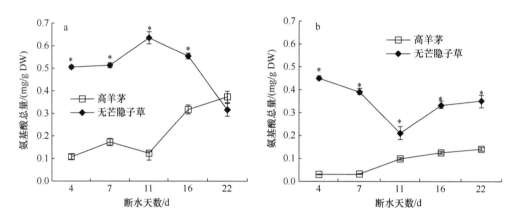

图 8-16 干旱胁迫下无芒隐子草和高羊茅叶片（a）与根系（b）中氨基酸总量变化（引自曲涛，2008）
*表示两者的氨基酸总量差异显著（*P*<0.05）

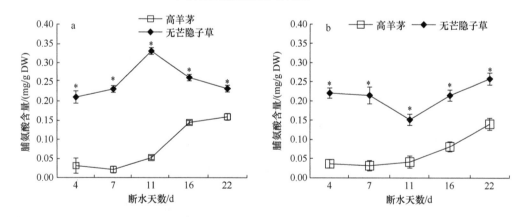

图 8-17 干旱胁迫下无芒隐子草和高羊茅叶片（a）与根系（b）中脯氨酸含量变化（引自曲涛，2008）
*表示两者的脯氨酸含量差异显著（*P*<0.05）

高羊茅（*P*<0.05）。测定期间无芒隐子草和高羊茅叶片中的平均氨基酸总量（5 次平均）分别为 0.5mg/g 和 0.22mg/g，根系中的分别为 0.35mg/g 和 0.09mg/g，无芒隐子草叶片和根系中的氨基酸总量分别是高羊茅的 2.3 倍和 3.9 倍。而两者脯氨酸含量，叶片中分别为 0.25mg/g 和 0.08mg/g，根系中分别为 0.21mg/g 和 0.07mg/g，无芒隐子草叶片和根系中的脯氨酸分别是高羊茅的 3.1 倍和 3 倍。

随干旱加剧，无芒隐子草叶片的氨基酸总量和脯氨酸含量都呈先升后降的变化，在断水后的第 11 天达到最大值（图 8-16a，图 8-17a），分别上升 0.13mg/g 和 0.12mg/g；而高羊茅叶片中的氨基酸总量、脯氨酸含量在断水后的第 11 天以前，变化不大，在 11d 及以后一直呈不断上升趋势，断水期间分别上升了 0.27mg/g 和 0.13mg/g。无芒隐子草根系中的氨基酸总量和脯氨酸含量与叶片的相反，呈先降后升的变化；第 11 天下降至最低值；而高羊茅根系的氨基酸总量和脯氨酸总量在整个断水期间都呈不断上升趋势。

综合上述结果，无芒隐子草叶片和根系积累的氨基酸总量总体高于高羊茅，而且脯氨酸在整个测定期间无论是在叶片还是根系都显著高于高羊茅（除叶片 22d 外），充分说明无芒隐子草抵御干旱的能力强于高羊茅。脯氨酸因其具有特殊的生理生化特性而成为理想的有机渗透调节物质（汤章城，1999），在许多研究中显示可作为抗旱评价的指标（Singh et al.，1972；张明生等，2004；赵哈林等，2004），本研究结果支持上述观点。至于研究中植物根、叶中氨基酸总量和脯氨酸的变化出现了相悖现象，其原因有待研究。

8.5.3　K^+、Ca^{2+}、Mg^{2+}含量的变化

图 8-18 结果显示，无芒隐子草和高羊茅的叶片、根系中的 K^+ 含量在整个断水期间都呈现持续上升的趋势。比较两种植物的上升幅度，其叶片 K^+ 含量变化幅度相近（分别为 0.9mmol/g DW 和 0.8mmol/g DW），而根系中的 K^+ 变化幅度是无芒隐子草（0.29mmol/g DW）低于高羊茅（0.52mmol/g DW）。但是，无芒隐子草叶片和根系的 K^+ 含量在测定期间都一直高于高羊茅，且绝大多数测定都差异显著（$P<0.05$）；无芒隐子草叶片在测定期间的平均 K^+ 含量较高羊茅增加了 29.2%，根系平均较高羊茅增加了 48.1%。

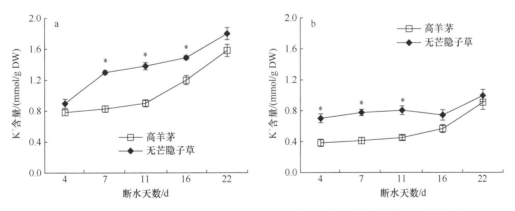

图 8-18　干旱胁迫下无芒隐子草和高羊茅叶片（a）与根系（b）中 K^+ 含量变化（引自曲涛，2008）
*表示两者间 K^+ 含量差异显著（$P<0.05$）

图 8-19 显示，测定期间高羊茅叶片中 Ca^{2+} 含量（0.26mmol/g DW）是无芒隐子草（0.09mmol/g DW）的 2.9 倍；根系中 Ca^{2+} 含量（0.12mmol/g DW）是无芒隐子草（0.08mmol/g DW）的 1.5 倍。测定期间，两种植物叶片和根系中的 Ca^{2+} 含量也都呈上升趋势，但高羊茅叶片中的上升幅度远大于无芒隐子草，前者（0.16mmol/g DW）是后者（0.04mmol/g DW）的 4 倍；而根系中 Ca^{2+} 上升幅度两者之间差异不大。另外，测定期间的 Ca^{2+} 含量，也是高羊茅始终高于无芒隐子草，大多数时间差异显著（$P<0.05$）。

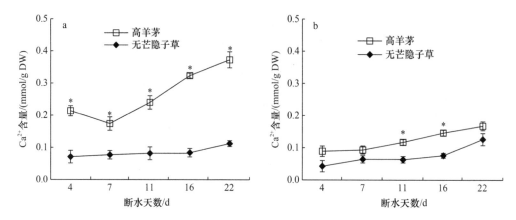

图 8-19 干旱胁迫下无芒隐子草和高羊茅叶片（a）与根系（b）中 Ca^{2+} 含量变化（引自曲涛，2008）

*表示两者间 Ca^{2+} 含量差异显著（$P<0.05$）

图 8-20 显示，测定期间两种植物叶片、根系中的 Mg^{2+} 含量都呈上升趋势。除第 7 天外，各测定期无芒隐子草的 Mg^{2+} 含量上升幅度均显著大于高羊茅（$P<0.05$）。无芒隐子草与高羊茅比较，从上升幅度比较，叶片中的 Mg^{2+} 含量增加了 33.9%，根系中增加了 101.4%；从平均含量比较，无芒隐子草叶片中的 Mg^{2+} 含量较高羊茅高 31.2%，根系中高 85.8%。

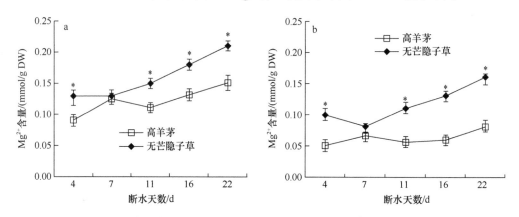

图 8-20 干旱胁迫下无芒隐子草和高羊茅叶片（a）与根系（b）中 Mg^{2+} 含量变化（引自曲涛，2008）

*表示两者间 Mg^{2+} 含量差异显著（$P<0.05$）

从表 8-2 可以看出，除无芒隐子草叶片 Ca^{2+} 的变化量外，整个断水期间无芒隐子草与高羊茅叶片中的 K^+、Ca^{2+}、Mg^{2+} 含量平均值和增加量都高于根系。另外，两种植物 K^+ 的含量都占主导地位，无芒隐子草和高羊茅的 K^+ 含量分别占 3 种离子总含量的 83.1% 和 74.1%。且无芒隐子草 3 种离子的总量无论在叶片还是在根系都高于高羊茅，两者叶片中 3 种离子的总量分别为 1.62mmol/g DW 和 1.44mmol/g DW，根系中分别为 0.99mmol/g DW 和 0.72mmol/g DW。

干旱胁迫期间，两种植物的 3 种无机离子含量在叶片和根系都呈上升趋势，表明这些离子在提高植物细胞渗透势中发挥了积极的作用。在 3 种无机离子中，K^+ 和 Mg^{2+} 对无芒隐子草的渗透调节作用大于高羊茅，而 Ca^{2+} 对高羊茅的作用大于无芒隐子草。这反映了在防御干旱时，两种植物动用了不同的渗透调节物质，应该与不同植物对离子的

表 8-2　断水期间两种草叶片、根系中 K$^+$、Ca^{2+}、Mg^{2+}的平均含量比较

（单位：mmol/g DW）

植物	部位	K$^+$		Ca^{2+}		Mg^{2+}	
		平均量	变化量	平均量	变化量	平均量	变化量
无芒隐子草	叶片	1.37	0.77	0.09	0.07	0.16	0.07
	根系	0.80	0.37	0.07	0.12	0.12	0.05
	小计	2.17		0.16		0.28	
高羊茅	叶片	1.06	0.77	0.26	0.17	0.12	0.05
	根系	0.54	0.29	0.12	0.10	0.06	0.04
	小计	1.60		0.38		0.18	

吸收和利用机制不同有关。另外，干旱胁迫期间无芒隐子草无论是叶片还是根部的 K$^+$含量和 K$^+$的增量以及 3 种离子的总量都明显高于高羊茅，说明无芒隐子草的抗旱性要高于高羊茅。

一般认为，K$^+$是一种适宜于胁迫初期的渗透调节剂，随胁迫程度增加，小分子物质如脯氨酸开始积累，胁迫再进一步增加可溶性糖积累（于同泉等，1996）。本研究中，无芒隐子草叶片中各种渗透调节物质的积累也似乎说明了这一点。无芒隐子草叶片 K$^+$的含量在第 7 天就开始出现显著积累（图 8-18），脯氨酸大幅度积累发生在第 11 天（图 8-17），而可溶性总糖的显著积累发生在第 22 天后（图 8-12）。高羊茅叶片中虽然 K$^+$和脯氨酸显著积累的时间差别不大，都发生在第 16 天，但也都早于糖的迅速积累（第 22天）（图 8-18，图 8-17，图 8-12）。这些渗透调节物质积累的先后变化，表明不同渗透调节物质的积累在植物内有一定的顺序性，但不同植物的响应时间长短存在差异。

8.6　干旱胁迫下无芒隐子草光合特性的变化

8.6.1　叶片相对含水量的变化

如 8.1.3.2 所述，本章所有光合特性测定的两种植物材料是在适宜条件生长 60d 后，相继进行 7d 断水和不断水处理（对照）的幼苗。测定前，两种植物各处理的土壤含水量无差异；非水分胁迫（对照）和水分胁迫处理的土壤相对含水量分别为 28%和 11%。测定在较为干热的 8 月进行，在温室内自然流动空气条件下，测定温度为（28±2）℃，日照强度为（800±20）μmol 光量子/（m^2·s）。

在非干旱胁迫下，无芒隐子草与高羊茅的叶片相对含水量无显著差异（$P>0.05$），分别为 97%和 97.2%。在干旱胁迫下，两者叶片相对含水量分别为 59%和 74%，无芒隐子草显著低于高羊茅（图 8-21）。这一研究结果与本章 8.2.2 的研究结果相反（本章 8.2.2中显示，无论在温室还是在田间干旱条件，无芒隐子草的叶片相对含水量都显著高于高羊茅），主要是由于本节在进行光合特性研究的干旱处理期间，为保证两种草的土壤具有相同的含水量，每天称重加水，高羊茅蒸腾速率较大（见 8.6.3 小节），加水必然有较多的影响（见 8.3 节）。这意味着试验处理的 7d 期间，无芒隐子草所受到的干旱胁迫实际大于高羊茅，所以导致了叶片含水量低于高羊茅。

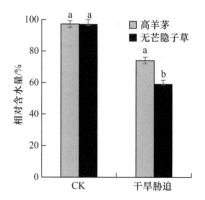

图 8-21　非干旱（CK）和干旱胁迫下无芒隐子草与高羊茅叶片相对含水量比较（引自曲涛，2008）
处理内两种植物标有不同字母者表示差异显著（$P<0.05$）

8.6.2　光合速率和呼吸速率的变化

在非干旱条件下（CK），无芒隐子草的净光合速率为 19.0μmol/（m²·s），高于高羊茅 45.5%。干旱胁迫下，两种植物净光合速率分别下降了 75.7%和 81.3%；但无芒隐子草的净光合速率仍高于高羊茅 89.8%，二者分别为 4.63μmol/（m²·s）和 2.44μmol/（m²·s）（图 8-22）。

无芒隐子草的呼吸速率无论是非干旱胁迫下（CK）还是干旱胁迫下都显著高于高羊茅（$P<0.05$）。在对照条件下，两者的呼吸速率分别为 4.70μmol/（m²·s）和 2.70μmol/（m²·s）；在干旱胁迫条件下分别为 4.16μmol/（m²·s）和 2.42μmol/（m²·s）。两种条件下，无芒隐子草的呼吸速率分别比高羊茅高 74.1%和 71.9%；但两种植物的 CK 与干旱胁迫之间无显著差异（$P>0.05$）（图 8-23）。

两种草的总光合速率的变化趋势，与净光合速率相类似。无论是在对照还是在干旱胁迫条件下，无芒隐子草的总光合速率都显著高于高羊茅（$P<0.05$）。在两种条件下，和高羊茅相比，无芒隐子草的总光合速率分别高出 50.3%和 80.7%（图 8-24）。

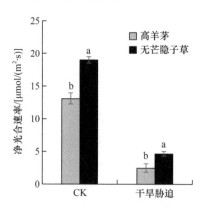

图 8-22　非干旱（CK）和干旱胁迫下无芒隐子草与高羊茅的净光合速率比较（引自曲涛，2008）
处理内两种植物标有不同字母者表示差异显著（$P<0.05$）

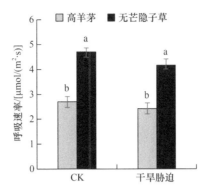

图 8-23　非干旱（CK）和干旱胁迫下无芒隐子草与高羊茅的呼吸速率比较（引自曲涛，2008）
处理内两种植物标有不同字母者表示差异显著（$P<0.05$）

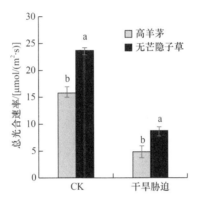

图 8-24　非干旱（CK）和干旱胁迫下无芒隐子草与高羊茅的总光合速率比较（引自曲涛，2008）
处理内两种植物标有不同字母者表示差异显著（$P<0.05$）

8.6.3　蒸腾速率、气孔导度、细胞间隙 CO_2 浓度的变化

在非干旱条件（CK）下，无芒隐子草的蒸腾速率较高羊茅低 25%，差异显著（$P<0.05$）。干旱胁迫对两种草的蒸腾速率影响较大，无芒隐子草的蒸腾速率下降了 50.6%，而高羊茅下降了 60.5%，干旱胁迫下两种植物之间蒸腾速率无显著差异（图 8-25）。

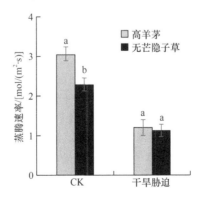

图 8-25　非干旱（CK）和干旱胁迫下无芒隐子草与高羊茅的蒸腾速率比较（引自曲涛，2008）
处理内两种植物标有不同字母者表示差异显著（$P<0.05$）

气孔导度的变化与蒸腾速率的变化较为一致，无芒隐子草的气孔导度在非干旱条件下较高羊茅低了 27.4%，干旱胁迫时两者的气孔导度差异不显著（图 8-26）。

在非干旱条件（CK）下，无芒隐子草的细胞间隙 CO_2 浓度显著低于高羊茅（$P<0.05$），高羊茅是无芒隐子草的 5.4 倍。干旱胁迫不同程度地提高两种草的细胞间隙 CO_2 浓度，其中无芒隐子草的细胞间隙 CO_2 浓度上升了 6.9 倍，而高羊茅的细胞间隙 CO_2 浓度仅上升了 29.9%（图 8-27）。

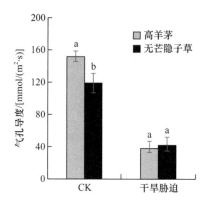

图 8-26 非干旱（CK）和干旱胁迫下无芒隐子草与高羊茅的气孔导度比较（引自曲涛，2008）

处理内两种植物标有不同字母者表示差异显著（$P<0.05$）

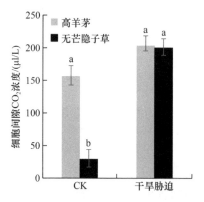

图 8-27 非干旱（CK）和干旱胁迫下无芒隐子草与高羊茅的细胞间隙 CO_2 浓度比较（引自曲涛，2008）

处理内两种植物标有不同字母者表示差异显著（$P<0.05$）

8.6.4 水分利用效率的变化

如图 8-28 显示，无论在非干旱条件下还是干旱胁迫条件下，无芒隐子草的水分利用效率都显著高于高羊茅（$P<0.05$）。在非干旱条件（CK）下，无芒隐子草的水分利用效率为 26%，高于高羊茅 57.6%；在干旱胁迫下，无芒隐子草的水分利用效率为 14.3%，高于高羊茅 76.5%。干旱胁迫对两种草水分利用效率有不同的影响，干旱胁迫下无芒隐子草的水分利用效率下降了 45%，而高羊茅下降了 50.9%。

综合上述试验结果，证明 C_4 型无芒隐子草比 C_3 型高羊茅具有更高的光合效率。无论在对照还是在干旱胁迫条件下，无芒隐子草的光合效率都显著高于高羊茅。其中一个

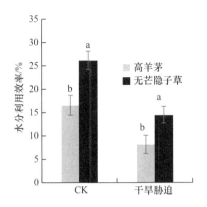

图 8-28　非干旱（CK）和干旱胁迫下无芒隐子草与高羊茅的水分利用效率比较（引自曲涛，2008）

处理内两种植物标有不同字母者差异显著（$P<0.05$）

重要原因可解释为，C_4 植物能够通过"CO_2 泵"的作用充分利用 CO_2 来进行光合作用，以保持较高的同化力（Hatch，1999）。另外，C_4 比 C_3 植物具有更高的水分利用效率。本研究发现，无论是非干旱胁迫还是干旱胁迫条件下，虽然无芒隐子草的叶片相对含水量低于高羊茅，干旱胁迫下其蒸腾速率也相对低于高羊茅，但是对水分的利用效率却远高于高羊茅，说明 C_4 植物无芒隐子草比 C_3 植物高羊茅更适应于干旱环境，表现出更强的抗旱特征，这在本研究的大田试验中（8.7 节）也得到了证实。

受到干旱胁迫后，在蒸腾速率与气孔导度下降的情况下，无芒隐子草和高羊茅细胞间隙 CO_2 浓度出现了明显上升的变化。其中原因可能是，干旱胁迫下光合速率的下降使得细胞间隙 CO_2 浓度得不到充分利用而积累；而干旱胁迫对呼吸速率的影响不大；气孔导度的增加限制了细胞 CO_2 与空气中 O_2 的交换，使得 CO_2 不能及时排出，产生内外 CO_2 浓度差。这些结果说明了在本研究所设计的较为严重的干旱胁迫下，无芒隐子草光合速率的下降并不是由于气孔关闭下 CO_2 供应量不足，而是光合同化能力的下降。很多学者认为，引起植物光合速率下降有气孔与非气孔因素。在轻度胁迫下，引起光合速率下降的主要原因是气孔因素；而在严重胁迫下，引起光合速率下降的主要原因是非气孔因素（Usuda and Shimogawara，1991；Jones et al.，1981；关义新等，1995）。本研究的结果似乎属于后者，即在水分胁迫比较严重、无芒隐子草叶片相对含水量低于对照 20% 的情况下，光合速率下降的原因已经由气孔限制转向非气孔限制。

8.6.5　光补偿点与表观量子效率的变化

有研究表明，在干旱胁迫下，叶绿体在光下的碳同化过程中利用 CO_2 的能力受到限制，能耗降低，光合电子传递到 O_2 的比例相对增加，可形成更多的活性氧（陈少裕，1991），直接或者间接启动膜脂过氧化作用，导致膜损伤，破坏了植物的光保护结构，对光的利用效率也相对减弱，使得光补偿点上升，饱和点下降，可被利用的光强范围减少，光能转化效率降低，表观量子效率下降（Ruimy et al.，1999）。

表 8-3 结果显示，在非干旱的对照条件下，无芒隐子草的光补偿点为 52μmol/（$m^2 \cdot s$），高羊茅为 46μmol/（$m^2 \cdot s$），两者之间相差较小。干旱胁迫下，两种草的光补偿点均明显

上升，分别上升至 100μmol/（m²·s）和 289μmol/（m²·s），前者上升了 92.3%，而后者上升了 5.3 倍。

在非干旱条件下，无芒隐子草的表观量子效率为 0.0487mol CO_2/mol 光量子，而高羊茅为 0.0218mol CO_2/mol 光量子，无芒隐子草是高羊茅的 2.23 倍。在干旱胁迫下，两种草的表观量子效率不同幅度地下降，无芒隐子草的表观量子效率为高羊茅的 4.26 倍（表 8-3）。

上述结果表明，干旱胁迫下高羊茅光补偿点远高于无芒隐子草，而表观量子效率远低于无芒隐子草。该结果似可进一步证明，干旱胁迫对无芒隐子草的伤害小于高羊茅。

表 8-3   干旱胁迫下无芒隐子草和高羊茅光补偿点与表观量子效率的变化（引自曲涛，2008）

处理	草种	光补偿点（LCP）/ [μmol/（m²·s）]	表观量子效率（AQY）/ （mol CO_2/mol 光量子）
对照	无芒隐子草	52	0.0487
	高羊茅	46	0.0218
胁迫	无芒隐子草	100	0.0098
	高羊茅	289	0.0023

8.7   田间条件下无芒隐子草水分利用效率（叶片 $\delta^{13}C$ 值）

植物叶片的碳同位素组成 $\delta^{13}C$ 值是植物叶片组织构建过程中光合活动的整合，可以反映一定时间内植物水分散失和碳收获之间的相对关系，常被用来间接指示植物的长期水分利用效率（Farquhar et al.，1982），而且得到了越来越广泛的应用（任书杰和于贵瑞，2011）。$\delta^{13}C$ 测定的突出优点是可以通过分析长期积累于叶片中的碳代谢产物来评估植株生长过程中总的水分利用效率特征，并且测定不受时间和季节的限制（陈拓等，2002）。植物的 $\delta^{13}C$ 值受遗传控制，不同光合作用途径的植物尤其是 C_3 和 C_4 植物具有明显不同的 $\delta^{13}C$ 值分布范围，而相同光合途径植物的 $\delta^{13}C$ 值也存在一定程度的差别（刘贤赵等，2011）。一般认为，植物叶片的 $\delta^{13}C$ 值与水分利用效率呈正相关，$\delta^{13}C$ 值越大，植物水分利用效率越高（刘艳杰等，2016；任书杰和于贵瑞，2011；Prentice et al.，2011），但对 C_4 植物的研究有不同的报道（刘艳杰等，2016；王国安等，2005）。

表 8-4 显示，张掖地区种植的无芒隐子草和高羊茅，其叶片 $\delta^{13}C$ 最高值均出现在 6 月；测定期间，无芒隐子草的 $\delta^{13}C$ 平均为 –17.51‰，变化范围为 –17.83‰～–17.05‰；高羊茅平均为 –28.05‰，变化范围为 –29.11‰～–27.16‰。无芒隐子草 $\delta^{13}C$ 在各个采样月份均极显著高于高羊茅，平均较高羊茅偏正了 10.54‰。

表 8-4   种植于甘肃省张掖市的无芒隐子草和高羊茅 6～10 月叶片的 $\delta^{13}C$ 值（引自曲涛，2008）   （‰）

草种	6 月	7 月	8 月	9 月	10 月	$LSD_{0.05}$
无芒隐子草	–17.05	–17.83	–17.81	–17.41	–17.46	0.417
高羊茅	–27.16	–27.38	–27.79	–28.80	–29.11	0.522
$LSD_{0.05}$	0.531	0.648	1.032	0.963	1.042	

如表 8-5 所示，在内蒙古自治区阿拉善盟，无芒隐子草最高值出现在 8 月，而高羊茅出现在 6 月；无芒隐子草的 $\delta^{13}C$ 平均为 –16.93‰，变化范围为 –17.82‰ ～ –16.33‰；高羊茅平均为 –27.60‰，变化范围为 –27.96‰ ～ –26.78‰。无芒隐子草的 $\delta^{13}C$ 值在各个采样月份均极显著高于高羊茅，平均较高羊茅偏正了 10.67‰。

表 8-5　生长于内蒙古阿拉善草原区的无芒隐子草和高羊茅 6～10 月叶片 $\delta^{13}C$ 的值
（引自曲涛，2008）　　　　　　　　　　　　　　　　（‰）

草种	6 月	7 月	8 月	9 月	10 月	LSD$_{0.05}$
无芒隐子草	–16.45	–17.42	–16.33	–16.61	–17.82	0.811
高羊茅	–26.78	–27.66	–27.83	–27.75	–27.96	0.715
LSD$_{0.05}$	1.021	0.992	0.376	0.632	1.374	

无芒隐子草的 $\delta^{13}C$ 值在甘肃省张掖市以及内蒙古自治区阿拉善盟的各个月份都大幅度高于高羊茅，说明无芒隐子草的水分利用效率远高于高羊茅，这与前面在温室内的相关研究结果一致（图 8-28）。

国外有报道，C_4 植物 $\delta^{13}C$ 值平均为 –13.0‰（Deines，1980），我国北方黄土高原区 C_4 植物（王国安等，2005）和内蒙古草原 C_4 植物（刘艳杰等，2016）的 $\delta^{13}C$ 平均值分别为 –12‰（变化范围为 –14.6‰ ～ –10.5‰）和 –13.15‰（变化范围为 –14.06‰ ～ –11.64‰）。与上述报道相比，无芒隐子草在两地的 $\delta^{13}C$ 值总平均为 –17.22‰（变化范围为 –17.82‰ ～ –16.33‰），明显较低。这可能说明，无芒隐子草生长的环境更为干旱，因为以往对我国北方 C_4 植物的研究证明，其 $\delta^{13}C$ 值随降水量的减少而有降低的趋势（刘艳杰等，2016；王国安等，2005）。本研究高羊茅的 $\delta^{13}C$ 值在两地的平均值为 –27.82‰，符合已报道的中国区域 187 个采样点 478 种 C_3 植物叶片 $\delta^{13}C$ 值（–33.50‰ ～ –22.00‰）的范围（任书杰和于贵瑞，2011）。

8.8　本 章 小 结

本章在温室、田间等环境条件下，设置了不同干旱胁迫梯度，从土壤和植物水分状况、细胞膜脂过氧化程度、抗氧化酶活性、渗透调节物质变化、光合特性及水分利用效率等方面，研究比较了无芒隐子草和高羊茅对干旱胁迫响应的系列生理指标，分析探讨了两者之间存在的差异及其机制和生态意义。

随干旱胁迫加剧，无芒隐子草苗期的土壤相对含水量、幼苗叶片相对含水量和根系活力都比高羊茅的下降缓慢。随干旱胁迫加剧，两种草的幼苗都表现出细胞膜脂过氧化和膜透性增强的变化趋势，但无芒隐子草的电导率和 MDA 含量总体上都低于高羊茅，反映了无芒隐子草的膜脂过氧化水平和膜系统伤害程度较低。

干旱胁迫期间，两种草叶片和根系的 SOD、CAT 和 POD 活性，以及可溶性蛋白含量都出现了不同程度的先增加后降低的变化趋势。其中，无芒隐子草幼苗根系的 SOD、CAT 和 POD 活性，以及叶片的 POD 活性都显著高于高羊茅；但叶片的 SOD 和 CAT 的活性却显著低于高羊茅。无芒隐子草叶片的可溶性蛋白含量在断水前期明显高于高羊茅，随后迅速下降，但根系的可溶性蛋白含量始终显著低于高羊茅。表现出叶片与根系中 SOD、CAT 和可溶性蛋白对干旱响应不一致的现象。

干旱胁迫期间，两种草叶片和根系中的可溶性总糖、蔗糖、果糖等含量均随断水天数的增加而上升，但除叶片葡萄糖外，测定期间无芒隐子草叶片、根系的各种可溶性糖含量都高于高羊茅。例如，无芒隐子草叶片和根系中的平均可溶性总糖含量分别比高羊茅高32.5%和98.5%。干旱胁迫期间，无芒隐子草叶片和根系积累的氨基酸总量和脯氨酸含量总体高于高羊茅，其中脯氨酸含量分别是高羊茅的3.1倍和3倍。两种植物叶片与根系中的 K^+、Ca^{2+}、Mg^{2+} 含量随干旱胁迫持续上升，其中无芒隐子草叶片与根系中 K^+ 和 Mg^{2+} 的含量都显著高于高羊茅，而 Ca^{2+} 的含量相反。3 种离子中积累的绝对量以 K^+ 最多，占总量的74%以上。无芒隐子草叶片、根系中平均 K^+ 含量，分别比高羊茅高29.2%和48.1%。

在非干旱（对照）和干旱胁迫两种条件下，无芒隐子草的净光合速率、呼吸速率、总光合速率、表观量子效率和水分利用效率都显著高于高羊茅。而蒸腾速率、气孔导度和胞间 CO_2 浓度，在非干旱条件下都显著低于高羊茅，干旱条件下两者无显著差异。两种草的光饱和点在非干旱条件下差异不大，但干旱胁迫下，无芒隐子草的显著低于高羊茅。这充分说明，无芒隐子草的光合效率与水分利用效率均高于高羊茅，此结果在田间试验的碳同位素组成 $\delta^{13}C$ 测定中也得到了证实。

参 考 文 献

白可喻, 赵萌莉, 卫智军, 等. 1996. 刈割对荒漠草原几种牧草贮藏碳水化合物的影响. 草地学报, 4(2): 126-133.

蔡建一, 马清, 周向睿, 等. 2011. Na^+ 在霸王适应渗透胁迫中的生理作用. 草业学报, 20(1): 89-95.

陈鹏, 潘晓玲. 2001. 干旱和 NaCl 胁迫下梭梭幼苗中甜菜碱含量和甜菜碱醛脱氢酶活性的变化(简报). 植物生理学通讯, 37(6): 520-522.

陈少裕. 1991. 膜脂过氧化对植物细胞的伤害. 植物生理学通讯, 27(2): 84-90.

陈拓, 冯虎元, 徐世建, 等. 2002. 荒漠植物叶片碳同位素组成及其水分利用效率. 中国沙漠, 22(3): 288-291.

龚春梅, 宁蓬勃, 王根轩, 等. 2009. C_3 和 C_4 植物光合途径的适应性变化和进化. 植物生态学报, 33(1): 206-221.

关义新, 戴俊英, 林艳. 1995. 水分胁迫下植物叶片光合的气孔和非气孔限制. 植物生理学通讯, 31(4): 293-297.

韩瑞宏, 毛凯, 干友民, 等. 2003. 干旱对草坪草的影响. 草原与草坪, (1): 8-11.

蒋明义, 郭绍川. 1996. 水分亏缺诱导的氧化胁迫和植物的抗氧化作用. 植物生理学报, 32(2): 144-150.

蒋明义, 荆家海, 王韶唐. 1991. 渗透胁迫对水稻幼苗膜脂过氧化及体内保护系统的影响. 植物生理学报, 17(2): 80-84.

孔令韶, 王其兵, 郭柯. 2001. 内蒙古阿拉善地区植物元素含量特征及数量分析. 植物学报, 43(5): 319-327.

寇祥明, 杨利民, 韩梅. 2007. 不同施水量对五叶地锦幼苗生长及抗性生理的影响. 干旱区资源与环境, 21(3): 139-143.

李欣勇. 2015. 无芒隐子草草坪管理技术及种子产量持续性研究. 兰州: 兰州大学博士学位论文.

林久生, 王根轩. 2000. CO_2 倍增对渗透胁迫下小麦叶片抗氧化酶类及细胞程序性死亡的影响. 植物生理学报, 26(5): 453-457.

刘贤赵, 王国安, 李嘉竹, 等. 2011. 中国北方农牧交错带 C₃ 草本植物 δ¹³C 与温度的关系及其对水分利用效率的指示. 生态学报, 31(1): 123-136.

刘艳杰, 许宁, 牛海山. 2016. 内蒙古草原常见植物叶片 δ¹³C 和 δ¹⁵N 对环境因子的响应. 生态学报, 36(1): 235-243.

卢少云, 黎用朝, 郭振飞, 等. 1999. 钙提高水稻幼苗抗旱性的研究. 中国水稻科学, 13(3): 161-164.

曲涛. 2008. 无芒隐子草(*Cleistogenes songorica*)的抗旱性研究. 兰州: 兰州大学硕士学位论文.

曲涛, 南志标. 2008. 作物和牧草对干旱胁迫的响应及机理研究进展. 草业学报, 17(2): 126-135.

任书杰, 于贵瑞. 2011. 中国区域 478 种 C₃ 植物叶片碳稳定性同位素组成与水分利用效率. 植物生态学报, 35(2): 119-124.

汤章城. 1999. 对渗透和淹水胁迫的适应机制//余叔文. 汤章城. 植物生理与分子生物学. 2 版. 北京: 科学出版社: 739-751.

田亚男. 2018. 2017 年全国干旱灾情综述. 中国防汛抗旱, 28(8): 67-72.

王宝山, 赵思齐. 1987. 干旱对小麦幼苗膜脂过氧化及保护酶的影响. 山东师范大学学报(自然科学版), 2(11): 29-39.

王彬, 李长鼎, 马仲泽, 等. 2011. 4 个高羊茅品种幼苗期抗旱性比较研究. 农业科学研究, 32(3): 22-26.

王国安, 韩家懋, 周力平, 等. 2005. 中国北方黄土区 C₄ 植物稳定碳同位素组成的研究. 中国科学(D 辑: 地球科学), 35(12): 1174-1179.

王彦荣, 曾彦军, 付华, 等. 2002. 过牧及封育对红砂荒漠植被演替的影响. 中国沙漠, 22(4): 321-327.

武维华. 2018. 植物生理学. 3 版. 北京: 科学出版社.

武艳培, 王彦荣, 胡小文, 等. 2007. 围栏封育对无芒隐子草非结构性碳水化合物的影响. 西北植物学报, 27(11): 2298-2305.

徐炳成, 山仑, 黄占斌. 2001. 草坪草对干旱胁迫的反应及适应性研究进展. 中国草地, 23(2): 55-61.

于同泉, 秦岭, 王有年. 1996. 渗透胁迫板栗苗可溶性糖的积累及组分变化的研究. 北京农学院学报, 11(1): 43-47.

张福锁. 1993. 植物营养的生态生理学和遗传学. 北京: 科学出版社.

张明生, 彭忠华, 谢波, 等. 2004. 甘薯离体叶片失水速率及渗透调节物质与品种抗旱性的关系. 中国农业科学, 37(1): 152-156.

赵哈林, 赵学勇, 张铜会, 等. 2004. 沙漠化过程中植物的适应对策及植被稳定性机理. 北京: 海洋出版社.

郑海霞, 王超. 2015. PEG 胁迫下早熟禾生理指标变化规律研究. 黑龙江农业科学, (3): 64-66.

周瑞莲, 王海鸥, 赵哈林. 1999. 不同类型沙地植物保护酶系统对干旱、高温胁迫的响应. 中国沙漠, 19(S1): 49-54.

Akhtar I, Nazir N. 2013. Effect of waterlogging and drought stress in plants. International Journal of Water Resources and Environmental Sciences, 2(2): 34-40.

Baker N R. 1993. Light-use efficiency and photoinhibition of photosynthesis in plants under environmental stress. *In*: Smith J A C, Grissiths H. Water Deficits-Plant Responses From Cell to Community. Oxford: Bios Scientific Publishers: 221-235.

Bonos S A, Murphy J A. 1999. Growth response and performance of Kentucky bluegrass under summer stress. Crop Science, 39(3): 770-774.

Carrow R N. 1996. Drought resistance aspects of turfgrass in the southeast: root-shoot response. Crop Science, 36(3): 687-694.

Chen S P, Bai Y F, Lin G H, et al. 2005. Variations in life-form composition and foliar carbon isotope discrimination among eight plant communities under different soil moisture conditions in the Xilin River Basin, Inner Mongolia, China. Ecological Research, 20(2): 167-176.

Conroy J P, Virgona J M, Smillie R M, et al. 1988. Influence of drought acclimation and CO₂ enrichment on osmotic adjustment and chlorophyll a fluorescence of sunflower during drought. Plant Physiology, 86(4):

1108-1115.

Deines P. 1980. The isotopic composition of reduced organic carbon. *In*: Mark B. Handbook of Environmental Isotope Geochemistry. Berlin, Heidelberg: Springer Verlag: 329-406.

Dhindsa R S, Matowe W. 1981. Drought tolerance in two mosses: correlated with enzymatic defence against lipid peroxidation. Journal of Experimental Botany, 32(1): 79-83.

Farooq M, Wahid A, Kobayashi N, et al. 2009. Plant drought stress: effects. mechanisms and management. Agronomy for Sustainable Development, 29(1): 185-212.

Farquhar G D, O'Leary M H, Berry J A. 1982. On the relationship between carbon isotope discrimination and the intercellular carbon dioxide concentration in leaves. Australian Journal of Plant Physiology, 9(2): 121-137.

Hatch U, Jagtap S, Jones J, et al. 1999. Potential effects of climate change on agricultural water use in the southeast U.S.1. Journal of the American Water Resources Association, 35(6): 1551-1561.

Hamanishi E T, Thomas B R, Campbell M M. 2012. Drought induces alterations in the stomatal development program in *Populus*. Journal of Experimental Botany, 63(13): 4959-4971.

Hsiao T C. 1973. Plant responses to water stress. Annual Review of Plant Physiology, 24: 519-570.

Huang B R, Fry J D. 1998. Root anatomical, physiological, and morphological responses to drought stress for tall fescue cultivars. Crop Science, 38(4): 1017-1022.

Huang B R, Gao H W. 2000. Root physiological characteristics associated with drought resistance in tall fescue cultivars. Crop Science, 40(1): 196-203.

Jones M M, Turner N C. 1978. Osmotic adjustment in leaves of sorghum in response to water deficits. Plant Physiology, 61(1): 122-126.

Jones X I M, Turner N C, Osmond C B. 1981. Mechanisms of drought resistance. *In*: Paleg L P G, Aspmall D. The Physiology and Biochemistry of Drought Resistance in Plants. Brisbane: Academic Press: 1841-1842.

Kheradmand M A, Fahraji S S, Fatahi E, et al. 2014. Effect of water stress on oil yield and some characteristics of *Brassica napus*. International Research Journal of Applied and Basic Sciences, 8: 1447-1453.

Ma C C, Gao Y B, Guo H Y, et al. 2003. Interspecific transition among *Caragana microphylla*, *C. davazamcii* and *C. korshinskii* along geographic gradient. II. Characteristics of photosynthesis and water metabolism. Acta Botanica Sinica, 45(10): 1228-1237.

Ma Q, Yue L J, Zhang J L, et al. 2012. Sodium chloride improves photosynthesis and water status in the succulent xerophyte *Zygophyllum xanthoxylum*. Tree Physiology, 32(1): 4-13.

Malan C, Greyling M M, Gressl J. 1990. Correlation between Cu/Zn superoxide dismutase and glutathione reductase and xenobiotic stress tolerance in maize inbreeds. Plant Science, 69(2): 157-166.

Mega R, Abe F, Kim J S, et al. 2019. Tuning water-use efficiency and drought tolerance in wheat using abscisic acid receptors. Nature Plants, 5(2): 153-159.

Mengel K, Seçer M, Koch K. 1981. Potassium effect on protein formation and amino acid turnover in developing wheat grain. Agronomy Journal, 73(1): 74-78.

Morgan J M. 1992. Osmotic components and properties associated with genotypic differences in osmoregulation in wheat. Australian Journal of Plant Physiology, 19(1): 67-76.

Munns R, Weir R. 1981. Contribution of sugars to osmotic adjustment in elongating and expanded zones of wheat leaves during moderate water deficits at two light levels. Functional Plant Biology, 8(1): 93-105.

Munns P, Brady C J, Barlow E W R. 1979. Solute accumulation in the apex and leaves of wheat during water stress. Functional Plant Biology, 6(3): 379-389.

Perdomo P, Murphy J A, Berkow G A. 1996. Physiological changes associated with performance of Kentucky bluegrass cultivars during summer stress. Hortscience, 31(7): 1182-1186.

Pinto-Marijuan M, Munne-Bosch S. 2013. Ecophysiology of invasive plants: osmotic adjustment and antioxidants. Trends in Plant Science, 18(12): 660-666.

Prentice I C, Meng T T, Wang H, et al. 2011. Evidence of a universal scaling relationship for leaf CO_2 drawdown along an aridity gradient. New Phytologist, 190(1): 169-180.

Pugnaire F I, Serrano L, Pardos J. 1999. Constraints by water stress on plant growth. *In*: Passarakli M. Handbook of Plant and Crop Stress. 2nd ed. New York: Marcel Dekker: 546.

Rahdari P, Hoseini S M. 2012. Drought stress: a review. International Journal of Agronomy and Plant Production, 3: 443-446.

Rohman M M, Islam M R, Naznin T, et al. 2019. Maize production under salinity and drought conditions: oxidative stress regulation by antioxidant defense and glyoxalase systems. *In*: Mirza H, Khalid R H, Kamrun N, et al. Plant Abiotic Stress Tolerance Agronomic, Molecular and Biotechnological Approaches. Cham: Springer Nature Switzerland AG: 1-34.

Ruimy A, Kergoat L, Bondeau A. 1999. Comparing global models of terrestrial net primary productivity (NPP): analysis of differences in light absorption and light-use efficiency. Global Change Biology, 5(S1): 56-64.

Salehi-Lisar S Y, Bakhshayeshan-Agdam H. 2016. Drought stress in plants: causes, consequences, and tolerance. *In*: Mohammad A H, Shabir H W, Soumen B, et al. Drought Stress Tolerance in Plants. Gewerbestrasse: Springer International Publishing: 1-16.

Scandalios J G. 1993. Oxygen stress and superoxide dismutase. Plant Physiology, 101(1): 7-12.

Singh M, Kumar J, Singh S, et al. 2015. Roles of osmoprotectants in improving salinity and drought tolerance in plants: a review. Reviews in Environmental Science and Biotechnology, 14(3): 407-426.

Singh T N, Aspinall D, Palag L G. 1972. Proline accumulation and varietal adaptability to drought in barley: a potential metabolic measure of drought resistance. Nature New Biology, 236(67): 188-190.

Terwilliger V J, Zeroni M. 1994. Gas exchange of a desert shrub (*Zygophyllum dumosum* Boiss.) under different soil moisture regimes during summer drought. Vegetation, 115(2): 133-144.

Usuda H, Shimogawara K. 1991. Phosphate deficiency in maize. 1. leaf phosphate status, growth, photosynthesis and carbon partitioning. Plant Cell Physiology, 32(4): 497-504.

Wang S M, Wan C G, Wang Y R, et al. 2004. The characteristics of Na^+, K^+ and free proline distribution in several drought-resistant plants of the Alxa Desert, China. Journal of Arid Environ, 56(3): 525-539.

Watson R. 2001. Climate Change 2001: Synthesis Report. Third assessment report of the intergovernmental panel on climate change. Environmental Policy Collection, 27(2): 408.

Wright S T C. 1969. An increase in the "inhibitor-β"content of detached wheat leaves following a period of wilting. Planta, 86(1): 10-20.

Xu Z Z, Zhou G S. 2008. Responses of leaf stomatal density to water status and its relationship with photosynthesis in a grass. Journal of Experimental Botany, 59(12): 3317-3325.

Xu S J, An L Z, Feng H Y, et al. 2002. The seasonal effects of water stress on *Ammopiptanthus mongolicus* in a desert environment. Journal of Arid Environment, 51(3): 437-447.

Yue L J, Li S X, Ma Q, et al. 2012. NaCl stimulates growth and alleviates water stress in the xerophyte *Zygophyllum xanthoxylum*. Journal of Arid Environment, 87: 153-160.

Zhang J, Wu F, Yan Q, et al. 2021. The genome of *Cleistogenes songorica* provides a blueprint for functional dissection of dimorphic flower differentiation and drought adaptability. Plant Biotechnology Journal, 19(3): 532-547.

Zivcak M, Brestic M, Sytar O. 2016. Osmotic adjustment and plant adaptation to drought stress. *In*: Hossain M, Wani S, Bhattacharjee S, et al. Drought Stress Tolerance in Plants, Vol 1. Cham: Springer: 105-143.

Zou J, Hu W, Li Y X, et al. 2020. Screening of drought resistance indices and evaluation of drought resistance in cotton (*Gossypium hirsutum* L.). Journal of Integrative Agriculture, 19(2): 495-508.

第9章 脂肪酸与乡土草抗逆

傅 华 张丽静 吴淑娟 刘 权

9.1 引 言

脂肪酸（fatty acid，FA）是末端含有羧基的长烃链羧酸。生物体内大部分 FA 均以磷脂、糖脂等结合态形式存在，而少量 FA 以游离状态存在于组织和细胞中。FA 是植物细胞膜脂的主要成分，具有重要的生理功能，同时也是重要的营养和能源物质。根据烃链饱和程度，FA 可分为饱和脂肪酸（saturated fatty acid，SFA）和不饱和脂肪酸（unsaturated fatty acid，UFA），其中 UFA 是植物抗逆生理活动的重要功能组分，在植物体物质代谢和生理调控中发挥重要作用。

逆境下，植物启动包括离子平衡、渗透调节和隔离细胞内有毒离子等在内的复杂防御系统（Stepien and Klobus，2010；Flowers and Colmer，2008；Hasegawa et al.，2000），这些防御系统作用的发挥依赖于结构与功能完整的生物膜（Anbu and Sivasankaramoorthy，2014）。脂质成分和脂肪酸组成变化能改变生物膜稳定性和流动性，进而影响植物抗逆性。当植物遭受高温胁迫时，UFA 含量降低，SFA 含量升高；干旱胁迫会抑制脂类合成、激活脂类降解及过氧化反应，最终都导致膜结构和功能受损，抑制植物生长（缪秀梅等，2015；Torres-Franklin et al.，2009）。低温和盐等逆境下，UFA 的增加有利于保持细胞膜的流动性，保护植物免受伤害（Chen et al.，2018；Shahandashti et al.，2013）。UFA 作为重要的信号分子调控植物对各种生物和非生物胁迫的响应：拟南芥叶绿体中的油酸通过调控防御基因的表达，调节植物对真菌的防御反应（Chandra-Shekara et al.，2007）；α-亚麻酸（ALA，C18:3n-3）是合成茉莉酸（JA）和茉莉酸甲酯（MeJA）的前体物质，它们作为信号分子参与植物对伤害的反应和真菌的防御反应（Mata-Pérez et al.，2015；Wasternack，2007）；茉莉酸（酯）类物质作为内源信号分子还参与植物在低温、干旱和盐胁迫下的抗逆反应（汪新文，2008）。

生育酚作为重要的非酶促抗氧化剂，清除单线态氧和脂质过氧化自由基，保护光合膜，防止发生过氧化反应，提高植物对高温、低温、铜、盐和高光强等逆境的耐受性（Spicher et al.，2017；Jin and Daniell，2014；Havaux et al.，2005）。近年来研究表明，生育酚在植物体内的生物学作用不只局限于抗氧化特性，其与植物光合作用、光合产物运输、生长和衰老等生理过程密切相关：低光照条件下，α-生育酚（α-T）缺失，修复 PSⅡ活性的 D1 蛋白合成受阻，造成 PSⅡ受损，抑制集胞藻的光合作用和生长（Inoue et al.，2011）；生育酚缺失导致蔗糖共质体途径受胼胝质的阻碍，进而抑制其运

---

① 本章中，未标注的亚麻酸均指 α-亚麻酸（ALA）

输（Asensi-Fabado et al.，2014）；α-T 能够影响叶绿素的代谢，进而延迟植物叶的衰老（Jiang et al.，2016）。低温和盐胁迫下，生育酚可能参与调节内质网中亚油酸（LA，C18:2）向亚麻酸（ALA，C18:2）的转化，提高植物的抗逆性（Chen et al.，2018；Maeda et al.，2008）。

　　白沙蒿（*Artemisia sphaerocephala*）是菊科蒿属多年生半灌木，作为乡土草种广泛分布于我国西北部的甘肃、宁夏、陕西、新疆以及内蒙古地区，是流动或半流动沙丘上的先锋固沙植物，对极端环境具有良好的适应能力（中国植物志编委会，1991）。其种子富含亚油酸和生育酚，枝叶含粗蛋白质、多种必需氨基酸、脂肪等营养物质，是沙区畜牧业的主要饲料之一。微孔草（*Microula sikkimensis*）为紫草科二年生草本植物，主要分布在青藏高原及毗邻地区海拔 2900～4500m 的高寒草甸和高山灌丛的次生植被中，具有耐寒、营养丰富、适口性好等特点，且含有植物中少见但人体必需的 γ-亚麻酸（GLA，C18:3n-6）。本章以这两种乡土草为材料，研究其脂肪酸组成和生育酚特征及其对不同逆境的响应。

9.2　脂肪酸含量特征

9.2.1　不同生育期脂肪酸组成

　　植物脂肪酸组成及含量受遗传和环境因素影响，随品种、生育期、器官和分布区地理位置不同而有所差异（郑鸿丹等，2015；Mao et al.，2012）。从内蒙古阿拉善巴彦浩特采集的不同生育期白沙蒿叶、茎和繁殖器官中均检测到 11 种脂肪酸，包括 7 种饱和脂肪酸（SFA）和 4 种不饱和脂肪酸（UFA），其中 UFA 包括 2 种单不饱和脂肪酸（MUFA）和 2 种多不饱和脂肪酸（PUFA）（表 9-1～表 9-3）。

　　不同生育期叶中粗脂肪含量为 6.32%～11.41%。SFA 占总脂肪酸的 32.35%～41.96%，最主要的 SFA 是棕榈酸（PA，C16:0，19.37%～21.19%），其次为硬脂酸（SA，C18:0，4.62%～5.45%）、花生酸（AA，C20:0，3.14%～5.42%）和山嵛酸（BA，C22:0，2.62%～5.31%），其他 SFA 含量较低；UFA 占总脂肪酸的 58.04%～67.65%，其中亚油酸（LA，C18:2）和亚麻酸（ALA，C18:3）含量较高，分别占总脂肪酸的 21.31%～30.12% 和 23.41%～31.64%，其次为油酸（OA，C18:1，4.50%～9.32%），而棕榈油酸（PoA，C16:1）含量较低；UFA 中，MUFA 和 PUFA 分别占总脂肪酸的 5.11%～9.85% 和 50.77%～58.28%（表 9-1）。

表 9-1　白沙蒿不同生育期叶脂肪酸组成及含量　　　　　　　（%，*w/w*）

脂肪酸组成	营养期	孕蕾期	现蕾期	花期	结实初期
月桂酸 C12:0	0.25±0.00e	0.45±0.02d	0.53±0.01c	0.80±0.04b	0.97±0.04a
肉豆蔻酸 C14:0	1.52±0.15d	1.27±0.06d	2.41±0.14c	3.79±0.06b	4.56±0.12a
十五烷酸 C15:0	0.62±0.06b	0.62±0.06b	0.72±0.04ab	0.75±0.02ab	0.85±0.02a
棕榈酸 C16:0	19.52±0.26bc	19.37±0.09c	20.26±0.23abc	20.43±0.08ab	21.19±0.52a
硬脂酸 C18:0	4.69±0.30bc	4.79±0.17abc	5.34±0.17ab	5.45±0.05a	4.62±0.24c

续表

脂肪酸组成	营养期	孕蕾期	现蕾期	花期	结实初期
花生酸 C20:0	3.14±0.21c	4.10±0.14bc	5.42±0.66a	4.73±0.28ab	4.46±0.19ab
山嵛酸 C22:0	2.62±0.24c	3.49±0.31b	4.73±0.21a	4.89±0.07a	5.31±0.08a
棕榈油酸 C16:1	0.48±0.03b	0.53±0.01b	0.61±0.04b	0.66±0.08b	1.60±0.24a
油酸 C18:1	8.89±0.38a	9.32±0.10a	4.50±0.30c	5.53±0.25b	5.67±0.22b
亚油酸 C18:2	30.12±0.05a	26.20±0.10c	24.26±0.18d	21.31±0.14e	27.36±0.34b
亚麻酸 C18:3	28.16±0.05c	29.86±0.21b	31.21±0.49a	31.64±0.30a	23.41±0.36d
饱和脂肪酸 ΣSFA	32.35±0.40d	34.09±0.36c	39.42±0.64b	40.86±0.29a	41.96±0.13a
不饱和脂肪酸 ΣUFA	67.65±0.40a	65.91±0.36b	60.59±0.64c	59.14±0.29d	58.04±0.13a
单不饱和脂肪酸 ΣMUFA	9.37±0.37a	9.85±0.12a	5.11±0.33d	6.20±0.26c	7.27±0.12b
多不饱和脂肪酸 ΣPUFA	58.28±0.08a	56.06±0.28b	55.48±0.46b	52.95±0.41c	50.77±0.23d
粗脂肪	6.32±0.20d	7.19±0.13d	9.05±0.14c	10.18±0.13b	11.41±0.63a

注：表中数值表示平均值±标准误，同一行不同小写字母表示不同生育期间差异显著（$P<0.05$）

不同生育期茎中粗脂肪含量为 3.60%～6.23%。SFA 占总脂肪酸的 41.80%～45.53%，最主要的 SFA 是 C16:0（19.52%～23.66%），其次为 C18:0（3.81%～4.58%）、C20:0（5.31%～6.53%）和 C22:0（7.63%～11.38%），其他 SFA 含量较低；UFA 占总脂肪酸的 54.47%～58.20%，其中 C18:2（31.97%～40.74%）较高，C18:1 和 C18:3 次之，C16:1 最低；UFA 中，MUFA 和 PUFA 分别占总脂肪酸的 6.00%～8.04% 和 47.45%～52.20%（表 9-2）。

表 9-2　白沙蒿不同生育期茎脂肪酸组成及含量　　　　　　　　　　（%，w/w）

脂肪酸组成	营养期	孕蕾期	现蕾期	花期	结实初期
月桂酸 C12:0	0.24±0.02c	0.28±0.00bc	0.31±0.04abc	0.34±0.01ab	0.36±0.02a
肉豆蔻酸 C14:0	0.80±0.09d	0.95±0.01d	1.47±0.07c	2.14±0.28b	2.66±0.07a
十五烷酸 C15:0	0.71±0.05a	0.36±0.01c	0.55±0.01b	0.60±0.03b	0.60±0.04b
棕榈酸 C16:0	23.66±0.24a	22.73±0.58a	21.17±0.08b	19.52±0.14bc	19.52±0.15
硬脂酸 C18:0	4.47±0.30a	3.81±0.12a	4.25±0.03a	4.58±0.68a	4.57±0.28a
花生酸 C20:0	5.31±0.03b	6.53±0.07a	6.41±0.54a	6.20±0.19ab	6.05±0.35ab
山嵛酸 C22:0	9.67±0.05b	8.60±0.04c	7.63±0.27d	11.38±0.50a	9.52±0.18b
棕榈油酸 C16:1	0.60±0.04a	0.45±0.05bc	0.35±0.02c	0.54±0.06ab	0.54±0.01ab
油酸 C18:1	6.32±0.55ab	7.59±0.73a	5.65±0.18b	6.50±0.51ab	6.06±0.44ab
亚油酸 C18:2	40.74±0.53a	39.35±0.17ab	38.38±0.31b	31.97±1.09c	33.63±0.37c
亚麻酸 C18:3	7.47±0.21e	9.35±0.00d	13.82±0.27c	15.49±0.10b	16.48±0.10a
饱和脂肪酸 ΣSFA	44.87±0.49a	43.25±0.61b	41.80±0.41b	45.53±0.58a	43.29±0.26b
不饱和脂肪酸 ΣUFA	55.13±0.49b	56.74±0.61a	58.20±0.41a	54.47±0.58b	56.71±0.26a
单不饱和脂肪酸 ΣMUFA	6.93±0.58ab	8.04±0.79a	6.00±0.17b	7.02±0.53ab	6.60±0.44ab
多不饱和脂肪酸 ΣPUFA	48.21±0.32bc	48.71±0.17bc	52.20±0.57a	47.45±1.06c	50.11±0.32b
粗脂肪	3.60±0.07c	3.94±0.03c	4.96±0.37b	5.69±0.31ab	6.23±0.29a

注：表中数值表示平均值±标准误，同一行不同小写字母表示不同生育期间差异显著（$P<0.05$）

花蕾和花中粗脂肪含量分别为 5.93% 和 7.34%,种子从结实初期的 26.85% 上升到成熟期的 31.46%。花蕾、花、成熟种子中 SFA 和 UFA 分别占总脂肪酸的 37.43% 和 62.57%、40.64% 和 59.36%、8.27% 和 91.73%,成熟种子中 C18:2 含量最高,占总脂肪酸的 83.45%;UFA 中,MUFA 和 PUFA 分别占总脂肪酸的 6.30%～13.02% 和 53.07%～83.63%(表 9-3)。

表 9-3　白沙蒿繁殖器官脂肪酸组成及含量　　　　　　　　　　　　　(%, w/w)

脂肪酸组成	花蕾	花	种子(结实初期)	种子(成熟期)
月桂酸 C12:0	0.19±0.01a	0.24±0.05a	0.02±0.00b	0.02±0.00b
肉豆蔻酸 C14:0	0.67±0.02b	1.01±0.19a	0.08±0.01c	0.06±0.00c
十五烷酸 C15:0	0.35±0.06b	0.51±0.13a	0.07±0.00c	0.05±0.01c
棕榈酸 C16:0	19.43±0.50b	20.87±0.34a	6.93±0.42c	5.98±0.14c
硬脂酸 C18:0	3.81±0.47b	6.02±0.27a	1.62±0.04c	1.36±0.06c
花生酸 C20:0	7.05±0.74a	7.60±0.05a	0.50±0.04b	0.45±0.02b
山嵛酸 C22:0	5.93±0.04a	4.38±0.25b	0.68±0.07c	0.36±0.02c
棕榈油酸 C16:1	0.61±0.40a	0.69±0.07a	0.10±0.01b	0.08±0.01b
油酸 C18:1	7.59±0.23b	5.60±0.23c	12.92±0.26a	8.03±0.11b
亚油酸 C18:2	38.23±0.11c	32.57±0.22d	76.77±0.45b	83.45±0.07a
亚麻酸 C18:3	16.15±1.05b	20.50±0.57a	0.32±0.02c	0.18±0.02c
饱和脂肪酸 ΣSFA	37.43±0.47b	40.64±0.58a	9.90±0.47c	8.27±0.13d
不饱和脂肪酸 ΣUFA	62.57±0.47c	59.36±0.58d	90.11±0.47b	91.73±0.13a
单不饱和脂肪酸 ΣMUFA	8.19±0.59b	6.30±0.20c	13.02±0.27a	8.11±0.11b
多不饱和脂肪酸 ΣPUFA	54.38±1.03c	53.07±0.75c	77.08±0.44b	83.63±0.07a
粗脂肪	5.93±0.24d	7.34±0.35c	26.85±0.38b	31.46±0.33a

注: 表中数值表示平均值±标准误,同一行不同小写字母表示不同繁殖器官间差异显著(P<0.05)

研究表明,植物脂肪酸含量受生育期及不同器官的显著影响。白沙蒿随生育期延长,叶、茎和繁殖器官中粗脂肪含量不断积累,其叶中脂肪酸含量及其 UFA 与 FA 比例始终大于茎;花蕾和花中脂肪酸含量与叶中相近;结实初期和成熟期的种子粗脂肪含量分别为 26.85% 和 31.46%,UFA 与 FA 比例分别高达 90.11% 和 91.73%,均高于其他器官,且主要组分是 C18:2。郑鸿丹等(2015)的研究表明,紫花苜蓿(*Medicago sativa*)亚麻酸和亚油酸含量分别在盛花期和现蕾期达到最大。而薏苡(*Coix lacryma-jobi*)叶含有较高的饱和脂肪酸,茎和根主要含不饱和脂肪酸(苏海兰等,2012)。

9.2.2　叶和种子脂肪酸组成

我们于甘肃省天祝县金强河草地采集微孔草成熟种子,测定种子及 5 周龄幼苗叶脂肪酸组成及含量。结果表明,微孔草种子粗脂肪含量为 43.5%,共检测到 11 种脂肪酸,其中包括 4 种饱和脂肪酸(SFA)和 7 种不饱和脂肪酸(UFA),分别占总脂肪酸的 13.53% 和 86.30%;UFA 中包括 3 种单不饱和脂肪酸(MUFA)和 4 种多不饱和脂肪酸(PUFA),分别占总脂肪酸的 29.83% 和 56.47%。SFA 中棕榈酸(PA,C16:0)含量最高,占总脂肪酸的 6.69%;UFA 中亚油酸(LA,C18:2)含量最高,油酸(OA,C18:1)次之,分别占总脂肪酸的 35.10%和 17.54%，γ-亚麻酸（GLA，C18:3n-6）占 6.37%（表 9-4）。叶中共检测到 12 种脂肪酸，其中 SFA 和 UFA 各有 6 种，分别占总脂肪酸的 29.75%和 70.24%；UFA 包括 2 种 MUFA 和 4 种 PUFA，分别占总脂肪酸的 7.23%和 63.01%。各种脂肪酸中，C16:0 和 α-亚麻酸（ALA，C18:3n-3）含量较高，分别占总脂肪酸的 18.26%和 32.86%；GLA 占 3.42%。种子和叶中含量较低的一些脂肪酸组分也存在明显差异：种子中二十碳一烯酸（C20:1）、芥酸（EA，C22:1）和二十一碳四烯酸（C21:4）分别占总脂肪酸 9.45%、2.84%和 2.30%，但在叶中均未检测到；而叶中分别占总脂肪酸的 1.37%、0.18%、1.18%和 12.06%的肉豆蔻酸（C14:0）、十五烷酸（C15:0）、棕榈油酸（PoA，C16:1）和十八碳四烯酸（PnA，C18:4），在种子中均未检测到（表 9-4）。

　　GLA 是植物中少见且人体必需的脂肪酸，其具有明显的降血脂作用，并能抑制癌细胞转移（贾曼雪和王枫，2008；Watkins et al.，2005）。目前已知世界约有 80 种高等植物种子油中含有 GLA（张广伦和肖正春，1997），其中栽培种琉璃苣（*Borago officinalis*）和黑茶藨子（*Ribes nigrum*）种子油 GLA 含量较高，分别为 18.78%和 15.1%；月见草（*Oenothera biennis*）的 6 个栽培品种中含量最高的达 10.15%，野生型中仅为 6.81%；微孔草中为 6.37%（表 9-4）。月见草、黑茶藨子和琉璃苣都已商品化，而微孔草种子含粗脂肪 43.5%，约是黑茶藨子和月见草的 2 倍、琉璃苣的 1.5 倍，未来可能成为一种较好的 GLA 植物资源。

表 9-4　微孔草和其他植物脂肪酸含量及含油量比较　　　　　　（%，*w/w*）

脂肪酸组成	微孔草叶	微孔草种子	月见草种子	黑茶藨子种子	琉璃苣种子
肉豆蔻酸 C14:0	1.37	—	—	未报道	—
十五烷酸 C15:0	0.18	—	—	未报道	—
棕榈酸 C16:0	18.26	6.69	4.79~10.76	6.4	9.74
硬脂酸 C18:0	6.01	5.84	1.58~3.06	1.6	4.98
花生酸 C20:0	2.18	0.53	—	未报道	
正二十二烷酸 C22:0	1.75	0.47	—	未报道	
棕榈油酸 C16:1	1.18	—	—	未报道	
油酸 C18:1	6.05	17.54	5.94~13.54	13.1	21.64
亚油酸 C18:2	14.67	35.10	67.92~83.11	43.3	36.75
α-亚麻酸 C18:3n-3	32.86	12.70	—	15.7	—
γ-亚麻酸 C18:3n-6	3.42	6.37	3.03~10.15	15.1	18.78
十八碳四烯酸 C18:4	12.06	—	—	4.2	—
二十碳一烯酸 C20:1	—	9.45	—	未报道	4.81
芥酸 C22:1	—	2.84	—	未报道	3.31
二十一碳四烯酸 C21:4	—	2.30	—	未报道	
饱和脂肪酸 ΣSFA	29.75	13.53	7.01~13.18	8	14.72
不饱和脂肪酸 ΣUFA	70.24	86.30	86.42~92.89	91.4	85.29
单不饱和脂肪酸 ΣMUFA	7.23	29.83	5.94~13.54	13.1	29.76
多不饱和脂肪酸 ΣPUFA	63.01	56.47	78.07~85.05	78.3	55.53
粗脂肪		43.5	20	16~21.3	28.08
资料来源	吴淑娟，2013	傅华等，1997	崔刚等，1996；高雅琴，1985	霍俊伟等，2011；刘丽等，1993	任飞等，2010

注："—"表示未检测到

9.3　脂肪酸与植物的耐盐性

世界上超过 4 亿 hm² 的土地受到盐害影响（Koohafkan and Stewart，2008）。据估计，到 2050 年全世界将有 50% 的耕地发生盐碱化（Rekha et al.，2012）。在干旱和半干旱地区，盐胁迫是限制植物生长与作物产量最重要的影响因子之一。白沙蒿和黑沙蒿（*Artemisia ordosica*）均为菊科蒿属半灌木，分布于中国干旱、半干旱荒漠区。白沙蒿是稳固沙丘的先锋植物，主要分布于流动及半固定沙地；而黑沙蒿主要分布于半固定沙地，尤其湖盆地与浅洼地；其分布区土壤的 Na⁺ 含量分别约为 0.61% 和 0.08%～0.32%（Cheng et al.，2011；Wang et al.，2004）。两种植物种子和叶脂肪酸组成相似，但生育酚含量白沙蒿显著高于黑沙蒿。本节以这两种植物为材料，进行 NaCl 梯度处理，测定萌发过程的种子及 100d 苗龄幼苗的各生理指标、脂质及脂肪酸组成和 α-生育酚（α-T）的变化，比较两种灌木的耐盐性，揭示其耐盐的生物学机制以及植物适应盐胁迫过程中 α-T 对脂肪酸代谢的调控。

9.3.1　种子萌发

9.3.1.1　种子萌发率

NaCl 胁迫显著影响白沙蒿和黑沙蒿种子的萌发率（图 9-1）。正常条件下，吸胀 4d 白沙蒿与黑沙蒿种子开始萌发，吸胀 10d 累计萌发率达到最大，分别为 84% 和 80%，两者间无显著差异。随 NaCl 浓度增加，种子萌发率均呈下降趋势，但相同处理下白沙蒿种子萌发率始终高于黑沙蒿；50mmol/L、100mmol/L 和 150mmol/L NaCl 胁迫下，吸胀 4d 和 10d 时，白沙蒿萌发率分别为黑沙蒿的 1.3 倍和 1.5 倍、4.0 倍和 1.3 倍、1.3 倍和 1.7 倍。表明盐胁迫下白沙蒿萌发率高于黑沙蒿。后续指标测定均以吸胀 4d 种子为材料。

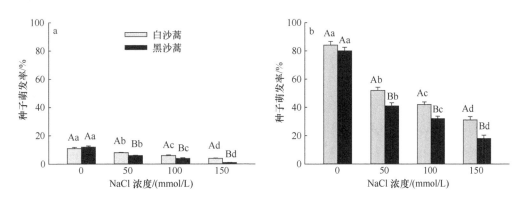

图 9-1　NaCl 胁迫对种子萌发率的影响（引自陈晓龙，2019）

a. 吸胀 4d；b. 吸胀 10d。不同大、小写字母分别代表物种间和处理间差异显著（*P*<0.05）

9.3.1.2　生理指标

（1）丙二醛和相对电导率

正常条件下，丙二醛（MDA）含量和相对电导率两物种间均无显著差异。随 NaCl

浓度增加，MDA 含量和相对电导率均呈显著上升趋势，但白沙蒿增幅低于黑沙蒿，50mmol/L、100mmol/L、150mmol/L NaCl 胁迫下，白沙蒿 MDA 含量和相对电导率仅分别为黑沙蒿的 76.42%、68.90%、59.38% 和 59.49%、66.51%、76.60%（图 9-2）。值得注意的是，黑沙蒿相对电导率在 50mmol/L NaCl 胁迫下即发生急剧增加，表明盐胁迫下白沙蒿种子的膜受损程度低于黑沙蒿，可能是其萌发率高的原因之一。

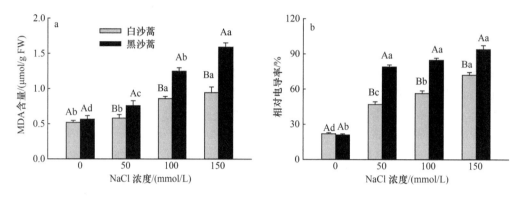

图 9-2　NaCl 胁迫对种子丙二醛含量和相对电导率的影响
a. 吸胀 4d；b. 吸胀 10d。不同大、小写字母分别代表物种间和处理间差异显著（$P<0.05$）

（2）总抗氧化能力和抗氧化酶活性

总抗氧化能力是指植物体内能够清除各种活性氧自由基的所有抗氧化物质的总和。用 2,2-联氮-双（3-乙基-苯并噻唑-6-磺酸）二铵盐法（ABTS）检测植物的总抗氧化能力（Floegel and Kim，2011），结果显示，正常条件下两物种间总抗氧化能力无显著差异。随 NaCl 浓度增加，白沙蒿总抗氧化能力呈持续上升趋势，150mmol/L NaCl 胁迫下，是对照（CK）的 1.6 倍。黑沙蒿在 50mmol/L NaCl 胁迫下即达到最大值，仅为 CK 的 1.3 倍（图 9-3a）。50mmol/L、100mmol/L、150mmol/L NaCl 胁迫下，白沙蒿总抗氧化能力分别是黑沙蒿的 1.1 倍、1.2 倍和 1.2 倍。

种子萌发和幼苗生长伴随着活跃的新陈代谢与细胞内活性氧（ROS）的生成（Bailly，2004）。植物体内存在酶促和非酶促抗氧化防御系统清除 ROS。其中，超氧化物歧化酶（SOD）、过氧化氢酶（CAT）和过氧化物酶（POD）共同构成 ROS 防御的第一道防线。SOD 是超氧自由基 O_2^- 的天然清除剂，使其还原成过氧化氢（H_2O_2），CAT 和 POD 则能进一步将 H_2O_2 还原成 H_2O 和 O_2（Mittler et al.，2004）。随 NaCl 浓度增加，白沙蒿和黑沙蒿 SOD、CAT、POD 均呈下降趋势，150mmol/L NaCl 胁迫下，分别比 CK 下降 61.5%、64.5%、98.2% 和 63.0%、62.5%、98.1%（$P<0.05$）。50mmol/L、100mmol/L 和 150mmol/L NaCl 胁迫下，白沙蒿 CAT 和 SOD 活力分别是黑沙蒿的 1.3 倍、1.3 倍和 1.2 倍，89.2%、83.3% 和 86.9%，POD 与黑沙蒿无显著差异（图 9-3）。

CAT/SOD 和 POD/SOD 可反映植物的抗氧化状态，比值升高表明抗氧化酶防御系统处于 ROS 的激活状态，比值降低表明抗氧化酶清除 ROS 效率降低，进而引起氧化损伤（Amicarelli et al.，1999）。50mmol/L NaCl 胁迫下，白沙蒿和黑沙蒿 CAT/SOD 分别比 CK 下降 49.2% 和 45.6%，POD/SOD 则发生急剧下降；其他浓度下 CAT/SOD 均与 CK

无显著差异。值得注意的是，50mmol/L、100mmol/L 和 150mmol/L NaCl 胁迫下，白沙蒿 CAT/SOD 分别是黑沙蒿的 1.4 倍、1.5 倍和 1.4 倍，但两者间 POD/SOD 无显著差异（图 9-3）。表明相同处理下，白沙蒿 CAT 活力的提高是其抗氧化能力优于黑沙蒿的原因之一。同时，盐胁迫下 3 种抗氧化酶活力均呈下降趋势，表明种子总抗氧化能力的提高并非由 SOD、CAT 和 POD 所致。

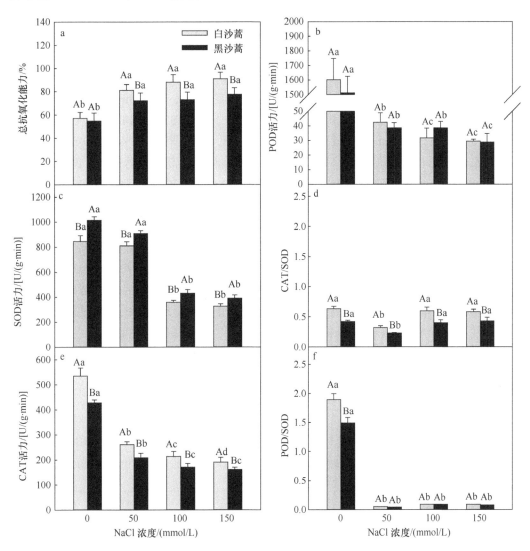

图 9-3　NaCl 胁迫对种子总抗氧化能力和酶活力的影响
不同大、小写字母分别代表物种间和处理间差异显著（$P<0.05$）

9.3.1.3　脂肪酸组成及含量

盐渍环境中，脂肪酸组成和含量及脂肪酸不饱和指数（IUFA）均能影响膜结构的完整性，进而影响种子活力，改变其萌发率（Chalbi et al.，2013；Garg and Manchanda，2009；Upchurch，2008）。成熟种子中，白沙蒿与黑沙蒿脂肪酸组成及其含量无显著差异，饱和脂肪酸（SFA）和不饱和脂肪酸（UFA）分别占总脂肪酸的 7.22%、7.34%和92.80%、92.66%，白沙蒿油酸（OA，C18:1）、亚油酸（LA，C18:2）、亚麻酸（ALA，C18:3）分别约占总不饱和脂肪酸的 10%、89%和 0.1%。正常条件下白沙蒿和黑沙蒿种子 SFA 分别占总脂肪酸的 16.06%和 14.02%，UFA 分别占总脂肪酸的 82.80%和 85.78%，其中 C18:1、C18:2、C18:3 分别占总不饱和脂肪酸的 8.31%、91.26%、0.3%和 21.19%、78.15%、0.5%（表 9-5）。50mmol/L NaCl 处理下，白沙蒿 SFA 降低 29.20%，UFA 增加6.84%；SFA 的降低和 UFA 的增加分别是由硬脂酸（SA，C18:0）和 C18:1 引致，其分别比 CK 下降 70.39%和增加 98.40%；之后随 NaCl 浓度增加各指标均无显著变化。整个胁迫过程中，C18:2 和 IUFA 包括对照在内的各处理间均无显著差异。随 NaCl 浓度增加，黑沙蒿 SFA 呈持续上升趋势，UFA 和 IUFA 呈下降趋势，其中 150mmol/L NaCl 处理下，SFA 比 CK 增加 18.19%，UFA 和 IUFA 分别比 CK 下降 11.83%和 14.43%。UFA 的下降是由 C18:2 引致，150mmol/L NaCl 处理下 C18:2 比 CK 下降 17.47%（表 9-5）。

正常条件下，白沙蒿 SFA、UFA 和 IUFA 均与黑沙蒿无显著差异。50mmol/L、100mmol/L、150mmol/L NaCl 胁迫下，白沙蒿 SFA 分别较黑沙蒿降低 27.81%、29.05%和 31.32%；UFA、IUFA 和 C18:2 分别较黑沙蒿增加 5.97%、7.25%、16.99%，9.61%、12.06%、23.94%和 15.16%、20.84%、33.38%（表 9-5）。盐胁迫下，白沙蒿稳定的 C18:2 导致其 UFA 和 IUFA 始终高于黑沙蒿，这可能是其比黑沙蒿种子萌发率高的重要原因。

综上所述，盐胁迫下白沙蒿种子膜受损程度低于黑沙蒿，萌发率和总抗氧化能力高于黑沙蒿。白沙蒿总抗氧化能力的提高并非由 SOD、CAT 和 POD 引致，可能与其较高的 α-生育酚（α-T）含量有关，高含量 C18:2、稳定的 IUFA 和较低的膜脂过氧化程度有利于白沙蒿保持相对良好的膜功能，是其萌发率高于黑沙蒿的重要原因。

9.3.2 叶脂肪酸代谢对盐胁迫的响应

9.3.2.1 生物量

NaCl 胁迫显著影响幼苗期白沙蒿和黑沙蒿的生物量（图 9-4）。随 NaCl 浓度增加，白沙蒿与黑沙蒿单株干重均显著降低，除 50mmol/L NaCl 胁迫 7d 外，相同盐处理浓度

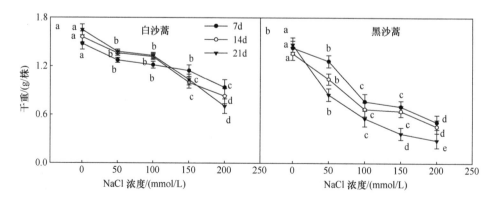

图 9-4 NaCl 胁迫对白沙蒿（a）和黑沙蒿（b）干重的影响（引自 Chen et al.，2018）

不同小写字母表示同一时间不同浓度间差异显著（P<0.05）

表 9-5 白沙蒿与黑沙蒿种子脂肪酸组成及含量 (引自陈晓龙, 2019)

(%, w/w)

脂肪酸组成	白沙蒿					黑沙蒿				
	成熟种子	NaCl 浓度				成熟种子	NaCl 浓度			
		0mmol/L	50mmol/L	100mmol/L	150mmol/L		0mmol/L	50mmol/L	100mmol/L	150mmol/L
肉豆蔻酸 C14:0	0.04±0.00Abc	0.03±0.00Bc	0.06±0.00Ba	0.07±0.00Ba	0.05±0.00Ab	0.05±0.00Ac	0.09±0.00Ab	0.17±0.01Aa	0.21±0.01Aa	0.04±0.00Ac
棕榈酸 C16:0	5.49±0.23Ab	7.69±0.00Ba	8.19±0.00Ba	7.62±0.00Ba	8.13±0.00Ba	5.52±0.16Ad	9.71±0.68Ac	10.76±0.83Abc	11.52±0.95Ab	14.53±0.79Aa
棕榈油酸 C16:1	0.08±0.00Ac	0.07±0.00Bc	0.08±0.00Bc	0.11±0.00Bb	0.14±0.00Aa	0.10±0.00Ac	0.18±0.00Aab	0.16±0.00Ab	0.20±0.01Aa	0.07±0.00Bc
硬脂酸 C18:0	1.37±0.09Ac	7.26±0.43Ac	2.15±0.16Ab	2.05±0.09Bb	2.15±0.19Ab	1.42±0.08Ac	2.79±0.10Bb	2.93±0.23Aab	3.12±0.16Aa	1.20±0.09Bc
油酸 C18:1	10.00±0.46Ab	6.88±0.45Bb	13.65±0.89Ba	13.19±1.24Ba	14.23±0.98Ba	10.39±0.82Ac	18.18±1.21Ab	18.15±0.99Ab	19.00±1.56Aab	19.99±1.72Aa
亚油酸 C18:2	82.59±2.17Aa	75.56±4.56Aa	74.51±3.78Aa	75.55±2.89Aa	73.80±5.41Aa	82.02±3.43Aa	67.04±3.45Ba	64.70±2.67Bb	62.52±4.27Bc	55.33±3.82Bd
亚麻酸 C18:3	0.13±0.00Ac	0.28±0.12Ba	0.23±0.09Bb	0.24±0.07Bb	0.31±0.02Aa	0.15±0.00Ad	0.39±0.02Ab	0.46±0.02Aa	0.38±0.02Ab	0.24±0.01Ac
花生酸 C20:0	0.32±0.00Ac	0.51±0.03Bb	0.49±0.04Bb	0.59±0.03Ba	0.56±0.03Aa	0.35±0.00Ae	0.66±0.04Ac	0.87±0.03Aa	0.76±0.00Ab	0.38±0.02Bd
饱和脂肪酸 ΣSFA	7.22±0.57Ac	16.0±1.14Aa	11.37±1.67Bb	11.70±1.36Bb	11.38±1.28Bb	7.34±0.62Ac	14.02±1.02Ab	15.75±1.31Aab	16.49±1.26Aa	16.57±1.37Aa
不饱和脂肪酸 ΣUFA	92.80±4.23Aa	82.80±3.12Ab	88.46±4.51Aa	89.11±3.24Aa	88.48±4.13Aa	92.66±6.39Aa	85.78±5.42Aa	83.48±3.25Ba	83.09±3.79Ba	75.63±4.19Bb
IUFA	175.39±5.84Aa	158.92±4.57Aa	163.42±5.51Aa	165.15±4.85Aa	162.90±4.64Aa	174.68±5.35Aa	153.59±3.72Aa	149.09±4.58Bab	147.37±4.93Bb	131.43±2.74Bc

注: 表中数值表示平均值±标准差, 不同大、小写字母分别代表物种间和处理间在 0.05 水平上差异显著; 脂肪酸不饱和指数 (IUFA) =1×(C16:1+C18:1)+2×(C18:2)+3×(C18:3), 括号内表示每种脂肪酸占总脂肪酸的百分比

和时间下，白沙蒿单株干重下降的趋势比黑沙蒿缓慢。表明盐胁迫下白沙蒿相比黑沙蒿能够更好地维持相对良好的生长状况。

9.3.2.2 生理指标

（1）钠含量

胁迫 7d，白沙蒿叶 Na^+ 含量随盐浓度增加呈上升趋势，100mmol/L、150mmol/L 和 200mmol/L NaCl 处理 Na^+ 含量分别是 CK 的 14.3 倍、14.9 倍和 15.5 倍。胁迫 14d 和 21d，叶中 Na^+ 含量均随 NaCl 浓度升高呈先增加后降低的趋势，均在 150mmol/L NaCl 处理下达顶峰，分别是对照（CK）的 47.5 倍和 72.0 倍，200mmol/L NaCl 胁迫下 Na^+ 含量分别是 CK 的 33.0 倍和 56.7 倍（图 9-5a）。盐胁迫 7d 和 14d，黑沙蒿叶 Na^+ 含量随 NaCl 浓度增加呈显著上升趋势，200mmol/L NaCl 胁迫下 Na^+ 含量最高，分别是 CK 的 7.8 倍和 11.9 倍。胁迫 21d，Na^+ 含量随 NaCl 浓度升高呈先增加后降低趋势，150mmol/L 和 200mmol/L NaCl 胁迫下，Na^+ 含量分别是 CK 的 15.4 倍和 12.3 倍（图 9-5b）。

盐害初期，白沙蒿叶 Na^+ 含量显著升高，且明显高于黑沙蒿；200mmol/L NaCl 胁迫 21d，白沙蒿叶 Na^+ 含量显著下降。此现象表明盐胁迫下白沙蒿体内积累较高浓度 Na^+，但能比黑沙蒿维持较好的生长。

（2）相对电导率

盐胁迫 7d 和 14d，白沙蒿叶相对电导率随 NaCl 浓度增加呈显著上升趋势。其中，200mmol/L NaCl 胁迫下相对电导率最高，分别是 CK 的 2.1 倍和 2.7 倍。但在胁迫 14d，100mmol/L、150mmol/L 和 200mmol/L 处理间相对电导率无显著差异。盐胁迫 21d，100mmol/L、150mmol/L 和 200mmol/L NaCl 胁迫下相对电导率分别是 CK 的 2.1 倍、2.3 倍和 2.2 倍，均低于胁迫 14d 的相应电导率数值，且处理间差异不显著（图 9-5c）。黑沙蒿叶相对电导率在盐胁迫 7d、14d 和 21d 随 NaCl 浓度的增加均呈显著上升趋势。相同浓度处理下，相对电导率是 21d>14d>7d。200mmol/L NaCl 胁迫下相对电导率最高，分别是 CK 的 2.1 倍、2.8 倍和 2.7 倍（图 9-5d）。盐胁迫 14d 和 21d，相比黑沙蒿白沙蒿维持较低水平相对电导率。

（3）叶绿素含量和比值

白沙蒿叶绿素含量，盐胁迫 7d 和 14d 在 200mmol/L NaCl 处理下分别比 CK 下降 7.3% 和 27.5%，其他处理与 CK 均无显著差异；盐胁迫至 21d，叶绿素含量在 150mmol/L 和 200mmol/L NaCl 处理下分别比 CK 下降 23.4% 和 58.7%，其他处理与 CK 均无显著差异（图 9-5e）。黑沙蒿叶绿素含量，胁迫 7d 的 100mmol/L、150mmol/L 和 200mmol/L NaCl 处理下分别比 CK 下降 14.0%、16.6% 和 21.0%；胁迫 14d 和 21d，150mmol/L 和 200mmol/L NaCl 处理下分别比 CK 下降 17.0%、19.7% 和 29.4%、53.4%（图 9-5f）。

盐胁迫 7d，白沙蒿叶绿素 a/b 值在 50mmol/L、100mmol/L、150mmol/L 和 200mmol/L NaCl 处理下分别比 CK 下降 5.4%、3.6%、9.0% 和 9.4%，但处理间差异不显著。黑沙蒿在 50mmol/L 和 100mmol/L NaCl 处理下与 CK 无显著差异，150mmol/L 和 200mmol/L NaCl 处理下分别比 CK 下降 25.2% 和 25.6%。盐胁迫 14d 与 21d，白沙蒿和黑沙蒿叶绿素 a/b 值均随盐浓度增加呈下降趋势。50mmol/L、100mmol/L、150mmol/L、200mmol/L

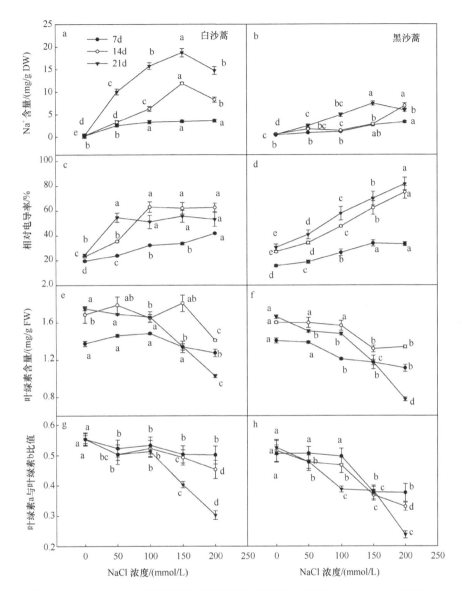

图 9-5　NaCl 胁迫对白沙蒿和黑沙蒿生理指标的影响（引自 Chen et al.，2018）
不同小写字母表示同一时间不同浓度间差异显著（$P<0.05$）

NaCl 处理下胁迫 14d，白沙蒿和黑沙蒿叶绿素 a/b 值分别比 CK 下降 9.1%、5.4%、10.9%、18.1% 和 7.3%、9.4%、28.5%、35.9%；胁迫 21d，分别比 CK 下降 9.1%、7.2%、27.1%、45.2% 和 9.1%、26.3%、27.1%、54.8%（图 9-5g，图 9-5h）。叶绿素 a/b 值下降，表明植物对红橙光和蓝紫光的利用率降低（Shu et al.，2013）。盐胁迫下，白沙蒿叶绿素分解速度和叶绿素 a/b 值下降速率明显低于黑沙蒿，说明白沙蒿能保持较好的光利用率。

9.3.2.3　脂肪酸组成及含量

（1）脂肪酸组分

质膜是植物受盐害损伤的一个重要部位。膜通透性是表征植物耐盐性的有效指标之一，膜透性变化与脂肪酸组成、脂肪酸不饱和指数（IUFA）密切相关。盐胁迫下，白沙蒿除200mmol/L处理7d时，UFA显著低于对照外，其余处理间UFA和SFA均无显著变化。随NaCl浓度增加，白沙蒿C18:3含量始终呈下降趋势；C18:2含量除7d高盐浓度150mmol/L和200mol/L处理中略有下降外，始终表现为逐渐增加的趋势；而C18:1含量除在胁迫7d呈先上升后下降趋势外，后期都呈下降趋势。上述脂肪酸变化规律在200mmol/L NaCl胁迫下最为显著：胁迫7d，白沙蒿C18:3和C18:2含量分别比CK下降5.85%和0.48%，C18:1增加0.84%；胁迫14d和21d，C18:3、C18:1含量分别比CK下降4.19%、0.75%和4.84%、1.11%，而C18:2分别增加5.22%和6.47%（表9-6）。在整个胁迫期间，黑沙蒿C18:3含量同样始终呈下降趋势；C18:2除在胁迫14d呈先上升后下降外，7d和21d各处理间差异不显著；C18:1含量在14d和21d（除50mmol/L外）各处理下均与对照无显著差异。200mmol/L NaCl胁迫7d、14d和21d，黑沙蒿C18:3含量分别比CK下降9.27%、7.22%、15.58%；C18:2仅分别比CK增加2.28%、0.42%和3.87%（表9-6）。

（2）脂肪酸不饱和指数

脂肪酸不饱和指数（IUFA）的变化直接影响到膜透性，并影响离子的选择性吸收（Mansour，2013；Wang et al.，2008）。50mmol/L和100mmol/L NaCl胁迫处理7d、14d和21d，白沙蒿IUFA均与CK无显著差异；而150mmol/L和200mmol/L NaCl处理下，其IUFA发生显著变化。其中，7d时分别比CK下降3.12%和10.24%；14d时与CK无显著差异；21d时分别比CK下降2.41%和1.61%（图9-6）。50mmol/L和100mmol/L NaCl胁迫处理7d，黑沙蒿IUFA分别比CK下降5.30%和7.09%，而14d均与CK无显著差异；150mmol/L和200mmol/L NaCl处理分别比CK下降12.22%、14.74%和10.95%、13.91%。其中胁迫21d，50mmol/L、100mmol/L、150mmol/L和200mmol/L处理下黑沙蒿IUFA分别比CK下降8.88%、13.77%、19.89%和23.80%（图9-6）。上述结果表明，相比黑沙蒿，盐胁迫下白沙蒿能维持稳定的IUFA，且主要是通过C18:2比例上升实现的。

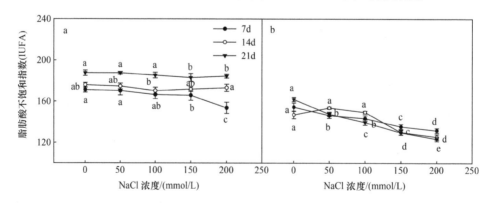

图9-6 NaCl胁迫对白沙蒿（a）和黑沙蒿（b）IUFA的影响（引自Chen et al.，2018）

不同小写字母表示同一时间不同浓度间差异显著（$P<0.05$）；

IUFA=1×（C16:1+C18:1）+2×（C18:2）+3×（C18:3）+4×（C18:4）

（3）茉莉酸

茉莉酸（JA）是以α-亚麻酸为底物进行合成的一类信号物质。胁迫7d和14d，白

表9-6　白沙蒿和黑沙蒿叶脂肪酸组成（引自 Chen et al., 2018）

（%, w/w）

脂肪酸组成

白沙蒿

胁迫时间	NaCl	棕榈酸 C16:0	棕榈油酸 C16:1	硬脂酸 C18:0	油酸 C18:1	亚油酸 C18:2	亚麻酸 C18:3	花生酸 C20:0	山嵛酸 C22:0	饱和脂肪酸 ΣSFA	不饱和脂肪酸 ΣUFA
7d	0mmol/L	14.85±0.89ab	0.32±0.02c	3.65±0.21a	5.35±0.41b	20.97±2.38c	41.19±1.43a	3.89±0.13a	5.38±2.47a	27.77±1.70a	67.83±4.24a
	50mmol/L	15.43±0.79a	0.35±0.03b	3.34±0.15a	6.78±0.47a	23.56±2.14a	38.68±1.37b	3.76±0.26a	5.11±2.39a	27.64±1.59a	69.37±4.01a
	100mmol/L	16.00±1.23ab	0.36±0.01b	3.26±0.27a	7.01±0.36a	23.48±1.28ab	37.37±4.25c	4.19±0.31a	5.67±3.13a	29.12±1.94a	68.22±5.90a
	150mmol/L	15.87±1.78ab	0.39±0.01a	3.58±0.29a	6.71±0.32a	22.88±0.79b	37.66±1.03bc	4.15±0.28a	5.10±4.29a	28.70±2.64a	67.64±2.15a
	200mmol/L	14.31±0.93b	0.46±0.02a	3.18±0.30a	6.19±0.45b	20.49±1.11c	35.34±3.88d	4.55±0.34a	6.36±3.43a	28.40±2.00a	62.48±5.46b
14d	0mmol/L	14.38±1.56a	0.44±0.02c	2.90±0.19a	5.44±0.36ab	17.63±1.12d	44.90±3.25a	4.40±0.25a	5.43±2.35a	27.11±2.35a	68.41±4.75a
	50mmol/L	14.95±1.38bcd	0.52±0.03b	3.25±0.12a	5.92±0.27a	18.66±1.63c	43.62±2.68ab	4.37±0.17a	5.39±3.31a	27.96±1.98a	68.72±4.61a
	100mmol/L	15.74±0.92a	0.30±0.01d	2.93±0.15a	5.03±0.34ab	19.24±0.78b	42.13±4.37c	3.78±0.22b	4.79±3.41a	27.24±1.70a	66.70±5.50a
	150mmol/L	14.84±0.87cd	0.32±0.01d	2.63±0.98a	5.05±0.29ab	19.66±1.34b	42.35±4.12bc	4.01±0.26ab	4.46±2.47a	25.94±2.58a	67.38±5.76a
	200mmol/L	15.24±0.96abc	0.61±0.02a	2.92±0.10a	4.69±0.31b	22.85±2.42a	40.71±3.79d	3.60±0.33b	4.56±3.15a	26.32±1.54a	68.86±6.54a
21d	0mmol/L	14.07±0.79a	0.65±0.01a	2.98±0.14a	5.07±0.38a	20.74±2.78c	46.83±1.05a	2.91±0.21b	3.47±2.14a	23.43±1.28a	73.29±4.22a
	50mmol/L	12.97±0.83b	0.69±0.02a	2.41±0.11a	4.42±0.27ab	22.87±2.23bc	45.60±0.86b	3.43±0.36a	3.68±2.47a	22.49±1.77a	73.58±3.38a
	100mmol/L	13.84±0.84ab	0.51±0.02ab	3.06±0.27a	4.94±0.33ab	23.73±1.62b	44.20±0.74a	3.44±0.24a	3.50±2.52a	23.84±1.87a	73.38±2.71a
	150mmol/L	13.82±0.96ab	0.45±0.02b	3.21±0.20a	4.42±0.35ab	24.48±1.49b	43.11±1.76c	2.86±0.19b	2.99±1.97a	22.88±2.32a	72.46±3.62a
	200mmol/L	14.24±1.21a	0.30±0.01c	3.18±0.18a	3.97±0.18b	27.20±1.52a	41.99±3.61d	2.72±0.14b	3.44±2.23a	23.58±1.76a	73.46±5.32a

续表

胁迫时间	NaCl	脂肪酸组成									
		棕榈酸 C16:0	棕榈油酸 C16:1	硬脂酸 C18:0	油酸 C18:1	亚油酸 C18:2	亚麻酸 C18:3	花生酸 C20:0	山嵛酸 C22:0	饱和脂肪酸 ΣSFA	不饱和脂肪酸 ΣUFA
						黑沙蒿					
7d	0mmol/L	21.00±1.23a	0.21±0.03c	1.95±0.17b	4.01±0.44c	29.57±2.31b	30.35±2.34a	4.86±0.47c	6.13±0.23a	33.94±2.10b	64.14±5.12a
	50mmol/L	20.87±2.38ab	0.23±0.05c	2.79±0.13a	5.07±0.37a	31.25±3.24a	26.14±1.25b	5.01±0.36b	7.60±0.31a	36.27±3.18a	62.69±4.91a
	100mmol/L	21.68±0.98a	0.31±0.04a	2.56±0.26a	4.50±0.42b	32.91±1.73a	24.28±1.76c	5.04±0.14b	6.94±0.27a	36.22±1.65a	62.00±3.95a
	150mmol/L	20.80±0.82bc	0.25±0.03b	2.71±0.41a	3.78±0.38c	32.95±3.57a	21.87±1.48d	8.79±0.37a	6.76±0.34a	39.06±1.94a	58.85±5.46b
	200mmol/L	19.93±0.95c	0.26±0.06b	2.70±0.24a	4.47±0.13b	31.85±2.98a	21.08±2.61d	9.02±0.42a	7.22±0.24a	38.87±1.85a	57.66±5.78b
14d	0mmol/L	21.57±0.94a	0.24±0.02bc	2.83±0.24a	4.61±0.04a	27.67±4.57b	28.91±1.69a	5.39±0.28b	7.45±0.32c	37.24±1.78a	61.43±6.32a
	50mmol/L	20.29±1.34ab	0.30±0.04a	2.35±0.19a	4.43±0.42a	29.34±3.53ab	30.07±2.15a	5.05±0.19b	6.56±0.25c	34.25±1.97b	64.14±6.13a
	100mmol/L	20.95±1.26ab	0.27±0.02b	2.47±0.15a	4.57±0.27a	31.32±2.36a	27.27±1.78a	5.31±0.34b	6.11±0.14c	34.84±1.89b	63.43±4.43a
	150mmol/L	19.84±1.18b	0.27±0.08b	2.56±0.33a	3.90±0.36a	31.77±4.13a	20.76±0.97b	8.03±0.38a	12.04±0.18a	42.47±2.07a	56.70±5.54b
	200mmol/L	15.05±0.91c	0.27±0.01b	2.35±0.32a	3.92±0.20a	28.09±1.78a	21.69±1.26b	9.34±0.25a	10.57±0.26b	37.31±1.74b	53.97±3.25b
21d	0mmol/L	17.07±1.23c	0.23±0.02b	1.80±0.11b	3.67±0.28b	26.90±1.24b	34.74±2.14a	4.44±0.14b	5.59±0.28b	28.90±1.76c	65.54±3.68a
	50mmol/L	18.78±0.89ab	0.32±0.02a	2.53±0.36a	5.51±0.21a	31.13±2.67a	26.49±1.37b	5.45±0.38b	6.90±0.32b	33.66±1.95b	63.45±4.27ab
	100mmol/L	18.12±0.85bc	0.25±0.01b	3.24±0.07b	4.09±0.31b	32.65±3.29a	23.34±3.25b	5.49±0.29b	5.31±0.17b	32.16±1.38b	60.33±6.86b
	150mmol/L	21.55±0.86a	0.26±0.06ab	2.49±0.38a	3.42±0.35b	31.88±2.67a	20.76±1.29c	8.06±0.16a	8.84±0.25a	40.94±1.65a	56.32±4.37c
	200mmol/L	21.52±1.28a	0.28±0.03a	2.46±0.29a	4.07±0.19b	30.77±1.56a	19.16±1.62c	4.57±0.35b	5.57±0.16b	34.12±2.08b	54.28±3.40c

注：表中数值表示平均值±标准差，不同小写字母表示同一脂肪酸含量差异显著（$P<0.05$）；由于C12:0和C14:0含量较低，未列入表中

沙蒿叶 JA 含量随 NaCl 浓度增加而上升，且在 14d 增势趋缓。150mmol/L 与 200mmol/L NaCl 处理间无显著差异，其中 200mmol/L NaCl 处理下，JA 含量分别为 812.6ng/g FW 和 764.8ng/g FW，分别是 CK 的 2.2 倍和 2.1 倍。胁迫 21d，JA 含量在 50mmol/L NaCl 胁迫下最高，后随 NaCl 浓度增加呈显著下降趋势；200mmol/L NaCl 处理下，JA 含量为 551.1ng/g FW，仅为 CK 的 1.4 倍（图 9-7a）。结果表明，胁迫 21d 白沙蒿 C18:3 含量的下降并非由 JA 的合成转化所导致（表 9-6）。盐胁迫 7d、14d 和 21d，黑沙蒿叶中 JA 含量均随 NaCl 浓度升高呈显著上升趋势，200mmol/L NaCl 胁迫下 JA 含量最高（图 9-7b）。

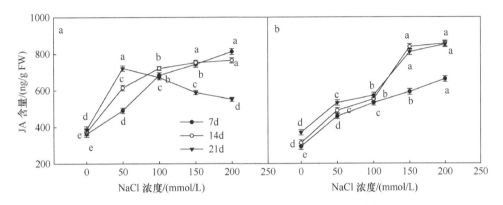

图 9-7　NaCl 胁迫对白沙蒿（a）和黑沙蒿（b）JA 含量的影响（引自 Chen et al.，2018）
不同小写字母表示同一时间不同浓度间差异显著（$P<0.05$）

综上所述，白沙蒿 Na^+ 含量高于黑沙蒿，其叶绿素、生物量均显著高于黑沙蒿，且电导率显著低于黑沙蒿，表明白沙蒿的耐盐性优于黑沙蒿。盐胁迫下，两种植物脂肪酸组成变化表明，白沙蒿具有稳定的膜脂不饱和度，且主要是通过 C18:2 组成比例上升实现的。高盐胁迫后期，白沙蒿通过提高 C18:2 含量，进而降低膜透性，提高膜稳定性，其耐盐性增加。

9.3.3　叶脂质代谢对盐胁迫的响应

植物叶脂质包括磷脂酰甘油（PG）、磷脂酰胆碱（PC）、磷脂酰乙醇胺（PE）、单半乳糖甘油二酯（MGDG）、双半乳糖甘油二酯（DGDG）和硫代异鼠李糖甘油二酯（SQDG）等。其中，PG 是类囊体膜上唯一的磷脂成分，也是 PSII 氧化电子输运的位点，较高含量的 PG 可以增强植物光合能力，而 PC 对此过程具有补偿作用，且 PG、PC 含量及 PC/PE 值增加均有利于提高植物耐盐性（Mansour et al.，2015；Salama et al.，2011；Sui et al.，2010）。DGDG、MGDG 和 SQDG 3 种糖脂大量存在于植物光合膜上（Hölzl and Dörmann，2007），DGDG/MGDG 值增加有助于提高哥伦比亚型拟南芥的抗旱性（Gigon et al.，2004），SQDG 含量增加有助于提高翠菊和海马齿耐盐性（Ramani et al.，2004）。白沙蒿通过提高亚油酸（C18:2）组成比例以维持稳定的 IUFA（表 9-6），是其耐盐的重要机制之一（Chen et al.，2018），下面将研究其叶脂质、脂质脂肪酸组分、IUFA 在叶片总 IUFA 的比例及其对盐胁迫的响应，深入探讨白沙蒿提高 C18:2 组成比例的生物学机制。

9.3.3.1 脂质组成

白沙蒿叶中检测到 PG、PC、PE 3 种磷脂和 DGDG、MGDG、SQDG 3 种糖脂。其中，PG 含量最高（2.31mg/g FW），随后依次为 DGDG（1.89mg/g FW）、PC（1.56mg/g FW）、MGDG（1.27mg/g FW）、PE（1.14mg/g FW）和 SQDG（0.72mg/g FW）。

50mmol/L NaCl 处理下，PG 和 PC 含量均持续升高，胁迫 7d、21d 时其含量分别是对照的 1.79 倍、2.15 倍和 1.55 倍、1.69 倍。对于 PE 含量，胁迫 7d 时与对照无显著差异，胁迫 21d 时是对照的 1.96 倍。对于 PC/PE 值，胁迫 7d 是对照的 1.33 倍，胁迫 21d 时与对照无显著差异。DGDG 在胁迫 7d 时是对照的 1.25 倍，胁迫 21d 时与对照无显著差异。SQDG、MGDG 及 DGDG/MGDG 值在胁迫过程中均始终与对照无显著差异。200mmol/L NaCl 处理下，PC 和 PE 含量持续上升，7d 和 21d 分别是对照的 2.21 倍、2.28 倍和 1.46 倍、4.46 倍。PG 和 DGDG 含量 7d 时均与对照无显著差异，21d 时分别较对照下降 43.72% 和 34.92%。MGDG 含量和 PC/PE 值均表现为早期升高，后期降低，7d 时分别是对照的 2.72 倍和 1.51 倍，而 21d 分别较对照下降 69.29% 和 48.91%。SQDG 含量持续下降，7d 和 21d 时分别比对照降低 27.78% 和 69.44%。对于 DGDG/MGDG，7d 时较对照下降 64.86%，21d 时是对照的 2.11 倍（表 9-7）。

表 9-7 NaCl 胁迫下叶脂质组成和含量（引自陈晓龙，2019）

NaCl	时间	PG/ (mg/g FW)	PC/ (mg/g FW)	PE/ (mg/g FW)	DGDG/ (mg/g FW)	MGDG/ (mg/g FW)	SQDG/ (mg/g FW)	PC/PE	DGDG/ MGDG
50mmol/L	0d	2.31±0.15b	1.56±0.15b	1.14±0.15b	1.89±0.05b	1.27±0.08a	0.72±0.06a	1.37±0.10b	1.48±0.26a
	7d	4.14±0.21a	2.42±0.22a	1.33±0.11b	2.36±0.01a	1.53±0.07a	0.70±0.07a	1.82±0.09a	1.55±0.13a
	21d	4.96±0.26a	2.63±0.21a	2.24±0.13a	1.58±0.08b	1.16±0.08a	0.98±0.04a	1.17±0.13b	1.35±0.16a
200mmol/L	0d	2.31±0.15a	1.56±0.15b	1.14±0.15c	1.89±0.05a	1.27±0.08b	0.72±0.06a	1.37±0.10b	1.48±0.26b
	7d	2.74±0.17a	3.45±0.26a	1.67±0.09b	1.81±0.06a	3.46±0.08a	0.52±0.06b	2.07±0.17a	0.52±0.03c
	21d	1.30±0.14b	3.55±0.26a	5.09±0.31a	1.23±0.01b	0.39±0.02c	0.22±0.01c	0.70±0.05c	3.13±0.29a

注：表中数值表示平均值±标准差；不同字母代表相同浓度下、不同处理时间同一脂质含量或比值差异显著（$P<0.05$）

上述结果表明，低盐胁迫下 PG、PC 含量和 PC/PE 值增加有利于白沙蒿生长，而高盐胁迫下其生长主要依赖 PC、MGDG 含量以及 PC/PE、DGDG/MGDG 值的增加。值得注意的是，PE 含量增加反映盐胁迫下膜上六角形相增加，膜结构受到一定程度的破坏（Russell，1989），但同时 PE 能够促使 α-生育酚醌还原成 α-生育酚（α-T）（Doert et al.，2017）。本研究中低盐胁迫后期和高盐胁迫下，白沙蒿 PE 含量显著增加，与该时期 α-T 含量的显著增加结果一致。

9.3.3.2 脂质脂肪酸组成

（1）脂质不饱和脂肪酸组成

低盐胁迫下，白沙蒿脂质 C18:1 含量，7d 和 21d，在 PC 中分别是对照的 1.35 倍和

1.26 倍，MGDG 中分别较对照显著下降 58.33%和 46.88%。SQDG 和 PE 中，7d 时与对照无显著差异，21d 时分别较对照降低 13.87%和 18.87%；在 PG 和 DGDG 中均始终与对照无显著差异（图 9-8a）。C18:2 含量，SQDG 和 MGDG 中均较对照显著增加，7d、21d 分别是对照的 4.37 倍和 2.84 倍、1.80 倍和 1.37 倍。PG、PC 和 PE，7d 时均与对照无显著差异；21d，PG 和 PE 分别是对照的 1.22 倍和 1.23 倍，PC 比对照显著下降 20.65%。DGDG 中，7d、21d 时分别较对照下降 36.70%和 16.60%（图 9-8b）。C18:3 含量，SQDG 和 PG 中持续增加，7d、21d 时分别是对照的 3.11 倍、4.38 倍和 1.31 倍、1.33 倍。其他几种脂类中，7d 时，PC、DGDG 中分别是对照的 1.19 倍和 1.08 倍，MGDG 中较对照显著下降 11.76%，PE 中与对照无显著差异；21d 时，DGDG 和 PE 中分别较对照下降 33.49%和 10.68%，MGDG 和 PC 中与对照无显著差异（图 9-8c）。

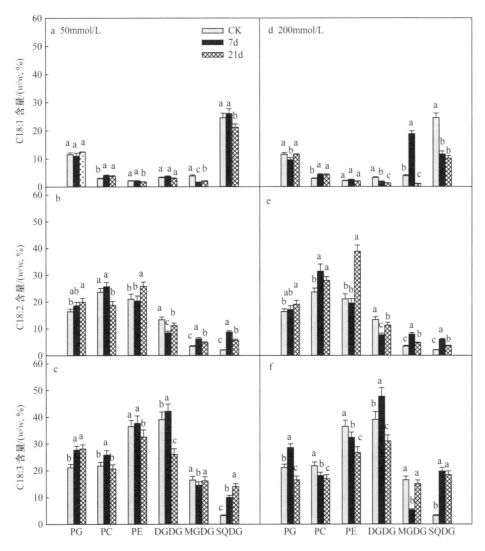

图 9-8　NaCl 胁迫对脂质 C18:1（a、b）、C18:2（c、d）、C18:3（e、f）的影响

图中数值代表平均值±标准差（n=5），柱上不同字母代表处理间差异显著（P<0.05）

高盐胁迫下，C18:1 在 PC 中持续上升，7d、21d 时分别是对照的 1.44 倍和 1.43 倍；SQDG 和 DGDG 中均持续下降，7d、21d 时分别较对照下降 52.66%、58.69%和 44.09%、60.98%；MGDG 中，7d 时是对照的 4.89 倍，21d 时下降 71.88%；7d 时在 PG 中显著下降 16.98%，21d 时与对照无显著差异；在 PE 中均始终较对照无显著差异（图 9-8d）。C18:2，在 SQDG、MGDG 和 PC 中持续上升，7d 时分别是对照的 2.99 倍、2.29 倍和 1.33 倍，21d 分别是对照的 1.75 倍、1.35 倍和 1.18 倍；PG 和 PE 中 7d 时与对照均无显著差异，21d 时分别是对照的 1.26 倍和 1.87 倍；DGDG 中 7d 和 21d 时分别较对照显著下降 42.94%和 15.47%（图 9-8e）。C18:3，7d 时，在 SQDG、DGDG 和 PG 中分别是对照的 6.15 倍、1.22 倍和 1.35 倍，在 MGDG、PE 和 PC 中分别显著下降 68.06%、11.29%和 16.69%；21d 时，在 SQDG 中是对照的 5.74 倍，DGDG、PG、PE 和 PC 中较对照分别下降 20.59%、21.76%、26.93%和 22.20%，MGDG 中与对照无显著差异（图 9-8f）。

（2）脂质脂肪酸不饱和指数

正常生长条件下，白沙蒿叶 PE 脂肪酸不饱和指数（IUFA）最高，为 153.78，其次分别为 DGDG（147.04）、PC（115.58）、PG（107.66）、MGDG（60.18）和 SQDG（38.15）（图 9-9）。

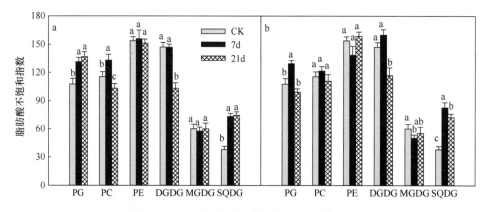

图 9-9　NaCl 胁迫对脂质脂肪酸 IUFA 的影响

a. 50mmol/L；b. 200mmol/L。图中数值代表平均值±标准差（n=5），柱上不同字母代表处理间差异显著（P<0.05）

低盐胁迫下，SQDG 和 PG 中 IUFA 均持续升高，7d、21d 时分别是对照的 1.92 倍、1.96 倍和 1.22 倍、1.27 倍；PC 中 IUFA 在 7d 时是对照的 1.15 倍，21d 时比对照下降 10.71%。其他脂质组分中，除 DGDG 中 IUFA 在 21d 较对照显著下降 29.89%外，其他均与对照无显著差异（图 9-9a）。高盐胁迫下，PG、PC、PE 中 IUFA，仅 PG 在 7d 时有所上升，是对照的 1.20 倍，其他处理中 3 种磷脂始终稳定，与对照无显著差异；SQDG 中 IUFA，7d 和 21d 时分别是对照的 2.17 倍和 1.90 倍；DGDG 中 IUFA，7d 时与对照无差异显著，21d 时较对照显著下降 20.55%；7d 时，MGDG 中 IUFA 较对照下降 16.47%，21d 时与对照无差异（图 9-9b）。

上述结果表明，低盐胁迫下及高盐胁迫初期，C18:1、C18:2 和 C18:3 对 PG、PC 和 PE 稳定膜脂 IUFA 均有所贡献。高盐胁迫 21d，C18:2 在 PG、PC 和 PE 中分别是对照的 1.17 倍、1.18 倍和 1.84 倍，表明该阶段 C18:2 含量上升是 PG、PC 和 PE 中 IUFA 稳定的主要因素。二色补血草和碱蓬的研究中也有类似报道，分别通过增加 PG、PC、DGDG、SQDG 和 PG、MGDG、SQDG 中 C18:3 含量提高其 IUFA（Sui and Han，2014；Sui et al.，2010）。

9.3.3.3　脂质脂肪酸对总脂肪酸不饱和指数的贡献

叶的脂肪酸主要存在于各类脂质中（Salama et al.，2007），而脂肪酸不饱和指数和植物的耐盐性密切相关。为了明确各脂质组分在植物耐盐过程中的重要性，作者提出脂质脂肪酸不饱和指数对总脂肪酸不饱和指数的贡献度（IUFA contribution degree of lipid FA to total FA，ICD）的指标，即

$$ICD = \frac{单个脂质脂肪酸不饱和指数}{总脂肪酸不饱和指数} \times \frac{单个脂质含量}{总脂含量} \times 100\%$$

利用该贡献度公式计算，发现盐胁迫下碱蓬的 PG 和盐芥中的 PG、SQDG 的贡献度均较对照增加；盐芥中 PC 贡献度也高于对照，但由于其数值较低，作用被忽略（表 9-8）。这一结果表明，贡献度能够较好地反映和量化脂质组分对植物耐盐性的贡献，其值越高则表示该组分在植物耐盐过程中发挥的作用越大。

表 9-8　几种植物叶脂质脂肪酸不饱和指数的贡献度　　　　　　　　　　（%）

物种	NaCl	MGDG	DGDG	SQDG	PG	PC	文献
碱蓬	1mmol/L	44.05	40.64	13.42	8.69	9.23	Sui et al.，2010
	300mmol/L	40.10	37.40	8.88	21.96	6.69	
碱蓬	0mmol/L	36.03	35.91	18.95	8.77	6.78	Sui and Han，2014
	200mmol/L	29.32	32.50	11.56	16.57	3.62	
盐芥	0mmol/L	28.93	41.35	12.57	16.72	0.79	Sui and Han，2014
	200mmol/L	23.88	23.09	27.67	20.64	4.92	

正常生长条件下，白沙蒿 DGDG 贡献度最高，其值为 17.83%，其次分别为 PG（15.93%）、PC（11.66%）、PE（11.21%）、MGDG（4.94%）和 SQDG（1.76%）其中 MGDG 和 SQDG 贡献度小于 5%，说明其发挥的作用有限（图 9-10）。低盐胁迫下，PG 贡献度在整个胁迫期间持续升高，7d 和 21d 分别是对照的 1.64 倍、1.71 倍；PE 贡献度

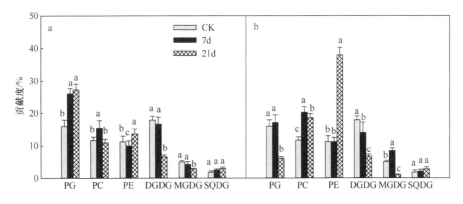

图 9-10　NaCl 胁迫下各脂质脂肪酸不饱和指数对总脂肪酸不饱和指数的贡献

a. 50mmol/L；b. 200mmol/L。图中数值代表平均值±标准差（*n*=5），柱上不同字母代表处理间差异显著（*P*<0.05）

在 7d 较对照下降 11.29%，21d 是对照的 1.21 倍；PC 贡献度在 7d 是对照的 1.32 倍，MGDG 和 DGDG 贡献度在 21d 分别较对照下降 43.43% 和 63.26%，其他处理时间下均与对照无显著差异（图 9-10a）。高盐胁迫下，PC 贡献度始终高于对照，7d 和 21d 分别是对照的 1.74 倍和 1.59 倍；21d 时 PE 贡献度是对照的 3.38 倍，PG 贡献度较对照显著下降 61.95%；MGDG 贡献度在 7d 时是对照的 1.70 倍，21d 时较对照显著下降 79.47%；DGDG 贡献度持续下降，7d、21d 分别较对照显著下降 21.54% 和 62.14%（图 9-10b）。各处理下，SQDG 贡献度与对照无显著差异（图 9-10a，图 9-10b）。

上述结果表明，PC 和 PE 贡献度在盐胁迫下明显增加，其对白沙蒿适应盐渍环境发挥重要作用，而 PG 仅对低盐胁迫的适应有所贡献。虽然非双层膜组成型脂 PE 不利于维持完整的膜结构，但其脂肪酸 IUFA 的增加可能有利于植物耐盐，这与盐芥中的研究结果一致（Sui and Han，2014）。

9.3.3.4 脂质脂氧素信号强度

脂质脂氧素信号强度反映脂质被氧化的程度，其值越大，表明脂质被氧化程度越高。整个低盐胁迫期间和高盐胁迫后期，脂质脂氧素信号强度均与对照无显著差异（图 9-11a，图 9-11b），表明脂质受到的氧化损伤较轻；高盐胁迫 7d 时 PG、PC、PE、SQDG、MGDG、DGDG 脂氧素信号强度分别是对照的 1.17 倍、1.18 倍、1.25 倍、1.26 倍、1.22 倍和 1.32 倍（图 9-11b），此时脂质氧化程度增加。

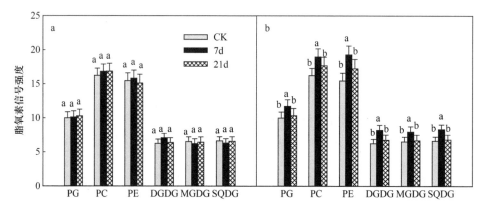

图 9-11　NaCl 胁迫对脂质脂氧素信号强度的影响

a. 50mmol/L；b. 200mmol/L。图中数值代表平均值±标准差（$n=5$）；柱上不同字母代表处理间差异显著（$P<0.05$）

9.3.3.5 脂肪酸脱氢酶关键基因

不饱和脂肪酸由脂肪酸脱氢酶（FAD）催化合成。脂肪酸脱氢酶 2（FAD2）和脂肪酸脱氢酶 6（FAD6）催化 C18:1 合成 C18:2，脂肪酸脱氢酶 3（FAD3）和脂肪酸脱氢酶 7/8（FAD7/FAD8）催化 C18:2 合成 C18:3，FAD2 和 FAD3 位于内质网，FAD6 和 FAD7/FAD8 位于质体（Gibson et al.，1994）。低盐胁迫下，7d 时 *FAD2* 表达量与对照无显著差异，*FAD6* 和 *FAD7/FAD8* 基因表达量分别是对照的 1.78 倍和 1.51 倍；21d 时，*FAD2* 和 *FAD6* 基因表达量分别是对照的 1.71 倍和 4.26 倍，*FAD7/FAD8* 表达量较对照显著降低 38.18%；

FAD3 基因表达量始终与对照无显著差异（图 9-12a）。高盐胁迫下，7d 时，*FAD3* 基因表达量是对照的 1.86 倍，*FAD7/FAD8* 基因表达量与对照无显著差异；21d 时，*FAD3* 和 *FAD7/FAD8* 分别较对照显著降低 34.63%和 58.81%；*FAD2* 和 *FAD6* 基因表达量始终与对照无显著差异（图 9-12b）。

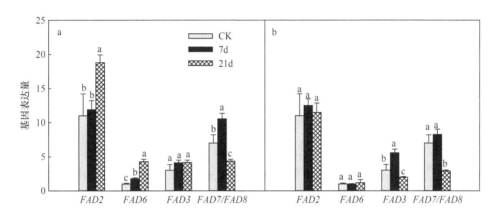

图 9-12　NaCl 胁迫对 *FAD* 表达水平的影响

a. 50mmol/L；b. 200mmol/L。图中数值代表平均值±标准差（*n*=5），柱上不同字母代表处理间差异显著（*P*<0.05）

综上，低盐胁迫和高盐胁迫初期，*FAD* 基因表达并未表现出明显的规律性，这与该时期各脂质组分中 C18:1、C18:2 和 C18:3 含量无明显规律一致，导致其对 PG、PE 和 PC 稳定膜脂 IUFA 均有所贡献。高盐胁迫后期，*FAD3* 和 *FAD7/FAD8* 基因表达量分别降低 34.63%和 58.81%，与 PG、PE 和 PC 中 C18:2 含量上升、C18:3 含量下降的结果一致，PG、PE 和 PC 中 C18:2 的积累是该阶段 IUFA 稳定的重要原因。

9.3.4　α-生育酚对脂肪酸代谢的调控

盐胁迫下，植物酶促和非酶促抗氧化剂能够维持质膜的稳定性，并在一定程度上抵抗盐害。生育酚作为重要的非酶促抗氧化剂，不仅能够清除单线态氧和脂质过氧化自由基，保护光合膜，防止发生过氧化反应（Havaux et al.，2005），而且通过影响抗氧化酶的活力来改善膜透性（Farouk，2011），调控植物体 Na^+、K^+ 平衡功能（Ellouzi et al.，2013）。已有研究显示，不饱和脂肪酸的合成途径可能受 α-生育酚（α-T）的调控，如 α-T 可能抑制芸苔属植物不饱和脂肪酸的合成（Li et al.，2013），α-T 缺失会导致冷胁迫下 *FAD3* 基因表达下调，抑制内质网 OA 向 ALA 的合成转化（Maeda et al.，2008）。下面将重点探讨 α-T 在白沙蒿适应盐胁迫中的作用及其对多元不饱和脂肪酸组成的分子调控机制。

9.3.4.1　α-生育酚含量对盐胁迫的响应

（1）种子

白沙蒿成熟种子中检测到 α-T 和 γ-生育酚（γ-T），其含量分别为 120.4μg/g DW 和 19.7μg/g DW，是黑沙蒿的 1.60 倍和 1.40 倍（图 9-13a）。

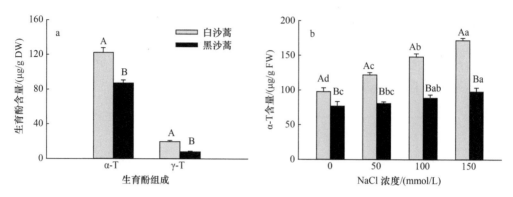

图 9-13　成熟种子（a）及 NaCl 胁迫下（b）白沙蒿和黑沙蒿种子生育酚含量及 α-T 含量
柱上不同大、小写字母分别代表物种间和处理间差异显著（P<0.05）

白沙蒿和黑沙蒿种子 α-T 含量分别约占生育酚总量的 86% 和 91%，因此下面仅阐述两种植物种子萌发过程中 α-T 含量对盐胁迫的响应。种子吸胀 4d 后，正常条件下白沙蒿种子 α-T 含量为（97.89±5.35）μg/g FW，是黑沙蒿的 1.60 倍；随 NaCl 浓度增加，两者 α-T 含量均呈增加趋势，但相同浓度下白沙蒿增幅高于黑沙蒿。50mmol/L、100mmol/L 和 150mmol/L NaCl 胁迫下，白沙蒿 α-T 含量分别是黑沙蒿的 1.60 倍、1.93 倍和 1.93 倍（图 9-13）。盐胁迫下白沙蒿 α-T 增幅高于黑沙蒿，可能是其总抗氧化能力强于黑沙蒿的原因之一。

（2）叶

盐胁迫 7d，白沙蒿叶 α-T 含量随盐浓度增加呈下降趋势。胁迫 14d，50mmol/L、100mmol/L 和 150mmol/L NaCl 胁迫下，其 α-T 含量均与 CK 无差异，200mmol/L NaCl 胁迫下显著上升，是 CK 的 1.4 倍。胁迫 21d，α-T 含量随 NaCl 浓度增加而上升，200mmol/L NaCl 处理下是 CK 的 2.1 倍（图 9-14a）。整个胁迫期间黑沙蒿 α-T 含量在 50mmol/L NaCl 胁迫下与 CK 无显著差异；100mmol/L、150mmol/L 和 200mmol/L NaCl 胁迫下均显著高于 CK，但处理间无显著差异（图 9-14）。

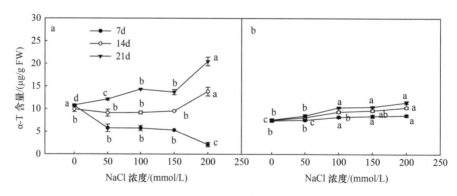

图 9-14　NaCl 胁迫对白沙蒿（a）和黑沙蒿（b）叶中 α-T 含量的影响（引自 Chen et al.，2018）
不同小写字母表示同一时间不同浓度间差异显著（P<0.05）

植物体内 α-T 含量的多少取决于自身的生物合成，以及在清除活性氧自由基和脂质过氧化自由基过程中导致的自身损耗（Munné-Bosch and Alegre，2002），其生物合成又与叶绿素损耗和自由叶绿醇含量增加有关（Dörmann，2007）。盐胁迫 7d，α-T 含量白沙蒿下降而黑沙蒿上升，可能是白沙蒿和黑沙蒿 α-T 均发挥了抗氧化功能，但白沙蒿叶绿素含量几乎无明显变化（图 9-5e，图 9-5f），导致自由叶绿醇匮乏，造成生育酚合成受阻，含量有所下降。研究表明，高盐胁迫后期，生育酚能够调节植物衰老进程（Skłodowska et al.，2009）；同时，生育酚可以保护膜和膜结合酶，改善膜透性（Farouk，2011），调控植物体 Na$^+$、K$^+$ 平衡功能（Ellouzi et al.，2013）。200mmol/L NaCl 胁迫 21d，白沙蒿中 α-T 含量急剧上升，Na$^+$ 含量显著下降，且相对电导率低于 14d；相同条件下，黑沙蒿 α-T 含量有所上升，但积累幅度明显小于白沙蒿，相对电导率随 NaCl 浓度增加持续增加（图 9-5）。此时，白沙蒿生育酚可能发挥调控脂肪酸含量、改善膜透性、调节植物体 Na$^+$ 水平的功能。

9.3.4.2　α-生育酚与脂肪酸组分等指标的相关性

（1）α-生育酚与种子萌发

盐胁迫下生理指标的变化是引起白沙蒿和黑沙蒿种子萌发率差异的重要原因。对白沙蒿与黑沙蒿种子吸胀 4d 各指标间的差值进行相关分析结果表明，α-T 与总抗氧化能力、IUFA、萌发率呈极显著正相关，与 MDA 含量呈极显著负相关（表 9-9）。上述结果表明，盐胁迫下白沙蒿具有较高的 α-T 含量，维持高的总抗氧化能力（图 9-3），进一步保持高亚油酸含量和稳定的 IUFA（表 9-5），降低膜脂过氧化程度（图 9-2），保持相对良好的膜功能，是其萌发率高于黑沙蒿的主要原因（图 9-1）。

表 9-9　盐胁迫下白沙蒿与黑沙蒿 **α-T** 与种子萌发等指标相关性分析（引自陈晓龙，2019）

指标	总抗氧化能力	IUFA	萌发率	相对电导率	MDA
α-T	0.847**	0.918**	0.737**	−0.336	−0.956**

注：**表示在 0.01 水平上显著相关

（2）α-生育酚与叶脂肪酸组分

对不同浓度 NaCl 胁迫下白沙蒿和黑沙蒿叶 α-T 含量与 C18:2、C18:3 和 JA 的相关分析结果表明：盐胁迫 7d，白沙蒿叶中 α-T 与 C18:3 呈极显著正相关（R=0.921），与 JA 含量呈极显著负相关（R=−0.876）；盐胁迫 14d，α-T 与脂肪酸无相关性；盐胁迫 21d，α-T 与 C18:2 呈极显著正相关（R=0.773），与 C18:3 呈显著负相关（R=−0.586）。黑沙蒿 α-T，盐胁迫 7d、21d 均与 C18:2 呈显著正相关；整个胁迫期间均与 C18:3 呈显著或极显著负相关，与 JA 含量呈极显著正相关（表 9-10）。

表 9-10　盐胁迫下 **α-T**、脂肪酸组分和茉莉酸间的相关性分析（引自 Chen et al.，2018）

时间/d	组分	白沙蒿			黑沙蒿		
		亚油酸 C18:2	亚麻酸 C18:3	茉莉酸 JA	亚油酸 C18:2	亚麻酸 C18:3	茉莉酸 JA
7	α-T	—	0.921**	−0.876**	0.588*	−0.712**	0.875**
14	α-T	—	—	—	—	−0.700**	0.928**
21	α-T	0.773**	−0.586*	—	0.610*	−0.582*	0.891**

注：*和**分别表示在 0.05 水平和 0.01 水平上显著相关；"—"表示无相关性

（3）α-生育酚与 *FAD* 关键基因表达量

对不同浓度 NaCl 处理下白沙蒿叶 α-T 与 *FAD* 基因表达量相关分析的结果表明，低盐胁迫下，α-T 与 *FAD7/FAD8* 呈极显著负相关（$R=-0.923$），与 *FAD2*、*FAD3* 和 *FAD6* 无相关性；高盐胁迫下，α-T 与 *FAD3* 和 *FAD7/FAD8* 均呈极显著负相关，相关系数分别为 -0.922 和 -0.956，与 *FAD2* 和 *FAD6* 无相关性（表 9-11）。

表 9-11　盐胁迫下 α-T 与 *FAD* 关键基因表达量的相关性分析（引自陈晓龙，2019）

相关性	NaCl/（50mmol/L）	NaCl/（200mmol/L）
	α-T	α-T
FAD2	0.599	−0.291
FAD6	0.486	0.488
FAD3	−0.187	−0.922[**]
FAD7/FAD8	−0.923[**]	−0.956[**]

注：**表示在 0.01 水平上显著

9.3.4.3　α-生育酚对脂肪酸代谢途径的调控

多不饱和脂肪酸合成途径包括 FAD2 和 FAD3 催化的内质网途径以及由 FAD6 和 FAD7/FAD8 催化的质体途径，C18:1 在 FAD2 和 FAD6 的脱饱和作用下生成 C18:2，随后在 FAD3 和 FAD7/FAD8 的脱饱和作用下生成 C18:3（Harwood，1996）。200mmol/L NaCl 胁迫 21d，白沙蒿 C18:1、C18:3 在脂肪酸组成中显著下降，C18:2 持续积累（表 9-6），C18:2 含量的上升主要发生在 PG、PE 和 PC 中（图 9-8），同时 α-T 与 C18:2 和 C18:3 的相关系数分别为 0.773 和−0.586（表 9-10），表明 α-T 可能促进 C18:2 的积累，抑制 C18:3 的合成。

白沙蒿脂肪酸组成中 C18:2 含量大幅增加，上游底物 C18:1 减少量无法满足 C18:2 合成需求量；同时，下游产物 C18:3 显著下降，表明 C18:2 向 C18:3 合成转化受阻。C18:3 是合成信号物质 JA 的前体（Padham et al.，2007；Wasternack，2007），50mmol/L NaCl 胁迫 21d，白沙蒿 JA 含量达到最高值，之后随 NaCl 浓度增加显著下降，200mmol/L 时显著低于其他处理（图 9-7），表明胁迫 21d 白沙蒿 C18:3 含量的下降并非由 JA 的合成转化所致。该阶段脂质脂氧素信号强度与对照无差异（图 9-11b），表明脂肪酸的变化与脂质氧化亦无关，这与低温处理下拟南芥 *vte2* 突变体 C18:3 含量降低与脂质过氧化无关的观点一致（Maeda et al.，2006）。进一步对 α-T 含量与 *FAD* 表达量进行相关分析，结果表明高盐胁迫下 α-T 与 *FAD3* 和 *FAD7/FAD8* 呈极显著负相关（表 9-11）。上述结果证实，高盐胁迫后期 α-T 通过抑制 *FAD3* 和 *FAD7/FAD8* 的表达，减少 C18:2 向 C18:3 合成转化，导致 C18:2 积累，提高膜稳定性，增强白沙蒿耐盐性（图 9-15）。

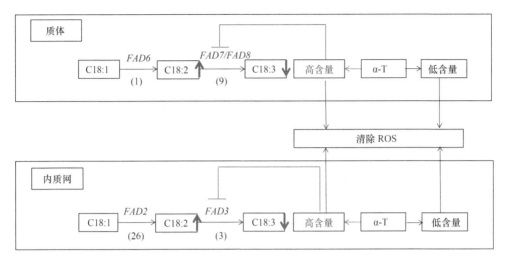

图 9-15　α-T 对白沙蒿叶脂肪酸代谢途径的调控

红色箭头向上和向下分别表示在 200mmol/L NaCl 胁迫后期脂肪酸含量增加和下降，括号内数字表示该基因个数

9.4　脂肪酸和黄酮与植物的抗旱性

干旱地区，干旱和 UV-B 辐射是影响植物生长、发育的常见胁迫因子，且经常同时发生，这种复合胁迫会在植物中引起协同或拮抗作用。部分研究表明干旱和 UV-B 辐射复合会加剧单一胁迫造成的损伤（Duan et al.，2010；Sangtarash et al.，2009）。但也有研究表明干旱和 UV-B 复合可通过增加光合色素合成、提高光合速率，诱导产生大量酚类和类黄酮等紫外吸收物质，增强抗氧化酶系统活性、减轻膜脂过氧化等，缓解单一胁迫造成的损伤（Hui et al.，2018，2016；Bandurska and Cieslak，2013）。单独干旱和 UV-B 辐射均可对膜脂组成产生影响，但关于植物脂肪酸组成以及不饱和指数在干旱和 UV-B 复合胁迫下的变化报道较少（Gondor et al.，2014）。本节以荒漠乡土草白沙蒿为材料，模拟 UV-B 辐射胁迫、干旱胁迫和复合胁迫，分析各处理对白沙蒿生长、类黄酮含量、脂肪酸含量与组成等生理生化指标的影响，探讨白沙蒿适应干旱过程中黄酮和脂肪酸代谢的作用。

9.4.1　植物生长季黄酮含量特征

黄酮类化合物广泛存在于植物界，从苔藓到被子植物都含有该类成分，且生理活性多样，在植物的整个生命过程中扮演着重要的角色。黄酮结构中存在大的共轭体系，能够清除自由基、阻断链式反应，减少对植物组织、细胞的损伤。植物在逆境下会大量合成不同类型黄酮成分，以提高其对环境的适应能力。内蒙古阿拉善巴彦浩特和甘肃榆中分别位于干旱和半干旱区，其地理与气候要素见表 9-12。2014 年 6～9 月在上述两个区域采集白沙蒿叶，利用高效液相色谱法对其提取物中黄酮成分进行分析。分析结果表明，6～9 月白沙蒿叶片黄酮含量在巴彦浩特地区整体呈上升趋势，而榆中地区呈下降趋势（图 9-16）。8 月和 9 月巴彦浩特地区白沙蒿叶黄酮含量分别是榆中的 2.01 倍和 2.13 倍，其原因可能是巴彦浩特处于干旱荒漠区，紫外线辐射强烈，随着干旱、高温和辐射的延续，黄酮大幅增加以减少逆境带来的损伤。榆中 7～8 月处于降水期，相对适宜的条件减少了黄酮物质的合成，加之水热条件较好，白沙蒿生长旺盛，生物量积累增加的稀释效应可能导致黄酮含量的下降。

表 9-12　巴彦浩特和榆中地理与气候要素

地点	经纬度	海拔/m	年平均气温/℃	年降水量/mm	年蒸发量/mm
巴彦浩特	38°68′N，105°61′E	1357	8.5	173	666
榆中	35°57′N，104°09′E	1720	6.7	350	1450

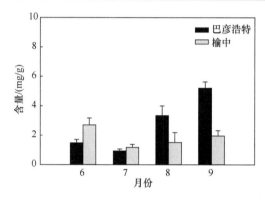

图 9-16　巴彦浩特和榆中地区白沙蒿叶片黄酮含量

9.4.2　脂肪酸和黄酮组成对干旱及 UV-B 胁迫的响应

以生长 100d 的白沙蒿幼苗为材料，模拟 UV-B 与干旱胁迫，分别进行 4 组处理：对照组（CK），土壤含水量为田间持水量的 78%；干旱组（D），土壤含水量为田间最大持水量的 45%；UV-B 辐射组（U），辐射量为 15.95μW/cm^2；UV-B 辐射+干旱复合处理组（U+D），田间持水量的 45%+15.95μW/cm^2。处理 21d 后取样，通过比较脂肪酸和黄酮等生理生化指标的变化，探讨复合胁迫对单一胁迫缓解的生物学机制。

9.4.2.1　对生长的影响

干旱（D）和 UV-B（U）各自单独胁迫下，白沙蒿幼苗生长均受到抑制，生物量和株高显著降低；UV-B 与干旱复合胁迫（U+D）后，此种抑制有所缓解，叶、茎、根重及总生物量和株高分别为 D 处理的 1.19 倍、1.35 倍、1.37 倍、1.32 倍和 1.14 倍，为 U 处理的 1.19 倍、1.08 倍、1.12 倍、1.12 倍和 1.09 倍。另外，干旱还对其比叶面积（SLA）造成显著抑制，D 处理的 SLA 仅为其他处理的 68.77%～71.02%。3 种处理下，根冠比均与 CK 无显著差异（表 9-13）。

9.4.2.2　对生理指标的影响

叶片相对含水量（RWC），D 处理和 U 处理显著低于 CK，U+D 处理下有所回升，分别为 D 处理和 U 处理的 1.09 倍（$P<0.05$）和 1.03 倍（图 9-17a）。各处理相对电导率

表 9-13　UV-B 和干旱复合胁迫对白沙蒿生长的影响（引自赵媛媛，2017）

处理	叶重/g	茎重/g	根重/g	总生物量/g	根冠比	株高/cm	比叶面积
CK	0.57±0.02a	0.85±0.05a	1.13±0.08a	2.56±0.11a	0.79±0.04a	38.7±0.17a	2.53±0.01a
D	0.43±0.00c	0.60±0.01b	0.68±0.09c	1.70±0.10c	0.66±0.08a	30.27±1.20c	1.74±0.04b
U	0.43±0.01c	0.75±0.02a	0.83±0.07bc	2.01±0.09b	0.71±0.05a	31.63±1.16c	2.52±0.05a
U+D	0.51±0.00b	0.81±0.03a	0.93±0.05ab	2.25±0.03b	0.71±0.05a	34.60±0.15b	2.45±0.03a

注：数据为平均值±标准误；同列数据后不同字母表示差异显著（$P<0.05$）

和丙二醛（MDA）含量均显著高于 CK，但 U+D 处理相对电导率分别为 D 处理和 U 处理的 89.58% 和 84.61%（图 9-17b）；丙二醛含量为 D 处理的 66.79%，与 U 处理无显著差异（图 9-17c）。叶绿素含量 U 处理和 D 处理均低于 CK，U+D 处理是 U 处理的 1.12 倍，与 D 处理无明显差异（图 9-17d）。复合处理后白沙蒿抗性水平增加，主要表现在相对含水量和总叶绿素含量升高，MDA 含量和相对电导率降低。

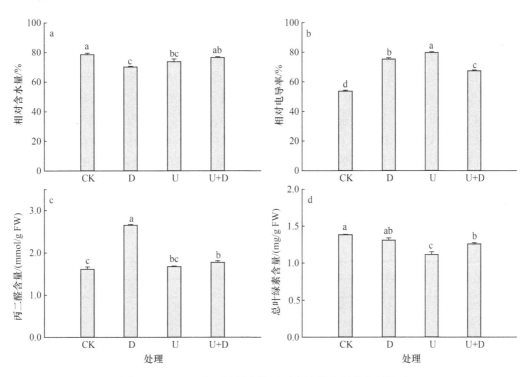

图 9-17　UV-B 和干旱复合胁迫对白沙蒿生理状态的影响
柱上不同小写字母表示不同处理间差异显著（$P<0.05$）

9.4.2.3　对脂肪酸代谢的影响

（1）脂氧合酶

脂氧合酶（LOX）主要催化不饱和脂肪酸的加氧反应，产生不饱和脂肪酸的过氧化物，破坏膜结构。各处理 LOX 活性均较 CK 显著升高，但 U 处理和 U+D 处理的增高幅度远小于 D 处理，二者的 LOX 分别仅为 D 处理的 38.23% 和 44.00%，说明 UV-B 可缓解干旱引起的 LOX 活性升高（图 9-18）。

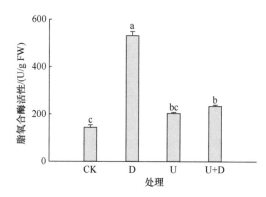

图 9-18　UV-B 和干旱复合胁迫对白沙蒿脂氧合酶的影响

柱上不同小写字母表示不同处理间差异显著（$P<0.05$）

（2）脂肪酸组成

干旱、UV-B 和复合胁迫改变了白沙蒿脂肪酸组成与含量，D 处理造成其饱和脂肪酸（SFA）含量升至 CK 的 1.09 倍，不饱和脂肪酸（UFA）降至 CK 的 97.11%；而 U 处理 SFA 和 UFA 均与对照无显著差异。UFA 中，D 处理油酸（OA，C18:1）和亚麻酸（ALA，C18:3）含量分别为 CK 的 1.19 倍和 1.07 倍，亚油酸（LA，C18:2）为 CK 的 80.95%；U 处理中 C18:1 和 C18:2 含量分别为 CK 的 2.77 倍和 1.10 倍，C18:3 为 CK 的 79.12%；U+D 处理中 C18:1、C18:2、C18:3 含量分别为 D 处理和 U 处理的 80.05%、1.19 倍、94.07% 和 34.28%、87.81% 和 1.27 倍（表 9-14）。上述脂肪酸含量变化造成 U 处理下 IUFA 显著降低，D 处理无明显变化，U+D 处理较 U 处理 IUFA 显著上升（表 9-14），表明干旱和 UV-B 辐射复合胁迫通过提高 C18:3 含量，缓解了 UV-B 辐射引致的脂肪酸不饱和度下降。

表 9-14　UV-B 和干旱复合胁迫对白沙蒿叶脂肪酸组成及含量的影响

（引自赵媛媛，2017）　　　　　　　　　　　　　　　　（%，w/w）

脂肪酸组分	处理			
	CK	D	U	U+D
棕榈酸 C16:0	19.37±0.12a	17.26±0.05c	18.44±0.08b	19.13±0.10a
硬脂酸 C18:0	2.3±0.15a	2.15±0.24a	2.61±0.41a	2.33±0.25a
油酸 C18:1	3.17±0.01c	3.76±0.11b	8.78±0.10a	3.01±0.03c
亚油酸 C18:2	29.40±0.06b	23.80±0.10d	32.24±0.28a	28.31±0.21c
亚麻酸 C18:3	42.19±0.27b	45.03±0.34a	33.38±0.29c	42.36±0.28b
花生酸 C20:0	3.57±0.36b	7.99±0.19a	4.55±0.44b	4.87±0.08b
SFA	25.24±0.33b	27.40±0.37a	25.61±0.46b	26.32±0.24ab
UFA	74.76±0.33a	72.60±0.37b	74.39±0.46a	73.68±0.24ab
IUFA	188.54±0.92a	186.46±1.01a	173.38±1.31b	186.70±0.72a

注：数据为平均值±标准误；同行数据后不同字母表示差异显著，$P<0.05$；脂肪酸不饱和指数（IUFA）=（C18:1）%+（C18:2）%×2+（C18:3）%×3，括号内表示每种脂肪酸占总脂肪酸的百分比

9.4.2.4　对黄酮代谢的影响

各处理下白沙蒿叶黄酮含量均显著高于 CK，但 D 处理下黄酮含量仅为 U 处理的

82.78%；U+D 处理黄酮含量进一步提高，分别为 D 处理和 U 处理的 1.57 倍和 1.43 倍（图 9-19a）。黄酮是一类重要的抗氧化物质，其具有清除自由基、保持植物体内氧化还原平衡、减少植物在逆境下受到损伤的作用（Martínez-Lüscher et al.，2015）。黄酮含量增加能够抑制 LOX 活性，从而降低膜脂过氧化（King and Klein，2010）。本研究中，与CK 相比，U 处理 LOX 活性无显著变化；D 处理 LOX 活性为 CK 的 3.25 倍；U+D 处理 LOX 活性为 D 处理的 44.00%，但与 U 处理无显著差异（图 9-18）。其结果表明，U 处理白沙蒿黄酮含量升高，使 LOX 活性保持与 CK 相当的水平，未造成膜脂过氧化产物 MDA 含量升高。D 处理虽然黄酮含量显著高于 CK，但这一抑制现象并未体现，推测黄酮含量需要达到一定阈值才能对 LOX 活性具有抑制作用，而 LOX 活性上升是其造成膜损伤的重要原因。U+D 处理下，黄酮的增加导致 LOX 活性降低，缓解了干旱引致的膜脂过氧化，MDA 含量是 D 处理的 66.79%（图 9-17）。表明黄酮含量的提高是干旱和 UV-B 复合胁迫下缓解白沙蒿膜损伤的重要原因之一，且黄酮对 LOX 活性的抑制作用是其缓解膜损伤的主要原因。

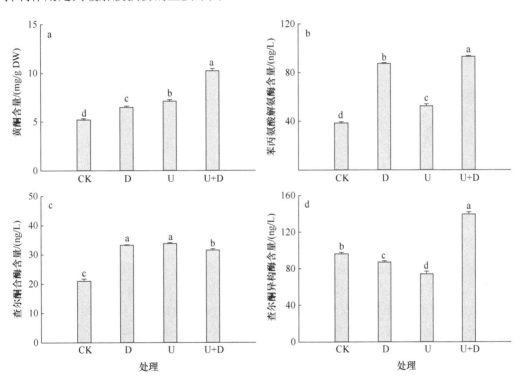

图 9-19　UV-B 和干旱复合胁迫对黄酮代谢途径的影响

柱上不同小写字母表示不同处理间差异显著（P<0.05）

　　苯丙氨酸解氨酶（PAL）、查尔酮合酶（CHS）、查尔酮异构酶（CHI）是黄酮合成途径中的 3 种关键酶。各处理白沙蒿叶 PAL、CHS 含量均显著高于 CK；但 U+D 处理的 PAL含量增加幅度最大，分别为 D 处理和 U 处理的 1.06 倍和 1.77 倍（图 9-19b）；U+D 处理的CHS 含量增加幅度小于 D 处理和 U 处理，分别为 D 处理和 U 处理的 94.83% 和 93.26%（图9-19c）。与 CK 相比，干旱和 UV-B 引起 CHI 含量下降，而 U+D 处理 CHI 含量增加，分别为 D 处理和 U 处理的 1.60 倍和 1.87 倍（图 9-19d）。U 处理和 D 处理下，PAL 和 CHS 含量上升是引起黄酮含量增加的主要因素，而 U+D 处理黄酮含量显著高于 U 处理和 D 处理，原因在于其 PAL 和 CHS 含量在上升的同时，CHI 含量也显著高于其他处理。

综上所述，复合胁迫处理可缓解 UV-B 和干旱对白沙蒿的损伤。黄酮作为紫外吸收物质和抗氧化物质，在响应 UV-B 辐射和干旱胁迫时均在叶中大量积累（Carbonell-Bejerano et al.，2014；Berli et al.，2008），且能够抑制脂氧合酶活性，降低膜脂过氧化（Sari and Elya，2017）。与 D 处理相比，复合胁迫下黄酮含量显著升高，LOX 酶活力显著降低，MDA 含量显著降低，表明复合处理缓解了干旱引致的膜脂过氧化；与 U 处理相比，复合胁迫下 IUFA 恢复至 CK 水平，表明复合处理缓解了 UV-B 辐射引起的膜脂不饱和度降低。

9.5 脂肪酸与植物的极端温度耐性

温度是影响植物生长的重要环境因子之一。微孔草分布于海拔 2500～4000m 的青藏高原高寒地区，生长季常遭遇低温胁迫。本节以 5 周龄微孔草幼苗为材料，在 2℃ 和 38℃ 条件下处理 72h，比较处理过程中脂肪酸组成和其他生理指标的变化，探讨其对极端温度胁迫的响应机制。

9.5.1 生理指标

9.5.1.1 相对电导率和叶绿素含量

2℃ 和 38℃ 处理下，微孔草叶相对电导率均呈增加趋势，但处理后期（24h 和 72h）38℃ 处理显著高于 2℃ 处理。2℃ 处理下，叶绿素含量无明显变化，但 38℃ 处理 72h 叶绿素含量比对照减少 26.97%（图 9-20）。表明微孔草在低温下受损程度较轻。

9.5.1.2 抗氧化酶活性

抗氧化酶系统能清除植物在温度胁迫下产生的活性氧，减少膜脂过氧化对植物造成的损伤。超氧化物歧化酶（SOD）是过氧化防御系统的主要保护酶，它能催化活性氧发生歧化反应，产生 O_2 和过氧化氢（H_2O_2），而过氧化物酶（POD）和过氧化氢酶（CAT）均能清除在氧化代谢过程中产生的 H_2O_2。微孔草在 2℃ 处理下，SOD 活性逐渐升高，24h 达峰值，72h 略有下降，但仍比 CK 高出 63.95%；POD 活性呈先升后降趋势，24h 达最高值，比 CK 增加 42.21%；CAT 活性在 12h 达最高值，比 CK 增加 42.76%，72h 降至 CK 水平。38℃ 处理下，SOD 活性前 12h 略有升高，之后降低，72h 比 CK 减少 28.61%；POD 活性在各处理时间点均与 CK 无显著差异；CAT 活性始终低于 CK（图 9-21）。微孔草 3 种酶活性在整个处理期间均表现为 2℃ 处理高于 38℃ 处理，表明微孔草在低温下抗氧化酶系统活性更高，能更有效地清除活性氧，维持膜系统的完整性。这与生长在高海拔地区的微孔草抗氧化酶活性高于低海拔地区，且 SOD 活性高于其他两种酶结果一致（包苏科等，2008）。

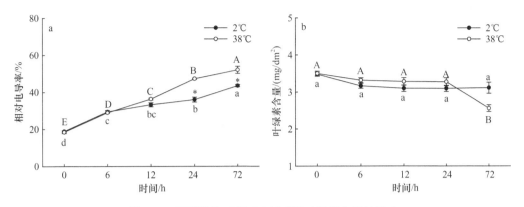

图 9-20　温度胁迫对相对电导率和叶绿素含量的影响

不同大、小写字母分别表示高温（38℃）和低温（2℃）不同处理时间差异显著（P<0.05），*表示高温（38℃）和低温（2℃）间差异显著（P<0.05）

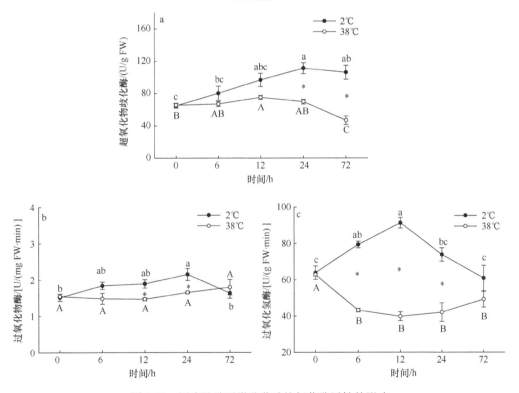

图 9-21　温度胁迫对微孔草叶抗氧化酶活性的影响

不同大、小写字母分别表示高温（38℃）和低温（2℃）不同处理时间差异显著（P<0.05），*表示高温（38℃）和低温（2℃）间差异显著（P<0.05）

9.5.1.3　脯氨酸和可溶性糖

2℃处理下，脯氨酸含量 12h 达峰值，是 CK 的 2.44 倍，之后降低，但 72h 时仍是 CK 的 2.12 倍；可溶性糖含量呈升高趋势，72h 时是 CK 的 3.00 倍。38℃处理下，脯氨酸含量持续升高，72h 时是 CK 的 4.20 倍；可溶性糖含量略有升高，72h 时比 CK 增加 23.60%。已有研究表明，许多植物在遭受高温和低温胁迫时体内都会积累脯氨酸，脯氨酸可通过调节渗透平衡，维持蛋白质、细胞膜和亚细胞结构的稳定，在一定程度上减轻温度胁迫对细胞的伤害；但也有研究认为低温环境下植物脯氨酸积累可能与其抗寒性无关（王世珍等，2003）。微孔草脯氨酸含量在低温和高温胁迫期间均呈升高趋势，但 2 ℃ 处理脯氨酸含量在 6h、24h 和 72h 显著低于 38℃ 处理。而微孔草不耐高温，高温下细胞受损程度更大，表明脯氨酸随胁迫时间延长积累的现象可能是植物受到伤害的结果。叶片可溶性糖含量与植物耐寒性密切相关，其含量的增加可提高细胞渗透液浓度，调节组织渗透势，提高保水能力，防止细胞结冰造成损伤。微孔草叶可溶性糖含量在低温胁迫下持续升高，其含量在各时间点的增加幅度均显著高于 38℃ 处理（图 9-22），可能是其更加适应低温环境的一种生理机制。

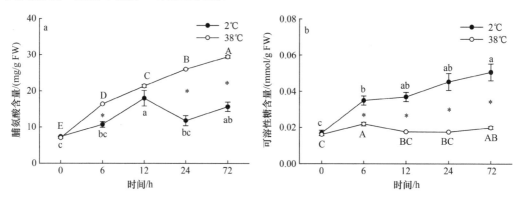

图 9-22　温度胁迫对微孔草叶脯氨酸和可溶性糖含量的影响

不同大、小写字母分别表示高温（38℃）和低温（2℃）不同处理时间差异显著（$P<0.05$），*表示高温（38℃）和低温（2℃）间差异显著（$P<0.05$）

9.5.2　脂肪酸组成

不饱和脂肪酸增加有利于维持细胞膜流动性，提高植物对低温的耐性。2℃ 处理下，微孔草饱和脂肪酸（SFA）含量逐渐降低，72h 时比 CK 减少 20.61%；不饱和脂肪酸（UFA）含量逐渐升高，72h 达最大值，比 CK 增加 7.31%。其中，油酸（OA，C18:1）和亚油酸（LA，C18:2）含量呈升高趋势，72h 时分别比 CK 增加 25.76% 和 23.84%；α-亚麻酸（ALA，C18:3n-3）、γ-亚麻酸（GLA，C18:3n-6）和十八碳四烯酸（PnA，C18:4）含量均呈先升高后降低趋势，但 ALA 和 PnA 与 CK 无显著差异，其中 GLA 在 24h 比 CK 增加 28.21%（$P<0.05$）。38℃ 处理下，SFA 含量先降低后升高，72h 时比 CK 增加 27.20%，其中，棕榈酸（PA，C16:0）含量基本呈增加趋势，72h 时比 CK 增加 33.70%；UFA 含量在前期呈升高趋势，72h 时降低，然而，UFA 中的 ALA 和 PnA 含量逐渐降低，72h 时分别比 CK 减少 19.77% 和 12.21%。脂肪酸不饱和指数（IUFA），在 2℃ 处理下，前期逐渐升高，72h 略有降低，但仍比 CK 增加 4.55%；其与 GLA、ALA 和 PnA 呈极显著正相关，尽管 ALA 和 PnA 含量在各处理时间点均与 CK 无显著差异，但两者含不饱和键较多，小幅度的变化均会影响 IUFA。38℃ 处理下，IUFA 呈降低趋势，72h 比 CK 减少 12.98%，其与 LA、ALA 和 PnA 呈极显著正相关（表 9-15，表 9-16）。以上表明，GLA、ALA 和 PnA 在维持膜脂不饱和度过程中起关键作用。

表 9-15 温度胁迫下微孔草叶脂肪酸组成及含量（引自吴淑娟，2013）

(%, w/w)

脂肪酸组成	2℃					38℃				
	0h	6h	12h	24h	72h	0h	6h	12h	24h	72h
棕榈酸 C16:0	19.7±0.8a	17.2±0.9b*	17.2±0.4b	17.5±0.5ab*	16.5±1.3b*	18.1±0.8c	19.5±0.2b	17.9±0.7c	20.7±0.4b	24.2±0.1a
硬脂酸 C18:0	6.5±0.5a	5.4±0.6ab*	5.9±1.1ab*	4.7±0.2ab*	4.3±0.8b*	5.8±0.7a	3.2±0.1b	2.9±0.3b	3.7±0.1b	6.2±0.1a
棕榈油酸 C16:1	1.0±0.2a*	0.7±0.1b*	0.6±0.1b*	0.8±0.1ab*	0.7±0.2ab*	1.7±0.1c	3.6±0.1ab	3.1±0.1b	4.0±0.4ab	4.4±0.7a
油酸 C18:1	6.6±0.4c	7.3±0.1b*	7.0±0.3bc*	6.7±0.1bc	8.3±0.2a*	6.6±0.3bc	5.1±0.1c	11.9±1.0a	6.9±0.7b	7.7±0.0b
亚油酸 C18:2	15.1±0.6b	15.8±0.4b*	14.8±1.1b	15.0±1.2b	18.7±0.8a*	15.6±0.6b	17.4±0.3a	16.8±0.5ab	15.9±0.9b	14.1±0.2c
α-亚麻酸 C18:3n-3	34.5±1.0a	35.6±0.6a	36.4±3.4a	35.6±0.4a	34.6±1.3a	35.4±1.1a	34.2±0.7ab	30.8±0.5cd	32.5±1.8abc	28.4±0.9d
γ-亚麻酸 C18:3n-6	3.9±0.6b	4.2±0.3ab	4.2±0.3ab*	5.0±0.7a*	4.7±1.0ab*	3.8±0.1c	4.2±0.1b	4.8±0.1a	3.7±0.2c	3.6±0.1c
十八碳四烯酸 C18:4	12.8±0.7a	13.7±0.5a	13.8±0.6a	14.7±2.1a	12.3±0.1a	13.1±0.6a	12.9±0.2ab	11.8±0.5bc	12.6±1.1abc	11.5±0.4c
饱和脂肪酸ΣSFA	26.2±1.5a	22.6±2.1b	23.1±1.9b	22.2±1.1b*	20.8±2.9b*	23.9±1.5a	22.7±0.8bc	20.8±1.2c	24.4±0.9b	30.4±0.5a
不饱和脂肪酸ΣUFA	73.9±3.5b	77.3±2.4a	76.8±4.8a	77.8±4.1a	79.3±3.3a	76.2±3.1ab	77.4±3.8ab	79.2±4.7a	75.6±4.2ab	69.7±3.3b
脂肪酸不饱和指数 IUFA	204.2±5.8b	213.7±5.4ab	214.3±12.9ab	218.1±8.3a	213.5±6.6ab*	209.5±7.0a	210.3±3.4a	202.6±5.1ab	201.6±13.1ab	182.3±5.7b

注：表中数值表示平均值±标准差；同行小写字母表示不同时间点间差异显著（P<0.05）；同行*表示不同时间点间差异显著（P<0.05）；同列*表示高温（38℃）和低温（2℃）处理间差异显著（P<0.05）

表 9-16　温度胁迫下各不饱和脂肪酸与 IUFA 相关性分析

	2℃						38℃					
	C16:1	C18:1	C18:2	C18:3n-3	C18:3n-6	C18:4	C16:1	C18:1	C18:2	C18:3n-3	C18:3n-6	C18:4
IUFA	−0.116	0.310	0.415	0.800[**]	0.806[**]	0.741[**]	−0.427	−0.116	0.834[**]	0.910[**]	0.366	0.888[**]

注：**表示在 0.01 水平上显著相关

上述结果表明，微孔草 2℃处理时相对电导率显著低于 38℃，且叶绿素含量在低温下无明显变化，表明其在低温下受损程度较小。2℃低温下，3 种抗氧化酶活性、UFA 和 IUFA 略有增加，减少活性氧对膜脂的损伤，稳定了膜脂不饱和度，减少对叶绿素合成的影响。Δ6 脂肪酸脱氢酶（D6DES）可催化 LA 和 ALA 分别生成 GLA 和 PnA，低温下微孔草 D6DES 基因高表达，其产物 GLA 和 PnA 积累量增加，表明 D6DES 基因对膜脂不饱和度的调控在微孔草抗低温胁迫中具有重要作用。

9.6　γ-亚麻酸与植物响应机械损伤

植物在长期进化过程中，逐步形成了抵御人类生产活动、食草动物或昆虫造成机械损伤的防御体系。当受到损伤时，植物体内茉莉酸（jasmonic acid，JA）、水杨酸（salicylic acid，SA）、乙烯（ethylene，ET）、过氧化氢（H_2O_2）等信号途径被激活，继而诱导下游多重级联反应，相关转录因子调控防御基因表达，合成相关防御物质，最终做出特异性防御反应（Howe and Jander，2008）。植物不饱和脂肪酸衍生物 JA 在植物抗逆中的作用已得到广泛验证（Mata-Pérez et al.，2016），其作为必不可少的信号分子参与了植物对机械损伤的响应（Lee et al.，2004；Watanabe et al.，2001）。当植物受到创伤或被昆虫采食时，创伤部位和其他健康组织会积累 JA 及其代谢物 JA-异亮氨酸等（代宇佳等，2019）。逆境胁迫下，植物膜脂降解释放 α-亚麻酸（ALA，C18:3n-3）等多元不饱和脂肪酸，经脂氧合酶等一系列不同酶的作用最终生成 JA。研究表明，JA 的合成前体 ALA 及脂肪酸氧化衍生物同样能够在植物抗胁迫过程中起作用（Küpper et al.，2009）。γ-亚麻酸（GLA，C18:3n-6）与 ALA 互为同分异构体，仅存在于少数几种植物中，除作为膜脂组分，其在高等植物中的生物学功能尚不清楚。本节以 5 周龄微孔草幼苗为材料，人工模拟机械损伤，检测其 ALA 和 GLA 含量的变化，并通过外施不同浓度的脂肪酸和茉莉酸甲酯测定蛋白酶抑制剂活性、内源 JA 含量和 H_2O_2 含量，探讨 GLA 在机械损伤下的信号作用。

9.6.1　脂肪酸组成

用灭菌解剖刀在微孔草叶片中脉两侧划约 1cm 长的划痕，分别在 0h、6h、12h、24h、48h 和 72h 收集叶片，测定其脂肪酸组成。机械损伤后，ALA 和 GLA 含量均在 12h 达峰值，分别比对照增加 4.75%和 13.51%，12h 处理之后降低，但各处理时间均与 CK 无显著差异。十八碳四烯酸（PnA，C18:4）含量在 6h 和 12h 均与 CK 无显著差异，24h 最高，比 CK 增加 7.69%，之后降至 CK 水平（表 9-17）。研究表明，当植物受到机械损伤时，ALA 含量增加，其可能作为信号分子茉莉酸的前体参与植物对机械损伤的防御反应（Hernández et al.，2011）。本研究结果发现，处理初期，ALA 含量增加，可能是微孔草为了修复机械损伤对膜系统造成的损伤，也可能是为合成信号分子提供前体物质。GLA 含量也在处理初期达最高值，作为 ALA 的同分异构体，其是否也具有相同作用，需要进一步研究。

表 9-17　机械损伤对微孔草叶脂肪酸组成的影响（引自吴淑娟，2013）（%，w/w）

脂肪酸组成	处理时间					
	0h	6h	12h	24h	48h	72h
棕榈酸 C16:0	20.7±0.7ab	19.5±0.6c	18.6±0.1d	20.0±0.2c	21.3±0.3a	20.1±0.1bc
硬脂酸 C18:0	5.9±0.1b	4.8±0.3cd	5.0±0.1c	4.3±0.1d	5.8±0.3b	6.4±0.5a
棕榈油酸 C16:1	1.4±0.0e	2.1±0.1b	2.3±0.1a	1.6±0.1d	1.8±0.0c	1.9±0.1cd
油酸 C18:1	6.4±0.4ab	6.9±0.5a	4.5±0.1d	5.5±0.4c	4.7±0.1d	6.3±0.3b
亚油酸 C18:2	15.3±0.5c	17.1±0.5a	16.4±0.1ab	16.8±1.1a	15.7±0.3bc	15.0±0.1c
α-亚麻酸 C18:3n-3	33.7±0.8b	34.3±1.0ab	35.3±0.7a	34.1±1.1ab	33.6±1.2b	34.1±1.1ab
γ-亚麻酸 C18:3n-6	3.7±0.1b	3.1±0.3c	4.2±0.1a	3.7±0.2b	3.8±0.4ab	3.4±0.6bc
十八碳四烯酸 C18:4	13.0±0.6bc	12.2±0.2c	13.7±0.2ab	14.0±0.2a	13.3±0.4bc	12.8±0.2c
饱和脂肪酸 ΣSFA	26.6±0.2a	24.3±0.4b	23.6±1.7b	24.3±0.3b	27.1±0.3a	26.5±0.4a
不饱和脂肪酸 ΣUFA	73.5±1.4b	75.7±0.8a	76.4±1.2a	75.7±1.5a	72.9±0.6b	73.5±0.9b
脂肪酸不饱和指数 IUFA	202.3±5.9b	204.2±2.8ab	212.6±3.5a	210.2±7.1ab	203.3±2.5b	201.9±5.5b

注：表中数值表示平均值±标准差；同行小写字母表示不同时间点间差异显著（$P<0.05$）

9.6.2　γ-亚麻酸的信号作用

不饱和脂肪酸衍生物茉莉酸（JA）和茉莉酸甲酯（MeJA）是植物抗逆应答过程中重要的信号分子。Farmer 和 Ryan（1992）发现，除了 JA 能诱导蛋白酶抑制剂（PI）的合成外，JA 的前体物质 ALA 等也能诱导 PI 的合成。对番茄和长春花的研究表明，ALA 的同分异构体 GLA 不是 JA 合成的前体物质（Van der Fits and Memelink，2001；Farmer and Ryan，1992）。然而，这两种植物均不能合成 GLA，对自身能合成 GLA 的微孔草是否也得到相同的结果还不清楚。过氧化氢（H_2O_2）是植物体内最稳定的活性氧，其爆发是植物对外界生物与非生物胁迫响应的普遍特征，并与一系列重要信号转导过程密切相关。藻类中的研究表明，ALA、花生四烯酸（ARA，C20:4）和 MeJA 均可诱导 H_2O_2 爆发，激活防御反应，而油酸（OA，C18:1）和亚油酸（LA，C18:2）无法诱导（Küpper et al.，2009）。GLA 是否能诱导 H_2O_2 爆发还不清楚。本节对微孔草叶面分别喷施 1000μmol/L ALA、1000μmol/L GLA 和 100μmol/L 茉莉酸甲酯（MeJA），处理后分别在不同时间收集叶片，测定蛋白酶抑制剂活性、内源 JA 含量和 H_2O_2 含量，以确定其信号功能。

9.6.2.1　对蛋白酶抑制剂活性和内源茉莉酸含量的影响

ALA 和 MeJA 处理 24h，胰蛋白酶抑制剂（TI）和胰凝乳蛋白酶抑制剂（CI）活性均受到诱导，分别比对照增加 22.26%和 11.36%、66.84%和 26.21%；而 GLA 未能诱导

TI 和 CI 活性（图 9-23a，图 9-23b）。ALA 和 MeJA 处理 30min，内源 JA 含量增加，分别是 CK 的 2.12 倍和 2.57 倍（$P<0.05$），而 GLA 处理内源 JA 含量与 CK 无显著差异（图 9-23c）。

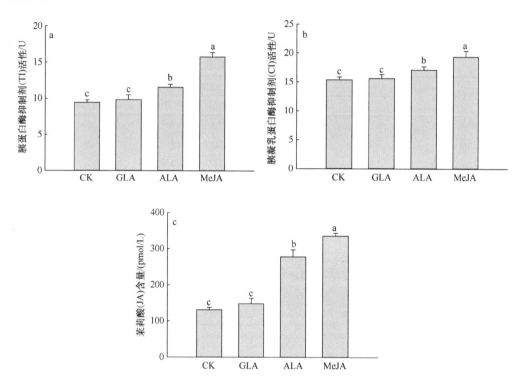

图 9-23 外源不饱和脂肪酸和 MeJA 对蛋白酶抑制剂活性及内源 JA 含量的影响

JA 及其前体可诱导蛋白酶抑制剂活性和转录因子 *Orca3* 表达。番茄（*Solanum lycopersicum*）和长春花（*Catharanthus roseus*）均不含 GLA，前期研究发现 GLA 不能诱导其体内蛋白酶抑制剂活性及 *Orca3* 的表达，表明 GLA 在这类植物中不是 JA 合成的前体（Van der Fits and Memelink，2001；Farmer and Ryan，1992）。微孔草含有 GLA，但亦不能诱导其体内 PI 活性，且未引起内源 JA 含量的增加。进一步确定即使在自身含有 GLA 的植物中，其仍不是 JA 的前体。

9.6.2.2 对 H_2O_2 含量的影响

微孔草喷施 GLA、ALA 和 MeJA 后，叶 H_2O_2 含量均迅速升高。GLA 处理 30min，H_2O_2 达最大值，是 CK 的 3.03 倍，后迅速降至 CK 水平。ALA 处理 10min，H_2O_2 含量达峰值，是 CK 的 2.81 倍，处理 60min 降低，但仍是 CK 的 1.53 倍。MeJA 处理 30min，H_2O_2 含量最高，是 CK 的 2.06 倍，之后降低，处理结束仍比 CK 增加 63.55%（图 9-24）。

综上所述，机械损伤后，GLA 在 12h 快速升高并达峰值，之后各处理时间点均与 CK 无显著差异。其合成基因——*D6DES* 表达量 2h 达峰值，是 CK 的 3.08 倍。相比温度和渗透胁迫，*D6DES* 基因表达量快速升高达到峰值时间最早，表明其对机械损伤的响应更迅速。许多研究表明，ALA 在植物响应生物和非生物胁迫过程中发挥重要作

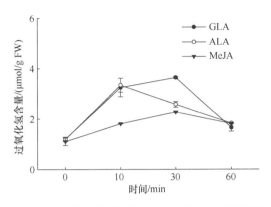

图 9-24　外源不饱和脂肪酸和 MeJA 对 H_2O_2 含量的影响

用：拟南芥 *fad7/fad8* 双突变体遭受植物病原菌胁迫时，H_2O_2 积累量减少，且抗病性降低（Yaeno et al.，2004）。ALA 可调控一些参与拟南芥响应生物和非生物胁迫的基因（Mata-Pérez et al.，2015）。GLA 作为 ALA 的同分异构体，虽然不是 JA 的前体，但其能引起氧爆发，且在机械损伤后迅速积累，可能作为信号分子在植物抗逆防御反应中发挥一定作用。

9.7　本　章　小　结

荒漠植物白沙蒿，整个生长期脂肪酸（FA）含量和不饱和脂肪酸的比例（UFA/FA）叶始终大于茎，其中叶 UFA/FA 营养期最高，为 67.65%；花蕾、花和成熟种子中 UFA/FA 分别为 62.57%、59.36% 和 91.73%。成熟种子粗脂肪含量为 31.46%，亚油酸含量最高，占总脂肪酸的 83.45%；α-生育酚和 γ-生育酚含量分别为 120.4μg/g DW 和 19.7μg/g DW。高寒植物微孔草种子粗脂肪含量为 43.5%，不饱和脂肪酸和 γ-亚麻酸分别占 86.30% 和 6.37%。两者均是优质的植物油料资源。

乡土草白沙蒿分布于干旱荒漠区，与环境协同进化，形成了耐盐、干旱和 UV-B 辐射胁迫的适应机制。白沙蒿高的亚油酸和 α-生育酚含量在其适应盐胁迫中发挥重要作用。盐胁迫初期，白沙蒿 α-生育酚主要发挥抗氧化剂功能；高盐胁迫后期，高水平 α-生育酚通过抑制 *FAD3* 和 *FAD7/FAD8* 的表达，减少亚油酸向亚麻酸的合成转化，导致亚油酸含量增加，特别是磷脂中亚油酸含量的积累，提高了脂肪酸不饱和度，降低膜通透性，增加膜稳定性。干旱和 UV-B 辐射复合胁迫可缓解 UV-B 和干旱对白沙蒿的损伤。复合胁迫下黄酮含量显著升高，脂氧合酶活力显著降低，过氧化产物丙二醛含量亦显著减少，缓解了干旱引致的膜脂过氧化；与 UV-B 单独处理相比，复合胁迫下脂肪酸不饱和指数恢复至对照水平，缓解了 UV-B 辐射引起的膜脂不饱和度降低。

乡土草微孔草分布于青藏高原高寒地区，相对于高温更耐受低温胁迫。抗氧化酶活性的增高，以及 *D6DES* 基因的高表达及产物 γ-亚麻酸和十八碳四烯酸的积累，使膜脂不饱和度更稳定，可能是微孔草耐低温的一种机制。γ-亚麻酸不能诱导蛋白酶抑制剂活性增高，可能不是茉莉酸合成的前体物质，但其能引起活性氧爆发，且在机械损伤后迅速积累，可能作为信号分子在植物抗逆防御反应中发挥一定作用。

参 考 文 献

包苏科, 冉飞, 李和平, 等. 2008. 不同海拔微孔草抗氧化系统的比较研究. 西北植物学报, 28(9): 1787-1793.

陈晓龙. 2019. 盐胁迫下白沙蒿 α-生育酚对亚油酸性状的调控机制研究. 兰州: 兰州大学博士学位论文.

崔刚, 李春光, 郑云花. 1996. 月见草油的超临界流体萃取及质量研究. 中草药, 27(1): 15-17.

代宇佳, 罗晓峰, 周文冠, 等. 2019. 生物和非生物逆境胁迫下的植物系统信号. 植物学报, 54(2): 255-264.

傅华, 王钦, 周志宇, 等. 1997. 色质联用研究天祝微孔草草籽油中的脂肪酸. 草地学报, 5(3): 205-209.

高雅琴. 1985. 六种栽培月见草种子的化学成分分析. 沈阳药学院学报, 2(3): 218-221.

霍俊伟, 李著花, 秦栋. 2011. 黑穗醋栗营养成分和保健功能及产业发展前景. 东北农业大学学报, 42(2): 139-144.

贾曼雪, 王枫. 2008. γ-亚麻酸的生物学功能研究进展. 国外医学卫生学分册, 35(1): 44-47.

刘丽, 杨英华, 王大宁, 等. 1993. 黑加仑籽油中脂肪酸成分的研究. 分析化学, 21(3): 339-341.

缪秀梅, 张丽静, 陈晓龙, 等. 2015. 水分胁迫下白沙蒿幼苗抗性与其膜脂构成关系研究. 草业学报, 24(2): 55-61.

任飞, 韩发, 石丽娜, 等. 2010. 超临界 CO_2 流体萃取琉璃苣籽油及其脂肪酸分析. 中国油脂, 35(8): 15-18.

苏海兰, 黄颖桢, 陈菁瑛. 2012. 福建浦城薏苡不同器官脂肪酸组分及其含量测定. 福建农业学报, 27(7): 695-699.

汪新文. 2008. 茉莉酸参与植物逆境胁迫的研究进展. 安徽农学通报, 14(6): 29-35.

王世珍, 蔡庆生, 孙菊华, 等. 2003. 冷锻炼下高羊茅抗冻性的变化与碳水化合物和脯氨酸含量的关系. 南京农业大学学报, 26(3): 10-13.

吴淑娟. 2013. 微孔草 γ-亚麻酸在逆境中的生物学功能及其调控机制. 兰州: 兰州大学博士学位论文.

张广伦, 肖正春. 1997. γ-亚麻酸植物资源及开发利用. 中国野生植物资源, 16(2): 5-10.

赵媛媛. 2017. UV-B 辐射和干旱胁迫对白沙蒿形态及生理的影响. 兰州: 兰州大学硕士学位论文.

郑鸿丹, 徐智明, 李志强. 2015. 20 个苜蓿品种不同生育期脂肪酸组成分析. 中国奶牛, (18): 29-32.

中国植物志编委会. 1991. 中国植物志 双子叶植物纲 第 76(2)卷 桔梗目. 北京: 科学出版社.

Amicarelli F, Ragnelli A M, Aimola P, et al. 1999. Age-dependent ultrastructural alterations and biochemical response of rat skeletal muscle after hypoxic or hyperoxic treatments. Biochimica et Biophysica Acta (BBA) - Molecular Basis of Disease, 453: 105-114.

Anbu D, Sivasankaramoorthy S. 2014. Ameliorative effect of $CaCl_2$ on growth, membrane permeability and nutrient uptake in *Oryza sativa* grown at high NaCl salinity. International Letters of Natural Science, 3: 14-22.

Asensi-Fabado M, Ammon A, Sonnewald U, et al. 2014. Tocopherol deficiency reduces sucrose export from salt-stressed potato leaves independently of oxidative stress and symplastic obstruction by callose. Journal of Experimental Botany, 66(3): 957-971.

Bailly C. 2004. Active oxygen species and antioxidants in seed biology. Seed Science Research, 14(2): 93-107.

Bandurska H, Cieslak M. 2013. The interactive effect of water deficit and UV-B radiation on salicylic acid accumulation in barley roots and leaves. Environmental and Experimental Botany, 94: 9-18.

Berli F, D'Angelo J, Cavagnaro B, et al. 2008. Phenolic composition in grape (*Vitis vinifera* L. cv. Malbec) ripened with different solar UV-B radiation levels by capillary zone electrophoresis. Journal of Agricultural and Food Chemistry, 56 (9): 2892-2898.

Carbonell-Bejerano P, Diago M P, Martínez J, et al. 2014. Solar ultraviolet radiation is necessary to enhance grapevine fruit ripening transcriptional and phenolic responses. BMC Plant Biology, 14 (1): 1-16.

Chalbi N, Hessini K, Gandour M, et al. 2013. Are changes in membrane lipids and fatty acid composition related to salt-stress resistance in wild and cultivated barley. Journal of Plant Nutrition and Soil Science, 176(2): 138-147.

Chandra-Shekara A C, Venugopal S C, Barman S R, et al. 2007. Plastidial fatty acid levels regulate resistance gene-dependent defense signaling in *Arabidopsis*. Proceedings of the National Academy of Sciences of the United States of America, 104(17): 7277-7282.

Chen X L, Zhang L J, Miao X M, et al. 2018. Effect of salt stress on fatty acid and α-tocopherol metabolism in two desert shrub species. Planta, 247(2): 499-511.

Cheng D H, Wang W K, Chen X H, et al. 2011. A model for evaluating the influence of water and salt on vegetation in a semi-arid desert region, northern China. Environ Earth Science, 64: 337-346.

Doert M, Krüger S, Morlock G E, et al. 2017. Synergistic effect of lecithins for tocopherols: formation and antioxidant effect of the phosphatidylethanolamine-L-ascorbic acid condensate. European Food Research and Technology, 243(4): 583-596.

Dörmann P. 2007. Functional diversity of tocochromanols in plants. Planta, 225: 269-276.

Duan B, Xuan Z, Zhang X, et al. 2010. Interactions between drought, ABA application and supplemental UV-B in *Populus yunnanensis*. Physiologia Plantarum, 134 (2): 257-269.

Ellouzi H, Hamed K B, Cela J, et al. 2013. Increased sensitivity to salt stress in tocopherol-deficient *Arabidopsis* mutants growing in a hydroponic system. Plant Signaling and Behavior, 8: e23136-e23149.

Farmer E F, Ryan C A. 1992. Octadecanoid precursors of jasmonic acid activate the synthesis of wound-inducible proteinase inhibitors. Plant Cell, 4: 129-134.

Farouk S. 2011. Ascorbic acid and α-tocopherol minimize salt-Induced wheat leaf senescence. Journal of Stress Physiology and Biochemistry, 7: 58-79.

Floegel A, Kim D O. 2011. Comparison of ABTS/DPPH assays to measure antioxidant capacity in popular antioxidant-rich US foods. Journal of Food Composition and Analysis, 24(7): 1043-1048.

Flowers T J, Colmer T D. 2008. Salinity tolerance in halophytes. New Phytologist, 179: 945-963.

Garg N, Manchanda G, 2009. ROS generation in plants: boon or bane? Plant Biosystems, 143: 81-96.

Gibson S, Arondel V, Iba K, et al. 1994. Cloning of a temperature-regulated gene encoding a chloroplast ω-3 desaturase from *Arabidopsis thaliana*. Plant Physiology, 106: 1615-1621.

Gigon A, Matos A, Zuily-Fodil D Y, et al. 2004. Effect of drought stress on lipid metabolism in the leaves of *Arabidopsis thaliana* (ecotype Columbia). Annals of Botany, 94: 345-351.

Gondor O K, Szalai G, Kovács V, et al. 2014. Impact of UV-B on drought- or cadmium-induced changes in the fatty acid composition of membrane lipid fractions in wheat. Ecotoxicology and Environmental Safety, 108: 129-134.

Harwood J L, 1996. Recent advances in the biosynthesis of plant fatty acids. Biochimica et Biophysica Acta, 1301: 7-56.

Hasegawa P M, Bressan R A, Zhu J K, et al. 2000. Plant cellular and molecular responses to high salinity. Annual Review of Plant Physiology and Plant Molecular Biology, 51: 463-499.

Havaux M, Eymery F, Porfirova S, et al. 2005. Vitamin E protects against photoinhibition and photooxidative stress in *Arabidopsis thaliana*. Plant Cell, 17 (12): 3451-3469.

Hernández M L, Padilla M N, Sicardo M D, et al. 2011. Effect of different environmental stresses on the expression of oleate desaturase genes and fatty acid composition in olive fruit. Phytochemistry, 72: 178-187.

Hölzl G, Dörmann P. 2007. Structure and function of glycoglycerolipids in plants and bacteria. Progress in Lipid Research, 46: 225-243.

Howe G A, Jander G. 2008. Plant immunity to insect herbivores. Annual Review of Plant Biology, 59: 41-66.

Hui R, Zhao R, Liu L, et al. 2016. Effects of UV-B, water deficit and their combination on *Bryum argenteum* plants. Russian Journal of Plant Physiology, 63 (2): 216-223.

Hui R, Zhao R, Song G, et al. 2018. Effects of enhanced ultraviolet-B radiation, water deficit, and their combination on UV-absorbing compounds and osmotic adjustment substances in two different moss species. Environmental Science and Pollution Research International, 25 (3-4): 1-11.

Inoue S, Ejima K, Iwai E, et al. 2011. Protection by α-tocopherol of the repair of photosystem Ⅱ during photoinhibition in *Synechocystis* sp. PCC 6803. Biochimica et Biophysica Acta (BBA) - Bioenergetics, 1807(2): 236-241.

Jiang J H, Jia H L, Feng G Y, et al. 2016. Overexpression of *Medicago sativa* TMT elevates the α-tocopherol content in *Arabidopsis* seeds, alfalfa leaves, and delays dark-induced leaf senescence. Plant Science, 249: 93-104.

Jin S, Daniell H. 2014. Expression of γ-tocopherol methyltransferase in chloroplasts results in massive proliferation of the inner envelope membrane and decreases susceptibility to salt and metal-induced oxidative stress by reducing reactive oxygen species. Plant Biotechnology Journal, 12(9): 1274-1285.

King D L, Klein B P. 2010. Effect of flavonoids and related compounds on soybean lipoxygenase 1 activity. Journal of Food Science, 52 (1): 220-221.

Koohafkan P, Stewart B A. 2008. Water and cereals in drylands. Food and Agriculture Organization of the United Nations, Earthscan.

Küpper F C, Gaquerel E, Cosse A, et al. 2009. Free fatty acids and methyl jasmonate trigger defense reactions in *Laminaria digitata*. Plant Cell Physiology, 50(4): 789-800.

Lee A, Cho K, Jang S, et al. 2004. Inverse correlation between jasmonic acid and salicylic acid during early wound response in rice. Biochemical and Biophysical Research Communications, 318: 734-738.

Li Y L, Hussain N, Zhang L, et al. 2013. Correlations between tocopherol and fatty acid components in germplasm collections of *Brassica* oil seeds. Journal of Agricultural and Food Chemistry, 61(1): 34-40.

Maeda H, Sage T L, Isaac G, et al. 2008. Tocopherols modulate extraplastidic polyunsaturated fatty acid metabolism in *Arabidopsis* at low temperature. The Plant Cell, 20(2): 452-470.

Maeda H, Song W, Sage T L, et al. 2006. Tocopherols play a crucial role in low temperature adaptation and phloem loading in *Arabidopsis*. Plant Cell, 18: 2710-2732.

Mansour M M F. 2013. Plasma membrane permeability as an indicator of salt tolerance in plants. Biologia Plantarum, 57(1): 1-10.

Mansour M M F, Salama K H A, Allam H Y H. 2015. Role of the plasma membrane in saline conditions: lipids and proteins. The Botanical Review, 81(4): 416-451.

Mao Z X, Fu H, Nan Z B, et al. 2012. Fatty acid content of common vetch (*Vicia sativa* L.) in different regions of Northwest China. Biochemical Systematics and Ecology, 44: 347-351.

Martínez-Lüscher J, Morales F, Delrot S, et al. 2015. Characterization of the adaptive response of grapevine (cv. Tempranillo) to UV-B radiation under water deficit conditions. Plant Science, 232 (232): 13-22.

Mata-Pérez C, Sánchez-Calvo B, Begara-Morales J C, et al. 2015. Transcriptomic profiling of linolenic acid-responsive genes in ROS signaling from RNA-seq data in *Arabidopsis*. Frontiers in Plant Science, 6: 122(1-14).

Mata-Pérez C, Sánchez-Calvo B, Padilla M N, et al. 2016. Nitro-fatty acids in plant signaling: nitro-linolenic acid induces the molecular chaperone network in *Arabidopsis*. Plant Physiology, 170: 686-701.

Mittler R, Vanderauwera S, Gollery M, et al. 2004. Reactive oxygen gene network of plants. Trends in Plant Science, 9(10): 490-498.

Munné-Bosch S, Alegre L. 2002. The Function of tocopherols and tocotrienols in plants. Critical Reviews in Plant Sciences, 21: 31-57.

Padham A K, Hopkins M T, Wang T W, et al. 2007. Characterization of a plastid triacylglycerol lipase from *Arabidopsis*. Plant Physiology, 143: 1372-1384.

Ramani B, Zorn H, Papenbrock J. 2004. Quantification and fatty acid profiles of sulfolipids in two halophytes and a glycophyte grown under different salt concentrations. Zeitschrift für Naturforschung C, 59: 835-842.

Rekha C, Reema C, Alka S. 2012. Salt tolerance of *Sorghum bicolor* cultivars during germination and seedling growth. Research Journal of Recent Sciences, 1(3): 1-10.

Russell N J. 1989. Functions of Lipids: Structural Roles and Membrane Functions. London: Academic Press: 279-365.

Salama K H A, Mansour M M F, Ali F Z M, et al. 2007. NaCl-induced changes in plasma membrane lipids and proteins of *Zea mays* L. cultivars differing in their response to salinity. Acta Physiologiae Plantarum, 29: 351-359.

Salama K H A, Mansour M M F, Hassan N S. 2011. Choline priming improves salt tolerance in wheat (*Triticum aestivum* L.). Australian journal of Basic and Applied Sciences, 5(11): 126-132.

Sangtarash M H, Qaderi M M, Chinnappa C C, et al. 2009. Differential responses of two *Stellaria longipes* ecotypes to ultraviolet-B radiation and drought stress. Flora, 204 (8): 593-603.

Sari A C, Elya B. 2017. Antioxidant activity and lipoxygenase enzyme inhibition assay with total flavonoid assay of *Garcinia porrecta* Laness stem bark extracts. Pharmacognosy Journal, 9 (2): 257-266.

Shahandashti S S K, Amiri R M, Zeinali H, et al. 2013. Change in membrane fatty acid compositions and cold-induced responses in chickpea. Molecular Biology Reports, 40(2): 893-903.

Shu S, Yuan L Y, Guo S R, et al. 2013. Effects of exogenous spermine on chlorophyll fluorescence. antioxidant system and ultrastructure of chloroplasts in *Cucumis sativus* L. under salt stress. Plant Physiology and Biochemistry, 63: 209-216.

Skłodowska M, Gapińska M, Gajewska E, et al. 2009. Tocopherol content and enzymatic antioxidant activities in chloroplasts from NaCl-stressed tomato plants. Acta Physiologiae Plantarum, 31(2): 393-400.

Spicher L, Almeida J, Gutbrod K. 2017. Edible carboxymethyl cellulose films containing natural antioxidant and surfactants: α-tocopherol stability, *in vitro* release and film properties. Journal of Experimental Botany, 68(21-22): 5845-5856.

Stepien P, Klobus G. 2010. Antioxidant defense in the leaves of C3 and C4 plants under salinity stress. Physiologia Plantarum, 125: 31-40.

Sui N, Han G L. 2014. Salt-induced photoinhibition of PS II is alleviated in halophyte *Thellungiella halophila* by increases of unsaturated fatty acids in membrane lipids. Acta Physiologiae Plantarum, 36(4): 983-992.

Sui N, Li M, Li K, et al. 2010. Increase in unsaturated fatty acids in membrane lipids of *Suaeda salsa* L. enhances protection of photosystem II under high salinity. Photosynthetica, 48(4): 623-629.

Torres-Franklin M L, Repellin A, Huynh V B, et al. 2009. Omega-3 fatty acid desaturase (*FAD3*, *FAD7*, *FAD8*) gene expression and linolenic acid content in cowpea leaves submitted to drought and after rehydration. Environmental and Experimental Botany, 65(3): 162-169.

Upchurch R G. 2008. Fatty acid unsaturation, mobilization, and regulation in the response of plants to stress. Biotechnology Letters, 30: 967-977.

Van der Fits L, Memelink J. 2001. The jasmonate-inducible AP2/ERF-domain transcription factor ORCA3 activates gene expression via interaction with a jasmonate-responsive promoter element. The Plant Journal, 25(1): 43-53.

Wang S, Wan C, Wang Y, et al. 2004. The characteristics of Na$^+$, K$^+$ and free proline distribution in several drought-resistant plants of the Alxa Desert, China. Journal of Arid Environments, 56: 525-539.

Wang W H, Barbara K H, Cao F Q, et al. 2008. Molecular and physiological aspects of urea transport in higher plants. Plant Science, 175(4): 467-477.

Wasternack C. 2007. Jasmonates: an update on biosynthesis, signal transduction and action in plant stress response, growth and development. Annals of Botany, 100(4): 681-697.

Watanabe T, Seo S, Sakai S. 2001. Wound induced expression of a gene for 1-aminocyclopropane carboxylate synthase and ethylene production are regulated by both reactive oxygen species and jasmonic acid in *Cucurbita maxima*. Plant Physiology and Biochemistry, 39(2): 121-127.

Watkins G, Martin T A, Bryce R, et al. 2005. γ-Linolenic acid regulates the expression and secretion of SPARC in human cancer cells. Prostaglandins, Leukotrienes and Essential Fatty Acids, 72(4): 273-278.

Yaeno T, Matsuda O, Iba K. 2004. Role of chloroplast trienoic fatty acids in plant disease defense responses. The Plant Journal, 40: 931-941.

第三篇

抗逆分子生物学

第 10 章　豆科牧草裂荚的分子基础

刘志鹏　王彦荣　董　瑞　娄可可

10.1　引　言

　　裂荚是野生豆科植物适应逆境的有效策略，有助于种子抵御生物和非生物胁迫。豆科植物的裂荚性状主要由遗传因子调控，同时受到环境因素的影响。分离和挖掘调控植物裂荚性状的关键基因，不但可以加深我们对裂荚性状的认识，还可以解释该性状背后潜在的分子遗传机制（Ross-Ibarra et al.，2007）。随着基因组学和分子生物学时代的到来，国内外学者在这方面取得了重要进展。目前下列豆科植物的裂荚性状已有不同程度的研究：大豆（*Glycine max*）（Funatsuki et al.，2014；Dong et al.，2014；Bailey et al.，1997）、豌豆（*Pisum sativum*）（Weeden et al.，2002；Weeden，2007）和狭叶羽扇豆（*Lupinus angustifolius*）（Nelson et al.，2006；Boersma et al.，2005）。此外还有菜豆（*Phaseolus vulgaris*）（Koinange et al.，1996）、豇豆（*Vigna unguiculata*）（Mohammed et al.，2010）、箭筈豌豆（*Vicia sativa*）（Dong et al.，2017a，2017b，2016；罗栋等，2015）、兵豆（*Lens culinaris*）（Ladizinsky，1979）和赤豆（*V. angularis*）（Isemura et al.，2007）等。

　　大豆是豆科植物裂荚性状的模式植物。在过去的 20 年，随着分子标记的发展，大豆数量性状基因座（quantitative trait locus，QTL）定位已成为研究大豆裂荚性状的主流方法。大量研究对大豆的裂荚基因进行了初步定位或精细定位（表 10-1），但直到 2014 年中国科学家和日本科学家才首次找到了两个不同的裂荚功能基因，解开了大豆的裂荚之谜。2014 年，Dong 等（2014）发现从野生大豆到栽培大豆的驯化过程中，由于强烈的人工选择，*SHAT1-5* 基因上游 4kb 处的 1 个具有抑制作用的顺式作用元件产生突变，抑制作用完全消除，使栽培大豆果荚纤维帽细胞中 *SHAT1-5* 基因的表达剧烈上调，丰度比野生大豆提高了 15 倍，导致纤维帽细胞次生壁剧烈木质化并大量聚集在裂荚区下方，从而有效阻止了裂荚。同年，日本科学家 Funatsuki 等（2014）发现功能基因 *Pdh1* 在富含木质素的荚皮内厚壁组织中高度表达，并且在木质素沉积的起始阶段表达丰度较高，通过影响内厚壁组织的木质素沉积结果，影响荚果的扭曲力，从而控制大豆的裂荚。

　　总之，豆科植物中已有大量裂荚遗传位点和基因被鉴定出来，这些位点和基因在豆科牧草新品种选育与分子辅助育种中具有广阔的应用前景。大豆中已鉴定出的与裂荚性状相关的位点和基因有 *qPDH1*、*qPDH6-1*、*SHAT1-5* 和 *Glyma16g25600*，但 *qPDH1* 和 *qPDH6-1* 的基因功能尚需鉴定。豌豆中克隆了 *Dpo1*、*Dpo2*、*Gp* 和 *Np* 共 4 个可能与裂荚性状相关的基因，但是需利用更多具有性状差异的品种进行验证。无论豆科植物裂荚特性的形态学还是遗传学研究都相对落后，具体表现为不同豆科植物裂荚特性的解剖

表 10-1　大豆中已报道的控制裂荚特性的 QTL/基因

亲本		分析方法	所在连锁群	最近标记	解释变异/%	LOD 值	参考文献
Young（C）	PI1416937（C）	方差分析（ANOVA）	D1b	A735	5.3～7.2	—	Bailey et al.，1997
			E	Cr274-1	6.0～7.1	—	
			J	B122-1	39.1～44.4	—	
			L	A489-1	5.0～5.6	—	
			N	A808n	4.1～5.7	—	
Toyomusume（C）	Hayahikari（C）	复合区间作图法（CIM）	J	Sat-093	＞50.0	13.8～15.6	Funatsuki et al.，2010
Tokei 780（C）	Hidaka 4（W）	CIM	E	Sat-124	9.6	2.7	Liu et al.，2007
			J	Satt215	16.3～21.8	3.3～4.9	
Keunolkong（C）	Sinpaldalkong（C）	CIM	A1	Satt385	6.7	8.9	Kang et al.，2009
			B2	Satt126	6.4	9.7	
			D1b	Satt546	4.9	5.0	
			J	Satt215	45.8	65.4	
Jinbean 23（C）ZDD2315（C）		CIM	C2	Sat-062	49.4	12.15	Luo et al.，2012

注：C. 栽培种；W. 野生种；"—"表示没有数值

结构很可能不完全相同、裂荚相关基因发掘的数量和质量还远不能满足作物分子育种的需求、裂荚相关结构与基因之间的遗传调控网络尚未完整建立等。

第二代测序技术（next generation sequencing，NGS）是目前在转录组水平上对非模式植物不同发育阶段的基因表达进行研究的高通量方法。本章通过比较筛选自 541 份箭筈豌豆种质的易裂荚和抗裂荚种质的转录组，第一次对箭筈豌豆裂荚在分子水平上进行了深入的了解。同时，这一研究也为植物的裂荚研究提供了新的基因信息。

10.2　箭筈豌豆腹缝线转录组分析

10.2.1　荚果腹缝线转录组测序分析

共有 4 份箭筈豌豆种质被用于本研究，其分别是易裂荚种质'92 号'和'257 号'以及抗裂荚种质'135 号'和'392 号'。这 4 份种质是经过对 541 份箭筈豌豆种质连续 3 年（2012～2014 年）的裂荚指数评估后得到的。种子播种在兰州大学草地农业科技学院榆中试验站。

植物开花期间，在每个种质的不同植株上分别标记 400 朵花。选择箭筈豌豆的荚果腹缝线作为裂荚研究的材料，采样时间为荚果腹缝线中离区形成的时期。因为不同种质的生育周期不一致，所以 4 个种质的样品采集时间不同。在采样时，种子大小约为最终大小的 1/3，荚果长度和宽度为黄熟期荚果的 80%～90%。采样时将荚果置于冰上，手动撕取荚果腹缝线。将新鲜采集的荚果腹缝线样品迅速放入液氮中，冷冻后储存在−80℃用于 RNA 提取。

10.2.1.1　转录组测序和 De novo 装配

箭筈豌豆的裂荚是离层、荚果扭曲力及外部果瓣缘细胞三者相互作用的结果，而离层和外部果瓣缘细胞均位于腹缝线处。离层是箭筈豌豆荚果开裂不可或缺的结构,离层的丢失是荚果抗裂荚的关键,外部果瓣缘细胞外侧增厚融合的细胞壁是抵抗荚果开裂的最后一道防线。此外,与大豆等豆科植物一样,箭筈豌豆荚果的开裂也始于腹缝线,因此,腹缝线是研究箭筈豌豆裂荚的关键部位。

本章研究共包括 4 份箭筈豌豆种质(4 份种质均选自本书第 4 章表 4-1 中相关种质),分别是易裂荚种质'92 号'和'257 号'以及抗裂荚种质'135 号'和'392 号'。使用 4 个种质的荚果腹缝线 RNA 样品构建 cDNA 文库。最终从 4 个文库中获得了 145 891 066 条原始读段(raw reads)。经过严格的质量检查和数据过滤之后,共获得 104 234 410 条净读段(clean reads)和 26.2G 的数据(表 10-2),4 个样品的 Q20 值均高于 98.5%。

表 10-2　转录组数据信息

样品	原始读段/条	净读段/条	净核苷酸数/G	Q20/%	Unigene/条
135 号	43 293 509	27 925 411	7.0	98.64	44 922
392 号	41 401 651	26 212 623	6.6	98.63	43 603
92 号	31 179 196	24 103 592	6.1	98.56	47 921
257 号	30 016 710	25 992 784	6.5	98.65	45 325
合计	145 891 066	104 234 410	26.2		

图 10-1 为重叠群(contig)的分布情况。将所有重叠群组装成 70 739 条 unigene,其中'92 号'、'135 号'、'257 号'和'392 号'种质中分别有 47 921 条、44 922 条、45 325 条和 43 603 条 unigene(表 10-2)。这些 unigene 的 N50 为 1309bp,平均长度为 772bp。

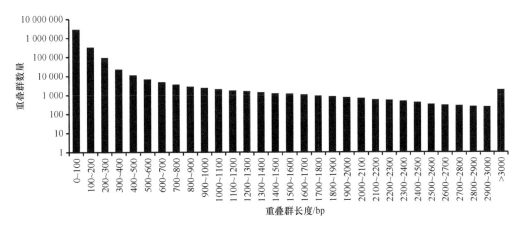

图 10-1　重叠群长度分布图

在 70 739 条 unigene 中,有 39 339 条 unigene(55.61%)长度为 200～500bp,14 539 条 unigene(20.55%)长度为 501～1000bp,16 861 条 unigene(23.84%)的长度大于 1000bp(图 10-2)。本章研究中的读段已保存在 NCBI SRA 数据库(SRX2400610)。

10.2.1.2　功能注释和分类

对 unigene 在 7 个数据库中的注释比例进行统计可知(表 10-3),在 70 742 条 unigene 中,42 074 条 unigene(59.48%)和 Nr 数据库中的序列相匹配并与已知蛋白质具有同源

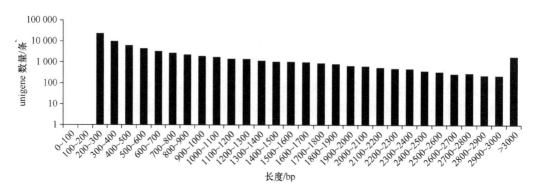

图 10-2　Unigene 长度分布图

性，26 134 条 unigene（36.94%）和 Swiss-Prot 数据库中的序列相匹配并与已知蛋白质具有相似性（表 10-3）。此外，有 3691 条 unigene（5.22%）注释在所有 7 个数据库中，46 763 条 unigene（66.10%）至少注释在一个数据库中（表 10-3）。

表 10-3　Unigene 功能注释结果统计表

注释数据库	unigene 数目/条	百分比/%
Nr 数据库	42 074	59.48
Swiss-Prot 数据库	26 134	36.94
GO 数据库	23 533	33.27
KEGG 数据库	15 571	22.01
COG 数据库	17 281	24.43
KOG 数据库	22 496	31.80
Pfam 数据库	30 780	43.51
在所有数据库中注释的基因数量	3 691	5.22
至少注释在一个数据库中的基因数量	46 763	66.10
合计	70 742	100.00

　　根据 Nr 数据库比对的物种分布可发现，与箭筈豌豆 unigene 序列匹配最接近的物种为蒺藜苜蓿（*Medicago truncatula*）（32.82%）（图 10-3）。

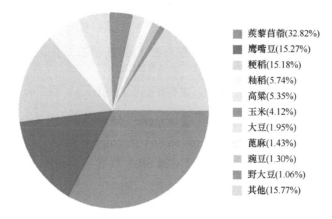

图 10-3　Nr 数据库比对的物种分布
此处仅展示前十的物种

使用 GO 数据库对箭筈豌豆荚果腹缝线中的 unigene 进行功能预测和分类。在本章中，共有 23 533 条 unigene 被分配到 51 个 GO 功能组，获得了 22 383 个 GO 注释（图 10-4）。将注释成功的基因分配到 GO 的 3 个主要类别中，其中 37 193 条 unigene 归类于细胞组分类别，28 411 条 unigene 归类于分子功能类别，59 076 条 unigene 归类于生物过程类别。

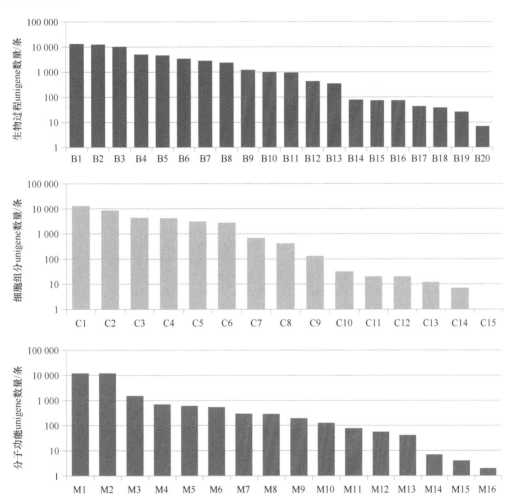

图 10-4 Unigene 的 GO 注释分类图

B1 为代谢过程；B2 为细胞过程；B3 为单有机体过程；B4 为刺激反应；B5 为生物调节；B6 为定位；B7 为细胞成分的组织或生物学发生；B8 为发育过程；B9 为繁殖过程；B10 为多细胞有机体过程；B11 为多器官进程；B12 为生长；B13 为免疫系统过程；B14 为生物附着；B15 为生物相；B16 为节律调节过程；B17 为信号；B18 为繁殖；B19 为移动；B20 为细胞杀伤；C1 为细胞组分；C2 为细胞器；C3 为膜；C4 为细胞器组成部分；C5 为膜组成部分；C6 为高分子复合物；C7 为胞外区域；C8 为细胞连接；C9 为膜内包腔；C10 为细胞核；C11 为胞外区域组成部分；C12 为病毒粒子组成部分；C13 为胞外基质；C14 为胞外基质组成部分；C15 为突触组成部分；M1 为催化活性；M2 为结合；M3 为转运子活性；M4 为结构分子活性；M5 为结合核酸的转录因子活性；M6 为电子载体活性；M7 为酶调控活性；M8 为分子转导活性；M9 为抗氧化活性；M10 为受体活性；M11 为结合蛋白质的转录因子活性；M12 为养分库活性；M13 为鸟嘌呤核苷酸交换因子活性；M14 为金属伴侣活性；M15 为通道调节子活性；M16 为蛋白质标签

对所有 unigene 使用 COG 进行进一步的功能预测和分类。共有 17 281 条 unigene

被分配到 25 个 COG 类别中（图 10-5）。在 25 个 COG 类别中，一般功能预测（general function prediction only）类（16.69%）为最大的组，其次为复制、重组和修复（replication, recombination and repair）类（8.57%）以及转录（transcription）类（8.05%）。

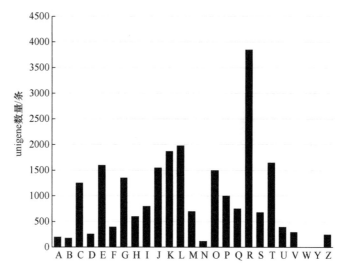

图 10-5　Unigene 的 COG 功能分类图

A 为 RNA 加工与修饰；B 为染色质结构与变化；C 为能量产生与转化；D 为细胞周期调控、细胞分裂、染色体参与；E 为氨基酸运输与代谢；F 为核酸运输与代谢；G 为碳水化合物运输与代谢；H 为辅酶运输与代谢；I 为脂类运输与代谢；J 为翻译、核糖体结构与合成；K 为转录；L 为复制、重组和修复；M 为细胞壁/细胞膜/膜生物合成；N 为细胞运动；O 为翻译后修饰、蛋白质转化、分子伴侣；P 为无机离子运输与代谢；Q 为次级代谢产物合成、运输、分解；R 为一般功能预测；S 为功能未知；T 为信号转导机制；U 为细胞内运输、分泌物、囊泡运输；V 为防御机制；W 为细胞外结构；Y 为细胞核结构；Z 为细胞骨架

为了进一步探索这些注释基因所涉及的代谢途径，将 unigene 与 KEGG 数据库进行比对。结果显示，共有 15 571 条注释的 unigene 与 KEGG 数据库中的 16 070 个序列显著匹配，被 KO 注释并且参与到 127 个 KEGG 代谢途径中。在这些 unigene 中，10 453 条被分配到代谢（metabolic）途径，是 KEGG 五大分类中最大的一组（图 10-6a）。对 10 453 条代谢途径 unigene 进一步分析，可将其分为 18 个亚类（图 10-6b），其中大多数 unigene 被归类到碳水化合物代谢（carbohydrate metabolism）（2486 条），翻译（translation）（1663 条）和氨基酸代谢（amino acid metabolism）（1622 条）。

10.2.1.3　qRT-PCR 验证

为了验证 RNA-seq 分析的准确性和可重复性，随机选择 25 条 unigene 进行实时荧光定量 PCR（quantitative real-time PCR，qRT-PCR）验证（表 10-4）。结果显示，qRT-PCR 测定的这 25 条 unigene 的表达谱与 RNA-seq 数据一致（图 10-7，因篇幅有限，仅从 25 个基因中列出 6 个基因）。线性回归分析结果显示，通过两种不同方法测定的基因表达比之间呈显著正相关（$P<0.05$）（Pearson 相关系数，$r=0.87$）。结果表明，我们的 RNA-seq 数据是可靠的。

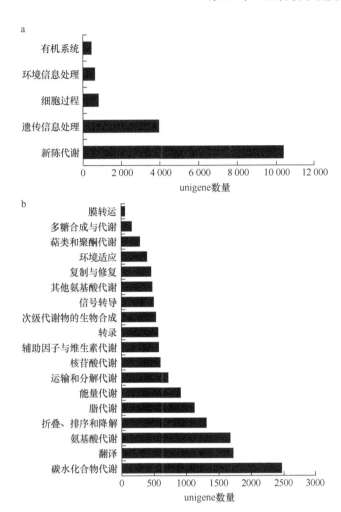

图 10-6 基于 KEGG 的基因和基因组通路分类图

a. 基于代谢类别的分类；b. 代谢途径的 18 个子类别

表 10-4 用于 qRT-PCR 分析的引物信息

编号	基因编号	正向引物（5′→3′）	反向引物（5′→3′）
1	c113420.graph_c0	GGATCTTGGTTGTAATCGGATGG	TCAGTTCTTGTGGTGGCTCAA
2	c115918.graph_c0	GAGCCTACCGTAGTTCGTCTT	CGTTGATTGTAGTTCGCAAGGA
3	c126197.graph_c0	GTGGCTTGTGGTGTTGGTT	CCTCATACTCTTCTCATTCCTCTC
4	c119345.graph_c0	GCAACTGAGCGAAGCAATG	GCATCCTCTTCACATCCACAT
5	c120949.graph_c0	AAGCCTCTACCTAATGCCTTCA	CTACTGCTCGATGCTCTATACTTC
6	c108923.graph_c0	CTATGATGTTGGCGATACAAGAGG	GCAAGTCCTGAAGACATACTGAAC
7	c109642.graph_c0	GGATTCCCGAGGTCATTATACAC	AGAGAAGGCGAACTGGTAAGT
8	c108180.graph_c0	GTGCGTTGCTGGTAACTTGA	GCTGCTCTCACTGATGATAACA
9	c109704.graph_c0	GTCACCACAAGAACTCAAAGC	CTGTAGCTGATGTAACAGGACT
10	c111669.graph_c0	TCCTTCTTCTTCCTTCTCTTCCT	TTATGCGGTTGATGGTGGTT
11	c119843.graph_c0	TCTCAATAGCCACACCAGGTT	GCAGATAGTTGTATCCGAGAGTG
12	c125510.graph_c0	GGCAATCCACCATACACTTGAT	GACGCTCCTGATCCTGTGAT

续表

编号	基因编号	正向引物（5'→3'）	反向引物（5'→3'）
13	c101303.graph_c0	CACCTTGGCAGTTGAATAGACC	CGATGGTTCTATCTTGCGTTGT
14	c116185.graph_c0	GACCAAAGGACCAACCAGAAG	GGTGGATGCCAATGTCAAGAA
15	c117972.graph_c0	CAATGGCTTCTACTCTCACTCAC	ACCTTGGTCTCGTGCTAACA
16	c59763.graph_c0	GTTAAGTCCACCAGTGAATCCA	CCTCTACCTTCTTGGCTCTCA
17	c124102.graph_c0	CAATATCACGGCAGCAACGA	TGGTGGTTCGGTAGATGACAT
18	c103851.graph_c0	ACAGAGCCTCCGAAGAATAGAA	CCACCAAGCCAGTTGTTGTT
19	c123357.graph_c0	CTGTCCAGCGAATATCAACACT	CTTCCACGGCAACAATACTCA
20	c118705.graph_c0	AAGCCGCACCACATTCTCT	GTAGTTGAGTTGGAGTGAGAGTG
21	c112571.graph_c0	GCGAACATATAACGGCGACTG	GGTTGATTGCTTCTGAGGATGG
22	c123582.graph_c0	CCATCCACCATCTTCGTTCTG	TGCTGAATCTGCTGGACCTT
23	c121003.graph_c0	CGAGCACGGTTATACAGTCC	TCTACGGCAAGGTCAGCTT
24	c118940.graph_c0	AATGTACTGGCTGGTTGTGG	GAGAGGCTTGGAGGATTGC
25	c94198.graph_c0	GGGACTCGCCTTTGTATGAAG	CAGCAGCCACTGTCGTAAC
26	内参基因	GCTAAAGCATTGAACAACAAAAGA	GCAAAGTTTGTCCCTTCACC

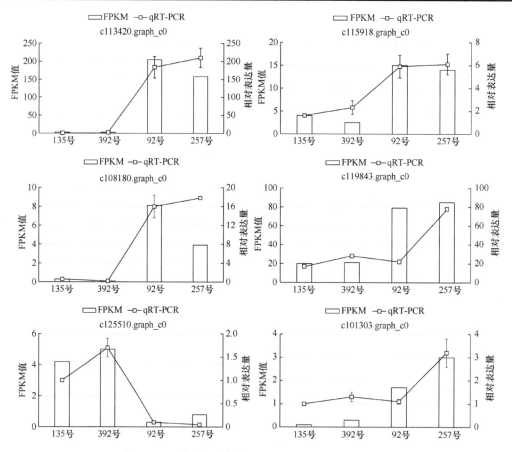

图 10-7　6 个随机选择的 unigene qRT-PCR 验证结果

c113420.graph_c0 为内切多聚半乳糖醛酸酶；c115918.graph_c0 为 β-半乳糖苷酶；c108180.graph_c0 为 LRR 型类受体蛋白激酶；c119843.graph_c0 为 TAZ 结构域蛋白；c125510.graph_c0 为二价铁离子依赖型加氧酶；c101303.graph_c0 为 NEP1 互作蛋白，左侧 Y 轴是转录组测序的 FPKM 值，右侧 Y 轴是 qRT-PCR 的相对表达水平

10.2.2　序列质量及其功能注释

Illumina 平台最初仅用于分析有参考基因组的物种序列，因为其读段长度较短。随着末端配对测序读段长度的改进以及生物信息学和计算方法的发展，相对短的读段也可以被有效地组装用于非模式物种分析。此外，前人的研究表明，Illumina 平台与其他测序平台相比能够提供更高质量和更长的序列，且这些序列能够被很好地组装，从而用于转录组分析（Liu et al.，2016；Fu et al.，2013）。

本研究通过使用 HiSeq 2000 系统产生了超过 1.43 亿的原始读段，其中每个样本的原始读段数目均超过了 3000 万。这些原始读段最终组装成 70 742 条 unigene，其平均长度为 772bp（图 10-2）。同时，我们获得的 unigene 的平均长度也比其他使用相同平台获得的转录组序列的长度更长，如箭筈豌豆（503bp）、*V. sativa* subsp. *sativa*（331bp）、*V. sativa* subsp. *nigra*（342bp）（Kim et al.，2015）、荔枝（*Litchi chinensis*）（601bp）（Li et al.，2013）和老芒麦（*Elymus sibiricus*）（645bp）（Zhou et al.，2016）。研究结果还发现，超过 66% 的 unigene 能够与公共数据库中的功能注释相匹配，这个值也高于前人有关箭筈豌豆（33%）（Patel et al.，2015）、荔枝（59%）（Li et al.，2013）和芒果（*Mangifera indica*）（62%）（Dautt-Castro et al.，2015）的研究报道。此外，qRT-PCR 结果也证明我们的测序结果是准确可靠的。而其余未注释的 unigene 可能为非翻译区、非编码 RNA、错误组装或箭筈豌豆特异性基因库（Fu et al.，2013；Liu et al.，2016）。这些 unigene 可能是箭筈豌豆特异性基因或组装有误的基因。

进一步研究还发现了 22 个差异表达基因（differently expressed gene，DEG）参与果胶和纤维素的代谢及细胞壁修饰。这些结果能够帮助研究人员了解导致箭筈豌豆裂荚的基因的功能，并且可以为其他物种裂荚研究提供参考，促进旨在培育抗裂荚作物的育种计划的进一步发展。

10.3　箭筈豌豆裂荚候选基因表达分析

10.3.1　差异表达基因分析

基于严格的筛选标准，在易裂荚和抗裂荚箭筈豌豆种质中发现了 1285 条差异表达 unigene，其中上调的 unigene 有 575 条，下调的有 710 条。对 DEG 进一步分析发现，有 1087 条 unigene（84.6%）在不同裂荚类型种质中共同表达，有 48 条（3.7%）只在抗裂荚种质中表达，有 150 条（11.7%）只在易裂荚种质中表达（图 10-8）。

为了进一步了解不同裂荚类型种质中 DEG 表达模式的变化，使用平均影响值（mean impact value，MIV）的 K-means 聚类分析对箭筈豌豆中裂荚相关 DEG 的表达模式进行分析。1285 个 DEG 被聚集成 9 个具有相似表达模式的集群，其中包括 5 个下调（3、4、5、6 和 7）模式和 4 个上调（1、2、8 和 9）模式（图 10-9）。

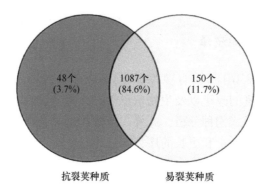

48个
(3.7%)　　1087个
(84.6%)　　150个
(11.7%)

抗裂荚种质　　　　　　易裂荚种质

图 10-8　采样时期在易裂荚和抗裂荚种质中表达的 DEG

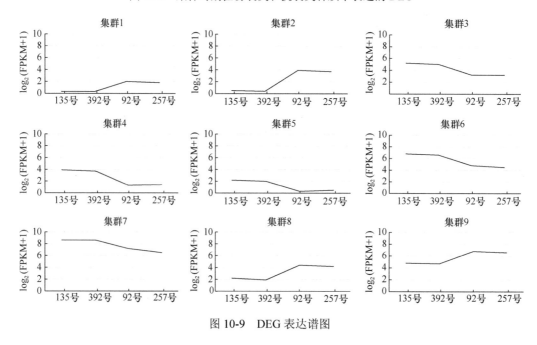

图 10-9　DEG 表达谱图

10.3.1.1　GO 功能分析

共有 448 个（34.86%）与裂荚相关的 DEG 被归类到 54 个 GO 类别（图 10-10）。在细胞组分类别中，细胞部分（cell part）（26.1%）是最主要的群组，其次为细胞（cell）、细胞膜（membrane）（13.2%）和细胞器（organelle）（12.3%）群组。在分子功能类别中，催化活性（catalytic activity）（56.9%）和结合（binding）（49.1%）是最主要的群组。而在生物过程类别中，分别有 57.8%和 45.3%的 unigene 被分配到代谢过程（metabolic process）与细胞过程（cellular process）群组。

10.3.1.2　KEGG 通路富集分析

为了了解转录组中复杂生物学行为的特点，对所有 1285 个 DEG 进行了 KEGG 通路富集分析。其中 $P<0.05$ 为显著超表达的 KEGG 通路。荚果腹缝线中上调和下调的 unigene 被归类到 50 个功能群组。其中淀粉和蔗糖代谢（starch and sucrose metabolism）

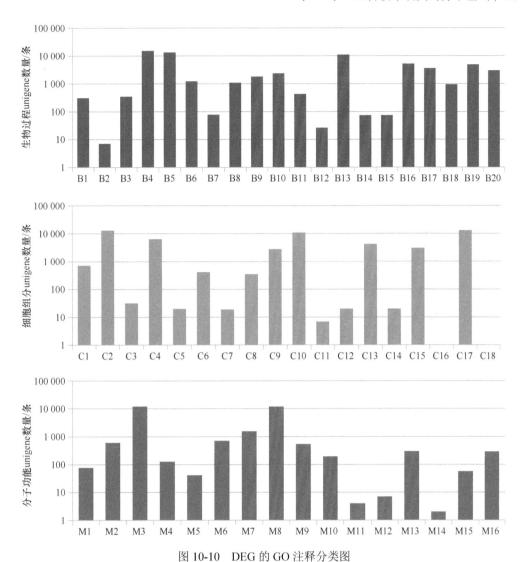

图 10-10　DEG 的 GO 注释分类图

B1 为再生产；B2 为细胞杀伤；B3 为免疫系统过程；B4 为代谢过程；B5 为细胞过程；B6 为生殖过程；B7 为生物黏附；B8 为信号；B9 为多细胞生物过程；B10 为发育过程；B11 为生长；B12 为运动；B13 为单一生物过程；B14 为生物相；B15 为有节奏的过程；B16 为刺激响应；B17 为定位；B18 为多种生物过程；B19 为生物调节；B20 为细胞成分的组织或生物发生；C1 为细胞外区域；C2 为细胞；C3 为核苷；C4 为膜；C5 为病毒体；C6 为细胞连接；C7 为细胞外基质；C8 为膜封闭腔；C9 为大分子复合物；C10 为细胞器；C11 为细胞外基质部分；C12 为细胞外区域部分；C13 为细胞器部分；C14 为病毒体部分；C15 为膜部分；C16 为突触部分；C17 为细胞部分；C18 为突触；M1 为蛋白质结合转录因子活性；M2 为核酸结合转录因子活性；M3 为催化活性；M4 为受体活性；M5 为鸟嘌呤核苷酸交换因子活性；M6 为结构分子活性；M7 为运输活性；M8 为结合；M9 为电子载体活性；M10 为抗氧化活性；M11 为通道调节器活动；M12 为金属伴侣活性；M13 为酶调节活性；M14 为蛋白质标签；M15 为养分库活动；M16 为分子换能器活性

（Ko00500）以及戊糖和葡萄糖醛酸转换（pentose and glucuronate interconversion）（Ko00040）代谢通路显著超表达，且上调 unigene 的数目显著高于下调 unigene 的数目（图 10-11）。果胶代谢（pectin metabolism）存在于 Ko00040 和 Ko00500 通路中，而纤维素代谢（cellulose metabolism）只存在于 Ko00500 通路中。果胶和纤维素是植物细胞壁的主要成分，其水解和代谢对细胞壁降解具有显著影响。

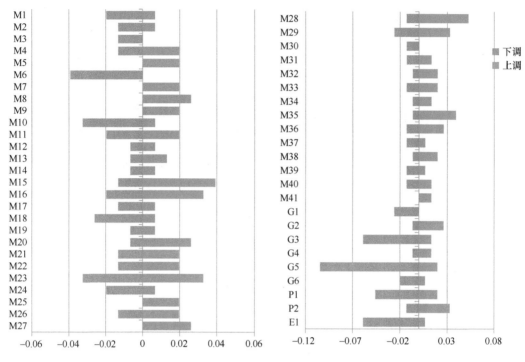

图 10-11　DEG 的 KEGG 代谢通路分类图

unigene 被归类为 50 个功能类别；M1 为嘌呤代谢；M2 为柠檬烯和蒎烯降解；M3 为类胡萝卜素的生物合成；M4 为 β-丙氨酸代谢；M5 为牛磺酸和次牛磺酸代谢；M6 为谷胱甘肽代谢；M7 为氰基氨基酸代谢；M8 为 α-亚麻酸代谢；M9 为亚麻酸代谢；M10 为甘油酯代谢；M11 为脂肪酸降解；M12 为不饱和脂肪酸的生物合成；M13 为脂肪酸代谢；M14 为芳香族化合物的降解；M15 为碳代谢；M16 为氨基酸的生物合成；M17 为硫代谢；M18 为氧化磷酸化；M19 为光合生物的碳固定；M20 为淀粉和蔗糖代谢；M21 为丙酮酸代谢；M22 为戊糖和葡萄糖醛酸转换；M23 为糖酵解/糖异生；M24 为半乳糖代谢；M25 为丁酸酯代谢；M26 为抗坏血酸和醛酸代谢；M27 为氨基糖和核苷酸糖代谢；M28 为苯丙烷生物合成；M29 为类黄酮生物合成；M30 为黄酮和黄酮醇的生物合成；M31 为缬氨酸、亮氨酸和异亮氨酸降解；M32 为酪氨酸代谢；M33 为色氨酸代谢；M34 为苯丙氨酸、酪氨酸和色氨酸的生物合成；M35 为苯丙氨酸代谢；M36 为赖氨酸降解；M37 为组氨酸代谢；M38 为甘氨酸、丝氨酸和苏氨酸的代谢；M39 为半胱氨酸和甲硫氨酸代谢；M40 为精氨酸和脯氨酸代谢；M41 为丙氨酸、天冬氨酸和谷氨酸代谢；G1 为核糖体；G2 为 RNA 转运；G3 为剪接体；G4 为泛素介导的蛋白质水解；G5 为内质网中的蛋白质加工；G6 为 RNA 降解；P1 为植物病原体相互作用；P2 为植物激素信号转导；E1 为内吞作用。正数和负数分别表示上调和下调的 unigene 的百分比

10.3.1.3　裂荚相关基因鉴定

在获取的大量 unigene 中，有 22 个 DEG 被认为与裂荚相关（图 10-12）。这些 unigene 主要编码细胞壁修饰酶，在易裂荚种质中显著超表达。这 22 条 unigene 包括 1 个果胶酸裂解酶（pectate lyase）、1 个 β-半乳糖苷酶（β-galactosidase）、1 个葡萄糖醛酸激酶（glucuronokinase）、2 个果胶酯酶（pectinesterase）、2 个葡聚糖酶（glucanase）、2 个多聚半乳糖醛酸酶（polygalacturonase）、4 个几丁质酶（chitinase）和 8 个葡糖苷酶（glucosidase）。使用 agriGO 分析富集在分子功能、细胞组分和生物过程类别中与裂荚相关的 DEG（FDR<0.05，FC≥1.3）。

易裂荚种质中高表达的 unigene 主要富集在 12 个 GO 分类中，如分子功能类别中的铁离子结合（iron ion binding）、水解酶活性（hydrolase activity）和阳离子结合（cation binding）中均包含已知的裂荚相关基因（表 10-5）。

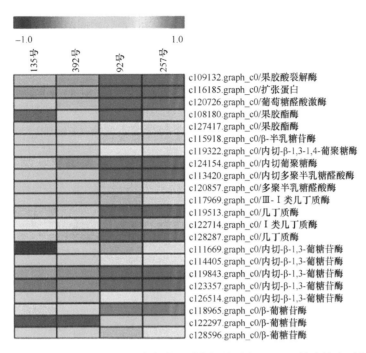

图 10-12　箭筈豌豆荚果腹缝线中编码裂荚相关蛋白 unigene 的表达水平热图

unigene 表达水平用彩条表示

表 10-5　荚果腹缝线 DEG 在 GO 生物过程、细胞组分和分子功能类别中的"富集状态"

GO 类别	类别描述	DEG 数目/个	P 值	FDR
GO：0055114P*	氧化还原	33	3.10E-44	1.60E-41
GO：0005975P*	碳水化合物代谢过程	22	2.60E-13	3.40E-11
GO：0008152P	代谢过程	105	3.40E-37	9.00E-35
GO：0044238P	初级代谢过程	71	1.00E-14	1.80E-12
GO：0005576C*	细胞外区域	11	4.00E-13	1.30E-11
GO：0044464C	细胞部分	48	1.50E-13	7.10E-12
GO：0005623C	细胞	48	1.50E-13	7.10E-12
GO：0016787F*	水解酶活性	40	3.50E-11	2.30E-09
GO：0003824F	催化活性	109	3.80E-39	8.10E-37
GO：0016491F	氧化还原酶活性	38	1.00E-21	1.10E-19
GO：0005506F*	铁离子结合	11	4.30E-11	2.30E-09
GO：0043169F*	阳离子结合	29	5.30E-10	1.90E-08

注：DEG 筛选条件为 FC≥1.3，调整后 FDR 的 $P<0.05$；P 指生物过程；F 指分子功能；C 指细胞组分；*表示包含与裂荚相关的 unigene 的 GO 类别。表中仅列出 P 值最小的前十二个

　　在这些 GO 类别中，与裂荚相关的水解酶主要包括 β-半乳糖苷酶、内切-β-1,3-葡糖苷酶（endo-β-1,3-glucosidase）和内切-β-1,3-1,4-葡聚糖酶（endo-β-1,3-1,4-glucanase）（图 10-12）。在细胞组分类别中，与裂荚相关的高表达 unigene 主要富集于细胞外区域（extracellular region）、膜（membrane）和细胞质（cytoplasm）中（表 10-5），并被注释为参与细胞壁修饰的扩张蛋白、几丁质酶和葡萄糖醛酸激酶（图 10-12）。生物过程类别中，涉

及氧化还原（oxidation reduction）、碳水化合物代谢过程（carbohydrate metabolic process）以及碳水化合物分解代谢过程（carbohydrate catabolic process）的 unigene 被显著富集，并且其都包括与裂荚相关的 unigene（表 10-5）。这些与裂荚相关的 unigene 主要编码几丁质酶、β-半乳糖苷酶和内切多聚半乳糖醛酸酶（图 10-12）。

其中，果胶酯酶、多聚半乳糖醛酸酶、葡萄糖醛酸酶和一种葡聚糖酶主要参与果胶代谢，而葡糖苷酶和其他的葡聚糖酶则主要参与纤维素代谢（图 10-13）。扩张蛋白和几丁质酶在细胞壁分解中发挥重要作用。

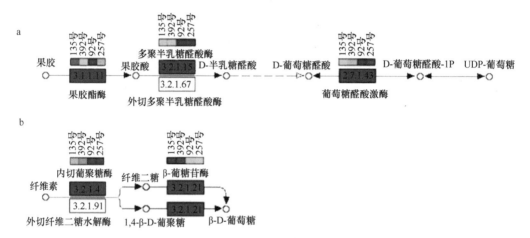

图 10-13 箭筈豌豆荚果腹缝线中果胶和纤维素代谢通路图

红色框表示编码酶的 unigene 是 DEG。彩色框表示在 4 个种质中编码同种酶的 unigene 的表达水平

同时，检测到两个编码纤维素合酶的 unigene，其在抗裂荚种质中显著高表达（图 10-14a）。而除了这些前人已经确定的与裂荚相关的基因，其他的 DEG 也可能与箭筈豌豆裂荚有关。

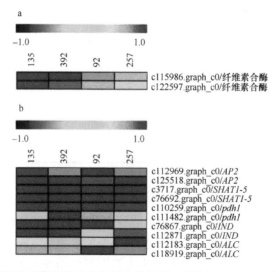

图 10-14 箭筈豌豆荚果腹缝线中编码其他裂荚相关蛋白质 unigene 的表达水平热图

a. 编码纤维素合酶 unigene 的热图；b. 编码 AP2、SHAT1-5、pdh1、IND 和 ALC 的 unigene 的热图，unigene 表达水平用彩条表示

10.3.2　裂荚相关基因表达分析

10.3.2.1　多聚半乳糖醛酸酶及纤维素酶活性分析

多聚半乳糖醛酸酶和纤维素酶（β-1,3-1,4-葡聚糖酶）是细胞壁中重要的水解酶。结果表明，易裂荚种质的荚果腹缝线中多聚半乳糖醛酸酶和纤维素酶（β-1,3-1,4-葡聚糖酶）的活性显著高于抗裂荚种质（$P<0.05$）（图 10-15）。多聚半乳糖醛酸酶活性在 '257 号' 种质中最高，在 '135 号' 种质中最低。纤维素酶活性在 '92 号' 种质中最高，在 '135 号' 种质中最低。

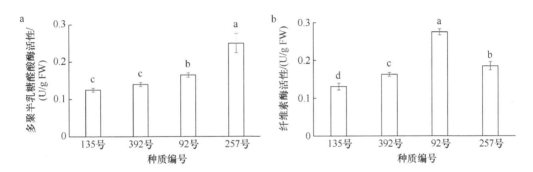

图 10-15　4 个箭筈豌豆种质荚果腹缝线中多聚半乳糖醛酸酶活性
和纤维素酶（β-1,3-1,4-葡聚糖酶）活性

a. 多聚半乳糖醛酸酶活性；b. 纤维素酶（β-1,3-1,4-葡聚糖酶）活性。不同小写字母表示不同箭筈豌豆种质间差异显著
（$P<0.05$）

前人研究表明，离区细胞结构的改变是引起裂荚的主要原因之一（Dong et al.，2014）。然而，离区的分解依赖于多种细胞壁修饰酶以及引起细胞结构改变的基因，如内切多聚半乳糖醛酸酶（Christiansen et al.，2002）、葡糖苷酶（Muriira et al.，2015）、*SHATTERPROOF1*（*SHP1*）、*SHATTERPROOF2*（*SHP2*）（Liljegren et al.，2000）、*SHAT1-5*（Dong et al.，2014）和 *pdh1*（Funatsuki et al.，2014）。使用 QTL 映射已经能够成功地分离和表征水稻（*Oryza sativa*）、玉米（*Zea mays*）和番茄中与植物结构、种子散播、裂荚等相关的基因（Dong et al.，2014；Li et al.，2006）。在过去 15 年中，与大豆裂荚相关的一系列基因组区域已利用 QTL 高分辨率作图进行了鉴定（Dong et al.，2014；Yamada et al.，2009）。*qPDH1* 是在大豆 16 号染色体的 134kb 区域中精确定位的裂荚QTL（Suzuki et al.，2010），其被认为与大豆裂荚相关的大豆基因组 16 号染色体上 116kb区域的紧密连锁基因座 *SHAT1-5* 具有搭载效应（Dong et al.，2014）。易裂荚和抗裂荚大豆品种的荚果腹缝线区域的酶活性分析也表明其存在显著差异（Agrawal et al.，2002；Christiansen et al.，2002）。据报道，果胶和纤维素是植物细胞壁的主要成分，其在细胞壁中的含量对细胞结构具有显著影响（Muriira et al.，2015；Jung and Park，2013）。在研究中，我们检测到与细胞壁修饰酶相关的 22 个 DEG，而这些 DEG 在易裂荚种质中均显示上调。特别是在淀粉和蔗糖代谢（Ko00500）以及戊糖和葡萄糖醛

酸转换（Ko00040）代谢途径中鉴定了编码参与果胶和纤维素代谢的几种显著超表达的酶的 unigene。这些 unigene 包括果胶酯酶（EC 3.1.1.11）、多聚半乳糖醛酸酶（EC 3.2.1.15）、葡萄糖醛酸激酶（EC 2.7.1.43）、内切葡聚糖酶（EC 3.2.1.4）和 β-葡糖苷酶（EC 3.2.1.21）（图 10-13）。而多聚半乳糖醛酸酶和纤维素酶（β-1,3-1,4-葡聚糖酶）活性实验结果也与通过转录组测序确定的编码多聚半乳糖醛酸酶和纤维素酶的 unigene 的表达水平一致（图 10-12，图 10-14，图 10-15）。

10.3.2.2　果胶及纤维素代谢

果胶是植物细胞中胞间层的主要成分。在果胶代谢通路中，果胶首先被果胶酯酶（c108180.graph_c0 和 c127417.graph_c0）水解脱酯化，从而产生果胶酸，之后果胶酸被多聚半乳糖醛酸酶（c120857.graph_c0）和外切多聚半乳糖醛酸酶进一步水解为 D-半乳糖醛酸。D-半乳糖醛酸则被间接水解为 D-葡萄糖醛酸，而 D-葡萄糖醛酸被葡萄糖醛酸激酶（c120726.graph_c0）进一步水解，最终生成 UDP-葡萄糖（Zhang et al.，2015）（图 10-13a）。随着内切多聚半乳糖醛酸酶（c113420.graph_c0）活性的不断积累，胞间层逐渐溶解和消失，其对细胞壁的修饰十分明显（Christiansen et al.，2002）。除了对胞间层进行降解外，内切多聚半乳糖醛酸酶还与葡聚糖酶协同作用（c119322.graph_c0 和 c119843.graph_c0），降解离区细胞的初生壁（Christiansen et al.，2002）。果胶酸裂解酶（c109132.graph_c0）被认为涉及果胶的去甲基化，从而促进胞间层的裂解（Patterson，2001）。前人研究发现，内切多聚半乳糖醛酸酶主要分解细胞壁中的果胶网络，而葡聚糖酶则分解木葡聚糖网络，从而显著破坏了细胞壁的稳定，并在细胞程序性死亡的最后阶段促使细胞和原生质体崩解（Christiansen et al.，2002；Groover and Jones，1999）。而由液泡膜破裂引起的内部膨胀压消失可导致细胞和细胞初生壁变形，从而显著拓宽离区中的间隙并使荚果更容易开裂（Christiansen et al.，2002）。

纤维素是一种细胞壁多糖，为植物细胞壁结构的主要组成部分，在植物细胞壁之间起着支架和连接的作用（Muriira et al.，2015；Lerouxel et al.，2006）。前人研究表明，纤维素微纤丝和半纤维素木葡聚糖之间形成广泛的氢键网络是双子叶植物初生壁中重要的承重结构（Rose and Bennett，1999）。在纤维素代谢通路中，纤维素首先被内切葡聚糖酶（c124154.graph_c0）和外切纤维二糖水解酶水解，从而产生纤维二糖和 1,4-β-D-葡聚糖。纤维二糖和 1,4-β-D-葡聚糖被 β-葡糖苷酶进一步水解（c118965.graph_c0；c122297.graph_c0；c128596.graph_c0），从而产生 β-D-葡萄糖（图 10-13b）。有趣的是，我们在转录组数据中还检测到两个涉及纤维素合成的 unigene（c115986.graph_c0 和 c122597.graph_c0），并且其在抗裂荚种质中的表达水平显著高于易裂荚种质（图 10-14）。这一结果表明，易裂荚种质荚果腹缝线中纤维素合成速率低，代谢率高，从而进一步加剧了离区细胞的分解。此外，扩张蛋白（c116185.graph_c0）是植物细胞壁中的协同酶，对于植物细胞壁的降解也是十分重要的（Rose and Bennett，1999），其可以改变协同物水解酶和/或转糖基酶的底物利用程度，从而通过修饰纤维素和木葡聚糖网络来介导细胞壁松弛或膨胀（Rose and Bennett，1999）。

10.3.2.3　其他酶及功能基因

植物器官的脱落涉及细胞壁溶解或细胞分离，其被认为与通过几丁质酶引起的细胞壁破坏有关（Xie et al.，2011）。在白花牛角瓜（*Calotropis procera*）中，几丁质酶的表达水平随果实开裂而增加（Ibrahim et al.，2016）。在本研究中，4 条编码几丁质酶的 unigene（c117969.graph_c0；c119513.graph_c0；c122714.graph_c0；c128287.graph_c0）在易裂荚种质中显著超表达，表明它们参与了荚果腹缝线离区细胞壁降解或细胞分离的过程。其他水解酶也参与了细胞壁多糖基质和网络的分解，如 β-半乳糖苷酶（c115918.graph_c0）。

前人研究发现，独行菜属俯卧独行菜（*Lepidium appelianum*）的荚果不发生裂荚，荚果解剖结构表明其不存在离区，而是在其果实的中果皮部位有一圈连续的木质化细胞环绕（Muehlbauer，1987）。Muehlbauer（1987）进一步研究发现 *APETALA2*（*AP2*）是 *SHP1*、*SHP2* 和 *RPL* 的负调控因子，它抑制了这些基因在俯卧独行菜荚果的隔膜和膜瓣边缘部位的表达，从而防止了荚果开裂。然而，在我们的研究中检测到的 *AP2* 基因的同源序列 unigene（c125518.graph_c0）的表达水平在两种裂荚类型种质中没有显著差异。与大豆和拟南芥裂荚相关的其他基因，如检测到的与 *SHAT1-5*、*pdh1*、*SHP1*、*SHP2*、*IND* 和 *ALC* 具有同源序列的 unigene 的表达水平也没有显著差异，并且这些裂荚相关基因与我们的测序数据同源性较低（图 10-15）。*SHAT1-5*（*Glyma16g02200*）在大豆的纤维帽细胞（Fibre Cap Cell，FCC）中特异性表达，而 *pdh1*（*Glyma16g25600*）在大豆荚果富含木质素的内厚壁组织中特异性表达。然而，这些裂荚相关基因的同源物在易裂荚和抗裂荚箭筈豌豆种质中并没有差异表达。这一结果可通过物种间不同的样本组织和解剖结构来解释。箭筈豌豆的荚果腹缝线中并没有 FCC，并且本研究不包括荚果的内厚壁组织。果实结构在植物进化过程中是非常不稳定的，分子系统发育数据一致表明，许多具有相似果实的物种其亲缘关系可能十分遥远，而具有显著不同果实的物种则可能具有很近的亲缘关系（Muehlbauer，1987）。此外，由于不同物种之间荚果的发育阶段并不相同，本章中荚果的采样期与其他研究中荚果的采样期也不一致。因此，本章研究结果表明，箭筈豌豆中的其他基因可能具有与 *AP2* 或其他裂荚相关基因相同的功能，或者由于采样时间不同导致与裂荚相关的同源 unigene 在表达水平上没有显著差异。这一结果有助于进一步研究与箭筈豌豆裂荚相关的基因的功能。

总之，通过连续 3 年（2013～2015 年）对箭筈豌豆裂荚率进行评价，共获得 16 份抗裂荚种质和 10 份易裂荚种质。研究发现箭筈豌豆裂荚首先发生在荚果腹缝线部位，对易裂荚和抗裂荚种质的荚果腹缝线进行转录组测序，共检测到 1285 个 DEG，包括 575 条上调和 710 条下调的 unigene。通过酶活性分析发现，易裂荚种质荚果腹缝线中多聚半乳糖醛酸酶和纤维素酶的活性显著低于抗裂荚种质。GO 和 KEGG 分析发现，22 个编码细胞壁修饰和水解酶的 DEG 在易裂荚种质中高度表达。相关研究为进一步解析箭筈豌豆裂荚的分子机制挖掘了大量基因资源。

10.4 本章小结

在易裂荚和抗裂荚种质的荚果腹缝线中共检测到 1285 个 DEG，包括 575 个上调和 710 个下调的 unigene。通过酶活性分析发现，易裂荚种质荚果腹缝线中多聚半乳糖醛酸酶和纤维素酶的活性显著低于抗裂荚种质。GO 和 KEGG 分析发现，22 个编码细胞壁修饰和水解酶的 DEG 在易裂荚种质中高度表达。就裂荚结构而言，箭筈豌豆不同于大豆，这注定了箭筈豌豆裂荚的分子基础也不同于大豆。箭筈豌豆独特裂荚机制背后的分子基础，尤其是功能基因的挖掘与验证有待进一步研究。

参 考 文 献

罗栋, 王彦荣, 刘志鹏. 2015. 豆科植物裂荚生物学基础的研究进展. 草地学报, 23(5): 927-935.

Agrawal A P, Basarkar P W, Salimath P M, et al. 2002. Role of cell wall-degrading enzymes in pod-shattering process of soybean, *Glycine max* (L.) Merrill. Current Science, 82(1): 58-61.

Bailey M A, Mian M A R, Carter Jr T E, et al. 1997. Pod dehiscence of soybean: identification of quantitative trait loci. Journal of Heredity, 88(2): 152-154.

Boersma J G, Pallotta M, Li C, et al. 2005. Construction of a genetic linkage map using MFLP and identification of molecular markers linked to domestication genes in narrow-leafed lupin (*Lupinus angustifolius* L.). Cellular and Molecular Biology Letters, 10(2): 331-344.

Christiansen L C, Degan D F, Ulvskov P, et al. 2002. Examination of the dehiscence zone in soybean pods and isolation of a dehiscence-related endopolygalacturonase gene. Plant, Cell and Environment, 25(4): 479-490.

Dautt-Castro M, Ochoa-Leyva A, Contreras-Vergara C A, et al. 2015. Mango (*Mangifera indica* L.) cv. Kent fruit mesocarp *de novo* transcriptome assembly identifies gene families important for ripening. Frontiers in Plant Science, 6: 62-74.

Dong D K, Yan L F, Dong R, et al. 2017b. Evaluation and analysis of pod dehiscence factors in shatter-susceptible and shatter-resistant common vetch. Crop Science, 57(5): 2770-2776.

Dong R, Dong D K, Luo D, et al. 2017a. Transcriptome analyses reveal candidate pod shattering-associated genes involved in the pod ventral sutures of common vetch (*Vicia sativa* L.). Frontiers in Plant Science, 8: 649.

Dong R, Jahufer M Z Z, Dong D K, et al. 2016. Characterisation of the morphological variation for seed traits among 537 germplasm accessions of common vetch (*Vicia sativa* L.) using digital image analysis. New Zealand Journal of Agricultural Research, 59(4): 422-435.

Dong Y, Yang X, Liu J, et al. 2014. Pod shattering resistance associated with domestication is mediated by a NAC gene in soybean. Nature Communications, 5: 3352.

El-Moneim A M A. 1993. Selection for non-shattering common vetch, *Vicia sativa* L. Plant Breeding, 110(2): 168-171.

Fu N, Wang Q, Shen H L. 2013. *De novo* assembly, gene annotation and marker development using Illumina paired-end transcriptome sequences in celery (*Apium graveolens* L.). PLoS One, 8(2): e57686.

Funatsuki H, Ishimoto M, Tsuji H, et al. 2010. Simple sequence repeat markers linked to a major QTL controlling pod shattering in soybean. Plant Breeding, 125(2): 195-197.

Funatsuki H, Suzuki M, Hirose A, et al. 2014. Molecular basis of a shattering resistance boosting global dissemination of soybean. Proceedings of the National Academy of Sciences, 111(50): 17797-17802.

Groover A, Jones A M. 1999. Tracheary element differentiation uses a novel mechanism coordinating programmed cell death and secondary cell wall synthesis. Plant Physiology, 119(2): 375-384.

Ibrahim A H, Al-Zahrani A A, Wahba H H. 2016. The effect of natural and artificial fruit dehiscence on floss properties. seed germination and protein expression in *Calotropis procera*. Acta Physiologiae Plantarum, 38(1): 1-11.

Isemura T, Kaga A, Konishi S, et al. 2007. Genome dissection of traits related to domestication in Azuki bean (*Vigna angularis*) and comparison with other warm-season legumes. Annals of Botany, 100(5): 1053-1071.

Jung J, Park W. 2013. Comparative genomic and transcriptomic analyses reveal habitat differentiation and different transcriptional responses during pectin metabolism in *Alishewanella* species. Applied, Environmental and Microbiology, 79(20): 6351-6361.

Kang S T, Kwak M, Kim H K, et al. 2009. Population-specific QTLs and their different epistatic interactions for pod dehiscence in soybean [*Glycine max* (L.) Merr.]. Euphytica, 166(1): 15-24.

Kim T S, Raveendar S, Suresh S, et al. 2015. Transcriptome analysis of two *Vicia sativa* subspecies: mining molecular markers to enhance genomic resources for vetch improvement. Genes, 6(4): 1164-1182.

Koinange E M K, Singh S P, Gepts P. 1996. Genetic control of the domestication syndrome in common bean. Crop Science, 36(4): 1037-1045.

Ladizinsky G. 1979. Seed dispersal in relation to the domestication of middle east legumes. Economic Botany, 33(3): 284-289.

Lerouxel O, Cavalier D M, Liepman A H, et al. 2006. Biosynthesis of plant cell wall polysaccharides—a complex process. Current Opinion in Plant Biology, 9(6): 621-630.

Li C, Zhou A, Sang T. 2006. Rice domestication by reducing shattering. Science, 311(5769): 1936-1939.

Li C Q, Wang Y, Huang X, et al. 2013. *De novo* assembly and characterization of fruit transcriptome in *Litchi chinensis* Sonn. and analysis of differentially regulated genes in fruit in response to shading. BMC Genomics, 14(1): 552.

Liljegren S J, Ditta G S, Eshed H Y, et al. 2000. *SHATTERPROOF* MADS-box genes control seed dispersal in *Arabidopsis*. Nature, 404(6779): 766-770.

Liu B, Fujita T, Yan Z H, et al. 2007. QTL mapping of domestication-related traits in soybean (*Glycine max*). Annals of Botany, 100(5): 1027-1038.

Liu W X, Zhang Z S, Chen S Y, et al. 2016. Global transcriptome profiling analysis reveals insight into saliva-responsive genes in alfalfa. Plant Cell Reports, 35(3): 561-571.

Luo R Y, Gong P T, Zhao D G, et al. 2012. QTL mapping and analysis of traits related to pod dehiscence in soybean. Legume Genomics and Genetics, 3(3): 14-20.

Mohammed M S, Russom Z, Abdul S D. 2010. Inheritance of hairiness and pod shattering, heritability and correlation studies in crosses between cultivated cowpea [*Vigna unguiculata* (L.) Walp.] and its wild (var. *pubescens*) relative. Euphytica, 171(3): 397-407.

Muehlbauer F J. 1987. Registration of 'Alaska 81' and 'Umatilla' dry pea. Crop Science, 27(5): 1089-1090.

Muriira N G, Xu W, Muchugi A, et al. 2015. *De novo* sequencing and assembly analysis of transcriptome in the Sodom apple (*Calotropis gigantea*). BMC Genomics, 16(1): 723.

Nelson M N, Phan H T T, Ellwood S R, et al. 2006. The first gene-based map of *Lupinus angustifolius* L.-location of domestication genes and conserved synteny with *Medicago truncatula*. Theoretical and Applied Genetics, 113(2): 225-238.

Patel S S, Shah D B, Panchal H J. 2015. *De novo* RNA seq assembly and annotation of *Vicia sativa* L. (SRR403901). Genomics and Applied Biology, 30(6): 793-800.

Patterson S E. 2001. Cutting loose. Abscission and dehiscence in *Arabidopsis*. Plant Physiology, 126(2): 494-500.

Rose J K C, Bennett A B. 1999. Cooperative disassembly of the cellulose-xyloglucan network of plant cell walls: parallels between cell expansion and fruit ripening. Trends in Plant Science, 4(5): 176-183.

Ross-Ibarra J, Morrell P L, Gaut B S. 2007. Plant domestication, a unique opportunity to identify the genetic basis of adaptation. Proceedings of the National Academy of Sciences, 104: 8641-8648,

Suzuki M, Fujino K, Nakamoto Y, et al. 2010. Fine mapping and development of DNA markers for the *qPDH1* locus associated with pod dehiscence in soybean. Molecular Breeding, 25(3): 407-418.

Weeden N F. 2007. Genetic changes accompanying the domestication of *Pisum sativum*: is there a common genetic basis to the 'domestication syndrome' for legumes? Annals of Botany, 100(5): 1017-1025.

Weeden N F, Brauner S, Przyborowski J A. 2002. Genetic analysis of pod dehiscence in pea (*Pisum sativum* L.). Cellular and Molecular Biology Letters, 7(2B): 657-663.

Xie D L, Liang W Y, Xiao X X, et al. 2011. Molecular cloning and characterization of a chitinase gene up-regulated in longan buds during flowering reversion. African Journal of Biotechnology, 10(59): 12504-12511.

Yamada T, Funatsuki H, Hagihara S, et al. 2009. A major QTL, *qPDH1*, is commonly involved in shattering resistance of soybean cultivars. Breeding Science, 59(4): 435-440.

Zhang Z Y, Jiang S H, Wang N, et al. 2015. Identification of differentially expressed genes associated with apple fruit ripening and softening by suppression subtractive hybridization. PLoS One, 10(12): e0146061.

Zhou Q, Luo D, Ma L C, et al. 2016. Development and cross-species transferability of EST-SSR markers in Siberian wildrye (*Elymus sibiricus* L.) using Illumina sequencing. Scientific Reports, 6: 20549.

第11章 禾草落粒的分子基础

谢文刚　王彦荣

11.1 引　言

　　植物器官脱落与离区细胞结构、代谢和基因表达有高度的相关性。目前在谷类作物中，若干个主要的落粒性状位点和基因已经被鉴定并克隆（表11-1）。水稻（*Oryza sativa*）落粒性受多个控制离层形成的基因位点调控。基因位点*SH4*定位于水稻的4号染色体上，编码一种Myb型转录因子，通过控制离区的发育影响水稻的落粒性（Purugganan and Fuller，2009；Li et al.，2006）。栽培水稻非落粒等位基因*SH4*的表达会抑制离区发育过程，使得离区细胞不会延伸至维管束，但并没有完全消除离区的形成，这种不完全的离区发育极大地降低了水稻落粒性（Li et al.，2006）。水稻落粒性除受*SH4*基因调控外，还存在一些与水稻落粒性有关的其他基因，*SH4*与另外一些基因的相互作用共同影响了水稻的落粒性（Inoue et al.，2015）。*SHA1*为控制落粒的单个显性基因，是编码植物特定转录因子的三螺旋家族的一员（Lin et al.，2007）。Lin等（2007）认为，*SHA1*的突变降低了水稻的落粒性，并且所有驯化的栽培水稻都携带*SHA1*突变基因，因此这些水稻在成熟期失去了落粒性。*SH5*基因定位于水稻5号染色体上，与*qSH1*同源，在离区高度表达（Yoon et al.，2014），并能诱导*SH4*和*SHAT1*的表达，它编码一种与*qSH1*同源的BEL-1型同源框转录因子蛋白。*SH5*基因的沉默会抑制离区的发育和种子的脱落，而其超表达则通过加强离区发育和抑制木质素的生物合成促使种子脱落（Yoon et al.，2014）。在*SH5*过表达的植株中*SH4*基因的表达显著上调，表明*SH5*可正向调控*SH4*，促进离区的发育（Yoon et al.，2014）。*qSH1*是定位在水稻1号染色体上的QTL位点，在三螺旋转录因子*SH4*的正向调控下于*SHAT1*和*SH4*的下游发挥作用，主要调控花梗离区的形成（Yoon et al.，2014），但是在*shat1*或者*sh4*的突变体离区中*qSH1*的表达完全消失，表明在离区发育中*qSH1*受到*SHAT1*和*SH4*功能基因的下调（Zhou et al.，2012）。同时，*qSH1*可以维持*SHAT1*和*SH4*在离区表达，对落粒有促进作用（Hofmann，2012），*qSH1*很可能通过这种作用，参与了与*SHAT1*和*SH4*的正反馈循环（Zhou et al.，2012）。*qSH3*是利用'Japonica'水稻品种和野生稻构建的F_2群体定位的另一个影响落粒的QTL（Htun et al.，2014），当*SH4*、*qSH1*和*qSH3*三个基因同时存在时离区的分化受到抑制（Inoue et al.，2015）。*SHAT1*在离区的表达受*SH4*的正向调控，*SHAT1*编码一个APETALA2转录因子，通过调控离区的定位和离层的发育控制种子脱落（Hofmann，2012；Zhou et al.，2012）。*OsCPL1*基因在落粒中的作用存在争议，有的研究文献报道

在野生稻中 *OsCPL1* 的高度表达与水稻落粒性呈正相关（Nunes et al.，2014），而另一些文献报道 *OsCPL1* 可编码一个含有保守羧基末端结构域（CTD）的磷酸蛋白酶，这种磷酸蛋白酶可抑制离区的发育（Ji et al.，2010；Yoon et al.，2014）。*OsLG1* 通过调控水稻

表 11-1　调控作物落粒的主要基因

物种	基因名	基因类型	主要功能	参考文献
水稻 *Oryza sativa*	*Bh4*	氨基酸转运蛋白	控制稻壳颜色，与落粒相关	Zhu et al.，2011
	GL4	Myb 类蛋白	控制粒长和种子落粒	Wu et al.，2017
	ObSH3	YABBY 家族转录因子	调控种子离层发育	Lv et al.，2018
	OsCel9D（*OsGLU1*）	假定的膜结合内切 β-1,4-葡聚糖酶家族蛋白	调控节间伸长和细胞壁成分	Zhou et al.，2006
	OsCPL1（*sh-h*）	CTD 磷酸酶结构域蛋白	控制离层的发育	Ji et al.，2006，2010
	OsGRF4（*PT2*）	生长调控因子	调控粒型、穗长和种子落粒	Sun et al.，2016
	OsLG1	SQUAMOSA 启动子结合蛋白	控制穗型、落粒	Ishii et al.，2013
	OSH15	KNOX 蛋白	控制木质素合成	Yoon et al.，2017
	OsSh1	YABBY 家族转录因子	控制离层发育	Lin et al.，2012
	OsXTH8（*OsXRT5*）	木葡聚糖内转糖基酶/水解酶	控制细胞壁降解	Nunes et al.，2014
	qSH1	Homeodomain 转录因子	控制离层的形成	Konishi et al.，2006
	Sh3	Trihelix 转录因子	控制种子落粒	Nagai et al.，2002
	sh4（*qSH4*）	GT-1-like Trihelix 转录因子	控制离层的形成	Li et al.，2006
	SH5	Homeodomain 转录因子	控制离区发育和木质素合成	Yoon et al.，2014
	SHA1	植物 Trihelix 家族的特异性转录因子	调控离层细胞壁的降解	Lin et al.，2007
	SHAT1	AP2 家族转录因子	控制离区的发育	Zhou et al.，2012
	SNB（*SSH1*）	AP2 家族转录因子	控制离区和维管束发育	Jiang et al.，2019
小麦 *Triticum aestivum*	*Btr1-A*	—	控制小穗轴脆性	Zhao et al.，2019a
	Q	AP2 家族转录因子	改变花轴的脆性、颖片形状和韧度	Simons et al.，2006；Zhang et al.，2011
	TaqSH1	BEL1 类蛋白	调控生长发育和离区发育	Zhang et al.，2013
	TaqSH1-D	BEL1 类蛋白	控制小穗轴脆性	Katkout et al.，2015
	TtBtr1	—	控制小穗轴脆性	Avni et al.，2017
大麦 *Hordeum vulgare*	*Btr1*	膜结合蛋白	控制小穗轴脆性	Pourkheirandish et al.，2015
	Btr2	可溶性蛋白	控制小穗轴脆性	Pourkheirandish et al.，2015
高粱 *Sorghum bicolor*	*Sh1*	YABBY 家族转录因子	控制离层发育	Lin et al.，2012
	SpWRKY	WRKY 家族转录因子	调控细胞壁生物合成	Tang et al.，2013
玉米 *Zea mays*	*ZmSh1-1*	YABBY 家族转录因子	控制离层发育	Lin et al.，2012
	ZmSh1-5	YABBY 家族转录因子	控制离层发育	Lin et al.，2012

花序的形态使之呈闭合状态，从而降低了水稻的落粒性（Ishii et al.，2013）。*OsXTH8* 和 *OsCel9D* 通过调控离区细胞壁的合成与降解影响水稻的落粒性（Nunes et al.，2014）。*PANICLE TRAITS 2*（*PT2*）是来自籼稻的一个新基因，编码一种生长因子，对落粒有正向调控作用（Sun et al.，2016）。

小麦（*Triticum aestivum*）落粒 *Q* 基因类似于水稻落粒基因 *SHAT1*，编码一种 AP2 型转录因子，调控植物长势和种子传播（Simons et al.，2006），研究表明小麦和水稻的离层发育机制具有相似性。*Q* 基因是一个重要的驯化基因，赋予了小麦自由落粒的特性（Simons et al.，2006），栽培小麦 *Q* 等位基因转录量远高于野生型 *q* 基因的转录量（Simons et al.，2006），但是关于 *Q* 基因自由脱落性状确切的细胞学基础仍不明确（Dong and Wang，2015）。大麦和二粒小麦中两个非脆弱花轴基因 *Btr1* 和 *Btr2* 被克隆，这两个基因能引起相同的表现型，并影响了大麦谷粒的落粒性（Pourkheirandish et al.，2015）。组织学分析显示，在野生型大麦离区 5~6 层细胞的膨胀导致其初级细胞壁和次级细胞壁变得脆弱（Haberer and Mayer，2015）。两个隐性基因 *btr1* 和 *btr2*，不仅使花序节的基部和末梢不发育出膨胀细胞，而且可以把脆弱的花轴转变成非脆弱的花轴，因此阻止了成熟谷粒早期的脱落（Haberer and Mayer，2015）。

与水稻相似，高粱（*Sorghum bicolor*）落粒性也受种子外壳与花梗联结处离区分化和发育的影响。遗传学研究表明，高粱的落粒性受定位在 1 号染色体上的单个基因位点 *Sh1* 调控（Lin et al.，2012），它编码一个 YABBY 家族转录因子。*Sh1* 直系同源物在水稻和玉米中存在突变体，这些突变体可能与作物各自落粒的减少相关（Lin et al.，2012）。高粱的一个野生近缘物种中，落粒受 *SpWRKY* 基因的调控，被认为是反向调控离层细胞壁水解酶生物合成的基因（Tang et al.，2013）。

落粒性在禾本科牧草中普遍存在，但和重要农作物相比，禾本科牧草落粒的分子机制研究进展相对缓慢，主要集中于 QTL 定位、基因挖掘、比较基因组学等，大多数牧草种子落粒机制尚不明确，急需系统深入研究。张妙青（2011）利用同源克隆的方法从垂穗披碱草中分离获得 *WM8* 基因的全长 cDNA 序列，发现了与花发育和果实成熟等有关的 MIKC 型 *MADS-box* 基因。Larson 和 Kellogg（2009）在赖草的第 6 条染色体上也检测到了控制落粒性的 QTL，序列分析表明该位点与水稻 2 号染色体具有同源性，该 QTL 可以解释 43.1%的表型变异（LOD 值为 26.9），对赖草落粒具有重要影响。田青松等（2018）用同源克隆技术从水稻落粒序列中获得了两个蒙古冰草落粒基因 *Amsh1-1* 和 *Amsh1-2*，分别与大麦和毛竹有较高的同源性，有助于该物种落粒基因的进一步研究。Zhao 等（2019b）以垂穗披碱草离区、非离区及老芒麦离区不同发育阶段组织为材料进行转录组差异表达分析，在这两个物种离区共鉴定到 11 个相似的上调表达基因，主要涉及多聚半乳糖醛酸酶活性及水解酶活性等，这些基因可能对离区发育和落粒性有重要作用。Fu 等（2019）用比较基因组学策略将已经在水稻、高粱和小麦上发现的落粒基因与多年生黑麦草转录组数据进行序列比对分析，共获得 8 个潜在的黑麦草落粒基因，用这些基因对不同发育阶段的小花和种子进行 RT-qPCR 验证，发现 *LpSH1* 基因在种子发育阶段表达量显著高于其他候选基因，可能在调节多年生黑麦草离区落粒过程中发挥重要作用。

老芒麦具有极强的落粒性,前期研究发现老芒麦种质在落粒性上存在广泛的变异,老芒麦离区发育与降解影响老芒麦落粒,不同落粒材料离区降解时间和程度存在差异。这为从分子层面解析老芒麦落粒机制奠定了基础。随着分子生物学技术的发展,以新一代测序技术为基础的转录组测序(RNA-seq)由于具有成本低、数据量大且不易受遗传背景限制,可构建丰富的表达基因数据库等优点,现已在植物分子育种领域广泛应用,是植物功能基因挖掘的重要手段之一。目前,RNA-seq 已经成功用于水稻(Xu et al.,2012)、玉米(Emrich et al.,2013)、高粱(Paterson et al.,2013)、大豆(Schmutz et al.,2010)等植物,但禾本科牧草 RNA-seq 的研究尚处于起步阶段。Unver 等(2010)对草甘膦处理后的高羊茅进行 RNA-seq 分析,发现了 93 个上调基因和 78 个下调基因,在草甘膦处理下,发现了 34 个 miRNA 的调控表现不同。Chen 等(2013)对羊草进行转录组测序,发现了 87 214 条 unigene,进一步研究发现其中 2979 条 unigene 与羊草抗冻相关,此外还发现了 3818 个 EST-SSR,一些 SSR 包含抗冻相关候选基因。Jia 等(2015)利用 Illumina 平台对海滨雀稗(*Paspalum vaginatum*)进行转录组测序,发现了 32 603 条 unigene,通过与 NCBI 数据库和 Swiss-Prot 数据库进行对比,发现其中 25 411 条 unigene 和已知蛋白质序列相似程度较高。而利用 RNA-seq 方法研究老芒麦落粒分子机制尚属首次。

11.2 转录组测序挖掘老芒麦落粒候选基因

11.2.1 转录组测序

选取低落粒基因型 ZhN03 和高落粒基因型 XH09 为试验材料,利用拉力仪法(BTS)测定 5 个发育时期(抽穗,抽穗后 7d、14d、21d 和 28d)的落粒动态。抽穗后 14d 两份材料的落粒率没有明显变化,BTS 值保持在 200gf 以上,21d 后 BTS 值下降明显,在抽穗后的 28d,两份材料的 BTS 值差异最大,ZhN03 的 BTS 值保持在 90gf 以上,而 XH09 的 BTS 值降到了 50gf 以下(图 11-1)。随后选取抽穗后 7d、21d 和 28d 离区组织进行转录组测序,7d 作为"零时间点"。每个时期设 3 个生物学重复,共 18 个样品进行转录组测序。

11.2.2 测序结果及差异表达基因筛选

每个样品测序获得(12.2~17.0)×10^6 个读长,共鉴定了 185 523 条 unigene(表 11-2),其中 86 634 条 unigene 至少在一个数据库中被注释(表 11-3)。将 FDR(错误发现率)≤0.01 且 $\log_2^{FC}$ 的绝对值≥1 作为差异表达基因筛选标准。其中,FC 表示基因两样品(组)间表达量的比值。在 3 个发育时期间共筛选获得了大于 30 000 个差异表达基因,其中 1171 个差异表达基因(476 个上调,695 个下调)存在于两份材料抽穗后第 7 天(XH-09-7 vs. ZhN03-7);4061 个差异表达基因(1151 个上调,2910 个下调)存在于抽穗后 21d(XH09-21 vs. ZhN03-21);1878 个差异表达基因(431 个上调,1447 个下调)存在于抽穗后 28d(XH09-28 vs. ZhN03-28)。测序数据已上传 NCBI SRA 数据库(SRX2617497)。

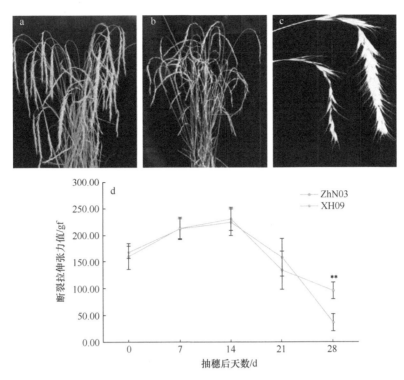

图 11-1 两份老芒麦材料不同落粒表型（Xie et al.，2017）

a. 低落粒材料 ZhN03；b. 高落粒材料 XH09；c. 两份材料穗部落粒比较；d. 两份材料 5 个发育时期落粒率测定

表 11-2 转录组数据信息（Xie et al.，2017）

样品名	总读长	总核苷酸/bp	GC 含量/%	≥Q30/%
XH09-7-1	14 651 268	3 843 213 534	54.75	87.35
XH09-7-2	15 688 899	3 769 876 457	55.56	88.41
XH09-7-3	15 102 813	3 809 312 291	55.14	88.23
XH09-21-1	15 655 278	3 944 283 732	55.76	88.45
XH09-21-2	15 478 709	3 899 896 658	55.46	88.61
XH09-21-3	15 122 910	3 810 402 251	55.17	88.35
XH09-28-1	14 728 212	3 710 976 309	57.68	88.03
XH09-28-2	14 400 350	3 628 304 803	57.24	88.17
XH09-28-3	14 879 668	3 749 135 994	55.56	88.26
ZhN03-7-1	14 439 791	3 822 708 203	54.61	88.57
ZhN03-7-2	13 549 381	3 410 137 265	53.86	88.48
ZhN03-7-3	13 403 148	3 447 463 715	54.14	88.54
ZhN03-21-1	15 529 892	3 912 968 243	53.71	88.59
ZhN03-21-2	13 494 783	3 400 148 238	54.36	88.58
ZhN03-21-3	13 353 208	3 364 473 812	54.17	88.64
ZhN03-28-1	12 247 393	3 085 813 765	57.48	88.67
ZhN03-28-2	13 062 771	3 291 238 868	56.90	88.73
ZhN03-28-3	17 028 238	4 290 493 634	57.88	88.45

表 11-3　Unigene 在公共数据库中的注释结果（Xie et al.，2017）

注释基因库	unigene 数量	300≤长度<1000	长度≥1000
Nr 注释	65 838	35 264	30 574
GO 注释	44 054	20 100	23 954
Pfam 注释	42 613	15 787	26 826
KOG 注释	35 924	13 211	22 713
Swiss-Prot 注释	44 012	21 214	22 798
KEGG 注释	23 362	10 468	12 894
COG 注释	23 512	9 127	14 385
全部注释	86 634	45 380	41 254

11.2.3　差异表达基因功能注释与富集分析

基于基因在不同样品中的表达量，对识别到的差异表达基因在 GO（Gene Ontology）、KOG（euKaryotic Orthologous Groups）、COG（Clusters of Orthologous Groups）、KEGG（Kyoto Encyclopedia of Genes and Genomes）、Pfam（Protein Family）、Nr 和 Swiss-Prot 等公共数据库进行功能注释。在 3 个差异表达基因集中分别有 544 个、2974 个和 1231 个差异表达基因在公共数据库中被注释（表 11-4）。在 GO 分析中，有 2589 个基因被分配到 3 个主要的 GO 分类：细胞组分、生物过程和分子功能。在细胞组分中，细胞部分（cell part）、细胞器（organelle）和膜（membrane）是主要类群。在生物过程中，代谢过程（metabolic process）、细胞过程（cellular process）和单一有机体过程（single-organism process）是主要类群；在分子功能中，催化活性（catalytic activity）、结合（binding）和转运活动（transporter activity）是主要类群（图 11-2）。

表 11-4　差异表达基因功能注释（Xie et al.，2017）

基因库类型	XH09-7 vs. ZhN03-7	XH09-21 vs. ZhN03-21	XH09-28 vs. ZhN03-28
总数	1171	4061	1878
上调	476	1151	431
下调	695	2910	1447
COG	52	766	454
GO	181	1837	571
KEGG	74	810	544
KOG	135	1249	763
Pfam	222	1958	951
Swiss-Prot	167	1692	657
Nr	435	2932	1109
所有注释的	544	2974	1231

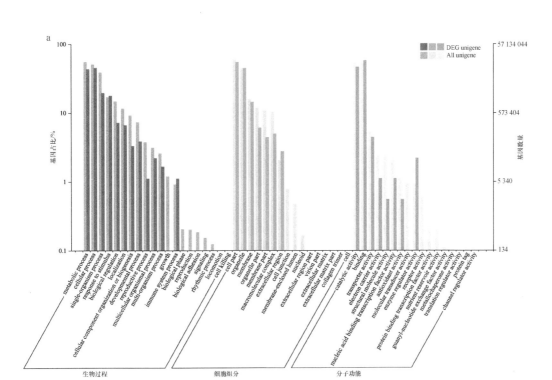

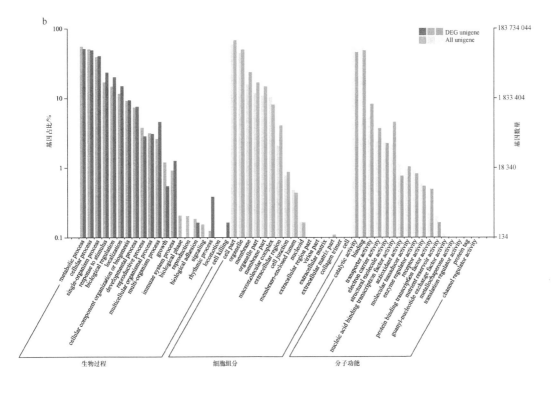

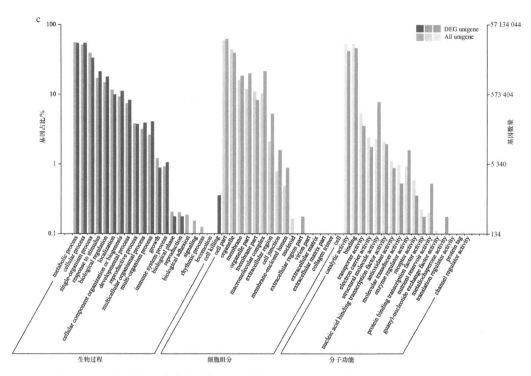

图 11-2　两份材料 3 个发育时期离区差异表达基因 GO 富集分析（Xie et al.，2017）

a. XH09 和 ZhN03 花后 7d 离区组织差异表达基因 GO 分类；b. XH09 和 ZhN03 花后 21d 离区组织差异表达基因 GO 分类；
c. XH09 和 ZhN03 花后 28d 离区组织差异表达基因 GO 分类

　　为分析基因产物在细胞中的代谢途径以及这些基因产物的功能，我们对差异表达基因进行了 KEGG 通路分析。共计 1318 个差异表达基因被富集到 KEGG 通路中，其中 "XH09-7 vs. ZhN03-7"、"XH09-21 vs. ZhN03-21" 和 "XH09-28 vs. ZhN03-28" 3 个差异表达基因集中分别有 107 个、521 个和 699 个基因被富集。最显著富集的通路包括核糖体（Ko03010）、碳代谢（Ko01200）、细胞凋亡（Ko4210）及内质膜蛋白处理（Ko04141）等。研究主要分析了过氧化物酶体（Ko04146）、苯丙烷生物合成（Ko00940）和植物激素信号转导（Ko4075）通路的相关基因。在苯丙醇生物合成通路中，有 59 个基因被富集和注释，这些基因编码了 12 个参与木质素生物合成的酶。在植物信号转导通路中有 54 个基因差异表达，其中 7 个与乙烯生物合成和调控有关，10 个与脱落酸有关，17 个与生长素有关（表 11-5）。

表 11-5　植物激素信号转导和苯丙烷生物合成中的候选基因（Xie et al.，2017）

KEGG 通路	基因	注释	Ko id	EC No.	基因数[a]	上调基因数[b]	下调基因数[c]
植物激素信号转导							
脱落酸	*PP2C*	蛋白磷酸酶 2C	K14497	3.1.3.16	5	4	1
	SRK2	丝氨酸/苏氨酸蛋白激酶	K14498	2.7.11.1	2	2	0
	ABF	脱落酸响应元件结合因子	K14432		3	1	2

续表

KEGG 通路	基因	注释	Ko id	EC No.	基因数 [a]	上调基因数 [b]	下调基因数 [c]
乙烯	ETR	乙烯受体	K14509	2.7.13.-	2	2	0
	EIN2	乙烯不敏感蛋白 2	K14513		3	2	1
	EIN3	乙烯不敏感蛋白 3	K14524		2	2	0
生长素	AUX1	生长素内流载体	K13946		1	0	1
	IAA	生长素反应蛋白 IAA	K14484		6	1	5
	ARF	生长素反应因子	K14486		2	1	1
	GH3	生长素反应 GH3 基因家族	K14487		2	0	2
	SAUR	SAUR 家族蛋白	K14488		6	1	5
细胞分裂素	CRE1	拟南芥组氨酸激酶 2/3/4	K14489	2.7.13.3	1	0	1
	AHP	含组氨酸的磷酸转移蛋白	K14490		1	1	0
	B-ARR	双组分反应调节剂 ARR-B 家族	K14491		3	0	3
	ARR-A	双组分反应调节剂 ARR-B 家族	K14492		3	0	3
赤霉素	TF	光敏色素互作因子 4	K16189		1	0	1
油菜素内酯	BRI1	不敏感油菜素内酯蛋白 1	K13415	2.7.10.1	1	0	1
	BSK	油菜素内酯信号激酶	K14500	2.7.11.1	1	1	0
茉莉酸	COI1	冠状不敏感蛋白 1	K13463		1	0	1
	JAZ	茉莉酸锌结构域蛋白	K13464		2	0	2
水杨酸	NPR1	调控蛋白 NPR1	K14508		3	1	2
	TGA	转录因子 TGA	K14431		3	0	3
苯丙烷生物合成	PAL	苯丙氨酸氨解酶	K10775	4.3.1.24	5	0	5
	4CL	4-香豆酸辅酶 A 连接酶	K01904	6.2.1.12	4	0	4
	P/TAL	苯丙氨酸/酪氨酸解氨酶	K13064	4.3.1.25	1	0	1
	F5H	阿魏酸-5-羟化酶	K09755	1.14.-.-	1	0	1
	CCoa-OMT	咖啡酰辅酶 A O-甲基转移酶	K00588	2.1.1.104	2	0	2
	CALDH	松柏醛脱氢酶	K12355	1.2.1.68	1	0	1
	BGLU	β-葡糖苷酶	K01188	3.2.1.21	8	3	5
	CCR	肉桂酰辅酶 A 还原酶	K09753	1.2.1.44	3	2	1
	CAD	肉桂醇脱氢酶	K00083	1.1.1.195	5	2	3
	POX	过氧化物酶	K00430	1.11.1.7	21	6	15
	SOH	莽草酸邻羟基肉桂酰转移酶	K13065	2.3.1.133	6	2	4
	C3'H	香豆酰奎宁酸（香豆酰莽草酸）3'-单加氧酶	K09754	1.14.13.36	2	1	1

注：a. 富集的基因总数；b. 在高落粒基因型中上调表达的基因数；c. 在高落粒基因型中下调表达的基因数

11.2.4 老芒麦落粒候选基因

为进一步鉴定落粒候选基因,我们比较分析了高落粒和低落粒基因型在 3 个发育阶段的差异表达基因。共获得了 7470 个差异表达基因,其中 1171 个差异表达基因来自"XH09-7 vs. ZhN03-7"即抽穗后 7d。更多的基因在两份材料抽穗后 21d 和 28d 差异表达。基于基因功能注释,在 3 个时期分别筛选了 18 个、138 个和 97 个候选基因。这些基因按功能可分为 5 类:细胞壁水解和修饰,水解酶活性,植物激素信号转导与反应,转录因子和蛋白激酶活性。涉及过氧化物酶活性(c60174.graph_c0)、水解酶活性(c72047.graph_c1,c30667.graph_c0,c54680.graph_c1)、乙烯反应转录因子(c23015.graph_c0)、细胞相关受体激酶(c34865.graph_c0,c423210.graph_c0,c68413.graph_c0)的 8 个基因在 3 个发育时期都差异表达。与水解酶活性相关的 58 个基因在两份材料抽穗后 21d 差异表达。这些基因中 10 个与 β-葡萄糖苷酶活性相关、2 个与多聚半乳糖醛酸酶活性相关、12 个与木聚糖酶抑制剂相关(图 11-3)。尤其是两个多聚半乳糖醛酸酶基因在低落粒材料中均下调表达。在两份材料抽穗后 28d,97 个候选基因的 18 个在低落粒基因型离区中上调表达。例如,木聚糖抑制蛋白基因(*XIP*)和与植物激素信号转导有关的乙烯受体基因(*EIN4*)在低落粒基因型抽穗后 28d 上调表达。

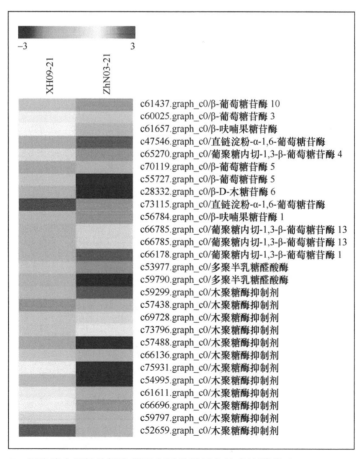

图 11-3 细胞壁水解相关候选基因在两份材料中的表达模式(Xie et al.,2017)

11.2.4.1　细胞壁水解相关基因对落粒的调控

植物细胞壁的主要成分是纤维素、半纤维素和果胶。纤维素酶（β-1,4-葡聚糖酶）是首次报道的参与离层降解的主要水解酶（Robert et al.，2002）。本研究中差异表达基因 KEGG 富集分析表明 28 个基因与纤维素酶活性有关。这些基因大多数在两份材料抽穗后 28d 的离区中上调表达。表明这些基因的相对高表达可能是种子成熟时落粒增加的重要原因。许多植物的纤维素酶基因属于糖基水解酶家族，对植物细胞壁结构和成分起重要调控作用（Zhou et al.，2006；Libertini et al.，2004）。在水稻中，*OsCel9D* 是编码 β-1,4-葡聚糖酶的基因，该基因具有纤维素酶功能，与细胞壁中纤维素合成有关，*OsCel9D* 基因的突变降低了纤维素含量，增加了果胶的含量，从而减缓了种子离层的降解进程（Zhou et al.，2006）。此外，先前研究表明 β-1,4-葡聚糖酶基因的相对表达不仅与种子落粒相关（Nunes et al.，2014），在植物叶片、花朵和种子脱落过程中，过表达该基因能加快植物器官的脱落（Agrawal et al.，2002；Ferrarese et al.，1995；Lashbrook et al.，1994）。

木聚糖是一种存在于植物细胞壁中的异质多糖，占植物细胞干重的 15%～35%，是植物半纤维素的主要成分。木聚糖酶是木聚糖最关键的水解酶，它通过酸碱和亲核催化来水解 β-1,4-糖苷键，木聚糖酶的活性能被木聚糖酶抑制剂抑制（Xin et al.，2014）。已有报道表明，木聚糖酶在植物抵御病原菌过程中起着重要的作用（Vasconcelos et al.，2011），但是否也参与了植物落粒调控尚不清楚。在水稻中报道了 3 个木聚糖酶抑制剂基因（*XIP*、*RIXI* 和 *OsXIP*），胁迫能不同程度地诱导这些基因的表达（Tokunaga and Esaka，2007；Goesaert et al.，2005；Durand et al.，2005）。在本研究中，12 个 *XIP* 基因在两份材料抽穗后 21d 的离区中差异表达，相比较而言，这些基因在低落粒的基因型中具有更高的表达水平。这些结果表明，这些基因可能与老芒麦落粒有关，这些基因的表达水平可减少老芒麦的落粒。

11.2.4.2　植物激素相关基因对落粒的调控

植物激素是植物自身代谢产生的一类有机物质，是调节植物生长和发育的信号分子。差异表达基因 KEGG 富集分析表明，54 条 unigene 涉及植物激素信号转导，其中 17 条与生长素相关、10 条与脱落酸有关、8 条与细胞分裂素有关、7 条与乙烯有关、6 条与水杨酸反应通路有关、3 条与茉莉酸有关、2 条与油菜素内酯有关、1 条与赤霉素有关（图 11-4）。脱落酸、乙烯和生长素是植物器官脱落过程中的重要植物生长调节剂（Taylor and Whitelaw，2001；Brown，1997）。脱落酸对植物器官如种子脱落起着直接的作用（Sargent et al.，1984）。脱落酸信号转导由一系列 ABA 反应因子调控，如 ABA 受体 *PYR/PYL*、2C 类蛋白磷酸酶（*PP2C*）、丝氨酸/苏氨酸蛋白激酶（*SnRK2*）和 ABRE 结合因子（*ABF*）（Santiago et al.，2009；Fujii et al.，2009）。先前的研究表明，*PP2C* 是 ABA 信号的负调控因子。而 *SnRK2* 对 ABA 反应起积极的调控作用，但其活性又受 *PP2C* 的抑制。在 ABA 存在的情况下，*PP2C* 和 *SnRK2* 的互作可被 *PYR/PYL* 受体干扰，因此阻碍了 *PP2C* 介导的 *SnRK2* 脱酸磷化，导致了 *SnRK2* 蛋白激酶的激活（Fujii et al.，2009）。本研究发现在低落粒基因型离区中 5 个 *PP2C* 基因中的 2 个上调表达，2 个 *SnRK2* 基因上调表达，1 个 *ABF* 基因上调表达，而这些 ABA 反应基因的相互作用可能影响老芒麦落粒。

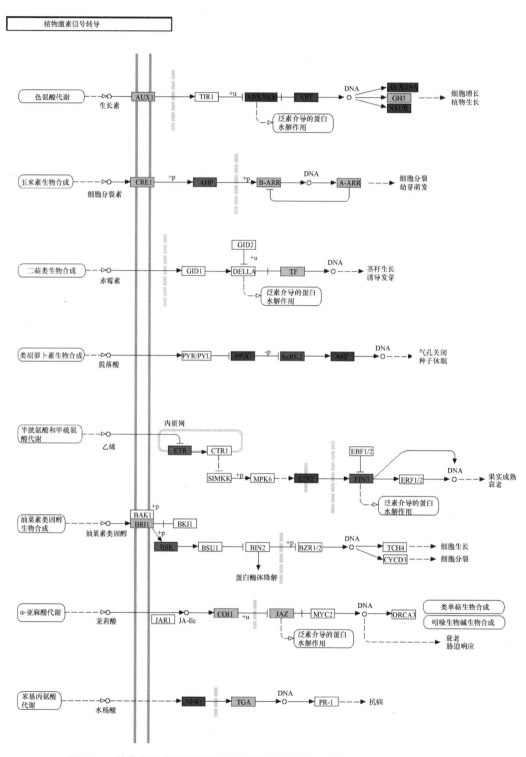

图 11-4　植物激素信号转导通路上富集的差异表达基因（Xie et al.，2017）

绿色表示基因下调，红色表示基因上调，蓝色表示既有上调又有下调的基因

乙烯是重要的植物生长激素，调控花和种子的脱落，植物体内乙烯水平的上升与植物组织的衰老和细胞胁迫等相关（Sexton and Robert，1982）。本研究发现了 6 个乙烯反应基因（2 个 ETR、2 个 EIN2 和 2 个 EIN3）在低落粒基因型离区中上调表达。先前研究报道这些基因的同源基因参与了拟南芥和番茄等物种衰老过程，如 ETR1（Schaller and Bleecker，1995）及其同源基因 eTAE1（Zhou et al.，1996）、LeETR1 和 LeETR2（Lashbrook et al.，1998）、ERS（Payton et al.，1996；Hua et al.，1995）和 EIN3/EIL（Roman et al.，1995）。根据拟南芥 etr1 突变体的花部器官脱落推测，这个基因具有调控脱落时间的作用。

本研究也鉴定了生长素（IAA）信号转导相关的基因，包括 AUX/IAA、SAUR 和 GH3（Woodward and Bartel，2005）。本研究 3 个生长素反应基因（1 个 SAUR、1 个 ARF 和 1 个 AUX/IAA）在低落粒基因型中上调表达。在水稻中，过表达一个 SAUR 基因导致根和幼芽的生长发育降低，表明该基因对生长素的合成和转运具有负调控作用（Kant et al.，2009）。GH3 是 IAA 浓度的负反馈调节剂，能帮助维持生长素动态平衡（Staswick et al.，2005）。此外，当离区中生长素水平显著影响乙烯敏感性时，乙烯也是生长素的强大抑制剂（Taylor and Whitelaw，2001）。生长素和乙烯间的相互作用和动态平衡是调控及决定脱落过程的关键因子。

11.2.4.3 木质素生物合成相关基因对落粒的调控

木质素由苯丙氨酸代谢而来，是由香豆醇、松柏醇和芥子醇 3 种单体组成的异质聚合体，是一种复杂的酚类聚合物。木质素通过形态交织网来硬化细胞壁，为次生壁的主要成分。木质素主要位于纤维素纤维之间，起抗压和机械支撑作用。它是防止细胞壁降解，尤其是酶水解的主要顽抗因子（Chen and Dixon，2007）。先前水稻相关研究表明，通过抑制木质素生物合成能诱导种子脱落，在不落粒水稻品种 'Iipum' 中过度表达 BEL1 型同源盒基因 SH5 可导致离区和外围种柄组织木质素水平降低，最终导致水稻落粒增加（Yoon et al.，2014）。本研究中抽穗后 21d 和 28d 两份材料离区染色表明，低落粒材料具有更多的木质素沉积，种柄能承受更大的断裂拉伸张力（BTS 值）。老芒麦离区木质素含量可能影响了落粒率。木质素单体的生物合成至少需要 10 种酶的参与：PAL，C4H，CAD，CCR，CoMT，CCoAOMT，CALDH，4CL，F5H 和 HCT（de Oliveira et al.，2015）。本研究发现在苯丙醇生物合成通路中有 59 个基因被富集和注释，这些基因共编码了 12 个潜在参与本质素生物合成的酶（图 11-5）。在木质素单体生物合成通路中，通过早期抑制 PAL、C4H 和 HCT 基因的表达能显著降低木质素的含量（Chen and Dixon，2007；Li et al.，2008）。本研究发现了相似的结果，和低落粒材料相比，PAL 基因在高落粒材料 XH09 中下调表达，该材料具有较低的木质素含量。其他木质素单体生物合成相关基因表达水平的改变也能影响木质素的含量和组成（Bouvier et al.，2013；Fu et al.，2011；Boerjan et al.，2003）。本研究两个 CAD 基因在低落粒材料中下调表达。木质素单体生物合成通路中基因的表达也能被许多 MYB 转录因子调控（Zhao and Dixon，2011；Rogers and Campbel，2004）。本研究发现两个 MYB 转录因子在 XH09 和 ZhN03 种子成熟期离区中差异表达，其中一个在 ZhN03 中上调表达。这些结果表明，这些差异表达基因的表达模式可能导致了离区及周围种柄组织木质素含量的不同，这可能影响 XH09 和 ZhN03 的落粒率。

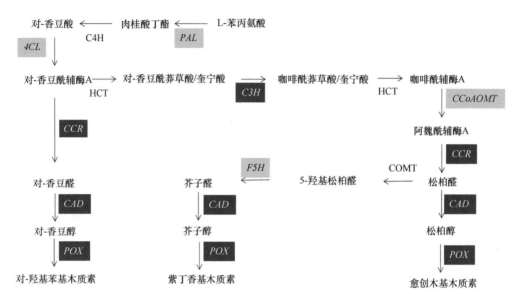

图 11-5 苯丙烷生物合成通路中富集的差异表达基因（Xie et al.，2017）

绿色表示基因下调，蓝色表示既有上调又有下调的基因

11.2.5 老芒麦落粒候选基因 qRT-PCR 验证

为验证 RNA-seq 分析的准确性和重复性，选取了 10 个候选基因进行 qRT-PCR 验证。这 10 个基因涉及木质素生物合成、植物激素和细胞壁水解酶，包括 *PAL*、*GLU*、*CCoAOMT*、*POX*、*SnRK2*、*ETR*、*CAT*、*EGL*、*XIP1* 和 *CesA*（表 11-6）。结果表明，这 10 个基因在两份材料 3 个不同时期均差异表达（图 11-6），其中 *CCoAOMT* 和 *CesA* 在 XH09 与 ZhN03 抽穗后 21d 和 28d 均下调表达。其余 8 个基因在 ZhN03 抽穗后 28d 上调表达。*XIP1* 基因在 ZhN03 抽穗后 28d 的相对表达量是 XH09 抽穗后 7d 的 120 倍（图 11-6）。线性回归分析显示通过两种不同方法测定的基因表达之间呈现正相关关系（$r = 0.76$，$P < 0.05$）。

表 11-6 用于 qRT-PCR 分析的引物

基因编号	上游引物（5′→3′）	下游引物（5′→3′）
c66041.graph_c0（*PAL*）	CTCCTTGAGGCACTCCAGCA	GCACAGCAGAACCGTATCGC
c70522.graph_c2（*GLU*）	CGTACCACCAACCGAGCAAT	GGAGCACTGTGAATGAGCCAA
c62894.graph_c0（*CCoAOMT*）	CCTGATGAAGCTCGTCAAGGTC	TCGCGGTAGTAGCGGATGTAC
c73633.graph_c0（*POX*）	CCCGACGTGTTCGACAACA	GGTGAGCACCTTGATCTGGC
c71266.graph_c1（*SnRK2*）	GCCGAAATCAACTGTGGGAA	CCGACGAAAATCTTGGCAAT
c73982.graph_c0（*ETR*）	AGCGGCGTTGAGTTCTCGT	TGGAACACCCTCGTCTCGTC
c69083.graph_c0（*CAT*）	GCGGTGCCTTTGGGTATCA	CGCAGAAAACGAACAACTTGC
c73552.graph_c0（*EGL*）	CTTCAGAACGCAGGGTGGAC	GTCTTCCCCGAGGTGAGCAT
c59699.graph_c0（*XIP1*）	TTGGATGGCGTAGCTGCTG	CGTTCACCCGAAGAACCTCTAC
c66592.graph_c0（*CesA*）	CCTATCGCTCATGGCGTACA	CCGGTGACCTTGGCTCAAT
Es-GAPDHF	CTTCACCACCGTCGAAAAGG	CGTGCTGGCTTGGGTCATA

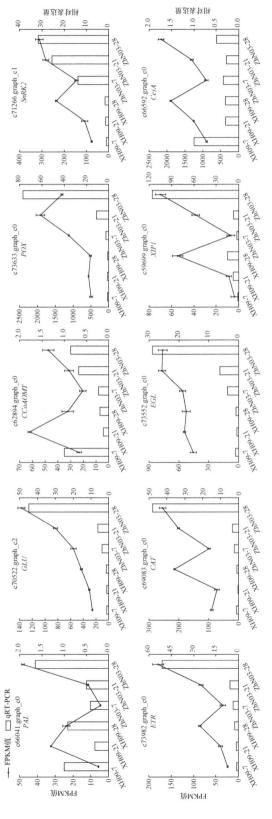

图 11-6　10 个候选基因 qRT-PCR 验证结果（Xie et al.，2017）

老芒麦落粒受离层降解影响。在种子成熟期高落粒基因型的离区中具有更高的纤维素酶和多聚半乳糖醛酸酶等水解酶活性。转录组测序获得了 30 000 个差异表达基因，许多基因涉及细胞壁水解酶、木质素生物合成和植物激素信号转导。一些基因的表达可能与低落粒相关，但这些基因调控落粒的机制目前尚不清楚。目前的研究为后续深入开展老芒麦落粒机制研究、深度挖掘落粒候选基因、解析关键基因的功能奠定了基础。

11.3　QTL 分析揭示老芒麦落粒的调控机制

遗传连锁图谱是遗传标记在染色体上的线性排列图。利用遗传连锁图谱可以识别单基因性状和数量性状的主效调控位点，也为研究基因组结构和进化提供了重要依据（Wang et al., 1997）。此外，在基因克隆、分子标记辅助选择和比较基因组分析等研究领域遗传连锁图谱也起着重要作用（Alm et al., 2003）。高密度连锁图谱为基因组组装和数量性状基因座（QTL）的精细定位奠定了基础（Zhao et al., 2016）。简化基因组测序被认为是降低基因组测序成本的一种有效策略（Altshuler et al., 2000；Lucito et al., 1998）。作为一种改良的简化基因组测序技术，特异性基因座扩增片段测序（SLAF-seq）具有测序成本低、测序深度高等优点，该技术针对较大种群使用双条形码法，通过预先设计的简化方案来优化标记的开发效率（Sun et al., 2013）。SLAF-seq 已被更多地用于作物、牧草以及动物的高密度遗传连锁图谱构建（Xu et al., 2015；Zhao et al., 2016；Yu et al., 2016）。对于基因组未知、需要从头大规模单核苷酸多态性（SNP）标记开发以及较大种群基因分型的物种来说，SLAF 测序是一种有效的方法。

老芒麦是披碱草属重要的多年生冷季型自花授粉牧草（Xie et al., 2017）。根据细胞遗传学分析，老芒麦是异源四倍体物种，包含 St 和 H 基因组，其中 St 基因组来自拟鹅观草属（*Pseudoroegneria*），H 基因组来自大麦属（*Hordeum*）（Dewey, 1984）。先前的研究表明老芒麦具有严重的落粒性，但控制落粒的分子机制和主效基因尚不明确。因此，本研究利用 SLAF-seq 技术构建了老芒麦高密度遗传连锁图谱，并鉴定了与种子落粒及其他种子性状相关的 QTL 位点，这为深入研究老芒麦基因组结构及其种子产量相关性状的遗传调控奠定了重要基础。

11.3.1　F$_2$ 作图群体构建

在前期对材料的落粒（图 11-7）、株高、叶长等表型和分子遗传多样性综合评价的基础上（图 11-8），选取 Y1005（父本）和 ZhN06（母本）两份材料作为作图亲本，进行人工杂交获得 F$_1$ 单株，利用简单重复序列（SSR）分子标记对 F$_1$ 杂种进行了真实性鉴定（图 11-9），将扩增具有双亲特异条带的 F$_1$ 单株自交构建了包含 200 个单株的 F$_2$ 作图群体（图 11-10），种植于甘肃榆中试验地，用于作图群体表型评价。

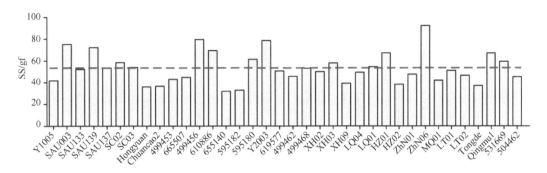

图 11-7　36 份老芒麦材料落粒表型评价（Zhang et al.，2016）

横坐标为供试材料，纵坐标为落粒率，红色虚线表示落粒平均值

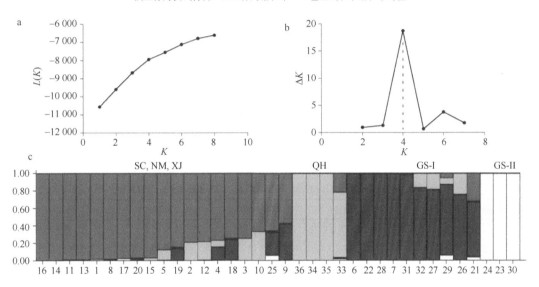

图 11-8　36 份老芒麦材料遗传结构分析（Zhang et al.，2016）

a. K 值对应的 L（K）值；b. K 值对应的 ΔK 值，用于确定遗传结构类群数；c. 遗传结构图，其中横坐标表示试验材料编号
（1 为 Y1005，29 为 ZhN06），纵坐标表示材料间亲缘关系指数。SC. 四川；NM. 内蒙古；XJ. 新疆；QH. 青海；GS. 甘肃

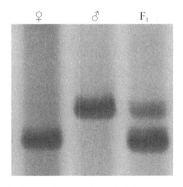

图 11-9　SSR 分子标记鉴定杂交种真实性（Zhao et al.，2017）

图 11-10　F₂ 作图群体材料（甘肃榆中）

11.3.2　SLAF 测序数据统计与评价

提取两个亲本和 F₂ 群体单株的 DNA，通过 SLAF 文库构建和高通量测序，共获得 253.25Gb 的原始数据，得到 1267.20M 条（1M=10⁶ 条 reads）的读长。对所有样品测序数据进行统计，测序平均 Q30 为 93.03%，平均 GC 含量为 46.69%。父本和母本测序读长数据量分别为 29 809 327 和 65 542 805，F₂ 子代平均读长数为 5 859 224.46，样本质量较高，GC 分布正常（表 11-7）。

表 11-7　各样品 SLAF 测序数据汇总（Zhang et al., 2019）

样本	序列总数	碱基总数	Q30/%	GC/%
父本	29 809 327	5 959 471 566	92.35	46.17
母本	65 542 805	13 074 619 072	90.48	47.81
F₂ 子代	5 859 224.46	1 171 094 186	93.03	46.69
对照	901 095	180 184 466	92.17	45.32
子代测序数据的平均值	1 267 197 024	253 252 927 896	93.03	46.69

为了评估实验建库的有效性和准确性，我们使用'日本晴'水稻（*Oryza sativa* L. *japonica*）（基因组大小为 382Mb，下载地址：http://rice.plantbiology.msu.edu/）作为对照。通过对照基因组测序，获得了 901 095 个读长的数据量，其中 Q30 为 92.17%，GC 含量为 45.32%。将对照测序读长与参考基因组进行比对，双端比对效率为 80.95%，实验比对效率正常。通过统计测序读长插入片段中残留酶切位点的比例，得到对照数据的酶切效率为 94.16%，表明酶切效率正常，SLAF 建库正常。

11.3.3　SLAF 标签开发

本研究共检测到 370 470 个 SLAF 标记，父本和母本材料产生的 SLAF 标记数分别为 232 429 个和 326 923 个，F₂ 子代中 SLAF 标记的平均数为 202 120 个。测序深度是指测序所得到的总碱基数与待测基因组大小的比值。亲本和所有子代的平均测序深度分别为 31.95X 和 7.51X（表 11-8）。对开发的 SLAF 标记进行多态性分析，共得到 3 种类型的 SLAF 标签，其中多态性 SLAF 标签为 97 387 个，多态性比例为 26.29%，非多态性和位于重复序列区的标签分别为 269 579 个（72.77%）和 3504 个（0.94%）。多态性标记主要包括单核苷酸多态性（SNP）和插入/缺失多态性（InDel），非多态性标记是指在亲本中仅有一个 SLAF 标签的标记，而亲本中标签数大于 4 的为重复标记。在后续数据分析中，删除不能用于计算重组率的重复 SLAF 标签。基于亲本基因型检测，过滤掉亲本信息缺失的 SLAF 位点。根据基因型编码规则对获得的 97 387 个多态性 SLAF 标签进行分型，46 135 个 SLAF 成功编码，分为 8 种分离模式（ab×cd、ef×eg、lm×ll、nn×np、aa×bb、hk×hk、cc×ab 和 ab×cc）（图 11-11）。本研究的 F_2 作图群体是从两个纯合亲本杂交产生的 F_1 子代构建的，所以采用分离模式为 aa×bb 的 18 343 个 SLAF 标记构建老芒麦遗传连锁图谱。

表 11-8　SLAF 标签统计（Zhang et al.，2019）

样本	SLAF 标签数/个	测序序列总数/bp	平均测序深度（X）
父本	232 429	6 242 468	26.86
母本	326 923	12 106 883	37.03
F_2 子代	202 120	1 518 763	7.51

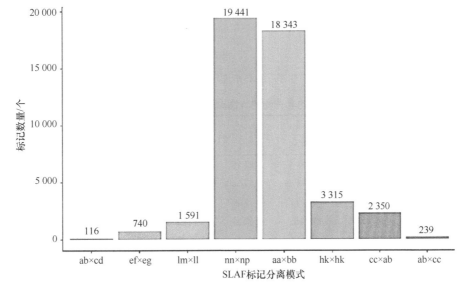

图 11-11　8 种 SLAF 标记分离模式（Zhang et al.，2019）

11.3.4　遗传图谱构建

为保证图谱质量，将获得的多态性 SLAF 标签按照以下 4 个规则进一步过滤：①过滤亲本测序深度在 10X 以下的 SLAF，高深度的亲本测序深度可以保证子代分型的正确性；②删除 SNP 数目大于 5 的标记，由于 SLAF 标签测序长度为 200，出现过多的 SNP 被认为是测序高频变异区；③按完整度过滤，删除基因型在子代的缺失度大于 10%的标记；④删除严重偏分离的标记（Zhao et al., 2016）。将过滤后的 1971 个 SLAF 标记（2610 个 SNP）用于高密度遗传图谱构建。图谱长度为 1866.35cM，包括 14 个连锁群（LG）（图 11-12）。每个连锁群的长度范围为 87.67（LG7）～183.45cM（LG1），相邻标记之间的平均密度为 1.66cM（表 11-9）。11 号连锁群（LG11）的标记数量最多，为 565 个，而 8 号连锁群的标记数量最少，为 29 个。用连锁群中间距长度小于 5cM 的比例来反映每个标记之间的连锁程度，比例越高，图谱越均匀。该图谱"间距<5cM"值为 73.08%～100%，平均为 92.09%。图谱最大间距位于 14 号连锁群，为 11.03cM。每个连锁群上的 SNP 数为 35（LG7）～712（LG11）个，平均为 186 个。

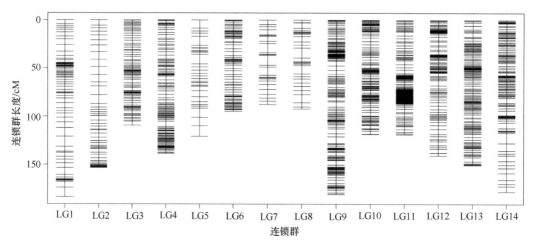

图 11-12 基于 SLAF 测序的老芒麦高密度遗传连锁图谱（Zhang et al., 2019）

表 11-9 14 个连锁群的老芒麦遗传图谱基本特征（Zhang et al., 2019）

连锁群	SLAF 标记数量			图谱总长/cM	平均距离/cM	最大间距/cM	间距≤5cM/%
	总数	SNP	Trv/Tri				
LG1	90	113	45/68	183.45	2.04	10.66	88.76
LG2	56	72	25/47	153.22	2.74	9.2	81.82
LG3	86	109	30/79	109.09	1.27	3.86	100.00
LG4	165	229	81/148	138.54	0.84	5.37	99.39
LG5	33	44	15/29	120.6	3.65	11	75.00
LG6	87	112	33/79	94.81	1.09	4.41	100.00
LG7	27	35	13/22	87.67	3.25	10.09	73.08
LG8	29	44	17/27	92.19	3.18	10.22	82.14
LG9	276	373	117/256	180.8	0.66	7.36	98.55
LG10	138	181	55/126	118.38	0.86	3.81	100.00
LG11	565	712	250/462	118.58	0.21	3.96	100.00
LG12	138	206	62/144	140.63	1.02	5.52	98.54
LG13	167	232	73/159	150.41	0.9	4.65	100.00
LG14	114	148	52/96	177.98	1.56	11.03	92.04
总计	1971	2610	868/1742	1866.35	1.66	11.03（最大值）	92.09（平均值）

注：Trv. 颠换类型 SNP；Tri. 转换类型 SNP

　　此外，图谱上有 26 个偏分离标记，占上图标记的 1.32%（表 11-10）。除连锁群 1、3、4、13 和 14 外，大多数连锁群都存在偏分离标记。6 号和 12 号连锁群的偏分离标记最多，都有 5 个（19.23%）。而在 11 号连锁群，SLAF 标记最多（565 个），偏分离标记的频率却最低（3.85%）。

表 11-10　偏分离标记在每个连锁群上的分布（Zhang et al.，2019）

连锁群	偏分离标记数量	父本	母本
LG1	0	0	0
LG2	2	0	2
LG3	0	0	0
LG4	0	0	0
LG5	3	3	0
LG6	5	5	0
LG7	3	3	0
LG8	2	2	0
LG9	3	0	3
LG10	2	0	2
LG11	1	1	0
LG12	5	2	3
LG13	0	0	0
LG14	0	0	0
总计	26	16	10

　　利用单体来源评估和连锁关系分析评价遗传连锁图谱的质量。利用 1971 个 SLAF 标记对亲本和 200 个子代绘制每个连锁群的单倍型图，结果显示，每个个体较大区段的来源保持一致，大多数重组区有明确界限，说明遗传图谱质量较高。连锁群 9、10 和 13 的上图标记没有缺失，而 8 号连锁群缺失的最多，占该连锁群标记的 3.53%。大多数连锁群都是均匀分布的，平均各连锁群标记缺失比例为 0.73%。基于 1971 个成对作图标记的重组率构建连锁关系热图，以此来反映每个连锁群上相邻作图标记之间的重组关系。结果表明，各连锁群上相邻标记间的连锁关系很强，随着距离的增加，与较远标记间的连锁关系逐渐减弱，证实每个连锁群上 SLAF 标记顺序的正确性。

11.3.5　F$_2$ 群体表型变异

　　对亲本和作图群体 8 个种子产量相关性状（落粒率、种子芒长、种子宽度、千粒重、穗长、每穗小花数等）进行连续 3 年（2016～2018 年）的田间测定。8 个与种子产量相关的性状都有显著差异（表 11-11）。所有性状之间的变异系数（CV）在 7.24%（种子宽，2018 年）～58.08%（每穗小花数，2016 年）。对不同年份与性状之间进行相关性分析的结果显示，除了种子宽（2016 年与 2017 年之间）和千粒重（2016 年与 2017 年之间），所有种子性状在不同年份都存在相关性（表 11-12）。例如，不同年份间落粒评价（SS_C）的相关系数分别为 0.841（2016 年和 2018 年）、0.783（2017 年和 2018 年）和 0.360（2016 年和 2017 年）。每穗小花数（FN）在 2016 年和 2018 年，2017 年和 2018 年之间都呈极显著相关。穗长（SL）在连续 3 年间都呈极显著相关。通过对性状的遗传力计算，发现所有种子性状都具有较高的遗传力。其中，落粒评价（SS_C）的遗传力最高（0.6718），每穗小花数（FN）的遗传力最低（0.4638）。这些结果与不同年份之间的相关性分析一致。在多数性状之间也存在相关性，例如，芒长（AL）与种子宽度（WS）、千粒重（SW1）和穗长（SL），落粒率（SS）与每穗小花数（FN）都呈显著或极显著正相关。除每穗小花数 FN（2017 年）、种子宽 WS（2017 年和 2018 年）和千粒重 SW1（2017 年）外，所有性状在大多数年份的偏度和峰度绝对值均小于 1。此外，对 8 个性状的正态分布进行正态性检测，除穗长（2017 年）、每穗小花数（2017 年和 2018 年）、落粒率（2017 年和 2018 年）、种子宽（2017 年和 2018 年）和千粒重（2017 年）外，其余检测 P 值均大于 0.05（图 11-13）。

表 11-11　亲本和 F_2 种群种子相关性状表型数据统计（Zhang et al.，2019）

性状	年份	亲本		F_2 种群							
		Y1005	ZhN06	最大值	最小值	平均值	标准差	变异系数	偏度	峰度	遗传力（h^2）
穗长 SL/cm	2016	11.10	14.30	17.87	6.20	11.14	2.25	20.18%	0.439	0.412	
	2017	15.10	19.26	20.50	4.20	14.50	3.12	21.54%	−0.429	0.018	0.6227
	2018	14.31	18.17	20.20	6.57	14.29	2.87	20.11%	−0.247	−0.359	
每穗小花数 FN（No.）	2016	81.67	112.33	183.33	13.00	70.62	41.01	58.08%	0.864	0.098	
	2017	60.60	108.40	139.60	14.00	68.13	17.99	26.41%	0.138	1.065	0.4638
	2018	68.50	109.88	122.50	20.50	69.24	20.27	29.27%	0.535	0.138	
落粒率（BTS 法） SS/gf	2016	9.52	12.98	18.80	5.14	11.34	2.75	24.21%	0.651	0.275	
	2017	9.33	17.61	20.68	5.66	11.30	2.84	25.14%	0.625	0.443	0.5235
	2018	9.36	16.84	19.62	6.53	11.61	2.78	23.92%	0.667	0.138	
落粒率（摔落法） SS_D/%	2017	27.93	15.55	35.86	0.00	18.19	0.06	35.67%	0.077	0.194	—
落粒率（观测评价法）SS_C	2016	1.0	4.0	5.0	1.0	3.11	0.91	29.16%	−0.288	−0.375	
	2017	1.0	4.0	5.0	1.5	3.41	0.75	21.90%	−0.355	−0.477	0.6718
	2018	1.0	4.0	5.0	1.5	3.27	0.71	21.63%	−0.292	−0.295	
芒长 AL/mm	2016	12.29	9.88	13.09	6.66	9.95	1.46	14.67%	−0.171	−0.556	
	2017	11.67	10.35	13.91	5.44	9.41	1.29	13.76%	0.011	0.464	0.5281
	2018	11.96	10.29	12.70	6.23	9.54	1.21	12.65%	−0.205	0.128	
种子宽 WS/mm	2016	1.60	1.59	1.92	1.19	1.57	0.13	8.42%	−0.113	0.089	
	2017	1.60	1.30	1.76	1.06	1.51	0.12	7.63%	−0.931	2.367	0.5086
	2018	1.58	1.37	2.02	1.15	1.52	0.11	7.24%	−0.397	3.113	
千粒重 SW1/g	2016	3.02	2.32	3.62	0.50	1.97	0.66	33.44%	0.231	−0.635	
	2017	4.75	3.41	5.70	2.37	4.47	0.54	12.05%	−0.665	1.216	0.5420
	2018	3.89	2.87	5.62	1.98	3.62	0.68	18.75%	0.526	0.342	

表 11-12　F$_2$种群不同年份不同性状相关性分析（Zhang et al.，2019）

性状	年份	2016 年	2017 年	2018 年	穗长 SL	每穗小花数 FN	落粒率（BTS 法）SS	落粒率（摔落法）SS$_D$	落粒率（观测评价法）SS$_C$	芒长 AL	种子宽 WS	千粒重 SW1
SL	2016	1			1							
	2017	0.312**	1		1							
	2018	0.432**	0.981**	1	1							
FN	2016	1			0.646**	1						
	2017	0.182*	1		0.362**	1						
	2018	0.773**	0.736**	1	0.345**	1						
SS	2016	1			0.178*	0.315**	1					
	2017	0.189*	1		0.291**	0.317**	1					
	2018	0.372**	0.978**	1	0.331**	0.275**	1					
SS$_D$	2016											
	2017				−0.049	0.052	−0.340**	1				
	2018											
SS$_C$	2016	1			−0.142	−0.046	−0.079		1			
	2017	0.360**	1		−0.054	0.168*	0.039	0.064	1			
	2018	0.841**	0.783**	1	−0.074	0.103	0.118		1			
AL	2016	1			0.383**	0.226**	0.113		−0.064	1		
	2017	0.194*	1		0.174*	0.151*	0.108	0.017	0.009	1		
	2018	0.559**	0.920**	1	0.189*	0.133	0.076		−0.063	1		
WS	2016	1			0.470**	0.455**	0.284**		−0.139	0.373**	1	
	2017	0.072	1		0.310**	0.155*	−0.038	0.250**	−0.017	0.288**	1	
	2018	0.510**	0.890**	1	0.224**	0.210**	0.007		−0.134	0.285**	1	
SW1	2016	1			0.144	−0.066	0.069		−0.154	0.202*	0.275**	1
	2017	−0.026	1		0.456**	0.229**	0.018	0.113	0.085	0.325**	0.383**	1
	2018	0.427**	0.684**	1	0.338**	−0.135	0.154*		−0.002	0.150*	0.107	1

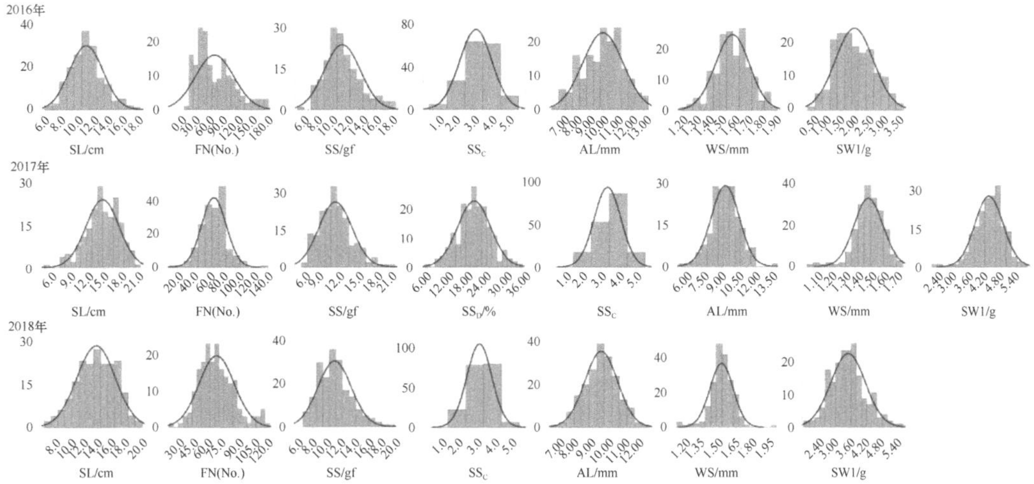

图 11-13　老芒麦 F$_2$种群 8 个种子性状正态分布图（Zhang et al.，2019）

x 轴表示表型观测数据分组，y 轴表示每组对应的 F$_2$ 种群单株数量

11.3.6 QTL 定位及比较基因组分析

在 14 个连锁群上共检测到 29 个与老芒麦种子性状相关的 QTL 位点，其中包括 3 个穗长（SL）、2 个每穗小花数（FN）、6 个落粒相关（SS、SS_D 和 SS_C）、7 个芒长（AL）、3 个种子宽（WS）和 8 个千粒重（SW1）QTL。所有 QTL 的 LOD 阈值和 PVE 值（表型变异贡献率）分别为 3%～10.62% 和 2.17%～10.85%（图 11-14，表 11-13）。6 个与种子落粒相关的 QTL 位点解释了 2.17%～9.48% 的表型变异。在这 6 个 QTL 中，用断裂拉伸张力法（BTS）测得的表型数据在 6 号染色体上检测到 1 个 QTL，摔落法（SS_D）在

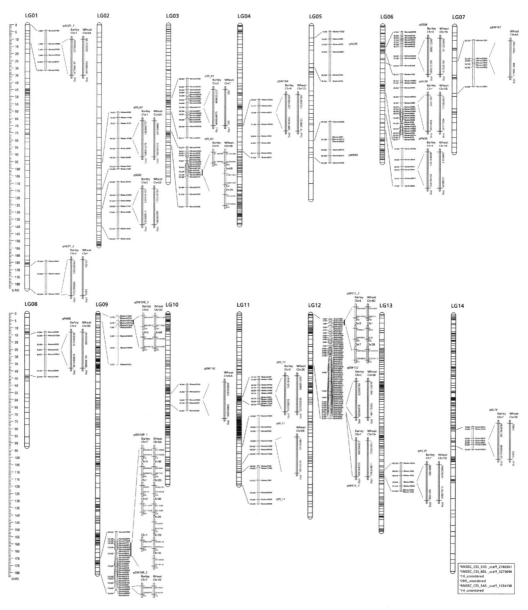

图 11-14 老芒麦种子相关性状 QTL 位点（Zhang et al.，2019）

每个 QTL 位点分别与大麦和小麦基因组比对

表 11-13　种子相关 QTL 信息和比较基因组分析（Zhang et al., 2019）

性状	年份	连锁群	位置/cM	标记	LOD 值	表型变异贡献率/%	大麦 染色体	大麦 开始位置	大麦 终止位置	小麦 染色体	小麦 开始位置	小麦 终止位置
穗长 SL	2016	2	132.789	Marker17770	3.23	6.77	2	525430014	52543447	2B	16625395	173154799
	2017	14	86.897	Marker46836	3.90	7.63	7	201764340	201764390	7D	15895	15962
	2018	14	86.897	Marker46836	3.69	8.17	7	201764340	201764390	7D	15895	15962
每穗小花数 FN	2016	8	25.833	Marker37873	4.16	8.22	2	561040849	561040930	3D	88006199	88006346
	2017	6	67.613	Marker27141	3.87	7.89	5	133194102	133194508	1B	6358937	6359405
落粒率（BTS 法）SS	2016	6	22.431	Marker124682	3.37	8.32	3	289212195	289212280	7B	191525193	191525496
落粒率（摔落法）SS_D	2017	3	55.356	Marker42714	3.04	3.50	2	468824875	468825323	IWGSC_CSSL_scaff_3270696 6D	185	592
		11	117.581	Marker358832	3.74	9.48						
落粒率（观测评级法）SS_C	2016	11	59.219	Marker144585	3.13	6.94	5	74138678	74519101	3B	207900333	300351070
	2017	2	104.222	Marker147448	3.14	7.27	1	168916378	169305775	6A	182509526	201508821
		3	76.328~77.328	Marker5164	3.09	2.17	5	271933595	271994082	3B	521637350	532583969
				Marker18220						6B	105011872	105011972
				Marker159117						1A	229214595	229214680
芒长 AL	2016	1	4.286	Marker126869	5.63	10.37	1	167306197	167306286	4A	169140642	202332198
		5	13.755	Marker43872	3.48	5.71						
		6	32.507	Marker36805	3.00	4.70	1H_unordered	6651693	6651781	5B	50717504	173868037
		11	99.908	Marker115159	3.10	5.96				6B	19131019	19131091
	2017	1	183.45	Marker170807	4.12	7.66	3	255290836	255290962	IWGSC_CSSS_scaff_2780361 5D	9985	10253
	2018	1	183.45	Marker170807	4.80	9.60	3	255290836	255290962	IWGSC_CSSS_scaff_2780361 5D	9985	10253
		13	110.648	Marker78024	3.33	7.73	1H_unordered	3661356	3661808	7D	139977810	147025902
种子宽 WS	2017	5	89.494	Marker83614	3.43	6.34						
		12	27.128	Marker9523	3.59	10.85	1	406764725	406764825	7A	176324811	176324911

续表

性状	年份	连锁群	位置/cM	标记	LOD值	表型变异贡献率/%	大麦			小麦		
							染色体	开始位置	终止位置	染色体	开始位置	终止位置
种子宽 WS	2018	12	0~1	Marker74289	10.62	4.63				6D	14745809	79835131
				Marker14232			6	305405950	305723291	2B	312751553	312751613
				Marker78094			7	150597839	150598042			
				Marker194422			5	10598527	10599030	IWGSC_CSS_5A_scaff_1534198	2678	3168
干粒重 SW1	2016	9	172.925~173.425	Marker71571	3.78	9.10	7	248346134	248346234	3A	112164566	113254286
				Marker269877			3	406889670	406889761	3B	43676691	43677121
				Marker103013			2HS_unordered	334091	334191	2D	120033794	125789378
				Marker114890			2	551173341	551173439	3B	65016288	65016388
				Marker83710						2B	97262681	97262764
				Marker16854			1	308951091	308951574	7D	187064140	187064237
				Marker150167						7B	130188660	130189144
		10	59.903	Marker146504	3.57	4.75				6A	168854803	168854905
	2017	4	73.78	Marker64733	4.43	6.24	4	289745492	289745569	1D	61289255	102398709
		7	33.751	Marker39194	3.89	8.17				4A	179051368	179051906
		9	179.183	Marker220020	3.09	5.68						
	2018	7	33.751	Marker127996	3.61	7.72	7	228688948	228688991	1D	63473969	70540158
				Marker39194						4A	179051368	179051906
		9	0.75	Marker147559	3.25	3.26	5	484748382	484748419	5D	101712306	101712696
				Marker211648								
				Marker307331			5	335768023	335768120	6B	157240266	157240367
		12	17.107	Marker34249	3.56	8.13	5	62560678	62560749	5D	146115303	146115379

3 号和 11 号染色体上检测到 2 个 QTL，落粒评价（SS_C）在 2 号、3 号和 11 号染色体上检测到 3 个 QTL。其中，3 号和 11 号染色体上的位点同时在不同年份（2016 年和 2017 年）和用不同方法检测到。在 5 个染色体（LG1、LG5、LG6、LG11 和 LG13）上检测到 7 个与芒长（AL）相关的 QTL，其中在 1 号染色体上的 QTL 位点解释了最大的表型变异（10.37%）。在 12 号染色体上，检测到 1 个与种子宽（WS）相关的 QTL，这个 QTL 位点解释了所有 QTL 中最大的表型变异，即 10.85%。此外，在超过 5 个染色体上检测到了芒长（AL）和千粒重（SW1）的 QTL，表明这些性状的遗传机制较为复杂。总共 16 个 QTL 可以在两年或 3 年间持续检测到，例如，14 号染色体的两个穗长（SL）QTL 可以同时在 2017 年和 2018 年检测到，11 号染色体上的两个落粒 QTL 在 2016 年和 2017 年检测到，9 号染色体上 3 个千粒重 QTL 位点和 1 号染色体上 3 个芒长（AL）相关 QTL 都在连续 3 年检测到。

用 1971 个老芒麦 SLAF 标记与小麦和大麦的基因组序列进行比较。通过环状图和共线性图以明确老芒麦与小麦和大麦基因组之间的同源性，以及作图标记与其基因组之间位置的线性关系（图 11-15）。结果显示，老芒麦与小麦和大麦分别有 1556 个（79%）

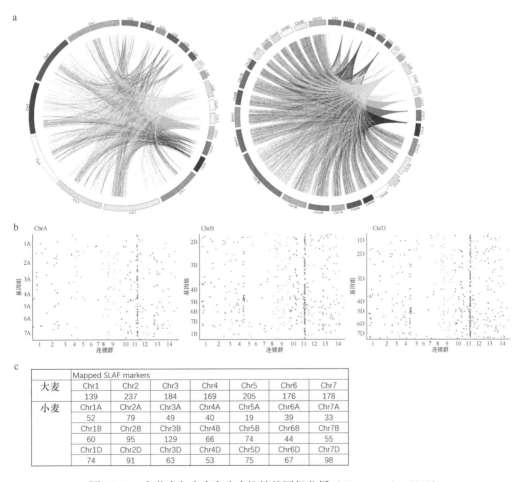

图 11-15　老芒麦与大麦和小麦比较基因组分析（Zhang et al.，2019）

a. 环状图展示了老芒麦与大麦（左图）和小麦（右图）基因组的线性关系；b. 老芒麦和小麦 3 个亚基因组（A、B 和 D）的共线性图；c. 老芒麦和大麦、小麦各亚基因组的同源标记数量

和 1380（70%）个同源标记（图 11-15a）。进一步分析老芒麦与小麦的每个亚基因组（A、B 和 D）的比对，ChrA、ChrB 和 ChrD 上对应的同源标记数分别为 311 个、523 个和 521个（图 11-15b，图 11-15c）。分别在亚基因组 Chr2A（79）、CHr3B（129）和 Chr7D（98）上发现了最大数量的同源标记。大麦每条染色体上的同源标记数为 139（Chr1）～237个（Chr2），平均为 184 个。

在大麦和小麦染色体上鉴定出种子产量相关 QTL 区域内总共 43 个标记，其中穗长（SL）QTL 位点上有 3 个标记，每穗小花数（FN）2 个标记，落粒（SS、SS_D 和 SS_C）8个标记，芒长（AL）7 个标记，种子宽（WS）6 个标记，以及千粒重 17 个标记。这些标记分布在小麦和大麦的不同染色体上。例如，与种子落粒相关的 8 个标记分布在小麦1A、3B、6A、6B 和 7B 染色体以及大麦 1H、2H、3H 和 5H 染色体上。小麦的 *Q* 基因编码 AP2 转录因子，是控制小麦落粒的主效基因，位于小麦染色体 5A 上（Simons et al.，2006）。*TaqSH1* 基因位于小麦 3 号染色体，编码 BEL1-like 蛋白，在转基因拟南芥中过表达该基因将下调一些已知的落粒相关基因如 *HAESA* 和 *KNAT1/6*，表明该基因是离层发育的上游调控基因（Zhang et al.，2013）。大麦非脆性小穗轴性状由染色体 3H 上的两个隐性基因 *btr1* 和 *btr2* 控制，它们使花序节的基部和末梢不发育出膨胀细胞，从而将脆弱的花轴转变成非脆弱的花轴，最终阻止了成熟谷粒早期的脱落（Pourkheirandishet al.，2015）。

基于对大麦和小麦基因组的功能注释，进一步确定了在这 6 个 QTL 区域内的 30 个落粒候选基因，这些基因与植物激素信号转导（15 个）、转录因子（7 个）、水解酶活性（6 个）和木质素生物合成（2 个）有关（图 11-16）。在植物激素的候选基因中，3 个基因与脱落酸激活信号通路的调节有关，6 个基因与乙烯应答途径有关，3 个基因与生长素激活信号通路有关，2 个基因分别与赤霉素和茉莉酸相关。基于我们之前的两个老芒麦基因型（高落粒基因型 XH09 和低落粒基因型 ZhN03）离区转录组数据，预测了总共20 个涉及植物激素、转录因子和水解酶活性的 unigene，其中 14 个基因在高落粒基因型XH 中上调，6 个基因（2 个与乙烯活性相关，1 个与赤霉素活性相关，1 个与 MYB 转录因子活性相关，1 个与木聚糖酶活性相关，1 个与糖基水解酶活性相关）在低落粒基因型 ZhN 中上调表达（图 11-17）。这些结果表明，获得的这些候选基因可能与老芒麦落粒调控有关。脱落酸调控植物的生长发育，诱导植物器官脱落。我们先前研究表明，脱落酸相关基因在老芒麦离区上调表达，表明其参与落粒调控（Xie et al.，2017）。转录因子参与植物信号转导，本研究鉴定了 7 个转录因子基因，包括 MYB、MADS-box 和WRKY。多个已报道的落粒基因属于转录因子基因，如 *SH4*、*qSH1* 和 *STK*，*SH4* 是影响水稻落粒的主效 QTL，编码一个 MBY3 转录因子，许多 MBY 蛋白参与多个植物激素如脱落酸、乙烯、生长素等的转录调控。我们先前的研究发现，14 个 MBY 基因在垂穗披碱草离区组织中上调表达，表明其具有调控离区发育的潜在功能（Zhao et al.，2019b）。在拟南芥中 STK 是 MADS-box 转录因子，调控种子离区形成。WRKY 转录因子是脱落酸信号的关键组分，调控落粒在内的多种植物学过程。因此，推测本研究中鉴定的候选基因具有相似的功能。

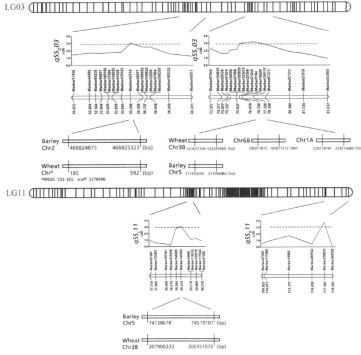

基因	基因数	基因功能
植物激素信号转导	15	脱落酸激活信号通路的调节；乙烯反应，生长素激活信号通路，赤霉素分解代谢过程，茉莉酸反应
转录因子	7	序列特异DNA结合转录因子活性；转录调节
水解酶活性	6	纤维素酶活性，木葡聚糖基转移酶活性；α-半乳糖苷酶；纤维素生物合成过程
木质素生物合成过程	2	肉桂醇脱氢酶活性

图 11-16　老芒麦 3 号和 11 号染色体上落粒 QTL 位点及候选基因挖掘（Zhang et al.，2019）

注释的基因涉及植物激素、转录因子、水解酶活性和木质素合成途径

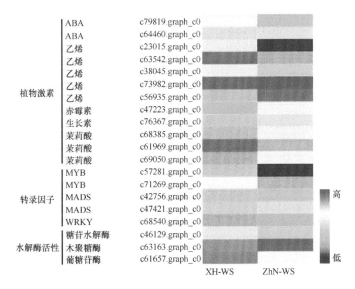

图 11-17　落粒候选基因在高落粒材料和低落粒材料中差异表达（Zhang et al.，2019）

基于转录组数据获得的 20 个植物激素、转录因子和水解酶活性相关基因在高落粒材料（XH-WS）和低落粒材料（ZhN-WS）种子完熟期差异表达

11.4 本 章 小 结

落粒对牧草种子的产量、质量造成不利影响，是牧草驯化和选育过程中需要改良的不利性状。落粒是一个复杂的生物学过程，涉及环境因素、栽培管理、多种代谢过程、离层的形成发育和多种基因的表达。本研究首次从转录组和 QTL 层面解析老芒麦落粒的分子机制，研究报道了水解酶活性、木质素生物合成、植物激素信号和反应、转录因子等多种候选基因。这为深入挖掘落粒候选基因、落粒性状遗传改良奠定了基础。但老芒麦落粒调控的关键基因及其功能尚需结合全基因组关联分析、转基因等手段进一步深入研究。

参 考 文 献

田青松, 高金玉, 融晓萍, 等. 2018. 蒙古冰草(*Agropyron mongolicum*)落粒相关基因 *Amsh1* 克隆及进化分析. 分子植物育种, 16(22): 7289-7297.

张妙青. 2011. 垂穗披碱草种子落粒性及其相关 MADS-box 基因研究. 兰州: 兰州大学硕士学位论文.

Agrawal A P, Basarkar P W, Salimath P M, et al. 2002. Role of cell wall-degrading enzymes in pod-shattering process of soybean, *Glycine max* (L.) Merrill. Current Science, 82: 58-61.

Alm V, Fang C, Busso C S, et al. 2003. A linkage map of meadow fescue (*Festuca pratensis* Huds.) and comparative mapping with other Poaceae species. Theoretical and Applied Genetics, 108: 25-40.

Altshuler D, Pollara V J, Cowles C R, et al. 2000. An SNP map of the human genome generated by reduced representation shotgun sequencing. Nature, 407: 513-516.

Avni R, Nave M, Barad O, et al. 2017. Wild emmer genome architecture and diversity elucidate wheat evolution and domestication. Science, 357(6346): 93-97.

Boerjan W, Ralph J, Baucher M. 2003. Lignin biosynthesis. Annual Review of Plant Biology, 54: 519-546.

Bouvier d'Yvoire M, Bouchabke-Coussa O, Voorend W, et al. 2013. Disrupting the cinnamyl alcohol dehydrogenase 1 gene (*BdCAD1*) leads to altered lignification and improved saccharification in *Brachypodium distachyon*. Plant Journal, 73: 496-508.

Brown K M. 1997. Ethylene and abscission. Physiol Plantarum, 100: 567-576.

Bunya-atichart K, Ketsa S, Doorn W G. 2011. Ethylene-sensitive and ethylene-insensitive abscission in *Dendrobium*: correlation with polygalacturonase activity. Postharvest Biology and Technology, 60: 71-74.

Chen F, Dixon R. 2007. Lignin modification improves fermentable sugar yield for biofuel production. Nature Biotechnology, 25: 759-761.

Chen S Y, Huang X, Yan X Q, et al. 2013. Transcriptome analysis in Sheepgrass (*Leymus chinensis*): a dominant perennial grass of the Eurasian Steppe. PLoS One, 8(7): e67974.

de Oliveira D M, Finger-Teixeira A, Mota T R, et al. 2015. Ferulic acid: a key component in grass lignocellulose recalcitrance to hydrolysis. Plant Biotechnology Journal, 13(9): 1224-1232.

Dewey D R. 1984. The Genomic System of Classification as a Guide to Intergeneric Hybridization with the Perennial Triticeae. Gene Manipulation in Plant Improvement. Boston: Springer: 209-279.

Dong Y, Wang Y Z. 2015. Seed shattering: from models to crops. Frontiers in Plant Science, 6(476): 476-489.

Durand A, Hughes R, Roussel A, et al. 2005. Emergence of a subfamily of xylanase inhibitors within glycoside hydrolase family 18. FEBS Journal, 272: 1745-1755.

Emrich S J, Barbazuk W B, Li L, et al. 2013. Gene discovery and annotation using LCM-454 transcriptome sequencing. Genome Research, 17 (1): 69-73.

Ferrarese L, Trainotti L, Moretto P, et al. 1995. Differential ethylene-inducible expression of cellulase in pepper plants. Plant Molecular Biology, 29: 735-747.

Fu C, Mielenz J R, Xiao X, et al. 2011. Genetic manipulation of lignin reduces recalcitrance and improves ethanol production from switchgrass. Proceedings of the National Academy of Science of the United States of America, 108: 3803-3808.

Fu Z, Song J, Zhao J, et al. 2019. Identification and expression of genes associated with the abscission layer controlling seed shattering in *Lolium perenne*. AoB Plants, 11: ply076.

Fujii H, Chinnusamy V, Rodrigues A, et al. 2009. *In vitro* reconstitution of an abscisic acid signalling pathway. Nature, 462: 660.

Fujii H, Verslues P E, Zhu J K. 2007. Identification of two protein kinases required for abscisic acid regulation of seed germination, root growth, and gene expression in *Arabidopsis*. Plant Cell, 19: 485-494.

Goesaert H, Gebruers K, Courtin C M, et al. 2005. Purification and characterization of a XIP-type endoxylanase inhibitor from rice (*Oryza sativa*). Journal of Enzyme Inhibition and Medicinal Chemistry, 20: 95-101.

Haberer G, Mayer K F. 2015. Barley: from brittle to stable harvest. Cell, 62(3): 469-471.

Hofmann N R. 2012. *SHAT1*, a new player in seed shattering of rice. Plant Cell, 24(3): 839.

Htun T M, Inoue C, Chhourn O, et al. 2014. Effect of quantitative trait loci for seed shattering on abscission layer formation in Asian wild rice *Oryza rufipogon*. Breeding Science, 64(3): 199-205.

Hua J, Chang C, Sun Q. 1995. Ethylene insensitivity conferred by *Arabidopsis ERS* gene. Science, 269: 1712-1714.

Huber D J. 1983. The role of cell wall hydrolases in fruit softening. Horticultural Reviews, 5: 169-219.

Inoue C, Htun T M, Inoue K, et al. 2015. Inhibition of abscission layer formation by an interaction of two seed-shattering loci, *sh4* and *qSH3*, in rice. Genes and Genetic Systems, 90(1): 1-9.

Ishii T, Numaguchi K, Miura K, et al. 2013. *OsLG1* regulates a closed panicle trait in domesticated rice. Nature Genetics, 45(4): 462-467.

Ji H S, Chu S H, Jiang W Z, et al. 2006. Characterization and mapping of a shattering mutant in rice that corresponds to a black of domestication genes. Genetics, 173(2): 995-1005.

Ji H, Kim S R, Kim Y H, et al. 2010. Inactivation of the CTD phosphatase－like gene *OsCPL1* enhances the development of the abscission layer and seed shattering in rice. The Plant Journal, 61(1): 96-106.

Jia X P, Deng Y M, Sun X B, et al. 2015. Characterization of the global transcriptome using Illumina sequencing and novel microsatellite marker information in seashore paspalum. Genes and Genomics, 37 (1): 77-86.

Jiang Y F, Chen Q, Wang Y, et al. 2019. Re-acquisition of the brittle rachis trait via a transposon insertion in domestication gene *Q* during wheat de-domestication. New Phytologist, 224(2): 961-973.

Kant S, Bi Y M, Zhu T, et al. 2009. *SAUR39*, a small auxin-up RNA gene, acts as a negative regulator of auxin synthesis and transport in rice. Plant Physiology, 151: 691-701.

Katkout M, Sakuma S, Kawaura K, et al. 2015. *TaqSH1-D*, wheat ortholog of rice seed shattering gene *qSH1*, maps to the interval of a rachis fragility QTL on chromosome 3DL of common wheat (*Triticum aestivum*). Genetic Resources and Crop Evolution, 62(7): 979-984.

Konishi S, Izawa T, Lin S Y, et al. 2006. An SNP caused loss of seed shattering during rice domestication. Science, 312(5778): 1392-1396.

Larson S R, Kellogg E A. 2009. Genetic dissection of seed production traits and identification of a major-effect seed retention QTL in hybrid *Leymus* (Triticeae) wildryes. Crop Science, 49: 29-40.

Lashbrook C C, Gonzalez-Bosch C, Bennett A B. 1994. Two divergent endo-β-1, 4-glucanase genes exhibit overlapping expression in ripening fruit and abscising flowers. Plant Cell, 6: 1485-1493.

Lashbrook C C, Tieman D M, Klee H J. 1998. Differential regulation of the tomato *ETR* gene family throughout plant development. Plant Journal, 15: 243-252.

Li C, Zhou A, Sang T. 2006. Rice domestication by reducing shattering. Science, 311(5769): 1936-1939.

Li X, Weng J K, Chapple C. 2008. Improvement of biomass through lignin modification. Plant Journal, 54:

569-581.

Libertini E, Li Y, McQueen-Mason S J. 2004. Phylogenetic analysis of the plant endo-β-1, 4-glucanase gene family. Journal of Molecular Evolution, 58: 506-515.

Lin Z, Griffith M E, Li X, et al. 2007. Origin of seed shattering in rice (*Oryza sativa* L.). Planta, 226(1): 11-20.

Lin Z, Li X, Shannon L M, et al. 2012. Parallel domestication of the *Shattering1* genes in cereals. Nature Genetics, 44(6): 720-724.

Lucito R, Nakimura M, West J A, et al. 1998. Genetic analysis using genomic representations. Proceedings of the National Academy of Sciences USA, 95: 4487-4492.

Lv S W, Wu W G, Wang M H, et al. 2018. Genetic control of seed shattering during Africa rice domestication. Nature Plants, 4(6): 331-337.

Mazen K, Shun S, Kanako K, et al. 2015. *TaqSH1-D*, wheat ortholog of rice seed shattering gene *qSH1*, maps to the interval of a rachis fragility QTL on chromosome 3DL of common wheat (*Triticum aestivum*). Genetic Resources and Crop Evolution, 62: 979-984.

Nagai Y S, Sobrizal P L, Sanchez T, et al. 2002. *Sh3*, a gene for seed shattering, commonly found in African in wild rices. Rice Genet Newsl: 19.

Nunes A L, Delatorre C A, Merotto A Jr. 2014. Gene expression related to seed shattering and the cell wall in cultivated and weedy rice. Plant Biology, 16: 888-896.

Paterson A H, Bowers J E, Bruggmann R, et al. 2013. The Sorghum bicolor genome and the diversification of grasses. Nature, 457 (7229): 551-556.

Patterson S E. 2001. Cutting loose. Abscission and dehiscence in *Arabidopsis*. Plant Physiology, 126(2): 494-500.

Payton S, Fray R G, Brown S, et al. 1996. Ethylene receptor expression is regulated during fruit ripening, flower senescence and abscission. Plant Molecular Biology, 31: 1227-1231.

Pourkheirandish M, Hensel G, Kilian B, et al. 2015. Evolution of the grain dispersal system in barley. Cell, 162(3): 527-539.

Purugganan M D, Fuller D Q. 2009. The nature of selection during plant domestication. Nature, 457(7231): 843-848.

Robert J A, Elliott K A, Gonzalez-Carranza Z H. 2002. Abscission, dehiscence, and other cell separation process. Annual Review of Plant Biology, 53: 131-158.

Rogers L A, Campbel M M. 2004. The genetic control of lignin deposition during plant growth and development. New Phytologist, 164: 17-30.

Roman G, Lubarsky B, Kieber J J, et al. 1995. Genetic analysis of ethylene signal transduction in *Arabidopsis thaliana:* five novel mutant loci integrated into a stress response pathway. Genetics, 139: 1393-1409.

Santiago J, Rodrigues A, Saez A, et al. 2009. Modulation of drought resistance by the abscisic acid receptor PYL5 through inhibition of clade A PP2Cs. Plant Journal, 60: 575-588.

Sargent J A, Osborne D J, Dunford S M. 1984. Cell separation and its hormonal control during fruit abscission in the Gramineae. Journal of Experimental Botany, 35: 1663-1674.

Schaller G E, Bleecker A B. 1995. Ethylene binding sites generated in yeast expressing *Arabidopsis ETR1* gene. Science, 270: 1809-1811.

Schmutz J, Cannon S B, Schlueter J, et al. 2010. Genome sequence of the palaeopolyploid soybean. Nature, 463 (7278): 178-183.

Sexton R, Robert J A. 1982. Cell biology of abscission. Annual Review of Plant Biology, 33: 133-162.

Simons K J, Fellers J P, Trick H N, et al. 2006. Molecular characterization of the major wheat domestication gene *Q*. Genetics, 172(1): 547-555.

Staswick P E, Serban B, Rowe M, et al. 2005. Characterization of an *Arabidopsis* enzyme family that conjugates amino acids to indole-3-acetic acid. Plant Cell, 17: 616-627.

Sun P, Zhang W, Wang Y, et al. 2016. *OsGRF4* controls grain shape, panicle length and seed shattering in rice. Bulletin of Botany, 58(10): 836-847.

Sun X, Liu D, Zhang X, et al. 2013. SLAF-seq: an efficient method of large-scale *de novo* SNP discovery and genotyping using high-throughput sequencing. PLoS One, 8(3): e58700.

Tang H, Cuevas H E, Das S, et al. 2013. Seed shattering in a wild sorghum is conferred by a locus unrelated to domestication. Proceedings of the National Academy of Sciences, 110(39): 15824-15829.

Taylor J E, Whitelaw C A. 2001. Signals in abscission. New Phytologist, 151: 323-339.

Tokunaga T, Esaka M. 2007. Induction of a novel XIP-type xylanase inhibitor by external ascorbic acid treatment and differential expression of XIP-family genes in rice. Plant and Cell Physiology, 48: 700-714.

Unver T, Bakar M, Shearman R C, et al. 2010. Genome-wide profiling and analysis of *Festuca arundinacea* miRNAs and transcriptomes in response to foliar glyphosate application. Molecular Genetics and Genomics, 283 (4): 397-413.

Vasconcelos E A, Santana C G, Godoy C V, et al. 2011. A new chitinase-like xylanase inhibitor protein (*XIP*) from coffee (*Coffea arabica*) affects soybean Asian rust (*Phakopsora pachyrhizi*) spore germination. BMC Biotechnology, 11: 14.

Wang Y H, Thomas C E, Dean R A. 1997. A genetic map of melon (*Cucumis melo* L.) based on amplified fragment length polymorphism (AFLP) markers. Theoretical and Applied Genetics, 95: 791-798.

Woodward A W, Bartel B. 2005. Auxin: regulation, action, and interaction. Annals of Botany, 95: 707-735.

Wu W G, Liu X Y, Wang M H, et al. 2017. A single-nucleotide polymorphism causes smaller grain size and loss of seed shattering during African rice domestication. Nature Plants, 3(6): 17064.

Xie W G, Zhang J C, Zhao X H, et al. 2017. Transcriptome profiling of *Elymus sibiricus*, an important forage grass in Qinghai-Tibet Plateau, reveals novel insights into candidate genes that potentially connected to seed shattering. BMC Plant Biology, 17: 78.

Xin Z J, Wang Q, Yu Z N, et al. 2014. Overexpression of a xylanase inhibitor gene, *OsHI-XIP*, enhances resistance in rice to herbivores. Plant Molecular Biology Reporter, 32(2): 465-475.

Xu F, Sun X, Chen Y, et al. 2015. Rapid identification of major QTLs associated with rice grain weight and their utilization. PLoS One, 10(3): e0122206.

Xu H, Gao Y, Wang J B. 2012. Transcriptomic analysis of rice (*Oryza sativa*) developing embryos using the RNA-Seq technique. PLoS One, 7(2): e30646.

Yoon J, Cho L H, Antt H W, et al. 2017. KNOX protein *OSH15* induces grain shattering by repressing lignin biosynthesis genes. Plant Physiology, 174 (1): 312-325.

Yoon J, Cho L H, Kim S L, et al. 2014. BEL1-type homeobox gene *SH5* induces seed shattering by enhancing abscission zone development and inhibiting lignin biosynthesis. Plant Journal, 79(5): 717-728.

Yu L X, Liu X, Boge W, et al. 2016. Genome-wide association study identifies loci for salt tolerance during germination in autotetraploid alfalfa (*Medicago sativa* L.) using genotyping-by-sequencing. Frontiers in Plant Science, 7: 956.

Zhang L, Liu D M, Wang D, et al. 2013. Over expression of the wheat BEL1-like gene *TaqSH1* affects floral organ abscission in Arabidopsis thaliana. Journal of Plant Biology, 56(2): 98-105.

Zhang Z C, Belcram H, Gornicki P, et al. 2011. Duplication and partitioning in evolution and function of homoeologous Q loci governing domestication characters in polyploid wheat. Proceedings of the National Academy of Sciences, 108(46): 18737-18742.

Zhang Z Y, Xie W G, Zhang J C, et al. 2019. Construction of the first high-density genetic linkage map and identification of seed yield-related QTLs and candidate genes in *Elymus sibiricus*, an important forage grass in Qinghai-Tibet Plateau. BMC Genomics, 20: 861.

Zhang Z Y, Zhang J C, Zhao X H, et al. 2016. Assessing and broadening genetic diversity of *Elymus sibiricus* germplasm for the improvement of seed shattering. Molecules, 21: 869.

Zhao Q, Dixon R A. 2011. Transcriptional networks for lignin biosynthesis: more complex than we can though? Trends in Plant Science, 16: 227-233.

Zhao X H, Zhang Z Y, Zhang J C, et al. 2017. Hybrid identification and genetic variation of *Elymus sibiricus* hybrid populations using EST-SSR markers. Hereditas, 154: 15.

Zhao X X, Huang L K, Zhang X Q, et al. 2016. Construction of high-density genetic linkage map and identification of flowering-time QTLs in orchardgrass using SSRs and SLAF-seq. Scientific Reports, 6:

29345.

Zhao Y Q, Zhang J C, Zhang Z Y, et al. 2019b. *Elymus nutans* genes for seed shattering and candidate gene-derived EST-SSR markers for germplasm evaluation. BMC Plant Biology, 19: 102.

Zhao Y, Xie P, Guan P F, et al. 2019a. *Btr1-A* induces grain shattering and affects spike morphology and yield-related traits in wheat. Plant and Cell Physiology, 60(6): 1342-1353.

Zhou D, Kalaitzis P, Mattoo A K, et al. 1996. The mRNA for an ETR1 homologue in tomato is constitutively expressed in vegetative and reproductive tissues. Plant Molecular Biology, 30: 1331-1338.

Zhou H L, He S J, Cao Y R, et al. 2006. *OsGLU1*, a putative membrane-bound endo-1, 4-beta-D-glucanase from rice, affects plant internode elongation. Plant Molecular Biology, 60: 137-151.

Zhou Y, Lu D, Li C, et al. 2012. Genetic control of seed shattering in rice by the APETALA2 transcription factor *SHATTERING ABORTION1*. Plant Cell, 24(3): 1034-1048.

Zhu B F, Si L Z, Wang Z X, et al. 2011. Genetic control of a transition from black to straw-white seed hull in rice domestication. Plant Physiology, 155(3): 1301-1311.

Zhu Y, Ellstrand N C, Lu B R. 2012. Sequence polymorphisms in wild, weedy, and cultivated rice suggest seed-shattering locus *sh4* played a minor role in Asian rice domestication. Ecology and Evolution, 2(9): 2106-2113.

第12章 乡土草抗旱的分子基础

张吉宇　王彦荣　闫　启

12.1 引　言

干旱是影响植物正常生长发育最重要的逆境因子之一。多年来，人们从多个角度对植物与干旱胁迫之间的关系进行了研究。目前已经从多种植物中鉴别和定位了许多与抗旱相关的基因，将这些基因转入植物都一定程度地提高了抗旱性，通过基因工程来提高植物抗旱性的研究取得了相当大的成就。随着生物信息学的产生和发展，各种基因组计划的进行，利用生物信息学对抗逆性相关基因进行系统化的研究，可以更好地鉴定和认识抗逆性基因，并通过在表达水平上对植物中固有的抗性基因和外源基因进行合理调控和利用，达到提高抗性的目的。

迄今，植物基因组的研究与挖掘主要集中在有限的模式植物和具重要经济价值的栽培物种上（Rudd，2005）。然而，以野生植物特有的极端抗逆性为目标的基因挖掘工作鲜见报道（John and Spangenberg，2005）。其中，研究较为深入的有耐盐植物冰叶日中花（*Mesembryanthemum crystallinum*）（Kore-Eda et al.，2004）、耐盐海榄雌（*Avicennia marina*）（Mehta et al.，2005）、耐寒南极发草（*Deschampsia antarctica*）（John and Spangenberg，2005）等植物。野生植物携带有潜在的特异基因和变异基因，通过功能基因组的研究和基因挖掘，可揭示此类植物适应环境胁迫的特异机制，为农作物和草类植物的基因改良奠定基础。

近年来，随着植物功能基因组学、蛋白质组学研究的深入，从拟南芥以及其他植物中克隆到许多与抗旱相关的基因，这些基因编码的蛋白可分为两个大类：一类是与信号传递和转录调控相关的调控蛋白，另一类是与保护细胞膜功能相关的蛋白。对这些基因的研究和应用，已经逐渐成为植物抗旱基因工程新的目标（Shinozaki and Yamaguchi-Shinozaki，2007；Seki et al.，2002）。

本章将以超旱生乡土草无芒隐子草为例，通过高性能生物信息学平台挖掘无芒隐子草抗逆功能基因组信息，筛选与植物抗旱性密切相关的胚胎发育晚期丰富蛋白基因 *LEA*、乙醛脱氢酶基因 *ALDH*、S-腺苷甲硫氨酸脱羧酶基因 *SAMDC*、bZIP 转录因子等优异基因家族进行深入分析及功能验证，为无芒隐子草功能基因研究和克隆提供信息基础。

12.2 无芒隐子草 *LEA*（*CsLEA*）基因

12.2.1 植物 *LEA* 基因概述

胚胎发生晚期丰富蛋白基因（late embryogenesis abundant protein，*LEA*）最早发现于陆地棉（*Gossypium hirsutum*）的子叶中，因其在植物胚胎发育后期大量表达而得名（Galau et al.，1986；Dure et al.，1981）。*LEA* 基因广泛存在于被子植物、裸子植物和藻类中。根据蛋白质序列同源性及其特殊的保守结构域序列，可将 LEA 蛋白分为不同类群（Dure et al.，1989）。研究发现，不同 LEA 蛋白都具有较高的亲水性和热稳定性。*LEA* 基因家族系统进化分析最先在拟南芥（*Arabidopsis thaliana*）中被报道，其共有 51 个成员，随后在水稻（*Oryza sativa*）和杨树（*Populus trichocarpa*）中分别发现含有 34 个、40 个 *LEA* 基因（Lan et al.，2013；Hundertmark and Hincha，2008；Wang et al.，2007a），现已在许多植物中挖掘鉴定。

前人研究表明，*LEA* 基因转录本的累积水平在种子胚胎发育后期、种子脱水之前可以被显著诱导积累（Grelet，2005）。此外，*LEA* 基因在渗透胁迫、脱水以及低温胁迫条件下转录水平显著提高，这表明 *LEA* 基因参与植物避免水分胁迫的调节机制（Close and Timothy，1997）。因此，在植物中对 *LEA* 基因的功能开展了广泛的研究。例如，过表达 *AtLEA4* 基因提高了转基因植株的抗旱性（Olveracarrillo et al.，2011）；过表达小麦（*Triticum aestivum*）*LEA1* 及 *LEA2* 基因能在干旱胁迫下提高转基因水稻的叶绿素含量及根系的重量（Cheng et al.，2002）；过表达大麦（*Hordeum vulgare*）*LEA*（*HVA1*）基因在提高转基因植株抗旱性的同时也提高了耐盐性（Sivamani et al.，2000）。总之，越来越多的证据表明 *LEA* 家族基因在植物抗旱性方面具有重要功能。

12.2.2 *CsLEA* 基因家族鉴定及分析

以下载于 Phytozome 数据库（http://phytozome.Jgi.doe.gov/pz/portal.html）的拟南芥、水稻、玉米（*Zea mays*）的 *LEA* 基因序列及蛋白质序列作为参考，应用 BLAST 软件在无芒隐子草基因组序列中进行比对（Zhang et al.，2021）。经过去冗余、结构域等一系列验证后共在无芒隐子草基因组中鉴定到 44 个 *CsLEA* 基因（Muvunyi et al.，2018）。根据拟南芥 LEA 蛋白家族分类及 MEGA 建立的进化树结果可将 CsLEA 蛋白分为 8 个亚家族；SMP、LEA_1、LEA_2、LEA_4、LEA_5、LEA_6、DEHYDRIN、AtM（图 12-1）。其中 DEHYDRIN、AtM 亚家族分别包含最多和最少的 CsLEA 蛋白成员。

利用在线工具 ExPASy 对无芒隐子草 LEA 蛋白的分子量、理论等电点和总平均亲水性等进行分析发现，CsLEA 蛋白中氨基酸数目最多为 621 个（CsLEA7），最少为 67 个（CsLEA11）（表 12-1）。等电点为 4.37（CsLEA4）～9.96（CsLEA22）；几乎所有的 CsLEA 蛋白亲水性指数均小于 0，表现为亲水性。不稳定指数表明超过 1/3 的 CsLEA 不稳定指数大于 40，LEA_5 家族所有 CsLEA 成员不稳定指数均大于 47，表明该家族极其不稳定（表 12-1）。

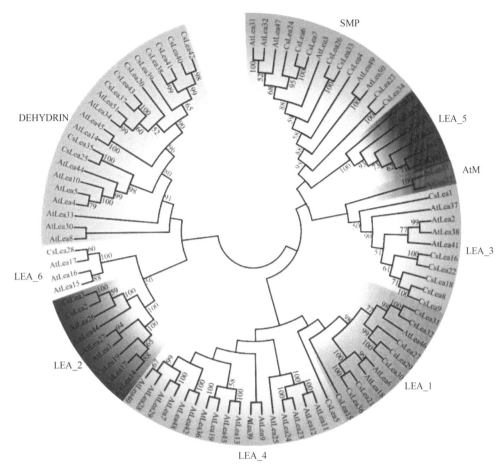

图 12-1　无芒隐子草和拟南芥 LEA 蛋白系统进化树（Muvunyi et al.，2018）

CsLEA、AtLEA 分别代表无芒隐子草和拟南芥 LEA 蛋白

表 12-1　CsLEA 蛋白理化性质分析（Muvunyi et al.，2018）

蛋白名	登录号	亚组	氨基酸数目	等电点	不稳定指数	亲水性指数	拟南芥同源蛋白
CsLEA1	MG976932	LEA_3	86	8.98	34.44	−0.236	AT2G44060.1
CsLEA2	MG976933	LEA_2	368	5.44	27.93	−0.537	AT2G44060.2
CsLEA3	MG976934	LEA_2	277	6.43	31.92	−0.496	AT2G44060.2
CsLEA4	MG976935	SMP	191	4.37	41.4	−0.26	AT2G36640.1
CsLEA5	MG976936	LEA_4	332	8.38	32.01	−0.579	AT3G22490.1
CsLEA6	MG976937	SMP	277	4.51	35.81	−0.182	AT3G22490.1
CsLEA7	MG976938	SMP	621	5.73	45.31	−0.337	AT4G02380.1
CsLEA8	MG976939	LEA_3	354	8.56	38.66	−0.291	AT4G02380.1
CsLEA9	MG976940	LEA_3	105	6.28	33.22	−0.099	AT2G40170.1
CsLEA10	MG976941	LEA_5	94	5.56	48.8	−1.453	AT3G51810.1
CsLEA11	MG976942	LEA_5	67	4.84	47.83	−1.355	AT3G51810.1
CsLEA12	MG976943	LEA_5	88	8.29	60.29	−1.182	AT3G51810.1
CsLEA13	MG976944	LEA_5	93	6.34	47.41	−1.257	AT2G46140.1

续表

蛋白名	登录号	亚组	氨基酸数目	等电点	不稳定指数	亲水性指数	拟南芥同源蛋白
CsLEA14	MG976945	LEA_2	172	6.05	29.61	0.029	AT3G22500.1
CsLEA15	MG976946	SMP	147	4.8	50.82	−0.772	AT4G15910.1
CsLEA16	MG976947	LEA_3	95	9.85	29.09	0.143	AT2G46140.1
CsLEA17	MG976948	LEA_2	184	4.91	25.21	0.002	AT1G02820.1
CsLEA18	MG976949	LEA_3	93	9.84	27.43	−0.229	AT1G01470.1
CsLEA20	MG976950	DEHYDRIN	217	7.2	43.59	−0.831	AT2G35300.1
CsLEA21	MG976951	LEA_1	112	9.46	6.69	−1.081	AT4G02380.1
CsLEA22	MG976952	LEA_3	93	9.96	28.93	−0.049	AT4G02380.1
CsLEA23	MG976953	SMP	260	9.82	49.59	−0.332	AT3G22490.1
CsLEA24	MG976955	SMP	215	5.07	41.94	−0.393	AT1G20450.2
CsLEA25	MG976956	DEHYDRIN	266	5.56	51.35	−1.271	AT3G22490.1
CsLEA26	MG976957	SMP	174	4.93	55.76	−0.441	AT3G22490.
CsLEA27	MG976958	LEA_1	149	6.97	26.17	−0.63	AT2G23110.2
CsLEA28	MG976959	LEA_6	116	4.94	50.15	−1.093	AT5G06760.1
CsLEA29	MG976960	LEA_1	182	6.59	23.19	−0.554	AT5G06760.1
CsLEA30	MG976961	LEA_1	193	6.71	24.01	−0.513	AT5G06760.1/LEA46
CsLEA31	MG976962	LEA_1	86	9.66	33.7	−1.012	AT5G06760.1/LEA46
CsLEA32	MG976963	LEA_1	83	6.13	29.38	−1.14	AT3G22490.1
CsLEA33	MG976964	SMP	284	4.5	29.44	−0.185	AT5G27980.1
CsLEA34	MG976965	SMP	214	5.12	39.65	−0.409	AT1G20450.2
CsLEA35	MG976966	DEHYDRIN	298	5.81	56.11	−1.224	AT2G35300.1/LEA18
CsLEA36	MG976967	LEA_1	112	9.58	13.79	−1.028	AT3G50980.1
CsLEA37	MG976968	DEHYDRIN	386	7.24	11.44	−0.766	AT3G50980.1/XERO1
CsLEA38	MG976969	DEHYDRIN	131	7.14	27.37	−1.255	AT1G20450.1/ERD10
CsLEA39	MG976970	DEHYDRIN	302	9.49	51.74	−0.459	AT1G20440.1
CsLEA40	MG976971	DEHYDRIN	151	9.43	25.49	−1.032	AT5G66400.2
CsLEA41	MG976972	DEHYDRIN	172	9.3	14.88	−1.237	AT5G66400.1/RAB18
CsLEA42	MG976973	DEHYDRIN	234	9.49	22.84	−0.785	无
CsLEA43	MG976974	DEHYDRIN	179	6.48	3.83	−1.006	AT2G44060.1
CsLEA44	MG976975	LEA_2	327	5	38.23	−0.254	AT2G44060.2

　　基因结构及保守结构域分析表明，同一亚家族中的 *CsLEA* 基因具有相似的外显子和内含子结构。其中，DEHYDRIN 和 LEA_5 亚家族的 *CsLEA* 基因包含两个外显子；LEA_1 和 LEA_6 亚家族包含 1 个外显子（图 12-2）。保守结构域分析显示共在 43 个 CsLEA 蛋白中鉴定出 18 个保守结构域（图 12-2）。CsLEA28 蛋白中未发现基序。除 LEA_2 和 LEA_3 以外的其他亚家族内部的保守结构域的结构和组成几乎相同。但属于不同亚家族的蛋白质之间存在显著差异，表明不同亚家族 CsLEA 蛋白的功能特异性。

　　顺式调节元件在植物的各种组织和器官中调控胁迫响应基因的表达。这些元件位于基因编码序列的上游并提供与转录因子（TF）结合的位点。除 LEA_6 亚家族外其他的

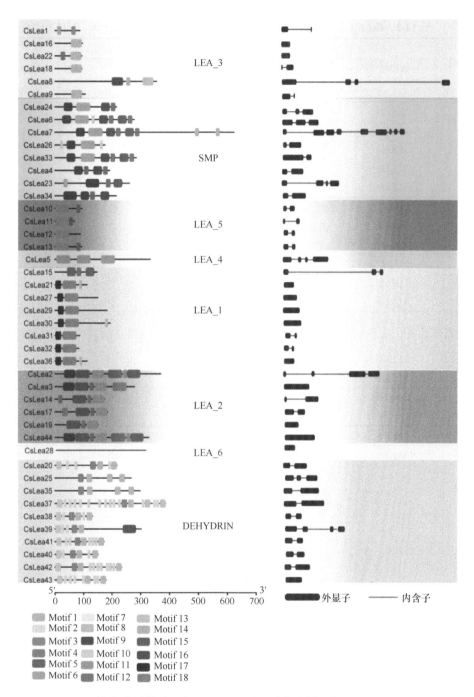

图 12-2　CsLEA 蛋白保守结构域（左）、*CsLEA* 基因结构分析（右）（Muvunyi et al.，2018）

亚家族均包含与抗旱性相关的 MBS 顺式作用元件（表 12-2）。其中，LEA_1 家族所有成员均含有两个以上的 MBS 元件，*CsLEA18* 包含最多的 MBS 元件（8 个）。这也进一步证明了 *CsLEA* 基因具有提高抗旱性的功能。

表 12-2　**CsLEA** 基因启动子区域顺式作用元件统计（Muvunyi et al.，2018）

CsLEA 亚组	基因名	元件序列和功能			
		MBS（CGGTCA）干旱响应	G-box（GTGCAT/CACGAC）光响应	ABRE（GACACGTACGT）ABA 响应	CGTCA motif 茉莉酸响应
LEA_1	*CsLEA29*	3	1	1	0
	CsLEA30	2	3	1	4
	CsLEA31	4	1	1	0
	CsLEA32	2	2	1	0
	CsLEA36	4	5	2	2
LEA_2	*CsLEA2*	2	1	0	3
	CsLEA3	0	3	2	2
	CsLEA14	2	6	1	0
	CsLEA17	3	9	3	0
	CsLEA19	5	0	0	1
	CsLEA44	0	0	0	2
LEA_3	*CsLEA1*	4	2	0	2
	CsLEA16	1	2	0	3
	CsLEA22	1	3	1	3
	CsLEA18	8	3	3	0
	CsLEA8	0	7	1	2
	CsLEA9	3	0	0	0
LEA_4	*CsLEA5*	1	5	4	1
LEA_5	*CsLEA10*	0	2	0	1
	CsLEA11	0	3	0	3
	CsLEA12	2	7	1	1
	CsLEA13	2	1	3	5
LEA_6	*CsLEA28*	0	9	5	3
SMP	*CsLEA24*	0	4	1	0
	CsLEA6	2	0	2	0
	CsLEA7	2	6	0	0
	CsLEA26	1	5	1	1
	CsLEA33	0	5	1	4
	CsLEA4	2	1	0	0
	CsLEA23	2	1	0	0
	CsLEA34	1	4	0	1
	CsLEA42	0	3	1	2
	CsLEA43	0	0	1	5
	CsLEA42	0	3	1	2
	CsLEA43	0	0	1	5
DEHYDRIN	*CsLEA20*	4	5	0	0
	CsLEA25	4	2	0	1

续表

CsLEA 亚组	基因名	元件序列和功能			
		MBS（CGGTCA） 干旱响应	G-box（GTGCAT/CACGAC） 光响应	ABRE（GACACGTACGT） ABA 响应	CGTCA motif 茉莉酸响应
DEHYDRIN	*CsLEA35*	3	8	2	1
	CsLEA37	0	6	3	4
	CsLEA38	2	10	2	3
	CsLEA39	3	1	0	1
	CsLEA41	2	0	1	2
	CsLEA40	0	2	0	1
	CsLEA42	0	3	1	2
	CsLEA43	0	0	1	5

　　39 个 *CsLEA* 基因能够定位在无芒隐子草的 15 条染色体上（图 12-3）。13 号、16 号、17 号、19 号、20 号染色体不包含 *CsLEA* 基因。来自同一亚家族的基因主要分布在不同的染色体上，这表明了在整个染色体上发挥其功能的策略。然而，LEA_5 和 DEHYDRIN 亚家族的基因大多位于第 14 号、15 号和 18 号染色体上。

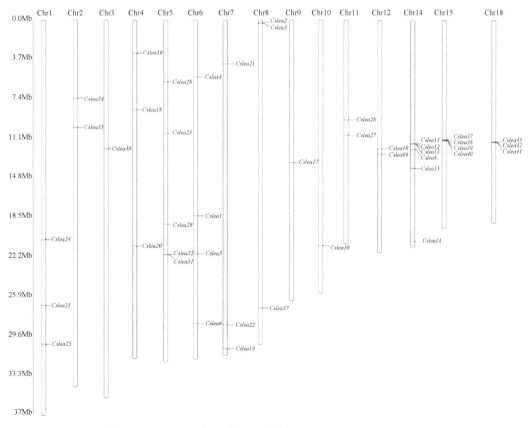

图 12-3　*CsLEA* 基因染色体定位分析（Muvunyi et al.，2018）

12.2.3 *CsLEA2* 基因及其启动子克隆、功能分析

12.2.3.1 *CsLEA2* 基因克隆及分析

CsLEA2 基因 cDNA 全长为 817bp，该序列由 95bp 的 5′ 非翻译区（untranslated region，UTR）、462bp 完整的可读框（open reading frame，ORF）和 260bp 的 3′UTR 组成，编码 153 个氨基酸。通过对该基因全长 DNA 的扩增，发现该基因还包含一个 112bp 的内含子（图 12-4）。

```
 1    GACCAAAAGTTGCAGCAATCCAGTAAGCATACTAAGACGACATTAGCGATCTCGGTGTG
60    TGAGAGAGCAACTTAGTAGTAGTCCGAGGAGGCAGCATGGAGCACCAGGGACGGTACGGC
                                           M  E  H  Q  G  R  Y  G
120   CACGACACCACCGGCCGCGTCGACGAGTACGGCAACCCGGTCGCCGGACACGGCACCGGA
       H  D  T  T  G  R  V  D  E  Y  G  N  P  V  A  G  H  G  T  G
180   ACCGGCGGCATGGGGATACACGGCACGGGTACAGGCGGCGGCATGGGTGGGCAGTTCCAG
       T  G  G  M  G  I  H  G  T  G  T  G  G  G  M  G  G  Q  F  Q
240   CCCACGAGGGACGAGCACAAGACCGGTGGCGTCCTGCACCGTTCCGGCAGCTCCAGCTCC
       P  T  R  D  E  H  K  T  G  G  V  L  H  R  S  G  S  S  S  S
300   AGCTCGTCTGAGGATGACGGCATGGGCGGGAGGAGGAAGAAGGGCATGAAGGAGAAGATC
       S  S  S  E  D  D  G  M  G  G  R  R  K  K  G  M  K  E  K  I
360   AAGGAGAAGCTCCCCGGCGGCCACAAGGACGACCAGCAGCAGATGGGTACCGGCGGCACA
       K  E  K  L  P  G  G  H  K  D  D  Q  Q  Q  M  G  T  G  G  T
420   TACGGTCAGCAAGGACACACCGGCATGACCGGCACCACCGGAACTGGCGCTGGCACCACC
       Y  G  Q  Q  G  H  T  G  M  T  G  T  T  G  T  G  A  G  T  T
480   GGCACCTACGGCCACGAGACCGGCGAGAAGAAGGGTATCATGGACAAGATCAAGGAGAAG
       G  T  Y  G  H  E  T  G  E  K  K  G  I  M  D  K  I  K  E  K
540   CTCCCCGGCCAGCCCTAAGCGCATCAGCGCGTACGTGCGAACAGTCTGTGTACCTGTCA
       L  P  G  Q  P  *
600   ACACGTTCGTAGAACATAATAAGCTGAGCCGAGTAATAAAGTGTTCTTAAGCGCGTCACA
660   CGCGTGTTGACACGTCTGTCGCCGCGCTGCGGTGGTCCGGAGAGGTTCCGCCGCTTGTGT
720   GTAGTGTGAAGAGTCTGTATGTAATGTTTGTAATTTCGTTTGTCTACTGTGGACATTACT
780   TTGTTTTTCTGATAAAAAAAAAAAAAAAAAAAAAAAAAA
```

图 12-4　无芒隐子草 *CsLEA2* 基因的编码区及推导的氨基酸序列（Zhang et al.，2015）
阴影 ATG 表示起始密码子；阴影 TAA 表示终止子

将获得的 cDNA 序列在 NCBI 上进行 BLASTX 比较，其编码的蛋白质与其他多种植物 LEA 蛋白具有较高的同源性。分析 CsLEA2 与其他植物 LEA 蛋白序列的系统进化树如图 12-5 所示，与 CsLEA2 同源性最高的是来自大麦、高粱（*Sorghum bicolor*）和玉米（*Zea mays*）的 LEA 蛋白，与其他几组的同源性较低，其中与第Ⅳ组 LEA 蛋白的亲缘关系最远（图 12-5）。通过分析拟南芥基因组序列检测 LEA 蛋白，根据它们的相似性和保守结构域的存在，可将 50 个 LEA 蛋白分为 9 组（Bies-Etheve et al.，2008）。在水稻基因组中，OsLEA 蛋白可以基于序列相似性分为 7 组：LEA_1、LEA_2、LEA_3、LEA_4、LEA_5、DEHYDRIN 和 SMP（Wang et al.，2007a）。根据 LEA 蛋白的系统发育树，选取与 CsLEA2 蛋白亲缘关系最近的大麦、高粱及玉米的 LEA 蛋白序列，用 DNAMAN 软件分析这 4 种植物的 LEA 蛋白的保守性，结果表明 LEA 蛋白的保守性较弱（图 12-6）。

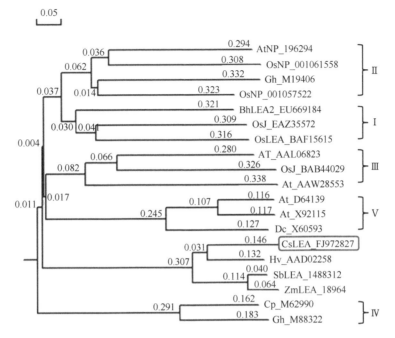

图 12-5　不同植物 CsLEA2 氨基酸序列的系统发生分析（Zhang et al.，2015）

```
CsLEA_FJ972827      MEHQGRYGHDT.TGRVDEYGNPVAGHGTGTGGMGIHGTGTGGGMGGQFQ    48
Hv_AAD02258         MEYQGCQQHGQATNRVDEYGNPVAGHGGGTGMGAHGGVGTGAAAGGHFQ    49
SbLEA1488312                                       AGMGGGFQ     9
ZmLEA18964          MEYGQQGQHGHGATGHVDQYGNPVGGVEHGTGGMRHGTGTGGMGQLGEHGGGMGGQFQ    60

CsLEA_FJ972827      PTRDEHKIGGVLHRSGSSSSSSSEDDGMGGRRKKGMKEKIKEKLPGGHKDDCQQM.....    103
Hv_AAD02258         PTRKEHKAGGILQRSGSSSSSSSSEDDGMGGRRKKGIKDKIKEKLPGGHGDCQHAAGTYGQ    109
SbLEA1488312        PPRDEHKIGGILHRSGSSSSSSSSEDDGMGGRRKKGIKEKIKEKLPGGHKDNQHAT.....     64
ZmLEA18964          PPREEHKIGGILHRSGSSSSSSSSEDDGMGGRRKKGIKEKIKEKLPGGHKDDQHAT.....    115

CsLEA_FJ972827      ......GTGGTYGCQG..HTGMTGTTGTGA...............GTTGTYGHETGEKK    139
Hv_AAD02258         QGIGMAGTGGTYGCQG..HTGMTGTGATGTMATGGTYGQPGHTGMTGTGTHGTDGTGEKK    167
SbLEA1488312        ATGGGAA....YGCQE......H.TGA.......GTY.GTEG.........TGEKK     92
ZmLEA18964          ATTGGAY....GQQHTGSAYGQQGH.TGG.......AYATGTEG.......TGEKK    153

CsLEA_FJ972827      GIMDKIKEKLPGQ    152
Hv_AAD02258         GIMDKIKEKLPGQ    180
SbLEA1488312        GIMDKIKEKLPGQ    105
ZmLEA18964          GIMDKIKEKLPGQ    166
```

图 12-6　无芒隐子草 CsLEA2 蛋白与其他 3 种植物的 LEA 氨基酸序列的多重比对（Zhang et al.，2015）

12.2.3.2　*CsLEA2* 启动子克隆及分析

对 *CsLEA2* 基因启动子进行扩增，根据 *CsLEA2* 基因第一外显子部分序列信息，设计 3 条反向引物 0a、1a 和 2a，以无芒隐子草基因组 DNA 为模板，对该基因上游片段进行高效热不对称 PCR（hiTAIL-PCR）扩增。经过 3 轮 PCR 扩增，LAD-1 和 LAD-4 有 1kb 左右大小的特异扩增带（图 12-7），并且第 3 轮产物比第 2 轮产物的小，这与预期的大小相差 311bp（1a 和 2a 之间间隔 289bp，加上 2a 引物长度为 22bp）相吻合。分别对两组产物进行回收测序，获得了总长度 972bp 的序列信息，分析发现该序列包括了 *CsLEA* 基因的 5′端及其上游启动子区域。

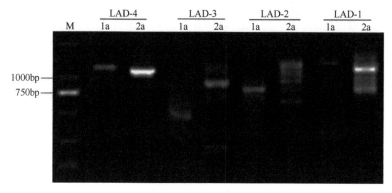

图 12-7　无芒隐子草 *CsLEA2* 基因上游片段的 hiTAIL-PCR 扩增（Zhang et al.，2015）

根据获得的 *CsLEA2* 基因 DNA 及 cDNA 序列信息，确定了该基因内含子的位置，并用 PLACE 在线分析工具分析了转录起始位点上游区域的转录元件，按转录元件功能可以将其划分为转录调控、光信号响应、逆境胁迫等（表 12-3）。

表 12-3　无芒隐子草 *CsLEA2* 基因启动子不同转录元件及功能（Zhang et al.，2015）

转录元件	基序	功能
CACTFTPPCA1	YACT	顺式作用元件
GTGANTG10	GTGA	顺式作用元件
ARR1AT	NGATT	顺式作用元件
ACGTATERD1	ACGT	顺式作用元件
GT1CONSENSUS	GRWAAW	转录调控
CAAT-box	CAAT	转录发生
POLLEN1LELAT52	AGAAA	转录调控
ROOTMOTIFTAPOX1	ATATT	转录发生
DOFCOREZM	AAAG	转录发生
GATABOX	GATA	转录发生
SITEIIATCYTC	TGGGCY	转录因子
TAAAGSTKST1	TAAAG	转录因子
CCAATBOX1	CCAAT	热激响应元件
CURECORECR	GTAC	信号响应元件
-10PEHVPSBD	TATTCT	光信号响应元件
SORLIP2AT	GGGCC	Phy 调节元件
ABRELATERD1	ACGTG	脱水响应
MYBCORE	CNGTTR	脱水响应
LTREATLTI78	ACCGACA	胁迫（低温）响应

12.2.3.3　*CsLEA2* 基因的表达分析

利用半定量和实时定量 RT-PCR 对 *CsLEA2* 基因在干旱胁迫处理条件下的响应表达模式进行分析，分析所用的总 RNA 来自干旱胁迫 8d 后与未经胁迫处理的叶片和根系材料。半定量结果表明，在正常条件下 *CsLEA2* 基因在叶和根中无表达，在干旱时 *CsLEA2* 基因在叶中也无明显的表达量而在根中该基因显著表达（图 12-8）。

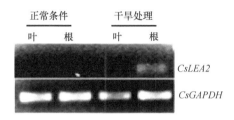

图 12-8　无芒隐子草 *CsLEA2* 在正常条件及干旱胁迫下的 RT-PCR 结果（Zhang et al.，2015）

实时荧光定量 PCR 的分析结果表明，干旱后 *CsLEA2* 基因在叶中无明显表达量，在根中的表达量明显上升，与半定量 RT-PCR 的分析结果相符，说明 *CsLEA2* 基因的表达受干旱胁迫的诱导（图 12-9）。进一步分析干旱条件下 *CsLEA2* 基因的表达模式，结果表明干旱处理第 4 天的叶和根中 *CsLEA2* 开始表达，随着处理天数的增加表达量逐渐上升，到第 10 天表达量达到最大值，第 11 天开始恢复浇水后叶中的表达量逐渐下降，恢复浇水第 4 天时表达量趋于 0，而根中的表达量在恢复浇水后 1 天迅速下降为 0，进一步说明 *CsLEA2* 基因的大量表达受干旱胁迫的诱导（图 12-10）。植物在感知胁迫时会发生一系列变化，从生理适应到基因表达调控，从而适应环境胁迫。抗旱性的一个重要机制是渗透调节（张正斌和山仑，2018），通过渗透调节可提高植物在低水势下的生存能力（李凯荣和樊金栓，1998）。胁迫相关基因的大量鉴定可以更好地解释胁迫响应机制。钱刚（2007）在 4 个不同抗旱性青稞（*Hordeum vulgare* var. *nudum*）品种中克隆并检测了 LEA 蛋白第 3 组 *HVAI* 基因及第 2 组 *Dhn6* 基因的表达量。结果显示，在整个干旱过程中，强抗旱品种的 *HVAI* 基因相对表达水平显著高于弱抗旱品种，在干旱 2h 检测到的强抗旱品种的相对表达量是弱抗旱品种的 20 倍，而强抗旱品种在干旱 12h 的相对表达量是弱抗旱品种的近 2 倍。

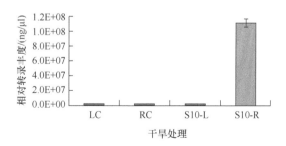

图 12-9　无芒隐子草 *CsLEA2* 在未干旱及干旱胁迫下的 RT-PCR 结果（Zhang et al.，2015）
LC 和 RC 分别代表未处理的叶片和根；S10-L 和 S10-R 分别代表干旱处理 10d 的叶和根

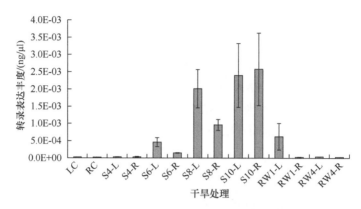

图 12-10 无芒隐子草 *CsLEA2* 基因在干旱胁迫下的表达模式（Zhang et al.，2015）

LC 和 RC 分别代表未处理的叶片和根；S4-L 和 S4-R 分别代表干旱处理 4d 的叶片和根；S6-L 和 S6-R 分别代表干旱处理 6d 的叶片和根；S8-L 和 S8-R 分别代表干旱处理 8d 的叶片和根；S10-L 和 S10-R 分别代表干旱处理 10d 的叶片和根；RW1-L 和 RW1-R 分别代表复水 1d 的叶片和根；RW4-L 和 RW4-R 分别代表复水 4d 的叶片和根

12.2.3.4 *CsLEA2* 基因转化拟南芥

（1）植物表达载体 pBI121 *35S*::*CsLEA2* 的构建

用 *Bam*H I、*Sac* I 酶切质粒 pBI121 回收 12 946bp 左右的载体大片段，酶切连有目的片段的 T 载体，回收 480bp 片段，并与载体大片段连接，用 *Bam*H I、*Sac* I 双酶切鉴定，可分别切出 12 946bp 和 480bp 的两条带，表明载体构建正确，重组质粒命名为 pBI121 *35S*::*CsLEA2*（图 12-11）。其上含有 *35S* 启动子调控的 *CsLEA2* 基因，可用于转化根癌农杆菌（Zhang et al.，2015）。

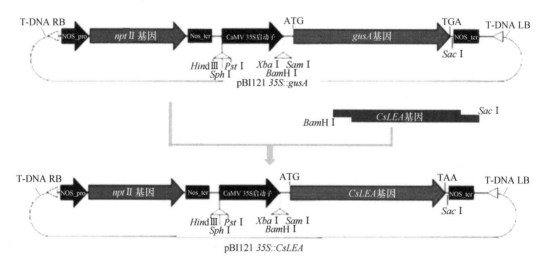

图 12-11 植物表达载体 pBI121 *35S*::*CsLEA2* 的构建图谱（Zhang et al.，2015）

（2）植物表达载体 pBI121 *rd29A*::*CsLEA2* 的构建

用 *Hind*III、*Xba* I 酶切质粒 pBI121 *35S*::*CsLEA2* 后回收 12 591bp 左右的载体大片段，酶切连有 *rd29A* 目的片段的 T 载体，回收 820bp 片段，并与载体大片段连接，用 *Hind*III、*Xba* I 双酶切鉴定，可分别切出 12 591bp 和 820bp 的两条带，用 *rd29A_Hind*III_F/*CsLEA2_*

*35S*_Sac I _R 引物进行扩增，得到 1337bp 左右的启动子和目的基因的片段，表明载体构建正确，重组质粒命名为 pBI121 *rd29A::CsLEA2*（图 12-12，图 12-13）。该载体上包含 *rd29A* 启动子及 *CsLEA2* 目的基因，可用于转化根癌农杆菌。通过对转化后的根癌农杆菌进行 PCR 验证，如图 12-14 可知，重组质粒 pBI121 *rd29A::CsLEA2* 已成功转入根癌农杆菌中。

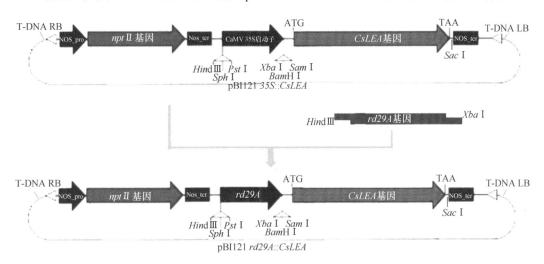

图 12-12　植物表达载体 pBI121 *rd29A::CsLEA2* 的构建图谱（Zhang et al.，2015）

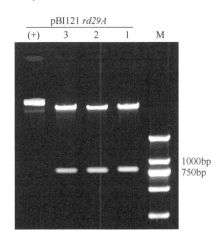

图 12-13　植物表达载体 pBI121 *rd29A::CsLEA2* 酶切鉴定电泳图（Zhang et al.，2015）

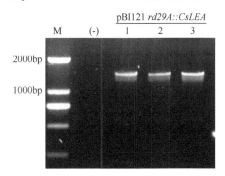

图 12-14　植物表达载体 pBI121 *rd29A::CsLEA2* 的 PCR 电泳图（Zhang et al.，2015）

（3）根癌农杆菌介导的遗传转化及阳性植株生物学检测

将上述构建的 2 种植物表达载体采用电击法转化根癌农杆菌 GV3101，以菌液为模板进行 PCR 检测。将 PCR 产物进行琼脂糖凝胶电泳，可以看出，以转化质粒 pBI121 *35S::CsLEA2* 和 pBI121 *rd29A::CsLEA2* 的菌液为模板，均能扩增出 480bp 左右的条带（图 12-15）。可以证明重组质粒已转入根癌农杆菌中，可以用于下一步的遗传转化。

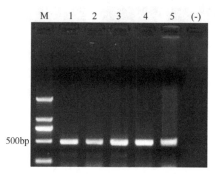

图 12-15　植物表达载体导入根癌农杆菌的 PCR 检测（Zhang et al.，2015）

M. DL2000；1. 阳性对照；(-). 阴性对照；2、3. pBI121 *35S::CsLEA2*；4、5. pBI121 *rd29A::CsLEA2*

通过花粉管通道法将植物表达载体 pBI121 *35S::CsLEA2* 和 pBI121 *rd29A::CsLEA2* 转化拟南芥，收取 T1 代种子，将 T1 代种子铺于含卡那霉素（Kan）的 MS 培养基上进行抗性筛选，移栽具有抗性的转化植株幼苗，在土壤介质中生长。共获得 3 株 pBI121 *35S::CsLEA2* 转化阳性植株，14 株 pBI121 *rd29A::CsLEA2* 转化阳性植株，分别用 *CsLEA2* 基因的特异引物及 *rd29A* 基因的特异引物在转化植株的叶片 DNA 中进行 PCR 扩增，均得到大小为 480bp 左右的特异片段（图 12-16，图 12-17），与预期基因片段条带大小一致，初步证明目的片段已转入拟南芥植株中。

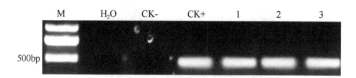

图 12-16　pBI121 *35S::CsLEA* 转化植株 PCR 验证（Zhang et al.，2015）

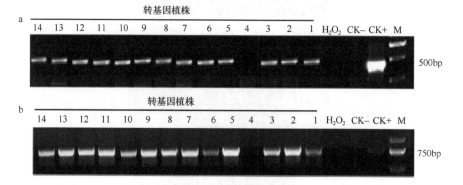

图 12-17　pBI121 *rd29A::CsLEA2* 转化植株 PCR 验证（Zhang et al.，2015）

a. 代表 pBI121 *rd29A::CsLEA2* 转化植株用 *CsLEA2* 基因特异引物 PCR 产物验证；b. 代表 pBI121 *rd29A::CsLEA2* 转化植株用 *rd29A* 基因特异引物 PCR 产物验证

（4）转基因拟南芥的抗逆性评价

图 12-18 所示，拟南芥转化植株及野生型植株在盐胁迫浓度较低时，生长状况没有明显差距，当盐浓度升高时转基因植株较野生型植株生长状况明显良好。利用 T2 代转化植株在盐浓度为 50mmol/L 时进行抗逆性鉴定，结果表明野生型植株较转基因植株生长明显受到抑制，当盐浓度达到 100mmol/L 时，野生型和转基因植株的生长均受到抑制（图 12-18）。

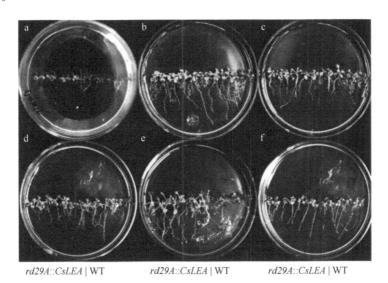

图 12-18　*CsLEA2* 转基因植株盐胁迫试验（Zhang et al.，2015）

a. 生长两周龄的转基因植株及野生型植株转移到含 NaCl 的 MS 培养基第 0 天；b. 植株在含 0mmol/L NaCl 的 MS 培养基上生长第 10 天；c. 植株在含 10mmol/L NaCl 的 MS 培养基上生长第 10 天；d. 植株在含 20mmol/L NaCl 的 MS 培养基上生长第 10 天；e. 植株在含 50mmol/L NaCl 的 MS 培养基上生长第 10 天；f. 植株在含 100mmol/L NaCl 的 MS 培养基上生长第 10 天

利用山梨醇模拟干旱胁迫时，在 300mmol/L 处理条件下，野生型植株较转基因植株生长明显受到抑制，并出现黄化现象，当浓度达到 400mmol/L 时，野生型和转基因植株的生长均受到抑制（图 12-19）。

图 12-20 为转 pBI121 *rd29A::CsLEA2* 基因 T2 代阳性植株的盆栽抗逆试验，试验结果表明，停止浇水后第 9 天植物开始出现缺水，第 14 天转基因植物严重缺水而萎蔫，野生型植株出现缺水枯死状况，第 15 天恢复浇水后，转化植株恢复生长而野生型植株死亡。

干旱处理后，转基因植物的光合速率下降，但转基因植株叶片光合速率下降的趋势明显低于野生型植株。干旱第 14 天时光合速率达到最小，恢复浇水后转基因植株叶片的光合速率上升，但野生型光合速率无变化（图 12-21）。

脯氨酸在正常的植物体内含量很少，但在干旱胁迫条件下，植物体内脯氨酸大量积累。如图 12-22 所示，干旱胁迫后，转基因植物体内的脯氨酸大量积累，干旱第 14 天时脯氨酸含量达到最高并显著高于野生型植株。当恢复浇水后，转基因植株的脯氨酸含量迅速下降，但野生型植株的脯氨酸含量下降不明显。这初步验证了 *CsLEA2* 基因提高

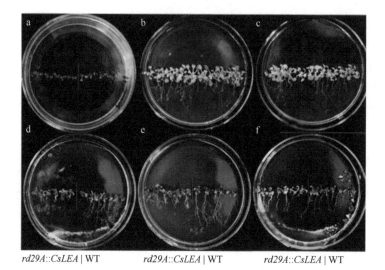

rd29A::CsLEA | WT　　　rd29A::CsLEA | WT　　　rd29A::CsLEA | WT

图 12-19　*CsLEA2* 转基因植株干旱胁迫试验（Zhang et al.，2015）

a. 生长两周龄的转化植株及野生型植株转移到含山梨醇的 MS 培养基第 0 天；b. 植株在含 0mmol/L 山梨醇的 MS 培养基上生长第 10 天；c. 植株在含 100mmol/L 山梨醇的 MS 培养基上生长第 10 天；d. 植株在含 200mmol/L 山梨醇的 MS 培养基上生长第 10 天；e. 植株在含 300mmol/L 山梨醇的 MS 培养基上生长第 10 天；f. 植株在含 400mmol/L 山梨醇的 MS 培养基上生长第 10 天

图 12-20　转基因 *CsLEA2* 拟南芥 T2 代的干旱胁迫（Zhang et al.，2015）

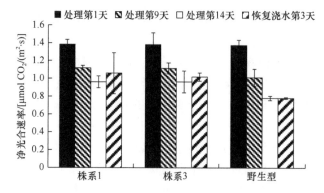

图 12-21　干旱胁迫下 *CsLEA2* 拟南芥转基因植株的净光合速率（Zhang et al.，2015）

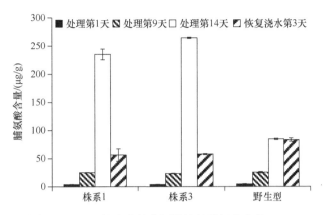

图 12-22　干旱胁迫下 *CsLEA2* 拟南芥转基因植株的脯氨酸含量（Zhang et al.，2015）

了转基因植株的抗逆性，使植物在一定的干旱等胁迫条件下能保持正常生长（Zhang et al.，2015）。

12.3　无芒隐子草 *ALDH*（*CsALDH*）基因

12.3.1　植物 *ALDH* 基因概述

醛类物质是众多代谢途径的中间产物，在干旱等胁迫的诱导下植物能快速积累大量的醛产物（Zhang et al.，2012；Kirch et al.，2004）。醛是一类具有高度反应活性的毒性物质，植物体内积累大量的醛类物质会产生毒害，不利于细胞的生长代谢活动，因此快速清除干旱等胁迫产生的醛类物质对提高植物抗旱性等具有重要意义。乙醛脱氢酶基因（*aldehyde dehydrogenase*，*ALDH*）编码一类将醛脱氢氧化为相应羧基酸的酶，对清除植物体内过量的醛类物质、维持生物机体的物质平衡有着重要意义（Kotchoni et al.，2012）。此外，醛脱氢酶还具有产生一些渗透调节物质（如甜菜碱）来缓解植物细胞的渗透压、维持细胞渗透压平衡的功能（Brocker et al.，2010；Ishitani et al.，1995）。

ALDH 为进化上保守的基因超家族。在植物中，*ALDH* 家族基因可以分为 13 个亚家族：ALDH2、ALDH3、ALDH5、ALDH6、ALDH7、ALDH10、ALDH11、ALDH12、ALDH18、ALDH21、ALDH22、ALDH23 和 ALDH24。其中，ALDH10、ALDH12、ALDH21、ALDH22、ALDH23 和 ALDH24 亚家族对植物来说是特异的（Zhang et al.，2012；Ishitani et al.，1995）。前人的研究表明，许多 *ALDH* 基因能够通过间接减少脂质的过氧化作用来应对各种非生物胁迫或解毒细胞过氧化物。目前对于 *ALDH* 基因的功能已有许多研究。例如，过表达 *ALDH22A1* 能提高转基因烟草植物的胁迫耐受性（Huang et al.，2008）；过表达 *AthALDH3* 使转基因拟南芥植株对渗透胁迫、重金属和 H_2O_2 的耐受性增强（Sunkar et al.，2003）；过表达蒺藜苜蓿（*Medicago truncatula*）*MtALDH7A1* 通过影响根的生长及侧根数量的增多来提高转基因拟南芥对盐胁迫和干旱胁迫的抗性（黄思源，2019）；过表达棉花 *ALDH12* 的转基因拟南芥相比野生型在胁迫下具有较高的叶片含水量、较低的离体叶片失水率和离子渗透率比值（胡阳光，2019）。这些结果表明包括

ALDH12 在内的 *ALDH* 基因能够提高植株对干旱等胁迫的耐受性。

12.3.2 *CsALDH12A1* 基因克隆、功能分析

12.3.2.1 *CsALDH12A1* 的分子特征

扩增获得 *CsALDH12A1* 的片段长度为 2016bp。序列分析表明，*CsALDH12A1* cDNA 含有一个 1653bp 的 ORF，85bp 的 5′UTR，244bp 的 3′UTR，并具有 poly（A）尾（图 12-23）。ORF 编码 551 个氨基酸的蛋白质。如图 12-24 所示，CsALDH12A1 蛋白序列与来自高粱（93%）、玉米（92%）、籼稻（91%）、大麦（90%）、二穗短柄草（*Brachypodium distachyon*；90%）和小麦（90%）的直系同源物高度一致（图 12-24）。ALDH 蛋白存在保守氨基酸

```
                                                                              M   S   R   L   L
1     GAGCGAGACC GAGTGCGGAG GCTGGAGACT GCAAACCCAA CTAACAGGCA AGTGCATAAT CGCAGCCGCA GCCACTTCCT CTCCGATGAG CCGCCTCCTC
        S   R   R   H   L   A   T   A   A   I   R   R   Y   A   P   L   A   F   G   S   R   W   L   H   T   P   S   F   A   T   V   S   P   Q
101   TCGCGGCGGC ACCTCGCCAC CGCCGCCATC CGGCGGATACG CTCCCCTCGC CTTCGGGTTCC AGGTGGCTTC ACACGGCCTTC ATTTGCAACG GTGTCTCCGC
        E   I   S   G   S   N   P   A   E   V   Q   N   F   V   Q   G   K   W   T   S   S   T   N   W   S   W   I   V   D   P   L   N   G
201   AGGAAATTTC AGGCTCCAAC CCCGCGGAAG TTCAGAATTT TGTGCAGGGG AAGTGGACAT CATCTACTAA CTGGAGTTGG ATAGTTGATC CATTAAATGG
        E   K   F   I   K   I   A   E   V   Q   G   T   E   I   K   P   F   V   D   S   L   A   S   C   P   K   H   G   L   H   N   P   L
301   TGAAAAATTC ATCAAAATTG CTGAGGTTCA GGGAACAGAA ATAAAGCCAT TTGTGGACAG TTTAGCTAGT TGCCCAAAGC ATGGACTTCA CAACCCACTT
        K   A   P   E   R   Y   L   M   Y   G   D   I   S   A   K   A   A   H   M   L   G   Q   P   A   V   S   D   F   L   A   K   L   I   Q
401   AAAGCTCCGG AGAGGTATCT CATGTATGGA GATATATCTG CAAAAGCTGC ACATATGCTT GGTCAACTG CGGTTTCAGA TTTCTTAGCT AAACTTATCC
        R   V   S   P   K   S   Y   Q   Q   A   L   A   E   V   Q   V   S   Q   K   F   L   E   N   F   C   G   D   Q   V   R   F   L   A
501   AGAGGGTATC CCCAAAGAGT TATCAACAAG CTCTTGCAGA AGTTCAAGTT TCTCAAAAGT TCTTAGAAAA TTTTTGTGGA GATCAGGTAC GCTTTCTGGC
        R   S   F   A   V   P   G   N   H   L   G   Q   M   S   N   G   Y   R   W   P   Y   G   P   V   A   I   I   T   P   F   N   F   P
601   TCGGTCATTT GCTGTACCTG GCAACCATCC TGGACAAATG AGTAATGGCT ACCGTTGGCC ATATGGTCCG GTTGCAATAA TCACACCATT CAATTTCCCA
        L   E   I   P   L   L   Q   V   M   G   A   L   Y   M   G   N   K   P   V   L   K   V   D   S   K   V   S   I   V   M   D   Q   M   L
701   TTAGAGATTC CGTTGCTGCA AGTAATGGGA GCACTATACA TGGGAAATAA ACCAGTTTTG AAAGTTGACA GCAAGGTTAG CATTGTGATG GATCAGATGC
        R   L   L   H   T   C   G   L   P   A   E   D   M   D   F   I   N   S   D   G   V   T   M   N   K   L   L   L   E   A   N   P   K
801   TAAGATTGCT TCATACTTGT GGATTGCCAG CAGAGGATAT GGATTTCATA AATTCTGATG GTGTCACAAT GAACAAGCTG CTGTTAGAGG CTAATCCAAA
        M   T   L   F   T   G   S   S   R   V   A   E   K   L   A   A   D   L   K   G   R   I   K   L   E   D   A   G   F   D   W   K   I
901   AATGACCCTT TTCACTGGGA GCTCACGGGT AGCAGAGAAA TTGGCTGCTG ATTTGAAAGG TCGAATCAAG TTGGAAGATG CTGGTTTTGA TTGGAAAATT
        L   G   P   D   V   Q   E   V   D   Y   I   A   W   V   C   D   Q   D   A   Y   A   C   S   G   Q   K   C   S   A   Q   S   V   L   F
1001  CTTGGTCCAG ATGTTCAAGA GGTTGATTAT ATAGCATGG TTTGCGATCA GGATGCTTAT GCTTGCAGTG GTCAGAAGTG CTCTGCCCAG TCTGTTCTGT
        I   H   K   N   W   S   S   S   G   L   L   E   K   M   K   K   L   S   E   R   R   K   L   E   D   L   T   I   G   P   V   L   T
1101  TCATCCACAA GAATTGGTCA TCTAGCCGGGC TTCTTGAGAA AATGAAGAAA CTTTCTGAAA GAAGGAAGCT CGAAGATTTG ACAATTGGCC CGGTCCTTAC
        V   T   T   E   A   M   M   E   H   M   N   N   L   L   K   I   P   G   S   K   V   L   F   G   G   E   P   L   G   N   H   S   I
1201  TGTTACTACA GAAGCTATGA TGGAGCACAT GAACAACCTC CTCAAAATAC CAGGATCCAA GGTTCTGTTT GGTGGTGAAC CTTTGGGGAA TCACTCTATT
        P   K   V   Y   G   A   M   K   P   T   A   V   F   V   P   L   E   E   I   L   K   S   G   N   F   E   L   V   M   K   E   I   F   G
1301  CCAAAAGTAT ATGGTGCTAT GAAGCCAACT GCTGTATTTG TTCCTCTAGA GGAAATCCTT AAAAGCGGGA ACTTTGAGCT TGTGATGAAG GAGATATTTG
        P   F   R   V   V   T   E   Y   S   E   D   Q   L   E   L   V   L   E   A   C   E   R   M   N   A   H   L   T   A   A   V   V   S
1401  GTCCATTCCG GGTGGTGACT GAATACTCTG AAGATCAGCT TGAATTGGTA TTGGAAGCCT GTGAAAGGAT GAATGCCCAT CTGACAGCTG CCGTAGTTTC
        N   N   P   L   F   L   Q   E   V   L   G   R   S   V   N   G   T   T   Y   A   G   I   R   A   R   T   T   G   A   P   Q   N   H
1501  AAACAACCCG CTATTCCTGC AGGAAGTACT TGGGAGATCG TCAACGGTA CAACGTATGC TGGGATTCGA GCAAGGACCA CCGGCCGCTCC GCAGAACCAC
        W   F   G   P   A   G   D   P   R   G   A   G   I   G   T   P   E   A   I   K   L   V   W   S   C   H   R   E   I   I   Y   D   I   G
1601  TGGTTTTGGGC CAGCCGGTGA CCCGAGAGGT GCAGGCATCG GAACTCCAGA GCCATCAAAG CTTGTCTGGT CTTGCCACAG AGAGATCATA TATGACATCG
        P   V   P   K   N   W   A   L   P   S   A   T
1701  GTCCCGTGCC CAAGAACTGG GCGCTTCCTT CCGCGACTTA ATTTGTGGTG GCGCCAAGAA TAAAAGGGGA AGAGAGGGCT GACAGGGCCG GAGTAGTCAG
1801  GAACTGAGAG CGTGCAGGAA TAATTTGCCC GTGTATGCAT TTTTGTACC CTCCAGAAAC ATTGATAAAC GCCAGATATG GTTATTGTAG CCTGTAAAAT
1901  GTAGTGTTGT TTTTGCACAC TCGATATTGG AAATTCGAGG TTGGTTCAAT AAAGGTAGAA GCTCATGTTT GAGTGGTTTG CCGTTAAAAA AAAAAAAAAA
2001  AAAAAAAAAA AAAAAA
```

图 12-23　CsALDH12A1 的完整核苷酸和推导的氨基酸序列（Zhang et al.，2014）

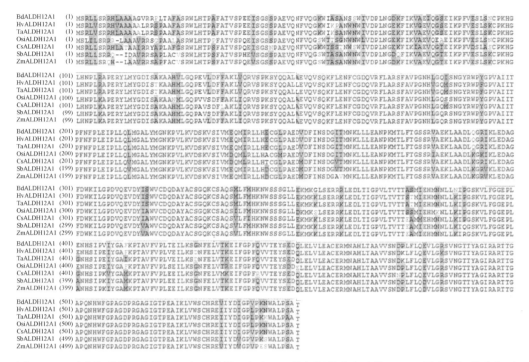

图 12-24　无芒隐子草、高粱、玉米、籼稻、大麦、二穗短柄草和小麦的 ALDH 蛋白的氨基酸序列比对（Zhang et al.，2014）

特征，包括可能的 NAD+结合结构域 FTGSSV，催化结构域 VKLEDAG 和 Cys 活性桥接结构域（Kirch et al.，2005）。

12.3.2.2　CsALDH12A1 的表达特征

为了检测 CsALDH12A1 基因在不同组织中的表达模式，进行了半定量 PCR 和相对定量 qRT-PCR（Zhang et al.，2014）。半定量 PCR 显示 CsALDH12A1 转录物在干旱胁迫第 10 天的叶和根中积累（图 12-25a）。相对定量 qRT-PCR 显示干旱胁迫第 10 天的植物根中 CsALDH12A1 的表达为未受胁迫植株的 6 倍，相反在干旱胁迫的叶中表达量非常低（图 12-25b）。

12.3.2.3　CsALDH12A1 基因转化拟南芥

（1）植物表达载体 pPZP200-hph-rd29A-CsALDH12A1-35St 的构建及根癌农杆菌介导的遗传转化

利用 Gateway 技术将 CsALDH12A1 重组到以 rd29A 为启动子的载体上，经过特异引物检测后证明载体构建正确，重组质粒命名为 pPZP200-hph-rd29A-CsALDH12A1-35St。证明载体上含有 rd29A 启动子调控的 CsALDH12A1 基因，可用于转化根癌农杆菌。

将上述构建的植物表达载体采用电击法转化根癌农杆菌 GV3101，以转化质粒 pPZP200-hph-rd29A-CsALDH12A1-35St 的菌液为模板进行 PCR 检测，将 PCR 产物进行琼脂糖凝胶电泳，结果表明能扩增出大小相符的条带。证明重组质粒已转入根癌农杆菌中，可以用于下一步的遗传转化。

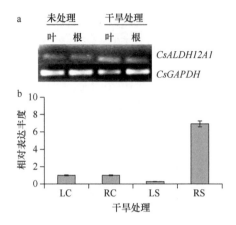

图 12-25　无芒隐子草 *CsALDH12A1* 基因在干旱胁迫下的表达模式（Zhang et al.，2014）

a. 半定量 PCR 下 *CsALDH12A1* 基因在正常浇水和干旱胁迫下的表达；b. 相对定量 qRT-PCR 下 *CsALDH12A1* 基因在正常浇水和干旱胁迫下的表达。LC 和 RC 分别代表正常浇水的叶和根；LS 和 RS 分别代表干旱胁迫 10d 后的叶和根

通过花粉管通道法将 pPZP200-*hph-rd29A-CsALDH12A1-35St* 农杆菌转化拟南芥，收取 T1 代种子，将 T1 代种子铺于含潮霉素（hygromycin）的 MS 培养基上进行抗性筛选，移栽具有抗性的转化植株幼苗，在土壤介质中生长。提取这些转化植株的叶片 DNA，分别用 *CsALDH12A1* 基因的特异引物及 *rd29A* 基因的特异引物进行 PCR 扩增，均得到特异片段，与预期基因片段条带大小一致，初步证明目的片段已转入拟南芥植株中。T2 代经过抗性筛选后产生 3∶1 后代分离比，并进一步获得 T3 代植株。提取 T3 代植株的叶片 DNA，分别用 *CsALDH12A1* 基因的特异引物及 *rd29A* 基因的特异引物进行 PCR 扩增，均得到特异片段，与预期基因片段条带大小一致，并用于后期的抗逆性评价试验。

（2）转基因拟南芥的抗逆性评价

在模拟干旱胁迫时，经过 14d 控水处理后野生型和转基因植物叶片开始枯萎，枯萎率分别为 100% 和 96%。重新浇水后，大部分转基因植物迅速恢复，而只有少数野生型植物再生长（图 12-26）。为了检测脂质在胁迫下的过氧化积累，我们检测了野生型和 2 个转基因拟南芥株系中的 MDA（丙二醛）含量。结果表明，在未处理时野生型和两个

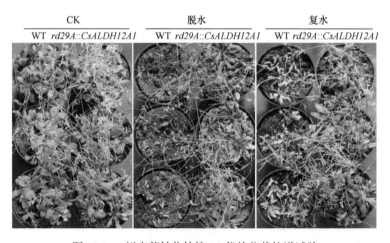

图 12-26　拟南芥转化植株 T3 代的盆栽抗逆试验

转基因株系之间的 MDA 含量无显著差异（图 12-27）。然而在经过 14d 干旱处理后野生型和 2 个转基因拟南芥株系的 MDA 含量急剧增加，分别增加了 95%、32% 和 33%。但 2 个转基因株系的 MDA 含量显著低于非转基因植物（$P<0.01$）。复水后，两个转基因株系的 MDA 含量与未处理植株相比没有显著差异。这些结果表明过表达 *CsALDH12A1* 有助于维持拟南芥转基因株系的膜渗透性，因此增强了转基因植物对干旱的抗性。

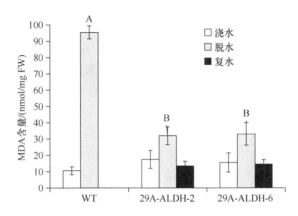

图 12-27　转基因植株及野生型植株干旱胁迫后 MDA 含量（Zhang et al.，2014）

不同大写字母表示各处理间差异显著（$P<0.05$）

12.4　无芒隐子草 *SAMDC*（*CsSAMDC*）基因

12.4.1　多胺生物合成途径

多胺是一类生物体内广泛存在的次生代谢产物。植物体内的多胺可以分为腐胺、亚精胺、精胺和尸胺等类别。多胺参与植物的生长、花芽发育、胚胎发育等过程，同时还参与对各种环境胁迫的响应，如低温胁迫、干旱胁迫等（Hu et al.，2006；Zhao et al.，1999）。多胺的合成开始于腐胺的合成，精氨酸在精氨酸酶（arginase）的催化下先脱去一分子脲生成鸟氨酸，再由鸟氨酸脱羧酶（ODC）催化脱羧，生成腐胺。此外，精氨酸也可在精氨酸脱羧酶（ADC）的催化下脱羧，形成鲱精胺，在经过鲱精胺亚胺基水解酶（AIH）和 *N*-氨甲酰基腐胺酰胺水解酶（CPA）的作用下形成腐胺。*S*-腺苷硫氨酸合成酶（*S*-adenosylmethionine synthetase，SAMS）、*S*-腺苷甲硫氨酸脱羧酶（*S*-adenosylmethionine decarboxylase，SAMDC）是多胺合成过程中的主要限速酶。在此过程中，*S*-腺苷甲硫氨酸合成酶催化甲硫氨酸与 ATP 生物合成 *S*-腺苷甲硫氨酸（SAM），SAM 经过 *S*-腺苷甲硫氨酸脱羧酶催化，生成脱羧 SAM，再由腐胺与脱羧的 SAM 提供氨丙基合成亚精胺和精胺，在此反应中特定的氨丙基转移酶起着重要的催化作用，也就是亚精胺合酶（SPDS）及精胺合酶（SPMS）。因此，在多胺合成途径中 *SAMS* 和 *SAMDC* 基因都起着重要作用。此外，多胺合成途径与乙烯合成通路也密切关联（Carbonell and Blázquez，2009；Pang et al.，2007）。多胺和乙烯的合成具有共同的前体物质 SAM，SAM 经过 1-氨基环丙烷-1-羧酸（ACC）合成酶及下游一系列酶的催化最终合成乙烯。

12.4.2 *S*-腺苷甲硫氨酸脱羧酶基因（*SAMDC*）

SAMDC 属于一个小的脱羧酶基因家族，已在许多植物中得到克隆分析。模式植物拟南芥中共鉴定出 5 个 *SAMDC* 基因、水稻中包含 4 个 *SAMDC* 基因、番茄中具有 3 个 *SAMDC* 基因（Majumdar et al.，2017；Chen et al.，2014；Sinha and Rajam，2013）。由此可以推测，*SAMDC* 是一个多拷贝的基因家族，这也表明 *SAMDC* 可能存在不同的表达模式。对已在植物中克隆的 *SAMDC* 基因进行序列分析后可发现，*SAMDC* 的可读框内不包含内含子，反而在 N 端的非编码区前导序列中有内含子（张佳丽等，2008）。此外，现已知植物的 *SAMDC* 基因的核苷酸序列、氨基酸同源性均较高。

表达分析表明植物中 *SAMDC* 的表达受激素、环境等的诱导。例如，拟南芥 *SAMDC1* 和 *SAMDC2* 基因能特异地被 ABA（脱落酸）所诱导（Wi et al.，2014）。在非生物胁迫下，拟南芥 *SAMDC* 基因能够在低温及干旱处理下上调表达（Wi et al.，2014）；棉花的 *SAMDC* 也同样响应低温胁迫的诱导（耿卫冬等，2012）。通过 RNA 干扰技术沉默水稻 *OsSAMDC2* 基因造成其他 *SAMDC* 基因的表达受到抑制，同时精胺和亚精胺的含量均较野生型植物有所下降，抗逆评价试验表明 RNA 干扰植株的干旱耐受性明显下降（Chen et al.，2014）。过表达辣椒（*Capsicum annuum*）*SAMDC* 基因的拟南芥转基因植株较野生型也同样具有较强的干旱胁迫耐受性，亚精胺、精胺的含量均高于野生型（Wi et al.，2014）。这些结果都证明了 *SAMDC* 提高植物抗逆性的功能以及多胺含量与非生物胁迫耐受性呈正相关的关系。

12.4.3 无芒隐子草多胺、乙烯合成基因家族鉴定

为了鉴定无芒隐子草多胺合成途径的基因家族，将来自拟南芥和水稻的多胺合成途径基因的氨基酸序列与无芒隐子草基因组数据（Zhang et al.，2021）进行 BLAST 比对。在无芒隐子草中共鉴定到多胺合成基因家族包括：*SAMDC* 基因家族成员 6 个、*ADC* 基因家族成员 3 个、*CPA* 基因家族成员 2 个、*SPMS* 基因家族成员 6 个、*AIH* 家族基因 1 个。*SAM* 合成基因家族：*SAMS* 家族成员 5 个；乙烯合成 *ACC* 基因家族成员 5 个（图 12-28）。利用 MEGA 构建这些家族基因进化树，结果表明进化枝主要由基因家族形成，而非代谢途径。

12.4.4 无芒隐子草多胺、乙烯合成家族基因启动子分析

胁迫响应基因的启动子区域通常富含顺式调节元件，可为转录因子提供结合位点。为此鉴定了无芒隐子草多胺、乙烯途径基因以及 *SAMS* 家族基因启动子中与胁迫相关的顺式调控元件的类型和数目，以了解这些顺式元件对相关基因特定生物功能的作用。在这两种途径中均发现了大量的 CAAT 和 TATA 顺式作用元件（表 12-4）。此外，在多胺和乙烯途径基因启动子区域，MYB 和 ABRE 顺式调控元件更偏好于多胺途径基因。多胺合成基因平均含有 1.3 个 ABRE 和 2 个 MYB 顺式作用元件，而对于乙烯途径基因则平均包含 1 个 ABRE 和 1.4 个 MYB 顺式作用元件。*SAM* 家族基因的启动子具有最多的 ABRE 顺式作用元件，平均每个基因包含 3.1 个 ABRE 顺式作用元件。

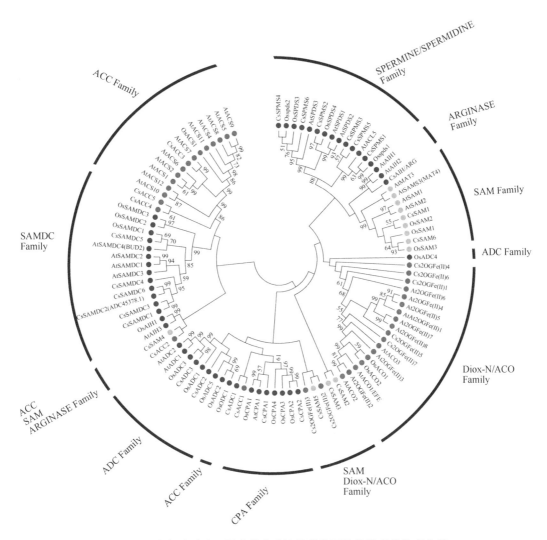

图 12-28　参与多胺和乙烯生物合成途径的基因的比较系统发育分析

红色、蓝色和绿色的点分别代表参与乙烯、多胺和 SAM 合成途径的基因。At、Os、Cs 分别代表拟南芥、水稻、无芒隐子
草。ACC. 1-aminocyclopropane-1-carboxylic acid，1-氨基环丙烷-1-羧酸；SAMDC. S-adenosylmethionine decarboxylase，
S-腺苷甲硫氨酸脱羧酶；SAM. S-adenosylmethionine synthetase，S-腺苷甲硫氨酸合成酶；ADC. arginine decarboxylase，精
氨酸脱羧酶；CPA. N-carbamoylputrescine amidase，N-氨甲酰基腐胺酰胺水解酶；ACO. 1-aminocyclopropane-1-carboxylate
oxidase，1-氨基环丙烷-1-羧酸（ACC）氧化酶；ARGINASE. 精氨酸酶；SPERMINE/SPERMIDINE. 精胺/亚精胺

表 12-4　多胺、乙烯合成途径家族基因启动子顺式作用元件分析（未发表）

元件名称	功能序列	功能	每条代谢通路的频率		
			乙烯（n=12）	多胺（n=17）	乙烯/多胺（SAM 家族）（n=6）
ABRE	CCTACGTGGC	脱落酸响应	11	22	19
CGTCA-motif	CGTCA	茉莉酸甲酯响应	24	26	9
TGACG-motif	TGACG	茉莉酸甲酯响应	22	25	8
AuxRR-core	GGTCCAT	生长素响应和氧化损伤	1	1	1
MYB/MBS	CGGTCA	干旱响应 MYB 结合位点	17	33	8

续表

元件名称	功能序列	功能	每条代谢通路的频率		
			乙烯 (*n*=12)	多胺 (*n*=17)	乙烯/多胺 (*SAM* 家族)(*n*=6)
W-box	TTGACC	诱导/反应/伤口响应	10	12	7
G-box	CACGAC	光响应	36	48	28
CAAT-box	CAATT	启动子和增强子	281	414	130
TATA	TTTTA/TATATGT/TATA	核心启动子和增强子	271	388	131

12.4.5 无芒隐子草多胺、乙烯合成家族基因在非生物胁迫下转录表达分析

利用无芒隐子草不同非生物胁迫的转录组表达数据对这些基因家族进行表达分析。结果表明，许多 *SAM* 家族基因在正常灌溉、轻度干旱胁迫和重度干旱胁迫处理下表达较一致（图 12-29a）。重度干旱处理后，*CsSAM1* 和 *CsSAM5* 在地下与地上组织中均被诱导表达。相反，干旱复水后它们的表达降低。在所有处理中，*CsSAM6* 基因的表达水平始终很高，干旱复水后在地下组织中表达量显著降低。相反，在重度干旱胁迫下，*CsADC3*、*CsSAMDC2*、*CsSAMDC3* 的表达水平被显著诱导，再复水后急剧降低。重度

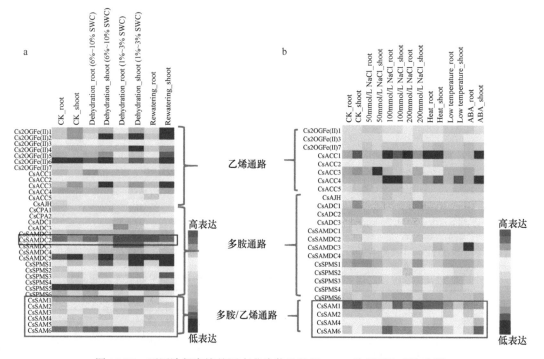

图 12-29　不同途径家族基因在非生物胁迫及 ABA 处理下的表达分析

a. 从左至右依次代表：未处理地下组织、未处理地上组织、轻度干旱处理地下组织、轻度处理地上组织、重度干旱处理地下组织、重度干旱处理地上组织、恢复浇水地下组织、恢复浇水地上组织。b. 从左至右依次代表：未处理地下组织、未处理地上组织、50mmol/L NaCl 处理地下组织、50mmol/L NaCl 处理地上组织、100mmol/L NaCl 处理地下组织、100mmol/L NaCl 处理地上组织、200mmol/L NaCl 处理地下组织、200mmol/L NaCl 处理地上组织、高温处理地下组织、高温处理地上组织、低温处理地下组织、低温处理地上组织、脱落酸处理地下组织、脱落酸处理地上组织

干旱胁迫下 *CsSAMDC2* 基因的表达水平在地上组织中最高，复水后其表达下降。另一个乙烯途径基因 *CsACC4* 的表达水平两个组织均随着干旱胁迫程度的增加而稳定上升，并且在复水后均降低。

进一步对这些基因在盐胁迫、热胁迫、低温胁迫和 ABA 处理下的表达水平进行分析（图 12-29b）。对于乙烯途径，*CsACC1* 的表达水平是在 50mmol/L NaCl 和低温处理下在地下与地上组织中被诱导表达，其表达在 ABA 处理后的地下组织中升高。在相同的代谢途径中，*CsACC3* 基因在 100mmol/L NaCl 处理后的两个组织中表达量均上升，并且在 200mmol/L NaCl 胁迫条件下其在地下组织中的表达也很高。对于多胺途径基因，100mmol/L NaCl 胁迫下的地下组织和 ABA 处理的地上组织中 *CsADC2* 基因的相对表达水平被轻微诱导。对于 *SAMDC* 家族基因，*CsSAMDC4* 基因表达在所有处理的地上组织中均被诱导。*CsSPMS* 基因在所有处理下表达较一致，ABA 适当提高了 *CsSPMS1*、*CsSPMS3* 和 *CsSPMS4* 的表达水平。另外，在两个途径中，*SAM* 家族基因的表达水平通常都高于其他家族，并且从所有分析的基因来看，ABA 处理后，*CsSAM6* 基因在地上组织中具有最高的表达水平。

12.4.6　*CsSAMDC2*、*CsACC3*、*CsSAM6* 基因在非生物胁迫下的表达模式

为了进一步探究多胺、乙烯等合成途径相关基因的表达模式，筛选 *CsSAMDC2*、*CsACC3*、*CsSAM6* 基因来分别代表多胺、乙烯、SAM 合成通路基因。RT-PCR 验证结果表明，*CsACC3* 在重度干旱胁迫下的地上组织中被诱导了 16.9 倍，而在地下组织中的表达从 50mmol/L NaCl 处理后的 2.7 倍增加到 100mmol/L NaCl 处理后的 5.4 倍（图 12-30a）。*CsSAM6* 基因的表达受干旱处理和盐处理诱导（图 12-30c），其表达水平在 ABA 处理后的地上组织中最高（上升了 18.3 倍）。*CsSAMDC2* 的表达能被所有的非生物胁迫和 ABA 处理所诱导（图 12-30b）。*CsSAMDC2* 基因在重度干旱胁迫后的地上组织中表达水平最高，相对于对照增加了 754 倍。另外，在 ABA 处理后，其在地下组织和地上组织中的表达分别为未处理组织的 11.7 倍和 16.4 倍。这表明 *CsSAMDC2* 对干旱胁迫具有强烈的响应，可能对无芒隐子草干旱耐受性具有重要意义。

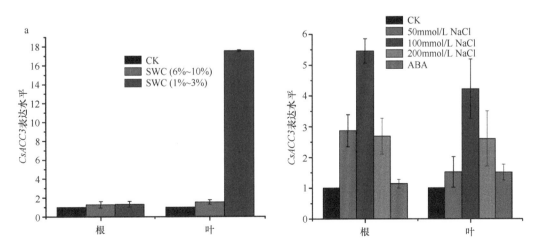

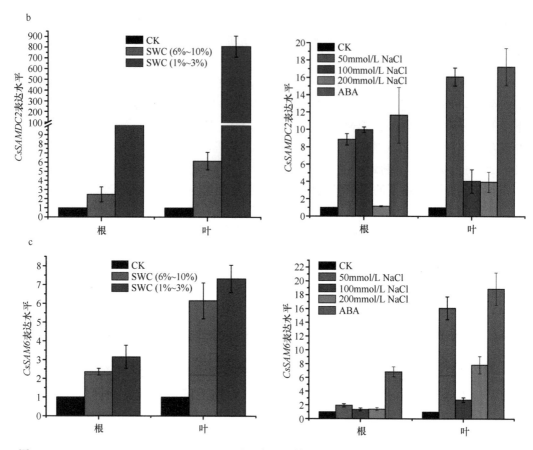

图 12-30　*CsSAMDC2*、*CsACC3*、*CsSAM6* 基因在干旱等胁迫及 ABA 处理下表达量的 RT-PCR 验证

a. *CsACC3* 在各胁迫及 ABA 处理下的表达模式；b. *CsSAMDC2* 在各胁迫及 ABA 处理下的表达模式；c. *CsSAM6* 在各胁迫及 ABA 处理下的表达模式。CK. 对照；SWC. 土壤水分含量

12.4.7　*CsSAMDC2* 基因克隆、功能分析

12.4.7.1　*CsSAMDC2* 基因克隆及表达载体构建

利用干旱处理后叶片为样品构建的 cDNA 文库作为模板，采用特异引物克隆获得 *CsSAMDC2* 的全长编码序列为 1227bp。在连接组成型启动子 *35S* 和应激诱导型启动子 *rd29A* 后，将得到的 PCR 产物连接到 pBI121 载体中。用 *CsSAMDC2* 特异引物检测质粒，出现约 1200bp 大小的条带，表明 *CsSAMDC2* 已连接到质粒中。将 pBI121 *rd29A::CsSAMDC2*、pBI121 *35S::CsSAMDC2* 质粒分别转移到根癌农杆菌高产菌株 GV3101 中，利用浸花法将重组体质粒侵染拟南芥。待转化成功后提取转基因植株 DNA，用 *CsSAMDC2* 特异引物检测后出现约 1200bp 大小的条带，此外用 *35S*、*rd29A* 启动子的特异引物检测质粒也能够出现目的大小的条带，确定阳性转化植株（图 12-31）。最终 pBI121 *rd29A::CsSAMDC2*、pBI121 *35S::CsSAMDC2* 分别获得 2 个 T3 代阳性植株系用于后续试验。

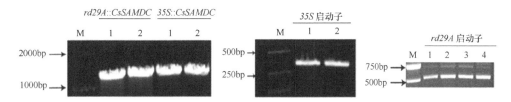

图 12-31　转 *CsSAMDC2* 基因拟南芥阳性植株 PCR 鉴定

12.4.7.2　过表达 *CsSAMDC2* 提高转基因拟南芥在盐胁迫下的萌发率

为了验证 *CsSAMDC2* 转基因植株的耐盐性，在 100mmol/L NaCl 浓度下分析了转基因植株和野生型植株的种子发芽率。在 0mmol/L NaCl 下，萌发 3d 后的发芽率达到 98%～100%（图 12-32a，图 12-32c）。该结果表明正常条件下转基因植株和野生型之间的种子萌发率没有显著差异。在 100mmol/L NaCl 处理 9d 后的 4 个转基因株系的萌发率分别为 96%（TL01；pBI121 *rd29A*::*CsSAMDC2*）、99%（TL18；pBI121 *rd29A*::*CsSAMDC2*）、97%（TL05；pBI121 *35S*::*CsSAMDC2*）和 98%（TL11；pBI121 *35S*::*CsSAMDC2*），然而在相同胁迫条件下野生型的萌发率仅为 84%（图 12-32b，图 12-32d）。

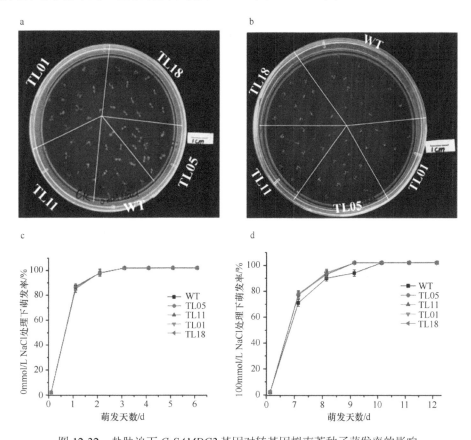

图 12-32　盐胁迫下 *CsSAMDC2* 基因对转基因拟南芥种子萌发率的影响

a. 在 0mmol/L NaCl 培养基上播种 3d 后的种子萌发状况；b. 在 100mmol/L NaCl 培养基上播种 9d 后的种子萌发状况；c. 0mmol/L NaCl 培养基上的萌发率；d. 100mmol/L NaCl 培养基上的萌发率。数据为平均值±标准误，WT. 野生型株系；TL. 转基因株系

12.4.7.3 过表达 *CsSAMDC2* 提高了转基因拟南芥植株的干旱、盐胁迫耐受性

将转基因植株及野生型拟南芥干旱胁迫 14d 后，4 个转基因株系中 *CsSAMDC2* 基因的表达水平均显著高于未干旱胁迫对照（*P*<0.05）。此外，发现 pBI121 *rd29A::CsSAMDC2* 表达载体的株系中 *CsSAMDC2* 基因表达水平显著高于 pBI121 *35S::CsSAMDC2* 表达载体的株系（*P*<0.05）（图 12-33a）。从处理前后植株表型可以看出，野生型植物在缺水 14d 后显示出死亡的迹象，这证明了过表达 *CsSAMDC2* 基因增强了转基因拟南芥的抗旱性（图 12-33b）。同野生型植物相比，过表达 *CsSAMDC2* 基因显著增加了干旱胁迫下转基因拟南芥的叶绿素含量和 F_v/F_m 值（*P*<0.05）（图 12-34）。这表明 *CsSAMDC2* 保护了转基因植株的光合作用，进一步提高了转基因植株抗旱性。

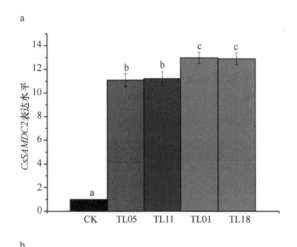

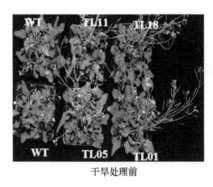
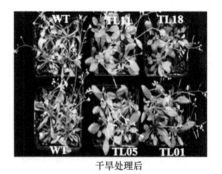

干旱处理前 干旱处理后

图 12-33 转基因植株 *CsSAMDC2* 的表达量及干旱胁迫表型分析

a. 正常条件及干旱胁迫 14d 后转基因株系 *CsSAMDC2* 的表达量；b. 干旱处理 14d 后 *CsSAMDC2* 转基因植株表型；WT. 野生型株系；TL. 转基因株系

将过表达 *CsSAMDC2* 基因的转基因株系及野生型拟南芥种子放在 150mmol/L NaCl 胁迫培养基上生长，达到最大发芽率的 28d 后将所有幼苗继续在相同处理条件下保持 18d（图 12-35）。结果表明转基因幼苗中处理后保持绿色子叶的数量高于其野生型植物（图 12-35b）。此外，转基因拟南芥的叶片显示出更紧凑的结构，这是耐逆性植物中典型的避盐机制（图 12-35a）。

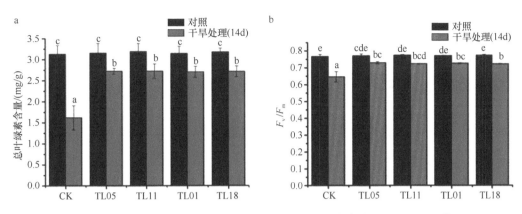

图 12-34　转基因及野生型拟南芥干旱处理 14d 后总叶绿素含量（a）及 F_v/F_m 值（b）

WT. 野生型株系；TL. 转基因株系

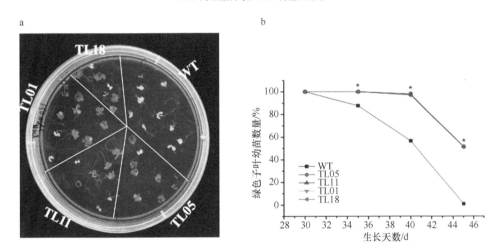

图 12-35　150mmol/L NaCl 胁迫下过表达 *CsSAMDC2* 基因对拟南芥幼苗生长及形态的影响

a. 在 150mmol/L NaCl 培养基上播种 46d 后的幼苗表型；b. 保持绿色子叶植株的数目统计；WT. 野生型株系；TL. 转基因株系

为了研究过表达 *CsSAMDC2* 转基因植株根系对于胁迫的响应，将培养皿上生长 7d 的转基因、野生型植株幼苗转移到分别含有 150mmol/L NaCl、150mmol/L NaCl+100μmol/L ABA 的培养皿中生长 72h。结果显示，150mmol/L NaCl 处理 72h 后转基因植株与野生型在根系长度上并未产生差异，但 150mmol/L NaCl+100μmol/L ABA 处理下，pBI121 *rd29A::CsSAMDC2* 株系侧根发育较对照明显（图 12-36）。此外，pBI121 *rd29A::CsSAMDC2* 株系的根长显著长于野生型，分别为 4.3cm（TL01）和 4.2cm（TL18）（图 12-37）。

12.4.7.4　转基因拟南芥在胁迫处理下多胺和乙烯通路相关基因的表达模式

为了研究过表达 *CsSAMDC2* 基因对多胺及乙烯合成相关基因的影响，筛选 6 个拟南芥相关基因对其在胁迫处理下的表达模式进行了分析，包括多胺相关基因 *AtSAMDC2* 和 *AtADC2*、乙烯途径基因 *AtACO2* 和 *AtACO6*、乙烯应答基因 *AtERF1* 和 ABA 应答基因 *AtRD29A*。在盐胁迫、干旱处理、盐胁迫+ABA 处理后，所有的多胺和乙烯途径基因均显

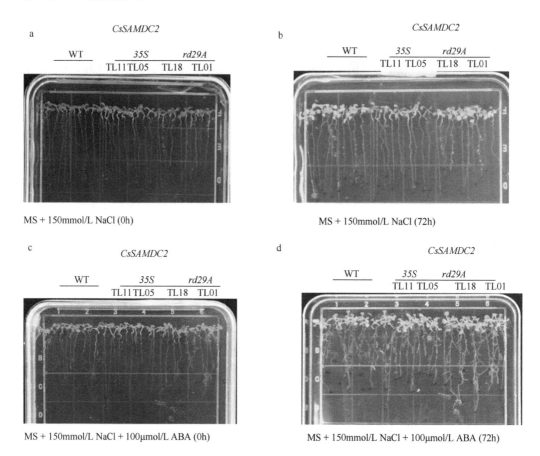

图 12-36　盐胁迫和 ABA 处理对转 *CsSAMDC2* 基因植株根系形态的影响

a. 150mmol/L NaCl 处理 0h 后的幼苗表型；b. 150mmol/L NaCl 处理 72h 后的幼苗表型；c. 150mmol/L NaCl+100μmol/L ABA 处理 0h 后的幼苗表型；d. 150mmol/L NaCl+100μmol/L ABA 处理 72h 后的幼苗表型；WT. 野生型株系；TL. 转基因株系

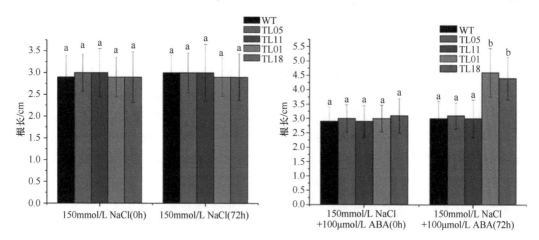

图 12-37　盐胁迫及 ABA 处理对转基因拟南芥根长的影响

WT. 野生型株系；TL. 转基因株系

示表达水平上调（图 12-38）。盐胁迫+ABA 处理下多胺途径基因 *AtSAMDC2* 和 *AtADC2* 的表达分析表明，其表达水平在 TL01 和 TL18 转基因株系中分别提高了 24 倍（*AtSAMDC2*）、

21 倍（*AtADC2*）和 29 倍（*AtSAMDC2*）、28.7 倍（*AtADC2*）（图 12-38c）。但是，相对于正常处理条件，野生型植物中两种基因在此处理下的表达仅分别增加了 4.9 倍（*AtADC2*）和 4.7 倍（*AtSAMDC2*）。盐胁迫也高度诱导了 *AtRD29A* 的活性，在盐胁迫+ABA 处理下的 TL01 和 TL018 转基因株系中表达水平也分别提高了 89 倍和 87 倍（图 12-38b）。

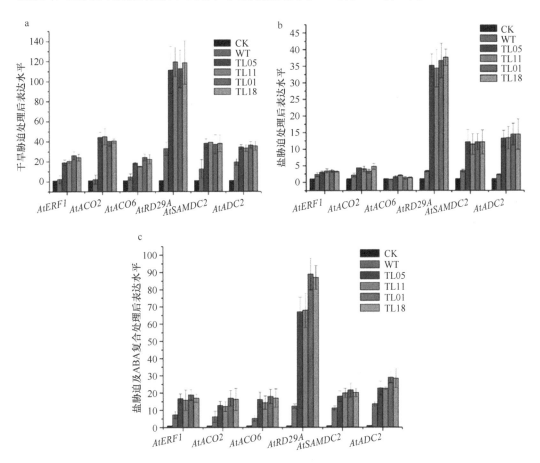

图 12-38　多胺基因 *AtADC2* 和 *AtSAMDC2*、乙烯基因 *AtACO2* 和 *AtACO6* 以及干旱响应基因 *AtRD29A* 和 *AtERF1* 在胁迫处理下的转录表达水平

a. 干旱胁迫处理 72h 后相关基因的表达水平；b. 盐胁迫处理 72h 后相关基因的表达水平；c. 盐胁迫+ABA 处理 72h 后相关基因的表达水平。数据为平均值±标准误。对于每种处理，使用 3 个生物样品，对于每个生物样品，使用 3 个技术重复。WT. 野生型株系；TL. 转基因株系

12.5　无芒隐子草 bZIP 转录因子

12.5.1　植物 bZIP 转录因子家族研究进展

转录因子能通过与下游启动子区域相互作用来实现对功能基因的调控（Nijhawan et al.，2008）。碱性亮氨酸拉链转录因子家族（basic region/leucine zipper，bZIP）是真核生物中最保守、成员种类最多的家族之一。bZIP 家族的命名来源于成员蛋白序列共有的保守 bZIP 结构域。bZIP 结构域有 60～80 个氨基酸残基，由一个碱性氨基酸区和一个亮氨

酸拉链组成（Talanian et al.，1990）。其中，碱性氨基酸区由 16～20 个保守的氨基酸残基组成，包括核定位信号序列以及紧随其后的 DNA 识别结构域，负责与特异的 DNA 序列相互识别作用。bZIP 转录因子的 DNA 结合序列特异地含有 ACGT 核心元件，优先选择的序列包括 G 盒（CACGTG）、C 盒（CACGTC）和 A 盒（TACGTA）（Foster et al.，1994）。

此外，bZIP 转录因子生物信息学方面的研究已取得了一定进展。到目前为止，已经在多种高等植物中完成了 bZIP 转录因子家族鉴定工作，包括拟南芥（Jakoby et al.，2002）、水稻（Nijhawan et al.，2008）、二穗短柄草（Liu and Chu，2015）、玉米（Wei et al.，2012）和高粱等（Wang et al.，2011）。根据家族成员 bZIP 转录因子保守域中碱性氨基酸区序列的相似性和其他保守域的有无，可将 bZIP 转录因子家族划分为 A、B、C、D、E、F、G、H、I 和 S 亚族共 10 个亚族（Jakoby et al.，2002）。大量的研究表明，bZIP 转录因子广泛参与植物生长发育调控以及抗逆应答反应。例如，过表达番茄 *SibZIP1* 基因促进了转基因植株对干旱、盐的耐受性（Zhu et al.，2018）；利用 RNA 干扰技术沉默水稻 *OsbZIP71* 基因后，转基因植株表现出对渗透胁迫较强的耐受性（Liu et al.，2014）；过表达来自棉花的 *GhABF2* 使转基因拟南芥及转基因棉花幼苗显著提高了在干旱和盐胁迫下的耐受能力（Liang et al.，2016）。总之，大量的研究都证明了 bZIP 转录因子家族在植物响应抗逆胁迫中具有重要贡献。

12.5.2　无芒隐子草 bZIP（CsbZIP）转录因子家族的鉴定及分析

12.5.2.1　CsbZIP 家族基因鉴定

利用现有已发表拟南芥、水稻等物种的 *bZIP* 基因核苷酸、氨基酸序列同无芒隐子草基因组数据（Zhang et al.，2021）进行 BLAST 比对，经过去冗余、结构域验证等生物信息学手段后确定候选 *CsbZIP* 基因。共在无芒隐子草全基因组水平上鉴定 *CsbZIP* 基因86 个，命名为 *CsbZIP1*～*CsbZIP86*（Yan et al.，2019a）。理化性质分析显示，86 个 CsbZIP蛋白的氨基酸数目为 122～1032 个；编码序列的长度为 377～3175bp；蛋白质分子量为13.8～113.4kDa；亲水性指数为 –1.194～0.483。此外，亚细胞定位预测显示 82 个 *CsbZIP*基因定位在细胞核上。

12.5.2.2　CsbZIP 基因家族进化分析

为了研究无芒隐子草 *bZIP* 基因家族的进化历程，利用来自拟南芥的 75 个 bZIP 蛋白、89 个来自水稻的 bZIP 蛋白、86 个来自无芒隐子草的 bZIP 蛋白构建了无根的邻接进化树。结果表明 250 个 bZIP 蛋白被分为 10 个亚组，分别为亚组 A 到亚组 I 及亚组 S（图 12-39）。其中，CsbZIP 蛋白分布在除亚组 F 外的其他 9 个亚组中。亚组 A 和亚组 S分别包含最多的 CsbZIP 成员，为 25 个 CsbZIP 蛋白成员。此外，从 3 个物种的进化树可以看出无芒隐子草 bZIP 蛋白同单子叶水稻的 bZIP 蛋白具有更近的进化关系。

不同亚组间 *CsbzIP* 基因的结构及保守结构域分析表明，24.4% 的 *CsbZIP* 仅含有一个外显子，其中 19 个成员均来自亚组 S（图 12-40a）。这个结果也同样在其他物种中被证明。*CsbZIP79*、*CsbZIP85*、*CsbZIP22* 具有最多的 11 个外显子。此外，亚组 A、B、E、

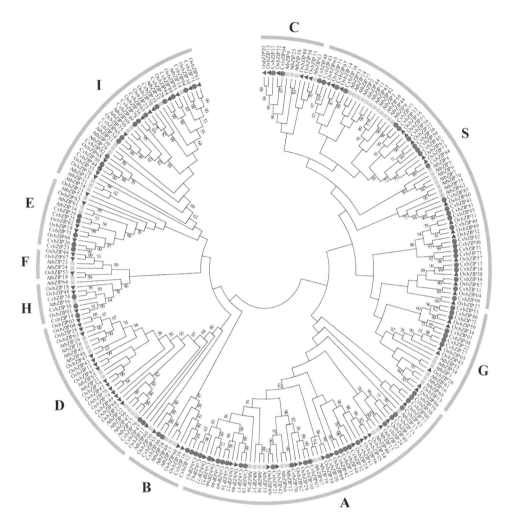

图 12-39　基于 3 个物种的 bZIP 蛋白系统发育树（Yan et al.，2019a）
红色圆圈代表无芒隐子草，蓝色三角形代表水稻，绿色正方形代表拟南芥

H 和 I 内 *CsbZIP* 成员的外显子大多低于 5 个，而亚组 C、D 和 G 内成员的外显子数目
为 6～11 个。在水稻中的研究表明，片段复制造成内含子的增加速率要大于内含子丢失
率（Lin et al.，2006）。因此，这个结果也可能表明无芒隐子草 *CsbZIP* 的亚组 D、C 和
G 有可能具有同样的祖先。通过保守结构域预测分析在 CsbZIP 蛋白中共鉴定 20 个保守
结构域。其中结构域（motif）9、13 和 15 特异地存在于亚组 I 中；结构域 20 仅发现在
亚组 H 和 B 中；结构域 3、4、5、6 仅出现在亚组 A 中。进一步鉴定发现结构域 4 为
abscisic acid-insensitive，其功能涉及对 ABA 的响应（图 12-40b）。

12.5.2.3　*CsbZIP* 基因家族在无芒隐子草亚基因组上的共线性分析

根尖染色体压片、全基因组分析等均表明无芒隐子草为异源四倍体植物，具有 20
对染色体。经过生物信息学分析我们将其拆分为亚基因组 A 和亚基因组 B。为了探究
CsbZIP 家族基因在两个亚基因上的异同，进行了如下分析：首先，将所有 *CsbZIP* 定位

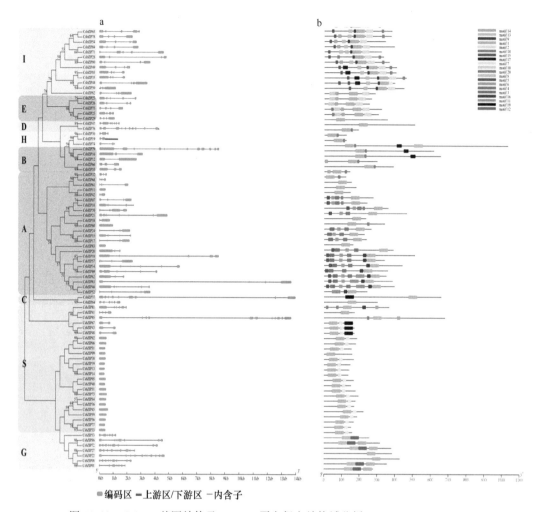

图 12-40　*CsbZIP* 基因结构及 CsbZIP 蛋白保守结构域分析（Yan et al.，2019a）

a. *CsbZIP* 的基因结构；b. CsbZIP 蛋白保守结构域

到无芒隐子草的 20 条染色体上，结果表明仅有 82 个 *CsbZIP* 基因能定位在 19 条染色体上，仅有 1 条染色体上未包含任何 *CsbZIP* 基因（图 12-41）。*CsbZIP* 基因在 A、B 亚组的定位结果表明，*CsbZIP* 基因均匀地分布在两个亚基因上。其中 A11 染色体包含最多的 *CsbZIP*（12.2%），其次是包含 8.5% 的 A04、B08、A02 染色体。

基因复制事件能造成新基因的产生和基因家族的扩张，主要包括串联重复、片段重复、换位事件。研究共在无芒隐子草基因组上鉴定出 40 对 *CsbZIP* 同源基因对。其中，29 对同源基因对分布在两个亚基因组之间。*CsbZIP14-CsbZIP13*、*CsbZIP15-CsbZIP17* 两个基因对的基因分别定位在 B13 和 A14 染色体上，并且同一基因对的基因结构、保守结构域都高度相似。这些结果都表明 *CsbZIP* 数目主要来自无芒隐子草的四倍体化事件。此外，进一步计算了这些基因对的 Ka、Ks 值。研究表明，Ka/Ks<1 表明该基因具有纯化选择，但 Ka/Ks≥1 表示该基因为正选择（Cannon et al.，2004；Shiu et al.，2004）。结果表明，*CsbZIP* 基因对的 Ka/Ks 频率分布在 0～0.36，即 *CsbZIP* 基因家族经历了纯化选择（图 12-42）。

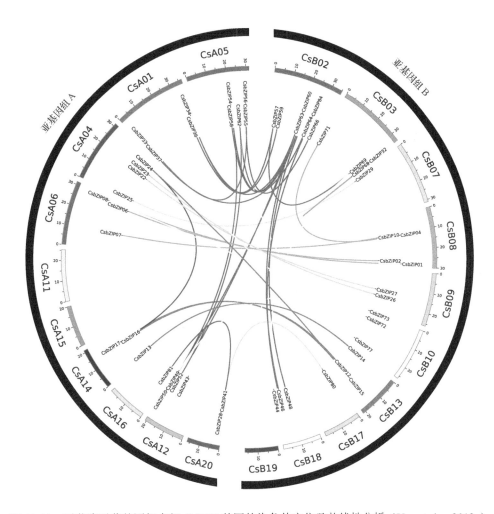

图 12-41 无芒隐子草基因组内部 *CsbZIP* 基因的染色体定位及共线性分析（Yan et al.，2019a）

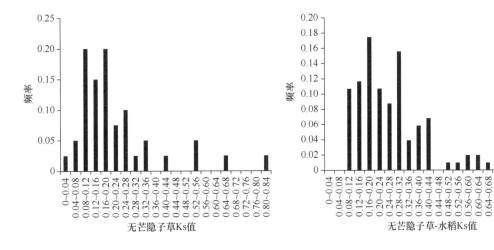

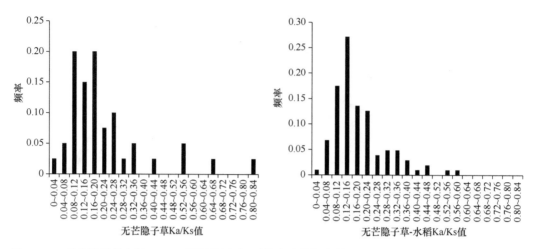

图 12-42　无芒隐子草内部 *CsbZIP* 同源基因对、无芒隐子草与水稻基因组之间 *bZIP* 同源基因对的 Ks、Ka/Ks 值的分布（Yan et al.，2019a）

12.5.2.4　*CsbZIP* 同 *OsbZIP*（水稻）基因家族的进化分析

比较基因组学的机制是按基因组结构划分为共线性模块。共线性分析可以在不同物种之间确定功能和进化关系。在无芒隐子草基因组和水稻基因组之间共鉴定到 54 个 *CsbZIP* 同 72 个 *OsbZIP* 存在共线性关系（图 12-43）。其中，12 对为一对一关系，如 *CsbZIP79-OsbZIP60*、*CsbZIP78-OsbZIP36*、*CsbZIP67-OsbZIP71*。这些基因可能分化来自水稻和无芒隐子草两者的祖先物种。此外，也发现了一个 *CsbZIP* 基因对应多个 *OsbZIP* 基因的现象。例如，*CsbZIP84-OsbZIP67/OsbZIP73*、*CsbZIP17-OsbZIP12/OsbZIP40*。同样，一个 *OsbZIP* 基因对应多个 *CsbZIP* 基因的基因对也存在，如 *OsbZIP77-CsbZIP58/CsbZIP60*、*OsbZIP78-CsbZIP03/CsbZIP35*。Ka/Ks 分析表明，这些基因对的 Ka/Ks 值均低于 0.6，表明它们可能在水稻基因组和无芒隐子草基因组之间漫长的进化历史中进行了纯化选择（图 12-42）。

12.5.2.5　*CsbZIP* 基因启动子顺式作用元件及内含子区域 LTR 反转录转座子插入分析

为了分析 *CsbZIP* 在胁迫响应和发育过程中的作用，提取了 *CsbZIP* 基因上游 1500bp 的启动子区域序列。利用 PlantCARE 在线网页预测了启动子区域的 18 个顺式作用元件（http://bioinformatics.psb.ugent.be/webtools/plantcare/html/），包括了发育、非生物胁迫和植物激素响应等功能的顺式作用元件。其中，与茉莉酸甲酯胁迫相关的 TGACG 基序（89.5%）、ABA 相关的 ABRE 元件（89.5%）、生长发育相关的 CAT-box 元件（53.4%）、干旱胁迫相关的 MBS 元件（52.3%）和低温响应与低温胁迫相关的 LTR 元件（6%）被鉴定（图 12-44a）。此外，有 30 个 *CsbZIP* 基因含有水杨酸响应元件（TCA 元件）。值得注意的是，13 个 *CsbZIP* 基因的启动子（15.1%）至少包含 6 个顺式元件。分析染色体分布的变化表明，不同的元件可能更倾向于某些染色体。例如，TGA 元件富集在 B02 和 A12 染色体上（图 12-44c）。与其他家族相比，亚家族 S 含有的 LTR、MBS、ABRE 和 BTR 元件最多（图 12-44b）。

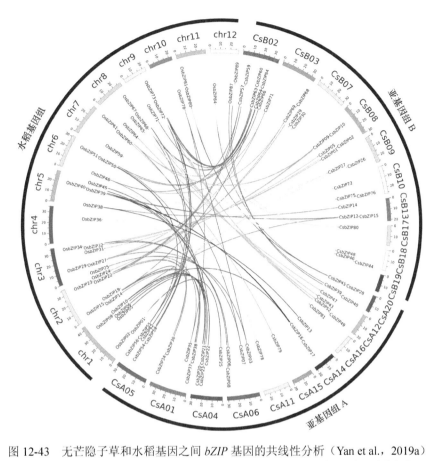

图 12-43　无芒隐子草和水稻基因之间 *bZIP* 基因的共线性分析（Yan et al.，2019a）

Chr1～Chr12 代表水稻染色体，而亚基因组 A 和亚基因组 B 代表无芒隐子草的 20 条染色体

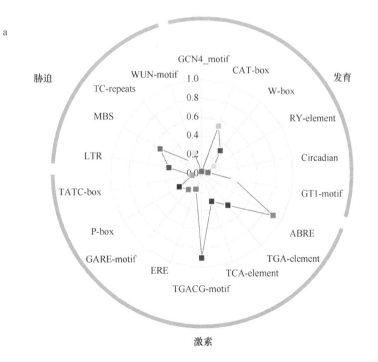

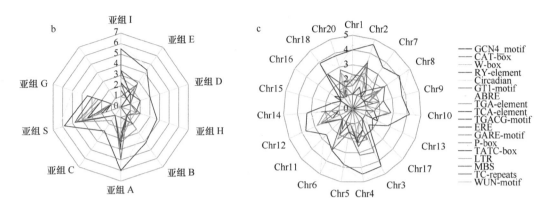

图 12-44 *CsbZIP* 基因顺式元件的统计分析（Yan et al.，2019a）

a. 各种顺式元素在 *CsbZIP* 基因中所占的比例；b. 不同元件在不同亚组的分布统计[lg（顺式元件数目+1）]；c. 不同元件在不同染色体（chr）的分布统计[lg（顺式元件数目+1）]

研究表明，LTR 反转录转座子的插入可能影响基因结构和转录表达。鉴定发现有 14 个 *CsbZIP* 基因（16.3%）的内含子区域存在反转录转座子 LTR 的插入（图 12-45）。

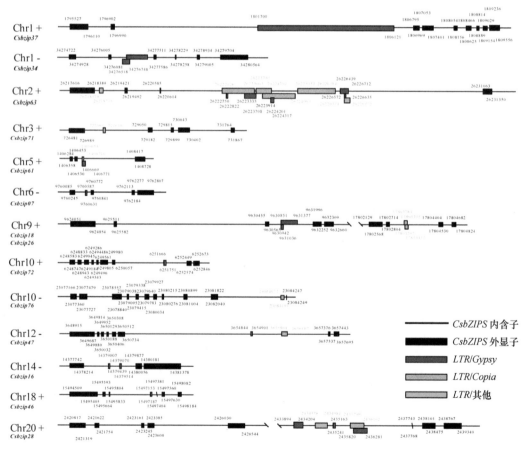

图 12-45 *CsbZIP* 基因内含子内 LTR 反转录转座子的插入（Yan et al.，2019a）

黑框和黑线分别表示 *CsbZIP* 的外显子和内含子。红色框和橙色框分别表示 LTR 反转录转座子的 *Gypsy* 和 *Copia* 元件。绿色框表示其他的 LTR 元件

CsbZIP63 包含最多的 LTR 反转录转座子元件，包括 5 个 *Copia* 原件、5 个 *Gypsy* 和其他的 1 个 LTR 元件。*CsbZIP46*、*CsbZIP72*、*CsbZIP07* 和 *CsbZIP37* 仅包含 *Gypsy* 元件。相比之下，*CsbZIP76* 和 *CsbZIP71* 仅包含 *Copia* 元件。此外，有 4 个 *CsbZIP* 基因同时含有 *Copia* 和 *Gypsy* 元件。

12.5.2.6　干旱等胁迫下相关 *CsbZIP* 的表达和共表达网络分析

利用无芒隐子草干旱胁迫、高温胁迫、低温胁迫、盐胁迫、ABA 处理的转录组数据对 *CsbZIP* 的表达模式进行了分析（Yan et al.，2019b）。结果表明，在地上组织中 74 个（87.2%）*CsbZIP* 基因至少在一种胁迫条件下（FPKM≥1）表达（图 12-46a）。同样，在地下组织中有 78 个（90.7%）*CsbZIP* 基因表达。在地上组织中，68 个（79.1%）*CsbZIP* 至少在一种胁迫下差异表达（图 12-46b）。同样，地下组织中 75 个（87.2%）*CsbZIP* 基因差异表达。相对于地下组织的对照处理，在高温、低温、盐和干旱胁迫下分别鉴定出 47 个、41 个、40 个、53 个差异表达 *CsbZIP* 基因。此外，在两个组织中共鉴定出 4 种

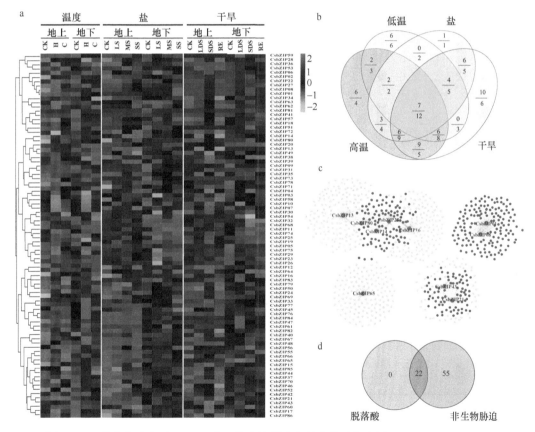

图 12-46　非生物胁迫下 *CsbZIP* 基因的表达模式和共表达网络分析（Yan et al.，2019a）

a. 不同非生物环境下所有 *CsbZIP* 基因的表达转录组数据热图；b. 非生物胁迫下表达 *CsbZIP* 基因的维恩图。线上及其下方的字母分别表示在地上组织（茎）和地下组织（根）中差异表达的 *CsbZIP* 基因数目；c. 非生物胁迫下 *CsbZIP* 基因与胁迫响应基因的共表达网络；d. 非生物胁迫和 ABA 处理下差异表达 *CsbZIP* 基因的维恩图。H. 高温胁迫；C. 低温胁迫；LS. 轻度盐胁迫；MS. 中度盐胁迫；SS. 重度盐胁迫；LDS. 轻度干旱胁迫；SDS. 重度干旱胁迫；RE. 复水处理

胁迫下均差异表达的 *CsbZIP* 基因分别为 7 个和 12 个。综合两个组织共有 77 个 *CsbZIP* 至少在一种胁迫下差异表达。这些基因主要由来自亚组 A、E、S 的 *CsbZIP* 成员组成。亚组 E 中，5 个 *CsbZIP* 成员中 4 个在地上组织中差异表达。比较不同胁迫发现，干旱胁迫和高温胁迫具有最多的共有差异 *CsbZIP* 基因。

利用这些转录组数据进行了共表达分析。经过筛选后，共鉴定到 10 个 *CsbZIP* 基因存在于共表达网络中。这些基因同 835 个无芒隐子草相关基因具有共表达关系（图 12-46c）。通过 GO 注释发现这些基因被富集在与胁迫响应相关的多个功能分类中，如刺激响应（GO：0050896）、激素响应（GO：0009725）和代谢过程（GO：0008152）。进一步鉴定了受 ABA 调控的 *CsbZIP* 基因，共有 22 个基因在 ABA 的调控下差异表达（图 12-46d）。其中 8 个均来自亚组 A，这与保守结构域亚组 A 特异含有 ABA 响应元件相一致。此外，这 22 个 ABA 响应基因均在非生物胁迫下差异表达。

利用 RT-PCR 对其中的 5 个差异 *CsbZIP* 基因进行了验证。结果表明这些基因确定在不同的非生物胁迫处理后差异表达（图 12-47）。

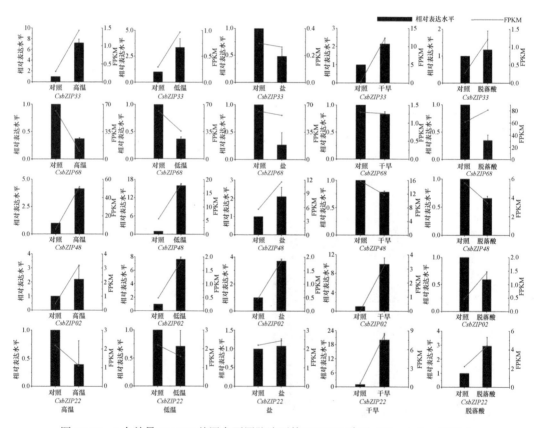

图 12-47　5 个差异 *CsbZIP* 基因在不同胁迫下的 RT-PCR 验证（Yan et al.，2019a）

12.6　本　章　小　结

CsLEA 是从无芒隐子草中挖掘的重要干旱响应基因。研究共鉴定到 44 个 *CsLEA* 家

族成员基因，系统进化可分为 8 个亚家族。利用 *35S* 及 *rd29A* 启动子过表达 *CsLEA2* 提高了转基因拟南芥对干旱胁迫和盐胁迫的耐受性。在干旱胁迫下，拟南芥植株的正常生长受到抑制，转基因植株的光合速率下降，显著低于对照，且脯氨酸含量显著高于对照。

乙醛脱氢酶（ALDH）被认为是消除各种生物中非生物胁迫的通用醛类物质解毒酶。在诱导型 *rd29A* 启动子下过表达 *CsALDH12A1* 的拟南芥植物提高了对干旱胁迫的耐受性。干旱胁迫下转基因植物的丙二醛（MDA）含量显著低于非转基因植物（$P<0.05$）。这证实了 *ALDH12A1* 在由脂质过氧化产生活性醛解毒中的关键作用，也同样证明了 *CsALDH12A1* 在无芒隐子草非生物胁迫耐受性中所起的关键作用。

多胺的生物合成途径基因广泛参与植物非生物胁迫的调控。通过在全基因组水平对无芒隐子草多胺和乙烯途径基因家族进行鉴定分析，共鉴定了 17 个多胺、12 个乙烯和 6 个 SAM 生物合成相关基因。研究了 *CsSAMDC2* 在干旱、盐胁迫下的功能。与野生型植物相比，由 *rd29A* 或 *35S* 启动子驱动的多胺基因 *CsSAMDC2* 提高了转基因拟南芥对干旱和盐胁迫的耐受性，同时诱导了转基因植株中其他多胺和乙烯途径关键基因的表达。此外，在干旱胁迫下转基因植株保持较高的叶绿素含量和光合能力。

bZIP 转录因子已被证明参与植物的多个生物过程。86 个 *CsbZIP* 基因均匀地分布在无芒隐子草的两个亚基因组中。共线性分析表明，*CsbZIP* 主要是通过全基因组复制事件扩张。通过分析 *CsbZIP* 在非生物胁迫下不同组织中的表达模式，79.1% 和 87.2% 的 *CsbZIP* 分别至少在地上组织和地下组织中的一种胁迫处理下差异表达，包括高温、低温、干旱和盐。通过构建 *CsbZIP* 非生物胁迫共表达网络，表明 *CsbZIP* 调控着大量与非生物胁迫响应功能相关的基因。这些结果为无芒隐子草 bZIP 转录因子家族进化以及基因工程改良提供了基础。

参 考 文 献

耿卫冬, 李艳军, 张新宇, 等. 2012. 棉花 *S*-腺苷甲硫氨酸脱羧酶基因的克隆及低温下的表达分析. 作物学报, 38(9): 1649-1656.

胡阳光. 2019. 棉花 *ALDH7* 和 *ALDH12* 基因在盐和干旱胁迫下功能初步分析. 开封: 河南大学硕士学位论文.

黄思源. 2019. 干旱胁迫下蒺藜苜蓿的转录组分析及醛脱氢酶基因 *MtALDH7A1* 初步功能研究. 杨凌: 西北农林科技大学硕士学位论文.

李凯荣, 樊金栓. 1998. 新型植物激素——油菜素内酯类在农林上的应用研究进展. 干旱地区农业研究, 16(4): 104-109.

钱刚. 2007. 不同抗旱性 LEA2/LEA3 蛋白基因的克隆与表达. 成都: 中国科学院成都生物研究所博士学位论文.

张佳丽, 丁淑丽, 邹怡静, 等. 2008. 植物腺苷甲硫氨酸脱羧酶研究进展. 细胞生物学杂志, 30(5): 622-628.

张正斌, 山仑. 2018. 作物生理抗逆性的若干共同机理研究进展. 作物杂志, 13(4): 10-12.

Bies-Etheve N, Gaubier-Comella P, Debures A, et al. 2008. Inventory, evolution and expression profiling diversity of the LEA (late embryogenesis abundant) protein gene family in *Arabidopsis thaliana*. Journal of Molecular Biology, 67: 107-124.

Brocker C, Lassen N, Estey T, et al. 2010. *Aldehyde dehydrogenase 7A1 (ALDH7A1) is a novel enzyme* involved in cellular defense against hyperosmotic stress. Journal of Biological Chemistry, 285(24): 18452-18463.

Cannon S B, Mitra A, Baumgarten A, et al. 2004. The roles of segmental and tandem gene duplication in the evolution of large gene families in *Arabidopsis thaliana*. BMC Plant Biology, 4(1): 1-21.

Carbonell J, Blázquez M A. 2009. Regulatory mechanisms of polyamine biosynthesis in plants. Genes and Genomics, 31(2): 107-118.

Chen M, Chen J J, Fang J Y, et al. 2014. Down-regulation of *S*-adenosylmethionine decarboxylase genes results in reduced plant length, pollen viability, and abiotic stress tolerance. Plant Cell Tissue and Organ Culture, 116(3): 311-322.

Cheng Z, Targolli J, Huang X, et al. 2002. Wheat LEA genes, *PMA80* and *PMA1959*, enhance dehydration tolerance of transgenic rice (*Oryza sativa* L.). Molecular Breeding, 10(1-2): 71-82.

Close, Timothy J. 1997. Dehydrins: a commonalty in the response of plants to dehydration and low temperature. Physiologia Plantarum, 100(2): 291-296.

Dure L, Crouch M, Harada J, et al. 1989. Common amino acid sequence domains among the LEA proteins of higher plants. Plant Molecular Biology, 12(5): 475-486.

Dure L, Greenway S C, Galau G A. 1981. Developmental biochemistry of cotton seed embryogenesis and germination-changing messenger ribonucleic-acid populations as shown by *in vitro* and *in vivo* protein-synthesis. Biochemistry, 20(14): 4162-4168.

Foster R, Izawa T, Chua N H. 1994. Plant bZIP proteins gather at ACGT elements. Faseb Journal, 8(2): 192-200.

Galau G A, Hughes D W, Dure L. 1986. Abscisic-acid induction of cloned cotton late embryogenesis-abundant (LEA) messenger RNAs. Plant Molecular Biology, 7(3): 155-170.

Grelet J. 2005. Identification in pea seed mitochondria of a late-embryogenesis abundant protein able to protect enzymes from drying. Plant Physiology, 137(1): 157-167.

Hu B Y, Niu M G, Wang Q M, et al. 2006. Relationship between osmotic stress and polyamine levels in leaves of soybean seedlings. Plant Nutrition Fertilizer Science, 12(6): 881-886.

Huang W Z, Ma X R, Wang Q L, et al. 2008. Significant improvement of stress tolerance in tobacco plants by overexpressing a stress-responsive *aldehyde dehydrogenase* gene from maize (*Zea mays*). Plant Molecular Biology, 68: 451-463.

Hundertmark M, Hincha D K. 2008. LEA (late embryogenesis abundant) proteins and their encoding genes in *Arabidopsis thaliana*. BMC Genomics, 9(1): 118.

Ishitani M, Nakamura T, Han S Y, et al. 1995. Expression of the betaine aldehyde dehydrogenase gene in barley in response to osmotic stress and abscisic acid. Plant Molecular Biology, 27(2): 307-315.

Jakoby M, Weisshaar B, Drögelaser W, et al. 2002. bZIP transcription factors in *Arabidopsis*. Trends Plant Science, 7(3): 106-111.

John U, Spangenberg G. 2005. Xenogenomics: genomic bioprospecting in indigenous and exotic plants throµgh EST discovery, cDNA microarray-based expression profiling and functional genomics. Comparative and Functional Genomics, 6: 230-235.

Kirch H H, Bartels D, Wei Y, et al. 2004. The ALDH gene superfamily of *Arabidopsis*. Trends in Plant Science, 9(8): 371-377.

Kirch H H, Schlingensiepen S, Kotchoni S, et al. 2005. Detailed expression analysis of selected genes of the aldehyde dehydrogenase (*ALDH*) gene superfamily in *Arabidopsis thaliana*. Plant Molecular Biology, 57: 315-332.

Kore-eda S, Cushman M A, Akselrod I, et al. 2004. Transcript profiling of salinity stress responses by large-scale expressed sequence tag analysis in *MesEmbryanthemum crystallinum*. Gene, 341: 83-92.

Kotchoni S O, Jimenez-Lopez J C, Kayodé A P, et al. 2012. The soybean aldehyde dehydrogenase (ALDH) protein superfamily. Gene, 495(2): 128-133.

Lan T, Gao J, Zeng Q Y. 2013. Genome-wide analysis of the LEA (late embryogenesis abundant) protein gene family in *Populus trichocarpa*. Tree Genetics and Genomes, 9(1): 253-264.

Liang C, Meng Z, Meng Z, et al. 2016. GhABF2, a bZIP transcription factor, confers drought and salinity tolerance in cotton (*Gossypium hirsutum* L.). Scientific Reports, 6: 35040.

Lin H, Zhu W, Silva J C, et al. 2006. Intron gain and loss in segmentally duplicated genes in rice. Genome Biology, 7(5): R41.

Liu C, Mao B, Ou S, et al. 2014. *OsbZIP71*, a bZIP transcription factor, confers salinity and drought tolerance in rice. BMC Plant Biology, 84(1-2): 19.

Liu X, Chu Z. 2015. Genome-wide evolutionary characterization and analysis of bZIP transcription factors and their expression profiles in response to multiple abiotic stresses in *Brachypodium distachyon*. BMC Genomics, 16: 227.

Majumdar R, Shao L, Turlapati S A, et al. 2017. Polyamines in the life of *Arabidopsis*: profiling the expression of *S*-adenosylmethionine decarboxylase (*SAMDC*) gene family during its life cycle. BMC Plant Biology, 17(1): 264.

Mehta P A, Sivaprakash K, Parani M, et al. 2005. Generation and analysis of expressed sequence tags from the salt-tolerant mangrove species *Avicennia marina* (Forsk) Vierh. Theoretical and Applied Genetics, 110: 416-424.

Muvunyi B P, Yan Q, Wu F, et al. 2018. Mining late embryogenesis abundant (LEA) family genes in *Cleistogenes songorica*, a xerophyte perennial desert plant. International Journal of Molecular Sciences, 19(11): 3430.

Nijhawan A, Jain M, Tyagi A K, et al. 2008. Genomic survey and gene expression analysis of the basic leucine zipper transcription factor family in rice. Plant Physiology, 146(2): 333-350.

Olveracarrillo Y, Campos F, Reyes J L, et al. 2011. Functional analysis of the group 4 late embryogenesis abundant proteins reveals their relevance in the adaptive response during water deficit in *Arabidopsis*. Plant Physiology, 154(4): 373-390.

Pang X M, Zhang Z Y, Wen X P, et al. 2007. Polyamines, all-purpose players in response to environment stresses in plants. Plant Stress, 1(2): 173-188.

Rudd S. 2005. OpenSputnik-a database to establish comparative plant genomics using unsaturated sequence collections. Nucleic Acids Research, 33: 622-627.

Seki M, Narusaka M, Kamiya A, et al. 2002. Functional annotation of a full-length *Arabidopsis* cDNA collection. Science, 296(5565): 141-145.

Shinozaki K, Yamaguchi-Shinozaki K. 2000. Molecular responses to dehydration and low temperature: differences and cross-talk between two stress signaling pathways. Current Opinion in Plant Biology, 3(3): 217-223.

Shinozaki K, Yamaguchi-Shinozaki K. 2007. Gene networks involved in drought stress response and tolerance. Journal of Experimental Botany, 58(2): 221-227.

Shiu S H, Karlowski W M, Pan R, et al. 2004. Comparative analysis of the receptor-like kinase family in *Arabidopsis* and rice. Plant Cell, 16(5): 1220-1234.

Sinha R, Rajam M V. 2013. RNAi silencing of three homologues of *S*-adenosylmethionine decarboxylase gene in tapetal tissue of tomato results in male sterility. Plant Molecular Biology, 82(1-2): 169-180.

Sivamani E, Bahieldin A, Wraith J M, et al. 2000. Improved biomass productivity and water use efficiency under water deficit conditions in transgenic wheat constitutively expressing the barley *HVA1* gene. Plant Science, 155(1): 1-9.

Sunkar R, Bartels D, Kirch H H. 2003. Overexpression of a stress-inducible aldehyde dehydrogenase gene from *Arabidopsis thaliana* in transgenic plants improves stress tolerance. The Plant Journal, 35(4): 452-464.

Talanian R V, Mcknight C J, Kim P S. 1990. Sequence-specific DNA binding by a short peptide dimer. Science, 249(4970): 769-771.

Wang J, Zhou J, Zhang B, et al. 2011. Genome-wide expansion and expression divergence of the basic leucine zipper transcription factors in higher plants with an emphasis on sorghum. Journal of Integrative Plant Biology, 53(3): 212-231.

Wang X S, Zhu H B, Jin G L, et al. 2007a. Genome-scale identification and analysis of LEA genes in rice (*Oryza sativa* L.). Plant Science, 172(2): 414-420.

Wang Y, Chu Y, Liu G, et al. 2007b. Identification of expressed sequence tags in an alkali grass (*Puccinellia tenuiflora*) cDNA library. Journal of Plant Physiology, 164(1): 78-89.

Wei K, Chen J, Wang Y, et al. 2012. Genome-wide analysis of bZIP-encoding genes in maize. DNA Research, 19(6): 463-476.

Wi S J, Kim S J, Kim W T, et al. 2014. Constitutive *S*-adenosylmethionine decarboxylase gene expression increases drought tolerance through inhibition of reactive oxygen species accumulation in *Arabidopsis*. Planta, 239(5): 979-988.

Yan Q, Wu F, Ma T T, et al. 2019a. Comprehensive analysis of bZIP transcription factors uncovers their roles during dimorphic floret differentiation and stress response in *Cleistogenes songorica*. BMC Genomics, 20(1): 1-17.

Yan Q, Wu F, Yan Z Z, et al. 2019b. Differential co-expression networks of long non-coding RNAs and mRNAs in *Cleistogenes songorica* under water stress and during recovery. BMC Plant Biology, 19(1): 1-19.

Zhang J, Wu F, Yan Q, et al. 2021. The genome of *Cleistogenes songouica* provides a blueprint for functional dissection of dimorphic flower differentiation and drought adaptability. Plant Biotechnology Journal, 19(3): 532-547.

Zhang J, Kong L, Liu Z, et al. 2015. Stress-induced expression in *Arabidopsis* with a dehydrin LEA protein from *Cleistogenes songorica*, a xerophytic desert grass. Plant Omics, 8(6): 485-492.

Zhang J, Zhen D, Jahufer Z, et al. 2014. Stress-inducible expression of a *Cleistogenes songorica ALDH* gene enhanced drought tolerance in transgenic *Arabidopsis thaliana*. Plant Omics, 7(6): 438-444.

Zhang Y, Mao L, Wang H, et al. 2012. Genome-wide identification and analysis of grape aldehyde dehydrogenase (*ALDH*) gene superfamily. PLoS One, 7(2): e32153.

Zhao F G, Wang X Y, Wang H Z, et al. 1999. The changes of polyamine metabolism in the process of growth and development of peanut leaves. Acta Agronomica Sinica, 25(2): 249-253.

Zhu M, Meng X, Cai J, et al. 2018. Basic leucine zipper transcription factor *SlbZIP1* mediates salt and drought stress tolerance in tomato. BMC Plant Biology, 18(1): 83.

第 13 章　糖的合成和转运与乡土草耐寒性

苟蓝明　施海帆　郭振飞

13.1　引　言

在低温、干旱、盐害等逆境下，植物会积累一系列可溶性糖类来应对非生物胁迫，常见的包括葡萄糖、半乳糖、蔗糖、棉子糖、水苏糖以及甘露醇、山梨醇等糖醇类衍生物。积累的可溶性糖具有多方面作用：①直接降解提供能量，或者作为储能物质运输到各个组织器官；②调节细胞渗透压，维持细胞水势；③维持细胞膜、蛋白质等生物大分子的稳定性；④一些可溶性糖具有清除活性氧的功能；⑤作为信号物质参与逆境信号响应过程，调控下游基因表达（Suprasanna et al.，2016；Peshev et al.，2013；Price et al.，2004）。

已有研究表明，可溶性糖的合成和运输均受到胁迫信号的精细调控。植物通过调控可溶性糖合成途径关键酶及关键转运蛋白编码基因，以改变胁迫条件下可溶性糖的积累水平，如 UDP-半乳糖经过肌醇半乳糖苷合酶（galactinol synthase，GolS）、肌醇磷酸合酶（*myo*-inositol phosphate synthase，MIPS）、棉子糖合酶（raffinose synthase，RS）等（Sun et al.，2013；Nishizawa et al.，2008；Downie and Bewley，2000；Sprenger and Keller，2000）。根据植物的不同生理状态及胁迫条件，可溶性糖会在不同细胞器间或局部受胁迫的组织间转运，也可能以蔗糖或棉子糖等形式长距离运输到其他组织或器官，如越冬植物在低温驯化阶段将可溶性糖转运至根、茎等器官中储存（Cheng et al.，2018；Mccaskill and Turgeon，2007；Cunningham et al.，2003；Bachmann et al.，1994）。

本书第 7 章探讨了蔗糖、麦角肌醇、肌醇半乳糖苷、棉子糖类寡糖（raffinose family oligosaccharide，RFO）积累与黄花苜蓿耐寒性的关系，本章主要探讨麦角肌醇和 RFO 合成与转运等过程在黄花苜蓿耐寒性中的重要作用。为此，我们在黄花苜蓿响应低温的 cDNA 文库中挖掘到 *MfMIPS1*、*MfGolS1*、*MfINT-like* 等多个低温应答的 RFO 合成与转运相关基因，深入分析了它们在植物应对低温胁迫及其他生物胁迫中所起的作用。

13.2　响应低温的黄花苜蓿 cDNA 文库

13.2.1　构建黄花苜蓿响应低温的 SSH cDNA 文库

在转录组高通量测序技术广泛应用之前，抑制性消减杂交（SSH）技术曾广泛应用于植物响应逆境的表达谱分析，使研究人员能够较大规模地了解植物响应逆境的基因。

我们曾利用 SSH 研究黄花苜蓿响应低温的基因表达谱。

黄花苜蓿幼苗于温室生长 8 周后，放入人工气候箱进行低温（2℃）处理。取低温处理 0h、8h、16h、24h 和 48h 等时间点的叶片投入液氮速冻，用 TRIzol 试剂提取总 RNA。构建 SSH 文库时，将低温处理 8h、16h、24h 和 48h 的总 RNA 等量混合作为测试文库，0h 的样品作为驱动文库，利用抑制性消减杂交技术消除测试文库中与驱动文库表达一致的基因，经过两轮的抑制性消减杂交和 PCR 扩增，测试文库中的差异表达基因获得了富集。将富集的 cDNA 产物连入克隆载体并转入大肠杆菌 DH10B 菌株，随机挑取部分单克隆进行 PCR 扩增，结果显示 cDNA 片段已连入载体，片段大小主要集中在 0.1～1.0kb（图 13-1）。挑取剩余的所有单菌落，得到包含 2016 个单克隆的冷诱导表达的黄花苜蓿 cDNA 文库。

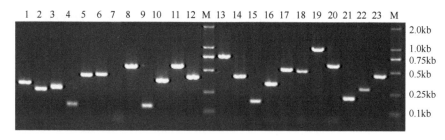

图 13-1　黄花苜蓿冷诱导 cDNA 文库部分克隆 PCR 扩增效果

1～23. cDNA 文库单克隆扩增情况；M. DNA 分子量标尺

13.2.2　反转录差异显示冷诱导 cDNA 文库中的差异表达基因

采用反向 Northern 印迹杂交（reverse Northern blotting）方法，对差异表达基因进行验证。选取上述文库中的 928 个文库质粒，点布到两份 N⁺尼龙膜的相同位置，分别用于杂交测试文库（冷处理）和驱动文库（对照）。各取 20μg 测试文库和驱动文库的总 RNA，用放射性[α-^{32}P]dCTP 标记后，分别与上述尼龙膜上的质粒杂交。在清洗除去未杂交的探针后，利用放射性自显影显示信号强度。比较杂交信号，一共发现了 114 个单克隆（12.3%）在测试文库和驱动文库的信号存在显著差异（图 13-2）。将这些克隆以及

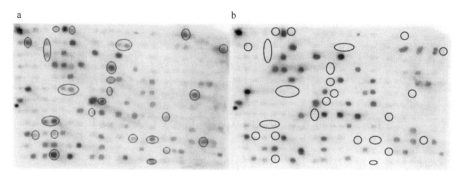

图 13-2　反转录差异显示冷诱导 cDNA 文库中的差异表达基因

cDNA 文库以单克隆形式点布于相同位置的两张 N⁺尼龙膜，分别与 ^{32}P 标记的测试文库（冷处理，a）和驱动文库（对照，b）杂交，圈内的是两个文库间表现出差异信号的克隆

部分未表现出差异的克隆进行测序分析，共获得 523 个有效序列，提交 GenBank（编号为 EG354701~EG354724，EL610007~EL610516）。利用 DNASTAR 软件去除重复片段，共获得了 238 个有效基因信息。

13.2.3 Northern blotting 验证低温胁迫响应基因

为了验证 SSH 方法筛选差异表达基因的可靠性，选取了 8 个具有代表性的差异表达基因进行 Northern blotting 杂交验证。这些基因包括 1 个转录因子基因（*2D1*）、1 个信号转导相关基因（*4C6*）、1 个蛋白质降解基因（*5F2*）、3 个代谢相关基因（*22A8*、*2C7*、*23A12*）、1 个胁迫响应基因（*3D8*）和 1 个未知功能基因（*24G2*）。结果表明，*2D1*、*22A8*、*2C7*、*3D8* 在正常条件下不表达，低温处理后被大量诱导；*5F2*、*24G2* 在常温下表达丰度较低，随着低温处理时间延长表达量逐渐升高；*4C6* 表达量先快速升高，在处理 48h 后其表达量降低至痕量（图 13-3）。

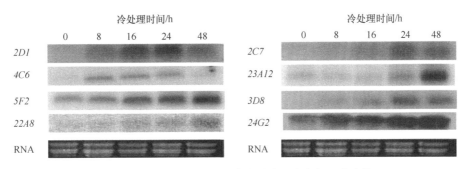

图 13-3　黄花苜蓿 SSH 文库中部分基因响应低温胁迫情况

对 cDNA 文库的 532 个单克隆进行测序分析，发现了一批低温响应基因，其中包括 RFO 合成和转运相关基因 *MfMIPS1*、*MfGolS1*、*MfINT-like*；脂质转运蛋白基因 *MfTIL1*、水通道蛋白基因 *MfPIP2-7*、杂合的富含脯氨酸蛋白基因 *MfHyPRP*、早期光诱导蛋白基因 *MfELIP* 等重要膜蛋白基因，以及 ERF 转录因子、LEA 蛋白等编码基因。黄花苜蓿低温响应 SSH 文库的建立为挖掘关键抗寒基因提供了重要信息，为解析黄花苜蓿抗寒分子机制奠定了基础。

13.3　黄花苜蓿肌醇磷酸合酶（MIPS）调控耐寒性

13.3.1　麦角肌醇和 MIPS

麦角肌醇是环己六醇（肌醇）类功能小分子，能够衍生出一系列功能物质，如肌醇磷酸（inositol phosphate，InsP）、磷脂酰肌醇（phosphatidylinositol，PI）、磷脂酰肌醇磷酸（phosphatidylinositol phosphate，PIP）、肌醇焦磷酸（inositol pyrophosphate，IP）等。肌醇及其衍生物广泛分布于生物体内，参与众多生理过程，包括细胞膜和细胞壁生物合成、信号转导、激素应答、物质储备等（Valluru and Van den Ende，2011）。肌醇合成起始于葡萄糖，由己糖激酶（hexokinase）将葡萄糖磷酸化形成葡萄糖-6-磷酸（glucose-6-phosphate，Glu-6-P），随后在肌醇磷酸合酶（*myo*-inositol phosphate synthase，MIPS）催化下，进一步转化为肌醇-1-磷酸或肌醇-3-磷酸，最后由肌醇单磷酸酶（*myo*-inositol monophosphatase，IMP）去磷酸化生成游离态肌醇。肌醇是肌醇半乳糖苷的重要前体，在肌醇半乳糖苷合酶（galactinol synthase，GolS）催化下，肌醇与 UDP-半乳糖合成肌醇半乳糖苷，而肌醇半乳糖苷可以进一步转化生成棉子糖。肌醇半乳糖苷和棉子糖在植物耐寒性中起重要作用。

MIPS（EC 5.5.1.4）是肌醇生物合成途径的关键酶（Donahue et al.，2010），拟南芥 *AtMIPS1* 缺失突变体内肌醇和肌醇半乳糖苷含量显著降低（Donahue et al.，2010），*MIPS* 基因突变或下调表达的大豆、豌豆、大麦和马铃薯中肌醇、植酸（肌醇六磷酸）、棉子糖类合成减少，种子发育受阻、块茎产量降低、抗逆性降低（Karner et al.，2004；Hitz et al.，2002；Keller et al.，1998）。从一种盐生野生稻[*Porteresia coarctata* (Roxb.) Tateoka]克隆到一个盐胁迫响应基因 *MIPS*，将其表达在普通水稻中，能显著提高转基因植物肌醇及其衍生物含量，并提高耐盐性（Das-Chatterjee et al.，2006）。如前所述，在黄花苜蓿响应低温的 cDNA 文库中，发现 *MfMIPS1* 的丰度最高，因而克隆了该基因，并研究其功能（Tan et al.，2013）。

13.3.2　MfMIPS1 的分子特征

从黄花苜蓿叶片中克隆了 *MfMIPS1* 序列（GenBank：EF408869）。该 cDNA 长度为 1730bp，包含一个 1533bp 可读框，编码 510 个氨基酸，蛋白质分子量为 56.5kDa，等电点（pI）为 5.58。在 NCBI 数据库进行氨基酸序列比对时，发现 *MfMIPS1* 与蒺藜苜蓿 *MtMIPS*（GenBank：XM_003630010.3）最相似（97.6%）。以 ^{32}P 标记的 *MfMIPS1* 保守区域片段为探针，对黄花苜蓿基因组 DNA 进行 DNA 印迹杂交分析，结果显示 *MfMIPS1* 在黄花苜蓿基因组以单拷贝形式存在。

13.3.3　*MfMIPS1* 的表达特征

提取黄花苜蓿不同器官的总 RNA，利用 RNA 印迹杂交分析 *MfMIPS1* 的时空表达和低温响应特性。结果表明，在正常条件下 *MfMIPS1* 在茎、叶柄、成熟叶片和衰老叶片中有微量表达，在主根和次生根中没有检测到转录本（图 13-4a）；低温处理 24h 后，叶片中 *MfMIPS1* 表达被大量诱导，而其他器官的表达未发生明显变化（图 13-4a）。

通过比较黄花苜蓿 *MfMIPS1* 和紫花苜蓿同源基因 *MsMIPS1* 响应低温的表达变化，发现在常温下光照 2h 时 *MfMIPS1* 和 *MsMIPS1* 表达量均有所上升，光照 4h 后表达量下降，12h 后表达水平逐渐恢复（图 13-4b）。低温处理后，*MfMIPS1* 和 *MsMIPS1* 的表达均表现出上调。其中，*MfMIPS1* 在冷处理 2h 就出现较强的杂交信号，4h 后 *MfMIPS1* 表达量进一步上调，24h 达到表达量高峰，在试验期（4d）内维持在较高水平。*MsMIPS1* 的表达在冷处理 8h 后才开始上调，随后维持较高的表达水平，但始终低于同时期的 *MfMIPS1*（图 13-4b）。此前已观察到黄花苜蓿和紫花苜蓿麦角肌醇含量在冷胁迫处理后

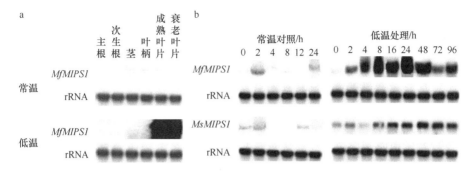

图 13-4　不同组织器官 *MfMIPS1* 的表达分析及其对低温的响应（引自 Tan et al.，2013）

a. 常温对照或低温（5℃）处理 24h 后提取总 RNA；b. 常温或低温（5℃）处理不同时间后提取总 RNA。取 20μg RNA 用于 RNA 印迹杂交分析，以 ^{32}P 标记的 *MfMIPS1* 片段作为杂交探针

不断积累，处理 2d 后黄花苜蓿麦角肌醇含量持续高于紫花苜蓿（图 7-2b），这与低温下 *MfMIPS1* 和 *MsMIPS1* 表达量的差异是一致的。结果表明，低温下 *MfMIPS1* 较 *MsMIPS* 更早响应低温，而且在低温下 *MfMIPS1* 表达量更高。

MfMIPS1 也能响应盐胁迫和脱水处理（图 13-5）。用 0.25mol/L NaCl 溶液浇灌处理黄花苜蓿幼苗 4h 后，*MfMIPS1* 表达量明显上调，并在处理后 48～72h 内维持在最高水平（图 13-5a）。*MfMIPS1* 表达也受脱水处理诱导，随着叶片脱水处理时间延长，叶片相对含水量（RWC）不断降低（图 13-6c），*MfMIPS1* 表达量不断升高（图 13-5b）。

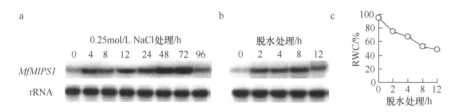

图 13-5　盐胁迫和脱水处理对 *MfMIPS1* 表达的影响（引自 Tan et al.，2013）

黄花苜蓿经 0.25mol/L NaCl 处理（a）或叶片脱水处理（b）不同时间后 *MfMIPS1* 表达变化情况。脱水处理不同时间点测定叶片相对含水量（RWC，c）

13.3.4　H₂O₂ 和 NO 以相互依赖的方式诱导 *MfMIPS1* 表达

脱落酸（abscisic acid，ABA）、H_2O_2 和 NO 是植物响应逆境的重要信号分子，调控基因表达，但 ABA、H_2O_2 和 NO 是否诱导 *MIPS* 表达尚不清楚。将黄花苜蓿离体叶片浸泡在 0.1mmol/L ABA、10mmol/L H_2O_2 或 0.1mmol/L 硝普酸钠（SNP）溶液中，以去离子水作为对照。处理一定时间后，取样提取总 RNA，以 ^{32}P 标记的 *MfMIPS1* 探针进行 RNA 印迹杂交分析。结果显示，ABA 处理不影响 *MfMIPS1* 表达；H_2O_2 处理 1h 就诱导 *MfMIPS1* 表达，而且随着处理时间延长，*MfMIPS1* 表达量不断升高；SNP 处理 1h 就能诱导 *MfMIPS1* 表达，此后 *MfMIPS1* 表达量维持在高于对照的水平（图 13-6）。

为探讨 H_2O_2 和 NO 在诱导 *MfMIPS1* 表达中的关系，分别将黄花苜蓿离体叶片分成 5 组：1 组为对照，浸泡在去离子水中；2 组浸泡在 H_2O_2 清除剂二甲基硫脲（DMTU，5mmol/L）溶液 4h，然后分别转移到 H_2O_2 或 SNP 溶液处理 4h；2 组浸泡在 NO 清除剂

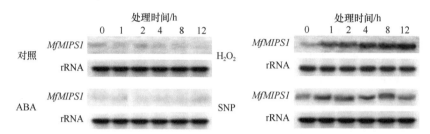

图 13-6　ABA、H_2O_2 和 NO 对 *MfMIPS1* 基因表达的影响（引自 Tan et al.，2013）

将离体叶片浸泡在水（对照）、0.1mmol/L ABA、10mmol/L H_2O_2 或 0.1mmol/L 硝普酸钠（SNP）溶液中，一定时间后取样提取总 RNA，以 Northern blotting 检测基因表达

PTIO（0.2mmol/L）溶液 4h，然后分别转移到 H_2O_2 或 SNP 溶液处理 4h。用 RNA 印迹杂交分析 *MfMIPS1* 的表达，结果显示，H_2O_2 处理诱导 *MfMIPS1* 的表达与前面观察到的结果一致。DMTU 预处理后再用 H_2O_2 处理，H_2O_2 不能诱导 *MfMIPS1* 表达，这是由于 DMTU 清除了叶片 H_2O_2，使得 H_2O_2 不能发挥作用。PTIO 预处理后再用 H_2O_2 处理，H_2O_2 不能诱导 *MfMIPS1* 表达，说明 H_2O_2 对 *MfMIPS1* 表达的诱导作用依赖 NO（图 13-7）。SNP 处理诱导 *MfMIPS1* 的表达与前面观察到的结果一致。PTIO 预处理后再用 SNP 处理，SNP 不能诱导 *MfMIPS1* 表达，这是由于 PTIO 清除了叶片 NO，使得 NO 不能发挥作用。DMTU 预处理后再用 SNP 处理，SNP 不能诱导 *MfMIPS1* 表达，说明 NO 对 *MfMIPS1* 表达的诱导作用依赖 H_2O_2（图 13-7）。结果表明，H_2O_2 诱导 *MfMIPS1* 表达依赖 NO，NO 诱导 *MfMIPS1* 表达依赖 H_2O_2。

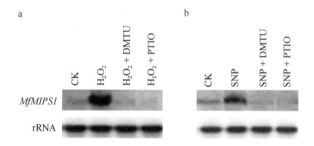

图 13-7　H_2O_2 和 NO 诱导 *MfMIPS1* 表达及其相互依赖性分析（引自 Tan et al.，2013）

13.3.5　低温和脱水诱导 *MfMIPS1* 表达依赖 H_2O_2 和 NO 相互作用

为检测 H_2O_2 和 NO 是否参与低温、脱水和盐胁迫诱导 *MfMIPS1* 表达，将黄花苜蓿离体叶片用 DMTU 或 PTIO 溶液预处理 2h，然后分成 3 组，分别进行低温（5℃ 24h）、脱水（2h）或盐胁迫（0.25mol/L NaCl 4h）处理，以水处理黄花苜蓿叶片为对照，分别提取总 RNA 进行 RNA 印迹杂交分析。结果显示，低温、脱水和盐胁迫处理诱导 *MfMIPS1* 表达，与前面的结果（图 13-4，图 13-5）一致；DMTU 或 PTIO 处理均抵消了低温或干旱诱导的 *MfMIPS1* 表达，表明 H_2O_2 和 NO 是低温和脱水诱导 *MfMIPS1* 表达所必需的。但 DMTU 或 PTIO 处理未能抵消盐胁迫诱导 *MfMIPS1* 表达，表明 H_2O_2 和 NO 与盐胁迫诱导 *MfMIPS1* 表达无关（图 13-8）。基于 H_2O_2 和 NO 在诱导 *MfMIPS1* 表达中的相互依赖，可以认为 H_2O_2 和 NO 的相互作用共同参与低温和脱水诱导 *MfMIPS1* 表达。

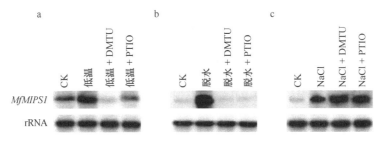

图 13-8　DMTU 和 PTIO 对低温（a）、脱水（b）和盐胁迫（c）诱导 *MfMIPS1* 的影响（引自 Tan et al.，2013）

13.3.6　过量表达 *MfMIPS1* 转基因烟草分析

为验证 *MfMIPS1* 表达与耐寒、抗旱和耐盐性的关系，构建了组成型启动子 CaMV 35S 驱动 *MfMIPS1* 的过量表达载体，利用农杆菌介导法转化烟草，获得 *MfMIPS1* 转基因再生株系。通过对 T0、T1 和 T2 代植株的连续筛选与鉴定，获得了纯合的转基因株系。选取 10-6、30-6 和 38-10 等 3 个株系为实验材料，提取基因组 DNA 进行 DNA 印迹杂交鉴定。结果显示，野生型植株未检测到 *MfMIPS1* 的杂交信号，3 个株系能检测到杂交信号，但信号带不在同一位置，表明它们来自不同的转化事件，*MfMIPS1* 已整合到转基因烟草的基因组中；*MfMIPS1* 以单拷贝存在于 10-6 和 30-6 中，以双拷贝存在于 38-10 中（图 13-9a）。采用 RNA 印迹杂交检测 *MfMIPS1* 在转基因烟草中是否表达，结果显示，3 个转基因烟草株系能检测到很强的 *MfMIPS1* 信号（图 13-9b）。测定了转基因植物及其野生型叶片的 MIPS 活性，结果显示，转基因株系 10-6 和 38-10 的 MIPS 活性显著高于野生型（图 13-9c）。上述结果表明，*MfMIPS1* 已整合至转基因烟草株系的基因组并获得了表达。

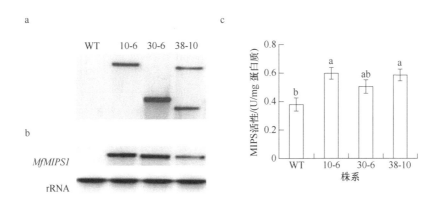

图 13-9　过量表达 *MfMIPS1* 转基因烟草的检测（引自 Tan et al.，2013）

a. DNA 印迹杂交鉴定；b. RNA 印迹杂交鉴定；c. MIPS 活性测定，不同字母表示不同株系间差异显著（$P < 0.05$）

研究进一步检测了转基因株系及其野生型叶片的麦角肌醇含量，结果显示，转基因株系的麦角肌醇含量是野生型的 2.3～2.8 倍（图 13-10a）。野生型叶片中未检测到肌醇半乳糖苷和棉子糖，在转基因株系中检测到较高含量的肌醇半乳糖苷和棉子糖（图 13-10b，图 13-10c）。

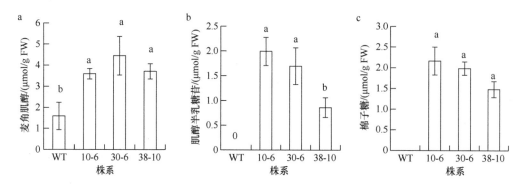

图 13-10　过量表达 *MfMIPS1* 转基因烟草及其野生型几种糖的分析（引自 Tan et al.，2013）

用 HPLC 测定麦角肌醇（a）、肌醇半乳糖苷（b）和棉子糖含量（c），不同字母表示不同株系间差异显著（$P < 0.05$）

13.3.7　过量表达 *MfMIPS1* 提高植物耐寒性

转基因烟草与野生型在正常条件下的生长状况相似，鲜重无显著差异。12℃下生长 5 周的植株生物量较对照组显著降低，但转基因烟草生物量高于野生型（图 13-11a）。将常温下生长 10 周的植株转移到 3℃进行冷害处理，4d 后所有植物的相对电导率均升高，但转基因株系的相对电导率均显著低于野生型（图 13-11b）；转基因烟草与野生型在正常条件下净光合速率（P_n）差异不大，冷害处理 4d 后所有植物的 P_n 均降低，但转基因烟草的 P_n 显著高于野生型（图 13-11c）。这些结果表明，过量表达 *MfMIPS1* 提高了转基因烟草耐寒性。

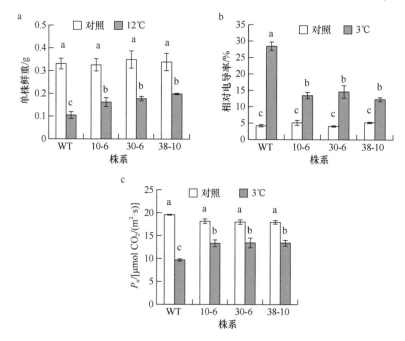

图 13-11　过量表达 *MfMIPS1* 转基因烟草及其野生型（WT）耐寒性分析（引自 Tan et al.，2013）

测定转基因烟草及野生型低温胁迫处理后的株系鲜重（a）、相对电导率（b）和净光合速率（P_n，c）变化，图中不同字母表示差异显著（$P < 0.05$）

13.3.8　过量表达 *MfMIPS1* 提高植物耐盐、耐渗透胁迫能力

通过测定盐胁迫和渗透胁迫（模拟干旱）下种子萌发率及生物量，评价转基因植物耐盐性和耐渗透胁迫能力。将消毒过的种子平铺在含不同浓度 NaCl 或甘露醇的 MS 培养基上，以 MS 培养基为对照，14d 后测定萌发率。正常条件下转基因烟草及其野生型种子在 MS 培养基上的萌发率差异不大，为 97%～100%，但在干旱胁迫或盐胁迫下表现出明显差异。在含 0.2mol/L 和 0.25mol/L NaCl 的培养基上，野生型的萌发率分别降低到 67% 和 46%，转基因株系的萌发率未明显受胁迫影响，维持在 92%～100%；0.3mol/L NaCl 胁迫下，野生型的萌发率只有 16%，而转基因株系种子萌发率维持在 70%～72%（图 13-12a）。在含 0.3mol/L 和 0.4mol/L 甘露醇的培养基上，野生型的萌发率分别降低到 68% 和 40%，转基因株系的萌发率维持在 97%～100%；0.5mol/L 甘露醇条件下，野生型的萌发率只有 4%，而转基因株系的萌发率为 78%～86%（图 13-12b）。将种子萌发后生长一致的材料移到含有 0.1mol/L NaCl 或 0.1mol/L 甘露醇的 MS 培养基上，以 MS 培养基为对照，5 周后测定植株的鲜重。结果显示，正常条件下转基因株系与野生型的单株鲜重差异不大，盐胁迫和渗透胁迫下，野生型鲜重分别只有对照条件下的 50% 和 38%，而转基因株系鲜重明显高于野生型，分别为其对照条件下的 72%～93% 和 63%～67%（图 13-12c）。这些结果表明，过量表达 *MfMIPS1* 提高了转基因烟草耐盐性和耐渗透胁迫能力。

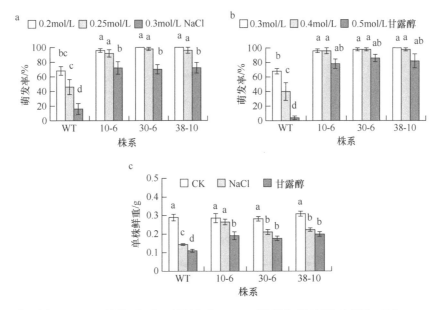

图 13-12　过量表达 *MfMIPS1* 转基因烟草及其野生型（WT）耐盐性和耐渗透胁迫分析（引自 Tan et al., 2013）
测定转基因烟草及野生型在含有不同浓度 NaCl（a）或甘露醇（b）的 MS 培养基上的萌发率，以及萌发后在含有 0.1mol/L NaCl 或 0.1mol/L 甘露醇的 MS 培养基生长后的单株鲜重（c）。图中不同字母表示差异显著（$P<0.05$）

13.3.9　MfMIPS1 的功能

上述研究结果表明，*MfMIPS1* 响应低温的表达水平显著高于紫花苜蓿同源基因

MsMIPS1，这是黄花苜蓿在低温驯化处理期间麦角肌醇含量显著高于紫花苜蓿的重要原因之一。该基因不仅受低温诱导表达，还能响应脱水和盐胁迫，表明 *MfMIPS1* 广泛参与了黄花苜蓿应对非生物胁迫过程。H_2O_2 和 NO 信号途径在 *MfMIPS1* 响应低温和脱水胁迫的过程中发挥了关键作用，且 H_2O_2 和 NO 以相互依赖的方式调控 *MfMIPS1* 表达。过表达 *MfMIPS1* 显著提高了转基因烟草的 MIPS 活性，增加了转基因植株麦角肌醇、肌醇半乳糖苷和棉子糖含量，不仅提高转基因植物的耐寒性，还提高耐盐及耐渗透胁迫能力。

13.4 黄花苜蓿肌醇半乳糖苷合酶（MfGolS1）调控耐寒性

13.4.1 肌醇半乳糖苷合酶是棉子糖生物合成的关键酶

肌醇半乳糖苷合酶（galactinol synthase，GolS，EC 2.4.1.123）以 UDP-半乳糖苷为供体，将半乳糖基转移给肌醇，生成肌醇半乳糖苷。肌醇半乳糖苷是棉子糖类寡糖唯一的半乳糖基供体，也是合成棉子糖的直接底物，因此 GolS 是棉子糖类寡糖合成的关键酶。

棉子糖类寡糖（raffinose family oligosaccharide，RFO）是一类重要的可溶性寡糖，很早就发现 RFO 的积累与植物越冬存活有关。温带植物通常在秋季合成和积累 RFO，维持胞内渗透压，降低零下低温对植物细胞的伤害。RFO 由 1~3 分子半乳糖与蔗糖结合形成，常见的如棉子糖（raffinose）、水苏糖（stachyose）、毛蕊花糖（verbascose）等（图 13-13）。

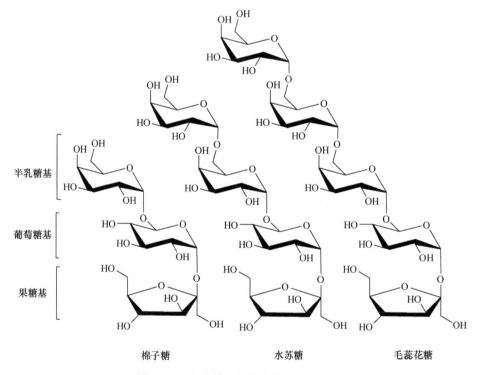

图 13-13　部分棉子糖类寡糖的分子结构

棉子糖广泛分布于高等植物中，水苏糖、毛蕊花糖等其他棉子糖类寡糖则分布于某些特定的物种。棉子糖结构中的葡萄糖基和果糖基直接来自蔗糖，而半乳糖基则来自肌醇半乳糖苷（galactinol）。棉子糖合酶（raffinose synthase）催化半乳糖基从肌醇半乳糖苷转移至蔗糖合成棉子糖，再由水苏糖合酶（stachyose synthase）、毛蕊花糖合酶（verbascose synthase）等酶催化，进一步衍生出其他棉子糖类寡糖（ElSayed et al.，2014）。

13.4.2　植物 *GolS* 表达受逆境诱导

在逆境条件下，植物 *GolS* 表达上调，以促进棉子糖类寡糖的合成，提高植物耐逆性。例如，牛耳草（*Boea hygrometrica*）的 *BhGolS1* 表达受干旱和 ABA 诱导，过表达 *BhGolS1* 提高了转基因番茄的抗旱性（Wang et al.，2009）。拟南芥基因组有 10 个编码 GolS 的基因，其中 *AtGolS1*、*AtGolS2* 受干旱和盐胁迫诱导表达，仅 *AtGolS3* 受低温诱导表达（Nishizawa et al.，2008；Taji et al.，2002）。但过去对过量表达 *GolS* 基因是否提高植物耐寒性的研究较少。一项研究发现，不同秋眠级紫花苜蓿在越冬前的棉子糖合成能力差异显著，越冬能力强的品种，其 *GolS* 基因在更早的月份被诱导表达，进而更早地积累足量的棉子糖类寡糖（Cunningham et al.，2003）。我们在黄花苜蓿响应低温的 cDNA 文库中发现了 *GolS*，而且低温驯化期间黄花苜蓿肌醇半乳糖苷、棉子糖和水苏糖含量高于耐寒性较弱的紫花苜蓿，推测 *GolS* 可能与黄花苜蓿耐寒性密切相关。为此，研究了黄花苜蓿 *MfGolS1* 的功能（Zhuo et al.，2013）。

13.4.3　MfGolS1 的分子特征

根据 GenBank 里 GolS 片段信息，采用 DNASTAR 软件的 SEQMAN 程序，对 *MfGolS1* cDNA 片段进行拼接。根据拼接的序列设计引物，以低温处理的黄花苜蓿叶片 cDNA 为模板，采用 RT-PCR 方法，克隆了一个黄花苜蓿 *GolS* 基因，命名为 *MfGolS1*（GenBank：FJ607306）。所获得的 cDNA 转录本长度为 1212bp，包含一个 978bp 可读框，编码 325 个氨基酸，蛋白质分子量为 37.6kDa，预测等电点为 6.04。在 NCBI 数据库进行氨基酸序列比对，发现 *MfGolS1*（ACM50915）与紫花苜蓿中的 *MsGolS*（即 msaCIF，AAM97493）最相似（99.1%）。MfGolS1 氨基酸序列中存在糖基转移酶的保守区域，结合 Mn^{2+} 的基序 DGD，一个丝氨酸磷酸化位点和 C 端的疏水五肽 APSAA。将 MfGolS1 与 MsGolS、蒺藜苜蓿和拟南芥 GolS 进行进化树分析，结果显示，MfGolS1 与 MsGolS、MtGolS1（MTR_1g084660）和 MtGolS2（MTR_1g084670）关系最近。在拟南芥 GolS 中，AtGolS1、AtGolS2 和 AtGolS3 与 MfGolS1 关系更近（图 13-14）。

利用扩增 *MfGolS1* cDNA 的引物，以基因组 DNA 为模板，扩增 *MfGolS1* DNA 序列，对 DNA 序列进行分析，发现 *MfGolS1* 基因含有 3 个内含子和 4 个外显子（图 13-15a），以 *MfGolS1* 保守片段作为探针（图 13-15b），将黄花苜蓿基因组 DNA 分别用 *Eco*R I、*Sca* I 和 *Hin*dIII 进行酶切，电泳后转移到尼龙膜上，进行 DNA 印迹杂交。每个样品均出现了 3 条杂交信号带（图 13-15c），由于在 *MfGolS1* DNA 序列中不存在上述 3 个限制性内切酶的作用位点，因此说明在黄花苜蓿基因组至少存在 3 个 *GolS* 同源基因。

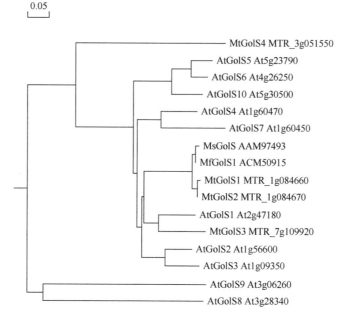

图 13-14　黄花苜蓿 MfGolS1 与紫花苜蓿 MsGolS 及蒺藜苜蓿和拟南芥 GolS 的进化树分析
（引自 Zhuo et al.，2013）

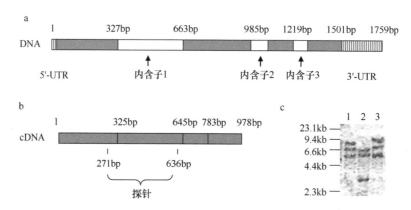

图 13-15　*MfGolS1* 的基因结构（a）、cDNA 及杂交探针（b）示意图及基因组 DNA 的 DNA 印迹杂交
分析（c）（引自 Zhuo et al.，2013）

图 c 中 1、2、3 分别代表经过 *Eco*R I、*Sca* I 和 *Hin*dIII酶切的 DNA 样品

13.4.4　*MfGolS1* 组织表达特性及其对逆境的响应

RNA 印迹杂交表明，在正常条件下没有检测到 *MfGolS1* 的转录本（图 13-16a）；低温处理 24h 后，*MfGolS1* 在叶片（包括成熟叶片和衰老叶片）中大量表达，次生根中也有较高水平的表达（图 13-16b）。进一步分析比较黄花苜蓿和紫花苜蓿在低温处理过程中的动态变化，*MfGolS1* 在低温处理 8h 后开始诱导表达，24h 时表达量达到最大，48h 时表达量有所降低，但在 96h 内仍维持在较高水平；紫花苜蓿 *MsGolS* 表达在低温处理 8h 后开始诱导，在 16h 后达到最大，24h 时表达量迅速降低，48h 时仅有微弱的杂交信号（图 13-16c）。

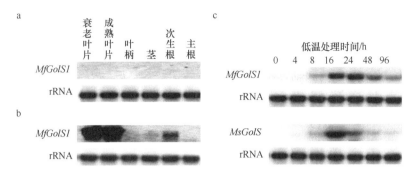

图 13-16 不同组织器官 *MfMIPS1* 的表达分析及其对低温的响应（引自 Zhuo et al.，2013）

正常条件（a）或低温（5℃，b）处理 24h 后提取总 RNA；取 2μg RNA 用于 RNA 印迹杂交分析，以 ^{32}P 标记的 *MfMIPS1* 片段作为杂交探针

由于利用实时荧光定量 RT-PCR（qRT-PCR）检测基因的相对表达量更加准确，我们采用 qRT-PCR 检测了黄花苜蓿在低温、干旱和盐胁迫条件下 *MfGolS1* 相对表达量的动态变化。低温处理 4h、8h、12h 和 24h 时，*MfGolS1* 相对表达量依次提高了 13 倍、35 倍、78 倍和 153 倍，48h 和 96h 时，表达量分别为对照的 63 倍和 39 倍（图 13-17a），与 RNA 印迹杂交的结果一致（图 13-16c）。*MfGolS1* 表达也受脱水和盐胁迫诱导，脱水处理 2h，*MfGolS1* 相对表达量提高了 8 倍，4～8h 时 *MfGolS1* 相对表达量最大，为对照的 11 倍；12h 时 *MfGolS1* 相对表达量降低，但仍高于对照水平（图 13-17b）。用 0.25mol/L NaCl 溶液根际处理黄花苜蓿，盐胁迫处理 4h 后 *MfGolS1* 相对表达量明显升高，8h 时达到最大，为对照的 7 倍，随后降低（图 13-17c）。qRT-PCR 结果还说明，脱水和盐胁迫对 *MfGolS1* 表达的诱导作用没有低温的影响大，*MfGolS1* 在耐寒性中的作用可能更大。

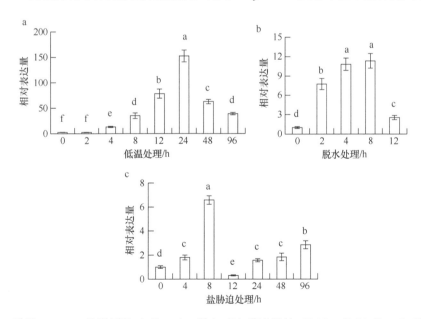

图 13-17 采用 qRT-PCR 分析低温（5℃，a）、脱水（b）和盐胁迫（0.25mol/L NaCl，c）对 *MfGolS1* 表达影响（引自 Zhuo et al.，2013）

图中不同字母表示差异显著（*P*<0.05）

13.4.5　麦角肌醇诱导 *MfGolS1* 表达

麦角肌醇是 GolS 的底物，研究检测了麦角肌醇对 *MfGolS1* 表达的影响。以 50～300mmol/L 麦角肌醇处理黄花苜蓿叶片 4h，提取总 RNA，以 qRT-PCR 分析 *MfGolS1* 的相对表达量。麦角肌醇浓度达到 100mmol/L 时能诱导 *MfGolS1* 的表达，200mmol/L 和 300mmol/L 的诱导作用达到最大（图 13-18a）。进一步用 200mmol/L 麦角肌醇处理不同时间，结果显示，处理 4h 后 *MfGolS1* 的相对表达量最高，是处理前的 6 倍，处理 8h 后 *MfGolS1* 相对表达量降低（图 13-18b），肌醇对 *MfGolS1* 表达的效应表现出类似于信号分子的作用。逆境激素 ABA 对 *MfGolS1* 表达没有影响。

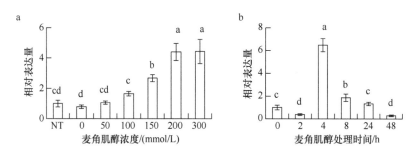

图 13-18　不同浓度麦角肌醇（a）及 200mmol/L 麦角肌醇处理不同时间（b）对 *MfGolS1* 表达的影响
（引自 Zhuo et al.，2013）
图中不同字母表示差异显著（$P < 0.05$）

13.4.6　过量表达 *MfGolS1* 转基因烟草的检测

为了验证 *MfGolS1* 在耐逆性中的作用，将 *MfGolS1* 克隆到 CaMV 35S 启动子驱动的过表达载体，通过农杆菌介导法转化烟草，获得了转基因再生植株，经过对 T0、T1、T2 代植株的筛选和鉴定，获得了纯合的转基因株系。对其中 3 个株系 22-2、28-1 和 40-1 的 DNA 印迹杂交检测结果如图 13-19a 所示。与野生型相比，3 个株系均出现杂交信号，证明 *MfGolS1* 已整合到转基因烟草的基因组中。但杂交信号带的位置不同，说明这 3 个株系来自独立转化事件（图 13-19a）。采用 RNA 印迹杂交方法分析了转基因烟草中 *MfGolS1* 的表达情况，结果显示，野生型无杂交信号，3 个转基因株系均出现较强的杂交信号，表明 *MfGolS1* 在转基因烟草中获得了表达（图 13-19b）。

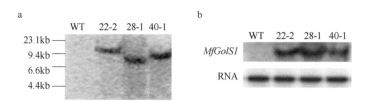

图 13-19　转基因烟草的 DNA 印迹（a）和 RNA 印迹（b）检测（引自 Zhuo et al.，2013）
5μg DNA 用 *Eco*R I 酶切后电泳（a），20μg RNA 用于 RNA 印迹杂交（b），以 ^{32}P 标记的 *MfGolS1* 片段作为杂交探针

　　用高效液相色谱（HPLC）测定转基因植物及其野生型叶片的肌醇半乳糖苷、棉子糖和水苏糖含量。从正常条件下的野生型叶片中未检出肌醇半乳糖苷、棉子糖和水苏糖，在转基因株系中能检测到这些物质（图 13-20a～图 13-20c）。3℃低温处理 3d 后，野生型叶片中积累了约 1.5μmol/g FW 的肌醇半乳糖苷和 0.1μmol/g FW 的棉子糖，转基因株系中这些物质的含量显著高于野生型，其中肌醇半乳糖苷为 8～12μmol/g FW（图 13-20d），棉子糖为 0.3～0.8μmol/g FW（图 13-20e），水苏糖为 0.09～0.13μmol/g FW（图 13-20f）。

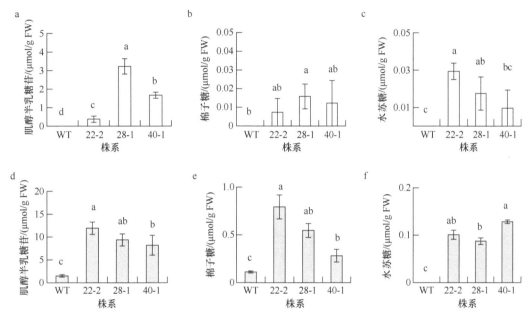

图 13-20　转基因烟草及其野生型叶片肌醇半乳糖苷、棉子糖和水苏糖含量（引自 Zhuo et al., 2013）

a、b、c 为常温；d、e、f 为 3℃低温处理 3d。图中不同字母表示差异显著（$P < 0.05$）

13.4.7　过量表达 *MfGolS1* 与植物耐寒性

　　将 MS 培养基上生长 5 周的植株置于−4℃处理 2h，野生型植株出现明显冻害症状，植株萎蔫，而转基因株系表现基本正常（图 13-21a）。将植株洗净后测定植株相对电导率，结果显示，转基因株系显著低于野生型（图略），表明转基因植株受冻害程度较轻。将种植于营养土的 12 周龄烟草幼苗进行−3℃冻害处理 3h，然后置于常温下恢复 2d 观测，野生型烟草存活率为 17%，而转基因株系的存活率为 42%～47%，显著高于野生型（图 13-21b，图 13-21c）。结果表明，过量表达 *MfGolS1* 提高了转基因烟草的耐冻性。

　　将 12 周龄的转基因烟草及其野生型植株放置在人工气候箱内，以 3℃低温进行冷害处理，2d 和 4d 后测定叶片相对电导率与净光合速率（P_n）。结果显示，随着低温处理时间延长，相对电导率逐渐升高，而净光合速率（P_n）不断降低；而转基因株系的相对电导率显著低于野生型，P_n 显著高于野生型（除 28-1 4d 处理）（图 13-22a，图 13-22b）。结果表明，过量表达 *MfGolS1* 提高了转基因烟草的耐冷性。

图 13-21 转基因烟草及其野生型的耐冻性分析（引自 Zhuo et al.，2013）

在 MS 培养基上生长 5 周的 *MfGolS1* 转基因烟草及其野生型（WT）置于–4℃处理 2h 后的表型差异（a）；在营养土上生长 12 周的 *MfGolS1* 转基因烟草及其野生型（WT）置于–3℃处理 3h 后的表型差异（b）及存活率统计（c）。图中不同字母表示差异显著（P<0.05）

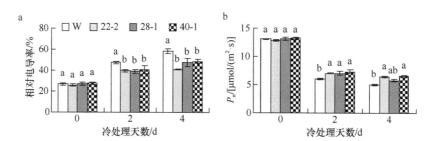

图 13-22 转基因烟草及其野生型的耐冷性分析（引自 Zhuo et al.，2013）

a. 相对电导率；b. P_n 变化。图中不同字母表示差异显著（P <0.05）

13.4.8 过量表达 *MfGolS1* 对植物耐盐、耐渗透胁迫能力的影响

以生长于逆境下植物的生物量大小评价转基因植物的耐盐性和耐渗透胁迫能力。正常条件下转基因株系与其野生型的生长状况和鲜重差异不大；与对照相比，在含 0.1mol/L 甘露醇或 0.1mol/L NaCl 的 MS 培养基上生长 5 周的野生型植株鲜重明显降低，而转基因株系在 0.1mol/L 甘露醇条件下的鲜重未降低，在 0.1mol/L NaCl 条件下的鲜重反而高于正常条件下的植株，也明显高于盐胁迫下的野生型植株（图 13-23）。结果表明，过量表达 *MfGolS1* 提高了转基因烟草耐盐性和耐渗透胁迫能力。

13.4.9 MfGolS1 的功能

GolS 以麦角肌醇为底物，催化肌醇半乳糖苷的生物合成，肌醇半乳糖苷进一步可转化为棉子糖。黄花苜蓿基因组中可能存在 3 个 *GolS* 同源基因，其中 *MfGolS1* 的表达受低温诱导，也受脱水和盐胁迫诱导，但受低温诱导程度更大。*MfGolS1* 的表达还受到底物麦角肌醇的诱导，说明麦角肌醇可正向促进棉子糖类寡糖的合成。过量表达 *MfGolS1* 提高转基因植物肌醇半乳糖苷、棉子糖和水苏糖含量，并提高耐寒、耐盐和耐渗透胁迫能力，表明 *MfGolS1* 不仅调控耐寒性，还能调控植物对其他非生物胁迫的耐性。

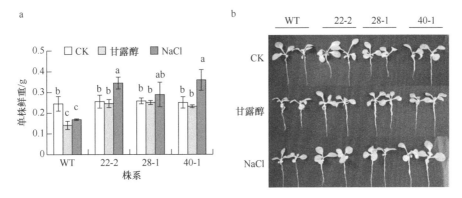

图 13-23　转基因烟草及其野生型的耐盐性和耐渗透胁迫分析（引自 Zhuo et al., 2013）
将转基因株系及其野生型（WT）种子播种于 MS 培养基上，1 周后将萌发的种子移到 MS 培养基（对照,CK），或者含 0.1mol/L
甘露醇或 0.1mol/L NaCl 的 MS 培养基上，生长 5 周后测定植株鲜重（a），并照相（b）。图中不同字母表示差异显著（$P<0.05$）

13.5　黄花苜蓿类肌醇转运蛋白（MfINT-like）调控耐寒性

13.5.1　肌醇转运蛋白

　　绝大多数糖类物质是在成熟叶片合成的，这些糖类物质重新分配和运输到其他组织或器官需要糖类转运蛋白的参与。MFS（major facilitator superfamily）转运蛋白超家族中的单糖转运蛋白（monosaccharide transporter，MST）广泛参与了单糖和糖醇类物质的运输。典型的 MST 转运蛋白包含至少 12 个跨膜结构域，在蛋白质中央形成亲水的孔洞结构，用于主动运输水溶性成分。MST 家族成员通常能够转运一种或多种单糖或糖醇，但是存在一定的底物偏好性。肌醇转运蛋白（inositol transporter，INT）是 MST 蛋白家族中负责运输肌醇类的转运蛋白，参与肌醇在液泡储存、运出及长距离运输等过程。

　　盐生植物冰叶日中花（*Mesembryanthemum crystallinum*）利用肌醇转运蛋白 MITR1 将根部多余的钠离子与肌醇协同转运到筛管，随后长距离传送到地上部分，并最终将盐分富集在叶肉细胞（Chauhan et al., 2000）。拟南芥中有 4 个肌醇转运蛋白基因，AtINT1 定位于液泡膜，是 H^+/肌醇协同转运蛋白，负责从液泡中转出肌醇（Schneider et al., 2008）。AtINT2 和 AtINT4 都定位于质膜，其中 AtINT4 主要存在于花粉和伴胞中，对肌醇的亲和力高；AtINT2 则对肌醇的亲和力较低，微量存在于花粉绒毡层、维管、叶肉细胞中（Schneider et al., 2006，2007）。*AtINT3* 可能是一个假基因。虽然已经在植物中发现了多个肌醇转运蛋白，但对其功能理解得并不多，尤其是在植物耐逆性中所起作用了解其少。

13.5.2　黄花苜蓿类肌醇转运蛋白（**MfINT-like**）的分子特征

　　在黄花苜蓿响应低温的 cDNA 文库里存在 INT 片段,根据该 cDNA 序列及 GenBank 里 INT 片段信息，采用 DNASTAR 软件的 SEQMAN 程序，对 MfINT cDNA 片段进行拼接。根据拼接的序列设计引物，以低温处理的黄花苜蓿叶片 cDNA 为模板，采用 RT-PCR

方法，克隆了一个黄花苜蓿 INT 基因，由于其编码蛋白与蒺藜苜蓿一个未知蛋白（MTR_2g048720）最相似，与蒺藜苜蓿 INT 和拟南芥 AtINT2 同源性较高，故命名为 *MfINT-like*（Sambe et al，2015）。将 MfINT-like 与蒺藜苜蓿和拟南芥的 INT 进行进化树分析，结果如图 13-24 所示。

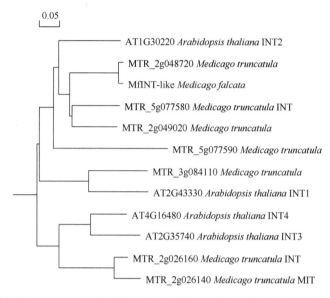

图 13-24　黄花苜蓿 MfINT-like 与蒺藜苜蓿及拟南芥 INT 的进化树分析（引自 He et al.，2015）

MfINT-like 与拟南芥 AtINT2、AtINT4、AtINT3、AtINT1 的相似性分别为 68%、58%、54% 和 47%。利用在线软件 TMHMM 2.0（http://www.cbs.dtu.dk/services/TMHMM）和 HMMTOP（http://www.enzim.hu/hmmtop）对蛋白质结构进行预测，MfINT-like 包含 12 个跨膜结构域，并存在一个糖基化位点（Asn-Asn-Thr）（图 13-25），属于 MST 转运蛋白家族。

MEGGVPEADMSAFRECLSLSWKNPYVLRLAFSAGIGGLLFGYDTGVISGALLYIGDEFPAVERKTWLQEAIVSTAIAGAIIG
AAIGGWINDRFGRKVSIIVADALFLIGSIILAAAPNPATLIVGRVFVGLGVGMASMASPLYISEASPTRVRGALVSLNSFLITG
GQFLSYLINLAFTKAPGTWRWMLGVAAAPAVIQIVLMLSLPESPRWLYRKGKEEEAKVILKKIYEVEDYDNEIQALKESVE
MELKETEKISIMQLLKTTSVRRGLYAGCGLAFFQQFVGINTVMYYSPSIVQLAGFASKRTALLLSLITSGLNAIGSILSIYFIDK
TGRKKLALISLTGVVLSLTLLTVTFRESEIHAPMVSVIESSHFNNTNTCPEFKTAAMNNHNWNCMKCIRAESTTCGFCAAP
GDMTKPGACLISNKNTEDICGVDHRAWYTKGCPSNFGWIAIIIALALYIIFFSPGMGTVPWVVNSEIYPLRYRGICGGIASTT
VWVSNLVVSQSFLTLTVAIGPAWTFMIFAIIAIVAIFFVIIFVPETKGVPMEEVESMLEKRFVQIKFWKKRDSPSEK

图 13-25　MfINT-like 氨基酸序列、跨膜结构域和糖基化位点预测
在糖基化位点（NNT）的下方用*标出，在跨膜结构序列下方用横线标出

利用 CELLO v.2.5（http://cello.life.nctu.edu.tw/）和 pSORT（http://wolfpsort.org/）在线软件，预测 MfINT-like，定位于质膜。为验证这一点，将 *MfINT-like* 的 CDS 序列连接到含有 GFP 编码序列的载体，形成 *MfINT-like-GFP* 融合基因的表达载体，利用基因枪轰击洋葱表皮细胞，瞬时表达 MfINT-like-GFP 融合蛋白。30h 后，观察 GFP 荧光信号，发现转入空载体的对照材料中 GFP 信号充盈着整个细胞，而在表达 *MfINT-like-GFP* 融

合基因的细胞中荧光信号只在质膜出现；利用质壁分离发现，MfINT-like-GFP 信号随着细胞皱缩始终存在于质膜，这证实 MfINT-like 的确定位于质膜（图 13-26a）。用 *EcoR* Ⅰ 和 *Xba* Ⅰ酶切黄花苜蓿基因组 DNA，电泳后转至尼龙膜上，以 ^{32}P 标记的 *MfINT-like* 保守片段为探针，进行 DNA 印迹杂交，出现了 3 条杂交信号带，由于 *MfINT-like* 基因 DNA 序列不存在作用位点，结果表明，在黄花苜蓿基因组存在 3 个同源基因（图 13-26b）。

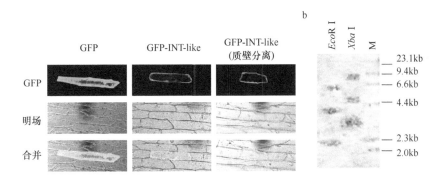

图 13-26　MfINT-like 亚细胞定位（a）及 DNA 印迹杂交（b）分析（引自 He et al., 2015）

13.5.3　低温和麦角肌醇对 *MfINT-like* 表达的影响

低温处理 12h 内黄花苜蓿 *MfINT-like* 表达不发生变化，处理 24h 后黄花苜蓿 *MfINT-like* 相对表达量升高，并在 96h 内维持在较高水平。蒺藜苜蓿的 3 个同源基因的表达则不受低温影响（图 13-27）。如前所述，黄花苜蓿比蒺藜苜蓿更耐寒，推测低温诱导 *MfINT-like* 表达可能与黄花苜蓿耐寒性有关，这一点在后面的转基因植物研究中获得证明。0.15mol/L NaCl 溶液根际处理黄花苜蓿，*MfINT-like* 表达未发生显著变化，表明 *MfINT-like* 不响应盐胁迫。

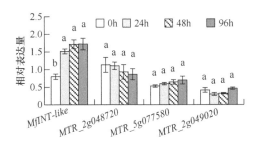

图 13-27　低温对 *MfINT-like* 及蒺藜苜蓿同源基因表达的影响（引自 Sambe et al., 2015）
图中不同字母表示差异显著（$P < 0.05$）

参照过去影响 *MfMIPS1* 表达的麦角肌醇浓度和时间，分析了麦角肌醇对 *MfINT-like* 表达的影响。100～300mmol/L 麦角肌醇诱导 *MfINT-like* 表达，以 200mmol/L 的诱导作用最大（图 13-28a）；200mmol/L 麦角肌醇处理 2h 后 *MfINT-like* 表达开始上调，处理 4h 时达到最大，8h 后降低至对照水平（图 13-28b）。麦角肌醇对 *MfINT-like* 表达的诱导作用类似于信号分子，由于黄花苜蓿在低温下积累麦角肌醇，推测低温诱导 *MfINT-like* 表达可能有麦角肌醇的参与。

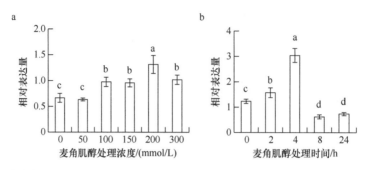

图 13-28 不同浓度麦角肌醇（a）及 200mmol/L 麦角肌醇处理不同时间（b）对 *MfINT-like* 表达的影响（引自 Sambe et al., 2015）

图中不同字母表示差异显著（$P < 0.05$）

13.5.4 过量表达 *MfINT-like* 转基因烟草的检测

为阐明 *MfINT-like* 与耐寒性的关系，构建 CaMV 35S 启动子驱动的 *MfINT-like* 过量表达载体，利用农杆菌介导法转化烟草，获得转基因再生植株。经过连续 3 代的检测，筛选并鉴定出纯合的 T2 代植株。以纯合 T3 代转基因株系 S1、S3、S6 为研究材料，开展了下列研究。

采用 DNA 印迹杂交分析了转基因株系中 *MfINT-like* 的整合情况，结果显示野生型植株无杂交信号，而转基因烟草株系有杂交信号，S1、S3 均出现 2 条杂交信号带，S6 有 1 条杂交信号带，说明外源基因已整合到转基因烟草株系的基因组，而且 S1、S3 含有 2 个拷贝，S6 含有单个拷贝（图 13-29a）。进一步用 RNA 印迹杂交分析 *MfINT-like* 在转基因株系中的表达，结果显示，WT 无杂交信号，转基因株系 S1 的信号最强，S3 和 S6 也有信号，表明 *MfINT-like* 在 3 个转基因株系中均获得了表达，以 S1 的表达量最高（图 13-29b）。

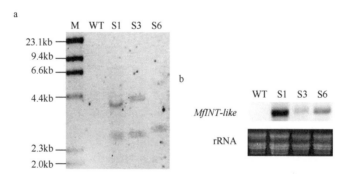

图 13-29 转基因烟草的 DNA 印迹（a）和 RNA 印迹（b）检测（引自 Sambe et al., 2015）

15μg DNA 用 *Eco*R I 酶切后电泳（a），20μg RNA 用于 RNA 印迹杂交（b），以 ^{32}P 标记的 *MfINT-like* 片段作为杂交探针

为了验证过量表达 *MfINT-like* 是否影响植物转运麦角肌醇的能力，将转基因株系及其野生型放在添加 10mmol/L 麦角肌醇的 MS 培养基上生长一段时间，以生长在不含麦角肌醇培养基的材料为对照，测定地上部和根系的麦角肌醇含量。结果显示，根系的麦角肌醇含量（图 13-30a）低于叶片（图 13-30b），在未添加麦角肌醇条件下生长的材料

中, 转基因 S1、S3 根部麦角肌醇含量高于野生型 13%～15%（图 13-30a）, 地上部麦角肌醇无显著差异（图 13-30b）。在添加 10mmol/L 麦角肌醇的培养基上生长的材料, S1、S3 根部和地上部麦角肌醇含量均显著高于野生型（图 13-30a, 图 13-30b）。与不添加麦角肌醇的培养基上的植株相比, 在添加麦角肌醇的培养基上生长的转基因株系 S1 根系的麦角肌醇含量增加百分数高于野生型, 但 S3 和 S6 并不比野生型高, 而 3 个转基因株系地上部麦角肌醇含量增加百分数均高于野生型（图 13-30c）。这表明转基因株系从根系向地上部转运麦角肌醇的能力强于野生型。

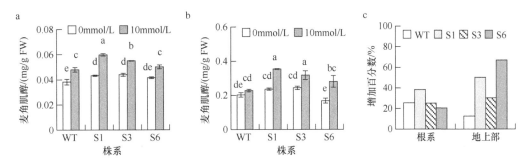

图 13-30 过量表达 *MfINT-like* 转基因烟草转运麦角肌醇的鉴定（引自 Sambe et al., 2015）

将 MS 培养基上萌发一周的种子转移到含 10mmol/L 麦角肌醇的 MS 培养基上, 以 MS 培养基上生长的幼苗作为对照, 生长 4 周后测定根系（a）和地上部（b）麦角肌醇含量；根据含麦角肌醇培养基上的植物麦角肌醇增加量除以 MS 培养基上的植物麦角肌醇含量计算出增加百分数（c）。图中不同字母表示差异显著（P <0.05）

13.5.5 过量表达 *MfINT-like* 提高植物耐寒性

将 5 周龄的烟草幼苗进行 –3℃ 冻害处理 10h, 室温恢复培养 2d 后统计存活率。大部分野生型植株死亡, 而 3 个转基因株系大部分植株能恢复（图 13-31a）；野生型的存活率仅为 10%, 而转基因株系存活率达 77%～83%, 显著高于野生型（图 13-31b）。结果表明, 转基因烟草的耐冻性增强。

图 13-31 转基因烟草的耐冻性分析（引自 Sambe et al., 2015）

生长 5 周的 *MfINT-like* 转基因烟草及其野生型（WT）置于 –3℃ 处理 10h 后的表型差异（a）以及存活率统计（b）。图中不同字母表示差异显著（P < 0.05）

将 5 周龄的烟草幼苗移入人工气候箱，进行 3℃冷害处理 3d，测定相对电导率和光系统Ⅱ最大光化学效率（F_v/F_m）。结果显示，低温处理后所有植株的相对电导率升高（图 13-32a），F_v/F_m 降低（图 13-32b），但转基因烟草叶片的相对电导率低于野生型（图 13-32a），F_v/F_m 高于野生型（图 13-32b），表明过量表达 *MfINT-like* 提高了转基因烟草的耐冷性。

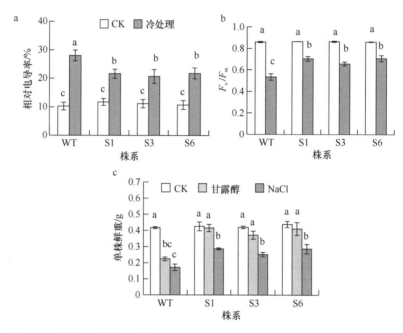

图 13-32　转基因烟草的耐冷、抗旱和耐盐性分析（引自 Sambe et al.，2015）
5 周龄烟草幼苗在 3℃低温处理 3d 后，测定叶片相对电导率（a）和光系统Ⅱ最大光化学效率（F_v/F_m，b）。将萌发的烟草种子移至含 0.1mol/L 甘露醇或 0.1mol/L NaCl 的 MS 培养基上，以 MS 培养基为对照（CK），生长 6 周后测定植株鲜重。
图中不同字母表示差异显著（$P<0.05$）

13.5.6　过量表达 *MfINT-like* 提高植物耐盐和耐渗透胁迫能力

在 MS 培养基上（对照）生长 5 周的转基因株系与野生型植株的鲜重没有明显差异。在含有 0.1mol/L 甘露醇或 0.1mol/L NaCl 培养基生长 5 周后，野生型植株的鲜重比对照组分别降低了 46%、59%，转基因株系在含 0.1mol/L 甘露醇的 MS 培养基上生长，鲜重未明显降低，在含 0.1mol/L NaCl 的 MS 培养基上生长，转基因植株鲜重降低了 33%～40%，降低程度小于野生型（图 13-32c）。结果表明，转基因株系的耐盐性和耐渗透胁迫能力显著高于野生型。

13.5.7　低温下植物麦角肌醇含量的变化

测定低温处理前后烟草叶片麦角肌醇含量，并与黄花苜蓿进行比较。正常条件下野生型烟草叶片中麦角肌醇含量约为 0.5mg/g FW，略低于黄花苜蓿（0.7mg/g FW），叶片中的含量是根系麦角肌醇含量的 10 倍；转基因株系叶片和根系的麦角肌醇含量与野生型之间差异不大。低温处理 3d 后，野生型烟草叶片和根系的麦角肌醇积累量无显著性改变，转基因株系叶片和根系的麦角肌醇积累量明显提高，叶片的麦角肌醇含量是低温处理前的 1.8～2.2 倍，根系是 1.4～1.5 倍。黄花苜蓿叶片和根系的麦角肌醇含量在低温处理后分别是处理前的 2.9 倍和 2.0 倍（图 13-33）。结果表明，过量表达 *MfINT-like* 促进了麦角肌醇的合成。由于 MfINT-like 具有转运麦角肌醇的功能，表达 *MfINT-like* 的转基因植物能及时转运麦角肌醇，避免麦角肌醇在细胞局部区域的积累，促进麦角肌醇的持续合成。

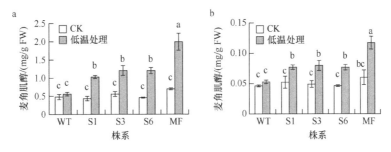

图 13-33　低温处理（3℃）对转基因株系及其野生型（WT）和黄花苜蓿（MF）麦角肌醇含量的影响
（引自 Sambe et al.，2015）

不同材料在低温处理前后叶片（a）、根部（b）的麦角肌醇含量变化。图中不同字母表示差异显著（$P < 0.05$）

13.5.8　MfINT-like 的功能

MfINT-like 是一个包含 12 个跨膜结构域的膜蛋白，定位于细胞质膜，与拟南芥肌醇转运蛋白 AtINT2 同源。黄花苜蓿基因组中存在 3 个 *MfINT-like* 同源基因，低温（24～96h）和麦角肌醇诱导 *MfINT-like* 表达，而且对麦角肌醇的响应较早。由于低温下黄花苜蓿积累麦角肌醇，推测麦角肌醇可能参与低温诱导 *MfINT-like* 的表达。过量表达 *MfINT-like* 显著促进麦角肌醇从根系向地上部的运输，并提高植物耐寒性，还可提高耐盐性和耐渗透胁迫能力。

13.6　本 章 小 结

棉子糖类寡糖作为一类重要的功能性低聚糖，广泛参与了植物对抗干旱、盐害等逆境过程，调控 RFO 合成水平是植物适应逆境的重要方式。通过以上黄花苜蓿 *MfMIPS1*、*MfGolS1* 和 *MfINT-like* 功能的研究，证明它们是调控麦角肌醇和棉子糖合成与积累的关键基因。通过与紫花苜蓿和蒺藜苜蓿中的同源基因比较发现，*MfMIPS1* 和 *MfGolS1* 表达对低温的响应更早或持续时间更长，表达量更高，说明黄花苜蓿在低温驯化期间 RFO 的合成更为活跃。RFO 作为低温保护剂、渗透调节剂和氧自由基清除剂，可有效缓解低温对细胞的伤害。因此，黄花苜蓿通过调控棉子糖合成途径快速响应低温胁迫，并增强其对低温的适应性。这一点在转基因烟草中也得到了印证，通过在烟草中过量表达 *MfMIPS1*、*MfGolS1* 或 *MfINT-like* 基因，显著促进麦角肌醇、肌醇半乳糖苷、棉子糖、水苏糖等的合成和积累，提高抗逆性。

参 考 文 献

Bachmann M, Matile P, Keller F. 1994. Metabolism of the raffinose family oligosaccharides in leaves of *Ajuga reptans* L. (cold acclimation, translocation, and sink to source transition: discovery of chain elongation enzyme). Plant Physiology, 105: 1335-1345.

Chauhan S, Forsthoefel N, Ran Y, et al. 2000. Na$^+$/*myo*-inositol symporters and Na$^+$/H$^+$-antiport in *Mesembryanthemum crystallinum*. Plant Journal, 24: 511-522.

Cheng J, Wen S, Xiao S, et al. 2018. Overexpression of the tonoplast sugar transporter *CmTST2* in melon fruit increases sugar accumulation. Journal of Experimental Botany, 69: 511-523.

Cunningham S M, Nadeau P, Castonguay Y, et al. 2003. Raffinose and stachyose accumulation, galactinol synthase expression, and winter injury of contrasting alfalfa germplasms. Crop Science, 43: 562-570.

Das-Chatterjee A, Goswami L, Maitra S, et al. 2006. Introgression of a novel salt-tolerant L-myo-inositol 1-phosphate synthase from *Porteresia coarctata* (Roxb.) Tateoka (*PcINO1*) confers salt tolerance to evolutionary diverse organisms. FEBS Letters, 580: 3980-3988.

Donahue J L, Alford S R, Torabinejad J, et al. 2010. The *Arabidopsis thaliana myo*-inositol 1-phosphate synthase1 gene is required for *myo*-inositol synthesis and suppression of cell death. Plant Cell, 22: 888-903.

Downie B, Bewley J D. 2000. Soluble sugar content of white spruce (*Picea glauca*) seeds during and after germination. Physiologia Plantarum, 110: 1-12.

ElSayed A I, Rafudeen M S, Golldack D. 2014. Physiological aspects of raffinose family oligosaccharides in plants: protection against abiotic stress. Plant Biology, 16: 1-8.

He X, Sambe M A N, Zhuo C, et al. 2015. A temperature induced lipocalin gene from *Medicago falcate* (*MfTIL1*) confers tolerance to cold and oxidative stress. Plant Molecular Biology, 87: 645-654.

Hitz W D, Carlson T J, Kerr P S, et al. 2002. Biochemical and molecular characterization of a mutation that confers a decreased raffinosaccharide and phytic acid phenotype on soybean seeds. Plant Physiology, 128: 650-660.

Karner U, Peterbauer T, Raboy V, et al. 2004. *Myo*-Inositol and sucrose concentrations affect the accumulation of raffinose family oligosaccharides in seeds. Journal of Experimental Botany, 55: 1981-1987.

Keller R, Brearley C A, Trethewey R N, et al. 1998. Reduced inositol content and altered morphology in transgenic potato plants inhibited for 1D-*myo*-inositol 3-phosphate synthase. Plant Journal, 16: 403-410.

Mccaskill A, Turgeon R. 2007. Phloem loading in *Verbascum phoeniceum* L. depends on the synthesis of raffinose-family oligosaccharides. Proceedings of the National Academy of Sciences of the United States of America, 104: 19619-19624.

Nishizawa A, Yabuta Y, Shigeoka S. 2008. Galactinol and raffinose constitute a novel function to protect plants from oxidative damage. Plant Physiology, 147: 1251-1263.

Peshev D, Vergauwen R, Moglia A, et al. 2013. Towards understanding vacuolar antioxidant mechanisms: a role for fructans? Journal of Experimental Botany, 64: 1025-1038.

Price J, Laxmi A, St Martin S K, et al. 2004. Global transcription profiling reveals multiple sugar signal transduction mechanisms in *Arabidopsis*. Plant Cell, 16: 2128-2150.

Sambe M A, He X, Tu Q, et al. 2015. A cold-induced *myo*-inositol transporter-like gene confers tolerance to multiple abiotic stresses in transgenic tobacco plants. Physiologia Plantarum, 153: 355-364.

Schneider S, Beyhl D, Hedrich R, et al. 2008. Functional and physiological characterization of *Arabidopsis* INOSITOL TRANSPORTER1, a novel tonoplast-localized transporter for *myo*-inositol. Plant Cell, 20: 1073-1087.

Schneider S, Schneidereit A, Konrad K R, et al. 2006. *Arabidopsis* INOSITOL TRANSPORTER4 mediates high-affinity H$^+$ symport of myoinositol across the plasma membrane. Plant Physiology, 141: 565-577.

Schneider S, Schneidereit A, Udvardi P, et al. 2007. *Arabidopsis* INOSITOL TRANSPORTER2 mediates H$^+$ symport of different inositol epimers and derivatives across the plasma membrane. Plant Physiology, 145:

1395-1407.

Sprenger N, Keller F. 2000. Allocation of raffinose family oligosaccharides to transport and storage pools in *Ajuga reptans*: the roles of two distinct galactinol synthases. Plant Journal, 21: 249-258.

Sun Z, Qi X, Wang Z, et al. 2013. Overexpression of *TsGOLS2*, a galactinol synthase, in *Arabidopsis thaliana* enhances tolerance to high salinity and osmotic stresses. Plant Physiology and Biochemistry, 69: 82-89.

Suprasanna P, Nikalje G C, Rai A N. 2016. Osmolyte accumulation and implications in plant abiotic stress tolerance. *In*: Iqbal N, Khan N A. Osmolytes and Plants Acclimation to Changing Environment: Emerging Omics Technologies. Singapore: Springer Nature Singapore Pte Ltd.

Taji T, Ohsumi C, Iuchi S, et al. 2002. Important roles of drought- and cold-inducible genes for galactinol synthase in stress tolerance in *Arabidopsis thaliana*. Plant Journal, 29: 417-426.

Tan J, Wang C, Xiang B, et al. 2013. Hydrogen peroxide and nitric oxide mediated cold- and dehydration-induced *myo*-inositol phosphate synthase that confers multiple resistances to abiotic stresses. Plant, Cell and Environment, 36: 288-299.

Valluru R, Van den Ende W. 2011. *Myo*-Inositol and beyond—emerging networks under stress. Plant Science, 181: 387-400.

Wang Z, Zhu Y, Wang L, et al. 2009. A WRKY transcription factor participates in dehydration tolerance in *Boea hygrometrica* by binding to the W-box elements of the galactinol synthase (*BhGolS1*) promoter. Planta, 230: 1155-1166.

Zhuo C, Wang T, Lu S, et al. 2013. A cold responsive galactinol synthase gene from *Medicago falcata* (*MfGolS1*) is induced by *myo*-inositol and confers multiple tolerances to abiotic stresses. Physiologia Plantarum, 149: 67-78.

第 14 章　膜蛋白调控乡土草耐寒性

孔维一　郭振飞

14.1　引　　言

植物细胞膜由膜脂及镶嵌在膜脂中的蛋白质组成，这些蛋白质统称为膜蛋白。膜蛋白通常具有 1～20 个跨膜区，每个跨膜区由 20 个左右的氨基酸组成。而且许多膜蛋白的跨膜区会形成特定的 α 螺旋或 β 折叠结构，有助于保持其蛋白质在磷脂双分子层中的稳定性。膜蛋白是细胞膜功能的主要体现者，除了具有对膜结构的支撑作用外，还能作为信号分子、激素和其他底物的受体，参与膜内外物质的交换、能量和信号的传递；构成多种跨膜通道以便细胞摄入营养物质，排出有毒或无用的代谢产物；构成呼吸链和转运蛋白等。

低温对细胞膜系统的损伤是造成植物寒害的重要原因，质膜与类囊体膜是低温伤害的最初位点。膜的流动性受到膜脂组成、膜脂不饱和度、膜脂/膜蛋白值等因素影响，其稳定性与植物耐寒性呈正相关。低温胁迫下膜的流动性和稳定性降低，有些膜蛋白能感受低温信号或膜相变化，直接或间接参与低温响应途径。在黄花苜蓿中，4 个膜蛋白被证实与其耐寒性密切相关，分别是温度诱导的脂质转运蛋白 MfTIL1（He et al., 2015）、水通道蛋白 MfPIP2-7（Zhuo et al., 2016）、杂合的富含脯氨酸蛋白 MfHyPRP（Tan et al., 2013）以及早期光诱导蛋白 MfELIP（Zhuo et al., 2013）。本章将以黄花苜蓿为对象，研究低温对这 4 种膜蛋白的诱导作用，并探讨这些蛋白质对黄花苜蓿耐寒性的调控机制。

14.2　温度诱导的脂质转运蛋白（MfTIL1）调控耐寒性

14.2.1　植物脂质转运蛋白的研究进展

植物脂质转运蛋白是一类小分子碱性蛋白，占植物可溶性总蛋白的 4%左右。这个蛋白家族成员很多，但彼此同源性低，通常根据蛋白质结构中是否存在结构保守区（SCR）和一个 β 折叠形成的桶状结构来进行分类（Flower et al., 2000）。脂质转运蛋白的 β 桶状结构具有不同形状、大小和化学性质的疏水性化合物的配体结合位点，其对蛋白质功能的发挥至关重要。一般来说，植物脂质转运蛋白分为两类：温度诱导的脂质转运蛋白（temperature induced lipocalin，TIL）和定位在类囊体腔的叶绿体脂质转运蛋白（chloroplastic lipocalin，CHL）。

脂质转运蛋白是一种多功能的蛋白质，除了参与磷脂等物质在生物膜之间的运输外，还在生物膜、角质和脂质形成，植物生长发育以及信号转导等过程中发挥作用。最早报道的脂质转运蛋白是小麦 TaTIL 和拟南芥 AtTIL，它们具有 3 个典型的 SCR。TIL是一个质膜蛋白，在拟南芥基因组中，*AtTIL* 只有一个拷贝，其表达受冷驯化诱导；该基因的敲除突变体对温度、强光和百草枯处理更敏感，在体内积累大量 H_2O_2，产生氧化伤害；反之，过量表达 *AtTIL* 增强植物对冻害、百草枯和强光胁迫的耐受性（Charron et al.，2008）。在一些单子叶植物中，*TIL* 存在 2 个同源基因，即 *TIL-1* 和 *TIL-2*。与小麦 *TaTIL-2* 相比，小麦耐冷品种在冷驯化过程中 *TaTIL-1* 的表达显著受到诱导（Charron et al.，2005）。此外，在盐胁迫条件下，TIL 能够从细胞膜转移到细胞质，阻止过多的钠离子和氯离子在叶绿体中积累，从而减缓叶绿素 b 的降解，提高植物的耐盐性。然而在牧草中，TIL 是否调控耐寒性仍然不清楚。在黄花苜蓿响应低温的 cDNA 文库中发现了一个编码温度诱导的脂质转运蛋白的基因 *MfTIL1*，推测其与黄花苜蓿耐寒性有关，所以对 *MfTIL1* 的功能进行了研究（He et al.，2015）。

14.2.2　黄花苜蓿 MfTIL1 的分子特征

采用 RT-PCR 的方法，从低温处理的黄花苜蓿叶片 cDNA 中克隆了长度为 571bp 的 *MfTIL1* 序列（GenBank 登录号为 AHF50207），包含一个 507bp 的可读框（ORF），其编码一个由 168 个氨基酸组成的多肽。预测多肽分子量为 19kDa，等电点为 5.74。在 NCBI进行氨基酸序列比对，MfTIL1 与植物 TIL 高度同源，与蒺藜苜蓿 MtTIL2（ABB02385）、小麦 TaTIL（AAL75812）和拟南芥 AtTIL（NP-200615）的相似度分别为 97%、77% 和55%。多重序列比对显示，MfTIL1 中含有 3 个脂质转运蛋白所特有的 SCR（图 14-1）。

图 14-1　MfTIL1 与其他植物 TIL 的氨基酸序列比对（引自 He et al.，2015）

黑色为相同的氨基酸残基，灰色为相似的残基

利用 CELLO v.2.5 和 iPSORT 软件，预测 MfTIL1 可能是一个定位于质膜的蛋白质。将 MfTIL1-GFP 融合蛋白在洋葱表皮细胞瞬时表达，结果显示，不管是在正常条件还是质壁分离时，MfTIL1 均定位在质膜上（图 14-2）。

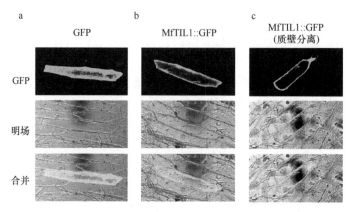

图 14-2　MfTIL1 在洋葱表皮细胞中的亚细胞定位（引自 He et al., 2015）

图 c 为 30%蔗糖溶液处理的洋葱表皮细胞

14.2.3　黄花苜蓿 *MfTIL1* 的表达受低温和高温诱导

采用 qRT-PCR 检测了低温处理对 *MfTIL1* 表达的影响。低温处理 4h 时，*MfTIL1* 表达开始受到诱导，其相对表达量增加了 2.4 倍，8h 时增加了 5 倍，在处理 24h 达到最大倍（12 倍），并至少维持到 96h（图 14-3a）。用 Western blotting 杂交检测了 MfTIL1 蛋白质水平的变化，结果显示，MfTIL1 蛋白在冷处理 4h 后开始积累，96h 时蛋白质丰度达到最高（图 14-3b）。

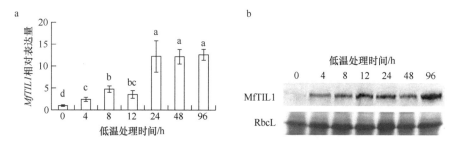

图 14-3　低温处理（5℃）对黄花苜蓿 *MfTIL1* 转录水平（a）和蛋白质水平（b）的影响

（引自 He et al., 2015）

图 a 中不同字母表示差异显著（$P < 0.05$）

与黄花苜蓿相比，蒺藜苜蓿缺乏低温驯化机制，耐寒性较弱。在蒺藜苜蓿基因组中存在 4 个 *TIL* 基因，分别为 *MtTIL1*（Medtr4g131390）、*MtTIL2*（Medtr4g131400）、*MtTIL3*（Medtr4g131500）和 *MtTIL4*（Medtr5g082980），其中 *MtTIL2* 与 *MfTIL1* 的同源性最高。分析这些基因响应低温处理的表达模式发现，4 个 *MtTIL* 基因的表达基本上不受低温诱导，其中 *MtTIL1* 的表达仅在低温处理 48h 时上调（图 14-4a），*MtTIL2*（图 14-4b）、*MtTIL3*（图 14-4c）和 *MtTIL4*（图 14-4d）在低温处理后下调表达，而 *MtTIL2* 在处理 96h 时又上调表达（图 14-4b）。烟草是一种冷敏感植物，研究发现 *NtTIL*（KJ767659）的转录水平在冷处理 8~48h 上调了 1.5~2 倍（图 14-5a）。此外，*MfTIL1* 的表达不受脱水和盐胁迫的影响，但在高温处理 1h 后就上调，2h 时仍维持较高水平（2.5 倍），4h 后下调至对照水平（图 14-5b）。与低温胁迫下 *MtTIL1* 和 *NtTIL* 的表达模式相比，*MfTIL1* 能快速并强烈地响应低温信号；由于 *MfTIL1* 对高温胁迫的响应程度不高，推测 *MfTIL1* 的功能主要与耐寒性有关。

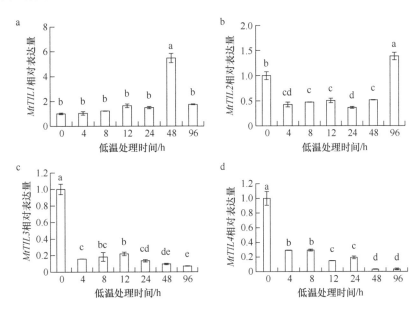

图 14-4　低温（5℃）处理对蒺藜苜蓿 *MtTIL1*、*MtTIL2*、*MtTIL3* 和 *MtTIL4* 表达的影响
（引自 He et al.，2015）
图中不同字母表示差异显著（$P < 0.05$）

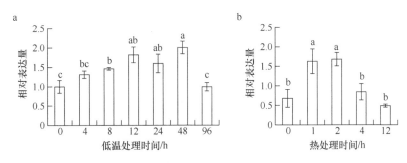

图 14-5　烟草 *NtTIL* 响应低温（a）和黄花苜蓿 *MfTIL1* 响应高温（b）的表达模式（引自 He et al.，2015）
图中不同字母表示差异显著（$P < 0.05$）

14.2.4　过量表达 *MfTIL1* 转基因烟草的分子鉴定

为验证 *MfTIL1* 与耐寒性的关系，构建了 *MfTIL1* 的过量表达载体，采用农杆菌介导法获得转基因烟草。DNA 印迹杂交结果表明，*MfTIL1* 已整合到转基因烟草的基因组中，其中 T1 株系含有 3 个拷贝，而 T2 和 T3 株系均插入单拷贝（图 14-6a）。实时定量 RT-PCR 和 Western blotting 杂交结果显示（图 14-6b，图 14-6c），野生型烟草没有 *MfTIL1* 的表达，3 个转基因株系均存在 *MfTIL1* 的表达，而且含不同拷贝数的转基因株系之间 *MfTIL1* 的转录水平和蛋白质丰度均没有显著差异。

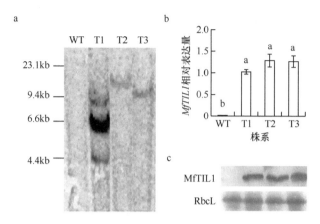

图14-6 过量表达 *MfTIL1* 转基因烟草的 Southern blotting（a）、实时定量 RT-PCR（b）和 Western blotting（c）检测（引自 He et al.，2015）

图 b 中不同字母表示差异显著（$P < 0.05$）

14.2.5 过量表达 *MfTIL1* 提高植物耐冻性

以半致死温度（LT_{50}）和存活率为指标评价转基因植物的耐冻性。将温室培养12周的烟草幼苗叶圆片放进试管底部，将试管置于一系列零下温度的乙醇浴中进行冷冻，然后测定相对电导率，计算 LT_{50}。结果显示，过量表达 *MfTIL1* 的转基因植株比野生型植株的 LT_{50} 更低（图14-7a）。将相同大小的烟草幼苗置于人工气候箱，−3℃处理10h，大多数野生型烟草死亡，存活率仅有10%；而转基因植株受冻害的影响较小，存活率为69%～100%（图14-7b，图14-7c）。结果表明，过量表达 *MfTIL1* 提高了转基因烟草的耐冻性。

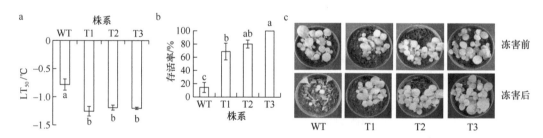

图14-7 转 *MfTIL1* 基因烟草的耐冻性鉴定（引自 He et al.，2015）

测定烟草叶片在不同冻害条件下的相对电导率，计算半致死温度（LT_{50}，a）；将盆栽植株在−3℃处理10h，恢复1周后测定存活率（b），并照相（c）。图中不同字母表示差异显著（$P < 0.05$）

14.2.6 过量表达 *MfTIL1* 提高植物耐冷性和氧化胁迫耐性

相对电导率和 F_v/F_m 可以用来衡量植株对冷害、强光和百草枯的耐受性。在正常条件下，所有植物具有同等水平的相对电导率和 F_v/F_m。经冷害、强光照射和百草枯处理后，植株的相对电导率升高，F_v/F_m 降低；但转基因烟草的相对电导率低于野生型，而 F_v/F_m 高于野生型（图14-8）。结果表明，转基因植物提高了对冷胁迫和氧化胁迫的耐性。此外，野生型和转基因烟草在热胁迫条件下的相对电导率没有明显差异，过量表达

MfTIL1 不影响转基因烟草的耐热性。

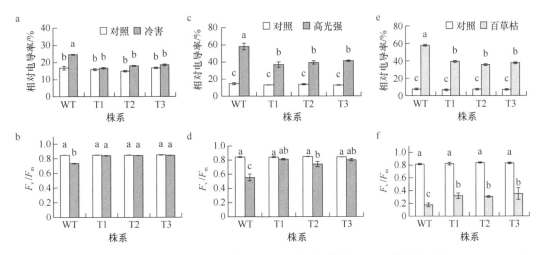

图 14-8　转 *MfTIL1* 基因烟草耐冷（a、b）、耐强光（c、d）和耐百草枯（e、f）的鉴定（引自 He et al.，2015）

图中不同字母表示差异显著（$P < 0.05$）

14.2.7　胁迫条件下转基因植物的 ROS 积累

过氧化氢（H_2O_2）和超氧阴离子（O_2^-）是主要的活性氧（ROS）。采用 3,3-二氨基联苯胺（DAB）和氮蓝四唑（NBT）染色法，分别检测转基因植物及其野生型叶片中的 H_2O_2 和 O_2^- 水平。在正常条件下，叶片积累少量 H_2O_2 和 O_2^-。低温、强光或百草枯处理后，转基因植物及其野生型叶片中都不同程度地积累 H_2O_2 和 O_2^-，但野生型积累的更多，转基因植物叶片中维持较低的 ROS 水平（图 14-9）。结果表明，过量表达 *MfTIL1* 的转基因烟草增强了 ROS 的清除能力。

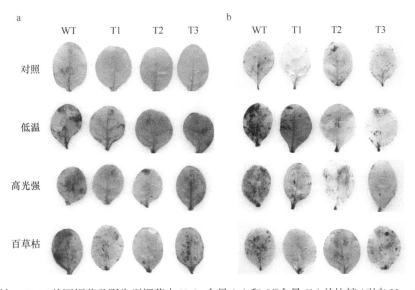

图 14-9　转 *MfTIL1* 基因烟草及野生型烟草中 H_2O_2 含量（a）和 O_2^- 含量（b）的比较（引自 He et al.，2015）

植物抗氧化酶系统主要负责 ROS 的清除。通过测定转基因株系和野生型的抗氧化酶活性发现，低温、强光或百草枯处理后，植株叶片中抗氧化酶活性都提高，与前人的大量研究结果一致，即逆境或氧化胁迫会诱导植物抗氧化酶活性的提高。然而，抗氧化酶活性在转基因株系与野生型之间没有差异（图 14-10），表明转基因株系在逆境下积累较少的 ROS 不是通过影响抗氧化酶活性。已有研究表明，脂质转运蛋白可以结合并清除过氧化脂质来恢复膜的完整性。因此，MfTIL1 蛋白可能直接或间接调控其他因子参与逆境条件下 ROS 的清除。

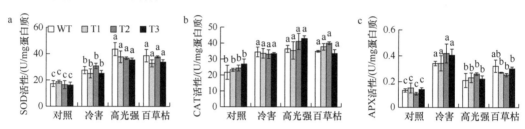

图 14-10　低温、高光强及百草枯处理对转 *MfTIL1* 基因烟草抗氧化酶活性的影响（引自 He et al.，2015）

图中不同字母表示差异显著（$P < 0.05$）

14.2.8　转基因烟草中一些低温响应基因表达的上调

拟南芥中 *COR15a* 和 *CBF*（*DREB1*）是典型的低温响应基因，在耐寒性调控中起作用。在 GenBank 中可以检索到烟草 *COR15a*（*NtCOR15a*），但未检索到烟草 *CBF* 基因。烟草 NtDREB 转录因子存在 4 个同源蛋白，分别是 NtDREB1、NtDREB2、NtDREB3 和 NtDREB4，它们都属于 DREB1 亚族，具有保守的 PKKP/RAGRxKFxETRHP 和 DSAWR 基序。将这些蛋白质与拟南芥 DREB1、DREB2 构建进化树发现，4 个 NtDREB 与 AtDREB1 聚在一起（图 14-11），说明 NtDREB 就是烟草的 CBF 转录因子。

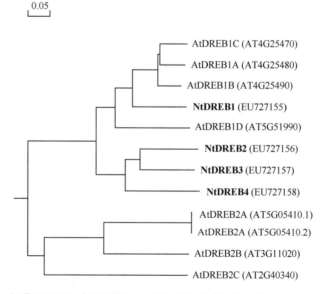

图 14-11　烟草 NtDREB 与拟南芥 AtDREB 的进化树分析（引自 He et al.，2015）

在正常条件下，野生型与转基因烟草中 *NtCOR15a* 和 *NtDREB* 的转录水平都很低；转基因株系中 *NtDREB3* 和 *NtDREB4* 的相对表达量高于野生型，而 *NtDREB1*、*NtDREB2* 和 *NtCOR15a* 的相对表达量与野生型没有差异（图 14-12）。低温处理 2h 后，4 个 *NtDREB* 的表达都受到诱导，转基因株系的相对表达量高于野生型；处理 72h 后转录水平都下降，转基因烟草中 *NtDREB1* 和 *NtDREB2* 的表达量仍高于野生型（图 14-12a～图 14-12d）。*NtCOR15a* 在低温处理 72h 后才显著上调表达，其在转基因株系的表达量要显著高于野生型（图 14-12e）。结果表明，过量表达 *MfTIL1* 导致转基因烟草中多个低温响应基因在低温条件下上调表达，这些转录水平的变化均与转基因烟草耐寒性的提高密切相关。

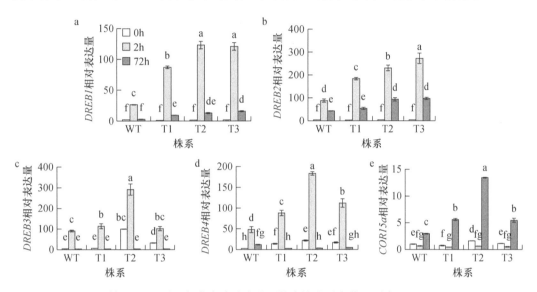

图 14-12 转 *MfTIL1* 基因烟草中冷响应基因的表达水平变化（引自 He et al.，2015）

图中不同字母表示差异显著（$P < 0.05$）

14.2.9 MfTIL1 的功能

MfTIL1 属于新的黄花苜蓿低温响应基因，其编码一个温度诱导的脂质转运蛋白。该基因表达受低温诱导，但不响应脱水和盐胁迫。过量表达 *MfTIL1* 提高了转基因烟草的耐冻、耐冷和耐氧化胁迫能力，在胁迫条件下积累较少的 ROS。MfTIL1 是一个耐逆性正调控因子，低温胁迫下 *MfTIL1* 表达能上调 *DREB* 和 *COR15a* 等低温响应基因的表达，这可能是其提高植物耐寒性的原因。

14.3 水通道蛋白（MfPIP2-7）调控耐寒性

14.3.1 植物水通道蛋白的研究进展

水通道蛋白（aquaporin，AQP），也叫主体内在蛋白（major intrinsic protein，MIP），是一系列具有同源性的内在膜蛋白家族成员。这些蛋白质既是细胞间和细胞内水分被动运输的主要通道，又可以促进 CO_2、甘油、铵根离子和尿素等小分子的跨膜扩散。植物的水通道蛋白分成 5 个亚家族，包括质膜内在蛋白（plasma membrane intrinsic protein，PIP）、液泡膜内在蛋白（tonoplast intrinsic protein，TIP）、NOD26 类似内在蛋白、小分子碱性内在蛋白和未知功能的内在蛋白（Wudick et al.，2009）。质膜内在蛋白又可以分为 PIP1 和 PIP2 亚类，它们各自具有保守氨基酸。与 PIP2 不同，PIP1 具有长的 N 端和短的 C 端，但其缺少水通道蛋白活性或活性较低，能与 PIP2 互作来参与水的运输。

  PIP 基因响应多种非生物胁迫，其具体的表达情况与物种或组织有关。在拟南芥中，大部分 *AtPIP* 的表达受低温抑制，仅 *AtPIP2-5* 的表达受低温诱导。多数 *AtPIP* 基本不受盐胁迫影响，仅 *AtPIP1-5* 和 *AtPIP2-6* 的表达分别在根和茎中下调。在干旱胁迫下，*AtPIP* 的表达通常下调，但 *AtPIP1-4* 和 *AtPIP2-5* 的表达上调（Alexandersson et al.，2005）。在烟草和拟南芥中过量表达 *AtPIP1-4* 或 *AtPIP2-5*，能增强转基因植株在脱水胁迫下水分的流失。与此同时，*AtPIP2-5* 的过量表达缓解了低温对拟南芥植株的抑制作用，并促进低温下种子的萌发（Jang et al.，2007）。在旱稻和水稻中，*PIP* 对干旱的响应模式不同，旱稻中的 *OsPIP1-3* 受渗透胁迫诱导，而水稻中的 *OsPIP1-3* 不受影响。此外，OsPIP1-3 还能通过与 OsPIP2 互作来改善水的平衡状态，从而调控水稻的耐冷性（Matsumoto et al.，2009）。在黄花苜蓿响应低温的 cDNA 文库（Pang et al.，2009）中，存在一个编码水通道蛋白家族的质膜内在蛋白 MfPIP2-7 的 cDNA 片段，所以研究了 MfPIP2-7 在耐寒性中的作用（Zhuo et al.，2016）。

14.3.2　黄花苜蓿 MfPIP2-7 的分子特征

  以低温处理的黄花苜蓿叶片 cDNA 为模板，采用 RT-PCR 方法，克隆了序列长度为 910bp 的水通道蛋白基因，含有一个 864bp 的 ORF，其 GenBank 登录号为 FJ607305，该基因编码一个 30.9kDa 大小的多肽（ACM50914）。该水通道蛋白的氨基酸序列与蒺藜苜蓿 MtPIP2-7（Medtr2g094270）的序列最相似（图 14-13），而且进化树分析显示该蛋白质与拟南芥 AtPIP2-7 和 AtPIP2-8 的关系最近，故将其命名为 MfPIP2-7。此外，MfPIP2-7 蛋白含有 6 个两亲性通道/跨膜螺旋和 2 个主体内在蛋白所特有的基序（图 14-13）。利用 pSORT 和 CELLO v.2.5 软件预测发现，MfPIP2-7 可能定位在质膜上。

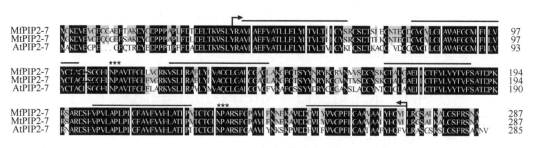

图 14-13　MfPIP2-7 与 MtPIP2-7、AtPIP2-7 的氨基酸序列比对（引自 Zhuo et al.，2016）

图中黑色为相同的氨基酸残基，灰色为相似的残基；直线标记区域为 6 个两亲性通道/跨膜螺旋，星号位置为 2 个主体内在蛋白所特有的基序

14.3.3　黄花苜蓿 *MfPIP2-7* 对非生物胁迫的响应

在黄花苜蓿中，*MfPIP2-7* 的表达没有组织特异性，在根、茎和叶片中都能检测到该基因的表达，在根系内的表达量最高，比叶和茎高 76%（图 14-14a）。低温处理 4h 后，叶片中 *MfPIP2-7* 的表达开始受到诱导，8h 时表达量达到最高，12h 后表达又下调（图 14-14b）。ABA 是植物适应干旱以及黄花苜蓿冷驯化过程中的信号分子，外源 ABA 处理 2h 后，*MfPIP2-7* 的表达上调（图 14-14c）；ABA 合成抑制剂萘普生（NAP）处理会抵消低温对该基因表达的诱导作用（图 14-14d），说明 ABA 参与低温对 *MfPIP2-7* 表达的诱导。

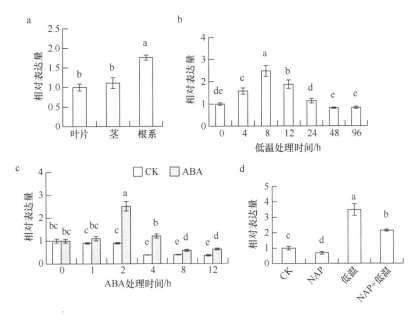

图 14-14　*MfPIP2-7* 的组织表达模式和胁迫诱导表达模式（引自 Zhuo et al.，2016）

a. 黄花苜蓿不同组织中 *MfPIP2-7* 基因的相对表达量；b. 低温（5℃）处理不同时间后 *MfPIP2-7* 的表达水平变化；c. 离体叶片经水（对照）和 0.1mmol/L ABA 处理不同时间后检测 *MfPIP2-7* 基因的表达；d. 分别经过水（CK）、1mmol/L NAP 预处理后进行低温处理，检测 *MfPIP2-7* 基因的相对表达量。图中不同字母表示差异显著（$P < 0.05$）

14.3.4　过量表达 *MfPIP2-7* 提高植物耐寒性

采用 DNA 印迹杂交和 qRT-PCR 对转基因植物进行分子检测。DNA 印迹杂交结果显示，野生型没有杂交信号，而 3 个转基因植物中出现一条大小不同的杂交信号条带（图 14-15a），这表明外源基因已经整合到转基因烟草的基因组中，并且这些转基因株系均来自独立的转化事件。qRT-PCR 结果分析显示，*MfPIP2-7* 仅在转基因株系中表达（图 14-15b）。存活率和 LT_{50} 是评价耐冻性的指标。将植物置于人工气候箱，−3℃ 处理 6h 后转移至室温下恢复 3d，大多数野生型烟草受冻害死亡，而 33%～46% 的转基因植株能够存活（图 14-15c，图 14-15d）。经测定，野生型植株的 LT_{50} 为 −1.3℃，而转基因烟草的 LT_{50} 明显低于野生型（图 14-15e）。用 5mmol/L DMTU（H_2O_2 清除剂）预处理叶片后再测定 LT_{50} 发现，DMTU 预处理使所有植株的 LT_{50} 升高，并且抵消了转基因烟草和野生型之间的差异（图 14-15e）。这些结果表明，过量表达 *MfPIP2-7* 能增强转基因烟草的耐冻性，而且该调控过程与 H_2O_2 有关。

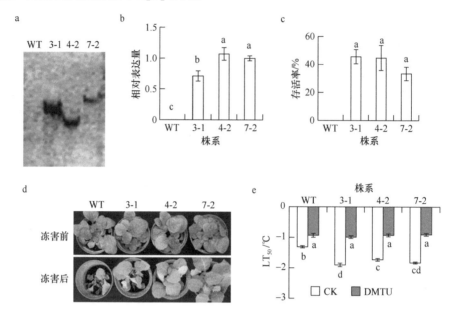

图 14-15 过量表达 *MfPIP2-7* 转基因烟草的分子鉴定及耐冻性鉴定（引自 Zhuo et al.，2016）

DNA 经过 *Hind* III酶切后进行印迹杂交检测基因插入的拷贝数（a），并采用 qRT-PCR 检测转基因烟草中 *MfPIP2-7* 基因的表达水平（b），转基因烟草经过–3℃处理 6h 后统计存活率（c），拍照（d）和测定半致死温度（e）。图中不同字母表示差异显著（$P < 0.05$）

通过测定相对电导率、F_v/F_m 和净光合速率（P_n），鉴定转基因株系的耐冷性。正常条件下，野生型及转基因株系的相对电导率、F_v/F_m 和 P_n 差异不大。3℃处理 3d 后，所有植株的相对电导率升高，F_v/F_m 和 P_n 降低，但转基因株系的相对电导率低于野生型，F_v/F_m 和 P_n 则高于野生型（图 14-16）。结果表明，过量表达 *MfPIP2-7* 提高了转基因株系的耐冷性。

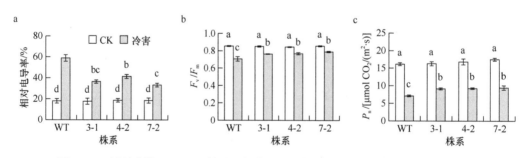

图 14-16 过量表达 *MfPIP2-7* 转基因烟草的耐冷性鉴定（引自 Zhuo et al.，2016）

图中不同字母表示差异显著（$P < 0.05$）

14.3.5 过量表达 *MfPIP2-7* 提高植物耐低氮能力

将在 1/2 MS 培养基上发芽的种子移到含不同浓度 NO_3^- 的 1/2 MS 培养基上，培养 8

周后，比较植株生长情况。在含 10mmol/L NO₃⁻ 的 1/2 MS 培养基上，转基因植株和野生型生长一致，而在低水平 NO₃⁻（0.2mmol/L）或无 NO₃⁻ 的条件下，所有植株的生长受到抑制，但对野生型的抑制作用大于转基因植株（图 14-17a），转基因植株的鲜重和相对生长量明显高于野生型（图 14-17b，图 14-17c）。生长 8 周时，野生型烟草在无 NO₃⁻ 培养基上的相对生长量为 24%，而转基因植株的相对生长量达到 31%～34%；在低水平NO₃⁻ 的条件下，野生型烟草的相对生长量为 31%，而转基因植株的相对生长量升至41%～44%。因此，过量表达 *MfPIP2-7* 增强了转基因烟草的耐低氮能力。

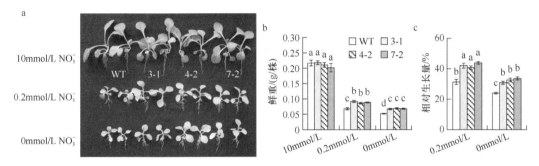

图 14-17　转 *MfPIP2-7* 基因烟草的耐低氮能力鉴定（引自 Zhuo et al.，2016）

图中不同字母表示差异显著（$P < 0.05$）

14.3.6　过量表达 *MfPIP2-7* 增加酵母细胞对 H_2O_2 的敏感性

前面结果已表明过量表达 *MfPIP2-7* 提高转基因株系的耐冻性依赖于 H_2O_2。为了进一步明确 MfPIP2-7 蛋白与 H_2O_2 之间的关系，在酵母细胞中表达 *MfPIP2-7*，并比较转基因酵母与转空载体酵母（作为对照）在添加 H_2O_2 培养基上的生长情况。结果显示，与不含 H_2O_2 的培养基相比，在含 0.5mmol/L H_2O_2 培养基上的酵母生长均受到轻微抑制，过量表达 *MfPIP2-7* 的酵母与对照酵母的生长没有明显差异。在含 1mmol/L 和 2mmol/L H_2O_2 的培养基上，转基因酵母细胞和对照酵母的生长都受到抑制，但转基因酵母受到的抑制作用更大（图 14-18）。转 *MfPIP2-7* 基因酵母细胞对高浓度的 H_2O_2 更敏感，说明过

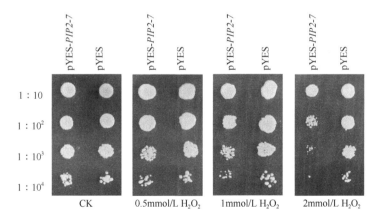

图 14-18　转 *MfPIP2-7* 基因酵母在含 H_2O_2 培养基的生长状态（引自 Zhuo et al.，2016）

量表达 *MfPIP2-7* 可能促进了 H₂O₂ 的跨膜扩散，使得转基因酵母从培养基中摄入过多的 H₂O₂ 而产生氧化胁迫。

14.3.7 转基因烟草中逆境响应基因的表达受到诱导

为了进一步证明 H₂O₂ 在过量表达 *MfPIP2-7* 提高转基因植物耐寒性中的作用，采用 qRT-PCR 检测了一系列逆境响应基因的相对表达量。以往研究发现 *NtNIA1* 和干旱早期响应基因 *NtERD10B* 和 *NtERD10C* 等的表达受 H₂O₂ 诱导，NtDREB1、NtDREB2、NtDREB3 和 NtDREB4 属于 CBF 类转录因子，受低温诱导（He et al.，2015）；*NIR1* 和 *NIR2* 编码硝酸还原酶（NR），与 NO₃⁻ 的利用有关。基因表达分析发现，*NtDREB3* 和 *NtDREB4* 的相对表达量在转 *MfPIP2-7* 基因株系与野生型之间没有差异（图略）；但转基因株系中 *NtERD10B*、*NtERD10C*、*NtNIA1*、*NtNIA2*、*NtDREB1* 和 *NtDREB2* 的表达水平高于野生型烟草（图 14-19）。用 H₂O₂ 清除剂 DMTU 预处理叶片，明显影响转基因株系和野生型之间的基因表达差异（图 14-19），其结果表明这些基因在转基因烟草中的表达量更高与 H₂O₂ 密切相关。因此，过量表达 *MfPIP2-7* 可能促进了 H₂O₂ 进入细胞，诱导逆境响应基因的表达。

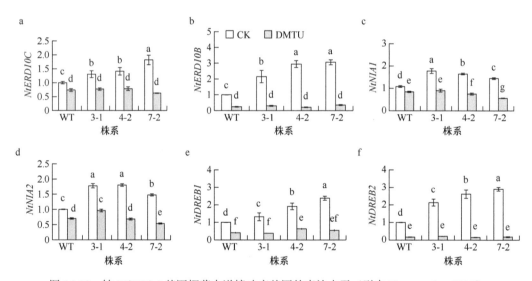

图 14-19 转 *MfPIP2-7* 基因烟草中逆境响应基因的表达水平（引自 Zhuo et al.，2016）

图中不同字母表示差异显著（$P < 0.05$）

硝酸还原酶是硝酸盐还原和氮代谢的关键酶，鉴于转基因株系比野生型具有更高的 *NIR1* 和 *NIR2* 表达量，因此测定了叶片和根系中的 NR 活性。结果显示，转基因株系叶片中的 NR 活性比野生型提高 61%～71%（图 14-20a），根系中的 NR 活性则提高了 55%～70%（图 14-20b），该结果与转基因植株具有更高的 *NIR* 表达水平相一致。

14.3.8 转 *MfPIP2-7* 基因烟草的氨基酸水平发生变化

NR 活性变化必然会影响氨基酸合成代谢。为了证明这一点，测定了转基因株系及

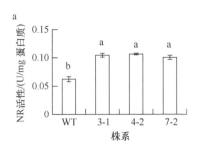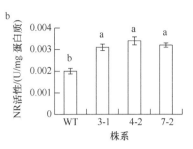

图 14-20　转 *MfPIP2-7* 基因烟草中硝酸还原酶的活性（引自 Zhuo et al.，2016）

a. 烟草叶片中硝酸还原酶活性；b. 烟草根系中硝酸还原酶活性。图中不同字母表示差异显著（*P* < 0.05）

其野生型的氨基酸含量。结果发现，转基因株系 3-1 根系中的总游离氨基酸含量比野生型高 27.9%。除了谷氨酸和苯丙氨酸之外，大部分游离氨基酸的含量差异明显，其中转基因植株叶片和根系中的天冬酰胺、苏氨酸、亮氨酸、酪氨酸、色氨酸、赖氨酸、1-甲基组氨酸和鸟氨酸含量显著高于野生型，转基因植株叶片中的脯氨酸、精氨酸、γ-氨基丁酸和 α-氨基己二酸的含量高于野生型，而丝氨酸、甘氨酸、丙氨酸、天冬氨酸和瓜氨酸含量却低于野生型，转基因植株根系中的谷氨酰胺、异亮氨酸、磷酸丝氨酸含量则高于野生型（表 14-1）。这些结果表明，过量表达 *MfPIP2-7* 影响了转基因烟草的氮代谢。

表 14-1　转 *MfPIP2-7* 基因烟草中游离氨基酸的含量变化（引自 Zhuo et al.，2016）（单位：nmol/g FW）

游离氨基酸	叶片		根系	
	WT	3-1	WT	3-1
甘氨酸	2 256.3	1 663.9**	28.2	44.3**
谷氨酰胺	2 143.2	1 985.8	130.6	258.1**
谷氨酸	1 801.1	1 848.5	171.4	172.0
丝氨酸	1 259.8	860.2**	79.2	107.2**
天冬氨酸	1 094.1	945.5**	79.9	86.2
天冬酰胺	924.5	1 844.0**	70.1	140.0**
苏氨酸	754.5	1 172.9**	53.0	101.1**
脯氨酸	682.2	1 174.1**	207.9	210.9
丙氨酸	622.0	489.1*	56.9	76.5*
苯丙氨酸	368.3	351.8	29.8	34.8
精氨酸	312.7	595.0**	20.6	26.1
亮氨酸	239.5	331.7**	74.5	101.9*
磷酸丝氨酸	221.0	241.0	78.7	92.5**
组氨酸	177.0	308.0**	26.1	38.3**
酪氨酸	175.5	294.3**	13.1	22.3**
γ-氨基丁酸	142.5	196.6**	130.3	163.1
色氨酸	142.3	227.4**	19.5	42.3**
赖氨酸	130.0	297.0**	34.6	49.4**
异亮氨酸	114.5	141.3	10.7	22.6**
1-甲基-组氨酸	58.3	80.5**	116.8	88.4*

续表

游离氨基酸	叶片		根系	
	WT	3-1	WT	3-1
瓜氨酸	52.8	32.9**	5.9	7.5
α-氨基己二酸	24.5	43.9**	ND	ND
鸟氨酸	18.4	27.0**	26.8	33.2**
乙醇胺	ND	ND	130.8	109.9
肌肽	ND	ND	172.9	232.1**
合计	13 714.3	15 152.7	1 768.3	2 260.8

注：*和**表示转基因株系 3-1 与野生型相比分别在 0.05 或 0.01 水平差异显著。ND 表示未检测出

14.3.9　MfPIP2-7 的功能

黄花苜蓿质膜内在蛋白编码基因 *MfPIP2-7* 的表达受低温诱导，ABA 参与低温对该基因表达的诱导。MfPIP2-7 能够促进 H_2O_2 的跨膜扩散，细胞间 H_2O_2 是一个重要的信号，参与调控逆境响应基因的表达，因此过量表达 *MfPIP2-7* 能导致多个胁迫响应基因表达上调，从而提高植株的耐寒性。在转基因烟草中，*NIA* 基因的高度表达导致 NR 酶活性增强，影响了硝酸盐还原和氮代谢过程，使得大多数游离氨基酸的含量增加，从而提高了植株耐低氮能力。

14.4　杂合的富含脯氨酸蛋白（MfHyPRP）调控耐寒性

14.4.1　杂合的富含脯氨酸蛋白研究进展

富含脯氨酸蛋白（proline-rich protein，PRP）是一类富含脯氨酸的细胞壁结构蛋白，糖基化程度低，在结构上含有数量不一的重复基序。杂合的富含脯氨酸蛋白（hybird proline-rich protein，HyPRP）是 PRP 的一个亚类，由 3 个结构域组成，即 N 端信号肽、中间亲水区和 C 端疏水区。中间亲水区是富含脯氨酸区域（PRD），C 端疏水区则含有一个由 8 个半胱氨酸组成的基序（8CM）。HyPRP 结构中富含脯氨酸区域的同源性不高，而 C 端的 8CM 区域则相对保守（José-Estanyol et al.，2004）。

通常情况下，*HyPRP* 的表达具有组织特异性和发育阶段特异性。大花菟丝子（*Cuscuta reflexa*）的 CrHyPRP 只在靠近顶端的茎部表达，草莓（*Fragaria ananassa*）的 *FaHyPRP* 仅在成熟果实中表达，而蒺藜苜蓿的 *HyPRP*（命名为 *MtPPRD1*）在种子萌发过程中的胚轴处表达，并在根中组成型表达。一些研究表明，非生物胁迫如盐胁迫、干旱胁迫、温度胁迫以及生物胁迫如病毒侵染等都能影响 *HyPRP* 的表达。在紫花苜蓿中，与耐寒性弱的品种相比，耐寒品种中编码 HyPRP 的基因 *MsACIC* 表现出更高的转录水平（Castonguay et al.，1994）。欧洲油菜（*Brassica napus*）中的 *BnPRP* 特异性地受低温诱导表达（Goodwin et al.，1996）；*SbPRP* 的表达受干旱和盐胁迫以及水杨酸诱导，但

受 ABA 抑制（He et al.，2002）。早期拟南芥铝诱导基因 *EARLI1* 受低温诱导，其诱导作用依赖于 Ca²⁺；EARLI1 属于 HyPRP 进化树中的一个独立分支，过量表达 *EARLI1* 能保护拟南芥细胞免受冻害，敲除 *EARLI1* 则加剧冰冻产生的细胞损伤（Bubier and Schläppi，2004）。棉花 *GhHyPRP4* 主要在叶片中表达，受低温诱导，但受干旱和盐胁迫以及 ABA 的抑制；在酵母中表达 *GhHyPRP4* 提高了转基因酵母的耐冻性（Huang et al.，2011）。前人研究表明，非生物胁迫和 ABA 对 *HyPRP* 表达的影响不一致，并随物种而变化。我们从黄花苜蓿中克隆了一个编码杂合的富含脯氨酸蛋白的基因 *MfHyPRP*，重点分析了信号物质如 ABA、H₂O₂ 和 NO 对 *MfHyPRP* 基因和蛋白质在逆境下表达的调控作用，同时利用转基因植株鉴定了 MfHyPRP 的耐逆功能。

14.4.2　黄花苜蓿 MfHyPRP 的分子特征

使用 RT-PCR 的方法，从冷处理的黄花苜蓿叶片中克隆了 *MfHyPRP*，其 GenBank 登录号为 EF422370。该基因 cDNA 序列长度为 647bp，ORF 大小为 501bp，编码一个由 166 个氨基酸组成的多肽（ABQ01426），分子量大小为 16.83kDa，等电点为 8.42。氨基酸序列分析显示，MfHyPRP 蛋白在 N 端含有细胞壁定位的信号肽（由 24 个氨基酸组成）和 PRD 结构域，在 C 端含有一个保守的 8CM 结构域（图 14-21a，图 14-21b）。该蛋白质中的脯氨酸含量丰富，占 PRD 结构域的 43.1%，在整个多肽中达到 17.5%。MfHyPRP 与已报道的 HyPRP 具有高度相似的 8CM 结构域（图 14-21b）。此外，MfHyPRP 的氨基

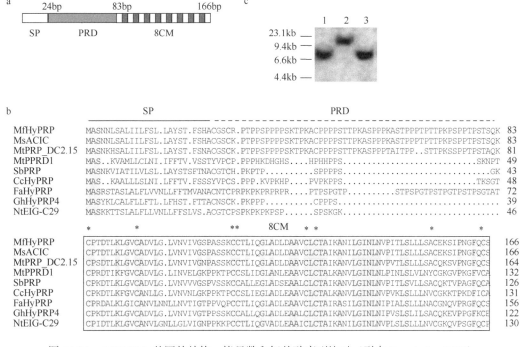

图 14-21　*MfHyPRP* 基因的结构、拷贝数和氨基酸序列比对（引自 Tan et al.，2013）

图 b 中星号处为 PRD 结构域，图 c 中 1、2、3 分别代表经过 *Eco*R I 、*Hin*d III 和 *Sma* I 酶切的 DNA 样品。

SP. 信号肽；PRD. N 端富含脯氨酸结构域；8CM. C 端 8CM 结构域

酸序列与 MsACIC、MtPRP_DC2.15、SbPRP 和 GhHyPRP4 高度相似，与 NtEIG-C29、CcHyPRP、FaHyPRP 和 MtPPRD1 有一定的相似性，而与 MsPRP2 和 CaHyPRP1 仅有20%左右的相似度。

由于 *MfHyPRP* 基因内部没有 *EcoR* I、*Hind*III和 *Sma* I 这 3 个限制性内切核酸酶的酶切位点，分别利用这 3 种酶对黄花苜蓿基因组 DNA 进行酶切，通过 DNA 印迹杂交检测该基因的拷贝数。结果表明，*MfHyPRP* 基因在黄花苜蓿基因组中以单拷贝形式存在（图 14-21c）。

14.4.3 黄花苜蓿 *MfHyPRP* 的表达受低温和脱水诱导

采用 qRT-PCR、半定量 RT-PCR 和 Western blotting 杂交等方法检测了 *MfHyPRP* 在组织器官中的表达。*MfHyPRP* 表达水平在正常条件下较低，叶片中的表达量高于根和茎；冷处理 24h 后，*MfHyPRP* 在所有组织中表达上调，叶和茎中的表达量高于根。进一步检测了成熟叶片中 *MfHyPRP* 在低温处理过程中的动态变化，结果显示低温处理 8h 后 *MfHyPRP* 的表达开始受到诱导，低温处理 24h 时显著增加，并在 48h 和 96h 时达到最大（图 14-22a，图 14-22b）。MfHyPRP 蛋白表现出相似的积累模式，从冷处理 8h 开始积累并持续增加，96h 时达到最大（图 14-22c）。脱水胁迫也能诱导 *MfHyPRP* 表达，无论是其 mRNA 还是蛋白质，均在脱水处理 2h 大量积累，并在整个处理期间维持在高表达水平（图 14-22d～图 14-22f）。然而，*MfHyPRP* 的表达不受盐胁迫影响（图略）。

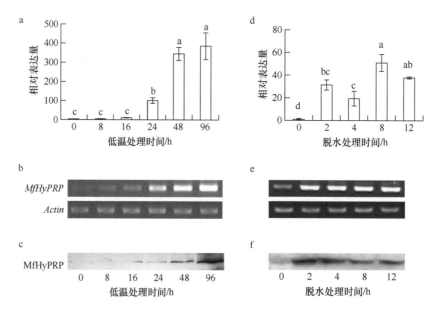

图 14-22　*MfHyPRP* 基因响应低温和脱水胁迫的表达模式（引自 Tan et al.，2013）

黄花苜蓿经过低温处理（a～c）和离体叶片脱水处理（d～f）后，采用 qRT-PCR（a 和 d）、RT-PCR（b 和 e）和 Western blotting杂交（c 和 f）检测 *MfHyPRP* 的转录物和蛋白质水平变化。图中不同字母表示差异显著（*P* < 0.05）

14.4.4　ABA、H₂O₂ 和 NO 对 *MfHyPRP* 表达的影响

MfHyPRP 的表达受 ABA 诱导。与对照相比（图 14-23a～图 14-23c），0.1mmol/L ABA 处理后 *MfHyPRP* 的转录物在 2～4h 达到最大，处理 8h 后转录物逐渐减少（图 14-23d，图 14-23e），而 MfHyPRP 蛋白质水平在 ABA 处理 2h 后升高，4h 时达到最大，随后逐渐降低，但仍维持在高于对照的水平（图 14-23f）。10mmol/L H₂O₂ 处理 1h，*MfHyPRP* 基因表达受到诱导，处理 2h 时转录物水平达到最高（图 14-23g，图 14-23h）。MfHyPRP 蛋白质水平在 H₂O₂ 处理 1h 后升高，2h 时达到最大，之后仍维持在较高水平（图 14-23i）。硝普钠（SNP）是 NO 供体，*MfHyPRP* 的转录物在 0.1mmol/L SNP 处理 1h 时受到诱导，此后 *MfHyPRP* 的转录物逐渐升高，在 8h 达到最大（图 14-23j，图 14-23k）；MfHyPRP 蛋白质水平在 SNP 处理 1h 后升高，2h 时达到最大，之后仍维持在较高水平（图 14-23l）。

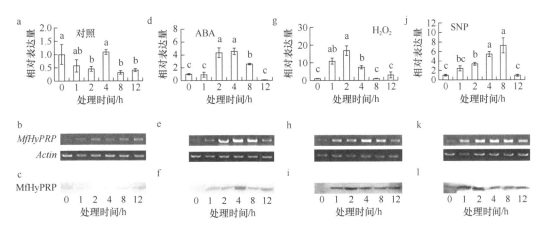

图 14-23　ABA、H₂O₂ 和 NO 对 *MfHyPRP* 基因表达的影响（引自 Tan et al.，2013）

以水为对照（a～c），黄花苜蓿离体叶片经过 100μmol/L ABA（d～f）、10mmol/L H₂O₂（g～i）和 100μmol/L SNP（j～l）处理后，采用 qRT-PCR（a、d、g 和 j）、RT-PCR（b、e、h 和 k）和 Western blotting 杂交（c、f、i 和 l）检测 *MfHyPRP* 的转录物和蛋白质水平变化。图中不同字母表示差异显著（$P < 0.05$）

14.4.5　NO 介导低温和脱水诱导 *MfHyPRP* 表达

将黄花苜蓿叶片用 ABA 合成抑制剂 NAP、H₂O₂ 清除剂 DMTU 和 NO 清除剂 PTIO 进行预处理 2h，然后低温处理 24h 或脱水处理 2h，检测 *MfHyPRP* 的表达。结果显示，PTIO 预处理可以消除低温或脱水对 *MfHyPRP* 的诱导表达，而 NAP 和 DMTU 预处理却不能抵消低温或脱水对该基因的诱导作用（图 14-24）。结果表明，低温或脱水诱导 *MfHyPRP* 表达需要 NO 的参与，但不需要 ABA 或 H₂O₂ 的参与。

14.4.6　过量表达 *MfHyPRP* 转基因烟草的分子鉴定

研究构建了 *MfHyPRP* 的过量表达载体，用 CaMV 35S 启动子驱动 *MfHyPRP* 的表达，以潮霉素抗性进行筛选，获得了转基因烟草。通过对 T0、T1 和 T2 代植株连续 3 代的

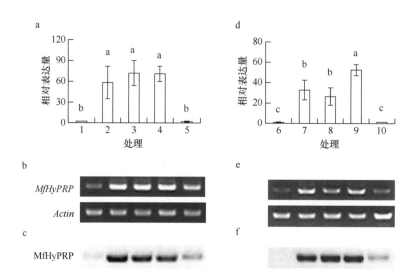

图 14-24　ABA、H₂O₂ 和 NO 在 MfHyPRP 响应低温（a）和脱水胁迫（b）过程中的作用

（引自 Tan et al.，2013）

图中处理 1 和 6 分别为常温和非脱水对照，离体叶片置于水（处理 2 和 7）、1mmol/L 纳普生（处理 3 和 8）、5mmol/L DMTU（处理 4 和 9）或 200μmol/L PTIO（处理 5 和 10）的烧瓶 2h 后，以 5℃低温处理 24h（a～c）或脱水处理 2h（d～f）。图中不同字母表示差异显著（$P < 0.05$）

潮霉素抗性筛选和 PCR 检测，获得了纯合的转基因株系。对其中 3 个株系进行 DNA 印迹杂交检测，结果显示 3 个株系均出现一条大小不同的杂交信号，表明这 3 个转基因株系来自不同的转化事件，外源基因为单拷贝插入（图 14-25a）。另外，通过 RT-PCR 和 Western blotting 杂交检测外源基因在转基因烟草中的表达水平，结果发现仅在转基因株系中能检测到较亮的 MfHyPRP 片段（图 14-25b）和蛋白质信号（图 14-25c），表明 MfHyPRP 已在转基因植株中成功表达。

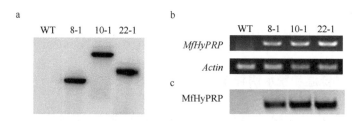

图 14-25　过量表达 MfHyPRP 转基因烟草的分子检测（引自 Tan et al.，2013）

图 a 中各植株基因组 DNA 经过 Xba I 酶切后上样

14.4.7　过量表达 MfHyPRP 提高转基因烟草对多种胁迫的耐性

冻害会破坏植物细胞膜的完整性，导致相对电导率增加，测定冻害处理后叶片的相对电导率，可以评价转基因植物的抗冻性。经过零下温度处理，转 MfHyPRP 基因烟草和野生型的相对电导率逐渐升高，在-8～-4℃条件下，转基因烟草的相对电导率比野生型低（图 14-26a），表明转基因株系的耐冻性增强。测定低温（3℃）处理后叶片的相对电导率和净光合作用速率（P_n），可以评价植株的耐冷性。正常条件下转基因烟草和野

生型的相对电导率与 P_n 无明显差异，而且相对电导率处于较低水平。低温处理后所有植株的相对电导率明显提高，P_n 降低，但转基因烟草的相对电导率明显低于野生型，P_n 则高于野生型（图 14-26b，图 14-26c）。结果表明，过量表达 *MfHyPRP* 提高了转基因烟草的耐冷性。

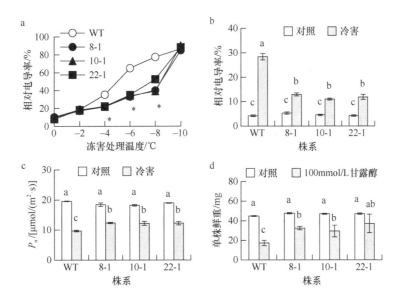

图 14-26　过量表达 *MfHyPRP* 转基因烟草对低温（a～c）和渗透胁迫（d）的耐性分析
（引自 Tan et al.，2013）
图中不同字母表示差异显著（$P < 0.05$）

通过分析植物在渗透胁迫下的生长情况来评价其对渗透胁迫的耐性。将在 1/2 MS 培养基上萌发的种子转移到正常 MS 培养基（对照）或含 100mmol/L 甘露醇的 MS 培养基上，在培养室生长 5 周后测定植株的鲜重。在正常条件下，转基因烟草与野生型植株大小无明显差异，在含 100mmol/L 甘露醇的 MS 培养基上生长的野生型植株的鲜重明显低于对照，而 3 个转基因烟草株系的鲜重下降幅度较小（图 14-26d）。结果表明，过量表达 *MfHyPRP* 提高了转基因烟草对渗透胁迫的耐性。

植物在非生物胁迫下容易产生活性氧，导致氧化伤害，如百草枯（MV）处理会使植物产生氧化损伤。为了证明过量表达 *MfHyPRP* 提高非生物胁迫耐性是否与提高耐氧化胁迫能力有关，比较了转基因烟草及其野生型对百草枯的耐性。MV 处理后，所有植株的叶片相对电导率和丙二醛（MDA）含量增加，但转基因株系的相对电导率和 MDA 低于野生型（图 14-27），表明转基因烟草对氧化胁迫的耐性强于野生型。抗氧化酶系统负责清除细胞内积累的活性氧，酶活性测定结果显示，MV 处理提高了 SOD、CAT 和 APX 等抗氧化酶的活性，但转基因烟草和野生型之间酶活性无明显差异（图略），这表明过量表达 *MfHyPRP* 提高转基因植物的抗氧化能力并不依赖抗氧化酶系统，可能是由于该蛋白质 8CM 结构域中的半胱氨酸可以清除 ROS 以保护膜脂和细胞壁蛋白免受氧化胁迫。

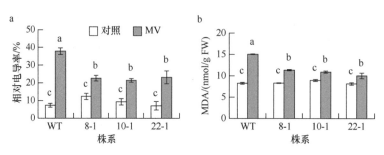

图 14-27　过量表达 *MfHyPRP* 转基因烟草对百草枯（MV）的耐性分析（引自 Tan et al.，2013）

图中不同字母表示差异显著（$P < 0.05$）

14.4.8　MfHyPRP 的功能

MfHyPRP 编码一个杂合的富含脯氨酸蛋白，具有 N 端信号肽、富含脯氨酸区和保守的 C 端 8CM 区。*MfHyPRP* 基因在黄花苜蓿基因组中以单拷贝形式存在。低温、脱水、ABA、H_2O_2 和 NO 均诱导 *MfHyPRP* 的表达，然而仅 NO 介导低温和脱水条件下 *MfHyPRP* 的诱导表达。在烟草中过量表达 *MfHyPRP* 基因，能增强转基因植物的耐寒、耐渗透胁迫和抗氧化胁迫的能力，而且转 *MfHyPRP* 基因烟草提高抗氧化能力不依赖抗氧化酶系统。

14.5　早期光诱导蛋白（MfELIP）的功能

14.5.1　早期光诱导蛋白的研究进展

早期光诱导蛋白（early light-induced protein，ELIP）是一类核基因编码的类囊体膜蛋白，属于叶绿素 a/b 结合蛋白家族，最早在豌豆（*Pisum sativum*）中被鉴定出来。ELIP 作为一大类的蛋白质，具体可以分为 ELIP 蛋白和 CBR 蛋白（carotene biosynthesis related protein）。植物的 ELIP 蛋白都有 3 个跨膜结构域，其中跨膜结构 I 和跨膜结构III是高度保守的，这 2 个结构域通过 Glu-Asn 盐桥形成稳定的 X 型空间结构，以 N 端朝基质、C 端朝类囊体膜腔的形式插入类囊体双层磷脂膜上并结合色素。因此，ELIP 可能在色素蛋白复合物装配的早期作为游离色素的底物，代替光捕获蛋白复合物，起"色素载体"的作用。

ELIP 的表达受到光、低温、干旱、盐、紫外线和重金属等胁迫的广泛诱导。在光胁迫条件下，受损的色素-蛋白复合体从基粒迁移到基质类囊体区域。在修复系统专一蛋白酶的作用下，受损蛋白质被降解，释放出的色素与 ELIP 蛋白结合。在强光条件下，拟南芥 *chaos* 突变体中的 ELIP 蛋白积累受到抑制，导致叶片产生光氧化伤害。在该突变体中组成型表达 *ELIP* 基因后，植株对光的耐受能力又恢复到野生型水平（Hutin et al.，2003）。与野生型相比，拟南芥 *elip1* 或 *elip2* 单突变体对高光胁迫更敏感（Casazza et al.，2005），但 *elip1 elip2* 双突变体并未表现出对光抑制和光氧化更敏感（Rossini et al.，2006）。这些研究表明，ELIP 的生理功能非常复杂。在冷驯化的拟南芥叶片中，*ELIP* 表达上调，是表达量最丰富的基因之一。本研究从黄花苜蓿中克隆了一个编码早期光诱导蛋白的基

因 *MfELIP*，该基因在非生物胁迫响应和调控过程中发挥重要的作用。

14.5.2 黄花苜蓿 MfELIP 的分子特征

研究设计特异性 PCR 引物，从冷处理的黄花苜蓿叶片中克隆了 *MfELIP*（GenBank 登录号为 EF422369），其 cDNA 片段长 712bp，包含一个 600bp 的 ORF，编码一个由 199 个氨基酸组成的多肽。MfELIP 大小为 21kDa，等电点为 9.69。通过 iPSORT 和 ChloroP 软件预测，MfELIP 在 N 端含有一个由 46 个氨基酸组成的叶绿体转导肽，C 端具有 3 个跨膜 α 螺旋，这是 ELIP 家族蛋白所特有的结构。加工后的成熟蛋白大小为 16kDa，等电点为 5.38。

氨基酸序列多重比对显示，MfELIP 与豆科植物 ELIP 高度同源（图 14-28）。与紫花苜蓿、蒺藜苜蓿、红三叶（*Trifolium pratense*）和豌豆的相似性分别是 98.7%、96.3%、92.1% 和 84.6%，与其他物种 ELIP 的相似性较低，如 AtELIP1（52.2%）、AtELIP2（50.7%）、SrELIPA（31%）、SrELIPB（29.4%）和 TaELIP（28%）。为了确定 *MfELIP* 的拷贝数，分别用 *Xba* Ⅰ 或 *Eco*R Ⅰ 酶切黄花苜蓿的基因组 DNA，经过 DNA 印迹杂交后发现，*MfELIP* 在黄花苜蓿基因组中只存在单个拷贝。

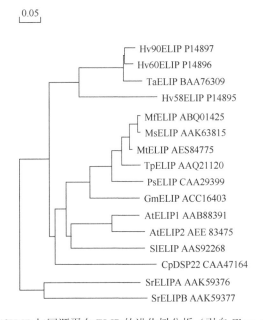

图 14-28 MfELIP 与同源蛋白 ELIP 的进化树分析（引自 Zhuo et al.，2013）

14.5.3 *MfELIP* 的表达响应低温、脱水和 ABA 处理

在 5℃ 低温处理时，*MfELIP* 的表达被极大地诱导。低温处理 4h 时，*MfELIP* 的转录物水平增加 14 倍，12h 时增加 27 倍，24h 和 96h 时分别升高 48 倍和 87 倍（图 14-29a），而在室温下对照组植物中 *MfELIP* 的表达未发生变化（图略）。与转录物的变化趋势相一致，低温响应过程中 MfELIP 蛋白质水平也逐渐提高，并在 48h 时达到最大（图 14-29b）。

MfELIP 的表达也受脱水胁迫诱导，但诱导程度较低，脱水处理 2h 时，*MfELIP* 的转录物水平达到最高，但仅增加了 1.3 倍，4h 和 8h 分别增加了 60% 和 40%（图 14-29c）。脱水处理也提高 MfELIP 蛋白质水平（图 14-29d）。结果说明，*MfELIP* 的表达对低温响应比对脱水更加敏感，*MfELIP* 可能主要在耐寒性调控中起作用。另外，*MfELIP* 的转录物和蛋白质水平均受 ABA 处理的诱导，在处理后 8h 达到最大，处理 12h 时 *MfELIP* 的转录物和蛋白质水平开始降低，但仍高于处理前的水平；在 ABA 诱导过程中，MfELIP 蛋白增加的程度大于 *MfELIP* 的转录物（图 14-29e，图 14-29f）。

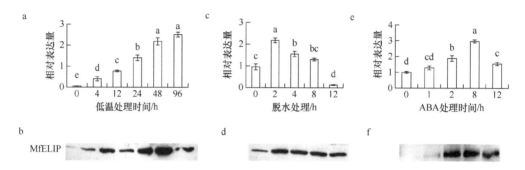

图 14-29　MfELIP 响应低温（a、b）、脱水（c、d）和 ABA（e、f）处理的表达分析（引自 Zhuo et al.，2013）

图中不同字母表示差异显著（$P < 0.05$）

14.5.4　过量表达 *MfELIP* 转基因烟草的分子鉴定

为了证明 *MfELIP* 与植物耐寒性的关系，以 CaMV 35S 启动子驱动 *MfELIP* 的表达，获得了转基因烟草，通过对 T0、T1 和 T2 代的连续筛选与鉴定，获得了纯合的转基因株系。提取转基因株系及其野生型的基因组 DNA，以 *Xba* I 或 *Hind*III进行酶切，利用 DNA 印迹杂交分析外源基因的插入。结果显示，野生型无杂交信号，转基因株系有外源基因的杂交信号，而且外源基因以单拷贝插入转基因株系 2-1，以双拷贝插入株系 4-1 的基因组中（图 14-30a）。RNA 印迹杂交结果显示，在 2 个转基因株系中检测到水平相近的 *MfELIP* 转录物，而野生型无 *MfELIP* 的表达（图 14-30b）。进一步用 MfELIP 抗体杂交显示，野生型无杂交信号，转基因株系中能检测出 MfELIP 蛋白（图 14-30c）。为了解过量表达 *MfELIP* 是否影响转基因烟草的光合特性，测定了转基因株系及其野生型的 CO_2 响应曲线和光响应曲线，结果发现两类植物间没有显著差异（图略）。因此，*MfELIP* 的过量表达不影响转基因烟草的光合特性。

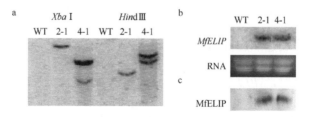

图 14-30　过量表达 *MfELIP* 转基因烟草的分子检测（引自 Zhuo et al.，2013）

a. DNA 印迹；b. Northern blotting；c. Western blotting

14.5.5　过量表达 *MfELIP* 提高植物耐逆性

测定转基因烟草及其野生型在冻害条件下的相对电导率和存活率,评价其抗冻性。结果显示,随着处理温度降低,转基因烟草及其野生型叶片的相对电导率不断升高,但转基因株系的相对电导率低于野生型(图 14-31a)。冷冻处理后野生型植株全部死亡,而转基因株系的存活率为 28%～35%(图 14-31b,图 14-31c)。因此,过量表达 *MfELIP* 提高了转基因烟草的耐冻性。

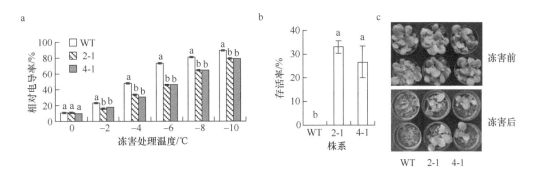

图 14-31　过量表达 *MfELIP* 转基因烟草的耐冻性鉴定(引自 Zhuo et al.,2013)
图中不同字母表示差异显著($P < 0.05$)

测定零上低温处理后叶片的相对电导率和 P_n,用于检测转基因植物的耐冷性。正常条件下,转基因株系及其野生型的相对电导率和 P_n 差异不大;3℃冷处理 4d 后,所有植株的相对电导率升高,P_n 降低,但转基因植株的相对电导率仍低于野生型(图 14-32a),P_n 高于野生型(图 14-32b)。结果表明,过量表达 *MfELIP* 提高了转基因烟草的耐冷性。

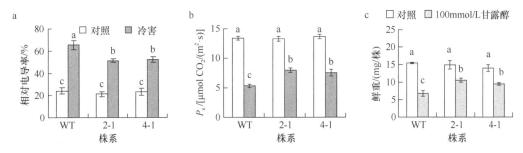

图 14-32　转 *MfELIP* 基因烟草对冷害(a、b)和渗透胁迫(c)的耐性分析(引自 Zhuo et al.,2013)
图中不同字母表示差异显著($P < 0.05$)

将在 1/2 MS 培养基上萌发的种子移到正常 MS 培养基(对照)或含 100mmol/L 甘露醇的 MS 培养基上,生长 5 周后测定植株的鲜重。在 MS 培养基上生长的转基因株系及其野生型的植株鲜重无明显差异,在含 100mmol/L 甘露醇的培养基上生长的植株鲜重显著低于 MS 培养基上生长的植株,但转基因株系的鲜重仍显著高于野生型(图 14-32c)。结果表明,过量表达 *MfELIP* 提高了转基因烟草对渗透胁迫的耐性。

植物在强光下易产生氧化伤害,测定强光胁迫下植物的 F_v/F_m 和相对电导率,评价其对氧化伤害的耐性。随着强光处理时间延长，所有植株的 F_v/F_m 逐渐下降（图 14-33a），相对电导率逐渐升高（图 14-33b），而转基因株系 F_v/F_m 始终高于野生型（图 14-33a），相对电导率则低于野生型（图 14-33b）。结果表明，过量表达 *MfELIP* 提高了转基因烟草对强光诱导的氧化胁迫耐性。

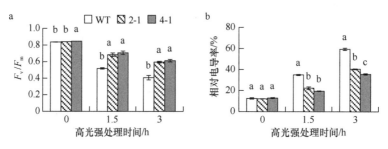

图 14-33　转 *MfELIP* 基因烟草对强光胁迫的耐性鉴定（引自 Zhuo et al.，2013）
图中不同字母表示差异显著（$P < 0.05$）

14.5.6　MfELIP 的功能

MfELIP 编码一个早期光诱导的叶绿体蛋白，其在黄花苜蓿基因组中以单拷贝存在。*MfELIP* 表达受低温诱导，也受脱水胁迫和 ABA 的诱导。过量表达 *MfELIP* 提高转基因烟草的耐寒性、耐渗透胁迫和抗氧化能力。叶绿体定位的 MfELIP 可能通过结合、稳定叶绿素分子，减少膜脂的过氧化损伤，减轻逆境对光系统的破坏，从而提高了植物的耐逆性。

14.6　本 章 小 结

低温等非生物逆境能够影响膜系统的完整性和生物膜的正常代谢，膜蛋白作为膜系统的关键组分，在植物适应非生物胁迫过程中发挥了重要功能。本章系统研究了 4 个黄花苜蓿膜蛋白（MfTIL1、MfPIP2-7、MfHyPRP 和 MfELIP）调控耐寒性的功能。

黄花苜蓿低温响应基因 *MfTIL1* 编码一个温度诱导的脂质转运蛋白。过量表达 *MfTIL1* 的转基因烟草表现出更强的耐冻、耐冷和抗氧化胁迫能力，降低胁迫条件下体内 ROS 水平。*MfTIL1* 表达能上调 *DREB* 和 *COR15a* 等低温响应基因的表达，从而提高植物耐寒性。

黄花苜蓿质膜内在蛋白 MfPIP2-7 在植物耐寒性调控中具有重要作用。ABA 介导低温诱导 *MfPIP2-7* 的表达。MfPIP2-7 能够参与 H_2O_2 的跨膜扩散，促进活性氧信号转导，因此过量表达 *MfPIP2-7* 能导致多个胁迫响应基因上调表达，从而提高耐寒性。过量表达 *MfPIP2-7* 还能诱导 *NIA* 基因的表达，从而提高 NR 活性，促进硝酸盐还原和氨基酸代谢，从而提高植物耐低氮能力。

黄花苜蓿 *MfHyPRP* 编码一个杂合的富含脯氨酸蛋白，在基因组中以单拷贝形式存在。低温、脱水、ABA、H_2O_2 和 NO 均能诱导 *MfHyPRP* 的表达，然而仅 NO 介导低温和脱水条件下 *MfHyPRP* 的诱导表达。过量表达 *MfHyPRP* 提高转基因植物耐寒性、耐渗透胁迫和抗氧化胁迫能力，但转基因植物提高抗氧化能力不依赖抗氧化酶系统。

　　MfELIP 编码一个早期光诱导的叶绿体蛋白，该基因表达受低温、脱水和 ABA 诱导。过量表达 *MfELIP* 的转基因烟草提高了耐寒、耐渗透胁迫和抗高光强胁迫能力。叶绿体定位的 MfELIP 可能通过结合、稳定叶绿素分子，减少类囊体膜脂的过氧化损伤，减轻非生物逆境对光系统的破坏，从而提高了植物的耐逆性。

参 考 文 献

Alexandersson E, Fraysse L, Sjövall-Larsen S, et al. 2005. Whole gene family expression and drought stress regulation of aquaporins. Plant Molecular Biology, 59(3): 469-484.

Bubier J, Schläppi M. 2004. Cold induction of *EARLI1*, a putative *Arabidopsis* lipid transfer protein, is light and calcium dependent. Plant Cell and Environment, 27(7): 929-936.

Casazza A P, Rossini S, Rosso M G, et al. 2005. Mutational and expression analysis of ELIP1 and ELIP2 in *Arabidopsis thaliana*. Plant Molecular Biology, 58(1): 41-51.

Castonguay Y, Laberge S, Nadeau P, et al. 1994. A cold-induced gene from *Medicago sativa*, encodes a bimodular protein similar to developmentally regulated proteins. Plant Molecular Biology, 24(5): 799-804.

Charron J B, Ouellet F, Houde M, et al. 2008. The plant Apolipoprotein D ortholog protects *Arabidopsis* against oxidative stress. BMC Plant Biology, 8(1): 86.

Charron J B, Ouellet F, Pelletier M, et al. 2005. Identification, expression, and evolutionary analyses of plant lipocalins. Plant Physiology, 139 (4): 2017-2028.

Flower D R, North A C, Sansom C E. 2000. The lipocalin protein family: structural and sequence overview. Biochimica et Biophysica Acta, 1482(1): 9-24.

Goodwin W, Pallas J A, Jenkins G I. 1996. Transcripts of a gene encoding a putative cell wall-plasma membrane linker protein are specifically cold-induced in *Brassica napus*. Plant Molecular Biology, 31(4): 771-781.

He C Y, Zhang J S, Chen S Y. 2002. A soybean gene encoding a proline-rich protein is regulated by salicylic acid, an endogenous circadian rhythm and by various stresses. Theoretical and Applied Genetics, 104(6-7): 1125-1131.

He X, Sambe M A, Zhuo C, et al. 2015. A temperature induced lipocalin gene from *Medicago falcata* (*MfTIL1*) confers tolerance to cold and oxidative stress. Plant Molecular Biology, 87(6): 645-654.

Huang G, Gong S, Xu W, et al. 2011. *GhHyPRP4*, a cotton gene encoding putative hybrid proline-rich protein, is preferentially expressed in leaves and involved in plant response to cold stress. Acta Biochimica et Biophysica Sinica, 43(7): 519-527.

Hutin C, Nussaume L, Moise N, et al. 2003. Early light-induced proteins protect *Arabidopsis* from photooxidative stress. Proceedings of the National Academy of Sciences, 100(8): 4921-4926.

Jang Y J, Lee S H, Rhee J Y, et al. 2007. Transgenic *Arabidopsis* and tobacco plants overexpressing an aquaporin respond differently to various abiotic stresses. Plant Molecular Biology, 64(6): 621-632.

José-Estanyol M, Gomis-Rüth F X, Puigdomènech P. 2004. The eight-cysteine motif, a versatile structure in plant proteins. Plant Physiology and Biochemistry, 42(5): 355-365.

Matsumoto T, Lian H L, Su W A, et al. 2009. Role of the aquaporin PIP1 subfamily in the chilling tolerance of rice. Plant and Cell Physiology, 50(2): 216-229.

Pang C, Wang C, Chen H, et al. 2009. Transcript profiling of cold responsive genes in *Medicago falcata*. Molecular Breeding of Forage and Turf: 141-150.

Rossini S, Casazza A P, Engelmann E C, et al. 2006. Suppression of both ELIP1 and ELIP2 in *Arabidopsis* does not affect tolerance to photoinhibition and photooxidative stress. Plant Physiology, 141(4): 1264-1273.

Tan J, Zhuo C, Guo Z. 2013. Nitric oxide mediates cold- and dehydration-induced expression of a novel

MfHyPRP that confers tolerance to abiotic stress. Physiologia Plantarum, 149(3): 310-320.

Wudick M M, Luu D T, Maurel C. 2009. A look inside: localization patterns and functions of intracellular plant aquaporins. New Phytologist, 184(2): 289-302.

Zhuo C, Cai J, Guo Z. 2013. Overexpression of early light-induced protein (ELIP) gene from *Medicago sativa* ssp. *falcata* increases tolerance to abiotic stresses. Agronomy Journal, 105(5): 1433-1440.

Zhuo C, Wang T, Guo Z, et al. 2016. Overexpression of *MfPIP2-7* from *Medicago falcate* promotes cold tolerance and growth under NO_3^- deficiency in transgenic tobacco plants. BMC Plant Biology, 16(1): 138.

第 15 章　*S*-腺苷甲硫氨酸合成酶和 ERF 转录因子调控乡土草耐寒性

施海帆　郭振飞

15.1　引　　言

S-腺苷甲硫氨酸合成酶（*S*-adenosyl methionine synthetase，SAMS）催化 ATP 和 L-甲硫氨酸合成 *S*-腺苷甲硫氨酸（SAM）。SAM 是植物细胞各种代谢过程所需甲基的主要供体，参与各种次生代谢产物、蛋白质、脂类和核酸等大分子合成过程中多种甲基化反应，这些甲基化反应往往是各种生物合成反应的关键步骤。此外，SAM 也是多胺和乙烯生物合成的前体。拟南芥有 4 个 *SAMS* 同源基因，其中 *AtSAMS1* 和 *AtSAMS2* 在茎与根中表达，而 *AtSAMS3* 和 *AtSAMS4* 则在叶中表达。拟南芥中 *SAMS* 表达下调将导致游离甲硫氨酸积累，木质素含量下降（Goto et al.，2002）。水稻中 *OsSAMS1*、*OsSAMS2* 和 *OsSAMS3* 的下调表达可抑制开花关键基因 DNA 和组蛋白的甲基化过程，导致水稻开花延迟。植物中 *SAMS* 的表达受植物激素和逆境胁迫调节（Pulla et al.，2009），水稻（*Oryza sativa*）、番茄、甜菜（*Beta vulgaris*）、大洋洲滨藜（*Atriplex nummularia*）等植物中 *SAMS* 的表达受盐胁迫诱导（Sanchez-Aguayo et al.，2004；Tabuchi et al.，2005），在烟草中过量表达盐地碱蓬 *SAMS2* 可提高烟草耐盐性（Qi et al.，2010）。但有关乡土草 *SAMS* 基因与植物低温驯化关系的研究很少，本章我们将以黄花苜蓿为研究对象，探讨 *MfSAMS1* 在其耐寒性中的作用。

乙烯响应因子（ERF）属于 AP2/ERF 转录因子超家族成员，AP2/ERF 超家族蛋白是植物特有的转录因子，含有由 60～70 个氨基酸组成的 AP2/ERF 结构域，几乎存在于所有的植物中，调控植物生长发育和逆境响应。该家族的成员参与多种生物学过程，包括植物生长、花发育、果实发育、种子发育、损伤、病菌防御、高盐、干旱等环境胁迫响应等。AP2/ERF 转录因子也参与水杨酸、茉莉酸、乙烯、脱落酸等多种信号转导途径，某些家族成员是逆境信号交义途径中的连接因子。根据功能结构域的数目及序列特征，AP2/ERF 转录因子可分为 AP2、ERF 和 RAV 亚家族。其中 ERF 家族包括 10 类蛋白，根据结合元件又分为 CBF/DREB 亚家族（第Ⅰ～Ⅳ类蛋白）和 ERF 亚家族（第Ⅴ～Ⅹ类蛋白）（Mizoi et al.，2012）。Nakano（2006）报道在拟南芥和水稻中分别含有 147 个和 157 个 *AP2/ERF* 基因家族成员，其中拟南芥中有 122 个基因属于 DREB 亚家族和 ERF 亚家族，水稻中有 139 个基因属于 ERF 家族。张淑珍等（2015）报道了大豆 148 个 AP2/ERF 转录因子基因家族成员，其中 120 个是 ERF 类亚家族成员。

15.2　*S*-腺苷甲硫氨酸合成酶（MfSAMS）调控耐寒性

15.2.1　*MfSAMS1* 基因的分子特征

利用 RT-PCR 从低温处理的黄花苜蓿叶片中克隆 *MfSAMS1* 的 cDNA 片段，长度为 1275bp，含有一个 1191bp 的可读框，编码由 397 个氨基酸组成的多肽，预测其分子量大小为 43.158kDa，等电点为 5.96。在氨基酸序列中没有发现叶绿体、线粒体或其他细胞器定位的信号，表明其存在于细胞质中。对 MfSAMS1 与蒺藜苜蓿中 3 个 *SAMS* 同源基因和拟南芥中 4 个 *SAMS* 同源基因编码蛋白进行进化树分析，结果表明，MfSAMS1 和其他植物 SAMS 有高度的保守性（图 15-1）。

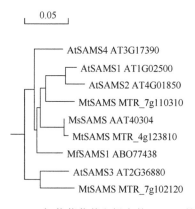

图 15-1　MfSAMS1 与蒺藜苜蓿和拟南芥 SAMS 的进化树分析

为了分析 *MfSAMS1* 在黄花苜蓿基因组中的拷贝数，分别用 *Hind*III 和 *Xba* I 酶切消化黄花苜蓿基因组 DNA，以琼脂糖电泳将大小不同的 DNA 片段分开，转移到尼龙膜上，以 ^{32}P 标记的 *MfSAMS1* 片段为探针，进行 DNA 印迹杂交，两个酶切的样品都出现 2 条明显的信号带。由于 *MfSAMS1* 的 DNA 序列中没有 *Hind*III 和 *Xba* I 位点，结果说明黄花苜蓿基因组中至少存在 2 个 *SAMS* 同源基因（图 15-2）。

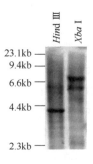

图 15-2　黄花苜蓿基因组中 SAMS 的拷贝数分析

用 *Hind* III 和 *Xba* I 分别酶切黄花苜蓿基因组 DNA，转膜后进行 Southern blotting 杂交，以 ^{32}P 标记的 *MfSAMS1* 片段为杂交探针

15.2.2　*MfSAMS1* 对低温的响应

采用 RNA 印迹杂交分析植物不同组织和器官中 *MfSAMS1* 的表达量，结果显示，在正常条件下 *MfSAMS1* 在茎和叶柄的表达量较高，在成熟和衰老的叶片中也能检测到基因的表达，但表达量较低（图 15-3a）。低温处理 24h 后，茎和叶柄的 *MfSAMS1* 基因表达量降低，几乎检测不到杂交信号，而成熟和衰老的叶片中 *MfSAMS1* 基因表达被显著诱导。不管是在正常条件还是逆境处理后，黄花苜蓿的根系中都检测不到 *MfSAMS1* 的表达（图 15-3a）。该结果与前面推测黄花苜蓿基因中至少存在 2 个 *SAMS* 同源基因是一致的，一个主要存在于茎和叶柄这类输导组织中，其表达受低温抑制；另一个存在于叶片中，表达受低温诱导。

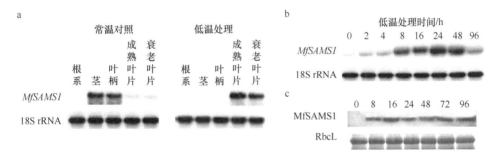

图 15-3　*MfSAMS1* 的组织特异性表达及其对低温的响应

分别抽提黄花苜蓿处理前和 5℃处理根系、茎、叶柄、成熟叶片和衰老叶片的 RNA，进行 Northern blotting 杂交（a）；在低温处理不同时间后提取黄花苜蓿叶片 RNA 和蛋白质，分别采用 Northern blotting 和 Western blotting 杂交检测 *MfSAMS1* 转录物（b）及 MfSAMS1 蛋白（c）的变化。以核酮糖-1,5-二磷酸羧化酶/加氧酶的大亚基 RbcL 为参照蛋白

进一步分析低温处理过程中 *MfSAMS1* 表达的动态变化。Northern blotting 杂交结果显示，低温处理 2～4h 后，*MfSAMS1* 的表达在转录水平上开始受到诱导，在 8～48h 时转录水平大幅度受诱导，96h 时表达量下调（图 15-3b）。Western blotting 杂交结果显示，低温处理前检测不到 MfSAMS1 蛋白，低温处理 8～96h，MfSAMS1 蛋白水平升高，并维持稳定的水平（图 15-3c）。

15.2.3　*MfSAMS1* 对 ABA、H_2O_2 和 NO 的响应

ABA、H_2O_2 和 NO 是植物细胞重要的信号分子，参与基因表达和耐逆性的调控。用 0.1mmol/L ABA、10mmol/L H_2O_2 和 0.1mmol/L SNP 处理黄花苜蓿离体叶片，提取总 RNA，用 Northern blotting 杂交和 Western blotting 杂交方法检测 *MfSAMS1* 基因的表达是否受 ABA、H_2O_2 和 NO 的影响。结果显示，正常条件下 *MfSAMS1* 的表达量维持在一个较低的水平（图 15-4）。ABA 处理 1～2h 后，*MfSAMS1* 基因的转录本显著提高并达到最大，处理 4h 降低至对照水平；ABA 处理 1h 后，MfSAMS1 蛋白开始累积，并在 2～4h 时达到最高水平，8h 时蛋白水平降低。H_2O_2 处理 1h 后，*MfSAMS1* 的转录本就达到最高，2h 时明显下降，而 MfSAMS1 蛋白量在处理过程中一直维持在较高水平。*MfSAMS1*

对 NO 的响应比对 ABA 和 H_2O_2 的响应要晚，SNP 处理 4h 时 *MfSAMS1* 的转录才被诱导，在 8h 时达到最大；MfSAMS1 蛋白水平在 SNP 处理 1h 时开始提高，在 8～12h 时达到最大（图 15-4）。

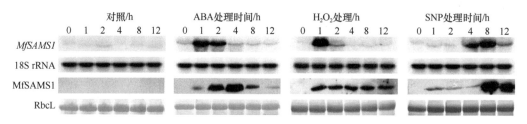

图 15-4　ABA、H_2O_2 和 NO 对 *MfSAMS1* 表达的影响

以 ABA（100μmol/L）、H_2O_2（10mmol/L）和 SNP（100μmol/L）处理黄花苜蓿叶片，分别采用 Northern blotting 和 Western blotting 杂交检测 *MfSAMS1* 转录物及 MfSAMS1 蛋白的变化，以核酮糖-1,5-二磷酸羧化酶/加氧酶的大亚基 RbcL 为参照蛋白

进一步检测了 ABA、H_2O_2 和 NO 诱导 *MfSAMS1* 的表达是否存在上下游关系或相互作用。用 ABA 合成抑制剂萘普生（NAP，1mmol/L）、H_2O_2 清除剂 DMTU（5mmol/L）和 NO 清除剂 PTIO（0.2mmol/L）分别预处理黄花苜蓿离体叶片 2h，然后分别用 ABA 或 H_2O_2 处理 1h，用 SNP 处理 8h。结果显示，萘普生预处理不影响 ABA 诱导 *MfSAMS1* 基因的表达，而 DMTU 或 PTIO 预处理能显著抑制 ABA 诱导的 *MfSAMS1* 表达，表明 ABA 诱导 *MfSAMS1* 的表达需要 H_2O_2 或 NO 的参与。萘普生、DMTU 或 PTIO 预处理显著抑制 H_2O_2 诱导的 *MfSAMS1* 表达，表明 H_2O_2 诱导 *MfSAMS1* 的表达需要 ABA 或 NO 的参与。萘普生、DMTU 或 PTIO 预处理显著抑制 SNP 诱导的 *MfSAMS1* 表达，表明 NO 诱导 *MfSAMS1* 的表达需要 ABA 或 H_2O_2 的参与（图 15-5）。这些结果说明，ABA、H_2O_2 和 NO 以相互依赖的方式诱导 *MfSAMS1* 表达。

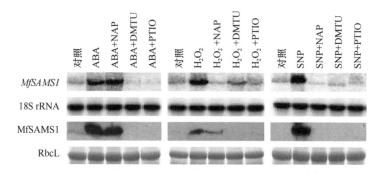

图 15-5　ABA、H_2O_2 和 NO 以相互依赖的方式诱导 *MfSAMS1* 表达

分别以萘普生（1mmol/L）、DMTU（5mmol/L）和 PTIO（0.2mmol/L）预处理黄花苜蓿离体叶片 2h，然后分别用 ABA 或 H_2O_2 处理 1h，用 SNP 处理 8h，分别采用 Northern blotting 和 Western blotting 杂交检测 *MfSAMS1* 转录物及 MfSAMS1 蛋白的变化。以核酮糖-1,5-二磷酸羧化酶/加氧酶的大亚基 RbcL 为参照蛋白

15.2.4　低温诱导 *MfSAMS1* 表达与黄花苜蓿耐寒性

在上述结果基础上，检测了 ABA、H_2O_2 和 NO 是否参与低温诱导 *MfSAMS1* 的表达。用萘普生、DMTU 或 PTIO 分别预处理黄花苜蓿离体叶片 2h，然后低温处理 24h，检测

MfSAMS1 表达的变化。低温处理诱导 *MfSAMS1* 的表达与前面的结果是一致的；萘普生、DTMU 或 PTIO 预处理抑制了低温对 *MfSAMS1* 表达的诱导作用（图 15-6），表明低温诱导 *MfSAMS1* 的表达依赖于 ABA、H_2O_2 或 NO 的参与。所以，ABA、H_2O_2 或 NO 以相互依赖的方式参与低温诱导 *MfSAMS1* 的表达。

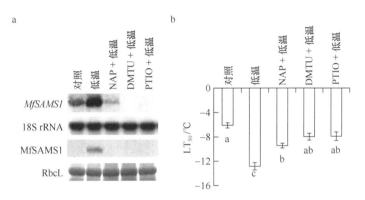

图 15-6　ABA、H_2O_2 和 NO 在低温诱导 *MfSAMS1* 表达与提高耐寒性中的作用

用不同化学药剂预处理黄花苜蓿离体叶片，2h 后进行低温处理（24h），以置于室温下叶片为对照，分别采用 Northern 和 Western blotting 杂交检测 *MfSAMS1* 转录物及 MfSAMS1 蛋白的变化（a）。在黄花苜蓿低温驯化过程中喷施不同的药剂，7d 后测定半致死温度（b），图中不同字母表示差异显著（$P < 0.05$）

进一步分析 ABA、H_2O_2 和 NO 在黄花苜蓿低温驯化中的作用。以萘普生、DTMU 或 PTIO 溶液喷施黄花苜蓿叶片，以喷水为对照，待植物吸收后，将盆栽的黄花苜蓿放置于人工气候箱内，低温（5℃）处理 7d，然后测定半致死温度（LT_{50}），评价耐冻性。低温驯化处理 7d 后，黄花苜蓿的 LT_{50} 比没经过低温驯化处理的低，说明低温驯化提高了植物的耐寒性（图 15-6b）。萘普生、DTMU 或 PTIO 预处理引起 LT_{50} 的升高，部分抵消低温驯化引起的 LT_{50} 的降低（图 15-6b），表明阻碍 ABA、H_2O_2 或 NO 的信号通路可以抑制低温驯化作用。也就是说，低温驯化提高黄花苜蓿耐寒性需要 ABA、H_2O_2 或 NO 的参与。

15.2.5　过表达 *MfSAMS1* 转基因烟草的分子检测

为了进一步证明 *MfSAMS1* 表达与耐寒性的关系，采用农杆菌介导法获得了过量表达 *MfSAMS1* 的转基因烟草。采用 DNA 印迹杂交对转基因烟草进行了检测，结果显示，野生型没有 *MfSAMS1* 的杂交信号，3 个转基因株系都有杂交信号，而且杂交信号带谱表现出差异，表明它们来自不同的转化事件，是 3 个独立的转基因株系，*MfSAMS1* 整合至转基因植物的基因组中（图 15-7）。采用 RNA 印迹和 Western blotting 杂交检测了 *MfSAMS1* 在转基因株系中的表达，结果显示，野生型中检测不到 *MfSAMS1* 的表达，而 *MfSAMS1* 在 3 个转基因株系中均获得了表达，而且 MfSAMS1 蛋白水平相近（图 15-7）。

15.2.6　过表达 *MfSAMS1* 转基因烟草的生化检测

SAMS 的生化功能是催化 SAM 形成，因此我们测定了转基因株系的 SAM 含量。结

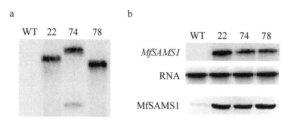

图 15-7 转基因烟草的分子检测

采用 DNA 印迹杂交检测 3 个转基因烟草株系（a），采用 RNA 印迹和 Western blotting 杂交检测了 *MfSAMS1* 在转基因株系中的表达（b）

果显示，转基因株系叶片中 SAM 含量均高于野生型（图 15-8a），表明过量表达 *MfSAMS1* 促进了转基因植物合成 SAM。SAM 可以转化成乙烯生物合成的前体 1-氨基环丙烷羧酸（ACC），ACC 在 ACC 合酶（ACS）和 ACC 氧化酶（ACO）的催化下生成乙烯。测定转基因株系叶片的乙烯产生，发现转基因植物与野生型之间乙烯产生速率没有显著差异，*ACS* 和 *ACO* 基因表达也没有差异（图略）。

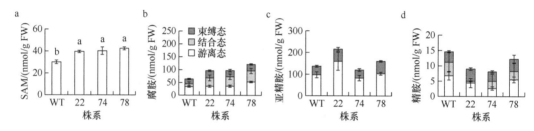

图 15-8 转基因烟草及其野生型 SAM（a）、腐胺（b）、亚精胺（c）和精胺（d）含量

图中不同字母表示差异显著（$P < 0.05$）

腐胺、尸胺、亚精胺和精胺是植物中常见的多胺，SAM 是多胺生物合成的前体。腐胺的合成是以精氨酸或鸟氨酸为前体，精氨酸脱羧酶和鸟氨酸脱羧酶分别是这两条途径的关键酶；亚精胺和精胺的合成则以 SAM 为前体，SAM 脱羧酶（SAMDC）是关键酶。在 SAMDC 催化下 SAM 脱羧生成脱羧型 SAM（dsSAM）；在亚精胺合酶（SPDS）或精胺合酶（SPMS）催化下，dsSAM 分别向腐胺或亚精胺提供丙氨基，分别生成亚精胺和精胺。转基因株系比野生型具有更高的 SAM 含量，推测这将促进多胺的合成，所以测定了转基因株系的多胺含量。结果显示，除转基因株系 78 的腐胺含量高于野生型外，各转基因株系中游离态、束缚态和结合态的腐胺、亚精胺和精胺与野生型之间无显著差异（图 15-8b～图 15-8d）。

15.2.7 过表达 *MfSAMS1* 与多胺氧化酶活性

在多胺氧化酶（PAO）或二胺氧化酶（DAO）催化下，多胺可被氧化产生 H_2O_2。为探讨转基因烟草中 SAM 含量提高但多胺含量没有变化的原因，进一步分析 H_2O_2 含量以便了解多胺是否被氧化了。结果显示，转基因株系的 H_2O_2 含量高于野生型（图 15-9），表明转基因株系未积累亚精胺和精胺可能是由于多胺被氧化。DAO 和 PAO 主要存在于质膜外侧，DAO 催化质外体腐胺的氧化，PAO 则催化质外体亚精胺和精胺的氧化，所产生的 H_2O_2 主要存在于质外体中。根据氯化铈与 H_2O_2 结合产生黑色颗粒沉淀的特点，采用透射电镜观察了转基因株系及其野生型叶片质外体中 H_2O_2 的积累情况。结果显示，野生型质外体中积累黑色沉淀较少，但转基因株系能积累较多的黑色沉淀（图 15-9），表明转基因株系积累的 H_2O_2 显著高于野生型。

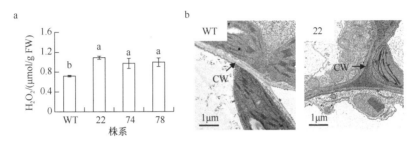

图 15-9　转基因烟草及其野生型的 H_2O_2 含量及其在质外体的积累

利用分光光度计测定转基因烟草及其野生型的 H_2O_2 含量（a），图中不同字母表示差异显著（$P < 0.05$）。用扫描电子显微镜观察 H_2O_2 在质外体的积累（b），CW 代表细胞壁，质外体中黑色颗粒沉积代表 H_2O_2 的积累

进一步测定了 PAO 和 DAO 活性。结果显示，细胞间 PAO 和 DAO 活性远远高于细胞内的活性；转基因株系细胞间和细胞内 PAO 与 DAO 活性均显著高于野生型（图 15-10）。与野生型相比，转基因株系的细胞间 PAO 活性增加 6.2～8 倍（图 15-10a），而细胞内 PAO 活性提高 1.6～2.1 倍（图 15-10b）；细胞间 DAO 活性增加了 2.9～3.7 倍（图 15-10c），而细胞内的活性增加了 2.2～2.7 倍（图 15-10d）。此外，研究结果还显示，在烟草中 PAO 活性显著高于 DAO 活性（图 15-10）。这些结果证明，转基因烟草中未积累多胺是由于多胺氧化酶活性提高，催化多胺氧化产生了 H_2O_2。

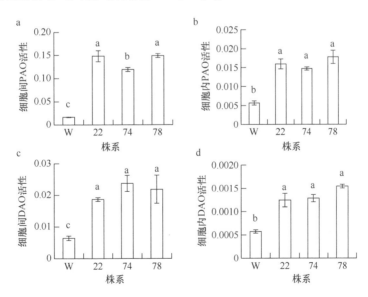

图 15-10　转基因烟草及其野生型 PAO（a、b）和 DAO（c、d）活性

图中不同字母表示差异显著（$P < 0.05$）

MfSAMS1 表达的直接结果是提高了 SAM 含量，SAM 可进一步转化为多胺，所以 PAO 活性提高有可能与 SAM 和多胺有关。为证明这一假设，我们用 SAM、腐胺（Put）、亚精胺（Spd）或精胺（Spm）处理野生型烟草叶圆片，然后提取和测定细胞间、细胞内的 DAO 和 PAO 活性。结果显示，SAM 处理对 DAO 或 PAO 活性无影响，腐胺处理仅诱导 DAO 活性，不影响 PAO 活性，而亚精胺和精胺处理既能诱导 DAO 活性，也能诱导 PAO 活性（图 15-11）。因此，推测转基因株系中积累了 SAM，而 SAM 可转化成亚精胺和精胺，亚精胺和精胺则进一步诱导 PAO 和 DAO 活性，催化多胺氧化生成 H_2O_2，导致转基因植物叶片中多胺含量维持相对稳定。

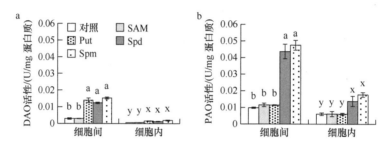

图 15-11　SAM、腐胺、亚精胺、精胺对 DAO（a）和 PAO（b）活性的影响

以外源 SAM、腐胺、亚精胺和精胺处理叶片 4h，测定酶活性。图中不同字母表示差异显著（$P < 0.05$）

15.2.8　过表达 *MfSAMS1* 促进多胺生物合成与氧化相关基因表达

为了解转基因烟草中多胺生物合成是否曾受到促进作用，我们检测了多胺生物合成途径几个关键酶编码基因的相对表达量。结果显示，转基因株系中 *SAMDC1*、*SAMDC2*、*SPDS1*、*SPDS2* 和 *SPMS* 等基因的表达水平显著高于野生型（图 15-12a～图 15-12e），表明表达 *MfSAMS1* 诱导多胺合成相关基因的表达，有助于多胺的生物合成。有趣的是，转基因株系中腐胺生物合成关键基因 *ADC* 和 *ODC* 以及乙烯生物合成相关基因 *ACS* 的

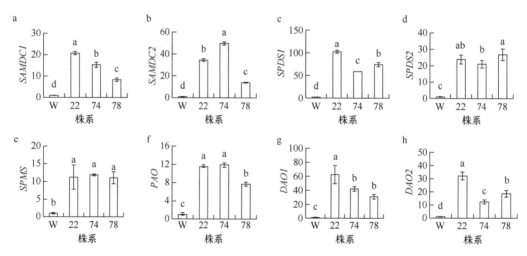

图 15-12　转基因烟草及其野生型叶片多胺合成与代谢关键基因的表达分析

以 *actin* 作为管家基因，比较转基因烟草叶片中各基因相对于野生型的表达情况。图中不同字母表示差异显著（$P < 0.05$）

表达水平与野生型之间并无显著差异（图略）。为了解转基因株系 PAO 和 DAO 活性的提高是由于酶活性受到底物诱导还是基因表达发生了改变，检测了 PAO 和 DAO 的相对表达量。结果显示，转基因株系中 *PAO*、*DAO1* 和 *DAO2* 的相对表达量显著高于野生型（图 15-12f～图 15-12h），表明转基因株系 PAO 和 DAO 活性的升高与基因表达受到诱导有关。

15.2.9　过表达 *MfSAMS1* 提高抗氧化酶活性和表达水平

我们过去的研究表明，H_2O_2 能诱导抗氧化酶基因表达，提高植物抗氧化酶活性。研究测定了正常条件下植物叶片的 SOD、CAT 和 APX 活性，结果显示，转基因株系 SOD、CAT 和 APX 活性均显著高于野生型（图 15-13a～图 15-13c）。进一步检测其编码基因 *Cu/Zn-SOD*、*CAT1*、*cAPX* 和 *cpAPX* 的表达，结果显示，除了株系 74 中 *cpAPX* 的转录本与野生型差异不显著外（图 15-13g），转基因株系的 *Cu/Zn-SOD*、*CAT1*、*cAPX* 和 *cpAPX* 表达水平都显著高于野生型（图 15-13d～图 15-13g）。

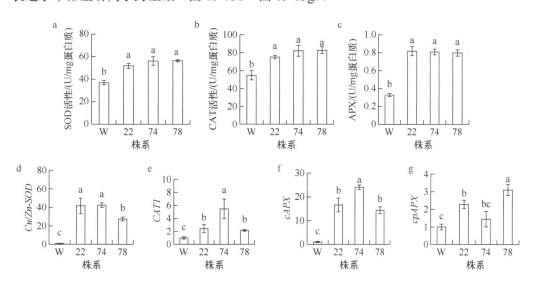

图 15-13　转基因烟草及其野生型抗氧化酶活性（a～c）及其编码基因（d～g）的相对表达量分析
图中不同字母表示差异显著（$P < 0.05$）

15.2.10　过表达 *MfSAMS1* 转基因烟草的耐寒性分析

研究测定相对电导率和净光合速率评价耐冷性，结果显示，在 3℃处理 4d 后所有植物的相对电导率都升高，但转基因株系的相对电导率显著低于野生型的相对电导率（图 15-14a）。在正常条件下所有植物的净光合速率（P_n）相近，低温处理后野生型 P_n 降低了 51%，而转基因株系 P_n 仅降低 20%～23%，仍维持在较高水平（图 15-14b），表明转基因株系耐冷性高于野生型。

研究测定−3℃处理 3h 后植物的存活率和 LT_{50} 评价耐冻性，结果显示，野生型植株在冻害处理后全部死亡，而转基因株系的存活率为 33.3%～46.7%（图 15-14c，图 15-14d）；

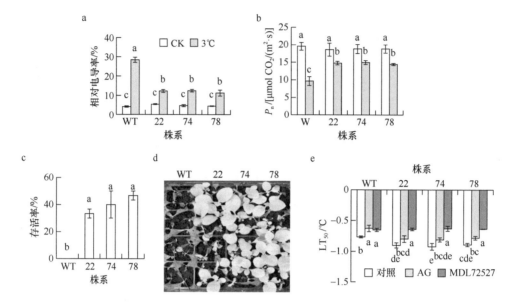

图 15-14　转基因烟草的耐冷和耐冻性分析

12 周龄的烟草幼苗低温（3℃）处理 3d，测量相对电导率（a）和净光合速率（P_n，b）；以–3℃冻害处理 3h，在室温恢复 3d 后统计存活率（c）并照相（d）；测定常温下生长植株叶片在不同冻害温度处理后的相对电导率，计算出 LT_{50}（e）。图中不同字母表示差异显著（$P < 0.05$）

转基因株系的半致死温度低于野生型（图 15-14e），与存活率的结果一致，进一步证明转基因株系的耐冻性高于野生型。为证明转基因株系耐冻性的提高与 PAO 活性有关，用 PAO 抑制剂 MDL72527 和 DAO 抑制剂氨基胍（aminoguanidine，AG）预处理烟草叶圆片 2h，然后测定 LT_{50}。结果显示，氨基胍预处理未影响转基因株系的 LT_{50}，而 MDL72527 处理导致转基因株系 LT_{50} 升高，与野生型的 LT_{50} 相近（图 15-14e），说明抑制 PAO 活性降低了转基因株系的耐冻性。研究结果表明，转基因株系提高耐冻性与其具有较高的 PAO 活性有关。

15.3　转录因子 ERF 调控黄花苜蓿耐寒性

15.3.1　植物 ERF 与抗逆性关系

ERF 亚家族除了调控植物器官形成、花的分生组织发育和叶柄发育外，还响应乙烯、茉莉酸和 ABA 信号以及多种逆境胁迫，参与植物抗逆性调控（Feng et al.，2005）。ERF 在调节植物抗病性中发挥着重要的功能，通过与 GCC 盒结合调控乙烯/水杨酸/茉莉酸相关的致病因子（PR）的表达（Zhu et al.，2014）。CaPF1 是一个Ⅶ类 ERF，在辣椒中能抵抗病原菌，提高其耐干旱、耐盐和耐冷的能力。蒺藜苜蓿 ERF 响应因子 WXP1 和 WXP2 在非生物胁迫中有不同的功能，过量表达 WXP1 提高转基因拟南芥抗旱、耐寒性，而表达 WXP2 会导致转基因植物对低温更敏感（Zhang et al.，2007）。MfERF1 和 JERF2 类似，冷胁迫缓慢诱导其表达并提高转基因烟草的耐冷性（Zhang and Huang，2010）。

番茄的茉莉酸和乙烯响应因子 JERF1 调节下游逆境响应基因（如 OSM、CHN50、

ERD10C、*SPDS2*、*P5CS*）表达，提高植物耐盐、抗旱和耐寒性。JERF2/LeERF2 是番茄的一个低温响应 ERF，能提高转基因番茄和烟草的耐寒性，而 JERF3 调控抗氧化保护系统相关基因的表达，减少 ROS 的积累，从而提高植物耐盐、抗旱及耐寒性。过量表达小麦 TaERF1 能够提高转基因拟南芥的耐寒性。虽然前人研究发现，表达 *JERF1* 和 *JERF3* 转基因烟草中 *SPDS*、*P5CS* 和抗氧化酶基因都被诱导表达，但还没有关于 ERF 通过调控多胺生物合成、参与植物耐寒性调控的报道。

15.3.2　黄花苜蓿中 MfERF1 的分子特性

在黄花苜蓿响应低温的 cDNA 文库中存在一个 ERF，采用 RT-PCR 方法，从低温处理的黄花苜蓿叶片中克隆到一个长 1339bp 的 *MfERF1* cDNA 片段，其中包括了一个 1149bp 的可读框，编码一个 382 个氨基酸的多肽链（ABO93372.1）。MfERF1 与过去在蒺藜苜蓿中发现的具有耐冻、抗旱功能的 ERF 转录因子 WXP1 的相似度只有 17%，与蒺藜苜蓿 MtERF（MTR_8g022820）具有 96%的相似度。将 MfERF1 与拟南芥 AtERF 进行进化树分析，结果表明 MfERF1 和 ERF Ⅶ亚家族相似度最高（图 15-15），在 MfERF1 的 N 端存在一个Ⅶ家族蛋白共有的 MCGGAII/L 基序。利用洋葱表皮细胞观察 MfERF1 的亚细胞定位，在整个细胞中都能观察到空载体对照的 GFP 信号，而 MfERF1-GFP 融合蛋白信号只在洋葱细胞核中观察到，说明 MfERF1 定位于细胞核中（图 15-16a）。

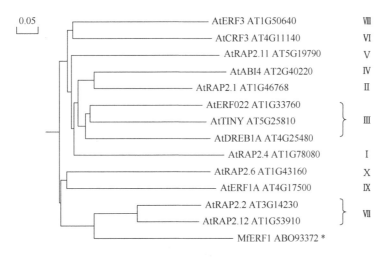

图 15-15　MfERF1 与部分拟南芥 AtERF 的进化树分析

15.3.3　*MfERF1* 响应低温和乙烯

MfERF1 的转录水平在冷处理后 4h 时显著上调，是处理前的 10 倍；12h 时达到最大，是处理前的 17 倍；24h 时仍显著高于处理前的水平（图 15-16b）。作为乙烯响应因子，*MfERF1* 的表达在 100μmol/L 乙烯生成剂乙烯利处理 1h 后显著受到诱导，4h 时达到最大，是处理前的 14 倍；12h 后 *MfERF1* 表达水平仍高于乙烯利处理前（图 15-16c）。研究检测了 *MfERF1* 在室温条件下一天内的转录水平，结果发现 2h 内 *MfERF1* 转录水

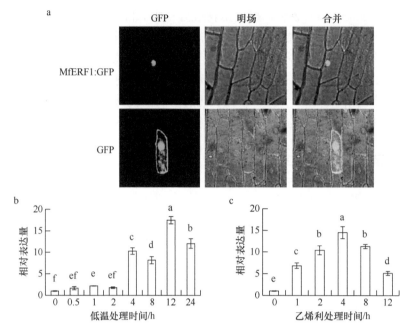

图 15-16　MfERF1 的亚细胞定位（a）及低温（b）和乙烯利（c）对 *MfERF1* 表达的影响
图中数据显示为平均值±标准误，不同字母表示差异显著（$P < 0.05$）

平未发生明显变化，4h 时增加了 4 倍，而在 12h 时转录水平已降低。这些结果表明低温和乙烯利诱导 *MfERF1* 表达。

15.3.4　过量表达 *MfERF1* 转基因烟草的分子鉴定及耐寒性分析

为阐明 *MfERF1* 表达与耐寒性调控的关系，以 *35S* 启动子驱动 *MfERF1* 的表达，构建 *MfERF1* 过表达载体，获得过量表达 *MfERF1* 的转基因烟草。T1 代转基因植株的 DNA 印迹杂交结果显示，野生型植株未检测到杂交信号，而 3 个转基因株系表现出不同的杂交信号带，表明它们来自不同的转化事件；转基因株系 1（含单株 1-1、1-2、1-3）、3（含单株 3-1、3-2、3-3）有一个单拷贝插入，而株系 2 有 3 个拷贝（图 15-17a）。采用 qRT-PCR 检测 *MfERF1* 的表达，结果显示，野生型无 *MfERF1* 表达，转基因株系中能检测到 *MfERF1*

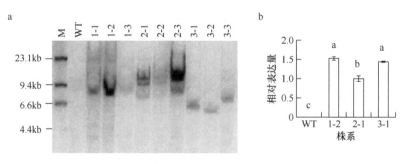

图 15-17　*MfERF1* 转基因烟草的 DNA 印迹杂交（a）及表达检测（b）
图中不同字母表示差异显著（$P < 0.05$）

的转录本，表明 *MfERF1* 在转基因烟草中获得了表达（图 15-17b）。经过进一步筛选，获得了转基因纯合株系。

通过测定相对电导率和净光合速率（P_n），对纯合的 T3 代转基因株系进行耐冷性鉴定。结果显示，低温处理前转基因株系和野生型的相对电导率与 P_n 没有明显差异（图 15-18）；在 3℃处理 4d 后所有植物的相对电导率都升高，但转基因株系的相对电导率显著低于野生型（图 15-18a）；低温处理后所有植物的 P_n 降低，但转基因株系的 P_n 显著高于野生型（图 15-18b）。结果表明，过量表达 *MfERF1* 提高了转基因烟草的耐冷性。研究测定了半致死温度（LT_{50}）和存活率评价植物的耐冻性，结果显示，野生型的 LT_{50} 为–0.9℃，3 个转基因株系的 LT_{50} 相近，为–1.5～–1.4℃，显著低于野生型（图 15-18c）。将转基因烟草及其野生型移到人工气候箱进行冻害处理（–3℃），6h 后大部分野生型植株死亡，而 47%～50% 的转基因植株能存活（图 15-18d，图 15-18e）。结果表明，过量表达 *MFEF1* 提高了转基因烟草的耐冻性。

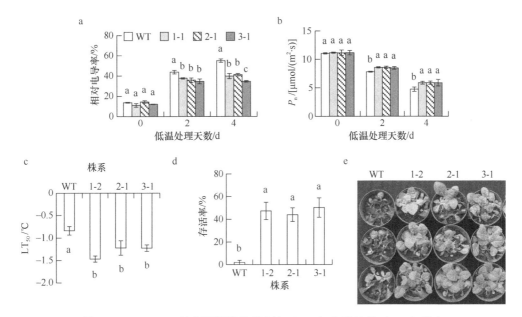

图 15-18　*MfERF1* 转基因烟草的耐冷性（a、b）和耐冻性（c～e）鉴定

12 周龄的烟草在低温（3℃）处理 4d 后，测量相对电导率（a）和净光合速率（b）；在不同冻害温度处理后测定叶片相对电导率，计算得到半致死温度（LT_{50}）（c）；–3℃冻害处理 6h 后在室温恢复 3d，统计存活率（d，e）。图中数据显示为平均值±标准误（重复 3 次），不同字母表示差异显著（$P < 0.05$）

15.3.5　*MfERF1* 调控多胺及逆境响应基因的表达

多胺与植物耐逆性密切相关，SAMS 催化的 SAM 的合成是植物代谢中甲基的主要供体，并作为多胺合成的前体。本部分分析了正常条件下转基因烟草及其野生型间多胺合成及代谢关键酶编码基因（*SAMS*、*SAMDC*、*SPDS* 和 *SPMS*）的相对表达量。结果显示，3 个转基因株系中与多胺合成相关的 *SAMS*、*SAMDC1*、*SAMDC2*、*SPDS1*、*SPDS2* 和 *SPMS* 等基因的相对表达量均显著高于野生型（图 15-19a～图 15-19f）。然而，转基因株系的亚精胺含量低于野生型，精胺含量与野生型无显著差异（图 15-19g，图 15-19h）。

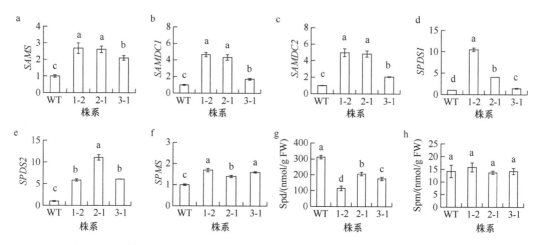

图 15-19 转基因烟草及其野生型多胺合成相关基因的相对表达量及多胺含量

图中不同字母表示差异显著（$P < 0.05$）

由于上述结果与我们过去在过量表达 *MfSAMS1* 转基因烟草上观察到的结果很相似，所以又测定了转基因植物及其野生型叶片的 PAO 活性。结果显示，无论是用亚精胺还是精胺作为 PAO 的底物进行测定，转基因株系的 PAO 都高于野生型（图 15-20a，图 15-20b）。此外，转基因株系的 *PAO* 相对表达量也显著高于野生型（图 15-20c）。上述结果表明，表达 *MfERF1* 的转基因烟草既促进了多胺合成，也加速了多胺的代谢，即促进了多胺在植物体的运转（turnover）。还分析了转基因烟草及其野生型的 Put 含量、DAO 活性及 *DAO1* 和 *DAO2* 的相对表达量，结果显示，两类不同植物间无显著差异（图略）。

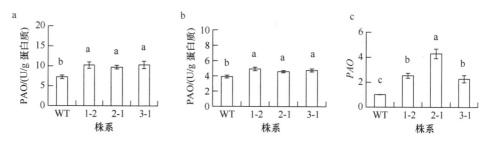

图 15-20 转基因烟草及其野生型的 PAO 活性（a、b）及基因的相对表达量（c）

分别以亚精胺（a）或精胺（b）为底物测定 PAO 活性，不同字母表示差异显著（$P < 0.05$）

渗透蛋白和 CHN50 与植物的耐寒性有关，而 ERD10 响应冷和干旱胁迫。前人曾报道发现一些 ERF（如 *JERF1*、*JERF3* 及 *TaERF1* 等）调控胁迫响应基因的表达，因此我们检测了 *MfERF1* 转基因烟草中几个低温响应基因的表达量，结果显示，转基因株系中 *CHN50*、*OSM* 和 *ERD10C* 的表达水平都显著高于野生型（图 15-21），这表明 *MfERF1* 调控这些低温响应基因的表达。

15.3.6 转基因植物中抗氧化酶活性和基因表达上调

由于抗氧化系统在植物耐逆性中起重要作用，因此检测了转基因株系中抗氧化酶活

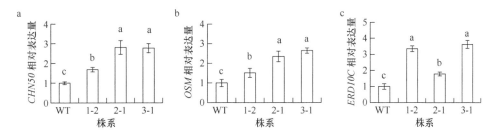

图 15-21　转基因烟草及其野生型的低温响应基因表达分析
图中不同字母表示差异显著（*P* < 0.05）

性及基因表达水平是否发生改变。正常条件下转基因株系的 SOD 和 CAT 活性均显著高于野生型，APX 活性略高于野生型（图 15-22a～图 15-22c），转基因株系的 *Cu/Zn-SOD*、*CAT1*、*CAT2*、*CAT3* 和叶绿体 *APX*（*cpAPX*）等基因的相对表达量也高于野生型（图 15-22d～图 15-22g，图 15-22i），但细胞质 APX（*cAPX*）基因的相对表达量在转基因株系与野生型之间没有显著差异（图 15-22h）。这些结果表明，过量表达 *MfERF1* 能上调编码抗氧化酶的基因 *Cu/Zn-SOD*、*CAT1*、*CAT2*、*CAT3* 和 *cpAPX* 表达，提高 SOD、CAT 和 APX 活性。

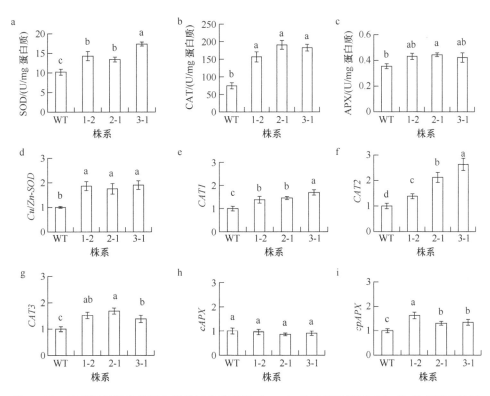

图 15-22　转基因烟草及其野生型抗氧化酶活性（a～c）及其编码基因（d～i）的相对表达量
图中不同字母表示差异显著（*P* < 0.05）

15.3.7 转基因植物中脯氨酸积累

低温驯化过程中，黄花苜蓿比蒺藜苜蓿积累更多的脯氨酸，同时 *P5CS1* 和 *ProDH* 的转录水平也提高。*P5CS* 是脯氨酸合成的关键基因，属于 ERF 的下游基因，而脯氨酸氧化酶（PROX）催化脯氨酸的代谢。*JEF1* 转基因水稻中 *P5CS* 表达水平和脯氨酸含量均高于野生型，并且抗旱性增强。研究测定了正常条件下 *MfERF1* 转基因植物及其野生型的脯氨酸含量，结果显示转基因株系脯氨酸含量是野生型的 1.9～2.7 倍（图 15-23a）。进一步检测 *P5CS* 和 *PROX* 的相对表达量，转基因株系 *P5CS* 的相对表达量高于野生型（图 15-23b），*PROX2* 的表达量低于野生型（图 15-23d），而两类材料间 *PROX1* 的相对表达量无明显差异（图 15-23c）。这些结果表明，过量表达 *MfERF1* 导致 *P5CS* 的表达上调，*PROX2* 的表达下调，促进脯氨酸合成和积累。

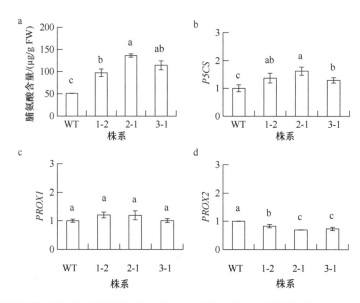

图 15-23　转基因烟草及其野生型的脯氨酸含量（a）及其合成与代谢关键基因（b～d）的相对表达量

图中不同字母表示差异显著（$P < 0.05$）

15.3.8　以 RNA 干扰 *MfERF1* 同源基因表达与蒺藜苜蓿耐寒性

由于黄花苜蓿转化困难，我们选择与 *MfERF1* 最相似的蒺藜苜蓿同源基因 *MtERF1*（MTR 8g028020）为靶基因，构建了干扰表达的 RNAi 载体，获得了转基因蒺藜苜蓿 RNAi 株系，用于检测耐冻性。DNA 印迹杂交显示 12-6、16-2 和 21-7 来自同一转化事件，而 48-1 来自不同的转化事件（图 15-24a）。检测 2 个 RNAi 株系 21-7 和 48-1 中 *MtERF1* 的相对表达，发现 *MtERF1* 的表达都明显下调（图 15-24b）。2 个 RNAi 株系的 LT$_{50}$ 显著高于野生型（图 15-24c）；–3℃冻害处理 6h，常温恢复一周后 21-7 和 48-1 几乎全部死亡，而野生型存活率为 47%（图 15-24d，图 15-24e）。研究结果表明，下调 *MtERF1* 的表达会降低植物耐冻性。

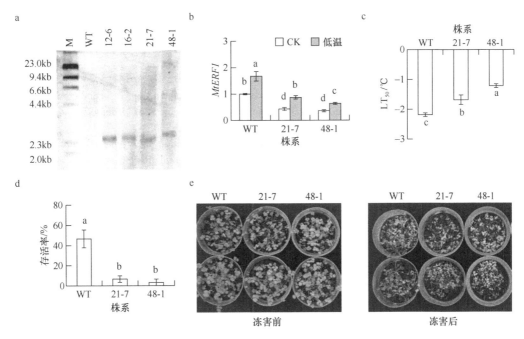

图 15-24　蒺藜苜蓿 *MtERF1* RNAi 植株的分子检测及耐寒性鉴定

各株系基因组 DNA 用 *Hind*III酶切后进行 DNA 印迹杂交检测（a）；采用定量 PCR 检测各株系常温（CK）和低温（3℃）处理 24h 后 *MtERF1* 的表达，以 *actin* 作为内参基因。测定不同冻害温度处理后叶片的相对电导率，计算 LT_{50}（c），并且在–3℃处理 6h，常温恢复 1 周后测定植株存活率（d）并拍照（e）。图中不同字母表示差异显著（$P < 0.05$）

15.4　本 章 小 结

MfSAMS1 基因表达受低温诱导，而且依赖 ABA、H_2O_2 和 NO 分子的共同参与。过量表达 *MfSAMS1* 促进多胺合成与代谢，导致 H_2O_2 在质外体的积累。H_2O_2 是重要的逆境响应信号，诱导众多逆境响应基因包括抗氧化物酶编码基因的表达。因此，低温驯化期间 *MfSAMS1* 表达上调，进一步促进多胺合成与氧化，进而调控抗氧化酶基因表达，从而提高植物耐寒性。

多胺作为一种重要的植物激素，在植物对生物和非生物胁迫的适应中起重要调控作用。多胺在逆境胁迫下可以作为渗透调节物质，调节离子平衡；可以增强抗氧化酶活性并清除活性氧自由基，还可以作为信号参与植物响应胁迫的信号转导及调控过程。*S*-腺苷甲硫氨酸是多胺合成的前体，由 SAMS 催化产生，ABA、H_2O_2 和 NO 的相互作用参与低温诱导 *MfSAMS1* 的表达。过量表达 *MfSAMS1* 促进多胺合成与代谢，导致 H_2O_2 在质外体积累，从而诱导抗氧化物酶编码基因的表达，提高转基因植物耐寒性。转录因子 *MfERF1* 的表达也受低温诱导，过量表达 *MfERF1* 提高植物耐寒性。在转基因植物中，除了低温响应基因表达上调外，多胺合成和代谢相关的 *SAMS*、*SAMDC* 和 *PAO* 等基因表达也上调，表明 MfERF1 调控多胺合成和代谢。此外，脯氨酸合成和代谢及抗氧化酶基因的表达也受 MfERF1 调控，导致脯氨酸含量和抗氧化酶活性提高，从而调控耐寒性。

参 考 文 献

张淑珍, 华彩峰, 董利东, 等. 2015. ERF 转录因子及在大豆中的研究进展. 大豆科学, 34(3): 512-517.

Feng J X, Liu D, Pan Y, et al. 2005. An annotation update via cDNA sequence analysis and comprehensive profiling of developmental, hormonal or environmental responsiveness of *Arabidopsis* AP2/EREBP transcription factor gene family. Plant Molecular Biology, 59(6): 853-868.

Goto D B, Ogi M, Kijima F, et al. 2002. A single-nucleotide mutation in a gene encoding *S*-adenosylmethionine synthetase is associated with methionine over-accumulation phenotype in *Arabidopsis thaliana*. Genes and Genetic Systems, 77(2): 89-95.

Mizoi J, Shinozaki K, Yamaguchi-Shinozaki K. 2012. AP2/ERF family transcription factors in plant abiotic stress responses. Biochimca et Biophysica Acta, 1819(2): 86-96.

Nakano T. 2006. Genome-wide analysis of the ERF gene family in *Arabidopsis* and rice. Plant Physiology, 140(2): 411-432.

Pulla R K, Kim Y J, Parvin S, et al. 2009. Isolation of *S*-adenosyl-L-methionine synthetase gene from *Panax ginseng* C. A. meyer and analysis of its response to abiotic stresses. Physiology and Molecular Biology of Plants, 15(3): 267-275.

Qi Y C, Wang F F, Zhang H, et al. 2010. Overexpression of *Suadea salsa S*-adenosylmethionine synthetase gene promotes salt tolerance in transgenic tobacco. Acta Physiologiae Plantarum, 32(2): 263-269.

Sanchez-Aguayo I, Rodriguez-Galan J M, Garcia R, et al. 2004. Salt stress enhances xylem development and expression of *S*-adenosyl-L-methionine synthase in lignifying tissues of tomato plants. Planta, 20(2): 278-285.

Tabuchi T, Kawaguchi Y, Azuma T, et al. 2005. Similar regulation patterns of choline monooxygenase, phosphoethanolamine *N*-methyltransferase and *S*-adenosyl-L-methionine synthetase in leaves of the halophyte *Atriplex nummularia* L. Plant Cell Physiology, 46(3): 505-513.

Tang W, Newton R J, Li C, et al. 2007. Enhanced stress tolerance in transgenic pine expressing the pepper *capf1* gene is associated with the polyamine biosynthesis. Plant Cell Reports, 26(1): 115-124.

Zhang J Y, Broeckling C D, Sumner L W, et al. 2007. Heterologous expression of two *Medicago truncatula* putative ERF transcription factor genes, *WXP1* and *WXP2*, in *Arabidopsis* led to increased leaf wax accumulation and improved drought tolerance, but differential response in freezing tolerance. Plant Molecular Biology, 64(3): 265-278.

Zhang Z, Huang R. 2010. Enhanced tolerance to freezing in tobacco and tomato overexpressing transcription factor TERF2/LeERF2 is modulated by ethylene biosynthesis. Plant Molecular Biology, 73(3): 241-249.

Zhu X, Qi L, Liu X, et al. 2014. The wheat ethylene response factor transcription factor pathogen-induced ERF1 mediates host responses to both the necrotrophic pathogen *Rhizoctonia cerealis* and freezing stresses. Plant Physiology, 164(4): 1499-1514.

第16章 脂肪酸性状形成的分子基础及其对逆境的响应

张丽静 傅 华 胡晓炜 缪秀梅 吴淑娟

16.1 引 言

植物脂肪酸去饱和酶（FAD）在调节脂肪酸代谢和维持生物膜功能中发挥重要作用（Sui et al., 2018），其变化引起的植物脂肪酸组成及含量改变是植物适应温度、盐和干旱等环境胁迫的重要手段（刘华等，2013）。

多不饱和脂肪酸（PUFA）的生物合成包括由脂肪酸去饱和酶2（FAD2）和脂肪酸去饱和酶3（FAD3）催化的内质网途径以及由脂肪酸去饱和酶6（FAD6）和脂肪酸去饱和酶7/8（FAD7/FAD8）催化的质体途径，此过程中油酸（OA，C18:1）去饱和形成亚油酸（LA，C18:2），进而形成亚麻酸（ALA，C18:3）（刘华等，2013）。*FAD* 基因往往存在多拷贝，其表达量受环境因素的调节而改变，影响植物膜脂脂肪酸不饱和水平及其对逆境的耐受性。低温引起橄榄 *FAD6*、*FAD2-1* 和 *FAD2-2* 表达水平增加，并导致C18:2含量增加（D'Angeli and Altamura，2016）；外源表达向日葵（*Helianthus annuus*）*FAD2* 增加酵母脂质不饱和指数和膜脂流动性，提高其对盐和冷的抗性（Rodríguez-Vargas et al., 2007）；拟南芥（*Arabidopsis thaliana*）*FAD2* 缺失突变体根中积累大量 Na$^+$，使其在种子萌发和幼苗生长阶段对盐更敏感（Zhang et al., 2012）。*FAD3* 和 *FAD7/FAD8* 过表达增加十六碳三烯酸（HA，C16:3）和 α-亚麻酸（ALA，C18:3n-3）含量，提高膜脂不饱和度，从而提高植物耐盐、抗旱和耐寒性（刘训言等，2004）；*LeFAD7* 低表达可增加番茄叶对高温的耐受性（Feng et al., 2017）。此外，对于一些具有特殊脂肪酸组成的植物研究相对较少，Δ6 脂肪酸脱氢酶（D6DES）是合成 γ-亚麻酸（GLA，C18:3n-6）的关键酶，同时可以催化产生十八碳四烯酸（PnA，C18:4）。这两种脂肪酸存在于少数植物中，其含量变化与植物抗逆性的关系及其调控机制还未见报道。

白沙蒿（*Artemisia sphaerocephala*）富含亚油酸，微孔草（*Microula sikkimensis*）富含 γ-亚麻酸及十八碳四烯酸，本章针对上述优异性状，就其脂肪酸组成的分子调控基础以及脂肪酸代谢对逆境的响应机制展开探讨。

16.2 高亚油酸性状的分子基础及其对逆境的响应

亚油酸（LA，C18:2）是细胞膜内主要的多不饱和脂肪酸之一，逆境环境下 C18:2 积累能够增加膜的流动性和细胞的完整性（Zhang et al., 2012）。白沙蒿富含 C18:2，不

注：本章中，未标注的亚麻酸均指 α-亚麻酸（ALA）

同发育阶段其叶、茎和繁殖器官脂肪酸积累模式有所差异，其中叶和茎 C18:2 含量均在营养期达到最大，分别占总脂肪酸的 30.12% 和 40.74%，结实初期和成熟种子 C18:2 分别占总脂肪酸的 76.77% 和 83.45%（表 9-1～表 9-3）。本节通过转录组测序、分子克隆和转基因等手段探究白沙蒿高亚油酸性状形成的分子机制及其对逆境的响应。

16.2.1 白沙蒿脂肪酸代谢及逆境响应相关基因

转录水平发生在特定组织和特定生命周期中，转录组分析的目的是获得物种无偏差完整转录本（Wilhelm et al.，2008）。本节通过转录组测序获得白沙蒿完整 cDNA 数据库，分析和鉴定其中与不饱和脂肪酸合成途径及胁迫相关的基因，探讨该物种不饱和脂肪酸代谢及其适应荒漠环境的分子生物学调控机制。

16.2.1.1 测序与注释结果

使用 Illumina HiSeq2500 测序平台对 17 份白沙蒿组织进行转录组测序，各组织形态特征见图 16-1，最终获得 46 831 604 reads（9.46Gb），Q30 碱基百分比达到 86.15%。

图 16-1 白沙蒿各组织形态特征（引自 Zhang et al.，2016）

a. 整株；b. 茎；c. 叶；d. 根；e. 花蕾；f. 花；g. 结实初期果荚；h. 结实初期种子；i. 结实中期果荚；j. 结实中期种子；k. 成熟果荚；l. 成熟种子；m. 萌发 3d 种子；n. 萌发 7d 种子；o. 幼苗；p. 愈伤组织（对照、分别用 100mmol/L NaCl、4℃、40℃、−0.7MPa、−1.7MPa 处理 24h）

用 Trinity（Grabherr et al.，2011）程序对高质量净读长进行组装，最终获得 68 373 条 unigene，其平均长度为 692.76nt。将所有 unigene 与非冗余蛋白质数据库（Nr）、Swiss-Prot 蛋白数据库、基因本体数据库（GO）、蛋白质直系同源簇数据库（COG）、基因功能和通路数据库比对，共有 40 153 条 unigene（58.73%）在公共数据库中得到匹配（Zhang et al.，2016）。

16.2.1.2　与脂肪酸合成相关的基因

不同物种脂肪酸组成存在差异（表 16-1），脂肪酸去饱和酶基因（FAD）拷贝数亦不同（表 16-2）。白沙蒿种子亚油酸含量约达 80%，叶亚油酸（LA，C18:2）和亚麻酸（ALA，C18:3）含量分别占总脂肪酸的 22.31% 和 46.33%（缪秀梅等，2015）。转录组注释发现，白沙蒿不饱和脂肪酸合成途径中包含 26 个 FAD2 基因、3 个 FAD3 基因、1 个 FAD6 基因和 9 个 FAD7/FAD8 基因。与已报道的植物脂肪酸去饱和酶研究相比，白沙蒿具有截至目前最大的植物 FAD2 基因家族（表 16-2）。推测其具有如此大的 FAD2 基因家族，可能是白沙蒿叶和种子中 C18:2 含量均高于其他植物的一个重要原因。

表 16-1　不同物种主要脂肪酸组成及含量　（%，w/w）

物种	器官	油酸 C18:1	亚油酸 C18:2	亚麻酸 C18:3	参考文献
白沙蒿（Artemisia sphaerocephala）	种子	10.75	78.61	0.58	Fu et al.，2011
	叶	5.2	22.31	46.33	缪秀梅等，2015
亚麻（Linum usitatissimum）	种子	25.87	17.18	41.62	廖丽萍等，2014
红花（Carthamus tinctorius）	种子	17	70	0.2	Sabzalian et al.，2008
大豆（Glycine max）	种子	23	54	8	Boerma and Specht，2004
	叶	1.4	10.6	71.3	Gaude et al.，2004
欧洲油菜（Brassica napus）	种子	64.4	19.7	6.6	Baux et al.，2008
陆地棉（Gossypium hirsutum）	种子	16	53	0.15	Lukonge et al.，2007
向日葵（Helianthus annuus）	种子	24.1	64.9	0.2	Baux et al.，2008
	叶	—	11.56	0.73	Sabudak，2007
落花生（Arachis hypogaea）	种子	64	18	—	Chi et al.，2011a
	叶	55	17	—	Chi et al.，2011a
拟南芥（Arabidopsis thaliana）	种子	13.2	27.5	19.2	Puttick et al.，2009
	叶	3.5	17.5	46	Li-Beisson et al.，2010

注："—"表示未检测到

表 16-2　不同物种 FAD 基因数目　（单位：个）

物种	FAD2	FAD3	FAD6	FAD7/FAD8	参考文献
白沙蒿	26	3	1	9	Zhang et al.，2016
亚麻	15	6	未报道	未报道	You et al.，2014；Banik et al.，2011；Khadake et al.，2009；Krasowska et al.，2007；Vrinten et al.，2005
红花	11	1	1	2	Guan et al.，2014；Cao et al.，2013
大豆	5	4	2	4	Chi et al.，2011b；Pham et al.，2010；Schlueter et al.，2007；Bilyeu et al.，2006，2005
油菜	4	6	1	2	Yang et al.，2012；Velasco and Becker，1998
陆地棉	4	3	未报道	3	Zhang et al.，2009a；Liu et al.，2001；Pirtle et al.，2001

物种	FAD2	FAD3	FAD6	FAD7/FAD8	参考文献
向日葵	3	1	1	2	Chapman and Burke, 2012; Venegas-Calerón et al., 2006; Sánchez-García et al., 2004
花生	3	1	1	1	Chi et al., 2011a; Jung et al., 2000
拟南芥	1	1	1	2	Kodama et al., 1995; Falcone et al., 1994; Gibson et al., 1994; Okuley et al., 1994; Yadav et al., 1993

16.2.1.3　逆境响应基因分析

（1）*FAD* 基因

FAD 作为不饱和脂肪酸合成的关键酶，在抵抗逆境方面具有重要意义。环境胁迫能够诱导 *FAD* 基因表达水平改变（Horiguchi et al., 1996; Gibson et al., 1994），从而引起膜脂脂肪酸组成和含量的改变以适应逆境。其过表达能够增加植物抗性（Zhang et al., 2009b），而缺失突变体植株对逆境更加敏感（Zhang et al., 2012; Rodríguez-Vargas et al., 2007）。白沙蒿 *FAD* 基因家族的表达也受极端温度、渗透和盐胁迫的影响。

FAD2 家族：26 个 *FAD2* 中仅有 *FAD2-3*、*FAD2-17*、*FAD2-25*、*FAD2-26* 四个基因在低温、高温、干旱（–0.7MPa 和 –1.7MPa）和 NaCl 5 种处理下均不表达，其余都受到不同程度的诱导或抑制表达。温度：4℃诱导 11 个成员上调表达，*FAD2-4* 表达量最高，达到对照（CK）的 223.88 倍；7 个成员下调表达，*FAD2-20* 表达量最低，比 CK 下降 80.73%（图 16-2a）。40℃诱导 7 个成员上调表达，*FAD2-4* 表达量最高，达到 CK 的 202.41 倍；13 个成员下调表达，*FAD2-20* 表达量最低，比 CK 下降 94.34%（图 16-2b）。渗透胁迫：–0.7MPa 诱导 18 个成员上调表达，*FAD2-4* 表达量最高，达到 CK 的 3860.16 倍；4 个成员下调表达，*FAD2-23* 表达量最低，比 CK 下降 75.95%（图 16-2c）。–1.7MPa 诱导 19 个成员上调表达，*FAD2-4* 表达量最高，达到 CK 的 1371.93 倍；仅 *FAD2-23* 下调表达，比 CK 下降 76.81%（图 16-2d）。盐胁迫：NaCl 诱导 15 个成员上调表达，*FAD2-11* 表达量最高，是 CK 的 15.63 倍；仅 *FAD2-8* 下调表达，比 CK 下降 76.68%（图 16-2e）。渗透处理下，基因表达水平升高最普遍，且表达量增倍最大，猜测 *FAD2* 基因家族可能与白沙蒿的抗旱机制相关，且贡献较大。此外，各处理下均强烈表达的 *FAD2-4* 可能在抗逆过程中发挥重要作用。

FAD3 基因：4℃抑制 *FAD3* 表达，*FAD3-3* 表达量最低，比 CK 下降 75.59%。40℃仅诱导 *FAD3-1* 的表达，是 CK 的 22.03 倍；*FAD3-2* 和 *FAD3-3* 表达均受到 40℃抑制，其中 *FAD3-2* 表达量最低，比 CK 下降 88.73%。–0.7MPa 和 –1.7MPa 均抑制 *FAD3-2* 及 *FAD3-3* 表达，且 *FAD3-2* 表达量最低，分别比 CK 下降 80.28%和 94.55%。NaCl 抑制 *FAD3* 表达，其中 *FAD3-3* 表达量最低，比 CK 下降 47.56%（图 16-3a～图 16-3e）。*FAD3* 基因受低温、干旱、盐的抑制，仅 40℃能够诱导 *FAD3-1* 的表达。

FAD6 基因：除 NaCl 处理外，*FAD6* 受低温、高温和干旱（–0.7MPa 和 –1.7MPa）诱导表达，分别是 CK 的 1.82 倍、2.98 倍、2.29 倍和 1.92 倍。猜测 *FAD6* 可能参与白沙蒿耐极端温度和干旱的生物学过程（图 16-3a～图 16-3e），但其上调表达量远远低于同功能的 *FAD2*，推测 *FAD2* 可能在抗逆过程中发挥主要作用。

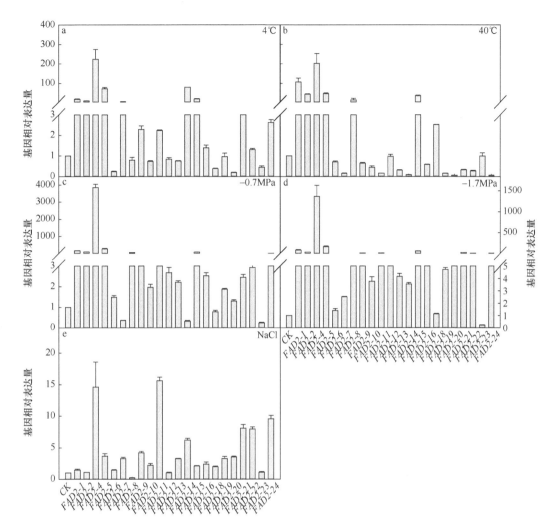

图 16-2 白沙蒿 *FAD2* 基因组织表达分析

FAD7/FAD8 基因：9 个 *FAD7/FAD8* 中仅 *FAD7/FAD8-9* 在 5 种胁迫中均未表达，其余 *FAD7/FAD8* 表达水平均发生改变。4℃诱导 6 个成员上调表达，*FAD7/FAD8-7* 表达量最高，是 CK 的 44.56 倍；仅 *FAD7/FAD8-6* 下调表达，比 CK 下降 49.21%。40℃诱导 3 个成员上调表达，*FAD7/FAD8-8* 表达量最高，达到 CK 的 144.54 倍；4 个成员下调表达，*FAD7/FAD8-2* 表达量最低，比 CK 下降 92.05%。−0.7MPa 诱导 *FAD7/FAD8-7* 和 *FAD7/FAD8-8* 的表达，*FAD7/FAD8-7* 表达量最高，达到 CK 的 15.43 倍；4 个成员下调表达，*FAD7/FAD8-6* 表达量最低，比 CK 下降 92.70%。−1.7MPa 诱导 3 个成员上调表达，*FAD7/FAD8-7* 表达量最高，达到 CK 的 12.50 倍；4 个成员下调表达，*FAD7/FAD8-6* 表达量最低，比 CK 下降 83.94%。NaCl 处理仅诱导 *FAD7/FAD8-5* 和 *FAD7/FAD8-8* 的表达，*FAD7/FAD8-8* 表达量最高，是 CK 的 3.00 倍（图 16-2d）；其余 *FAD7/FAD8* 均下调表达，*FAD7/FAD8-4* 表达量最低，比 CK 下降 64.14%（图 16-3）。推测，*FAD7/FAD8* 参与高/低温、渗透和盐胁迫下的白沙蒿生物学响应过程。

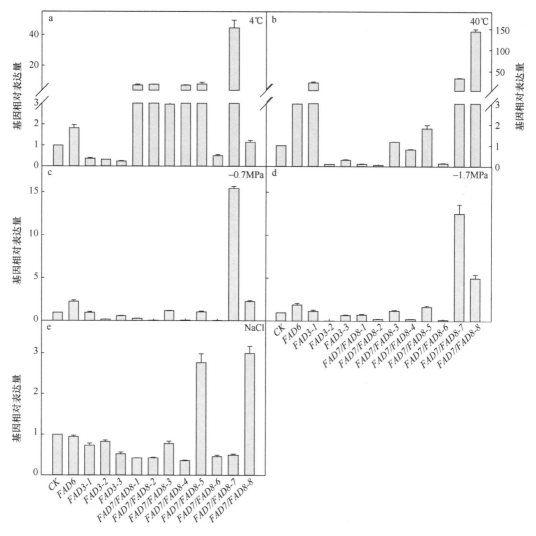

图 16-3　白沙蒿 *FAD3*、*FAD6*、*FAD7/FAD8* 基因组织表达分析

　　白沙蒿 *FAD* 基因的表达受环境调节，这可能与其生境的多变特征相关，推测是其具有庞大基因家族的另一个原因。

（2）其他抗逆相关基因

　　通过转录组分析，鉴定到响应热、冷、盐和渗透胁迫的 unigene 共有 1212 条。将其归类到生物学途径，响应热、冷、盐和渗透的 unigene 分别有 222 条、447 条、671 条和 108 个。其中，5 条 unigene 同时参与 4 个生物学过程（图 16-4）。

　　耐热：荒漠中，日、季温度变化范围较大，极端高温可达 42.5℃。通过对 222 条热响应 unigene 进行 Nr 和 Swiss-Prot 注释，鉴定到 64 个分子伴侣、55 个酶、15 个转录因子和 8 个激酶。其中包括编码 HyPRP2、17.7kDa Ⅰ 类小分子热激蛋白和三磷酸肌醇合酶等 15 条 unigene 表达量在 TOP1000 中，已有文献报道这些基因参与植物抵抗外界环境的过程，尤其是对热的响应（Reddy et al.，2014；Dan et al.，2011）。高温诱导植物产生热激蛋白（HSP），其作为一种分子伴侣能够维持其他蛋白在高温环境下行使正常功能，

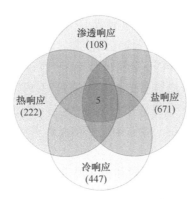

图 16-4　白沙蒿响应胁迫 unigene 韦恩图（引自 Zhang et al.，2016）

提高植物耐热性（Mittler，2006）。拟南芥中发现 4 个 HSP110、7 个 HSP100、7 个 HSP90、14 个 HSP70 和 32 个 small HSP，大部分 HSP 位于液泡中（Finka et al.，2011）。白沙蒿转录组中鉴定到 3 个 *HSP110*、5 个 *HSP100*、4 个 *HSP90*、4 个 *HSP70* 和 3 个 *small HSP*，其中 *HSP90*、*HSP70* 和 *small HSP* 表达量在 TOP1000 中，表明 *HSP* 可能对白沙蒿抵御高温环境起到重要作用。研究表明 *HSP* 的上调存在复杂的级联控制，热激转录因子（HSF）的活化调节控制其表达的最终步骤（Saidi et al.，2011）。拟南芥中 *HSF* 家族基因包括 21 个成员（Scharf et al.，2012），白沙蒿中有 15 个，其中 5 个与拟南芥同源。

　　耐寒：寒冷是限制植物生长的主要因素之一，许多植物都具有在低温时增加抵御冰冻的能力。通过分析 447 条响应冷的 unigene，鉴定到 13 个分子伴侣、6 个胚胎发育后期丰富蛋白、2 个水通道蛋白、222 个酶、8 个转录因子和 41 个激酶；其中包括编码 HyPRP2、富含甘氨酸 RNA 结合蛋白 7 和 29kDa 核糖核蛋白等 52 条 unigene 表达量在 TOP1000 中，这些基因在植物抵抗冷胁迫时发挥重要作用（Rocco et al.，2013；Dan et al.，2011）。8 个转录因子包括植物界所特有的同源亮氨酸拉链蛋白，其参与非生物胁迫和植物激素的响应、去黄化、蓝光信号、调节器官生长和发育过程（Valdés et al.，2012；Ariel et al.，2010；Ariel，2007）；锌指蛋白参与包括花、种子和幼苗发育，毛状体和根毛形成，病原体防御和胁迫响应等不同发育过程和信号转导途径（黄骥等，2004）；顺式作用元件脱水响应元件结合蛋白/C-repeat 结合因子（DREB/CBF）能够特异结合脱水响应元件/C-repeat（DRE/CRT），依靠 DRE/CRT 和 DREB/CBF 的诱导激活抗逆基因的表达（La et al.，2014）；WRKY 转录因子是植物最大的转录因子家族之一，是调节植物众多过程的信号网络中不可缺少的部分（Rushton，2010）。

　　耐盐：通过分析 671 条盐响应 unigene，鉴定到 36 个分子伴侣、4 个胚胎发育后期丰富蛋白、4 个水通道蛋白、286 个酶、25 个转录因子和 58 个激酶。其中包括编码 HyPRP2、富含甘氨酸 RNA 结合蛋白 7、甘油醛-3-磷酸脱氢酶、半胱氨酸蛋白酶、同源亮氨酸拉链蛋白等 102 条 unigene 表达量在 TOP1000 中，这些基因参与植物耐盐过程，其高表达能够明显提高植物耐盐性（Evers et al.，2012；Dan et al.，2011；Zhang et al.，2011）。25 个转录因子包括亮氨酸拉链、APETALA2/乙烯反应元件结合蛋白（AP2/EREBP）、WRKY 和 MYB，这些转录因子通过与顺式作用元件互作调控下游耐盐基因的表达（Mizoi et al.，2012；Ahuja et al.，2010；Dubos，2010；Hirayama and Shinozaki，2010）。此外，响应盐胁迫的 Na$^+$/H$^+$反向转运蛋白、液泡型 H$^+$-ATPase、H$^+$-PPase 以及盐超敏感（salt overly sensitive，SOS）信号转导途径均在白沙蒿转录组中得到鉴定。

抗旱：108 条 unigene 参与响应渗透胁迫，包括 17 个激酶、2 个分子伴侣、52 个酶、6 个转运体和通道以及 3 个水通道蛋白。其中编码 HyPRP2、富含甘氨酸 RNA 结合蛋白、甘油醛-3-磷酸脱氢酶和半胱氨酸蛋白酶等 25 条 unigene 在表达量 TOP1000 中，这些基因由环境胁迫因子诱导产生，能够增加植物在恶劣环境中的耐受性（Evers et al.，2012；Dan et al.，2011）。

多重胁迫：荒漠生态系统中强辐射和极端温度时常发生，同时高蒸发率造成荒漠地区水分亏缺、地表盐渍积累。植物响应多重胁迫的分子机制并不能从响应单一信号中推测出来（Sewelam et al.，2014）。Sewelam 等（2014）鉴定到的拟南芥响应盐、渗透和热复合胁迫所必备的 190 个候选基因中，白沙蒿转录组中鉴定到 58 个，其中的 8 条 unigene 存在于 TOP1000 中，表明这些基因可能参与白沙蒿对多变环境的适应。为避免旁系同源带来的误差，使用相互最佳匹配法确定拟南芥和白沙蒿间的同源序列（Zhao et al.，2014），获得 17 904 个可能的同源序列。将参与极端温度（4℃和40℃）、干旱、盐 4 种逆境的 1212 条 unigene 与 17 904 个同源序列进行比对，发现有 548 条 unigene 在拟南芥中能够找到，其余 664 条 unigene 可能在白沙蒿抗逆过程中发挥特有作用。

16.2.1.4 白沙蒿内参基因的鉴定和筛选

实时定量 PCR 由于其高灵敏性、特异性和广泛量化被用于基因表达模式分析，但其准确性很大程度上依赖内参基因的稳定性（Yan et al.，2014）。基于拟南芥内参基因（Czechowski et al.，2005），在白沙蒿转录组数据库中通过 TBLASTX 比对，得到 20 个候选基因序列；连同已报道的白沙蒿 actin（Genebank：FJ587512）（张一弓等，2009），共 21 个候选内参基因。针对候选基因设计引物，基于实时定量 PCR 中 C_t 值分析其表达的稳定性，获得白沙蒿最佳内参基因（Hu et al.，2018）。

（1）稳定性分析

将白沙蒿 17 份材料分成 4 类样本：①全部样本；②营养期样本；③生殖期样本；④愈伤胁迫样本。

ΔC_t 分析：ΔC_t 值越低，基因表达越稳定。候选基因在不同样本中的表达稳定性有差异：营养期样本为 Expressed 4>Helicase>Expressed 3>PPR2>PDF2；生殖期样本为 Helicase>PDF2>TIP41-like>Expressed 3>UBC；愈伤胁迫样本为 Helicase>PPR2>PDF2>Expressed 4>Expressed 2；全部样本为 Helicase>PDF2>Expressed 4>PPR2>Expressed 3。除营养期样本中 SAND family 稳定性最差，其余 3 个样本均是 UBQ10 表达最不稳定（表 16-3）。

GeNorm 分析：通过 GeNorm 程序计算获得候选基因的 M 值，该值越小则基因越稳定。基因稳定性 M 的临界值为 1.5，大于此值则候选基因不能够作为内参基因。候选基因稳定性排序分别为：营养期样本 PTB=TIP41-like>Expressed 4>Expressed 3>Helicase；生殖期样本 actin=PTB>UBC=TIP41-like>PPR1；愈伤胁迫样本为 Expressed 3=CAC>Helicase>PPR1>PDF2，上述 3 个样本中均是 GAPDH 表达稳定性最差；全部样本 PTB=TIP41-like>Expressed 3>UBC9>UBC，UBQ10 稳定性最差（表 16-3）。

表 16-3　白沙蒿候选内参基因稳定性分析（引自 Hu et al., 2018）

排名	ΔC_t（稳定值）				GeNorm（M值）			
	全部样本	营养期	生殖期	愈伤胁迫	全部样本	营养期	生殖期	愈伤胁迫
1	Helicase (2.74)	Expressed 4 (2.57)	Helicase (2.39)	Helicase (3.18)	PTB (0.090)	PTB (0.077)	PTB (0.078)	Expressed 3 (0.063)
2	PDF2 (2.79)	Helicase (2.59)	PDF2 (2.50)	PPR2 (3.18)	TIP41-like (0.090)	TIP41-like (0.077)	actin (0.078)	CAC (0.063)
3	Expressed 4 (2.83)	Expressed 3 (2.61)	TIP41-like (2.62)	PDF2 (3.19)	Expressed 3 (0.092)	Expressed 4 (0.079)	UBC (0.080)	Helicase (0.064)
4	PPR2 (2.84)	PPR2 (2.62)	Expressed 3 (2.63)	Expressed 4 (3.21)	UBC9 (0.095)	Expressed 3 (0.080)	TIP41-like (0.080)	PPR1 (0.065)
5	Expressed 3 (2.87)	PDF2 (2.65)	UBC (2.65)	Expressed 2 (3.21)	UBC (0.097)	Helicase (0.081)	PPR1 (0.083)	PDF2 (0.066)
6	TIP41-like (2.88)	UBC (2.66)	CAC (2.70)	F-box family (3.22)	PDF2 (0.097)	PDF2 (0.082)	PDF2 (0.086)	PTB (0.067)
7	UBC (2.90)	TIP41-like (2.67)	Expressed 4 (2.71)	PPR1 (3.25)	UPL7 (0.098)	UBC9 (0.083)	UBC9 (0.087)	UBC (0.068)
8	CAC (2.96)	CAC (2.75)	PPR2 (2.77)	TIP41-like (3.26)	actin (0.099)	EF-1α (0.083)	UPL7 (0.089)	Expressed 2 (0.068)
9	Expressed 2 (2.99)	Expressed 2 (2.85)	F-box family (2.85)	SAND family (3.29)	PPR2 (0.100)	actin (0.083)	SAND family (0.092)	PPR2 (0.068)
10	F-box family (3.00)	PTB (2.95)	Expressed 2 (2.93)	UPL7 (3.29)	CAC (0.103)	PPR1 (0.084)	Expressed 3 (0.092)	Expressed 4 (0.069)
11	PTB (3.08)	F-box family (2.96)	PTB (3.00)	PTB (3.30)	EF-1α (0.103)	CAC (0.089)	PPR2 (0.093)	UPL7 (0.069)
12	UPL7 (3.12)	UPL7 (2.98)	UPL7 (3.16)	UBC (3.30)	F-box family (0.105)	UBC (0.090)	YSL8 (0.093)	TIP41-like (0.071)
13	UBC9 (3.39)	YSL8 (3.00)	SAND family (3.20)	Expressed 3 (3.30)	Helicase (0.105)	UPL7 (0.094)	F-box family (0.098)	actin (0.071)
14	YSL8 (3.41)	UBQ10 (3.01)	YSL8 (3.28)	CAC (3.35)	YSL8 (0.106)	F-box family (0.098)	EF-1α (0.098)	SAND family (0.077)
15	PPR1 (3.45)	UBC9 (3.12)	UBC9 (3.30)	UBC9 (3.72)	Expressed 4 (0.110)	Expressed 2 (0.099)	CAC (0.110)	UBC9 (0.078)
16	GAPDH (3.47)	GAPDH (3.20)	PPR1 (3.30)	YSL8 (3.85)	PPR1 (0.112)	YSL8 (0.099)	Helicase (0.117)	YSL8 (0.082)
17	actin (3.79)	PPR1 (3.42)	GAPDH (3.37)	GAPDH (3.94)	Expressed 2 (0.116)	PPR2 (0.102)	Expressed 2 (0.119)	F-box family (0.088)
18	SAND family (3.92)	actin (3.54)	actin (3.61)	actin (4.16)	SAND family (0.167)	Expressed 1 (0.172)	Expressed 4 (0.144)	EF-1α (0.094)
19	EF-1α (3.97)	EF-1α (3.66)	EF-1α (3.89)	Expressed 1 (4.25)	Expressed 1 (0.193)	UBQ10 (0.202)	Expressed 1 (0.196)	UBQ10 (0.184)
20	Expressed 1 (4.30)	Expressed 1 (4.05)	Expressed 1 (4.39)	EF-1α (4.35)	GAPDH (0.338)	SAND family (0.231)	UBQ10 (0.298)	Expressed 1 (0.210)
21	UBQ10 (5.98)	SAND family (4.76)	UBQ10 (4.58)	UBQ10 (5.09)	UBQ10 (0.365)	GAPDH (0.359)	GAPDH (0.312)	GAPDH (0.363)

续表

排名	NormFinder（稳定值）				BestKeeper（变异系数）			
	全部样本	营养期	生殖期	愈伤胁迫	全部样本	营养期	生殖期	愈伤胁迫
1	TIP41-like (0.017)	Expressed 4 (0.011)	PTB (0.007)	CAC (0.005)	EF-1α (0.93)	actin (0.59)	Helicase (1.37)	UBC (0.22)
2	UBC9 (0.017)	Helicase (0.012)	UBC9 (0.009)	Expressed 4 (0.005)	UBC9 (0.97)	EF-1α (0.63)	UBC9 (1.42)	PPR1 (0.26)
3	PTB (0.020)	UBC9 (0.012)	TIP41-like (0.011)	SAND family (0.014)	actin (0.98)	UBC9 (0.67)	EF-1α (1.58)	TIP41-like (0.27)
4	PPR2 (0.021)	Expressed 3 (0.018)	UBC (0.015)	PPR1 (0.018)	Helicase (1.08)	PPR2 (0.73)	actin (1.73)	Expressed 3 (0.28)
5	Expressed 3 (0.024)	actin (0.021)	PPR1 (0.016)	PPR2 (0.019)	Expressed 3 (1.32)	Helicase (0.77)	UBC (1.91)	CAC (0.28)
6	PDF2 (0.029)	PTB (0.022)	actin (0.019)	Expressed 3 (0.020)	TIP41-like (1.33)	Expressed 3 (0.87)	F-box family (1.96)	PPR2 (0.35)
7	actin (0.030)	TIP41-like (0.023)	UPL7 (0.029)	PDF2 (0.020)	PTB (1.34)	YLS8 (0.92)	Expressed 2 (1.99)	Expressed 4 (0.40)
8	UPL7 (0.030)	PPR2 (0.024)	PDF2 (0.030)	Helicase (0.020)	YLS8 (1.36)	PTB (1.15)	TIP41-like (1.99)	Helicase (0.42)
9	UBC (0.031)	EF-1α (0.025)	PPR2 (0.031)	UBC (0.022)	PDF2 (1.41)	Expressed 4 (1.19)	Expressed 4 (2.05)	UBC9 (0.45)
10	Helicase (0.033)	YLS8 (0.027)	Expressed 3 (0.036)	UPL7 (0.023)	Expressed 4 (1.49)	TIP41-like (1.23)	YLS8 (2.05)	actin (0.45)
11	YLS8 (0.036)	PDF2 (0.031)	F-box family (0.038)	TIP41-like (0.026)	UBC (1.49)	PDF2 (1.36)	PPR1 (2.19)	UPL7 (0.46)
12	EF-1α (0.037)	PPR1 (0.035)	SAND family (0.039)	YLS8 (0.027)	PPR2 (1.52)	F-box family (1.41)	PTB (2.27)	PTB (0.47)
13	CAC (0.039)	UBC (0.040)	EF-1α (0.040)	PTB (0.027)	F-box family (1.68)	CAC (1.44)	Expressed 3 (2.29)	YLS8 (0.47)
14	F-box family (0.041)	CAC (0.043)	YLS8 (0.041)	Expressed 2 (0.028)	CAC (1.82)	UBC (1.48)	PDF2 (2.47)	PDF2 (0.51)
15	Expressed 4 (0.043)	UPL7 (0.044)	Helicase (0.050)	actin (0.032)	UPL7 (1.90)	UPL7 (1.76)	CAC (2.80)	Expressed 2 (0.52)
16	PPR1 (0.050)	Expressed 2 (0.046)	CAC (0.053)	UBC9 (0.033)	Expressed 2 (2.20)	PPR1 (1.83)	PPR2 (2.82)	EF-1α (0.58)
17	Expressed 2 (0.053)	F-box family (0.049)	Expressed 2 (0.059)	F-box family (0.034)	PPR1 (2.26)	Expressed 2 (1.92)	UPL7 (2.96)	F-box family (0.61)
18	SAND family (0.093)	Expressed 1 (0.098)	Expressed 4 (0.084)	EF-1α (0.049)	SAND family (2.26)	Expressed 1 (2.02)	SAND family (3.02)	SAND family (0.68)
19	Expressed 1 (0.109)	UBQ10 (0.126)	Expressed 1 (0.118)	UBQ10 (0.116)	Expressed 1 (3.22)	SAND family (2.31)	Expressed 1 (3.31)	UBQ10 (2.51)
20	GAPDH (0.225)	SAND family (0.147)	UBQ10 (0.197)	Expressed 1 (0.130)	GAPDH (4.62)	UBQ10 (2.42)	GAPDH (4.80)	Expressed 1 (3.50)
21	UBQ10 (0.245)	GAPDH (0.243)	GAPDH (0.208)	GAPDH (0.250)	UBQ10 (5.70)	GAPDH (4.24)	UBQ10 (5.65)	GAPDH (4.73)

　　GeNorm 程序同时可通过分析变异系数以确定内参基因的理想数目。以 0.15 作为临界值，t 作为合适内参基因的数目，当 $V_t/V_t+1 < 0.15$ 时，说明使用 t 个内参基因已经能够满足实验进行标准化分析的要求。白沙蒿 V2/3 < 0.15，说明在理想条件下，使用 2 个内参基因即可达到对实时定量 PCR 结果的标准化分析。

　　NormFinder 分析：通过该软件获得不同候选内参基因的表达稳定值。结果表明：营养期样本 Expressed 4、Helicase、UBC9、Expressed 3、actin 和生殖期样本 PTB、UBC9、TIP41-like、UBC、PPR1 以及愈伤胁迫样本 CAC、Expressed 4、SAND family、PPR1、PPR2 中，上述基因均表达稳定，而 GAPDH 表达均最不稳定；全部样本 TIP41-like、UBC9、PTB、PPR2 和 Expressed 3 表达稳定，UBQ10 表达最不稳定（表 16-3）。

　　BestKeeper 分析：通过该程序获得候选基因标准变异系数，其值越小则基因表达越稳定。营养期样本 actin、EF-1α、UBC9、PPR2、Helicase 和生殖期样本 Helicase、UBC9、EF-1α、actin、UBC 以及愈伤胁迫样本 UBC、PPR1、TIP41-like、Expressed 3、CAC 中，上述基因均表达稳定；全部样本 EF-1α 和 UBC9 表达最稳定，其次是 Helicase、actin 和 Expressed 3。其中营养期和愈伤胁迫处理样本均是 GADPH 表达最不稳定，生殖期和全部样本均是 UBQ10 表达最不稳定（表 16-3）。

　　综合分析：基于 ΔC_t、GeNorm、NormFinder 和 BestKeeper 结果（表 16-3），使用 RefFinder 软件对获得的候选基因进行综合排序，值越小基因表达越稳定（Jiang et al.，2015）。营养期、生殖期、愈伤胁迫和全部样本最稳定的内参基因分别是 UBC9 和 Helicase、UBC9 和 PTB、PTB 和 UBC9 以及 UBC9 和 TIP41-like（图 16-5）。

　　（2）内参基因验证

　　以 UBC9 和 TIP41-like 分别为内参基因，FAD2 在不同组织中的表达模式具有相似趋势，幼苗中最高而 40℃ 处理下最低（图 16-6a）。以候选内参基因中表达较不稳定的 CAC 为内参基因，FAD2 基因的表达模式发生了改变，其在种子萌发 3d 时表达过高（图 16-6b）。上述结果进一步证明 UBC9 和 TIP41-like 可以作为白沙蒿最适的内参基因。

16.2.2　白沙蒿 FAD2 基因（AsFAD2）家族克隆与功能分析

16.2.2.1　AsFAD2 基因家族全长 cDNA 的克隆与分析

　　白沙蒿具有 26 条 FAD2 unigene（表 16-2），利用反转录 PCR 和 cDNA 末端快速扩增（RACE）技术，从白沙蒿中克隆获得 21 个 AsFAD2 基因的全长 cDNA（表 16-4）。因基因核心片段较短且组织表达水平较低，AsFAD2-3、AsFAD2-17、AsFAD2-18、AsFAD2-25 和 AsFAD2-26 未获得全长序列。21 个 AsFAD2 基因全长 cDNA 为 1320～1728bp，5′和 3′非翻译区分别为 27～373bp 和 87～279bp，可读框为 1116～1290bp，编码 371～429 个氨基酸。蛋白质分子量为 43.50～49.13kDa，等电点为 6.22～8.83（http://web.expasy.org/protparam/）。亲水性平均系数分析表明，AsFAD2-2、AsFAD2-7、AsFAD2-14 和 AsFAD2-23 基因编码疏水性蛋白，而其他基因编码亲水性蛋白。研究表明，植物 FAD2 酶的跨膜结构域数目不同，通常为 3～6 个。例如，红花亚麻（Linum grandiflorum）、西葫芦（Cucurbita pepo）、芝麻（Sesamum indicum）和美洲葡萄（Vitis labrusca）FAD2 酶分别含有 3 个、

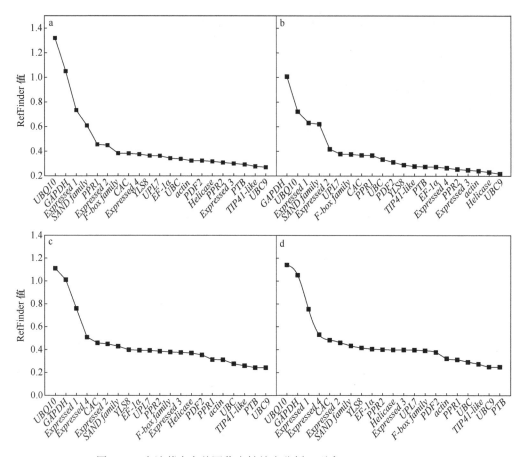

图 16-5　白沙蒿内参基因稳定性综合分析（引自 Hu et al.，2018）

a. 全部样本；b. 营养期；c. 生殖期；d. 愈伤胁迫

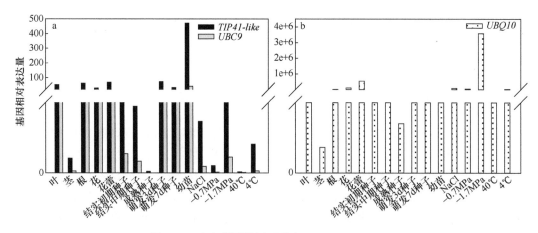

图 16-6　内参基因验证（引自 Hu et al.，2018）

4 个、5 个和 6 个跨膜区（Nayeri and Yarizade，2014；Lee et al.，2012）。白沙蒿 FAD2 具有 3～6 个跨膜区（http://www.cbs.dtu.dk/services/TMHMM/）。亚细胞定位分析表明这些蛋白均定位于内质网（ER）（http://www.csbio.sjtu.edu.cn/bioinf/plant-multi/#）。

表 16-4　*AsFAD2* 基因家族全长 cDNA 及氨基酸序列特征分析（引自 Miao et al., 2019）

基因	全长/bp	5′非翻译区/bp	3′非翻译区/bp	可读框/bp	氨基酸/个	分子量/kDa	等电点	亲水性平均系数	跨膜数/个	亚细胞定位
AsFAD2-1	1478	141	197	1140	379	43.81	8.83	−0.046	5	ER
AsFAD2-2	1430	99	185	1146	381	43.68	6.88	0.036	3	ER
AsFAD2-4	1427	32	276	1119	372	43.83	7.35	−0.104	6	ER
AsFAD2-5	1463	119	198	1146	381	44.10	8.43	−0.043	6	ER
AsFAD2-6	1706	352	214	1140	379	43.83	8.37	−0.035	6	ER
AsFAD2-7	1408	98	170	1140	379	43.89	8.58	0.028	3	ER
AsFAD2-8	1372	37	219	1116	371	43.50	8.04	−0.076	5	ER
AsFAD2-9	1320	27	135	1158	385	44.56	7.32	−0.065	4	ER
AsFAD2-10	1398	86	160	1152	383	43.89	8.10	−0.075	5	ER
AsFAD2-11	1380	68	172	1140	379	43.86	6.72	−0.120	5	ER
AsFAD2-12	1480	141	199	1140	379	43.81	8.83	−0.046	5	ER
AsFAD2-13	1420	115	168	1137	378	44.09	8.64	−0.036	4	ER
AsFAD2-14	1416	100	176	1140	379	43.87	8.58	0.028	3	ER
AsFAD2-15	1324	49	129	1146	381	43.96	8.48	−0.054	6	ER
AsFAD2-16	1728	373	209	1146	381	44.09	8.43	−0.041	6	ER
AsFAD2-19	1465	122	197	1146	381	44.09	8.43	−0.041	6	ER
AsFAD2-20	1382	56	192	1134	377	43.85	8.79	−0.033	4	ER
AsFAD2-21	1540	251	170	1119	372	43.86	7.07	−0.116	6	ER
AsFAD2-22	1472	55	277	1140	379	44.09	8.59	−0.048	5	ER
AsFAD2-23	1716	147	279	1290	429	49.13	6.22	0.071	5	ER
AsFAD2-24	1342	115	87	1140	379	43.79	8.37	−0.033	6	ER

16.2.2.2　AsFAD2 家族氨基酸序列相似性比较

利用 DNAMAN 软件对 21 个 AsFAD2 基因推测的氨基酸序列进行相似性比较，其中 AsFAD2-1 与 AsFAD2-12、AsFAD2-16 与 AsFAD2-19 氨基酸序列完全一致，相似性均为 100.00%；AsFAD2-5 与 AsFAD2-16/19、AsFAD2-6 与 AsFAD2-24 及 AsFAD2-7 与 AsFAD2-14 仅有 1 个氨基酸不同，相似性均为 99.74%（图 16-7）。因此，选择 AsFAD2-1、AsFAD2-5、AsFAD2-6 和 AsFAD2-7 进行进一步研究。后续分析的 16 个 AsFAD2 基因氨基酸序列差异显著，相似性为 36.54%～97.85%。

16.2.2.3　AsFAD2 基因家族编码蛋白的系统发育和 motif 分析

将 16 个白沙蒿 AsFAD2 与其他植物 FAD2 序列进行系统发育分析，结果发现 16 个 AsFAD2 被分为 7 组（图 16-8）：AsFAD2-1 与向日葵 HaFAD2-1 和红花 CtFAD2-1 等种子特异表达的 FAD2 聚为一组；AsFAD2-10 与向日葵 HaFAD2-2、HaFAD2-3 和红花 CtFAD2-2 等组成型表达的 FAD2 聚为一组；AsFAD2-23 与其他植物具有脂肪酸乙炔酶和羟化酶的 FAD2 聚为一组，其可能具有乙炔酶和羟化酶活性；AsFAD2-9 和 CtFAD2-9 以及 AsFAD2-2、AsFAD2-5、AsFAD2-6、AsFAD2-15 和 CtFAD2-8 分别聚为一组；AsFAD2-4、

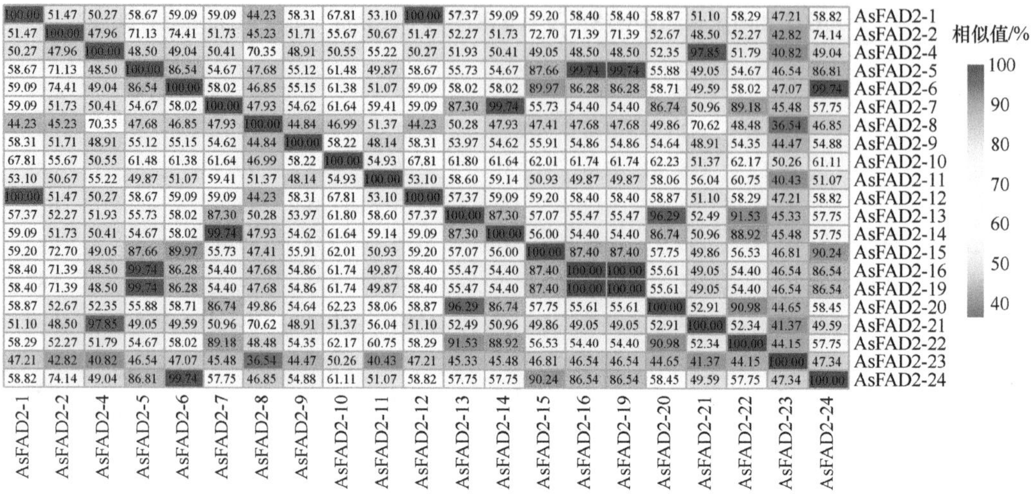

	AsFAD2-1	AsFAD2-2	AsFAD2-4	AsFAD2-5	AsFAD2-6	AsFAD2-7	AsFAD2-8	AsFAD2-9	AsFAD2-10	AsFAD2-11	AsFAD2-12	AsFAD2-13	AsFAD2-14	AsFAD2-15	AsFAD2-16	AsFAD2-19	AsFAD2-20	AsFAD2-21	AsFAD2-22	AsFAD2-23	AsFAD2-24	
100.00	51.47	50.27	58.67	59.09	59.09	44.23	58.31	67.81	53.10	100.00	57.37	59.09	59.20	58.40	58.40	58.87	51.10	58.29	47.21	58.82	AsFAD2-1
51.47	100.00	47.96	71.13	74.41	51.73	45.23	51.71	55.67	50.67	51.47	52.27	51.73	72.70	71.39	71.39	52.67	48.50	52.27	42.82	74.14	AsFAD2-2
50.27	47.96	100.00	48.50	49.04	50.41	70.35	48.91	50.55	55.22	50.27	51.93	50.41	49.05	48.50	48.50	52.35	97.85	51.79	40.82	49.04	AsFAD2-4
58.67	71.13	48.50	100.00	86.54	54.67	47.68	55.12	61.48	49.87	58.67	55.73	54.67	87.66	99.74	99.74	55.88	49.05	54.67	46.54	86.81	AsFAD2-5
59.09	74.41	49.04	86.54	100.00	58.02	46.85	55.15	61.38	51.07	59.09	58.02	58.02	89.97	86.28	86.28	58.71	49.59	58.02	47.07	99.74	AsFAD2-6
59.09	51.73	50.41	54.67	58.02	100.00	47.93	54.62	61.64	59.14	59.09	87.30	99.74	55.73	54.40	54.40	86.74	50.96	89.18	45.48	57.75	AsFAD2-7
44.23	45.23	70.35	47.68	46.85	47.93	100.00	44.84	46.99	51.37	44.23	50.28	47.93	47.41	47.68	47.68	49.86	70.62	48.48	36.54	46.85	AsFAD2-8
58.31	51.71	48.91	55.12	55.15	54.62	44.84	100.00	58.22	48.14	58.31	53.97	54.62	55.91	54.86	54.86	54.64	48.91	54.35	44.47	54.88	AsFAD2-9
67.81	55.67	50.55	61.48	61.38	61.64	46.99	58.22	100.00	61.64	67.81	61.80	61.64	62.01	61.74	61.74	62.23	51.37	62.23	46.99	61.11	AsFAD2-10
53.10	50.67	55.22	49.87	51.07	59.41	51.37	48.14	54.93	100.00	53.10	58.60	59.14	50.93	49.87	49.87	58.06	56.04	60.75	40.43	51.07	AsFAD2-11
100.00	51.47	50.27	58.67	59.09	59.09	44.23	58.31	67.81	53.10	100.00	57.37	59.09	59.20	58.40	58.40	58.87	51.10	58.29	47.21	58.82	AsFAD2-12
57.37	52.27	51.93	55.73	58.02	87.30	50.28	53.97	61.80	58.60	57.37	100.00	87.30	55.47	55.47	55.47	96.29	52.49	91.53	45.33	57.75	AsFAD2-13
59.09	51.73	50.41	54.67	58.02	99.74	47.93	54.62	61.64	59.14	59.09	87.30	100.00	56.00	54.40	54.40	86.74	50.96	88.92	45.48	57.75	AsFAD2-14
59.20	72.70	49.05	87.66	89.97	55.73	47.41	55.91	62.01	50.93	59.20	57.07	56.00	100.00	87.40	87.40	57.75	49.86	56.53	46.81	90.24	AsFAD2-15
58.40	71.39	48.50	99.74	86.28	54.40	47.68	54.86	61.74	49.87	58.40	55.47	54.40	87.40	100.00	100.00	55.61	49.05	54.40	46.54	86.54	AsFAD2-16
58.40	71.39	48.50	99.74	86.28	54.40	47.68	54.86	61.74	49.87	58.40	55.47	54.40	87.40	100.00	100.00	55.61	49.05	54.40	46.54	86.54	AsFAD2-19
58.87	52.67	52.35	55.88	58.71	86.74	49.86	54.64	62.23	58.06	58.87	96.29	86.74	57.75	55.61	55.61	100.00	52.91	90.98	44.65	57.75	AsFAD2-20
51.10	48.50	97.85	49.05	49.59	50.96	70.62	48.91	51.37	56.04	51.10	52.49	50.96	49.86	49.05	49.05	52.91	100.00	52.34	41.37	49.59	AsFAD2-21
58.29	52.27	51.79	54.67	58.02	89.18	48.48	54.35	62.17	60.75	58.29	91.53	88.92	56.53	54.40	54.40	90.98	52.34	100.00	44.65	57.75	AsFAD2-22
47.21	42.82	40.82	46.54	47.07	45.48	36.54	44.47	46.99	40.43	47.21	45.33	45.48	46.81	46.54	46.54	44.65	41.37	44.65	100.00	47.34	AsFAD2-23
58.82	74.14	49.04	86.81	99.74	57.75	46.85	54.88	61.11	51.07	58.82	57.75	57.75	90.24	86.54	86.54	57.75	49.59	57.75	47.34	100.00	AsFAD2-24

相似值/%
100 / 90 / 80 / 70 / 60 / 50 / 40

图 16-7　AsFAD2 家族氨基酸序列相似性比较（引自 Miao et al.，2019）

AsFAD2-8、AsFAD2-11、AsFAD2-21 与红花 CtFAD2、金盏菊（*Calendula officinalis*）FAD2 聚为一组，可能具有脂肪酸共轭酶作用；AsFAD2-7、AsFAD2-13、AsFAD2-20、AsFAD2-22 与具有脂肪酸乙炔酶和环氧化酶的 FAD2 聚为一组，推测它们可能具有乙炔酶和环氧化酶活性。

分析白沙蒿的 16 个、拟南芥和烟草（*Nicotiana tabacum*）各 1 个 FAD2 蛋白的 motif 组成（图 16-9）。结果表明，这些 FAD2 蛋白共有 20 个 motif，其中 motif 1、2、3、4、6、7、8、9 和 11 为 9 个保守的 motif，为这些蛋白所共有。系统发育较为接近的蛋白具有更加相似的 motif 组成：处于同一分支的 AsFAD2-2、AsFAD2-5、AsFAD2-6、AsFAD2-15 具有 14 个相同的 motif，AsFAD2-5 和 AsFAD2-15 包含特有的 motif 19；AsFAD2-9 与上述分支相邻，与 AsFAD2-2 和 AsFAD2-6 具有相同的 motif；处于同一分支的 AsFAD2-1、AsFAD2-10、AtFAD2 和 NtFAD2 中，AsFAD2-1 与 AtFAD2 和 NtFAD2 的 motif 一致，而 AsFAD2-10 缺少 motif 16；处于同一分支的 AsFAD2-4、AsFAD2-8、AsFAD2-11 和 AsFAD2-21 中，AsFAD2-4 和 AsFAD2-21 具有相同的 motif，AsFAD2-8 含有 motif 14 且缺少 motif 12，AsFAD2-11 具有 motif 12；处于同一分支的 AsFAD2-7、AsFAD2-13、AsFAD2-20、AsFAD2-22 具有相同的 motif；AsFAD2-23 的 motif 组成与其他 AsFAD2 不同。

16.2.2.4　*AsFAD2* 基因家族的表达分析

利用实时荧光定量 PCR 检测 *AsFAD2* 的表达，结果发现：随种子吸胀及萌发，*AsFAD2* 基因表达个数及相对表达量明显增加，尤其是 *AsFAD2-2*、*AsFAD2-15*、*AsFAD2-20* 基因的相对表达量显著增加（图 16-10a～图 16-10c）；*AsFAD2-15* 和 *AsFAD2-20* 在根、茎和叶中的相对表达量较高（图 16-10d～图 16-10f）；*AsFAD2-20* 和 *AsFAD2-13* 分别在花蕾和花中的相对表达量最高（图 16-10g, 图 16-10h）。种子发育过程中，*AsFAD2-1* 和 *AsFAD2-10* 高水平表达，其他基因相对表达量较低。*AsFAD2-1* 仅在种子发育过程中高表达，属于

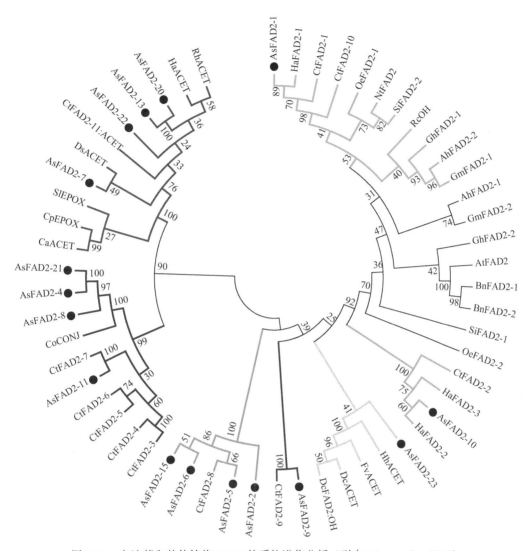

图 16-8　白沙蒿和其他植物 FAD2 的系统进化分析（引自 Miao et al.，2019）

系统进化树由 MEGA6.0 软件生成，包括各种植物 FAD2 脱氢酶（FAD）、羟化酶（OH）、环氧化酶（EPOX）、乙炔酶（ACET）和共轭酶（CONJ）。FAD2 基因库登录号：白沙蒿（16 个 AsFAD2），花生（AhFAD2-1，ACZ06072.1；AhFAD2-2，AHN60569.1），油菜（BnFAD2-1，AAF78778.1；BnFAD2-2，AAS92240.1），红花（CtFAD2-1，AGC65498.1；CtFAD2-2，AGC65499.1；CtFAD2-3，AGC65500.1；CtFAD2-4，AGC65501.1；CtFAD2-5，AGC65502.1；CtFAD2-6，AGC65503.1；CtFAD2-7，AGC65504.1；CtFAD2-8，AGC65505.1；CtFAD2-9，AGC65506.1；CtFAD2-10，AGC65507.1；CtFAD2-11：ACET，AGC65508.1），陆地棉（GhFAD2-1，CAA65744.1；GhFAD2-2，CAA71199.1），大豆（GmFAD2-1，AAB00859.1；GmFAD2-2，AAB00860.1），向日葵（HaFAD2-1，AAL68981.1；HaFAD2-2，AAL68982.1；HaFAD2-3，AAL68983.1；HaACET，ABC59684.1），油橄榄（OeFAD2-1，AAW63040.1；OeFAD2-2，AAW63041.1），芝麻（SiFAD2-1，XP_011075145.1；SiFAD2-2，XP_011080227.1），拟南芥（AtFAD2，AAM61113.1），烟草（NtFAD2，AAT72296.2），*Crepis alpine*（CaACET，ABC00769.1），胡萝卜（DcACET，AAO38033.1），胡萝卜（DcFAD：OH，AAK30206.1），非洲雏菊（DsACET，AAO38036.1），常春藤（HhACET，AAO38031.1），茴香（FvACET，AAO38034.1），黑心菊（RhACET，AAO38035.1），蓖麻（RcOH，AAC49010.1），*Crepis palaestina*（CpEPOX，CAA76156.1），琉璃菊（SlEPOX，AAR23815.1），金盏菊（CoCONJ，AAK26632）

种子型表达基因，而 *AsFAD2-10* 在其他组织中均有表达，为组成型表达基因（图 16-10i，图 16-10j），这与系统发育分析结果一致，两者可能在白沙蒿种子高亚油酸性状形成过程中发挥重要作用。

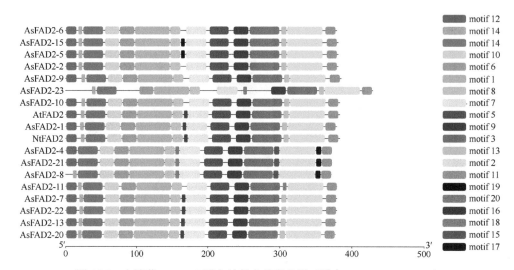

图 16-9 白沙蒿 AsFAD2 蛋白的保守基序分析（引自 Miao et al.，2019）

使用 MEME 软件检索 AsFAD2 家族各成员蛋白序列的 motif。motif 数目为 20；motif 最短有 6 个氨基酸；
motif 最长有 50 个氨基酸

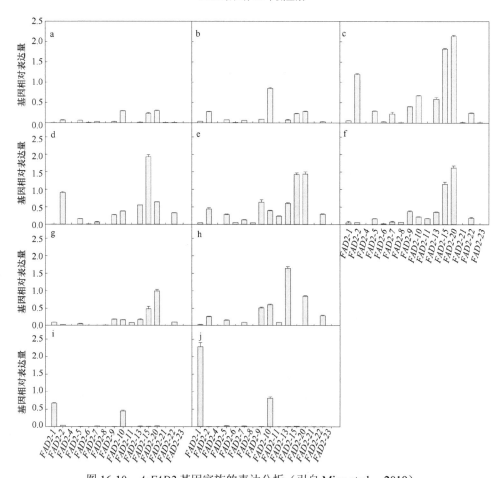

图 16-10 *AsFAD2* 基因家族的表达分析（引自 Miao et al.，2019）

a. 萌发 3d 种子；b. 萌发 7d 种子；c. 幼苗；d. 根；e. 茎；f. 叶；g. 花蕾；h. 花；i. 结实初期种子；j. 结实中期种子

盐胁迫下，FAD2 酶在调节和维持细胞膜的脂类组成、生物物理性质和膜结合蛋白的正常功能等方面具有重要作用（Dar et al.，2017）。高盐胁迫下，拟南芥 *FAD2* 突变体多不饱和脂肪酸（PUFA）含量降低，导致膜脂流动性和耐盐性降低（Zhang et al.，2012）。鼠尾草（*Salvia japonica*）*ShFAD2* 基因在盐胁迫早期上调表达，胁迫后期表达量有所下降（Xue et al.，2017）。对白沙蒿叶中 11 个高表达的基因（图 16-10），用 50mmol/L 和 200mmol/L NaCl 对 45 日龄的幼苗处理 7d，分析 11 个 *AsFAD2* 对盐胁迫的响应（图 16-11）。

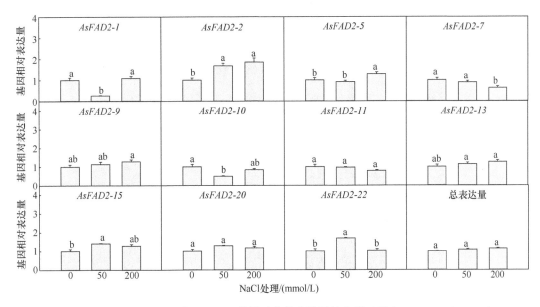

图 16-11　NaCl 处理下 11 个 *AsFAD2* 基因及其总表达量的分析（引自 Miao et al.，2019）

不同小写字母表示处理间差异显著（$P<0.05$）

50mmol/L NaCl 处理下，*AsFAD2-1* 和 *AsFAD2-10* 表达量明显下调，*AsFAD2-2*、*AsFAD2-15*、*AsFAD2-22* 表达量显著上调；200mmol/L NaCl 处理下，*AsFAD2-2* 和 *AsFAD2-5* 基因表达显著上调，*AsFAD2-7* 基因表达显著下调。但胁迫过程中，其他基因表达均与对照无显著差异，且 11 个 *AsFAD2* 基因的总表达水平不受盐胁迫的影响。盐胁迫下 *AsFAD2* 家族成员表达量表现出不一致的变化规律，且其总表达量各处理无显著差异。但盐胁迫下白沙蒿叶脂肪酸组成（详见本书第 9 章，表 9-6）表明，其具有较高的亚油酸含量和稳定的膜脂不饱和度。说明 *AsFAD2* 家族成员在响应盐胁迫过程中可能主要起了维持油酸和亚油酸平衡的作用。

16.2.2.5　AsFAD2 蛋白的亚细胞定位

根据 *AsFAD2* 基因家族各成员的系统进化树和组织表达分析结果（图 16-8，图 16-10），选择 *AsFAD2-1*、*AsFAD2-9*、*AsFAD2-10*、*AsFAD2-11*、*AsFAD2-15*、*AsFAD2-20*、*AsFAD2-23* 构建 7 个 pAsFAD2:GFP 融合表达载体，将其分别与含有内质网共定位（pHDEL:RFP）质粒的农杆菌共同注射入本氏烟草叶片下表皮细胞，48h 后用激光共聚焦显微镜（Olympus FV1000MPE，日本）观察荧光信号。结果发现，7 个 *AsFAD2* 均能在烟草叶片中瞬时表达，且定位于内质网（图 16-12）。这与陆地棉（Zhang et al.，2009a）、油菜（Lee et al.，2013）和紫苏（*Perilla frutescens*）（Lee et al.，2016）中的研究结果一致。上述结果与 16.2.2.1 中对亚细胞定位的预测结果一致，推测其他 AsFAD2 酶也定位于内质网，这也进一步证实植物亚油酸生物合成的核心反应发生在内质网。

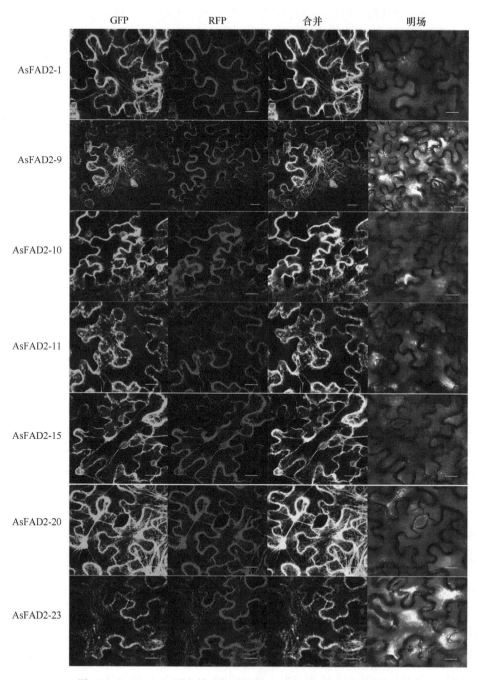

图 16-12　AsFAD2 蛋白的亚细胞定位（引自 Miao et al.，2019）

比例尺为 20μm

16.2.2.6　*AsFAD2* 基因在酵母中的功能分析

拟南芥和大豆等许多植物 *FAD2* 基因已成功在酵母表达系统中进行了功能分析（Li et al.，2007；Covello and Reed，1996）。酿酒酵母 INVSc1 脂肪酸谱简单，含有 FAD2 酶所需的底物油酸，但无内源性 FAD2 酶，是一种常用于 FAD2 酶功能研究的异源表达系统（Guo et al.，2014）。将 16 个 *AsFAD2* 基因转化到酿酒酵母中，并对其脂肪酸组成进行分析，结果发现：表达 AsFAD2-1、AsFAD2-10 和 AsFAD2-23 的酵母菌均检测到 C18:2（图 16-13），其含量分别为 18.58%、16.54%和 3.29%，C18:1 向 C18:2 的转化率分别为 60.07%、57.49%和 12.78%（表 16-5）。其中表达 AsFAD2-1 和 AsFAD2-10 的酵母中还检测到棕榈二烯酸（PLA，C16:2），其含量分别为 18.10%和 9.95%，转化率分别为 36.41%和 18.82%（表 16-5）。上述结果表明，AsFAD2-1 和 AsFAD2-10 均具有 Δ^{12}-油酸去饱和酶和 Δ^{12}-棕榈油酸去饱和酶的功能。先前研究证明植物 C16:2 的产生由质体中 FAD6 负责（Wallis and Browse，2002）。本结果表明内质网中 FAD2 也具有催化产生 C16:2 的功能，其他研究中也得到过类似结果（Lee et al.，2016；Cao et al.，2013），其原因还有待进一步研究。表达其他 *AsFAD2* 基因的酵母脂肪酸组成与对照无差别，表明这些基因未能编码具有功能的 FAD2 酶。红花 CtFAD2 家族中，5 个成员具有功能，其他 6 个是非功能性，与本研究结果相似（Cao et al.，2013）。此外，虽然酵母异源表达系统常用于研究植物 PUFA 生物合成酶的功能，但酵母菌株、启动子类型和培养条件等诸多因素可导致酶活性受到影响（Chodok et al.，2013），因此尽管这些 *FAD2* 在白沙蒿组织中表达，我们推测新功能化、假基因化也可能导致这些基因在酵母中没有功能。

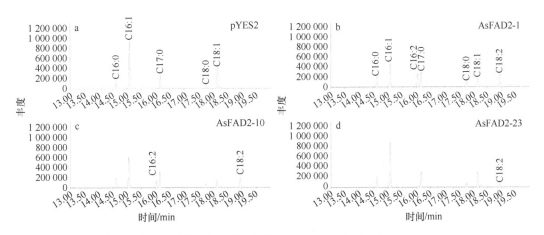

图 16-13　酵母脂肪酸组成的气相色谱-质谱法（GC/MS）分析（引自 Miao et al.，2019）

表 16-5　转 *AsFAD2* 基因酵母脂肪酸组成及含量比较（引自 Miao et al.，2019）

样品名称	脂肪酸组成及含量（%，*w/w*）						转化率/%	
	棕榈酸 C16:0	棕榈油酸 C16:1	棕榈二烯酸 C16:2	硬脂酸 C18:0	油酸 C18:1	亚油酸 C18:2	棕榈油酸→棕榈二烯酸	油酸→亚油酸
pYES2	10.50±0.09	56.91±0.54	—	3.93±0.15	28.66±0.30	—	—	—
AsFAD2-1	12.41±0.04	31.61±0.23	18.10±0.03	6.95±0.05	12.35±0.12	18.58±0.06	36.41	60.07

续表

样品名称	脂肪酸组成及含量（%，w/w）						转化率/%	
	棕榈酸 C16:0	棕榈油酸 C16:1	棕榈二烯酸 C16:2	硬脂酸 C18:0	油酸 C18:1	亚油酸 C18:2	棕榈油酸→棕榈二烯酸	油酸→亚油酸
AsFAD2-2	12.41±0.10	55.23±0.44	—	4.45±0.09	27.90±0.26	—	—	—
AsFAD2-4	11.58±0.01	55.43±0.46	—	4.77±0.11	28.22±0.33	—	—	—
AsFAD2-5	12.88±0.03	57.19±0.12	—	4.43±0.01	25.50±0.15	—	—	—
AsFAD2-6	15.04±0.03	53.72±0.17	—	5.00±0.08	26.24±0.06	—	—	—
AsFAD2-7	11.83±0.06	56.03±0.52	—	5.07±0.12	27.06±0.34	—	—	—
AsFAD2-8	12.96±0.01	54.68±0.51	—	4.60±0.11	27.77±0.40	—	—	—
AsFAD2-9	11.10±0.08	57.32±0.57	—	4.05±0.11	27.52±0.38	—	—	—
AsFAD2-10	12.77±0.11	42.91±0.54	9.95±0.04	5.60±0.11	12.23±0.25	16.54±0.25	18.82	57.49
AsFAD2-11	11.90±0.04	55.39±0.46	—	4.72±0.08	27.99±0.35	—	—	—
AsFAD2-13	12.41±0.00	56.51±0.05	—	4.91±0.01	26.16±0.05	—	—	—
AsFAD2-15	12.02±0.00	59.70±0.18	—	3.45±0.03	24.83±0.15	—	—	—
AsFAD2-20	12.72±0.01	56.06±0.16	—	5.00±0.04	26.09±0.20	—	—	—
AsFAD2-21	12.12±0.03	56.72±0.01	—	3.88±0.01	27.27±0.04	—	—	—
AsFAD2-22	11.66±0.02	55.77±0.10	—	4.90±0.05	27.66±0.03	—	—	—
AsFAD2-23	12.90±0.00	55.91±0.09	—	5.45±0.05	22.45±0.04	3.29±0.00	—	12.78

注：表中数值表示平均值±标准误，"—"表示未检测到

16.2.3 种子亚油酸性状形成的分子基础

16.2.3.1 白沙蒿种子发育过程中的形态和脂肪酸组成特征

白沙蒿种子发育持续 70d，其大小在 S1～S5 逐渐增大，S6～S7 有所减小；种皮由浅绿色逐渐变为深褐色（图 16-14）；千粒重在 S1～S5 阶段由 0.15g 持续增长到 1.02g，随后有所下降，至 S7 为 0.94g（图 16-15a）；含水量由 80.79%持续降至 5.74%（图 16-15b）。

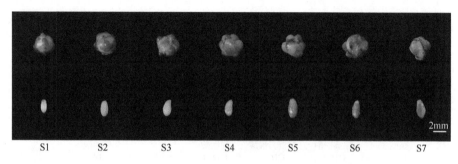

图 16-14 白沙蒿种子不同发育阶段形态特征

上排为荚果，下排为种子。S1～S7 分别表示开花后 10d、20d、30d、40d、50d、60d 和 70d，下同

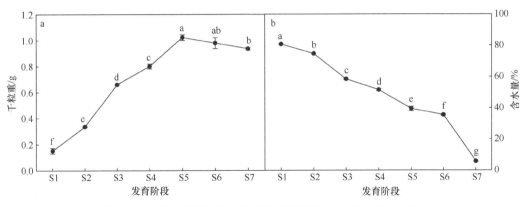

图 16-15　不同发育阶段白沙蒿种子千粒重（a）及含水量（b）

图中不同小写字母表示不同发育阶段间差异极显著（$P<0.01$）

随着种子发育，含油量由 10.12% 持续上升至 31.96%（图 16-16a）。白沙蒿成熟种子含油量高于传统油料作物大豆（约 20%）和玉米（*Zea mays*，6.7%）（Goettel et al.，2014；Dudley et al.，1974），但低于油菜（42.72%）、花生（53.75%）和芝麻（41.3%～62.7%）（Liu et al.，2018；Wan et al.，2016；Uzun et al.，2008）。种子油积累量在 S1～S2 阶段最高，为 9.90%，随后增量降低，S2～S3、S3～S4、S4～S5、S5～S6 和 S6～S7 分别为 4.53%、2.65%、1.57%、2.28% 和 0.91%（图 16-16b）。紫苏、陆地棉、油菜、西伯利亚杏（*Prunus sibirica*）从开花到种子完全成熟分别持续 35d、50d、56d 和 70d，除紫苏种子与白沙蒿一致，含油量随种子发育持续增加外，其他种子含油量均表现为先逐渐升高至成熟期稍有降低的趋势。此外，上述植物种子油最大积累量基本出现在中期（Zhao et al.，2018；Kim et al.，2016；Wan et al.，2016；Niu et al.，2015），均与白沙蒿种子最大油积累量出现在早期有所差异。

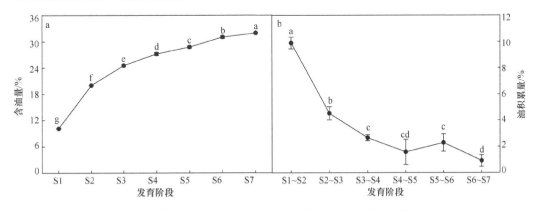

图 16-16　白沙蒿种子不同发育阶段含油量（a）及油积累量（b）

油积累量=相邻两阶段含油量的差值；图中不同小写字母表示差异极显著（$P<0.01$）

分析白沙蒿不同发育阶段种子脂肪酸（FA）组成（表 16-6），发现随着种子发育，饱和脂肪酸（SFA）含量持续降低，由 S1 的 20.75% 快速降至 S3 的 10.97%，至 S7 为 9.17%；不饱和脂肪酸（UFA）含量持续增加，由 S1 的 79.25% 快速增加至 S3 的 89.02%，至 S7 为 90.83%。上述结果表明 S1～S3 阶段 SFA 更多地转化为 UFA。

表 16-6　白沙蒿种子不同发育阶段脂肪酸组成和含量　（%，w/w）

脂肪酸	S1	S2	S3	S4	S5	S6	S7
肉豆蔻酸 C14:0	1.19±0.01a	0.44±0.01b	0.10±0.00c	0.01±0.00d	—	—	0.02±0.00d
棕榈酸 C16:0	12.93±0.05a	10.93±0.03b	7.31±0.01c	6.71±0.01d	6.44±0.03e	6.23±0.00f	6.12±0.01g
硬脂酸 C18:0	1.52±0.00c	1.46±0.02d	1.34±0.01f	1.58±0.03b	1.42±0.00de	1.41±0.00e	1.67±0.02a
花生酸 C20:0	0.48±0.11ab	0.61±0.01a	0.30±0.03b	0.41±0.01ab	0.48±0.01ab	0.41±0.01ab	0.44±0.02ab
山嵛酸 C22:0	4.63±1.01a	3.87±0.44ab	1.92±0.43bc	1.32±0.40c	0.72±0.14c	0.62±0.16c	0.92±0.18c
棕榈油酸 C16:1	—	0.00±0.00c	0.09±0.00ab	0.10±0.01a	0.09±0.00ab	0.09±0.00ab	0.09±0.00b
油酸 C18:1 (cis)	10.08±0.09e	11.05±0.07d	15.21±0.06b	16.40±0.07a	11.93±0.03c	11.11±0.06d	9.65±0.03f
油酸 C18:1 (trans)	0.44±0.05a	0.28±0.03b	0.38±0.03ab	0.40±0.01a	0.38±0.00ab	0.37±0.01ab	0.34±0.01ab
油酸 ∑C18:1	10.52±0.04e	11.33±0.07d	15.59±0.05b	16.80±0.07a	12.31±0.03c	11.48±0.05d	9.99±0.02f
亚油酸 C18:2	66.67±0.73e	69.86±0.33d	72.92±0.31c	72.84±0.29c	78.43±0.07b	79.62±0.10a	80.62±0.17a
亚麻酸 C18:3	2.06±0.07a	1.51±0.02b	0.42±0.01c	0.23±0.00d	0.11±0.01d	0.15±0.01d	0.13±0.00d
饱和脂肪酸 ∑SFA	20.75±0.84a	17.31±0.42b	10.97±0.38c	10.03±0.37cd	9.06±0.11d	8.67±0.14d	9.17±0.20cd
不饱和脂肪酸 ∑UFA	79.25±0.84d	82.70±0.42c	89.02±0.38b	89.97±0.36ab	90.94±0.11a	91.34±0.14a	90.83±0.20ab
单不和脂肪酸 ∑MUFA	10.52±0.04f	11.33±0.07e	15.68±0.06b	16.90±0.08a	12.40±0.03c	11.57±0.05d	10.08±0.03g
多不饱和脂肪酸 ∑PUFA	68.73±0.80e	71.37±0.36d	73.34±0.32c	73.07±0.29c	78.54±0.78b	79.77±0.09ab	80.75±0.17a

注：表中数值表示平均值±标准误，同行不同小写字母表示差异极显著（$P<0.01$）；"—"表示未检测到；C18:1（cis）为顺式油酸；C18:1（trans）为反式油酸

棕榈酸（PA，C16:0）、硬脂酸（SA，C18:0）和山嵛酸（BA，C22:0）是最主要的SFA。S1～S7期间，C16:0和C22:0含量分别由12.93%和4.63%降至6.12%和0.92%，C18:0含量无明显变化。油酸（OA，C18:1）、亚油酸（LA，C18:2）、亚麻酸（ALA C18:3）是主要的UFA。其中，C18:1含量显著增加，于S4达到峰值16.80%，随后呈显著降低趋势，至S7为9.99%；C18:2始终保持最高水平，且含量由S1的66.67%增加至S7的80.62%；C18:3水平较低，随种子发育其含量由S1的2.06%进一步降至S7的0.13%。

油料植物种子UFA含量随种子发育一般呈逐渐增加趋势：西伯利亚杏种子C18:1含量由花后10d的34.37%增加至种子成熟期（70d）的67.41%，增加了96.13%（Niu et al.，2015）；油菜种子C18:1含量由花后14d的8.47%增加到成熟期（56d）的66.81%，增加了6.89倍（Wan et al.，2016）；紫苏种子C18:3含量由花后7d的30.88%增加至成熟期（35d）的66.01%，增加了1.14倍（Kim et al.，2016）；陆地棉（Xuzhou 142）种子C18:2含量由花后7d的13.85%增加至成熟期（40d）的57.64%，增加了3.16倍（Ma et al.，2015）。值得注意的是，白沙蒿种子C18:2含量花后10d（S1）即高达66.67%，至成熟期含量为80.62%，仅增加了20.92%。上述结果表明，白沙蒿C18:2主要在早期大量积累，这与其他物种主要UFA积累模式有所差异。

16.2.3.2　种子发育过程中脂肪酸和三酰甘油代谢相关基因

利用 Illumina Hiseq 2500 平台对不同发育阶段的种子分别构建 mRNA 文库；利用单分子实时测序技术（SMRT）对包含白沙蒿各器官的 21 份材料混合建库，以获得全长转录本作为参考转录组。分析白沙蒿种子发育过程中参与脂肪酸及三酰甘油（TAG）合成途径的差异表达基因，以期阐明高不饱和脂肪酸及高亚油酸性状形成的分子调控机制。

（1）测序数据统计

对 7 个不同发育阶段的 21 个 cDNA 文库测序，共得到 166.6Gb 净数据。GC 含量为 42.52%～45.61%，Q30 均≥92.28%。将二代数据比对到三代参考转录组中，比对率大于 80.88%（表 16-7）。

表 16-7　不同发育阶段白沙蒿种子测序数据统计表

样本	双末端数	总碱基数	GC 含量/%	Q30/%	Clean Reads	Mapped Reads	比对率/%
S1-1	26 651 054	7 969 262 939	42.85	92.48	26 651 054	21 883 538	82.11
S1-2	25 767 901	7 700 541 999	42.78	95.84	25 767 901	21 702 628	84.22
S1-3	28 598 094	8 541 637 738	42.52	95.58	28 598 094	23 129 456	80.88
S2-1	29 286 661	8 758 167 285	43.87	92.73	29 286 661	24 777 582	84.60
S2-2	25 638 677	7 666 932 275	43.44	92.61	25 638 677	21 571 434	84.14
S2-3	25 678 133	7 675 003 731	43.49	96.31	25 678 133	21 494 996	83.71
S3-1	26 747 056	8 013 012 395	45.21	95.66	26 747 056	23 842 819	89.14
S3-2	26 128 238	7 798 649 398	45.26	95.01	26 128 238	22 742 792	87.04
S3-3	25 161 279	7 536 075 262	45.25	95.25	25 161 279	21 751 761	86.45
S4-1	26 161 605	7 836 411 193	45.61	95.39	26 161 605	22 832 480	87.27
S4-2	27 204 648	8 137 843 951	45.56	92.82	27 204 648	24 203 646	88.97
S4-3	29 262 741	8 747 402 139	45.54	96.27	29 262 741	25 029 096	85.53
S5-1	21 112 264	6 300 818 727	45.34	95.01	21 112 264	18 144 643	85.94
S5-2	25 111 206	7 521 275 657	44.66	95.33	25 111 206	20 930 682	83.35
S5-3	24 564 731	7 338 279 912	45.33	95.36	24 564 731	21 422 452	87.21
S6-1	25 750 845	7 693 895 293	44.18	96.06	25 750 845	20 941 786	81.32
S6-2	29 855 750	8 924 797 496	44.24	96.35	29 855 750	24 651 104	82.57
S6-3	23 469 151	7 028 510 955	44.32	95.13	23 469 151	19 074 256	81.27
S7-1	27 613 739	8 270 373 701	44.42	95.33	27 613 739	22 816 507	82.63
S7-2	25 887 421	7 737 065 564	44.21	96.20	25 887 421	22 050 086	85.18
S7-3	31 517 960	9 423 661 328	44.56	92.28	31 517 960	26 338 652	83.57

注：GC 含量. Clean Data 中 G 和 C 两种碱基占总碱基的百分比；Q30. Clean Data 质量值≥30 的碱基所占的百分比；Clean Reads. 以双端计的净读段数目；Mapped Reads. 以双端计的比对读长数目；比对率. Mapped Reads 在 Clean Reads 中所占的比例

（2）差异表达基因（DEG）筛选及功能注释

相邻两个发育阶段 DEG 分析表明：S1 vs. S2 最多，达 15 943 个，其中 52.24%（8328 个）上调，47.76%（7615 个）下调；S2 vs. S3、S4 vs. S5 和 S5 vs. S6 居中，分别有 8296 个、

8961 个和 7789 个；而 S3 vs. S4 和 S6 vs. S7 较少，分别为 1806 个和 429 个（图 16-17）。S1 vs. S2 DEG 最多，这些 DEG 可能是导致该阶段出现最大油积累量的重要原因（图 16-16b）。

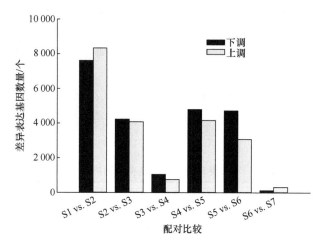

图 16-17 差异表达基因统计分析

16.2.3.3 脂质合成相关的差异表达基因

将上述 DEG 分别注释到非冗余蛋白质数据库（Nr）、Swiss-Prot 蛋白质数据库、蛋白质直系同源簇数据库（KOG）、基因本体数据库（GO）、基因功能和通路数据库（KEGG）中，共有 25 314 个 DEG 得到注释（表 16-8）。

表 16-8 白沙蒿种子发育过程中 DEG 在公共数据库中的注释

比对组	注释	Nr	Swiss-Prot	KOG	GO	KEGG
S1 vs. S2	14 468	14 223（98.31%）	10 348（71.52%）	8 415（58.16%）	8 388（57.97%）	4 689（32.41%）
S2 vs. S3	7 401	7 219（97.54%）	5 376（72.64%）	3 697（49.95%）	3 961（53.52%）	1 721（23.25%）
S3 vs. S4	1 608	1 573（97.82%）	1 192（74.13%）	883（54.91%）	956（59.45%）	532（33.08%）
S4 vs. S5	8 370	8 245（98.51%）	6 062（72.43%）	4 612（55.10%）	4 755（56.81%）	2 219（26.51%）
S5 vs. S6	7 331	7 179（97.93%）	5 337（72.80%）	4 058（55.35%）	4 129（56.32%）	2 115（28.85%）
S6 vs. S7	396	385（97.22%）	267（67.42%）	193（48.74%）	218（55.05%）	139（35.10%）
合计	25 314	24 862（98.21%）	18 015（71.17%）	14 476（57.19%）	14 332（56.62%）	7 601（30.03%）

将所有 DEG 注释到 KEGG 数据库，共 7601 个得到注释，分为代谢、遗传信息加工、细胞过程、环境信息加工和生物体系统 5 个类别。其中归于"代谢"的 DEG 最多，为 50.20%～67.11%（表 16-9）。基于 KEGG 数据库中的 FA 和 TAG 合成途径，构建白沙蒿种子相应代谢途径，并分析其发育过程中相关基因表达水平（图 16-18）。

表 16-9 白沙蒿种子发育过程中与脂质转运代谢分类相关的 DEG 数目

数据库		途径层级水平	S1 vs. S2	S2 vs. S3	S3 vs. S4	S4 vs. S5	S5 vs. S6	S6 vs. S7	总计
KEGG	代谢		1963（56.17%）	715（62.45%）	251（67.11%）	1004（61.67%）	765（50.20%）	68（63.55%）	—

续表

数据库	途径层级水平	S1 vs. S2	S2 vs. S3	S3 vs. S4	S4 vs. S5	S5 vs. S6	S6 vs. S7	总计
KEGG 代谢	甘油酯代谢	55	20	7	24	23	3	77
	甘油磷脂代谢	45	13	4	25	20	0	72
	鞘脂代谢	13	9	2	13	6	0	27
	类固醇生物合成	15	7	2	23	19	0	42
	醚脂代谢	11	2	1	5	4	0	17
	酮体的合成和降解	7	3	2	6	1	0	15
	脂肪酸从头合成	30	9	31	20	30	0	73
	不饱和脂肪酸生物合成	68	13	20	43	26	5	103
	花生四烯酸代谢	18	10	1	13	7	1	30
	α-亚麻酸代谢	6	4	0	11	1	0	18
	脂质代谢	228	68	60	143	117	9	—

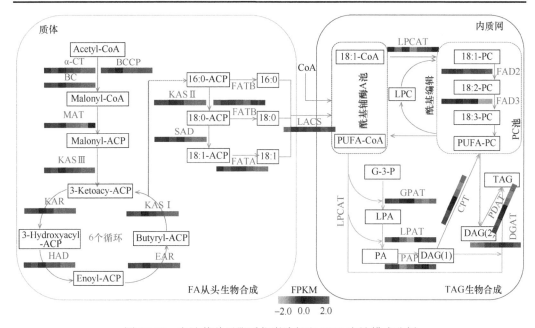

图 16-18　白沙蒿种子脂质代谢途径和 DEG 表达模式分析

代谢途径中的酶：α-CT. α-羧基转移酶；BC. 生物素羧化酶；BCCP. 生物素羧基载体蛋白；MAT. 丙二酰-辅酶 A: ACP S-丙二酰转移酶；KAS Ⅰ/Ⅱ/Ⅲ. 3-氧酰基-ACP 合成酶 Ⅰ/Ⅱ/Ⅲ；KAR. 3-氧酰基-ACP 还原酶；HAD. 3-羟酰基-ACP 脱水酶；EAR. 烯酰-ACP 还原酶；FATA/B. 酰基-ACP 硫酯酶 A/B；SAD. 硬脂酰-ACP 去饱和酶；FAD. 脂肪酸去饱和酶；LPCAT. 溶血磷脂酰胆碱酰基转移酶；LACS. 长链酰基辅酶 A 合成酶；GPAT. 甘油-3-磷酸酰基转移酶；LPAT. 酰基-CoA: 酰基甘油-3-磷酸酰基转移酶；PAP. PA 磷酸酶；DGAT. 酰基辅酶 A: 二酰基甘油酰基转移酶；PDAT. 磷脂: 二酰基甘油酰基转移酶；CPT. 磷酸胆碱: 二酰基甘油胆碱磷酸转移酶。代谢途径的中间产物：Acetyl-CoA. 乙酰辅酶 A；Malonyl-CoA. 丙二酰辅酶 A；Malonyl-ACP. 丙二酰-ACP；3-Ketoacyl-ACP. 3-酮脂酰-ACP；3-Hydroxyacyl-ACP. 3-羟丁酰-ACP；Enoyl-ACP. 烯酰-ACP；Butyryl-ACP. 丁酰-ACP；PUFA. 多不饱和脂肪酸；PC. 磷脂酰胆碱；LPC. 溶血磷脂酰胆碱；G-3-P. 甘油-3-磷酸；PA. 磷脂酸；LPA. 溶血磷脂酸；DAG. 二酰甘油；TAG. 三酰甘油。TAG 合成过程中，绿色线表示肯尼迪途径（酰基辅酶 A 依赖性途径），橙色线表示酰基辅酶 A 非依赖性途径，DAG(1)表示三酰甘油从头合成中的二酰甘油，DAG(2)表示 PC 衍生的二酰甘油

脂肪酸 "从头合成"：植物 FA 的从头合成主要发生在质体，始于由限速酶 ACCase 催化的乙酰 CoA 向丙二酰 CoA 的转化（Konishi et al., 1996），ACCase 由 α-羧基转移

酶（α-CT）、生物素羧化酶（BC）、生物素羧基载体蛋白（BCCP）和β-羧基转移酶（β-CT）4 个亚基组成。白沙蒿种子发育过程中有 23 个编码 ACCase 亚基的 DEG，包括 6 个 *α-CT*、3 个 *BC* 和 14 个 *BCCP*（图 16-19a～图 16-19c），三者均在 S1～S2 高水平表达，总值分别为 87.22～115.45、74.49～79.48 和 285.78～237.26，之后呈快速下降趋势，至 S4～S7 趋于稳定，总表达水平分别为 22.68～8.30、17.22～10.50 和 55.77～58.35。油茶（*Camellia oleifera*）种子发育过程中，*ACCase* 在油快速积累阶段上调并达到顶峰，表明 ACCase 是油茶籽油积累的重要酶（Lin et al.，2018）；陆地棉中过表达 *GhACCase* 不同亚基均导致种子含油量增加（Cui et al.，2017）。白沙蒿种子发育过程中，*ACCase* 表达模式与种子油在 S1～S2 迅速增加，随后积累速率降低的趋势一致，表明其可能是早期出现油最高积累速率的重要因素之一。

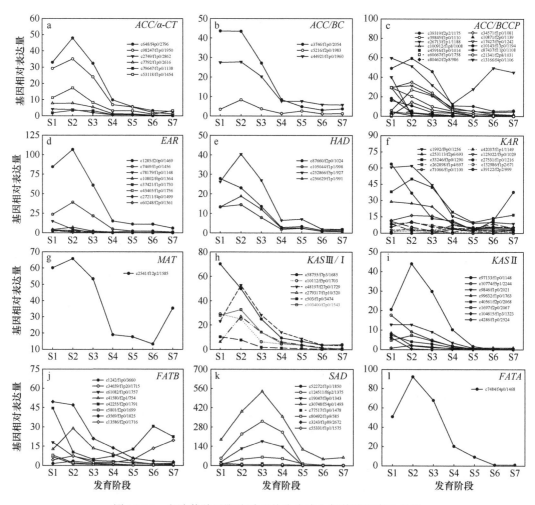

图 16-19　白沙蒿种子脂肪酸"从头合成"相关基因表达分析

随后，丙二酰-辅酶 A：ACP S-丙二酰转移酶（MAT）将丙二酰 CoA 转移至丙二酰 ACP，接下来在 3-氧酰基-ACP 合成酶 Ⅲ（KAS Ⅲ）、3-氧酰基-ACP 还原酶（KAR）、3-羟酰基-ACP 脱水酶（HAD）、烯酰-ACP 还原酶（EAR）和 β-酮酰基-ACP 合成酶 Ⅰ（KAS

Ⅰ）的作用下，经过 6 个缩合循环形成 C16:0-ACP（Brown et al.，2006）。白沙蒿种子发育过程中有 1 个 *MAT*、1 个 *KAS Ⅲ*、10 个 *KAR*、4 个 *HAD*、8 个 *EAR* 和 5 个 *KAS Ⅰ*（图 16-19d～图 16-19f），且在 S1～S2 具有高的表达水平，总值分别为 60.21～65.82、27.91～32.64、224.11～204.90、80.53～96.67、139.68～164.12 和 138.96～162.36。之后呈快速下降趋势，至 S4～S7 稳定表达，分别为 18.96～35.32、5.29～0.70、73.07～47.81、13.52～5.70、21.74～8.31 和 35.51～8.60。上述基因在 S1～S2 的高表达与此阶段油的快速积累同步，该结果与对紫苏的研究一致（Kim et al.，2016）。

C16:0-ACP 是 16C 和 18C FA 生物合成的关键分支点，其通过 KAS Ⅱ 进一步延伸形成 C18:0-ACP。不同物种中，*KAS Ⅱ* 表达量与 18C FA 含量呈正比：*KAS Ⅱ* 表达水平为油菜>橄榄>陆地棉，其种子 18C FA 含量依次降低，分别为 91.0%、83.0% 和 75.3%（Zhao et al.，2018；Unver et al.，2017；Wan et al.，2016）。白沙蒿种子发育过程中有 8 个编码 KAS Ⅱ 的 DEG（图 16-19i），在 S1～S2 表达水平相对较高，为 78.49～81.88，从而形成高达 92.41% 的 18C FA，这与牡丹种子发育过程中，*KAS Ⅱ* 在 S3 的高表达与其种子中高含量的 18C FA 一致（Li et al.，2015）；S3～S5 显著降低，总表达水平依次为 53.67、20.14 和 4.91，至 S6～S7 趋于稳定（2.40～2.46）。FA"从头合成"是一个共同调控的过程，参与该途径的 *ACCase*、*MAT*、*KAR*、*HAD*、*EAR*、*KAS Ⅰ～Ⅲ* 均表现出相似的表达模式，这与高等植物中对 FA 产生的转录调控研究结果一致（Marchive et al.，2015）。

FATB 催化 C16:0-ACP 和 C18:0-ACP 形成 SFA，硬脂酰-ACP 去饱和酶（SAD）去饱和 C18:0-ACP 形成 C18:1-ACP。白沙蒿种子发育过程中，8 个 *FATB* 由 S1 的 145.21 快速降低至 S3 的 48.40（图 16-19j），该阶段 C16:0 含量由 12.93% 显著降至 7.31%，C18:0 由 1.52% 降至 1.34%（表 16-6）。8 个 *SAD* 表达水平由 S1 的 307.82 快速上升到 S3 的 1128.65（图 16-19k），这与 UFA 由 79.25% 上升到 89.02% 的结果一致（表 16-6）。值得注意的是，4 个 *SAD*（c30748/f54p0/1493、c124511/f6p2/1375、c19047/f3p0/1343 和 c80492/f1p9/585）占总表达水平的 90.18%～97.47%。上述结果表明，此阶段 SFA 向 UFA 的转化受 *FATB* 的快速下降协同 *SAD* 的快速增加共同调控。酰基-ACP 硫酯酶 A（FATA）催化 C18:1-ACP 去 ACP 形成 C18:1（Mandal et al.，2000），白沙蒿 *FATA* 表达水平于 S2 达到峰值 92.21 后逐渐降低（图 16-19l），而 C18:1 含量则从 S2 的 11.33% 增加到 S3 的 15.59%。

脂肪酸去饱和：白沙蒿成熟种子中 C18:1、C18:2 和 C18:3 分别占总 FA 的 9.99%、80.62% 和 0.13%（表 16-6）。脂肪酸去饱和酶 2 和脂肪酸去饱和酶 6（FAD2 和 FAD6）催化 C18:1 形成 C18:2，而脂肪酸去饱和酶 3、脂肪酸去饱和酶 7 和脂肪酸去饱和酶 8（FAD3、FAD7 和 FAD8）去饱和 C18:2 形成 C18:3（Tasaka et al.，1996），其中 FAD2、FAD3 和 FAD6、FAD7/FAD8 分别负责 ER 和质体途径（Gibson et al.，1994）。白沙蒿种子发育过程中，ER 途径中发现 35 个编码 FAD2 的 DEG，其中 4 个 *FAD2*（c1141/f68p0/1462、c125300/f69p0/1449、c5692/f1p19/953 和 c155833/f1p15/674）高度表达，这 4 个基因的总表达水平从 S1 的 145.14 升高到 S4 的 2451.29，随后下降至 S7 的 265.93，可能对白沙蒿种子 C18:2 含量由 S1 的 66.67% 增加到 S4 的 72.84%，随后增至 S7 的 80.62% 起重要作用（表 16-6，图 16-20a）；其余 31 个 *FAD2* 仅在 S1 有所表达，之后表达量始终保持在较低水平（FPKM<6），推测可能对 S1 期高含量的 C18:2 具有一定作用（图 16-20b）；

7 个编码 FAD3 的 DEG 表达水平较低（FPKM<20），其总表达水平随种子发育由 43.08 降至 3.60，导致 C18:2 向 C18:3 的转化受限，与种子 C18:3 含量较低的结果一致（图 16-20c，表 16-6）。质体途径中，未检测到编码 FAD6 的 DEG，且 6 个 *FAD7* 的表达水平较低，仅为 3.65～25.66（图 16-20d）。综合上述结果，*FAD2* 表达水平分别是 *FAD3* 和 *FAD7* 的 11.93～218.01 倍和 11.59～638.33 倍，高表达的 *FAD2* 和低表达的 *FAD3* 和 *FAD7* 共同导致 C18:2 的积累。

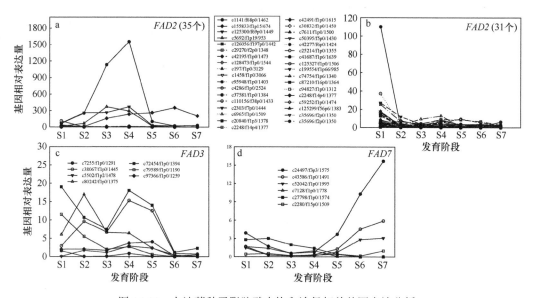

图 16-20　白沙蒿种子脂肪酸去饱和途径相关基因表达分析

a. 差异表达的 35 个 *FAD2* 基因；b. 未包括 4 个最高表达量（蓝色方框）的其余 31 个 *FAD2* 基因；c. 7 个 *FAD3* 基因；
d. 6 个 *FAD7* 基因

TAG 组装：TAG 是种子脂质的主要储存形式，其合成发生在 ER。*sn*-甘油-3-磷酸酰基转移酶（GPAT）催化的酰基 CoA 的酰基部分转移至 G-3-P 的 sn-1 位形成溶血磷脂酸（LPA），为第一个限速步骤（Shockey et al.，2016）。异源表达 *GPAT* 基因种子含油量增加（Misra et al.，2017），其下调导致含油量降低（Shockey et al.，2016）。白沙蒿种子发育过程中发现 14 个编码 GPAT 的 DEG，其中 5 个 *GPAT*（c94091/f1p0/1921、c33889/ f2p6/659、c23310/f2p0/1698、c69780/f2p0/1796 和 c39855/f1p18/1715）的表达水平在 S1～S2 为 11.91～63.75，之后显著降低，至 S5 后<1，表明它们对早期油的快速积累具有重要作用；而 *GPAT*（c35993/f1p11/1361）表达水平于 S4 达到峰值 35.68，后降至 S5 的 5.19，*GPAT*（c158769/f1p1/921）在 S1～S4 间稳定表达，S4～S7 间由 12.25 持续上升至 44.91（图 16-21a），表明它们对中后期油的积累具有重要作用。TAG 合成的第二个限速步骤是通过 DGAT（酰基辅酶 A 依赖途径）或 PDAT（酰基辅酶 A 非依赖性途径）将 DAG 转化成 TAG（Dahlqvist et al.，2000；Ohlrogge and Browse，1995）。植物中存在 3 种形式的 DGAT，DGAT1 是西伯利亚杏种子 TAG 合成的主要酶（Niu et al.，2015）；DGAT2 在蓖麻（Kroon et al.，2006）、油桐（*Vernicia fordii*）（Shockey et al.，2006）和山核桃（*Carya cathayensis*）（Huang et al.，2016）TAG 合成中起主导作用；DGAT1、DGAT2 和 DGAT3 均参与紫苏种

子 TAG 的合成（Kim et al., 2016）。白沙蒿种子发育过程中发现 2 个 DGAT1 和 4 个 DGAT2（图 16-21b）。其中 DGAT2（c1764/f18p0/1312）的表达水平显著高于其他 DGAT 基因，占总表达水平的 41.93%～80.50%，表明该基因对白沙蒿种子 TAG 的合成起主导作用。白沙蒿种子发育过程中有 12 个编码 PDAT 的 DEG，其中 4 个 PDAT（c247766/f2p9/458、c81207/f1p6/576、c1746/f1p0/2572、c7889/f1p6/2136）的表达水平显著高于其他 8 个，占总表达水平的 53.54%～94.30%（图 16-21c），推测它们对 TAG 的合成具有重要作用。值得注意的是，4 个 PDAT 在 S2～S4 间表达水平较高，为 42.69～193.60；而 DGAT2 在 S1～S4 阶段较低，之后由 S4 的 80.56 快速增加至 S7 的 273.29。此结果暗示两种途径协同调控白沙蒿种子 TAG 的合成，早期由 PDAT 负责，后期由 DGAT2 负责。这与 PDAT 和 DGAT 分别负责紫苏种子发育前期与后期 TAG 的合成一致（Liao et al., 2018）。

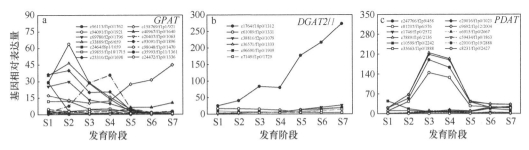

图 16-21　白沙蒿种子 TAG 合成途径相关基因表达分析
红色表示 DGAT1

转录因子分析：白沙蒿种子发育过程中，共鉴定到 83 个基因家族的 1440 个转录因子（TF）差异表达（表 16-10）。其中，AP2-ERF-ERF 家族最多，为 115 个；NAC 家族次之，为 109 个；这两个转录因子家族均在调控植物生长发育、响应逆境胁迫和激素信号转导过程中发挥重要作用（So and Lee, 2019; Dietz et al., 2010）。WRINKLED 1（WRI1）、ABSCISIC ACID INSENSITIVE 3（ABI3）、LEAFY COTYLEDON 1 和 LEAFY COTYLEDON 2（LEC1 和 LEC2）以及 FUSCA3（FUS3）等在调节脂质生物合成方面具有重要作用（Baud and Lepiniec, 2010; Santos-Mendoza et al., 2008）。白沙蒿种子发育过程中，WRI1 表达水平由 S1 的 27.60 增加至 S2 的 38.26，然后剧烈下降至 S5 时<1；4 个编码 LEC1 的 DEG，其中 3 个 LEC1（c36883/f4p0/864、c41824/f2p2/870 和 c7371/f5p3/858）在 S1～S2 表现出较高的表达水平，分别为 31.03～64.32、42.34～78.12 和 118.71～106.18，之后快速下降至 S5 时<8；2 个编码 FUS3 的 DEG 分别在 S2 和 S4 达到峰值 56.11 和 35.06，然后降低，至 S6 时表达水平<2（图 16-22）。种子发育过程中，紫苏 WRI1、西伯利亚杏 WRI1 和 FUS3、山核桃 FUS3 与 FA 合成相关基因具有相似的表达模式，被认为参与油的快速积累（Huang et al., 2017; Kim et al., 2016; Niu et al., 2015）。白沙蒿 WRI1、LEC1 和 FUS3（c97806/p1f0/1418）均在 S2 达到最高表达水平，与 FA 从头合成相关基因的表达模式一致，可能参与油早期的快速积累。此外，编码 ABI3 的 4 个 DEG 随白沙蒿种子发育均表现出"N"型的相似表达模式，其中 c92549/f1p1/1076 和 c34128/f1p4/564 的表达水平在 S1～S3 分别由 25.43 和 9.88 增至 90.30 和 68.80（图 16-22），与 SAD 在该阶段的表达模式一致，推测可能对 SFA 向 UFA 的转化具有一定作用。

表 16-10　白沙蒿种子发育过程中 DEG 编码的转录因子

转录因子家族	数量	转录因子家族	数量	转录因子家族	数量	转录因子家族	数量
AP2-ERF-ERF	115	mTERF	20	BBR-BPC	9	S1Fa-like	3
NAC	109	C2C2-GATA	19	C2C2-CO-like	9	SRS	3
bZIP	73	GNAT	19	TCP	9	Whirly	3
C3H	66	B3-ARF	18	Alfin-like	8	E2F-DP	2
bHLH	63	HSF	18	Coactivator-p15	8	FAR1	2
C2H2	58	SET	17	GRF	8	GARP-ARR-B	2
GRAS	52	SNF2	17	Jumonji	8	HB-WOX	2
Others	50	C2C2-Dof	15	NF-YA	8	LUG	2
AUX-IAA	44	NF-YB	15	AP2-ER-EBP	7	ULT	2
MYB-related	42	TUB	14	DBB	7	VOZ	2
MYB	41	EIL	12	C2C2-YABBY	6	BSD	1
WRKY	41	ISW1	12	HB-other	6	CAMTA	1
MADS-MIKC	36	MADS-M-type	12	BES1	5	CPP	1
TRAF	34	SWI-SNF-BAF60b	12	LIM	5	CSD	1
Trihelix	26	PHD	11	OFP	5	DBP	1
B3	24	Tify	11	HB-KNOX	4	DDT	1
HB-HD-ZIP	24	C2C2-LSD	10	SBP	4	MED7	1
RWP-RK	24	HB-BELL	10	TAZ	4	NF-X1	1
HMG	22	NF-YC	10	GeBP	3	Rcd1-like	1
GARP-G2-like	21	PLATA	10	MBF1	3	SOH1	1
LOB	21	zf-HD	10	Pseudo-ARR-B	3	总计	1440

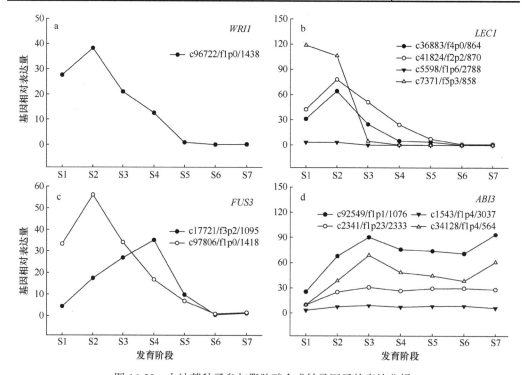

图 16-22　白沙蒿种子参与脂肪酸合成转录因子的表达分析

qRT-PCR 验证：选择包括 *ACCase*、*KAS*、*SAD*、*FAD2*、*FAD7*、*DGAT2* 和 *PDAT* 的
15 个油生物合成相关基因进行 qRT-PCR 验证，qRT-PCR 和 RNA-seq 结果基本一致
（图 16-23），说明测序结果准确，对 DEG 的分析可靠。

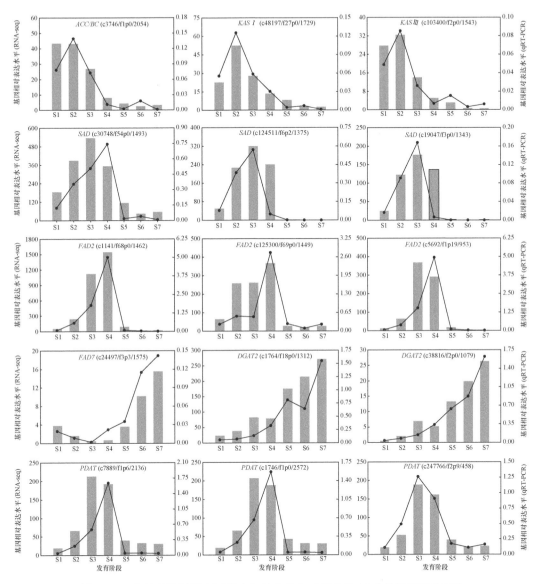

图 16-23 白沙蒿种子发育过程中与油生物合成相关的 15 个候选基因的表达

柱形图表示测序结果，折线图表示 qRT-PCR 定量的结果

16.3 γ-亚麻酸性状形成的分子基础及其对逆境的响应

Δ6 脂肪酸脱氢酶（D6DES）是合成 γ-亚麻酸（GLA，C18:3n-6）的关键酶，同时可
以催化产生十八碳四烯酸（PnA，C18:4）。Reddy 等（1993）首次从蓝细菌（*Synechocystis*
sp. PCC6803）中克隆得到 *D6DES* 基因，并成功表达。此后，从藻类、真菌、植物和动

物等不同生物体中陆续克隆到了该基因，并在烟草、大豆等植物中成功表达（Zhu and Zhang，2012；Reddy et al.，1993）。但 *D6DES* 基因对逆境响应的报道较少，且主要集中在藻类和真菌（An et al.，2013；于爱群等，2012；Cheawchanlertfa et al.，2011；Wang et al.，2007），高等植物仅在紫草科植物中有较少报道（Wu et al.，2013；张芳转等，2011）。

16.3.1 微孔草 Δ6 脂肪酸脱氢酶基因（*MsD6DES*）的克隆及遗传转化

16.3.1.1 *MsD6DES* 基因全长的克隆

利用同源克隆和 cDNA 末端快速扩增（RACE）技术获得 *MsD6DES* 基因全长 cDNA 序列（GenBank No. GQ871940）。该基因全长 1713bp，可读框为 1344bp，编码 448 个氨基酸，其分子量为 51.5kDa，包含 89bp 及 280bp 的 5′和 3′非翻译区（图 16-24）。

```
1      GAAACTTTTGAAGTTGAGAGGGCTTGATTAAGGTCTTCTCACTTTCTCAGATATCCTTGTCCACCTAAGAAACTGAGT
79     CTTTTTCATCAATGGCTGCTAAAATCAAGAAGTATATAACTTCAGATGAGCTGAGCAGCCACAACAAAGCAGGGGATC
               M  A  A  K  I  K  K  Y  I  T  S  D  E  L  S  S  H  N  K  A  G  D    22

157    TTTGGATCTCAATTCAGGGGAAAGTGTATGATGTTTCGGACTGGCTCAAAGACCATCCAGGTGGGAGTTTTCCCTTGA
       L  W  I  S  I  Q  G  K  V  Y  D  V  S  D  W  L  K  D  H  P  G  G  S  F  P  L    48

235    TGAATCTTGCGGGTCAAGAGGTAACTGATGCATTTGTTGCATTTCATCCTGCATCTGCTTGGCAGAATCTTGATAAGT
       M  N  L  A  G  Q  E  V  T  D  A  F  V  A  F  H  P  A  S  A  W  Q  N  L  D  K    74

313    TTTTCACTGGGTATTATCTTAAAGATTACTCTGTTTCTGAGGTGTCCAAAGATTATAGGAATCTTGTGTTTCAGTTTT
       F  F  T  G  Y  Y  L  K  D  Y  S  V  S  E  V  S  K  D  Y  R  N  L  V  F  Q  F    100

391    CTAAAATGGGGTTGTTTGAGAAAAAGGGTCATGTTATGTTTGGGACTATGCTTTTTATAGCAATGCTGTTTGTTATGA
       S  K  M  G  L  F  E  K  K  G  H  V  M  F  G  T  M  L  F  I  A  M  L  F  V  M    126

469    GTGTTTGTGGGGTTTTGTTTTTTGAGTCTGTTTGGGTACATCTGCTTTCTGGGTGTTTAGTGGGTTTTTATGTGGATTC
       S  V  C  G  V  L  F  F  E  S  V  W  V  H  L  L  S  G  C  L  V  G  F  M  W  I    152

547    AGAGTGGTTGGATTGGGCATGATGCTGGGCACTATGTTGCCATGCCTTCTTCAAGGCTTAATAAGTTGGGGGGTATTC
       Q  S  G  W  I  G  H  D  A  G  H  Y  V  A  M  P  S  S  R  L  N  K  L  G  G  I    178

625    TGTTTGCAAATTGTCTTTCCGGAATAAGCATTGGTTGGTGGAAATGGAACCACAATGCACATCACATTTCTTGTAATA
       L  F  A  N  C  L  S  G  I  S  I  G  W  W  K  W  N  H  N  A  H  H  I  S  C  N    204

703    GCCTTGAGTATGACCCTGATTTACAATATATCCCTTTTCTTGTTGTGTCTTCCAAGTTCTTTAGCTCACTCACCTCTC
       S  L  E  Y  D  P  D  L  Q  Y  I  P  F  L  V  V  S  S  K  F  F  S  S  L  T  S    230

781    ACTTCTATCAAAAGAAATTGACTTTTGATACTCTATCAAGATTCCTAGTAAGCCATCAACATTGGACATTTTACCCTG
       H  F  Y  Q  K  K  L  T  F  D  T  L  S  R  F  L  V  S  H  Q  H  W  T  F  Y  P    256

859    TTATGTGTTCTGCTAGGCTCAATATGTTTGTACAATCTGTCATAATGCTGCTGTTCAAGAGAAATGTGTTCAATAGAG
       V  M  C  S  A  R  L  N  M  F  V  Q  S  V  I  M  L  L  F  K  R  N  V  F  N  R    282

937    CTCTGGAAATTTTGGGATTGCTGGTGTTCGTGACTTGGTACCCATTGCTTCTTTCTTATTTGCCTAATTGGGGTGAAA
       A  L  E  I  L  G  L  L  V  F  V  T  W  Y  P  L  L  L  S  Y  L  P  N  W  G  E    308

1015   GAACAATGTTTGTTATTGCTAGCTTATCAGTTACTGGAATGCAACAAGTTCAGTTCAGTTTGAATCATTTCTCTTCAA
       R  T  M  F  V  I  A  S  L  S  V  T  G  M  Q  Q  V  Q  F  S  L  N  H  F  S  S    334

1093   GTGTGTATGTTGGACAGCTTAAAGGGAATGATTGGTTTGAGAGACAAACAAGTGGGACATTGACATTTCTTGCCCTT
       S  V  Y  V  G  Q  L  K  G  N  D  W  F  E  R  Q  T  S  G  T  L  D  I  S  C  P    360

1171   CTTGGATGGATTGGTTCATGGTGGATTGCAATTTCAAGTTGAGCATCATCTGTTTCCTAGGATGCCTAGGTGCCAAT
       S  W  M  D  W  F  H  G  G  L  Q  F  Q  V  E  H  H  L  F  P  R  M  P  R  C  Q    386

1249   TTAGGAAAGTCTCCCCCTTGTGATGGAGTTATGCAAGAAGCATAATTTGGAATATAATTGTGCATCATTCTCTAAGG
       F  R  K  V  S  P  F  V  M  E  L  C  K  K  H  N  L  E  Y  N  C  A  S  F  S  K    412

1327   CCAATCTATTGACAATCAGACAATTAAGGAATGTAGCATTGGAGGCTAGGGATTTAACCAAGCCGGTTCCGAAGAATT
       A  N  L  L  T  I  R  Q  L  R  N  V  A  L  E  A  R  D  L  T  K  P  V  P  K  N    438

1405   TAGTGTGGGAAGCTCTTCATACTCATGGTTAAGATTAGCTGAATTCATGTAATAGTTTGAGATTCTGCATCTTCTTCT
       L  V  W  E  A  L  H  T  H  G  *                                               448
1483   ATGTTTGTTTGTTTTGTGGTCGTGGTTGTTGGAGCCATTGTAGCTTATCTATTATTATGATTCATTAGGTGTTTCTATCGA
1561   TTTAGAGGCGTGCTATGGCTTCCAACTAGTATGTTTTCATTAATGTATCGTCGTCAATGTTGATGGTTATGGACTTATG
1639   GAGTCGCAATTACATATTGTCAATTGTTGTGCCCCACAGTTGATAAAAAAAAAAAAAAAAAAAAAAAAAAAAAAAAAA
```

图 16-24 微孔草 *MsD6DES* 基因的核苷酸序列及推测的氨基酸序列（引自吴淑娟，2013）

16.3.1.2　*MsD6DES* 基因生物信息学分析

氨基酸序列多重比较：*Ms*D6DES 氨基酸序列与同科植物玻璃苣（*Borago officinalis*）、蓝蓟（*Echium gentianoides*）和假狼紫草（*Nonea caspica*）同源性最高，分别为 81.91%、81.30% 和 80.12%；与粉报春（*Primula farinosa*）、月见草（*Oenothera biennis*）和黑茶藨子（*Ribes nigrum*）同源性相对较低，分别为 65.82%、64.69% 和 63.21%。与其他植物相同，*Ms*D6DES 氨基酸序列在 N 端含有一个类似于细胞色素 b5 的 HPGG 结构和 3 个组氨酸富集区（图 16-25）。第三个组氨酸富集区"QXXHH"的谷氨酰胺，对维持脱氢酶结构和功能具有重要作用，将其换为组氨酸（H）或异亮氨酸（I）将导致酶活性降低（Sayanova et al.，2001）。蓝蓟 D6DES 氨基酸序列细胞色素 b5 结构区（L14P）及组氨酸富集区 II 和 III 之间位点（S301P）的突变均会显著降低酶活性，而其他位点的突变对酶活性影响较小（Zhou et al.，2006）。*Ms*D6DES 氨基酸序列有 3 个位点发生突变，而在其他植物中比较保守，其中两个在组氨酸富集区 II 和 III 之间，可能对 *Ms*D6DES 活性有一定影响。

氨基酸序列系统发育分析：*Ms*D6DES 与植物同源关系较近，而与动物、真菌同源关系较远（图 16-26）。

16.3.2　烟草的遗传转化及 *Ms*D6DES 功能验证

遗传转化：将植物表达载体 pCAM1301-*MsD6D* 通过冻融法导入农杆菌 GV3101 感受态细胞，利用农杆菌介导法转化烟草 NC89，得到转基因烟草。

脂肪酸组成与含量：转空载体烟草与 WT 脂肪酸组成一致，而转 *MsD6DES* 基因烟草出现 GLA 和 PnA（图 16-27），分别占总脂肪酸的 1.20% 和 1.59%，转化效率分别是 8.39% 和 3.40%（表 16-11）。与玻璃苣和蓝蓟相比（Zhou et al.，2006；Sayanova et al.，1997），*Ms*D6DES 在烟草中转化效率较低，可能是其氨基酸序列有 3 个位点发生突变，也可能是其氨基酸序列 436 位为脯氨酸。黑茶藨子 D6DES 氨基酸序列 436 位丝氨酸（S）突变为脯氨酸（P），其在酵母中活性显著降低（Song et al.，2013）。

D6DES 对底物选择具有偏好性。转 *MsD6DES* 基因烟草叶片 PnA 含量略高于 GLA，可能是生成 PnA 底物（ALA）的含量远远高于 GLA 底物（亚油酸，LA，C18:2）。但 LA 到 GLA 转化效率较高，约是 ALA 到 PnA 转化效率的 2.47 倍，可能 *Ms*D6DES 更偏好于 ω6 底物 LA，与蓝蓟属植物 D6DES 对底物偏好性相同（Zhou et al.，2006）。

16.3.3　*MsD6DES* 基因在极端温度及机械损伤下的表达

温度：2℃ 处理 2h，*MsD6DES* 表达量增加 88.03%，4h 达到最高水平，是 CK 的 5.72 倍；之后逐渐降低，24h 表达量比 CK 降低 48.12%（图 16-28a）。新疆软紫草（*Arnebia euchroma*）和假狼紫草也得到类似的结果（张芳转等，2011）。胁迫后期基因表达水平下降可能是 D6DES 活性衰减（Michinaka et al.，2003），也可能是细胞内脂肪酸组成变化对它的反馈调节作用（Aguilar and de Mendoza，2006）。

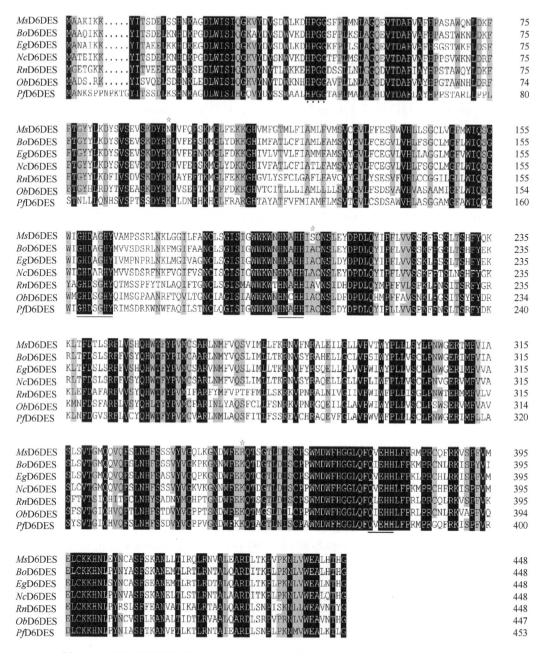

图 16-25　微孔草与其他植物 D6DES 氨基酸序列多重比较（引自 Wu et al.，2013）

微孔草 Δ6 脂肪酸脱氢酶（*Ms*D6DES，GQ871940）、玻璃苣 Δ6 脂肪酸脱氢酶（*Bo*D6DES，U79010）、蓝蓟 Δ6 脂肪酸脱氢酶（*Eg*D6DES，AY055117）、假狼紫草 Δ6 脂肪酸脱氢酶（*Nc*D6DES，DQ367892）、黑茶藨子 Δ6 脂肪酸脱氢酶（*Rn*D6DES，GU198927）、月见草 Δ6 脂肪酸脱氢酶（*Ob*D6DES，EU416278）和粉报春 Δ6 脂肪酸脱氢酶（*Pf*D6DES，AY234125）。用黑线标注的为组氨酸富集区，用黑点标注的为类似于细胞色素 b5 的结构区，用星号标注的为 *Ms*D6DES 与其他植物 D6DES 均不相同的氨基酸

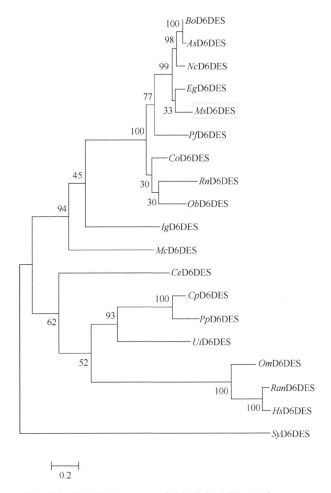

图 16-26　微孔草与其他物种 D6DES 系统进化树分析（引自 Wu et al.，2013）

系统进化树分析使用 CLUSTAL W 软件。Δ6 脂肪酸脱氢酶的来源和基因库登录号分别为：玻璃苣 *Bo*D6DES（U79010）、刺阿干树 *As*D6DES（AY131238）、假狼紫草 *Nc*D6DES（DQ367892）、蓝蓟 *Eg*D6DES（AY055117）、微孔草 *Ms*D6DES（GQ871940）、粉报春 *Pf*D6DES（AY234125）、油茶 *Co*D6DES（GU594060）、黑茶藨子 *Rn*D6DES（GU198927）、月见草 *Ob*D6DES（EU416278）、球等鞭金藻 *Ig*D6DES（AEV77089）、卷枝毛霉 *Mc*D6DES（AB090360）、秀丽隐杆线虫 *Ce*D6DES（AF031477）、角齿藓 *Cp*D6DES（AJ250735）、小立碗藓 *Pp*D6DES（AJ222980）、深黄伞形霉 *Ui*D6DES（AAL73948）、虹鳟鱼 *Om*D6DES（AF301910）、褐家鼠 *Ran*D6DES（AB021980）、人类 *Hs*D6DES（AF126799）、集胞藻属 *Sy*D6DES（L11421）

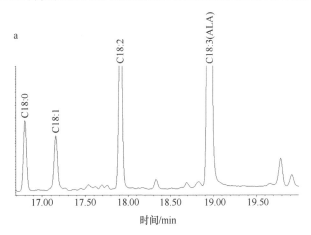

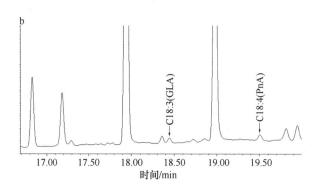

图 16-27　烟草叶脂肪酸气相色谱图（引自 Wu et al.，2013）

a. 野生型烟草；b. 转 *MsD6DES* 基因烟草。箭头标注为转基因烟草中检测到的新峰

表 16-11　转基因烟草叶主要脂肪酸组成及含量（引自 Wu et al.，2013）　（%，*w/w*）

脂肪酸组成		野生型	空载体	转基因
棕榈酸 C16:0		16.31±0.21	15.68±0.11	18.79±0.40
硬脂酸 C18:0		4.10±0.12	4.62±0.13	3.49±0.21
油酸 C18:1		3.01±0.10	3.68±0.12	2.71±0.21
亚油酸 C18:2		15.61±0.32	14.83±0.49	13.11±0.18
α-亚麻酸 C18:3n-3		51.61±1.12	52.78±0.31	45.23±0.83
γ-亚麻酸 C18:3n-6		—	—	1.20±0.11
十八碳四烯酸 C18:4		—	—	1.59±0.12
转化效率	亚油酸→γ-亚麻酸	—	—	8.39
	α-亚麻酸→十八碳四烯酸	—	—	3.40

注：表中数值表示 3 个重复±标准差

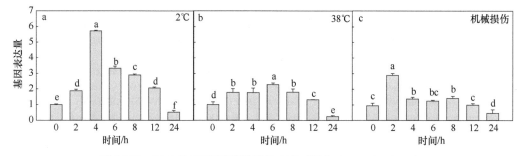

图 16-28　*MsD6DES* 基因对逆境的响应（引自 Wu et al.，2013）

不同小写字母表示差异显著（*P*<0.05）

38℃处理初期，*MsD6DES* 基因表达量逐渐升高，6h 达到最高，是 CK 的 2.28 倍；之后逐渐降低，24h 表达量比 CK 降低 74.87%（图 16-28b）。暗孢耳霉（*Conidiobolus obscurus*）D6DES 基因的表达量在高温处理 24h 后急剧下降（Tan et al.，2011），而南极衣藻（*Chlamydomonas* sp. ICE-L）*D6DES* 基因的表达量在 24h 处理期间逐渐升高，48h 下降，但仍显著高于 CK（An et al.，2013），与 *MsD6DES* 基因对高温的响应方式不同。

机械损伤：处理 2h，*MsD6DES* 基因表达量达到最高值，是 CK 的 3.08 倍；之后迅速降低，在 4～8h 基因表达量无显著变化，到 12h 时已降低至 CK 水平，处理 24h *MsD6DES*

基因表达量比 CK 降低 51.03%（图 16-28c）。

　　MsD6DES 基因表达量在低温和机械损伤胁迫下短时间内迅速升高，推测其可能参与微孔草早期响应这些逆境的过程。温度和机械损伤均诱导 *MsD6DES* 基因表达，尤其在低温下表达量最高，其产物 GLA 和 PnA 含量增加引起膜脂不饱和度的显著增加（第 9 章表 9-15，表 9-17），表明 *MsD6DES* 基因可通过调控膜脂不饱和度增加微孔草对低温的抗性。

16.4　本 章 小 结

　　白沙蒿中不饱和脂肪酸合成途径关键基因包括：26 个 *FAD2*、3 个 *FAD3*、1 个 *FAD6* 和 9 个 *FAD7/FAD8*。其中 *AsFAD2* 构成目前植物中最大的 *FAD2* 基因家族。AsFAD2 家族多肽具有较高的序列相似性，其进化过程及 motif 组成也相对保守。酿酒酵母异源表达分析表明，AsFAD2-1、AsFAD2-10、AsFAD2-23 具有 Δ12 油酸去饱和酶功能，可以将油酸转化为亚油酸，同时 AsFAD2-1 和 AsFAD2-10 也可以产生棕榈二烯酸。*AsFAD2-1* 基因在种子发育过程中强烈表达，可能与种子高亚油酸积累密切相关。*AsFAD* 基因表达受环境调节，盐胁迫下 *AsFAD2* 家族基因总表达量无显著变化，其对油酸和亚油酸的稳定起到一定作用，且其具有一系列响应极端温度、盐、干旱及复合胁迫的基因，上述基因可能参与白沙蒿对生境的适应。

　　白沙蒿种子含油量随其发育过程由 10.12% 持续上升至 31.96%，油的最高积累速率出现在花后 10～20d。参与脂肪酸"从头合成"的 *ACCase*、*MAT*、*KAS*、*KAR*、*EAR*、*HAD*、*KAS* 和调控三酰甘油合成的 *GPAT* 以及转录因子 *WRI1*、*LEC1*、*FUS3* 均对油快速积累起正向调节作用；高表达的 *FATA* 和 *SAD* 促进不饱和脂肪酸的合成，使其占总脂肪酸比例高达 90.83%；高表达的 *FAD2* 及低表达的 *FAD3* 和 *FAD7* 导致亚油酸占总脂肪酸的 80.62%。

　　微孔草 *MsD6DES* 基因全长 1713bp，ORF 为 1344bp，编码 448 个氨基酸，与已知植物的 Δ6 脂肪酸脱氢酶同源性均在 60% 以上。*MsD6DES* 对 ω6 底物 LA 具有更高的底物偏好性。温度和机械损伤均能诱导 *MsD6DES* 基因的表达，其中低温下表达量最高。低温下 GLA 和 PnA 含量的升高使得膜脂不饱和度增加，提高微孔草耐寒性。

　　综上所述，本章揭示了荒漠灌木白沙蒿和高山植物微孔草脂类及其脂肪酸代谢过程的分子生物学调控机制，揭示相关性状在两个物种抗逆中的作用，同时为油料作物、牧草分子育种提供丰富的基因资源。

参 考 文 献

黄骥, 王建飞, 张红生. 2004. 植物 C2H2 型锌指蛋白的结构与功能. 遗传, 26(3): 414-418.

廖丽萍, 肖爱平, 冷娟, 等. 2014. 不同品种亚麻籽脂肪酸含量的 GC-MS 分析. 中国麻业科学, 36(2): 68-71.

刘华, 张建涛, 陈海燕, 等. 2013. 脂肪酸去饱和酶参与植物对胁迫的响应. 东北农业大学学报, 44(1): 155-160.

刘训言, 孟伟庆, 李滨. 2004. 植物 ω-3 脂肪酸去饱和酶的研究进展. 细胞生物学杂志, 26(1): 34-38.

缪秀梅, 张丽静, 陈晓龙, 等. 2015. 水分胁迫下白沙蒿幼苗抗性与其膜脂构成关系研究. 草业学报, 24(2): 55-61.

吴淑娟. 2013. 微孔草 γ-亚麻酸在逆境中的生物学功能及其调控机制. 兰州: 兰州大学博士学位论文.

于爱群, 石桐磊, 张飙, 等. 2012. 低温和外源不饱和脂肪酸对高山被孢霉脂肪酸脱氢酶基因表达的影响. 微生物学报, 52(11): 1369-1377.

张芳转, 周晶, 陈光辉, 等. 2011. 低温对 2 种紫草科植物 Δ6-脂肪酸脱氢酶基因表达的影响. 西北农业学报, 20(8): 101-105.

张一弓, 张丽静, 刘永红, 等. 2009. 白沙蒿肌动蛋白基因核心片段的克隆和序列分析. 基因组学与应用生物学, 28(2): 251-254.

Aguilar P S, de Mendoza D. 2006. Control of fatty acid desaturation: a mechanism conserved from bacteria to humans. Molecular Microbiology, 62: 1507-1514.

Ahuja I, de Vos R C, Bones A M, et al. 2010. Plant molecular stress responses face climate change. Trends in Plant Science, 15(12): 664-674.

An M L, Mou S L, Zhang X, et al. 2013. Temperature regulates fatty acid desaturases at a transcriptional level and modulates the fatty acid profile in the Antarctic microalga *Chlamydomonas* sp. ICE-L. Bioresource Technology, 134: 151-157.

Ariel F D. 2007. The true story of the HD-Zip family. Trends in Plant Science, 12(9): 419-426.

Ariel F, Diet A, Verdenaud M, et al. 2010. Environmental regulation of lateral root emergence in *Medicago truncatula* requires the HD-Zip I transcription factor HB$_1$. Plant Cell, 22(7): 2171-2183.

Banik M, Duguid S, Cloutier S. 2011. Transcript profiling and gene characterization of three fatty acid desaturase genes in high, moderate, and low linolenic acid genotypes of flax (*Linum usitatissimum* L.) and their role in linolenic acid accumulation. Genome, 54(6): 471-483.

Baud S, Lepiniec L. 2010. Physiological and developmental regulation of seed oil production. Progress in Lipid Research, 49(3): 235-249.

Baux A, Hebeisen T, Pellet D. 2008. Effects of minimal temperatures on low-linolenic rapeseed oil fatty-acid composition. European Journal of Agronomy, 29(2-3): 102-107.

Bilyeu K, Palavalli L, Sleper D A, et al. 2006. Molecular genetic resources for development of 1% linolenic acid soybeans. Crop Science, 46(5): 1913-1918.

Bilyeu K, Palavalli L, Sleper D, et al. 2005. Mutations in soybean microsomal omega-3 fatty acid desaturase genes reduce linolenic acid concentration in soybean seeds. Crop Science, 45(5): 1830-1836.

Boerma H R, Specht J E. 2004. Soybeans: improvement, production and uses. Wisconsin, USA: American Society of Agronomy, Crop Science Society of America, Soil Science Society of America.

Brown A P, Affleck V, Fawcett T. 2006. Tandem affinity purification tagging of fatty acid biosynthetic enzymes in *Synechocystis* sp. PCC6803 and *Arabidopsis thaliana*. Journal of Experimental Botany, 57(7): 1563-1571.

Cao S J, Zhou X R, Wood C C, et al. 2013. A large and functionally diverse family of *Fad2* genes in safflower (*Carthamus tinctorius* L.). BMC Plant Biology, 13(1): 5-24.

Chapman M A, Burke J M. 2012. Evidence of selection on fatty acid biosynthetic genes during the evolution of cultivated sunflower. Theoretical and Applied Genetics, 125(5): 897-907.

Cheawchanlertfa P, Cheevadhanarak S, Tanticharoen M, et al. 2011. Up-regulated expression of desaturase genes of *Mucor rouxii* in response to low temperature associates with pre-existing cellular fatty acid constituents. Molecular Biology Reports, 38: 3455-3462.

Chi X, Yang Q, Lu Y, et al. 2011b. Genome-wide analysis of fatty acid desaturases in soybean (*Glycine max*). Plant Molecular Biology Reporter, 29(4): 769-783.

Chi X, Yang Q, Pan L, et al. 2011a. Isolation and characterization of fatty acid desaturase genes from peanut (*Arachis hypogaea* L.). Plant Cell Reports, 30(8): 1393-1404.

Chodok P, Eiamsa-Ard P, Cove D J, et al. 2013. Identification and functional characterization of two Δ^{12}-fatty acid desaturases associated with essential linoleic acid biosynthesis in *Physcomitrella patens*. Journal of

Industrial Microbiology and Biotechnology, 40(8): 901-913.

Covello P S, Reed D W. 1996. Functional expression of the extraplastidial *Arabidopsis thaliana* oleate desaturase gene (*FAD2*) in *Saccharomyces cerevisiae*. Plant Physiology, 111(1): 223-226.

Cui Y P, Liu Z J, Zhao Y P, et al. 2017. Overexpression of heteromeric *GhACCase* subunits enhanced oil accumulation in upland cotton. Plant Molecular Biology Reporter, 35(2): 287-297.

Czechowski T, Stitt M, Altmann T, et al. 2005. Genome-wide identification and testing of superior reference genes for transcript normalization in *Arabidopsis*. Plant Physiology, 139: 5-17.

D'Angeli S, Altamura M M. 2016. Unsaturated lipids change in olive tree drupe and seed during fruit development and in response to cold-stress and acclimation. International Journal of Molecular Sciences, 17(11): 1889.

Dahlqvist A, Stahl U, Lenman M, et al. 2000. Phospholipid: diacylglycerol acyltransferase: an enzyme that catalyzes the acyl-CoA-independent formation of triacylglycerol in yeast and plants. Proceedings of the National Academy of Sciences of the United States of America, 97(12): 6487-6492.

Dan X, Huang X, Xu Z Q, et al. 2011. The HyPRP gene *EARLI1* has an auxiliary role for germinability and early seedling development under low temperature and salt stress conditions in *Arabidopsis thaliana*. Planta, 234(3): 565-577.

Dar A A, Choudhury A R, Kancharla P K, et al. 2017. The *FAD2* gene in plants: occurrence, regulation, and role. Frontiers in Plant Science, 8: 1789.

Dietz K J, Vogel M O, Viehhauser A. 2010. AP₂/EREBP transcription factors are part of gene regulatory networks and integrate metabolic, hormonal and environmental signals in stress acclimation and retrograde signalling. Protoplasma, 245(1-4): 3-14.

Dubos C. 2010. MYB transcription factors in *Arabidopsis*. Trends in Plant Science, 15(10): 573-581.

Dudley J W, Brown C M, Hymowitz T. 1974. Estimations of protein and oil concentration in corn, soybean, and oat seed by near-infrared light reflectance. Crop Science, 14(5): 729-731.

Evers D, Legay S, Lamoureux D, et al. 2012. Towards a synthetic view of potato cold and salt stress response by transcriptomic and proteomic analyses. Plant Molecular Biology, 78(4-5): 503-514.

Falcone D L, Gibson S, Lemieux B, et al. 1994. Identification of a gene that complements an *Arabidopsis* mutant deficient in chloroplast omega 6 desaturase activity. Plant Physiology, 106(4): 1453-1459.

Feng J, Dong Y, Liu W, et al. 2017. Genome-wide identification of membrane-bound fatty acid desaturase genes in *Gossypium hirsutum* and their expressions during abiotic stress. Scientific Reports, 7: 45711.

Finka A, Mattoo R U, Goloubinoff P. 2011. Meta-analysis of heat- and chemically upregulated chaperone genes in plant and human cells. Cell Stress Chaperones, 16(1): 15-31.

Fu H, Wang J L, Wang Z Q, et al. 2011. Fatty acid and amino acid compositions of *Artemisia sphaerocephala* seed and its influence on mouse hyperlipidemia. Chemistry of Natural Compounds, 47(4): 675-678.

Gaude N, Tippmann H, Flemetakis E, et al. 2004. The Galactolipid digalactosyldiacylglycerol accumulates in the peribacteroid membrane of nitrogen-fixing nodules of soybean and lotus. Journal of Biological Chemistry, 279(33): 34624-34630.

Gibson S, Arondel V, Iba K, et al. 1994. Cloning of a temperature-regulated gene encoding a chloroplast omega-3 desaturase from *Arabidopsis thaliana*. Plant Physiology, 106(4): 1615-1621.

Goettel W, Xia E, Upchurch R, et al. 2014. Identification and characterization of transcript polymorphisms in soybean lines varying in oil composition and content. BMC Genomics, 15(1): 299-317.

Grabherr M G, Haas B J, Yassour M, et al. 2011. Full-length transcriptome assembly from RNA-Seq data without a reference genome. Nature Biotechnology, 29(7): 644-652.

Guan L L, Wu W, Hu B, et al. 2014. Developmental and growth temperature regulation of omega-3 fatty acid desaturase genes in safflower (*Carthamus tinctorius* L.). Genetics and Molecular Research, 13(3): 6623-6637.

Guo H H, Li Q Q, Wang T T, et al. 2014. *XsFAD2* gene encodes the enzyme responsible for the high linoleic acid content in oil accumulated in *Xanthoceras sorbifolia* seeds. Journal of the Science of Food and Agriculture, 94(3): 482-488.

Hirayama T, Shinozaki K. 2010. Research on plant abiotic stress responses in the post-genome era: past, present and future. Plant Journal for Cell and Molecular Biology, 61(6): 1041-1052.

Horiguchi G, Iwakawa H, Kodama H, et al. 1996. Expression of a gene for plastid ω‐3 fatty acid desaturase and changes in lipid and fatty acid compositions in light‐and dark‐grown wheat leaves. Physiologia Plantarum, 96(2): 275-283.

Hu X W, Zhang L J, Nan S H Z, et al. 2018. Selection and validation of reference genes for quantitative real-time PCR in *Artemisia sphaerocephala* based on transcriptome sequence data. Gene, 657(30): 39-49.

Huang J T, Zhang Q, Zhang M, et al. 2016. The mechanism of high contents of oil and oleic acid revealed by transcriptomic and lipidomic analysis during embryogenesis in *Carya cathayensis* Sarg. BMC Genomics, 17(1): 113-130.

Huang R M, Huang Y J, Sun Z C, et al. 2017. Transcriptome analysis of genes involved in lipid biosynthesis in the developing embryo of pecan (*Carya illinoinensis*). Journal of Agricultural and Food Chemistry, 65(20): 4223-4236.

Jiang H, Qian Z, Wei L, et al. 2015. Identification and characterization of reference genes for normalizing expression data from red swamp crawfish *Procambarus clarkii*. International Journal of Molecular Sciences, 16(9): 21591-21605.

Jung S, Swift D, Sengoku E, et al. 2000. The high oleate trait in the cultivated peanut (*Arachis hypogaea* L.). I. Isolation and characterization of two genes encoding microsomal oleoyl-PC desaturases. Molecular and General Genetics, 263(5): 796-805.

Khadake R M, Ranjekar P K, Harsulkar A M. 2009. Cloning of a novel omega-6 desaturase from flax (*Linum usitatissimum* L.) and its functional analysis in *Saccharomyces cerevisiae*. Molecular Biotechnology, 42(2): 168-174.

Kim H U, Lee K R, Shim D, et al. 2016. Transcriptome analysis and identification of genes associated with ω-3 fatty acid biosynthesis in *Perilla frutescens* (L.) var. *frutescens*. BMC Genomics, 17(1): 474-491.

Kodama H, Horiguchi G, Nishiuchi T, et al. 1995. Fatty acid desaturation during chilling acclimation is one of the factors involved in conferring low-temperature tolerance to young tobacco leaves. Plant Physiology, 107(4): 1177-1185.

Konishi T, Shinohara K, Yamada K, et al. 1996. Acetyl-CoA carboxylase in higher plants: most plants other than gramineae have both the prokaryotic and the eukaryotic forms of this enzyme. Plant Cell Physiology, 37(2): 117-122.

Krasowska A, Dziadkowiec D, Polinceusz A, et al. 2007. Cloning of flax oleic fatty acid desaturase and its expression in yeast. Journal of the American Oil Chemists Society, 84(9): 809-816.

Kroon J T, Wei W, Simon W J, et al. 2006. Identification and functional expression of a type 2 acyl-CoA: diacylglycerol acyltransferase (DGAT2) in developing castor bean seeds which has high homology to the major triglyceride biosynthetic enzyme of fungi and animals. Phytochemistry, 67(23): 2541-2549.

La P N, Sablok G, Emilliani G, et al. 2014. Identification of low temperature stress regulated transcript sequences and gene families in Italian cypress. Molecular Biotechnology, 57(5): 407-418.

Lee K R, Lee Y, Kim E H, et al. 2016. Functional identification of oleate 12-desaturase and ω-3 fatty acid desaturase genes from *Perilla frutescens* var. *frutescens*. Plant Cell Reports, 35(12): 2523-2537.

Lee K R, Sohn S I, Jung J H, et al. 2013. Functional analysis and tissue-differential expression of four *FAD2* genes in amphidiploid *Brassica napus* derived from *Brassica rapa* and *Brassica oleracea*. Gene, 531(2): 253-262.

Lee K R, Sun H K, Go Y S, et al. 2012. Molecular cloning and functional analysis of two *FAD2* genes from American grape (*Vitis labrusca* L.). Gene, 509(2): 189-194.

Li L, Wang X, Gai J, et al. 2007. Molecular cloning and characterization of a novel microsomal oleate desaturase gene from soybean. Journal of Plant Physiology, 164(11): 1516-1526.

Li S S, Wang L S, Shu Q Y, et al. 2015. Fatty acid composition of developing tree peony (*Paeonia section Moutan* DC.) seeds and transcriptome analysis during seed development. BMC Genomics, 16(1): 208-221.

Liao B N, Hao Y J, Lu J X, et al. 2018. Transcriptomic analysis of *Perilla frutescens* seed to insight into the biosynthesis and metabolic of unsaturated fatty acids. BMC Genomics, 19(1): 213-226.

Li-Beisson Y, Shorrosh B, Beisson F, et al. 2010. Acyl-lipid metabolism. *Arabidopsis* Book, 11: e0133.

Lin P, Wang K L, Zhou C F, et al. 2018. Seed transcriptomics analysis in *camellia oleifera* uncovers genes associated with oil content and fatty acid composition. International Journal of Molecular Science, 19(1): 118-134.

Liu H, Li H F, Gu J Z, et al. 2018. Identification of the candidate proteins related to oleic acid accumulation during peanut (*Arachis hypogaea* L.) seed development through comparative proteome analysis. International Journal of Molecular Science, 19(4): 1235-1252.

Liu Q, Brubaker C L, Green A G, et al. 2001. Evolution of the FAD2-1 fatty acid desaturase 5′ UTR intron and the molecular systematics of *Gossypium* (Malvaceae). American Journal of Botany, 88(1): 92-102.

Lukonge E, Labuschagne M T, Hugo A. 2007. The evaluation of oil and fatty acid composition in seed of cotton accessions from various countries. Journal of the Science of Food and Agriculture, 87(2): 340-347.

Ma J L, Man W, Pei W F, et al. 2015. The oil and fatty acid accumulation patterns in developing cottonseeds of Xuzhou 142 and its fiberless and fuzeeless mutant. Cotton Science, 27(2): 95-103.

Mandal M N, Santha I M, Lodha M L, et al. 2000. Cloning of acyl-acyl carrier protein (ACP) thioesterase gene from *Brassica juncea*. Biochemical Society Transactions, 28(6): 967-969.

Marchive C, Nikovics K, To A, et al. 2015. Transcriptional regulation of fatty acid production in higher plants: molecular bases and biotechnological outcomes. European Journal of Lipid Science and Technology, 116(10): 1332-1343.

Miao X M, Zhang L J, Hu X W, et al. 2019. Cloning and functional analysis of the *FAD2* gene family from desert shrub *Artemisia sphaerocephala*. BMC Plant Biology, 19: 481.

Michinaka Y, Aki T, Shimauchi T, et al. 2003. Differential response to low temperature of two Δ6 fatty acid desaturases from *Mucor circinelloides*. Applied Microbiology Biotechnology, 62: 362-368.

Misra A, Khan K, Niranjan A, et al. 2017. Heterologous expression of two GPATs from *Jatropha curcas* alters seed oil levels in transgenic *Arabidopsis thaliana*. Plant Science, 263: 79-88.

Mittler R. 2006. Abiotic stress, the field environment and stress combination. Trends in Plant Science, 11(1): 15-19.

Mizoi J, Shinozaki K, Yamaguchi-Shinozaki K. 2012. AP$_2$/ERF family transcription factors in plant abiotic stress responses. Biochimica et Biophysica Acta (BBA)-Gene Structure and Expression, 1819(2): 86-96.

Nayeri F D, Yarizade K. 2014. Bioinformatics study of delta-12 fatty acid desaturase 2 (*FAD2*) gene in oilseeds. Molecular Biology Reports, 41(8): 5077-5087.

Niu J, An J Y, Wang L B, et al. 2015. Transcriptomic analysis revealed the mechanism of oil dynamic accumulation during developing Siberian apricot (*Prunus sibirica* L.) seed kernels for the development of woody biodiesel. Biotechnology for Biofuels, 8(29): 29-43.

Ohlrogge J, Browse J. 1995. Lipid biosynthesis. Plant Cell, 7: 957-970.

Okuley J, Lightner J, Feldmann K, et al. 1994. *Arabidopsis* FAD2 gene encodes the enzyme that is essential for polyunsaturated lipid synthesis. Plant Cell, 6(1): 147-158.

Pham A T, Lee J D, Shannon J G, et al. 2010. Mutant alleles of *FAD2-1A* and *FAD2-1B* combine to produce soybeans with the high oleic acid seed oil trait. BMC Plant Biology, 10(1): 195.

Pirtle I L, Kongcharoensuntorn W, Nampaisansuk M, et al. 2001. Molecular cloning and functional expression of the gene for a cotton Δ-12 fatty acid desaturase (FAD2). Biochimica et Biophysica Acta (BBA)-Gene Structure and Expression, 1522(2): 122-129.

Puttick D, Dauk M, Lozinsky S, et al. 2009. Overexpression of a FAD3 desaturase increases synthesis of a polymethylene-interrupted dienoic fatty acid in seeds of *Arabidopsis thaliana* L. Lipids, 44(8): 753-757.

Reddy A S, Nuccio M L, Gross L M, et al. 1993. Isolation of a Δ^6- desaturase gene from the cyanobacterium *Synechocystis* sp. strain PCC 6803 by gain-of-function expression in *Anabaena* sp. strain PCC 7120. Plant Molecular Biology, 27: 293-300.

Reddy P S, Kishor P B, Kavi S, et al. 2014. Unraveling regulation of the small heat shock proteins by the heat shock factor *HvHsfB2c* in barley: its implications in drought stress response and seed development.

PLoS One, 9(3): e89125.

Rocco M, Arena S, Renzone G, et al. 2013. Proteomic analysis of temperature stress-responsive proteins in *Arabidopsis thaliana* rosette leaves. Molecular Biosystems, 9(6): 1257-1267.

Rodríguez-Vargas S, Sánchez-García A, Martínez-Rivas J M, et al. 2007. Fluidization of membrane lipids enhances the tolerance of *Saccharomyces cerevisiae* to freezing and salt stress. Applied and Environmental Microbiology, 73(1): 110-116.

Rushton P J. 2010. WRKY transcription factors. Trends in Plant Science, 15(5): 247-258.

Sabudak T. 2007. Fatty acid composition of seed and leaf oils of pumpkin, walnut, almond, maize, sunflower and melon. Chemistry of Natural Compounds, 43(4): 465-467.

Sabzalian M R, Saeidi G, Mirlohi A. 2008. Oil content and fatty acid composition in seeds of three safflower species. Journal of the American Oil Chemists Society, 85(8): 717-721.

Saidi Y, Finka A, Goloubinoff P. 2011. Heat perception and signalling in plants: a tortuous path to thermotolerance. New Phytologist, 190(3): 556-565.

Sánchez‐García A, Mancha M, Heinz E, et al. 2004. Differential temperature regulation of three sunflower microsomal oleate desaturase (FAD2) isoforms overexpressed in *Saccharomyces cerevisiae*. European Journal of Lipid Science and Technology, 106(9): 583-590.

Santos-Mendoza M, Dubreucq B, Baud S, et al. 2008. Deciphering gene regulatory networks that control seed development and maturation in *Arabidopsis*. The Plant Journal, 54(4): 608-620.

Sayanova O, Beaudoin F, Libisch B, et al. 2001. Mutagenesis and heterologous expression in yeast of a plant Δ^6-fatty acid desaturase. Journal of Experimental Botany, 52(360): 1581-1585.

Sayanova O, Smith M A, Lapinskas P, et al. 1997. Expression of a borage desaturase cDNA containing an N-terminal cytochrome b_5 domain results in the accumulation of high levels of Δ^6-desaturated fatty acids in transgenic tobacco. Proceedings of the National Academy of Sciences of the USA, 94: 4211-4216.

Scharf K D, Berberich T, Ebersberger I, et al. 2012. The plant heat stress transcription factor (*Hsf*) family: structure, function and evolution. Biochimica et Biophysica Acta (BBA)-Gene Regulatory Mechanisms, 1819(2): 104-119.

Schlueter J A, Vasylenko-Sanders I F, Deshpande S, et al. 2007. The *FAD2* gene family of soybean. Crop Science, 47: S-14-S-26.

Sewelam N, Oshima Y, Mitsuda N, et al. 2014. A step towards understanding plant responses to multiple environmental stresses: a genome-wide study. Plant Cell and Environment, 37(9): 2024-2035.

Shockey J M, Gidda S K, Chapital D C, et al. 2006. Tung tree DGAT1 and DGAT2 have nonredundant functions in triacylglycerol biosynthesis and are localized to different subdomains of the endoplasmic reticulum. Plant Cell, 18(9): 2294-2313.

Shockey J, Regmi A, Cotton K, et al. 2016. Identification of *Arabidopsis GPAT9* (At5g60620) as an essential gene involved in triacylglycerol biosynthesis. Plant Physiology, 170(1): 163-179.

So H A, Lee J H. 2019. NAC Transcription factors from soybean (*Glycine max* L.) differentially regulated by abiotic stress. Journal of Plant Biology, 62(2): 147-160.

Song L Y, Lu W X, Hu J, et al. 2013. The role of C-terminal amino acid residues of a Δ^6-fatty acid desaturase from blackcurrant. Biochemical and Biophysical Research Communications, 431: 675-679.

Sui N, Tian S, Wang W, et al. 2018. Transcriptomic and physiological evidence for the relationship between unsaturated fatty acid and salt stress in Peanut. Frontiers in Plant Science, 9: 7-20.

Tan L, Meesapyodsuk D, Qiu X, et al. 2011. Molecular analysis of Δ6 desaturase and Δ6 elongase from *Conidiobolus obscurus* in the biosynthesis of eicosatetraenoic acid, a ω3 fatty acid with nutraceutical potentials. Applied Microbiology and Biotechnology, 90: 591-601.

Tasaka Y, Gombos Z, Nishiyama Y, et al. 1996. Targeted mutagenesis of acyl-lipid desaturases in *Synechocystis*: evidence for the important roles of polyunsaturated membrane lipids in growth, respiration and photosynthesis. The EMBO Journal, 15(23): 6416-6425.

Unver T, Wu Z Y, Sterck L, et al. 2017. Genome of wild olive and the evolution of oil biosynthesis. Proceedings of the National Academy of Sciences, 114(44): E9413-E9422.

Uzun B, Arslan C, Furat S. 2008. Variation in fatty acid compositions, oil content and oil yield in a germplasm collection of sesame (*Sesamum indicum* L.). Journal of the American Oil Chemists Society, 85(12): 1135-1142.

Valdés A E, Övernäs E, Johansson H, et al. 2012. The homeodomain-leucine zipper (HD-Zip) class I transcription factors ATHB7 and ATHB12 modulate abscisic acid signalling by regulating protein phosphatase 2C and abscisic acid receptor gene activities. Plant Molecular Biology, 80(4-5): 405-418.

Velasco L, Becker H C. 1998. Estimating the fatty acid composition of the oil in intact-seed rapeseed (*Brassica napus* L.) by near-infrared reflectance spectroscopy. Euphytica, 101(2): 221-230.

Venegas-Calerón M, Muro-Pastor A, Garcés R, et al. 2006. Functional characterization of a plastidial omega-3 desaturase from sunflower (*Helianthus annuus*) in cyanobacteria. Plant Physiology and Biochemistry, 44(10): 517-525.

Vrinten P, Hu Z, Munchinsky M A, et al. 2005. Two *FAD3* desaturase genes control the level of linolenic acid in flax seed. Plant Physiology, 139(1): 79-87.

Wallis J G, Browse J. 2002. Mutants of *Arabidopsis* reveal many roles for membrane lipids. Progress in Lipid Research, 41(3): 254-278.

Wan H F, Cui Y X, Ding Y J, et al. 2016. Time-series analyses of transcriptomes and proteomes reveal molecular networks underlying oil accumulation in canola. Frontiers in Plant Science, 7: 2007-2023.

Wang D, Li M, Wei D, et al. 2007. Identification and functional characterization of the delta 6-fatty acid desaturase gene from *Thamnidium elegans*. Journal of Eukaryotic Microbiology, 51(1): 110-117.

Wilhelm B T, Marguerat S, Watt F, et al. 2008. Dynamic repertoire of a eukaryotic transcriptome surveyed at single-nucleotide resolution. Nature, 453(7199): 1239-1243.

Wu S J, Zhang L J, Chen X L, et al. 2013. Identification and functional analysis of a Δ^6-desaturase gene and the effects of temperature and wounding stresses on its expression in *Microula sikkimensis* leaves. Bioscience Biotechnology Biochemistry, 77 (9): 1925-1930.

Xue Y, Yin N, Chen B, et al. 2017. Molecular cloning and expression analysis of two *FAD2* genes from chia (*Salvia hispanica*). Acta Physiologiae Plantarum, 39(4): 95.

Yadav N S, Wierzbicki A, Aegerter M, et al. 1993. Cloning of higher plant [omega]-3 fatty acid desaturases. Plant Physiology, 103(2): 467-476.

Yan X, Dong X, Zhang W, et al. 2014. Reference genes election for quantitative real-time PCR normalization in *Reaumuria soongorica*. PLoS One, 9(8): e104124.

Yang Q Y, Fan C H, Guo Z H, et al. 2012. Identification of *FAD2* and *FAD3* genes in *Brassica napus* genome and development of allele-specific markers for high oleic and low linolenic acid contents. Theoretical and Applied Genetics, 125(4): 715-729.

You F M, Li P, Kumar S, et al. 2014. Genome-wide identification and characterization of the gene families controlling fatty acid biosynthesis in flax (*Linum usitatissimum* L). Journal of Proteomics and Bioinformatics, 7: 310-326.

Zhang D Y, Pirtle I L, Park S J, et al. 2009a. Identification and expression of a new delta-12 fatty acid desaturase (FAD2-4) gene in upland cotton and its functional expression in yeast and *Arabidopsis thaliana* plants. Plant Physiology and Biochemistry, 47(6): 462-471.

Zhang J T, Liu H, Sun J, et al. 2012. *Arabidopsis* fatty acid desaturase *FAD2* is required for salt tolerance during seed germination and early seedling growth. PLoS One, 7(1): e3035.

Zhang J T, Zhu J Q, Zhu Q, et al. 2009b. Fatty acid desaturase-6 (Fad6) is required for salt tolerance in *Arabidopsis thaliana*. Biochemical and Biophysical Research Communication, 390(3): 469-474.

Zhang L J, Hu X W, Miao X M, et al. 2016. Genome-scale transcriptome analysis of the desert shrub *Artemisia sphaerocephala*. PLoS One, 11(4): e0154300.

Zhang X H, Rao X L, Shi H T, et al. 2011. Overexpression of a cytosolic glyceraldehyde-3-phosphate dehydrogenase gene *OsGAPC3* confers salt tolerance in rice. Plant Cell Tissue and Organ Culture, 107(1): 1-11.

Zhao P, Capella-Gutíerrez S, Shi Y, et al. 2014. Transcriptomic analysis of a psammophyte food crop, sand rice (*Agriophyllum squarrosum*) and identification of candidate genes essential for sand dune adaptation. BMC Genomics, 15(1): 872.

Zhao Y P, Wang Y M, Huang Y, et al. 2018. Gene network of oil accumulation reveals expression profiles in developing embryos and fatty acid composition in Upland cotton. Journal of Plant Physiology, 228: 101-112.

Zhou X R, Robert S, Singh S, et al. 2006. Heterologous production of GLA and SDA by expression of an *Echium plantagineum* Δ^6-desaturase gene. Plant Science, 170: 665-673.

Zhu Y, Zhang B B. 2012. Molecular cloning and functional characterization of a Δ^6-fatty acid desaturase gene from *Rhizopus oryzae*. Journal of Basic Microbiology, 52: 1-5.

第17章 生育酚性状形成的分子基础及其对盐胁迫的响应

张丽静　傅　华　南淑珍　陈晓龙

17.1 引　言

天然维生素 E 包括生育酚和生育三烯酚两类，因甲基数目和位置不同，又各有 α、β、γ、δ 4 种结构类型，活性各异（Schneider，2005；Kamal-Eldin and Appelqvist，1996）。其中 α-生育酚（α-T）活性最高（Munoz and Munne-Bosch，2019）。生育酚合成途径和参与该途径的基因已被广泛研究（Vinutha et al.，2017；Quadrana et al.，2013）。生育酚前体是来自莽草酸途径（SK 途径）的尿黑酸（HGA）和非甲羟戊酸途径（MEP 途径）的植基二磷酸（PDP），两者在尿黑酸植基转移酶（HPT）的催化下形成 2-甲基-6-植基-1,4-苯醌（MPBQ）（Mene-Saffrane and Pellaud，2017）；MPBQ 在生育酚环化酶（TC）的作用下直接形成 δ-生育酚（δ-T），或在 2-甲基-6-植基-1,4-苯醌甲基转移酶（MPBQ-MT）的作用下形成 2,3-二甲基-6-植基-1,4-苯醌（DMPBQ）（Fritsche et al.，2017），DMPBQ 在 TC 的作用下形成 γ-生育酚（γ-T）（Sattler et al.，2003）；最后，δ-T 和 γ-T 通过 γ-生育酚甲基转移酶（γ-TMT）的甲基化作用分别形成 β-生育酚（β-T）和 α-生育酚（α-T）（Bergmuller et al.，2003）。

生育酚组分因物种而异，种子为其主要储存器官之一。油橄榄（*Olea europaea*）、向日葵（*Helianthus annuus*）和红花（*Carthamus tinctorius*）种子以 α-T 为主（Ergonul and Ozbek，2018；Beltran et al.，2010；Velasco et al.，2002）；香榧（*Torreya grandis*）以 β-T 为主（Lou et al.，2019）；亚麻（*Linum usitatissimum*）、欧洲油菜（*Brassica napus*）、玉米（*Zea mays*）、大豆（*Glycine max*）以 γ-T 为主（Kiczorowska et al.，2019；Arun et al.，2014；Fritsche et al.，2014；Goffman and Bohme，2001）；而百香果（*Passiflora edulis*）果实以 δ-T 为主（Malacrida and Jorge，2012）。此外，少量研究表明生育酚参与调节多不饱和脂肪酸的代谢，α-T 的缺失和高含量均能抑制内质网中亚油酸（LA，C18:2）向亚麻酸（ALA，C18:3）的转化（Chen et al.，2018；Li et al.，2013；Maeda et al.，2008）。生育酚缺失造成脂肪酸去饱和酶 3 基因（*FAD3*）的表达抑制，而高含量生育酚对脂肪酸代谢的分子调控机制还有待进一步验证。

本章以白沙蒿（*Artemisia sphaerocephala*）为材料，研究其种子发育过程中生育酚积累模式及其分子调控机制，同时探讨盐胁迫下其对脂肪酸代谢途径调控的分子机制。

17.2 种子生育酚性状形成的分子基础

本节分析了不同发育阶段白沙蒿种子（图 16-14）的生育酚积累模式，并利用第三代单分子实时测序和第二代测序相结合的方法，鉴定生育酚合成相关基因，探讨其在种子发育过程中的表达模式，以期阐明白沙蒿种子发育过程中生育酚积累的分子调控机制。

17.2.1 种子生育酚组成及含量特征

随着种子发育，白沙蒿总生育酚含量从 9.66μg/g FW 增加到 114.65μg/g FW。其中，α-生育酚（α-T）是其最主要的积累形式，成熟种子中含量为 98.50μg/g FW，占总生育酚（114.65μg/g FW）的 85.91%，这与玉米种子 α-T 含量相当（Xie et al.，2017）；其次是 γ-生育酚（γ-T），含量为 16.14μg/g FW；未检测到 β-生育酚（β-T）和 δ-生育酚（δ-T）（图 17-1a）。

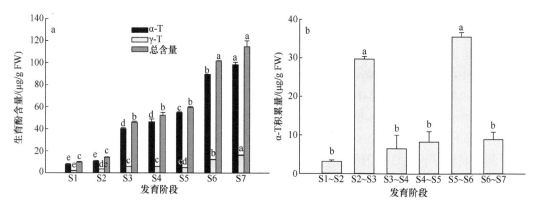

图 17-1 不同发育阶段白沙蒿种子生育酚积累模式

S1～S7 分别表示开花后 10d、20d、30d、40d、50d、60d 和 70d。不同小写字母表示差异极显著（$P<0.01$）
a. 种子发育过程中 α-T、γ-T 和总-T 的积累模式；b. 相邻两阶段 α-T 的积累增量

随着种子发育，白沙蒿 α-T 含量分别由 S1 的 7.71μg/g FW 持续增加至成熟期的 98.50μg/g FW（图 17-1a），该积累模式与向日葵、玉米和扁桃（*Prunus dulcis*）种子发育过程中 α-T 含量均表现为逐渐增加趋势一致（Xie et al.，2017；Zhu et al.，2017；Dong et al.，2007）。而橄榄中 α-T 表现为先增加后降低，至发育后期趋于稳定（Georgiadou et al.，2015），葡萄（*Vitis vinifera*）则表现为持续降低的趋势（Horvath et al.，2006）。值得注意的是，α-T 在 S2～S3 和 S5～S6 具有最大的积累量，分别为 29.33μg/g FW 和 34.91μg/g FW（图 17-1b）。其余各相邻两阶段积累量均较低，S1～S2、S3～S4、S4～S5 和 S6～S7 分别为 3.09μg/g FW、6.30μg/g FW、8.28μg/g FW 和 8.87μg/g FW（图 17-1b）。

17.2.2 生育酚合成相关基因

基于 KEGG 途径，筛选到 246 个基因，分别参与编码白沙蒿生育酚合成途径的 25

种酶。构建白沙蒿种子生育酚合成途径，同时以基因家族所有成员的基因表达水平（FPKM）的加和值代表其总表达量（Huang et al.，2017；Wang et al.，2017a），分析各基因在种子发育过程中的表达模式（图 17-2）。

生育酚前体合成途径包括莽草酸途径（SK 途径）与非甲羟戊酸途径（MEP 途径）。SK 途径形成生育酚合成的一种前体物质尿黑酸（HGA），共有 11 个酶参与该途径。其中，3-脱氧-D-阿拉伯庚酮糖-7-磷酸合成酶（DAHPS）和 4-羟苯基丙酮酸双加氧酶（HPPD）分别是该途径的第一个和最后一个酶，也是调控该途径的关键酶（Georgiadou et al.，2019；Tzin et al.，2012）。白沙蒿种子发育过程中 DAHPS 和 HPPD 始终高表达，变化范围分别为 164.00～256.01 和 147.65～594.22。高表达的 DAHPS 促使大量糖代谢产物进入次生代谢途径，高表达的 HPPD 导致 HGA 含量增加。生育酚缩合的另一个必要前体是 MEP 途径产生的植基二磷酸（PDP），10 个酶参与该途径，其中 1-脱氧-D-木酮糖-5-磷酸合成酶（DXS）、2-C-甲基-D-赤藓糖醇-4-磷酸合成酶（DXR）、香叶基香叶基焦磷酸合酶（GGPS）和香叶基香叶基还原酶（GGDR）是关键酶（Carretero-Paulet et al.，2006；Enfissi et al.，2005；Carretero-Paulet et al.，2002）。已有研究表明，番茄果实发育过程中 DXR 和 DXS 表达水平与生育酚含量正相关（Quadrana et al.，2013）；大豆种子中，GGDR 高表达催化合成 PDP，进而使生育酚含量增加（Vinutha et al.，2017）；番茄果实发育后期，GGDR 表达水平的下降导致生育酚含量下降，且番茄叶片中，GGPS 和 GGDR 均是调控生育酚含量的关键因素（Quadrana et al.，2013）。而白沙蒿种子发育中，DXS、DXR、GGPS 和 GGDR 均在 S1 和 S2 期表现出较高的表达水平，分别为 65.40 和 45.35、25.87 和 26.49、122.13 和 77.70、154.43 和 136.02，表明上述基因的协同表达增加了 MEP 途径的通量，进而形成更多的 PDP 以促进生育酚合成。

生育酚核心途径中，VTE2 编码的 HPT 是生育酚合成的关键酶（Hwang et al.，2014；Collakova and DellaPenna，2003）。过表达 VTE2 显著增加生育酚的总量（Sathish et al.，2018；Wunnakup et al.，2018；Seo et al.，2011），沉默导致生育酚完全缺失（Wang et al.，2017b；Sattler et al.，2006）。白沙蒿种子发育过程中，VTE2 总表达水平较低（0.90～36.72）（图 17-2），推测其可能不是合成途径中的限速酶，这与辣椒果实发育过程中极低表达的 VTE2 不是调控生育酚积累主要原因的观点一致（Liu et al.，2019）。2-甲基-6-植基-1,4-苯醌（MPBQ）是决定生育酚组分的分支节点，其可在 VTE1 编码的 TC 作用下形成 δ-T，亦可通过 VTE3 编码的 MPBQ-MT 先形成 2,3-二甲基-6-植基-1,4-苯醌（DMPBQ），随后在 TC 的作用下生成 γ-T（Fritsche et al.，2017）。白沙蒿种子发育过程中，VTE3 表达水平始终高于 VTE1，为同时期 VTE1 的 6.26～9.09 倍，导致更多的 MPBQ 向 DMPBQ 分配，这与种子发育过程中主要积累 α-T、未检测到 δ-T 一致（图 17-1a）。生育酚合成的最后一步通过 VTE4 基因编码的 γ-生育酚甲基转移酶（γ-TMT）作用，分别将 δ-T 和 γ-T 甲基化为 β-T 和 α-T（Bergmuller et al.，2003）。白沙蒿种子发育过程中，VTE4 表达水平是同时期 VTE1 的 3.11～13.32 倍（图 17-2），促使大量 γ-T 进一步转化为 α-T，这与白沙蒿种子发育过程中主要积累 α-T 一致（图 17-1a）。上述结果表明，VTE3 和 VTE4 是白沙蒿种子 α-T 合成的关键基因。

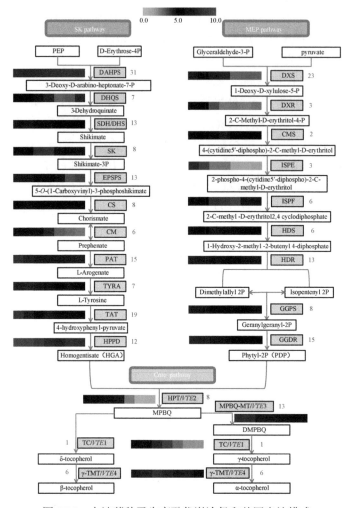

图 17-2 白沙蒿种子生育酚代谢途径和基因表达模式

SK pathway. 莽草酸途径（SK 途径）。SK 途径酶：DAHPS. 3-脱氧-D-阿拉伯庚酮糖-7-磷酸合成酶；DHQS. 3-脱氢奎宁酸合酶；SDH/DHS. 莽草酸脱氢酶/3-脱氢奎宁脱水酶；SK. 莽草酸酯激酶；EPSPS. 5-烯丙基丙酮酸莽草酸酯-3-合酶；CS. 分支酸合酶；CM. 分支酸变位酶；PAT. 苯甲酸酯氨基转移酶；TYRA. 精氨酸脱氢酶；TAT. 酪氨酸转氨酶；HPPD. 4-羟苯基丙酮酸双加氧酶。SK 途径的中间产物：D-Erythrose-4P. D-赤藓糖-4 磷酸；3-Deoxy-D-arabino-heptonate-7-P. 3-脱氧-D-阿拉伯庚酸-7-磷酸；3-Dehydroquinate. 3-脱氢喹啉；Shikimate. 莽草酸；Shikimate-3P. 莽草酸-3-磷酸；5-O-（1-Carboxyvinyl）-3-phosphoshikimate. 5-O-（1-羧基乙烯基）-3-磷酸酯；Chorismate. 分支酸；Prephenate. 预苯酸；L-Arogenate. L-精氨酸；L-Tyrosine. L-酪氨酸；4-hydroxyphenyl-pyruvate. 对羟苯基丙酮酸；HGA. 尿黑酸。MEP pathway. 非甲羟戊酸途径（MEP 途径）。MEP 途径酶：DXS. 1-脱氧-D-木酮糖-5-磷酸合成酶；DXR. 2-C-甲基-D-赤藓糖醇-4-磷酸合酶；CMS. 2-C-甲基-D-赤藓糖醇-4-磷酸胞苷转移酶；ISPE. 4-胞苷二磷酸-2-C-甲基-D-赤藓糖醇激酶；ISPF. 2-C-甲基-D-赤藓糖醇-2,4-二磷酸合酶；HDS. 4-羟基-3-甲基丁-2-烯基-二磷酸合酶；HDR. 4-羟基-3-甲基丁-2-烯基-二磷酸还原酶；GGPS. 香叶基香叶基焦磷酸合酶；GGDR. 香叶基香叶基还原酶。MEP 途径的中间产物：Glyceraldehyde-3-P. 甘油醛-3-磷酸；pyruvate. 丙酮酸；1-Deoxy-D-xylulose-5-P. 1-脱氧-D-木酮糖-5-磷酸；2-C-Methyl-D-erythritol-4-P. 2-C-甲基-D-赤藓糖醇-4-磷酸；4-(cytidine 5'-diphospho)-2-C-methyl-D-erythritol. 4-（胞苷 5'-二磷酸）-2-C-甲基-D-赤藓糖醇；2-phospho-4-（cytidine 5'-diphospho）-2-C-methyl-D-erythritol. 2-磷酸-4-（胞苷 5'-二磷酸）-2-C-甲基-D-赤藓糖醇；2-C-methyl-D-erythritol 2,4 cyclodiphosphate. 2-C-甲基-D-赤藓糖醇 2,4 环二磷酸；1-Hydroxy-2-methyl-2-butenyl 4-diphosphate. 1-羟基-2-甲基-2-丁烯基-4-二磷酸酯；Dimethylallyl 2P. 二甲基烯丙基-2-磷酸；Isopentenyl 2P. 异戊烯基-2-磷酸；Geranylgeranyl-2P. 双牻牛儿基二磷酸；PDP. 植基二磷酸；Core pathway. 核心途径；核心途径酶：HPT/*VTE2*. 尿黑酸植基转移酶；MPBQ-MT/*VTE3*. 2-甲基-6-植基-1,4-苯醌甲基转移酶；TC. 生育酚环化酶；γ-TMT/*VTE4*. γ-生育酚甲基转移酶。核心途径中间产物：MPBQ. 2-甲基-6-植基-1,4-苯醌；DMPBQ. 2,3-二甲基-6-植基-1,4-苯醌；δ-tocopherol. δ-生育酚；γ-tocopherol. γ-生育酚；β-tocopherol. β-生育酚；α-tocopherol. α-生育酚。图中数字表示相应的个数

值得注意的是，白沙蒿种子发育过程中，生育酚含量在 S2～S3 和 S5～S6 高积累（图 17-1b）。而 SK 途径中编码苯甲酸酯氨基转移酶（PAT）、精氨酸脱氢酶（TYRA）和酪氨酸转氨酶（TAT）的基因均在 S1 和 S2 表现出较高的表达水平，分别为 235.53 和137.42、132.29 和 145.84、256.56 和 127.74，且 PAT 从 S5～S7 逐渐增加，至 S7 时为 125.39；其余各基因在整个发育过程均低水平表达。与此同时，MEP 途径中的 DXS、DXR、GGPS 和 GGDR 均亦在 S1 和 S2 期表现出较高的表达水平。该结果表明上述基因对白沙蒿种子发育过程中 S2～S3 和 S5～S6 时期出现的生育酚含量高积累发挥重要作用。

17.2.3　生育酚合成关键基因表达分析

SK 途径中，DAHPS 家族包括 31 个成员，总表达量为 164.00～256.01，其中 DAHPS21、DAHPS22、DAHPS3 和 DAHPS31 四个基因较高表达，占各阶段总表达量的 61.02%～87.36%（图 17-3a）。HPPD 家族包括 12 个成员，总表达量为 147.65～594.22，其中 HPPD4、HPPD7 和 HPPD11 在整个发育阶段高表达，占各阶段总表达量的 86.69%～98.08%（图 17-3e）。PAT 家族包括 15 个成员，于 S1 和 S2 表现出较高的总表达量，分别为 235.53 和 137.42，且 S5～S7 逐渐增加，至 S7 为 125.39。其中，PAT7 和 PAT4 在 S1、S2 较高表达，分别为 90.99、19.28 和 50.04、34.87；PAT5 在 S2 达到峰值 34.74；PAT6 从 S5～S7 持续增加至 S7 达到峰值 61.01；PAT9 随种子发育由 3.22 持续增加至 26.93（图 17-3b）。TYRA 家族包括 7 个成员，于 S1 和 S2 表现出较高的总表达量，分别为 132.29 和 145.84，其中 TYRA2、TYRA1 和 TYRA6 于 S2 分别达到峰值 70.41、33.50 和 21.25，占该阶段总表达量的 85.82%（图 17-3c）。TAT 家族包括 19 个成员，其在 S1 和 S2 表现出较高的表达水平，分别为 256.56 和 127.74。其中，TAT19 和 TAT11 在 S1、S2 较高表达，分别为 138.74、68.10 和 50.50、11.83；TAT2 和 TAT8 在 S5～S6 显著增加至 S6 分别达到峰值 21.44 和 14.75（图 17-3d）。

MEP 途径中，DXS 家族包括 23 个成员，总表达量为 7.20～65.40，且在 S1 和 S2 较高表达，分别为 65.40 和 45.35。其中，DXS2、DXS13、DXS12、DXS18、DXS6 五个基因占各阶段总表达量的 50.52%～84.84%；DXS12 和 DXS18 在 S1 较高表达，分别为 10.84 和 8.27；DXS2 和 DXS13 较高表达，于 S2 分别达到峰值 17.73 和 9.37；DXS6 从 S5～S6 显著增加达到峰值 4.79（图 17-4a）。DXR 家族包括 3 个成员，其表达模式与 DXS 相似，总表达量为 4.60～26.47。其中 DXR1 和 DXR3 较高表达，分别占各阶段总表达量的 19.51%～60.50% 和 23.80%～52.78%（图 17-4b）。DXS 和 DXR 基因在发育早期的协同表达促进了 MEP 途径的流通，进而使得生育酚含量增加。GGPS 家族包括 8 个成员，总表达量为 37.00～122.13，且在 S1 和 S2 表达水平最高，分别为 122.13 和 77.70。其中 GGPS1 和 GGPS6 分别占各阶段总表达量的 12.43%～31.86% 和 23.71%～37.25%，两者均在 S1、S2 较高表达，分别为 35.81、19.82 和 38.77、18.91（图 17-4c）。GGDR 家族包括 15 个成员，总表达量为 28.16～154.43，且在 S1 和 S2 较高表达，分别为 154.43 和 136.02。其中，GGDR7 和 GGDR13 分别占各阶段总表达量的 9.84%～32.49%、19.85%～

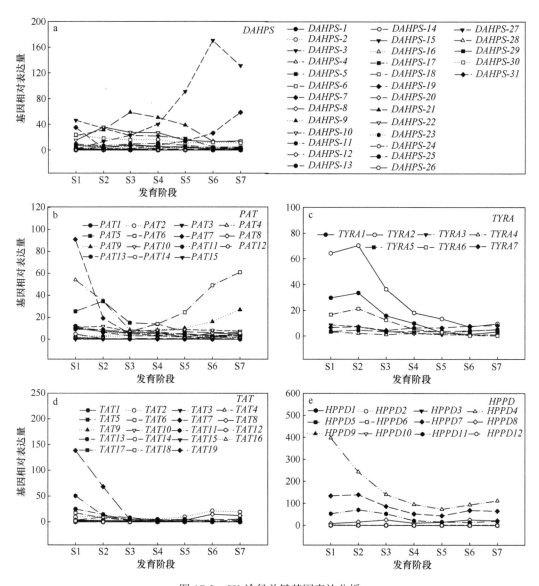

图 17-3　SK 途径关键基因表达分析

39.93%，均在 S1、S2 较高表达；*GGDR1* 和 *GGDR3* 均于 S2 达到峰值，分别为 24.47 和 28.10，分别占该阶段总表达量的 17.99% 和 20.67%（图 17-4d）。

　　生育酚核心途径中，*VTE2* 家族包括 8 个成员，总表达量为 1.53～39.70。其中，*VTE2-4* 表达量最高，占各阶段总表达量的 17.93%～61.49%；*VTE2-1* 次之，占各阶段总表达量的 12.63%～21.65%；这两个基因在 S1、S2 较高表达，分别为 21.50、20.22 和 7.23、8.60；*VTE2-3* 于 S2 达到峰值 7.90（图 17-5a）。白沙蒿种子发育过程中，仅发现一个 *VTE1*，其表达量为 3.48～34.44（图 17-5c）；而 *VTE3* 家族包括 13 个成员，总表达量为 29.10～232.10，其中 *VTE3-8*、*VTE3-10*、*VTE3-11* 和 *VTE3-12* 四个基因表达量占总表达量的 65.53%～80.93%（图 17-5b）。此外 *VTE4* 家族包括 6 个成员，总表达量为 20.80～222.08，

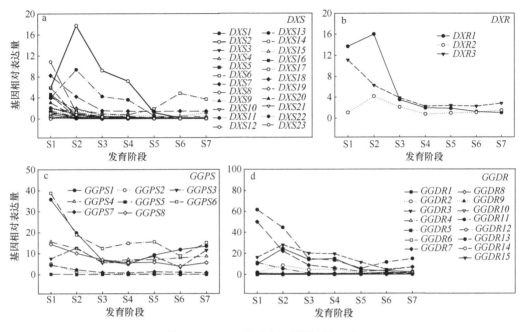

图 17-4　MEP 途径关键基因表达分析

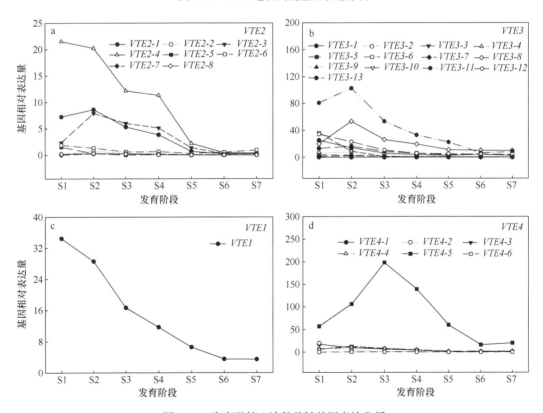

图 17-5　生育酚核心途径关键基因表达分析

其中 *VTE4-5* 起主导作用，占各阶段总表达量的 53.14%～94.43%（图 17-5d）。表明 *VTE3* 和 *VTE4* 较多的基因家族成员和较高的表达量促进 α-T 的合成。

综上所述，白沙蒿种子生育酚以 α-T 为主。SK 途径的 *DAHPS* 和 *HPPD* 及 MEP 途径的 *DXS*、*DXR*、*GGPS* 和 *GGDR* 是前体合成途径中的关键基因，它们通过增加 HGA 和 PDP 的合成促进种子总生育酚含量的增加。核心途径中高表达的 *VTE3* 及 *VTE4* 与低表达的 *VTE1* 共同促进 α-T 的积累。

17.2.4 生育酚合成核心途径关键酶的系统发育及结构域分析

为阐明白沙蒿生育酚合成核心途径关键基因编码蛋白的系统发育关系，将其与拟南芥（*Arabidopsis thaliana*）、大豆、油菜、向日葵、烟草（*Nicotiana tabacum*）、玉米、水稻（*Oryza sativa*）、陆地棉（*Gossypium hirsutum*）相关蛋白进行比对，并使用邻接法构建系统发育树（图 17-6）。结果表明，除 AsVTE3-12 外，白沙蒿生育酚合成核心途径起主导作用的酶（AsVTE2-1、AsVTE2-4、AsVTE2-3、AsVTE1、AsVTE3-11、AsVTE3-8、AsVTE3-10、AsVTE4-5）均与向日葵相对应的蛋白聚在一起，可能是由于它们都属于菊科，具有较近的亲缘关系。

进一步分析其保守基序结构（图 17-7）。AsVTE2 家族含有 UbiA 戊烯化转移酶家族；AsVTE3 和 AsVTE4 家族均具有 Methyltransf_11 Methyltransferase 结构域，该家族的成员是 SAM 依赖性甲基转移酶。而 AsVTE1 含有 Tocopherol_cycl 结构域，该家族包含生育酚环化酶，其参与生育酚的合成。上述结果表明生育酚核心途径中，各关键酶具有一致的结构，其功能相对保守。

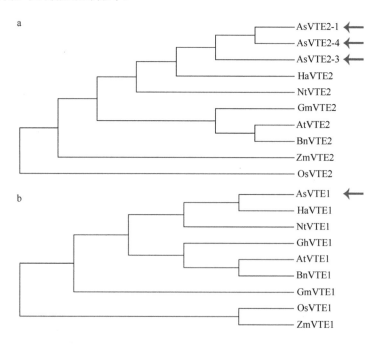

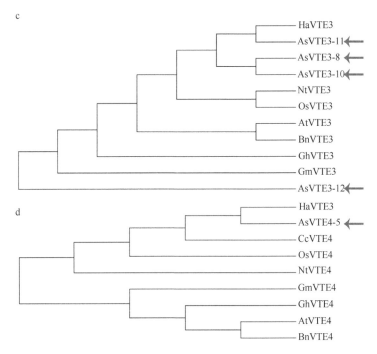

图 17-6　白沙蒿与其他植物生育酚合成核心途径中关键酶的系统进化分析

使用 MEGA 6.0 软件通过邻接法构建系统进化树。各基因来源和 NCBI 登录号分别为：AtVTE1（*Arabidopsis thaliana* VTE1，AT4G32770）；HaVTE1（*Helianthus annuus* VTE1，110873807）；GmVTE1（*Glycine max* VTE1，100809310）；BnVTE1（*Brassica napus* VTE1，NC_027759.2）；NtVTE1（*Nicotiana tabacum* VTE1，107806714）；ZmVTE1（*Zea mays* VTE1，PWZ20004.1）；OsVTE1（*Oryza sativa* VTE1，NC_029257.1）；GhVTE1（*Gossypium hirsutum* VTE1，NC_030092.1）；AtVTE3（*Arabidopsis thaliana* VTE3，NC_003074.8）；HaVTE3（*Helianthus annuus* VTE3，NC_035433.1）；GmVTE3（*Glycine max* VTE3，NC_038246.1）；BnVTE3（*Brassica napus* VTE3，NC_027763.2）；NtVTE3（*Nicotiana tabacum* VTE3，NW_015897824.1）；OsVTE3（*Oryza sativa* VTE3，NC_029267.1）；GhVTE3（*Gossypium hirsutum* VTE3，NC_030099.1）；AtVTE4（*Arabidopsis thaliana* VTE4，NC_003070.9）；HaVTE4（*Helianthus annuus* VTE4，NC_035440.1）；GmVTE4（*Glycine max* VTE4，NC_038245.1）；BnVTE4（*Brassica napus* VTE4，NC_027758.2）；NtVTE4（*Nicotiana tabacum* VTE4，NW_015922257.1）；ZmVTE4（*Zea mays* VTE4，NC_024463.2）；OsVTE4（*Oryza sativa* VTE4，NC_029257.1）；GhVTE4（*Gossypium hirsutum* VTE4，NC_030081.1）

UBiA

AsVTE2-1	YSVRTGVITVSSFAFLSFWLGWIVGSWPLFWALFISFILGTAYSINMEMLRKRFALVAAMCILAVRAVIVQVAFYLHIQIFVYGRLAVFPKSVIFATGF	283
AsVTE2-4	YSVRTGVITVSSFAFLSFWLGWIVGSWPLFWALFISFILGTAYSINMEMLRKRFALVAAMCILAVRAVIVQVAFYLHIQIFVYGRLAVFPKSVIFATGF	283
AsVTE2-3	YSVRTGVITVSSFAFLSFWLGWIVGSWPLFWALFISFILGTAYSINMEMLRKRFALVAAMCILAVRAVIIVQVAFYLHIQIFVYGRLAVFPKSVIFATGF	283
HaVTE2	YSLQTGVIIVLSEAILSFWLGWIVGSWPLFWALFVSFVLGTAYSINIEMLRKRFALSAAMCILAVRAVIVQIAFYLHIQIFVYRRLAVFPKFVIFATAF	270
NtVTE2	MSFFSVVIALFKDIPDIVGDKIFGIESFTVRLGQRVFWICILLFEIAYGVAILVGASSSFLWSRYITVLGFSIIGLLLWGRAKSTDLE..SKSAITSFY	286
GmVTE2	YSFETGVITVASESILSFWLGWVVGSWPLFWALFVSFVLGTAYSINVELLRKRFAVLAAMCILAVRAVIVQLAFFLHMQTHVYKRPPVFSRPLIFATAF	295
AtVTE2	YSVNTGIAIVASFSIMSFWLGWIVGSWPLFWALFVSFMLGTAYSINIFLLRKRFALCAAMCILAVRAIIVQIAFYLHIQTHVFGRPILFTRPLIFATAF	277
BnVTE2	YSVKTGIAIVASFFIMSFWLGWIVGSWPLFWALFVSFILGTAYSINLFLLRKRFALCAAMCILAVRAIIVQIAFYLHIQTHVFGRPVFMETRPLIFATGF	278
ZmVTE2	..........FGLGWAVGSQPLFWALFISFVLGTAYSINLFVLRVKRFAVVAALCILAVRAVIVQLAFFLHIQTFVFRRPAVESRPLIFATGF	255
OsVTE2	LSVQTAWLLVVLFAAACFSIVVTNFGPFITSLYCLGLFLGTIYSVVFPPRLKRYPVAAFLIIATVRGFLINFGVYYATR.AALGLTFQWSSPVAFITGF	262

AsVTE2-1	MSFFSVVIALFKDIPDIVGDKIFGIESFTVRLGQRVFWICILLFEIAYGVAILVGASSSFLWSRYITVLGFSIIGLLLWGRAKSTDLE..SKSAITSFY	381
AsVTE2-4	MSFFSVVIALFKDIPDIVGDKIFGIESFTVRLGQRVFWICILLFEIAYGVAILVGASSSFLWSRYITVLGFSIIGLLLWGRAKSTDLE..SKSAITSFY	381
AsVTE2-3	MSFFSVVIALFKDIPDIVGDKIFGIESFTVRLGQRVFWICILLFEIAYGVAILVGASSSFLWSRYITVLGFSIIGLLLWGRAKSTDLE..SKSAITSFY	381
HaVTE2	MSFFSVVIALFKDIPDIVGDKIFGIQSFTVRLGQRVFWICILLFEIAYGGAILVGASSSPFLWSRCITIFGFVIIGLILWRRAKSTDLE..NKSAITSFY	368
NtVTE2	MSFFSVVIALFKDIPDIVGDKIFGIQSFTVRLGQEKVFWICISLFEMAYLVAIVVGATSSNIWSKYFTVVGFAAIALLLWTRAKSIDES..RRAAITSEY	384
GmVTE2	MSFFSVVIALFKDIPDIEGDKVFGIQSFSVRLGQRFPVFWTCVFLFQIIALVGAAPSPCLWSKIFTGLGFAVLASILWFHAKSVDLK..SRASIITSCY	393
AtVTE2	MSFFSVVIALFKDIPDIEGDKIFGIRSFSVILGQRFVFWICVFLFQTVLFQMAYAVAILVGATSPFIWSKVISVVGHVILATTLWARARSVDLS..SKTEITSCY	375
BnVTE2	MSFFSVVIALFKDIPDIEGDKIFGIRSFSVTLGQRFVFWTCVSLFQMAYAVAILVGATSPFIWSKFISVVGFVILATTLWIRAKSVDLS..SKTEITSCY	376
ZmVTE2	NTFFSVVIALFKDIPDIEGDRIFGIRSFSVTLGQRKVFWICVGLFEMAYSVAILLMGATSSCLWSKIATIAGFSIILAAILWSCARSVDIT..SKAAITSBY	353
OsVTE2	VTLFAIVIAIFKDIPDVEGDRKYQISTLATKLGVRNIAFLGSGLIIANYVAAIAVAFLMPQAFRRTVMVPVFAALAVGIIFQTWVLFQAKYTKDAISQYY	362

AsVTE2-1	MFIWQLFYAEYLLIFLV	398
AsVTE2-4	MFIWQLFYAEYLLIFLV	398
AsVTE2-3	MFIWQLFYAEYLLIFLV	398
HaVTE2	MFIWQLFYAEYLLIFLV	385
NtVTE2	MFIWQLFYAEYLLIFLV	401
GmVTE2	MFIWQLFYAEYLLIFFV	410
AtVTE2	MFIWQLFYAEYLLIFFL	392
BnVTE2	MFIWQLFYAEYLLIFFL	393
ZmVTE2	MFIWQLFYAEYLLIFLV	370
OsVTE2	RFIWNLFYAEYIEFLI	379

b

AsVTE1	................MELNVFQRS.....FYSSSL...........FLCSSKPKN....NNVQFNRSRVKINDGYNNGVITSMSKAEIYNVESTRQ	61
HaVTE1	................MELQTTTTS.....PLFSS.........NNVKSS.VRLKLERNRR....LSAAKTDVYGVELQSQ	53
NtVTE1	NIYDFSTISSISQPKKNLGFSWTVTN....SATSVTN.........GKILSLTKFKN....LSTFPSTLKLQCQKSRHACVVNAVAGADSS.VEMTKQ	82
GhVTE1	................MELNTYSIN..ELRHFSSCYIGLRSLNSKTAVKLSQSSNFNGLFPRRLRPLRLGFRSNSPIIACSSIAETDTETSSTAS.	77
AtVTE1	................MEIRSLIVS..MNFNLSS.........FELSRPVSPLTRSLVPFRSTKITQLSIRSISRVSASISTPNSE..........	56
BnVTE1	................MDTRSLAVS..MNTNFAS.........FDLSRHLS.....PLRSAKLSPRSIPRASASISTTNSDSSPSGNAIN	58
GmVTE1	................MEAKLWNWNPLLLFPRFSS.........LKHAFPST.....TTRLVAHNSVSTVPIHKEKEQ........	49
OsVTE1	................MDLAAAAVA.....VSF.........PRPAP....PPRRCAPRRHRRALAPRAASSSPS........	41
ZmVTE1	................MNLAVAAAL.....PSVT.........PRTGV....VLPRSSRRHCPRGVVPLAASSSVSSFT.....	45

AsVTE1	DDDVVVKKEILNFVYTFTPSNKPTRPPHSGVHFDGTFRKFFEGWVFKVSIPFQRQSFCFMYSVENFIGKKELNSFEQLQYGQRFTGVGAQILGADDYIC	161
HaVTE1	.......EIVNFVYTFTPNNKPTRPPHSGVHFDGTFRKFFEGWVFKVSIPFQRQSFCFMYSVENFHAGKKDLNILEQLQHGRFTGVGAQILGAHDYIC	145
NtVTE1	EN.....REAVRFVVSSTFSNKPLRTPHSGVHFDGSFRKFFEGWVFKVSIPFQRQSFCFMYSVENFHAGPKKLSSFEELQYGRFTGVGAQILGPDDYIC	177
GhVTE1	...NRFVPVNFVYVTFPANFDTRTPHSGVHFDGTFRQFFEGWVFKVSIPFRKQSFCFMYSVENFVFRRKITQLETLQYGRFTGVGAQILGAYDYIC	172
AtVTE1	....TDKISVKFVYVTFSPNFKPTRTPHSGVHFDGTFRKFFEGWVFKVSIPFQRQSFCFMYSVENFHAGRQSLSPLEVALYGRFTGVGAQILGANDYIC	151
BnVTE1	.....SEAISVKFVYVTFPNKPLRTPHSGVHFDGTFRKFFEGWVFKVSIPFKRQSFCFMYSVENFHAGRKRLSPLEVGLYGRFTGVGAQILGANDYIC	153
GmVTE1	.....TLPSVKFIYVSFTFPNKPFRTPHSGVHFDGTFRKFFEGWVFKVSIPFRKQSFCFMYTVENFHTDRKPLTQLELAQYGRFTGVGAQILGADDYIC	143
OsVTE1	.....PSTAVAAFVVAFTFRDRALRTPHSGVHFDGTFRKFFEGWVFKVSIPFQRQSFCFMYSVENFHLRDGMSDLDRVIHGSRFTGVGAQILGADDYIC	136
ZmVTE1	.....SPSAAAAFITYTFTFQQLSLRTPHSGVHFDGTFRKFFEGWVFKVSIPFQRQSFCFMYSVENFHLRDGMSDLDKLLYRFRFTGVGAQILGAYDYIC	140

AsVTE1	QYTKESQNFWGSRHEIKLGNSVQCGKRFFNSEVSFQVFNQSVVFGFQVFP.LWHFC.............SISDIGRTFYAETVFITAFWEYSTRPVYGWGD	249
HaVTE1	QYSKESHNFWGSRHEIVLGNSSVQTGKQFFNSEFQVFNQRVIFGFQVTP.LWHQC............FIRDIGRTSYAETVFITAFWEYSTRPVYGWGD	233
NtVTE1	QYTQESSNFWGSRHEILGNFIAQNSARFFBNKEVFFCEFNRRVVFGFQVFP.LWHFC..........SIRDDGRTDYTEFIVFTASWEYSTQRPVYGWGD	265
GhVTE1	QYSDESQNFWGSRHEIFLANKNSRFFEEFNRRVLEGFCVSP.LWHQC.............FIRDDGRTSMARTVFAAFWEYSTRFTYGWGD	260
AtVTE1	QYEQDESHNFWGSRHEIVLGNFSAVPGAKAFFNKEVFFEFNRRVSFGFQATP.FWHFC.............HICDDGRTDYAETVFVSAFWEYSTRPVYGWGD	239
BnVTE1	QYTEDSHNFWGSRHEIVLGNFISAMPGARSFFDKEVFFEEFNRRVSFGFQATF.FWHCC.............HICDDGRTDYAETVFVSAFWEYSTFRPVYGWGD	241
GmVTE1	QHSPQSHFFWGSRHEIVLGNSEFNQNSKEFFNSECFNFDRVLFGFQVFP.IWHFC...........FIRDLGSNFVFETVFITAFWEYSTRPIYGWGD	231
OsVTE1	QFTEKRSNNFWGSRHEIKLGNFIPNNGSTHFFEGEVFLGESSRVLFGFQVFP.IWHGC..........FIRDDGSKFVPNFQTAFWEYSTRPVYGWGD	224
ZmVTE1	QFSEKRSNNFWGSRHEIFLGNFEISNKESTFPQGEVFEQ.GSHWILSGCRISLGVFWFGSKSPQYGIKVSYVMMFGMSNFVPNVQTAFWEYSTRPVYGWGD	239

Tocopherol_cycl

AsVTE1	VGSKQFSTAGWFAAFFVFEPHWQICMAFGLSTGWIEKFFQNAFSYCEKNWGGFFPRKWEWVQCVFFGASGEVAFLTCGGGLRQLFGLNFTFFBNAA	349
HaVTE1	VGSKQFSTAGWFAAFFVFEPHWQICMAFGLSTGWIEWGDRFYFFNAFSYCEKNWGGCFPRKWEWVQCVFFGASGEVGLTCGGGLRQLFGLNFTFBNAA	333
NtVTE1	VNSKQFSTAGWFAAFFVFEPHWQICMAFGLSTGWIEWDGRVFFFCNAFSYCEKNWGGAFFRKWEWVQCSVFFGATGDVALTAGGGLRQLFGFSCGTFFBNAA	365
GhVTE1	VGSKQFSTAGWFAAFFVFEPHWQICMAFGLSTGWIEWDGRFFFFCQDAFSYCEKNWGGFFPRKWEWVQCVFFGASGCEVALTAGGGLRQLFGLTFTFFBNAA	360
AtVTE1	VGAFQFSTAGWFAAFFVFEPHWQICMAFGLSTGWIEWGGRFFFRDAFSYCEKNWGGFFPRKWEWVQCVFFGATGEVALTAGGGLRQLFGTFTYBNAA	339
BnVTE1	VGTFQFSTAGWFAAFFVFEPHWQICMAFGLSTGWIEWGGRFFFRDAFSYCEKNWGGFFPRKWEWVQCVFFGAFGEIALTAGGGLRQLFGITFTFFBNAA	341
GmVTE1	VGSTQFSTAGWFAAFFVFEPHWQICMAFGLSTGWIEWGGRFFFFNAFSYCEKNWGAFFPRKWEWVQCVFEGASGEVALTAGGGLRKI.GIGFTYFFSFS	331
OsVTE1	VTSKQFSTAGWFAAFFVFEPHWQICMAFGLSTGWIEWDGRFFFFNAFSYCEKNWGAFFPRKWEWVQCVFEGASGEVALTAGGGLRKI.GIGFTYFFSFS	323
ZmVTE1	VSKRQFSTAGWFAAFFVFEPHWQICMAFGLSTGWIEWDGRFFFFRDAPSYCEKNWGGCFPRKWEWVQCVFEGASGEVSLTAGGGLRKI.GIGFTYFFSFS	338

AsVTE1	LIGVFFGGTFFEFVPWNGVFVEWFITQWGFKLVTADNETHFVEVFASIKDFGTFLRAPFSFGSGLAFMCFDIGFADFILKIWFR..CSDGSKFFILDVTFN	447
HaVTE1	LIGVFHGGTFFEFVPWNGVFVEWVAEWGFHVTAQNETHFVEVFASIKDFGTFLRAPFFFRGLAPACFDFCFAHFILKLWFRKGSAAAAADGFILFLDVTFN	443
NtVTE1	LIGVFYDGTFFEFVPWNASFSWFIAQWGFHIFGBNFTHFVEVFATAEDFGTFLRAPFDMGLAPACFDIGFSDFFIRIRLWFR..KSNGSKGFVILDVTFN	463
GhVTE1	LIGVFYDGFFFFVPWNGVFSWFIAFWGFWCIAABNFTHFVEVFATAFFGTFLRAPFFBGLAPACFDFCFFAHFILKLWFR..KYGGTKGFILDVTFN	458
AtVTE1	LVCVFFDGKMFFEFVPWNGVFRWMSFWGFYITAFNENHFVEVFATRINEAGTFLRAPFTBVGLATRACFDSGYGFFILQIWFR..LYDGSGMFVILTFKS	437
BnVTE1	LVCVFFDGKMFFEFVPWNGVFSWMFSFWGFYMTAFNENHFVEVFATDNAPSFGTFLRAPFSBGLAPACFDFCFGNFFRLQIWFR..RYDGSKGFVIMFAFKS	439
GmVTE1	LIGIFYGGNFFEFVPWNGVFNWVVTFWGFFMSADNGKYVVBEFFATFIEDFGTFLRAPFFBGLTPACFDIGFGNFFRLQMWFR..RYDGSKGFFILFTFSN	429
OsVTE1	LIGIFYGGKTFFEFVPWNGVFTWSWFIAFWGFFKLSGBNKNHFVEVFATFFKFGTFLRAPFTBFGLVPACFDIGFGFDFFRLQMWFR..RNDGGKGFMILDATFN	421
ZmVTE1	LIGIFYGGKFFEFVPWNGVFTWSWWIGIWGFFKMSGBNKTHFVEVFATTAFSGTFLRAPFIBFDLCFGDFFRLQIWFR..KYDGSKGFMLLDATFN	436

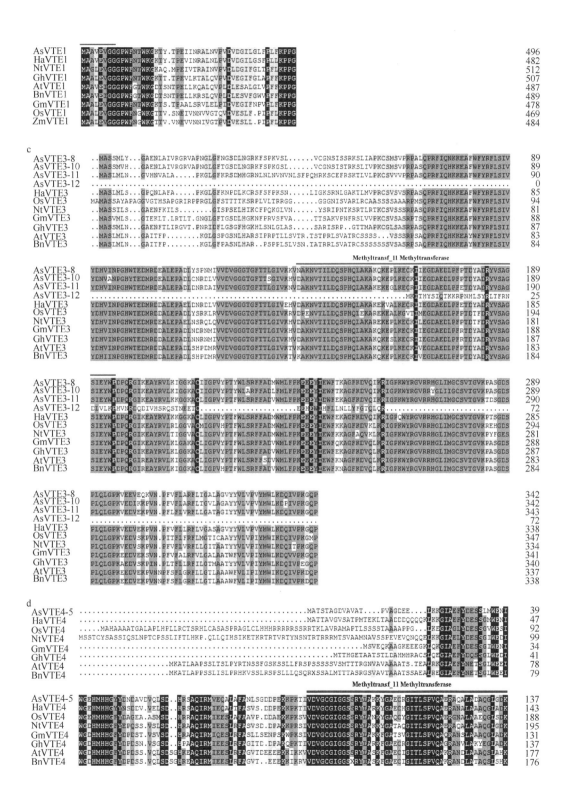

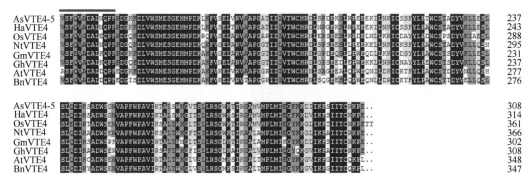

图17-7　白沙蒿与其他植物生育酚合成核心途径中关键酶序列比对分析

17.3　盐胁迫下 α-T 对脂肪酸代谢的分子调控

脂肪酸脱氢酶基因表达受植物所处环境、自由基浓度、抗氧化物质含量等多种因素的影响（Kargiotidou et al., 2008）。近年来研究显示，生育酚能够通过调节脂肪酸脱氢酶基因的表达量来改变膜脂脂肪酸组成（Li et al., 2013; Maeda et al., 2008）。高浓度NaCl 胁迫下，白沙蒿叶中高含量的 α-生育酚（α-T）可能抑制亚油酸（LA，C18:2）向亚麻酸（ALA，C18:3）的转化，导致 C18:2 含量升高，降低膜透性，提高膜稳定性（Chen et al., 2018）。我们将白沙蒿尿黑酸植基转移酶基因（AsHPT）和 γ-生育酚甲基转移酶基因（As-γ-TMT）转化烟草，获得 T2 代 HPT、γ-TMT 单价和 HPT & γ-TMT 双价转基因烟草。用 0mmol/L（CK）、100mmol/L、200mmol/L NaCl 对 3 周龄的烟草幼苗胁迫 2d、7d，比较 3 种转基因烟草和野生型（WT）烟草中 α-T 含量及其对耐盐性的影响，进一步验证盐胁迫下 α-T 对不饱和脂肪酸合成途径的调控。

17.3.1　白沙蒿 HPT 和 γ-TMT 基因对烟草的遗传转化

将 HPT、γ-TMT 和 HPT & γ-TMT 基因连接到 pBI121 载体，获得 3 种表达载体。通过冻融法将表达载体导入根癌农杆菌（Agrobacterium tumefaciens）感受态 GV3101，利用农杆菌介导法遗传转化烟草 NC89，得到单价 HPT、γ-TMT 和双价 HPT & γ-TMT 转基因烟草。α-T 含量在双价转基因烟草中显著高于野生型，达 1.8 倍，单价转基因烟草与野生型无显著差异（图 17-8）。

17.3.2　盐胁迫下转基因烟草生育酚含量和生物量

随 NaCl 浓度增加，4 种类型烟草 α-T 含量均呈上升趋势，干重呈下降趋势（图 17-9）。同一处理下，各类型烟草间进行比较发现：NaCl 胁迫 2d，100mmol/L 和 200mmol/L 处理下双价转基因烟草 α-T 含量分别是野生型的 1.73 倍和 2.14 倍（图 17-9a），干重分别是野生型的 1.4 倍和 1.3 倍（图 17-9c），HPT 和 γ-TMT 型与野生型无显著差异；胁迫 7d，100mmol/L 和 200mmol/L 处理下，双价、HPT、γ-TMT 型烟草 α-T 含量分别是野生型的7.46 倍、2.01 倍、1.97 倍和 6.30 倍、1.48 倍、1.61 倍（图 17-9b），干重分别是野生型

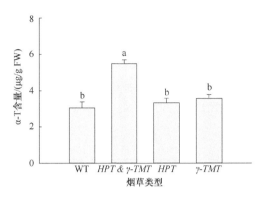

图 17-8　不同类型烟草叶 α-T 含量

不同小写字母表示不同株系间差异显著（P<0.05）

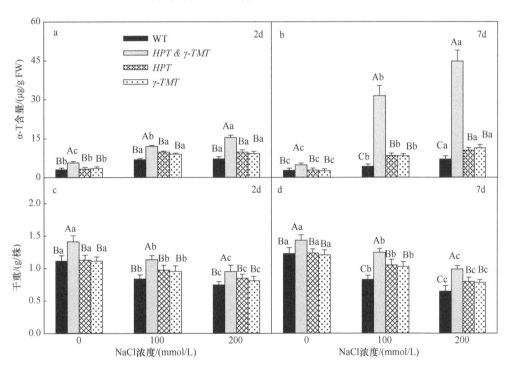

图 17-9　NaCl 胁迫对 α-T 含量和干重的影响

不同大、小写字母分别代表材料间和处理间差异显著（P<0.05）

的 1.5 倍、1.3 倍、1.2 倍和 1.5 倍、1.2 倍、1.2 倍（图 17-9d）。上述结果表明，相同处理下 α-T 含量的增加能够提高烟草生物量，其中双价转基因烟草 α-T 含量增加最多，生物量也最高。

17.3.3　盐胁迫下转基因烟草生理指标的变化

17.3.3.1　Na$^+$含量

正常生长条件下，3 种转基因烟草 Na$^+$含量均与野生型无显著差异。随 NaCl 浓度增加，4 种类型烟草 Na⁺ 含量均呈上升趋势。处理 2d，100mmol/L NaCl 处理下，3 种转基因烟草 Na⁺ 含量均与野生型无显著差异；200mmol/L 处理下，双价 Na⁺ 含量较野生型下降 23.8%，两种单价转基因烟草与野生型间均无显著差异（图 17-10a）。处理 7d，100mmol/L 和 200mmol/L NaCl 处理下，3 种转基因烟草 Na⁺ 含量均显著低于野生型，两种单价转基因烟草间无显著差异，双价 Na⁺ 含量最低，分别较野生型下降 54.5% 和 29.7%（图 17-10b）。

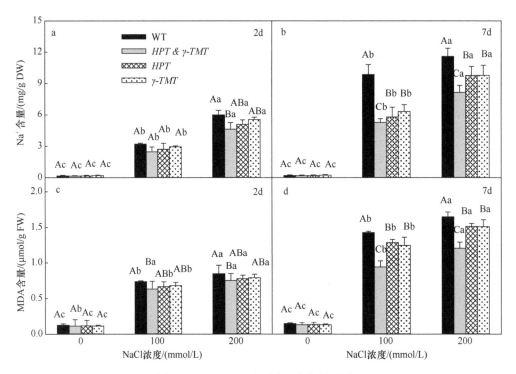

图 17-10　NaCl 胁迫对生理指标的影响
不同大、小写字母分别代表材料间和处理间差异显著（*P*<0.05）

17.3.3.2　丙二醛（MDA）含量

正常生长条件下，转基因烟草 MDA 含量与野生型无显著差异。随 NaCl 浓度增加，双价、*HPT*、*γ-TMT* 和野生型烟草 MDA 含量均呈上升趋势。胁迫 2d，100mmol/L 和 200mmol/L NaCl 处理下，单价转基因烟草 MDA 含量与野生型无显著差异，双价分别较野生型下降 14.1% 和 11.2%；胁迫 7d，双价、*HPT*、*γ-TMT* 型转基因烟草 MDA 含量分别较野生型下降 34.0% 和 26.8%、10.0% 和 8.2%、12.5% 和 8.4%（图 17-10d）。

生育酚能保护膜和膜结合酶，改善膜透性（Farouk，2011）。转基因番茄、芥菜（*Brassica juncea*）和烟草 α-T 含量提高，其耐盐性增强（Ouyang et al.，2011；Yusuf et al.，2010；Skłodowska et al.，2009）。盐胁迫下，双价转基因烟草 α-T 含量显著提高，而单价转基因烟草仅在胁迫 7d α-T 含量显著提高。α-T 含量的提高改善了膜透性，从而维持较低的 Na⁺ 含量，提高生物量。

17.3.4　盐胁迫下转基因烟草脂肪酸组成及含量

17.3.4.1　脂肪酸组成及含量

盐胁迫下，膜脂不饱和脂肪酸的组成和含量能够影响膜的流动性与稳定性，进而影响植物生长（Mansour et al.，2015；Mansour，2014）。野生型烟草叶饱和脂肪酸以棕榈酸（PA，C16:0）为主要成分，其含量为 21.48%～23.20%，其次为硬脂酸（SA，C18:0）和肉豆蔻酸（MA，C14:0）；不饱和脂肪酸中亚麻酸（ALA，C18:3）含量最高，为 29.48%～30.40%，其次为亚油酸（LA，C18:2）和油酸（OA，C18:1），分别为 15.87%～16.03% 和 5.08%～5.86%。随 NaCl 浓度增加，C16:0 在野生型和单价转基因烟草中均呈上升趋势，转基因烟草在 200mmol/L 处理 7d 均显著高于 CK。C18:1，除在 HPT 转基因烟草中胁迫 2d 时呈上升趋势外，其他烟草在各处理下均与 CK 无显著差异。在盐胁迫下，C18:2 仅野生型呈下降趋势，双价烟草在 100mmol/L 和 200mmol/L 胁迫 7d 分别较野生型增加 19.33% 和 49.56%，胁迫 2d 的双价烟草和胁迫 2d、7d 的单价转基因烟草在各处理间无显著差异。C18:3，胁迫 2d 在野生型和单价 HPT 烟草中呈下降趋势，双价烟草在 100mmol/L 处理下显著高于其他处理；胁迫 7d，双价和单价转基因烟草中呈下降趋势，100mmol/L 和 200mmol/L 处理下，双价烟草分别较 CK 下降 5.73% 和 17.27%（表 17-1）。

17.3.4.2　脂肪酸不饱和指数

正常生长条件下脂肪酸不饱和指数（IUFA）在转基因烟草与野生型之间均无显著差异。胁迫 2d，随 NaCl 浓度增加，IUFA 在野生型烟草中呈下降趋势，双价转基因烟草呈先上升后下降趋势，单价转基因烟草各处理间无显著差异。100mmol/L NaCl 胁迫时，双价烟草和 HPT 转基因烟草分别较野生型增加 31.53% 和 21.93%，γ-TMT 转基因烟草与野生型无显著差异。200mmol/L NaCl 胁迫时，双价、HPT 和 γ-TMT 转基因烟草分别较野生型显著增加 23.92%、18.18% 和 15.41%（图 17-11a）。胁迫 7d，随 NaCl 浓度增加，IUFA 在野生型和单价转基因烟草中呈下降趋势，双价转基因烟草各处理间无显著差异。其中，100mmol/L 和 200mmol/L NaCl 胁迫时，双价、HPT、γ-TMT 转基因烟草分别较野生型增加 24.79%、9.41%、13.70% 和 41.52%、20.79%、23.56%，单价转基因烟草间无显著差异（图 17-11b）。

烟草脂肪酸组成和 IUFA 变化表明，双价转基因烟草稳定的膜脂 IUFA 主要是通过 C18:2 组成比例增加实现的。先前研究表明，高盐胁迫后期白沙蒿叶通过降低 C18:3 含量、维持高的 C18:2 含量来提高其耐盐性（Chen et al.，2018）。近年来的研究显示，生育酚能够通过调节脂肪酸组成比例来响应胁迫伤害（Chen et al.，2018；Maeda et al.，2008）。

17.3.4.3　C18:3/C18:2 值

正常生长条件下，各类烟草 C18:3/C18:2 值无显著差异。随 NaCl 浓度增加，双价、

表17-1 烟草叶主要脂肪酸组成（引自陈晓龙，2019）

(%, w/w)

胁迫时间/d	材料	NaCl浓度/(mmol/L)	脂肪酸组成					
			肉豆蔻酸 C14:0	棕榈酸 C16:0	硬脂酸 C18:0	油酸 C18:1	亚油酸 C18:2	亚麻酸 C18:3
2	WT	0	10.23±1.28Aa	23.20±3.34Ab	10.27±1.04Ab	5.08±0.43Aa	15.87±1.67Aa	29.48±2.45Aa
		100	12.33±2.10Aa	26.60±2.82Aa	11.21±0.96Aa	5.58±0.52Ca	14.15±1.25Cab	27.10±1.56Cab
		200	12.67±1.69Aa	27.74±3.51Aa	11.78±1.03Aa	5.19±0.38Ca	13.16±2.46Cb	26.06±2.41Bb
	HPT&γ-TMT	0	9.24±0.86Aa	21.36±2.15Aa	9.45±0.84Ba	6.03±0.48Aa	17.66±1.32Aa	30.88±2.43Ab
		100	5.31±0.42Cb	21.95±1.29Ca	7.84±0.58Bb	8.73±0.73Ba	19.41±1.62Aa	34.65±2.46Aa
		200	8.67±0.77Ba	21.02±3.62Da	7.53±0.64Bb	8.29±0.21Ba	18.94±1.27Aa	29.92±2.19Ab
	HPT	0	9.97±0.48Aa	21.82±1.79Ab	10.76±0.83Aa	6.01±0.34Ab	17.22±1.22Aa	30.94±2.45Aa
		100	9.82±0.53Ba	22.14±2.37BCab	6.79±0.45Bb	11.16±0.68Aa	16.79±2.26Ba	31.90±1.57Ba
		200	9.41±0.58Ba	23.26±3.21Ca	6.43±0.38Bb	10.72±067Aa	16.51±2.48Ba	28.63±1.69Ab
	γ-TMT	0	10.89±1.03Aa	22.65±2.18Ac	10.48±1.42Ab	5.68±0.38Ac	16.67±1.23Aa	28.36±1.79Aa
		100	9.45±0.87Ba	24.25±1.78Bb	12.84±1.21Aa	5.92±0.47Ca	16.15±2.36Ba	28.12±2.31Ca
		200	9.21±0.91Ba	26.65±0.98Ba	12.67±0.95Aa	5.52±0.29Ca	16.76±2.25Ba	28.85±1.39Aa
7	WT	0	10.29±0.63Aa	21.48±2.11Ab	10.43±1.02Ac	5.86±0.43Aa	16.03±1.25Aa	30.40±2.45Aa
		100	8.26±0.21Ab	29.67±3.47Aa	13.24±0.34Ab	6.02±0.69Aa	15.21±2.46Bab	24.36±2.43Cb
		200	8.35±0.19Ab	30.30±3.29Aa	15.35±0.31Aa	5.41±0.64Ba	13.35±2.41Cb	21.48±2.54Bc
	HPT&γ-TMT	0	10.78±0.82Aa	22.40±2.16Ac	9.64±0.48Aa	6.53±0.48Aa	17.07±1.29Ac	31.44±1.14Aa
		100	5.34±0.28Bb	27.46±1.12Ba	4.53±0.37Cb	7.01±0.48Aa	20.37±2.18Ab	29.64±1.02Ab
		200	4.87±0.25Bb	24.91±1.98Bb	5.51±0.28Cb	7.55±0.58Aa	25.53±2.13Aa	26.01±1.85Ac
	HPT	0	10.22±1.11Aa	22.76±1.89Ab	10.13±0.59Ab	5.02±0.32Aa	16.78±1.00Aa	30.53±2.63Aa
		100	7.57±0.34Ab	24.64±2.32Cab	11.62±0.43Bab	4.28±0.24Ba	16.57±1.32Ba	27.47±2.27Bb
		200	8.12±0.48Ab	24.90±1.99Ca	12.53±0.29BCa	4.86±0.28Ba	16.34±1.41Ba	26.36±2.36Ab
	γ-TMT	0	9.97±0.65Aa	21.36±2.16Ab	10.18±0.84Aa	6.94±0.47Aa	16.05±1.02Aa	30.56±2.48Aa
		100	7.98±0.71Ab	23.00±2.98Ca	14.36±0.45Aa	7.24±0.63Aa	17.96±1.37Ba	27.12±2.52Bb
		200	7.32±0.48Ba	24.03±2.84Ba	15.27±0.23Aa	7.97±0.43Aa	17.76±2.61Ba	25.31±2.49Ab

注：0mmol/L 为每一材料的对照处理浓度，即 CK。表中数值表示平均值±标准差。不同大、小写字母分别代表材料间和处理间差异显著（P<0.05）。

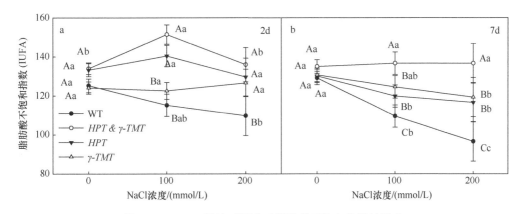

图 17-11　NaCl 胁迫对烟草叶脂肪酸不饱和指数的影响
不同大、小写字母分别代表材料间和处理间差异显著（$P<0.05$）

γ-TMT、HPT、野生型烟草的 C18:3/C18:2 值均呈下降趋势，在 100mmol/L 和 200mmol/L NaCl 胁迫 7d 时，分别较 CK 下降 21.00%、20.69%、8.88%、15.55% 和 44.68%、24.90%、11.33%、15.16%（图 17-12）；单价转基因烟草和野生型 C18:3/C18:2 值在处理间无显著差异。

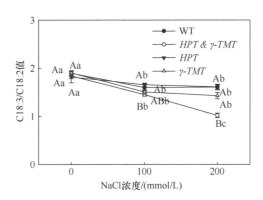

图 17-12　NaCl 胁迫 7d 对 C18:3/C18:2 值的影响
不同大、小写字母分别代表材料间和处理间差异显著（$P<0.05$）

双价转基因烟草 C18:3/C18:2 值，在 100mmol/L NaCl 胁迫时，较野生型和 HPT 转基因烟草分别下降 9.15% 和 12.23%；200mmol/L NaCl 胁迫时，较野生型、HPT 和 γ-TMT 转基因烟草分别下降 36.68%、36.85% 和 28.75%。单价转基因烟草 C18:3/C18:2 值在各处理下较野生型均无显著差异（图 17-12）。这可能是双价烟草比单价烟草和野生型烟草 α-生育酚含量显著增加所致，进一步证实由于 α-生育酚含量的提高，C18:2 向 C18:3 的合成转化减弱（Chen et al.，2018）。

17.3.5　盐胁迫对转基因烟草脂氧素信号强度的影响

随 NaCl 浓度增加，野生型、双价、HPT、γ-TMT 烟草脂氧素信号强度均呈上升趋势。200mmol/L NaCl 胁迫 2d 和 7d，脂氧素信号强度分别较 CK 增加 42.95%、42.83%、

45.22%、47.03%和110.49%、46.67%、55.15%、86.12%（图 17-13）。

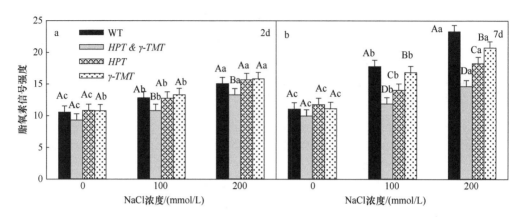

图 17-13　NaCl 胁迫对烟草叶脂氧素信号强度的影响

不同大、小写字母分别代表材料间和处理间差异显著（$P<0.05$）

100mmol/L 和 200mmol/L NaCl 胁迫 2d，*HPT* 和 *γ-TMT* 型烟草脂氧素信号强度均与野生型无显著差异，双价烟草脂氧素信号强度分别较野生型降低 15.72%和 11.86%（图 17-13a）。100mmol/L 和 200mmol/L NaCl 胁迫 7d，双价、*HPT*、*γ-TMT* 型烟草脂氧素信号强度分别较野生型降低 33.23%、21.09%、5.31%和 37.20%、21.49%、10.94%（图 17-13b）。

结合 α-T 含量和脂肪酸组成变化表明，高盐胁迫初期，双价烟草脂肪酸含量无显著变化可能是由于 α-T 在脂肪酸代谢中主要起抗氧化作用，致使较弱的脂质过氧化反应；高盐胁迫后期，双价烟草脂肪酸的变化受脂质氧化影响弱，而主要是通过 α-T 抑制脂肪酸去饱和酶 3 基因（*FAD3*）表达，致使 C18:2 向 C18:3 合成受阻，提高 C18:2 含量，提高膜稳定性，其耐盐性得以提高。

17.3.6　盐胁迫下转基因烟草 *FAD2* 和 *FAD3* 表达分析

FAD2 基因：*FAD2* 表达量，仅双价转基因烟草在 100mmol/L NaCl 胁迫 2d 高于 CK，其他各材料处理间均无显著差异（图 17-14a，图 17-14b）。

FAD3 基因：*FAD3* 表达量，双价转基因烟草在 100mmol/L NaCl 胁迫 2d 是 CK 的 4.78 倍，而在 100mmol/L 和 200mmol/L NaCl 胁迫 7d，分别较 CK 下降 92.86%和 88.12%；单价转基因烟草和野生型在各处理间均无显著差异（图 17-14c，图 17-14d）。

生育酚作为抗氧化剂，清除植物体内的单线态氧（Skłodowska et al.，2009），从而影响膜稳定性（Procházková and Wilhelmová，2007；Chrost et al.，1999）。冷胁迫下拟南芥 α-T 缺失，*FAD3* 基因表达量下调（Maeda et al.，2008）；盐胁迫下，双价转基因烟草 α-T 显著增加（图 17-9），*FAD3* 表达量显著低于 CK，表明高含量的 α-T 引起 *FAD3* 基因表达量下调。上述结果表明，α-T 含量的极值变化均能引发 *FAD3* 基因表达量下调，抑制 C18:2 向 C18:3 合成转化，从而改变膜透性。

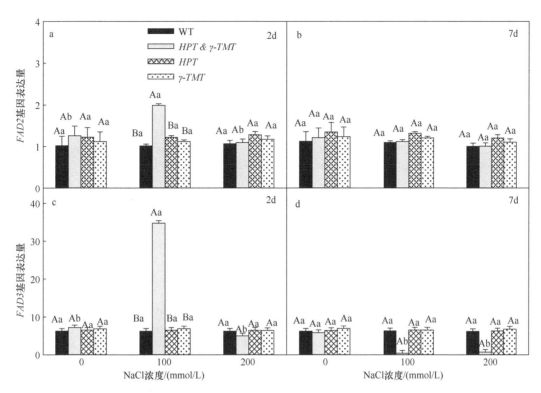

图 17-14　NaCl 胁迫对 *FAD2* 和 *FAD3* 基因表达量的影响

不同大、小写字母分别代表材料间和处理间差异显著（$P<0.05$）

17.4　本 章 小 结

白沙蒿种子发育过程中，总生育酚含量从花后 10d 的 9.66μg/g FW 增加到成熟期的 114.65μg/g FW，且在花后 20～30d 和花后 50～60d 具有最大的积累量，其分别占生育酚总量的 35.48% 和 29.75%。α-T 是其种子中生育酚的主要积累形式，成熟种子中含量为 98.50μg/g FW。生育酚合成前体途径中，SK 途径的 *DAHPS* 和 *HPPD* 以及 MEP 途径的 *DXS*、*DXR*、*GGPS* 和 *GGDR* 是前体合成途径中的关键基因，其分别增加 HGA 和 PDP 的合成，进而促进种子总生育酚的积累。核心途径中，高表达的 *VTE3* 和 *VTE4* 与低表达的 *VTE1* 共同促进 α-T 的高积累。同时，*PAT*、*TYRA*、*TAT*、*DXS*、*DXR*、*GGPS*、*GGDR* 在花后 10d 与 20d 的高表达和 *PAT* 在花后 50～70d 的逐渐增加可能是生育酚含量在相应阶段高积累的重要原因。

转白沙蒿生育酚关键基因的烟草实验证实：盐胁迫提高了转基因烟草 α-T 含量，且双价转基因烟草 α-T 含量的增加最为迅速和显著。α-T 含量的显著提高，有助于提高 C18:2 含量，增加膜脂不饱和度的稳定性，改善膜透性，提高转基因烟草的耐盐性。高盐胁迫初期，α-T 在脂肪酸代谢中主要起抗氧化作用，双价烟草脂肪酸含量无显著变化是由较低的脂质过氧化反应所致。高盐胁迫后期，双价烟草脂肪酸的变化受脂质氧化影响弱，而主要是通过 α-T 抑制 *FAD3* 基因表达，致使 C18:2 向 C18:3 合成受阻，提高 C18:2 含量。

参 考 文 献

陈晓龙. 2019. 盐胁迫下白沙蒿 α-生育酚对亚油酸性状的调控机制研究. 兰州: 兰州大学博士学位论文.

Arun M, Subramanyam K, Theboral J, et al. 2014. Transfer and targeted overexpression of *γ-tocopherol methyltransferase* (*γ-TMT*) gene using seed-specific promoter improves tocopherol composition in indian soybean cultivars. Applied Biochemistry and Biotechnology, 172(4): 1763-1776.

Beltran G, Jimenez A, del Rio C, et al. 2010. Variability of vitamin E in virgin olive oil by agronomical and genetic factors. Journal of Food Composition and Analysis, 23(6): 633-639.

Bergmuller E, Porfirova S, Dormann P. 2003. Characterization of an *Arabidopsis* mutant deficient in gamma-tocopherol methyltransferase. Plant Molecular Biology, 52(6): 1181-1190.

Carretero-Paulet L, Ahumada I, Cunillera N, et al. 2002. Expression and molecular analysis of the *Arabidopsis* DXR gene encoding 1-deoxy-D-xylulose 5-phosphate reductoisomerase, the first committed enzyme of the 2-C-methyl-D-erythritol 4-phosphate pathway. Plant Physiology, 129(4): 1581-1591.

Carretero-Paulet L, Cairo A, Botella-Pavia P, et al. 2006. Enhanced flux through the methylerythritol 4-phosphate pathway in *Arabidopsis* plants overexpressing deoxyxylulose 5-phosphate reductoisomerase. Plant Molecular Biology, 62(4-5): 683-695.

Chen X L, Zhang L J, Miao X M, et al. 2018. Effect of salt stress on fatty acid and α-tocopherol metabolism in two desert shrub species. Planta, 247(2): 499-511.

Chrost B, Falk J, Kernebeck B, et al. 1999. Tocopherol biosynthesis in senescing chloroplasts - a mechanism to protect envelope membranes against oxidative stress and a prerequisite for lipid remobilization?. *In*: Argyroudi-Akoyunoglou J H, Senger H. (eds) The Chloroplast: from Molecular Biology to Biotechnology. NATO Science Series (3. High Technology), vol 64. Dordrecht: Springer: 171-176.

Collakova E, DellaPenna D. 2003. Homogentisate phytyltransferase activity is limiting for tocopherol biosynthesis in *Arabidopsis*. Plant Physiology, 131(2): 632-642.

Dong G J, Liu X L, Chen Z Y, et al. 2007. The dynamics of tocopherol and the effect of high temperature in developing sunflower (*Helianthus annuus* L.) embryo. Food Chemistry, 102(1): 138-145.

Enfissi E M A, Fraser P D, Lois L M, et al. 2005. Metabolic engineering of the mevalonate and non-mevalonate isopentenyl diphosphate-forming pathways for the production of health-promoting isoprenoids in tomato. Plant Biotechnology Journal, 3(1): 17-27.

Ergonul P G, Ozbek Z A. 2018. Identification of bioactive compounds and total phenol contents of cold pressed oils from safflower and camelina seeds. Journal of Food Measurement and Characterization, 12(4): 2313-2323.

Farouk S. 2011. Ascorbic acid and α-tocopherol minimize salt-induced wheat leaf senescence. Journal of Stress Physiology and Biochemistry, 7(3): 58-79.

Fritsche S, Wang X X, Jung C. 2017. Recent advances in our understanding of tocopherol biosynthesis in plants: an overview of key genes, functions, and breeding of vitamin E improved crops. Antioxidants, 6(4): 99-116.

Fritsche S, Wang X X, Nichelmann L, et al. 2014. Genetic and functional analysis of tocopherol biosynthesis pathway genes from rapeseed (*Brassica napus* L.). Plant Breeding, 133(4): 470-479.

Georgiadou E C, Koubouris G, Goulas V, et al. 2019. Genotype-dependent regulation of vitamin E biosynthesis in olive fruits as revealed through metabolic and transcriptional profiles. Plant Biology, 21(4): 604-614.

Georgiadou E C, Ntourou T, Goulas V, et al. 2015. Temporal analysis reveals a key role for VTE5 in vitamin E biosynthesis in olive fruit during on-tree development. Frontiers in Plant Science, 6: 871-881.

Goffman F D, Bohme T. 2001. Relationship between fatty acid profile and vitamin E content in maize hybrids (*Zea mays* L.). Journal of Agricultural and Food Chemistry, 49(10): 4990-4994.

Horvath G, Wessjohann L, Bigirimana J, et al. 2006. Accumulation of tocopherols and tocotrienols during seed development of grape (*Vitis vinifera* L. cv. Albert Lavallee). Plant Physiology and Biochemistry,

44(11-12): 724-731.

Huang R M, Huang Y J, Sun Z C, et al. 2017. Transcriptome analysis of genes involved in lipid biosynthesis in the developing embryo of pecan (*Carya illinoinensis*). Journal of Agricultural and Food Chemistry, 65(20): 4223-4236.

Hwang J E, Ahn J W, Kwon S J, et al. 2014. Selection and molecular characterization of a high tocopherol accumulation rice mutant line induced by gamma irradiation. Molecular Biology Reports, 41(11): 7671-7681.

Kamal-Eldin A, Appelqvist L. 1996. The chemistry and antioxidant properties of tocopherols and tocotrienols. Lipids, 31(7): 671-701.

Kargiotidou A, Dcli D, Galanopoulou D, et al. 2008. Low temperature and light regulate delta 12 fatty acid desaturases (*FAD2*) at a transcriptional level in cotton (*Gossypium hirsutum*). Journal of Experimental Botany, 59(8): 2043-2056.

Kiczorowska B, Samolinska W, Andrejko D, et al. 2019. Comparative analysis of selected bioactive components (fatty acids, tocopherols, xanthophyll, lycopene, phenols) and basic nutrients in raw and thermally processed camelina, sunflower, and flax seeds (*Camelina sativa* L. Crantz, *Helianthus* L., and *Linum* L.). Journal of Food Science and Technology, 56(9): 4296-4310.

Li Y L, Hussain N, Zhang L, et al. 2013. Correlations between tocopherol and fatty acid components in germplasm collections of *Brassica* oil seeds. Journal of Agricultural and Food Chemistry, 61(1): 34-40.

Liu Z B, Lv J, Zhang Z Q, et al. 2019. Integrative transcriptome and proteome analysis identifies major metabolic pathways involved in pepper fruit development. Journal of Proteome Research, 18(3): 982-994.

Lou H Q, Ding M Z, Wu J S, et al. 2019. Full-length transcriptome analysis of the genes involved in tocopherol biosynthesis in *Torreya grandis*. Journal of Agricultural and Food Chemistry, 67(7): 1877-1888.

Maeda H, Sage T L, Isaac G, et al. 2008. Tocopherols modulate extraplastidic polyunsaturated fatty acid metabolism in *Arabidopsis* at low temperature. Plant Cell, 20 (2): 452-470.

Malacrida C R, Jorge N. 2012. Yellow passion fruit seed oil (*Passiflora edulis* f. *flavicarpa*): physical and chemical characteristics. Brazilian Archives of Biology and Technology, 55(1): 127-134.

Mansour M M F, Salama K H A, Allam H Y H. 2015. Role of the plasma membrane in saline conditions: lipids and proteins. The Botanical Review, 81(4): 416-451.

Mansour M M F. 2014. The plasma membrane transport systems and adaptation to salinity. Journal of Plant Physiology, 171(18): 1787-1800.

Martelli S M, Motta C, Caon T, et al. 2017. Edible carboxymethyl cellulose films containing natural antioxidant and surfactants: α-tocopherol stability, *in vitro* release and film properties. Food Science and Technology, 77: 21-29.

Mene-Saffrane L, Pellaud S. 2017. Current strategies for vitamin E biofortification of crops. Current Opinion in Biotechnology, 44(complete): 189-197.

Munoz P, Munne-Bosch S. 2019. Vitamin E in plants: biosynthesis, transport, and function. Trends in Plant Science, 24(11): 1040-1051.

Ouyang S, He S, Liu P, et al. 2011. The role of tocopherol cyclase in salt stress tolerance of rice (*Oryza sativa*). Science China Life Sciences, 54(2): 181.

Procházková D, Wilhelmová N. 2007. Leaf senescence and activities of the antioxidant enzymes. Biologia Plantarum, 51(3): 401-406.

Quadrana L, Almeida J, Otaiza S N, et al. 2013. Transcriptional regulation of tocopherol biosynthesis in tomato. Plant Molecular Biology, 81(3): 309-325.

Sathish S, Preethy K S, Venkatesh R, et al. 2018. Rapid enhancement of α-tocopherol content in *Nicotiana benthamiana* by transient expression of *Arabidopsis thaliana* tocopherol cyclase and Homogentisate phytyl transferase genes. 3 Biotech, 8(12): 485-491.

Sattler S E, Cahoon E B, Coughlan S J, et al. 2003. Characterization of tocopherol cyclases from higher plants and cyanobacteria. Evolutionary implications for tocopherol synthesis and function. Plant

Physiology, 132(4): 2184-2195.

Sattler S E, Mene-Saffrane L, Farmer E E, et al. 2006. Nonenzymatic lipid peroxidation reprograms gene expression and activates defense markers in *Arabidopsis* tocopherol-deficient mutants. Plant Cell, 18(12): 3706-3720.

Schneider C. 2005. chemistry and biology of vitamin E. Molecular Nutrition and Food Research, 49(1): 7-30.

Seo Y S, Kim S J, Harn C H, et al. 2011. Ectopic expression of apple fruit homogentisate phytyltransferase gene (*MdHPT1*) increases tocopherol in transgenic tomato (*Solanum lycopersicum* cv. Micro-Tom) leaves and fruits. Phytochemistry, 72(4-5): 321-329.

Skłodowska M, Gapińska M, Gajewska E, et al. 2009. Tocopherol content and enzymatic antioxidant activities in chloroplasts from NaCl-stressed tomato plants. Acta Physiologiae Plantarum, 31(2): 393-400.

Tzin V, Malitsky S, Zvi B M M, et al. 2012. Expression of a bacterial feedback-insensitive 3-deoxy-D-arabino-heptulosonate 7-phosphate synthase of the shikimate pathway in *Arabidopsis* elucidates potential metabolic bottlenecks between primary and secondary metabolism. New Phytologist, 194(2): 430-439.

Velasco L, Fernandez-Martinez J M, Garcia-Ruiz R, et al. 2002. Genetic and environmental variation for tocopherol content and composition in sunflower commercial hybrids. Journal of Agricultural Science, 139(4): 425-429.

Vinutha T, Bansal N, Kumari K, et al. 2017. Comparative analysis of tocopherol biosynthesis genes and its transcriptional regulation in Soybean seeds. Journal of Agricultural and Food Chemistry, 65(50): 11054-11064.

Wang D, Wang Y L, Long W H, et al. 2017b. SGD1, a key enzyme in tocopherol biosynthesis, is essential for plant development and cold tolerance in rice. Plant Science, 260: 90-100.

Wang S Q, Wang B, Hua W P, et al. 2017a. *De novo* assembly and analysis of *Polygonatum sibiricum* transcriptome and identification of genes involved in polysaccharide biosynthesis. International Journal of Molecular Sciences, 18(9): 1950-1956.

Wunnakup T, Vimolmangkang S, De-Eknamkul W. 2018. Transient expression of the homogentisate phytyltransferase gene from *Clitoria ternatea* causes metabolic enhancement of alpha-tocopherol biosynthesis and chlorophyll degradation in tomato leaves. Journal of Plant Biochemistry and Biotechnology, 27(1): 55-67.

Xie L H, Yu Y T, Mao J H, et al. 2017. Evaluation of biosynthesis, accumulation and antioxidant activity of Vitamin E in Sweet Corn (*Zea mays* L.) during kernel development. International Journal of Molecular Sciences, 18(12): 2780-2789.

Yusuf M A, Kumar D, Rajwanshi R, et al. 2010. Overexpression of γ-tocopherol methyl transferase gene in transgenic *Brassica juncea* plants alleviates abiotic stress: physiological and chlorophyll a fluorescence measurements. Biochimica et Biophysica Acta, 1797(8): 1428-1438.

Zhu Y, Wilkinson K L, Wirthensohn M. 2017. Changes in fatty acid and tocopherol content during almond (*Prunus dulcis*, cv. Nonpareil). Scientia Horticulturae, 225: 150-155.

第18章 种子黏液性状的分子调控机制

张丽静 傅 华 韩晓栩

18.1 引 言

一些植物种皮最外层表皮细胞，即黏液分泌细胞（MSC）会产生并向外分泌一层胶状多糖物质，包裹在种皮表面，这层物质称为种子黏液。据报道，被子植物中37目110科和至少230属的种子或果实可产生黏液（Yang et al.，2012b）。种子黏液是荒漠植物适应严酷环境的重要策略之一，对于植物种群的扩散、定殖与生长都具有重要的作用（Yang et al.，2012b）。已有研究表明，种子黏液可防止某些物种的种子扩散，其种子通过释放黏液黏附于母体附近的土壤表面，使其固定在母株周围适宜的小生境中（Yang et al.，2013）；但有些物种的种子黏液又可使种子黏附在移动中的动物体、轮胎等上面，还可使种子在溪流中漂浮，从而促进种子传播（Bangle et al.，2008）。种子萌发前，种子黏液可防止种子受赤霉素的影响，从而延长休眠种子寿命（Sun et al.，2012）；还可作为一种氧气和水分的屏障，阻止种子在条件具备之前萌发（Bangle et al.，2008）。种子萌发过程中，种子黏液可润滑幼苗根部，减少幼苗受到损伤（Yang et al.，2012a）；吸收大量水分，为种子萌发提供良好的水分环境，并且促进DNA的修复和维持DNA完整性（Yang et al.，2011）；黏液能够被土壤微生物降解，为种子提供营养，从而促进种子萌发和幼苗生长（Hu et al.，2019；Yang et al.，2012a）。

在MSC的高尔基体中，通过糖基转移酶（glycosyltransferase，GT）顺序添加NDP-糖产生并分泌种子黏液（Golz et al.，2018；Western et al.，2000）。目前，通过正向遗传和反向遗传的方法，已经鉴定到一些参与调控种子黏液积累的基因，包括调控黏液分泌、细胞分化和黏液积累的转录因子、调控种子黏液合成的基因、种子黏液结构修饰的基因、调控种子黏液分泌释放的基因以及其他种子黏液形成相关基因（Francoz et al.，2015）。种子黏液性状的分子调控机制研究大多在拟南芥（*Arabidopsis thaliana*）中进行，参与种子黏液产生和合成的基因基本是通过突变体筛选鉴定出来的（Jun et al.，2011；Gonzalez and Mendenhall，2009），然而由于冗余和难以识别细微的表型，这种筛选存在局限性（Dean et al.，2011）。

白沙蒿（*Artemisia sphaerocephala*）种子富含黏液多糖，占种子重量的39%（Han et al.，2020）。本章针对此优异性状，以白沙蒿种子为材料，运用第二代测序的方法，同时结合第三代测序获得基因的全长序列，鉴定和分析种子发育期间与黏液产生有关的主要基因，利用高效液相色谱仪测定其黏液单糖组成，建立白沙蒿种子黏液多糖生物合成的完整途径，阐述黏液多糖合成以及单糖组间转化的分子调控机制。

18.2　白沙蒿种子黏液积累的分子调控机制

加权基因共表达网络分析（weighted gene co-expression network analysis，WGCNA）可根据转录组数据识别高度相关的基因或模块（Langfelder and Horvath，2008），其作为一种系统生物学方法，已经广泛应用于苹果（*Malus pumila*）和槲蕨（*Drynaria roosii*）等多种植物中（Sun et al.，2018；Bai et al.，2015）。利用转录组测序获得数据集，从而使构建某一与生物过程相关的复杂调控网络成为可能。本节以 7 个不同发育阶段白沙蒿种子为材料（图 16-14），结合转录组数据和 WGCNA 方法，构建白沙蒿种子黏液相关基因的加权基因共表达网络并划分模块；通过挖掘和分析特异性模块，鉴定种子发育期间与黏液产生相关的关键调控基因。

18.2.1　种子黏液含量与积累速率

每千粒种子的黏液含量，由 S1 的 0 快速上升至 S3 的 0.33g，占种子重量的 49.42%；S3～S7 略有上升至 S7 的 0.36g（图 18-1a）。白沙蒿成熟种子的千粒重仅为 0.94g（图 16-15a），由此可推算 S7 阶段种子黏液达种子重量的 38.30%。黏液积累速率在 S1～S2 和 S2～S3 阶段最高，分别为 32.09% 和 58.66%，随后速率显著降低，S3～S4、S4～S5、S5～S6 和 S6～S7 均小于 8%（图 18-1b）。上述结果表明，S1～S3 为白沙蒿种子黏液快速积累期，成熟种子黏液占种子重量的比例高达 39.81%。与亚麻（*Linum usitatissimum*）和奇亚籽（*Salvia hispanica*）分别只占 10% 和 5%（Soto-Cerda et al.，2018；Capitani et al.，2016）相比，白沙蒿种子黏液含量的占比很高。

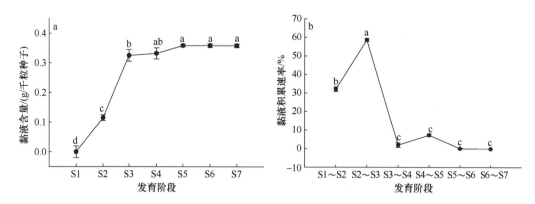

图 18-1　不同发育阶段白沙蒿每千粒种子黏液含量及积累速率（引自 Han et al.，2021）

S1～S7 分别表示开花后 10d、20d、30d、40d、50d、60d 和 70d。不同小写字母表示各发育阶段差异显著（*P*<0.05）

18.2.2　差异表达基因（DEG）的筛选

比较分析 S1～S7 转录组文库，鉴定得到 27 972 个 DEG。S1～S7 聚类分析显示 S1、S2 与 S3 间 DEG 表达模式存在较大差异，S1 和 S2 聚为一类，S3～S7 聚为另一类（图 18-2）。此外，白沙蒿种子在 S1～S3 为黏液快速积累期（图 18-1）。因此，比较分析 S1～S3 转录组文库鉴定得到 18 548 个 DEG，其中 S2 vs. S1 和 S3 vs. S2 分别为 14 468

个和 7401 个 DEG。与 S1 相比，S2 中 7428 个基因上调，7040 个基因下调；与 S2 相比，S3 中 3616 个基因上调，3785 个基因下调（图 18-3）。其中，S1～S3 期间 1581 个 DEG 表现为持续增加（图 18-3），这些 DEG 可能是导致 S1～S3 黏液快速积累的重要原因。

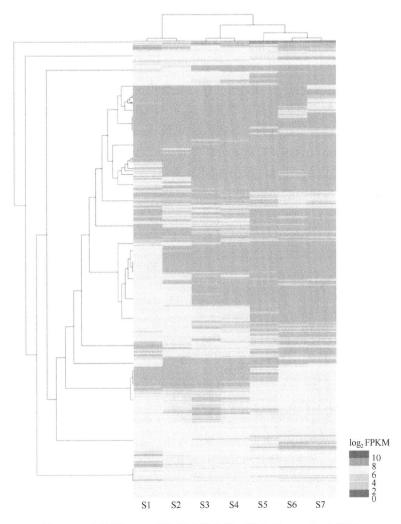

图 18-2　白沙蒿 DEG 表达模式聚类图（引自 Han et al.，2020）

图中不同列和行分别代表不同样品和不同基因；颜色代表基因在样品中的表达量（FPKM）以 2 为底的对数值（$\log_2^{FPKM}$）

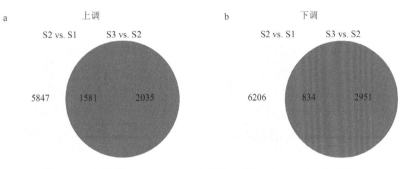

图 18-3　白沙蒿 S1～S3 DEG 的变化（引自 Han et al.，2020）

18.2.3 相关基因的加权基因共表达网络构建

比较分析 S1~S7 鉴定得到的 27 972 个 DEG，发现其中 1297 个与黏液相关。通过 WGCNA 分析，成功构建包括 5 个模块的加权基因共表达网络（图 18-4），按颜色命名分别为棕色、绿色、黄色、蓝色和蓝绿色模块，模块中基因个数分别为 216 个、83 个、92 个、276 个和 418 个，共包括 1085 个基因，另外 212 个基因未划分至任何模块中。进一步分析模块与黏液积累体积间的相关性，发现相关系数为–0.94~0.30。蓝绿色模块与黏液体积的相关系数绝对值最高且相关性显著（P<0.001）（图 18-4），表明该模块与黏液产生的相关性最强。与此同时，各模块成员数（module membership，MM）与基因显著性（gene significance，GS）的相关分析发现，蓝绿色模块在 MM 和 GS 之间具有最显著的相关性（P<0.001）（图 18-5）。上述结果表明，蓝绿色模块是黏液积累相关基因的加权基因共表达网络构建中的关键模块。

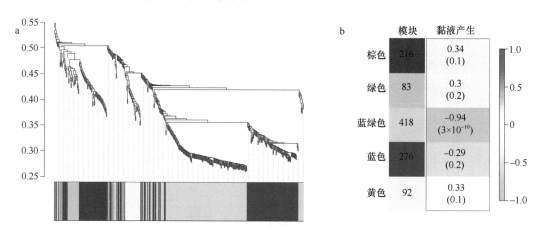

图 18-4　白沙蒿黏液产生相关基因的加权基因共表达网络分析（引自 Han et al.，2021）

a. 基因聚类树和模块切割；b. 模块与黏液产生相关性

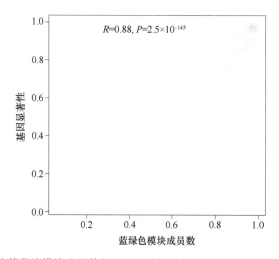

图 18-5　白沙蒿黏液模块成员数与基因显著性的相关性（引自 Han et al.，2021）

18.2.4 调控黏液积累的关键基因筛选

GS 可用来衡量基因与性状的相关程度，GS 越高说明基因越可能具有生物学意义（Sun et al.，2018）。模块内连通度（intramodular connectivity，IN）越高的基因在模块中的作用越大，越可能成为潜在的关键调控基因（Bai et al.，2015）。通过比较蓝绿色模块内 418 个基因的 GS 和 kIN 可以帮助找到黏液积累的关键调控基因。将蓝绿色模块内上述两个指标排序前 5% 的基因视为关键调控基因，共获得 21 个关键调控基因，分别为 1 个拟南芥类 KNOTTED 同源框 7 基因（*KNAT7*）和 1 个拟南芥透明外种皮 GLABRA 1 基因（*TTG1*），以及包括 NAC-调控种子形态 2/NAM 基因（*NARS2/NAM*）和 APETALA2/乙烯反应元件结合蛋白基因（*AP2*）两个基因家族，其成员数分别为 17 个和 2 个（表 18-1）。将筛选出的关键调控基因分别命名为 *AsNAM-1*～*AsNAM-17*、*AsAP2-1*、*AsAP2-2*、*AsKNAT7*和 *AsTTG1*。

表 18-1 白沙蒿黏液相关关键调控基因（引自 Han et al.，2021）

基因 ID	基因	kIN	GS
i1_LQ_BSH_c42163/f1p3/1732	*AsNAM-1*	266.6449	−0.85796
i1_LQ_BSH_c96081/f1p0/1113	*AsNAM-2*	262.5244	−0.89978
i1_LQ_BSH_c59343/f1p0/1436	*AsNAM-3*	265.1148	−0.85315
i1_HQ_BSH_c2182/f2p78/1190	*AsNAM-4*	295.6318	−0.83061
i2_LQ_BSH_c6967/f1p0/2910	*AsNAM-5*	261.7348	−0.84752
i1_LQ_BSH_c35104/f1p0/1287	*AsNAM-6*	267.7763	−0.89395
i1_HQ_BSH_c27155/f3p0/1402	*AsNAM-7*	293.8145	−0.93798
i1_LQ_BSH_c21710/f1p0/1134	*AsNAM-8*	286.2903	−0.82893
i1_LQ_BSH_c5481/f1p1/1087	*AsNAM-9*	267.4078	−0.86864
i1_LQ_BSH_c93406/f1p0/1971	*AsNAM-10*	262.9644	−0.87185
i1_LQ_BSH_c95172/f1p0/1347	*AsNAM-11*	262.8849	−0.87632
i1_HQ_BSH_c124457/f11p0/1141	*AsNAM-12*	296.6358	−0.97472
i1_LQ_BSH_c78695/f1p0/1658	*AsNAM-13*	275.6224	−0.86073
i1_LQ_BSH_c11984/f1p0/1055	*AsNAM-14*	291.8207	−0.88113
i1_LQ_BSH_c51411/f1p0/1778	*AsNAM-15*	265.3187	−0.92529
i1_HQ_BSH_c17747/f4p0/1568	*AsNAM-16*	271.2436	−0.97701
i0_LQ_BSH_c136070/f1p0/970	*AsNAM-17*	270.9818	−0.88229
i1_HQ_BSH_c125314/f11p0/1138	*AsKNAT7*	300.7756	−0.88321
i1_LQ_BSH_c95600/f1p0/1904	*AsAP2-1*	300.9085	−0.94455
i2_LQ_BSH_c8137/f1p0/2312	*AsAP2-2*	300.6661	−0.8523
i1_LQ_BSH_c96107/f1p0/1196	*AsTTG1*	262.5244	−0.82817

18.2.5 氨基酸序列理化性质分析

AsNAM 编码的氨基酸数量为 166～473 个，理论蛋白相对分子质量为 19 043.71～

53 951.14，理论等电点为 4.47～9.88。AsKNAT7 编码的氨基酸数量为 293 个，理论蛋白相对分子质量为 33 677.99，理论等电点为 6.10。AsAP2 编码的氨基酸数量分别为 486 个和 515 个，理论蛋白相对分子质量分别为 53 858.24 和 57 225.77、理论等电点分别为 7.34 和 6.91。AsTTG1 编码的氨基酸数量为 334 个，理论蛋白相对分子质量为 36 652.14，理论等电点为 4.81（表 18-2）。若亲水性平均系数为负值则说明该蛋白为亲水性蛋白，反之为疏水性蛋白。AsNAM、AsKNAT7、AsAP2 和 AsTTG1 均编码亲水性蛋白。采用 Plant-mPLoc（2.0 version）在线软件预测各基因的亚细胞定位，均定位于细胞核（表 18-2）。

表 18-2 白沙蒿黏液关键调控基因的氨基酸序列特征分析

基因 ID	基因	氨基酸数量/个	蛋白相对分子质量	等电点	亲水性平均系数	亚细胞定位
i1_LQ_BSH_c42163/f1p3/1732	AsNAM-1	451	51 153.29	7.44	−0.857	细胞核
i1_LQ_BSH_c96081/f1p0/1113	AsNAM-2	166	19 043.71	9.88	−0.798	细胞核
i1_LQ_BSH_c59343/f1p0/1436	AsNAM-3	291	32 905.05	8.37	−0.797	细胞核
i1_HQ_BSH_c2182/f2p78/1190	AsNAM-4	282	32 790.02	7.72	−0.788	细胞核
i2_LQ_BSH_c6967/f1p0/2910	AsNAM-5	259	29 346.27	9.42	−0.728	细胞核
i1_LQ_BSH_c35104/f1p0/1287	AsNAM-6	196	21 617.19	7.01	−0.601	细胞核
i1_HQ_BSH_c27155/f3p0/1402	AsNAM-7	291	32 905.05	8.37	−0.797	细胞核
i1_LQ_BSH_c21710/f1p0/1134	AsNAM-8	327	36 983.53	8.81	−0.701	细胞核
i1_LQ_BSH_c5481/f1p1/1087	AsNAM-9	262	29 882.97	9.42	−0.728	细胞核
i1_LQ_BSH_c93406/f1p0/1971	AsNAM-10	473	53 951.14	6.74	−0.925	细胞核
i1_LQ_BSH_c95172/f1p0/1347	AsNAM-11	349	38 895.65	7.76	−0.691	细胞核
i1_HQ_BSH_c124457/f1l p0/1141	AsNAM-12	263	29 891.74	9.06	−0.766	细胞核
i1_LQ_BSH_c78695/f1p0/1658	AsNAM-13	376	41 205.73	4.47	−0.525	细胞核
i1_LQ_BSH_c11984/f1p0/1055	AsNAM-14	264	30 071.11	8.24	−0.603	细胞核
i1_LQ_BSH_c51411/f1p0/1778	AsNAM-15	395	45 245.45	5.68	−0.770	细胞核
i1_HQ_BSH_c17747/f4p0/1568	AsNAM-16	447	47 737.67	5.16	−0.203	细胞核
i0_LQ_BSH_c136070/f1p0/970	AsNAM-17	262	29 925.32	8.98	−0.558	细胞核
i1_HQ_BSH_c125314/f1l p0/1138	AsKNAT7	293	33 677.99	6.10	−0.741	细胞核
i1_LQ_BSH_c95600/f1p0/1904	AsAP2-1	486	53 858.24	7.34	−0.794	细胞核
i2_LQ_BSH_c8137/f1p0/2312	AsAP2-2	515	57 225.77	6.91	−0.578	细胞核
i1_LQ_BSH_c96107/f1p0/1196	AsTTG1	334	36 652.14	4.81	−0.143	细胞核

18.2.6 调控黏液积累的关键基因表达水平分析

拟南芥中，NARS2/NAM 控制种皮发育，nars1nars2 双基因敲除的突变体种子 MSC 不能产生黏液（Tadashi et al.，2008）；AP2 在黏液产生等种皮分化过程中起重要作用，其突变体种子无黏液产生（Western et al.，2004）；拟南芥黏液基因网络中，NARS2/NAM 和 AP2 处于相同的调节水平，但无相互作用（Gonzalez and Mendenhall，2009）。在 7 个不同发育阶段的白沙蒿种子中共发现 17 个 AsNAM，在整个发育阶段，AsNAM-2、AsNAM-4、AsNAM-6、AsNAM-8、AsNAM-11、AsNAM-15 和 AsNAM-16 共 7 个 AsNAM 基因具有较高表达水平，占 *AsNAM* 总表达水平的 25.65%～83.73%（图 18-6，图 18-7）；共发现 2 个 *AsAP2* 基因，其表达水平为 0.76～52.18（图 18-7）；且白沙蒿 S1～S7，*AsNAM*、*AsAP2* 表达水平趋势一致，表明尽管两者间无相互作用，但可协同促进黏液产生。拟南芥 *KNAT7* 具有抑制黏液产生的作用，*knat7* 突变体比野生型具有更厚的黏液层（Bhargava et al.，2013；Li et al.，2012）。7 个不同发育阶段的白沙蒿种子中，仅发现 1 个 *AsKNAT7*，其表达水平为 2.94～206.43（图 18-6，图 18-7）。

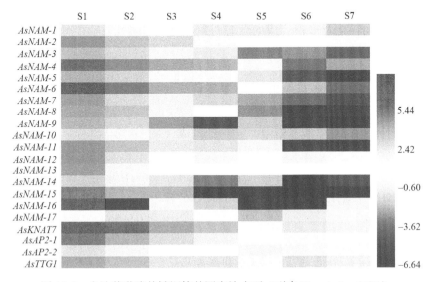

图 18-6　白沙蒿黏液关键调控基因表达水平（引自 Han et al.，2021）

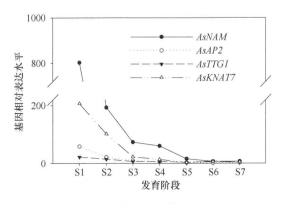

图 18-7　白沙蒿黏液相关关键调控基因家族表达水平（引自 Han et al.，2021）

S1～S3 *AsNAM* 具有最高表达水平，分别为 802.35、193.07 和 73.82，与 S1～S3 黏液快速积累相一致（图 18-6），表明 *AsNAM* 在促进黏液产生中起主导作用。S4～S7 *AsNAM* 和 *AsAP2* 表达水平均呈下降趋势，表明 *AsNAM* 和 *AsAP2* 对黏液的促进作用减弱。值得注意的是，*AsTTG1* 表达水平在 S6 和 S7 分别为 S5 的 2.01 倍和 1.53 倍，与此同时，*AsKNAT7* 分别为 S5 的 2.26 倍和 1.51 倍（图 18-6），这与拟南芥中 *KNAT7* 的表达受到 *TTG1* 正向调控的结果一致（Bhargava et al.，2013）。这表明 *AsNAM* 和 *AsAP2* 对黏液的促进作用减弱和 *AsKNAT7* 的上调表达抑制黏液产生，共同导致 S3～S7 黏液含量几乎无增加。

18.3　种子黏液多糖合成的分子调控机制

种子黏液多糖是各种 NDP-糖通过糖基转移酶的作用而形成的（Western，2006）。各种 NDP-糖在植物中的合成转化已有所报道（Wang et al.，2017），但关于种子黏液各种单糖组分间转化的分子调控机制研究较少。种子发育包含种子黏液单糖组分经历从无到有、从一种单糖转化为多种单糖等生物学过程，因此不同发育阶段的种子是研究其黏液单糖组分间转化及多糖合成的理想对象，但上述研究目前尚无报道（Han et al.，2020）。

18.3.1　种子黏液多糖组成与含量

白沙蒿成熟种子 S7 黏液多糖由 9 种单糖构成（表 18-3）。其中，葡萄糖（Glc）含量最高，占总量的 34.79%；木糖（Xyl）和半乳糖（Gal）含量次之，分别占总量的 17.17% 和 13.86%；阿拉伯糖（Ara）位居第四，占总量的 11.14%；甘露糖（Man）、岩藻糖（Fuc）和鼠李糖（Rha）含量分别占总量的 10.50%、5.63% 和 4.80%；葡萄糖醛酸（GlcA）和半乳糖醛酸（GalA）含量最低，分别占总量的 1.20% 和 0.90%，上述结果与已有报道基本一致（Yang et al.，2012a）。

表 18-3　不同发育阶段白沙蒿种子黏液单糖组成与含量（引自 Han et al.，2020）(%，*w/w*)

单糖组成	S1	S2	S3	S4	S5	S6	S7
葡萄糖 Glc	—	50.57±0.78b	56.99±0.45a	34.77±2.62c	27.38±0.64d	31.47±0.43c	34.79±1.21c
木糖 Xyl	—	2.55±0.25f	4.49±0.35e	7.79±0.91d	19.78±0.31a	13.28±0.44c	17.17±0.57b
半乳糖 Gal	—	14.73±0.19b	12.35±0.18c	14.85±0.455b	20.28±0.14a	12.26±0.23c	13.86±0.17b
阿拉伯糖 Ara	—	22.65±0.11a	18.90±0.34bc	21.68±2.01ab	16.54±1.02c	19.79±0.86abc	11.14±1.08d
甘露糖 Man	—	1.78±0.12c	1.53±0.11c	5.77±0.18b	8.66±0.17a	8.73±0.19a	10.50±1.42a
岩藻糖 Fuc	—	—	—	4.55±0.01b	2.29±0.05c	1.45±0.02d	5.63±0.11a
鼠李糖 Rha	—	6.30±0.29c	5.03±0.09d	8.46±0.15b	3.54±0.07e	11.54±0.37a	4.80±0.13d
葡萄糖醛酸 GlcA	—	1.40±0.04ab	0.70±0.17c	1.93±0.34a	0.86±0.06bc	0.90±0.12bc	1.20±0.18bc
半乳糖醛酸 GalA				—	0.67±0.04ab	0.57±0.05ab	0.90±0.12a

注：表中数值表示平均值±标准误，小写字母表示同种单糖在不同时期间的含量差异显著（*P*<0.05）；"—"表示未检测到

进一步对白沙蒿种子发育过程中单糖的积累模式展开研究，发现 S1 未检测到任何单糖，S2 和 S3 检测到除 Fuc 和 GalA 以外的 7 种单糖，S4 检测到除 GalA 以外的 8 种单糖，S5～S7 均检测到 9 种单糖。主要单糖组分中，Glc 含量除 S2～S3 由 50.57% 上升至 56.99% 外，基本呈波动性下降趋势，S7 略有回升至 34.79%；Xyl 含量 S2～S5 由 2.55% 显著上升至 19.78%，S7 下降至 17.17%；Gal 含量 S2～S7 始终在 12.26%～20.28% 范围内呈波动式变化；Ara 含量在 S2～S7 由 22.65% 降至 11.14%；Man 含量在 S2～S7 由 1.78% 上升至 10.50%。在整个种子发育中，Fuc、Rha、GlcA 和 GalA 含量

始终较低。

　　不同物种种子黏液多糖中的单糖组成有所差异。例如，拟南芥含有 7 种单糖，主要成分为 GalA 和 Rha，分别占总量的 50.69%和 40.81%（Jun et al.，2011）；圆苞车前（*Plantago ovata*）和亚麻分别含有 8 种和 4 种单糖，主要成分均为木糖，分别占总量的 61.20%和 61.2%（Phan et al.，2016；Warrand et al.，2005）。而白沙蒿种子黏液单糖组分复杂，主要组分为 Glc、Xyl、Gal、Ara 和 Man，分别占成熟种子黏液多糖的 34.79%、17.17%、13.86%、11.14%和 10.50%，上述 5 种主要组分含量占黏液多糖总量的 87.46%。

18.3.2　差异表达基因的功能分析

　　为鉴定种子黏液多糖合成相关基因，对 S1～S3 的 18 548 个 DEG 进行基因本体数据库（GO）及基因功能和通路数据库（KEGG）分析。GO 分析显示，S2 vs. S1 和 S3 vs. S2 中 DEG 的种类均划分为细胞组分、分子功能和生物过程，且均表现为细胞部分和细胞在细胞组分中、催化活性和结合在分子功能中、代谢过程在生物过程中显著富集（图 18-8）。同时，基于 KEGG 数据库分析了各通路中 DEG 的富集度。结果表明，S2 vs. S1 中，核糖体、内质网蛋白加工和糖酵解/糖异生显著富集；S3 vs. S2 中，DEG 主要富集于内质网蛋白加工以及氨基酸糖和核苷酸糖代谢（图 18-9）。上述结果表明，白沙蒿种子 S1～S3 的糖代谢非常活跃，其可能与黏液多糖合成密切相关。

18.3.3　黏液多糖合成的相关基因

18.3.3.1　单糖合成相关基因

　　根据白沙蒿种子黏液单糖种类以及 KEGG 途径分析构建其黏液多糖合成途径，利用

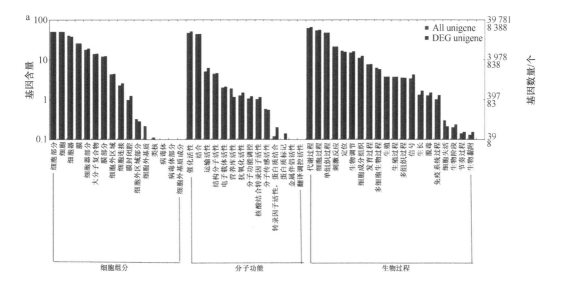

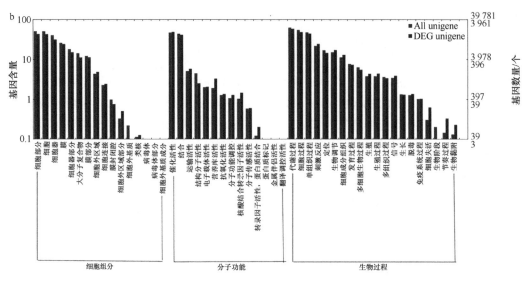

图 18-8　白沙蒿种子 DEG 的 GO 分析（引自 Han et al.，2020）

a. S2 vs. S1；b. S3 vs. S2

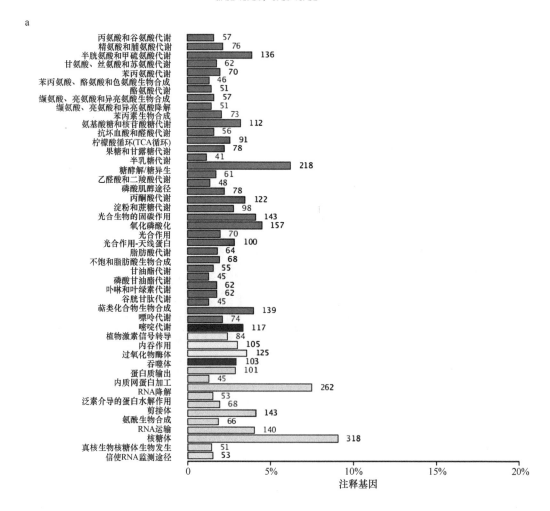

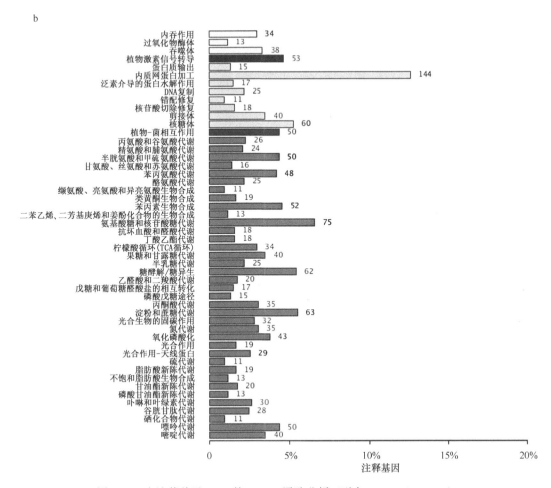

图 18-9 白沙蒿种子 DEG 的 KEGG 通路分析（引自 Han et al.，2020）

a. S2 vs. S1；b. S3 vs. S2。X 轴和 Y 轴分别表示富集因子和 KEGG 途径

DEG 功能注释以及 NCBI 数据库筛选出 13 个同源基因（共 113 个 DEG）。蔗糖经过一系列作用形成葡萄糖-6-磷酸（Glc-6-P）和果糖-6-磷酸（Fru-6-P）（Lee et al.，2005）。白沙蒿种子发育过程中，葡糖磷酸变位酶基因（*PGM*）DEG 表达水平大于甘露糖-6-磷酸异构酶基因（*MPI*）DEG（图 18-10），表明蔗糖大量向葡萄糖-1-磷酸（Glc-1-P）转化，而其向甘露糖-6-磷酸（Man-6-P）转化较少，这与 S1～S3 黏液多糖中 Glc、Xyl、Gal、Ara、Rha 含量均大于 Man、Fuc 含量一致（表 18-3）。

PGM 和尿苷二磷酸葡萄糖焦磷酸化酶（UGPase）催化 Glc-6-P 到尿苷二磷酸-葡萄糖（UDP-Glc）的转化（Ji et al.，2015；Li et al.，2014），在多糖生物合成中具有重要作用。例如，黄精（*Polygonatum sibiricum*）的多糖合成途径中 PGM 具有极高转录本（Wang et al.，2017），过表达 *UGPase* 的灵芝（*Ganoderma lucidum*）中 *PGM* 和 *UGPase* 表达水平分别上调 1.6 倍和 2.6 倍，导致其多糖含量上升（Ji et al.，2015），过表达 *LgUGPase* 的拟南芥植株多糖含量为野生型的 1.17～1.41 倍（Li et al.，2014）。白沙蒿种子发育过程中，S1～S3 发现 19 个编码 PGM 的 DEG 和 2 个编码 UGPase 的 DEG，它们均表现为

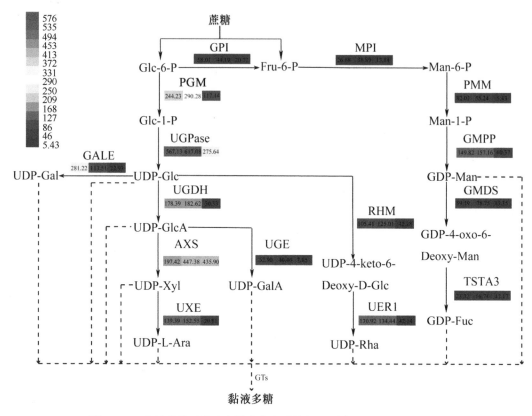

图 18-10 白沙蒿种子黏液多糖生物合成途径（引自 Han et al.，2020）

热图中各基因的表达水平为编码该基因的所有 DEG 的 FPKM 的加和。图中各缩写分别代表：GPI. 葡萄糖-6-磷酸异构酶；PGM. 葡糖磷酸变位酶；UGPase. 尿苷二磷酸葡萄糖焦磷酸化酶；GALE. 尿苷二磷酸葡萄糖-4-表异构酶；UGDH. 尿苷二磷酸-葡萄糖脱氢酶；RHM. 尿苷二磷酸-葡萄糖-4,6-脱水酶；UER1. 3,5-差向异构-4-还原酶；AXS. 尿苷二磷酸-木糖合成酶；UGE. 尿苷二磷酸-葡萄糖醛酸 4-差向异构酶；UXE. 尿苷二磷酸-阿拉伯糖-4-差向异构酶；MPI. 甘露糖-6-磷酸异构酶；PMM. 磷酸甘露糖变位酶；GMPP. 甘露糖-1-磷酸鸟苷转移酶；GMDS. 鸟苷二磷酸-甘露糖-4,6-脱水酶；TSTA3. 鸟苷二磷酸-L-岩藻糖合成酶；Glc-6-P. 葡萄糖-6-磷酸；Glc-1-P. 葡萄糖-1-磷酸；Fru-6-P. 果糖-6-磷酸；Man-6-P. 甘露糖-6-磷酸；Man-1-P. 甘露糖-1-磷酸；UDP-Glc. 尿苷二磷酸-葡萄糖；UDP-GlcA. 尿苷二磷酸-葡萄糖醛酸；UDP-Xyl. 尿苷二磷酸-木糖；UDP-L-Ara. 尿苷二磷酸-L-阿拉伯糖；UDP-Gal. 尿苷二磷酸-半乳糖；UDP-GalA. 尿苷二磷酸-半乳糖醛酸；UDP-Rha. 尿苷二磷酸-鼠李糖；GDP-Man. 鸟苷二磷酸-甘露糖；GDP-Fuc. 鸟苷二磷酸-岩藻糖；UDP-4-keto-6-Deoxy-D-GLC. UDP-4-脱氢-6-脱氧-D-葡萄糖；GDP-4-oxo-6-Deoxy-Man. GDP-4-脱氢-6-脱氧-D-甘露糖；GTs. glycosyltransferase. 糖基转移酶

S1 和 S2 高度表达，S3 下降。其中，*PGM* 在 S1 和 S2 分别为 244.23 和 290.28，S3 为 S2 的 40.35%；*UGPase* 在 S1 和 S2 分别为 567.13 和 617.08，S3 为 S2 的 44.67%。高表达的 *PGM* 和 *UGPase* 使白沙蒿种子中的蔗糖大量向 UDP-Glc 转化，形成黏液多糖的主要成分 Glc。

UDP-Glc 是 UDP-糖各组分的重要分支节点，其在尿苷二磷酸-葡萄糖脱氢酶（UGDH）、尿苷二磷酸-木糖合成酶（AXS）和尿苷二磷酸-阿拉伯糖-4-差向异构酶（UXE）催化下分别转化为尿苷二磷酸-葡萄糖醛酸（UDP-GlcA）、尿苷二磷酸-木糖（UDP-Xyl）和尿苷二磷酸-L-阿拉伯糖（UDP-L-Ara）；在尿苷二磷酸葡萄糖-4-表异构酶（GALE）催化下转化为尿苷二磷酸-半乳糖（UDP-Gal）；在尿苷二磷酸-葡萄糖-4,6-脱水酶（RHM）、3,5-差向异构-4-还原酶（UER1）催化下转化为尿苷二磷酸-鼠李糖（UDP-Rha）（Wang et al.，2017）。白沙蒿种子发育过程中，发现编码 UGDH、AXS 和 UXE 的 DEG 分别为 8 个、11 个和 11 个。在 S2 期 *UGDH*、*AXS* 与 *UXE* 均上调，在 S1 和 S2 分别为 178.39 和 182.62、197.42 和 447.38、139.39 和 152.55，使 UDP-Glc 大量向 UDP-L-Ara 转化，这与 S2 高 Ara 含量一致。由于整条代谢途径的顺畅，其中间产物 GlcA、Xly 在此阶段未出现明显积累（表 18-3）。S3 期 *UGDH*、*AXS* 和 *UXE* 均表现为下调趋势，分别为 S2 的 16.61%、97.43% 和 13.64%，值得注意的是 S3 期 *AXS* 表达量下降幅度远小于 *UXE*，UDP-GlcA 向 UDP-Xyl 转化未受明显影响，但 UDP-Xyl 向 UDP-L-Ara 进一步转化减少，这与 S3 期 Xly 含量增加而 GlcA、Ara 含量减少一致（表 18-3）。*GALE* 表达水平在 S1 最高达 281.22，随后持续降低至 S3 的 22.93，而 Gal 含量峰值（14.95%）出现在 S2，表明 UDP-Gal 合成可能存在滞后效应（表 18-3）。白沙蒿中发现编码 RHM 和 UER1 的 DEG 各 8 个，其表达峰值均出现在 S2，在 S1 和 S2 的表达量分别为 105.41、125.01 和 130.92、134.44，S3 分别为 S2 的 33.82% 和 31.44%（图 18-10）。基因的表达模式与 Rha 含量的变化趋势一致（表 18-3）。UDP-Glc 下游 3 条转化途径中，*AXS* 表达量峰值最大（447.38），其次为 *GALE*（281.22），*RHM*（125.01）和 *UER1*（134.44）最低，表明 UDP-Glc 向 UDP-Xly 和 UDP-L-Ara 转化最多，其次为 UDP-Gal，UDP-Rha 最少，这与 S1～S3 单糖含量比例 Ara>Gal>Rha 一致（表 18-3）。

18.3.3.2　多糖合成相关基因

GT 催化糖基团从激活的供体分子转移到特定的受体分子，形成糖苷键。多糖生物合成涉及多种不同 GT 的作用，CAZy（Carbohydrate-Active Enzymes Database：http://www.cazy.org/GlycosylTransferases.html）的最新更新表明，来自不同物种的 *GT* 可分为 106 个家族，如拟南芥和水稻（*Oryza sativa*）各有 463 个和 571 个 *GT* 基因，分别属于 42 个和 43 个家族（表 18-4）。白沙蒿不同发育阶段种子中发现 510 个 *GT* 基因，可分为 33 个 *GT* 家族。其中，白沙蒿 *GT* 家族缺少拟南芥和水稻中共有的 *GT9*、*GT16*、*GT19*、*GT21*、*GT30*、*GT33*、*GT37*、*GT41*、*GT58*、*GT59* 和 *GT90*，而 *GT23* 为其所特有。

表 18-4　拟南芥、水稻和白沙蒿 GT 基因家族的种类与数量（引自 Han et al.，2020）

基因家族	拟南芥		水稻		白沙蒿	
	数量/个	比例/%	数量/个	比例/%	数量/个	比例/%
GT1	122	26	202	35	197	39
GT2	42	9	47	8	70	14
GT4	24	5	25	4	25	5
GT5	6	1	11	2	5	1
GT8	42	9	39	7	9	2
GT9	1	0	1	0	0	0
GT10	3	1	2	0	7	1
GT13	1	0	1	0	2	0
GT14	11	2	12	2	48	9
GT16	1	0	1	0	0	0
GT17	7	2	4	1	3	1

续表

基因家族	拟南芥		水稻		白沙蒿	
	数量/个	比例/%	数量/个	比例/%	数量/个	比例/%
GT19	1	0	1	0	0	0
GT20	11	2	11	2	10	2
GT21	1	0	1	0	0	0
GT22	3	1	4	1	7	1
GT23	0	0	0	0	2	0
GT24	1	0	1	0	5	1
GT28	4	1	4	1	14	3
GT29	3	1	5	1	5	1
GT30	1	0	1	0	0	0
GT31	33	7	40	7	14	3
GT32	6	1	2	0	4	1
GT33	1	0	2	0	0	0
GT34	8	2	6	1	6	1
GT35	2	0	2	0	5	1
GT37	10	2	18	3	0	0
GT39	0	0	0	0	0	0
GT41	2	0	3	1	0	0
GT43	4	1	10	2	6	1
GT47	39	8	35	6	6	1
GT48	13	3	11	2	8	2
GT50	1	0	1	0	6	1
GT51	0	0	0	0	0	0
GT57	2	0	2	0	4	1
GT58	1	0	1	0	0	0
GT59	1	0	1	0	0	0
GT61	8	2	25	4	13	3
GT64	3	1	3	1	2	0
GT65	0	0	1	0	5	1
GT66	2	0	2	0	6	1
GT68	3	1	1	0	1	0
GT75	5	1	3	1	1	0
GT76	1	0	1	0	6	1
GT77	19	4	16	3	4	1
GT90	9	2	7	1	0	0
GT92	5	1	5	1	4	1
总 GT 家族数量	42		43		33	
总 GT 基因数量	463		571		510	

　　GT1 是植物主要的 *GT* 家族，通常称为 UDP-糖基转移酶，其最主要的糖基供体是 UDP-Glc，但也有研究表明 UDP-Xly、UDP-Gal 和 UDP-Rha 也可作为其糖基供体（Ross et al.，2001；Osmani et al.，2008），且 *GT1* 在包括黄酮、蒽醌、萜类等植物天然产物生物合成和修饰，以及盐和干旱等非生物胁迫和种子发育中发挥重要作用（Li et al.，2017；Rehman et al.，2016；Zhang et al.，2016）。白沙蒿 *GT1* 数量占总 *GT* 基因的 64%，远高于拟南芥（26%）和水稻（35%）。白沙蒿成熟种子黏液多糖中 UDP-糖占主体（表 18-4），由于白沙蒿常常受到干旱、高温、强紫外辐射等多种非生物胁迫（Huang et al.，2008），高 UDP-糖含量可能与其对恶劣环境的适应机制有关。GT2 主要为纤维素合成酶，白沙蒿 *GT2* 占总 *GT* 基因的 23%，高比例的 *GT2* 可能与白沙蒿种子黏液中纤维素合成有关。

　　S2 vs. S1 中，共有 301 个 *GT* 差异表达，其中 138 个上调，163 个下调；S2 vs. S3 中，共有 218 个 *GT* 差异表达，其中 76 个上调，142 个下调（表 18-5）。上调的 *GT* 与黏液多糖变化趋势一致，推测其可能参与种子黏液多糖的合成。S2 vs. S1 和 S2 vs. S3 中，上调的 *GT* 分别存在于 22 个和 14 个 *GT* 家族中（表 18-5），表明多个 *GT* 家族共同介导黏液多糖的合成。

表 18-5　白沙蒿 S2 vs. S1 和 S3 vs. S2 DEG 数据中 *GT* 基因家族的分类和数量（引自 Han et al.，2020）

基因家族	S2 vs. S1			S3 vs. S2		
	总数量/个	上调数量/个	下调数量/个	总数量/个	上调数量/个	下调数量/个
GT1	128	52	76	92	45	47
GT2	47	26	21	22	6	16
GT3	3	1	2	1	0	1
GT4	10	6	4	14	6	8
GT8	8	5	3	4	4	0
GT10	8	2	6	3	2	1
GT13	0	0	0	2	2	0
GT14	31	16	15	19	0	19
GT17	0	0	0	1	1	0
GT20	5	1	4	2	0	2
GT22	1	0	1	11	0	11
GT23	2	1	1	0	0	0
GT24	1	0	1	0	0	0
GT28	3	0	3	0	0	0
GT29	4	1	3	3	0	3
GT31	9	2	7	8	1	7
GT32	2	2	0	2	0	2
GT34	2	2	0	4	1	3
GT35	4	4	0	0	0	0
GT43	4	1	3	6	1	5
GT47	3	2	1	2	0	2
GT48	7	4	3	3	2	1
GT50	6	5	1	0	0	0

续表

基因家族	S2 vs. S1			S3 vs. S2		
	总数量/个	上调数量/个	下调数量/个	总数量/个	上调数量/个	下调数量/个
GT57	0	0	0	3	2	1
GT61	5	1	4	5	1	4
GT64	2	1	1	0	0	0
GT65	0	0	0	6	2	4
GT66	3	1	2	2	0	2
GT68	0	0	0	2	0	2
GT92	3	2	1	1	0	1
总量	301	138	163	218	76	142

18.3.4 实时荧光定量 PCR（qRT-PCR）验证

随机选择 12 个与黏液多糖合成相关基因进行 qRT-PCR 验证（图 18-11），以评估转录组测序（RNA-seq）结果的准确性。结果表明，qRT-PCR 和 RNA-Seq 结果基本一致，说明测序结果准确，本章中对 DEG 的分析可靠。

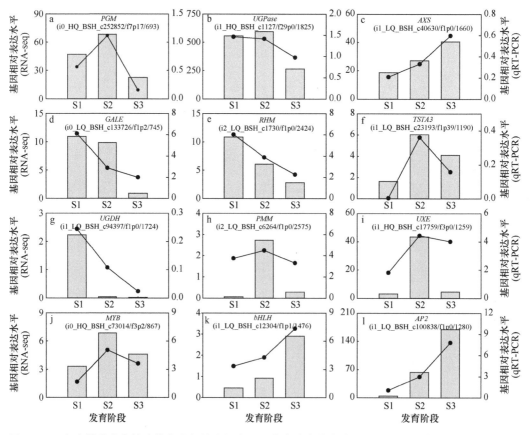

图 18-11 白沙蒿黏液多糖生物合成相关基因在不同发育阶段的表达水平验证（引自 Han et al., 2020）

左 *Y* 轴表示 RNA-seq 获得的表达水平（FPKM）的条形图，右 *Y* 轴表示 qRT-PCR 定量的 mRNA 水平的折线图

18.4 本 章 小 结

本章结果表明，白沙蒿每千粒成熟种子黏液含量为 0.36g，占种子重量的 38.30%，花后 10～30d 为白沙蒿种子黏液快速积累期。花后 10～30d，*AsNAM* 起主要作用，与 *AsAP2* 共同促进黏液大量积累；花后 30～70d，*AsNAM* 和 *AsAP2* 对黏液积累的促进作用减弱，同时 *AsTTG1* 促进 *AsKNAT7* 上调，从而抑制黏液积累，黏液含量无进一步增加。葡萄糖、木糖、半乳糖、阿拉伯糖和甘露糖为黏液多糖的主要组分。PGM、UGPase 和 AXS 是白沙蒿种子黏液多糖合成中的关键酶，高表达的 *PGM* 和 *UGPase* 协同低表达的 *GALE*、*UGDH* 和 *RHM* 导致尿苷二磷酸-葡萄糖的积累；高表达的 *AXS* 协同低表达的 *UXE* 导致尿苷二磷酸-木糖积累，最终白沙蒿多糖的最主要组分为葡萄糖和木糖。

参 考 文 献

Bai Y, Dougherty L, Cheng L, et al. 2015. Uncovering co-expression gene network modules regulating fruit acidity in diverse apples. BMC Genomics, 16(1): 612.

Bangle D N, Walker L R, Powell E A. 2008. Seed germination of the invasive plant *Brassica tournefortii* (Sahara mustard) in the mojave desert. Western North American Naturalist, 68(3): 334-342.

Bhargava A, Ahad A, Wang S, et al. 2013. The interacting MYB75 and KNAT7 transcription factors modulate secondary cell wall deposition both in stems and seed coat in *Arabidopsis*. Planta, 237(5): 1199-1211.

Capitani M I, Nolasco S M, Tomas M C. 2016. Stability of oil-in-water (O/W) emulsions with chia (*Salvia hispanica* L.) mucilage. Food Hydrocolloids, 61: 537-546.

Dean G, Cao Y, Xiang D, et al. 2011. Analysis of gene expression patterns during seed coat development in *Arabidopsis*. Molecular Plant, 4(6): 1074-1091.

Francoz E, Ranocha P, Burlat V, et al. 2015. *Arabidopsis* seed mucilage secretory cells: regulation and dynamics. Trends in Plant Science, 20(8): 515-524.

Golz J F, Allen P J, Li S F, et al. 2018. Layers of regulation-insights into the role of transcription factors controlling mucilage production in the *Arabidopsis* seed coat. Plant Science, 272: 179-192.

Gonzalez A, Mendenhall J Y. 2009. TTG1 complex MYBs, MYB5 and TT2, control outer seed coat differentiation. Developmental Biology, 325(2): 412-421.

Han X X, Zhang L J, Miao X M , et al. 2020. Transcriptome analysis reveals the molecular mechanisms of mucilage biosynthesis during *Artemisia sphaerocephala* seed development. Industrial Crops and Products, 145: 111991.

Han X X, Zhang L J, Niu D C et al. 2021. Transcriptome and co-expression network analysis reveal molecular mechanisms of mucilage formation during seed development in *Artemisia sphaerocephala*. Carbohydrate Polymers, 251: 117044.

Hu D D, Zhang S D, Baskin J M, et al. 2019. Seed mucilage interacts with soil microbial community and physiochemical processes to affect seedling emergence on desert sand dunes. Plant Cell Environ, 42(2): 591-605.

Huang Z, Boubriak I, Osborne D J, et al. 2008. Possible role of pectin-containing mucilage and dew in repairing embryo DNA of seeds adapted to desert conditions. Annals of Botany, 101(2): 277-283.

Ji S L, Liu R, Ren M F, et al. 2015. Enhanced production of polysaccharide through the overexpression of homologous uridine diphosphate glucose pyrophosphorylase gene in a submerged culture of lingzhi or reishi medicinal mushroom, *Ganoderma lucidum* (Higher Basidiomycetes). International Journal of Medicinal Mushrooms, 17(5): 435-442.

Jun H, Danisha D B, Elahe E, et al. 2011. The *Arabidopsis* transcription factor LUH/MUM1 is required for extrusion of seed coat mucilage. Plant Physiology, 156(2): 491-502.

Langfelder P, Horvath S. 2008. WGCNA: an R package for weighted correlation network analysis. BMC Bioinformatics: 9.

Lee M O, Yang C C, Su J C, et al. 2005. Biochemical characterization of rice sucrose phosphate synthase under illumination and osmotic stress. Botanical Bulletin of Academia Sinica, 46(1): 43-52.

Li E, Bhargava A, Qiang W, et al. 2012. The Class II KNOX gene KNAT7 negatively regulates secondary wall formation in *Arabidopsis* and is functionally conserved in Populus. New Phytologist, 194(1): 102-115.

Li N, Wang L, Zhang W, et al. 2014. Overexpression of UDP-glucose pyrophosphorylase from *Larix gmelinii* enhances vegetative growth in transgenic *Arabidopsis thaliana*. Plant Cell Reports, 33(5): 779-791.

Li P, Li Y J, Zhang F J, et al. 2017. The *Arabidopsis* UDP-glycosyltransferases UGT79B2 and UGT79B3, contribute to cold, salt and drought stress tolerance via modulating anthocyanin accumulation. Plant Journal, 89(1): 85-103.

Osmani S A, Bak S, Imberty A, et al. 2008. Catalytic key amino acids and UDP-sugar donor specificity of a plant glucuronosyltransferase, UGT94B1: molecular modeling substantiated by site-specific mutagenesis and biochemical analyses. Plant Physiology, 148: 1295-1308.

Phan J L, Tucker M R, Shi F K, et al. 2016. Differences in glycosyltransferase family 61 accompany variation in seed coat mucilage composition in *Plantago* spp. Journal of Experimental Botany, 67(22): 6481-6495.

Rehman H M, Nawaz M A, Le B, et al. 2016. Genome-wide analysis of Family-1 UDP-glycosyltransferases in soybean confirms their abundance and varied expression during seed development. Journal of Plant Physiology, 206: 87-97.

Ross J, Li Y, Lim E, et al. 2001. Higher plant glycosyltransferases. Genome Biology, 2(2): reviews3004.1.

Soto-Cerda B J, Cloutier S, Quian R, et al. 2018. Genome-wide association analysis of mucilage and hull content in Flax (*Linum usitatissimum* L.) seeds. International Journal of Molecular Sciences, 19(10): 2870.

Sun M Y, Li J Y, Li D, et al. 2018. Full-length transcriptome sequencing and modular organization analysis of the naringin/neoeriocitrin-related gene expression pattern in *Drynaria roosii*. Plant and Cell Physiology, 59(7): 1398-1414.

Sun Y, Tan D Y, Baskin C C, et al. 2012. Role of mucilage in seed dispersal and germination of the annual ephemeral *Alyssum minus* (Brassicaceae). Australian Journal of Botany, 60(5): 439.

Tadashi K, Nobutaka M, Masaru O T, et al. 2008. NAC family proteins NARS1/NAC2 and NARS2/NAM in the outer integument regulate embryogenesis in *Arabidopsis*. Plant Cell, 20(10): 2631.

Wang S, Wang B, Hua W, et al. 2017. *De novo* assembly and analysis of polygonatum sibiricumtranscriptome and identification of genes involved in polysaccharide biosynthesis. International Journal of Molecular Sciences, 18(9): 1950.

Warrand J, Michaud P, Picton L, et al. 2005. Structural investigations of the neutral polysaccharide of *Linum usitatissimum* L. seeds mucilage. International Journal of Biological Macromolecules, 35(3-4): 121-125.

Western T L, Skinner D J, Haughn G W. 2000. Differentiation of mucilage secretory cells of the *Arabidopsis* seed coat. Plant Physiology, 122(2): 345-355.

Western T L, Young D S, Dean G H, et al. 2004. MUCILAGE-MODIFIED4 encodes a putative pectin biosynthetic enzyme developmentally regulated by APETALA2, TRANSPARENT TESTA GLABRA1, and GLABRA2 in the *Arabidopsis* seed coat. Plant Physiology, 134(1): 296-306.

Western T L. 2006. Changing spaces: the *Arabidopsis* mucilage secretory cells as a novel system to dissect cell wall production in differentiating cells. Plant and Cell Physiology, 84(4): 622-630.

Yang X, Baskin C C, Baskin J M, et al. 2012a. Degradation of seed mucilage by soil microflora promotes early seedling growth of a desert sand dune plant. Plant Cell and Environment, 35(5): 872-883.

Yang X, Baskin C C, Baskin J M, et al. 2013. Hydrated mucilage reduces post-dispersal seed removal of a sand desert shrub by ants in a semiarid ecosystem. Oecologia, 173(4): 1451-1458.

Yang X, Baskin J M, Baskin C C, et al. 2012b. More than just a coating: ecological importance, taxonomic occurrence and phylogenetic relationships of seed coat mucilage. Perspectives in Plant Ecology Evolution and Systematics, 14(6): 434-442.

Yang X, Zhang W, Dong M, et al. 2011. The achene mucilage hydrated in desert dew assists seed cells in maintaining DNA integrity: adaptive strategy of desert plant *Artemisia sphaerocephala*. PLoS One, 6(9): e24346.

Zhang J, He C, Wu K, et al. 2016. Transcriptome analysis of dendrobium officinale and its application to the identification of genes associated with polysaccharide synthesis. Frontiers in Plant Science, 7: 5.

第四篇

抗逆内生真菌学

第 19 章 内生真菌与乡土草抗采食

田　沛　李春杰　张兴旭　南志标　宋秋艳　梁　莹

19.1 引　言

　　禾草内生真菌是指在禾草中度过全部或大部分生命周期,而禾草不显示外部症状的一类真菌(南志标和李春杰,2004)。目前已在全世界 80 属的 300 多种禾草中发现内生真菌(Saikkonen et al.,2013),并分离鉴定出 45 个 *Epichloë* 属内生真菌(Campbell et al.,2017;Leuchtmann et al.,2014)。我国学者已在 21 属 77 种禾草中发现了 *Epichloë* 属内生真菌,分离并鉴定出 9 个(Chen et al.,2019;Song and Nan,2015)。国际上有关禾草内生真菌的研究报道很多,但以美国高羊茅(*Festuca arundinacea*)-内生真菌(*E. coenophiala*)和新西兰多年生黑麦草(*Lolium perenne*)-内生真菌(*E. festucae* var. *lolii*)的研究最为集中(南志标和李春杰,2004)。研究表明,*Epichloë* 属内生真菌的侵染可以增强宿主抗旱性(Xia et al.,2018)、耐盐性(Chen et al.,2019)、耐涝性(Song et al.,2015b)、耐重金属能力(Zhang et al.,2010)、耐低氮性(Wang et al.,2018)和营养物质的吸收,促进宿主的生长并提高竞争力(Malinowski et al.,2011);也可以通过产生生物碱增强宿主对昆虫(Popay et al.,1995)、线虫(Latch,1993)、家畜(南志标和李春杰,2004)、病原物(Li et al.,2018;Ma et al.,2015)等的抗性,但内生真菌也会影响宿主的可食性或适口性,减少被植食性动物特别是家畜的选择性采食,进而影响草地植物群落演替(Clay and Holah,1999),改变食物链结构(Yao et al.,2015;Johnson et al.,2013)。草地农业生态系统中,禾草-内生真菌-家畜的关系反映了植物与微生物、植物与动物、微生物与动物之间错综复杂的关系(南志标和李春杰,2004)。了解和利用内生真菌与禾草形成的互惠互利共生体所具有的抗虫、抗旱、生长迅速、竞争性强的优点,避免或减轻其产生的有毒物质给草地畜牧业生产造成巨大损失,是当前草地农业生产管理中面临的重要课题之一。

　　国际上,有关内生真菌提高禾草抗旱性、促进生长的研究较多,对耐盐性、抗病性、耐寒性等方面的研究较少;对栽培牧草研究较多,而对天然草地禾草研究较少;现象研究多,机制探讨少。本团队就我国天然草地禾草内生真菌及其提高宿主抗生物与非生物逆境、促进生长等方面进行了系统的研究,明确了部分抗逆机理,为最终利用内生真菌进行种质创新与新品种选育提供了科学依据。

　　醉马草(*Achnatherum inebrians*)是我国北方天然草原的主要乡土草种和烈性毒草之一,广泛分布于甘肃、新疆、内蒙古、青海、西藏和宁夏等省(区)(史志诚,1997)

及蒙古国（新疆八一农学院，1982）。在连续两个国家重点基础研究发展计划（973 计划）项目的资助下，我们对醉马草内生真菌的多样性、提高宿主抗逆性及其机制、对草食动物的毒性等方面进行了系统的研究（图 19-1）。其一系列研究成果代表了我国在禾草内生真菌研究领域的最高水平，使我国的醉马草-内生真菌研究与美国的高羊茅-内生真菌研究、新西兰的多年生黑麦草-内生真菌研究成为国际三大研究分支，由此也引起了国内外的广泛关注，2012 年在我国兰州由本团队成功主办了第八届国际禾草内生真菌大会（The 8th International Symposium on Fungal Endophytes of Grasses，ISFEG）。

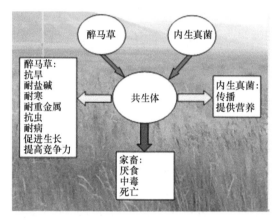

图 19-1　醉马草-内生真菌共生体的互作关系（引自南志标和李春杰，2004）

本章通过对醉马草内生真菌共生体产生的麦角新碱（ergonovine）和麦角酰胺（ergine）的研究，明确了其对昆虫和草食家畜的致毒机制。通过内生真菌-禾草-草食动物的互作研究，证实了内生真菌侵入宿主产生麦角类生物碱是致使采食醉马草家畜中毒的真正原因，明确了家兔（*Oryctolagus cuniculus*）和小尾寒羊（*Ovis aries*）的中毒及致死剂量，在毒物学和毒理学水平明确了醉马草对家畜的毒害作用（Liang et al.，2017；梁莹，2011；李春杰等，2009；李春杰，2005）。本章中，有关数据变化或数据组间差异的显著或不显著，分别为 $P<0.05$ 或 $P>0.05$ 水平。

19.2　生　物　碱

19.2.1　多样性

内生真菌与禾草共生时，能产生多种次生代谢产物，其中生物碱以吲哚双萜类[indolditerpene，以震颤素 B（lolitrem B）为代表]、吡咯并吡嗪类[pyrrolopyrazine，以波胺（peramine）为代表]、麦角碱类[ergot，以麦角缬碱（ergovaline）为代表]和饱和吡咯化合物[pyrrolizidine，以黑麦草碱（loline）为代表]这四大类为代表（Schardl et al.，2004）。大量研究表明，震颤素和麦角缬碱生物碱对哺乳动物有很强的毒性，分别是引致黑麦草蹒跚病（ryegrass stagger）和狐茅中毒症（fescue toxicosis）的主要原因（Paterson et al.，1995；Prestidge，1993；Schmidt and Osborn，1993；Siegel et al.，1987）。研究发现，被内生真菌侵染的新疆醉马草中存在大量的麦角酰胺和麦角新碱（李春杰，2005；Miles et al.，1996）。从醉马草内生真菌——甘肃内生真菌（*E. gansuensis*）液体发酵产物中也能检测到麦角新碱和麦角酰胺，但尚未检测到其他类型生物碱（高嘉卉，2006）。Zhang 等（2014）对带菌醉马草进行浸泡，通过萃取以及现代各种分离方法得到了纯的麦角新碱和异麦角新碱（ergonovinine）。目前从带有内生真菌的醉马草分离获得的生物碱有麦角酰胺和麦角新碱及其异构体（Zhang et al.，2014；Miles et al.，1996）。

通过对其他麦角类真菌的研究，有关麦角碱类化合物的合成途径以及主要调控酶和编码基因已被阐明（图 19-2）（Chen et al.，2015；Schardl et al.，2013）。麦角碱类化合物的合成途径包含多种化合物，由多个基因共同调控，而其代谢途径中的前体物质以及终产物均对家畜具有毒性（Lehner et al.，2005）。这些化合物显著抑制了动物细胞依赖于 Na^+/K^+ 和 Mg^{2+} 离子通道的两种 ATP 酶，或与 D2 多巴胺相结合而抑制 AMP 循环（Moubarak et al.，2003；Larson et al.，1999；Browning et al.，1997），从而使动物体温升高，采食量减少，体重、催乳激素及牛奶产量降低（Bush et al.，1997）。通过对前体物质进行分离纯化和毒性检测，发现 ergoamide 及其衍生物主要对动物神经产生影响，麦角肽（ergopeptine）主要促进血管收缩和减少催乳激素分泌，其中麦角缬碱和麦角胺

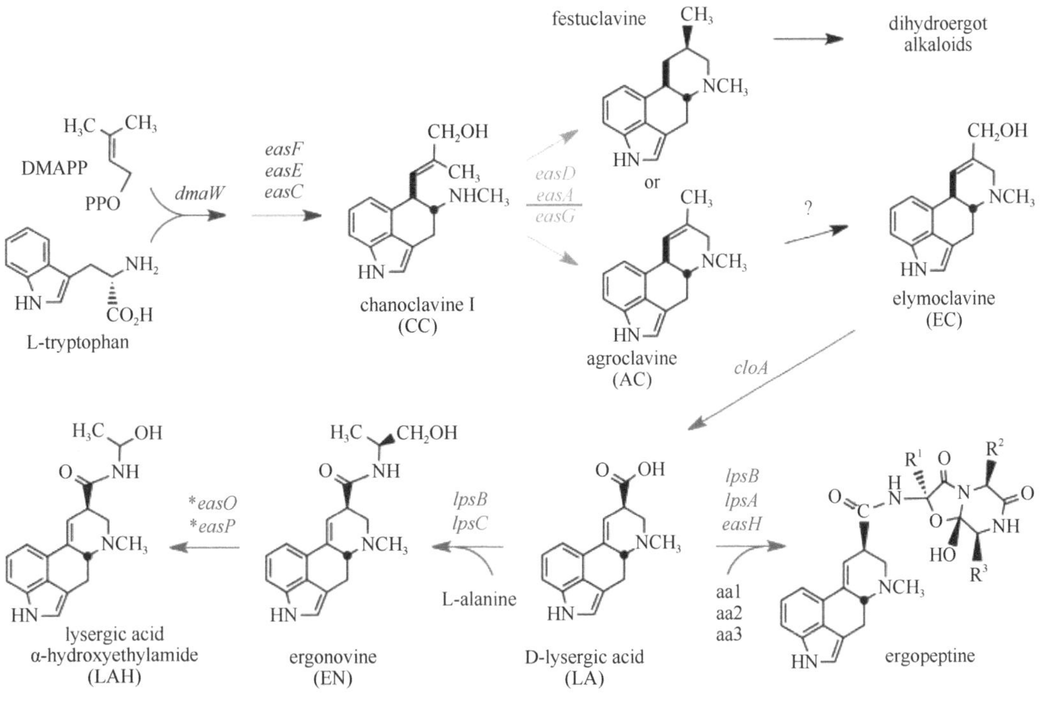

图 19-2　麦角碱生物合成途径及调控基因（引自 Schardl et al.，2013）

箭头表示需要一个或多个基因产物催化完成该步骤。蓝色箭头和基因表示合成第一个完整环化中间产物骨架的步骤，*easA* 基因的变化决定了麦角灵（ergoline）的骨架是羊茅麦角碱（festuclavine）还是田麦角碱（agroclavine，AC）。红色箭头和基因表示对环状骨架的装饰，产生不同的麦角灵。*表示在雀稗麦角菌（*Claviceps paspali*）、醉马草内生真菌（*E. inebrians*）和 *Periglandula ipomoeae* 基因组序列中新发现的基因。L-tryptophan. 左旋色氨酸；chanoclavine I(CC). 裸麦角碱 I；dihydroergot alkaloids. 二氢麦角生物碱；elymoclavine(EC). 野麦角碱；D-lysergic acid(LA). 麦角酸；L-alanine. 左旋丙氨酸；ergonovine. 麦角新碱；lysergic acid α-hydroxyethylamide(LAH). 羟乙基麦角酰胺；ergopeptine. 麦角肽

（ergotamine）具有最强的血管收缩和与 D2 多巴胺结合的能力。这些研究证明了麦角碱类化合物合成途径的前体物质对家畜也具有毒性，因此对醉马草麦角碱合成前体物质的种类及含量仍需开展进一步研究。

目前已完成了与醉马草共生的两种内生真菌——甘肃内生真菌（*E. gansuensis*）和醉马草内生真菌（*E. inebrians*）的全基因测序。根据全基因测序拼接结果和对生物碱产碱基因、合成路线、调控途径的分析（Chen et al.，2015；Schardl et al.，2004），发现醉马草内生真菌仅有麦角碱类合成途径的所有基因，而不具有其他三大类生物碱合成的任何基因，这与它只产生麦角碱的特性保持一致（图 19-3）。虽然甘肃内生真菌与醉马草共生产生麦角碱，但是却未在其全基因序列中发现麦角碱类合成途径基因，因此甘肃内生真菌与宿主醉马草如何共同调控麦角碱生物碱合成还有待进一步深入研究。甘肃内生真菌还具有吲哚双萜类前期合成途径的部分基因，可能具有合成其前体物质雀稗灵（Paspaline）、雀稗灵 B、13-desoxypaxilline 和蕈青霉素（paxilline，PAX）等化合物的能力，并且已检测到醉马草共生体产生蕈青霉素（Chen et al.，2015；Schardl et al.，2013）。甘肃内生真菌还具有合成饱和吡咯化合物的 *lolA* 基因和部分假基因（图 19-3），但不具有合成吡咯并吡嗪类的基因，推测不能合成这种生物碱。醉马草内生真菌麦角碱类合成途径所有基因在染色体位置与其他已知的 *Epichloë* 属内生真菌差别较大，却与麦角菌（*Claviceps* spp.）和与牵牛花（morning-glory，*Pharbitis nil*）共生的内生真菌 *Periglandula ipomoeae* 较为相似（图 19-4）。但是与这两种内生真菌不同的是，醉马草内生真菌麦角碱类合成途径基因（*EAS*）分成两个基因簇，与端粒距离不同。醉马草内生真菌虽然缺乏吲哚双萜类化合物合成途径基因（*IDT*），但是有两个冗余的 *IDT* 假基因（*idtC* 和 *idtB*）与 *EAS* 基因相连（图 19-4）。

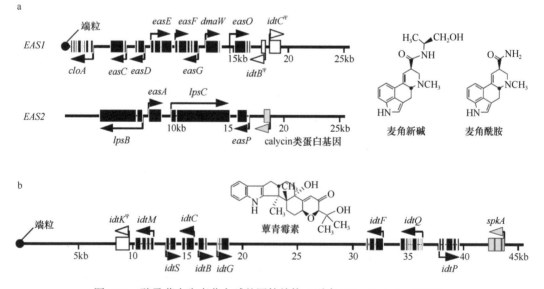

图 19-3　醉马草内生真菌产碱基因簇结构（引自 Schardl et al.，2013）

黑框表示生物碱合成基因编码序列，灰框表示基因簇附近的其他基因编码序列，箭头表示转录方向，黑圆点表示染色体末端的端粒重复序列。坐标标尺是从基因组片段重叠群末端开始的千碱基对（kb）。a. 醉马草内生真菌菌株 e818 和 e7478 的麦角碱合成基因簇（*EAS*），该菌株与醉马草共生产生麦角酰胺和麦角新碱；b. 甘肃内生真菌菌株 e7080 的吲哚双萜类化合物合成基因簇（*IDT*），该菌株与醉马草共生产生蕈青霉素化合物

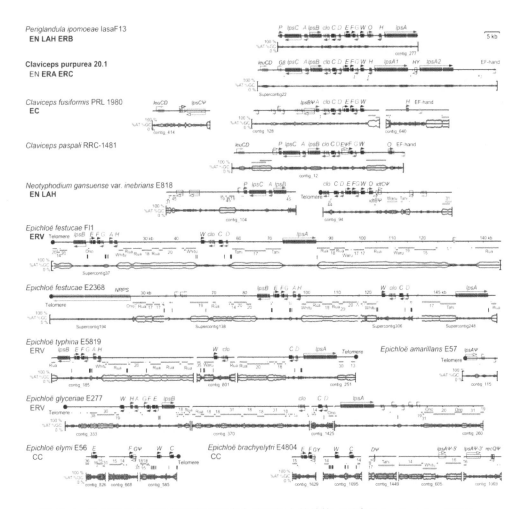

图 19-4　麦角碱类合成途径所有基因在全基因组上的结构（引自 Schardl et al.，2013）

每个谱图上从上到下分别代表基因名字，重复数目，微型反向重复转座基因（miniature inverted repeat transposable element，MITE），AT（红）和 GC（蓝）含量。每一个基因用一个或者多个小框表示外显子编码基因，箭头表示转录方向。双斜线表示组装后的基因组序列 scaffolds 的未知曲线，与端粒的距离用 kb 表示，基因谱图下方的箭头重复序列，箭头的标注或数字表示不同物种间重复序列的关系。基因谱图下方表示 MITEs，基因名称用合成途径中的缩写，A 到 P 从 easA 到 easP，W 表示 dmaW，clo 表示 cloA，合成麦角灵环状系统（骨架）到裸麦角碱 I 的基因（W、F、E 和 C）用深蓝色表示，到田麦角碱的基因（D、A 和 G）用淡蓝色表示，后续合成基因（clo、H、O、P、lpsA、lpsB 和 lpsC）用红色表示。确定的基因簇侧翼序列基因用灰色箭头，假基因用空箭头表示。每个菌株合成途径的主要产物在每个菌株名称下面，黑色加粗表示代谢物已检测到。缩写分别代表以下化合物：EN. 麦角新碱；LAH. 羟乙基麦角酰胺；ERB. Ergobalansine；ERA. 麦角胺；ERC. 麦角隐亭（ergocryptine）；EC. 野麦角碱；ERV. 麦角缬碱；CC. 裸麦角碱 I。C. paspali 产生 LAH，但是根据菌株测序结果，由于缺乏 easE 基因不合成该产物

这些基因组信息分析表明醉马草内生真菌在 *Epichloë* 属中比较特殊，对醉马草内生真菌的毒性物质以及生物碱合成途径的前体物质仍需进一步检测。

19.2.2　与抗逆的关系

内生真菌可以提高宿主植物的抗逆性，如提高其抗寒、抗旱、耐涝、耐盐、耐重金

属胁迫的能力，增强对植物病原菌的抗性，阻抑昆虫采食，增强自身生长以及抗采食等，这些抗性作用来源于内生真菌所产生的次生代谢产物，如生物碱——波胺和黑麦草碱对昆虫显示出杀虫活性，非生物碱混合肽聚酮（dahurelmusin A）和大环多肽环孢菌素 T 分别对蚜虫与植物病原菌具有毒性（Song et al.，2017）及强的抑制作用（Song et al.，2015a）。同时有些内生真菌-禾草共生体产生的生物碱（震颤素和麦角碱），虽然可以提高宿主植物的非生物抗性，然而牲畜误食这些禾草植物之后会引起中毒现象（Hoveland，1993；Schmidt and Osborn，1993；Clay，1990）。在我国，关于家畜采食内生真菌侵染的禾本科植物引起中毒方面的研究也发展迅速。任继周等发现家畜采食醉马草引起的中毒症状有精神呆钝、蹒跚如醉等（霍曼，1992；任继周，1954），这些症状与牛的狐茅中毒症类似。狐茅中毒症包括发热、厌食、步履不稳、生长速度下降，由于调节体温能力下降，受孕率和幼崽断奶时体重降低，该症状是内生真菌感染的高羊茅产生麦角碱的毒性所致（Clay，1990）。通过饲喂试验发现带内生真菌（E+）的醉马草草粉对家兔（李春杰等，2009；李春杰，2005）和小尾寒羊具有明显的致毒作用（Liang et al.，2017；梁莹，2011），而不带内生真菌（E-）的草粉对供试动物无不良影响。

19.3　内生真菌阻抑昆虫取食

抗虫性是内生真菌的侵染给禾草带来的最有益特性之一（Popay and Bonos，2005；南志标和李春杰，2004）。带菌禾草增加抗虫性的原因可能主要是内生真菌在寄主体内产生对昆虫有强烈毒性的波胺和黑麦草碱。昆虫一般拒食含有生物碱的禾草，从而形成了对禾草的保护（南志标和李春杰，2004；Faeth et al.，2002；Siegel et al.，1987）。禾草-内生真菌共生体抗虫性的研究主要集中在多年生黑麦草和高羊茅上（Bultman and Murphy，2000；Breen，1994）。据不完全统计，带有内生真菌的禾草可以阻止或影响至少 36 属 56 种食草类害虫的取食（Li et al.，2007；Popay and Bonos，2005；南志标和李春杰，2004）。对醉马草内生真菌共生体的研究同样也发现，内生真菌能够提高醉马草对禾谷缢管蚜（*Rhopalosiphum padi*）、朱砂叶螨（*Tetranychus cinnabarinus*）、亚洲小车蝗（*Oedaleus decorus asiaticus*）和针毛收获蚁（*Messor aciculatus*）的抗性（Zhang et al.，2012；张兴旭，2012，2008；Li et al.，2007）。

19.3.1　内生真菌阻抑禾谷缢管蚜

19.3.1.1　室内盆栽植株的虫口密度

内生真菌侵染（E+）和未侵染（E-）的醉马草植株在花盆里生长 2 个月后，在人工气候室进行水分处理，包括干旱胁迫（30%最大土壤饱和持水量；WHC）和正常水分条件（50% WHC）两个处理，于 2006 年 2～5 月调查统计 E+和 E-植株上禾谷缢管蚜的虫口密度（张兴旭，2008）。结果表明室内盆栽醉马草上禾谷缢管蚜的发生从 3 月 1 日开始，到 5 月 17 日结束。在禾谷缢管蚜的自然消亡过程中，无论是在干旱胁迫还是在正常的水分条件下，E+植株上的虫口密度始终显著低于 E-植株（表 19-1），说明内生真菌阻抑了蚜虫采食。同期的 E+植株两个水分处理之间差异不显著。同期的 E–植株两个水分处理之间的差异在不同时期发生变化，3 月 1 日至 4 月 20 日，除 3 月 20 日和 4 月 10 日外正常水分条件下的虫口密度要显著高于干旱胁迫，4 月 30 日彼此没有显著差异，而 5 月 10 日干旱胁迫下虫口密度则显著高于正常水分条件下的虫口密度（表 19-1）。在禾谷缢管蚜的自然消亡过程中，随着时间的变化，E+和 E–植株上的虫口密度均呈先上升后下降的趋势。其中，3 月虫口密度比较稳定；4 月 10 日虫口密度显著增加，4 月下旬达到高峰期，随后逐渐下降（表 19-1）。这些虫口密度的观测说明干旱胁迫降低了禾谷缢管蚜的虫口密度，但是不论水分条件如何，内生真菌均阻抑了禾谷缢管蚜的取食，提高了宿主的抗虫性。

表 19-1　醉马草室内盆栽水分处理禾谷缢管蚜虫口密度比较（引自张兴旭，2008）

时间	干旱处理（30% WHC）		正常水分处理（50% WHC）	
	E+	E–	E+	E–
3 月 1 日	0.00±0.00b	1.51±0.59b	0.12±0.11b	3.860±1.13a
3 月 10 日	0.00±0.00b	0.65±0.32b	0.12±0.11b	3.860±1.13a
3 月 20 日	0.02±0.01b	2.44±0.77a	0.12±0.05b	3.660±1.04a
3 月 30 日	0.00±0.00c	1.77±0.79b	0.07±0.05c	3.940±0.79a
4 月 10 日	0.00±0.00b	4.04±1.06a	0.68±0.67b	6.680±1.54a
4 月 20 日	0.01±0.01c	5.14±1.53b	1.09±1.01c	10.17±1.77a
4 月 30 日	0.00±0.00b	7.60±2.11a	0.92±0.91b	4.350±0.67a
5 月 10 日	0.00±0.00b	0.93±0.22b	0.04±0.04b	0.130±0.07b

注：表中同一行的不同字母表示不同水分处理之间带菌与不带菌之间差异显著（$P<0.05$）

19.3.1.2　离体叶片接种后的虫口密度

取 5 月龄的 E+和 E–醉马草植株上的第 2 片叶子，取生育期相同的禾谷缢管蚜 20 头置于培养皿内，每皿放置新鲜的 6 片 E+叶片、6 片 E–叶片、E+和 E–各 3 片交替放置（E+/E–）作为 3 个处理，统计禾谷缢管蚜死亡率并记录试验持续时间（表 19-2）。结果表明，取食 E+叶片的蚜虫死亡率显著高于取食 E–叶片者，取食 E+/E–叶片的蚜虫的死亡率介于 E+和 E–处理之间，且同一皿中 E–叶片上禾谷缢管蚜的存活数显著高于 E+叶片上禾谷缢管蚜的存活数（图 19-5）。随着试验时间的延长，3 个处理的蚜虫死亡率均呈逐渐升高的趋势。到第 6 天以后，取食 E+叶片的蚜虫已经全部死亡，而取食 E–叶片的蚜虫仍有存活（表 19-2）。E+、E–以及 E+/E–之间存活时间有显著差异，E+/E–介于 E+和 E–之间（图 19-6）。蚜虫对 E+叶片的采食而导致其死亡时间较完全取食 E–、E+/E–混合取食叶片的时间提前。

表 19-2　禾谷缢管蚜接种带菌或（和）不带菌醉马草离体叶片后的死亡率（引自张兴旭，2008）（%）

时间	E–	E+	E+/E–
第 1 天	8.33±1.07b	16.94±1.57a	10.83±1.23b
第 2 天	26.94±1.08c	46.67±2.14a	34.72±1.83b
第 3 天	44.44±2.28c	73.33±1.62a	56.39±2.45b

续表

时间	E−	E+	E+/E−
第4天	58.89±2.57c	94.17±1.16a	72.51±2.86b
第5天	73.33±2.21c	99.72±0.28a	87.51±2.07b
第6天	86.39±2.67c	100.00±0.00a	94.72±1.43b
第7天	93.89±2.01b	100.00±0.00a	99.44±0.38a

注：表中同一行的不同字母表示3个处理（E+、E−、E+/E−）差异显著（P<0.05）

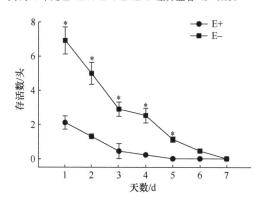

图 19-5 同一培养皿内 E+和 E−叶片上禾谷缢管蚜的存活数随天数变化（引自张兴旭，2008）
*表示带菌与不带菌差异显著（P<0.05）

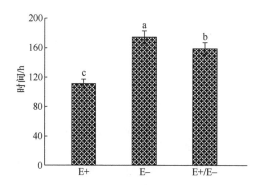

图 19-6 禾谷缢管蚜接种带菌与不带菌醉马草离体叶片后的存活时间（引自张兴旭，2008）

19.3.1.3 活体植株接种后的虫口密度

用采集的甘肃省甘南州夏河桑科草原和兰州市榆中县的醉马草种子建立 E+与 E−种群，取4周龄的禾谷缢管蚜接种到 E+和 E−植株上。试验开始时，每株4片叶子，每周统计植株上蚜虫的数量，前后持续8周（图19-7）。结果表明，4周龄禾谷缢管蚜在试验期内，随着时间的延长，E+和 E−植株上虫口数量均呈先增加后降低的趋势。第2周蚜虫虫口数目达到最大值，然后开始逐渐降低，到第7周虫口数量明显降低。其中，在试验的第1~6周，E−植株上虫口数量显著高于 E+植株上虫口数量，而第7周时 E+和 E−差异不显著。活体植株接种后的虫口密度变化说明采自两个地区的醉马草内生真菌均能抑制禾谷缢管蚜的生长，提高宿主的抗虫性。

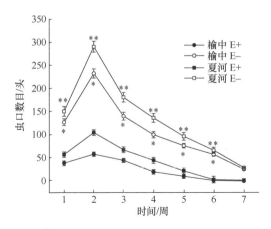

图 19-7 醉马草活体植株上禾谷缢管蚜的虫口数目（引自张兴旭，2008）
*表示榆中醉马草 E+ 与 E− 之间差异显著（$P<0.05$），**表示夏河醉马草 E+ 与 E− 之间差异显著（$P<0.05$）

19.3.2 内生真菌阻抑朱砂叶螨

19.3.2.1 室内盆栽植株的虫口密度

同样在干旱胁迫和正常水分条件下，于 2006 年 6～10 月调查统计 E+ 和 E−植株朱砂叶螨的虫口密度（表 19-3）。结果表明，室内盆栽醉马草上朱砂叶螨的发生自 7 月 6 日开始，到 10 月 4 日结束。在朱砂叶螨的自然消亡过程中，无论是在干旱胁迫还是在正常的水分条件下，除 7 月 20 日外，E+虫口密度始终显著低于 E−。在干旱条件下醉马草更容易被朱砂叶螨所危害（表 19-3）。在朱砂叶螨的自然消亡过程中，随着时间的变化，E+和 E−虫口密度均呈先上升后下降的趋势，9 月上旬达到高峰期，随后逐渐下降（表 19-3）。这说明，干旱胁迫降低了朱砂叶螨的虫口密度，但是不论水分条件如何，内生真菌均阻抑了朱砂叶螨的取食，提高了宿主的抗虫性。

表 19-3 醉马草室内盆栽水分处理下朱砂叶螨的虫口密度比较（引自张兴旭，2008）

时间	干旱处理（30% WHC）		正常水分处理（50% WHC）	
	E+	E−	E+	E−
7 月 6 日	0.27±0.08b	1.13±0.19a	0.16±0.04b	0.83±0.17a
7 月 13 日	0.41±0.11b	1.53±0.27a	0.11±0.04b	1.32±0.28a
7 月 20 日	0.02±0.01ab	0.30±0.17a	0.00±0.00b	0.16±0.09ab
7 月 28 日	0.00±0.00b	0.12±0.06a	0.00±0.00b	0.09±0.05a
8 月 5 日	0.00±0.00b	0.29±0.14a	0.00±0.00b	0.10±0.05ab
8 月 12 日	0.00±0.00b	0.39±0.17a	0.00±0.00b	0.12±0.06b
8 月 19 日	0.00±0.00b	1.03±0.38a	0.00±0.00b	0.86±0.25a
8 月 26 日	0.00±0.00b	1.42±0.44a	0.00±0.00b	0.74±0.29a
9 月 4 日	0.00±0.00b	2.27±0.62a	0.00±0.00b	1.95±0.46a
9 月 12 日	0.00±0.00b	2.81±0.69a	0.00±0.00b	1.92±0.55a
9 月 19 日	0.00±0.00b	0.95±0.28a	0.00±0.00b	0.19±0.09b
9 月 26 日	0.00±0.00b	0.08±0.04a	0.00±0.00b	0.00±0.00b
10 月 4 日	0.00±0.00a	0.00±0.00a	0.00±0.00a	0.00±0.00a

注：表中同一行的不同字母表示不同水分处理之间带菌与不带菌之间差异显著（$P<0.05$）

19.3.2.2 离体叶片接种后的虫口密度

取 5 月龄的 E+和 E−植株上的第 2 片叶子作为试验材料，取生育期相同的朱砂叶螨 100 头置于培养皿内进行选择性取食试验，分别统计 E+和 E−植株上的虫口数量来判断朱砂叶螨的取食喜好。E+叶片上朱砂叶螨的死亡数显著高于 E−叶片（图 19-8）。随着时间的延长，无论 E+还是 E−叶片，朱砂叶螨的死亡率均呈逐渐升高的趋势。取食 E−叶片的虫口数量显著高于取食 E+叶片的数量（图 19-9）。随着时间的延长，取食 E−叶片的虫口数量逐渐上升，取食 E+叶片的虫口数量逐渐下降（图 19-9）。说明在离体叶片条件下，内生真菌仍保持对朱砂叶螨的阻抑作用。

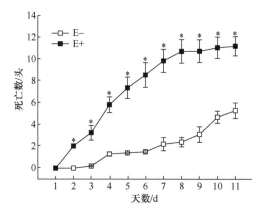

图 19-8　朱砂叶螨接种 E+、E−醉马草离体叶片的死亡数（引自张兴旭，2008）
*表示 E+和 E−之间差异显著（$P<0.05$）

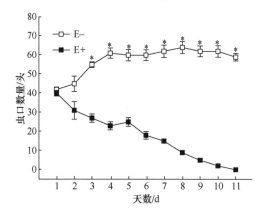

图 19-9　朱砂叶螨接种 E+、E−醉马草离体叶片的存活数（引自张兴旭，2008）
*表示 E+和 E−之间差异显著（$P<0.05$）

19.3.2.3 室外盆栽植株的虫口密度

从甘肃肃南和夏河移栽的多年生醉马草植株在室外盆栽两年后，进行干旱胁迫，设每 2d 浇水一次和每 4d 浇水一次两个处理。一周后开始对朱砂叶螨的虫口密度进行定期统计，统计时间为 2006 年 7～9 月（表 19-4）。结果表明，在两种不同水分处理下，来自两个地区的醉马草均表现为 E+植株的朱砂叶螨虫口密度显著低于 E−植株（表 19-4）。

而水分处理也影响虫口密度,部分时间 2d 浇水一次和 4d 浇水一次的处理之间虫口密度差异显著。随着时间的延长,E+和 E-虫口密度均呈先上升后下降的趋势。其中在前 3 周,虫口密度稳定增加到最大值,然后随着时间的延长逐渐减少。结果说明,浇水次数的增加降低了朱砂叶螨的虫口密度,但是不论水分条件如何,内生真菌均阻抑了朱砂叶螨的取食,提高了宿主的抗虫性。

表 19-4 室外盆栽 2d 一次和 4d 一次浇水处理下朱砂叶螨的虫口密度(引自张兴旭,2008)

时间	肃南				夏河			
	E+		E-		E+		E-	
	2d	4d	2d	4d	2d	4d	2d	4d
1 周	1.9±0.72c	3.30±0.91c	10.0±1.51b	15.5±2.32a	0.60±0.27c	1.80±0.51c	7.80±1.37b	10.8±1.98b
2 周	3.0±1.26cd	4.30±1.19cd	9.40±1.38b	14.8±2.24a	0.40±0.22a	3.0±0.82cd	7.1±1.24bc	13.7±2.02a
3 周	3.60±1.01d	5.60±1.19cd	10.3±2.39abc	15.0±2.29a	3.00±1.09d	6.0±0.76cd	9.2±1.31bc	13.1±2.35ab
4 周	1.90±0.64c	3.80±1.07bc	6.20±1.28ab	7.70±1.07a	2.00±0.75c	3.3±0.83bc	5.7±1.01ab	8.50±0.96a
5 周	2.70±0.81c	3.80±0.87bc	6.10±0.93ab	7.30±1.28a	2.90±0.79c	4.1±0.96bc	7.30±0.96a	9.00±1.34a
6 周	2.10±0.71d	2.90±0.91cd	4.50±0.62bc	5.80±0.74ab	1.90±0.53d	2.7±0.65cd	5.6±0.83ab	7.00±0.77a
7 周	2.70±0.81d	3.80±0.87bc	6.10±0.93a	7.30±1.28a	2.90±0.79d	4.1±0.96bc	7.30±0.96a	9.00±1.34a

注:表中同一行的不同字母表示同一地区不同处理之间差异显著($P<0.05$)

19.3.2.4 田间栽培植株的虫口密度

以兰州地区生长 2 年的醉马草为研究对象,于 2006 年 6~10 月分别调查统计 E+和 E-植株朱砂叶螨的虫口密度。结果表明,朱砂叶螨的发生从 6 月 10 日开始,到 10 月 30 日结束(图 19-10)。随着时间的变化,E+和 E-植株上虫口密度均呈先上升后下降的趋势。其中,6 月虫口密度稳定增加,到 7 月 10 日达到最大值,在稳定到 7 月底后又显著降低,直至 10 月底不再有害螨发生(图 19-10)。在朱砂叶螨的自然消亡过程中,E+上的虫口密度始终显著低于 E-(图 19-10)。这说明,在田间自然生长条件下,内生真菌侵染提高了宿主醉马草的抗虫性,在其自然发生过程中显著降低了 E+植株上的害虫数目。

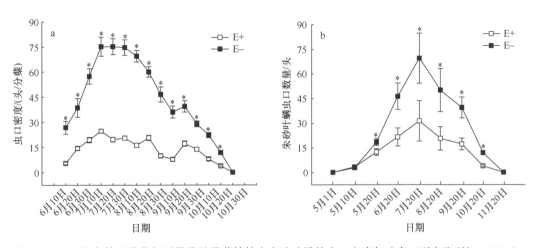

图 19-10 田间条件下带菌与不带菌醉马草植株上朱砂叶螨的虫口密度年动态(引自张兴旭,2008)

*表示图中同一时期 E+与 E-之间差异显著($P<0.05$)

19.3.3 醉马草内生真菌对昆虫产生毒性的机制

19.3.3.1 生物碱

通过对其他内生真菌共生体尤其是多年生黑麦草和高羊茅的研究，发现内生真菌提高宿主的抗虫性是因为内生真菌产生对昆虫有强烈毒性的生物碱波胺和黑麦草碱。这些生物碱可直接导致昆虫神经系统紊乱而死亡，或者在昆虫体内累积，影响其对食物的消化利用，延缓生长发育，降低存活率，并进一步降低产卵和孵化率，从而降低昆虫数目（Porter，1995；Ball et al.，1994；Prestige，1982）。虽然醉马草内生真菌不产生波胺和黑麦草碱，但推测麦角新碱和麦角酰胺可能同时有助于提高宿主植物醉马草的抗虫性，并且甘肃内生真菌与醉马草共生时，还能产生蕈青霉素（Chen et al.，2015；Schardl et al.，2013），该化合物能延缓幼虫的生长和发育。张兴旭（2008）通过对甘肃兰州市、甘南州夏河县和张掖市肃南县醉马草生物碱含量变化的研究，阐明了麦角新碱和麦角酰胺在醉马草生长过程中含量的变化（图 19-11），确定了麦角新碱、麦角酰胺与醉马草抗虫性的相关性。但随着生长期的延长，麦角新碱和麦角酰胺的含量显著下降，两种生物碱含量各生长阶段之间差异显著（图 19-11）。

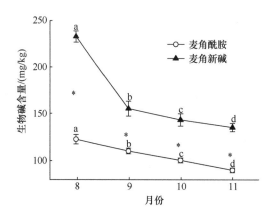

图 19-11 田间条件下醉马草 8～11 月麦角新碱和麦角酰胺含量的变化（引自张兴旭，2008）
*表示同一生长时期两种生物碱差异显著，不同小写字母表示同一种生物碱不同生长时期差异显著（$P<0.05$）

其中，禾谷缢管蚜接种后的夏河和肃南醉马草中麦角新碱与麦角酰胺含量在生长季均呈逐渐增长趋势，但麦角新碱的含量一直显著高于麦角酰胺的含量（图 19-12）。同一种生物碱在 6 月、7 月之间和 8 月、9 月之间均无显著差异；但前者与后者之间差异显著。麦角酰胺和麦角新碱的含量，在同一取样时间夏河和肃南之间差异均不显著（图 19-12）。

不同浇水处理后，盆栽多年生肃南和夏河醉马草植株中麦角新碱的含量均显著高于麦角酰胺的含量（图 19-13）。同一种生物碱在 2d 一次和 4d 一次的两个浇水处理之间无显著差异（图 19-13）。

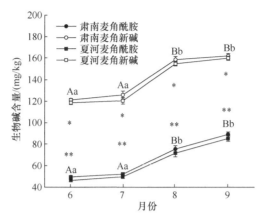

图 19-12　盆栽肃南和夏河醉马草幼苗生物碱含量变化（引自张兴旭，2008）

*表示同一生长时期肃南两种生物碱差异显著，**表示同一生长时期夏河两种生物碱差异显著，不同大写字母表示肃南同
一种生物碱不同生长时期差异显著（$P<0.05$），不同小写字母表示夏河同一种生物碱不同生长时期差异显著（$P<0.05$）

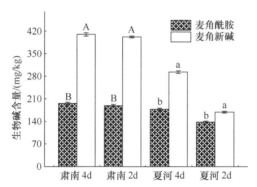

图 19-13　盆栽肃南和夏河多年生醉马草中生物碱含量（引自张兴旭，2008）

图中不同大写字母表示肃南醉马草生物碱在 $P<0.05$ 水平上差异显著；图中不同小写字母表示夏河醉马草生物碱在 $P<0.05$
水平上差异显著

　　进一步分析害虫与生物碱相关性发现：朱砂叶螨和禾谷缢管蚜的虫口密度与麦角新
碱和麦角酰胺含量之间呈显著负相关（图 19-14，图 19-15），即生物碱含量越高，植株
上虫口密度越低。这是首次通过醉马草植株上虫口密度的数量变化以及植株体内生物碱
含量的动态变化来探讨生物碱与醉马草抗虫性之间的关系。

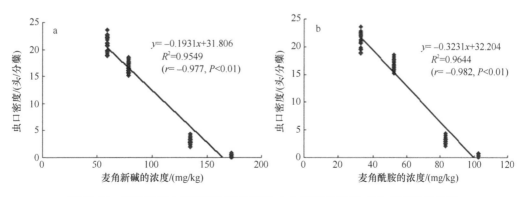

图 19-14　朱砂叶螨虫口密度与麦角新碱（a）和麦角酰胺（b）的相关性分析

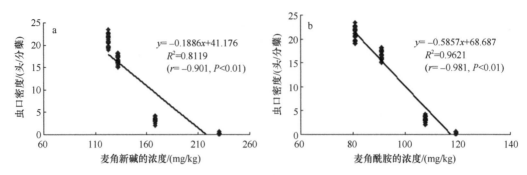

图 19-15　禾谷缢管蚜虫口密度与麦角新碱（a）和麦角酰胺（b）的相关性分析

19.3.3.2　昆虫采食条件下内生真菌对醉马草含水量的影响

除了生物碱的作用，内生真菌对醉马草植株的生理生化也有一定的影响，进而也会对昆虫的采食产生阻抑作用（张兴旭，2008；张兴旭等，2008）。取生育期大致相同的禾谷缢管蚜若虫，按 0 头/株、10 头/株和 20 头/株 3 个虫口密度接种于长势相同的醉马草植株上，并置于防虫网内培养，分别于接虫后 0d、2d、4d 和 6d 剪取受害植株叶片，测定其叶片含水量。结果表明，盆栽醉马草幼苗叶片的相对含水量均随着危害时间的延长而下降，同一处理的不同试验时间之间差异显著。不同危害时间醉马草幼苗叶片的相对含水量随着虫口密度的增加而降低（表 19-5），其中 2d、4d 和 6d，10 头/株和 20 头/株的两个虫口密度条件下叶片的相对含水量均显著高于对照（0d），部分时间两虫口密度之间有显著差异。第 0 天，各虫口密度下 E+ 与 E– 之间叶片含水量无显著差异；第 2 天，对照（0 头/株）和 10 头/株处理 E+ 与 E– 之间差异显著，而 20 头/株处理 E+ 与 E– 之间无显著差异；第 4 天，同一虫口密度处理 E+ 与 E– 之间无显著差异；第 6 天，10 头/株 E+ 与 E– 之间差异显著。这些结果说明，昆虫采食时，内生真菌的侵染提高了醉马草叶片的相对含水量，促进宿主生长。

表 19-5　禾谷缢管蚜危害对带菌与不带菌醉马草幼苗叶片相对含水量的影响（引自张兴旭，2008）

时间	虫口密度					
	0 头/株		10 头/株		20 头/株	
	E+	E–	E+	E–	E+	E–
0d	0.85abA	0.82bA	0.85abA	0.84abA	0.89aA	0.87abA
2d	0.87aA	0.82bA	0.78bB	0.73cB	0.70cdB	0.67dB
4d	0.88aA	0.83aA	0.56bC	0.51bC	0.45cC	0.43cC
6d	0.87aA	0.84aA	0.49bD	0.42cD	0.37cdD	0.34dD

注：同一行数据后不同小写字母表示同一时间 6 个处理间在 $P<0.05$ 水平上差异显著；同一列数据后不同大写字母表示同一处理不同时间之间在 $P<0.05$ 水平上差异显著

19.3.3.3　昆虫采食条件下内生真菌对醉马草叶绿素含量的影响

试验条件同上，接虫后 0d、2d、4d 和 6d 分别剪取受害植株叶片，测定叶片叶绿素含量。叶绿素 a、叶绿素 b 及总的叶绿素含量均随着虫口密度的增加而下降，10 头/株和

20 头/株两个处理在第 2 天、第 4 天和第 6 天时的叶绿素 a、叶绿素 b 及总的叶绿素含量均显著低于对照，且两虫口密度之间也存在显著差异（表 19-6）。内生真菌有助于提高采食条件下的叶绿素含量，第 4 天和第 6 天，两个虫口密度下 E+ 与 E− 之间差异显著。这说明内生真菌有效缓解了醉马草由于禾谷缢管蚜引起的叶绿素总量的下降趋势。以上结果表明，禾谷缢管蚜采食使植株叶绿素含量降低，但是内生真菌的侵染能缓解这种下降的趋势，进而提高醉马草植株的抗虫性。

表 19-6　禾谷缢管蚜危害对带菌与不带菌醉马草叶片叶绿素 a、b 及总含量的影响
（引自张兴旭，2008）　　　　　　　（单位：mg/g FW）

时间	叶绿素	虫口密度					
		0 头/株		10 头/株		20 头/株	
		E+	E−	E+	E−	E+	E−
0d	a	1.183a	1.005b	1.153a	0.999b	1.092ab	1.006b
	b	0.656a	0.653a	0.693a	0.681a	0.67a	0.655a
	a+b	1.841a	1.658b	1.846a	1.681b	1.762ab	1.662b
2d	a	1.169a	1.093b	0.907c	0.892c	0.811d	0.798d
	b	0.671a	0.669a	0.459b	0.445b	0.395c	0.375c
	a+b	1.841a	1.762b	1.366c	1.337c	1.206d	1.173d
4d	a	1.216a	1.153a	0.823b	0.658c	0.756b	0.586c
	b	0.697a	0.703a	0.397c	0.324d	0.357c	0.245e
	a+b	1.914a	1.857a	1.221b	0.982d	1.113c	0.832e
6d	a	1.275a	1.228a	0.764b	0.476d	0.685c	0.396e
	b	0.714a	0.716a	0.324b	0.214d	0.312b	0.115d
	a+b	1.989a	1.944a	1.088b	0.69d	0.997c	0.511e

注：同一行数据后不同字母表示在 $P<0.05$ 水平上差异显著

19.3.3.4　昆虫采食条件下内生真菌对醉马草抗氧化酶活性的影响

　　试验条件同上，接虫后 0d、2d、4d 和 6d 分别剪取受害植株叶片，测定叶片的超氧化物歧化酶（superoxide dismutase，SOD）和过氧化物酶（peroxidase，POD）含量。结果表明，只有当虫口密度为 20 头/株，危害时间在 4d 和 6d 时，E+ 植株的 SOD 活性显著低于 E− 植株，危害时间在 2d、4d 和 6d 时，E+ 植株的 POD 活性显著低于 E− 植株（表 19-7，表 19-8）。这说明，在一定的采食压力下，内生真菌降低宿主醉马草的抗氧化酶活性。

表 19-7　禾谷缢管蚜危害对带菌与不带菌醉马草叶片 SOD 活性的影响
（引自张兴旭，2008）　　　　　　　（单位：U/g FW）

时间	虫口密度					
	0 头/株		10 头/株		20 头/株	
	E+	E−	E+	E−	E+	E−
0d	175aA	177aA	173aD	175aD	173aD	175aC
2d	172dA	169dA	202cC	205bcC	214abC	221aB

时间	虫口密度					
	0 头/株		10 头/株		20 头/株	
	E+	E−	E+	E−	E+	E−
4d	174cA	170cA	214bB	224bB	226bB	247aA
6d	172dA	179dA	222cA	236bcA	241bA	261aA

注：同一行数据后不同小写字母同一时间 6 个处理间表示在 $P<0.05$ 水平上差异显著；同一列数据后不同大写字母表示在同一处理不同天数间 $P<0.05$ 水平上差异显著

表 19-8　禾谷缢管蚜危害对带菌与不带菌醉马草幼苗叶片 POD 活性的影响

（引自张兴旭，2008）　　　　[单位：U/（g·min）]

时间	虫口密度					
	0 头/株		10 头/株		20 头/株	
	E+	E−	E+	E−	E+	E−
0d	50aA	49aA	48aC	49aC	48aC	49aC
2d	47eA	48deA	50cdB	52cB	59bB	62aB
4d	46dA	49dA	69cA	71cA	84bA	88aA
6d	49dA	48dA	69cA	72cA	86bA	90aA

注：同一行数据后不同小写字母同一时间 6 个处理间表示在 $P<0.05$ 水平上差异显著；同一列数据后不同大写字母表示同一处理不同天数间在 $P<0.05$ 水平上差异显著

19.3.3.5　昆虫采食条件下内生真菌对醉马草渗透调节物质的影响

试验条件同上，接虫后 0d、2d、4d 和 6d 剪取受害植株叶片，测定叶片的丙二醛和游离脯氨酸含量。结果表明，E+与 E−幼苗的丙二醛含量在虫口密度为 10 头/株时第 2 天、第 4 天和第 6 天均有显著差异；当虫口密度为 20 头/株时，在第 4 天和第 6 天也有显著差异（表 19-9）。而 E+与 E−幼苗游离脯氨酸含量相比，只要在虫口密度达到 10 头/株以上，危害时间达到 2d 以上，两者才有显著差异（表 19-10）。说明在一定的采食压力下，内生真菌调节宿主醉马草的渗透调节物质含量以促进植株的生长并提高其对昆虫采食的抗性。

表 19-9　禾谷缢管蚜危害对带菌与不带菌醉马草幼苗叶片中丙二醛（MDA）含量的影响

（引自张兴旭，2008）　　　　　　（单位：μmol/g）

时间	虫口密度					
	0 头/株		10 头/株		20 头/株	
	E+	E−	E+	E−	E+	E−
0d	24aA	24aA	25aC	24aD	22aC	25aD
2d	25dA	24dA	37cB	42bC	47abB	51aC
4d	22eA	25eA	53dA	77bB	68cA	87aB
6d	23eA	26eA	58dA	81bA	73cA	91aA

注：同一行数据后不同小写字母表示同一时间 6 个处理间在 $P<0.05$ 水平上差异显著；同一列数据后不同大写字母表示同一处理不同天数间在 $P<0.05$ 水平上差异显著

表 19-10　禾谷缢管蚜危害对带菌与不带菌醉马草幼苗叶片中游离脯氨酸含量的影响

（引自张兴旭，2008）　　　　　　　　　　（单位：μmol/g）

时间	虫口密度					
	0 头/株		10 头/株		20 头/株	
	E+	E-	E+	E-	E+	E-
0d	8.03aA	7.92aA	7.88aC	7.78aD	7.86aC	7.88aC
2d	7.75eA	8.01eA	10.17dB	12.53bC	10.98cB	13.74aB
4d	8.0eA	8.12eA	11.58dA	15.33bB	12.61cA	16.98aA
6d	8.03eA	7.79eA	12.18dA	16.25bA	12.99cA	17.39aA

注：同一行数据后不同小写字母表示同一时间 6 个处理间在 P<0.05 水平上差异显著；同一列数据后不同大写字母表示同一处理不同天数间在 P<0.05 水平上差异显著

19.4　对哺乳动物的毒性

由于高羊茅内生真菌引起的狐茅中毒症和多年生黑麦草内生真菌引起的黑麦草蹒跚病给畜牧业造成了巨大的经济损失（Joost，1995；Hoveland，1993），相关科学家已经就其内生真菌对动物尤其是家畜的影响开展了大量研究。我国的草地畜牧业生产也长期遭受着牧草内生真菌的危害，但是除醉马草以外内生真菌危害家畜的报道较少（南志标和李春杰，2004），这可能是由于国内对内生真菌开展研究较少。而醉马草普遍分布在我国西北地区，经常发生马（Equus caballus）、牛（Bos taurus）、羊（Capra hicus）等家畜采食醉马草后中毒的事件。诸多报道显示，家畜在自然采食醉马草（何明海，2001；白永吉，2000；任继周，1954）或灌服和饲喂醉马草情况下（张伟等，2006；王凯和党晓鹏，1991）均具有相似的中毒症状，如精神呆钝、食欲不好、步履不整、蹒跚如醉等。本团队通过对醉马草内生真菌的一系列研究，已明确 E+醉马草可产生麦角新碱和麦角酰胺，而 E-植株不产生这类生物碱（Zhang et al.，2014；张兴旭，2012；李春杰，2005），并通过饲喂试验发现 E+醉马草草粉对家兔（李春杰等，2009；李春杰，2005）和小尾寒羊具有明显的致毒作用（Liang et al.，2017；梁莹，2011），而 E-的草粉对供试动物无不良影响，从而明确了醉马草引致草食动物中毒是内生真菌侵染醉马草并产生麦角类生物碱所致。

19.4.1　小尾寒羊和家兔采食醉马草后的临床症状

将从兰州大学榆中试验站收集到的 E+和 E-醉马草研磨成粉，对小尾寒羊进行室内饲喂试验，发现小尾寒羊采食 E+醉马草后出现中毒症状，主要表现为精神萎靡不振、低头耷耳、步态不稳、反应迟钝、食欲下降。1~3 周内体重急剧下降，之后下降趋势渐平缓，体温易受外界影响，体质虚弱，开始心跳较快，之后逐步平稳。35d 时，其中一只小尾寒羊瞳孔放大，颈部僵硬，四肢抽搐，鼻腔黏膜出血，气息微弱，大约 3h 之后气绝身亡。而饲喂 E-醉马草和作为对照饲喂苜蓿饲料的小尾寒羊未见异常表现。将种植于庆阳黄土高原试验站的 E+与 E-醉马草样品粉碎成细粉状，用于提取醉马草水浸液灌服家兔和制作饲料投喂家兔，家兔也出现中毒症状。其中，家兔在每公斤体重灌服E+醉马草水提液 10ml 情况下，25～40min 后表现出明显的症状，如呼吸急促，呼吸速率显著高于灌服 E−者；心率和呼吸加快，静卧不动，昏睡，反应迟钝。当总灌服量达到 20ml/kg 体重，20～30min 后即表现出明显的中毒症状，呼吸速率和心率均显著高于灌服 E−者和只灌服 10ml/kg 体重者，且行走不稳、摇晃、四肢舒展、静卧不动、身体紧缩、颤抖。而灌服 E−醉马草水提液的家兔则均无异常表现。投喂 E+醉马草饲料后，从第 3 天开始，家兔出现闭眼、精神萎靡、流泪、静卧不动、反应迟钝、昏睡、耳朵下垂、相互拥挤和紧缩成一团的症状，有时表现出阵发性狂奔、碰撞、打架、撕咬，身体逐渐消瘦，左右摇摆、步履不整、蹒跚如醉。从第 8 天开始，表现为体温下降、呼吸减弱、心率减慢，抽搐，最后气绝身亡。第 18 天，死亡率为 66.7%。而 E−对照组未见异常表现。这些临床症状与自然条件下马、牛、羊等家畜误食野生醉马草所表现的症状相同（白永吉，2000；史志诚，1997；任继周，1959）。

19.4.1.1 采食量

用 E+和 E−醉马草以及苜蓿作为对照饲喂小尾寒羊，每 3d 测量一次采食量，每 1 周测量一次体重（Liang et al.，2017；梁莹，2011）。结果表明，饲喂的前 3d，E+组、E−组、对照组的采食量差异显著，对照组>E−组>E+组。随后，E+组的采食量一直小于 E−组和对照组，其中在 13d、16d、28d、31d 和 37d 时与 E−组和对照组的差异达到显著水平。整个饲喂期间，平均采食量 E+组比 E−组和对照组分别降低了 9.15%和 12.50%（图 19-16）。而 E−组的采食量仅在 22d 时显著小于对照组，其他时期 E−组和对照组差异不显著。整个饲喂期间，E+组的体重一直趋于下降，E−组和对照组的体重缓慢上升。其中，从第 2 周开始 E+组的体重显著小于 E−组和对照组，饲喂期间平均体重 E+组比 E−组和对照组分别降低了 15.47%和 24.07%（图 19-16）。而 E−组体重也一直小于对照组，但是两组仅在第 4 周时差异达到显著水平。

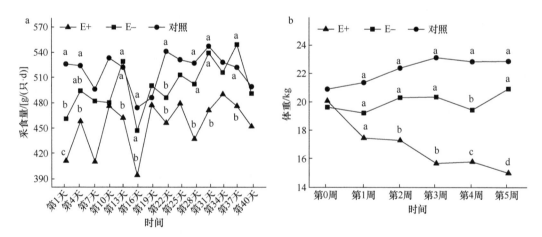

图 19-16　小尾寒羊饲喂醉马草期间的采食量（a）和体重（b）变化（引自梁莹，2011）
同一观察日的数值标不同字母表示 E+、E−和对照组三者的差异显著（$P<0.05$），下同

用 E+和 E–醉马草饲喂家兔,每天测量一次采食量,每 3d 测量一次体重。结果表明,E+醉马草的平均采食量为 89.93g/(只·d),E–醉马草的平均采食量为 91.48g/(只·d),但是两者差异不显著。平均按每公斤体重累计饲喂 131.6g 醉马草草粉可引起家兔中毒,累计饲喂 350.9g 醉马草草粉可使家兔致死。无论饲喂 E+还是 E–醉马草,家兔的体重随着饲喂时间的延长呈逐渐下降趋势,其中 E+饲喂者的下降幅度要大于 E–饲喂者(图 19-17)。这些结果表明,内生真菌侵染醉马草能够减少家兔的采食量,进而使其体重降低。

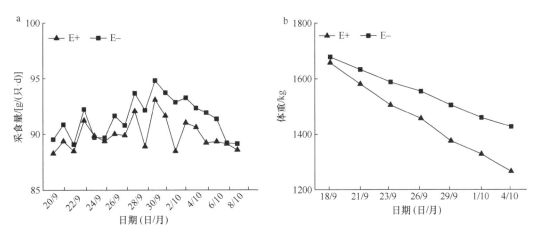

图 19-17　家兔饲喂醉马草期间的采食量(a)和体重(b)变化(引自李春杰,2005)

19.4.1.2　体温

小尾寒羊饲喂期间,每周测量一次直肠温度。结果表明,饲喂 E+组的小尾寒羊体温波动较大,第 2 周体温急剧下降,第 3 周体温又急剧上升。到第 3 周时,E+组的体温显著高于 E–组和对照组。而 E–组和对照组的体温接近(图 19-18)。整个饲喂期间,E+组平均体温比 E–组和对照组分别增加了 0.82%和 0.67%。在用 E+和 E–醉马草饲喂家兔的试验中,每天测量一次直肠温度(图 19-19),结果表明与饲喂 E–醉马草的家兔相比,饲喂 E+醉马草的家兔体温偏高,但是连续饲喂 10d 后处理组和对照组之间的体温无显著差异。

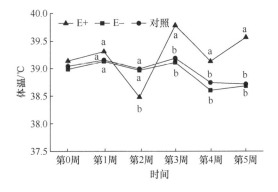

图 19-18　小尾寒羊饲喂醉马草期间直肠温度的变化(引自梁莹,2011)

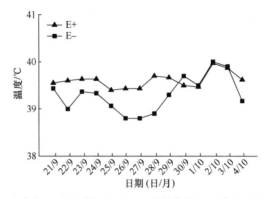

图 19-19 家兔饲喂醉马草期间直肠温度的变化（引自李春杰，2005）

19.4.1.3 心率

饲喂期间，每周测量一次小尾寒羊的心率。结果表明，E+组的心率总体上略高于E−组和对照组，但只有在第2周和第3周其差异达到了显著水平。E−组和对照组的心率变化接近，没有显著差异。整个饲喂期间的平均心率量，E+组比 E−组和对照组分别增加了 5.63%和 7.14%（图 19-20）。在用 E+和 E−醉马草饲喂家兔的试验中，每天测量一次心率和每分钟呼吸速率，结果表明，与饲喂 E−醉马草的家兔相比，饲喂 E+醉马草的家兔心率和呼吸速率偏高，连续饲喂 10d 后处理组和对照组之间几乎没有差异（图 19-21，图 19-22）。

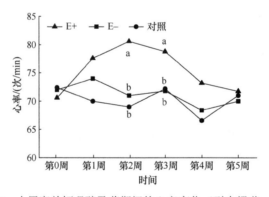

图 19-20 小尾寒羊饲喂醉马草期间的心率变化（引自梁莹，2011）

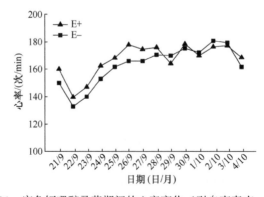

图 19-21 家兔饲喂醉马草期间的心率变化（引自李春杰，2005）

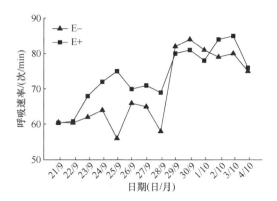

图 19-22　家兔饲喂 E+与 E–醉马草期间的呼吸速率变化（引自李春杰，2005）

19.4.2　小尾寒羊和家兔采食醉马草后的解剖与组织学变化

19.4.2.1　脏器系数

小尾寒羊饲喂结束时进行了脏器解剖，取出心脏、肝、脾、肺、肾、脑、子宫称重。根据体重和各脏器重量，计算各脏器占体重的比例，即脏器系数。结果表明，醉马草对不同脏器的影响不同。除心脏和脾系数无显著差异外，其他脏器均有不同程度的差异。E+组的肝系数、肺系数、肾系数、脑系数均显著高于 E–组和对照组，而 E–组和对照组无显著差异（图 19-23）。其中，E+组的肝系数较 E–组和对照组分别增加了 34.52%和 38.02%，肺系数较 E–组和对照组分别增加了 25.20%和 37.86%，肾系数较 E–组和对照组分别增加了 34.33%和 36.19%，脑系数较 E–组和对照组分别增加了 37.91%和 50.75%。E+组的子宫系数显著低于 E–组和对照组，而 E–组和对照组的子宫无显著差异。结果说明，内生真菌侵染醉马草对小尾寒羊心脏和脾危害较轻，对其肝、肺、肾、脑和子宫的危害较大。

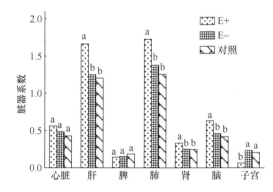

图 19-23　小尾寒羊饲喂期间的脏器系数（引自梁莹，2011）
同一指标上标不同字母表示处理间的差异显著（$P<0.05$）

19.4.2.2　解剖学变化

饲喂结束后，解剖了家兔脏器，观察其脏器有无肿大，表面有无斑点、充血等病变，拍照并取样。家兔的解剖学特征如下。脑部：与 E–饲喂者相比，饲喂 E+醉马草的家兔大脑皮层水肿 1～1.5 倍，小脑皮层水肿或严重水肿，脑沟回消失，白质比灰质肿胀更为严重，视神经肿胀，眼球后水肿（李春杰，2005）。

腹部：与 E–饲喂者相比，饲喂 E+醉马草的家兔腹部皮肤淡绿，有的有明显的出血点。整个腔肠充满粪便；胃发黑，过渡充盈，充满食糜，大小是 E–对照组的 1～1.5 倍（图 19-24a，图 19-24b）；大肠发黑，充盈或过渡充盈（图 19-24c，图 19-24d），小肠充盈（图 19-24e，图 19-24f），直径为 E–对照组的 1～2 倍，腹腔内有黄色黏液。

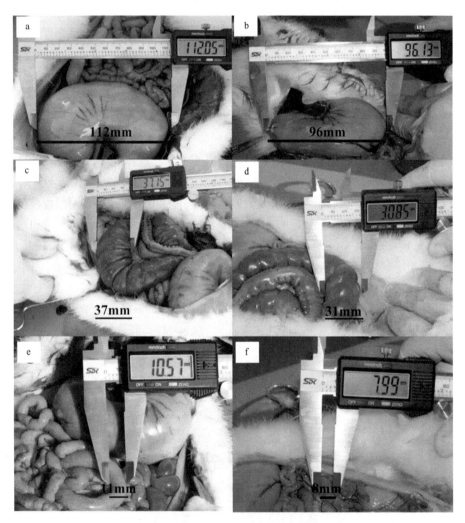

图 19-24　饲喂 E+与 E–醉马草后家兔腹膜和胃肠的变化（引自李春杰，2005）
胃：E+（a. 充盈）与 E–（b. 正常）；大肠：E+（c. 充盈）与 E–（d. 正常）；小肠：E+（e. 充盈）与 E–（f. 正常）

与 E–饲喂者相比，饲喂 E+醉马草的家兔肺水肿，呈鲜红色，有散在出血斑。与 E–饲喂者相比，饲喂 E+醉马草的家兔胆囊充盈或过渡充盈，充满胆汁，基本完全外露于胆囊床（李春杰，2005）。饲喂 E+醉马草家兔的胆囊大小为（33.37～34.48）mm×（13.32～13.72）mm，平均为 33.97mm×13.24mm。饲喂 E–醉马草家兔的胆囊大小为（16.12～

27.12）mm×（5.8～8.51）mm，平均为 22.68mm×7.52mm（图 19-25）；E+饲喂者的胆囊显著大于 E–饲喂者，胆囊增大 1.23～2.37 倍。与 E–饲喂者相比，饲喂 E+醉马草的家兔膀胱积尿，体积明显膨大（李春杰，2005），尿液呈黏稠状。饲喂 E+饲料家兔的尿液体积为 10.4～20ml，平均为 15.3ml；饲喂 E–者仅为 3.8～5.3ml，平均为 4.6ml。处理组平均尿液体积显著高于对照组，体积增加 1.96～5.26 倍。小尾寒羊也有类似的解剖学变化，下一步病理学组织切片会对两者进行仔细观察。

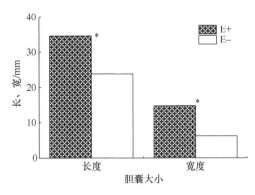

图 19-25　饲喂带菌（E+）与不带菌（E–）醉马草对家兔胆囊的影响（引自李春杰，2005）

*表示 E+和 E–之间有显著差异（$P<0.05$）

19.4.2.3　脏器病理变化

小尾寒羊和家兔饲喂试验结束时，对上述剖检取得的脑、心脏、肝、肺、肾、脾等器官制作病理切片，在光学显微镜下观察各器官组织的病理变化。饲喂 E+醉马草的小尾寒羊与饲喂 E–醉马草和苜蓿的小尾寒羊相比，多个脏器出现不同程度的病变，而饲喂 E–醉马草和苜蓿的小尾寒羊的各脏器基本未出现病变（图 19-26～图 19-29）（Liang et al.，2017；梁莹，2011）。饲喂 E+醉马草的小尾寒羊盲肠和空肠有轻度的水肿，其他的肠胃无明显的病变（图 19-26）；饲喂 E+醉马草的小尾寒羊肝的表面有出血点，肝细胞肿大、体积增大，从组织切片可以看出多处的组织有坏死病变，肝细胞间质血管扩张充血（图 19-27）。肺肿大，整个肺出现萎缩现象，组织切片可以看出肺泡增大，肺泡间隔增宽（图 19-27）。饲喂 E+醉马草的小尾寒羊脾小、体积增大，部分区域融合。肾的肾盂有较多的胶状物，从组织切片可以看出远曲小管肿大，部分肾小球系膜细胞灶性增生肥大，间质细胞扩张充血。子宫的肌膜有坏死（图 19-28）。饲喂 E+醉马草的小尾寒羊小脑的颗粒层肿大，荐部脊髓的白质增多，下颌淋巴结的髓窦增宽（图 19-29）。

组织学观察的结果也表明，饲喂 E+醉马草的家兔与饲喂 E–醉马草的家兔相比，脑、心脏、肝、肺、脾、肾等组织或细胞不同程度地发生病变（李春杰，2005）（图 19-30）。主要包括：脑组织水肿，脑内小角质细胞增生，有角质结节形成，血管周围有淋巴细胞浸润，并见小灶性坏死修复区；神经细胞间隙轻度增宽（图 19-30a，图 19-30b）；心肌细胞多数溶解、坏死（图 19-30c，图 19-30d）；肝小叶周边肝细胞浆疏松，肝小叶内可见点状和灶性肝细胞溶解坏死，灶内有多量中性粒细胞浸润（图 19-30e，图 19-30f）；肺泡毛

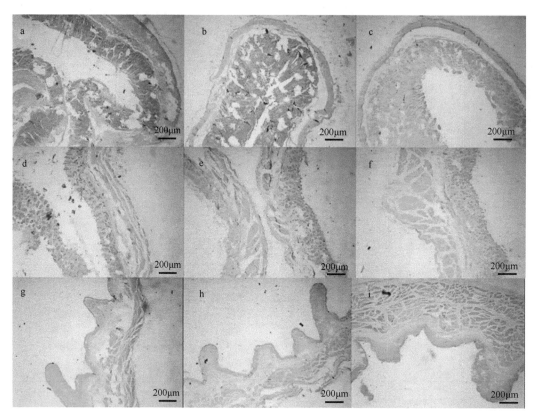

图 19-26 饲喂 E+醉马草（a、d、g）、E-醉马草（b、e、h）和苜蓿（c、f、i）的小尾寒羊空肠、
盲肠、瘤胃切片（引自梁莹，2011）

a~c. 空肠；d~f. 盲肠；g~i. 瘤胃（物镜 1 倍，目镜 10 倍）

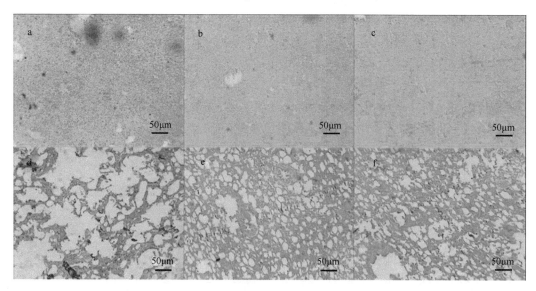

图 19-27 饲喂 E+醉马草（a、d）、E-醉马草（b、e）和苜蓿（c、f）的小尾寒羊肝和肺切片
（引自梁莹，2011）

a~c. 肝；d~f. 肺（物镜 4 倍，目镜 10 倍）

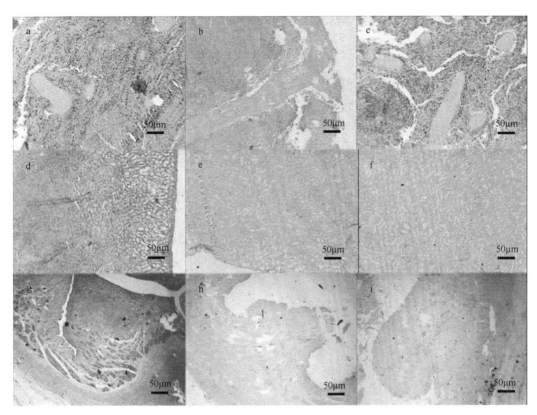

图 19-28　饲喂 E+醉马草（a、d、g）、E−醉马草（b、e、h）和苜蓿（c、f、i）的小尾寒羊脾、肾和子宫切片（引自梁莹，2011）

a～c. 脾；d～f. 肾；g～i. 子宫（物镜 4 倍，目镜 10 倍）

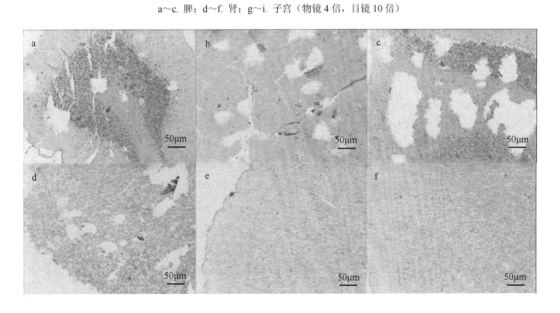

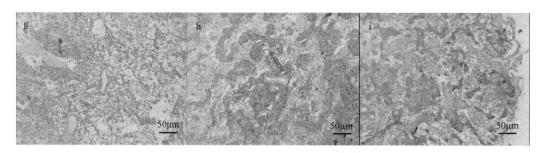

图 19-29　饲喂 E+醉马草（a、d、g）、E–醉马草（b、e、h）和苜蓿（c、f、i）的小尾寒羊小脑、
荐部脊髓和下颌淋巴结切片（引自梁莹，2011）

a～c. 小脑；d～f. 荐部脊髓；g～i. 下颌淋巴结（物镜 4 倍，目镜 10 倍）

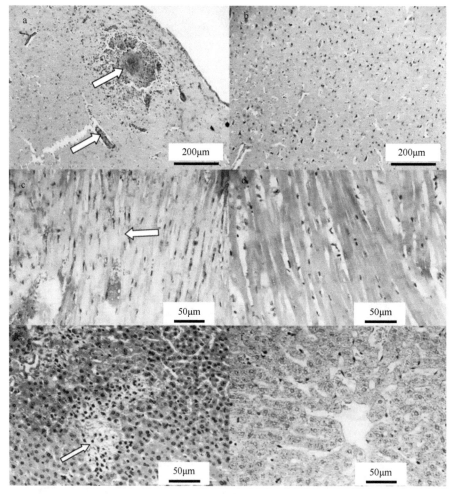

图 19-30　饲喂 E+醉马草（a、c、e）和 E–醉马草（b、d、f）后家兔脑、心脏和肝的组织学变化
（引自李春杰，2005）

a. 脑组织坏死、淋巴细胞浸润；b. 正常；c. 心肌细胞溶解；d. 正常；e. 肝细胞溶解坏死；f. 正常

细血管及小静脉扩张淤血，部分区域有小灶性出血（图 19-31a，图 19-31b）；脾被膜增厚，
滤泡体积缩小，有大量含铁血黄色沉积，血管内皮细胞增生（图 19-31c，图 19-31d）；肾

近曲小管上皮细胞中度水肿，肾小管内腔形成蛋白管型，即蛋白尿（图 19-31e，图 19-31f）。从上述脏器的组织切片变化可以说明内生真菌侵染醉马草能够影响采食者的脏器，对家畜有毒，使其内部器官发生了病理变化，这些病理学变化可能是采食醉马草的小尾寒羊和家兔出现上述临床症状的原因。

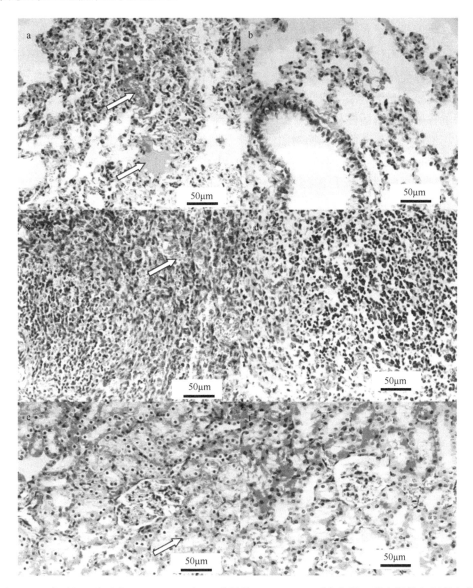

图 19-31　饲喂 E+醉马草（a、c、e）和 E–醉马草（b、d、f）后家兔肺、脾和肾的组织学变化
（引自李春杰，2005）

a. 肺淤血、出血；b. 肺正常；c. 脾含铁血黄色沉积；d. 脾正常；e. 肾上皮细胞水肿、管腔狭窄；f. 肾正常

19.4.3　小尾寒羊和家兔采食醉马草后的生理生化变化

小尾寒羊饲喂试验期间，每周采集羊颈静脉血并同时收集尿液，检测尿液常规、血

常规、肾功能和肝功能。而家兔饲喂试验仅在饲喂结束后收集静脉血和尿液，检测尿液常规、血常规、肾功能和肝功能。

19.4.3.1 肝功能

小尾寒羊饲喂期间，通过检测谷丙转氨酶、谷草转氨酶、谷酰转肽酶和碱性磷酸酶的活性以反映小尾寒羊的肝功能变化情况（表 19-11）（梁莹，2011）。结果表明，饲喂 E+组的小尾寒羊谷丙转氨酶活性从第 2 周开始显著升高，而 E−组和对照组在整个饲喂期间没有显著性变化；第 2 周、第 3 周、第 4 周、第 5 周时饲喂 E+的小尾寒羊的谷丙转氨酶活性显著高于 E−组和对照组，而 E−组和对照组之间均无显著差异。饲喂 E+组的小尾寒羊谷草转氨酶活性从第 3 周开始显著升高，而饲喂 E−组的小尾寒羊谷草转氨酶活性仅在最后一周显著降低，而对照组在整个饲喂期间第 2 周下降，但是第 4 周升高；饲喂 E+组的小尾寒羊的谷丙转氨酶活性第 1 周仅显著高于对照组，在第 2 周、第 3 周、第 4 周、第 5 周时显著高于 E−组和对照组，而 E−组和对照组之间均无显著差异。饲喂 E+组的小尾寒羊的谷酰转肽酶从第 3 周开始显著升高，第 5 周显著高于第 3 周、第 4 周，而第 3 周、第 4 周又显著高于第 0 周、第 1 周、第 2 周，而 E−组和对照组在整个饲喂期间先降低再增加，第 2 周活性显著低于其他几周；饲喂 E+组的小尾寒羊的谷酰转肽酶活性第 1 周显著低于 E−和对照组，在第 3 周、第 4 周、第 5 周时显著高于 E−组和对照组，而 E−组和对照组之间均无显著差异。饲喂 E+组的小尾寒羊的碱性磷酸酶活性先显著降低后又显著升高，各周之间均存在显著差异，而 E−组和对照组一直在上升，除第 0 周和第 1 周外，其他周均有显著差异；饲喂 E+组的小尾寒羊的碱性磷酸酶活性除第 0 周外，其他检测时间均显著低于 E−和对照组，而仅在第 4 周、第 5 周，E−组显著低于对照组，其他检测时间无显著差异。

表 19-11 小尾寒羊饲喂期间肝功能相关指标的变化（引自梁莹，2011）（单位：U/L）

指标	组别	第 0 周	第 1 周	第 2 周	第 3 周	第 4 周	第 5 周
谷丙转氨酶（ALT）	E+	40.0±1.58Ab	40.8±6.18Ab	56.4±5.41Aa	63.6±14.89Aa	63.2±4.08Aa	65.5±4.36Aa
	E−	39.8±1.30Aa	39.4±1.52Aa	38.4±3.36Ba	37.4±4.28Ba	36.8±5.89Ba	34.2±2.95Ba
	对照	39.0±1.58Aa	36.4±4.03Aa	39.0±5.0Ba	36.8±2.68Ba	37.6±1.52Ba	34.6±3.13Ba
谷草转氨酶（AST）	E+	91.6±3.44Aa	100.8±5.89Aa	106.6±5.22Aa	141.4±17.62Ab	167.8±22.4Ab	164.25±15.04Ab
	E−	90.2±2.17Aab	95.4±3.36ABa	88.8±1.48Bab	88.2±4.09Bab	96.0±6.04Ba	84.6±6.47Bb
	对照	90.6±2.30Aab	90.8±2.68Bab	84.0±1.73Bb	91.4±7.05Bab	95.8±3.35Ba	88.4±6.38Bab
谷酰转肽酶（GGT）	E+	46.4±2.97Ac	39.0±3.24Bc	46.4±7.27Ac	57.0±5.24Ab	62.6±8.32Ab	71.75±4.99Aa
	E−	50.6±2.41Aa	46.4±3.65Aa	38.2±4.49Ab	45.4±3.44Ba	52.8±7.53Ba	48.2±3.42Ba
	对照	48.2±2.39Aa	48.6±2.70Aa	40.0±3.0Ab	47.0±2.55Ba	46.2±2.17Ba	47.8±4.55Ba
碱性磷酸酶（ALP）	E+	99.0±2.55Aa	82.0±4.06Bc	79.0±3.16Bcd	66.8±7.82Be	73.6±5.72Cd	90.75±2.99Cd
	E−	98.4±2.97Ae	100.6±7.5Ad	119.8±10.56Ad	140.2±6.28Ac	174.2±10.03Bb	201.4±8.99Ba
	对照	99.4±3.20Ae	100.8±6.49Ae	127.1±2.64Ad	143.4±10.8Ac	190.0±5.87Ab	214.4±9.34Aa

注：同一指标同一列标有不同大写字母表示同一时间不同处理间差异显著（$P<0.05$），同一指标同一行标有不同小写字母表示同一处理不同时间差异显著（$P<0.05$）

同样，在家兔饲喂试验结束后，检测家兔这 4 种酶活性。结果表明，醉马草内生真菌可以引起家兔肝功能衰退。与 E–饲喂者相比，饲喂 E+醉马草的家兔谷丙转氨酶含量有所降低，碱性磷酸酶含量降低 53.5%～84.3%，谷酰转肽酶含量降低 14.3%～87.5%，而谷草转氨酶则变化不大（表 19-12）（李春杰，2005）。以上结果说明，哺乳动物采食被内生真菌侵染的醉马草后，与肝功能有关的酶随着采食时间延长发生变化，使采食者的肝功能衰退。

表 19-12　家兔饲喂期间肝功能相关指标的变化（引自李春杰，2005）（单位：U/L）

指标	E+	E–	变化
谷丙转氨酶（ALT）	77～96	105～126	降低 8.6%～38.9%
谷草转氨酶（AST）	60～72	29～50	
碱性磷酸酶（ALP）	34～53	114～217	降低 53.5%～84.3%
谷酰转肽酶（GGT）	1～6	7～8	降低 14.3%～87.5%

19.4.3.2　血常规

小尾寒羊饲喂期间，通过检测血清蛋白和血清电解质以了解小尾寒羊的血液变化情况。结果表明，饲喂 E+组的小尾寒羊血清总蛋白从第 4 周开始显著下降，而 E–组除在第 2 周显著高于第 1 周外，其他周没有显著差异，对照组也没有变化（表 19-13）（梁莹，2011）。饲喂 E+组的小尾寒羊的白蛋白从第 4 周开始显著下降，而 E–组没有变化，对照组除第 1 周显著低于第 5 周外，其他周也没有显著差异。3 个饲喂小组的小尾寒羊的球蛋白没有显著变化，除第 1 周 E+组显著高于 E–组且与对照组无差异外，其他检测时间点三组均无显著差异。饲喂 E+和 E–组的小尾寒羊的白球比没有显著变化，而对照组白球比显著增加，E+组、E–组和对照组的白蛋白在除第 4 周外均没有显著差异，第 4 周 E+显著低于 E–和对照。

表 19-13　小尾寒羊饲喂期间血清蛋白的变化（引自梁莹，2011）（单位：g/L）

指标	组别	第 0 周	第 1 周	第 2 周	第 3 周	第 4 周	第 5 周
总蛋白 （TP）	E+	69.34±3.48Aa	69.94±3.79Aa	71.48±1.89Aa	71.34±4.38Aa	61.6±4.62Bb	59.4±2.91Bb
	E–	68.22±3.60Aab	62.42±2.74Bb	71.24±5.03Aa	65.54±1.77Bab	67.78±1.87Aab	67.26±3.98Aab
	对照	68.56±2.43Aa	65.66±1.82Ba	68.90±6.69Aa	65.82±1.75Ba	68.62±1.02Aa	68.28±7.12Aa
白蛋白 （ALB）	E+	24.78±0.87Aab	24.6±1.44Aa	25.72±2.18Aa	26.54±1.07Aa	22.36±1.65Bb	22.7±1.34Bb
	E–	24.82±1.25Aa	22.22±1.73Aa	25.72±3.44Aa	25.22±2.79Aa	26.36±2.25Aa	24.2±1.86Ba
	对照	23.78±1.08Aab	22.2±1.77Ab	25.33±1.79Aab	25.18±1.96Aab	24.88±0.88Aab	26.70±2.11Aa
球蛋白 （GLB）	E+	44.5±3.11Aa	45.34±3.53Aa	45.76±2.46Aa	45.00±3.98Aa	39.46±4.43Aa	38.64±3.98Aa
	E–	43.44±3.77Aa	40.00±3.07Ba	45.52±5.20Aa	40.72±2.91Aa	41.42±3.27Aa	43.06±4.55Aa
	对照	44.78±2.90Aa	42.42±1.81ABa	43.56±5.25Aa	40.64±0.85Aa	43.74±1.46Aa	41.54±5.30Aa
白球比 （A/G）	E+	0.56±0.04Aa	0.54±0.06Aa	0.56±0.07Aa	0.59±0.55Aa	0.57±0.08Aa	0.59±0.08Aa
	E–	0.57±0.07Aa	0.56±0.07Aa	0.57±0.12Aa	0.62±0.11Aa	0.64±0.10Aa	0.56±0.10Aa
	对照	0.53±0.05Ab	0.52±0.60Ab	0.58±0.05Aab	0.62±0.06Aab	0.57±0.07Aab	0.65±0.05Aa

注：同一指标同一列标有不同大写字母表示同一指标同一时间不同处理差异显著（$P<0.05$），同一指标同一行标有不同小写字母表示同一处理不同时间差异显著（$P<0.05$）

　　饲喂 E+组和对照组的小尾寒羊的血清无机磷均先显著增加后又显著下降，而 E-组在整个饲喂期间没有显著性变化。E+组的血清无机磷在第 1 周和第 5 周显著高于 E-组和对照组，而 E-和对照组在整个饲喂期间没有显著差异（表 19-14）（梁莹，2011）。饲喂 E+组的小尾寒羊的血清钾第 1 周显著增加，第 2 周又显著下降，然后持续显著增加，在最后一周达到最高值。而 E-组血清钾在整个饲喂期间先显著下降，在第 2 周达到最小值后又显著增加，对照组血清钾在整个饲喂期间没有显著性变化。E+组的血清钾除第 2 周外其余各周均显著高于 E-组和对照组，而 E-组和对照组在整个饲喂期间没有显著差异。饲喂 E+组小尾寒羊的血清钠在整个饲喂期间没有显著性变化，而对照组血清钠在整个饲喂期间先显著下降后又显著增加，E+组的血清钠只在第 5 周显著低于 E-组和对照组，而 E-组和对照组在整个饲喂期间没有显著差异。饲喂 E+组的小尾寒羊的血清氯在整个饲喂期间没有显著性变化，而 E-组在整个饲喂期间则是先显著下降后又显著增加，对照组在最后一周显著增加；E+组的血清氯只在第 1 周显著高于 E-组和对照组，而 E-组和对照组在整个饲喂期间没有显著差异。试验期间，三组小尾寒羊的血清钙均呈波动式变化，但除了第二周 E+组的血清钙显著低于 E-组和对照组外，其他时间三组间血清钙没有显著差异（表 19-14）。

表 19-14　醉马草内生真菌对小尾寒羊血清电解质的影响（引自梁莹，2011）

电解质	组别	第 0 周	第 1 周	第 2 周	第 3 周	第 4 周	第 5 周
磷/ (mmol/L)	E+	2.19±0.23Ab	3.68±0.84Aa	2.60±0.40Ab	2.08±0.61Ab	2.15±0.16Ab	2.54±0.27Ab
	E-	1.97±0.18Aa	2.39±0.41Ba	2.62±0.66Aa	2.49±0.48Aa	2.06±0.23Aa	2.13±0.16Ba
	对照	2.09±0.17Ab	2.38±0.51Bab	2.99±0.60Aa	2.95±0.51Aa	2.08±0.25Aab	2.14±0.15Bb
钾/ (mmol/L)	E+	7.26±0.41Ad	9.52±0.51Ac	6.85±0.53Ad	9.85±1.10Ac	11.80±1.38Ab	13.11±1.44Aa
	E-	6.85±0.29Aab	7.55±0.75Ba	6.18±0.74Ab	7.59±1.01Ba	7.67±0.97Ba	8.14±0.75Ba
	对照	7.07±0.28Aa	8.03±0.69Ba	6.74±0.16Ba	7.06±0.83Ba	7.15±0.92Ba	8.13±0.76Ba
钠/ (mmol/L)	E+	147.2±4.82Aa	142.4±2.88Aa	146.8±1.79Aa	141.6±6.35Aa	145.0±6.96Aa	141.0±9.25Ba
	E-	147.6±6.19Aab	141.0±4.06Ab	151.6±4.16Aa	145.4±4.77Aab	147.0±2.45Aab	151.0±2.55Aa
	对照	150.4±1.95Aab	142.4±3.13Ac	147.3±2.08Aabc	148.0±1.41Aabc	144.8±3.11Abc	152.8±4.92Aa
氯/ (mmol/L)	E+	107.4±3.05Aa	110.6±4.28Aa	106.0±1.22Aa	105.4±4.39Aa	109.2±2.59Aa	108.0±3.61Aa
	E-	106.8±3.70Aab	105.0±1.87Bab	108.2±3.27Aab	103.8±2.77Ab	107.4±3.97Aab	110.4±2.97Aa
	对照	105.0±3.39Ab	105.0±2.45Bb	105.0±1.73Ab	105.2±1.3Ab	105.4±2.07Ab	110.8±2.95Aa
钙/ (mmol/L)	E+	2.00±0.15Aab	1.82±0.26Bb	2.06±0.23Aab	2.32±0.26Aab	2.39±0.26Aa	1.95±0.45Aab
	E-	2.17±0.17Aa	2.25±0.20Aa	1.82±0.22Ab	2.2±0.20Aa	2.35±0.22Aa	2.09±0.18Aab
	对照	2.24±0.22Aa	2.27±0.15Aa	1.87±0.32Aa	2.1±0.21Aa	2.31±0.18Aa	2.03±0.24Aa

注：同一指标同一列标有不同大写字母表示同一指标同一时间不同处理差异显著（$P<0.05$），同一指标同一行标有不同小写字母表示同一处理不同时间差异显著（$P<0.05$）

　　在家兔饲喂试验结束时，同样检测了家兔的血常规。与 E-饲喂者相比，饲喂 E+醉马草的家兔白细胞数增加了约 2.2 倍；红细胞数、血红蛋白、红细胞压积和血小板计数均有不同程度的降低；红细胞平均血红蛋白含量和浓度有所增高（表 19-15）。

表 19-15　家兔饲喂期间血常规的变化（引自李春杰，2005）

项目	E+	E-	E+/E-
白细胞数 WBC/（10^9/L）	14.1	4.4	+3.2
红细胞数 RBC/（10^{12}/L）	3.3	5.02	-1.5
血红蛋白 HGB/（g/L）	124	148	-1.2
红细胞压积 HCT/（L/L）	0.236	0.341	-1.4
血小板计数 PLT/（10^9/L）	29	49	-1.7
红细胞平均血红蛋白含量 MCH /pg	32.7	22.3	+1.4
红细胞平均血红蛋白浓度 MCHC/（g/L）	528	328	+1.6

以上结果表明，哺乳动物采食被内生真菌侵染的醉马草后，血清蛋白、血清电解质、红细胞和白细胞等均发生了变化，影响到采食者的整个血液循环系统。由于肝功能受到影响，血清中蛋白合成减少，而白细胞数增加，红细胞数、血红蛋白、红细胞压积和血小板计数降低，属于醉马草内生真菌共生体产生生物碱中毒的反应。而红细胞平均血红蛋白含量和浓度有所增高，很可能是采食醉马草引起的营养匮乏症。

19.4.3.3　尿常规

小尾寒羊饲喂试验期间，通过检测其尿液中的葡萄糖、胆红素、酮体、尿比重、尿蛋白、尿胆原、亚硝酸盐、白细胞等指标，确定了小尾寒羊肾功能的变化情况。结果表明，饲喂第 3 周和第 6 周时 E+组的酮体和潜血阳性数均显著高于 E-组和对照组（$P<0.05$），E+组的 pH 小于 7 的数量显著多于 E-组和对照组；E+组的葡萄糖、胆红素、尿比重、尿蛋白、尿胆原、亚硝酸盐、白细胞等指标与 E-组和对照组之间没有显著性差异（表 19-16，表 19-17）（梁莹，2011）。而家兔仅在试验结束时检测了尿液中的白细胞、亚硝酸盐、粗蛋白质、pH、比重和潜血等指标。结果表明，与 E-饲喂者相比，饲喂 E+醉马草的家兔白细胞上升，粗蛋白质含量增加 1～3 倍，比重略有增加，pH 降低，潜血增加，含有亚硝酸盐，其他指标包括尿胆原、维生素 C、酮体、胆红素和葡萄糖则没有受到影响（表 19-18）（李春杰，2005）。以上结果说明，哺乳动物采食被内生真菌侵染的醉马草后，尿液的各项指标发生变化，采食者的泌尿系统受到影响，肾功能受到损伤。

表 19-16　饲喂 3 周时醉马草内生真菌对小尾寒羊尿液指标的影响（引自梁莹，2011）

指标		E+组	E-组	对照组	χ^2	P
葡萄糖	阳性	16.7%	20%	14.3%		
	阴性	83.3%	80%	85.7%	0.169	>0.05
胆红素	阳性	16.7%	28.6%	7.7%		
	阴性	83.3%	71.4%	92.3%	2.015	>0.05
酮体	阳性	50%	26.7%	7.1%		
	阴性	50%	73.3%	92.9%	6.046	<0.05
尿比重	1.02～1.03	25%	20%	6.7%		
	1.01～1.02	75%	80%	93.3%	1.80	>0.05
潜血	强阳性	16.7%	0	0		

指标		E+组	E−组	对照组	χ^2	P
潜血	阳性	50%	13.3%	28.6%	10.879	<0.05
	阴性	33.3%	86.7%	71.4%		
尿蛋白	强阳性	16.7%	20%	26.7%		
	阳性	33.3%	20%	13.3%	1.750	>0.05
	阴性	50%	60%	60%		
尿胆原	16μmol/L	41.7%	60%	42.9%		
	3.2μmol/L	58.3%	40%	57.1%	1.195	>0.05
pH	小于7.0	16.7%	6.7%	0		
	7.0～8.0	41.7%	6.7%	7.1%	11.10	<0.05
	大于8.0	41.7%	86.7%	92.9%		
亚硝酸盐	阳性	58.3%	26.7%	21.4%		
	阴性	41.7%	73.3%	78.6%	2.713	>0.05
白细胞	阳性	18.2%	6.7%	0		
	阴性	81.8%	93.3%	100%	2.959	>0.05

表 19-17　饲喂 6 周时醉马草内生真菌对小尾寒羊尿液指标的影响（引自梁莹，2011）

指标		E+组	E−组	对照组	χ^2	P
葡萄糖	阳性	0	14.3%	7.7%		
	阴性	100%	85.7%	92.3%	1.984	>0.05
胆红素	阳性	25%	21.4%	7.7%		
	阴性	75%	78.6%	92.3%	1.449	>0.05
酮体	阳性	33.3%	14.2%	15.4%		
	阴性	66.7%	85.7%	84.6%	8.983	<0.05
尿比重	1.02～1.03	28.6%	15.4%	7.7%		
	1.01～1.02	71.4%	84.6%	92.3%	2.095	>0.05
潜血	强阳性	7.7%	0	0		
	阳性	76.9%	28.6%	30.8%	11.505	<0.05
	阴性	15.4%	71.4%	69.2%		
尿蛋白	强阳性	30.8%	21.4%	7.7%		
	阳性	30.8%	57.1%	53.8%	3.715	>0.05
	阴性	38.5%	21.4%	38.5%		
尿胆原	16μmol/L	25%	50%	30.8%		
	3.2μmol/L	75%	50%	69.2%	1.978	>0.05
pH	小于7.0	50%	0	0		
	7.0～8.0	14.3%	14.3%	83.3%	14.261	<0.05
	大于8.0	35.7%	85.7%	14.7%		
亚硝酸盐	阳性	53.8%	46.2%	21.4%		
	阴性	35.7%	64.3%	78.6%	3.060	>0.05
白细胞	阳性	7.1%	0	0		
	阴性	92.9%	100%	100%	1.977	>0.05

表 19-18　家兔饲喂期间尿液相关指标的变化（引自李春杰，2005）

指标	E+	E-	变化趋势
白细胞/（细胞/μl）	+	-	↑
亚硝酸盐	+	-	↑
粗蛋白质/（mg/dl）	+++	++	↑
pH	6.5	8.5	↓
比重	1.025	1.015	↑
潜血/（细胞/μl）	+++	+/-	↑

注：+++强阳性，++阳性，+弱阳性，-阴性，+/-表示弱阳性和阴性二者均有。↑增加，↓降低

19.4.3.4　肾功能

小尾寒羊饲喂期间，对其尿素氮、肌酐和尿酸等含氮化合物含量进行了检测，确定了小尾寒羊肾功能变化情况。小尾寒羊饲喂期间，E+组的尿素氮无显著变化，E-组和对照组先显著升高后显著降低；E+组的尿素氮在第 3 周显著低于 E-组和对照组，第 4 周和第 5 周显著高于 E-组和对照组，而 E-组和对照组在整个饲喂期间没有显著性差异（表 19-19）（梁莹，2011）。小尾寒羊饲喂期间，E+组的肌酐先显著升高后又显著降低，再显著升高；E-组先显著升高，又显著降低；对照组在整个饲喂期间没有显著性变化。E+组的肌酐在第 1 周、第 2 周、第 4 周和第 5 周均显著高于 E-组和对照组，在第 3 周仅显著高于对照组，而 E-组和对照组仅在第 1 周有显著差异。3 个饲喂小组的小尾寒羊尿酸在整个饲喂期间没有显著性变化；E+组的尿酸在第 1 周和第 5 周显著高于 E-组和对照组，而 E-组和对照组在整个饲喂期间没有显著差异。而家兔仅在试验结束检测尿素氮、肌酐和尿酸等含氮化合物含量，结果表明与 E-饲喂者相比，饲喂 E+醉马草的家兔尿素氮含量增加 1～2 倍，肌酐含量增加 1～2 倍，尿酸含量增加 1～2.5 倍（表 19-20）（李春杰，2005）。以上结果说明，哺乳动物采食被内生真菌侵染的醉马草后，肾功能相关的各项指标发生变化，肾功能衰退。

表 19-19　小尾寒羊饲喂期间血清中含氮化合物的变化（引自梁莹，2011）

指标	组别	第 0 周	第 1 周	第 2 周	第 3 周	第 4 周	第 5 周
尿素氮 BUN/（mmol/L）	E+	6.92±0.37Aab	7.12±0.81Aab	7.34±0.63Aab	6.78±0.56Bb	8.24±0.27Aab	8.44±0.66Aa
	E-	7.24±0.40Ab	6.24±0.79Ab	6.34±0.66Ab	8.76±0.46Aa	6.58±1.13Bb	7.08±0.68Bb
	对照	7.14±0.23Ab	7.62±0.98Ab	7.23±0.67Ab	8.76±0.54Aa	7.06±0.95Bb	7.08±0.68Bb
肌酐/（CREA μmol/L）	E+	55.68±1.68Ac	78.0±3.81Aa	69.4±3.85Ac	60.6±3.78Ac	70.6±4.67Aa	71.8±2.77Ab
	E-	56.7±2.64Ab	70.4±3.64Ba	60.0±3.54Bb	59.4±4.28Ab	62.6±2.88Bb	56.6±3.65Bb
	对照	55.34±3.96Aa	55.6±4.34Ca	59.0±3.46Ba	51.4±2.70Ba	56.0±4.30Ba	55.0±4.36Ba
尿酸 UA/（μmol/L）	E+	4.40±1.14Aa	6.0±1.41Aa	4.6±1.14Aa	5.8±1.48Aa	6.2±0.84Aa	6.6±0.54Aa
	E-	4.40±0.54Aa	3.8±0.84Ba	4.2±0.83Aa	4.2±1.30Aa	5.2±0.84Aa	4.4±0.89Ba
	对照	4.80±0.84Aa	3.8±0.84Ba	4.0±1.0Aa	4.8±0.8Aa	5.4±1.14Aa	4.8±0.84Ba

注：同一指标同一列标有不同大写字母表示同一指标同一时间不同处理间差异显著（$P<0.05$），同一指标同一行标有不同小写字母表示同一处理不同时间差异显著（$P<0.05$）

表 19-20　家兔饲喂期间血清中含氮化合物的影响（引自李春杰，2005）

项目	E+	E−	E+/E−
尿素氮/（mmol/L）	18.86～22.27	6.93～8.34	226.1%～321.4%
肌酐/（μmol/L）	315～449	211～214	147.2%～212.8%
尿酸/（μmol/L）	1064～2086	847～855	124.4%～246.3%

19.4.4　醉马草内生真菌对哺乳动物产生毒性的机制

以上饲喂试验后，通过对动物一系列指标检测，明确了带内生真菌（E+）的醉马草对家兔和小尾寒羊具有明显的致毒作用，对其各部位脏器均有明显影响，进而对其血液循环系统和泌尿系统等产生危害，使动物表现出明显的中毒症状，而这些中毒症状和麦角新碱及麦角酰胺的中毒症状类似。麦角新碱可引起动物兴奋、肌肉松弛及过敏反应，早期中毒时可出现神志抑郁、胃肠功能障碍及肝下区域腹痛，病情恶化时有低血压危象，之后肌肉扩张，失去大小便的动力，致使腹腔充盈和膀胱积尿。麦角酰胺可引起动物麻醉和腹膜后纤维化，造成尿路梗阻和肾功能衰竭。20 世纪 80 年代已经从醉马草草粉中分离得到了麦角新碱和异麦角新碱（张友杰和朱子清，1982）。Miles 等（1996）的报道指出麦角新碱和麦角酰胺是新疆醉马草中最主要的生物碱种类。桑明等（2006）从分布于我国甘肃省天祝县金强河流域的醉马草中检测到了 7 种生物碱。本团队的研究也进一步证实了 E+醉马草中的生物碱主要为麦角新碱和麦角酰胺（表 19-21～表 19-23）（李春杰，2005）。而上述饲喂试验中，仅有 E+植株使哺乳动物中毒，而 E−植株和对照植物并未造成哺乳动物中毒，这说明其中毒与这些生物碱有密切的关系。

表 19-21　E+与 E−醉马草种子麦角新碱和麦角酰胺的平均含量（引自李春杰，2005）

来源	带菌状况	麦角酰胺/（mg/kg 种子）	麦角新碱/（mg/kg 种子）
甘肃肃南	E+	393.07	1082.32*
新疆昌吉	E+	146.05	399.30*
内蒙古阿拉善	E+	236.38	462.78*
青海共和	E+	138.04	266.84*
甘肃夏河	E+	200.62	312.85*
甘肃古浪	E+	165.41	508.19*
甘肃乌鞘岭	E+	130.16	307.57*
甘肃永登	E+	144.38	400.94*
甘肃肃南	E−	ND	ND
甘肃肃南	E−	ND	ND

注：ND 表示未检测到。*表示同一行中的两个数据之间差异显著（$P<0.05$）

表 19-22　野生醉马草 2004 年不同生育期、不同器官的麦角新碱和麦角酰胺的含量（引自李春杰，2005）

生物碱/（mg/kg 干重）		麦角新碱	麦角酰胺
幼苗期		478.879a	173.478a
穗期	叶	479.952a	128.646b
	茎	119.066c	67.248c
	穗	210.957b	101.277b

续表

生物碱/（mg/kg 干重）		麦角新碱	麦角酰胺
成株期	叶	188.103b	81.288bc
	茎	89.242d	29.384d
	穗	112.260cd	76.095bc

注：同一行标有不同字母者表示差异显著（P<0.05）

表 19-23　温室盆栽 15 月龄 E+与 E–醉马草成株麦角新碱和麦角酰胺的平均含量（引自李春杰，2005）

器官	带菌状况	麦角酰胺/（mg/kg 干重）		麦角新碱/（mg/kg 干重）	
		范围	平均	范围	平均
叶片	E+	0～1319.48	437.83a	0～1897.40	730.89a
	E–		ND		ND
叶鞘	E+	0～353.94	124.67b	6.883～895.27	327.33b
	E–		ND		ND
枯蘖	E+	9.48～250.45	60.72c	40.74～342.08	97.24c
	E–		ND		ND
根冠	E+		ND		ND
	E–		ND		ND
根	E+		ND		ND
	E–		ND		ND

注：ND 表示未检测到。同一列的生物碱含量的平均数标有不同字母者，表示在植株不同部位生物碱的含量差异显著（P<0.05）

为进一步证实 E+醉马草中生物碱的毒性，从大量 E+醉马草提取分离获得了麦角类生物碱的纯品化合物，通过结构解析确定其为异麦角新碱和麦角新碱（Zhang et al.，2014；张兴旭，2012）。这两种麦角生物碱对动物平滑肌细胞均具有明显的细胞毒活性，随着生物碱给药浓度的增加，细胞抑制率呈逐渐增加的趋势（图 19-32）（Zhang et al.，2014；张兴旭，2012）。相关分析结果表明，生物碱浓度与细胞的抑制率呈显著正相关，回归

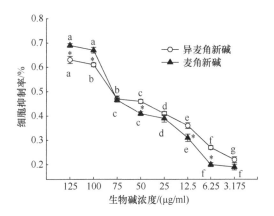

图 19-32　两种麦角生物碱对动物平滑肌细胞的细胞毒活性
图中数据均采用平均值±标准误的形式表示，同一条曲线不同字母表示在 0.05 水平上差异显著（P<0.05）；*表示两种麦角生物碱在 0.05 水平上比较差异显著（P<0.05）

方程分别为：$Y_{麦角新碱}=0.0041x+0.205$（$R^2=0.945$，$P<0.05$）和 $Y_{异麦角新碱}=0.0032x+0.2672$（$R^2=0.9411$，$P<0.05$）。细胞毒活性测试的结果显示，麦角新碱和异麦角新碱的半致死浓度分别为 71.95μg/ml 和 72.75μg/ml。

19.5　本 章 小 结

醉马草是我国北方天然草原的主要烈性毒草之一。本团队通过醉马草害虫的虫口密度动态观察、离体叶片和盆栽植株接种后的虫口密度调查，明确了禾谷缢管蚜、朱砂叶螨、亚洲小车蝗和针毛收获蚁等均不喜食 E+植株，E+植株上的害虫数目显著减少，证实了内生真菌侵染提高了宿主醉马草的抗虫性。而进一步检测被昆虫采食植株不同时期麦角酰胺和麦角新碱的含量，发现禾谷缢管蚜和朱砂叶螨两种害虫的虫口密度与这两种生物碱含量呈显著负相关，为麦角新碱、麦角酰胺与醉马草抗虫性的关系提供了直接的证据。除了生物碱的作用外，在昆虫采食压力下，内生真菌对醉马草植株的生理生化也有一定影响，进而提高其对昆虫的阻抑作用。例如，昆虫采食使植株叶片含水量和叶绿素含量降低，但是内生真菌的侵染能缓解这种下降的趋势，促进宿主生长，进而提高醉马草植株的抗虫性；昆虫采食压力下，植株体内抗氧化酶活性和渗透调节物质均随危害时间的延长而显著升高，而内生真菌调节宿主醉马草的抗氧化酶活性和渗透调节物质含量以促进植株的生长并提高对昆虫采食的抗性。

通过动物饲喂试验，研究了醉马草对小尾寒羊和家兔这两种家畜的毒性作用，确定了醉马草对小尾寒羊和家兔的影响主要是由感染醉马草的内生真菌所致。内生真菌侵染醉马草能够减少采食者的采食量，使采食者体重降低；提高采食者的体温、心率和呼吸速率，影响采食者的内脏器官，使其发生病理变化，导致其肝功能衰退，肾功能受损，并对血液循环系统和泌尿系统等产生影响，使其血清蛋白、血清电解质、红细胞、白细胞和尿液的各项指标也发生变化。这些症状的表现和麦角新碱及麦角酰胺的中毒机制类似，而在所有的 E+种子、各生育期的不同器官，以及幼苗的叶片、叶鞘中均检测到了不同浓度的麦角新碱和麦角酰胺。进一步研究发现，麦角新碱和异麦角新碱对动物平滑肌细胞的细胞毒活性，从而证实了哺乳动物中毒与这些化合物有密切的关系，醉马草对哺乳动物的毒性是由内生真菌及产生的麦角碱所致。

以上研究证实了醉马草本身无毒，其真正的致毒机制是：只有当内生真菌与醉马草共生并产生麦角新碱和麦角酰胺等麦角类生物碱后才能导致家畜中毒。这些研究为醉马草的进一步合理开发利用奠定了基础。

参 考 文 献

白永吉. 2000. 牛醉马草中毒的诊治. 青海畜牧兽医杂志, 30(1): 22.

高嘉卉. 2006. *Neotyphodium gansuense* 离体麦角碱的检测和 *N. lolii* 麦角碱基因的测序. 兰州: 兰州大学硕士学位论文.

何明海. 2001. 放牧绵羊醉马草中毒调查. 青海畜牧兽医杂志, 31(1): 27.

霍曼. 1992. 醉马草及其防治措施. 草业科学, 9(5): 36-37.

李春杰. 2005. 醉马草-内生真菌共生体生物学与生态学特性研究. 兰州: 兰州大学博士学位论文.

李春杰, 南志标, 张昌吉, 等. 2009. 醉马草内生真菌对家兔的影响. 中国农业科技导报, 11(2): 84-90.

梁莹. 2011. 醉马草内生真菌共生体对小尾寒羊的影响. 兰州: 兰州大学硕士学位论文.

南志标, 李春杰. 2004. 禾草-内生真菌共生体在草地农业系统中的作用. 生态学报, 24(3): 605-616.

任继周. 1954. 西北草原上几种常见的毒草. 畜牧与兽医, (2): 56-60.

任继周. 1959. 甘肃中部的草原类型. 甘肃农业大学学报, (2): 3-17.

桑明, 张继, 姚健, 等. 2006. 醉马草毒性成分的分析研究. 畜禽业, (12): 9-11.

史志诚. 1997. 中国草地重要有毒植物. 北京: 中国农业出版社.

土凯, 党晓鹏. 1991. 醉马草对羊的毒性试验. 中国兽医科学, (7): 32-33.

新疆八一农学院. 1982. 新疆植物检索表(第一册). 乌鲁木齐: 新疆人民出版社.

张伟, 李冠, 李小飞. 2006. 醉马草毒性成分的提取研究. 生物技术, 16(6): 60-62.

张兴旭. 2008. 内生真菌对醉马草抗虫性影响的研究. 兰州: 兰州大学硕士学位论文.

张兴旭. 2012. 醉马草-内生真菌共生体对胁迫的响应及其次生代谢产物活性的研究. 兰州: 兰州大学博士学位论文.

张兴旭, 陈娜, 李春杰, 等. 2008. 禾谷缢管蚜与内生真菌互作对醉马草幼苗的生理影响. 草地学报, 16(3): 239-244.

张友杰, 朱子清. 1982. 醉马草化学成份的研究(Ⅰ). 高等学校化学学报, (S1): 150-152.

Ball O, Christensen M, Prestidge R, et al. 1994. Effect of selected isolates of *Acremonium* endophytes on adult black beetle (*Heteronychus arator*) feeding. Proceedings of the New Zealand Plant Protection Conference, 47: 227-231.

Breen J. 1994. *Acremonium* endophyte interactions with enhanced plant resistance to insects. Annual Review of Entomology, 39(1): 401-423.

Browning Jr R, Thompson F, Sartin J, et al. 1997. Plasma concentrations of prolactin, growth hormone, and luteinizing hormone in steers administered ergotamine or ergonovine. Journal of Animal Science, 75(3): 796-802.

Bultman T L, Murphy J C. 2000. Do fungal endophytes mediate wound-induced resistance? Microbial Endophytes: 421-455.

Bush L P, Wilkinson H H, Schardl C L. 1997. Bioprotective alkaloids of grass-fungal endophyte symbioses. Plant Physiology, 114(1): 1-7.

Campbell M A, Tapper B A, Simpson W R, et al. 2017. *Epichloë hybrida* sp. nov., an emerging model system for investigating fungal allopolyploidy. Mycologia, 109(5): 715-729.

Chen L, Li X, Li C, et al. 2015. Two distinct *Epichloë* species symbiotic with *Achnatherum inebrians*, drunken horse grass. Mycologia, 107(4): 863-873.

Chen T, Li C, White J F, et al. 2019. Effect of the fungal endophyte *Epichloë bromicola* on polyamines in wild barley (*Hordeum brevisubulatum*) under salt stress. Plant and Soil, 436(1-2): 29-48.

Clay K, Holah J. 1999. Fungal endophyte symbiosis and plant diversity in successional fields. Science, 285(5434): 1742-1744.

Clay K. 1990. Fungal endophytes of grasses. Annual Review of Ecology and Systematics, 21(1): 275-297.

Faeth S H, Bush L P, Sullivan T. 2002. Peramine alkaloid variation in *Neotyphodium*-infected Arizona fescue: effects of endophyte and host genotype and environment. Journal of Chemical Ecology, 28(8): 1511-1526.

Hoveland C S. 1993. Importance and economic significance of the Acremonium endophytes to performance of animals and grass plant. Agriculture Ecosystems and Environment, 44(1-4): 3-12.

Johnson L J, de Bonth A C, Briggs L R, et al. 2013. The exploitation of epichloae endophytes for agricultural benefit. Fungal Diversity, 60(1): 171-188.

Joost R. 1995. Acremonium in fescue and ryegrass: Boon or bane? A review. Journal of Animal Science, 73(3): 881-888.

Larson B, Harmon D, Piper E, et al. 1999. Alkaloid binding and activation of D2 dopamine receptors in cell culture. Journal of Animal Science, 77(4): 942-947.

Latch G C. 1993. Physiological interactions of endophytic fungi and their hosts. Biotic stress tolerance imparted to grasses by endophytes. Agriculture, Ecosystems and Environment, 44(1-4): 143-156.

Lehner A F, Craig M, Fannin N, et al. 2005. Electrospray [+] tandem quadrupole mass spectrometry in the elucidation of ergot alkaloids chromatographed by HPLC: screening of grass or forage samples for novel toxic compounds. Journal of Mass Spectrometry, 40(11): 1484-1502.

Leuchtmann A, Bacon C W, Schardl C L, et al. 2014. Nomenclatural realignment of *Neotyphodium* species with genus *Epichloë*. Mycologia, 106(2): 202-215.

Li C J, Zhang X X, Li F, et al. 2007. Disease and pests resistance of endophyte infected and non-infected drunken horse grass. *In*: Popay A, Thom ER, eds. Proceedings of the 6th International Symposium on Fungal Endophytes of Grasses, Dunedin. New Zealand: New Zealand Grassland Association: 111-114.

Li N N, Xia C, Zhong R, et al. 2018. Interactive effects of water stress and powdery mildew (*Blumeria graminis*) on the alkaloid production of *Achnatherum inebrians* infected by *Epichloë* endophyte. Science China (Life Sciences): 1-3.

Liang Y, Wang H C, Li C J, et al. 2017. Effects of feeding drunken horse grass infected with *Epichloë gansuensis* endophyte on animal performance, clinical symptoms and physiological parameters in sheep. BMC Veterinary Research, 13(1): 223.

Ma M, Christensen M J, Nan Z. 2015. Effects of the endophyte *Epichloë festucae* var. *lolii* of perennial ryegrass (*Lolium perenne*) on indicators of oxidative stress from pathogenic fungi during seed germination and seedling growth. European Journal of Plant Pathology, 141(3): 571-583.

Malinowski D P, Butler T J, Belesky D P. 2011. Competitive ability of tall Fescue against alfalfa as a function of summer dormancy, endophyte infection, and soil moisture availability. Crop Science, 51(3): 1282-1290.

Miles C O, Lane G A, di Menna M E, et al. 1996. High levels of ergonovine and lysergic acid amide in toxic *Achnatherum inebrians* accompany infection by an Acremonium-like endophytic fungus. Journal of Agricultural and Food Chemistry, 44(5): 1285-1290.

Moubarak A S, Johnson Z B, Rosenkrans Jr C F. 2003. Antagonistic effects of simultaneous exposure of ergot alkaloids on kidney adenosine triphosphatase system. *In Vitro* Cellular & Developmental Biology-Animal, 39(8): 395-398.

Paterson J, Forcherio C, Larson B, et al. 1995. The effects of fescue toxicosis on beef cattle productivity. Journal of Animal Science, 73(3): 889-898.

Popay A J, Bonos S A. 2005. Biotic responses in endophytic grasses. *Neotyphodium* in Cool-Season Grasses, 163-185.

Popay A J, Hume D E, Mainland R A, et al. 1995. Field resistance to Argentine stem weevil (*Listronotus bonariensis*) in different ryegrass cultivars infected with an endophyte deficient in lolitrem B. New Zealand Journal of Agricultural Research, 38(4): 519-528.

Porter J K. 1995. Analysis of endophyte toxins: fescue and other grasses toxic to livestock. Journal of Animal Science, 73(3): 871-880.

Prestidge R A. 1993. Causes and control of perennial ryegrass staggers in New Zealand. Agriculture, Ecosystems and Environment, 44(1-4): 283-300.

Prestige R A. 1982. An association of *Lolium* endophyte with ryegrass resistance to Argentine stem weevil. *In*: Hartley M J, ed. Proceeding of the 35th New Zealand Weed and Pest Contral Conference. Hamilton, New Zealand: The New Zealand Weed and Pest Control Society: 119-122.

Saikkonen K, Gundel P E, Helander M. 2013. Chemical ecology mediated by fungal endophytes in grasses. Journal of Chemical Ecology, 39(7): 962-968.

Schardl C L, Leuchtmann A, Spiering M J. 2004. Symbioses of grasses with seedborne fungal endophytes. Annual Review of Plant Biology, 55: 315-340.

Schardl C L, Young C A, Hesse U, et al. 2013. Plant-symbiotic fungi as chemical engineers: multi-genome analysis of the clavicipitaceae reveals dynamics of alkaloid loci. PLoS Genetics, 9(2): e1003323.

Schmidt S P, Osborn T G. 1993. Effects of endophyte-infected tall fescue on animal performance. Agriculture,

Ecosystems & Environment, 44(1-4): 233-262.

Siegel M R, Latch G C M, Johnson M C. 1987. Fungal endophytes of grasses. Annual Review of Phytopathology, 25(1): 293-315.

Song H, Li X Z, Bao G S, et al. 2015a. Phylogeny of *Neotyphodium* endophyte from western Chinese *Elymus* species based on act sequences. Acta Microbiologica Sinica, 55(3): 273-281.

Song H, Nan Z B. 2015. Origin, divergence, and phylogeny of asexual *Epichloe* endophyte in *Elymus* species from western China. PLoS One, 10(5): e0127096.

Song M L, Li X Z, Saikkonen K, et al. 2015c. An asexual *Epichloë* endophyte enhances waterlogging tolerance of *Hordeum brevisubulatum*. Fungal Ecology, 13: 44-52.

Song Q Y, Nan Z B, Gao K, et al. 2015b. Antifungal, phytotoxic, and cytotoxic activities of metabolites from *Epichloë bromicola*, a fungus obtained from *Elymus tangutorum* Grass. Journal of Agricultural and Food Chemistry, 63(40) 8787-8792.

Song Q Y, Yu H T, Zhang X X, et al. 2017. Dahurelmusin A, a hybrid peptide-polyketide from *Elymus dahuricus* Infected by the *Epichloë bromicola* endophyte. Organic Letters, 19: 298-300.

Wang J F, Nan Z B, Christensen M J, et al. 2018. Glucose-6-phosphate dehydrogenase plays a vital role in *Achnatherum inebrians* plants host to *Epichloë gansuensis* by improving growth under nitrogen deficiency. Plant and Soil, 430(1-2): 37-48.

Xia C, Christensen M J, Zhang X, et al. 2018. Effect of *Epichloë gansuensis* endophyte and transgenerational effects on the water use efficiency, nutrient and biomass accumulation of *Achnatherum inebrians* under soil water deficit. Plant and Soil, 424: 555-571.

Yao X, Christensen M J, Bao G S, et al. 2015. A toxic endophyte-infected grass helps reverse degradation and loss of biodiversity of over-grazed grasslands in northwest China. Scientific Reports, 5: 18527.

Zhang X X, Li C J, Nan Z B, et al. 2012. *Neotyphodium* endophyte increases *Achnatherum inebrians* (drunken horse grass) resistance to herbivores and seed predators. Weed Research, 52(1): 70-78.

Zhang X X, Li C J, Nan Z B. 2010. Effects of cadmium stress on growth and anti-oxidative systems in *Achnatherum inebrians* symbiotic with *Neotyphodium gansuense*. Journal of Hazardous Materials, 175(1): 703-709.

Zhang X X, Nan Z B, Li C J, et al. 2014. Cytotoxic effect of ergot alkaloids in *Achnatherum inebrians* infected by the *Neotyphodium gansuense* endophyte. Journal of Agricultural and Food Chemistry, 62(30): 7419-7422.

第 20 章　内生真菌与乡土草抗旱

王剑峰　南志标　李春杰　夏　超

20.1　引　言

随着全球气候的变化，干旱区和半干旱区降水量少、蒸发量大的气候条件和人类活动的强烈干扰等因素加剧了土壤干旱，使干旱区和半干旱区成为我国生态脆弱区域之一（张静鸽，2019）。中国的旱地和半干旱土地占国土面积的一半，约为 465 万 km²。北方的水资源贮存量约占全国总量的 20%，而农业用地约占全国农业用地总面积的 65%，因此我国北方的干旱问题更加严重（冯瑛，2019）。已有研究表明，干旱胁迫不仅会引起植物形态、生理、生化和基因表达等方面的改变，同时也会引起植物渗透调节系统和氧化还原系统的失衡，损害光合作用，消耗细胞能量，最终限制植物的生长并降低作物产量（Golldack et al.，2014）。水分亏缺引起的干旱胁迫，不但已经成为制约该地区生态建设和植被恢复的主要因子，并且已危及该地区生态安全和经济的可持续发展，干旱土地资源的治理和利用成为未来农业发展急需解决的主要问题之一。因此，研究植物的抗旱调控机制，选育抗旱植物新品种，有利于农业的生产和增产，也是改善干旱半干旱地区生态环境和促进农业发展的有效措施。

内生真菌与宿主禾草抗旱性的关系，已经得到了国际学术界的广泛关注，研究人员已在羊茅属（*Festuca*）和黑麦草属（*Lolium*）禾草-内生真菌共生体中开展了大量研究。研究发现，内生真菌能够提高禾草的株高、分蘖数和地上、地下生物量（Wang et al.，2017；Gundel et al.，2016；Saari and Faeth，2012），改变叶片性状使其叶片更厚更窄（Bacon，1993；Hoveland，1993；White et al.，1992），并调节气孔开闭（Malinowski et al.，1997；Elbersen and West，1996）。研究还发现，内生真菌一方面可以增强禾草对水分的储存及吸收能力，另一方面有助于减少禾草体内水分通过蒸腾作用而散失（Malinowski and Belesky，2000）。也有研究认为，内生真菌对高羊茅（*Festuca arundinacea*）抗旱性无显著影响（Hall et al.，2014），甚至在干旱条件下降低了多年生黑麦草（*Lolium perenne*）（Eerens et al.，1998）及紫羊茅（*Festuca rubra*）（Vázquez-de-Aldana et al.，2013）的根系生物量，这说明内生真菌对植株抗旱能力的影响可能会受到禾草和内生真菌基因型的制约（He et al.，2017；Hesse et al.，2003）。Rudgers 和 Swafford（2009）对弗吉尼亚披碱草（*Elymus virginicus*）-内生真菌共生体的研究结果表明，正常水分条件下内生真菌可提高 E+植株株高、分蘖数和生物量的积累，但这种增益效果在干旱条件下却减少甚至消失了。Jia 等（2015）对羽茅（*Achnatherum sibiricum*）抗旱能力的研究表明，与内生真菌对植株抗旱性的增益相比，羽茅自身基因型对抗旱能力产生的影响更大。因此，可以把内生真菌作为提高乡土草抗旱的有效方法，利用内生真菌选育抗旱的优良乡土草种质，以期适应干旱环境。

醉马草（*Achnatherum inebrians*）分布在我国西北缺水的干旱和半干旱地区，并在草地群落中表现出较好的生长优势（史志诚，1997），表明其具有较强的抗旱能力。笔者所在团队对醉马草开展了系列研究，研究发现内生真菌可显著提高醉马草种子在干旱胁迫下的发芽率和发芽指数，并促进其幼苗胚根和胚芽的生长，增加叶片数量、长度及分蘖数，提高醉马草地下部分生物量的积累，增加或至少维持地上生物量，从而增加根冠比（夏超，2018；李飞，2007）。内生真菌还可以促进醉马草储存更多的水分，提高植株对土壤深层水分的吸收，扩大植株获取水分的范围（Malinowski and Belesky，2000）。内生真菌还能够显著增加醉马草植株的脱落酸（ABA）及吲哚-3-乙酸（IAA）含量，这一方面在干旱胁迫条件下保证醉马草生长的需求，另一方面通过调控气孔的开闭，减少了宿主植物体内水分因为蒸腾而散失（Xia et al.，2018；Malinowski et al.，1997；Elbersen and West，1996），提高醉马草的旱后恢复能力及水分利用效率。理解内生真菌提高醉马草抗旱的机制，对进一步挖掘和利用优异的种质资源、培育优良牧草具有重要的理论依据和参考价值。本章主要从以下几方面阐述内生真菌提高醉马草抗旱性的机制：①干旱胁迫下内生真菌对醉马草种子萌发的影响；②干旱胁迫下内生真菌对醉马草植株生长的影响；③干旱胁迫下内生真菌对醉马草光合作用和养分的影响；④干旱胁迫下内生真菌对醉马草渗透调节物质的影响；⑤干旱胁迫下内生真菌对醉马草抗氧化酶活性的影响；⑥干旱胁迫下内生真菌对醉马草水分利用效率的影响。

20.2　干旱胁迫下内生真菌对醉马草种子萌发的影响

20.2.1　干旱胁迫下内生真菌对种子发芽率和发芽指数的影响

为了研究干旱胁迫下内生真菌对醉马草种子发芽率和发芽指数的影响，在温室利用 PEG 渗透胁迫实验对夏河产地的 E+和 E−醉马草种子与榆中产地的带内生真菌（E+）和不带内生真菌（E−）醉马草种子进行处理。结果表明：随着干旱胁迫的加剧，夏河醉马草和榆中醉马草的发芽率变化相似，均呈下降趋势。在−0.3MPa 和−0.6MPa 的轻度渗透胁迫下，其发芽率均接近 0MPa 对照的发芽率；在渗透势高于−0.9MPa 时，夏河醉马草和榆中醉马草的发芽率均急剧下降；当渗透势为−1.8MPa 时，种子均不能萌发。

在各胁迫强度下，夏河产地的 E+和 E−醉马草种子发芽率之间的差异并不大，仅在较高渗透胁迫−1.5MPa 下 E+种子略高于 E−种子。榆中醉马草在−0.3MPa 和−0.6MPa 较低渗透胁迫下 E+和 E−种子发芽率基本相同，但是在−0.9MPa、−1.2MPa 和−1.5MPa 相对高的渗透胁迫强度下，E+种子发芽率均高于 E−种子；且在−1.2MPa 胁迫强度下 E+种子发芽率显著高于 E−种子（$P<0.05$）（图 20-1）。

高发芽率和更快的发芽速度能够促进带菌醉马草在其干旱生境里快速建植，从而赢得生长的空间和竞争优势（Gundel et al.，2006）。研究发现，PEG 渗透胁迫对带菌、不带菌黑麦草种子的发芽都有抑制作用，但在对照和 PEG 渗透胁迫下，E+种子的发芽率和胚根、胚芽长都显著高于 E−种子，而且内生真菌能够缩短种子发芽所需要的时间（任安芝等，2002）。

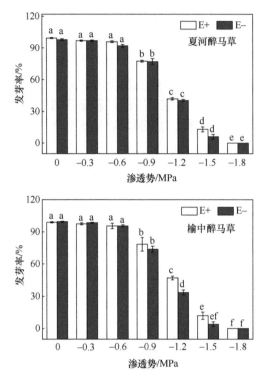

图 20-1　PEG 渗透胁迫条件下内生真菌对醉马草种子萌发率的影响（改编自李飞，2007）

E+代表内生真菌侵染的醉马草，E-代表内生真菌没有侵染的醉马草，下同。同一采集地的结果中，不同字母代表差异显著
（P<0.05）

综上，内生真菌对种子萌发的促进作用还受到醉马草母本生境型的影响，内生真菌对干旱地区（榆中）醉马草种子的发芽率和发芽速度影响较大，而对于来自湿润地区（夏河）的醉马草其促进作用不明显。

干旱胁迫下，夏河醉马草的发芽指数和榆中醉马草的发芽指数变化趋势相似，与对照 0MPa 相比，发芽指数随着胁迫的增加呈下降的趋势。其中，在-0.3MPa 胁迫下下降幅度较平缓，高于-0.6MPa 后下降幅度较大。

夏河醉马草在-0.3MPa 和 0MPa 下，E+和 E-种子的发芽指数没有差异；在-0.9MPa 和-0.6MPa 相对较高强度渗透胁迫下，E+种子的发芽指数显著高于 E-种子的发芽指数（P<0.05）；在-1.2MPa 高强度胁迫下，E+和 E-种子的发芽指数均接近 0。对于榆中醉马草，各处理条件下 E+种子的发芽指数均高于 E-种子的发芽指数，在-1.2～-0.3MPa 的所有渗透胁迫下其差异均达到显著水平（P<0.05）（图 20-2）。

20.2.2　干旱胁迫下内生真菌对胚根和胚芽长度的影响

榆中醉马草和夏河醉马草的胚芽均随着胁迫的增加呈下降趋势，而榆中醉马草的胚根和夏河醉马草的胚根对干旱胁迫的反应不同。其中，夏河醉马草的胚根长度随着干旱胁迫的增加呈递减趋势，而榆中醉马草的胚根长度呈先增加后下降的趋势（图 20-3）。

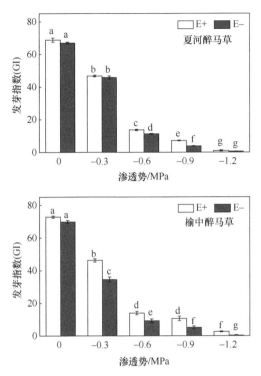

图 20-2　PEG 渗透胁迫条件下内生真菌对醉马草发芽指数的影响（引自李飞，2007）

同一采集地的结果中，不同字母代表差异显著（$P<0.05$）

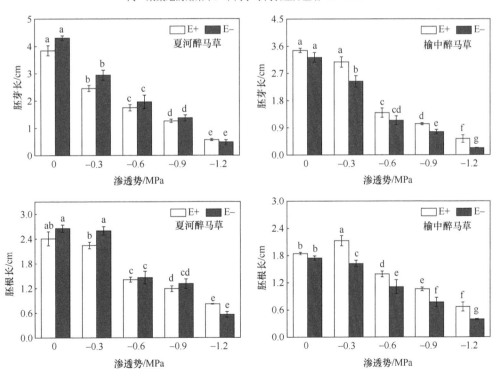

图 20-3　PEG 渗透胁迫下内生真菌对醉马草种子萌发 7d 的胚芽与胚根长度的影响（改编自李飞，2007）

同一采集地的结果中，不同字母代表差异显著（$P<0.05$）

在 0MPa 和–0.9～–0.3MPa 的渗透胁迫下，夏河 E–醉马草胚芽长度均大于夏河 E+醉马草胚芽长度，但是差异不显著，胚根的长度也是夏河 E–醉马草大于夏河 E+醉马草，但 E+与 E–醉马草胚根长度之间的差异不显著，仅在–0.3MPa 胁迫强度下 E–醉马草胚根长显著大于 E+醉马草（$P<0.05$）。榆中醉马草在 0MPa 和所有渗透胁迫下，E+醉马草胚芽长度均大于 E–醉马草胚芽长度，在–1.2MPa、–0.9MPa 和–0.3MPa 胁迫强度下差异显著，而各渗透胁迫下 E+醉马草的胚根长度也显著大于 E–醉马草（$P<0.05$）（图 20-3）。

20.3　干旱胁迫下内生真菌对醉马草植株生长的影响

20.3.1　内生真菌对醉马草抗旱性的影响

随着渗透胁迫的加重，夏河醉马草和榆中醉马草叶片增加数逐渐减少。在–0.4MPa、–0.2MPa 和 0MPa 条件下，夏河醉马草 E+与 E–植株的叶片增加数差异不显著，但是在–0.6MPa 重度胁迫下，E+植株的叶片增加数高于 E–植株（$P<0.05$）。在 0MPa 下，榆中醉马草 E+植株和 E–植株的叶片增加数差异不显著，在各胁迫条件下，榆中 E+植株的叶片增加数显著高于 E–植株的叶片增加数（$P<0.05$）（表 20-1）。

表 20-1　PEG 渗透胁迫下内生真菌对醉马草叶片增加数的影响

（引自李飞，2007）　　　　　　　　（单位：片/株）

产地	带菌情况	渗透势			
		0MPa	–0.2MPa	–0.4MPa	–0.6MPa
夏河	E+	0.859±0.060a	0.546±0.073b	0.297±0.058c	0.200±0.032d
	E–	0.867±0.041a	0.600±0.071b	0.400±0.041c	0.083±0.023e
榆中	E+	0.667±0.026a	0.267±0.043b	0.133±0.041c	0.133±0.041c
	E–	0.687±0.028a	0.067±0.033d	0.067±0.007d	0.063±0.033d

注：同一采集地的结果中，不同字母代表差异显著（$P<0.05$）

较对照相比，随着渗透胁迫的加重，榆中醉马草和夏河醉马草叶片延伸量都呈现下降趋势。其中，夏河醉马草在各胁迫处理下 E+与 E–植株之间叶片延伸量无显著差异，榆中醉马草在对照和轻度胁迫–0.2MPa 下 E+和 E–植株叶片延伸量之间差异不显著，在中度（–0.4MPa）和重度胁迫（–0.6MPa）下，E+植株叶片延伸量则显著高于 E–植株（$P<0.05$）（图 20-4）。

为了研究干旱胁迫下内生真菌对醉马草抗旱性的影响，设计 3 个水分梯度实验，即对照：土壤相对饱和含水量的 60%（60% WHC）；轻度胁迫：土壤相对饱和含水量的 40%（40% WHC）；重度胁迫：土壤相对饱和含水量的 20%（20% WHC）。结果表明，随着干旱胁迫的加重，夏河醉马草和榆中醉马草的每株分蘖增加数也随之显著降低（$P<0.05$），但是 E+与 E–之间的差异并不显著。各干旱胁迫条件下，榆中醉马草的分蘖数高于夏河醉马草。夏河醉马草在 60% WHC（对照）和 20% WHC（重度胁迫）下，E–植株的分蘖增加数多于 E+植株，在 40% WHC（轻度胁迫）下，E+植株的分蘖增加数高于 E–植株，但均无显著差异。榆中醉马草在 60% WHC 和 40% WHC 下，E–植株的分蘖增加数略多于 E+植株，在 20% WHC 下，E+植株的分蘖增加数高于 E–植株，但均无显著差异（表 20-2）。

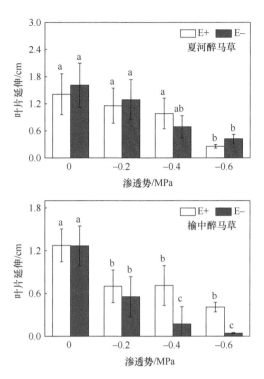

图 20-4　PEG 渗透胁迫下内生真菌对醉马草叶片延伸的影响（引自李飞，2007）

同一采集地的结果中，不同字母代表差异显著（*P*<0.05）

表 20-2　盆栽干旱胁迫下内生真菌对醉马草分蘖增加数的影响（引自李飞，2007）（单位：个/株）

产地	带菌情况	土壤含水量		
		60% WHC	40% WHC	20% WHC
夏河	E+	3.00±0.19a	2.78±0.14ab	1.39±0.16c
	E−	3.13±0.11a	2.47±0.16b	1.50±0.14c
榆中	E+	4.18±0.24a	3.30±0.15b	2.33±0.15c
	E−	4.84±0.27a	3.44±0.17b	2.13±0.19c

注：同一采集地的结果中，不同字母代表差异显著（*P*<0.05）

综上，干旱胁迫显著减少醉马草的每株分蘖增加数，但是 E+植株与 E−植株之间的差异并不显著，也就是说水分对醉马草分蘖数的影响大，而内生真菌对醉马草分蘖数的影响并不大。内生真菌对布顿大麦草（*Hordeum bogdanii*）的侵染显著促进寄主植物生长，与不带菌的植株相比，带菌植株的分蘖数增加 136.8%（南志标，1996）；田间条件下，圆柱披碱草（*Elymus cylindricus*）带菌植株每株的分蘖数增加 84.5%（Nan and Li，2000）。研究发现对于源自干旱地区和半干旱地区的多年生黑麦草，内生真菌可以显著提高宿主黑麦草在干旱胁迫下的分蘖数，对于源自湿润地区的多年生黑麦草，内生真菌的侵染则会减少植株分蘖数（Hesse et al.，2003）。

干旱胁迫降低了夏河醉马草和榆中醉马草的地上生物量，但地下生物量有增加的趋势。同一胁迫强度下，夏河醉马草 E+植株与 E−植株的地上、地下生物量差异均不显著，榆中醉马草 E+ 与 E−植株的地上生物量差异不显著，地下生物量则是在 60% WHC 下，E+植株与 E−植株差异不显著，在 40% WHC 和 20% WHC 下 E+植株的地下生物量均显著高于 E−植株（$P<0.05$）（图 20-5）。

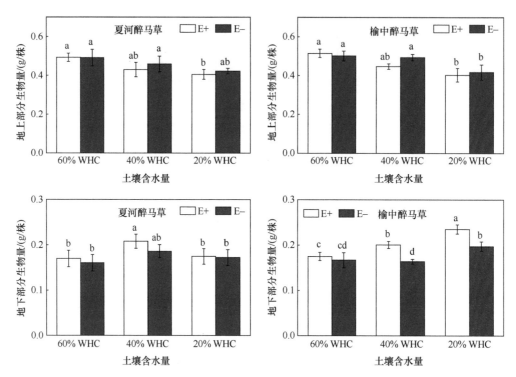

图 20-5　盆栽干旱胁迫下内生真菌对醉马草生物量的影响（改编自李飞，2007）

同一采集地的结果中，不同字母代表差异显著（$P<0.05$）

干旱胁迫期间，随着干旱胁迫的加重，榆中醉马草和夏河醉马草的叶片相对含水量也随之减少，其中重度胁迫（20% WHC）下的叶片相对含水量较对照（60% WHC）和轻度胁迫水平（40% WHC）显著下降。对于榆中醉马草和夏河醉马草，E+和 E−植株叶片相对含水量之间差异均不显著（图 20-6）。

另外，还研究了盆栽干旱胁迫下内生真菌对醉马草根系的影响。结果表明，随着干旱胁迫的加重，夏河醉马草和榆中醉马草根系表面积、根总长和根毛数均呈现出增加的趋势。在极度干旱及干旱胁迫条件下（15%和 30%土壤相对饱和含水量），夏河、榆中 E+醉马草的根系表面积、根总长及根毛数均显著高于 E−醉马草。在正常水分条件下（45%土壤相对饱和含水量），来自夏河 E+醉马草的根系表面积显著高于 E−（$P<0.05$）（表 20-3）。

2016 年将醉马草种子播种于大田，设置 3 个处理，水分充盈处理：每隔 3d 人工浇水，使土壤含水量保持在 45%～60%土壤相对饱和含水量。对照：只接受自然降水，不进行人工浇水，该处理下土壤含水量一般保持在 20%～30%土壤相对饱和含水量。干旱胁迫处理：既不人工浇水，也不接受自然降水，该处理下土壤含水量一般≤15%土壤相对饱和含水量。

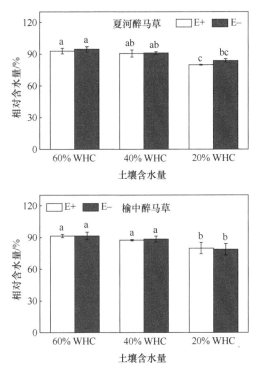

图 20-6 盆栽干旱胁迫下内生真菌对醉马草叶片相对含水量的影响（改编自李飞，2007）

同一采集地的结果中，不同字母代表差异显著（$P<0.05$）

表 20-3 盆栽干旱胁迫下内生真菌对醉马草根系生长指标的影响（改编自夏超，2018）

土壤含水量/%	植株	根系表面积/（mm²/株）	根总长/（mm/株）	根毛数/（个/株）
15	XH-E+	3 655.3±121.1*	14 641.0±82.5*	3 217.3±63.8*
	XH-E−	3 335.2±68.5	13 799.5±268.1	2 833.0±76.3
	YZ-E+	4 826.7±70.1*	16 756.3±432.1*	4 578.0±58.3*
	YZ-E−	4 435.1±95.8	15 565.4±242.1	4 143.0±82.6
30	XH-E+	3 368.5±47.0*	15 328.5±284.8*	3 244.8±38.7*
	XH-E−	2 974.2±71.4	12 940±460.7	2 730.7±71.7
	YZ-E+	4 357.5±48.4*	16 442.7±231.7*	3 665.2±67.0*
	YZ-E−	3 919.7±84.5	14 159.7±512.6	3 121.3±32.4
45	XH-E+	3 116.1±91.5*	8 753.0±730.0	2 547.3±45.4
	XH-E−	2 882.0±64.0	12 396.3±299.2	2 503.4±46.5
	YZ-E+	3 878.6±31.9	13 163.8±1 050.0	2 602.8±93.8
	YZ-E−	3 571.0±66.0	12 190.7±267.9	2 468.2±67.9
60	XH-E+	3 336.0±50.0	13 435.3±263.1	2 956.1±89.8
	XH-E−	3 476.3±30.8	13 240.3±133.9	2 831.1±73.1
	YZ-E+	3 954.6±60.6	15 719.3±247.0	3 083.3±74.6
	YZ-E−	4 027.7±75.3	14 576.0±339.7	3 068.4±31.4

注：XH-E+代表夏河产地的 E+醉马草，XH-E−代表夏河产地的 E−醉马草，YZ-E+代表榆中产地的 E+醉马草，YZ-E−代表榆中产地的 E−醉马草。同一采集地的结果中，*表示 E+和 E−之间差异显著（$P<0.05$）

建植第一年，内生真菌仅在干旱胁迫处理下显著增加了醉马草株高，在 3 个土壤水分梯度下均显著增加了醉马草植株的生物量（$P<0.05$），而对醉马草生殖枝数无显著影响。建植第二年，内生真菌显著增加了在干旱胁迫处理及水分充盈处理下醉马草植株的株高、生殖枝数及 3 个土壤水分梯度下醉马草植株的生物量（表 20-4）。

表 20-4　大田干旱胁迫下内生真菌对醉马草生长指标的影响（改编自夏超，2018）

生长参数	年份-植株	干旱胁迫处理	对照	水分充盈处理
株高/（cm）	2016-E+	$113.10\pm2.65^*$	120.97 ± 11.59	128.33 ± 10.10
	2016-E–	97.70 ± 2.99	106.60 ± 12.92	117.93 ± 9.49
	2017-E+	$176.47\pm2.02^*$	173.113 ± 4.99	$188.80\pm2.43^*$
	2017-E–	151.17 ± 9.9	150.33 ± 18.02	167.27 ± 9.02
生殖枝数/（个/株）	2016-E+	7.33 ± 3.21	6.33 ± 1.15	10.33 ± 1.53
	2016-E–	5.67 ± 2.31	5.33 ± 1.53	9.00 ± 2.65
	2017-E+	$44.67\pm3.51^*$	40.67 ± 5.13	$41.00\pm4.36^*$
	2017-E–	32.00 ± 3.57	32.67 ± 3.21	35.00 ± 3.61
生物量/（g/株）	2016-E+	$31.64\pm2.73^*$	$32.73\pm3.09^*$	$38.28\pm0.67^*$
	2016-E–	17.29 ± 3.15	14.04 ± 2.05	22.78 ± 3.11
	2017-E+	$49.36\pm4.27^*$	$46.84\pm4.42^*$	$56.40\pm0.98^*$
	2017-E–	26.76 ± 2.87	29.80 ± 2.89	42.30 ± 4.42

注：2016 年：建植 E+和 E–醉马草的第一年。2017 年：建植 E+和 E–醉马草的第二年。2016-E+和 2017-E+分别代表 2016 年和 2017 年内生真菌侵染的醉马草，2016-E–和 2017-E–分别代表 2016 年和 2017 年没有内生真菌侵染的醉马草。*表示同年同一处理条件下 E+和 E–间差异显著（$P<0.05$）

E+植株根系表面积随土壤水分含量的增加而显著降低（$P<0.05$），但 E–植株根系表面积则呈现出先增加后降低的趋势。干旱胁迫条件下，E+植株的根系表面积在各土层深度均显著大于 E–植株的根系表面积，且 E+和 E–植株的根系表面积随土层深度的增加均呈现出先增加后降低的趋势，且两者的根系表面积最大值均出现在 10～30cm 土层。在对照条件下，E+植株的根系表面积在 0～30cm 土层显著大于 E–植株的根系表面积，而在 50～70cm 土层下，E+植株的根系表面积显著小于 E–植株的根系表面积（$P<0.05$），且两者的根系表面积随土层深度增加也呈现出先增加后降低的趋势，且两者的根系表面积最大值也出现在 10～30cm 土层。水分充盈条件下，E+植株的根系表面积在 30～50cm 土层显著大于 E–植株的根系表面积，而在 10～30cm 和 50～70cm 土层下，E+植株的根系表面积显著小于 E–植株的根系表面积（$P<0.05$），E+植株的根系表面积随着土层深度的增加而减少，但根系表面积最大值出现在 0～10cm 土层，而 E–植株的根系表面积随土层深度的增加表现出先增加后降低的趋势，根系表面积最大值出现在 10～30cm 土层（表 20-5）。

表 20-5　大田干旱胁迫下内生真菌对醉马草根系表面积的影响（改编自夏超，2018）

土壤深度/cm	植株	根系表面积/（cm²/株）		
		干旱胁迫处理	对照	水分充盈处理
0～10	E+	206.13^*	254.23^*	182.23
	E–	112.14	176.69	156.13

续表

土壤深度/cm	植株	根系表面积/（cm²/株）		
		干旱胁迫处理	对照	水分充盈处理
10～30	E+	421.25*	321.33*	163.45*
	E-	147.51	229.87	189.83
30～50	E+	226.79*	139.62	130.98*
	E-	130.51	137.67	105.50
50～70	E+	175.56*	58.947*	70.02*
	E-	105.50	142.92	102.84
0～70	E+	1029.72*A	774.11B	546.68C
	E-	495.67B	687.16A	554.30AB

注：同一处理同一土层之间用独立样本 T 检验，*表示 E+和 E-间差异显著（$P<0.05$）。不同大写字母表示不同土壤含量处理下 E+或 E-幼苗生长存在显著差异（$P<0.05$）

E+植株总根长随土壤水分含量的增加而显著降低（$P<0.05$），但 E-植株总根长则呈现出先增加后降低的趋势，在干旱胁迫处理条件下最低。干旱胁迫处理下，在各土层深度下 E+植株的总根长均显著大于 E-植株的总根长，且 E+和 E-植株的总根长随土层深度的增加均呈现出先增加后降低的趋势，且总根长最大值均出现在 10～30cm 土层。在对照条件下，E+植株的总根长在 0～30cm 土层显著大于 E-植株的总根长，而在 50～70cm 土层下 E+植株的总根长显著小于 E-植株的总根长（$P<0.05$），且两者的总根长随土层深度的增加也呈现出先增加后降低的趋势，且总根长最大值也都出现在 10～30cm 土层。水分充盈处理下，E+植株总根长在 10～30cm、50～70cm 土层显著小于 E-植株（$P<0.05$），E+植株总根长随着土层深度增加逐渐减少，总根长最大值出现在 0～10cm 土层，而 E-植株总根长随土层深度增加呈现出先增加后降低的趋势，最大值出现在 10～30cm 土层（表 20-6）。

表 20-6　大田干旱胁迫下内生真菌对醉马草总根长的影响（改编自夏超，2018）

土壤深度/cm	植株	根系总根长/（cm/株）		
		干旱胁迫处理	对照	水分充盈处理
0～10	E+	709.12*	854.26*	653.76
	E-	428.71	679.08	562.98
10～30	E+	1528.64*	1269.23*	630.59*
	E-	584.99	856.64	755.45
30～50	E+	990.98*	597.77	494.93
	E-	538.62	551.43	466.97
50～70	E+	677.95*	264.33*	306.72*
	E-	479.46	648.66	403.62
0～70	E+	3906.69*	2985.58	2086.00
	E-	2031.78	2735.82	2189.01

注：同一土层同一处理之间用独立样本 T 检验，*表示 E+和 E-间有显著差异（$P<0.05$）

E+醉马草根系根毛数随土壤水分含量增加而显著降低（$P<0.05$），但 E-植株根毛数则

呈现出先增加后降低的趋势。干旱胁迫条件下，除0～10cm土层外，其余各土层下E+植株的根毛数均显著大于E–植株的根毛数（$P<0.05$），且两者的根毛数随土层深度的增加均呈现出先增加后降低的趋势，均主要分布在10～30cm土层。对照条件下，E+植株的根毛数在10～30cm土层下显著大于E–植株的根毛数，而在50～70cm土层下E+植株的根毛数显著小于E–植株的根毛数（$P<0.05$），随着土层深度的增加，E+植株的根毛数呈现出先增加后降低的趋势，在10～30cm土层最多，E–植株的根毛数则在0～10cm土层分布最多，随土层深度的增加根毛数趋于减少。水分充盈处理下，E+植株的根毛数在0～10cm显著大于E–植株的根毛数，在50～70cm土层显著小于E–植株的根毛数，E+和E–植株的根毛数均主要分布在0～10cm土层，且随着土层深度的增加而显著降低（$P<0.05$）（表20-7）。

表20-7　大田干旱胁迫下内生真菌对醉马草根毛数的影响（改编自夏超，2018）

土壤深度/cm	植株	根毛数/（个/株）		
		干旱胁迫处理	对照	水分充盈处理
0～10	E+	186.33	231.00	197.33*
	E–	138.67	271.00	147.33
10～30	E+	306.33*	279.33*	122.33
	E–	146.33	170.67	149.67
30～50	E+	223.00*	116.33	93.33
	E–	111.33	116.33	92.33
50～70	E+	140.00*	47.00*	46.00*
	E–	91.00	139.00	73.33
0～70	E+	855.67*	673.67	459.00
	E–	487.33	697.00	462.67

注：同一土层同一处理之间用独立样本T检验，*表示E+和E–间差异显著（$P<0.05$）

20.3.2　内生真菌对醉马草旱后恢复的影响

为了研究旱后恢复阶段内生真菌对醉马草生长的影响，特设置恢复浇水试验。结果表明，榆中醉马草和夏河醉马草原受干旱胁迫植株的分蘖增加数要显著多于对照植株（$P<0.05$），而且受胁迫越严重，恢复浇水后分蘖数增加数越多。同一胁迫强度下，榆中醉马草和夏河醉马草的E+与E–之间的差异并不显著。只有受20% WHC（重度胁迫）的榆中醉马草，其旱后恢复阶段E+植株的分蘖增加数显著多于E–植株（$P<0.05$）（表20-8）。

表20-8　干旱恢复后内生真菌对醉马草分蘖增加数的影响（引自李飞，2007）（单位：个/株）

生态型	带菌情况	土壤含水量		
		60% WHC	40% WHC	20% WHC
夏河	E+	2.50±0.06b	3.80±0.25a	3.73±0.14a
	E–	2.48±0.12b	3.83±0.25a	3.93±0.22a
榆中	E+	2.77±0.21c	4.33±0.24b	5.61±0.25a
	E–	2.83±0.31c	4.22±0.12b	4.83±0.18b

注：同一采集地的结果中，不同字母代表差异显著（$P<0.05$）

在旱后恢复阶段，榆中醉马草和夏河醉马草受胁迫植株的叶片延伸量要显著多于对照植株（$P<0.05$），而且受胁迫越严重，恢复浇水后叶片延伸量越多。旱后恢复阶段，榆中醉马草和夏河醉马草 E+与 E–之间的叶片延伸量差异并不显著。夏河醉马草在轻度胁迫（40% WHC）下，E–植株的叶片延伸量略多于 E+植株。榆中醉马草在 40% WHC 和 20% WHC 胁迫下 E+植株的叶片延伸略多于 E–植株，但差异不显著（图 20-7）。

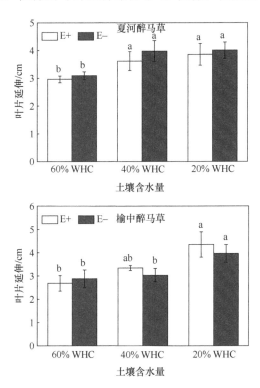

图 20-7　干旱恢复后内生真菌对醉马草叶片延伸的影响（改编自李飞，2007）
同一采集地的结果中，不同字母代表差异显著（$P<0.05$）

在旱后恢复阶段，榆中醉马草和夏河醉马草原来受胁迫植株的叶片相对含水量都恢复到对照水平，各处理间差异不显著，E+和 E–植株之间的差异亦不显著（图 20-8）。

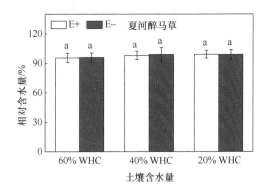

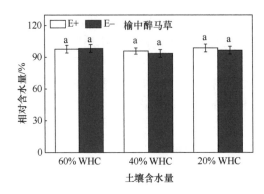

图 20-8　干旱恢复后内生真菌对醉马草叶片相对含水量的影响（改编自李飞，2007）

同一采集地的结果中，不同字母代表差异显著（$P<0.05$）

20.4　内生真菌提高醉马草抗旱的生理生化机制

20.4.1　干旱胁迫下内生真菌对醉马草光合作用和养分的影响

为了研究干旱胁迫下内生真菌对醉马草光合作用的影响，以不同生境的榆中醉马草和夏河醉马草（母本生境型）为试验材料，参照夏超（2018）的方法对其进行盆栽试验。将 40 盆醉马草加水至其饱和含水量后，将塑料袋扎口、密封，仅留一微小开口供幼苗正常长出。为防止水分散失，在扎口塑料袋上方再添加一层烘干的过筛黄土，这样整个盆栽在试验过程中减少的水分即可被视为植株利用或蒸腾所消耗。之后每隔两周称取盆栽重量，记录后随机调换盆栽位置，直至试验结束。自盆栽扎口密封之日起，每隔两周测量每盆醉马草幼苗的株高、叶片数及叶绿素含量，并在扎口时及试验结束时分别测量醉马草幼苗光合指标。结果表明，榆中醉马草和夏河醉马草在干旱胁迫条件下，虽然两种不同生境的 E+ 和 E−醉马草盆栽内的土壤水分均在不断下降，但内生真菌（endophyte）及母本生境型（habitat type）因素均未显著影响幼苗对水分的消耗量（$P_{endophyte, e}=0.459$；$P_{habitat type, h}=0.443$）（图 20-9a）。然而，内生真菌的侵染却显著增加了 E+ 幼苗的株高及叶绿素含量（$P_e<0.001$），降低了 E+ 幼苗的叶片数（$P_e=0.003$）。母本生境型则对醉马草幼苗的株高（$P_h=0.934$）及叶片数（$P_h=0.118$）无显著影响，仅显著影响了醉马草幼苗的叶绿素含量（$P_h=0.013$），在试验结束时榆中醉马草幼苗的叶绿素含量比夏河醉马草幼苗高出 4.0%。内生真菌与母本生境型双因素互作显著影响了醉马草幼苗的株高（$P_{e×h}=0.016$）及叶绿素含量（$P_{e×h}<0.001$），但对叶片数（$P_{e×h}=0.709$）及幼苗水分消耗（$P_{e×h}=0.239$）的影响并不显著（图 20-9）。

内生真菌显著提高了榆中醉马草和夏河醉马草幼苗的净光合速率、气孔导度及蒸腾速率（图 20-10）。榆中 E+ 醉马草幼苗比榆中 E−醉马草幼苗的净光合速率、气孔导度和蒸腾速率分别高出了 60.9%、22.9% 和 10.1%；夏河 E+ 醉马草幼苗比夏河 E−醉马草幼苗的净光合速率、气孔导度和蒸腾速率分别高出了 56.5%、36.5% 和 11.1%。但内生真菌的存在却显著降低了榆中醉马草和夏河醉马草幼苗的胞间二氧化碳浓度，下降幅度分别为

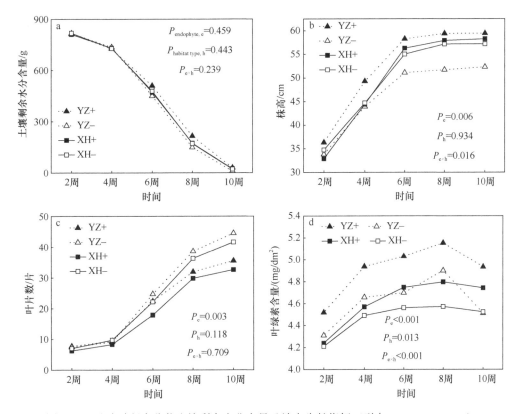

图 20-9　试验过程中盆栽土壤剩余水分含量及地上生长指标（引自 Xia et al.，2018）
a. 盆栽土壤剩余水分含量；b. 醉马草株高；c. 醉马草叶片数；d. 醉马草叶片叶绿素含量。图中 P 值为各因素重复方差分析结果。endophyte 为内生真菌，habitat type 为母本生境型，YZ+表示榆中醉马草被内生真菌感染的植株，YZ-表示榆中醉马草未被内生真菌感染的植株，XH+表示夏河醉马草被内生真菌感染的植株，XH-表示夏河醉马草未被内生真菌感染的植株

11.4% 和 7.1%。母本生境型同样显著影响了净光合速率、气孔导度及蒸腾速率（$P<0.05$），表现为榆中醉马草幼苗的净光合速率、气孔导度及蒸腾速率显著高于夏河醉马草幼苗，但母本生境型却未对胞间二氧化碳浓度产生显著影响。此外，榆中 E+醉马草幼苗比夏河 E+醉马草幼苗的净光合速率、气孔导度和蒸腾速率分别高出了 40.8%、37.8% 和 6.1%，榆中 E−醉马草幼苗比夏河 E−醉马草幼苗的净光合速率、气孔导度和蒸腾速率分别高出 37.0%、53.1% 和 7.2%（图 20-10）。

　　干旱胁迫条件下，内生真菌通过增加宿主醉马草的叶绿素含量、光合速率、气孔导度和蒸腾速率而增加了生物量。另外，内生真菌通过增加醉马草氮和磷的含量，进而维持了宿主的生长，增加了对干旱胁迫的抗性（Xia et al.，2018）。

　　内生真菌显著增加了榆中醉马草幼苗地上部分 C 含量，降低了地下部分 C 含量（$P<0.05$），使榆中 E+醉马草幼苗比榆中 E−醉马草幼苗地下生物量降低了 4.4%。榆中醉马草幼苗地下部分 C 含量显著高于夏河醉马草幼苗（$P<0.05$），高出 15.3%。榆中 E+幼苗地下部分 C 含量显著高于夏河 E+幼苗，高出 13.9%；榆中 E−幼苗地下部分 C 含量显著高于夏河 E−幼苗，高出 16.7%（图 20-11）。

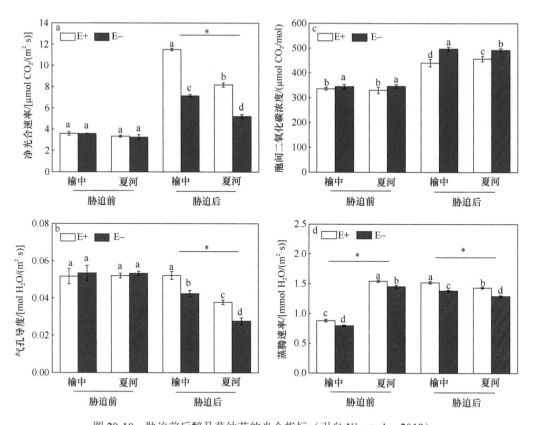

图 20-10　胁迫前后醉马草幼苗的光合指标（引自 Xia et al.，2018）

a. 净光合速率；b. 气孔导度；c. 胞间二氧化碳浓度；d. 蒸腾速率。不同字母表示同一处理之间差异显著（$P<0.05$）；*表示同一处理下两种母本生境型幼苗之间差异显著（$P<0.05$）

　　母本生境型显著影响了醉马草幼苗地上部分的 N 含量（$P<0.05$），表现为榆中醉马草幼苗地上部分 N 含量比夏河醉马草高出 24.5%，榆中 E+幼苗地上部分 N 含量显著高于夏河 E+幼苗，高出 27.7%；榆中 E−幼苗地上部分 N 含量显著高于夏河 E−幼苗，高出 21.2%。内生真菌虽然未对地上部分 N 含量产生显著性影响，但却显著影响地下部分 N 含量，表现为内生真菌显著提高了榆中 E+和夏河 E+醉马草幼苗的 N 含量，比榆中 E−和夏河 E−幼苗分别高出 15.0%和 13.7%（图 20-11）。

　　内生真菌显著增加了榆中 E+地上/地下部分 P 含量，比榆中 E−分别高出 48.7%和 66.1%。但对夏河醉马草幼苗的影响仅发生于地下部分（$P<0.05$），表现为夏河 E+幼苗地下部分 P 含量比夏河 E−幼苗高出 24.0%。除此之外，榆中 E−幼苗地上部分 P、地下部分 P 含量分别显著低于夏河 E−幼苗地上部分、E−幼苗地下部分，分别低出 18.1%和 22.1%（图 20-11）。

20.4.2　干旱胁迫下内生真菌对醉马草渗透调节物质的影响

　　随着干旱胁迫的加重，榆中醉马草和夏河醉马草的脯氨酸含量逐渐增加，尤其是在重度胁迫下的脯氨酸含量显著高于对照（$P<0.05$）。同一胁迫条件下，夏河 E+和 E−醉马草

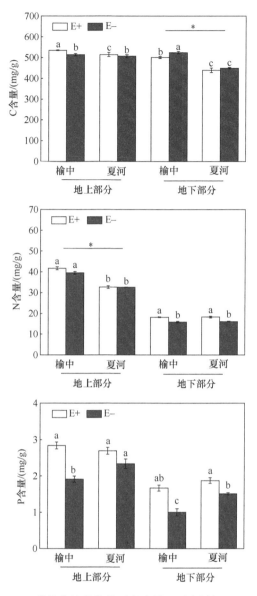

图 20-11　醉马草幼苗养分元素含量（引自夏超，2018）
不同字母表示同一处理之间差异显著（*P*<0.05）；*表示同一处理下两种母本生境型幼苗之间差异显著（*P*<0.05）

叶片之间的脯氨酸含量差异不显著，但在轻度胁迫下 E+植株略高于 E-植株，在重度胁迫下，E-植株略高于 E+植株。在轻度胁迫下，榆中 E+和 E-醉马草的脯氨酸含量差异不明显，而在重度胁迫下，榆中 E+植株的脯氨酸积累则显著高于榆中 E-植株（*P*<0.05）（图 20-12）。

　　为了研究旱后恢复内生真菌对醉马草脯氨酸含量的影响，先设置不同土壤含水量60%、40%和20%处理 E+和 E-醉马草 14d，处理结束后恢复浇水。结果表明，在旱后恢复阶段，榆中醉马草和夏河醉马草原来受胁迫植株的脯氨酸含量有所恢复。同一胁迫强度下，对于夏河醉马草来说 E+与 E-植株叶片之间脯氨酸含量无显著差异；对于榆中醉

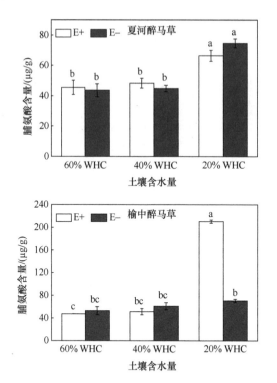

图 20-12 干旱胁迫下内生真菌对醉马草叶片脯氨酸含量的影响（引自夏超，2018）

同一采集地的结果中，不同字母代表差异显著（$P<0.05$）

马草，60% WHC（对照）和 40% WHC（轻度胁迫）条件下的 E+ 和 E−植株脯氨酸积累之间的差异不明显，原受重度胁迫的 E+植株的脯氨酸积累显著高于 E−植株（$P<0.05$）（图 20-13）。

20.4.3 干旱胁迫下内生真菌对醉马草抗氧化酶活性的影响

干旱胁迫下，内生真菌也影响了宿主醉马草的抗氧化系统。随着干旱胁迫的加重，榆中醉马草和夏河醉马草的 SOD 活性逐渐增强，并显著高于对照（$P<0.05$）。同一干旱胁迫强度下，榆中醉马草和夏河醉马草 E−植株 SOD 活性均要高于 E+植株（图 20-14）。在旱后恢复阶段，对于夏河醉马草，40% WHC（轻度胁迫）和 20% WHC（重度胁迫）条件下 E+植株的 SOD 活性略高于 E−植株，但是差异不显著；对于榆中醉马草，40% WHC（轻度胁迫）和 20% WHC（重度胁迫）条件下，E−植株的 SOD 活性则略高于 E+植株，但是差异不显著（图 20-15）。

20.4.4 干旱胁迫下内生真菌对醉马草水分利用效率的影响

以不同生境来源的榆中醉马草和夏河醉马草研究干旱胁迫下内生真菌对醉马草水分利用效率的影响。结果表明：不同生境醉马草的幼苗叶片相对含水量存在显著差别（$P<0.05$），表现为榆中醉马草幼苗比夏河醉马草幼苗高 33.3%。内生真菌则显著提高榆

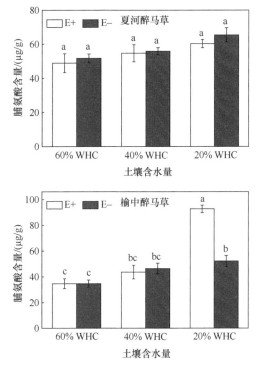

图 20-13　干旱恢复后内生真菌对醉马草叶片脯氨酸含量的影响（引自李飞，2007）
同一采集地的结果中，不同字母代表差异显著（P<0.05）

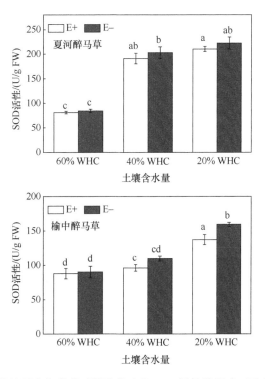

图 20-14　干旱胁迫下内生真菌对醉马草叶片 SOD 活性的影响（引自李飞，2007）
同一采集地的结果中，不同字母代表差异显著（P<0.05）

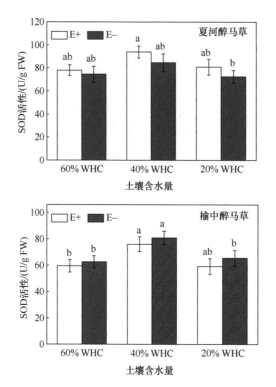

图 20-15 干旱恢复后内生真菌对醉马草叶片 SOD 活性的影响（改编自李飞，2007）

同一采集地的结果中，不同字母代表差异显著（$P<0.05$）

中幼苗的叶片相对含水量，使榆中 E+幼苗叶片相对含水量比榆中 E−幼苗高 37.0%。除此之外，榆中 E+幼苗的叶片相对含水量比夏河 E+幼苗高 46.1%，榆中 E−幼苗的叶片相对含水量比夏河 E−幼苗高 19.2%，且彼此间差异显著（$P<0.05$）（图 20-16）。

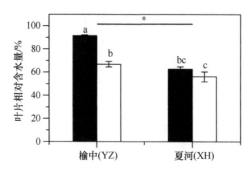

图 20-16 干旱胁迫后榆中、夏河醉马草幼苗叶片相对含水量（引自夏超，2018）

黑色柱子为 E+醉马草，白色柱子为 E−醉马草。不同字母表示榆中和夏河 E+和 E−醉马草之间差异显著（$P<0.05$）；*表示两种母本生境型幼苗之间差异显著（$P<0.05$）

之前研究表明，内生真菌能够提高宿主禾草对干旱胁迫的抗性，是由于内生真菌能够提高宿主禾草吸收水分的能力，并同时降低植物体内水分的散失（Nippert and Knapp，2007；Cheplick et al.，2000）。宿主禾草吸水能力的提高，往往表现在内生真菌能够促进植物根系发育，有助于植物获取更多的水分（Morse et al.，2007；Zhang and Nan，2007）。

而受到干旱胁迫时,内生真菌主要通过迅速调节气孔开闭改变气孔导度进而减少宿主禾草水分的散失(Malinowski et al.,1997;Elbersen and West,1996)。在根系吸水能力满足共生体维持正常生长后,定殖于宿主禾草地上部分的内生真菌便调控宿主禾草停止分配能量与物质供给根系发育,而是将这些能量与物质转运至地上部分。这一方面可以供给内生真菌菌丝自身的生长需求(Kuldau and Bacon,2008);另一方面可以增加宿主禾草地上部分的生长速率,加快其生殖生长和完成种子生产,这也不失为植物躲避干旱胁迫的一种策略(Davitt et al.,2011)。

20.5 本 章 小 结

内生真菌有助于植物在干旱胁迫条件下保持较好的水分状况,但这种影响因内生真菌-禾草共生体类型和植株生长阶段不同而不同。但是,内生真菌对于源自湿润地区的夏河醉马草抗旱性的影响却没有那么显著,这说明内生真菌对醉马草抗旱性的影响因内生真菌-醉马草共生体生态型的不同而不同,这可能是因为禾草-内生真菌共生体是在其生境中经过长期共同进化而来的,内生真菌能够提高其在当地生境的适应性。所以,内生真菌能够明显提高来自干旱地区榆中醉马草在水分胁迫下的萌发能力和抗旱性、旱后恢复能力,而对于来自湿润地区的夏河醉马草,可能干旱并不是限制它在其生境生长的决定因子,干旱胁迫未能激发其内生真菌的促进作用。另外,干旱胁迫下,内生真菌还能促进醉马草种子的发芽,提高醉马草种子的发芽率和发芽指数,增加了醉马草种子的胚芽长和胚根长。内生真菌能够促进醉马草植株的生长,增加醉马草的生物量、分蘖数、叶片延伸长度。内生真菌对醉马草抗旱性的影响,与醉马草幼苗母本生境有关,总体表现为榆中醉马草幼苗抗旱增益效果强于夏河醉马草幼苗。在干旱胁迫条件下,内生真菌通过影响醉马草的生理过程以适应干旱环境,表现为内生真菌主要通过调节醉马草的光合作用、脯氨酸的含量、SOD 活性和水分利用效率来提高醉马草的抗旱能力。

参 考 文 献

冯瑛. 2019. 樱桃砧木抗旱性评价及应对干旱胁迫响应的生理和分子机制. 杨凌: 西北农林科技大学博士学位论文.

李飞. 2007. 内生真菌对醉马草抗旱性影响的研究. 兰州: 兰州大学硕士学位论文.

南志标. 1996. 内生真菌对布顿大麦草生长的影响. 草业科学, 13(1): 16-18.

任安芝, 高玉葆, 李俭. 2002. 内生真菌感染对黑麦草若干抗旱生理特征的影响. 应用与环境生物学报, 8(5): 535-539.

史志诚. 1997. 中国草地重要有毒植物. 北京: 中国农业出版社.

夏超. 2018. 醉马草-内生真菌共生体对干旱胁迫的响应. 兰州: 兰州大学博士学位论文.

张静鸽. 2019. 半干旱区典型牧草对土壤水分有效性的生理特征指示. 杨凌: 西北农林科技大学硕士学位论文.

Bacon C W. 1993. Abiotic stress tolerances (moisture, nutrients) and photosynthesis in endophyte-infected tall fescue. Agriculture, Ecosystems and Environment, 44(1-4): 123-141.

Cheplick G, Perera A, Koulouris K. 2000. Effect of drought on the growth of *Lolium perenne* genotypes with and without fungal endophytes. Functional Ecology, 14: 657-667.

Davitt A J, Chen C, Rudgers J A. 2011. Understanding context-dependency in plant-microbe symbiosis: the influence of abiotic and biotic contexts on host fitness and the rate of symbiont transmission. Environmental and Experimental Botany, 71: 137-145.

Eerens J, Lucas R, Easton S, et al. 1998. Influence of the endophyte (*Neotyphodium lolii*) on morphology, physiology, and alkaloid synthesis of perennial ryegrass during high temperature and water stress. New Zealand Journal of Agricultural Research, 41(2): 219-226.

Elbersen H, West C. 1996. Growth and water relations of field-grown tall fescue as influenced by drought and endophyte. Grass and Forage Science, 51(4): 333-342.

Golldack D, Li C, Mohan H, et al. 2014. Tolerance to drought and salt stress in plants: unraveling the signaling networks. Frontiers in Plant Science, 5: 151.

Gundel P E, Maseda P H, Ghersa C M. 2006. Effects of the *Neotyphodium* endophyte fungus on dormancy and germination rate of *Lolium multiflorum* seeds. Austral Ecology, 31(6): 767-775.

Gundel P, Irisarri J, Fazio L, et al. 2016. Inferring field performance from drought experiments can be misleading: the case of symbiosis between grasses and *Epichloë* fungal endophytes. Journal of Arid Environments, 132: 60-62.

Hall S L, McCulley R L, Barney R J, et al. 2014. Does fungal endophyte infection improve tall fescue's growth response to fire and water limitation? PLoS one, 9(1): e86904.

He L, Matthew C, Jones C, et al. 2017. Productivity in simulated drought and post-drought recovery of eight ryegrass cultivars and a tall fescue cultivar with and without *Epichloë* endophyte. Crop and Pasture Science, 68(2): 176-187.

Hesse U, Schöberlein W, Wittenmayer L, et al. 2003. Effects of *Neotyphodium* endophytes on growth, reproduction and drought-stress tolerance of three *Lolium perenne* L. genotypes. Grass and Forage Science, 58(4): 407-415.

Hoveland C S. 1993. Importance and economic significance of the *Acremonium* endophytes to performance of animals and grass plant. Agriculture Ecosystems and Environment, 44(1-4): 3-12.

Jia T, Shymanovich T, Gao Y B, et al. 2015. Plant population and genotype effects override the effects of *Epichloë* endophyte species on growth and drought stress response of *Achnatherum robustum* plants in two natural grass populations. Journal of Plant Ecology, 41(6): 3067-3075.

Kuldau G, Bacon C. 2008. Clavicipitaceous endophytes: their ability to enhance resistance of grasses to multiple stresses. Biological Control, 46: 57-71.

Malinowski D, Leuchtmann A, Schmidt D, et al. 1997. Symbiosis with *Neotyphodium* uncinatum endophyte may increase the competitive ability of meadow fescue. Agronomy Journal, 89(5): 833-839.

Malinowski D P, Belesky D P. 2000. Adaptations of endophyte-infected cool-season grasses to environmental stresses: mechanisms of drought and mineral stress tolerance. Crop Science, 40(4): 923-940.

Morse L, Faeth S H, Day T. 2007. *Neotyphodium* interactions with a wild grass are driven mainly by endophyte haplotype. Functional Ecology, 21: 813-822.

Nan Z B, Li C J. 2000. Neotyphodium in native grasses in China and observations on endophyte/host interaction. *In*: Paul V H, Dapprich P D, ed.Proceedings of the 4th International Neotyphodium/grass Interactions Symposium. Soest, Germany: 41-50.

Nippert J B, Knapp A K. 2007. Soil water partitioning contributes to species coexistence in tallgrass prairie. Oikos, 116: 1017-1029.

Rudgers J A, Swafford A L. 2009. Benefits of a fungal endophyte in *Elymus virginicus* decline under drought stress. Basic and Applied Ecology, 10(1): 43-51.

Saari S, Faeth S H. 2012. Hybridization of *Neotyphodium* endophytes enhances competitive ability of the host grass. New Phytologist, 195(1): 231-236.

Vázquez-De-Aldana B R, García-Criado B, Vicente-Tavera S, et al. 2013. Fungal endophyte (*Epichloë festucae*) alters the nutrient content of *Festuca rubra* regardless of water availability. PLoS One, 8(12): e84539.

Wang J, Zhou Y, Lin W, et al. 2017. Effect of an *Epichloë* endophyte on adaptability to water stress in *Festuca sinensis*. Fungal Ecology, 30: 39-47.

White R H, Engelke M C, Morton S J, et al. 1992. *Acremonium* endophyte effects on tall fescue drought tolerance. Crop Science, 32(6): 1392-1396.

Xia C, Christensen M J, Zhang X X, et al. 2018. Effect of *Epichloë gansuensis* endophyte and transgenerational effects on the water use efficiency, nutrient and biomass accumulation of *Achnatherum inebrians* under soil water deficit. Plant and Soil, 424: 555-571.

Zhang Y P, Nan Z B. 2007. Growth and anti-oxidative systems changes in *Elymus dahuricus* is affected by *Neotyphodium* endophyte under contrasting water availability. Journal of Agronomy and Crop Science, 193(6): 377-386.

第21章 内生真菌与乡土草耐盐

王剑峰 南志标 李春杰

21.1 引 言

盐渍土是一种在全球广泛分布的土壤类型，是一系列受盐碱作用的盐碱土及各种盐碱化土壤的总称。土壤盐渍化是一个世界性的土地生态问题和资源问题。据联合国教科文组织和粮食及农业组织的不完全统计，全球盐渍土总面积约为 $9.5438×10^8hm^2$（赵可夫等，2013），约占世界土地总面积的 10%（Kovda，1983）。全球盐碱地以每年 $1.0×10^6$～$1.5×10^6hm^2$ 的速度在增长（Kovda，1983）。目前，受全球气候变化、化肥大量使用和灌溉农业的大力发展等因素影响，土壤盐渍化日趋严重，使农业生产的可持续发展受到严重威胁（孙玉芳等，2014）。随着全球变化和人类活动的不断加强，土壤盐胁迫已成为普遍的、世界性的严重环境问题。

人类历史上治理和利用盐渍土主要有两种途径：一是深入研究植物抗盐或耐盐机制，选育耐盐品种或通过基因工程改造的方法来培育新的抗盐品种；二是探索和认识盐渍土的本性，通过物理、化学、工程等措施来治理和改良盐渍土，使其适应更多作物的生长（李彦等，2008）。而内生真菌可有效提高植物的抗盐性，因此利用内生真菌选育抗盐或耐盐的优良牧草新种质，有利于农业的稳定增产，并且在盐渍地种植有经济价值的耐盐植物是改善生态环境和促进农业发展的有效措施。

关于内生真菌提高禾草耐盐性的研究，国内外研究较少。之前的研究表明，在500mmol/L NaCl 胁迫下，携带内生真菌的滨麦（*Leymus mollis*）可以维持生长，而非共生体滨麦则表现出了枯黄的现象，其原因可能是盐胁迫下非共生体植株体内积累了更多的活性氧（Rodriguez et al.，2008）。还有研究表明，NaCl 胁迫下，内生真菌通过增加高羊茅（*Festuca arundinacea*）钾离子的含量抑制钠离子的吸收，从而增加高羊茅的耐盐性（Reza Sabzalian and Mirlohi，2010）。最近的研究表明，NaCl 胁迫下，内生真菌通过调节野大麦（*Hordeum brevisubulatum*）的碳、氮和磷的含量，改变了野大麦的化学计量学，并且影响了野大麦的 Na^+ 和 K^+ 的含量，从而增强了野大麦对 NaCl 的适应性（Song et al.，2015）。最近的研究也发现，内生真菌的侵染提高了野大麦在盐胁迫下多胺由腐胺向亚精胺和精胺的转化能力，此外还提高了自由态多胺和结合态多胺向束缚态多胺的转化能力，通过影响野大麦多胺代谢进而提高野大麦的耐盐性（Chen et al.，2019）。内生真菌还可以通过增加醉马草硝酸还原酶活性、亚硝酸还原酶活性、谷胱甘肽合成酶活性和氮的使用效率从而提高醉马草的耐盐性（Wang et al.，2019）。理解内生真菌提高醉马草耐盐的适应性机制，对于进一步挖掘和利用优异的种质资源、培育优良牧草具有重要的参考价值。

本章以我国西北干旱区的乡土草种醉马草为对象，研究了内生真菌对醉马草耐盐性的影响，从以下几方面揭示了内生真菌提高醉马草耐盐性的作用机制：①盐胁迫下内生真菌对醉马草种子萌发的影响；②盐胁迫下内生真菌对醉马草植株生长的影响；③盐胁迫下内生真菌对醉马草光合作用的影响；④盐胁迫下内生真菌对醉马草渗透调节物质的影响；⑤盐胁迫下内生真菌对醉马草抗氧化酶活性的影响；⑥盐胁迫下内生真菌对醉马草氮代谢信号的影响。

21.2　盐胁迫下内生真菌对醉马草种子萌发的影响

21.2.1　内生真菌对种子发芽率和发芽指数的影响

为了解盐胁迫下内生真菌对种子发芽率和发芽指数的影响，设置了不同浓度 NaCl 处理 E+（*Epichloë* 属内生真菌侵染的醉马草）和 E−（*Epichloë* 属内生真菌未侵染的醉马草）醉马草种子的发芽试验。结果表明，在 0mmol/L NaCl 浓度下，E+醉马草种子的发芽率和 E−醉马草种子的发芽率没有明显差异（表 21-1）。随着 NaCl 浓度的增大，醉马草种子的发芽率均明显下降。但在 100mmol/L NaCl 胁迫下，E+醉马草种子的发芽率显著高于 E−醉马草种子的发芽率。这说明，不同浓度的 NaCl 胁迫对醉马草种子的发芽都有抑制作用，其抑制程度随 NaCl 胁迫强度的增加而增加，但内生菌可以提高盐胁迫下醉马草种子的发芽率。

表 21-1　NaCl 胁迫对 E+和 E−醉马草种子发芽率与发芽指数的影响（改编自缑小媛，2007）

指标	植株	0mmol/L NaCl	100mmol/L NaCl	200mmol/L NaCl	300mmol/L NaCl
发芽率/%	E+	96.67a	98.00a	94.00b	66.67c
	E−	95.33a	88.67b	88.67b	42.00c
发芽指数	E+	13.24a	13.05a	6.19b	0.00c
	E−	13.24a	11.43b	3.81c	0.00c

注：E+代表内生真菌侵染的醉马草，E−代表内生真菌未侵染的醉马草，下同。不同字母表示同行浓度间差异显著（$P<0.05$）

相似地，随着 NaCl 浓度的增大，醉马草种子的发芽指数明显下降。100mmol/L 和 200mmol/L NaCl 胁迫下，E+醉马草种子的发芽指数均高于 E−醉马草种子的发芽指数，且差异显著（$P<0.05$），但是 300mmol/L NaCl 胁迫下，E+醉马草种子的发芽指数和 E−醉马草种子的发芽指数并没有显著差异（表 21-1）。

21.2.2　内生真菌对胚根和胚芽长度的影响

醉马草种子在 NaCl 胁迫下发芽 14d 后，结果表明，随着 NaCl 浓度的增大，醉马草种子的胚芽和胚根的生长均显著下降（图 21-1）。其中，300mmol/L NaCl 胁迫下，其胚芽

生长十分缓慢，200mmol/L 和 300mmol/L NaCl 浓度下，其胚根几乎生长停滞。100mmol/L
和 200mmol/L NaCl 浓度下，E+醉马草的胚芽长度显著大于 E–醉马草，其胚芽长度较 E–
醉马草分别增加了 18.9%和 29.4%（图 21-1a）。100mmol/L NaCl 浓度下，E+醉马草的胚
根长度显著大于 E–醉马草的胚根长度，较 E–醉马草高 362.3%（图 21-1b）。

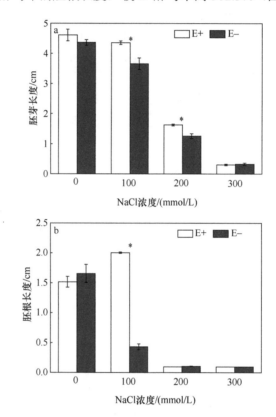

图 21-1　NaCl 胁迫对 E+和 E–醉马草植株胚芽（a）与胚根（b）长度的影响（改编自缑小媛，2007）
同一 NaCl 浓度条件下，E+和 E–植株之间用独立样本 T 检验，*表示 E+和 E–植株之间差异显著（P<0.05）

21.3　盐胁迫下内生真菌对醉马草植株生长的影响

21.3.1　内生真菌对醉马草生物量的影响

　　研究发现，NaCl 胁迫醉马草幼苗 28d 后，随着 NaCl 浓度的升高，E+和 E–醉马草
的生物量、株高和分蘖数都受到了抑制（表 21-2）。在 0mmol/L 和 100mmol/L NaCl 浓
度下，E+和 E–醉马草的生物量没有显著差异。在 200mmol/L、300mmol/L 和 400mmol/L
NaCl 浓度下，E+醉马草的生物量显著大于 E–醉马草的生物量（P<0.05），较 E–醉马草
的生物量分别增加了 49.3%、57.6%和 56.8%。研究还发现，在 100mmol/L、200mmol/L、
300mmol/L 和 400mmol/L NaCl 浓度下，E+醉马草的株高显著高于 E–醉马草，比 E–醉
马草的株高分别增加了 16.2%、30.0%、11.1%和 17.2%，但在 0mmol/L NaCl 浓度下，
E+和 E–醉马草的株高没有显著差异（表 21-2）。在 200mmol/L、300mmol/L 和 400mmol/L

NaCl 浓度条件下，相比 E–醉马草，内生真菌明显地增加了宿主叶片和根的生物量，与之前的研究结果相一致（Song et al.，2015；Reza Sabzalian and Mirlohi，2010；Rodriguez et al.，2008）。

表 21-2　NaCl 胁迫对 E+和 E–醉马草植株生长参数的影响

NaCl 浓度/（mmol/L）	植株	生长参数		
		生物量/（g/植株）	株高/cm	分蘖数/（个/株）
0	E+	1.64±0.09	72.86±1.66	4.58±0.21
	E–	1.34±0.15	68.13±2.14	4.83±0.16
100	E+	1.33±0.10	64.87±1.12*	4.43±0.21
	E–	1.14±0.06	55.82±1.40	5.12±0.29
200	E+	1.03±0.07*	58.46±1.49*	3.94±0.24
	E–	0.69±0.05	44.98±1.42	4.35±0.28
300	E+	0.93±0.04*	48.45±1.13*	3.43±0.16
	E–	0.59±0.03	43.59±1.09	3.88±0.20
400	E+	0.58±0.05*	45.12±1.09*	2.88±0.16
	E–	0.37±0.03	38.50±0.97	2.87±0.23

注：同一 NaCl 浓度条件下，E+和 E–之间用独立样本 T 检验，*表示 E+和 E–间差异显著（$P<0.05$）。生物量数据改编自 Wang et al.，2019

21.3.2　内生真菌对醉马草分蘖数的影响

为了研究 NaCl 胁迫下内生真菌对醉马草分蘖的影响，用 1/2 Hoagland 营养液先浇灌醉马草 45d，再用含有不同 NaCl 浓度的 1/2 Hoagland 营养液处理醉马草 28d。NaCl 胁迫处理 28d 后，统计各浓度下的 E+醉马草和 E–醉马草的分蘖数。结果表明，随着 NaCl 浓度的升高，E+和 E–植株的分蘖数整体呈下降趋势，但各处理的 E+醉马草分蘖数和 E–醉马草的分蘖数并没有明显差异（表 21-2）。

21.4　盐胁迫下内生真菌提高醉马草耐盐的生理生化机制

21.4.1　内生真菌对醉马草光合作用的影响

在不同浓度 NaCl 胁迫条件下，E+醉马草叶片的 $F_\mathrm{v}/F_\mathrm{m}$（光系统 II 最大光化学效率）值显著高于 E–植株（$P<0.05$），并且 E+植株 $F_\mathrm{v}/F_\mathrm{m}$ 值下降也较 E–植株缓慢，表明内生真菌能有效缓解 NaCl 对光合作用的抑制和伤害。E+植株叶片的 PS II 非循环光合电子传递速率（ETR）值也显著高于 E–植株。300mmol/L NaCl 浓度处理下，E+植株叶片的光化学淬灭系数（qP）值均显著高于 E–植株，而在 100mmol/L NaCl 浓度下，E+植株叶片的非光化学淬灭系数（qN）值均显著高于 E–植株（表 21-3），结果表明，内生真菌的侵染可以令醉马草耗散掉不能用于光合电子传递的能量。

表 21-3　NaCl 胁迫对榆中和夏河产地的 E+ 和 E–醉马草植株叶绿素荧光特性的影响（改编自缑小媛，2007）

NaCl 浓度/（mmol/L）	植株	F_v/F_m	ETR	qP	qN
0	XH-E+	0.780ba'	18.70ca'	0.240ba'	0.039ba'
	XH-E–	0.750ca'	20.50ba'	0.233ca'	0.038ca'
	YZ-E+	0.790aa'	20.63aa'	0.290aa'	0.042aav
	YZ-E–	0.750ca'	18.33da'	0.230da'	0.037da'
100	XH-E+	0.720cb'	20.07db'	0.240cb'	0.038ab'
	XH-E–	0.700db'	19.60ab'	0.230ba'	0.037bb'
	YZ-E+	0.760ab'	19.23bb'	0.260ab'	0.0387cb'
	YZ-E–	0.740bb'	17.20cb'	0.200db'	0.032bb'
200	XH-E+	0.700bc'	13.67bc'	0.140bc'	0.032bc'
	XH-E–	0.693bb'	11.93dc'	0.140bb'	0.029cc'
	YZ-E+	0.753ab'	15.33ac'	0.160ac'	0.035ab'
	YZ-E–	0.650cc'	12.77cc'	0.160ac'	0.0322bc'
300	XH-E+	0.690bd'	9.97cd'	0.133bd'	0.025bd'
	XH-E–	0.650cc'	9.00dd'	0.110cc'	0.023cd'
	YZ-E+	0.700ac'	13.53ad'	0.150ad'	0.032ac'
	YZ-E–	0.570dd'	11.97bd'	0.133bd'	0.025bd'

注：XH-E+ 代表夏河产地的 E+ 醉马草，XH-E– 代表夏河产地的 E–醉马草，YZ-E+ 代表榆中产地的 E+ 醉马草，YZ-E– 代表榆中产地的 E–醉马草。标有不同小写字母 a、b、c、d 者表示种群间差异显著（$P<0.05$），标有不同字母 a'、b'、c'、d' 者表示不同浓度间差异显著（$P<0.05$）

从表 21-3 还可以看出，榆中 E+ 醉马草叶片的 F_v/F_m 值、ETR 值、qN 值均显著高于夏河 E+ 醉马草。榆中醉马草产区的气候明显较夏河醉马草产区干旱，在盐胁迫下榆中 E+ 醉马草 F_v/F_m 值、ETR 值、qN 值高于夏河 E+ 醉马草，说明内生真菌对于维持干旱地区生长的醉马草的光合作用能力更强。

21.4.2　内生真菌对醉马草渗透调节物质的影响

在不同浓度 NaCl 胁迫条件下（100mmol/L 和 200mmol/L），E+ 醉马草植株的脯氨酸含量均显著高于 E–醉马草植株（$P<0.05$）（图 21-2），这说明内生真菌的侵染可以增加醉马草的脯氨酸含量，降低盐胁迫对醉马草的伤害。盐胁迫下，许多植物积累大量的游离脯氨酸（McCue and Hanson，1990），脯氨酸可以提高植物对渗透胁迫的耐受性（Khalil et al.，2016）。因此，盐胁迫下，内生真菌增加醉马草脯氨酸的含量有助于提高醉马草的耐盐性。

21.4.3　内生真菌对醉马草抗氧化酶活性的影响

随着盐胁迫的增加，E+ 和 E–醉马草的 POD 活性均表现为先增加后下降，但 E+ 的变化幅度要大于 E–植株（图 21-3）。在各种浓度 NaCl 胁迫条件下（50mmol/L、100mmol/L 和 150mmol/L），E+ 醉马草植株的 POD 活性均高于 E–醉马草植株，但只有在 50mmol/L、

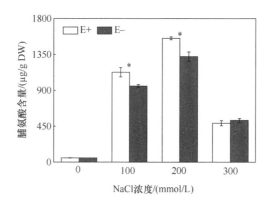

图 21-2　NaCl 胁迫对 E+和 E−醉马草植株脯氨酸含量的影响（改编自缑小媛，2007）
同一 NaCl 浓度条件下，E+和 E−之间用独立样本 *T* 检验，*表示 E+和 E−间差异显著（*P*<0.05）

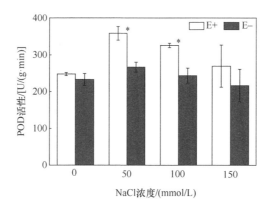

图 21-3　NaCl 胁迫对 E+和 E−醉马草植株 POD 活性的影响（改编自缑小媛，2007）
同一 NaCl 浓度条件下，E+和 E−之间用独立样本 *T* 检验，*表示 E+和 E−间差异显著（*P*<0.05）

100mmol/L 浓度下 E+醉马草植株的酶活性与 E−醉马草植株的酶活性差异达到了显著水平（*P*<0.05）。这说明内生真菌的侵染可以增强醉马草 POD 活性。而 POD 活性的增强说明，在盐胁迫条件下，内生真菌也同样调控了宿主的抗氧化系统以提高其耐盐性。

　　已有研究表明，葡萄糖-6-磷酸脱氢酶（G6PDH）在植物响应 NaCl 胁迫过程中起着重要的作用（Wang et al.，2008）。我们的结果表明，随着 NaCl 浓度的升高，醉马草植株的 G6PDH 活性先升高，在 200mmol/L NaCl 浓度下达到最大值后下降。在 100mmol/L、200mmol/L、300mmol/L 和 400mmol/L NaCl 浓度下，E+醉马草叶片及根的 G6PDH 活性显著高于 E−醉马草（*P*<0.05）（图 21-4）。其中，叶片 G6PDH 活性比 E−醉马草分别增加了 25.3%、27.9%、20.0%和 15.4%（图 21-4a），根中 G6PDH 活性比 E−醉马草分别增加了 53.9%、29.6%、48.5%和 20.9 %（图 21-4b）。

　　之前的研究报道了 G6PDH 在植物适应非生物胁迫过程中起了至关重要的作用（Zhang et al.，2013；Liu et al.，2012；Li et al.，2011；Wang et al.，2008）。内生真菌通过上调醉马草 G6PDH 的活性可能影响了醉马草活性氧的含量，进而影响醉马草对 NaCl 的耐受性。

　　在 200mmol/L、300mmol/L 和 400mmol/L NaCl 浓度下，E+醉马草叶片及根的 NADPH 含量均显著低于 E−醉马草（*P*<0.05）（图 21-5a，图 21-5b）。相反，E+醉马草叶片及根的

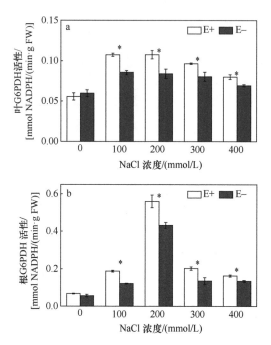

图 21-4　NaCl 胁迫对 E+和 E–醉马草葡萄糖-6-磷酸脱氢酶（G6PDH）活性的影响（引自 Wang et al.，2021）

同一 NaCl 浓度条件下，E+和 E–之间用独立样本 T 检验，*表示 E+和 E–间差异显著（$P<0.05$）

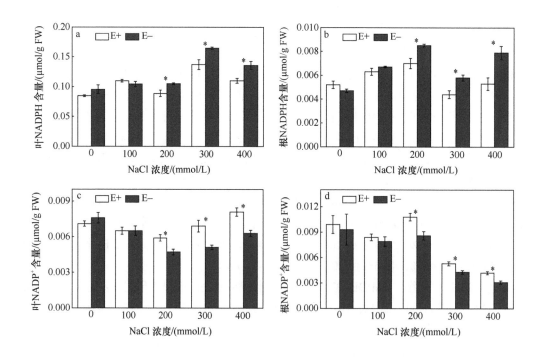

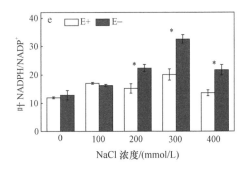
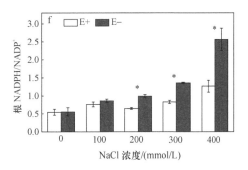

图 21-5 NaCl 胁迫对 E+和 E−醉马草植株 NADPH 与 NADP⁺含量的影响（引自 Wang et al.，2021）

同一 NaCl 浓度条件下，E+和 E−之间用独立样本 T 检验，*表示 E+和 E−间差异显著（$P<0.05$）

NADP⁺含量均高于 E−醉马草，差异显著（图 21-5c，图 21-5d）。在 200mmol/L、300mmol/L 和 400mmol/L NaCl 浓度下，E+醉马草叶片及根的 NADPH/NADP⁺值均显著低于 E−醉马草（图 21-5e，图 21-5f）。

NADPH 作为 G6PDH 的主要产物在调节细胞的氧化还原状态过程中起着重要的作用，然而，过量的 NADPH 也会伤害植物。之前的研究表明，高 NADPH/NADP⁺值抑制玉米的光合作用（Tsuchida et al.，2001），致使水稻叶绿素漂白和严重的发育迟缓（Taniguchi et al.，2008）。我们的结果表明，相比 E−植物，内生真菌减少了叶片及根的 NADPH 含量和 NADPH/NADP⁺值。

随着盐胁迫的增加，E+和 E−醉马草叶片和根的质膜 NADPH 氧化酶活性均呈增加趋势（图 21-6），但 E−醉马草的增加幅度要大于 E+醉马草的增加幅度。在 200mmol/L、300mmol/L 和 400mmol/L NaCl 浓度下，E+醉马草叶片及根的质膜 NADPH 氧化酶活性均显著低于 E−醉马草（$P<0.05$）。其中，E+醉马草叶片质膜 NADPH 氧化酶活性较 E−醉马草分别降低了 13.4%、7.1%和 4.8%（图 21-6a），E+醉马草根质膜 NADPH 氧化酶活性较 E−醉马草根分别降低了 8.8%、10.0%和 11.9%（图 21-6b）。

之前的研究表明，在盐胁迫条件下，质膜 NADPH 氧化酶以活性氧依赖的方式调控了拟南芥（*Arabidopsis thaliana*）Na⁺/K⁺的稳态（Ma et al.，2012）。质膜 NADPH 氧化酶氧化 NADPH 产生 NADP⁺，在此过程中将电子转移给 O_2，形成 O_2^-，然后被 SOD 氧化形成 H_2O_2（Van Gestelen et al.，1997）。我们的结果表明，E+醉马草的质膜 NADPH 氧化酶活性低于 E−醉马草的质膜 NADPH 氧化酶活性，因此，盐胁迫下，E+醉马草的活性氧含量可能比 E−醉马草低。

随着 NaCl 浓度的增加，E+和 E−醉马草叶片及根中 H⁺-ATPase 的活性均呈增加趋势（图 21-7）。但是，在 100mmol/L、200mmol/L、300mmol/L 和 400mmol/L NaCl 浓度下，E+醉马草叶片和根的质膜 H⁺-ATPase 的活性显著高于 E−醉马草（$P<0.05$）。其中，E+醉马草叶片的质膜 H⁺-ATPase 的活性较 E−醉马草分别增加了 8.5%、13.7%、9.9%和 10.2%（图 21-7a），根的质膜 H⁺-ATPase 的活性较 E−醉马草根分别增加了 43.6%、15.2%、14.7%和 17.0%（图 21-7b）。这说明，NaCl 胁迫增加了醉马草质膜 H⁺-ATPase 的活性，内生真菌的侵染进一步增加了质膜 H⁺-ATPase 的活性。

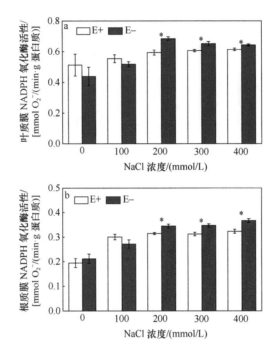

图 21-6 NaCl 胁迫对 E+ 和 E−醉马草植株质膜 NADPH 氧化酶活性的影响（引自 Wang et al.，2021）
同一 NaCl 浓度条件下，E+ 和 E−之间用独立样本 T 检验，*表示 E+ 和 E−间差异显著（$P<0.05$）

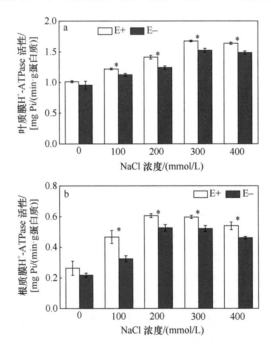

图 21-7 NaCl 胁迫对 E+ 和 E−醉马草植株质膜 H⁺-ATPase 活性的影响（引自 Wang et al.，2021）
同一 NaCl 浓度条件下，E+ 和 E−之间用独立样本 T 检验，*表示 E+ 和 E−间差异显著（$P<0.05$）

之前的研究表明质膜 H⁺-ATPase 与植物 Na⁺外排密切相关，并对植物适应非生物胁迫具有至关重要的作用（Bose et al.，2015；Liang et al.，2015；Li et al.，2011；Vitart et al.，2001；Niu et al.，1993）。上调质膜 H$^+$-ATPase 的活性有助于将 Na$^+$外排至质外体和液胞中（Li et al.，2011；Zhang et al.，2007；Zhao et al.，2004）。因此缓解了 Na$^+$对植物的毒害作用。我们的结果表明，在 100mmol/L、200mmol/L、300mmol/L 和 400mmol/L NaCl 条件下，E+植物的质膜 H$^+$-ATPase 活性明显高于 E−植物，同时，E+植物的 Na$^+$含量低于 E−植物，而 K$^+$含量高于 E−植物。上述结果表明内生真菌通过增加醉马草质膜 H$^+$-ATPase 的活性增加了宿主对 NaCl 的耐受性。因此，质膜 H$^+$-ATPase 在维持细胞 Na$^+$/K$^+$稳态的过程中起了至关重要的作用，这与我们的结果一致。限制 Na$^+$向叶片的转移并维持细胞质低的 Na$^+$/K$^+$值，对于增加植物对 NaCl 的耐受性非常重要（Bao et al.，2016；Berthomieu et al.，2003）。增加植物细胞内 K$^+$的含量可增加植物对 NaCl 的耐受性，并缓解 Na$^+$对植物的毒害作用。

　　在低 NaCl 浓度（0mmol/L 和 100mmol/L）下，E+醉马草的叶片和根的还原型谷胱甘肽（GSH）含量与 E−醉马草没有显著差异（表 21-4）。在 200mmol/L、300mmol/L 和 400mmol/L NaCl 浓度下，E+醉马草叶片及根的 GSH 含量均显著高于 E−醉马草（$P<0.05$）。其中，E+醉马草叶片中的 GSH 含量比 E−醉马草分别高 27.8%、37.8%和 27.6%，根中 GSH 含量比 E−醉马草分别高 33.3%、27.8%和 26.7%（表 21-4）。NaCl 胁迫增加了醉马草叶片及根的过氧化氢（H$_2$O$_2$）和丙二醛（MDA）含量（表 21-4）。但在 200mmol/L、300mmol/L 400mmol/L NaCl 浓度下，E+醉马草的叶片及根的 H$_2$O$_2$ 和 MDA 含量均显著低于 E−醉马草（$P<0.05$），这说明内生真菌的侵染降低了醉马草叶片及根的 H$_2$O$_2$ 和 MDA 含量。

表 21-4　NaCl 胁迫对 E+和 E−醉马草丙二醛、过氧化氢和还原型谷胱甘肽含量的影响
（改编自 Wang et al.，2021）

NaCl 浓度/(mmol/L)	植株	丙二醛（MDA）/(nmol/g 鲜重)		过氧化氢（H$_2$O$_2$）/(μmol/g 鲜重)		还原型谷胱甘肽（GSH）/(μmol/g 鲜重)	
		叶片	根	叶片	根	叶片	根
0	E+	5.37±0.39	1.25±0.21	3.60±0.03	0.09±0.006	0.87±0.19	0.36±0.03
	E−	5.26±0.05	1.12±0.31	3.51±0.18	0.10±0.020	0.90±0.12	0.31±0.02
100	E+	6.14±0.33	1.16±0.08	5.99±0.08*	0.11±0.007*	0.86±0.06	0.29±0.01
	E−	6.32±0.86	1.16±0.12	7.70±0.37	0.14±0.005	0.86±0.05	0.31±0.04
200	E+	6.21±0.23*	1.56±0.16*	6.37±0.20*	0.14±0.004*	0.69±0.02*	0.28±0.004*
	E−	7.78±0.23	2.12±0.09	8.42±0.28	0.16±0.005	0.54±0.02	0.21±0.01
300	E+	7.69±0.10*	2.62±0.18*	8.21±0.23*	0.12±0.003*	0.62±0.05*	0.23±0.02*
	E−	9.08±0.48	3.50±0.12	9.64±0.06	0.13±0.003	0.45±0.01	0.18±0.01
400	E+	10.54±0.22*	4.39±0.24*	14.93±0.23*	0.16±0.002*	0.37±0.03*	0.19±0.01*
	E−	12.09±0.46	5.37±0.07	21.00±1.76	0.17±0.004	0.29±0.005	0.15±0.01

注：同一 NaCl 浓度条件下，E+和 E−之间用独立样本 T 检验，*表示 E+和 E−间差异显著（$P<0.05$）

　　之前的研究也表明了内生真菌通过减少 MDA 和 H$_2$O$_2$ 含量而缓解了重金属镉（Cd）对醉马草的伤害（Zhang et al.，2010）。因此，内生真菌减少 H$_2$O$_2$ 的含量对于提高醉马草对 NaCl 的耐受性可能是一个重要的机制。还原型谷胱甘肽作为还原剂在适应环境胁

迫过程中起了重要的作用（Foyer and Noctor，2005）。G6PDH 在应对氧化胁迫的过程中起了作用，主要通过增加胞内 GSH 的含量而减少了 ROS 的含量（Wang et al.，2008），这与我们的结果一致。此外，G6PDH 产生的 NADPH 作为产生 GSH 的唯一还原力（Noctor et al.，1998）。在 200mmol/L、300mmol/L 和 400mmol/L NaCl 条件下，E+醉马草的 GSH 含量明显高于 E–醉马草。

在 200mmol/L、300mmol/L 和 400mmol/L NaCl 浓度胁迫下，E+醉马草叶片及根的 Na^+ 含量显著低于 E–醉马草，但叶片及根的 K^+ 含量显著高于 E–醉马草。同时，内生真菌的侵染降低了醉马草叶片及根 Na^+/K^+ 值（表 21-5）。一般情况下，Na^+ 的大量积累对于大部分植物有毒害作用，通过负调节酶活，膜的稳定性和增加的活性氧抑制了植物的代谢和生长（Marschner，1995）。

表 21-5 NaCl 胁迫对 E+和 E–醉马草植株 Na^+、K^+ 含量、Na^+/K^+ 值的影响（改编自 Wang et al.，2021）

NaCl 浓度/ (mmol/L)	植株	叶片 Na^+ 含量/ (mg/g)	叶片 K^+ 含量/ (mg/g)	叶片 Na^+/K 值	根 Na^+ 含量/ (mg/g)	根 K^+ 含量/ (mg/g)	根 Na^+/K^+ 植
0	E+	1.28±0.13	9.18±0.22	0.14±0.01	7.11±0.41	10.19±1.87	0.74±0.13
	E–	1.16±0.01	8.51±0.28	0.14±0.004	7.19±0.06	11.69±0.07	0.62±0.01
100	E+	7.86±0.18	10.09±0.98	0.80±0.09	18.96±0.12*	5.13±0.13	3.70±0.12
	E–	7.49±0.16	9.74±0.34	0.77±0.02	21.20±0.13	5.40±0.13	3.93±0.08
200	E+	11.80±0.11*	9.99±0.20*	1.18±0.03*	22.88±0.31*	3.623±0.10*	6.32±0.27*
	E–	19.07±0.12	8.78±0.07	2.17±0.03	26.39±1.18	3.17±0.05	8.33±0.26
300	E+	27.89±0.63*	10.47±0.02*	2.66±0.07*	24.09±0.54*	3.26±0.02*	7.38±0.13*
	E–	36.56±0.53	9.46±0.20	3.87±0.05	26.40±0.40	2.02±0.13	13.22±0.91
400	E+	26.66±0.29*	13.96±0.31*	1.91±0.06*	27.80±0.28*	3.31±0.04*	8.39±0.06*
	E–	42.77±1.34	11.70±0.17	3.66±0.17	40.17±0.34	2.72±0.08	14.82±0.50

注：同一 NaCl 浓度条件下，E+和 E–之间用独立样本 T 检验，*表示 E+和 E–间差异显著（$P<0.05$）

上述结果解析了 NaCl 胁迫条件下，内生真菌通过提高醉马草 G6PDH 和质膜 H^+-ATPase 的活性，增加 GSH 和 K^+ 的含量，降低质膜 NADPH 氧化酶的活性和 NADPH/NADP$^+$ 值，以及减少 Na^+、H_2O_2 和 MDA 的含量，最终提高了醉马草对 NaCl 的耐受性。因此，研究内生真菌与宿主之间的天然关系可以更好地理解内生真菌如何激活宿主的生理过程，从而适应胁迫环境。禾草-内生真菌共生体的一个重要特征是内生真菌定殖于宿主体内除根以外的所有组织（Christensen et al.，2008）。禾草-内生真菌的关系是互利共生，内生真菌定殖于宿主的细胞间隙，从而获得营养，并且通过种子传播。反之，内生真菌通过自身产生的化学物质或影响宿主的生理过程增加了宿主对生物胁迫和非生物胁迫的抗性。图 21-8 是内生真菌提高醉马草耐盐性的模式图。

21.4.4 内生真菌对醉马草氮代谢信号的影响

NaCl 胁迫降低了醉马草的硝酸还原酶（NR）、亚硝酸还原酶（NiR）和谷胱甘肽合酶（GS）活性（表 21-6）。在 200mmol/L、300mmol/L 和 400mmol/L NaCl 浓度下，E+醉马草叶片及根的 NR、NiR 和 GS 的活性显著高于 E–醉马草（$P<0.05$）。其中，在 3 种

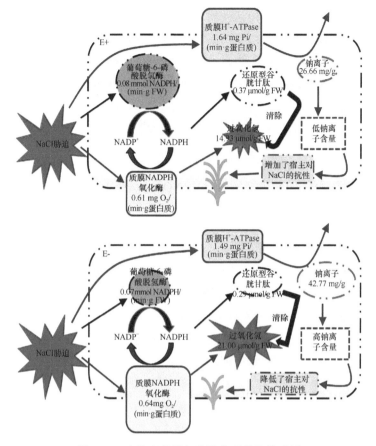

图 21-8　内生真菌增加醉马草耐盐的模式图

图形大小代表酶活性的大小和化学物质含量的大小，数字代表 400mmol/L NaCl 浓度下各酶活性的大小和化学物质含量的大小

表 21-6　NaCl 胁迫对 E+ 和 E−醉马草硝酸还原酶、亚硝酸还原酶和谷胱甘肽合酶的影响

（改编自 Wang et al.，2019）

NaCl 浓度/ (mmol/L)	植株	硝酸还原酶（NR）/ [μmol NO$_2^-$/（h·g FW）]		亚硝酸还原酶（NiR）/ [mg NO$_2^-$/（h·g FW）]		谷胱甘肽合酶（GS）/ [mmol GHM/（h·g FW）]	
		叶片	根	叶片	根	叶片	根
0	E+	15.28±0.07	3.70±0.16	3.46±0.13	3.52±0.24	1.00±0.01	0.091±0.006
	E−	15.65±0.17	3.42±0.22	3.37±0.18	3.49±0.08	0.99±0.03	0.093±0.004
100	E+	12.73±0.47*	3.48±0.22	2.97±0.20	2.50±0.08	0.83±0.02*	0.083±0.004
	E−	10.87±0.44	2.93±0.09	3.11±0.17	2.61±0.12	0.73±0.01	0.080±0.003
200	E+	11.80±0.18*	2.87±0.10*	2.31±0.05*	2.33±0.04*	0.79±0.05*	0.076±0.002*
	E−	10.76±0.24	2.49±0.06	1.91±0.09	1.96±0.08	0.64±0.01	0.067±0.002
300	E+	10.82±0.15*	2.59±0.12*	2.20±0.09*	1.87±0.05*	0.68±0.01*	0.068±0.001*
	E−	8.79±0.34	2.07±0.08	1.78±0.05	1.64±0.05	0.61±0.03	0.056±0.004
400	E+	9.26±0.18*	2.15±0.07*	1.46±0.09*	1.62±0.05*	0.61±0.01*	0.059±0.002*
	E−	8.01±0.21	1.86±0.04	1.14±0.06	1.27±0.07	0.53±0.02	0.051±0.001

注：同一 NaCl 浓度条件下，E+ 和 E−之间用独立样本 T 检验，*表示 E+ 和 E−间差异显著（$P<0.05$）

NaCl 浓度下的 E+醉马草叶片 NR 活性比 E−醉马草分别增加了 9.7%、23.1%和 15.6%，其根的 NR 活性比 E−醉马草分别增加了 15.3%、25.1%和 15.6%；E+醉马草叶片的 NiR 活性比 E−醉马草叶片分别增加了 20.9%、23.6%和 28.1%，其根的 NiR 活性比 E−醉马草分别增加了 18.9%、14.0%和 27.6%；E+醉马草叶片的 GS 活性比 E−醉马草分别增加了 23.4%、11.5%和 15.1%，其根的 GS 活性比 E−醉马草分别增加了 13.4%、21.4%和 15.7%。在 0mmol/L NaCl 浓度下，E+醉马草叶片及根的 NR、NiR 和 GS 的活性与 E−醉马草之间无显著差异。

在 200mmol/L 和 300mmol/L NaCl 浓度下，E+醉马草叶片及根的 NO_3^- 含量显著高于 E−醉马草叶片及根的 NO_3^- 含量，其叶片 NO_3^- 含量分别比 E−醉马草增加了 13.0%和 12.5%，其根的 NO_3^- 含量分别比 E−醉马草增加了 7.8%和 10.5%。在 0mmol/L 和 100mmol/L NaCl 浓度下，E+醉马草叶片及根的 NO_3^- 含量与 E−醉马草叶片及根的 NO_3^- 含量之间没有显著差异。在 100mmol/L、200mmol/L、300mmol/L 和 400mmol/L NaCl 浓度下，E+醉马草叶片及根的 NH_4^+ 含量显著低于 E−醉马草，其叶片 NH_4^+ 含量分别比 E−醉马草降低了 17.3%、11.4%、9.4%和 16.2%，其根的 NH_4^+ 含量分别比 E−醉马草降低了 16.8%、16.8%、19.2%和 12.6%（图 21-9）。

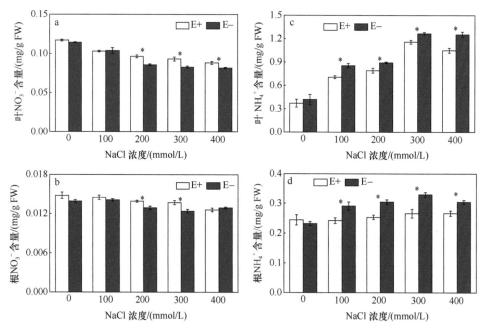

图 21-9　NaCl 胁迫对 E+和 E−醉马草植株硝酸根（NO_3^-）和铵根（NH_4^+）含量的影响
（引自 Wang et al.，2019）
同一 NaCl 浓度条件下，E+和 E−之间用独立样本 T 检验，*表示 E+和 E−间差异显著（$P<0.05$）

研究进一步表明，NaCl 胁迫增加了醉马草叶片和根的氮（N）含量。例如，在 300mmol/L 和 400mmol/L NaCl 浓度下，E+醉马草叶片及根的 N 含量显著高于 E−醉马草，其叶片的 N 含量比 E−醉马草分别增加了 12.1%和 13.1%（图 21-10a），其根的 N 含量比 E−醉马草分别增加了 12.5%和 8.3%（图 21-10b）。

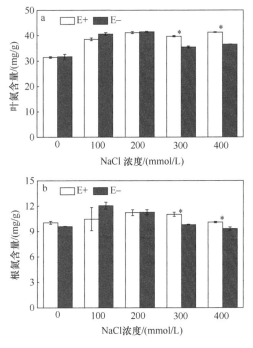

图 21-10　NaCl 胁迫对 E+ 和 E–醉马草植株氮含量的影响（引自 Wang et al.，2019）

同一 NaCl 浓度条件下，E+ 和 E–之间用独立样本 T 检验，*表示 E+ 和 E–间差异显著（P<0.05）

　　随着 NaCl 浓度的升高，醉马草总氮积累（TNA）和氮的使用效率（NUtE）随之降低，但是醉马草氮的吸收效率（NUpE）先升高后降低。其中，在 200mmol/L、300mmol/L 和 400mmol/L NaCl 浓度下，E+醉马草的 TNA、NUtE 和 NUpE 显著高于 E–醉马草（P<0.05）。例如，E+醉马草的 NUtE 比 E–醉马草的 NUtE 分别增加了 40.0%、50.0%和 60.0%（表 21-7）。

表 21-7　NaCl 胁迫对 E+ 和 E–醉马草总氮积累、氮使用效率、氮吸收效率的影响

（改编自 Wang et al.，2019）

NaCl 浓度/（mmol/L）	植株	总氮积累（TNA）/mg N	氮的使用效率（NUtE）/（g² TDW/mg N）	氮的吸收效率（NUpE）/（mg N/g RDW）
0	E+	96.30±8.94	0.028±0.002	274.5±48.9
	E–	95.73±9.36	0.021±0.003	316.1±27.3
100	E+	99.83±10.66	0.018±0.002	293.2±58.9
	E–	90.31±5.32	0.015±0.001	454.2±66.3
200	E+	86.33±5.19*	0.014±0.001*	346.7±11.1*
	E–	44.50±3.83	0.010±0.001	283.0±17.4
300	E+	70.95±4.71*	0.012±0.001*	354.0±13.3*
	E–	44.30±2.71	0.008±0.001	308.7±6.9
400	E+	38.92±4.08*	0.008±0.001*	220.1±10.8*
	E–	25.89±2.17	0.005±0.001	180.9±2.4

　　注：同一 NaCl 浓度条件下，E+ 和 E–之间用独立样本 T 检验，*表示 E+ 和 E–间差异显著（P<0.05）。TDW 为总干重，RDW 为根干重

21.5 本 章 小 结

内生真菌提高醉马草耐盐性,主要从盐胁迫下内生真菌促进醉马草种子的萌发和促进醉马草植株的生长两个方面体现。盐胁迫下,内生真菌能够提高醉马草种子的发芽率和发芽指数,增加醉马草种子胚芽和胚根的长度。另外,盐胁迫下,内生真菌增加了醉马草植株的生物量和株高。在盐胁迫下,内生真菌通过影响醉马草的生理过程和氧化酶活性以适应盐胁迫环境,表现为盐胁迫下内生真菌主要通过调节醉马草的光合作用,增加脯氨酸的含量,提高 POD 活性,增加 G6PDH 活性、质膜 H^+-ATPase 活性和还原型谷胱甘肽的含量,从而提高醉马草的抗氧化能力。此外,盐胁迫下内生真菌增加了醉马草硝酸还原酶、亚硝酸还原酶和谷胱甘肽合酶的活性,以及氮的使用效率而改善了醉马草对 NaCl 胁迫的适应,这为进一步研究和理解内生真菌增加醉马草的抗盐性提供了依据,也为今后利用内生真菌育种奠定了基础。

参 考 文 献

缑小媛. 2007. 内生真菌对醉马草耐盐性的影响研究. 兰州: 兰州大学硕士学位论文.

李春杰. 2005. 醉马草-内生真菌共生体生物学与生态学特性研究. 兰州: 兰州大学博士学位论文.

李飞. 2007. 内生真菌对醉马草抗旱性影响的研究. 兰州: 兰州大学硕士学位论文.

李彦, 张英鹏, 孙明, 等. 2008. 盐分胁迫对植物的影响及植物耐盐机理研究进展. 中国农学通报, 163(1): 268-275.

孙玉芳, 牛丽纯, 宋福强. 2014. 盐碱土修复方法的研究进展. 世界生态学, 3(2): 30-36.

赵可夫, 李法曾, 张福锁. 2013. 中国盐生植物. 2 版. 北京: 科学出版社.

Bao A K, Du B Q, Touil L, et al. 2016. Co‐expression of tonoplast Cation/H$^+$ antiporter and H$^+$‐pyrophosphatase from xerophyte *Zygophyllum xanthoxylum* improves alfalfa plant growth under salinity, drought and field conditions. Plant Biotechnology Journal, 14: 964-975.

Berthomieu P, Conéjéro G, Nublat A, et al. 2003. Functional analysis of AtHKT1 in *Arabidopsis* shows that Na$^+$ recirculation by the phloem is crucial for salt tolerance. The EMBO Journal, 22: 2004-2014.

Bose J, Rodrigo-Moreno A, Lai D, et al. 2015. Rapid regulation of the plasma membrane H$^+$-ATPase activity is essential to salinity tolerance in two halophyte species, *Atriplex lentiformis* and *Chenopodium quinoa*. Annals of Botany, 115: 481-494.

Chen T, Li C, White J F, et al. 2019. Effect of the fungal endophyte *Epichloë bromicola* on polyamines in wild barley (*Hordeum brevisubulatum*) under salt stress. Plant and Soil, 436: 29-48.

Christensen M J, Bennett R J, Ansari H A, et al. 2008. *Epichloë* endophytes grow by intercalary hyphal extension in elongating grass leaves. Fungal Genetics and Biology, 45: 84-93.

Foyer C H, Noctor G. 2005. Redox homeostasis and antioxidant signaling: a metabolic interface between stress perception and physiological responses. The Plant Cell, 17: 1866-1875.

Khalil F, Rauf S, Monneveux P, et al. 2016. Genetic analysis of proline concentration under osmotic stress in sunflower (*Helianthus annuus* L.). Breeding Science, 66: 463-470.

Kovda V A. 1983. Loss of productive land due to salinization. Royal Swedish Academy of Sciences, 12(2): 91-93.

Li J, Chen G, Wang X, et al. 2011. Glucose-6-phosphate dehydrogenase-dependent hydrogen peroxide production is involved in the regulation of plasma membrane H$^+$-ATPase and Na$^+$/H$^+$ antiporter protein in salt-stressed callus from *Carex moorcroftii*. Physiologia Plantarum, 141: 239-250.

Liang C, Ge Y, Su L, et al. 2015. Response of plasma membrane H^+-ATPase in rice (*Oryza sativa*) seedlings to simulated acid rain. Environmental Science and Pollution Research, 22: 535-545.

Liu Y, Wan Q, Wu R, et al. 2012. Role of hydrogen peroxide in regulating glucose-6-phosphate dehydrogenase activity under salt stress. Biologia Plantarum, 56: 313-320.

Ma L, Zhang H, Sun L, et al. 2012. NADPH oxidase AtrbohD and AtrbohF function in ROS-dependent regulation of Na^+/K^+ homeostasis in *Arabidopsis* under salt stress. Journal of Experimental Botany, 63: 305-317.

Marschner H. 1995. Mineral Nutrition of Higher Plants. London: Academic Press.

McCue K F, Hanson A D. 1990. Drought and salt tolerance: towards understanding and application. Trends in Biotechnology, 8: 358-362.

Niu X, Zhu J K, Narasimhan M L, et al. 1993. Plasma-membrane H^+-ATPase gene expression is regulated by NaCl in cells of the halophyte *Atriplex nummularia* L. Planta, 190: 433-438.

Noctor G, Arisi A C M, Jouanin L, et al. 1998. Manipulation of glutathione and amino acid biosynthesis in the chloroplast. Plant Physiology, 118: 471-482.

Reza Sabzalian M, Mirlohi A. 2010. *Neotyphodium* endophytes trigger salt resistance in tall and meadow fescues. Journal of Plant Nutrition and Soil Science, 173(6): 952-957.

Rodriguez R J, Henson J, Van Volkenburgh E, et al. 2008. Stress tolerance in plants via habitat-adapted symbiosis. The ISME Journal, 2(4): 404.

Song M L, Chai Q, Li X Z, et al. 2015. An asexual *Epichloë* endophyte modifies the nutrient stoichiometry of wild barley (*Hordeum brevisubulatum*) under salt stress. Plant and Soil, 387(1-2): 153-165.

Taniguchi Y, Ohkawa H, Masumoto C, et al. 2008. Overproduction of C4 photosynthetic enzymes in transgenic rice plants: an approach to introduce the C4-like photosynthetic pathway into rice. Journal of Experimental Botany, 59: 1799-1809.

Tsuchida H, Tamai T, Fukayama H, et al. 2001. High level expression of C4-specific NADP-malic enzyme in leaves and impairment of photoautotrophic growth in a C3 plant, rice. Plant Cell Physiology, 42: 138-145.

Van Gestelen P, Asard H, Caubergs R J. 1997. Solubilization and separation of a plant plasma membrane $NADPH-O_2$-synthase from other NAD(P)H oxidoreductases. Plant Physiology, 115: 543-550.

Vitart V, Baxter I, Doerner P, et al. 2001. Evidence for a role in growth and salt resistance of a plasma membrane H^+-ATPase in the root endodermis. The Plant Journal, 27: 191-201.

Wang J, Hou W, Christensen M J, et al. 2021. The fungal endophyte *Epichloë gansuensis* increases NaCl-tolerance in *Achnatherum inebrians* through enhancing the activity of plasma membrane H^+-ATPase and glucose-6-phosphate dehydrogenase. Science China-Life Sciences, doi: 10.1007/s11427-020-1674-y.

Wang J, Tian P, Christensen M J, et al. 2019. Effect of *Epichloë gansuensis* endophyte on the activity of enzymes of nitrogen metabolism, nitrogen use efficiency and photosynthetic ability of *Achnatherum inebrians* under various NaCl concentrations. Plant and Soil, 435(1-2): 57-68.

Wang X, Ma Y, Huang C, et al. 2008. Glucose-6-phosphate dehydrogenase plays a central role in modulating reduced glutathione levels in reed callus under salt stress. Planta, 227: 611-623.

Zhang F, Wang Y, Yang Y, et al. 2007. Involvement of hydrogen peroxide and nitric oxide in salt resistance in the calluses from *Populus euphratica*. Plant, Cell & Environment, 30: 775-785.

Zhang L, Liu J, Wang X, et al. 2013. Glucose-6-phosphate dehydrogenase acts as a regulator of cell redox balance in rice suspension cells under salt stress. Plant Growth Regulation, 69: 139-148.

Zhang X, Li C, Nan Z. 2010. Effects of cadmium stress on growth and anti-oxidative systems in *Achnatherum inebrians* symbiotic with *Neotyphodium gansuense*. Journal of Hazardous Materials, 175(1): 703-709.

Zhao L, Zhang F, Guo J, et al. 2004. Nitric oxide functions as a signal in salt resistance in the calluses from two ecotypes of reed. Plant Physiology, 134: 849-857.

第 22 章　内生真菌与乡土草耐寒

田　沛　李春杰　陈泰祥　陈　娜

22.1　引　言

关于内生真菌提高宿主禾草耐寒性的研究,相对于其他非生物逆境,如干旱和盐碱等,开展的研究工作较少。针对高羊茅(*Festuca arundinacea*)和多年生黑麦草(*Lolium perenne*)-内生真菌共生体的抗寒试验表明,内生真菌未能显著提高宿主禾草对低温胁迫的抗性,禾草本身能否抵抗低温环境、顺利越冬,主要受其本身基因型的影响(Casler and Van Santen,2008;Eerens et al.,1998a,1998b)。日本学者 Takai 等(2006)以 E+和 E−草地羊茅(*F. pratensis*)为试验材料,探讨了内生真菌对该植物在低温处理条件下膜透性的影响,研究表明,E+和 E−植株在抗寒力上没有显著差异,内生真菌未能显著改善低温对宿主禾草膜透性的破坏,其抗寒能力更多受到宿主禾草基因型的影响。Casler 和 Van Santen(2008)对高羊茅的研究表明,大田条件下受零下低温和无雪持续覆盖的严重低温胁迫后,高羊茅产量和存活率与是否带菌无显著关系。但是周连玉以我国乡土草中华羊茅(*Festuca sinensis*)为材料开展的一系列抗寒研究则表明,低温胁迫条件下内生真菌能够提高宿主体内的糖酵解,改变氨基酸合成途径及三羧酸循环的相关代谢物水平,还能够增加麦角新碱和麦角酰胺的含量,从而增强其宿主禾草的抗寒能力(周连玉,2015;Zhou et al.,2015)。

本团队率先在我国开展了内生真菌对宿主禾草耐寒性的研究,主要集中在内生真菌侵染所引起的醉马草(*Achnatherum inebrians*)和中华羊茅在低温胁迫过程中生理生化指标所发生的适应性改变(彭清青,2012;陈娜,2011,2008;杨洋,2010)。研究结果均表明,内生真菌提高了宿主对低温胁迫的抗性。尤其是针对醉马草的研究发现,内生真菌能显著提高低温胁迫环境下醉马草种子的发芽率、发芽速度、胚芽和胚根长度,促进地下生物量的积累和增加根冠比,提高了醉马草的越冬率和返青再生能力(陈娜,2008),并促进其光合作用,提高抗氧化酶活性而增强醉马草对低温的适应性。通过转录组测序进一步探讨了内生真菌诱导的耐低温分子机制(Chen et al.,2016;陈娜,2011),并发现外源激素与内生真菌互作能进一步缓解低温胁迫对醉马草幼苗生长的影响,对醉马草有一定的保护作用(刘静等,2018;柳莉,2016)。

22.2　低温胁迫下内生真菌对醉马草种子萌发的影响

22.2.1　内生真菌对种子发芽率和发芽指数的影响

以醉马草种子的最适萌发温度 25℃(缑小媛,2007)为对照,每降低 5℃设一处理，即 25℃、20℃、15℃和 10℃恒温 4 个处理，在黑暗条件下进行萌发。试验结果表明，随着温度的降低，醉马草 E+和 E−种子发芽率呈降低趋势（图 22-1）。在 25℃、20℃和 15℃条件下，E+和 E−醉马草种子在 10d 之内几乎全部萌发，其萌发率无明显差异。在 10℃条件下，E+和 E−醉马草种子萌发率显著降低，而且萌发时间明显推迟，直到第 7 天才开始逐渐萌发；随着萌发时间的延长，E+和 E−醉马草种子萌发数量逐渐增加。从图 22-1 可以看出，E+醉马草种子萌发率明显高于 E−种子。萌发第 25 天时，E+、E−醉马草种子萌发率分别为 43%和 8%，并且相对于 E−幼苗，E+幼苗胚芽伸长速度明显加快。

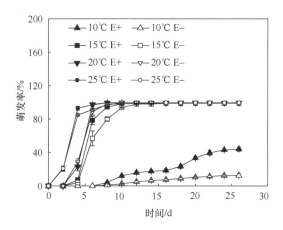

图 22-1　不同温度条件下内生真菌对醉马草种子逐日累计萌发率的影响（引自 Chen et al.，2016）

E+为带菌醉马草；E−为不带菌醉马草；下同

最终萌发率的测定结果表明（图 22-2），20℃和 15℃条件下最终萌发率接近对照 25℃条件下的 E+、E−种子萌发率，且 E+和 E−种子萌发率之间无显著差异。但是在 10℃条件下种子最终萌发率明显降低，且 E+种子萌发率显著高于 E−种子。5℃条件下，E+种

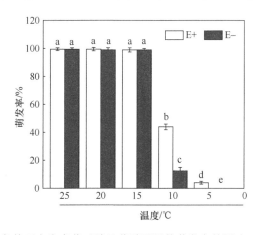

图 22-2　不同温度条件下内生真菌对醉马草种子最终萌发率的影响（引自陈娜，2008）

不同小写字母表示 $P<0.05$ 水平差异显著

子仅有极少数能萌发，最终萌发率显著低于其他温度条件，E–种子不能萌发，两者最终萌发率均低于 8%（陈娜，2008）。

已有研究表明，外源激素可以改变内生真菌对醉马草种子萌发的影响（柳莉，2016），例如，1.0～1.5mmol/L 水杨酸（salicylic acid）能促进低温胁迫下 E+ 和 E–醉马草种子的萌发。而 0.05mmol/L 和 0.1mmol/L 脱落酸（abscisic acid）只能提高 E–种子的萌发率。这些结果说明，低温胁迫能够抑制醉马草种子的萌发，而只有在低温胁迫下，内生真菌才能发挥优势，提高其宿主的发芽率，但是极低温度（5℃）对醉马草伤害极大，使其种子不能萌发。

22.2.2　内生真菌对胚根和胚芽长度的影响

25℃、20℃、15℃、10℃ 和 5℃ 温度处理醉马草种子 14d 后，胚芽和胚根长度随着处理温度的降低呈递减趋势（图 22-3）。其中，各温度处理间的胚芽长均差异显著，而 25℃、20℃ 和 15℃ 处理下的胚根长差异不显著，10℃ 和 5℃ 处理下的胚根长显著低于 25℃、20℃ 和 15℃ 温度处理。在 25℃、20℃ 和 15℃ 萌发条件下，E+ 和 E–幼苗胚芽长度差异不显著，E–的胚根长度略低于 E+；在 10℃ 和 5℃ 温度条件下，E+ 的胚芽和胚根长度均显著高于 E–。以上结果表明，低温胁迫抑制了醉马草种子的萌发与生长，而只有在低温胁迫下，内生真菌才能发挥优势，减缓低温逆境对种子萌发和生长的抑制作用。

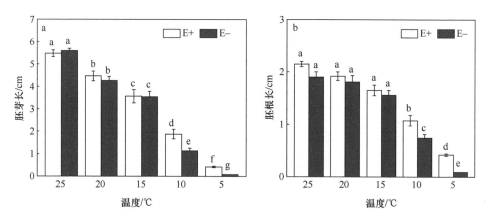

图 22-3　不同温度条件下内生真菌对醉马草种子萌发 14d 的胚芽（a）与胚根长度（b）的影响
（引自陈娜，2008）
不同小写字母表示 $P<0.05$ 水平差异显著

外源激素水杨酸或脱落酸处理对醉马草 E+、E–种子胚芽和胚根长均有不同程度的影响（图 22-4）。1.0mmol/L 和 1.5mmol/L 水杨酸处理显著提高了种子胚芽长和胚根长，在各浓度水杨酸处理条件下，E+ 种子胚芽和胚根长均显著高于 E–。0.05mmol/L 和 0.1mmol/L 脱落酸显著提高了种子胚芽长，而 0.15mmol/L 和 0.2mmol/L 脱落酸显著降低了种子胚根长。以上结果表明，一定浓度的水杨酸和脱落酸能促进醉马草种苗的生长，而内生真菌无论在何种条件下均发挥了优势（柳莉，2016）。

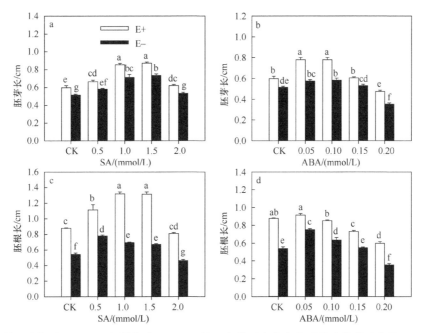

图 22-4 外源水杨酸（a、c）和脱落酸（b、d）处理条件下内生真菌对醉马草种子萌发 14d 的胚芽与
胚根长度的影响（引自柳莉，2016）

不同小写字母表示 $P<0.05$ 水平差异显著

22.3 低温胁迫下内生真菌对醉马草生长的影响

22.3.1 内生真菌对醉马草生长和越冬率的影响

秋季将醉马草 E+和 E−植株分别种植在田间试验小区及花盆内，让其自然生长，入冬前叶片尚未枯黄时测定株高、分蘖数、存活株数，第二年 5 月待植物返青后，再次测定其株高、分蘖数、存活株数，分别计算植株死亡率和越冬率。结果表明（表 22-1）：醉马草 E+植株入冬前的株高和分蘖数都显著高于 E−植株；第二年返青后 E+植株的株高和分蘖数仍显著高于 E−植株，死亡率显著低于 E−植株。E+植株在越冬过程中无植株死亡，而 E−植株有 17%的植株死亡，进而造成了 E+植株的越冬率显著高于 E−植株。这表明，内生真菌不仅促进了醉马草当年的生长和生物量的积累，还提高了醉马草的耐寒性，帮助其安全越冬。

表 22-1 试验小区内醉马草自然越冬情况（引自陈娜，2008）

植株	越冬前（第一年 10 月）			越冬后（第二年 5 月）			越冬率/%
	株高/cm	分蘖数/（个/株）	死亡率/%	株高/cm	分蘖数/个	死亡率/%	
E+	54.10±1.45a	86.52±2.90a	12.5a	52.63±1.33a	98.35±3.89a	12.5a	100a
E−	45.13±1.79b	61.40±1.57b	14.3b	32.12±1.56b	64.47±1.74b	28.6b	83b

注：表中不同小写字母表示 E+和 E−同一指标间差异显著（$P<0.05$）

而定殖于花盆中的醉马草 E+植株与 E−植株入冬前和返青后的株高无显著差异，而 E+植株的分蘖数显著高于 E−植株，E+植株死亡率显著低于 E−植株。花盆里栽培的醉马草 E+植株和 E–植株在越冬过程中均有植株死亡，但 E+植株的越冬率仍保持在 90%，显著高于 E–植株（表 22-2）。以上盆栽试验同样表明，内生真菌提高了醉马草的耐寒性，促进了冬季的生长和生物量的积累，有助于其安全越冬。

表 22-2　定殖于花盆内醉马草自然越冬情况（引自陈娜，2008）

植株	越冬前（第一年 10 月）			越冬后（第二年 5 月）			越冬率/%
	株高/cm	分蘖数/（个/株）	死亡率/%	株高/cm	分蘖率/个	死亡率/%	
E+	39.10±2.13a	24.38±1.30a	12.0a	24.86±1.00a	26.17±1.90a	20.0a	90a
E–	37.13±1.21a	20.12±1.88b	16.0b	27.05±2.42a	20.02±1.33b	36.0b	80b

注：表中不同小写字母表示 E+和 E–同一指标间差异显著（$P<0.05$）

综上所述，与醉马草 E–植株相比，内生真菌的侵染能明显提高醉马草的分蘖能力，增加或维持其地上生物量，使植株在越冬前储存更多的养分，进而增强了醉马草的抗寒能力和越冬能力。此外，内生真菌还提高了醉马草的返青再生能力，使其能够在温度相对较低的环境中快速建植，占据生长空间，获得更长的生长期。

22.3.2　内生真菌对醉马草分蘖和生物量的影响

醉马草 E+和 E–植株在 10℃及 20℃条件下生长 120d 后，测定了其植株生长指标和叶片相对含水量。结果表明（表 22-3）：在 10℃低温条件下 E+植株的根长、分蘖数、地下生物量、根冠比等指标都显著高于 E–植株，但是 E+植株的叶片相对含水量却显著低于 E–植株，而两者间的株高和地上生物量差异不显著。这说明，内生真菌的侵染使低温条件下生长的醉马草将更多的生物量分配在了根部，通过这种方式提高了对低温环境的适应性。20℃温度条件下，E+植株的地下生物量、叶片相对含水量略高于 E–植株，但差异不显著。而株高、根长、根冠比、地上生物量和分蘖数都显著高于 E–植株。这说明，在正常温度生长条件下内生真菌也在一定程度上提高了醉马草植株的生长。

表 22-3　不同温度条件下内生真菌对醉马草幼苗植株生长的影响（引自陈娜，2008）

温度/℃	植株	株高/cm	根长/cm	分蘖数/（个/株）	地上生物量/g	地下生物量/g	根冠比	叶片相对含水量
10	E+	9.03±0.12a	23.65±0.18a	3.90±0.03b	0.19±0.01c	0.26±0.03a	1.37±0.05a	0.70±0.03b
	E–	9.12±0.11a	20.23±0.14b	2.40±0.02d	0.13±0.01c	0.15±0.02b	1.15±0.07b	0.82±0.02a
20	E+	14.20±0.18c	15.87±0.12c	4.80±0.08a	0.45±0.04a	0.19±0.02b	0.54±0.09c	0.89±0.01a
	E–	13.71±0.23b	14.59±0.17d	3.21±0.04c	0.31±0.01b	0.14±0.04b	0.45±0.09d	0.88±0.02a

注：同一列中的不同字母表示差异显著（$P<0.05$）

22.4　内生真菌提高醉马草耐寒的生理生化和分子机制

22.4.1　低温胁迫下内生真菌对醉马草光合作用的影响

将（20±1）℃条件下生长 50d 的醉马草 E+植株和 E–植株置于 5℃、–5℃两个恒温处理条件下处理 5d，然后在 0h、1h、2h、4h、6h、8h、24h、48h、72h、96h 和 120h 分别取样检测了 PSⅡ最大光化学效率（F_v/F_m）。结果表明，5℃冷害胁迫条件下醉马草 E+ 和 E-植株叶片的 F_v/F_m 值都呈下降趋势（图 22-5），胁迫前期 E+植株叶片的 F_v/F_m 值下降速度显著慢于 E-植株，但到胁迫后期 E+和 E-植株叶片 F_v/F_m 值之间无显著差异。在 −5℃的冻害胁迫条件下，E+和 E-植株叶片的 F_v/F_m 值也呈下降趋势，且下降趋势较 5℃ 明显增加。其中，E+植株叶片的 F_v/F_m 值在胁迫第一天显著高于 E-植株叶片，但从第二天开始两者差异不显著。PSⅡ最大光化学效率（F_v/F_m）被认为是反映光抑制程度的可靠指标，F_v/F_m 的变化可反映光系统Ⅱ的损伤程度。这些结果说明，低温胁迫对醉马草叶片的光系统Ⅱ造成了损伤，在胁迫初期，内生真菌的侵染在一定程度上抑制了低温对醉马草的这种损伤，但随着胁迫时间的延长，内生真菌对 PSⅡ最大光化学效率（F_v/F_m）的影响不显著。

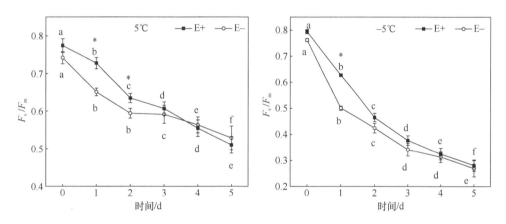

图 22-5 不同温度条件下内生真菌对醉马草 PSⅡ最大光化学效率的影响（引自陈娜，2008）

不同小写字母表示 E+或 E-植株不同处理时间之间差异显著；*表示同一处理时间 E+和 E-植株之间差异显著（$P<0.05$）

22.4.2 低温胁迫下内生真菌对醉马草渗透调节物质的影响

22.4.2.1 膜相对透性

膜相对透性是评价植物抗寒能力的常用指标。当植物遭受寒害时，水分从细胞内渗透出来，组织呈现浸润状态，丧失膨压，植物表现萎蔫。采集（20±1）℃条件下生长 50d 的醉马草 E+和 E-植株叶片，4℃放置 1h，再在 0℃放置 1h，然后按 2℃/h 的速率降低温度至−12℃，每个温度点采集样品检测叶片的相对电导率。结果表明（图 22-6），经 0℃、−2℃、−4℃、−6℃、−8℃、−10℃和−12℃低温处理 1h 后，叶片的电解质渗透率随温度降低而升高，说明零下低温对醉马草产生了伤害。在−4～0℃处理时，其叶片电解质渗透率仍处于缓慢增加阶段，表明醉马草在此低温范围内，质膜还能耐受低温伤害，E+和 E-植株之间的电导率无显著差异。在−10～−4℃处理时，醉马草叶片的电解质渗透率迅速增加，表明醉马草在此温度范围内遭受了严重的低温伤害。相同的冷冻条件处理后，E+植株叶片的电导率低于 E-植株，在−4℃和−6℃温度条件下两者电导率差异达到显著水平。但当温度低于−10℃以后，E+和 E-醉马草植株叶片的膜相对透性均接近 100%。

本试验结果说明，在一定的低温胁迫下，内生真菌通过降低醉马草的膜相对透性以提高其抗寒性，但超越一定的温度极限后，内生真菌对醉马草的膜相对透性没有明显作用。

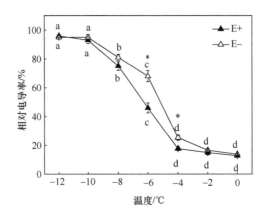

图 22-6 不同温度处理条件下内生真菌对醉马草电导率的影响（引自陈娜，2008）
不同小写字母表示 E+或 E−植株不同处理时间之间差异显著；*表示同一处理时间 E+和 E−植株之间差异显著（$P<0.05$）

22.4.2.2　可溶性糖含量

在低温处理条件下（5℃和−5℃），醉马草叶片的可溶性糖含量均随处理时间的延长而增加，并且在−5℃条件下的上升趋势较 5℃处理更明显（图 22-7）；冷害 5℃胁迫前期可溶性糖变化较缓慢，说明醉马草叶片在这个时期对温度胁迫不敏感，当胁迫超过 2h 可溶性糖含量迅速增加，处理 8h 后比处理前高出 33%，且 E+植株显著高于 E−植株。而−5℃冻害胁迫条件下，叶片可溶性糖含量呈显著上升趋势，在胁迫 2h 后 E+植株的可溶性糖含量高于 E−植株，差异显著，其他处理 E+和 E−植株无显著差异。−5℃处理条件下醉马草叶片的可溶性糖含量比 5℃处理明显上升，说明在此温度下主要依靠植物自身调节功能，通过增加可溶性糖含量以减轻在冷害和冻害下的伤害，而内生真菌作用不大。

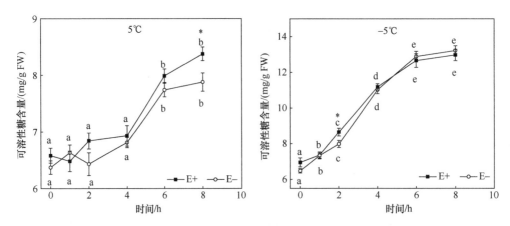

图 22-7 不同温度条件下内生真菌对醉马草可溶性糖含量的影响（引自陈娜，2008）
不同小写字母表示 E+或 E−植株不同处理时间之间差异显著；*表示同一处理时间 E+和 E−植株之间差异显著（$P<0.05$）

22.4.2.3　可溶性蛋白含量

在低温处理条件下（5℃和–5℃），醉马草叶片的可溶性蛋白含量均随处理时间的延长而增加。其中，–5℃处理较 5℃处理上升趋势较明显（图 22-8）；在 5℃处理初期（1d和 2d），E+植株叶片的可溶性蛋白含量显著高于 E–植株，胁迫后期两者差异不显著。–5℃处理条件下，E+植株的叶片可溶性蛋白含量增加的趋势快于 E–植株，但两者的可溶性蛋白含量差异不显著。以上结果表明，在冷害前期内生真菌的侵染对醉马草幼苗可溶性蛋白含量有一定的影响，但当胁迫程度增加（–5℃）或者胁迫时间延长时，内生真菌对可溶性蛋白含量的影响不显著。

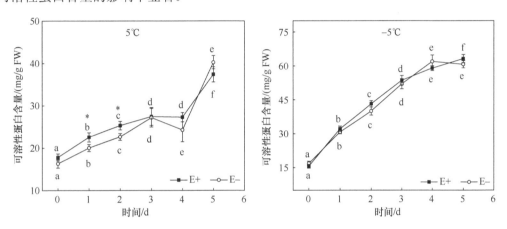

图 22-8　不同温度条件下内生真菌对醉马草可溶性蛋白含量的影响（引自陈娜，2008）
不同小写字母表示 E+或 E–植株不同处理时间之间差异显著；*表示同一处理时间 E+和 E–之间差异显著（$P<0.05$）

22.4.3　低温胁迫下内生真菌对醉马草抗氧化酶活性的影响

研究表明，在低温胁迫下（5℃和–5℃），内生真菌影响了宿主醉马草的抗氧化系统（图 22-9）。在 5℃冷害处理条件下，醉马草 E+和 E–叶片的超氧化物歧化酶（SOD）、过氧化氢酶（CAT）、过氧化物酶（POD）、抗坏血酸过氧化物酶（APX）活性变化趋势相同，都随着低温处理时间的延长而呈上升趋势，只是 SOD 和 APX 活性在胁迫前期较CAT 和 POD 活性变化缓慢。5℃条件处理 6d 后，E+植株各种酶活性均高于 E–植株。在

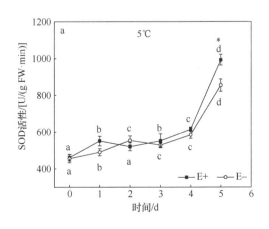

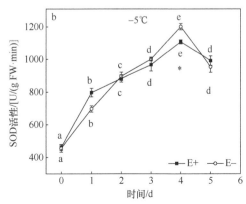

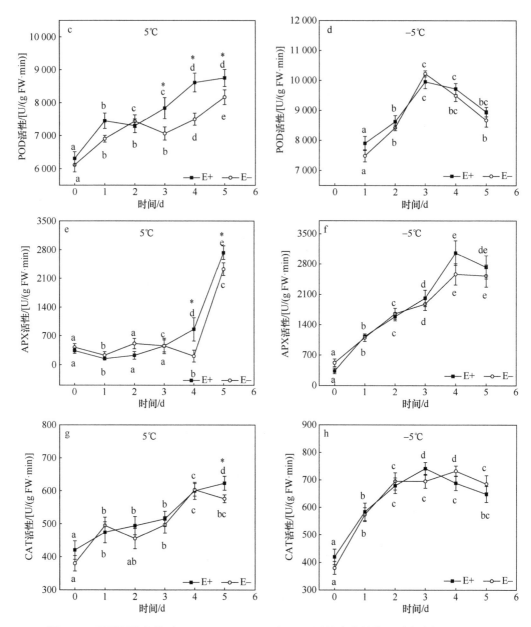

图 22-9 不同低温条件下 SOD、POD、APX 和 CAT 活性变化趋势（引自陈娜，2008）

不同小写字母表示 E+或 E−植株不同处理时间之间差异显著；*表示同一处理时间 E+和 E−之间差异显著（$P<0.05$）

−5℃冻害处理条件下，E+和 E−醉马草叶片的 SOD、CAT、POD 和 APX 活性都随着处理时间的延长而呈上升趋势，处理后期略有下降趋势。而 E+和 E−植株间的酶活性差异不显著。这些抗氧化酶活性变化说明植物在这个时期对 5℃冷害胁迫产生了响应，而 E+植株的酶活性最终高于 E−植株，说明内生真菌可以通过提高这些抗氧化酶活性而降低冷害对宿主造成的伤害。−5℃冻害胁迫前期，各种酶活性都呈现出明显上升趋势，后期都呈现下降趋势，表明长时间的低温对植物已经产生了严重伤害，内生真菌对宿主酶活性的调节作用远远小于低温对酶活性的调节作用。

22.4.4　低温胁迫下内生真菌对醉马草基因表达的影响

为深入研究内生真菌提高宿主植物抗逆性的分子机制，发掘逆境条件下内生真菌感染引起宿主植物差异表达的关键调控基因，采用 Solexa 测序技术，对低温胁迫（10℃）条件下萌发 2d 的 E+和 E−醉马草种子材料的表达谱进行了测序分析。

结果表明，E+和 E−样本中有 152 个基因发生了显著性差异表达。相对于 E−样本，在 E+样本中差异表达基因中有 109 个基因表达量增加，有 43 个基因表达量明显下降。并对其中 6 个差异表达显著的基因，包括磷酸甘油酸变位酶（phosphoglycerate mutase）、酰基去饱和酶（acyl-desaturase）、热激蛋白（heat shock protein）、乙酰辅酶 A 羧化酶（acetyl-酰基 CoA carboxylase）、丝氨酸羧肽酶（serine carboxypeptidase）和锌指蛋白家族（zinc finger family protein）基因进行 RT-PCR 验证，结果如图 22-10 所示。从图 22-10 中可以看出，*Ain30412*（热激蛋白）、*Ain22940*（乙酰辅酶 A 羧化酶）、*Ain40420*（磷酸甘油酸变位酶）和 *Ain65830*（去饱和酶）基因的表达量在 E+样本中明显高于 E−样本，在 E−样本中几乎检测不到这 4 个基因的表达，因而说明这 4 个基因是在低温萌发过程中受内生真菌诱导表达的。而 *Ain01134*（丝氨酸羧肽酶）和 *Ain03760*（锌指蛋白）基因在 E+样本中几乎检测不到，而在 E−样本中大量表达，说明其表达受内生真菌负调控。这 6 个基因的表达模式和 Solexa 测序结果完全一致，充分说明了测序结果的可靠性，可以用来分析基因的差异表达模式。

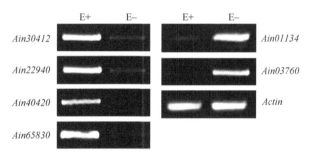

图 22-10　RT-PCR 鉴定 6 个差异表达基因在 E+和 E−醉马草种子中的表达模式（引自陈娜，2011）

为了进一步明确低温条件下内生真菌提高醉马草种子萌发的分子机制，对这些差异表达基因进行了功能注释，以确定这些基因行使的主要生物学功能，同时综合考虑这些基因已有的研究进展，对这 152 个基因进行了功能聚类分析。结果表明，这些基因参与了多种代谢过程（图 22-11），主要包括：生物碱合成（8.48%）、脂肪酸代谢（5.89%）、蛋白质周转（24.25%）、胁迫响应（9.98%）、核酸代谢（5.89%）、转录/信号（11.28%）、未知功能（13.17%），以及参与多种代谢途径（21.06%）。因此推测内生真菌主要调控这些代谢途径中基因的表达，从而提高了醉马草低温萌发能力。

22.4.4.1　生物碱合成

在 E+和 E−醉马草种子低温萌发过程中差异表达基因中有一类非常重要的基因，即参与生物碱合成的相关基因（图 22-12）。11 个差异表达的基因中，仅有 1 个基因吲哚甘

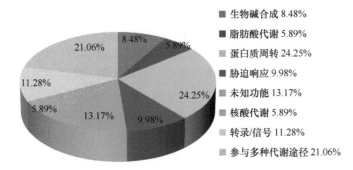

- ■ 生物碱合成 8.48%
- ■ 脂肪酸代谢 5.89%
- ▨ 蛋白质周转 24.25%
- ■ 胁迫响应 9.98%
- ▨ 未知功能 13.17%
- ▨ 核酸代谢 5.89%
- ▨ 转录/信号 11.28%
- ▨ 参与多种代谢途径 21.06%

图 22-11　E+和 E-醉马草种子低温萌发过程中差异表达基因功能聚类分析（引自陈娜，2011）

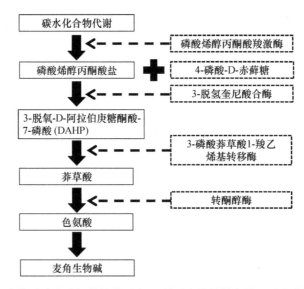

图 22-12　生物碱合成途径关键基因在 E+种子中的差异表达（引自陈娜，2011）

油磷酸合成酶（indole-3-glycerol phosphate synthase）在 E+样本中表达量下降，其余 10 个基因，包括多药及毒性化合物外排转运蛋白（multidrug and toxic compound extrusion efflux family protein）、2,3-二磷酸甘油酸-独立磷酸甘油酸变位酶（2,3-bisphosphogly-cerate-independent phosphoglycerate mutase）、转酮醇酶（transketolase）、磷酸烯醇丙酮酸羧激酶（phosphoenolpyruvate carboxykinase）、氨基转移酶（aminotransferase）、磷-2-脱氢-3-脱氧庚酸醛缩酶（phospho-2-dehydro-3-deoxyheptonate aldolase）、磷酸莽草酸羧基转移酶（3-phoshoshikimate 1-carboxyvinyltransferase）、3-脱氢奎尼酸合成酶（3-dehydro-quinate synthase）、苏糖酸-4-磷酸盐脱氢酶（erythronate-4-phosphate dehydrogenase）和谷氨酰胺酰胺转移酶（glutamine amidotransferase）的表达水平均显著高于 E-样本（陈娜，2011）。这些基因主要参与了色氨酸的合成。已有大量研究证实，色氨酸是麦角碱生物合成的前体（Robbers et al.，1972）。色氨酸合成基因的过表达或者体外饲喂色氨酸均能显著提高麦角碱的生物合成能力（Whitmer et al.，2002，1998；Robbers et al.，1972）。如图 22-12 所示，这些基因分别在不同的步骤调控色氨酸的合成。如磷酸烯醇丙酮酸羧激酶调控磷酸烯醇丙酮酸盐（phosphoenolpyruvate，PEP）的合成，PEP 进一步由 3-脱氢

奎尼酸合酶催化合成 3-脱氧-D-阿拉伯庚酮糖-7-磷酸（3-deoxy-D-arabino-heptulosonate 7-phosphate，DAHP），3-磷酸莽草酸 1-羧乙烯基转移酶（3-phoshoshikimate 1-carboxyvinytransferase）催化 DAHP 合成莽草酸（shikimate），最后在转酮醇酶作用下合成色氨酸。因此，内生真菌能够诱导醉马草大量合成生物碱的前体物色氨酸，进而促进生物碱的合成，从而提高醉马草种子的低温萌发能力。

22.4.4.2 脂肪酸代谢

另外一类重要的差异表达基因是脂肪酸代谢相关基因。有 10 个参与脂肪酸代谢途径的基因发生了差异表达，相对于 E–样本，在 E+醉马草中，只有 1 个基因脂质，N 端保守区蛋白（lipin，N-terminal conserved region protein）的表达量明显下降，其余 9 个基因包括：尿苷二磷酸葡萄糖醛酸/尿苷二磷酸葡萄糖转移酶（UDP-glucuronate/UDP-glucosyl transferase）、酰基去饱和酶（acyl-desaturase）、酰基辅酶 A 氧化酶（acyl-CoA oxidase）、GDSL 类脂肪酶/酰基水解酶（GDSL-like lipase/acylhydrolase）、乙酰基辅酶 A 羧化酶、异 PAP2 蛋白（divergent PAP2 protein）、油质蛋白（oleosin）和脱氢酶（dehydrogenase）的表达量显著提高（陈娜，2011）。其中有两个酰基去饱和酶同源基因在 E+样品中大量表达，已有研究证实酰基去饱和酶参与了不饱和脂肪酸的合成（Keil et al., 2010）；另外还有一些参与脂肪酸生物合成的基因在 E+样本中大量表达，包括一个乙酰辅酶 A 羧化酶同源基因。因此，内生真菌提高醉马草的不饱和脂肪酸含量是提高其低温耐受能力的另外一个重要因素。

22.4.4.3 蛋白质周转

在 E+和 E–醉马草种子低温萌发过程中最大的一类差异表达基因是蛋白质周转相关基因，即参与蛋白质的翻译、加工以及降解的基因。共有 37 个基因发生了差异表达，其中大多数基因的表达量在 E+样本中明显增加，仅有 3 个基因表达量下降（陈娜，2011）。其中有一大部分是核糖体亚基相关基因，如 60S 核糖体蛋白 L28-140S（60S ribosomal protein L28-140S）、核糖体蛋白 S15a（ribosomal protein S15a）和核糖体蛋白 L7Ae（ribosomal protein L7Ae）等。这些基因的大量表达可导致核糖体合成增加，进而引起蛋白质合成能力增加。在胁迫条件下，植物需要合成一些应激蛋白用于抵抗胁迫，如渗透调节蛋白等。还有一部分是和蛋白质降解相关的基因，如蛋白酶相关基因以及泛素降解相关基因，包括 FtsH 蛋白酶（FtsH protease）、泛素结合酶（ubiquitin-conjugating enzyme）、半胱氨酸蛋白酶抑制剂前体蛋白（cysteine proteinase inhibitor precursor protein）等，这些蛋白主要是对损伤蛋白进行降解，从而提高植物的抗低温能力。

22.4.4.4 胁迫响应

植物细胞在逆境胁迫条件下，一般都会诱导表达一些应激防御蛋白来保护细胞免遭伤害。在 E+醉马草样本中发现有 15 个基因与植物细胞逆境防御相关基因发生了差异性表达。这类基因主要包括热激蛋白同源基因，如 hsp20/alpha 微晶蛋白家族（hsp20/alpha crystallin family protein）基因、热激蛋白 90（heat shock protein 90）基因及假定热激 DnaK 家族蛋白（putative heat shock DnaK family protein）基因等；抗氧化相关酶同源基因，如过氧化物氧化还原酶（peroxiredoxin）基因、过氧化物酶前体（peroxidase precursor）基因及铜/锌超氧化物歧化酶（copper/zinc superoxide dismutase）基因等；广谱性胁迫响应蛋白基因同源（stress responsive protein）基因以及一些与抗逆相关的转录因子等基因，如锌指蛋白 A20（zinc finger A20）基因和 AN1 区域胁迫相关蛋白（AN1 domain-containing stress-associated protein）基因等（陈娜，2011）。本研究设置的低温胁迫，使植物细胞活性氧含量增加进而破坏细胞的正常生物学功能（Mittler，2002；Hasegawa et al.，2000），而在 E+样本中这类基因的诱导表达，有利于清除细胞内活性氧自由基。热激蛋白也是各种胁迫的响应蛋白之一，主要起到分子伴侣等功能，参与蛋白质的合成、加工及折叠等，同样在 E+样本中发现有两个相关基因表达量大量增加。因此，这类基因在 E+样本中的诱导表达，对醉马草低温萌发过程中自由基的清除以及蛋白质的正常周转起到了更好的保护作用。

22.4.4.5　其他代谢

另外，还有许多涉及其他代谢途径的基因在 E+和 E−样本也表现为显著性差异表达，如转录及信号转导、能量代谢、核酸代谢以及一些未知功能的基因。其中细胞信号转导是指细胞感受到外界环境变化，通过细胞内受体引发细胞内的一系列生物化学反应。植物所生长的环境处于随时变化的状态，因此需要有完善的与外界条件的识别、反应和发生适应性改变的机制来保证植物体正常的生长发育。在这个复杂的网络中，外界信息传递是由配体、受体和转导分子之间协同作用保障完成的。植物体感受到外界条件的变化，进而引起具有生物学效应的特殊基因的差异表达，尤其是通过调控一些转录因子的表达来诱导或者降低其他相关基因的表达。在 E+和 E−醉马草种子低温萌发过程中，有 17 个转录与信号转导相关基因在 E+和 E−样本中表现为差异表达，主要是一些转录因子如 MYB 家族转录因子（MYB family transcription factor）、锌指（zinc finger）、C3HC4 型区域蛋白（C3HC4 type domain containing protein）、蛋白激酶如丝氨酸/苏氨酸蛋白激酶（serine/threonine protein kinase）、非典型类受体激酶（atypical receptor-like kinase）等基因（陈娜，2011）。

这些研究表明，内生真菌侵染导致参与多个代谢途径的一系列基因发生了差异表达，通过调控这些基因的表达，使宿主植物许多生物学反应发生改变，如酶活和各种代谢的变化，从而提高醉马草在低温条件下的萌发能力。

22.4.5　低温胁迫下内生真菌对醉马草蛋白质种类和含量的影响

为了研究内生真菌导致宿主植物醉马草种子低温萌发过程中蛋白质差异表达，采用双向电泳分离了 10℃条件下萌发 2d 的 E+、E−醉马草种子总蛋白。在 3 次重复实验中蛋白质发生稳定差异表达的共有 19 个，其中的 14 个蛋白在 E+醉马草种子中表达量显著增加，有 5 个蛋白在 E+醉马草种子中表达量显著下降（图 22-13）。

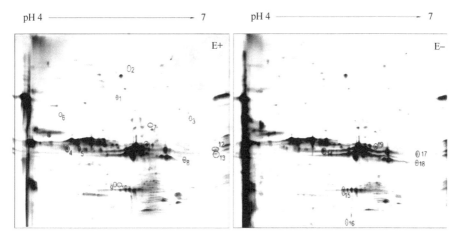

图 22-13 E+、E−醉马草种子低温萌发蛋白质 2-D 凝胶图谱（引自陈娜，2011）

标注的为差异表达蛋白

利用高分辨率质谱（LTQ Orbitrap）对上述在 E+、E−醉马草种子中显著差异表达的 19 个蛋白质点进行了质谱鉴定，但只成功鉴定了 10 个蛋白（表 22-4）。利用 Mascot 软件（http://www.matrixscience.com）在 NCBI 和 Swiss-Prot 等数据库中进行比对分析，对鉴定的蛋白进行了功能预测和分析。相对于 E−样本，在 E+中表达量显著提高的有甘油醛-3-磷酸脱氢酶（glyceraldehyde-3-phosphate dehydrogenase）、三萜合酶（terpene synthase）、硫氧还蛋白过氧化物酶（thioredoxin peroxidase）、热激蛋白 70（HSP 70）、质粒 ADP-葡萄糖焦磷酸化酶（plastid ADP-glucose pyrophosphorylase）、硫胺素合成蛋白（thiamin biosynthesis protein）、尿苷二磷酸葡萄糖焦磷酸化酶（UDP-glucose pyrophos-phorylase）以及一个未知功能蛋白，另外在 E+中表达量显著降低的为依赖 RNA 的 RNA 聚合酶（RNA-dependent RNA polymerase）和种子贮存球蛋白（seed storage globulin）。

表 22-4 E+、E−醉马草种子低温萌发过程中差异表达蛋白鉴定（引自陈娜，2011）

2-D 电泳位点	蛋白	检测拷贝数	评分
U1	甘油醛-3-磷酸脱氢酶	35	140.52
U3	硫氧还蛋白过氧化物酶	18	83.83
U4	热激蛋白 70	14	92.35
U7	质粒 ADP-葡萄糖焦磷酸化酶	28	79.54
U9	硫胺素合成蛋白	16	171.18
U 11	三萜合酶	31	206.63
U 12	尿苷二磷酸葡萄糖焦磷酸化酶	18	113.02
U14	未知功能蛋白	35	108.54
D15	种子储存球蛋白	14	152.92
D18	依赖 RNA 的 RNA 聚合酶	9	110.22

注：U 表示 E+样本中表达量提高的蛋白；D 表示 E+样本中表达量降低的蛋白

22.4.5.1 参与淀粉合成以及糖代谢的蛋白

在 E+样本中有 4 个参与淀粉合成以及糖酵解的蛋白表达量显著提高，其中甘油醛-3-

磷酸脱氢酶和丙糖磷酸异构酶参与糖酵解。在糖酵解中，甘油醛-3-磷酸脱氢酶催化甘油醛-3-磷酸形成 1,3-二磷酸甘油酸，而丙糖磷酸异构酶将不能直接参与糖酵解途径的磷酸二羟丙酮转化成甘油醛-3-磷酸，从而参与糖酵解途径。另外两个蛋白尿苷二磷酸葡萄糖焦磷酸化酶和质粒 ADP-葡萄糖焦磷酸化酶则调控淀粉的合成。尿苷二磷酸葡萄糖焦磷酸化酶催化葡萄糖-1-磷酸和 UTP 生成 UDP-葡萄糖和焦磷酸的可逆反应（Hossain et al.，1994），还与胞液中的 AGPase 相偶联，形成 ADPG，参与造粉体淀粉的合成（Eimert et al.，1996；Ap Rees et al.，1984）。质粒 ADP-葡萄糖焦磷酸化酶的主要功能是把葡萄糖转变为合成淀粉的底物 ADP-G。AGPase 是催化淀粉合成的第一步关键限速酶，其活性的改变将直接影响着淀粉的合成速率，直接决定贮藏组织中淀粉的水平，从而最终决定了植物的产量。从以上结果可以看出，内生真菌有可能通过加快宿主植物醉马草的能量代谢而提高了其在低温条件下的萌发速率。

22.4.5.2　胁迫诱导响应蛋白

在 E+样本中有一个硫氧还蛋白过氧化物酶（TPX）表达量显著增加。硫氧还蛋白过氧化物酶属于过氧化物酶超家族中的一员，广泛存在于原核和真核生物体中。它以硫氧还蛋白作为电子供体去除机体内的活性氧类物质，不仅具有强大的抗氧化功能，而且在维持机体氧化还原平衡、细胞凋亡、增殖等方面都具有调节作用（Kim et al.，2000；Butterfield et al.，1999；Jin et al.，1997）。另外，还有一个热激蛋白 70（HSP 70）在 E+样本中表达量显著提高。HSP 是广泛存在于原核和真核细胞中的一组结构上高度保守的多肽，其中 HSP70 家族是最保守、最重要的一族，在大多数生物中含量最多，它们在进化上高度保守，种属间同源性高，并且在正常细胞内和应激状态下均有表达。当进入应激状态时，机体通过对 HSP70 mRNA 的优先翻译、增强其稳定性等调控机制来适应变化。HSP70 家族具有多种重要的功能，大量研究证明其在充当分子伴侣、细胞保护、抗细胞凋亡、抗氧化以及免疫应答中都发挥着重要作用（Mustafi et al.，2009；Large et al.，2009；Tsan and Gao，2009；John et al.，2003）。显而易见，这类胁迫应激蛋白的大量表达，是内生真菌提高宿主植物醉马草低温萌发能力的另一个有效途径。

22.4.5.3　其他蛋白

在 E+样本中还有两个蛋白表达量明显提高，分别是三萜类物质和硫胺素合成蛋白。三萜类物质是植物界一大类次生代谢产物，广泛分布于各种植物中，其具有防御病原体和害虫的作用。这一点与以往研究所发现的内生真菌还可以提高醉马草的抗病性和抗虫性（张兴旭，2008；Li et al.，2007a，2007b）相吻合。而硫胺素，也叫维生素 B_1，是一种可溶性的 B 族维生素，它作为很多重要酶的辅酶在细胞的物质和能量代谢过程中发挥着重要作用，同时也是生物体必需的营养物质。

22.4.5.4　E+样本中表达量下降的蛋白质

另外，在 E+样本中还有两个蛋白表达量明显下降，其中一个是与 miRNA 形成相关的依赖 RNA 的 RNA 聚合酶（Qian et al.，2011）。在 E+样本中依赖 RNA 的 RNA 聚合酶表达水平的下降，有可能导致 miRNA 含量的降低，从而提高其靶蛋白的大量表达，这些未知蛋白可能在调控醉马草低温萌发过程中起着重要作用。另外一个在 E+样本中含量降低的蛋白是种子贮存球蛋白，其在胚胎发育过程中大量表达，作用于种子蛋白的贮存，是种子萌发时氮素的主要来源（Pang et al., 1988）。

22.5　本 章 小 结

内生真菌提高了宿主醉马草对低温胁迫的耐受性，显著提高了醉马草种子的发芽率、发芽速度、胚芽和胚根长度，促进了地下生物量的积累，增加了根冠比，提高了植株的越冬率和返青再生能力，并促进了光合作用；通过降低膜相对透性，增加可溶性糖、可溶性蛋白和脯氨酸含量，降低丙二醛含量，增强了宿主醉马草的渗透调节能力；通过提高 SOD、CAT、POD 和 APX 等抗氧化酶活性从而提高宿主醉马草对低温胁迫的适应性。通过进一步转录组测序，发现内生真菌侵染使得参与多个代谢途径的一系列基因发生了差异表达，其中主要包括生物碱合成、脂肪酸代谢、蛋白质周转、胁迫响应、核酸代谢和转录/信号转导，一些未知功能基因以及参与多种代谢途径的基因。其中值得关注的是调控麦角生物碱前体物色氨酸合成基因的大量表达，如磷酸烯醇丙酮酸羧化酶、脱氢硫胺素合酶、磷酸莽草酸羧基转移酶以及转酮醇酶等。另外，脂肪酸代谢途径相关基因在 E+醉马草种子低温萌发过程中也大量表达。膜脂中不饱和脂肪酸在高等植物抵抗低温过程中起着至关重要的作用，在 E+醉马草中有 10 个参与脂肪酸代谢途径的基因发生了差异表达，其中包括参与了不饱和脂肪酸合成的两个酰基去饱和酶同源基因，其表达量在 E+醉马草中显著增加。进一步利用双向电泳进行了差异蛋白组学的研究，共发现了 10 个差异表达蛋白，以 E-样本为对照，在 E+样本中有 8 个蛋白的表达量显著提高，生物信息学分析表明这些蛋白是主要参与能量代谢以及胁迫诱导应激的蛋白。这些关键基因和蛋白的挖掘，对于我们深入理解禾草与内生真菌的互作关系以及在分子水平上揭示内生真菌提高宿主植物抗逆境胁迫能力的作用机制奠定了良好基础。

参 考 文 献

陈娜. 2008. 醉马草遗传多样性及内生真菌对其抗寒性影响. 兰州: 兰州大学硕士学位论文.

陈娜. 2011. 内生真菌提高醉马草低温萌发能力的分子机制. 兰州: 兰州大学博士学位论文.

缑小媛. 2007. 内生真菌对醉马草耐盐性的影响研究. 兰州: 兰州大学硕士学位论文.

刘静, 陈振江, 李秀璋, 等. 2018. 低温处理下外源水杨酸和脱落酸与内生真菌互作对醉马草共生体的影响. 草业学报, 27(1): 142-151.

柳莉. 2016. 醉马草内生真菌共生体对外源激素处理下低温及白粉病胁迫的响应. 兰州: 兰州大学硕士学位论文.

彭清青. 2012. *Neotyphodium* 内生真菌对中华羊茅耐寒性的影响. 兰州: 兰州大学硕士学位论文.

杨洋. 2010. 中华羊茅内生真菌及其对宿主抗寒性的影响. 兰州: 兰州大学硕士学位论文.

张兴旭. 2008. 内生真菌对醉马草抗虫性影响的研究. 兰州: 兰州大学硕士学位论文.

周连玉. 2015. 基于代谢组学的中华羊茅-内生真菌共生体响应低温胁迫的生化机制. 兰州: 兰州大学

博士学位论文.

Ap Rees T, Leja M, Macdonald F D, et al. 1984. Nucleotide sugars and starch synthesis in spadix of *Arum maculatum* and suspension cultures of glycine max. Phytochemistry, 23(11): 2463-2468.

Butterfield L H, Merino A, Golub S H. 1999. From cytoprotection to tumor suppression: the multifactorial role of peroxiredoxins. Antioxidants and Redox Signaling, 1(4): 385-402.

Casler M D, Van Santen E. 2008. Fungal endophyte removal does not reduce cold tolerance of tall fescue. Crop Science, 48(5): 2033-2039.

Chen N, He R, Chai Q, et al. 2016. Transcriptomic analyses giving insights into molecular regulation mechanisms involved in cold tolerance by *Epichloë* endophyte in seed germination of *Achnatherum inebrians*. Plant Growth Regulation, 80(3): 367-375.

Eerens J P J, Lucas R J, Easton H S, et al. 1998a. Influence of the ryegrass endophyte (*Neotyphodium lolii*) in a cool-moist environment I. Pasture production. New Zealand Journal of Agricultural Research, 41(1): 39-48.

Eerens J P J, Lucas R J, Easton H S, et al. 1998b. Influence of the ryegrass endophyte (*Neotyphodium lolii*) in a cool-moist environment II. Sheep production. New Zealand Journal of Agricultural Research, 41(2): 191-199.

Eimert K, Villand P, Kilian A. 1996. Cloning and characterization of several cDNAs for UDP-glucose pyrophosphorylase from barley (*Hordeum vulgare*) tissues. Gene, 170: 227-232.

Hasegawa P M, Bressan R A, Zhu J K, et al. 2000. Plant cellular and molecular responses to high salinity. Annual Review of Plant Biology, 51(1): 463-499.

Hossain S A, Tanizawa K, Kazuta Y. 1994. Overproduction and characterization of recombinant UDP-glucose pyrophosphorylase from *Escherichia coli* K212. Journal of Biochemistry, 115: 965-972.

Jin D Y, Chae H Z, Rhee S G. 1997. Regulatory role for a novel human thioredoxin peroxidase in NF-kappaB activation. Biological Chemistry, 272(49): 30952-30961.

John C R, Kutbuddin D, Ana R. 2003. Comparative analysis of apoptosis and inflammation genes of mice and humans. Genome Research, 13(6): 1376-1388.

Keil S, Müller M, Zoller G, et al. 2010. Identification and synthesis of novel inhibitors of Acetyl-CoA Carboxylase with *in vitro* and *in vivo* efficacy on fat oxidation. Journal of Medicinal Chemistry, 53: 24-29.

Kim H, Lee T H, Park E S. 2000. Role of peroxiredoxins in regulating intracellular hydrogen peroxide and hydrogen peroxide-induced apoptosis in thyroid cells. Biological Chemistry, 275(24): 18266-18270.

Large A T, Goldberg M D, Lund P A. 2009. Chaperones and protein folding in the archaea. Biochemical Society Transactions, 37 (1): 46-51.

Li C J, Gao J H, Nan Z B. 2007a. Interactions of *Neotyphodium gansuense*, *Achnatherum inebrians*, and plant-pathogenic fungi. Mycological Research, 111(10): 1220-1227.

Li C J, Zhang X X, Li F, et al. 2007b. Disease and pests resistance of endophyte infected and non-infected drunken horse grass. *In*: Popay A, Thom E R, eds. Proceedings of the 6th International Symposium on Fungal Endophytes of Grasses. Dunedin, New Zealand: New Zealand Grassland Association: 111-114.

Mittler R. 2002. Oxidative stress, antioxidants and stress tolerance. Trends in Plant Science, 7(9): 405-410.

Mustafi S B, Chakraborty P K, Dey R S. 2009. Heat stress upregulates chaperone heat shock protein 70 and antioxidant manganese superoxide dismutase through reactive oxygen species (ROS), p38MAPK, and Akt. Cell Stress and Chaperones, 17: 431-436.

Pang P P, Pruitt R E, Meyerowitz E M. 1988. Molecular cloning, genomic organization, expression and evolution of 12S seed storage protein genes of *Arabidopsis thaliana*. Plant Molecular Biology, 11(6): 805-820.

Qian Y, Cheng Y, Cheng X, et al. 2011. Identification and characterization of Dicer-like, Argonaute and RNA-dependent RNA polymerase gene families in maize. Plant Cell Reports, 30(7): 1347.

Robbers J, Robertson L, Hornemann K, et al. 1972. Physiological studies on ergot: further studies on the induction of alkaloid synthesis by tryptophan and its inhibition by phosphate. Journal of Bacteriology,

112(2): 791-796.

Takai T, Sanada Y, Yamada T. 2006. Relationships between endophyte infection and freezing tolerance and snow mold resistance in meadow fescue. International Joint Research Project on Improvement of Tolerance to Low Temperature Stress of Winter Crops in Northern Regions, USA, 70: 3321-3323.

Tsan M F, Gao B C. 2009. Heat shock proteins and immune system. Journal of Leukocyte Biology, 10: 386-392.

Whitmer S, Canel C, Hallard D, et al. 1998. Influence of precursor availability on alkaloid accumulation by transgenic cell line of *Catharanthus roseus*. Plant Physiology, 116(2): 853-857.

Whitmer S, van der Heijden R, Verpoorte R. 2002. Effect of precursor feeding on alkaloid accumulation by a tryptophan decarboxylase over-expressing transgenic cell line T22 of *Catharanthus roseus*. Journal of Biotechnology, 96(2): 193-203.

Zhou L Y, Li C J, Zhang X X, et al. 2015. Effects of cold shocked *Epichloë* infected *Festuca sinensis* on ergot alkaloid accumulation. Fungal Ecology, 14: 99-104.

第 23 章　内生真菌与乡土草抗病

张兴旭　夏　超　钟　睿　李春杰

23.1　引　言

内生真菌提高宿主禾草抗生物逆境的特点之一就是提高其抗病性（Sabzalian et al.，2012；Vignale et al.，2013；Ma et al.，2015；Xia et al.，2015，2016）。布氏白粉菌（*Blumeria graminis*）可导致 634 种禾本科植物发生白粉病，造成巨大的经济损失（Jørgensen，1988；Inuma et al.，2007；Murray and Brennan，2010；FaoStat，2011），该病原真菌被认为是世界上第六大植物致病菌（Dean et al.，2012）。1984 年，日本学者 Shimanuki 和 Sato（1983）首次研究发现，*Epichloë typhina* 内生真菌能够提高梯牧草（*Phleum pratense*）对枝孢（*Cladosporium phlei*）引起的叶斑病抗性，之后相继有众多试验均证明内生真菌对禾草抗病性的提高起着至关重要的作用（南志标和李春杰，2004；李春杰，2005；Gao et al.，2010）。目前的研究已经从培养皿平板对峙、离体叶片接种到活体植株，研究的深度也已经从病症和病状的观察深入到探讨抗病分子机制（Tian et al.，2008；Ma et al.，2015）。Xia 等（2018）详细综述了宿主禾草、内生真菌和病原真菌之间的相互作用以及内生真菌抑制植物病原真菌潜在机制的最新进展，这可为园艺和农业生态系统管理中引入内生真菌，采用内生真菌进行抗逆（病）、优质和高产新品种（系）选育提供思路。我国在芨芨草属（*Achnatherum*）植物上已经报道了 23 种病害（南志标和李春杰，1994；赵震宇和李春杰，2003），其中醉马草病害有 6 种（李春杰等，2003）。本章主要就内生真菌与病原真菌的室内离体培养平板对峙、离体叶片和活体植株接种以及田间发病条件下内生真菌侵染醉马草对多种病原真菌及其引致病害的抗性等方面进行介绍。文内有关数据变化或数据组间的差异水平，显著为 $P<0.05$，极显著为 $P<0.001$，不显著为 $P>0.05$。

23.2　内生真菌对病原真菌的拮抗

23.2.1　离体对峙培养条件下病原真菌菌落的生长

与对照相比，甘肃内生真菌（*Epichloë gansuensis*）的 14 个菌系均可以显著抑制根腐离蠕孢（*Bipolaris sorokiniana*）、锐顶镰孢（*Fusarium acuminatum*）和细交链孢（*Alternaria alternata*）的菌落生长，其中有 13 个内生真菌的菌系可以显著抑制新月弯孢（*Curvularia lunata*）的菌落生长。而锐顶镰孢的菌落生长可以显著地被黑麦草内生真菌和高羊茅内生真菌抑制，根腐离蠕孢仅可以被高羊茅内生真菌显著抑制。然而，黑麦草内生真菌和高羊茅内生真菌可以显著促进新月弯孢和细交链孢的菌落生长（表 23-1）。

表 23-1　离体对峙培养条件下内生真菌对病原真菌菌落生长的影响（引自李春杰，2005）

内生真菌	细交链孢		根腐离蠕孢		新月弯孢		锐顶镰孢		LSD$_{0.05}$
	直径/mm	抑制率/%	直径/mm	抑制率/%	直径/mm	抑制率/%	直径/mm	抑制率/%	
CK	25.00		37.25		26.25		37.00		
Nl	33.25	−33.00	36.00	3.36	30.00	−14.29	32.25	12.84	23.911
Nc	31.25	−25.00	21.75	41.61	30.50	−16.19	27.00	27.03	17.424
Ng L111	15.25	39.00	12.75	65.77	13.00	50.48	16.75	54.73	18.089
Ng L112	15.25	39.00	11.25	69.80	14.00	46.67	20.25	45.27	14.053
Ng L113	18.25	27.00	18.50	50.34	21.75	17.14	23.75	35.81	19.158
Ng L121	17.50	30.00	11.25	69.80	10.25	60.95	22.75	38.51	13.636
Ng L131	16.00	36.00	7.50	79.87	13.00	50.48	17.75	52.03	14.579
Ng L132	18.25	27.00	11.50	69.13	11.25	57.14	17.75	52.03	13.008
Ng L133	19.25	23.00	12.25	67.11	13.50	48.57	21.00	43.24	15.016
Ng L134	18.25	27.00	13.50	63.76	13.25	49.52	23.75	35.81	13.636
Ng L141	15.75	37.00	12.75	65.77	15.00	42.86	24.00	35.14	12.974
Ng L152	17.50	30.00	11.75	68.46	13.25	49.52	21.00	43.24	11.501
Ng L161	19.00	24.00	11.75	68.46	13.50	48.57	23.50	36.49	15.188
Ng L221	17.25	31.00	12.25	67.11	13.25	49.52	23.75	35.81	13.605
Ng L232	16.75	33.00	11.25	69.80	11.50	56.19	20.25	45.27	11.384
Ng S1a1	16.75	33.00	10.00	73.15	15.75	40.00	20.00	45.95	14.705
LSD$_{0.05}$	2.5065	16.087	4.3709	15.762	3.0015	12.385	3.9494	12.815	

注：Nl. *E. festucae* var. *lolii*（分离自多年生黑麦草的内生真菌菌株）；Nc. *E. coenophiala*（分离自高羊茅的内生真菌菌株）；Ng. *E. gansuensis*（分离自醉马草的内生真菌菌株）

所有参试的 4 个病原真菌均不同程度地被甘肃内生真菌所抑制，其敏感程度依次为根腐离蠕孢、新月弯孢、锐顶镰孢和细交链孢，抑制率分别依次为 50.34%～79.87%（平均 67.74%）、17.14%～60.95%（平均 47.69%）、35.14%～54.73%（平均 42.81%）和 23%～39%（平均 31.14%），其中 Ng L131、Ng L111、Ng L121 和 Ng L112 对这 4 种病原真菌的菌落生长均表现出了较强的抑制作用（表 23-1）。大多数内生真菌对病原真菌的抑制出现了明显的抑菌区。

23.2.2　离体对峙培养条件下病原真菌的产孢

大多数内生真菌菌系对病原菌的产孢有不同程度的抑制作用，但也有极少数内生真菌对病原真菌的产孢有促进作用。与对照相比，Ng L131、Ng L134、Ng L161 和 *E. coenophiala* 对根腐离蠕孢的产孢有显著抑制作用；Ng L111、Ng L112、Ng L113、Ng L131、Ng L132、Ng L133、Ng L134、Ng L152、Ng L161 和 Ng L221 可以显著地抑制新月弯孢的产孢；Ng L112、Ng L113、Ng L121、Ng L131、Ng L132、Ng L141、Ng L152、Ng L221、Ng S1a1、*E. festucae* var. *lolii* 和 *E. coenophiala* 均可以显著抑制细交链孢的产孢。然而，*Epichloë* 内生真菌对锐顶镰孢产孢并没有显著的抑制作用。相反，Ng L121、Ng L141、Ng L232 和 Ng S1a1 对锐顶镰孢的产孢具有显著的促进作用（表 23-2）。

表 23-2　离体对峙培养条件下内生真菌对病原真菌产孢的影响（引自李春杰，2005）（单位：10^8 孢子/ml）

内生真菌	细交链孢	根腐离蠕孢	新月弯孢	锐顶镰孢
CK	0.33	1.28	3.08	0.78
Nl	0.05	0.83	2.55	0.44
Nc	0.15	0.69	2.35	0.71
Ng L111	0.38	1.45	0.58	0.56
Ng L112	0.09	1.58	0.93	0.71
Ng L113	0.08	1.33	0.68	0.64
Ng L121	0.11	0.98	2.10	1.88
Ng L131	0.11	0.50	0.33	0.95
Ng L132	0.06	1.10	0.30	0.81
Ng L133	0.38	1.04	0.45	0.83
Ng L134	0.43	0.73	0.80	0.76
Ng L141	0.16	0.80	2.93	1.45
Ng L152	0.13	1.14	0.63	0.93
Ng L161	0.28	0.50	1.18	0.94
Ng L221	0.06	1.05	0.45	0.58
Ng L232	0.93	1.03	1.80	2.01
Ng S1a1	0.14	0.96	2.88	1.23
$LSD_{0.05}$	0.1198	0.4859	1.2773	0.4222

注：LSD 值比较，两两作差，差值大于 LSD 值，即为显著抑制，差值小于 LSD 值则无显著抑制作用或差异不显著

23.3　E+和 E–离体叶片对病原真菌的抗性

参试的 9 种真菌，在室内培养皿（Petri dishes）人工接种条件下，均可在醉马草离体叶片上产生病斑，且病斑数随接种天数的延长而增加（表 23-3）。内生真菌的侵染对接种病原真菌和叶片相互作用的影响因真菌的菌种不同而异：锐顶镰孢第 3 天除外，其余时间 E+和 E–叶片产生的病斑数无明显差异，粉红粘帚霉和燕麦镰孢在 E+和 E–叶片产生的病斑数无明显差异；细交链孢、厚垣镰孢和尖镰孢在 E+叶片上产生的病斑数均显著少于在 E–叶片上的病斑数；小孢壳二孢、新月弯孢和腐皮镰孢接种初期 E+叶片上产生的病斑数少于 E–叶片上的病斑数，但是差异不显著，接种后期病斑数在 E+和 E–叶片差异显著（表 23-3，图 23-1）。接种新月弯孢后的第 3 天，E+与 E–叶片均表现出明显症状，且布满了霉层，最终枯黄腐烂。

表 23-3 带菌（E+）与不带菌（E−）醉马草离体叶片接种 9 种病原真菌后的病斑数及长度
（引自李春杰，2005）

病原菌	接种后的天数/d	每片叶片病斑数/个		每个病斑长度/mm	
		E+	E−	E+	E−
细交链孢 （Alternaria alternata）	3	1.5*	2.3	4.0*	10.6
	4	5.3*	8.8	21.0*	34.1
	5	5.3*	8.8	23.9*	43.7
	6	5.3*	8.8	29.1*	43.7
	7	5.8	8.8	33.2*	45.3
小孢壳二孢 （Ascochyta leptospora）	3	4.3	4.8	9.5	11.6
	4	6.0*	11.0	28.0	31.9
	5	13.5*	17.8	29.9	32.5
	6	13.8*	27.8	36.9*	58.9
	7	15.3*	28.5	41.6*	65.5
新月弯孢 （Curvularia lunata）	3	17.8	13.8	7.5	7.7
	4	Numerous	Numerous	58.1	63.9
	5	Numerous	Numerous	76.0	81.0
	6	Numerous	Numerous	76.0	81.0
	7	Numerous	Numerous	76.0	81.0
锐顶镰孢 （Fusarium acuminatum）	3	8.3*	16.5	20.6	27.4
	4	13.8	17.0	44.0	44.2
	5	13.8	17.5	42.7*	56.7
	6	15.8	17.5	48.6*	66.3
	7	15.8	17.8	49.3*	68.1
燕麦镰孢 （F. avenaceum）	3	1.8	2.8	11.6	13.8
	4	1.8	3.8	17.3	19.2
	5	2.5	4.0	24.1	28.4
	6	2.8	4.0	24.8*	31.6
	7	3.3	4.0	31.7*	44.3
厚垣镰孢 （F. chlamydosporum）	3	2.0*	8.5	6.3*	18.7
	4	2.0*	8.5	14.6*	44.9
	5	2.0*	8.5	16.5*	53.2
	6	2.5*	8.8	37.6*	56.4
	7	2.5*	9.0	39.4*	59.6
尖镰孢 （F. oxysporum）	3	2.0*	23.0	4.6*	15.1
	4	3.0*	23.5	12.8*	68.4
	5	3.0*	23.5	15.9*	69.7
	6	3.5*	23.5	20.7*	72.5
	7	3.5*	23.5	23.4*	73.7
腐皮镰孢 （F. solani）	3	2.0	1.8	3.7*	10.8
	4	3.3	3.8	35.9*	43.7
	5	4.0*	12.0	38.3*	45.2

续表

病原菌	接种后的天数/d	每片叶片病斑数/个		每个病斑长度/mm	
		E+	E−	E+	E−
腐皮镰孢 （*F. solani*）	6	15.8*	24.5	52.4*	59.2
	7	15.8*	24.5	52.5*	59.5
粉红粘帚霉 （*Gliocladium roseum*）	3	1.8	2.8	3.8	6.6
	4	2.8	4.5	6.3*	11.4
	5	2.8	4.8	8.3*	13.9
	6	3.0	5.5	12.5*	17.5
	7	10.5	10.8	27.8	28.9

注：同行标有*者为与E−植株相比差异显著（*P*<0.05）；Numerous表示数目太多且菌斑连到一起，无法统计差异显著性

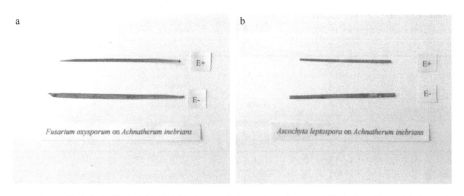

图 23-1　E+和E−醉马草离体叶片接种尖镰孢（a）和小孢壳二孢（b）后的症状比较（引自李春杰，2005）

23.4　醉马草活体植株对病原真菌的抗性

23.4.1　醉马草常见病害调查

23.4.1.1　白粉病

危害：在甘肃夏河，1996年零星发生；但2003年普遍发生，病蘖率高达80%～100%，有时与锈病混合发生。

症状：最初叶片正面出现粉状的白色霉斑，即分生孢子梗和分生孢子。粉状物逐渐布满叶片表面，后形成毡状致密的霉层。逆境条件下，易在霉层中形成小黑点，即闭囊壳。病叶上呈灰白色或淡褐色的无定形病斑，有时互相愈合，严重时叶片卷曲。病斑背面叶片褪绿，偶有浅褐色到褐色病斑，一般不形成霉层（图23-2）。

病原菌：布氏白粉菌（*Blumeria graminis*）。分生孢子串生，卵圆形或近圆柱形，无色，（16.25～25）μm×（7.5～15）μm，平均为20.0μm×10.6μm。闭囊壳聚生，暗褐色，球形或近球形，常埋生在菌丝层内，范围为100～210μm，平均值为182.25μm，样品编号为GS03-2；范围为110～225μm，平均值为160.75μm，样品编号为96-017。子囊卵圆形、椭圆形、近椭圆形或其他不规则形状，有明显的柄，较短，无色，（37.5～87.5）μm×

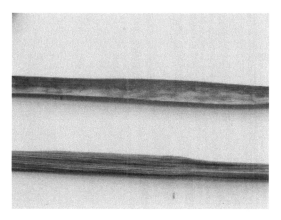

图 23-2　醉马草白粉病（引自李春杰，2005）

（25～56）μm，平均为 67.31μm× 42.56μm（GS03-2）；（75～97.5）μm ×（37.5～52.5）μm，平均为 88.56μm × 47.75μm（96-017）；（22.5～31.25）μm ×（10～13.75）μm，平均为 26.75μm × 12.75μm（2109113）。每个子囊含 6 个子囊孢子。

分布：甘肃夏河（96-017，GS03-3），甘肃永靖（GS03-2），甘肃兰州（2109113）。

23.4.1.2　茎黑粉病

危害：在甘肃肃南，2001 年局部危害较重，发病率高达 80%，而新疆哈密只是局部零星发生。

症状：孢子堆生在茎上，孢子团黑褐色，粉状。叶鞘表皮裂开，露出黑粉，即为孢子堆。常使植株不育，不结种子。

病原菌：茎黑粉菌（*Ustilago hypodytes*）。黑粉孢子大多球形，少数近球形、卵圆形或椭圆形；橄榄褐色；光滑，直径为 3.13～5.00μm，平均为 4.02μm（XJ038）；直径为 3.75～5.00μm，平均为 4.31μm（133）。

分布：新疆哈密（XJ038），甘肃肃南（133）。

23.4.1.3　锈病

危害：在甘肃夏河，2003 年普遍发生，病蘖率高达 40%～100%。

症状：初期，叶片正面散生橘黄色粉末状的夏孢子堆，由小变大，排列不规则，相对应的叶背面呈黑褐色到黑色圆形到不规则形病斑，有时互相汇合；后期，叶正面的夏孢子堆变成褐色到深褐色的冬孢子堆，叶背面形成灰白色小突起（图 23-3）。

病原菌：醉马草柄锈菌[*Puccinia stipae-sibiricae* (Ito) Greene et Cumm.]。夏孢子球形或近球形，淡褐色到褐色，大小为（16.25～23.75）μm ×（16.25～20）μm，平均为 19.2μm × 18.1μm。冬孢子短棒状，顶端圆形或锥形，基部圆或狭细，壁厚，隔膜处缢缩，栗褐色，光滑，大小为（30～55）μm ×（20～25）μm，平均为 39.5μm × 21.5μm；有明显的短柄，无色，人小为 5～40μm，平均为 20μm。

分布：甘肃夏河（GS03-4）。

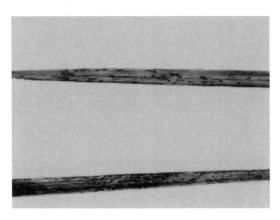

图 23-3　醉马草锈病（引自李春杰，2005）

23.4.1.4　麦角病

危害：在青海共和，2001 年局部发生较重，病穗率高达 60%；而新疆乌鲁木齐南山 2001 年零星发生。由于含有麦角碱可引起人畜中毒。

症状：发生于穗部，初期花部受侵染后分泌出一种黄色蜜状黏液，即为分生孢子。后期受病子房膨大变硬，形成黑色且微弯的角状物，突出颖稃之外，肉眼明显可见，即为菌核。绝大多数仍处于"蜜露期"。

病原菌：蜜孢霉属（*Sphacelia* sp.）。每穗可形成麦角 1～13 个，平均 4.6 个。菌核角状，黄色、黄褐色到黑色，大小为（4.20～5.71）μm×（1.05～1.42）μm，平均为 4.89μm×1.25μm。分生孢子椭圆形，单胞，无色，大小为（5～8.75）μm×（2.5～2.5）μm，平均为 6.07μm×2.5μm（QH50）；大小为（3.75～10）μm×（2.5～2.5）μm，平均为 7.25μm×2.5μm（XJ-02-01）。未见子囊形成。

分布：新疆乌鲁木齐南山（XJ-02-01），青海共和（QH50）。

23.4.1.5　离蠕孢叶斑病

危害：2003 年兰州盆栽幼苗零星发生，危害较轻。而位于西峰什社的兰州大学庆阳黄土高原草地农业试验站人工播种的试验田，局部发生，病叶率达 20%～40%。

症状：病斑叶两面生，初为深褐色小斑点，逐渐发展成深褐色至黑褐色的长椭圆或长圆形病斑，中央呈浅褐色，外缘有黄色晕圈，后期病斑汇合呈深褐色斑块。中、下部叶片发病较多，叶鞘偶见病斑（图 23-4）。

病原菌：根腐离蠕孢[*Bipolaris sorokiniana* (Sacc.) Shoemaker]。菌落黑色，呈相间的同心轮纹，有黑色产孢圈，边缘不规则。孢子深褐色，椭圆形、圆柱形、梭形，脐部明显，中部、中上部膨大，光滑，大小为（37.5～81.25）μm×（17.5～26.25）μm，平均为 61.75μm×20.81μm（LZ03-01）；3～8 个隔膜，多为 7 个。孢子两端两个细胞可以萌发。

分布：甘肃兰州栽培幼苗，兰州大学庆阳黄土高原草地农业试验站。

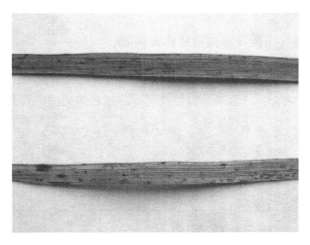

图 23-4　醉马草离蠕孢叶斑病（引自李春杰，2005）

23.4.1.6　苗腐病

危害：温室盆栽局部零星发生。

症状：初期在叶片正面形成水浸状病斑，淡绿色到浅褐色，基部缢缩、腐烂，以致幼苗凋萎、枯死。

病原菌：细交链孢（*Alternaria alternata*）。菌落黑色，边缘整齐；孢子串生，梨形、长卵形、梭形，有横隔膜 1～4 个（平均 2.7 个），纵隔膜 0～4 个（平均 1.5 个），褐色，（12.5～35.0）μm ×（8.8～15.0）μm，平均为 20.5μm × 11.25μm，有明显的短柄。

23.4.2　田间条件下，内生真菌对醉马草离蠕孢叶斑病的影响

采自甘肃夏河的醉马草种子，经 45% RH（相对湿度）+47℃处理获得带内生真菌（E+）与不带内生真菌（E–）种子，于 2003 年 5 月播种于兰州大学庆阳黄土高原草地农业试验站，旱作管理，8 月调查 E+和 E–植株离蠕孢叶斑病的发病状况（李春杰，2005）。结果表明，内生真菌的存在并没有显著地影响醉马草离蠕孢叶斑病的发病率、病情指数和病斑数。无论是 E+还是 E–醉马草植株，病株率均高达 100%（图 23-5）。

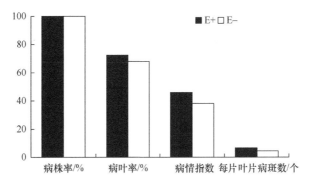

图 23-5　甘肃庆阳田间条件下 E+与 E–醉马草离蠕孢叶斑病的发病情况（引自李春杰，2005）

23.4.3 温室盆栽条件下醉马草白粉病病害调查

温室盆栽条件下，E+植株的病株显著低于 E−的植株（图 23-6a）；E+的病叶率显著低于 E−叶片（图 23-6b）。计算病情指数发现，E+植株的病情指数为 50.76，而 E−植株的病情指数为 82.49，两者差异显著。

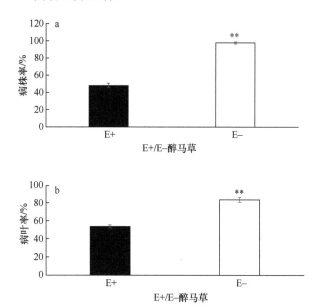

图 23-6　温室盆栽条件下，E+与 E−醉马草白粉病的发病情况（引自柳莉等，2015）
**表示图中 E+与 E−相比差异显著

23.4.4 温室盆栽条件下内生真菌和土壤含水量对醉马草白粉病的影响

23.4.4.1 正常和干旱水分对醉马草白粉病发病率的影响

在 2004 年和 2005 年的盆栽试验中，土壤含水量（WHC）为 30%和 50%条件下，E+与 E−醉马草白粉病的发病率表现出了相同的变化趋势。在 30% WHC 条件下 E+与 E−醉马草对白粉病的抗性无显著差异，而在 50% WHC 条件下 2005 年白粉病的发病率在 E+与 E−醉马草之间差异显著，E+植株的发病率较 E−植株降低了 46.64%。而 2004 年无论是土壤含水量还是带菌状况之间的发病率差异均不显著（图 23-7）。

23.4.4.2 水分梯度和内生真菌互作对醉马草白粉病的影响

土壤含水量和内生真菌互作能够极显著影响醉马草白粉病的发病率（表 23-4）。在 4 个不同的土壤水分条件下，E+与 E−植株的发病率之间有显著差异，且 E+植株的病原菌定殖率低于 E−植物。在 15%～30% WHC 条件下，E+植株白粉病发病率随土壤含水量增加而显著降低了 59.69%；在 30%～60% WHC 条件下，E+植株白粉病发病率随土壤含水量增加而增加。在 45% WHC 条件下 E+植株白粉病发病率较 30% WHC 条件增加了

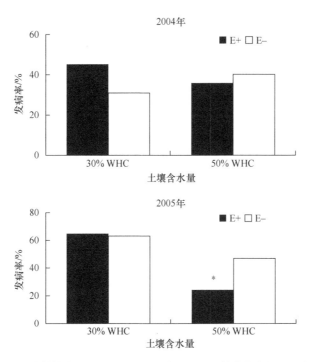

图 23-7　盆栽 E+ 与 E–醉马草植株在 30% 和 50% WHC 条件下对白粉病发病率的影响（引自李春杰，2005）
*表示图中同一土壤水分条件下 E+ 与 E–相比差异显著

表 23-4　内生真菌（E）与水分（W）互作对醉马草发病率、病情严重度、株高、分蘖数及生物量影响的双因素方差分析（引自 Xia et al.，2015）

处理	自由度	发病率		病情指数		株高		分蘖数		鲜重		干重	
		F 值	P	F 值	P	F 值	P	F 值	P	F 值	P	F 值	P
E	1	482.722	<0.001	1626.868	<0.001	58.250	<0.001	15.960	<0.001	47.545	<0.001	76.416	<0.001
W	3	19.446	<0.001	13.791	<0.001	16.436	<0.001	1.039	0.388	2.110	0.118	10.909	<0.001
E×W	3	5.477	0.004	3.419	0.029	1.160	0.340	0.433	0.731	1.999	0.134	2.590	0.070

61.10%，而在 60% WHC 条件下 E+植株白粉病发病率较 45% WHC 条件增加了 8.63%。
E–植株白粉病发病率随土壤含水量的增加而降低，但 4 种土壤水分条件下的白粉病发病
率之间差异不显著。15% WHC 条件下 E+植株白粉病发病率显著高于其他土壤水分条件
下的发病率，而 30% WHC 条件下 E+植株白粉病发病率显著低于其他土壤水分条件下
的发病率（除 45%外）（图 23-8）。

　　土壤含水量和内生真菌互作能够显著影响醉马草白粉病的病情指数（表 23-4）。在
4 种不同的土壤水分条件下，E+植株的病情指数显著低于 E–植物（图 23-9）。E+和 E–
植株的病情指数均随土壤含水量的增加而降低。E–植株的病情指数在土壤含水量为 15%
和 30% WHC 时显著高于土壤含水量为 45% 和 60% WHC 时的病情指数。30% WHC 条
件下 E–植株病情指数为 53.49，而 45% WHC 条件下 E–植株病情指数为 49.33。15% WHC
条件下 E+植株病情指数显著高于其他土壤水分条件，其病情指数为 22.14，其他土壤水
分条件下的 E+植株病情指数之间差异不显著（图 23-9）。

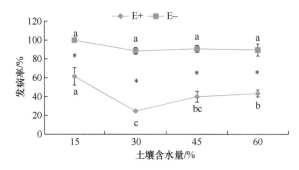

图 23-8　E+和 E–醉马草白粉病发病率（引自 Xia et al.，2015）

图中不同小写字母表示不同土壤含水量处理下 E+或 E–植株白粉病发病率存在显著差异（P<0.05），*代表同一土壤含水量
条件下 E+与 E–醉马草间差异显著（P<0.05）

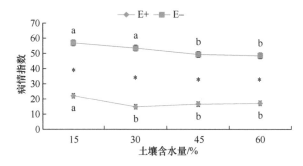

图 23-9　E+和 E–醉马草白粉病病情指数（引自 Xia et al.，2015）

图中不同小写字母表示不同土壤含水量处理下 E+或 E–植株白粉病病情指数存在显著差异（P<0.05），*代表同一土壤含水
量条件下 E+与 E–醉马草间差异显著（P<0.05）

23.4.4.3　水分梯度和内生真菌互作对醉马草白粉病的动态变化

每次调查病斑长度和病情严重度后再计算病情指数。试验过程中，内生真菌的侵染
提高了宿主醉马草对布氏白粉菌侵染的抗性。重复测量方差分析显示，土壤含水量为
15%、30%和 45%时，内生真菌显著降低了宿主植株的病情指数，但土壤含水量为 60%
时，内生真菌的侵染对其病情指数无显著影响。在发病第四周时：15% WHC 条件下 E+
植株的病情指数较 E–植株显著降低了 10.90%，30% WHC 条件下 E+植株的病情指数较
E–植株低了 7.33%，45% WHC 条件下 E+植株的病情指数较 E–植株低了 4.16%，而在
60% WHC 条件下，E+植株的病情指数为 76.16，E–植株的病情指数为 77.10。在 4 个不
同土壤水量处理下，醉马草植株的病情指数随时间递增显著增加。土壤含水量为 15%、
30%和 45%时，内生真菌和时间互作显著影响了植株的病情指数，但土壤含水量为 60%
时差异不显著（图 23-10）。

23.4.5　水分、内生真菌和布氏白粉菌互作对醉马草生长的影响

23.4.5.1　水分和内生真菌互作对醉马草生长的影响

醉马草株高受水分胁迫和内生真菌侵染影响极显著（表 23-4）。E+和 E–植株的株高
均随土壤水分的增加而增加，且 E+植株显著高于 E–植株。不同土壤水分条件下，各

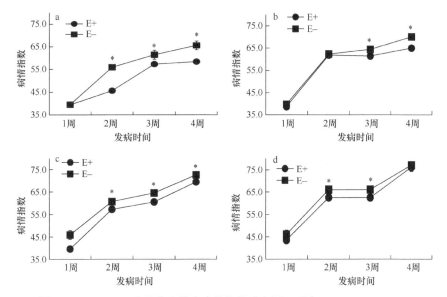

图 23-10　E+、E–醉马草白粉病病情指数动态图（引自 Xia et al.，2016）

a. 15%土壤水分条件下；b. 30%土壤水分条件下；c. 45%土壤水分条件下；d. 60%土壤水分条件下。*代表同一发病时间条件下 E+与 E–醉马草间白粉病病情指数差异显著（$P<0.05$）

自 E+和 E–醉马草株高间的相对差异分别为 16.96%、23.78%、18.80%和 10.64%。15% WHC 条件下的 E+植株株高显著低于其他土壤水分条件下的 E+植株，但其他土壤水分条件下的植物株高之间差异不显著。15%和 30% WHC 条件下的 E–植株株高显著低于 45%和 60% WHC 条件下的 E–植株株高（图 23-11a）。分蘖数受内生真菌侵染的影响极

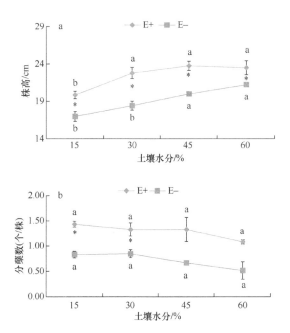

图 23-11　布氏白粉菌侵染的 E+和 E–醉马草株高（a）及分蘖数（b）（引自 Xia et al.，2015）

a. 株高；b. 分蘖数。图中不同小写字母表示不同土壤水分处理下 E+或 E–植株株高或分蘖数存在显著差异（$P<0.05$），

*代表同一土壤水分条件下 E+与 E–醉马草间差异显著（$P<0.05$）

显著,受水分胁迫的影响不显著(表23-4)。在15%和30% WHC时,E+植株的单株分蘖数显著高于E-植株,相对差异分别为72.21%和56.47%,但在45%和60% WHC时,E+和E-植株的单株分蘖数没有显著差异。此外,土壤水分对E+和E-植株的单株分蘖数没有显著影响(图23-11b)。

单株鲜重受内生真菌侵染影响极显著,受水分胁迫影响不显著(表23-4)。在4种土壤水分条件下,E+植株鲜重均显著高于E-植株,相对差异分别为26.58%、47.28%、53.47%和19.70%,而土壤水分E+植株鲜重之间的差异不显著。60% WHC时的E-植株单株鲜重显著高于15%~45% WHC时的单株鲜重(图23-12a)。内生真菌侵染和水分胁迫对感染布氏白粉菌的醉马草单株干重均有极显著影响(表23-4)。在4种水分处理条件下,E+植株的单株干重显著高于E-植株,差异分别为25.79%、48.47%、44.20%和19.70%。随着土壤水分的增加,E+植株干重先增加(15%~45% WHC),后略有下降。在15%~60% WHC时,E-植株单株干重随土壤水分的增加而增加。E-植物在60% WHC条件下的单株干重显著高于其他土壤水分条件下的单株干重(图23-12b)。

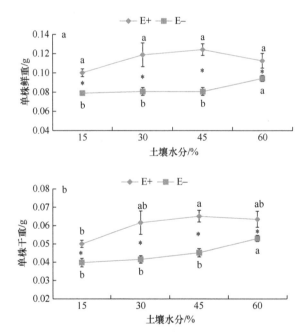

图23-12 布氏白粉菌侵染的E+和E-醉马草植株鲜重(a)及干重(b)(引自Xia et al., 2015)
图中不同小写字母表示不同土壤水分处理下E+或E-植株单株鲜重或干重存在显著差异($P<0.05$),*代表同一土壤水分条件下E+与E-醉马草间差异显著($P<0.05$)

23.4.5.2 水分、内生真菌和布氏白粉菌互作对醉马草生长的影响

布氏白粉菌、内生真菌和土壤水分对醉马草植株净光合速率的影响极显著,但对单株干重的影响不明显(表23-5)。除15% WHC外,在其他土壤水分条件下,布氏白粉菌的侵染显著降低了单株干重。被布氏白粉菌侵染和未被侵染植株的单株干重均随WHC的增加而增加(图23-13a)。感染布氏白粉菌后,在所有WHC条件下,内生真菌的侵染增加了单株干重,但只在15%和30%的WHC条件下,内生真菌对单株干重的影

响显著。另外，随着土壤水分的增加，E+和 E−植株的单株干重均增加（图 23-13b）。

表 23-5 白粉病（D）、内生真菌（E）与水分（W）互作对醉马草叶片含水量、叶绿素含量、株高、分蘖数及净重影响的三因素方差分析（引自 Xia et al.，2016）

处理	自由度	叶片含水量		叶绿素含量		干重		株高		分蘖数	
		F 值	P	F 值	P	F 值	P	F 值	P	F 值	P
D	1	152.402	0.000	36.082	0.000	11.689	0.001	0.094	0.760	1.365	0.244
E	1	10.848	0.002	140.984	0.000	7.802	0.007	4.773	0.030	36.913	0.000
W	3	20.749	0.000	245.074	0.000	59.996	0.000	63.845	0.000	8.918	0.000
D×E	1	0.179	0.674	22.663	0.000	0.740	0.393	0.698	0.405	0.882	0.349
D×W	3	3.855	0.015	10.063	0.000	0.894	0.449	1.115	0.345	1.849	0.141
E×W	3	0.455	0.715	1.706	0.166	0.490	0.690	4.251	0.006	0.732	0.543
D×E×W	3	2.503	0.070	3.521	0.016	0.215	0.886	1.104	0.376	0.715	0.545

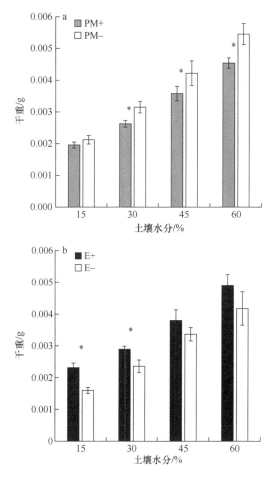

图 23-13 布氏白粉菌和水分（a）与内生真菌和水分（b）对醉马草干物质的影响（引自 Xia et al.，2016）

PM+和 PM−分别为感染和未感染布氏白粉菌植株。*代表同一土壤水分条件下 E+与 E−醉马草间差异显著（$P<0.05$）

23.4.6　水分、内生真菌和布氏白粉菌互作对醉马草生理生化的影响

23.4.6.1　内生真菌和白粉病互作对醉马草丙二醛（MDA）含量的影响

随感病程度加重，E+、E−醉马草丙二醛的含量均呈现上升趋势（图 23-14）。未发生白粉病的 E+ 与 E−健康植株相比，丙二醛的含量无显著性差异；而轻度发病和重度发病的 E+ 和 E−植株之间丙二醛的含量都存在显著差异，各自差异为 29.41% 和 19.28%。感病越严重，丙二醛含量越高（图 23-14）。

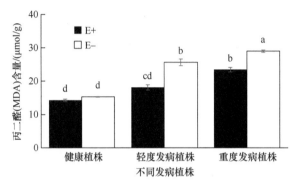

图 23-14　E+ 和 E−醉马草不同发病植株的丙二醛（MDA）含量（引自柳莉等，2015）

图中不同小写字母表示不同发病条件下 E+ 或 E−植株丙二醛含量存在显著差异（$P<0.05$）

23.4.6.2　内生真菌和白粉病互作对醉马草脯氨酸含量的影响

E+、E−的健康植株中脯氨酸含量无显著差异，随感病程度加重，E+、E−醉马草脯氨酸含量均升高（图 23-15）。轻度发病植株中，E+醉马草植株的脯氨酸含量显著高出 E−植株 48.78%；重度发病植株中，E+植株脯氨酸含量高出 E−植株 26.42%，存在显著差异（图 23-15）。

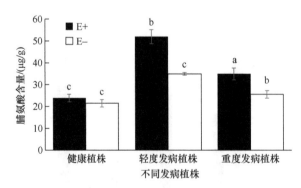

图 23-15　E+ 和 E−不同发病植株脯氨酸含量（引自柳莉等，2015）

图中不同小写字母表示不同发病条件下 E+ 或 E−植株脯氨酸含量存在显著差异（$P<0.05$）

23.4.6.3　内生真菌和白粉病互作对醉马草超氧化物歧化酶（SOD）活性的影响

随感病程度加重，E+、E−醉马草 SOD 活性均升高（图 23-16）。E+、E−醉马草感病植

株与健康植株相比，SOD 活性都有所上升，并且轻度发病植株的 SOD 活性显著大于重度发病植株，E+醉马草轻度发病植株 SOD 活性高出 E–植株 33.76%，存在显著差异（$P<0.01$），E+、E–醉马草健康植株和重度发病植株的 SOD 活性之间无显著性差异（图 23-16）。

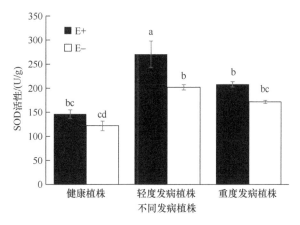

图 23-16　E+和 E–不同发病植株 SOD 活性（引自柳莉等，2015）
图中不同小写字母表示不同发病条件下 E+或 E–植株 SOD 活性存在显著差异（$P<0.05$）

23.4.6.4　内生真菌和白粉病互作对醉马草过氧化物酶（POD）活性的影响

随感病程度加重，E+、E–醉马草 POD 活性呈先升高后降低的趋势（图 23-17）。健康醉马草 E+和 E–植株 POD 活性之间无显著差异；轻度发病与重度发病植株的 POD 活性，E+植株均显著高于 E–植株，分别高出 33.45%和 26.53%（图 23-17）。

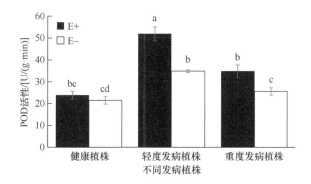

图 23-17　E+和 E–不同发病植株 POD 活性（引自柳莉等，2015）
图中不同小写字母表示不同发病条件下 E+或 E–植株 POD 活性存在显著差异（$P<0.05$）

23.4.7　水分、内生真菌和布氏白粉菌互作对醉马草光合作用的影响

23.4.7.1　叶绿素含量

布氏白粉菌、内生真菌和土壤水分的交互作用对醉马草植株叶绿素含量影响极显著（表 23-5）。感染布氏白粉菌和未感染布氏白粉菌植株的叶绿素含量均随土壤水分的增加而增加。在 15%、30%和 45%土壤水分 WHC 条件下，感染布氏白粉菌导致植株叶绿素

含量显著降低（图 23-18a），相对差异分别为 10.46%、3.09% 和 9.70%。被布氏白粉菌侵染的醉马草植株，在所有不同土壤水分条件下，与 E-植株相比，内生真菌的存在显著提高了植株的叶绿素含量，分别提高了 11.88%、10.92%、3.22% 和 5.67%，且叶绿素含量也随土壤水分的增加而增加（图 23-18b）。

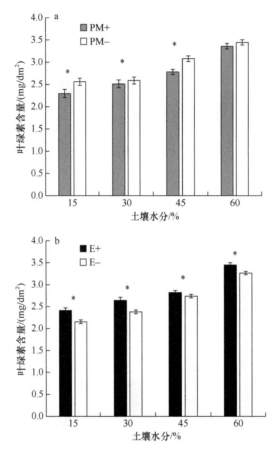

图 23-18　布氏白粉菌和水分（a）、内生真菌和水分（b）对醉马草叶绿素含量的影响（引自 Xia et al.，2016）
PM+和 PM-分别为感染和未感染布氏白粉菌植株；E+为带内生真菌植株；E-为不带内生真菌植株。*代表同一土壤水分条件下 E+与 E-醉马草间差异显著（$P<0.05$）

23.4.7.2　净光合速率

布氏白粉菌、内生真菌和土壤水分对醉马草植株的净光合速率影响极显著，三者的交互作用均能影响植株的净光合速率（表 23-6）。感染布氏白粉菌和未感染布氏白粉菌植株的净光合速率均随土壤水分的增加而增加。布氏白粉菌的侵染显著降低了醉马草植株在所有不同土壤水分条件下的净光合速率（图 23-19a）。随土壤水分的增加，布氏白粉菌侵染显著降低的植株净光合速率依次为 69.18%、18.62%、7.47% 和 3.79%。被布氏白粉菌侵染的醉马草植株，在所有不同土壤水分条件下，内生真菌显著提高了植株的净光合速率，随土壤水分的增加，内生真菌显著提高的植株净光合速率依次为 40.23%、27.23%、14.95% 和 28.88%，并且 E+和 E-植株的净光合速率都随土壤水分的增加而增加（图 23-19b）。

表 23-6 白粉病（D）、内生真菌（E）与水分（W）互作对醉马草净光合速率、气孔导度、胞间二氧化碳浓度和蒸腾速率影响的三因素方差分析（引自 Xia et al.，2016）

处理	自由度	净光合速率		气孔导度		胞间二氧化碳浓度		蒸腾速率	
		F 值	P	F 值	P	F 值	P	F 值	P
D	1	234.043	0.000	0.976	0.325	156.460	0.000	3.588	0.060
E	1	113.623	0.000	0.103	0.749	11.965	0.001	0.011	0.915
W	3	398.966	0.000	56.550	0.000	38.514	0.000	80.545	0.000
D×E	1	3.448	0.065	4.078	0.045	2.988	0.086	5.740	0.018
D×W	3	66.087	0.000	2.196	0.090	55.107	0.000	1.359	0.257
E×W	3	5.049	0.002	3.166	0.026	1.455	0.228	3.429	0.018
D×E×W	3	2.677	0.049	1.700	0.169	1.538	0.206	1.561	0.200

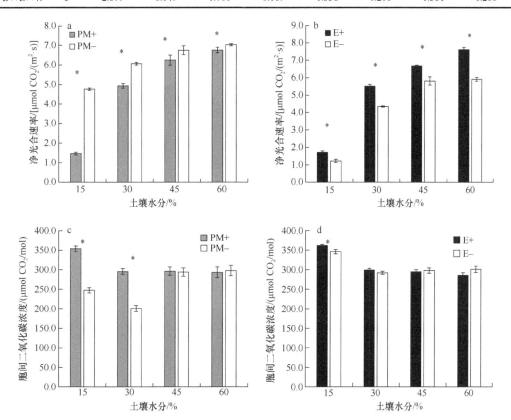

图 23-19 醉马草净光合速率（a、b）及胞间二氧化碳浓度（c、d）（引自 Xia et al.，2016）
PM+为感染布氏白粉菌发病植株；PM−为未感染布氏白粉菌的不发病植株；E+为带内生真菌植株；E−为不带内生真菌植株。
*代表同一土壤水分条件下 E+与 E−醉马草间差异显著（$P<0.05$）

23.4.7.3 植株胞间二氧化碳浓度

布氏白粉菌和土壤水分的交互作用对胞间二氧化碳浓度有明显的影响（表 23-6）。土壤水分从 15% 到 30% 时，被布氏白粉菌侵染的醉马草植株的胞间二氧化碳浓度下降，从 45% 到 60% 时保持稳定。土壤水分从 15% 到 30% 时，未被布氏白粉菌侵染植株的胞间二氧化碳浓度先下降，从 30% 到 45% 时再增加，然后保持稳定。土壤水分为 15% 和

30%时，布氏白粉菌侵染显著增加了植株胞间二氧化碳浓度，分别显著增加了 42.88%和 42.07%。但在其他土壤水分条件下，感染和未感染布氏白粉菌植株的胞间二氧化碳浓度无显著差异（图 23-19c）。被布氏白粉菌侵染的 E+和 E−植株，在土壤水分为 15%时，E+植株与 E−植株相比胞间二氧化碳浓度显著增加了 4.57%，但在其他土壤水分条件下，E+和 E−植株间的胞间二氧化碳浓度无显著差异（图 23-19d）。

23.4.7.4 蒸腾速率

土壤水分对醉马草植株的蒸腾速率影响极显著。布氏白粉菌和内生真菌及布氏白粉菌和土壤水分的交互作用对醉马草植株的蒸腾速率均有影响（表 23-6）。被布氏白粉菌侵染的 E+和 E−植株，在土壤水分为 30%和 45%时，内生真菌显著提高了植株的蒸腾速率，分别提高了 45.02%和 26.04%。但在土壤水分为 15%和 60%的条件下，内生真菌对寄主植株的蒸腾速率无显著影响。E+和 E−植株的蒸腾速率随土壤水分的增加而增加（图 23-20a）。

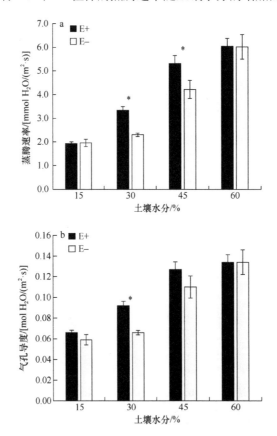

图 23-20 醉马草蒸腾速率（a）及气孔导度（b）（引自 Xia et al.，2016）
E+为带内生真菌植株；E−为不带内生真菌植株。*代表同一土壤水分条件下 E+与 E−醉马草间差异显著（$P<0.05$）

23.4.7.5 气孔导度

土壤水分对醉马草植株的气孔导度影响极显著。此外，布氏白粉菌和内生真菌及布氏白粉菌和土壤水分的交互作用均对植株的气孔导度有影响（表 23-6）。被布氏白粉菌侵染的 E+和 E–植株，在所有不同土壤水分条件下，内生真菌增加了植株的气孔导度，但内生真菌只在土壤水分为 30%时对植株气孔导度的影响显著，显著提高了 39.39%。另外，随着土壤水分的增加，E+和 E–植株的气孔导度均增加（图 23-20b）。

23.4.8　接种布氏白粉菌对醉马草叶片显微结构的影响

在 15%～60%水分梯度条件下，发病的 E+、E–叶片均出现侵入钉结构，对照未出现。E+和 E–相比，在相同放大倍数和相同视野中，发病 E–叶片侵入钉数量多于发病 E+叶片侵入钉数量（图 23-21～图 23-24）。在 15%～30%水分条件下，侵入钉大多处于基部膨大阶段；在 45%～60%水分条件下，侵入钉已完成基部膨大阶段，明显出现芽管。

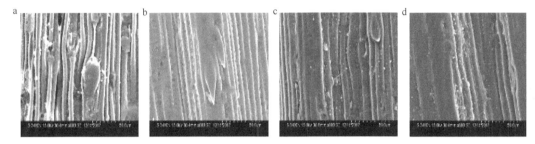

图 23-21　15%水分条件下，接种布氏白粉菌对 E+、E–醉马草叶片显微结构的影响（引自李娜娜，2018）
a. 15%水分条件下接种白粉病发病后的 E+叶片电镜扫描；b. 15%水分条件下接种白粉病发病后的 E–叶片电镜扫描；c. 15%水分条件下接种白粉病后未发病的 E+叶片电镜扫描（CK）；d. 15%水分条件下接种白粉病后未发病的 E–叶片电镜扫描（CK）

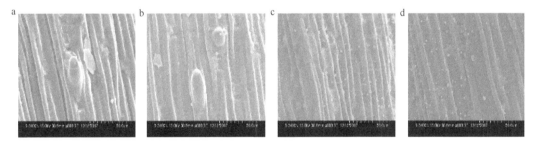

图 23-22　30%水分条件下，接种布氏白粉菌对 E+、E–醉马草叶片显微结构的影响（引自李娜娜，2018）
a. 30%水分条件下接种白粉病发病后的 E+叶片电镜扫描；b. 30%水分条件下接种白粉病发病后的 E–叶片电镜扫描；c. 30%水分条件下接种白粉病后未发病的 E+叶片电镜扫描（CK）；d. 30%水分条件下接种白粉病后未发病的 E–叶片电镜扫描（CK）

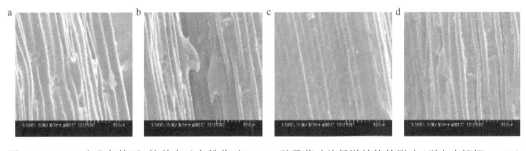

图 23-23　45%水分条件下，接种布氏白粉菌对 E+、E–醉马草叶片显微结构的影响（引自李娜娜，2018）
a. 45%水分条件下接种白粉病发病后的 E+叶片电镜扫描；b. 45%水分条件下接种白粉病发病后的 E–叶片电镜扫描；c. 45%水分条件下接种白粉病后未发病的 E+叶片电镜扫描（CK）；d. 45%水分条件下接种白粉病后未发病的 E–叶片电镜扫描（CK）

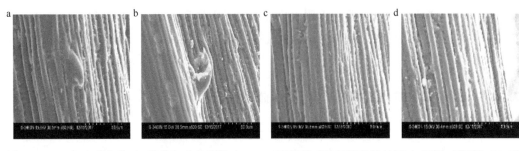

图 23-24 60%水分条件下，接种布氏白粉菌对 E+、E–醉马草叶片显微结构的影响（引自李娜娜，2018）
a. 60%水分条件下接种白粉病发病后的 E+叶片电镜扫描；b. 60%水分条件下接种白粉病发病后的 E–叶片电镜扫描；c. 60%水分条件下接种白粉病后未发病的 E+叶片电镜扫描（CK）；d. 60%水分条件下接种白粉病后未发病的 E–叶片电镜扫描（CK）

23.4.9 布氏白粉菌和土壤水分对麦角类生物碱含量的影响

布氏白粉菌和土壤水分均能显著影响麦角酰胺和麦角新碱的含量（表 23-7）。15%～45%水分条件下，PM+植株麦角酰胺含量与 PM–植株相比显著降低，分别降低了 38.70%、72.92%和 12.87%。而 60%水分条件下，PM+植株麦角酰胺含量比 PM–植株显著增加了 20.73%（图 23-25a）。15%～30%水分条件下，PM+植株麦角新碱含量显著低于 PM–植株，

表 23-7 人工接种布氏白粉菌和不同水分梯度对醉马草生物碱含量的影响（引自李娜娜，2018）

处理	自由度	麦角酰胺		麦角新碱	
		F 值	P	F 值	P
D	1	13.685	0.000	26.681	0.000
W	3	69.751	0.000	34.549	0.000
D×W	3	77.126	0.000	48.059	0.000

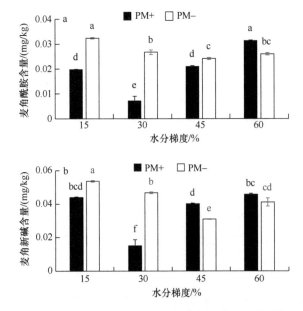

图 23-25 布氏白粉菌和土壤水分对醉马草麦角酰胺（a）与麦角新碱（b）含量的影响（引自李娜娜，2018）
PM+为感染布氏白粉菌的发病植株；PM–为未感染布氏白粉菌的不发病植株。图中不同小写字母表示水分梯度下 PM+或 PM–植株麦角生物碱含量存在显著差异（$P<0.05$）

分别降低了 18.05%和 67.88%；而 45%水分条件下，PM+植株麦角新碱含量显著高于PM–植株 30.09%（图 23-25b）；PM+植株和 PM–植株麦角类生物碱含量随着水分条件的增加变化趋势一致，均呈现先降低后增加的趋势（图 23-25b）。

23.4.10　布氏白粉菌和土壤水分对醉马草激素含量的影响

23.4.10.1　茉莉酸

内生真菌、土壤水分和布氏白粉菌均极显著影响茉莉酸含量，其间的交互作用也显著影响茉莉酸含量（表 23-8）。15%水分条件下，PM+植株茉莉酸含量与 PM–植株相比显著高了 17.52%；30%和 45%水分条件下，PM+植株茉莉酸含量与 PM–植株相比分别显著低了 16.37%和 18.47%。PM+植株茉莉酸含量随着土壤水分增加呈降低的趋势；PM–植株茉莉酸含量随着土壤水分增加呈先增加后降低的趋势（图 23-26a）。

表 23-8　内生真菌（E）、土壤水分（W）和布氏白粉菌（D）对醉马草茉莉酸、水杨酸和脂肪酸含量的影响（引自李娜娜，2018）

处理	自由度	茉莉酸（JA）		水杨酸（SA）		脂肪酸（FA）	
		F 值	P	F 值	P	F 值	P
D	1	29.964	0.000	7.637	0.009	30.838	0.000
E	1	26.720	0.000	40.554	0.000	16.834	0.000
W	3	12.674	0.000	15.790	0.000	3.902	0.018
D×E	1	0.968	0.333	46.315	0.000	16.834	0.000
D×W	3	27.584	0.000	14.499	0.000	25.033	0.000
E×W	3	34.375	0.000	4.262	0.012	24.230	0.000
D×E×W	3	26.886	0.000	27.709	0.000	88.132	0.000

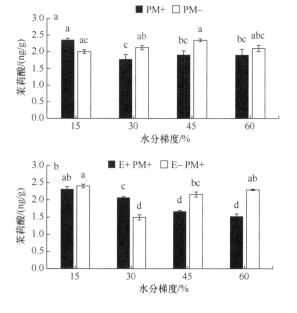

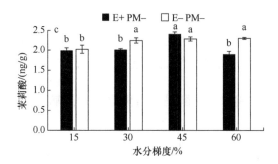

图 23-26　布氏白粉菌（a）、不同水分梯度（b）和内生真菌（c）对醉马草茉莉酸含量的影响
（引自李娜娜，2018）

PM+为感染布氏白粉菌的发病植株；PM-为未感染布氏白粉菌的不发病植株；E+为带内生真菌植株；E-为不带内生真菌植株。图中不同小写字母表示水分梯度下 PM+或 PM-植株茉莉酸含量存在显著差异（$P<0.05$）

对于 PM+植株，45%～60%水分条件下，E+植株茉莉酸含量显著低于 E-植株，分别低了 22.84%和 33.58%；30%水分条件下，E+植株茉莉酸含量显著高于 E-植株 38.39%（图 23-26b）。

对于 PM-植株，30%和 60%水分条件下，E+植株茉莉酸含量显著低于 E-植株，分别低了 10.53%和 17.39%。15%和 45%水分条件下，E+和 E-植株茉莉酸含量之间无显著差异（图 23-26c）。

23.4.10.2　水杨酸

内生真菌、土壤水分和布氏白粉菌均极显著影响水杨酸含量，且三者间的互作均能够显著影响水杨酸含量（表 23-8）。在 15%干旱条件下，PM+植株与 PM-植株相比，其水杨酸含量显著增加了 32.02%。其他水分条件下 PM+和 PM-之间水杨酸含量的差异未达到显著水平（图 23-27a）。

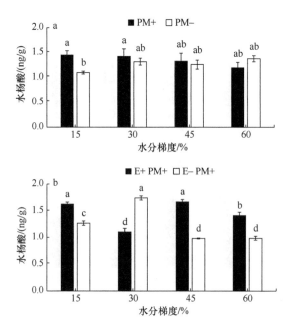

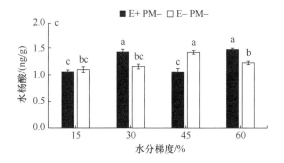

图 23-27　布氏白粉菌（a）、不同水分梯度（b）和内生真菌（c）对醉马草水杨酸含量的影响
（引自李娜娜，2018）

PM+为感染布氏白粉菌的发病植株；PM−为未感染布氏白粉菌的不发病植株；E+为带内生真菌植株；E−为不带内生真菌植株。图中不同小写字母表示水分梯度下 PM+或 PM−植株水杨酸含量存在显著差异（$P<0.05$）

对于 PM+植株，30%水分条件下，E+植株水杨酸含量与 E−植株相比显著降低了 36.52%。15%、45%和 60%水分条件下，E+植株水杨酸含量与 E−植株相比分别显著增加了 28.35%、70.17%和 43.58%（图 23-27b）。

对于 PM−植株，30%和 60%水分条件下，E+植株水杨酸含量与 E−植株相比分别显著增加了 23.52%和 20.59%。45%水分条件下，E+植株水杨酸含量与 E−植株相比显著降低了 25.64%（图 23-27c）。

23.4.10.3　脂肪酸

内生真菌、土壤水分和布氏白粉菌均显著影响脂肪酸含量，且三者之间的互作也能够显著影响脂肪酸含量（表 23-8）。脂肪酸含量随着水分梯度的增加呈先升高后降低的趋势，各水分条件下 PM+和 PM−之间无显著差异（图 23-28a）。

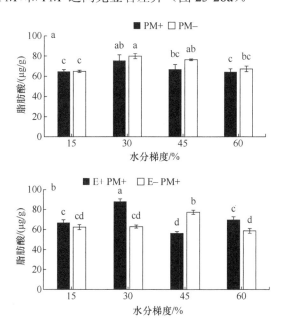

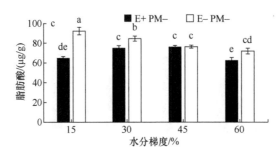

图 23-28 布氏白粉菌（a）、不同水分梯度（b）和内生真菌（c）对醉马草脂肪酸含量的影响
（引自李娜娜，2018）

PM+为感染布氏白粉菌的发病植株；PM-为未感染布氏白粉菌的不发病植株；E+为带内生真菌植株；E-为不带内生真菌植株。图中不同小写字母表示水分梯度下 PM+或 PM-植株脂肪酸含量存在显著差异（$P<0.05$）

对于 PM+植株，30%和 60%水分条件下，E+植株脂肪酸含量与 E-植株相比分别显著增加了 39.74%和 19.07%。45%水分条件下，E+植株脂肪酸含量与 E-植株相比显著降低了 27.05%（图 23-28b）。

对于 PM-植株，除 45%水分条件外，按照增加的水分条件，E+植株脂肪酸含量与 E-植株相比分别显著降低了 29.85%、11.35%和 13.04%（图 23-28c）。

23.5　醉马草次生代谢产物的抑菌活性

23.5.1　带内生真菌醉马草粗浸膏的抑菌活性

23.5.1.1　E+浸膏对 6 种真菌菌落生长的抑制率

不同的浸膏处理，对同一种供试真菌菌落生长的抑制率不同。其中，S4 对细交链孢菌落生长抑制率最高，为 48.6%，不同浸膏抑制率大小为 S4>S1>S2>S6>S3>S5，S3 和 S6 对细交链孢菌落生长的抑制率差异不显著，与其他处理之间差异显著；对根腐离蠕孢菌落生长的抑制率，S1 抑制率最大，可达 56.6%，S2 和 S5、S3 和 S4 两两之间的差异不显著，与其他处理之间差异显著；S4 对新月弯孢菌落生长抑制率最高，为 49.3%，相较于 S1 的抑制率显著高出 9.80%，S3、S5 和 S6 对新月弯孢菌落生长的抑制率差异不显著，与其他处理之间差异显著；对于燕麦镰孢菌落生长抑制作用最大的为 S1，不同浸膏抑制率大小为 S1>S4>S3>S2>S5>S6，S1～S6 对燕麦镰孢菌落生长的抑制率差异显著；对腐皮链孢菌落生长的抑制率，S4 效果最大，达 40.7%，S2 和 S6、S3 和 S5 之间的差异不显著，与其他处理之间差异显著；S4 对绿色木霉菌落生长抑制率最高，为 34.6%，S1 和 S2、S3 和 S6 对绿色木霉菌落生长的抑制率差异不显著，与其他处理之间差异显著。

同一种浸膏处理，对 6 种供试真菌的菌落生长抑制作用也不同。其中，S1 浸膏处理对根腐离蠕孢的抑制效果最明显，可达 56.6%，同时 S1 对根腐离蠕孢、新月弯孢、燕麦镰孢和细交链孢 4 种菌的抑制效果差异不显著；腐皮链孢和绿色木霉之间没有显著差异；但是与其他 4 种菌差异显著。S2 对细交链孢的抑制效果最明显，达 30.6%，其对细交链孢和新月弯孢的抑制效果差异不显著，但是与其他 4 种菌差异显著。S3 也对根腐离蠕孢的抑制效果最明显，抑制率达 31.5%，其对燕麦镰孢、新月弯孢、细交链孢和绿色木霉 4 种菌的抑制效果差异不显著；但是与其他 2 种菌差异显著。S4 对新月弯孢菌落生长抑制作用最大，抑制率可达 49.3%，其对新月弯孢和细交链孢的抑制效果差异不显著，但是与其他 4 种菌差异显著。S5 也对细交链孢菌落生长抑制作用最大，抑制率为 19.3%，对细交链孢、新月弯孢和根腐离蠕孢的抑制效果差异不显著；但是与其他 3 种菌差异显著。S6 也对细交链孢菌落生长抑制作用最大，抑制率为 25.1%，其对根腐离蠕孢和燕麦镰孢的抑制效果差异不显著，但是与其他 4 种菌差异显著（表 23-9）。

表 23-9　E+醉马草浸膏对 6 种真菌菌落生长的抑制率（引自张兴旭，2012）　（%）

样品	细交链孢	根腐离蠕孢	新月弯孢	燕麦镰孢	腐皮链孢	绿色木霉
S1	43.3±0.98bA	56.6±1.48aA	44.9±0.21bA	43.4±1.21aA	28.7±0.07bB	26.9±1.18bB
S2	30.6±0.71cA	22.9±2.26cB	29.8±0.23cA	21.7±1.24dB	17.6±0.51cB	25.9±1.1bAB
S3	23.2±0.33dB	31.5±3.44bA	24.1±0.45dB	26.2±1.56cB	14.1±0.24dC	19.8±0.19cB
S4	48.6±0.81aA	35.2±0.93bB	49.3±0.18aA	38.3±0.46bB	40.7±0.11aAB	34.6±0.97aB
S5	19.3±1.13eA	17.3±2.28cdA	18.3±1.02dA	12.9±0.76eB	14.4±0.43dB	11.8±0.42dB
S6	25.1±0.72dA	12.7±1.63dB	21.9±0.62dA	7.88±0.99fB	17.8±0.29cA	20.9±0.44cA

注：S1～S6 依次代表醉马草总粗浸膏，以及粗浸膏处理得到的酸性沉淀、碱性沉淀、碱性氯仿浸膏、正丁醇浸膏和水相浸膏。同一列的不同小写字母表示在 0.05 水平差异显著（$P<0.05$），同一行的不同大写字母表示在 0.05 水平差异显著（$P<0.05$）

23.5.1.2　E+浸膏对 6 种真菌孢子萌发的抑制率

不同的浸膏处理，对同一种供试真菌孢子萌发的抑制率不同。其中，6 种浸膏处理对细交链孢孢子萌发抑制效果为 S4＞S1＞S2＞S5＞S3＞S6，S1 和 S4 对细交链孢孢子萌发的抑制率差异不显著，与其他处理之间差异显著；浸膏处理对根腐离蠕孢孢子萌发抑制效果为 S1＞S4＞S2＞S3＞S5＞S6，S1 和 S4、S2 和 S3 对根腐离蠕孢孢子萌发的抑制率差异不显著，与其他处理之间差异显著；浸膏处理对新月弯孢孢子萌发抑制效果为 S4＞S1＞S2＞S3＞S5＞S6，S1 和 S4 对新月弯孢孢子萌发的抑制率差异不显著，与其他处理之间差异显著；浸膏处理对燕麦镰孢孢子萌发抑制效果为 S1＞S4＞S2＞S3＞S5＞S6，S1 和 S4 对燕麦镰孢孢子萌发的抑制率差异不显著，与其他处理之间差异显著；浸膏处理对腐皮镰孢孢子萌发抑制效果为 S4＞S1＞S2＞S3＞S5＞S6，S5 和 S6 对腐皮链孢孢子萌发的抑制率差异不显著，与其他处理之间差异显著；浸膏处理对绿色木霉孢子萌发抑制效果为 S4＞S1＞S2＞S5＞S3＞S6，S2 和 S5、S3 和 S6 对绿色木霉孢子萌发的抑制率差异不显著，与其他处理之间差异显著。

同一种浸膏处理，对 6 种供试真菌的孢子萌发抑制作用也不同。其中，S1 对燕麦镰孢孢子萌发抑制作用最明显，抑制率可达 67.4%，其对燕麦镰孢、细交链孢、绿色木霉、新月弯孢和根腐离蠕孢的抑制效果差异不显著；但均与腐皮链孢差异显著。S2 对燕麦镰孢孢子萌发抑制作用最明显，抑制率可达 52.2%，S2 对新月弯孢和腐皮链孢的抑制效果差异不显著；但是与其他 4 种菌差异显著。S3 对根腐离蠕孢孢子萌发抑制作用最明显，抑制率可达 44.8%，S3 对新月弯孢和腐皮链孢的抑制效果差异不显著；但是与其他 4 种菌差异显著。S4 对绿色木霉孢子萌发抑制作用最明显，抑制率可达 69.3%，S4 对根腐离蠕孢和腐皮链孢的抑制效果差异不显著；但是与其他 4 种菌差异显著。S5 对绿色木霉孢子萌发抑制作用最明显，抑制率可达 46.6%，S5 对新月弯孢和腐皮链孢的抑制效果差异不显著；但是与其他 4 种菌差异显著。S6 对绿色木霉孢子萌发抑制作用最明显，抑制率可达 42.1%，S6 对绿色木霉、细交链孢、根腐离蠕孢和燕麦镰孢的抑制效果差异不显著；但是与其他 2 种菌差异显著（表 23-10）。

表 23-10　浸膏对 6 种真菌孢子萌发的抑制率（引自张兴旭，2012）　　　（%）

样品	细交链孢	根腐离蠕孢	新月弯孢	燕麦镰孢	腐皮链孢	绿色木霉
S1	62.8±0.39aA	53.6±1.78aAB	50.9±1.75aAB	67.4±1.54aA	39.4±1.75bB	55.9±1.09bA
S2	47.9±1.32bA	47.2±1.26bcA	37.4±0.23bB	52.2±1.23bA	31.2±0.89cB	46.6±1.37cA
S3	42.6±0.33bA	44.8±5.44cA	31.9±0.35cB	43.8±1.38cA	28.2±0.61dB	43.5±0.87dA
S4	65.9±1.14aA	51.2±1.93abB	59.8±0.76aA	61.9±0.96aA	47.7±0.51aB	69.3±0.95aA
S5	42.6±1.13bA	38.1±2.58dA	29.3±1.32dAB	39.8±01.58dA	20.1±0.48eB	46.6±0.67cA
S6	39.4±0.54bA	35.7±1.23dA	14.3±0.42eB	32.2±0.49eAB	20.1±0.27eB	42.1±0.15dA

注：S1~S6 依次代表醉马草总粗浸膏，以及粗浸膏处理得到的酸性沉淀、碱性沉淀、碱性氯仿浸膏、正丁醇浸膏和水相浸膏。同一列的不同小写字母表示在 0.05 水平差异显著（P<0.05），同一行的不同大写字母表示在 0.05 水平差异显著（P<0.05）

23.5.1.3　E+浸膏对 6 种真菌芽管伸长的抑制率

不同的浸膏处理，对同一种供试真菌芽管伸长的抑制率不同。其中，6 种浸膏处理对细交链孢芽管伸长抑制效果为 S4＞S1＞S2＞S3＞S5＞S6，S2；S3 和 S5、S5 和 S6 对细交链孢芽管伸长的抑制率差异不显著，与其他处理之间差异显著；浸膏处理对根腐离蠕孢芽管伸长抑制效果为 S1＞S4＞S2＞S3＞S5＞S6，S2、S3 和 S5 与 S5 和 S6 对根腐离蠕孢芽管伸长的抑制率差异不显著，与其他处理之间差异显著；浸膏处理对新月弯孢芽管伸长抑制效果为 S4＞S1＞S5＞S6＞S2＞S3，S2、S3、S5 和 S6 对新月弯孢芽管伸长的抑制率差异不显著，与其他处理之间差异显著；浸膏处理对燕麦镰孢芽管伸长抑制效果为 S4＞S1＞S2＞S3＞S5＞S6，S1~S6 对燕麦镰孢芽管伸长的抑制率差异显著；浸膏处理对腐皮镰孢芽管伸长抑制效果为 S4＞S1＞S2＞S3＞S5＞S6，S3 和 S5、S5 和 S6 对腐皮链孢芽管伸长的抑制率差异不显著，与其他处理之间差异显著；浸膏处理对绿色木霉孢芽管伸长抑制效果为 S4＞S1＞S2＞S3＞S5＞S6，S1~S6 对绿色木霉芽管伸长的抑制率差异显著。

同一种浸膏处理，对 6 种供试真菌的芽管伸长抑制作用也不同。其中，S1 对燕麦镰孢芽管伸长抑制作用最明显，抑制率可达 50.2%，S1 对绿色木霉和细交链孢抑制效果差异显著，其他菌种之间差异不显著。S2 对绿色木霉芽管伸长抑制作用最明显，抑制率可达 43.6%，S2 对绿色木霉、燕麦镰孢和腐皮链孢的抑制效果差异不显著；但是与其他 3 种菌差异显著。S3 对绿色木霉芽管伸长抑制作用最明显，抑制率可达 38.6%，S3 与 S2 的变化规律完全相同。S4 对绿色木霉芽管伸长抑制作用最明显，抑制率可达 57.6%，S4 对细交链孢和根腐离蠕孢的抑制效果差异不显著；但是与其他 4 种菌差异显著。S5 对绿色木霉芽管伸长抑制作用最明显，抑制率可达 36.3%，S5 与 S4 的变化规律完全相同。S6 对绿色木霉芽管伸长抑制作用最明显，抑制率可达 31.8%，S6 对细交链孢和根腐离蠕孢的抑制效果差异不显著；但是与其他 4 种菌差异显著（表 23-11）。

表 23-11　浸膏对 6 种真菌芽管伸长的抑制率（引自张兴旭，2012）　　（%）

样品	细交链孢	根腐离蠕孢	新月弯孢	燕麦镰孢	腐皮链孢	绿色木霉
S1	31.6±0.98bB	35.2±1.74aAB	37.5±1.35bAB	50.2±0.56bA	43.2±1.36bAB	49.7±0.95bA
S2	18.2±1.65cB	24.6±1.54cB	21.8±1.87cB	40.7±1.03cA	38.2±0.98cA	43.6±0.37cA
S3	17.5±1.27cB	16.8±1.44cB	18.4±1.51cdB	35.8±0.54dA	33.2±1.53dA	38.6±0.48dA
S4	38.1±1.09aB	28.8±1.76bB	52.5±0.96aA	56.6±0.45aA	49.7±0.69aA	57.6±0.67aA
S5	16.2±1.62cdB	13.9±1.73cdB	27.3±0.83cA	27.9±0.76eA	30.1±1.49deA	36.3±0.78eA
S6	14.1±1.39dB	7.7±0.52dB	24.7±0.75cA	20.4±1.13fA	28.5±1.35eA	31.8±1.02fA

注：S1～S6 依次代表醉马草总粗浸膏，以及粗浸膏处理得到的酸性沉淀、碱性沉淀、碱性氯仿浸膏、正丁醇浸膏和水相浸膏。同一列的不同小写字母表示在 0.05 水平差异显著（P<0.05），同一行的不同大写字母表示在 0.05 水平差异显著（P<0.05）

23.5.2　醉马草石油醚提取物的抑菌活性

23.5.2.1　E+提取物对 17 种供试真菌生物活性的抑制作用

E+提取物对 17 种供试真菌的作用效果不同。其中，对柑橘青霉、根腐离蠕孢、小麦长蠕孢、腐皮链孢、绿色木霉、黄瓜枯萎菌、柑橘绿霉等 7 种病原真菌的菌落生长具有促进作用，对其余 10 种病原真菌的菌落生长具有大小不等的抑制作用，这符合欧氏距离为 10 左右时聚类分析的结果，即我们可以将 E+提取物对 17 种病原菌的作用效果分为促进和抑制两个大的群体（图 23-29）。

图 23-29 表明，E+提取物对柑橘青霉、根腐离蠕孢、小麦长蠕孢、腐皮链孢、绿色木霉等病原真菌的菌落生长具有较强的促进作用；对黄瓜枯萎菌和柑橘绿霉的菌落生长具有较弱的促进作用；对茄子菌核菌、西瓜枯萎菌、黄瓜炭疽菌和香蕉枯萎菌的菌落生长具有较弱的抑制作用，对其余 6 种病原真菌的菌落生长具有较强的抑制作用。这也符合欧氏距离为 4.5 左右时聚类分析的结果，即强促进、作用微弱（无作用）和强抑制 3 个大的分群（图 23-29）。

总体来看，E+提取物对除芒果炭疽菌外的各种炭疽菌和部分霉菌作用效果不是很明显，对根腐离蠕孢和部分霉菌的菌落生长具有明显的促进作用，对链格孢属的菌类具有明显的抑制作用（图 23-29）。

23.5.2.2　E−提取物对 17 种供试真菌生物活性的影响

E−提取物对 17 种供试真菌的作用效果不同，其中，对西瓜枯萎菌、柑橘绿霉、燕麦链孢、芒果炭疽菌、新月弯孢、番茄早疫菌、辣椒丝核和细交链孢等 8 种病原真菌菌落生长具有抑制作用，且抑制率逐渐升高，对其余 9 种病原真菌菌落生长具有大小不等的促进作用，这符合欧氏距离为 15 左右时聚类分析的结果，即抑制和促进两个大的群体（图 23-30）。

用平均连锁聚类法构建树状图

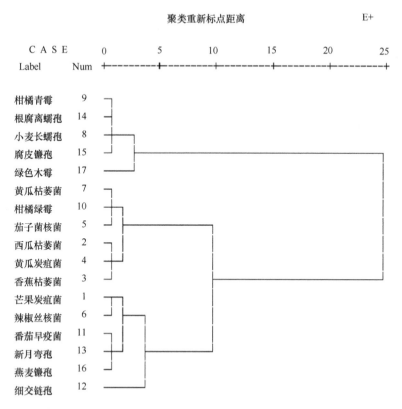

图 23-29　E+提取物对 17 种供试真菌菌落生长抑制率的聚类分析（引自张兴旭，2012）

在促进组中，E–提取物对黄瓜枯萎菌和绿色木霉菌落生长的作用比较明显，对香蕉枯萎菌、黄瓜炭疽菌和茄子菌核菌的作用次之，对其余 4 种病原真菌的作用效果相当。这也符合欧氏距离为 5.0 时聚类分析的结果，即抑制组、强促进、中等促进和作用微弱 4 个分组（图 23-30）。

当聚群距离为 10 左右时，E+提取物对病原菌的聚类结果为两类，而 E–提取物对病原真菌的聚类结果分为 3 类，从中可以看出 E+提取物对病原真菌菌落生长作用的效果（图 23-30）。

23.5.2.3　E+和 E–提取物对供试真菌的作用分组

E+和 E–石油醚提取物对柑橘青霉、根腐离蠕孢、小麦长蠕孢、腐皮镰孢、绿色木霉和黄瓜枯萎菌的菌落生长均具有促进作用；E+和 E–石油醚提取物对西瓜枯萎菌、芒果炭疽菌、辣椒丝核菌、番茄早疫菌、新月弯孢、燕麦镰孢和细交链孢的菌落生长均具有抑制作用（表 23-12），E+和 E–提取物对其他各种菌的作用效果不同，两者对同一种菌的作用表现为促进或抑制。

用平均连锁聚类法构建树状图

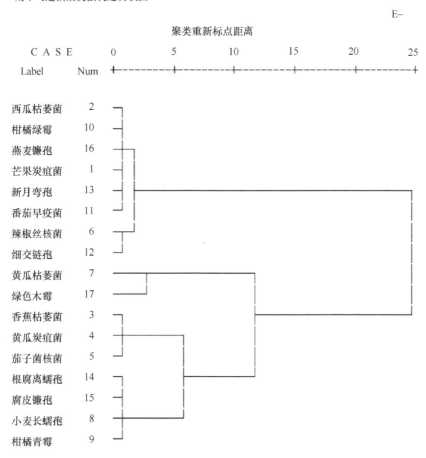

图 23-30 E–提取物对 17 种供试真菌菌落生长抑制率的聚类分析（引自张兴旭，2012）

表 23-12 E+和 E–醉马草提取物对 17 种供试真菌菌落生长的不同作用（引自张兴旭，2012）

提取物	促进作用	抑制作用
E+	柑橘青霉、根腐离蠕孢、小麦长蠕孢、腐皮镰孢、绿色木霉、黄瓜枯萎菌、柑橘绿霉	茄子菌核菌、西瓜枯萎菌、黄瓜炭疽菌、香蕉枯萎菌、芒果炭疽菌、辣椒丝核菌、番茄早疫菌、新月弯孢、燕麦镰孢、细交链孢
E–	黄瓜枯萎菌、绿色木霉、香蕉枯萎菌、黄瓜炭疽菌、茄子菌核菌、根腐离蠕孢、腐皮镰孢、小麦长蠕孢、柑橘青霉	西瓜枯萎菌、柑橘绿霉、燕麦镰孢、芒果炭疽菌、新月弯孢、番茄早疫菌、辣椒丝核菌、细交链孢

提取物对真菌菌落生长的促进作用中，E+和 E–对黄瓜枯萎菌菌落生长的作用效果显著差异，E+和 E–对其他各菌落没有显著差异（表 23-13）。

表 23-13 E+或 E–醉马草提取物促进供试真菌菌落生长的百分率（引自张兴旭，2012）（%）

提取物	柑橘青霉	根腐离蠕孢	小麦长蠕孢	腐皮镰孢	绿色木霉	黄瓜枯萎菌
E+	14±1	15±1	17±1	12±1	24±2	3±1
E–	15±3	11±1	11±1	12±2	20±2	28±2*

注：*代表 E+与 E–醉马草提取物对真菌菌落生长的促进作用差异显著（$P<0.05$）

提取物对真菌菌落生长的抑制作用中，E+和 E–对辣椒丝核菌、燕麦镰孢和细交链孢这 3 种病原真菌的菌落生长抑制效果差异显著，对其他各菌落没有显著差异（表 23-14）。

表 23-14 E+和 E–醉马草提取物抑制供试真菌菌落生长的百分率（引自张兴旭，2012）（%）

提取物	西瓜枯萎菌	芒果炭疽菌	辣椒丝核菌	番茄早疫菌	新月弯孢	燕麦镰孢	细交链孢
E+	6±2	13±2	12±1	17±1	19±1	21±2	27±2
E–	11±1	14±1	20±1*	15±2	14±2	10±1*	19±1*

注：*代表 E+与 E–醉马草提取物对真菌菌落生长的抑制作用差异显著（$P<0.05$）

23.5.3 醉马草挥发油的抑菌活性

23.5.3.1 真菌菌落生长

E+和 E–挥发油对 6 种真菌的菌落生长均有明显的抑制作用，而且 E+挥发油的抑制率要大于 E–挥发油。在各挥发油浓度条件下，E+和 E–挥发油对细交链孢、根腐离蠕孢和新月弯孢的菌落生长均有显著的抑制作用，两者之间差异显著，且随着挥发油浓度的增加，抑制效果增强。挥发油对燕麦镰孢、腐皮镰孢和绿色木霉的菌落生长抑制作用效果不同；当挥发油浓度≥0.02mg/ml，E+和 E–挥发油处理之间差异显著，当挥发油浓度为 0.01mg/ml 时，E+和 E–处理之间无显著差异（图 23-31）。

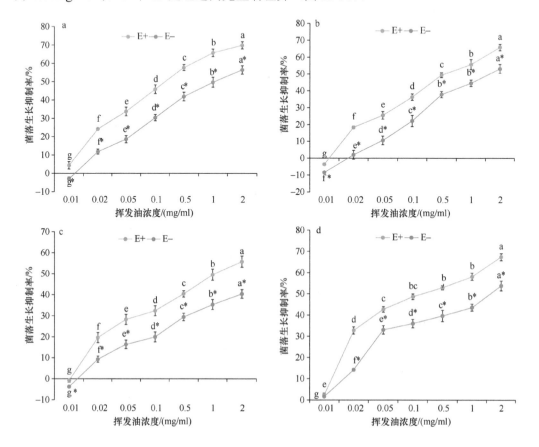

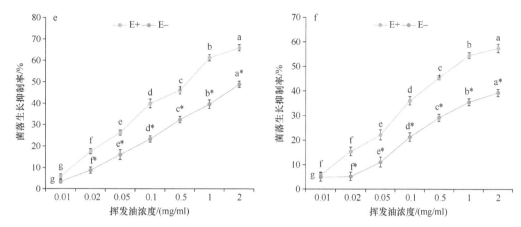

图 23-31　醉马草植株挥发油对 6 种真菌菌落生长的抑制率（引自张兴旭，2012）

a～f 分别代表细交链孢、根腐离蠕孢、新月弯孢、燕麦镰孢、腐皮镰孢和绿色木霉菌。图中同一条曲线上的不同字母表示在 0.05 水平上差异显著（P<0.05），*表示 E+和 E–之间在 0.05 水平上差异显著（P<0.05）

23.5.3.2　挥发油对真菌孢子萌发的影响

醉马草挥发油成分对 6 种真菌孢子萌发的抑制效果见表 23-15。E+挥发油对 6 种真菌的半致死浓度（IC_{50}）均小于 E–挥发油处理，E+挥发油对孢子萌发的作用效果要强于 E–挥发油。E+挥发油对腐皮镰孢的抑制效果最强，IC_{50} 值达到了 0.224mg/ml；而 E–挥发油对燕麦镰孢的抑制效果最强，IC_{50} 值为 0.417mg/ml（表 23-15）。

表 23-15　醉马草挥发油对 6 种真菌孢子萌发抑制率 IC_{50} 值（引自张兴旭，2012）（单位：mg/ml）

供试真菌	E+挥发油	E–挥发油
细交链孢	0.354	2.885
根腐离蠕孢	0.323	0.660
新月弯孢	0.407	3.549
燕麦镰孢	0.229	0.417
腐皮镰孢	0.224	0.468
绿色木霉	0.870	3.716

23.6　本 章 小 结

本章主要通过分离自醉马草的内生真菌菌株与病原真菌的平板对峙试验、离体叶片接种试验、田间和温室条件下自然发病和人工接种布氏白粉菌对内生真菌提高醉马草的抗病性进行了较为系统的研究，并初步明确了部分抗病机制。

研究发现参试的 9 种病原真菌均可产生病斑，与 E–相比，E+叶片对细交链孢、小孢壳二孢、尖镰孢、厚垣镰孢和腐皮镰孢有显著抗病性。其中，甘肃内生真菌的 14 个菌系可以显著抑制根腐离蠕孢、锐顶镰孢和细交链孢的菌落生长。

田间条件下，醉马草根腐离蠕孢叶斑病的发病率、严重度和病斑数在 E+和 E–之间无显著差异；E+醉马草白粉病发病率显著低于 E–植株。与 E–相比，内生真菌的存在可以显著提高醉马草叶片的叶绿素含量、脯氨酸含量、超氧化物歧化酶和过氧化物酶活性，同时显著降低叶片中丙二醛的含量，从而提高了田间条件下 E+植株抗病能力。

温室栽培条件下，人工接种布氏白粉菌的 E+叶片和 E−叶片均出现侵入钉，但发病 E−叶片侵入钉数量均多于发病 E+叶片侵入钉数量。研究还表明，内生真菌、布氏白粉菌和土壤水分含量 3 个因素及其交互作用均能够影响醉马草麦角类生物碱、茉莉酸、水杨酸和脂肪酸的含量。

温室栽培条件下，甘肃内生真菌降低了布氏白粉菌对宿主醉马草的侵染能力，促进宿主植物在病原菌胁迫条件下的生长，表现为较大的株高、分蘖数和生物量。布氏白粉菌的侵染显著降低了醉马草的光合速率和叶绿素含量，从而直接影响植物干物质的积累。布氏白粉菌胁迫条件下，内生真菌的侵染能够显著提高宿主植物叶绿素含量、净光合速率、蒸腾速率和气孔导度等光合指标，从而促进宿主植物的干物质积累，使其具备一定的抗病能力。

不同土壤水分条件下，布氏白粉菌和内生真菌互作对醉马草的影响是目前为数不多的内生真菌、病原菌、水分条件三因素对醉马草活体植株生长发育影响的研究，是继内生真菌-病原菌平板对峙，带菌/不带菌植株活体叶片培养后，从另一个角度对内生真菌提高宿主植物抗病性的验证，从而进一步丰富了相关领域中内生真菌提高宿主植物抗病性的认知。

参 考 文 献

李春杰. 2005. 醉马草-内生真菌共生体生物学与生态学特性的研究. 兰州: 兰州大学博士学位论文.

李春杰, 高嘉卉, 马斌. 2003. 我国醉马草的几种病害. 草业科学, 21(11): 51-53.

李娜娜. 2018. 不同水分条件下内生真菌和布氏白粉菌互作对醉马草的影响. 兰州: 兰州大学硕士学位论文.

柳莉, 郭长辉, 吕卉, 等. 2015. 内生真菌对醉马草白粉病抗性的影响. 草业学报, 24(11): 65-71.

南志标, 李春杰. 1994. 中国牧草真菌病害名录. 草业科学, 11(增刊): 3-30.

南志标, 李春杰. 2004. 禾草-内生真菌共生体在草地农业系统中的作用. 生态学报, 24(3): 605-616.

张兴旭. 2012. 醉马草-内生真菌共生体对胁迫的响应及其次生代谢产物的活性研究. 兰州: 兰州大学博士学位论文.

赵震宇, 李春杰. 2003. 新疆草原与饲用植物病害名录. 见: 南志标, 李春杰. 中国草类作物病理学研究. 北京: 海洋出版社.

Chen N, He R L, Chai Q, et al. 2016. Transcriptomic analyses giving insights into molecular regulation mechanisms involved in cold tolerance by *Epichloë* endophyte in seed germination of *Achnatherum inebrians*. Plant Growth Regulation, 80: 367-375.

Christensen M J, Bennett R J, Ansari H A, et al. 2008. *Epichloë* endophytes grow by intercalary hyphal extension in elongating grass leaves. Fungal Genetics and Biology, 45: 84-93.

Dean R, Kan J A L, Pretorius Z A, et al. 2012. The Top 10 fungal pathogens in molecular plant pathology. Molecular Plant Pathology, 13: 414-430.

FAOStat. 2011. FAOStat: Top Production-World (Total)-2009. http://faostat.fao.org/[2012-2-1].

Gao F K, Dai C C, Liu X Z. 2010. Mechanisms of fungal endophytes in plant protection against pathogens. African Journal of Microbiology Research, 4: 1346-1351.

Hacquard S, Kracher B, Maekawa T, et al. 2013. Mosaic genome structure of the barley powdery mildew pathogen and conservation of transcriptional programs in divergent hosts. Proceedings of the National Academy of Sciences of the United States of America, 110(24): E2219-E2228.

Hildebrandt U, Marsell A, Riederer M. 2018. Direct effects of physcion, chrysophanol, emodin, and pachybasin on germination and appressorium formation of the barley (*Hordeum vulgare* L.) powdery mildew fungus *Blumeria graminis* f. sp. *hordei* (DC.) Speer. Journal of Agricultural and Food Chemistry, 66(13): 3393-3401.

Inuma T, Khodaparast S A, Takamatsu S. 2007. Multilocus phylogenetic analyses within *Blumeria graminis*, a powdery mildew fungus of cereals. Molecular Phylogenetics and Evolution, 44: 741-751.

Jørgensen J H. 1988. *Erysiphe graminis*, powdery mildew of cereals and grasses. Advances in Plant Pathology, 6: 137-157.

Leuchtmann A, Bacon C W, Schardl C L. 2014. Nomenclatural realignment of *Neotyphodium* species with genus *Epichloë*. Mycologia, 106: 202-215.

Ma M Z, Christensen M J, Nan Z B. 2015. Effects of the endophyte *Epichloë festucae* var. *lolii* of perennial ryegrass (*Lolium perenne*) on indicators of oxidative stress from pathogenic fungi during seed germination and seedling growth. European Journal of Plant Pathology, 141: 571-583.

Margulis L. 1996. Archaeal-eubacterial mergers in the origin of Eukarya: phylogenetic classification of life. Proceedings of the National Academy of Sciences of the United States of America, 93: 1071-1076.

Moriura N, Matsuda Y, Oichi W, et al. 2006. Consecutive monitoring of lifelong production of conidia by individual conidiophores of *Blumeria graminis* f. sp. *hordei* on barley leaves by digital microscopic techniques with electrostatic micromanipulation. Mycological Research, 110(1): 18-27.

Murray G, Brennan J. 2010. Estimating disease losses to the Australian barley industry. Australasian Plant Pathology, 39(1): 85-96.

Nonomura T, Matsuda Y, Xu L, et al. 2009. Collection of highly germinative pseudochain conidia of *Oidium neolycopersici* from conidiophores by electrostatic attraction. Mycological Research, 113(3): 364-372.

Panstruga R, Schulze-Lefert P. 2002. Live and let live: insights into powdery mildew disease and resistance. Molecular Plant Pathology, 3: 495-502.

Sabzalian M R, Mirlohi A, Sharifnabi B. 2012. Reaction to powdery mildew fungus, *Blumeria graminis* in endophyte-infected and endophyte-free tall and meadow fescues. Australasian Plant Pathology, 41: 565-572.

Shimanuki T, Sato T. 1983. Occurrence of the choke disease on timothy caused by *Epichloë typhina* (Pers ex Fr.) Tul. Hokkaido and location of the endophytic mycelia with plant tissue. Research Bulletin of the Hokkaido National Agricultural Experiment Station, 183: 87-97.

Tian P, Nan Z B, Li C J, et al. 2008. Effect of the endophyte *Neotyphodium lolii* on susceptibility and host physiological response of perennial ryegrass to fungal pathogens. European Journal of Plant Pathology, 122: 593-602.

Vignale M V, Astiz-Gassó M M, Novas M V, et al. 2013. Epichloid endophytes confer resistance to the smut *Ustilago bullata* in the wild grass *Bromus auleticus* (Trin.). Biological Control, 67: 1-7.

Xia C, Li N N, Zhang X X, et al. 2016. An *Epichloë* endophyte improves photosynthetic ability and dry matter production of its host *Achnatherum inebrians* infected by *Blumeria graminis* under various soil water conditions. Fungal Ecology, 22: 26-34.

Xia C, Li N N, Zhang Y W, et al. 2018. Role of *Epichloë* endophytes in defense responses of cool-season grass to pathogens: a review. Plant Disease, 102: 2061-2073.

Xia C, Zhang X X, Christensen M J, et al. 2015. *Epichloë* endophyte affects the ability of powdery mildew (*Blumeria graminis*) to colonise drunken horse grass (*Achnatherum inebrians*). Fungal Ecology, 16: 26-33.

Zhang X X, Fan X M, Li C J, et al. 2010a. Effects of cadmium stress on seed germination, seedling growth and antioxidative enzymes in *Achnatherum inebrians* plants infected with a *Neotyphodium* endophyte. Plant Growth Regulation, 60: 91-97.

Zhang X X, Li C J, Nan Z B, et al. 2012. *Neotyphodium* endophyte increases *Achnatherum inebrians* (drunken horse grass) resistance to herbivores and seed predators. Weed Research, 52: 70-78.

Zhang X X, Li C J, Nan Z B. 2010b. Effects of cadmium stress on growth and anti-oxidative systems in *Achnatherum inebrians* symbiotic with *Neotyphodium gansuense*. Journal of Hazardous Materials, 175: 703-709.

Zhou L Y, Zhang X X, Li C J, et al. 2015. Antifungal activity and phytochemical investigation of the asexual endophyte of *Epichloë* sp. from *Festuca sinensis*. Science China Life Sciences, 58: 821-826.

第五篇

应用抗逆生物学

第 24 章　超旱生无芒隐子草的驯化选育

王彦荣　　李欣勇　　陶奇波

24.1　引　　言

农业发展史实际上是人类认识、驯化选育和利用野生动植物的历史。研究和利用我国丰富的乡土草资源，使之更好地服务于社会发展与经济建设，是一项长期和富有创新性的工作（南志标等，2016）。我国是世界上生物多样性丰富的国家之一，在利用乡土植物进行草原生产和生态建设方面有着一定的积累。早在 20 世纪 70 年代，甘肃山丹军马场便成功驯化选育优良禾本科牧草垂穗披碱草和老芒麦的品种，广泛用于我国青海、西藏、四川等高寒省（区）高山草原地区的草原改良建设。我国自 1987 年全国草品种审定委员会成立至 2019 年，已通过审定登记了 131 个野生栽培品种，占审定登记草品种总数（584 个）的 22.4%，这些品种在我国草牧业生产中发挥了重要的作用。但是，相比科技发达国家，我国总体缺乏对乡土草种质资源的有效开发和利用，尤其缺少自主培育的草坪草和生态草的品种。多年来我国利用的草坪草品种的种子几乎全部依赖进口，天然草原治理的草种绝大多数采收自未经审定登记和粗放管理草地的乡土植物。所以加大对我国乡土草资源的研究和挖掘利用，是我国草业科技工作者的一项艰巨而迫切的任务。

无芒隐子草是禾本科隐子草属多年生 C_4 植物，在我国北方年降雨量 100～200mm 的干旱荒漠草原可形成优势种和建群种，亦在哈萨克斯坦、吉尔吉斯斯坦、乌兹别克斯坦、土库曼斯坦以及俄罗斯等一带一路国家广泛分布。无芒隐子草为优良牧草，各种家畜均喜采食。该草具有极强的抗旱、耐寒、耐瘠薄和耐践踏等特点，植株丛生、叶片纤细，具有驯化为抗逆性强和耐粗放管理的草坪草、绿地植物和生态草的潜力。兰州大学草地农业科技学院育种与种子学团队自 1998 年以来便开始收集整理无芒隐子草种质资源，开展了一系列的生物学特性和栽培管理技术的研究。经过连续近 20 年的栽培驯化，研究解决了无芒隐子草建植、管理、种子生产等关键技术；并按照国家品种审定的相关要求，开展了品种比较试验、区域试验、生产试验等，也进行了规模化种子扩繁和生产。栽培驯化的品系于 2016 年通过了全国草品种审定委员会的审定，登记为野生栽培品种：'腾格里'无芒隐子草（登记号：499）。该品种除了具有抗旱、耐寒、耐瘠薄的特点外，还具有耐粗放管理、坪用和生态用途优良等特点，在我国西北干旱半干旱地区具有重大的推广价值和产业化前景，并已经在甘肃、内蒙古等地的草原和矿山植被恢复等工程中开始推广利用。本章重点介绍该品种的驯化选育、品种特性、栽培技术和种子生产等方面的主要研究结果。

24.2 '腾格里'无芒隐子草驯化选育过程

野生植物的驯化选育，是对野生植物种质在栽培条件下经过多年反复播种和收获，并伴随定向性状选择的过程。超旱生'腾格里'无芒隐子草的驯化选育始于 1998 年，经过了近 20 年的栽培驯化，于 2016 年通过了全国草品种审定委员会审定，登记为野生栽培品种。

其驯化的主要过程可概括为如下 5 个阶段。

24.2.1 基础材料和新品系的获得

1998 年，在年降雨量约为 120mm 的内蒙古阿拉善盟荒漠草原多点采集了野生无芒隐子草种质，为 500 余株。从各株繁殖枝中，去除植株顶部花序的种子，收获叶鞘包裹的种子，选取饱满的种子混合作为基础材料。相继于 1999~2007 年在兰州大学张掖试验站进行栽培驯化。其间，每年收获上一年建植的无芒隐子草种子，选取植株叶鞘中包裹的饱满种子混合贮藏，用于再播种，数年反复。获得了性状稳定一致、建植率较高和表现良好的材料，作为无芒隐子草新品系。

24.2.2 品种比较试验

2008~2012 年，在兰州大学张掖试验站进行品种比较试验。采用公认的抗旱草坪草品种'节水草'高羊茅和'猎狗 5 号'高羊茅为对照品种（当时我国没有登记的无芒隐子草品种），进行品种比较试验。该试验主要比较了无芒隐子草与对照的物候期、坪用性状、青绿期、抗旱性、抗冲刷特性等。主要研究结果见本章 24.4。

24.2.3 区域试验

2013~2015 年，由全国草品种审定委员会组织，开展了国家区域试验。采用'美洲虎3 号'高羊茅作为对照品种，在内蒙古自治区多伦县、内蒙古自治区鄂尔多斯市、甘肃省高台县、甘肃省庆阳市和新疆维吾尔自治区呼图壁县安排 5 个试验点，进行品种区域试验。

24.2.4 生产试验和种子扩繁

2010~2015 年，继续利用'节水草'高羊茅和'猎狗 5 号'高羊茅为对照品种，按照全国草品种审定规程的相关要求，在甘肃省张掖市、民勤县和榆中县等地开展了生产试验。生产试验同期，在生产试验区域进行种子扩繁。

24.2.5 栽培驯化关键技术和生物学特性研究

自 2001 年以来，系统开展了种子出苗建植、草地管理、种子生产和收获等关键技术的研究。也针对性地开展了遗传、生理、生长发育等方面的生物学特性研究。主要研究结果见本章 24.5 和 24.6。

主要驯化选育和研究工作如图 24-1 所示。

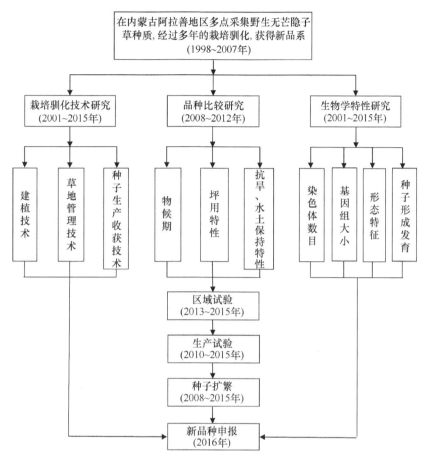

图 24-1 　'腾格里'无芒隐子草的驯化选育过程及相关研究示意图

24.3 　'腾格里'无芒隐子草的生物学特性

24.3.1 　染色体数目及基因组大小

采用常规根尖压片方法对其进行染色体数目统计，结果显示无芒隐子草为四倍体，染色体数目 $2n=4x=40$（图 24-2）（Zhang et al.，2021）。采用流式细胞术测定无芒隐子草基因组大小，以已知基因组大小的玉米（*Zea mays*）（2300 Mbp）（Schnable et al.，2009）作为内标，如图 24-3 所示，玉米主峰位于荧光通道数为 200 道附近，无芒隐子草主峰位于 48 道附近。参照 Sliwinska 等（2005）方法计算，无芒隐子草的基因组大小为 552 Mbp（吕燕燕，2018）。与其他禾本科作物（全基因组测序）相比无芒隐子草的基因组较小，如高粱（*Sorghum bicolor*）为 730Mbp（Paterson et al.，2009），青稞（*Hordeum vulgare*）为 3.89Gb（Zeng et al.，2015），小麦（*Triticum aestivum*）B 族为 6.274Gb（Mayer et al.，2014）。

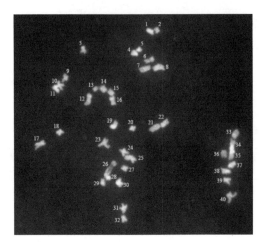

图 24-2　无芒隐子草染色体数目示意图

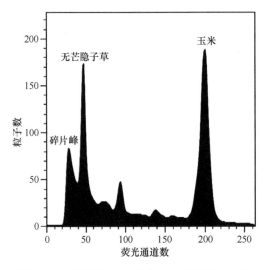

图 24-3　无芒隐子草基因组大小预测的直方图

24.3.2　形态特征

根据《中国植物志》描述,无芒隐子草的形态特征为:秆丛生,直立或稍倾斜,高15～50cm,基部具密集枯叶鞘。叶鞘长于节间,无毛,鞘口有长柔毛;叶舌长 0.5mm,具短纤毛;叶片线形,长 2～6cm,宽 1.5～2.5mm,上面粗糙,扁平或边缘稍内卷。圆锥花序开展,长 2～8cm,宽 4～7mm,分枝开展或稍斜上,分枝腋间具柔毛;小穗长 4～8mm,含 3～6 朵小花,绿色或带紫色;颖卵状披针形,近膜质,先端尖,具 1 脉,第一颖长 2～3mm,第二颖长 3～4mm;外稃卵状披针形,边缘膜质,第一外稃长 3～4mm,5 脉,先端无芒或具短尖头;内稃短于外稃,脊具长纤毛;花药黄色或紫色,长 1.2～1.6mm。颖果长约 1.5mm。花果期 6～9 月。另据报道,无芒隐子草地下须根可入土 70cm 左右,具有根鞘(也称砂套)并斜向扩展,根幅可达 20cm 左右(中国科学院植物研究所,1976)。

栽培条件下，无芒隐子草植株的形态大小可产生不同程度的变化。例如，魏学（2010）的研究显示，种植密度可影响无芒隐子草的株高和冠幅。在不同密度处理条件下（5 株/m²、10 株/m²、15 株/m²、20 株/m²、25 株/m²、30 株/m² 和 50 株/m²），随密度增加，株高增加，而冠幅减小。以建植第二年无芒隐子草为例，密度为 5 株/m² 与 50 株/m² 比较，株高分别为 61.8cm 和 71.6cm，而冠幅分别为 89.7cm 和 67.3cm（图 24-4）。建植第二年 5月，无芒隐子草单株可产生 100 个左右的分蘖数。

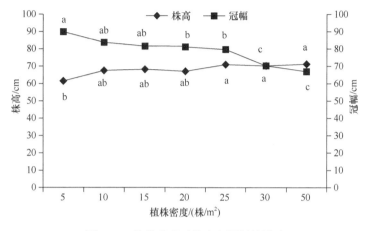

图 24-4　植株密度对株高和冠幅的影响

24.3.3　种子形成发育特性

无芒隐子草为圆锥花序，主花轴分枝，每个分枝自成一个总状花序。开花顺序自下而上。拔节期，生殖枝基部节间叶鞘内便开始分化出花序和小穗，随生育期推进，生殖枝以及每生殖枝的节间数不断增加，新的花序和小穗陆续产生与成熟，有性生殖一直持续到生长季末。在节间叶鞘内形成的种子被紧紧地包裹于叶鞘；而顶部花序暴露于空气，于拔节期末形成。无芒隐子草种子呈纺锤形，体积很小，千粒重仅为 0.2～0.3g。

单株无芒隐子草的种子产量由叶鞘中的花序种子和暴露于顶部的花序种子两部分构成。由于开花自下而上持续 2 个月，以及植株不同部位接受的外界光、热等条件不尽一致等，不同部位种子的产量和质量都存在很大差异。尤其是叶鞘种子的产量和质量明显优于顶部的种子（魏学等，2009；魏学，2010；李欣勇，2015）。李欣勇（2015）在适宜栽培密度下（30 株/m²）测定无芒隐子草植株不同部位的种子产量和质量，将植株的生殖枝分为下部（1～3 节）、中部（4～6 节）、上部（7～9 节）和植株顶部。种子产量测定结果显示，植株下部、中部、上部和顶部的产量分别为 0.009g、0.018g、0.023g 和 0.009g，各部位产量分别占总产量的 15%、31%、39% 和 15%；表明叶鞘中的种子产量和顶部花序的种子产量分别占 85% 和 15% 左右。不同部位的种子发芽率变化趋势与产量一致，即随部位上升，发芽率先增加再降低。中部种子发芽率最大，平均为 76%；底部和上部种子的发芽率差异不显著，平均为 65%。而顶穗种子发芽率最差，平均仅为28%。无芒隐子草生殖枝的节间长度，自下而上逐渐增长；下部、中部、上部和顶部的节间长分别约为 30.2mm、49.2mm、67.7mm 和 103.5mm。而种子千粒重，自下而上逐渐降低；各部位分别为下部 0.301g、中部 0.266g、上部 0.228g 和顶部 0.225g；发芽指数的变化趋势与发芽率相同；表明不同部位种子的活力差异显著（表 24-1）。

表 24-1　两种密度下无芒隐子草不同节间部位种子的结实和萌发特性（引自李欣勇，2015）

种植密度/ （株/m²）	小穗部位	节长/mm	每小穗种子/粒	千粒重/g	种子产量/ （g/m²）	发芽率/%	发芽指数
30	1～3 节	30.21d	15d	0.301a	0.41c	68b	3.40b
	4～6 节	49.17c	34b	0.266b	0.81b	80a	4.57a
	7～9 节	67.70b	50a	0.228c	1.03a	72b	3.45b
	顶穗	103.46a	24c	0.225c	0.49c	32c	2.91c
35	1～3 节	32.41d	16c	0.280a	0.47c	58b	2.91b
	4～6 节	52.86c	35b	0.263b	0.97b	72a	3.53a
	7～9 节	68.92b	51a	0.226c	1.21a	62b	3.10b
	顶穗	104.96a	20c	0.223c	0.47c	24c	2.14c

注：同一密度下各测定指标间标有不同字母者，表明在 0.05 水平差异显著

24.4　'腾格里'无芒隐子草的品种特性

2008～2012 年，在兰州大学张掖试验站（38°24′N，100°29′E，海拔 1450m）连续 5 年开展了无芒隐子草驯化新品系与对照高羊茅品种的坪用性状比较试验，并结合适宜建植密度开展了研究。设计了较为干旱条件的处理：2008～2009 年，为保证建植，在生长季（5～10 月）每 10d 灌水 1 次，每次灌水 100mm；2010～2012 年，加强了干旱胁迫，生长季每 20d 灌水 1 次，灌水强度不变。建植密度处理：高羊茅的 2 个品种均采用通常推荐的适宜密度 10 000 株/m²，而无芒隐子草设计了低（10 000 株/m²）、中（15 000 株/m²）、高（20 000 株/m²）3 个处理。试验采用完全随机区组设计，每个处理 4 次重复，每个小区面积 9m²（3m×3m），小区间隔 50cm 宽，四周设 1m 保护行。连续 5 年观测了草坪的盖度、密度、质地、颜色、株高等坪用特性。其间还测定了物候期、青绿期，以及叶片相对含水量等抗旱生理指标。

24.4.1　物候期和青绿期

在甘肃省张掖市较干旱栽培条件下，无芒隐子草物候期为 4 月上旬返青，5 月上旬分蘖，7 月中旬拔节，7 月下旬孕穗，8 月上旬开花，9 月下旬种子成熟，10 月上旬开始枯黄。和对照高羊茅相比，'腾格里'无芒隐子草返青早，枯黄也早，两者的生育期天数差异不明显，均为 175d 左右（表 24-2）。

植物青绿期受栽培措施和气候条件等影响较大。在良好的水肥条件下，无芒隐子草的青绿期一般会短于高羊茅，但在较干旱的条件下则相反，前者会长于后者（李欣勇，2015），表明无芒隐子草抗旱性更强。

表 24-2　'腾格里'无芒隐子草和高羊茅在甘肃省张掖市栽培的物候期（日/月）（引自李欣勇，2015）

年份	品种	返青	分蘖	拔节	孕穗	开花	成熟	枯黄
2009	'腾格里'无芒隐子草	12/4	11/5	16/7	27/7	4/8	22/9	3/10
	'节水草'高羊茅	1/5	15/5	9/7	12/7	20/7	23/8	21/10
	'猎狗 5 号'高羊茅	3/5	26/5	8/7	13/7	22/7	31/8	22/10
2010	'腾格里'无芒隐子草	10/4	10/5	18/7	30/7	5/8	20/9	2/10
	'节水草'高羊茅	2/5	15/5	5/7	15/7	21/7	26/8	24/10
	'猎狗 5 号'高羊茅	5/5	20/5	6/7	17/7	23/7	28/8	20/10
2011	'腾格里'无芒隐子草	12/4	11/5	15/7	1/8	9/8	17/9	5/10
	'节水草'高羊茅	3/5	13/5	7/7	13/7	20/7	27/8	22/10
	'猎狗 5 号'高羊茅	6/5	22/5	8/7	15/7	23/7	22/8	23/10

24.4.2　无芒隐子草的坪用特性

24.4.2.1　良好的坪用性状和可持续性

在较为干旱的试验条件下，'腾格里'无芒隐子草作为草坪草或生态草的主要优势是抗逆性与持久性强。盖度和密度是评价草坪草质量的重要指标，前者可反映草坪的覆盖度，而后者可反映草种对环境的适应性和耐受性。魏学（2010）和李欣勇（2015）的研究表明，在较为适宜的建植密度（15 000 株/m²）条件下，建植第一年，无芒隐子草的盖度还显著低于对照的 2 个品种，无芒隐子草、'节水草'和'猎狗 5 号'高羊茅的盖度分别为 84%、95% 和 93%；但在建植第二年及以后其优势逐年显示出来，无芒隐子草的盖度在建植第三年、第四年和第五年分别为 93%、84%和80%，而'节水草'高羊茅的盖度分别为 75%、48%和 0，'猎狗 5 号'高羊茅分别为 60%、35%和 0。品种间连续 5 年对密度测定的结果，与盖度呈现同样的变化趋势（表 24-3）。在建植第 5 年对照高羊茅的 2 个品种已全部死亡，而无芒隐子草的密度评分可达 5 分（9 分制评分），并且连续 3 年没有大的变化，表现出非常好的可持续性。

表 24-3　'腾格里'无芒隐子草与高羊茅品种连续 5 年的坪用性状比较（引自魏学，2010；李欣勇，2015）

年份	品种	盖度/%	密度*	颜色*	质地*	综合评价*
2008	无-1	80c	2.5d	5.0b	8.0a	6.0c
	无-2	84bc	3.3c	5.0b	8.0a	6.2bc
	无-3	90ab	4.2b	5.0b	8.0a	6.5ab
	'节水草'高羊茅	95a	5.0a	6.6a	3.0b	6.7a
	'猎狗 5 号'高羊茅	93a	4.9a	7.0a	3.0b	6.5ab
2009	无-1	82b	4.5b	5.0b	8.0a	6.2c
	无-2	95a	6.2a	5.0b	8.0a	7.4a
	无-3	95a	6.1a	5.0b	8.0a	7.4a
	'节水草'高羊茅	90ab	4.9b	6.6a	3.0b	7.0ab
	'猎狗 5 号'高羊茅	85b	4.7b	7.0a	3.0b	6.8b

续表

年份	品种	盖度/%	密度*	颜色*	质地*	综合评价*
2010	无-1	80b	4.8b	4.5b	8.2a	6.4b
	无-2	93a	5.4a	4.5b	8.2a	7.1a
	无-3	80b	4.7bc	4.5b	8.2a	6.2b
	'节水草'高羊茅	75b	4.3c	5.8a	6.6b	5.3c
	'猎狗5号'高羊茅	60c	2.8d	6.0a	7.2b	4.2d
2011	无-1	76ab	4.1b	4.2b	8.2a	6.0b
	无-2	84a	5.0a	4.5b	8.2a	6.6a
	无-3	72b	3.9b	4.2b	8.2a	5.7b
	'节水草'高羊茅	48c	2.7c	5.1a	7.0b	4.4c
	'猎狗5号'高羊茅	35d	2.3c	4.8ab	7.8ab	3.4d
2012	无-1	70b	3.9b	4.2a	8.2a	5.6b
	无-2	80a	5.0a	4.5a	8.2a	6.4a
	无-3	63b	3.5b	4.2a	8.2a	5.2b
	'节水草'高羊茅	0c	—	—	—	—
	'猎狗5号'高羊茅	0c	—	—	—	—

注: 同一年份相同指标间标有不同字母者，表示在 0.05 水平上差异显著。无-1、无-2、无-3 分别表示无芒隐子草的建植密度为 10 000 株/m²、15 000 株/m² 和 20 000 株/m²。*表示采用的是 1～9 分的分级方法，分数越高，草坪质量越好

作为草坪草，无芒隐子草另一个突出特性是叶片纤细、质地好；而高羊茅叶片较宽，质地较差。魏学（2010）连续 2 年的测定结果显示，无芒隐子草的叶片宽度平均为 2.56mm，而 '节水草' 高羊茅平均为 5.97mm，前者仅为后者的 42.9%。

综合考虑质地、盖度、密度、颜色等特性，建植第四年适宜密度下（15 000 株/m²）无芒隐子草的综合评分为 6.6 分，而 '节水草' 和 '猎狗5号' 高羊茅分别为 4.4 分和 3.4 分，此期的高羊茅的坪用质量综合评分已降低至可接受的水平（5.0 分），而无芒隐子草仍然表现为较好的质量水平，综合评分达 6.4 分（表 24-3）。

根据不同的用途草坪可分为：观赏草坪、游憩草坪、运动草坪和生态草坪等类型。无芒隐子草在各种类型草坪中的评分除个别情况与高羊茅相当外，大多数情况都高于高羊茅的 2 个品种，而且无芒隐子草在各类草坪中的评分结果由高到低顺序为：生态草坪＞观赏草坪＞游憩草坪＞运动草坪（表 24-4）。这说明，无芒隐子草作为生态草坪在干旱地区有着极其重要的推广价值，也可以与其他草坪草如高羊茅进行搭配混播建植观赏草坪（魏学，2010）。

表 24-4　无芒隐子草与高羊茅的草坪类型评价（5 分制）（引自魏学，2010）

草坪类型	无-1	无-2	无-3	'猎狗5号'	'节水草'
观赏草坪	2.3	2.4	2.6	2.1	2.1
游憩草坪	2.0	2.2	2.3	1.8	1.9
运动草坪	1.7	1.9	2.0	1.7	1.8
生态草坪	2.7	2.8	3.0	2.5	2.8

注: 无-1、无-2、无-3 分别表示无芒隐子草的建植密度为 10 000 株/m²、15 000 株/m² 和 20 000 株/m²

24.4.2.2　生长速率慢，草坪管理成本低

李欣勇（2015）在兰州大学甘肃张掖试验站以高羊茅品种为对照，连续两年研究了‘腾格里’无芒隐子草的生长速率，各品种的刈割高度均为 4cm，刈割后立即灌水，每 5d 测定株高，测定至第 20 天；测定期间无自然降水。结果表明，测定期间尤其是灌水后的前 10d，高羊茅植株的生长速率显著大于无芒隐子草。在第 10 天时，高羊茅平均株高达 8cm，而无芒隐子草仅 5cm。随着刈割后时间的推移，干旱程度加剧，高羊茅生长速率逐渐减缓，在第 10～20 天，平均株高仅增长 1cm，在第 15 天后已停止生长。但是无芒隐子草的生长速率下降不明显，在第 20 天时，中密度下的株高最大为 5.8cm；低密度下的株高最小，仅为 4.5cm（图 24-5）。依据草坪 1/3 法则，如果在草坪草株高达到 6cm 时修剪，高羊茅品种需要每 5d 修剪一次，但无芒隐子草最多 20d 才修剪一次。这表明，与高羊茅相比，无芒隐子草草坪需要的修剪次数少，从而减少草坪修剪的人工和燃料费用等。

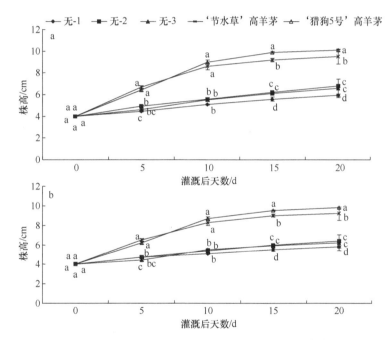

图 24-5　2010 年（a）和 2011 年（b）干旱胁迫下‘腾格里’无芒隐子草与高羊茅植株生长速率的比较
同年同列数据间标有不同字母的表示 0.05 水平差异显著，无-1、无-2、无-3 分别表示无芒隐子草的低密度（10 000 株/m²）、中密度（15 000 株/m²）和高密度（20 000 株/m²）。数据依据魏学（2010）和李欣勇（2015）汇总

另外，连续多年的观察发现，无芒隐子草草坪不仅生长速率慢、抗旱性强，而且未出现任何病虫害，在草坪管理中不需要施用杀菌剂和杀虫剂等。这样不仅可减少管理费用，还可以避免对环境的污染。

24.4.2.3　颜色偏浅，适当增施氮肥可加深绿色和延长生育期

在良好的生长条件下，‘腾格里’无芒隐子草的颜色不及高羊茅，呈浅绿色，而高羊茅为深绿色。但是，无芒隐子草的颜色和青绿期可以通过施氮肥得以提高和延长。例

如，研究表明，生长季每月施尿素 $5g/m^2$，可将‘腾格里’无芒隐子草的青绿期由对照的 180d 延长至 200d（详见 24.5.5）。

24.4.3 抗旱和抗冲刷特性

24.4.3.1 抗旱特性

隐子草属植物具有 C_4 植物光合途径（Redmann et al.，1995）。C_4 植物在干旱胁迫下比 C_3 植物具有更高的光合效率，这是由于干旱胁迫造成的气孔关闭导致植物体内较低浓度的 CO_2，C_4 植物能通过"CO_2 泵"的作用，利用细胞间隙中含量很低的 CO_2 进行光合作用（杨世杰，2000）。曲涛（2008）研究发现，无芒隐子草在持续缺水条件下，光合速率呈下降趋势，但光合速率在相应条件下仍显著高于高羊茅的抗旱品种，证明无芒隐子草在干旱条件下较高羊茅具有更高的光合利用效率。

抗旱性强的植物在干旱胁迫下能维持较低的叶片失水率，从而保持体内较好的水分平衡，提高抗旱能力（韩建民，1990）。张吉宇（2008）在盆栽连续 17d 不浇水条件下的研究表明，无芒隐子草在干旱胁迫下能保持较高的叶片相对含水量（75%）和较低的叶水势（–3.2MPa）。李欣勇（2015）连续 2 年的田间栽培研究结果显示，灌溉当天，‘腾格里’无芒隐子草与高羊茅的叶片相对含水量均为 80%，随着干旱持续时间的延长，各品种叶片相对含水量持续下降。在干旱胁迫后的第 20 天，无芒隐子草草坪的叶片相对含水量平均在 60% 以上，而高羊茅 2 个品种的叶片相对含水量均下降到 50% 以下。这说明，无芒隐子草属于高水势抗旱型植物。

在干旱胁迫下，无芒隐子草在活性氧、渗透调节物质、光合作用、水分利用效率等一系列生理指标的变化方面，表现出比节水型高羊茅更强的抗旱性（详见本书第 8 章）。

植物根系是植物直接吸收水分的重要器官，它对植物的抗旱功能具有至关重要的作用。根系纵深发达的植物可以充分吸收利用贮存在土壤中的水分，具有更强的抗旱性。试验表明，无芒隐子草的根长平均为 70cm，显著高于高羊茅（50cm），可以从更深层的土壤吸收水分。无芒隐子草不同栽培密度中，中密度的根长最大，但与低密度和高密度差异不显著（李欣勇，2015）（图 24-6）。

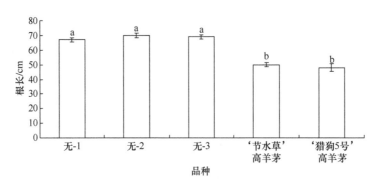

图 24-6 ‘腾格里’无芒隐子草与高羊茅品种的根长比较

无-1、无-2 和无-3 分别表示无芒隐子草的密度为 10 000 株/m²、15 000 株/m² 和 20 000 株/m²。不同字母表示品种间在 0.05 水平上差异显著

在与干旱环境长期协同进化的过程中，无芒隐子草形成了多种响应干旱和风沙胁迫的机制。与公认的节水抗旱品种'节水草'高羊茅相比，无芒隐子草具有根系发达、具根鞘和阶梯状根茎、根系生长快、寿命长、根冠比高等特点，表现出比高羊茅更强的抗旱性（详见本书第 2 章）。

24.4.3.2　抗冲刷特性

'腾格里'无芒隐子草的根系，表现出比高羊茅更强的抗冲刷能力。连续 3 年测定结果表明，无芒隐子草和高羊茅草地抗冲刷指数显著高于裸地（$P<0.05$）。即使在干旱胁迫处理下，无芒隐子草抗冲刷指数也显著高于高羊茅。这一能力在中度干旱胁迫条件下表现得尤为突出，无芒隐子草抗冲刷指数为 0.8～0.9，而高羊茅的仅为 0.4～0.6（详见本书第 2 章）。

24.5　'腾格里'无芒隐子草栽培技术

24.5.1　种子出苗对温度、水分和光照的需求

温度、水分和光照是种子萌发最重要的环境条件。室内萌发研究结果显示，无芒隐子草种子的萌发温度幅度较宽，在 10～50℃都可以萌发，但以较高温度尤其较高变温萌发更好。例如，在 35℃/20℃变温和 20℃恒温条件下的发芽率分别为 94% 和 74%；在适宜萌发的温度下，种子萌发速度也较快（表 24-5）。萌发的最低水分阈值为–1.6MPa，发芽率随渗透势降低而呈直线下降趋势。发芽率（y）与渗透势（x）的回归方程为：$y = -10.976x + 98.4$。无芒隐子草为萌发喜光植物，光照可极显著地促进种子的萌发。例如，在光照和黑暗条件下种子的萌发率分别为 95% 和 82%（鱼小军，2004；鱼小军等，2004）。陶奇波等（2017）研究表明，无芒隐子草茎秆不同部位种子在光照条件下的发芽率、发芽势、幼苗长等都显著高于黑暗条件下。

表 24-5　温度对无芒隐子草种子萌发的影响（引自鱼小军等，2004）

温度/℃	不同萌发天数的累计发芽率/%							
	1d	3d	5d	7d	9d	11d	13d	15d
10	0b	0f	0f	0g	1f	9e	11e	18e
15	0b	0f	12e	30e	42d	57d	60d	63d
20	0b	24d	59c	66c	73bc	74bc	74bc	74bc
25	0b	51c	75bc	76bc	78b	79b	79b	79b
30	9a	63b	71bc	71c	74bc	74bc	74bc	74bc
25/10	0b	7e	56cd	69c	73bc	73bc	73bc	73bc
25/15	0b	22d	46d	58d	65c	68c	71c	72c
30/20	0b	54c	65c	68c	74bc	74bc	74bc	74bc
35/20	0b	75a	90a	94a	94a	94a	94a	94a
40/20	0b	64b	78b	84b	84b	84b	84b	84b
50/20	0b	0f	0f	5f	12e	15e	15e	15e

注：各列数据间标有不同字母者，表示在 0.05 水平差异显著

田间出苗的研究结果表明，无芒隐子草在土壤含水量为 1%～20%条件下，种子出苗和幼苗生长的最适土壤含水量为 6%～8%（图 24-7）；在 3%～20%土壤含水量条件下，随含水量增加植株将更多的能量用于地上部分生长（邰建辉等，2008）。

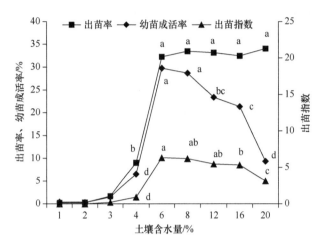

图 24-7　不同土壤含水量对无芒隐子草出苗率、幼苗成活率和出苗指数的影响

24.5.2　引发处理对种子萌发、出苗以及抗旱性的影响

引发处理可以显著提高种子在逆境条件下的萌发、出苗以及幼苗生长状况（Nawaz et al.，2016；Chen and Arora，2011；王彦荣，2004）。Tao 等（2018）研究了在适宜和干旱条件下水引发、聚乙二醇（PEG）引发（–0.3MPa）和亚精胺（0.5mmol/L）引发等对无芒隐子草萌发及出苗的影响以及对干旱胁迫的响应，种子室内萌发和田间出苗试验分别进行了 14d 和 30d，以不引发的种子为对照。种子引发后的萌发试验，设计了正常（温度和水分）和干旱（–0.8MPa PEG）两种条件。结果表明，引发处理极显著地提高了无芒隐子草种子萌发和出苗率等。几种引发剂处理中，以亚精胺效果最好，其次为 PEG 引发和水引发。引发效果以在干旱胁迫条件下更为突出，如在正常和干旱条件下，亚精胺引发的种子和对照相比，室内萌发率分别提高了 8.5 个和 23.5 个百分点；发芽指数分别提高了 33.4%和 97%；T_{50} 和平均发芽天数也呈现相同的变化趋势（表 24-6）。

表 24-6　几种引发处理及干旱胁迫对无芒隐子草种子萌发的影响

引发处理	发芽率/%		发芽指数		T_{50}/d		平均发芽天数/d	
	正常	干旱	正常	干旱	正常	干旱	正常	干旱
对照	83.5b	48.5c	8.44d	4.03c	4.79a	6.48a	5.65a	7.15a
水引发	84.5b	58.5b	9.15c	5.62b	4.21bc	5.20b	5.38ab	5.99b
PEG 引发	86.0ab	65.0b	10.16b	6.44b	4.39ab	4.70c	5.16bc	5.70b
亚精胺引发	92.0a	72.0a	11.26a	7.94a	3.84c	4.63c	4.86c	5.33c
方差分析	干旱	***		***		***		***
	引发	***		***		***		***
	交互作用	n.s.		n.s.		***		***

注：同列不同字母表示处理间差异显著（$P<0.05$），n.s. 表示不显著；*** 表示在 0.001 水平差异显著

　　田间出苗率的研究结果显示，播前灌溉（播种前 1 周灌溉 90mm）条件下，未经引发的种子出苗率为 35.8%；水引发、PEG 引发和亚精胺引发的种子出苗率分别为 44.8%、55.2%和 53.2%；和对照相比，引发提高出苗率 9～17.4 个百分点。但在没有灌溉的干旱条件下，未经引发的种子出苗率为 22%；水引发、PEG 引发和亚精胺引发的出苗率分别为 30.5%、37.2%和 41.3%；和对照相比，引发提高出苗率 8.5～19.3 个百分点（图 24-8）。引发对无芒隐子草田间出苗率的影响，取得了和室内发芽相类似的结果。在几种引发剂中，仍然以亚精胺效果最好，其次是 PEG 引发与水引发。但是，引发处理的效果，在灌溉和不灌溉两种条件下差异不大，这主要是由于出苗期间受到了降水（31mm）的影响。

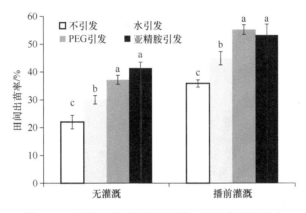

图 24-8　引发处理对无芒隐子草田间出苗率的影响

　　另外，引发处理提高了无芒隐子草种子在萌发吸水过程中细胞周期 G_2 期的细胞比例，在一定程度上提高了 G_2 与 G_1 比率（表 24-7）。以不引发种子为对照，水引发、PEG 引发与亚精胺引发处理下，G_2 期细胞比例分别提高了 3.01 个、3.45 个与 4.79 个百分点。各处理下 G_1 期与 S 期细胞比例与对照无显著差异。

表 24-7　几种引发处理对无芒隐子草细胞周期的影响

引发处理	细胞周期			
	G_1/%	S/%	G_2/%	G_2 与 G_1 比率
对照	47.18a	33.46a	11.21b	0.2379b
水引发	51.56a	29.98a	14.22a	0.2777ab
PEG 印发	49.01a	33.11a	14.66a	0.2998ab
亚精胺引发	45.18a	35.64a	16.00a	0.3621a

注：同列不同字母表示处理间差异显著（$P < 0.05$）

24.5.3　草坪建植密度

　　多年的试验结果显示，在设计的低密度（10 000 株/m²）、中密度（15 000 株/m²）和高密度（20 000 株/m²）的试验研究中，以中密度最好。在草坪盖度、密度和综合评价指标等方面（表 24-3）都表现出优于其他两个密度处理，更优于高羊茅品种的表现。所以，建议无芒隐子草的草坪建植密度以 15 000 株/m² 为宜。

24.5.4 建植覆盖物

邰建辉等（2008）在兰州大学甘肃张掖试验站研究了稻草、沙子和地膜覆盖对无芒隐子草建植与幼苗生长的影响。结果表明，覆盖物处理对无芒隐子草建植的影响因土壤水分条件不同而异。在非干旱条件下（隔 5d 灌溉），各覆盖处理对建植率的影响差异不显著。但在干旱条件下（隔 15d 灌溉），沙子覆盖的建植率最高，为 40.7%，显著高于其他处理。在其他处理间，地膜覆盖和对照（覆土）无显著差异，分别为 23.6% 和 22.2%，但显著高于稻草覆盖（15.9%）（图 24-9）。

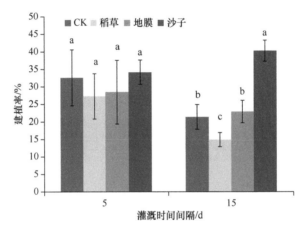

图 24-9　不同覆盖物对'腾格里'无芒隐子草建植率的影响

处理间标有不同字母者表示在 0.05 水平差异显著

覆盖物对无芒隐子草的幼苗生长也具显著影响。两种灌溉条件下，沙子覆盖处理的幼苗株高、叶片数、分蘖数、冠幅、叶面积（表 24-8）和地上生物量（图 24-10）均显著高于其他处理（对照处理的株高除外）。地膜覆盖对幼苗生长有促进作用，但效果不显著。稻草覆盖对幼苗生长有抑制作用（邰建辉等，2011）。

表 24-8　不同覆盖物对无芒隐子草幼苗生长的影响

处理	隔 5d 灌溉					隔 15d 灌溉				
	株高/mm	每株叶数/片	每株分蘖/个	冠幅/mm	叶面积/mm²	株高/mm	每株叶数/片	每株分蘖/个	冠幅/mm	叶面积/mm²
对照	51.2±3.4ab	13±1.0b	3±0.2b	42.4±2.0b	76.6±6.2b	28.9±9.9ab	11±2.5b	3±0.5b	28.57.5b	27.4±9.2b
稻草覆盖	41.0±4.8b	14±1.0b	4±105b	39.1±3.3b	59.1±8.83b	19.0±2.8b	10±1.6b	3±0.4b	20.7±2.8b	16.0±3.6b
地膜覆盖	48.1±5.9b	14±1.0b	4±0.3b	42.3±1.5b	75.2±5.3b	27.0±8.2ab	9±2.4b	2±0.6b	25.6±7.4b	28.6±12.4b
沙子覆盖	65.8±4.8a	26±2.1a	6±0.5a	67.3±4.9a	111.0±9.1a	51.1±6.6a	19±2.4a	5±0.5a	49.9±3.6a	61.9±8.4a

注：相同灌溉条件下，同一指标下不同处理间标有不同字母者表示在 0.05 水平差异显著

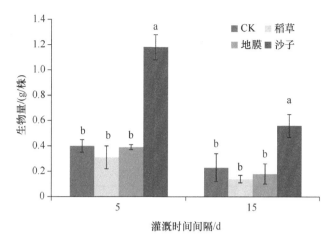

图 24-10 不同覆盖物对无芒隐子草地上生物量的影响

24.5.5 施氮肥对草坪青绿期的影响

在甘肃张掖地区干旱条件（每隔 20d 灌 1 次水，灌水强度为 100mm）下，'腾格里'无芒隐子草的坪用性状优良，但该草作为草坪草在高温伏旱季节存在叶色泛黄问题，并且枯黄时间早，严重影响草坪美观及青绿期。尿素可显著延长草坪绿色期，为解决该问题，对'腾格里'无芒隐子草在生长季（5～9 月）内，每个月分别进行 4 个施尿素量（0g/m²、2g/m²，5g/m²、8g/m²）处理。研究结果表明，尿素可显著延长草坪青绿期（$P<0.05$），与对照 0 g/m²（青绿期 180d）相比，施尿素 2g/m²、5g/m² 和 8g/m² 的青绿期分别为 185d、200d 和 198d，各处理的青绿期分别延长了 5d、20d 和 18d。5g/m² 和 8g/m² 处理间无显著差异（李欣勇等，2014；李欣勇，2015）。

24.6 '腾格里'无芒隐子草种子生产技术

24.6.1 种植密度对种子产量的影响

合理的植株密度是获得种子高产的基础（Donald，1954）。适宜的栽培密度可使植物群体获得最优的光能、水、肥等资源的分配，同时有效控制病虫害、杂草以及倒伏等不利因素，从而获得最大种子产量（Askarian et al.，1995）。2007～2012 年，在甘肃省张掖地区连续 6 年开展了种植密度对'腾格里'无芒隐子草种子产量的影响研究。结果表明，无芒隐子草的实际种子产量随着种植密度的增大而增加，在 30 株/m² 达到最高，之后随着密度的增加而呈现产量减少的趋势。虽然实际种子产量在同一密度下，不同年份间存在明显差异，但在 30 株/m² 密度下的实际种子产量均高于其他密度，该密度 6 年种子产量的平均值为 499kg/hm²。单一年份里，30 株/m² 在 2008 年达到最高，为 636kg/hm²（表 24-9）（Li et al.，2014）。

表 24-9　建植后连续 6 年种植密度对无芒隐子草种子产量的影响（单位：kg/hm²）

密度/（株/m²）	2007 年	2008 年	2009 年	2010 年	2011 年	2012 年	平均
5	40e	189d	129f	106d	113e	145f	120e
10	150d	317c	167ef	127c	222d	201e	197de
15	274c	333c	189de	142c	274cd	259d	245cd
20	341c	410bc	215cd	190c	321bc	323c	300bcd
25	459b	488b	293b	206b	382b	376b	367b
30	632a	636a	388a	307a	501a	528a	499a
50	447b	410bc	243c	196b	356bc	323c	329bc

注：同列数据间标有不同字母表示同一年份在 0.05 水平差异显著

24.6.2　灌溉和施肥对种子产量的影响

24.6.2.1　灌溉方式和次数对种子产量的影响

滴灌是广泛应用于我国北方干旱地区的节水灌溉方式。本研究于 2015～2017 年在甘肃省河西走廊的兰州大学民勤试验站（38°44′N，103°01′E，海拔 1307m）研究比较了滴灌与漫灌，以及不同灌溉次数（设 0 次、3 次、4 次、5 次和 6 次灌溉，以 0 次为对照）对'腾格里'无芒隐子草种子产量的影响。试验地建植日期是 2014 年 6 月 20～21 日，播量 6.5kg/hm²，行距 30cm（每公顷密度在 30 万株左右）；每年分蘖期一次性施入尿素折合成氮素 120kg/hm²，含氮量为 46%。2015～2017 年，以建植第 2～4 年的无芒隐子草为试验材料。

连续 3 年的试验结果显示，在相同灌溉次数情况下，滴灌和漫灌的种子产量无显著差异，但前者较后者可节省 30% 的灌水量，说明滴灌技术值得在生产中大力推广。在不同的灌溉次数之间，3 年平均以灌溉 4 次的种子产量最高，为 568kg/hm²，灌溉 5 次为 560kg/hm²，灌溉 6 次为 539kg/hm²，灌溉 3 次为 453kg/hm²，对照（不灌溉）为 311kg/hm²（图 24-11）。

24.6.2.2　施肥方式和施肥量对种子产量的影响

2016～2019 年，在兰州大学民勤试验站开展了生长季不同施氮肥处理对'腾格里'无芒隐子草种子产量影响的试验，并研究比较了施氮量和施氮方式与两种水分处理共同作用对种子产量的影响。试验地建植年份与密度与 24.6.2.1 小节相同。试验采用再裂区设计，主区为 2 个灌溉处理分别以 I1 和 I2 表示，I1 是在无芒隐子草分蘖期灌溉一次 50mm；I2 是在分蘖期、小穗分化期和初花期各灌溉一次，每次 50mm，合计 150mm；副区为 3 个施氮时期处理，包括分蘖期、小穗分化期和分期施用（分蘖期和小穗分化期各施一半）。副副区为 4 个施氮量处理（0kg N/hm²、60kg N/hm²、120kg N/hm² 和 180kg N/hm²）。试验所用氮肥为尿素[CO(NH₂)₂]，含氮量为 46%。详细试验设计见陶奇波（2020）的文献。

试验结果方差分析表明，所有设计的试验因子都极显著影响无芒隐子草种子产量（$P<0.01$）。在交互作用方面，施氮时期×施氮量对种子产量的影响极显著；年际×灌溉

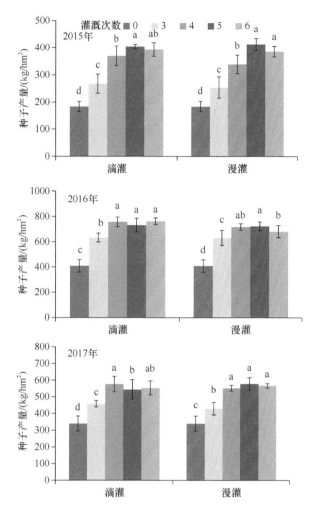

图 24-11　不同灌溉方式与次数对'腾格里'无芒隐子草种子产量的影响

处理、灌溉处理×施氮时期，以及年际×灌溉处理×施氮量的影响显著（$P<0.05$）。

　　自建植第 3 年（2016 年）连续 4 年，每年在相同施氮条件下的无芒隐子草种子产量都以生长季灌溉 150mm 显著高于 50mm 的处理。各种施氮处理的种子产量，以 120kg N/hm² 和 180kg N/hm² 处理显著高于 60kg N/hm²，而 120kg N/hm² 和 180kg N/hm² 处理间差异不显著（图 24-12）。

　　研究比较 3 种不同的施氮方式，以分蘖期施氮和分期施氮处理的无芒隐子草种子产量显著高于小穗分化期施用的种子产量，表明将氮肥推迟至小穗分化期一次施用不利于无芒隐子草种子产量的提高。在水肥条件较好（120kg N/hm² 和 180kg/hm²）的处理下，分期施氮处理的种子产量较分蘖期施氮处理 4 年平均提高了 14.7%（图 24-12）。

　　综合分析各处理的种子产量，以 I2+分期施 180kg/hm² 处理产量最高，4 年平均为 520.3kg/hm²，其次是 I2+分期施 120kg/hm² 的处理为 507.3kg/hm²。年际种子产量变异较大，以建植第 5 年（2018 年）的产量最高。

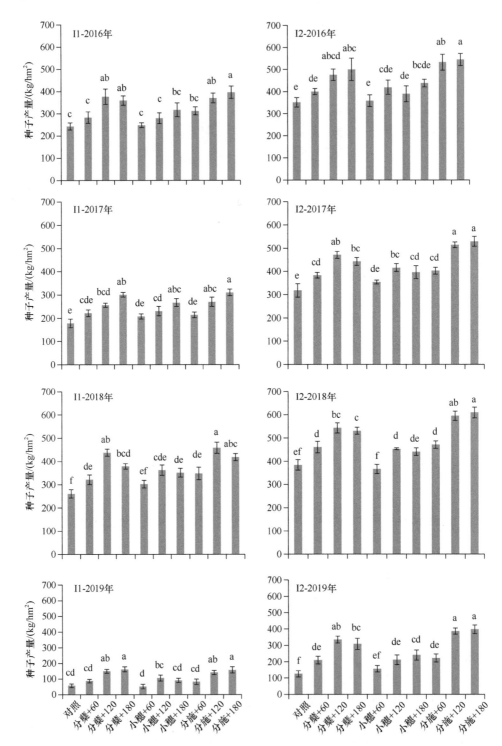

图 24-12　2016～2019 年两种灌溉条件下不同施氮方式和施氮量对无芒隐子草种子产量的影响

I1、I2 分别为生长季灌水 50mm 和 150mm。对照为不施氮素；分蘖+60、分蘖+120、分蘖+180 分别为分蘖期施用 60kg N/hm²、
120kg N/hm² 和 180kg N/hm²；小穗+60、小穗+120、小穗+180 分别为小穗分化期施用 60kg N/hm²、120kg N/hm² 和
180kg N/hm²；分施+60 为分蘖期和小穗分化期各施用 30kg N/hm²；分施+120 为分蘖期和小穗分化期各施用 60kg N/hm²；
分施+180 为分蘖期和小穗分化期各施用 90kg N/hm²

24.6.3　植物生长调节剂对种子产量的影响

近年来随着农业生物技术不断进步，植物生长调节剂的研发与应用更加广泛。相对于抑制型生长调节剂，促进型生长调节剂在多年生禾草种子生产的研究与实践十分有限。2016～2019 年，作者连续 4 年在兰州大学民勤试验站开展了施用不同植物促进型生长调节剂对'腾格里'无芒隐子草种子产量影响的试验。采用了 6 种促进生长型的植物生长调节剂，种类与用量分别为：①α-萘乙酸，20g/hm^2；②赤霉素，30g/hm^2；③油菜素内酯，6mg/hm^2；④复硝酚钠，4g/hm^2；⑤6-苄氨基嘌呤，40g/hm^2；⑥三十烷醇，0.35g/hm^2。

试验地建植时间、播量和试验前管理等与 24.6.2.1 小节相同。试验期间，试验地每年施氮素（含氮量46%）120kg/hm^2，于 5 月中旬和 7 月中旬各施 60kg/hm^2；并在两次施氮后和 8 月上旬分别灌水 50mm，生长季灌水总量为 150mm。根据需要进行杂草人工防除（陶奇波，2020）。

试验结果显示，供试的 6 种生长调节剂对种子产量的促进作用，以赤霉素和油菜素内酯处理效果最好，4 年平均种子产量分别为 666.7kg/hm^2 和 654.8kg/hm^2，较对照（537.3kg/hm^2）分别提高了 24.1%和 21.9%，增产效果显著（$P < 0.05$）。其次为 α-萘乙酸处理，4 年平均种子产量为 634.6kg/hm^2，较对照增产 18.1%。其余 3 种植物生长调节剂处理各年份对种子产量无显著影响，但6-苄氨基嘌呤处理4 年平均较对照仍然提高了 13.8%，亦差异显著（$P < 0.05$）。4 年中，6-苄氨基嘌呤处理和 α-萘乙酸、赤霉素、油菜素内酯处理之间未表现出显著差异，复硝酚钠和三十烷醇处理与对照相比无增产作用（表 24-10）。

表 24-10　2016～2019 年施用 6 种植物生长调节剂对无芒隐子草种子产量的影响（单位：kg/hm^2）

植物生长调节剂	用量	2016 年	2017 年	2018 年	2019 年	平均产量
对照	0g/hm^2	589.7b	508.1c	714.4c	337.0c	537.3c
α-萘乙酸	20g/hm^2	685.0ab	581.4abc	857.2ab	414.7ab	634.6ab
赤霉素	30g/hm^2	711.4a	604.2ab	906.9a	444.2a	666.7a
油菜素内酯	6mg/hm^2	702.5a	619.7a	872.0ab	425.0ab	654.8ab
复硝酚钠	4g/hm^2	599.4b	538.4bc	730.6c	334.2c	550.7c
6-苄氨基嘌呤	40g/hm^2	655.8ab	569.7abc	818.6abc	402.8abc	611.7b
三十烷醇	0.35g/hm^2	603.4b	521.1c	779.2bc	367.3bc	567.8c

注：同列不同字母表示处理间差异显著（$P < 0.05$）

年际种子产量变化较大，以赤霉素处理为例，2016～2019 年种子产量分别为 711.4kg/hm^2、604.2kg/hm^2、906.9kg/hm^2、444.2kg/hm^2（表 24-10）。

24.6.4　种子脱粒与清选技术

种子收获是决定种子生产成败的关键环节之一。有研究表明，多年生禾草种子在收获过程中的产量损失可达实际种子产量的 20%～75%（刘波等，2008；Hare et al.，2007）。不同的脱粒处理不仅影响种子产量，也显著影响种子质量（Antony et al.，2017；崔阁英等，2009）。由于不同草种的生物学特性不同，通常需要采用不同的收获技术或方法（张美艳等，2014；邓菊芬等，2010；蒋龙等，2008；Phaikaew et al.，2001，1996）。无芒隐子草种子存在重量小（千粒重 0.2g～0.3g）以及种子被包裹于叶鞘中等特点，致使种子脱粒和清选较其他草种更加困难。在甘肃省河西走廊民勤县，课题组研究了农户生产规模条件下不同脱粒和清选技术处理对无芒隐子草种子收获率与质量的影响。试验选取了面积约 2 亩的无芒隐子草种子田进行刈割，然后摊成面积为 30m×10m 的矩形草堆，当种子含水量为 10%左右时开始脱粒。结果显示，在采用的 50kg 石磙碾压不同遍数处理中，以碾压 45～55 遍处理的种子收获率最高，与对照（手工完全脱粒）相比，收获率达 78%以上。但随碾压遍数增加，种子收获率则呈降低趋势 （图 24-13）。脱粒处理对种子质量无显著影响。进一步试验结果显示，利用 4.5m/s 风速并配以 24 目筛子过筛清选 2 遍，种子净度可达 85.6%（表 24-11）。

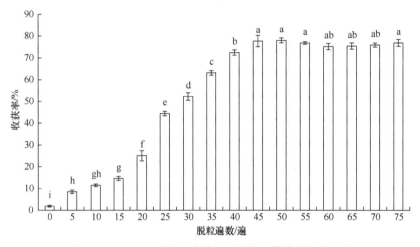

图 24-13　不同石磙碾压遍数对无芒隐子草收获率的影响

表 24-11　不同清选方法对无芒隐子草种子净度、空瘪率与千粒重的影响

清选方式	净度/%	空瘪率/%	千粒重/g
筛 1 次+5.5m/s 风选	70.3b	3.8ab	0.2440ab
筛 1 次+4.5m/s 风选	64.6c	3.9ab	0.2443a
筛 1 次+3.5m/s 风选	57.7d	4.2a	0.2425abcd
筛 1 次+2.5m/s 风选	39.3f	4.2a	0.2425abcd
筛 1 次+1.5m/s 风选	35.9fg	4.4a	0.2413cd
筛 1 次+0.5m/s 风选	28.0hi	4.2a	0.2410d
筛 1 次	24.7i	4.4a	0.2415bcd
筛 2 次+5.5m/s 风选	89.5a	3.8ab	0.2438abc
筛 2 次+4.5m/s 风选	85.6a	3.5b	0.2440ab
筛 2 次+3.5m/s 风选	68.3bc	4.3a	0.2443a
筛 2 次+2.5m/s 风选	49.4e	4.1ab	0.2413cd
筛 2 次+1.5m/s 风选	54.0de	4.4a	0.2425abcd
筛 2 次+0.5m/s 风选	39.6f	4.1a	0.2415bcd
筛 2 次	31.2gh	4.3a	0.2403d

注：筛 1 次+5.5m/s 风选表示过筛一次后再用 5.5m/s 风速风选。其他类同

24.7　本章小结

'腾格里'无芒隐子草是由兰州大学草地农业科技学院经过近 20 年栽培驯化选育,于 2016 年通过全国草品种审定委员会审定登记的野生栽培品种(登记号：499)。本章主要介绍了该品种的驯化选育过程、品种特性、栽培技术、种子生产和收获技术等方面的研究成果。主要研究结果如下。

'腾格里'无芒隐子草为隐子草属超旱生 C_4 型多年生禾草,四倍体,染色体数目 $2n = 4x = 40$,基因组大小为 552Mbp,可在年降雨量 100～200mm 干旱荒漠地区生长良好。与抗旱性强的高羊茅'节水草'和'猎狗 5 号'商业品种比较,'腾格里'无芒隐子草具有更强的抗旱性、更好的综合坪用性状,以及较强的抗冲刷能力和可持续生长特性。另外,也具有耐寒、耐瘠薄、耐践踏和耐粗放管理等特点,在我国西北干旱荒漠区生态治理和草原植被恢复方面具有重要的推广利用价值。

'腾格里'无芒隐子草的种子萌发喜光,萌发率在 35℃/20℃变温条件下最高。适宜的田间建植条件为：沙土或沙壤土,播深 0.5～1cm,出苗土壤含水量为 6%～8%;播前灌水,引发处理的种子出苗率可达 50%以上。草坪适宜建植密度为 15 000 株/m²;生长季每 20d 灌水 1 次,每月施尿素 5g/m²,可使青绿期由不施肥对照的 180d 延长至 200d。草坪生长慢,最勤 20d 修剪一次,是高羊茅修剪成本的 1/4。

'腾格里'无芒隐子草种子生产的适宜区域为具有灌溉条件的干旱荒漠区。适宜的种子生产技术体系包括：建植密度 30 万株/hm²;生长季灌水 3 或 4 次,采用滴灌可较漫灌节水 30%;每公顷施氮素 120kg/hm²,以分蘖期和小穗分化期各施一半为宜;施赤霉素或油菜素内酯生长调节剂可显著提高种子产量。在上述管理条件下,种子产量平均可达 600kg/hm² 以上,种子田可持续收获至少 6 年。

该品种种子小,千粒重为 0.2～0.3g;种子包裹在叶鞘中,脱粒和清选困难。研究提出了农户生产规模下的种子脱粒和清选技术：采用 50kg 石碾碾压脱粒 45～55 遍,与手工脱粒相比收获率达 78%以上;再利用 4.5m/s 风速并配以 24 目筛子过筛清选 2 遍,种子净度可达 85.6%。

参 考 文 献

崔阁英, 邓菊芬, 尹俊. 2009. 不同脱粒方法对纳罗克非洲狗尾草种子产量和质量的影响. 云南农业大学学报, 24(3): 369-373.

邓菊芬, 尹俊, 张美艳, 等. 2010. 纳罗克非洲狗尾草种子生产关键技术研究. 草业与畜牧, 5: 1-6.

韩建民. 1990. 抗旱性不同的水稻品种对渗透胁迫的反应及其与渗透调节的关系. 河北农业大学学报, 1: 17-21.

贾存智, 王彦荣, 李欣勇. 2014. 施氮对无芒隐子草种子产量的影响. 草业科学, 31(9): 1746-1751.

蒋龙, 尹俊, 邓菊芬, 等. 2008. 堆捂处理提高纳罗克非洲狗尾草种子质量的试验. 草业科学, 25(12): 80-84.

李欣勇. 2015. 无芒隐子草草坪管理技术及种子产量持续性研究. 兰州: 兰州大学博士学位论文.

李欣勇, 王彦荣, 贾存智. 2014. 施尿素对无芒隐子草草坪生长特性的影响. 草业学报, 23(6): 136-141.

刘波, 孙启忠, 刘富渊, 等. 2008. 4 种多年生禾本科牧草种子收获方法的研究. 安徽农业科学, 36(16): 6722-6724.

吕燕燕. 2018. 牧草种子劣变的机理及活力检测方法研究. 兰州: 兰州大学博士毕业论文.

南志标, 王锁民, 王彦荣, 等. 2016. 我国北方草地 6 种乡土植物抗逆机理与应用. 科学通报, 2: 239-249.

曲涛. 2008. 无芒隐子草(*Cleistogenes songorica*)的抗旱性研究. 兰州: 兰州大学硕士学位论文.

邰建辉, 王彦荣, 陈谷. 2008. 无芒隐子草种子萌发、出苗和幼苗生长对土壤水分的响应. 草业学报, 17(3): 105-110.

邰建辉. 2008. 无芒隐子草(*Cleistogenes songorica*)建植与种子生产技术研究. 兰州: 兰州大学硕士学位论文.

邰建辉, 王彦荣, 李晓霞, 等. 2011. 不同覆盖物对无芒隐子草建植的影响. 草业学报, 20(3): 287-291.

陶奇波. 2020. "腾格里"无芒隐子草种子丰产技术研究. 兰州: 兰州大学博士学位论文.

陶奇波, 董小兵, 朱清文, 等. 2017. 无芒隐子草花序不同部位种子萌发期光照需求及抗旱性综合评价. 草地学报, 25(5): 993-1001.

王彦荣. 2004. 种子引发的研究现状. 草业学报, 13(4): 7-12.

魏学. 2010. 无芒隐子草种子产量与植株密度的关系及坪用特性的研究. 兰州: 兰州大学硕士学位论文.

魏学, 王彦荣, 胡小文, 等. 2009. 无芒隐子草不同节间部位的种子休眠对高温处理的响应. 草业学报, 18(6): 169-173.

杨世杰. 2000. 植物生物学. 北京: 科学出版社.

鱼小军. 2004. 无芒隐子草(*Cleistengenes songorica*)和条叶车前(*Plantago Lessingii*)种子的萌发生态学研究. 兰州: 甘肃农业大学硕士学位论文.

鱼小军, 王彦荣, 曾彦军, 等. 2004. 温度和水分对无芒隐子草和条叶车前种子萌发的影响. 生态学报, 24(5): 883-887.

张吉宇. 2008. 无芒隐子草(*Cleistogenes songorica*)种质抗旱评价、cDNA 文库构建及相关基因克隆与鉴定. 兰州: 兰州大学博士学位论文.

张美艳, 薛世明, 崔玲艳, 等. 2014. 不同收种时间和收种方式对贝斯莉斯克伏生臂形草种子产量和质量的影响. 草业学报, 23(4): 351-356.

中国科学院植物研究所. 1976. 中国高等植物图鉴(第五册). 北京: 科学出版社.

Antony E, Sridhar K, Kumar V. 2017. Effect of chemical sprays and management practices on *Brachiaria ruziziensis* seed production. Field Crops Research, 211: 19-26.

Askarian M, Hampton J G, Hill M J. 1995. Effect of row spacing and sowing rate on seed production of Lucerne (*Medicago sativa* L.) cv. Grassland Oranga. New Zealand Journal of Agricultural Research, 38: 289-298.

Chen K, Arora R. 2011. Dynamics of the antioxidant system during seed osmopriming, post-priming germination, and seedling establishment in Spinach (*Spinacia oleracea*). Plant Science, 180: 212-220.

Donald C M. 1954. Competition among pasture plants II. The influence of density on flowering and seed production in annual pasture plant. Australian Journal of Agricultural Research, 5: 585-597.

Hare H D, Tatsapong P, Saipraset K. 2007. Seed production of two brachiaria hybrid cultivars in north-east Thailand. 3. Harvesting method. Tropical Grasslands, 41: 43-49.

Li X Y, Wang Y R, Wei X, et al. 2014. Planting density and irrigation timing affects *Cleistogenes songorica* seed yield sustainability. Agronomy Journal, 106: 1690-1696.

Mayer K F X, Rogers J, Doležel J, et al. 2014. A chromsome-based draft sequence of the hexaploid bread wheat (*Triticum aestivum*) genome. Science, 6194: 1251788.

Nawaz A, Farooq M, Ahmad R, et al. 2016. Seed priming improves stand establishment and productivity of no till wheat grown after direct seeded aerobic and transplanted flooded rice. European Journal of Agronomy, 76: 130-137.

Paterson A H, Bowers J E, Bruggmann R, et al. 2009. The sorghum genome and the diversification of grasses.

Nature, 457: 551-556.

Phaikaew C, Pholsen P, Chinosaeng W. 1996. Effect of harvesting methods on seed yield and quality of purple guinea grass (*Panicum maximum* TD58) produced by small farmers in Khon Kaen. Proceedings of the 15th Annual Livestock Conference. Thailand: Department of Livestock Development: 102-107.

Phaikaew C, Pholsen P, Tudsri S, et al. 2001. Maximising seed yield and seed quality of *Paspalum atratum* through choice of harvest method. Tropical Grasslands, 35: 11-23.

Redmann R E, Yin L, Wang P. 1995. Photosynthetic pathway types in grassland plant species from Northeast China. Photosynthetica, 31: 251-255.

Schnable P S, Ware D, Fulton R S, et al. 2009. The B73 maize genome: complexity, diversity, and dynamics. Science, 326: 1112-1115.

Sliwinska E, Zielinska E, Jedrzejczyk I. 2005. Are seeds suitable for flow cytometric estimation of plant genome size? Cytometry Part A, 64(2): 72-79.

Tao Q B, Lv Y Y, Mo Q, et al. 2018. Impacts of priming on seed germination and seedling emergence of *Cleistogenes songorica* under drought stress. Seed Science and Technology, 46: 239-258.

Turner N C. 1979. Drought resistance and adaptation to water deficits in crop plants. *In*: Mussell H, Staples R C. Stress Physiology in Crop Plants. New York: Wiley-Interscience: 343.

Zeng X, Long H, Wang Z, et al. 2015. The draft genome of Tibetan hulless barley reveals adaptive patterns to the high stressful Tibetan Plateau. Proceedings of the National Academy of Science, 112: 1095-1100.

Zhang J, Wu F, Yan Q, et al. 2021. The genome of *Cleistogenes songorica* provides a blueprint for functional dissection of dimorphic flower differentiation and drought adaptability. Plant Biotechnology Journal, 19(3): 532-547.

第 25 章　利用无芒隐子草抗旱基因创制转基因
紫花苜蓿新种质

张吉宇　王彦荣　段　珍

25.1　引　言

　　紫花苜蓿（*Medicago sativa*）作为世界上分布最广泛的一种优良多年生豆科牧草，多年来由于其优良的营养品质和饲用价值被誉为"牧草之王"。除了作为优质的牧草外，紫花苜蓿还被广泛用于改良土壤，减少化肥使用量，以及清洁污染过的土壤。然而，随着干旱等非生物胁迫日益严重，紫花苜蓿的生长已受到严重影响。因此，利用转基因技术对紫花苜蓿进行开发和改造，增强其抗旱性已成为国内外相关研究的热点。

　　目前美国已成功选育出抗除草剂和低木质素转基因紫花苜蓿等材料，已商业化的抗除草剂紫花苜蓿（Roundup Ready[TM]）是继欧洲油菜（*Brassica napus*）、大豆（*Glycine max*）、陆地棉（*Gossypium hirsutum*）和玉米（*Zea mays*）之后第五个商业化的抗草甘膦作物，在 2011 年被彻底解除管制并在美国商业化种植（Hubbard and Hassanein，2012）。2014 年 11 月，孟山都公司和美国 FGI 公司（Forage Genetics International）开发的转基因低木质素紫花苜蓿品种 KK179（HarvXtra[TM]）被美国农业部（USDA）动植物卫生检疫局（APHIS）解除限制，该品种通过与 Roundup Ready[TM] 抗除草剂紫花苜蓿整合，产生出抗草甘膦且低木质素的新品种（Barros et al.，2019）。目前在美国种植的苜蓿约有 15% 是转基因苜蓿，预计未来这一比例将增长到 50%。

　　干旱是制约紫花苜蓿正常生长发育的主要因素之一，也是非生物胁迫中的重点研究领域。胚胎发生晚期丰富蛋白（LEA）是一类重要的植物细胞脱水保护蛋白，在抵御干旱等非生物胁迫过程中发挥着重要功能（Liu et al.，2011），同时，它可以通过产生特定瞬时的复合受体蛋白来稳定脱水敏感蛋白，因而具有分子伴侣保护剂的功能（Jia et al.，2014）。植物在干旱等逆境条件下会产生大量的醛，醛的过多积累则不利于细胞的生长和代谢活动。乙醛脱氢酶（ALDH）代表一种进化上保守的基因超家族，编码 NAD(P)$^+$ 依赖酶，作为一种醛类物质的消除剂，可以不可逆地氧化众多内源和外源脂肪族及芳香族醛类为相应的羧酸，在干旱等逆境胁迫条件下氧化不利于细胞生长代谢活动的醛类物质而起到解毒的作用，其产物还可参与渗透调节过程，是其增强植物对胁迫耐受性的重要机制。

　　国内外学者已从很多植物中克隆出 *LEA* 基因和 *ALDH* 基因，转 *LEA* 基因和 *ALDH* 基因的研究工作也已取得了可喜的成果。转基因超表达水稻 *OsLEA3-1*（Xiao et al.，2007）

和 *OsEm1*（Yu et al., 2016）提高了水稻的抗旱性；Babu 等（2004）将大麦（*Hordeum vulgare*）编码第 3 组 LEA 蛋白的 *HVA1* 基因转入水稻，提高了转基因水稻对干旱胁迫的耐受性。Huang 等（2008）发现 *ALDH12A1* 在转基因烟草中的超表达提高了转基因烟草的抗逆性，降低了其 MDA 含量；*ALDH7* 在拟南芥和烟草中的异源表达提高了它们在渗透胁迫下的保护能力（Rodrigues et al., 2006）。

无芒隐子草是禾本科隐子草属多年生旱生草本植物，是一些荒漠群落的建群种和优势种。在长期的进化过程中，无芒隐子草已经演化形成一套适应水分亏缺的机制和策略，具有很强的抗旱性。前述章节对其抗旱功能基因做了研究，已经克隆的无芒隐子草 *CsLEA2* 基因和 *CsALDH12A1* 基因受干旱胁迫诱导表达（段珍，2014；Zhang et al., 2011）。本章将无芒隐子草这两个与抗旱相关的基因 *CsLEA2* 和 *CsALDH12A1*，以及抗除草剂 *bar* 基因同时转化紫花苜蓿，获得了转 *CsLEA2* 基因和转 *CsALDH12A1* 基因的紫花苜蓿新材料，通过测定干旱胁迫下其转基因植株和非转基因植株的生物量、叶片相对含水量、叶绿素含量、叶绿素荧光 F_v/F_m、净光合速率（P_n）、脯氨酸（Pro）和丙二醛（MDA）含量的相对差异，探讨了转基因对紫花苜蓿抗旱和抗除草剂性状的改良作用。

25.2 转 *CsLEA2* 基因紫花苜蓿新种质的创制

25.2.1 植物表达载体构建

利用 gateway 技术，将目的基因 *CsLEA2* 构建到含有 *bar* 基因的目标载体 pEarlygate 101 中，获得植物表达载体 pEarlygate 101 *bar-35S::CsLEA2*，质粒图谱见图 25-1。PCR 检测阳性克隆，分别获得了约 480bp 的 *CsLEA2* 特异条带（图 25-2a）和 450bp 的载体 pEarlygate 101 携带的 *bar* 基因特异条带（图 25-2b），表明目的基因已经构建到植物表达载体中。

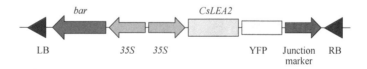

图 25-1 pEarlygate 101 *bar-35S::CsLEA2* 的质粒图谱（Zhang et al., 2016）

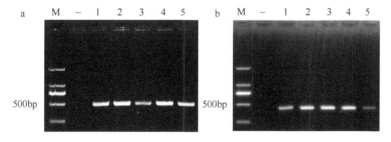

图 25-2 植物表达载体 pEarlygate 101 *bar-35S::CsLEA2* 的 PCR 验证（Zhang et al., 2016）

a. *CsLEA2* 基因；b. *bar* 基因；M. 2000 DNA Marker；—为 H₂O₂

25.2.2 农杆菌介导法转化紫花苜蓿

根癌农杆菌的 Ti 质粒上有一段 T-DNA，农杆菌通过侵染植物伤口进入细胞后，可将 T-DNA 插入植物基因组中。因此，农杆菌是一种天然的植物遗传转化体系，被誉为"自然界最小的遗传工程师"。可以通过将目的基因插入经过改造的 T-DNA 区，借助农杆菌的感染实现外源基因向植物细胞的转移和整合，然后通过细胞和组织培养技术，得到转基因植物。

本研究采用电击法转化根癌农杆菌（GV3101）。将 1μl 纯化后的 pEarlygate101 *bar-35S::CsLEA2* 的质粒 DNA（浓度为 50ng/μl）加入 500μl 解冻的根癌农杆菌感受态细胞中，电压调到 2.5kV，电击法进行转化。28℃，150r/min 复苏 3h 后，转化产物加 LB 液体培养基涂板，28℃培养 2d 后观察转化结果。其余加 1∶1 的 50%甘油混匀于−80℃ 保存。

采用农杆菌介导法对紫花苜蓿进行遗传转化。将重组质粒 pEarlygate101 *bar-35S::CsLEA2* 转入紫花苜蓿品种'金皇后'（*Medicago sativa* cv. Jinhuanghou）基因组，对紫花苜蓿进行遗传转化的流程图见图 25-3，种子萌发后对种子下胚轴进行切割（图 25-3a，图 25-3b），将农杆菌侵染后的胚根共培养 3d（图 25-3c），转移至含 500mg/L 头孢霉素（cefotaxime，Cef）的幼苗发育培养基（SDM）上进行脱菌培养（图 25-3d）。7d 后开始出现抗性芽（图 25-3e），转入相同的新鲜培养基上继续培养。15d 后几乎所有的抗性胚根均被诱导出侧根和芽，并发育成小苗（图 25-3f），待侧根长至 3～5cm 时可驯化移栽（图 25-3g），最终共获得转 pEarlygate 101 *bar-35S::CsLEA2* 的紫花苜蓿抗性植株 119 株。

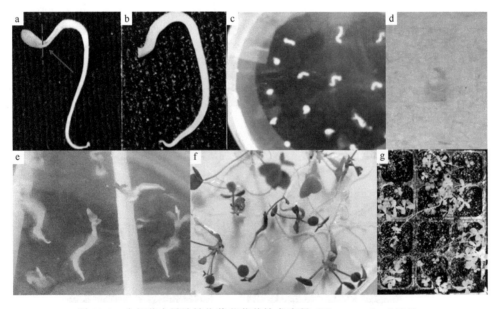

图 25-3　农杆菌介导法转化紫花苜蓿技术流程（Zhang et al.，2016）

a. 萌发后的种子；b. 切割部位；c. 萌发 2d 的种子；d. 侵染后共培养；
e. 不定芽的诱导；f. 抗性芽的生长；g. 抗性苗的移栽

25.2.3　过表达 *CsLEA2* 基因紫花苜蓿的检测

25.2.3.1　Basta 筛选

bar 基因是研究中经常使用的选择性标记基因之一，一般通过加入一定量的 Basta 除草剂就可以筛选到我们需要的含有目的基因的抗性植株。本研究将构建的包含 *bar* 基因和抗旱基因的载体 pEarlygate 101 *bar-35S::CsLEA2* 转入紫花苜蓿，待 T0 代转基因紫花苜蓿长势一致良好、株高 20cm 左右时，采用叶面喷施 1ml/L 10% Basta 溶液进行初步筛选。图 25-4 为叶面喷施 Basta 溶液 18d 后过表达 *CsLEA2* 基因紫花苜蓿和非转基因紫花苜蓿的生长情况。18d 后虽然大部分转化过的再生植株生长旺盛，状态良好，但仍有部分移栽的再生植株出现枯黄死亡现象，说明这些植株体内没有抗除草剂的 *bar* 基因。而非转基因植株则全部枯黄萎蔫死亡。经过初步筛选，共获得转 pEarlygate 101 *bar-35S::CsLEA2* 的紫花苜蓿抗除草剂特性植株 40 株，因此可以初步判断这部分紫花苜蓿体内含有抗除草剂 *bar* 基因，将它们暂定为转基因植株，仍需做进一步的分子鉴定。

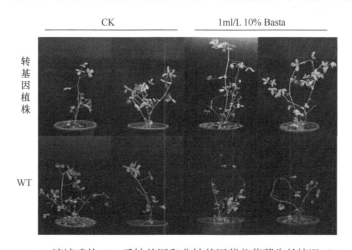

图 25-4　1ml/L 10% Basta 溶液喷施 18d 后转基因和非转基因紫花苜蓿生长情况（Zhang et al.，2016）

25.2.3.2　过表达 *CsLEA2* 基因紫花苜蓿的分子鉴定

（1）过表达 *CsLEA2* 基因紫花苜蓿的 PCR 检测

以经过 Basta 溶液筛选得到的抗性植株叶片 DNA 为模板，以质粒 pEarlygate 101 *bar-35S::CsLEA2* 作为阳性对照，水作为阴性对照，用 *CsLEA2* 基因特异引物和 *bar* 基因特异引物进行 PCR 检测，扩增产物在 1.5%琼脂糖凝胶上电泳并分析结果。图 25-5 是部分植株 PCR 检测的结果，可以看出阳性对照和抗性植株分别扩增出约 480bp（*CsLEA2* 基因）和 450bp（*bar* 基因）的目的条带，且阴性对照无扩增条带，因而可以初步判断 *CsLEA2* 基因已整合到紫花苜蓿基因组中。40 个转 pEarlygate 101 *bar-35S:: CsLEA2* 基因株系中，有 39 个株系在 480bp 和 450bp 处都得到了特异性扩增条带，PCR 阳性率为 97.5%。

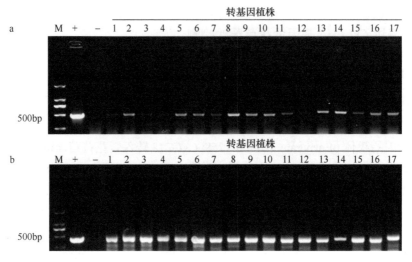

图 25-5　部分 pEarlygate 101 *bar-35S::CsLEA2* 转基因苜蓿植株 T0 代 PCR 鉴定（Zhang et al.，2016）

a. *CsLEA2* 基因验证图；b. *bar* 基因验证图；M. 2000 DNA Marker；+为质粒；−为 H_2O_2

（2）过表达 *CsLEA2* 基因紫花苜蓿的 RT-PCR 检测

RT-PCR 可在 mRNA 水平上检测目的基因是否表达。进一步选取阳性转 *CsLEA2* 基因紫花苜蓿的总 RNA 为模板，反转录合成 cDNA，将紫花苜蓿 *Actin* 基因作为内参基因，并以非转基因紫花苜蓿作为阴性对照，用 *CsLEA2* 基因特异引物进行 RT-PCR 检测 *CsLEA2* 基因在转基因紫花苜蓿中的表达情况。

图 25-6 显示，*MsActin* 基因在非转基因和转基因紫花苜蓿中的表达量基本一致，且转基因紫花苜蓿均可扩增出 *CsLEA2* 基因的特异性片段，进一步表明 *CsLEA2* 基因已经导入紫花苜蓿基因组中并能够在转基因植株中正常转录表达。

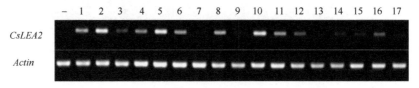

图 25-6　部分 pEarlygate 101 *bar-35S::CsLEA2* 转基因植株的 RT-PCR 检测（Zhang et al.，2016）

−为非转基因紫花苜蓿；1～17 为转基因紫花苜蓿

25.2.4　干旱胁迫诱导 *CsLEA2* 基因过量表达

由于 *CsLEA2* 基因受到干旱胁迫的诱导，为进一步研究过表达 *CsLEA2* 基因能否改善转基因紫花苜蓿的抗旱能力，采用实时荧光定量 PCR 的方法（张吉宇等，2009），对 *CsLEA2* 基因在干旱胁迫下的表达模式进行分析。图 25-7 显示，干旱胁迫时 *CsLEA2* 基因在叶片中的表达量显著上升（$P<0.05$），在干旱胁迫 15d 时的表达量是 0d 的 5.57 倍，说明 *CsLEA2* 基因大量表达受干旱胁迫的诱导。

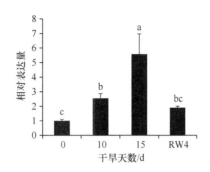

图 25-7　干旱胁迫下转基因紫花苜蓿 *CsLEA2* 基因的表达情况（Zhang et al.，2016）

RW 表示恢复浇水，下同；不同小写字母表示同一指标不同处理间差异显著（$P<0.05$）

25.2.5　过表达 *CsLEA2* 基因对转基因紫花苜蓿抗旱性的影响

为了研究 *CsLEA2* 基因的过表达是否提高了转基因紫花苜蓿的抗旱性，本研究以不同干旱天数对过表达 *CsLEA2* 基因紫花苜蓿和非转基因紫花苜蓿进行抗旱分析。将经过 PCR 鉴定的非转基因植株和转基因植株移栽到装有珍珠岩、蛭石和草炭土（三者比例 1∶1∶1）的圆柱形红色 8cm×10cm 的塑料营养钵中，用 1/8 Hoagland 营养液浇灌至田间最大持水量，浇灌频率保持在每 2d 浇一次。持续浇水 4 周以后，开始干旱胁迫，使土壤慢慢自然变干，待所有植株基本都表现出比较严重的干旱胁迫症状时（干旱 15d），对其进行恢复浇水直至田间最大持水量。干旱胁迫期间，土壤含水量从胁迫开始的土壤饱和持水量 23.91%逐渐降低到 4.04%，恢复浇水后土壤含水量为 22.52%。

通过比较干旱胁迫下，过表达 *CsLEA2* 基因紫花苜蓿和非转基因紫花苜蓿的表型、叶片相对含水量、株高以及生物量的差异（图 25-8），发现在正常生长条件下，过表达 *CsLEA2* 基因紫花苜蓿与非转基因紫花苜蓿都健康生长且长势大致相同，株高和生物量无显著差异，叶片相对含水量保持相对一致的水平。随着干旱胁迫时间的延长，非转基因植株的株高和生物量均趋于下降，而转基因植株的株高和生物量则先增加后下降，在干旱胁迫 15d 时转基因植株的株高和生物量显著高于非转基因植株。在干旱 10d 时，非转基因紫花苜蓿叶片出现萎蔫症状；在干旱 15d 时，转基因紫花苜蓿才开始出现萎蔫变黄的现象，叶片相对含水量为 61.65%，非转基因紫花苜蓿的叶片中则因散失的水分较多，叶片相对含水量低至 57.90%。恢复正常浇水后，转基因紫花苜蓿萎蔫现象解除，可以完全恢复正常生长，株高和生物量都有回升现象，叶片相对含水量也回升至接近处理前的水平，而非转基因紫花苜蓿依然无法恢复正常状态，甚至出现干枯现象。结果表明，转基因紫花苜蓿的抗旱性比非转基因紫花苜蓿好，即过表达 *CsLEA2* 基因提高了转基因紫花苜蓿的抗旱能力和保水能力（Zhang et al.，2016）。

25.2.6　过表达 *CsLEA2* 转基因紫花苜蓿的叶绿素相对含量

植物体内叶绿体是类囊体膜上色素蛋白复合体的重要成分，是光合作用的主要场所，植物在遇到外界胁迫环境时受到的伤害程度可以通过叶绿素含量的多少来体现。

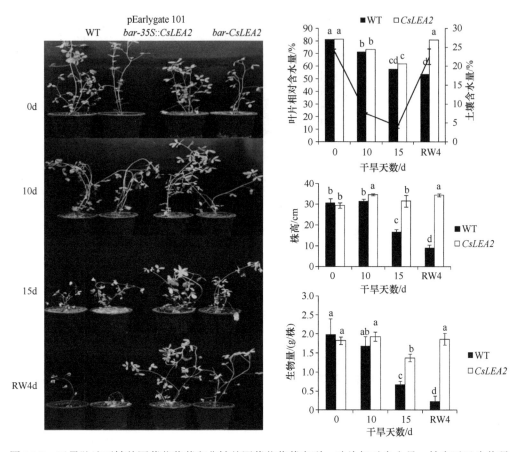

图 25-8　干旱胁迫下转基因紫花苜蓿和非转基因紫花苜蓿表型、叶片相对含水量、株高以及生物量
对照（Zhang et al.，2016）

WT 为非转基因紫花苜蓿；CsLEA2 为转基因紫花苜蓿；不同小写字母表示同一指标不同处理间差异显著（P＜0.05）

图 25-9 显示，在干旱胁迫条件下，叶绿素相对含量随着干旱程度的加重而逐渐下降。在干旱
胁迫第 10 天时，转基因紫花苜蓿的叶绿素相对含量的下降幅度（16.64%）比非转基因紫花
苜蓿叶绿素相对含量下降幅度（24.66%）小。在干旱胁迫第 15 天时，转基因紫花苜蓿叶绿
素相对含量下降了 44.94%，而非转基因紫花苜蓿则下降了 61.53%。由此可以看出，在干旱
条件下转基因紫花苜蓿的叶绿体结构受到较小伤害，对光合作用的影响较小，抗旱性较强。

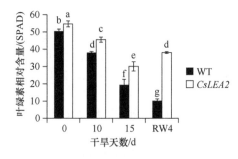

图 25-9　干旱胁迫下转基因紫花苜蓿和非转基因紫花苜蓿叶绿素相对含量的变化（Zhang et al.，2016）

WT 为非转基因紫花苜蓿；CsLEA2 为转基因紫花苜蓿；不同小写字母表示同一指标不同处理间差异显著（P＜0.05）

25.2.7　过表达 *CsLEA2* 转基因紫花苜蓿的光系统 II

光系统 II 中的叶绿素荧光与光合作用中各个反应过程紧密相关，任何逆境对光合作用各过程产生的影响都可通过体内叶绿素荧光诱导动力学变化反映出来。因此，叶绿素荧光参数可作为逆境条件下植物抗逆反应的指标之一。在干旱胁迫下，转基因紫花苜蓿和非转基因紫花苜蓿的 F_v/F_m 随着干旱程度增加而逐渐下降，且在干旱 15d 处理下，转基因紫花苜蓿的 F_v/F_m 显著高于非转基因紫花苜蓿（$P<0.05$）（图 25-10）。这表明，在相对重度干旱胁迫的条件下，转基因紫花苜蓿的潜在最大光合能力比非转基因紫花苜蓿的强，这也是其表现出较强抗旱性的原因之一。

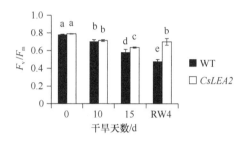

图 25-10　干旱胁迫下转基因紫花苜蓿和非转基因紫花苜蓿 F_v/F_m 的变化（Zhang et al.，2016）
WT 为非转基因紫花苜蓿；*CsLEA2* 为转基因紫花苜蓿；不同小写字母表示同一指标不同处理间差异显著（$P<0.05$）

25.2.8　过表达 *CsLEA2* 转基因紫花苜蓿的净光合速率

相关研究证明，干旱对植物的光合器官产生伤害而影响植物的光合能力。韩瑞宏等（2007）的研究显示，干旱胁迫下紫花苜蓿叶片净光合速率等都有不同程度的下降。从图 25-11 可以看出，随着干旱天数的增加，转基因紫花苜蓿和非转基因紫花苜蓿的净光合速率均呈现明显下降的趋势，但非转基因紫花苜蓿的净光合速率下降的速度更快。经过 15d 的干旱胁迫，非转基因紫花苜蓿的净光合速率下降了 76.31%，转基因紫花苜蓿仅下降了 48.7%。可见，转基因紫花苜蓿在干旱胁迫下的光合能力高于非转基因紫花苜蓿。

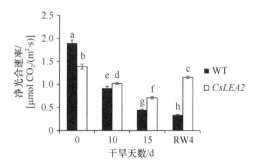

图 25-11　干旱胁迫下转基因紫花苜蓿和非转基因紫花苜蓿净光合速率（P_n）的变化（Zhang et al.，2016）
WT 为非转基因紫花苜蓿；*CsLEA2* 为转基因紫花苜蓿；不同小写字母表示同一指标不同处理间差异显著（$P<0.05$）

25.2.9 过表达 *CsLEA2* 转基因紫花苜蓿的丙二醛含量

在干旱胁迫下，植物首先受害的是细胞膜系统。丙二醛（MDA）已被确认是膜脂过氧化作用的最终产物，其含量多少是膜脂过氧化作用强弱的一个重要指标（王爱国等，1986）。非生物胁迫导致植物体内活性氧的过度积累，造成膜脂过氧化程度加剧（Gill and Tuteja，2010）。图 25-12 显示，随着干旱胁迫时间的延长，叶片中 MDA 含量在转基因和非转基因紫花苜蓿中均呈不断增加趋势，但在相同处理条件下，转基因紫花苜蓿叶片中的 MDA 含量显著低于非转基因紫花苜蓿（*P*<0.05）。经过 15d 的干旱胁迫处理后，转基因植株叶片中的 MDA 含量比非转基因植株叶片中的 MDA 含量低 23.78%。可见，过表达 *CsLEA2* 基因使转基因紫花苜蓿细胞膜结构更具稳定性，从而减轻了干旱胁迫对转基因植株的伤害。

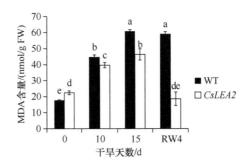

图 25-12 干旱胁迫下转基因紫花苜蓿和非转基因紫花苜蓿 MDA 含量的变化（Zhang et al.，2016）

WT 为非转基因紫花苜蓿；*CsLEA2* 为转基因紫花苜蓿；不同小写字母表示同一指标不同处理间差异显著（*P* < 0.05）

25.2.10 过表达 *CsLEA2* 转基因紫花苜蓿的脯氨酸含量

植物在干旱等逆境条件下体内的脯氨酸（Pro）含量显著上升。脯氨酸的含量在某种程度上反映了植物对逆境的抵御能力。图 25-13 显示，随着干旱胁迫时间的延长，转基因和非转基因紫花苜蓿的 Pro 含量均显著增加，但转基因紫花苜蓿的 Pro 增加幅度显著大于非转基因紫花苜蓿（*P*<0.05）。恢复浇水后，转基因紫花苜蓿的 Pro 含量迅速下降，但非转基因紫花苜蓿的 Pro 含量下降不明显。

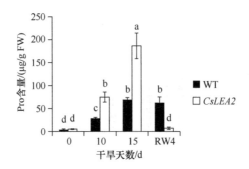

图 25-13 干旱胁迫下转基因紫花苜蓿和非转基因紫花苜蓿 Pro 含量的变化（Zhang et al.，2016）

WT 为非转基因紫花苜蓿；*CsLEA2* 为转基因紫花苜蓿；不同小写字母表示同一指标不同处理间差异显著（*P* < 0.05）

25.3　转 *CsALDH12A1* 基因紫花苜蓿新种质的创制

25.3.1　植物表达载体构建

利用 gateway 技术，将 *CsALDH12A1* 基因构建到目标载体 pEarlygate 101 中，获得植物表达载体 pEarlygate 101 *bar-35S::CsALDH12A1*，质粒图谱见图 25-14。PCR 检测阳性克隆，分别获得了大小约 1400bp 的 *CsALDH12A1* 基因特异条带（图 25-15a）和 450bp 的 *bar* 基因特异条带（图 25-15b），表明目的基因已经构建到植物表达载体中。

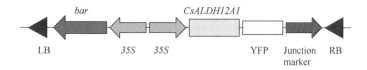

图 25-14　pEarlygate 101 *bar-35S::CsALDH12A1* 的质粒图谱（Duan et al.，2015）

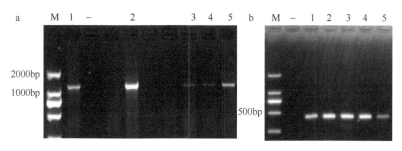

图 25-15　植物表达载体 pEarlygate 101 *bar-35S::CsALDH12A1* 的 PCR 验证图（Duan et al.，2015）
a. *CsALDH12A1* 基因；b. *bar* 基因；M. 2000 DNA Marker；–为 H_2O_2

25.3.2　农杆菌介导法转化紫花苜蓿

将重组质粒 pEarlygate 101 *bar-35S::CsALDH12A1* 电击转入根癌农杆菌，并用农杆菌介导法对紫花苜蓿进行遗传转化。共获得转 pEarlygate 101 *bar-35S::CsALDH12A1* 的紫花苜蓿抗性植株 90 株。具体流程见图 25-3。

25.3.3　过表达 *CsALDH12A1* 基因紫花苜蓿的检测

25.3.3.1　Basta 筛选

对再生的转化植株用 1ml/L 10% Basta 溶液进行叶面喷施进行初步筛选，共获得转 pEarlygate 101 *bar-35S::CsALDH12A1* 的紫花苜蓿抗性植株 54 株，可以初步判断存活的紫花苜蓿植株含有抗除草剂 *bar* 基因，将它们暂定为转基因植株，仍需做进一步的分子鉴定。

25.3.3.2　过表达 *CsALDH12A1* 基因紫花苜蓿的分子鉴定

（1）过表达 *CsALDH12A1* 基因紫花苜蓿的 PCR 检测
以经过 Basta 溶液筛选得到的抗性植株叶片 DNA 为模板，以质粒 pEarlygate 101

bar-35S::CsALDH12A1 作为阳性对照,水作为阴性对照,用 *CsALDH12A1* 基因特异引物和 *bar* 基因特异引物进行 PCR 检测。图 25-16 是部分植株 PCR 检测的结果,可以看出阳性对照和抗性植株均分别扩增出约 1400bp(*CsALDH12A1* 基因)和 450bp(*bar* 基因)的目的条带,且阴性对照无扩增条带,可以初步判断 *CsALDH12A1* 基因已整合到苜蓿基因组中。最终获得转 pEarlygate 101 *bar-35S::CsALDH12A1* 紫花苜蓿 PCR 阳性植株 16 株,PCR 阳性率为 29.6%。

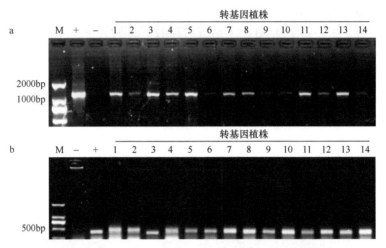

图 25-16　部分 pEarlygate 101 *bar-35S::CsALDH12A1* 转基因紫花苜蓿 T0 代 PCR 鉴定(Duan et al., 2015)

a. *CsALDH12A1* 基因验证图;b. *bar* 基因验证图;M. 2000 DNA Marker;+为质粒;−为 H_2O_2

（2）转 *CsALDH12A1* 基因紫花苜蓿的 RT-PCR 检测

进一步选取阳性转 *CsALDH12A1* 基因紫花苜蓿植株的总 RNA 作为模板,反转录合成 cDNA,将紫花苜蓿 *Actin* 基因作为内参基因,并以非转基因紫花苜蓿作为阴性对照,用 *CsALDH12A1* 基因特异引物进行 RT-PCR。图 25-17 显示,*MsActin* 基因在非转基因和转基因紫花苜蓿中的表达量基本一致,且转基因紫花苜蓿均可扩增出 *CsALDH12A1* 基因的特异性片段,这进一步表明 *CsALDH12A1* 基因已经导入紫花苜蓿基因组中并能够在转基因植株中正常转录表达。

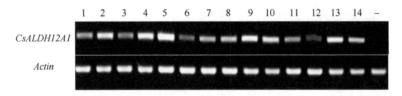

图 25-17　部分 pEarlygate 101 *bar-35S::CsALDH12A1* 转基因植株的 RT-PCR 检测(Duan et al., 2015)

−为非转基因紫花苜蓿;1～14 为转基因紫花苜蓿

25.3.4　干旱胁迫处理诱导 *CsALDH12A1* 基因的表达

由于 *CsALDH12A1* 基因受到干旱胁迫的诱导,同样采用实时荧光定量 PCR 的方法对 *CsALDH12A1* 基因在干旱胁迫下的表达模式进行分析。图 25-18 显示,干旱胁迫时 *CsALDH12A1* 基因在转基因紫花苜蓿叶片中的表达量显著上升($P<0.05$),在干旱胁迫 15d 时的表达量是 0d 的 6.11 倍,说明 *CsALDH12A1* 基因大量表达受干旱胁迫的诱导。

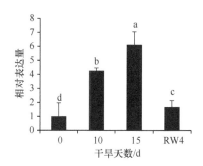

图 25-18　干旱胁迫下转基因紫花苜蓿中 *CsALDH12A1* 基因的表达情况（Duan et al.，2015）

不同小写字母表示同一指标不同处理间差异显著（$P < 0.05$）

25.3.5　转 *CsALDH12A1* 基因紫花苜蓿的抗旱性

在干旱胁迫下，过表达 *CsALDH12A1* 基因紫花苜蓿和非转基因紫花苜蓿的表型、叶片相对含水量、株高以及生物量见图 25-19。在正常生长条件下，过表达 *CsALDH12A1* 基因紫花苜蓿和非转基因紫花苜蓿均健康生长且长势大致相同，株高和生物量无显著

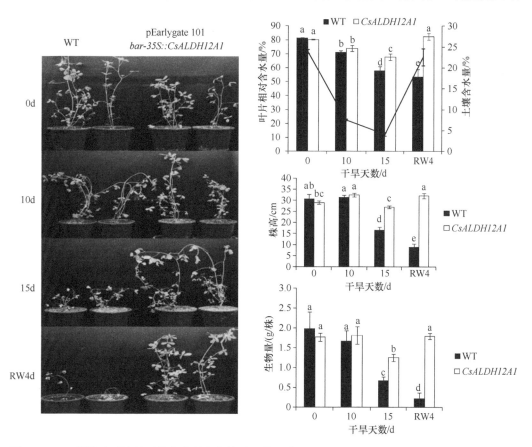

图 25-19　干旱胁迫下转基因紫花苜蓿和非转基因紫花苜蓿表型、叶片相对含水量、株高以及生物量对照（Duan et al.，2015）

WT 为非转基因紫花苜蓿；*CsALDH12A1* 为转基因紫花苜蓿；不同小写字母表示同一指标不同处理间差异显著（$P < 0.05$）

差异，叶片相对含水量保持相对一致的水平。在干旱胁迫 10d 时，非转基因紫花苜蓿生长受到抑制，叶片出现萎蔫症状。在干旱胁迫 15d 时，转基因紫花苜蓿才开始出现萎蔫变黄的现象，株高和生物量显著高于非转基因紫花苜蓿，叶片相对含水量为 67.71%，非转基因紫花苜蓿胁迫症状也随之明显，叶片相对含水量降至 57.90%。恢复正常浇水后，转基因紫花苜蓿萎蔫现象解除，可以完全恢复正常生长，株高和生物量都有回升现象，叶片相对含水量回升至接近处理前水平，而非转基因紫花苜蓿则无法恢复正常状态，甚至出现干枯现象。结果表明，转基因紫花苜蓿的抗旱性强于非转基因紫花苜蓿，即过表达 *CsALDH12A1* 基因提高了转基因紫花苜蓿的抗旱能力（Duan et al.，2015）。

25.3.6　转 *CsALDH12A1* 基因紫花苜蓿的叶绿素相对含量

叶绿素是一种在光合作用中吸收光能的色素，其含量是影响光合作用的重要因素，多种胁迫可使叶绿素含量降低，因此叶绿素含量可以作为指示植物抗性强弱的指标之一。图 25-20 显示，在干旱胁迫下，转基因紫花苜蓿和非转基因紫花苜蓿的叶绿素含量均随着干旱时间的延长而逐渐下降。在干旱胁迫第 10 天时，转基因紫花苜蓿和非转基因紫花苜蓿叶绿素含量间虽然差异不显著，但非转基因紫花苜蓿的叶绿素含量较转基因紫花苜蓿下降了 24.66%。在干旱胁迫 15d 时，转基因紫花苜蓿和非转基因紫花苜蓿的叶绿素含量的差异达到显著水平（$P<0.05$），转基因紫花苜蓿较处理前下降了 39.2%，而非转基因紫花苜蓿则下降了 61.53%。由此可以看出，在干旱条件下 *CsALDH12A1* 基因的过表达可以保护叶绿体的结构受到较小伤害，对光合作用的影响较小，抗旱性较强。

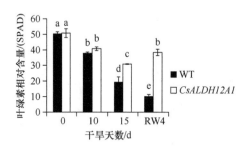

图 25-20　干旱胁迫下转基因紫花苜蓿和非转基因紫花苜蓿的叶绿素相对含量（Duan et al.，2015）
WT 为非转基因紫花苜蓿；*CsALDH12A1* 为转基因紫花苜蓿；不同小写字母表示同一指标不同处理间差异显著（$P<0.05$）

25.3.7　转 *CsALDH12A1* 基因紫花苜蓿的光系统Ⅱ

光系统Ⅱ最大光化学效率 F_v/F_m 反映了植物的潜在最大光合能力。在干旱胁迫条件下，转 *CsALDH12A1* 基因紫花苜蓿植株和非转基因紫花苜蓿的 F_v/F_m 随着干旱程度的增加均趋于下降，但后者的下降幅度要大于前者（图 25-21）。在干旱胁迫 15d 时，转基因紫花苜蓿的 F_v/F_m 已显著高于非转基因紫花苜蓿（$P<0.05$）。复水之后，转基因紫花苜蓿的 F_v/F_m 恢复程度也显著高于非转基因紫花苜蓿。这表明，在相对重度干旱

胁迫条件下，转基因紫花苜蓿的潜在最大光合能力显著高于非转基因紫花苜蓿，而且干旱胁迫解除后的恢复能力也远高于非转基因紫花苜蓿，这也是其表现出较强抗旱性的原因之一。

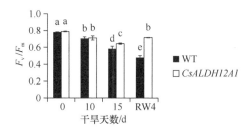

图 25-21　干旱胁迫下转基因紫花苜蓿和非转基因紫花苜蓿 F_v/F_m 的变化（Duan et al.，2015）
WT 为非转基因紫花苜蓿；*CsALDH12A1* 为转基因紫花苜蓿；不同小写字母表示同一指标不同处理间差异显著（$P < 0.05$）

25.3.8　转 *CsALDH12A1* 基因紫花苜蓿的净光合速率

干旱胁迫条件下，光合作用是受影响最明显的生理过程之一，干旱胁迫会降低植物光合能力（山仑和陈培元，1998）。随着干旱天数的增加，转 *CsALDH12A1* 基因紫花苜蓿和非转基因紫花苜蓿的净光合速率均呈现明显下降趋势，但非转基因紫花苜蓿的净光合速率下降幅度更大。研究结果表明，经过 15d 的干旱胁迫，非转基因紫花苜蓿的净光合速率下降了 76.31%，转基因紫花苜蓿仅下降了 58.31%（图 25-22）。可见，转 *CsALDH12A1* 基因紫花苜蓿在干旱胁迫下的光合能力显著高于非转基因紫花苜蓿。

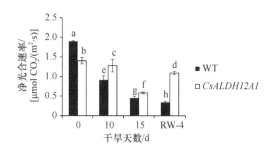

图 25-22　干旱胁迫下转基因紫花苜蓿和非转基因紫花苜蓿净光合速率（P_n）的变化（Duan et al.，2015）
WT 为非转基因紫花苜蓿；*CsALDH12A1* 为转基因紫花苜蓿；不同小写字母表示同一指标不同处理间差异显著（$P < 0.05$）

25.3.9　干旱胁迫下转 *CsALDH12A1* 基因紫花苜蓿丙二醛含量

图 25-23 显示，随着干旱胁迫时间的延长，转基因和非转基因紫花苜蓿叶片中 MDA 含量均呈不断增加趋势。但在相同处理条件下，转基因植株叶片中的 MDA 含量显著低于非转基因植株（$P<0.05$）。经过 15d 的干旱胁迫处理后，转基因紫花苜蓿叶片中的 MDA 含量比非转基因紫花苜蓿低 25.09%。可见，过表达 *CsALDH12A1* 基因使转基因紫花苜蓿细胞膜结构更具稳定性，从而减轻了干旱胁迫对转基因紫花苜蓿的伤害，对紫花苜蓿的抗氧化系统起到了保护作用，抑制了膜脂过氧化作用。

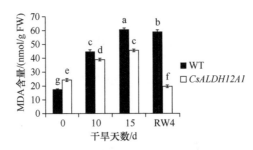

图 25-23　干旱胁迫下转基因紫花苜蓿和非转基因紫花苜蓿 MDA 含量的变化（Duan et al.，2015）

WT 为非转基因紫花苜蓿；*CsALDH12A1* 为转基因紫花苜蓿；不同小写字母表示同一指标不同处理间差异显著（$P<0.05$）

25.3.10　转 *CsALDH12A1* 基因紫花苜蓿在干旱胁迫下的脯氨酸含量

植物体内的 Pro 含量是植物抵御逆境能力的一种衡量标准。图 25-24 显示干旱处理过的转基因和非转基因紫花苜蓿的 Pro 含量比处理前均显著增加（$P<0.05$）。转基因紫花苜蓿体内 Pro 在干旱胁迫 15d 时积累最多，在恢复浇水后迅速下降；而非转基因紫花苜蓿的 Pro 含量在恢复浇水后下降不明显。

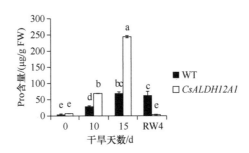

图 25-24　干旱胁迫下转基因紫花苜蓿和非转基因紫花苜蓿 Pro 含量的变化（Duan et al.，2015）

WT 为非转基因紫花苜蓿；*CsALDH12A1* 为转基因紫花苜蓿；不同小写字母表示同一指标不同处理间差异显著（$P<0.05$）

25.4　本　章　小　结

CsLEA2 和 *CsALDH12A1* 是无芒隐子草重要的抗旱功能基因，本研究以紫花苜蓿的下胚轴作为受体，采用农杆菌介导法转化紫花苜蓿获得了抗旱性显著提高的转基因紫花苜蓿新种质。

遗传转化 *CsLEA2* 共得到 119 株再生植株，叶面喷施 1ml/L 10% Basta 溶液初步筛选除草剂抗性，经过 PCR 和 RT-PCR 分子鉴定，最终得到 39 株转 *CsLEA2* 基因紫花苜蓿。干旱胁迫诱导 *CsLEA2* 基因在叶片中大量表达，在干旱胁迫 15d 时在叶中的表达量是处理前的 5.57 倍。干旱胁迫处理下表型观察和生理生化指标测定发现，过表达 *CsLEA2* 基因提高了转基因植株的抗旱性，增加了转基因植株的生物量、叶片相对含水量、F_v/F_m、叶绿素相对含量、净光合速率（P_n）和 Pro 含量，降低了 MDA 含量。

遗传转化 *CsALDH12A1* 共得到 90 株再生植株，叶面喷施 1ml/L 10% Basta 溶液初步筛选除草剂抗性，经过 PCR 和 RT-PCR 分子鉴定，最终得到 16 株转 *CsALDH12A1*

基因紫花苜蓿。干旱胁迫诱导 *CsALDH12A1* 基因在叶片中大量表达，在干旱胁迫 15d时其叶中的表达量是处理前的 6.11 倍。干旱胁迫处理下其表型观察和生理生化指标测定发现，过表达 *CsALDH12A1* 基因提高了转基因植株的抗旱性，增加了转基因植株的生物量、叶片相对含水量、F_v/F_m、叶绿素相对含量、净光合速率（P_n）和 Pro 含量，降低了 MDA 含量。

综上认为，过表达 *CsLEA2* 和 *CsALDH12A1* 紫花苜蓿是通过维持相对较高的叶片相对含水量、F_v/F_m、净光合速率、膜保护性、细胞膜内渗透调节物质等提高转基因植株的抗旱性。

参 考 文 献

陈培元, 蒋永罗, 李英, 等. 1987. 钾对小麦生长发育、抗旱性和某些生理特性影响. 作物学报, 13(4): 322-327.

段珍, 狄红艳, 张吉宇, 等. 2014. 无芒隐子草 *CsLEA* 基因超表达载体和反义表达载体构建. 草业科学, 31(8): 1475-1480.

韩瑞宏, 卢欣石, 高桂娟, 等. 2007. 紫花苜蓿(*Medicago sativa*)对干旱胁迫的光合生理响应. 生态学报, 27(12): 5229-5237.

孔令芳. 2013. 无芒隐子草 *CsLEA2* 基因克隆及其转化拟南芥的研究. 兰州: 兰州大学硕士学位论文.

裴金玲, 杨红兰, 李春平, 等. 2012. 转晚期胚胎发生丰富蛋白(*LEA*)基因棉花及抗旱性分析. 分子植物育种, 10(3): 331-337.

山仑, 陈培元. 1998. 旱地农业生理生态基础. 北京: 科学出版社.

王爱国, 邵从本, 罗广华. 1986. 丙二醛作为植物脂质过氧化指标的探讨. 植物生理学报, 28(3): 84-90.

张吉宇, 王彦荣, 南志标. 2009. 相对定量和绝对定量——以 *CsSAMDC* 基因表达分析为例. 中国生物工程杂志, 29(8): 86-91.

Babu R C, Zhang J, Blum A, et al. 2004. *HVA1*, a *LEA* gene from barley confers dehydration tolerance in transgenic rice (*Oryza sativa* L.) via cell membrane protection. Plant Science, 166(4): 855-862.

Barros J, Temple S, Dixon R A. 2019. Development and commercialization of reduced lignin alfalfa. Current Opinion in Biotechnology, 56: 48-54.

Duan Z, Zhang D, Zhang J, et al. 2015. Co-transforming bar and *CsALDH* genes enhanced resistance to herbicide and drought and salt stress in transgenic alfalfa (*Medicago sativa* L.). Frontiers in Plant Science, 6(e101136): 1115.

Gill S S, Tuteja N. 2010. Reactive oxygen species and antioxidant machinery in abiotic stress tolerance in crop plants. Plant Physiology and Biochemistry, 48(12): 909-930.

Huang W Z, Ma X R, Wang Q L, et al. 2008. Significant improvement of stress tolerance in tobacco plants by overexpressing a stress-responsive aldehyde dehydrogenase gene from maize (*Zea mays*). Plant Molecular Biology, 68(4): 451-463.

Hubbard K, Hassanein N. 2012. Confronting coexistence in the United States: organic agriculture, genetic engineering, and the case of Roundup Ready® alfalfa. Agriculture and Human Values, 30(3): 325-335.

Jia F, Qi S, Li H, et al. 2014. Overexpression of late embryogenesis abundant 14 enhances *Arabidopsis* salt stress tolerance. Biochemical and Biophysical Research Communications, 454(4): 505-511.

Liu G, Xu H, Zhang L, et al. 2011. Fe binding properties of two soybean (*Glycine max* L.) LEA24 proteins associated with antioxidant activity. Plant and Cell Physiology, 52(6): 994-1002.

Rodrigues S M, Andrade M O, Gomes A P S, et al. 2006. *Arabidopsis* and tobacco plants ectopically expressing the soybean antiquitin-like *ALDH7* gene display enhanced tolerance to drought, salinity, and oxidative stress. Journal of Experimental Botany, 57(9): 1909-1918.

Xiao B, Huang Y, Tang N, et al. 2007. Over-expression of a *LEA* gene in rice improves drought resistance under the field conditions. Theoretical and Applied Genetics, 115(1): 35-46.

Yu J, Lai Y, Wu X, et al. 2016. Overexpression of *OsEm1* encoding a group I LEA protein confers enhanced drought tolerance in rice. Biochemical and Biophysical Research Communication, 478(2): 703-709.

Zhang J Y, Duan Z, Zhang D, et al. 2016. Co-transforming *bar* and *CsLEA* enhanced tolerance to drought and salt stress in transgenic alfalfa (*Medicago sativa* L.). Biochemical and Biophysical Research Communications, 472(1): 75-82.

Zhang J Y, John U P, Wang Y R, et al. 2011. Targeted mining of drought stress-responsive genes from EST resources in *Cleistogenes songorica*. Journal of Plant Physiology, 168 (15): 1844-1851.

第 26 章 利用转基因技术创制柱花草新种质

卢少云 郭振飞

26.1 引　　言

柱花草（*Stylosanthes guianensis*）原产于热带地区，是热带和南亚热带地区最重要的优质豆科牧草，同时也是常见的培肥、保水地被覆盖植物。柱花草能很好地适应贫瘠土壤，对干旱和酸性土壤也有很强的耐受性，但对冬季低温敏感，低温是影响其生长、降低产量和品质的最主要逆境。柱花草幼苗在人工气候箱 10℃低温下就会受到伤害，过氧化氢酶（CAT）和抗坏血酸-过氧化物酶（APX）活性降低（Zhou et al.，2005）。ABA处理提高柱花草低温下抗氧化酶活性和抗坏血酸含量，提高耐冷性（Zhou et al.，2005）。柱花草耐冷突变体比亲本在低温下具有更高的净光合速率、抗氧化酶活性和抗坏血酸含量，表明抗氧化酶活性和抗坏血酸含量与柱花草耐冷性密切相关（Lu et al.，2013）。Sarria等（1994）用含有双元载体 PGV1040 的根癌农杆菌 EHA101 侵染柱花草，获得了转基因柱花草植株。Kelemu 等（2005）以新霉素磷酸转移酶基因（*nptII*）作为筛选标记，将水稻的几丁质酶基因（*CHI*）导入柱花草，提高了柱花草抗病性。国内作者也报道了柱花草的遗传转化，但往往只是采用 PCR 对转基因植物进行检测，未见 DNA 印迹的检测结果，使得外源基因整合至柱花草基因组的证据不够全面和充分。我们曾利用 *nptII* 作为筛选标记，经过多年试验，未获得阳性转基因植株。改用 *bar* 作为筛选标记，成功建立了高效、可靠的柱花草遗传转化方法，并创制出柱花草耐逆新种质（Bao et al.，2016）。

26.2 共表达 *NCED* 和 *ALO* 基因提高柱花草耐冷抗旱性

26.2.1 柱花草的遗传转化方法

9-顺式环氧类胡萝卜素双加氧酶（NCED）是 ABA 生物合成的关键酶，阿拉伯糖醛酸内酯氧化酶（ALO）是酵母中合成赤藓抗坏血酸的关键酶，在植物体表达后能以 L-半乳糖醛酸-1,4-内酯为底物，合成抗坏血酸（Chen et al.，2015）。以表达质粒pCAMBIAA3301 为基础载体，以 *35S* 启动子分别驱动柱花草 *SgNCED1* 和 *ALO* 的表达，构建 *SgNCED1* 和 *ALO* 的共表达载体。

将携带该表达载体的根癌农杆菌菌株 EHA105 在 LB 培养基平板上划线培养，挑取单菌落，接种于液体培养基，于 28℃培养，备用。采用农杆菌介导法转化柱花草（Qiu et al.，2019；Bao et al.，2016）。在超净工作台上，取两片子叶已完全伸展开的无菌柱花草幼苗，切下子叶和下胚轴，制造微小伤口，完全浸入重悬的菌液中侵染 20min，然后转移到无菌的吸水纸上，吸去表面菌液。将外植体置于铺有一层滤纸的 S_0 培养基（MS 基本培养基、0.5mg/L NAA、2mg/L 6-BA、3%蔗糖、0.7%琼脂）上，于 28℃培养箱中黑暗条件下共培养 3d，然后将外植体转移到 S_1 培养基（MS 基本培养基、0.5mg/L NAA、2mg/L 6-BA、300mg/L 头孢霉素、200mg/L 羧苄西林、3%蔗糖、0.7%琼脂）上光照条件下恢复培养 7d，外植体形成愈伤组织。将愈伤组织转移至含草铵膦（Basta）的筛选培养基 S_2（MS 基本培养基、0.5mg/L NAA、2mg/L 6-BA、300mg/L 头孢霉素、200mg/L 羧苄西林、0.6mg/L Basta、3%蔗糖、0.7%琼脂）上，于 28℃光照条件下培养，每 20d 继代一次。筛选 40d 后将存活的愈伤组织转移到分化培养基 S_3（MS 基本培养基、2mg/L 6-BA、300mg/L 头孢霉素、200mg/L 羧苄西林、0.6mg/L Basta、3%蔗糖、0.7%琼脂）上，20d 继代一次。将伸长的再生芽（长 3～4cm）从基部平整切下来，转至生根培养基（1/2 MS 培养基、3%蔗糖、0.7%琼脂）上，在长出完整根系时开瓶炼苗 2～3d（逐渐开瓶至完全打开），移栽到土盆中。约一个月后，用 60mg/L Basta 喷湿幼苗，阴性转基因再生植株被杀死，而阳性植株能正常生长。

26.2.2　转基因柱花草的分子检测

从转基因柱花草植株提取 DNA，进行 PCR 检测。设计合适的引物，分别扩增含 35S 启动子和 *SgNCED1* 基因的部分片段、*ALO* 和 *BAR* 基因片段，均能扩增出与阳性对照（表达载体）大小一致的条带，而野生型植株不能够扩增出条带。进一步进行 Southern blotting 杂交检测。将转基因柱花草及其野生型的基因组 DNA 用 *EcoR* I 进行酶切，电泳分离后，通过毛细管法将 DNA 转移到带正电荷的尼龙膜上，以 *bar* 基因片段为探针进行 Southern blotting 杂交。结果显示，大部分转基因植株出现单条杂交信号，5 号、15 号出现两条杂交信号，16 号出现 4 条杂交信号，而野生型植株没有杂交信号（图 26-1a），表明外源基因已整合到转基因柱花草的基因组中。采用 qRT-PCR 检测转基因柱花草中 *SgNCED1* 和 *ALO* 基因的表达，结果显示，野生型能检测到 *SgNCED1* 的表达，而大部分转基因植株 *SgNCED1* 的相对表达量高于野生型；野生型未检测到 *ALO*，而半数以上转基因植株能检测到 *ALO* 的表达，其中 1、2、3、4、9、11、12、14、15、16 和 17 号植株中 *SgNCED1* 和 *ALO* 基因均得到表达（图 26-1b）。

26.2.3　转基因柱花草提高 ABA 和 AsA 含量

采用酶联免疫吸附法测定转基因柱花草及其野生型植株叶片的 ABA 含量，结果显示，3 个转基因株系的 ABA 含量均显著高于野生型，比野生型提高 18%～48%（图 26-2a）。抗坏血酸（AsA）又称为维生素 C，是重要的抗氧化剂；AsA 在抗坏血酸脱氢酶催化下转化为脱氢抗坏血酸（DHA），AsA 和 DHA 含量反映植物体总的抗坏血酸库大小。利用抗坏血酸氧化酶测定了转基因柱花草及其野生型 AsA 和 DHA 含量，结果显示，转基因柱花草 AsA 含量与 AsA+DHA 含量均显著高于野生型（图 26-2b）。结果表明，*SgNCED1* 和 *ALO* 在转基因柱花草中获得了表达，促进 ABA 和 AsA 的生物合成。

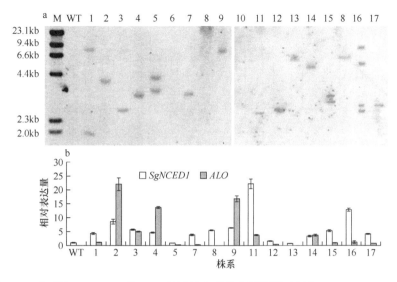

图 26-1　共表达 *SgNCED1* 和 *ALO* 基因柱花草的分子检测（引自 Bao et al.，2016）

a. DNA 印迹分析，M 为 *Hind*III酶切的 λDNA，WT 为野生型，其余为转基因柱花草植株，基因组 DNA 用 *Eco*R I 酶切后进行 DNA 印迹分析；b. 采用 qRT-PCR 分析 *SgNCED1* 和 *ALO* 的相对表达量，以 *actin* 作为内参基因

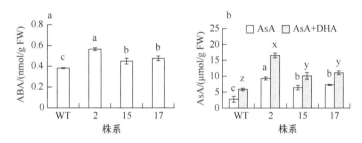

图 26-2　转基因柱花草及其野生型植株的 ABA（a）和 AsA（b）含量（引自 Bao et al.，2016）

26.2.4　转基因柱花草提高了耐冷、抗旱性

将转基因植株及其野生型种子播种于穴盘，种子萌发后每穴保留长势一致的 3 株，在温室内自然光照下生长 1 个月。柱花草幼苗在人工气候箱内于 6℃低温下处理 5d，测定顶端第 3 片复叶的 F_v/F_m、相对电导率和丙二醛（MDA）含量。结果显示，转基因柱花草比野生型具有更高的 F_v/F_m（图 26-3a），而相对电导率和 MDA 含量明显低于野生型（图 26-3b，图 26-3c）。将植物材料移到常温下恢复 5d，野生型植株大部分死亡，大部分转基因植株存活并恢复生长（图 26-3d）。结果表明，转基因柱花草提高了耐冷性。

从底部对穴盘内的柱花草幼苗供水至饱和，然后停止浇水，使土壤逐步干旱，野生型植株最早出现萎蔫，当野生型植株严重萎蔫时，转基因柱花草仅出现轻度萎蔫。测定顶端第 3 片复叶的相对含水量（RWC）、相对电导率和丙二醛（MDA）含量。结果显示，转基因柱花草比野生型具有更高的 RWC（图 26-4a），而相对电导率和 MDA 含量显著低于野生型（图 26-4b，图 26-4c）。对植物材料恢复浇水，野生型植株全部死亡，而大部分转基因植株存活并恢复生长（图 26-4d）。结果表明，转基因柱花草提高了抗旱性。

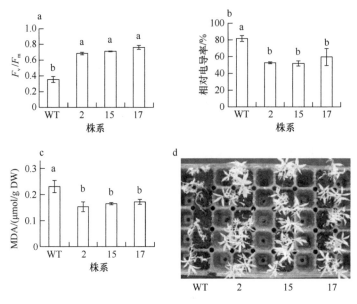

图 26-3　转基因柱花草及其野生型植株的耐冷性分析（引自 Bao et al.，2016）

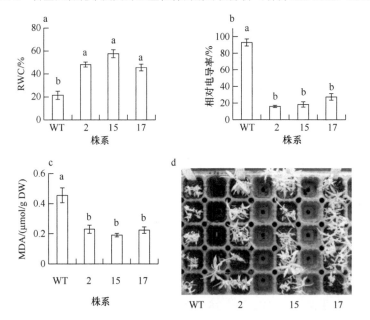

图 26-4　转基因柱花草及其野生型植株的抗旱性分析（引自 Bao et al.，2016）

26.2.5　转基因柱花草提高了抗氧化酶活性

抗氧化系统由 SOD、CAT、APX 等抗氧化酶和抗坏血酸等抗氧化剂组成，在植物耐冷、抗旱性中起重要作用。我们曾报道过表达 *SgNECD1* 转基因烟草的 SOD、CAT 和 APX 活性高于野生型（Zhang et al.，2009），因此测定了转基因柱花草的抗氧化酶活性。结果显示，转基因柱花草 SOD、CAT 和 APX 活性均显著高于野生型，分别比野生型植株提高了 84%～184%（图 26-5a）、65%～210%（图 26-5b）、73%～95%（图 26-5c）。

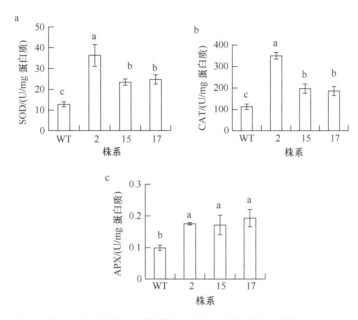

图 26-5　转基因柱花草及其野生型植株抗氧化酶活性比较（引自 Bao et al.，2016）

26.3　过表达 *MfSAMS1* 提高转基因柱花草耐冷性

第 15 章已介绍黄花苜蓿 *S*-腺苷甲硫氨酸合成酶基因 *MfSAMS1* 调控植物耐寒性，过量表达 *MfSAMS* 提高转基因烟草的耐寒性（Guo et al.，2014）。因此，我们将 *MfSAMS1* 导入柱花草，提高转基因柱花草耐冷性。

26.3.1　转基因柱花草的分子检测

构建 *MfSAMS1* 的表达载体（pCAMBIA3301-*MfSAMS1*），按照前面所述的遗传转化方法，获得草铵膦抗性的转基因再生植株。在盆栽存活、常温下生长一个月后，用 60mg/L Basta 喷湿幼苗，筛选出能正常生长的阳性植株，为候选转基因阳性植株。

剪取转基因植株及其野生型植株的叶片，提取基因组 DNA，进行 PCR 检测。将 PCR 检测阳性植株的 DNA 用 *Eco*R I 进行酶切，经过琼脂糖凝胶电泳分离后，转移到尼龙膜上，以地高辛标记的 *MfSAMS1* 片段为探针，进行 DNA 印迹分析。结果显示，非转基因野生型（WT）植株出现 1 条杂交带，而转基因植株（编号 1、2、3、4、5）中也出现该条杂交带，表明该杂交带代表柱花草同源基因 *SgSAMS1* 的杂交信号。转基因植株中还出现另一条杂交带，其中 1 和 4 以及 2 和 3 号植株的带型相同，表明 1 和 4 号植株来自同一个转化事件，而 2 和 3 号植株来自同一转化事件（图 26-6a）。以 qRT-PCR 检测转基因植株中 *MfSAMS1* 的相对表达量，1、2 和 5 号转基因植株中 *MfSAMS1* 的相对表达量均高于野生型（图 26-6b），表明 *MfSAMS1* 在这些植株中获得了表达。常规管理转基因植物至开花，收获转基因植株的种子（T0）。将 T0 种子萌发后，播种于培养盆中，对 2 周龄幼苗 T1 代植株喷施 60mg/L Basta，2 周后统计植株存活情况。结果显示，野生型植株全部死亡，而转基因植株表现出约 75%的存活率，表明转基因植株与野生型之间出现 3∶1 的分离比，符合孟德尔遗传规律（图 26-6c）。采用上述 Basta 抗性的方法，获得了纯合的转基因株系 1、2 和 5 号，用于后续研究。

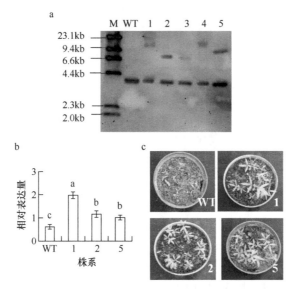

图 26-6　T0 代转基因柱花草的分子检测及 T1 代植株的抗 Basta 分析（引自 Qiu et al.，2019）

a. 取 15μg 基因组 DNA，用 *Eco*R Ⅰ 酶切后进行 DNA 印迹分析；b. 采用 qRT-PCR 分析 *MfSAMS1* 的相对表达量，以 *actin* 作为内参基因；c. 以 60mg/L Basta 喷施 15d 龄的柱花草幼苗，1 周后照相。图 b 中不同字母表示差异显著（*P*<0.05）

26.3.2　转基因柱花草亚精胺含量和多胺氧化酶活性

SAMS 催化 SAM 的合成，SAM 除了是主要的甲基供体之外，还是多胺合成的前体，在 SAM 脱羧酶（SAMDC）、亚精胺合酶（SPDS）和精胺合酶（SPMS）分别催化下，进一步转化为亚精胺和精胺，而亚精胺和精胺可被多胺氧化酶（PAO）催化，从而氧化生成过氧化氢（H_2O_2）。H_2O_2 是一种参与多种生理反应的重要分子。研究结果表明，多胺和多胺氧化都参与植物适应环境胁迫的调节（Luo et al.，2017；Moschou et al.，2008）。因此测定了正常条件下转基因柱花草及其野生型的 SAM、多胺含量和 PAO 活性。结果显示，转基因柱花草 SAM 含量明显高于野生型（图 26-7a）。与野生型相比，3 个转基因株系腐胺含量出现一些差异，1 号株系低于野生型，2 号株系高于野生型，但 5 号株系与野生型差异不大（图 26-7b），说明不同株系间腐胺含量存在个体间差异，与过量表达 *MfSAMS1* 无关。转基因株系的亚精胺含量均高于野生型（图 26-7c），而精胺含量与野生型之间没有明显差异（图 26-7d）。

多胺氧化酶（PAO）催化亚精胺和精胺氧化，而二胺氧化酶（DAO）催化腐胺氧化，在质外体生成 H_2O_2。转基因柱花草株系的 PAO 活性比野生型高 25%～69%（图 26-8a），而 DAO 活性与野生型无显著差异（图 26-8b）；转基因株系的 H_2O_2 含量比野生型高 34%～55%（图 26-8c）。结果表明，过量表达 *MfSAMS1* 促进了转基因柱花草 SAM 的合成，进而提高了精胺含量，诱导 PAO 活性，导致 H_2O_2 积累。该结果与过量表达 *MfSAMS1* 提高转基因烟草 PAO 活性、在质外体积累 H_2O_2 是一致的（Guo et al.，2014）。

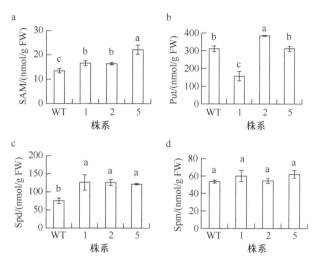

图 26-7　转基因柱花草及其野生型（WT）多胺含量的比较（引自 Qiu et al.，2019）

a. S-腺苷甲硫氨酸（SAM）；b. 腐胺（Put）；c. 亚精胺（Spd）；d. 精胺（Spm）。图中不同字母表示差异显著（P<0.05）

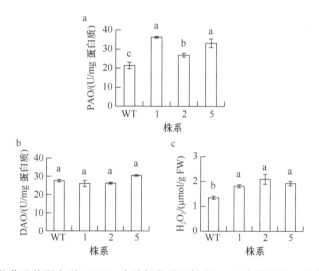

图 26-8　转基因柱花草及其野生型（WT）多胺氧化酶活性和 H_2O_2 含量比较（引自 Qiu et al.，2019）

a. 多胺氧化酶（PAO）；b. 二胺氧化酶（DAO）；c. H_2O_2 含量。图中不同字母表示差异显著（P<0.05）

26.3.3　过量表达 *MfSAMS1* 提高柱花草抗氧化酶活性

H_2O_2 作为一种活性氧，大量积累会引起植物细胞的氧化伤害，但短暂积累或浓度较低时则作为信号分子，调控系列逆境响应基因的表达（Farnese et al.，2016；Guo et al.，2014），PAO 催化产生的 H_2O_2 能调控植物耐盐（Moschou et al.，2008）、耐寒性（Guo et al.，2014）。我们过去曾观察到 H_2O_2 诱导抗氧化酶基因的表达，从而提高抗氧化酶活性（Guo et al.，2014），因此测定转基因柱花草的 SOD、CAT 和 APX 活性。结果显示，转基因柱花草株系 SOD 和 CAT 活性明显高于野生型（图 26-9a，图 26-9b）；2 号株系的 APX 活性高于野生型，但 1 号和 5 号株系的酶活性与野生型差异不显著（图 26-9c），表明不同材料间 APX 活性的差异与材料个体间差异有关，与表达 *MfSAMS1* 无关。

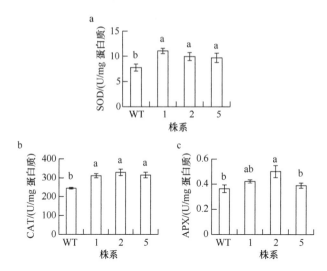

图 26-9 转基因柱花草及其野生型（WT）几种抗氧化酶活性比较（引自 Qiu et al.，2019）

a. 超氧化物歧化酶（SOD）；b. 过氧化氢酶（CAT）；c. 抗坏血酸过氧化酶（APX）。图中不同字母表示差异显著（$P<0.05$）

26.3.4 过量表达 *MfSAMS1* 对柱花草耐冷性的影响

测定低温处理后转基因柱花草及其野生型的相对电导率和光系统 II 最大光化学效率（F_v/F_m），以鉴定耐冷性。结果显示，6℃低温处理 6d 后野生型植株相对电导率达到 73%，而转基因柱花草株系为 33%～37%，明显低于野生型（图 26-10a）；野生型植株 F_v/F_m 为 0.51，而转基因柱花草株系为 0.71～0.74，明显高于野生型（图 26-10b）。将植株移到常温下恢复 1 周，野生型植株不能恢复生长，而转基因柱花草株系能恢复生长（图 26-10c）。这些结果表明，转基因柱花草耐冷性得到了提高。

图 26-10 转基因柱花草耐冷性鉴定（引自 Qiu et al.，2019）

a. 相对电导率；b. 光系统 II 最大光化学效率（F_v/F_m）；c. 常温下恢复 7d 的照片。图中不同字母表示差异显著（$P<0.05$）

26.4　本　章　小　结

研究建立了高效、可重复的柱花草遗传转化技术，获得了共表达 *SgNCED1* 和 *ALO* 基因的转基因柱花草。转基因柱花草 ABA 和 AsA 含量及 SOD、CAT、APX 等抗氧化酶活性均高于野生型，因而提高了耐冷和抗旱性。将黄花苜蓿 *MfSAMS1* 导入柱花草，提高了转基因柱花草 S-腺苷甲硫氨酸和亚精胺含量及多胺氧化酶活性，导致 H_2O_2 积累，诱导抗氧化酶基因表达，提高了 SOD 和 CAT 活性，从而提高了柱花草耐冷性。

参 考 文 献

Bao G, Zhuo C, Qian C, et al. 2016. Co-expression of *NCED* and *ALO* improves vitamin C level and tolerance to drought and chilling in transgenic tobacco and stylo plants. Plant Biotechnology Journal, 14: 206-214.

Chen Z, Qing C, Lin L, et al. 2015. Overexpression of yeast arabinono-1, 4-lactone oxidase gene (*ALO*) increases tolerance to oxidative stress and Al toxicity in transgenic tobacco plants. Plant Molecular Biology Reporter, 33: 806-818.

Farnese F S, Menezes-Silva P E, Gusman G S, et al. 2016. When bad guys become good ones: the key role of reactive oxygen species and nitric oxide in the plant responses to abiotic stress. Frontiers in Plant Science, 7: 471.

Guo Z, Tan J, Zhuo C, et al. 2014. Abscisic acid, H_2O_2 and nitric oxide interactions mediated cold-induced *S*-adenosylmethionine synthetase in *Medicago sativa* subsp. *falcata* that confers cold tolerance through up-regulating polyamine oxidation. Plant Biotechnology Journal, 12: 601-612.

Kelemu S, Jiang C S, Huang G X, et al. 2005. Genetic transformation of the tropical forage legume *Stylosanthes guianensis* with a rice-chitinase gene confers resistance to Rhizoctonia foliar blight disease. African Journal of Biotechnology, 4: 1025-1033.

Lu S, Wang X, Guo Z. 2013. Differential responses to chilling in *Stylosanthes guianensis* (Aublet) Sw. and its mutants. Agronomy Journal, 105: 377-382.

Luo J, Liu M, Zhang C, et al. 2017. Transgenic centipedegrass (*Eremochloa ophiuroides* [Munro] Hack.) overexpressing *S*-adenosylmethionine decarboxylase (*SAMDC*) gene for improved cold tolerance through involvement of H_2O_2 and NO signaling. Frontiers in Plant Science, 8: 1655.

Moschou P N, Paschalidis K A, Delis I D, et al. 2008. Spermidine exodus and oxidation in the apoplast induced by abiotic stress is responsible for H_2O_2 signatures that direct tolerance responses in tobacco. Plant Cell, 20: 1708-1724.

Qiu H, Zhou M, Huang L, et al. 2019. Overexpression of *MfSAMS1* improves chilling tolerance in transgenic stylo. Agronomy Journal, 111: 2287-2292.

Sarria R, Calderon A, Thro A M, et al. 1994. Agrobacterium-mediated transformation of *Stylosanthes guianensis* and production of transgenic plants. Plant Science, 96: 119-127.

Zhang Y, Tan J, Guo Z, et al. 2009. Increased ABA levels in 9 *cis*-epoxycartenoid dioxygenase over-expressing transgenic tobacco influences H_2O_2 and NO production and antioxidant defences. Plant Cell and Environment, 32: 509-519.

Zhou B, Guo Z, Lin L. 2005. Effects of abscisic acid on antioxidant systems of *Stylosanthes guianensis* (Aublet) Sw. under chilling stress. Crop Science, 45: 599-605.

第27章 利用内生真菌创制多年生黑麦草抗逆新种质

李春杰 陈振江 南志标 田 沛

27.1 引 言

利用 *Epichloë* 内生真菌进行禾草抗逆新种资创制，是近年来国外禾草内生真菌商品化应用和草业育种的一个新趋势（Easton et al.，2007）。这种育种方法是结合内生真菌对宿主抗逆性等方面的积极响应和内生真菌垂直传播的种传特性进行的（Schardl et al.，2004）。与常规育种和传统分子育种相比，利用内生真菌育种具有如下优势：首先，禾草内生真菌在宿主外部不产生子实体，缺乏有性态；这一优异特性促使内生真菌的侵染不会造成种内、种间的泛滥传播（Clay and Schardl，2002），对育种具备安全性；其次，禾草内生真菌介导的目的性状在宿主上可得到较稳定表达（Siegel et al.，1987），且在良好的储藏条件下，目的性状在子代中可稳定遗传，对育种具备高效性。因此，内生真菌育种在国际草类植物育种界享有"下一代分子育种"的美誉（Easton，2007）。

与利用内生真菌进行牧草育种相比，草坪草育种不需要考虑共生体分泌产生的次生代谢产物，如震颤素（lolitrem B）、麦角缬碱（ergovaline）、麦角新碱（ergonovine）和麦角酰胺（ergine）等造成的家畜中毒事件，只需关注宿主内生真菌带菌率、宿主抗逆性和竞争力等。有研究表明，内生真菌可以提高多年生黑麦草（*Lolium perenne*）种子的萌发率和幼苗的建植率（Reed，1987）、增加其分蘖数（Clay，1987），被内生真菌侵染的植株具有更发达的根系（Crush et al.，2004）。内生真菌可以提高宿主对非生物胁迫的抗性，如抗旱性（Malinowski and Belesky，2000）等，以及对生物逆境胁迫的抗性，如抗病性（Ma et al.，2015）和抗虫性（Prestidge et al.，1982）。关于内生真菌对禾草病害的影响国内外已有研究报道：包括枝孢（*Cladosporium phlei*）叶斑病（Latch，1993）、根腐离蠕孢（*Bipolaris sorokiniana*）叶斑病（Tian et al.，2008）和立枯丝核菌（*Rhizoctonia solani*）褐斑病（Burpee and Bouton，1993）等。内生真菌的侵染亦可以增强禾草对害虫的抗性、阻抑其取食，如阿根廷茎象甲（*Listronotus bonariensis*）（Prestidge et al.，1982）、草地螟（*Loxostege sticticalis*）（Funk et al.，1983）、蛴螬（*Holotrichia diomphalia*）（Funk et al.，1993）和双宫螺旋线虫（*Helicotylenchus dihystera*）（Pedersen et al.，1988）。高内生真菌带菌率的禾草除了可提升非生物和生物胁迫的抗性及宿主农艺性状外，同时具备较强的种间竞争优势（Easton，1999）。Sutherland 和 Hogland（1989）发现，多年生黑麦草与白三叶（*Trifolium repens*）或地三叶（*T. subterraneum*）混播时，内生真菌通过提高黑麦草的竞争力而明显降低三叶草的种群密度。也有研究表明带内生真菌的黑麦草产生的次生代谢产物通过化感作用能减缓其他豆科植物根部的生长（Cunningham et al.，1993）而调节群落结构。

　　美国和新西兰等国已积极开展培育含内生真菌的草坪草品种，并已有数十个羊茅和黑麦草的带菌型优质草坪草品种，如'Advent'、'Assure'、'Dandy'、'Dasher Ⅱ'、'Gettysburg'和'Pinnacle'等投入商业运营（Funk et al.，1993，1994）。在新西兰克莱斯特切奇机场、汉密尔顿机场开始使用由新西兰 PGG Wrightson、AgResearch、FAR 和 Grasslanz 等单位通过利用对家畜和昆虫有毒生物碱含量极高的内生真菌菌株 AR95 和 AR601，联合研发的具有独立知识产权的抵抗鸟类采食特性的驱鸟品种'AVANEX'，其驱鸟率高达 70%～90%（Pennell et al.，2013）。来自美国和新西兰等国家的一些商用草坪草种子中，内生真菌带菌率已作为与种子发芽率、净度等相提并论的重要指标，出现在种子标签上（南志标和李春杰，2004）。而我国在利用内生真菌进行草坪草抗逆育种方面的研究才刚刚起步，国内尚未见育成品种的报道。所以需要加大对我国内生真菌种质资源的挖掘和利用，期待近年能在我国常见的草坪草抗性育种中有所突破。

　　多年生黑麦草是应用最广泛的冷季型草坪草，也是最早培育成功的品种之一。其中有多个黑麦草品种被黑麦草内生真菌（*Epichloë festucae* var. *lolii*）侵染（Siegel et al.，1987；Schardl et al.，2004）。但市场上商用黑麦草的种子内生真菌带菌率较低，仅为 0～78%（田沛，2009），无法表现出内生真菌的增益作用。为了获得高内生真菌带菌率、抗病、抗旱、耐贫瘠的新品种，本团队以被黑麦草（*E. festucae* var. *lolii*）内生真菌侵染的多年生黑麦草为研究材料，在我国率先开展了新品系的创制及其生物学和农学特性的研究。经过连续 10 余年的栽培筛选和研究，获得了高内生真菌带菌率、抗病、抗旱和耐贫瘠的优良坪用性状的新品系，已于 2020 年 8 月被批准进行国家林业和草原局国家区域试验。本章将重点介绍该品系的创制过程和品种比较等方面的主要研究结果。本章数据变化或数据间差异显著性的置信区间为 95%。

27.2　新品系创制过程

　　对于利用内生真菌进行草坪草育种而言，不存在因内生真菌侵染产生毒素而引致家畜中毒的问题，而内生真菌为草坪草带来的抗病、抗旱、易建植等特性正是草坪业所需要的。为了获得高内生真菌带菌率、抗病、抗旱的优良坪用性状的新品种（Chen et al.，2020a，2020b；Ma et al.，2015；马敏芝和南志标，2011；马敏芝，2009，2015；田沛，2009），本团队开展了一系列的研究，在利用内生真菌进行黑麦草新品系创制方面的主要工作可概括如下。

27.2.1　抗病材料的收集

　　2004 年，收集具有抗病等抗逆能力的坪用型黑麦草品种：'太阳岛'（Capri）、'高帽'（Top Hat）、'德比'（Derby）、'凯特 1 号'（Gator 1）、'绿宝石'（Emerald）、'绅士'（Esquiro）、'美丽达'（Millionda）、'球道'（Fairway）、'顶峰'（Pinacle）、'劳瑞塔'（Laruita）、'爱神特'（Accent）、'托亚'（Taya）、'天马'（Pegasus）、'匹克威'（Pickwick）和'凯蒂莎'（Kaddiesack）等 15 个品种。所获种样均置于牛皮纸袋中，储存在农业农村部牧草与草坪草种子质检中心（兰州）种子库（4℃）中。各品种详情见表 27-1。

表 27-1　15 个多年生黑麦草品种的主要特征（改自田沛，2009）

品种	特点	抗病性
太阳岛	致密、抗病、耐热	极强；锈病、红丝病、长蠕孢叶斑病
德比	耐践踏、抗热、抗旱、抗病	中；锈病、灰叶斑病、褐斑病等
高帽	抗寒、抗病	中
凯特 1 号	叶色深绿、质地细腻、耐热、抗病	强
绿宝石	抗病虫、耐热、耐贫瘠	极强；叶斑病
绅士	抗病、耐践踏、颜色深绿、返青早	极强；褐斑病、镰刀菌枯萎病、红丝病和币斑病等
美丽达	低矮、抗病、抗旱、抗热	强；红丝病、叶斑病、褐斑病等
球道	生长稠密、抗病、抗寒、抗旱	极强；币斑病、红丝病、褐斑病、叶斑病和腐霉病等
劳瑞塔	综合抗逆性强	强
爱神特	抗病、抗寒、耐热	极强；币斑病、红丝病、褐斑病、叶斑病和腐霉病等
托亚	抗寒、抗旱、抗病、耐践踏	强；锈病、币斑病等
天马	耐盐、抗病	中
匹克威	成坪快、耐热、抗寒、抗病	强
凯蒂莎	抗病虫、耐践踏	强；币斑病、红丝病、叶斑病、霜霉病、叶锈病、腐霉病、根褐斑病
顶峰	萌发速度快、耐修剪、抗病虫、耐贫瘠	极强；锈病等

27.2.2　基础材料的筛选

27.2.2.1　种子内生真菌带菌率检测

2004 年将收集的 15 个品种进行种子内生真菌带菌率的检测，结果发现：其中有 9 个品种带内生真菌，占全部检测品种的 60%，内生真菌带菌率高于 50% 的品种有'球道'、'顶峰'和'绿宝石'（表 27-2）。

表 27-2　不同品种黑麦草种子和幼苗中内生真菌的带菌率（引自田沛，2009）

品种	种子内生真菌带菌率/%	幼苗内生真菌带菌率/%	种子来源	原产地
太阳岛	0	—	兰州昭明草坪科技有限公司	丹麦
高帽	32	—	兰州昭明草坪科技有限公司	美国
德比	0	—	兰州昭明草坪科技有限公司	美国
凯特 1 号	0	—	兰州昭明草坪科技有限公司	美国
绿宝石	52	7.12	兰州绿景源草坪绿化工程有限公司	美国
绅士	12	—	兰州绿景源草坪绿化工程有限公司	丹麦
美丽达	39	39.2	兰州绿景源草坪绿化工程有限公司	美国
球道	78	52.6	甘肃嘉卉草业绿化工程有限责任公司	美国
劳瑞塔	0	—	甘肃嘉卉草业绿化工程有限责任公司	加拿大
爱神特	48.5	37.8	甘肃嘉卉草业绿化工程有限责任公司	美国
托亚	0	—	兰州兰太草坪科技开发有限公司	美国
天马	0	—	兰州市农业科技研究推广中心	美国
匹克威	25.9	—	甘肃农业大学	美国
凯蒂莎	25.9	—	甘肃农业大学	美国
顶峰	64.2	48.7	兰州兰太草坪科技开发有限公司	美国

27.2.2.2　幼苗内生真菌带菌率检测

2004～2005 年，将检测的种子内生真菌带菌率高于 35%的 5 个品种（'球道'78%、'爱神特'48.5%、'美丽达'39%、'绿宝石'52%和'顶峰'60%）进行幼苗内生真菌带菌率的检测，结果表明：'球道'、'爱神特'、'绿宝石'和'顶峰'种群的幼苗内生真菌带菌率分别为 52.6%、37.8%、7.12%和 48.7%（表 27-2）。

27.2.2.3　种带病原真菌的分离

2006～2007 年，选取'球道'、'爱神特'、'美丽达'、'绿宝石'和'顶峰'等内生真菌带菌率较高的 5 个品种（表 27-3）进行种带病原真菌分离，结果表明，5 个品种的种子中均分离到了病原真菌，表面不消毒的种子病原真菌的分离率为 100%，消毒种子的病原真菌带菌率显著低，其中顶峰种子病原真菌带菌率最低（表 27-3）。共分离获得 7 属 10 余种 180 个病原真菌菌株，其中细交链孢（*Alternaria alternata*）和离蠕孢（*Bipolaris* spp.）分离率最高（表 27-4）。

表 27-3　不同品种黑麦草内生真菌的种带病原真菌率（引自田沛，2009）

品种	剥外麸的种子病原真菌带菌率/%	未剥外麸的种子病原真菌带菌率/%	表面未消毒种子病原真菌带菌率/%
球道	35.0	30	100
爱神特	18.3	30	100
美丽达	31.7	40	100
绿宝石	62.0	50	100
顶峰	8.8	27	100

表 27-4　黑麦草种带病原真菌种类及分离率（引自田沛，2009）

真菌	真菌个数	分离率/%
细交链孢（*Alternaria alternata*）	54	30
交链孢（*Alternaria* spp.）	7	3.89
离蠕孢（*Bipolaris* spp.）	56	31.11
镰刀菌（*Fusarium* spp.）	12	6.67
德氏霉（*Drechslera poae*）	18	10
串珠镰刀菌（*Fusarium moniliforme*）	5	2.78
曲霉（*Aspergillus* spp.）	3	1.67
青霉（*Penicillium* spp.）	5	2.78
其他未鉴定的腐生菌	20	11.11
合计	180	100

27.2.2.4　基础材料的获得

将筛选获得的抗病能力极强、种子（64.2%）和幼苗（48.7%）内生真菌带菌率均较高、病原真菌带菌率（8.75%和27%）低的'顶峰'品种作为原始材料。2008 年，将筛选获得的亲本材料穴播于兰州大学榆中试验站，成熟时单株收获，经单株种子和茎秆内生真菌带菌率检测，将种子和茎秆内生真菌带菌率均在 98%以上的单株标记为 E+，内生真菌带菌率均在 2%以下的单株标记为 E−；选取饱满的 E+单株种子混合作为抗逆选育的基础材料，E−种子作为对照材料。

27.2.3 新品系的获得

通过 E+ 和 E-材料于 2014~2016 年连续 3 年田间坪用性状观测、单株分蘖和新一代种子内生真菌带菌率检测等，并利用室内病原真菌接种及田间发病率调查等方法评价 E+材料的抗病性，最终获得了高内生真菌带菌率、抗病、抗旱、耐贫瘠的新品系。

27.2.3.1 内生真菌带菌率的评定

经逐代筛选，获得 E+ 和 E-单株（图 27-1）种子及茎秆带菌率均在 98% 以上的单株标记为 E+，带菌率均在 2% 以下的单株标记为 E-。将新单株的 E+ 和 E-种子分别贮藏在 4℃冰箱中，以打破种子休眠。2014~2016 年连续 3 年，对收获的种子进行内生真菌检测。2017~2019 年，对新品系的种子进行扩繁，并检测种子内生真菌带菌率。

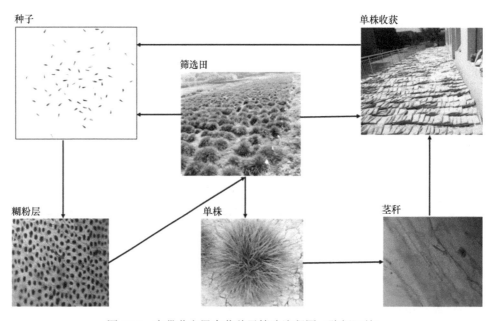

图 27-1 高带菌率黑麦草种子筛选流程图（陈振江绘）

通过对 E+ 和 E-单株内生真菌带菌率的检测，发现 E+ 和 E-单株种子的平均内生真菌带菌率分别为 62.5% 和 7.9%。2015 年共收获 E+ 和 E-单株 128 株，E+、E-单株分蘖的平均内生真菌带菌率分别为 59.4% 和 5.6%，种子的平均内生真菌带菌率分别为 65.7% 和 6.0%。随着筛选周期的延长，E+单株的内生真菌带菌率增高，而 E-单株的内生真菌带菌率降低。2017 年，E+单株分蘖的平均内生真菌带菌率高达 93.6%，种子内生真菌带菌率高达 96.5%；E-单株分蘖和种子平均内生真菌带菌率分别降低到 0.9% 和 1.1%。之后，所有单株的内生真菌带菌率趋于稳定，2018~2019 年 E+单株种子平均内生真菌带菌率高达 98% 以上（表 27-5）。

27.2.3.2 坪用性状的评定

（1）冠幅、株高和穗数
在保证 E+材料内生真菌带菌率高的条件下，结合坪用性状对 E+材料进行二次筛选，

表 27-5　2014～2019 年植株分蘖和种子的内生真菌带菌率（引自 Chen et al.，2020a）

年份	检测单株数/株		单株平均分蘖数/个		茎髓检测单株分蘖平均 内生真菌带菌率/%		种子检测单株平均 内生真菌带菌率/%	
	E+	E	E+	E	E+	E–	E+	E–
2014	—	—	—	—	—	—	62.5	7.9
2015	128		68	67	59.4	5.6	65.7	6.0
2016	1 000	860	113	98	87.0	1.6	89.1	2.2
2017	8 960	7 660	206	177	93.6	0.9	96.5	1.1
2018	21 213	7 407	224	216	96.3	0.8	98.4	1.2
2019	53 780	4 840	225	222	97.8	0.8	98.9	0.9

结果表明：E+植株冠幅、株高、穗数显著增加（表 27-6）。2014 年 E+和 E–单株平均冠幅均在 8cm 左右，随着筛选时间的推迟，E+和 E–单株的平均冠幅均增加（表 27-6）。2016 年，E+单株的平均冠幅为 48.3cm，E–单株的平均冠幅为 32cm。2014 年、2015 年和 2016 年，E+单株的平均株高分别为 32.4cm、36.8cm 和 42.6cm；E+单株的平均株高在 30～45cm 的数量，分别占 2014 年、2015 年和 2016 年收获总株数的 32.9%、54.1%和 70.3%（表 27-6）。2014～2016 年，E–单株的平均株高均主要分布在 15～30cm（表 27-6）。2014 年、2015 年和 2016 年，E+单株的平均单株穗数分别为 82.5 个、122.6 个和 186.6 个，E–单株的平均单株穗数分别为 76.5 个、119.2 个和 178.8 个（表 27-6）。

表 27-6　2014～2016 年不同冠幅、株高和穗数的 E+和 E–单株占总株数的比例
（引自 Chen et al.，2020a）　　　　　　　　　　（%）

年份	带菌 情况	冠幅/cm					株高/cm					穗数/个				
		8	16	24	32	≥40	0～15	15～30	30～45	45～50	≥50	0～20	20～40	40～60	60～80	≥80
2014	E+	60.2	23.7	3.1	6.0	7.0	20.7	29.5	32.9	10.8	6.1	48.7	20.9	13.8	6.2	9.4
	E–	40.7	30.6	10.3	16.8	1.6	29.6	36.9	21.3	7.4	4.8	62.2	21.3	8.6	5.4	2.5
2015	E+	33.4	30.8	10.2	9.5	16.1	4.0	20.6	54.1	10.6	10.7	12.0	10.0	23.0	16.8	38.2
	E–	35.3	33.7	10.9	20.7	3.2	15.8	40.9	31.8	7.7	3.8	28.9	23.0	10.9	5.8	30.6
2016	E+	11.3	20.1	18.8	16.9	32.9	3.2	8.7	70.3	12.2	5.6	2.8	6.8	14.2	22.3	53.9
	E–	20.6	26.7	20.6	30.8	1.2	9.8	62.5	20.5	4.9	2.3	16.3	20.2	13.0	10.0	40.5

（2）枯黄期、越冬率和返青期

随着筛选时间延长，E+和 E–材料的枯黄期推迟，越冬率提高，返青期提前。2014 年、2015 年和 2016 年，E+的枯黄期比 E–分别推迟了 3d、5d 和 5d。3 年来，E+材料的返青期比 E–材料分别提前了 2d、3d 和 4d。2014 年、2015 年和 2016 年 E+的绿期比 E–分别长 3d、4d 和 9d。E+的越冬率比 E–分别高 0.7 个百分点、3.9 个百分点和 10.5 个百分点。

27.2.3.3　抗病性的评定

（1）幼苗抗病性的评定

对 E+和 E–幼苗分别接种细交链孢、根腐离蠕孢、新月弯孢（*Curvularia lunata*）、燕麦镰孢（*Fusarium avenaceum*）和小孢壳二孢（*Ascochyta leptospora*）。通过发芽率、发芽势、活力指数、鲜重与干重、SOD 与 POD 活性、脯氨酸、MDA 含量、多酚氧化

酶（PPO）、几丁质酶和 β-1,3-葡聚糖酶等指标评价其抗病性。

接种病原真菌抑制了种子萌发，但内生真菌的存在可缓解病原真菌对种子萌发的抑制作用。

第 14 天发芽试验结束时，接种无菌水（CK）的 E+ 与 E−种子发芽率分别是 96.0% 和 74.0%，E+高于 E− 29.73%（图 27-2）。接种细交链孢、根腐离蠕孢、新月弯孢、燕麦镰孢和小孢壳二孢后，与 CK 相比，接种的 E+ 与 E−种子萌发都不同程度地受到病原真菌的抑制作用，萌发率均呈现下降趋势，其中根腐离蠕孢比其他 4 种病原真菌表现出更强的抑制作用（图 27-2）。接种 5 种病原真菌后，E+种子与 E−种子萌发情况表现出差异，E+种子的发芽率均显著高于 E−种子，分别提高 23.08%、25.81%、32.82%、16.31%和 18.57%（图 27-2）。

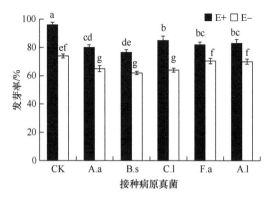

图 27-2　接种病原真菌后 E+和 E−种子的发芽率（引自马敏芝，2015）

CK 为对照，A.a 为 *A. alternata*，B.s 为 *Bipolaris sorokiniana*，C.l 为 *Curvularia lunata*，F.a 为 *Fusarium avenaceum*，A.l 为 *Ascochyta leptospora*

CK 的 E+ 与 E−种子发芽势分别是 55.0%和 32.0%，E+高于 E− 71.88%（图 27-3）。接种细交链孢、根腐离蠕孢、新月弯孢、燕麦镰孢以及小孢壳二孢后，E+ 与 E−种子发芽势与 CK 的 E+ 与 E−相比均明显下降（图 27-3）。但在接种每种病原真菌后，E+种子的发芽势显著高于 E−种子，分别提高 65.91%、60.47%、36.36%、20.42%和 41.67%（图 27-3）。

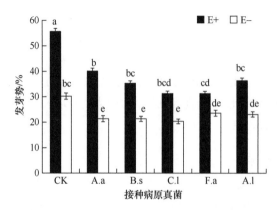

图 27-3　接种病原真菌后 E+和 E−种子的发芽势（引自马敏芝，2015）

CK 的 E+ 与 E− 种子活力指数分别是 70.0 和 40.0，E+ 高于 E− 75.0%（图 27-4）。接种细交链孢、根腐离蠕孢、新月弯孢、燕麦镰孢以及小孢壳二孢后，E+ 与 E− 种子活力指数与 CK 的 E+ 与 E− 相比均明显下降（图 27-4）。但接种后的 E+ 种子活力指数均显著高于 E− 种子，每组处理分别提高 55.56%、62.50%、56.52%、37.93% 和 54.17%（图 27-4）。

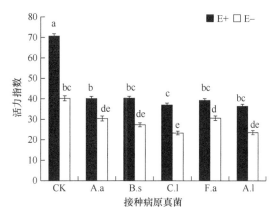

图 27-4　接种病原真菌后 E+ 和 E− 幼苗的萌发指数（引自马敏芝，2015）

（2）成株抗病性的评定

1）发病率、病斑数和病情指数

内生真菌的存在可抑制根腐离蠕孢的发病率、降低其危害程度。接种根腐离蠕孢后 3d，E+ 与 E− 黑麦草植株叶片上均出现病斑（图 27-5）。随着时间的延长，发病率均呈增高趋势，但 E+ 植株的发病率显著低于 E− 植株（表 27-7）。其 5 次观测时间 E+ 植株的发病率比 E− 植株分别低 36.40%、37.14%、34.70%、34.95% 和 35.83%（表 27-7）。

图 27-5　接种根腐离蠕孢后黑麦草 E+ 和 E− 植株病情（马敏芝，2015）

表 27-7 接种根腐离蠕孢后黑麦草 E+和 E−植株发病率、病斑数和病情指数（引自马敏芝，2015）

植株	发病率/%					病斑数/个					病情指数				
	3d	6d	9d	12d	15d	3d	6d	9d	12d	15d	3d	6d	9d	12d	15d
E+	32.38a	33.32a	38.34a	41.22a	41.26a	14a	19a	19a	25a	29a	15.28a	34.90a	45.22a	49.35a	53.06a
E−	50.91b	53.01b	58.71b	63.37b	64.30b	30b	44b	49b	51b	52b	20.32a	48.30b	63.59b	70.98b	80.41b

在测定期内，发病植株的病斑数目也随着时间的推移呈现升高趋势，但 E+植株的病斑数目显著低于 E−植株，5 次观测时间分别较 E−植株低 53.33%、56.81%、61.22%、50.98%和 44.23%（表 27-7）。E+和 E−植株的病情指数也随着时间的变化而呈现增高的趋势，其 E+植株的病情指数分别比 E−植株低 24.80%、27.74%、28.89%、30.47%和 34.01%；其中，6～15d E+和 E−植株之间的病情指数差异均达到显著水平（表 27-7）。

2）生长速率和叶绿素含量

内生真菌可促进植物的生长。E+植株的分蘖数和株高在接种后的 1～10 周均显著高于 E−植株（表 27-8）。接种后的第 3～10 周 E+植株的生长速率与 E−植株差异均达到显著水平（表 27-8）。

表 27-8 接种根腐离蠕孢后黑麦草 E+和 E−植株每周生长指标（引自马敏芝，2015）

时间	分蘖数/个		株高/cm		生长速率/%	
	E+	E−	E+	E−	E+	E−
0 周	6.2±0.4a	4.8±0.4b	25.1±0.6a	22.7±0.4b	1.00±0.02a	1.00±0.04a
1 周	6.2±0.4a	4.8±0.4b	26.4±0.6a	23.6±0.5b	1.00±0.02a	0.96±0.04a
2 周	6.4±0.2a	4.8±0.4b	28.9±0.7a	24.4±0.5b	0.98±0.03a	0.87±0.03a
3 周	6.6±0.2a	5.0±0.3b	29.7±0.7a	25.4±0.6b	0.91±0.03a	0.75±0.03b
4 周	7.2±0.4a	5.2±0.5b	31.1±0.7a	25.8±0.6b	0.71±0.04a	0.56±0.02b
5 周	7.2±0.4a	5.4±0.5b	31.7±0.7a	26.1±0.6b	0.64±0.03a	0.48±0.02b
6 周	8.4±0.5a	6.0±0.6b	32.3±0.6a	26.5±0.6b	0.62±0.03a	0.45±0.02b
7 周	8.6±0.6a	6.0±0.5b	32.6±0.6a	26.7±0.6b	0.53±0.02a	0.41±0.02b
8 周	8.6±0.6a	6.2±0.5b	32.6±0.6a	26.7±0.6b	0.46±0.01a	0.30±0.02b
9 周	8.6±0.6a	6.2±0.5b	32.6±0.6a	26.7±0.6b	0.42±0.01a	0.16±0.01b
10 周	8.8±0.6a	6.4±0.5b	32.6±0.6a	26.7±0.6b	0.32±0.02a	0.04±0.03b

内生真菌可促进叶绿素的积累。与对照相比，接种后所有植株的叶绿素含量均呈下降趋势（表 27-9）。在接种后的 5～10 周，E+植株的叶绿素含量显著高于 E−植株（表 27-9）。

表 27-9 接种根腐离蠕孢后黑麦草 E+和 E−植株每周叶绿素含量（引自马敏芝和南志标，2011）

（单位：mg/g DW）

接种后时间	处理组		对照组	
	E+	E−	E+	E−
0 周	34.6±2.6a	34.2±1.9a	33.1±1.0a	31.5±1.6a
1 周	40.5±2.3a	34.4±2.4a	33.6±1.5a	32.1±1.2a
2 周	39.6±2.4a	33.2±3.1a	33.5±1.3a	30.9±1.3a
3 周	40.6±2.2a	35.0±3.4a	35.1±2.1a	31.6±1.3a
4 周	38.7±2.3a	32.6±2.2a	35.3±2.2a	32.4±1.0a

接种后时间	处理组		对照组	
	E+	E−	E+	E−
5 周	39.2±2.5a	33.2±1.7b	36.2±1.2a	33.0±1.5a
6 周	37.4±2.1a	27.4±1.7b	35.4±1.4a	35.1±0.7a
7 周	35.9±2.2a	23.8±2.7b	35.1±1.4a	34.7±1.0a
8 周	28.8±2.4a	20.7±2.2b	37.0±2.2a	35.1±1.6a
9 周	27.8±1.7a	18.3±2.3b	37.6±1.2a	32.7±2.1b
10 周	26.6±1.6a	17.0±2.5b	38.1±1.6a	32.4±2.5b

3）多酚氧化酶（PPO）、几丁质酶和 β-1,3-葡聚糖酶活性

内生真菌在植物叶片的分布诱导植物保护酶 PPO 的表达，从而提高植物对病原菌入侵的抵抗能力。接种组和对照组的 E+ 及 E−植株的 PPO 活性均呈现先上升后下降的趋势（表 27-10）。接种根腐离蠕孢后的第 1～5 周 E+植株 PPO 活性一直显著高于 E−植株，其增加幅度分别为 25.14%、22.77%、10.82%、16.57% 和 15.36%（表 27-10）。

表 27-10　接种根腐离蠕孢后黑麦草 E+和 E−植株 PPO 活性（引自马敏芝，2015）

[单位：U/（min·g FW）]

接种后时间	接种组		对照组	
	E+	E−	E+	E−
0 周	121.2a	117.4a	118.5a	109.5a
1 周	183.2a	146.4b	132.8a[*]	122.7a[*]
2 周	170.4a	138.8b	126.4a[*]	113.6a[*]
3 周	172.0a	155.2b	120.0a[*]	118.4a[*]
4 周	160.4a	137.6b	131.2a[*]	113.6b[*]
5 周	162.2a	140.6b	119.2a[*]	126.4a
6 周	139.4a	125.8a	126.0a	117.2a
7 周	125.6a	118.4a	113.6a	123.5a
8 周	119.6a	112.6a	121.6a	108.8a
9 周	120.2a	111.2a	136.5a	124.8a
10 周	118.0a	105.9a	125.6a	119.7a

注：同一组内 E+、E−后不同字母表示在 0.05 水平差异显著；*表示接种组与对照组的 E+与 E+、E−与 E−之间在 0.05 水平差异显著，下同

内生真菌的存在会诱导植物保护酶几丁质酶的表达，从而提高植物对病原菌入侵的抵抗能力。接种根腐离蠕孢后的第 7～10 周 E+植株的几丁质酶活性比 E−植株分别显著高出 12.89%、18.05%、20.15% 和 36.32%（表 27-11）。

表 27-11　接种根腐离蠕孢黑麦草 E+和 E−植株几丁质酶活性（引自马敏芝，2015）

（单位：U/mg FW）

接种后时间	接种组		对照组	
	E+	E−	E+	E−
0 周	22.52a	25.70a	21.27b	26.33a
1 周	29.27a	35.50b	25.55a	26.21a[*]

接种后时间	接种组		对照组	
	E+	E−	E+	E−
2 周	30.08a	37.77b	22.06b*	27.30a*
3 周	35.16a	38.53a	24.65a*	25.77a*
4 周	30.73a	33.13a	23.86a*	25.55a*
5 周	31.69a	34.50a	22.50b*	28.83a*
6 周	27.67a	28.09a	25.08a	27.81a
7 周	28.01a	24.81b	24.24a	25.06a
8 周	24.39a	20.66b*	23.81a	27.52a
9 周	22.12a	18.41b*	23.75a	24.97a
10 周	22.33a	16.38b*	22.06a	25.84a

内生真菌的存在会诱导植物保护酶 β-1,3-葡聚糖酶的表达。接种病原真菌后，E+和 E−植株的 β-1,3-葡聚糖酶活性均呈现先上升后下降的趋势（表 27-12）。E+植株在接种后的第 8～10 周 β-1,3-葡聚糖酶活性显著高于 E−植株，分别高出了 15.99%、25.47%和 26.14%（表 27-12）。

表 27-12 接种根腐离蠕孢后黑麦草 E+和 E−植株 β-1,3-葡聚糖酶活性（引自马敏芝，2015）

（单位：U/mg FW）

接种后时间	接种组		对照组	
	E+	E−	E+	E−
0 周	30.66a	33.57a	31.23a	33.75a
1 周	35.18b	45.30a	30.98b	37.80a*
2 周	45.68b	47.55a	34.65a*	35.70a*
3 周	42.43b	47.93a	28.88a*	31.50a*
4 周	43.28b	45.55a	29.93b*	36.23a*
5 周	38.40b	46.05a	27.30a*	32.55a*
6 周	40.95a	39.88a	28.78a*	33.60a
7 周	38.20a	35.53a	29.93b*	36.23a
8 周	39.45a	34.01b	28.35a*	33.08a
9 周	35.86a	28.58b*	32.55a	34.50a
10 周	31.85 a	25.25b*	29.85a	34.42a

4）病原菌孢子萌发与芽管伸长

内生真菌在植物叶片的分布抑制了根腐离蠕孢孢子的萌发率、芽管生长和侵染点的分布，从而抵抗了病原菌的侵入和定殖。E−叶片接种根腐离蠕孢后的 6～8h 可观察到叶片表面的孢子开始陆续萌发，而 E+叶片表面的孢子在 10～12h 逐渐开始萌发（表 27-13）。孢子萌发后长出芽管，在 1h 测定 E+和 E−叶片芽管长度，E−叶片表面孢子的芽管长度高于 E+ 83.05%（表 27-13）。在 E+叶片细胞上形成侵染点的时间在接种后的 48～72h，而在 E−叶片细胞上形成侵染点的时间在 24～48h（表 27-13）。E+和 E−叶片细胞上的侵染点数目平均分别为 2.37 个/视野和 3.69 个/视野，E−叶片细胞上的侵染点数高于 E+ 55.70%（表 27-13）。

表 27-13　根腐离蠕孢在 E+ 和 E–黑麦草叶片的萌发率、芽管长度和侵染点形成时间（引自马敏芝, 2015）

统计项目	E+叶片	E–叶片
孢子萌发时间/h	10~12	6~8
孢子萌发率/%	19.50b	28.80a
芽管长度/μm	23.72b	63.22a
侵染点形成时间/h	48~72	24~48
侵染点数目/（个/视野）	2.37b	3.69a
入侵部位	细胞间隙	细胞间隙

（3）抗锈病特性的评定

1）发病率与植株生长

内生真菌可促进植物生长、缓解植物矮化和减少叶片损失。E+ 和 E–黑麦草植株的发病率分别为 21.9% 和 65.0%（表 27-14）。E+ 与 E–植株的株高和地上生物量随着发病程度的加重而减少，其中轻度和重度病株中 E+植株的株高和地上生物量显著高于 E–植株（表 27-14）。与健康植株相比，E+ 和 E–轻度病株的病叶损失率分别是 14.66% 和 28.95%；重度病株的病叶损失率分别是 59.48% 和 72.81%，轻度和重度病株中 E+植株的病叶损失率均显著低于 E–植株（表 27-14）。在重度病株中 E+植株的病株矮化率显著低于 E–植株（表 27-14）。

表 27-14　黑麦草 E+ 和 E–植株锈病不同发病程度的株高与地上生物量

（引自马敏芝, 2015; Ma et al., 2015）

发病程度	带菌情况	株高/cm	病株矮化率/%	叶片生物量/g	病叶损失率/%
健康植株	E+	30.7±1.1a	0.0±0.0a	1.2±0.05a	0.0±0.0a
	E–	30.2±1.0a	0.0±0.0a	1.1±0.01a	0.0±0.0a
轻度病株	E+	28.5±0.8a	9.2±0.8a	1.0±0.01a	14.7±0.9b
	E–	27.1±0.5a	10.1±0.2a	0.8±0.02b	29.0±1.0a
重度病株	E+	23.8±1.6a	24.1±0.5b	0.5±0.03a	59.5±1.2b
	E–	21.6±0.7b	28.4±1.0a	0.3±0.01b	72.8±1.3a

2）脯氨酸含量和 MDA 含量

感染锈病会诱导脯氨酸含量和 MAD 含量在植物体内的积累，内生真菌的存在会促进脯氨酸含量的积累，降低 MAD 含量的积累，从而减轻氧化胁迫。

感染锈病后，所有黑麦草 E+ 与 E–植株的脯氨酸含量均显著高于未发生锈病的植株（表 27-15）。在健康植株上 E+ 和 E–植株的脯氨酸含量无显著差异，而在轻度和重度病株中 E+植株的脯氨酸含量显著高于 E–植株，分别高 25.91% 和 22.56%（表 27-15）。

表 27-15　锈病不同发病程度的黑麦草 E+ 和 E–植株的脯氨酸与 MDA 含量

（引自马敏芝, 2015; Ma et al., 2015）

发病程度	带菌情况	脯氨酸含量/（μg/ml）	MDA 含量/（μmol/min）
健康植株	E+	12.0±1.5a	14.1±1.8a
	E–	9.2±1.2a	15.2±1.7a

续表

发病程度	带菌情况	脯氨酸含量/（µg/ml）	MDA 含量/（µmol/min）
轻度病株	E+	37.9±2.6a	16.0±0.8b
	E–	30.1±1.2b	21.8±2.3a
重度病株	E+	44.0±0.5a	19.6±0.5b
	E–	35.9±0.2b	24.1±0.9a

与健康植株相比，各发病程度植株的 MDA 含量均有所增加。其中，E+ 和 E–植株的 MDA 含量变化在健康植株上差异不显著，而在轻度和重度病株中 E+ MDA 含量显著低于 E–，分别降低 26.61% 和 18.67%（表 27-15）。

27.2.3.4　抗旱性的评定

以多年生黑麦草新品系为材料、顶峰（M）和 E–为对照，在温室环境不同水分处理和田间自然条件下，通过比较其株高、分蘖数、叶长、叶宽和生物量等生长指标的差异，评定新品系的抗旱性能。

（1）盆栽条件下新品系的抗旱性

按照田间最大持水量的 60%、45%、30% 和 15% 对新品系（E+）、E–种群以及顶峰（M）（M，平均带菌率为 50%）进行土壤水分梯度处理，进行抗旱性比较试验（李会强等，2016）。

1）株高和分蘖数

内生真菌对宿主多年生黑麦草生长具有显著的促进作用，带菌率越高促进作用越显著。不同水分条件下，E+ 和 E–种群在 45% 和 60% 水分条件下株高显著大于 15% 和 30% 水分处理（图 27-6a）。在 15%、30% 和 45% 水分条件下，E+ 种群的株高均最大，而 E–种群的株高均最小，且 E+、M 和 E– 3 个种群之间差异显著；在 60% 水分条件下，E+ 的株高显著高于 M 和 E–种群，分别高 1.7cm 和 2.5cm（图 27-6a）。

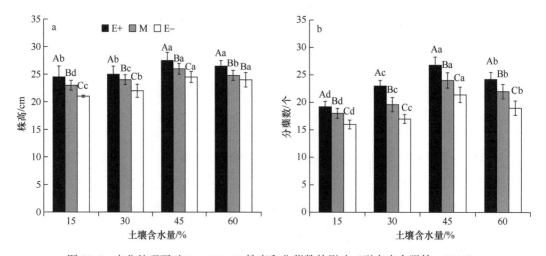

图 27-6　水分处理下对 E+、M、E–株高和分蘖数的影响（引自李会强等，2016）
标有不同小写字母代表同一内生真菌处理之间差异显著，标有不同大写字母代表同一水分处理之间差异显著，下同

　　内生真菌能够明显促进黑麦草的分蘖，带菌率越高促进作用越显著。E+、M 和 E−种群的分蘖数随着土壤水分含量的增加而逐渐增大，在 45%水分条件下均达到最大，在 15%水分条件下最小，且均与其他各水分处理之间差异显著（图 27-6b）。表明水分对多年生黑麦草的生长有显著的影响，尤其是水分缺乏时对黑麦草的生长有抑制作用。各水分条件下，E+种群的分蘖数最大，E−种群的最小，且 E+、M 和 E− 3 个种群之间差异均显著（图 27-6b）。

　　2）叶长和叶宽

　　水分缺乏时对黑麦草生长有抑制作用，而内生真菌的存在可缓解水分的抑制作用，增加宿主植物的叶长。不同水分条件下，E+、E−和 M 种群多年生黑麦草叶长随着土壤水分含量的升高不断增大，且在 45%水分条件下达到最大；而在 60%水分条件下其生长受到了抑制，其显著小于 45%而显著大于 30%处理（图 27-7a）。在 15%和 30%水分条件下，E+种群的叶长均显著长于 E−和 M 种群，长 1.6～3cm；而 E−和 M 种群之间叶长差异不显著。在 45%和 60%水分条件下，E+和 M 种群之间的叶长差异不显著，但与 E−种群的差异显著（图 27-7a）。

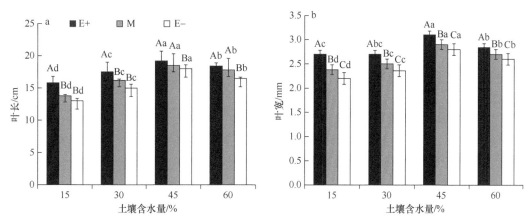

图 27-7　水分处理对 E+、M、E−叶长和叶宽的影响（引自李会强等，2016）
小写字母表示相同植物不同处理之间的差异；大写字母表示同一处理不同植物之间的差异

　　内生真菌的存在增加宿主植物的叶宽，带菌率越高影响越显著。不同的土壤水分条件下，E+、E−和 M 种群黑麦草的叶宽在 45%水分条件下达到了最大，且均显著大于其他各水分处理（图 27-7b）。各水分条件下，E+种群的叶宽显著大于 E−和 M 种群，而 E−种群的叶宽均显著小于 E+和 M 种群（图 27-7b）。

　　3）生物量

　　水分对多年生黑麦草叶片干物质量有显著影响，而内生真菌的存在会促进宿主植物叶片干物质量的积累。E+种群黑麦草的叶片干重在 45%水分条件下达到最大，且显著大于 15%和 60%水分处理，但与 30%水分处理差异不显著（图 27-8a）。在 15%和 30%水分条件下，E+种群黑麦草的叶片干重均显著大于 E−和 M 种群，而 E−和 M 两种群之间差异不显著（图 27-8a）。在 45%水分条件下，E+和 M 种群的叶片干重均显著大于 E−种群，但 E+和 M 两种群间差异不显著（图 27-8a）。在 60%水分条件下，E+种群的叶片干重显著大于 E−和 M 种群，而 E−种群的叶片干重显著小于 E+和 M

种群（图 27-8a）。

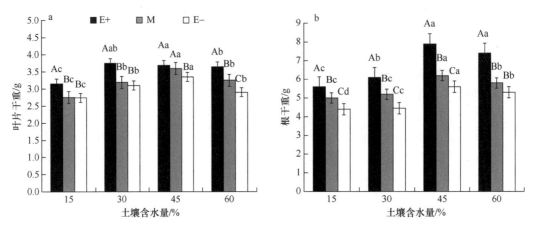

图 27-8 水分处理对 E+、M、E–根和叶片干重的影响（引自李会强等，2016）

水分胁迫对多年生黑麦草根系干物质量有显著影响，而内生真菌的存在会促进宿主植物根系干物质量的积累。在 15%、30% 和 45% 水分条件下，E+ 种群的根干重显著大于 M 和 E– 种群，E– 种群的根干重显著小于 M 和 E+ 种群（图 27-8b）。在 60% 水分条件下，E+ 种群的根干重也显著大于 M 和 E– 种群（$P<0.05$），而 M 和 E– 种群之间的差异不显著（图 27-8b）。

（2）田间条件下新品系的抗旱性

新品系（E+）、E– 种群以及顶峰（M）于 8 月初移栽至兰州大学榆中试验站网室（4m×4m），每隔 6d 浇水一次，至土壤饱和含水量为 45% 止，比较 E+、M 和 E– 的抗旱性（李会强等，2016）。

1）株高和分蘖数

田间条件下内生真菌能够显著提高黑麦草的株高和分蘖数。在田间条件下，E+ 种群的株高和分蘖数最大，且均显著大于 E– 和 M 种群。而 E– 种群的株高和分蘖数最小，且均显著小于 E+ 和 M 种群（图 27-9a，图 27-9b）。

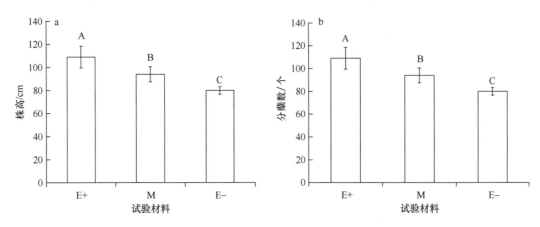

图 27-9 E+、M 和 E–株高与分蘖数（引自李会强等，2016）

2）叶长和叶宽

田间条件下内生真菌能够显著提高黑麦草的叶长和叶宽。E+、E-和 M 等 3 个种群的多年生黑麦草的叶宽和叶长在田间自然条件下变化不同（图 27-10）。其中，E+种群的叶宽显著大于 E-和 M 种群，其叶宽分别是 E-和 M 种群的 110%和 105%；而 E-种群的叶宽最小，其显著小于 E+和 M 种群，E+种群的叶长与 M 种群差异不显著，但与 E-种群差异显著，而 M 种群的叶长与 E-种群差异不显著（图 27-10a，图 27-10b）。

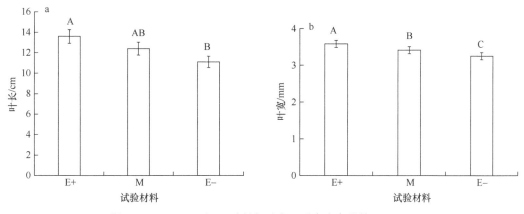

图 27-10　E+、M 和 E-叶长与叶宽（引自李会强等，2016）

27.2.3.5　耐贫瘠的评定

将 E+和 E-种子播种在 50cm×30cm 托盘中（每个托盘 E+、E-各半），15d 后检测幼苗内生真菌带菌率。E+和 E-幼苗在灭菌蛭石中生长不同时间（0d、45d、90d、135d、180d），每个时间梯度分别有 7 个重复。测量每个生长时间的植物存活率、生物干重、根系活力和植物碳、氮、磷。整个试验期间，未对幼苗进行施肥或营养补充。

（1）植株存活率

低营养条件下，生长时间对植株的存活率有负面影响；内生真菌可显著提高宿主黑麦草的存活率。

当生长时间分别为 45d、90d 和 135d 时，E+植株的存活率显著高于 E-植株，其中 45～90d，E+植株的枯叶和黄化叶显著增加，但其存活率仍高于 E-植株（图 27-11）。

（2）根系活力

低营养条件下，植物生长时间对植物的存活率有负面影响；内生真菌的存在可显著正向影响根代谢活性（图 27-12）。黑麦草植株根系代谢活性随生长时间的延长而下降，不同生长时期根系代谢活性差异显著（图 27-12）。

（3）植物 C、N、P 含量

有机碳、全碳、全氮和全磷含量随着植物生长时间的延长而显著降低。在 45～90d，E+处理叶片中全碳含量高于 E-植株，其中 45d 时，E+植株的全碳含量显著高于 E-植株（$P<0.05$）（图 27-13a）。45～90d，E+植株叶片的有机碳、全氮、全磷含量显著高于 E-植株，但在 135～180d，E+和 E-植株之间的含量差异不显著（图 27-13b）。

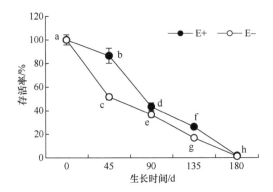

图 27-11　E+和 E–植物存活率比较（引自 Chen et al.，2020b）

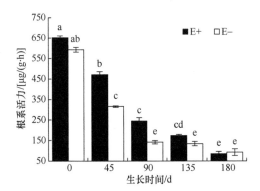

图 27-12　E+和 E–根系活力比较（引自 Chen et al.，2020b）

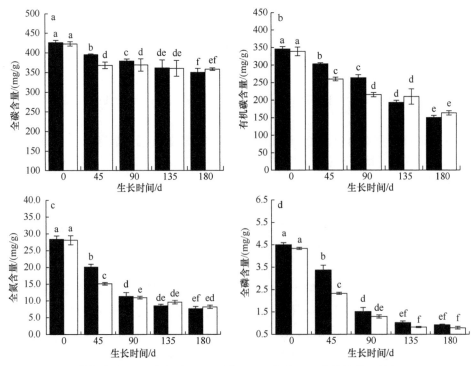

图 27-13　E+和 E–植物全碳（a）、有机碳（b）、全氮（c）、全磷（d）含量比较（引自 Chen et al.，2020b）

（4）生物量

E+地上部分干重高于 E−植株（图 27-14a）。在生长 90d 之前地上部分干重显著低于 135～180d（图 27-14a）。在 45～180d，内生真菌的存在显著增加了地下部分干重，但 135d 和 180d 植株主要由枯死组织组成（图 27-14b）。

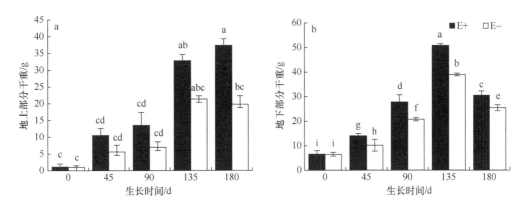

图 27-14　E+和 E−植物地上生物量（a）与地下生物量（b）比较（引自 Chen et al.，2020b）

经过近 10 年的研究，获得了性状稳定、带菌率高、坪用性状优良、抗锈病、抗旱、耐贫瘠、存活率高和发育良好的 E+新材料，定名'兰黑 1 号'多年生黑麦草新品系。

27.3　品种比较试验

27.3.1　物候期和坪用性状综合评价

在甘肃兰州市榆中县的自然生长条件下，'兰黑 1 号'多年生黑麦草物候期为 3 月上旬开始返青，4 月中旬分蘖，5 月中旬拔节，5 月下旬孕穗，6 月中旬开花，7 月中旬种子成熟，次年 1 月上中旬枯黄。与对照品种相比，'兰黑 1 号'返青早，枯黄晚（表 27-16）。

表 27-16　'兰黑 1 号'黑麦草和对照品种在甘肃榆中栽培的返青与枯黄期之间的比较

年份	品种	返青期（日/月）	枯黄期（日/月）
2017	兰黑 1 号	8/3	8/1
	绅士	10/3	5/1
	维纳斯	11/3	4/1
	顶峰	9/3	5/1
2018	兰黑 1 号	7/3	11/1
	绅士	11/3	8/1
	维纳斯	11/3	8/1
	顶峰	9/3	9/1
2019	兰黑 1 号	7/3	13/1
	绅士	10/3	10/1
	维纳斯	9/3	10/1
	顶峰	9/3	11/1

'兰黑 1 号'多年生黑麦草的密度与对照品种'顶峰'、'绅士'和'维纳斯'品种连续 4 年之间没有表现出显著的差异。'兰黑 1 号'（9.2 分）的均一性低于对照品种'绅士'（9.3 分）和'维纳斯'（9.3 分）。另外，'兰黑 1 号'黑麦草 4 年的质地得分为 8.9 分。色泽方面，'兰黑 1 号'黑麦草 4 年的得分为 9.3 分，高于'绅士'（7.0 分）和'维纳斯'（6.5 分）。'兰黑 1 号'（308 天）的绿期高于'顶峰'（305 天）、'绅士'（301 天）和'维纳斯'（301 天）。5 个品种的成坪速度没有明显的差异。'兰黑 1 号'黑麦草的越冬率、抗旱性、抗寒性、抗病性、抗虫性均明显高于'绅士'、'维纳斯'、'顶峰'。从 4 年的平均值上来看，'兰黑 1 号'黑麦草的草坪质量综合评分分别为 8.8 分、9.0 分、9.3 分、8.9 分，均高于'绅士'（8.3 分、8.2 分、7.9 分、7.6 分）、'维纳斯'（8.2 分、8.2 分、7.8 分、7.6 分）、'顶峰'（8.5 分、8.4 分、8.2 分、8.0 分）（表 27-17）。

27.3.2 抗病性

第 23 章论述了内生真菌提高醉马草抗病性的研究，研究了内生真菌与病原真菌的关系及其抗病机制，对利用内生真菌进行抗病品种的选育具有重要的意义。本研究利用离体培养平板对峙、离体叶片和活体植株接种以及田间发病率调查等方法评价了黑麦草内生真菌 *E. festucae* var. *lolii* 对病原真菌的抗性（马敏芝，2009）。

27.3.2.1 内生真菌对病原真菌的拮抗作用

在平板对峙试验中，从 E+分离出的内生真菌菌株（N-tp）对细交链孢、新月弯孢拮抗效果均最佳；与从'球道'（N-qd）和'美丽达'（N-mld）品种分离出的菌株相比，其拮抗作用效果明显。与对照（CK：E−）和'球道'分离的菌株相比，对德氏霉拮抗作用显著（表 27-18）。

从 E+植株分离出的内生真菌菌株对细交链孢和新月弯孢菌落生长抑制效果最明显。与'球道'、'美达利'分离的菌株相比，其抑制率分别高 42.44%、44.67% 和 45.50%、44.70%（表 27-19）。综合考虑对菌落生长和孢子萌发的影响，接种细交链孢、新月弯孢、根腐离蠕孢和德氏霉 4 种病原真菌时，从顶峰新品系分离的内生真菌菌株 N-tp 在抗病性上表现出较强的优势。

27.3.2.2 内生真菌对病原真菌病斑数、病斑长度和孢子浓度的影响

对基础材料 E+和 E−（记为 D-E+、D-E−）和地方常见抗病黑麦草品种（'绅士'）E+和 E−（记为 L-E+、L-E−）离体叶片分别接种细交链孢、根腐离蠕孢、燕麦镰孢、腐皮镰孢和粉红粘帚霉 5 种病原真菌进行比较试验，发现均可在叶片产生病斑。

在'顶峰'新材料的叶片上接种 5 种病原真菌时，D-E+植株叶片病斑数目和病斑长度均显著低于 D-E−，病斑数目减少了 36.36%~66.67%，病斑长度减少了 23.56%~86.33%（表 27-20）。而在地方常见抗病黑麦草品种上，只有接种根腐离蠕孢 L-E+叶片显著低于 L-E−，其他 4 种菌则无显著差异（表 27-20）。与 L-E−相比，接种根腐离蠕孢和粉红粘帚霉在 L-E+叶片产生的病斑数目减少了 50.00%~75%，病斑长度减少了 86.40%~100%（表 27-20）。综合考虑对病斑数目和病斑长度影响时，顶峰新材料 E+表现出较强的抗病性。

表 27-17　草坪草品种比较试验结果表（试验地点：甘肃省兰州市榆中草地农业试验站）

年份	品种	密度	均一性	色泽	质地	绿期/天	成坪速度/天	越夏率	越冬率	抗（耐）性							坪用质量评估
---	---	---	---	---	---	---	---	---	---	耐旱	耐热	抗寒	抗病	抗虫	耐盐	耐践踏	
2016	兰黑 1 号	6.9	9.5	9.4	9.1	312	32	93	96	强	一般	强	极强	极强	/	/	8.8
	顶峰	6.7	9.4	9.3	8.9	309	31	92	90	较强	一般	较强	较强	较强	/	/	8.5
	绅士	7.0	9.6	7	9.4	304	30	93	91	中	一般	中	弱	弱	/	/	8.3
	维纳斯	7.8	9.6	6.5	9.5	306	29	92	92	中	一般	中	弱	弱	/	/	8.2
2017	兰黑 1 号	7.6	9.4	9.4	9.2	310		92	95	强	一般	强	极强	极强	/	/	9.0
	顶峰	7.5	9.3	9.3	8.9	306		91	90	较强	一般	较强	较强	较强	/	/	8.4
	绅士	7.8	9.5	7.0	9.5	301		92	90	中	一般	中	弱	弱	/	/	8.2
	维纳斯	8.0	9.5	6.5	9.6	300		92	91	中	一般	中	弱	弱	/	/	8.2
2018	兰黑 1 号	8.3	9.3	9.4	8.9	307		90	92	较强	一般	较强	极强	极强	/	/	9.3
	顶峰	8.2	9.3	9.3	8.8	304		90	90	中	一般	中	较强	较强	/	/	8.2
	绅士	8.3	9.4	7	9.5	299		90	90	一般	一般	一般	弱	弱	/	/	7.9
	维纳斯	8.4	9.4	6.5	9.6	300		91	89	一般	一般	一般	弱	弱	/	/	7.8
2019	兰黑 1 号	8.0	9.1	9.4	8.9	304		92	90	较强	一般	较强	极强	极强	/	/	8.9
	顶峰	8.1	9	9.3	8.8	301		91	85	中	一般	中	较强	较强	/	/	8.0
	绅士	8.2	9.2	7	9.5	298		92	85	一般	一般	一般	弱	弱	/	/	7.6
	维纳斯	8.2	9.2	6.5	9.6	297		91	86	一般	一般	一般	弱	弱	/	/	7.6
4 年平均	兰黑 1 号	7.7	9.3	9.3	8.9	308	32	92	93	较强	一般	较强	强	强	/	/	9.0
	顶峰	7.6	9.2	9.3	8.7	305	31	91	89	较强	一般	较强	较强	较强	/	/	8.3
	绅士	7.8	9.4	7.0	9.4	301	30	92	89	中	一般	中	弱	弱	/	/	8.0
	维纳斯	8.1	9.4	6.5	9.5	301	29	92	90	中	一般	中	弱	弱	/	/	8.0

注：抗（耐）性为描述性指标

表 27-18 平板对峙培养条件下几种内生真菌菌落与病原菌菌落之间距离（引自马敏芝，2009）

（单位：mm）

内生真菌菌株	病原真菌			
	细交链孢	根腐离蠕孢	新月弯孢	德氏霉
CK（E–）	0.00d	0.83d	0.67d	1.33c
N-ast（爱神特）	9.10ab	11.30a	10.67a	9.83a
N-mld（美丽达）	7.07bc	4.43c	8.33bc	10.17a
N-qd（球道）	5.67c	11.17a	7.13c	5.97b
N-tp（E+）	10.10a	8.33b	10.30a	11.33a

注：各列不同字母表示不同品种间差异显著，下同

表 27-19 离体对峙培养条件下几种内生真菌对病原真菌菌落生长影响（引自马敏芝，2009）

内生真菌菌株	病原真菌							
	细交链孢		根腐离蠕孢		新月弯孢		德氏霉	
	直径/mm	抑制率/%	直径/mm	抑制率/%	直径/mm	抑制率/%	直径/mm	抑制率/%
CK（E–）	90.00a		89.17a		89.33a		88.67a	
N-ast（爱神特）	51.80c	42.44a	47.93d	46.24a	48.67d	45.50a	50.33c	43.21a
N-mld（美丽达）	55.87b	37.93b	61.13b	31.43c	53.33c	40.30b	49.67c	43.99a
N-qd（球道）	58.67b	34.81b	47.67d	46.55a	55.73b	37.60c	58.07b	34.50b
N-tp（E+）	49.80d	44.67a	53.33c	40.16b	49.40d	44.70a	47.33d	46.62a

表 27-20 4 个品种离体叶片接种病原真菌 7d 后的病害变化（引自马敏芝，2009）

品种	病原真菌									
	细交链孢		根腐离蠕孢		燕麦镰孢		腐皮镰孢		粉红粘帚霉	
	病斑数（个）/叶片	长度（mm）/病斑	病斑数（个）/叶片	长度（mm）/病斑	病斑数（个）/叶片	长度（mm）/病斑	病斑数（个）/叶片	长度（mm）/病斑	病斑数（个）/叶片	长度（mm）/病斑
L-E–	1.50c	55.00a	2.50a	55.00b	1.00ab	24.88b	0.25b	22.7b	1.00a	45.00a
L-E+	1.25d	3.85d*	1.25b*	7.48d*	0.25b	2.25d	0.00b	0.00d	0.25c	0.00c*
D-E–	2.75a	40.22b	2.75a	57.00a	2.00a	34.10a	1.50a	39.88a	0.75b	35.00b
D-E+	1.75b*	5.50c*	1.00b*	43.57c*	0.75b*	21.45c*	0.5b*	1.616c*	0.00d*	0.00c*

注：每列不同小写字母表示处理间差异显著；*表示品种的 E+、E–植株相比差异显著，下同

对基础材料和'绅士'的 E+及 E–离体叶片分别接种 9 种病原真菌。在基础材料叶片上，检测的 9 种病原真菌的孢子浓度在 E–叶片均显著高于 E+叶片，而'绅士'品种只有 4 种（细交链孢、根腐离蠕孢、新月弯孢、燕麦镰孢）病原真菌的孢子浓度在 E–叶片显著高于 E+叶片（表 27-21）。对于 D-E+检测出的病原真菌有 7 种，即细交链孢、腐皮镰孢、新月弯孢、燕麦镰孢、尖镰孢和粉红粘帚霉，其病原真菌的孢子浓度均显著低于 D-E–和 L-E–叶片，比 D-E–和 L-E–低 12.45%～96.28%（表 27-21）。D-E+离体叶片接种小孢壳二孢、尖镰孢和粉红粘帚霉病原真菌的孢子浓度显著低于 L-E+叶片，比 L-E+分别低 72.88%、96.03%和 55.27%（表 27-21）。综上，顶峰新材料 E+表现出较强的抗病性。

表 27-21　**4 个品种离体叶片接种 7d 后的孢子浓度**（引自田沛，2009）（单位：×10^6/ml）

病原菌	L-E-	L-E+	D-E-	D-E+
细交链孢	3.76a	0.04d*	2.79b	0.14c*
小孢壳二孢	0.15c	0.59b	1.04a	0.16c*
根腐离蠕孢	1.18c	0.23d*	3.35a	1.52b*
新月弯孢	2.33b	0.06d*	2.51a	2.04c*
燕麦镰孢	0.11a	0.04c*	0.09b	0.03c*
厚垣镰孢	0.21d	0.54c	3.86a	0.60b*
尖镰孢	1.95b	1.51c	2.14a	0.06d*
腐皮镰孢	3.43b	0.68d	5.64a	1.65c*
粉红粘帚霉	3.29b	2.37c	4.18a	1.06d*

对基础材料和'绅士'的 E+和 E-活体植株接种细交链孢、根腐离蠕孢、燕麦镰孢和新月弯孢。D-E+和 D-E-植株在 15d 时，E-植株的病斑数均显著高于 E+植株，与 E+相比，分别是 2.88 倍，2.71 倍，1.81 倍和 3.80 倍（表 27-22）。病斑长度在接种 15d 时，D-E-都显著高于 D-E+植株，分别高 4.41 倍、1.91 倍、2.32 倍和 9.02 倍（表 27-22）。而 L-E+、L-E-只有新月弯孢和燕麦镰孢的发病率在 15d 时表现为 E-植株的发病率显著高于 E+（表 27-22），只有接种燕麦镰孢的 E+植株在 15d 的病斑长度显著低于 E-植株（表 27-22）。

表 27-22　**4 个品种活体植株接种 4 种病原真菌 15d 后的病害变化**（引自田沛，2009）

品种	病原真菌							
	细交链孢		根腐离蠕孢		燕麦镰孢		新月弯孢	
	病斑数（个）/叶片	长度（mm）/病斑	病斑数（个）/叶片	长度（mm）/病斑	病斑数（个）/叶片	长度（mm）/病斑	病斑数（个）/叶片	长度（mm）/病斑
L-E-	4.30b	6.42b	6.43c	2.98d	5.81c	6.87b	4.80b	3.58b
L-E+	1.90d	3.57c	4.68d	4.21c	2.43d*	4.34c	0.32c*	2.13c*
D-E-	10.40a	12.88a	25.80a	12.76a	11.00a	10.12a	10.76a	14.07a
D-E+	3.60c*	2.92d*	9.50b*	6.68b*	6.07b*	4.32c*	2.83b*	1.56d*

接种的细交链孢和新月弯孢在 D-E+叶片上的病斑长度与 L-E+之间差异显著，D-E+分别比 L-E+减少了 18.21%、26.76%（表 27-22）。与 L-E-相比，接种细交链孢和新月弯孢在 D-E+叶片产生的病斑数目显著低于 L-E-，分别减少了 16.28%、41.04%；接种的细交链孢、燕麦镰孢和新月弯孢在 D-E+叶片产生的病斑长度显著低于 L-E-，分别减少了 54.52%、37.12%和 56.42%（表 27-22）。综合考虑对病斑数目和病斑长度影响时，'顶峰'新材料 E+表现出较强的抗病性。

27.3.2.3　抗锈病特性

2016 年，在榆中和兰州新区分别开展了'兰黑 1 号'新品系（E+）和对照品种'绅士'（E）、'维纳斯'（V）、'顶峰'（M）、E-的品比试验与坪用性状试验（图 27-15）。试验采用完全随机设计，每个处理 5 次重复，每个小区面积为 12m²（3m×4m），小区间隔 50cm 宽，四周设 1m 保护行。

图 27-15 黑麦草 E+、E–、E、V、M 植株田间抗锈病比较（陈振江摄）

黑麦草 E+、E–、M、E、V 植株于 2017 年 9～10 月发生锈病（*Puccinia recondita*）。主要发生在叶片部位，起初为小丘斑状，孢子堆小型，鲜黄色，不穿透叶片；孢子成熟后使寄主表皮破裂，露出粉末状黄褐色夏孢子堆，夏孢子单胞，圆形或长圆形，淡黄褐色，表面有小刺，大小为（19.0～22.25）μm ×（14.25～18.5）μm（马敏芝，2009）。E+、E–、M、E、V 黑麦草植株的发病率分别为 3.58%、25.36%、21.12%、65.02%、89.67%（图 27-16）。结果表明，'兰黑 1 号'新品系抗锈病性明显增强。

图 27-16 新品系 E+和 E–单株田间感染锈病病情（陈振江摄）

27.4 本章小结

以市场销售的常见冷季型坪用草坪草——多年生黑麦草品种为材料，通过对种子、幼苗带菌率检测和种带真菌的分离鉴定，筛选出抗病能力极强、种子和幼苗内生真菌带菌率均较高、病原真菌带菌率低的品种——'顶峰'；以'顶峰'为原始材料，继续通过田间栽培筛选，获得抗病和带菌率高的基础材料。进一步对基础材料进行抗病性、带菌率和坪用性状等方面的评价，获得新品系——'兰黑1号'多年生黑麦草。以原始材料、常见品种、不带菌的品种为对照，对新品系进行坪用性状、抗病性和抗旱性比较、评价，验证新品系的高带菌率、抗病、抗旱、耐贫瘠、优良坪用性状等特性。

参 考 文 献

李会强, 汪建军, 张光明, 等. 2016. 干旱条件下内生真菌对多年生黑麦草生长的影响. 草业科学, 33(4): 599-607.

马敏芝. 2009. 黑麦草内生真菌生物学、生理学及其抑菌特性研究. 兰州: 兰州大学硕士学位论文.

马敏芝. 2015. 多年生黑麦草-内生真菌共生体抗病性及其对根腐离蠕孢(Bipolaris sorokiniana)抗病机制的研究. 兰州: 兰州大学博士学位论文.

马敏芝, 南志标. 2011. 内生真菌对感染锈病黑麦草生长和生理的影响. 草业学报, 20(6): 150-156.

南志标, 李春杰. 2004. 禾草内生真菌在草地农业系统中的作用. 生态学报, 24: 605-616.

田沛. 2009. 多年生黑麦草、内生真菌与数种植物病原真菌的互作. 兰州: 兰州大学博士学位论文.

Burpee L L, Bouton H. 1993. Effect of eradication of the endophyte *Acremonium coenophialum* on epidemics of *Rhizoctonia blight* in tall fescue. Plant Disease Paul, 77: 157-157.

Chen Z J, Jin Y Y, Yao X, et al. 2020b. Fungal endophyte improves survival of *Lolium perenne* in low fertility soils by increasing root growth, metabolic activity and absorption of nutrients. Plant and Soil, 452: 185-206.

Chen Z J, Li C J, Nan Z B, et al. 2020a. Segregation of *Lolium perenne* into a subpopulation with high infection by endophyte *Epichloë festucae* var. *lolii* results in improved agronomic performance. Plant and Soil, 446: 595-612.

Clay K. 1987. Effects of fungal endophytes on the seed and seedling biology of *Lolium perenne* and *Festuca arundinacea*. Oecologia, 73(3): 358-362.

Clay K, Schardl C L. 2002. Evolutionary origins and ecological consequences of endophyte symbiosis with grasses. American Naturalist, 160: 99-127.

Crush J R, Popay A J, Waller J. 2004. Effect of different *Neotyphodiuim* endophytes on root distribution of a perennial ryegrass (*Lolium perenne*) cultivar. New Zealand Journal of Agriculture Research, 47: 345-349.

Cunningham P J, Foot J Z, Reed K F M. 1993. Perennial ryegrass (*Lolium perenne*) endophyte (*Acremonium lolii*) relationships: the Australian experience. Agriculture, Ecosystems and Environment, 44: 157-168.

Easton H S, Rosellini D, Veronesi F. 2007. Grass breeding and *Neotyphodium* endophytes. Breeding and seed production for conventional and organic agriculture. Proceedings of the XXVI Meeting of the EUCARPIA Fodder Crops and Amenity Grasses Section, XVI Meeting of the EUCARPIA *Medicago* spp. Group, Perugia, Italy.

Easton H S. 1999. Endophyte in New Zealand ryegrass pastures, an overview. *In*: Woodfield D R, Matthew C. Ryegrass Endophyte: An Essential New Zealand Symbiosis, Grassland Research and Practice Series. Napier, New Zealand: New Zealand Grassland Association: 1-9.

Easton H S. 2007. Grasses and *Neotyphodium* endophytes: co-adaptation and adaptive breeding. Euphytica, 154(3): 295-306.

Funk C R, Belanger F C, Murphy J A. 1994. Role of endophytes in grasses used for turf and soil conservation. Biotechnology of Endophytic Fungi of Grasses, 33(4): 201-209.

Funk C R, Halisky P M, Johnson M C, et al. 1983. An endophytic fungus and resistance to sod webworms: association in *Lolium perenne* L. Biotechnology, 1(2): 189-191.

Funk C R, White R H, Breen J P. 1993. Importance of *Acremonium* endophytes in turf-grass breeding and management. Agriculture Ecosystems and Environment, 44(1-4): 215-232.

Latch G C M. 1993. Physiological interactions of endophytic fungi and their hosts. Biotic stress tolerance parted to grasses by endophytes. Agriculture Ecosystems and Environment, 44(1-4): 143-156.

Ma M Z, Christensen M J, Nan Z B. 2015. Effects of the endophyte *Epichloë festucae*, var. *lolii*, of perennial ryegrass (*Lolium perenne*) on indicators of oxidative stress from pathogenic fungi during seed germination and seedling growth. European Journal of Plant Pathology, 141(3): 571-583.

Malinowski D P, Belesky D P. 2000. Adaptations of endophyte-infected cool-season grasses to environmental stresses: mechanisms of drought and mineral stress tolerance. Crop Science, 40(4): 923-940.

Nan Z B, Li C J. 2000. *Neotyphodium* in native grasses in China and observations on endophyte/host interactions. *In*: Paul V H, Dapprich P D, eds. Proceedings of the 4th International *Neotyphodium*/Grass Interactions Symposium, Soest (Germany): 41-50.

Pedersen J F, Rodriguez-Kabana R, Shelby R A. 1988. Ryegrass cultivars and endophyte in tall fescue affect nematodes in grass and succeeding soybean. Agronomy Journal, 80(5): 811-814.

Pennell C G L, Rolston M P, Michalk D L, et al. 2013. Avanex TM unique endophyte technology-bird deterrent endophytic grass for amenity turf and airports. Revitalising Grasslands to Sustain our Communities: Proceedings of the 22nd International Grassland Congress, Sydney, Australia.

Prestidge R A, Pottinger R P, Barker G M. 1982. An association of lolium endophyte with ryegrass resistance to Argentine stem weevil. *In*: Gerling D. Palmerston North: Proceedings of the 35th New Zealand Weed and Pest Control Conference: 119-122.

Reed K F M. 1987. Perennial ryegrass in Victoria and the significance of the ryegrass endophyte, perennial ryegrass without Staggers. Australian Institute of Agricultural Science and Technology and Australian Society of Animal Production: 1-7.

Schardl C L, Leuchtmann A, Spiering M J. 2004. Symbioses of grasses with seedborne fungal endophytes. Annual Review of Plant Biology, 55: 315-340.

Siegel M R, Latch G C M, Johnson M C. 1987. Fungal endophytes of grasses. Annal Review of Phytopathology, 25: 293-315.

Sutherland B L, Hogland J H. 1989. Effect of ryegrass containing the endophyte *Acremonium lolii*, on the performance of associated white clover and subsequent crops. Proceedings of the New Zealand Grassland Association, 50: 265-269.

Tian P, Nan Z B, Li C J, et al. 2008. Effect of the endophyte *Neotyphodium lolii* on susceptibility and host physiological response of perennial ryegrass to fungal pathogens. European Journal of Plant Pathology, 122(4): 593-602.

索　引